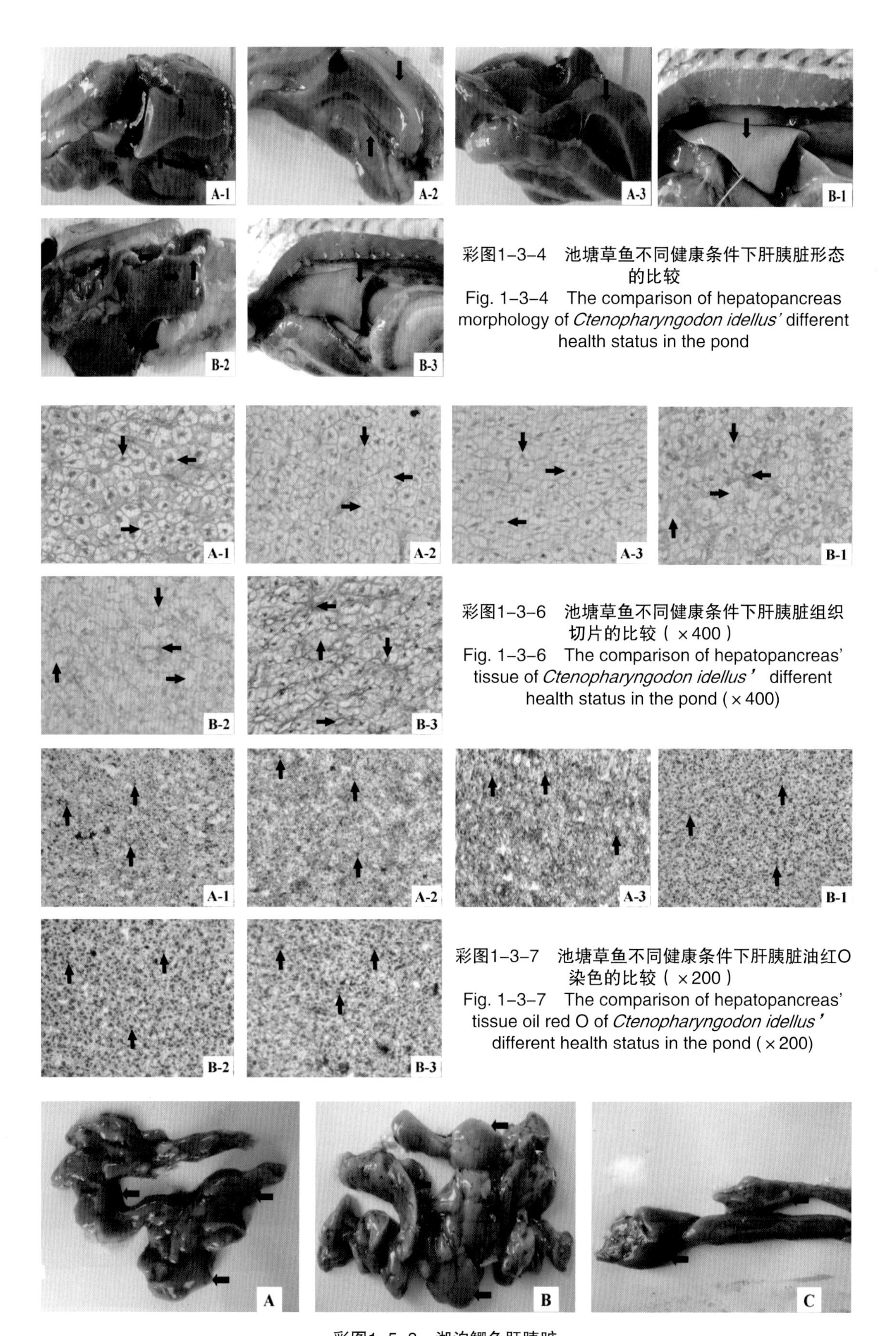

彩图1–3–4　池塘草鱼不同健康条件下肝胰脏形态的比较

Fig. 1–3–4　The comparison of hepatopancreas morphology of *Ctenopharyngodon idellus'* different health status in the pond

彩图1–3–6　池塘草鱼不同健康条件下肝胰脏组织切片的比较（×400）

Fig. 1–3–6　The comparison of hepatopancreas' tissue of *Ctenopharyngodon idellus'* different health status in the pond (×400)

彩图1–3–7　池塘草鱼不同健康条件下肝胰脏油红O染色的比较（×200）

Fig. 1–3–7　The comparison of hepatopancreas' tissue oil red O of *Ctenopharyngodon idellus'* different health status in the pond (×200)

彩图1–5–3　湖泊鲫鱼肝胰脏

Fig.1–5–3　The hepatopancreas of *Carassius auratus* in the lake

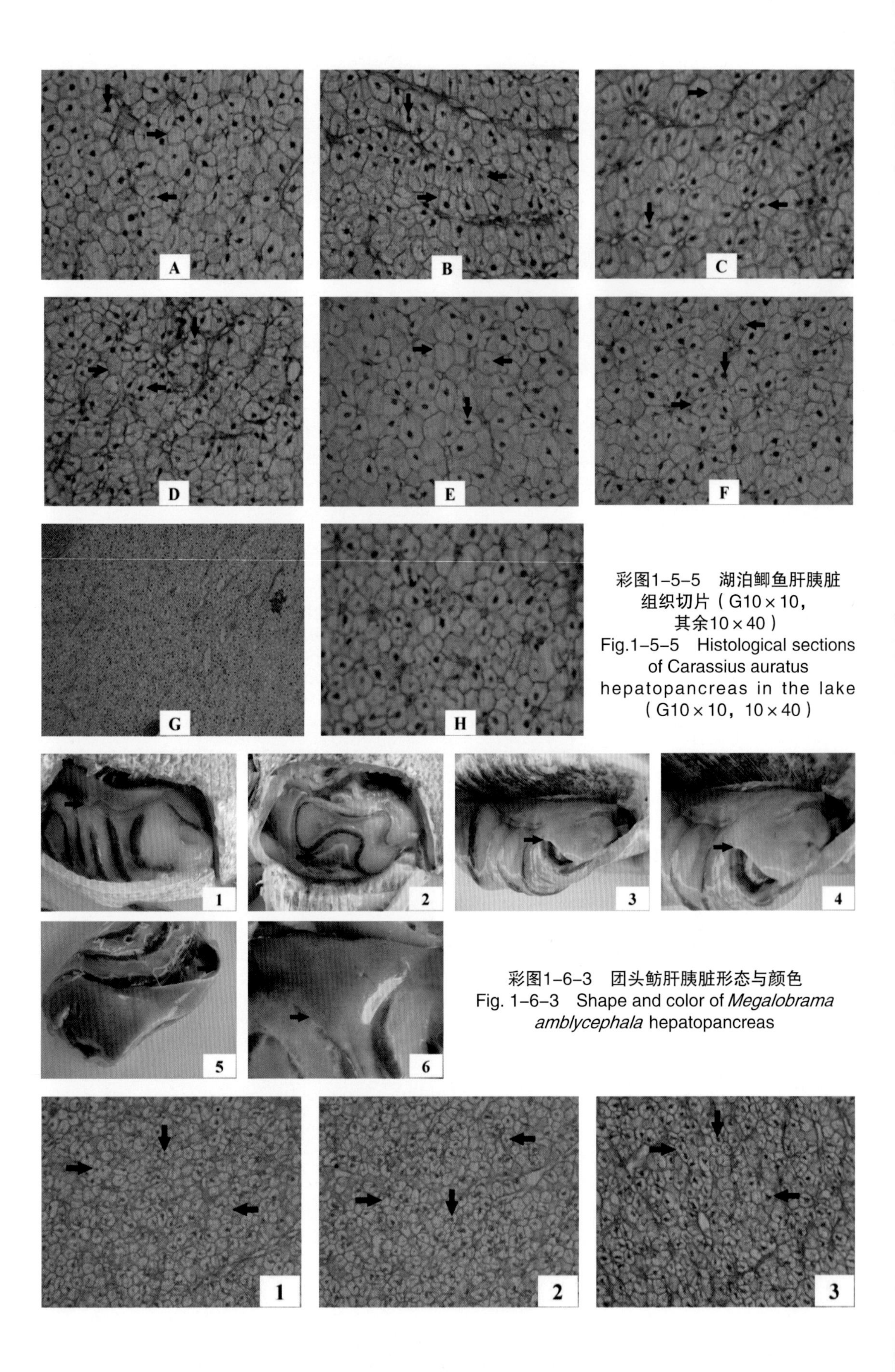

彩图1-5-5　湖泊鲫鱼肝胰脏组织切片（G10×10，其余10×40）
Fig.1-5-5　Histological sections of Carassius auratus hepatopancreas in the lake（G10×10，10×40）

彩图1-6-3　团头鲂肝胰脏形态与颜色
Fig. 1-6-3　Shape and color of *Megalobrama amblycephala* hepatopancreas

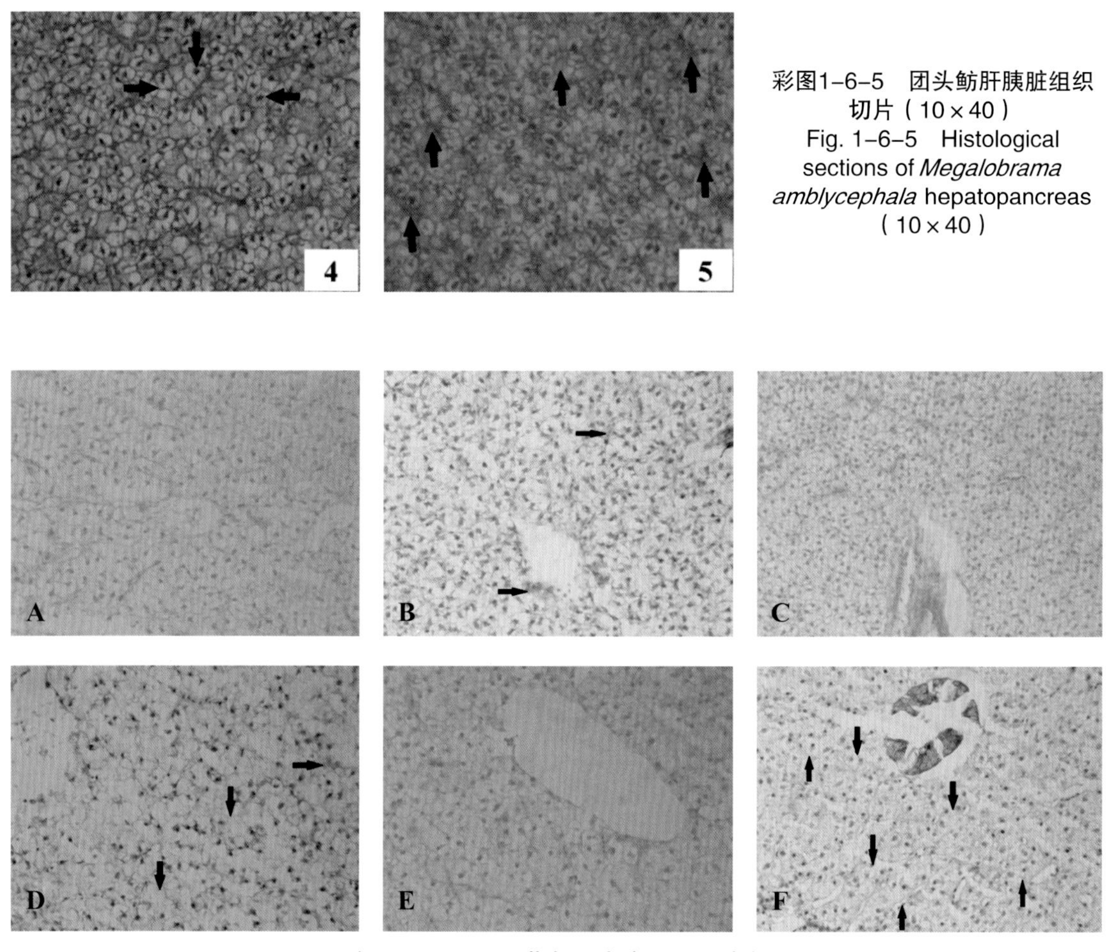

彩图1-6-5 团头鲂肝胰脏组织切片（10×40）
Fig. 1-6-5 Histological sections of *Megalobrama amblycephala* hepatopancreas（10×40）

彩图3-4-3 4周草鱼肝胰脏组织HE染色
Fig. 3-4-3 4-week-grass carp hepatopancreas tissue militiamen dyeing
图表说明：→处为肝细胞炎症浸润，↓处为肝细胞脂肪病变，↑处为肝细胞胶原纤维

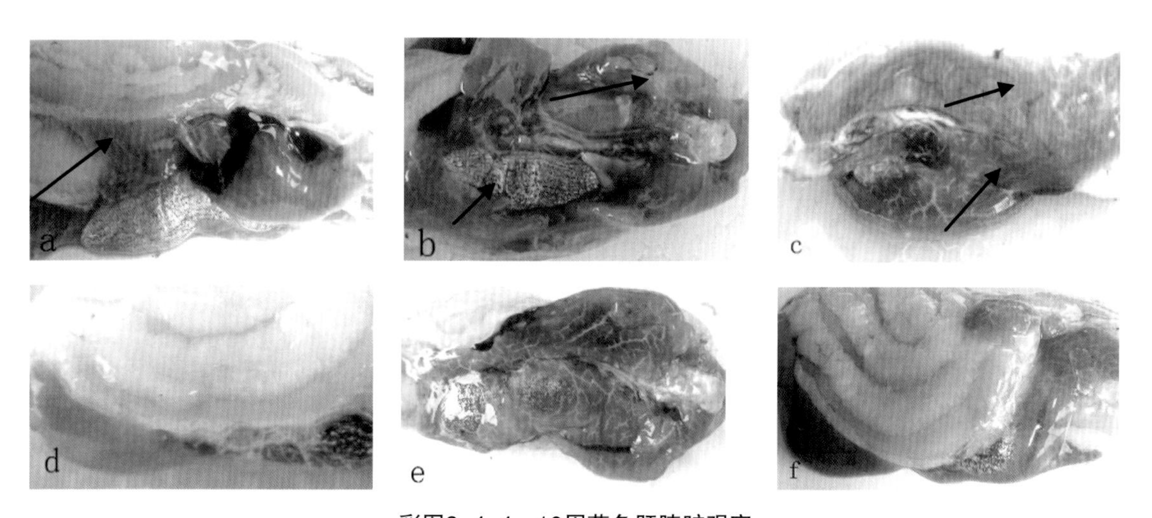

彩图3-4-4 10周草鱼肝胰脏观察
Fig. 3-4-4 Observation of 10-week-grass carp hepatopancreas

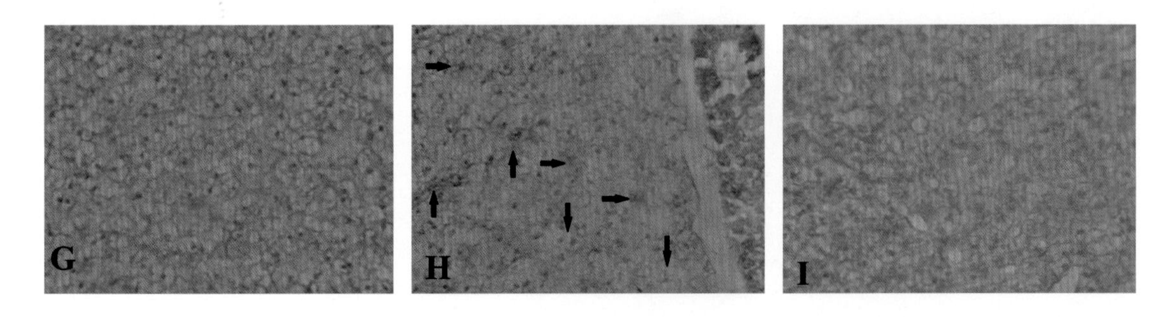

彩图3-4-5　10周草鱼肝胰脏组织HE染色

Fig. 3-4-5　10-week-grass carp hepatopancreas tissue militiamen dyeing

图表说明：→处为肝细胞炎症浸润，↓处为肝细胞脂肪病变，↑处为肝细胞胶原纤维

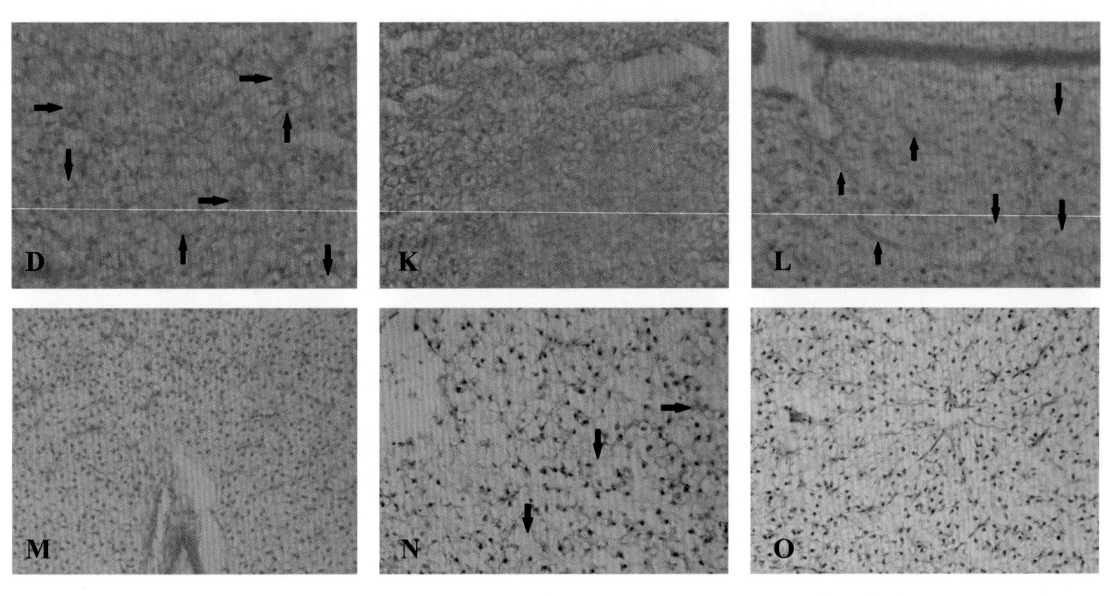

图M　4周对照组：HE×200　图N　4周TAA模型组：HE×200　图O　4周TAA+酵母DV组：HE×200

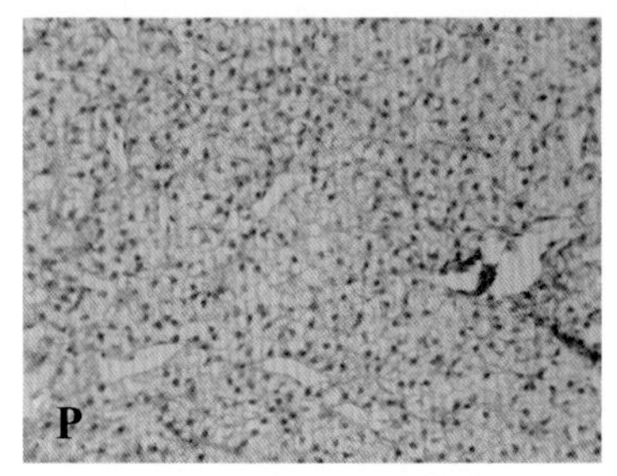

图P　4周TAA+姜黄素组：HE×200

彩图3-5-2　第4周草鱼肝胰脏观察

Fig. 3-5-2　Observation of 4-week grass carp hepatopancreas

图表说明：→处为肝细胞炎症浸润，↓处为肝细胞脂肪病变，↑处为肝细胞胶原纤维

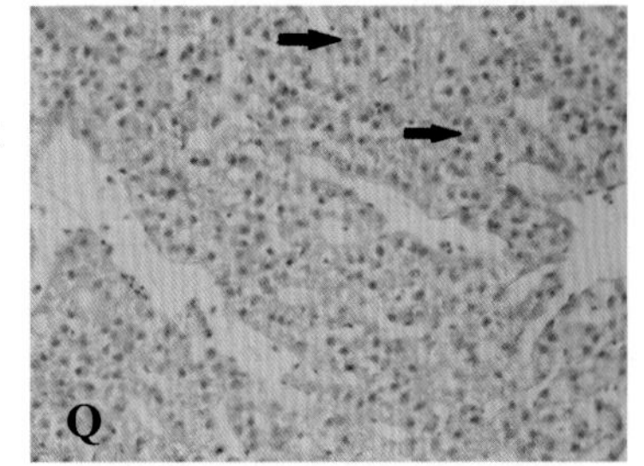

图Q　4周TAA+水飞蓟素组：HE×200

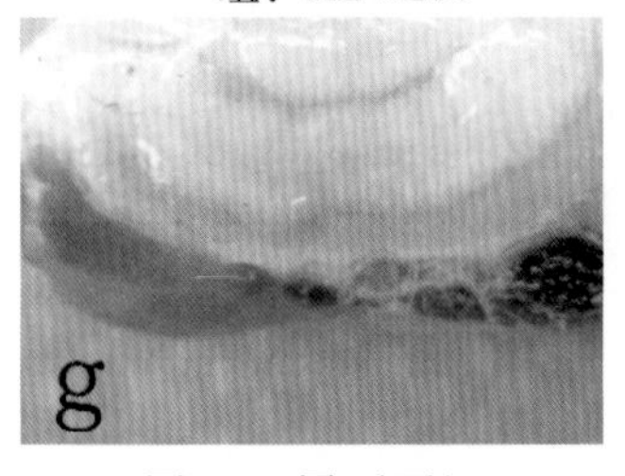

图g　10周 对照组

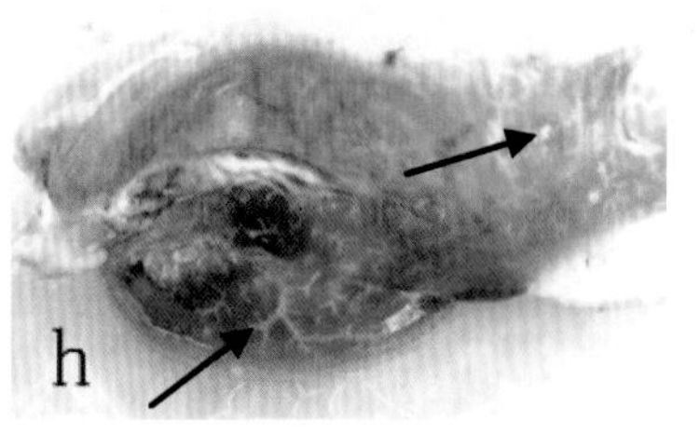

图h　10周 TAA模型组

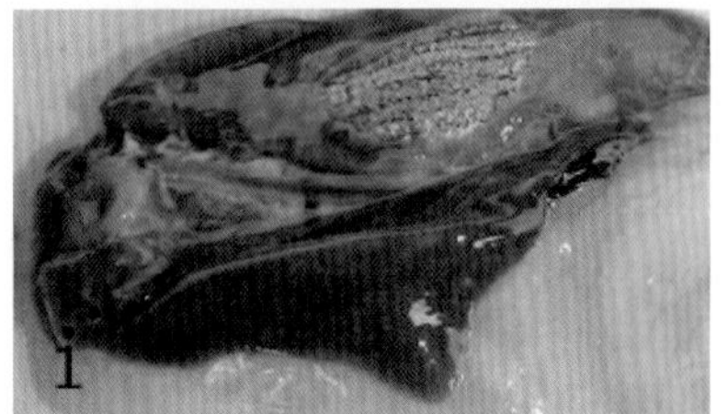

图i　10周 TAA+酵母DV组

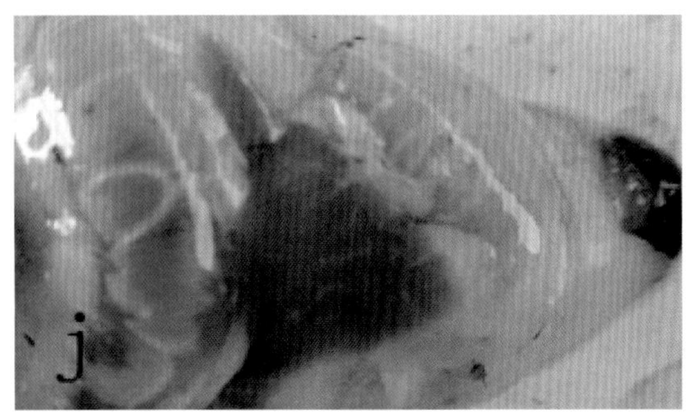

图j　10周 TAA +姜黄素组

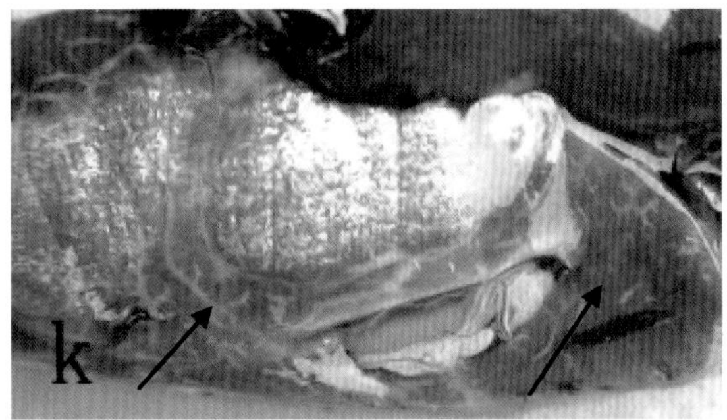

图k　10周 TAA +水飞蓟素组

彩图3-5-3　草鱼肝胰脏观察
Fig. 3-5-3　Observation of grass carp hepatopancreas

图R　10周对照组：HE×400

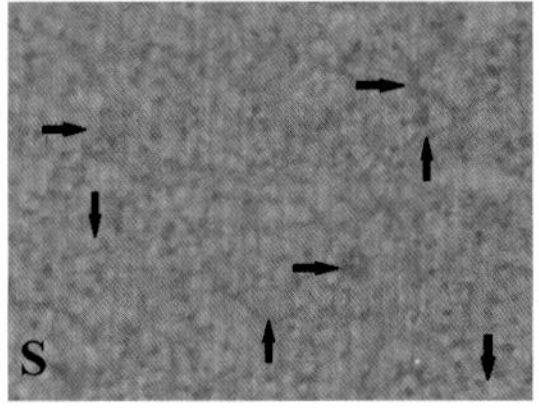

图S　10周TAA模型组：HE×400

图T　10周TAA+酵母DV：HE×400

图U　10周TAA+姜黄素：HE×400

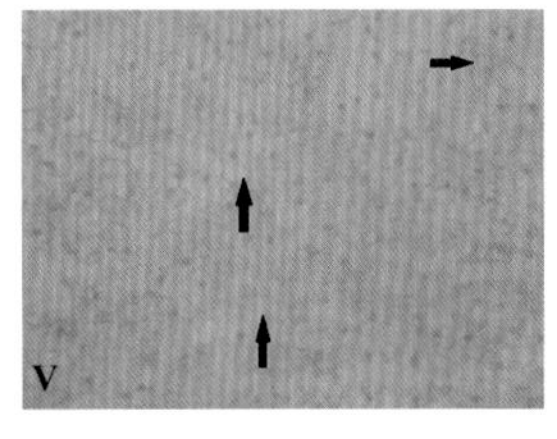

图V　10周TAA+水飞蓟素：HE×400

彩图3-5-4　10周草鱼肝胰脏组织HE染色
Fig. 3-5-4　HE staining hepatopancreas of 10-week grass carp
图表说明：→处为肝细胞炎症浸润，↓处为肝细胞脂肪病变，↑处为肝细胞胶原纤维

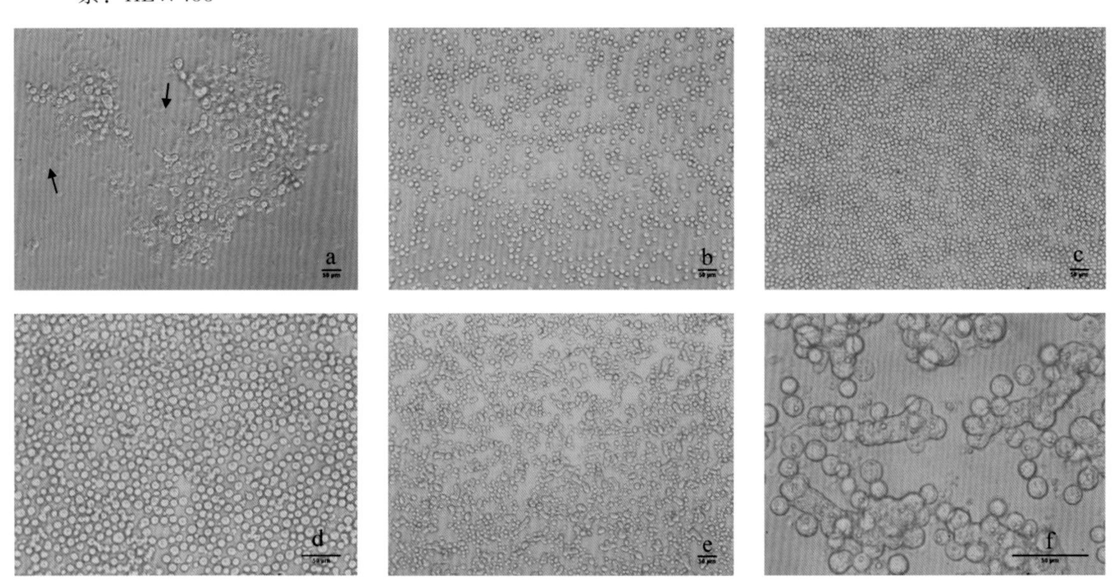

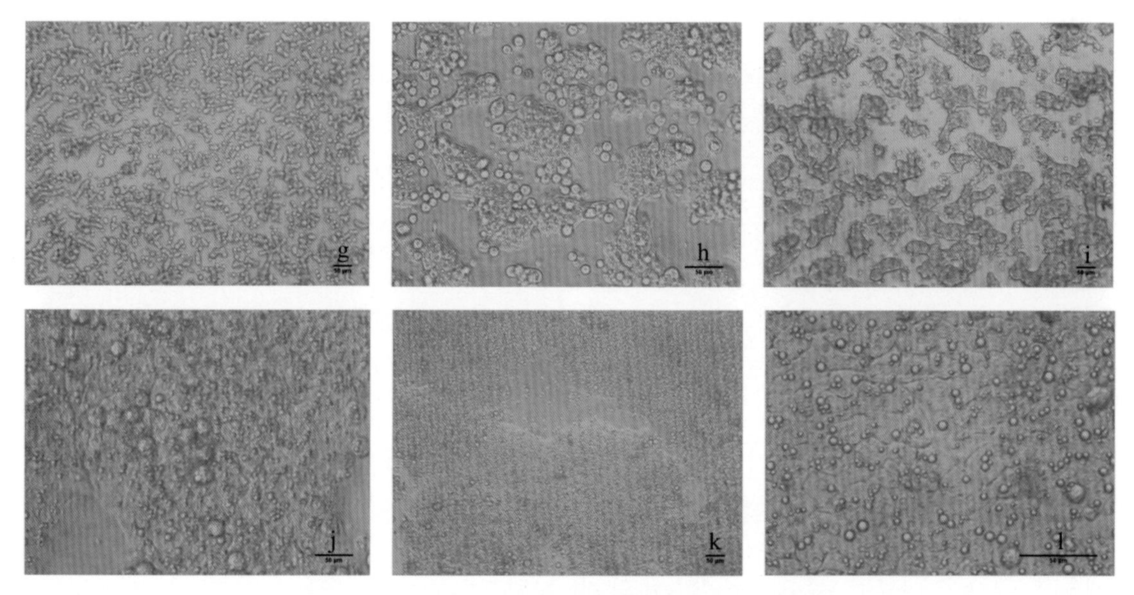

彩图4-3-1　倒置荧光显微镜下观察的草鱼肝细胞形态

Fig. 4-3-1　Configuration of *Ctenopharyngodon idellus* hepatopancreas under inverted fluorescence microscope

a: 未加红细胞裂解液分离培养的肝细胞(×100，箭头所指为红细胞)；b: 添加红细胞裂解液分离培养的肝细胞(×100)；c：刚分离出来的肝细胞(×100)；d: 刚分离出来的肝细胞(×200)；e: 生长24h的肝细胞(×100)；f：生长24h的肝细胞(×400)；g: 生长48h的肝细胞(×100)；h：生长48h的肝细胞(×200)；i: 生长72h的肝细胞(×100)；j: 生长96h的肝细胞(×200)；k: 生长144h的肝细胞(×100)；l: 生长144h的肝细胞(×400)

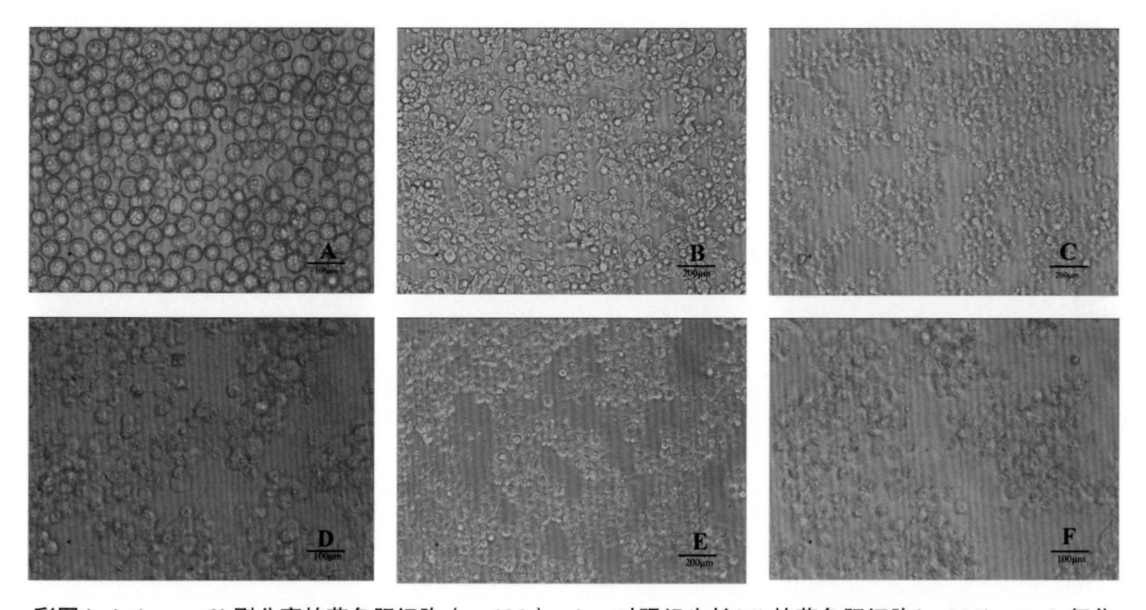

彩图4-4-1　a：0h刚分离的草鱼肝细胞（×400）；b：对照组生长24h的草鱼肝细胞(×200)；c–d: 氧化豆油水溶液作用3h试验组（×200; ×400）；e–f: 氧化豆油水溶液作用6h试验组(×200; ×400).

Fig.4-4-1　a: Configuration of freshly isolated hepatopancreas(×400); b: Configuration of hepatopancreas on 24 hours(×200); c–d: The hepatopancreas of water-soluble matter of oxidized soybean oil effect 3 hours(×200; ×400); e–f: The hepatopancreas of water-soluble matter of oxidized soybean oil effect 6 hours(×200; ×400).

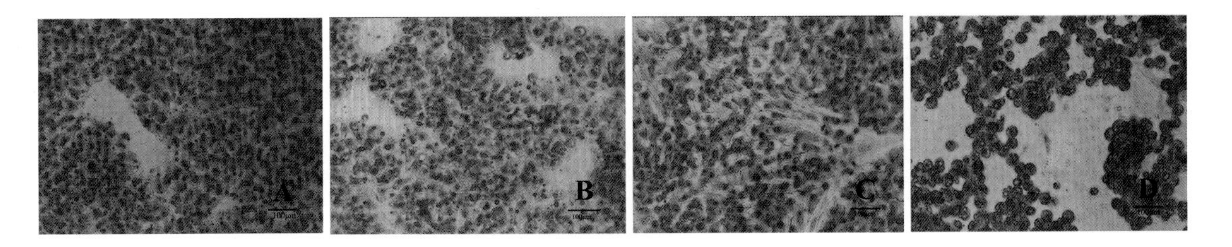

彩图4-4-2　a: 油红O染色对照组(×400)；b：油红O染色试验组(×400)；c: 碱性磷酸酶染色对照组(×400)；d：碱性磷酸酶染色试验组(×400).

Fig. 4-4-2　a: The control group of oil red O staining (×400); b: The experimental group of oil red O staining (×400); c: The control group of alkaline phosphatase staining (×400); d: The experimental group of alkaline phosphatase staining (×400).

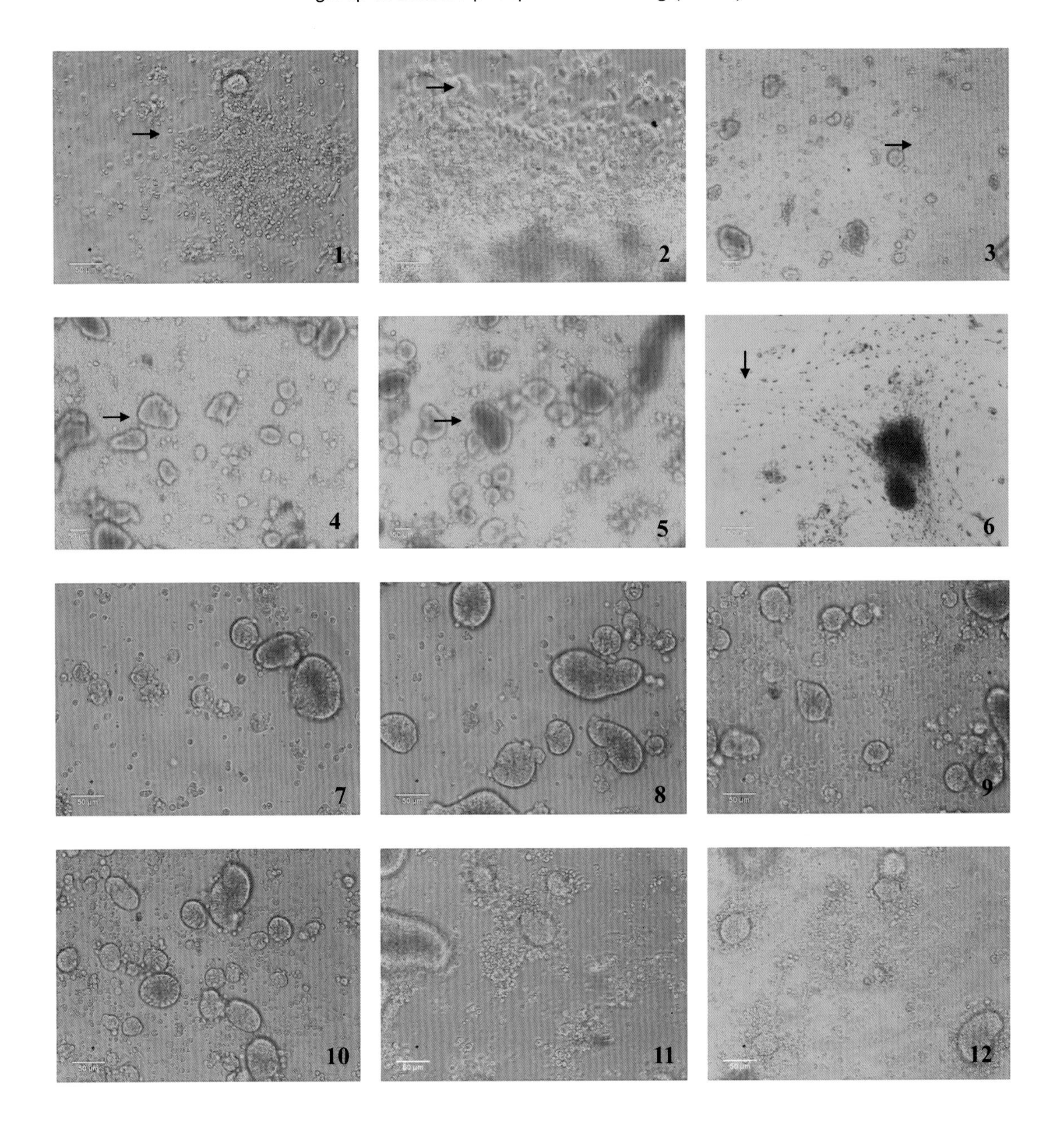

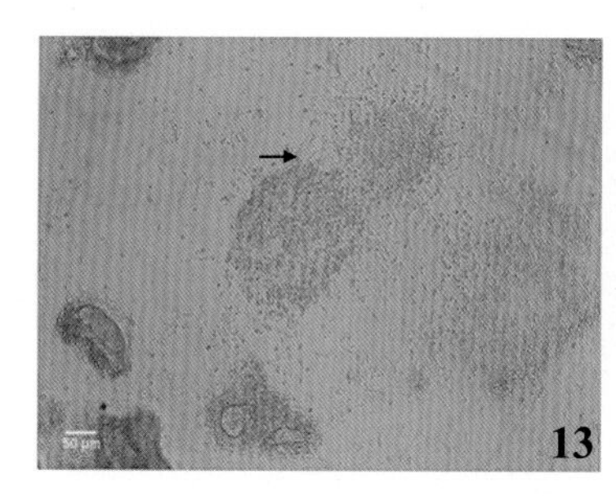

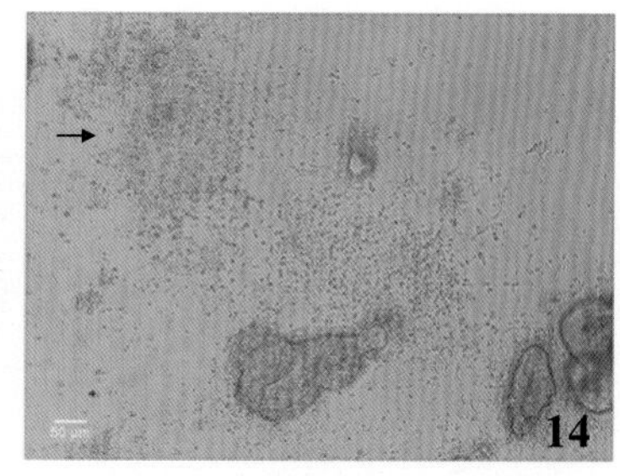

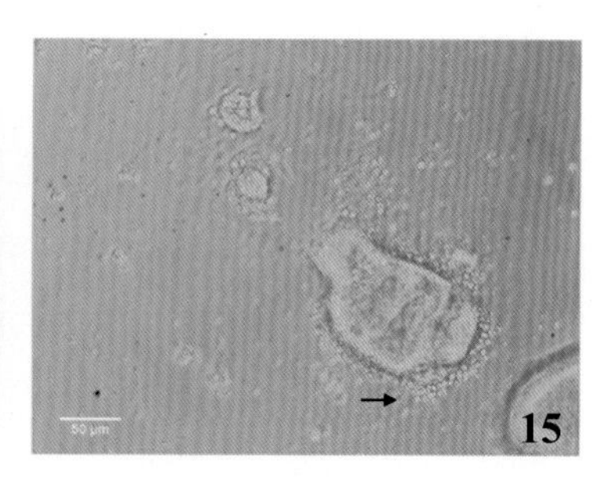

图版5-Ⅰ　（荧光倒置显微镜观察）

1:投喂强化饲料前，24h后细胞状态，增殖贴壁细胞（↑），×200；2：投喂强化饲料后，24h后细胞状态，增殖贴壁细胞（↑），×200；3: 机械剪碎消化法，单个细胞（↑），×100；4：肠囊翻转消化法，肠道黏膜细胞团（↑），×100；5：机械刮取消化法，肠道黏膜细胞团（↑），×100；6：机械剪碎消化法，细胞培养24h后，成纤维细胞生长（↑），×200；7：200r/min转速离心，×200；8：400r/min转速离心，×200；9：600r/min转速离心，×200；10：800r/min转速离心，×200；11：添加0%浓度胎牛血清，培养48h后，×200；12：添加15%浓度胎牛血清，培养24h后，×200；13: 接种浓度2×10^3（个/孔），48h后细胞汇片（↑），×100；14：接种浓度2.8×10^3（个/孔），48h后细胞汇片（↑），×100；15：培养12h，细胞团增殖的游离细胞（↑），×200

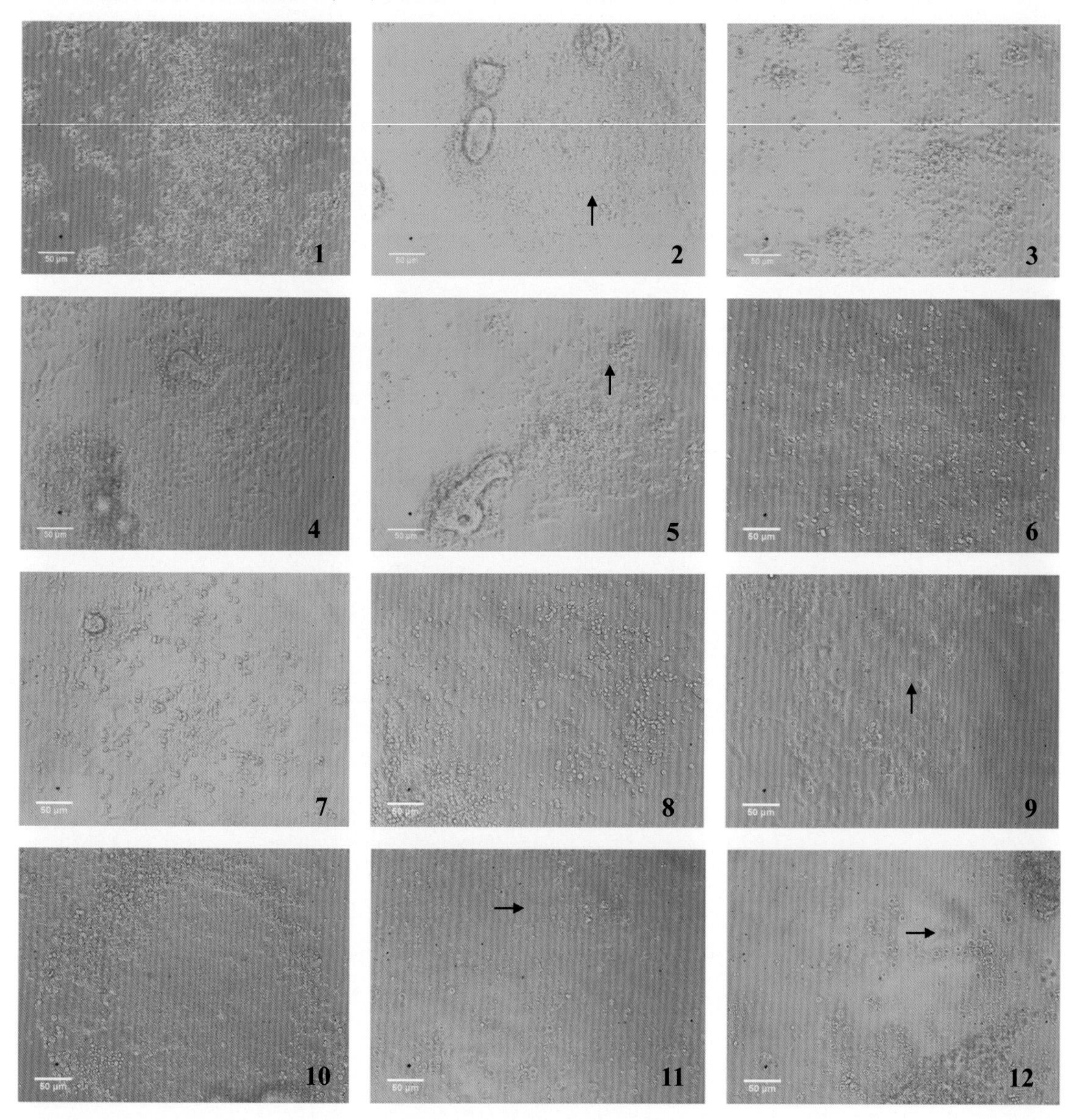

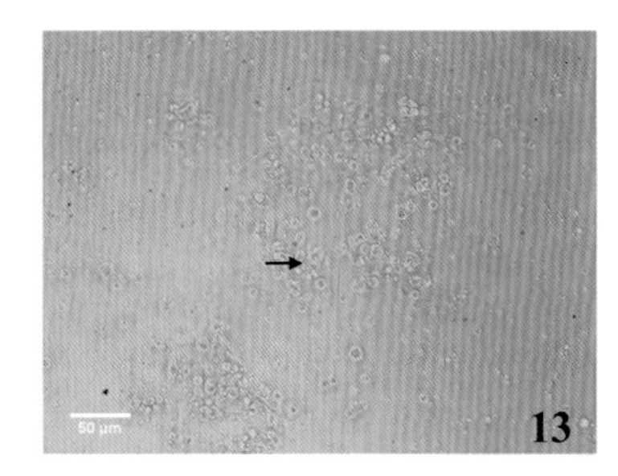
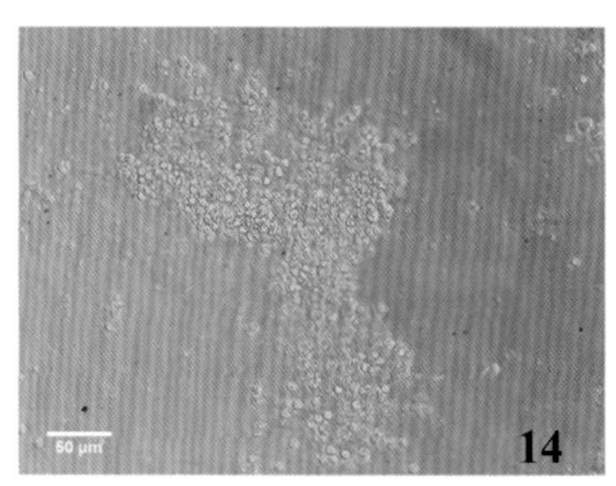
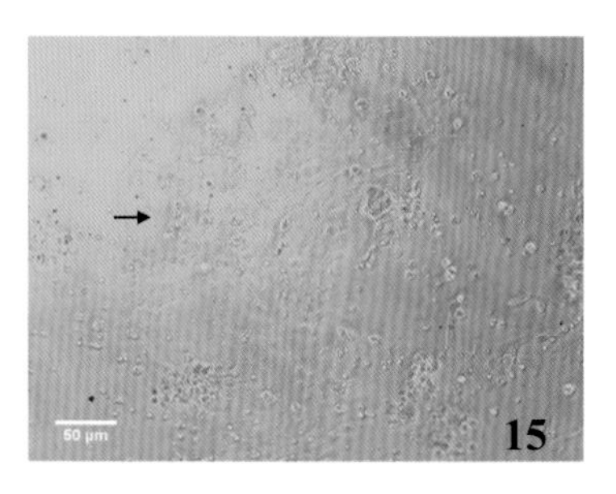

图版5-Ⅱ　（荧光倒置显微镜观察）

1：培养24h，×200；2：培养36h，贴壁的IECs细胞（↑），×200；3：培养48h，×200；4：培养60h，×200；5：培养72h，细胞凋亡萎缩（↑），×200；6：对照组，3h，细胞集落（↑），×200；7：对照组，6h，×200；8：对照组，9h，×200；9：对照组，细胞胞质丰富（↑），12h，×200；10：氧化豆油水溶物1-4组，3h，×200；11：氧化豆油水溶物1-1组，6h，折光性差的圆球状细胞（↑），×200；12：氧化豆油水溶物1-2组，6h，折光性差的圆球状细胞（↑），×200；13：氧化豆油水溶物1-3组，6h，折光性差的圆球状细胞（↑），×200；14：氧化豆油水溶物1-2组，12h，×200；15：丙二醛1-3组，3h，折光性差的圆球状细胞（↑），×200

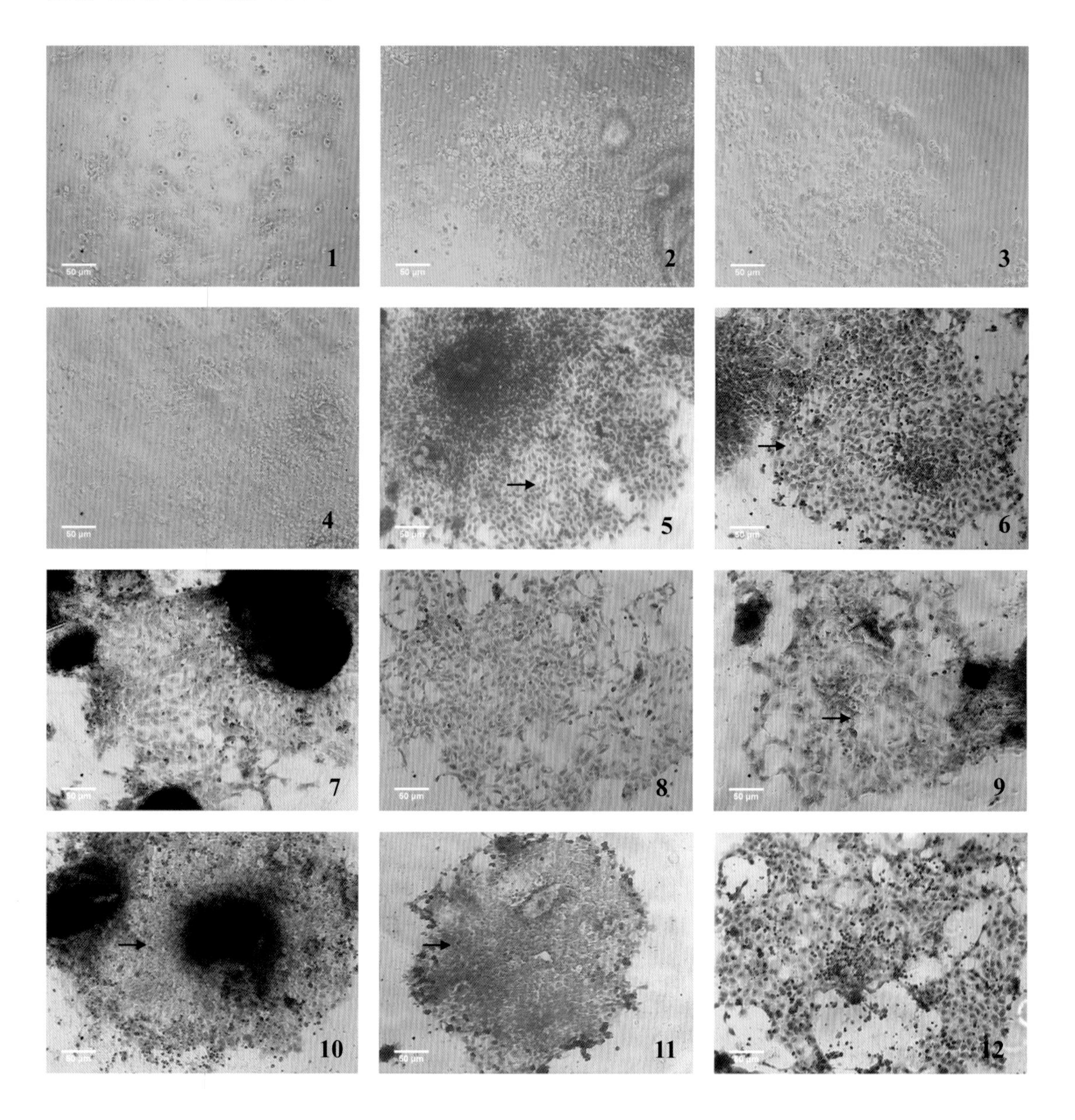

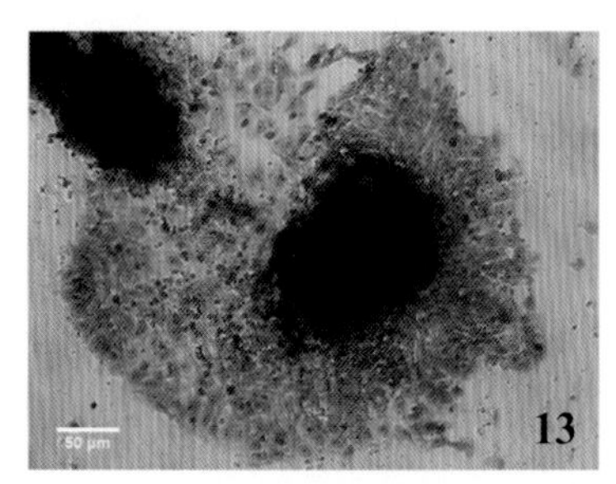

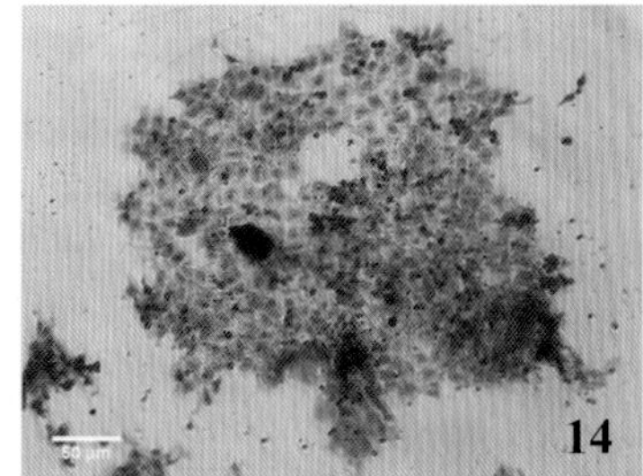

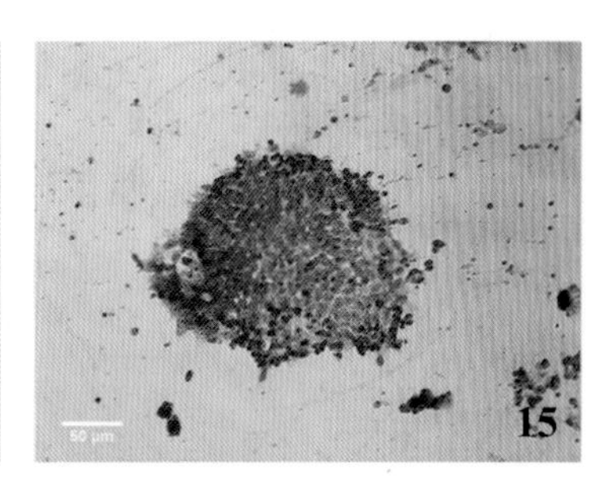

图版5-Ⅲ　（1～4为荧光倒置显微镜观察，5～15为Giemsa染色观察）

1：丙二醛1-3组，6h，×200；2：丙二醛1-3组，9h，×200；3：丙二醛-酵母培养物水溶物处理3-1组，6h，×200；4：丙二醛-酵母培养物水溶物处理3-2组，9h，×200；5：细胞培养48h后Giemsa染色，细胞核（↑），×200；6：对照组，3h，细胞集落（↑），×200；7：对照组，6h，×200；8：对照组，9h，×200；9：对照组，12h，细胞分化正常（↑），×200；10：氧化豆油水溶物1-3组，3h，细胞轮廓不清晰（↑），×200；11：氧化豆油水溶物1-4组，3h，细胞轮廓不清晰（↑），×200；12：氧化豆油水溶物1-1组，6h，×200；13：氧化豆油水溶物1-2组，3h，×200；14：氧化豆油水溶物1-3组，6h，×200；15：氧化豆油水溶物1-4组，6h，×200

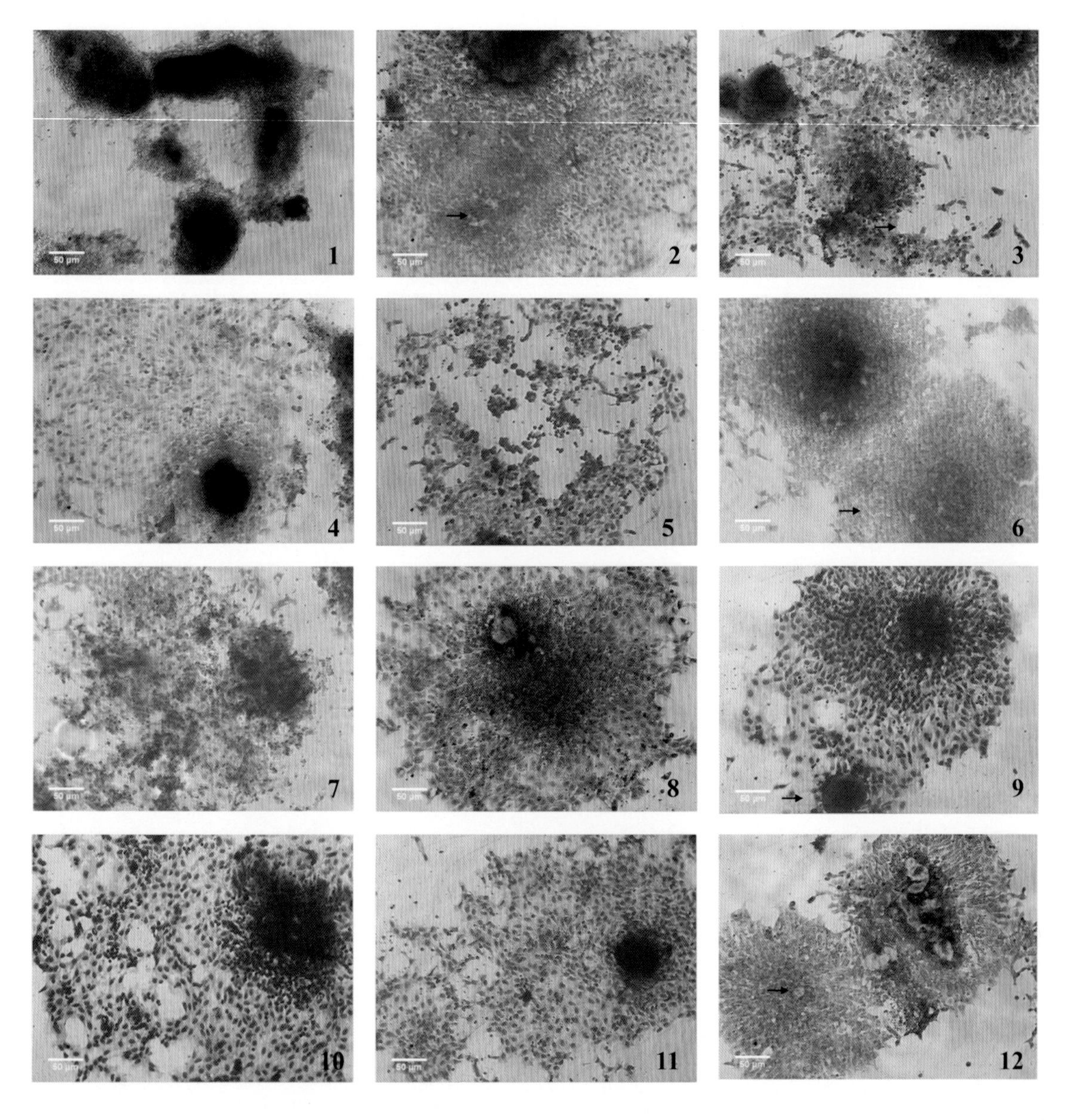

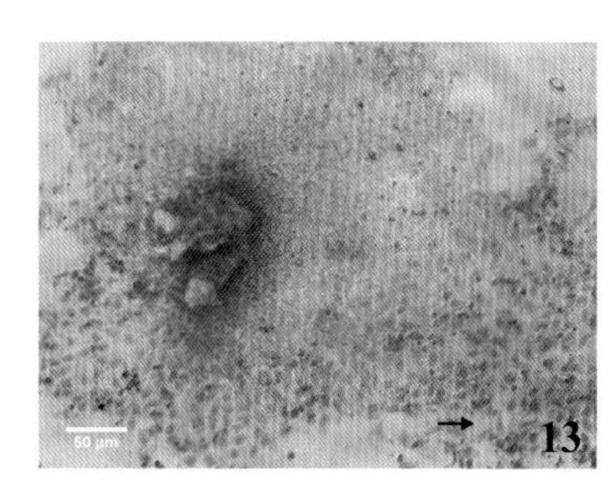

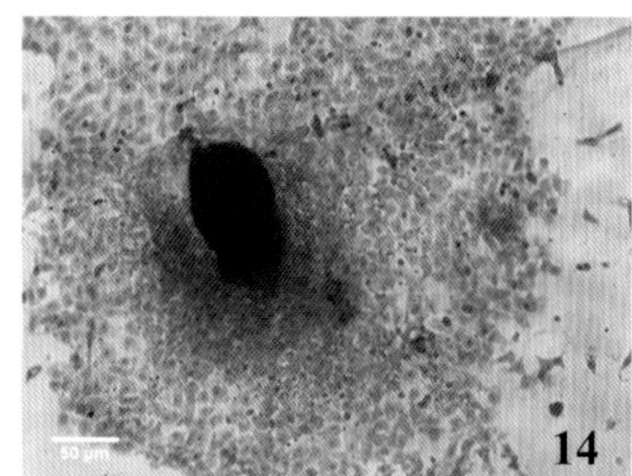

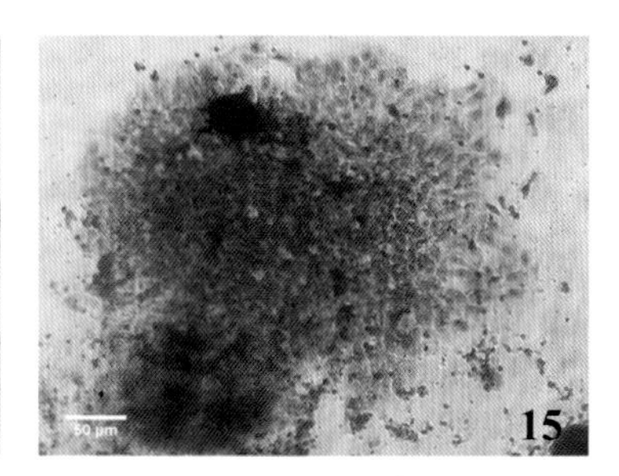

图版5-Ⅳ （Giemsa染色观察）

1：氧化豆油水溶物1-3组，12h，×200；2：丙二醛1-2组，3h，细胞轮廓不清晰（↑），×200；3：丙二醛1-2组，6h，部分细胞脱落凋亡（↑），×200；4：丙二醛1-2组，9h，×200；5：丙二醛1-3组，6h，部分细胞脱落凋亡（↑），×200；6：丙二醛1-3组，9h，细胞轮廓不清晰（↑），×200；7：丙二醛1-4组，9h，×200；8：丙二醛1-1组，12h，细胞生长较正常，×200；9：酵母培养物水溶物1-3组，3h，细胞贴壁较好（↑），×200；10：酵母培养物水溶物1-4组，3h，细胞贴壁较好（↑），×200；11：酵母培养物水溶物1-5组，3h，×200；12：丙二醛-酵母培养物水溶物3-2组，6h，受损细胞（↑），×200；13：丙二醛-酵母培养物水溶物3-1组，9h，正常贴壁的细胞（↑），×200；14：丙二醛-酵母培养物水溶物3-2组，9h，×200；15：丙二醛-酵母培养物水溶物3-3组，9h，×200

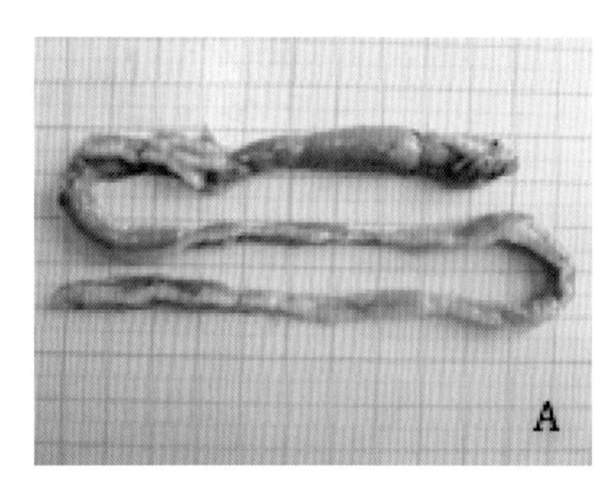

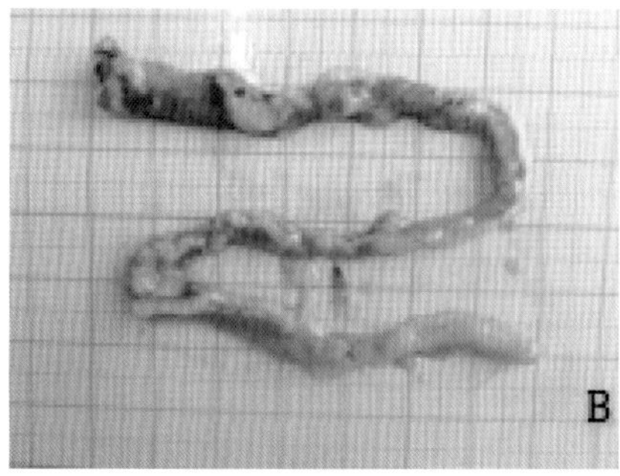

彩图6-5-1 正常和损伤肠道外观形态
Fig. 6-5-1 Normal and damaged intestinal morphology diagram
A.正常肠道；B.损伤肠道

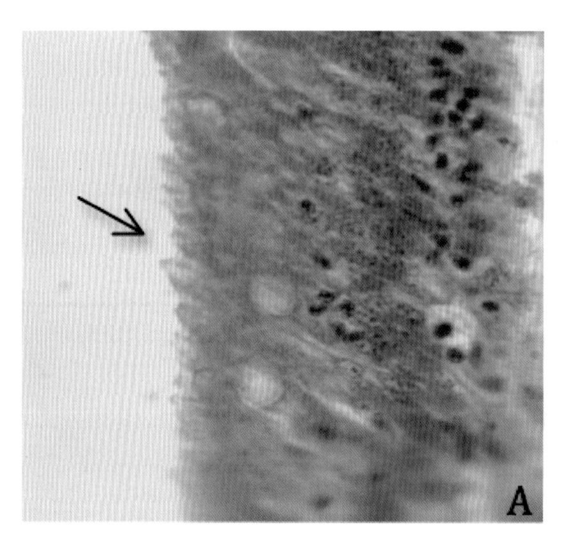

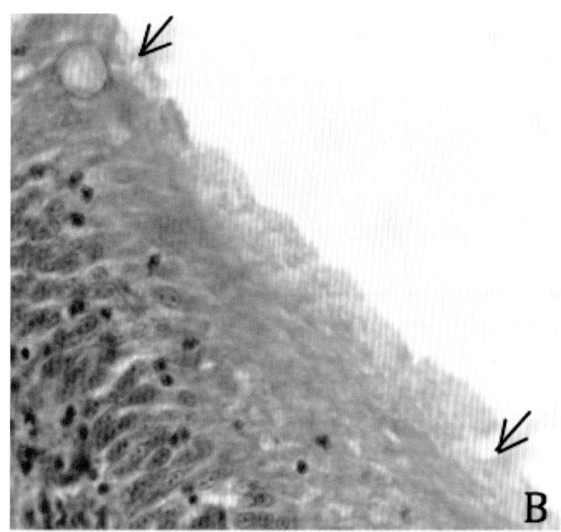

彩图6-5-2 健康与损伤草鱼的肠道组织切片观察（×1000）
Fig.6-5-2 Healthy and damaged grass carp intestinal tissue observed in sliced figure
A.正常肠道；B.损伤肠道，箭头示肠微绒毛，健康草鱼的肠道微绒毛排列整齐、切面完整，而损伤草鱼的微绒毛疏松，局部脱落

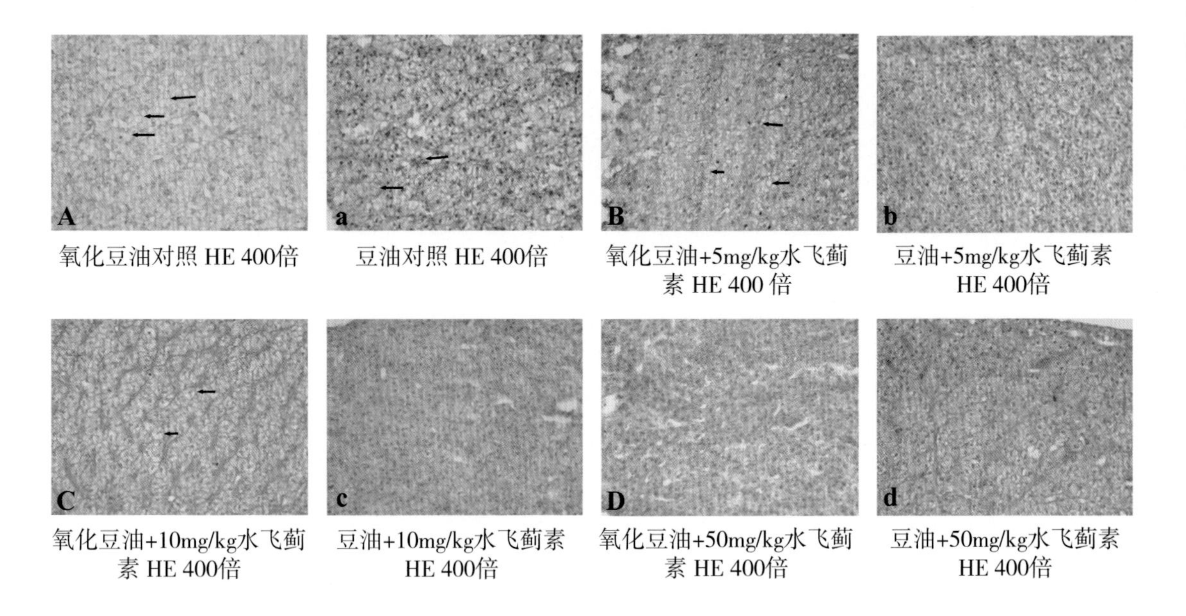

氧化豆油对照 HE 400倍　　豆油对照 HE 400倍　　氧化豆油+5mg/kg水飞蓟素 HE 400 倍　　豆油+5mg/kg水飞蓟素 HE 400倍

氧化豆油+10mg/kg水飞蓟素 HE 400倍　　豆油+10mg/kg水飞蓟素 HE 400倍　　氧化豆油+50mg/kg水飞蓟素 HE 400倍　　豆油+50mg/kg水飞蓟素 HE 400倍

彩图7-2-1　氧化油脂及不同水平水飞蓟素对团头鲂肝脏组织结构的影响

Fig.7-2-1　Effect of oxidized soybean oil and different level of silymarine on hepatopancreas structure of *Megalobrama amblycephala*

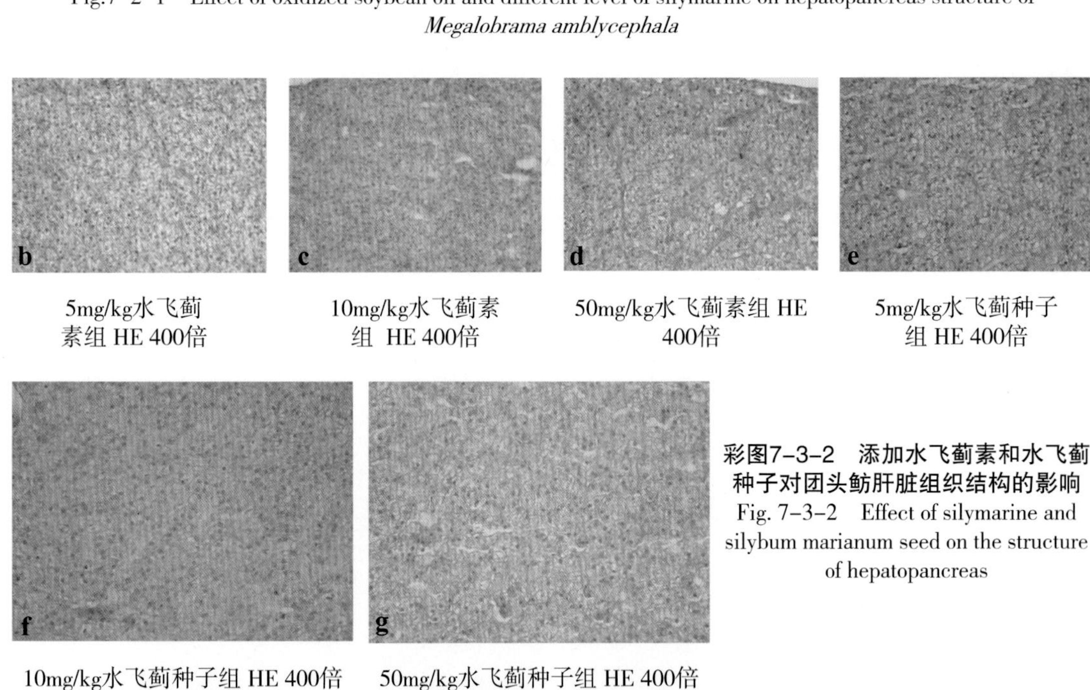

5mg/kg水飞蓟素组 HE 400倍　　10mg/kg水飞蓟素组 HE 400倍　　50mg/kg水飞蓟素组 HE 400倍　　5mg/kg水飞蓟种子组 HE 400倍

10mg/kg水飞蓟种子组 HE 400倍　　50mg/kg水飞蓟种子组 HE 400倍

彩图7-3-2　添加水飞蓟素和水飞蓟种子对团头鲂肝脏组织结构的影响

Fig. 7-3-2　Effect of silymarine and silybum marianum seed on the structure of hepatopancreas

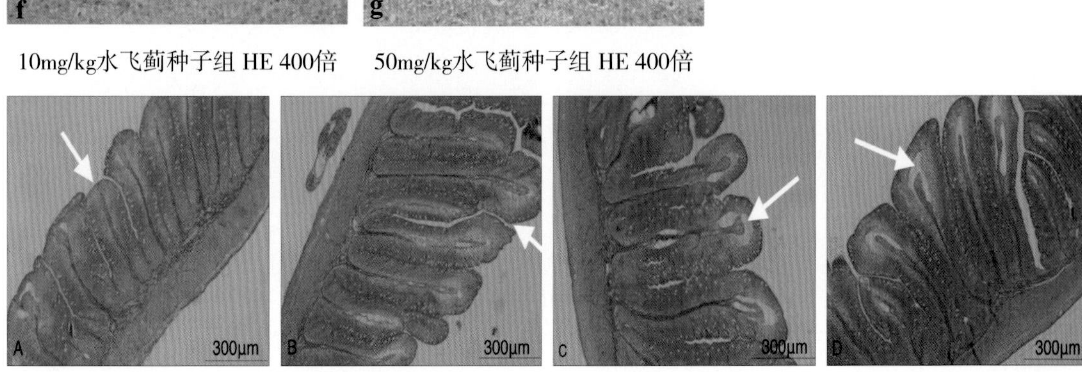

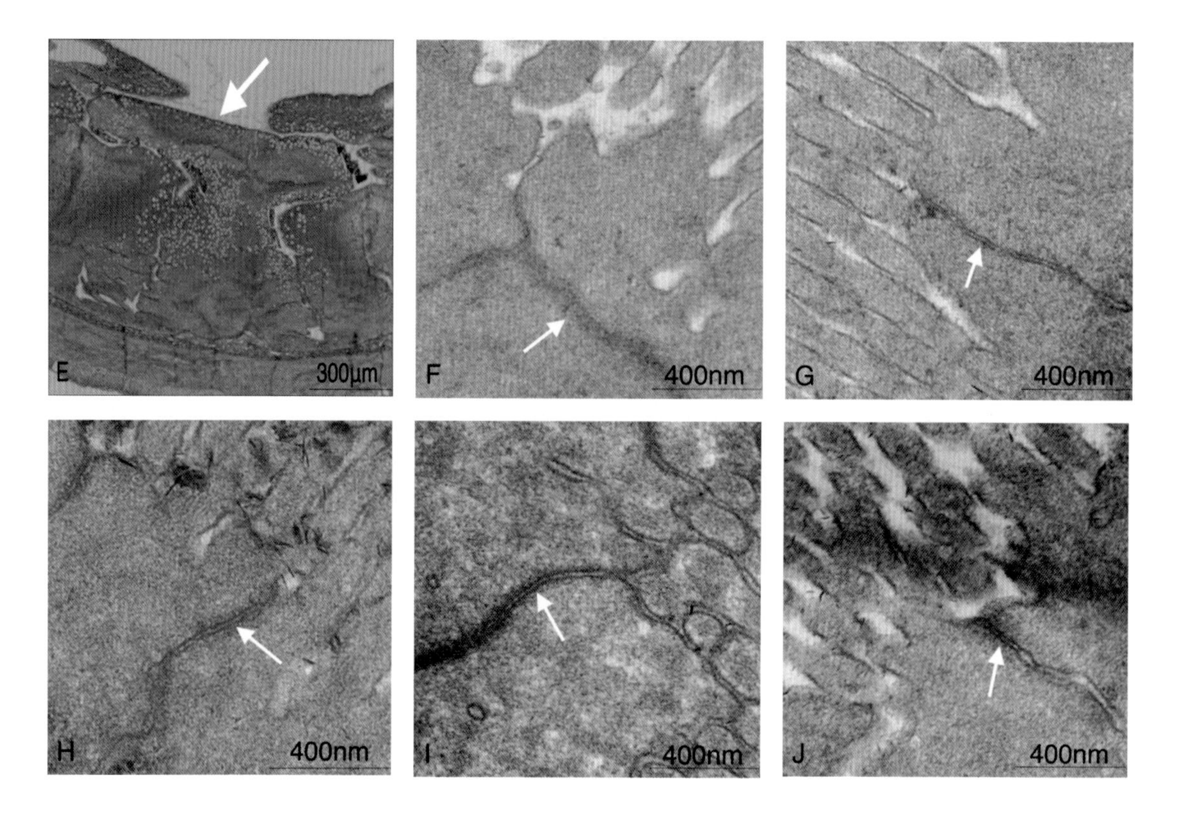

图版 9-3-I　氧化鱼油对草鱼中肠形态、结构的影响

Plate 9-3-I　Effect of oxidized fish oil on morphology and structure of Gross carp midgut

A. 6S组，中肠绒毛排列整齐，黏膜表面完整(↑)；B. 6F组，绒毛间隙增大(↑)；C. 20F组，中央乳糜管扩大(↑)；D. 40F组，绒毛不规则排列，中央乳糜管扩大(↑)；E. 60F组，绒毛增生、水肿(↑)；F. 6S组，中肠紧密连接正常(↑)；G. 6F组，紧密连接出现缝隙(↑)；H. 20F组，紧密连接缝隙扩张(↑)；I. 40F组，紧密连接受损，缝隙明显(↑)；J. 60F组，紧密连接严重受损，结构完全打开(↑)

A—E：光学显微镜观察，×100；F—J：透射电镜观察，×12000

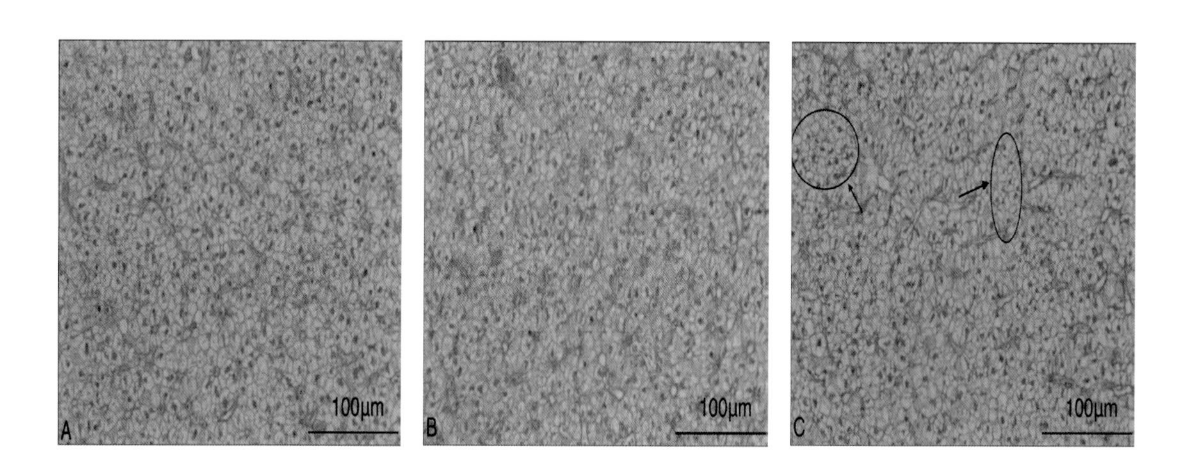

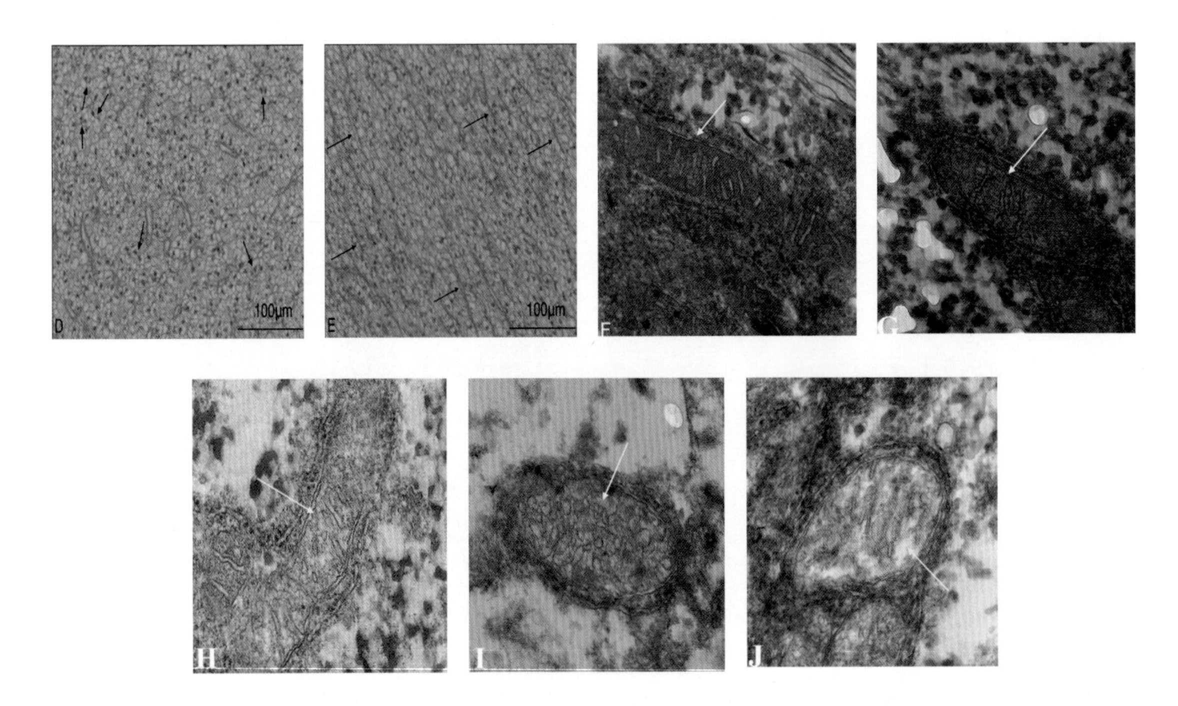

图版9-4-Ⅰ 氧化鱼油对草鱼肝胰脏形态、结构的影响

Plate9-4-Ⅰ Effect of oxidized fish oil on morphology and structure of grass carp hepatopancreas

A—B. 6S、6F组，肝胰脏细胞排列整齐，大小均一；C. 2OF组，部分肝胰脏细胞受挤压变形(↑)；D. 4OF组，部分肝胰脏细胞细胞核由细胞中央转移至细胞边缘(↑)；E. 6OF组，肝胰脏细胞变形，有明显纤维化趋势(↑)；F—G. 6S、6F组，肝胰脏细胞线粒体形态正常，内部结构清晰完整(↑)；H. 2OF组，线粒体形态正常，内部嵴形态不清晰(↑)；I. 4OF组，线粒体形态发生变化，内部结构不清晰(↑)；J. 6OF组，线粒体呈圆形，内部嵴消融(↑)

A—E：光学显微镜观察，×400；F—J：透射电镜观察，×20000

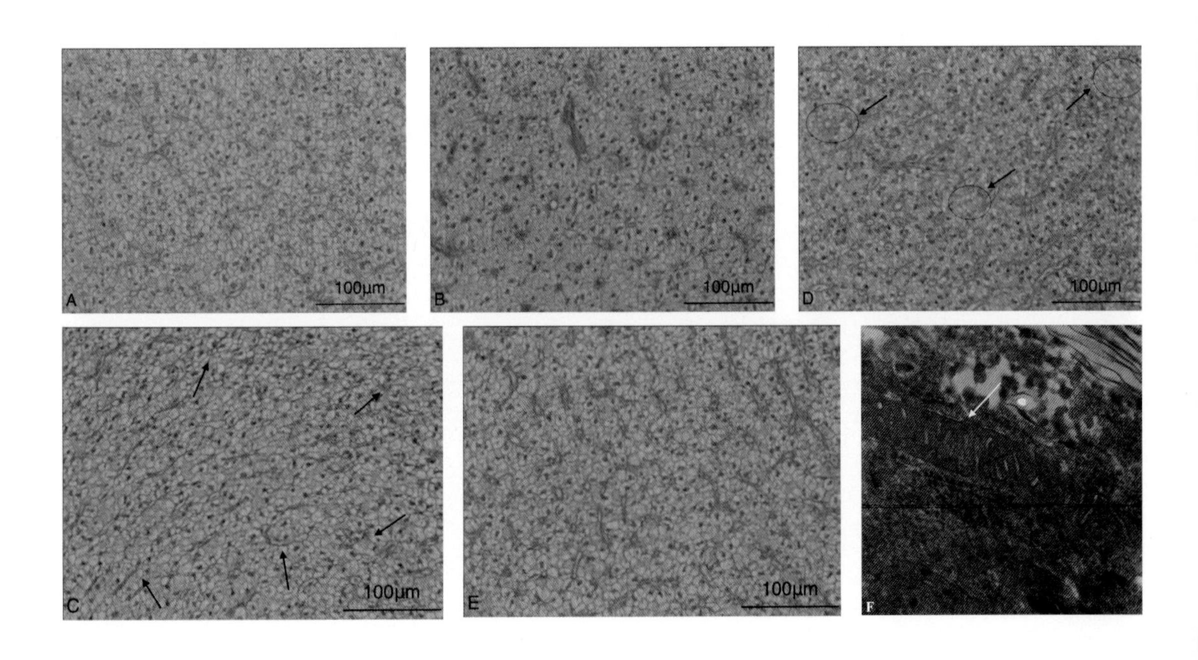

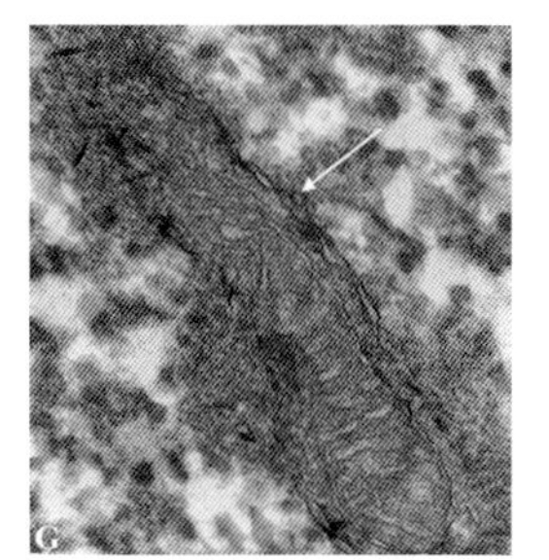

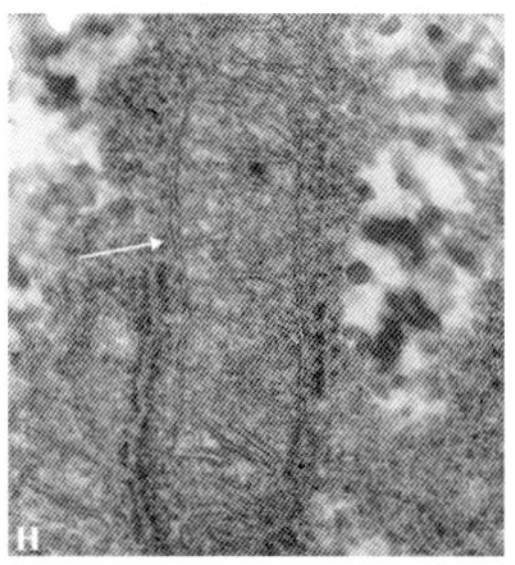

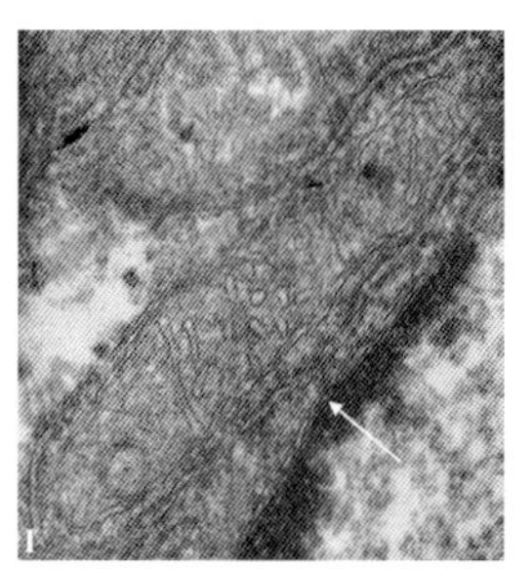

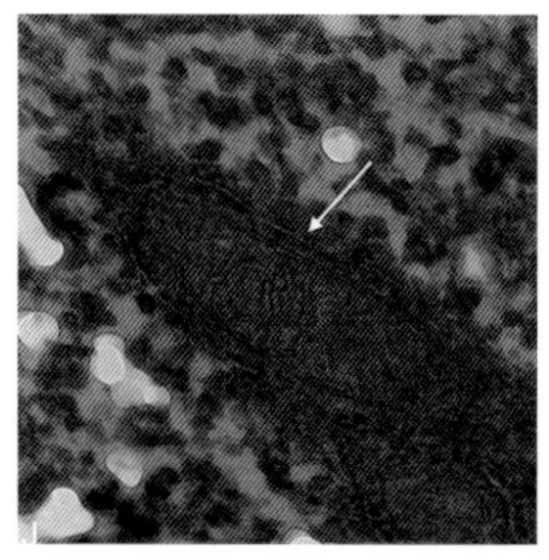

图版9-5-I　MDA对草鱼肝胰脏形态、结构的影响

Plate 9-5-I　Effect of MDA on morphology and structure of grass carp hepatopancreas

A、B、E. S、M1、F组，肝胰脏细胞排列整齐，大小均一；C. M2组，部分细胞细胞核消失(↑)；D. M3组，肝胰脏细胞形态发生改变，有明显纤维化趋势(↑)；F. S组，肝胰脏线粒体形态正常，内部结构清晰完整(↑)；G. M1组，线粒体形态正常，部分嵴形态发生改变(↑)；H. M2组，线粒体形态正常，嵴形态较为模糊(↑)；I. M3组，线粒体形态正常，内部结构混乱(↑)；J. F组，线粒体形态发生改变，内部结构清晰完整(↑)

A ~ E：光学显微镜观察，×400；F ~ J：透射电镜观察，×20000

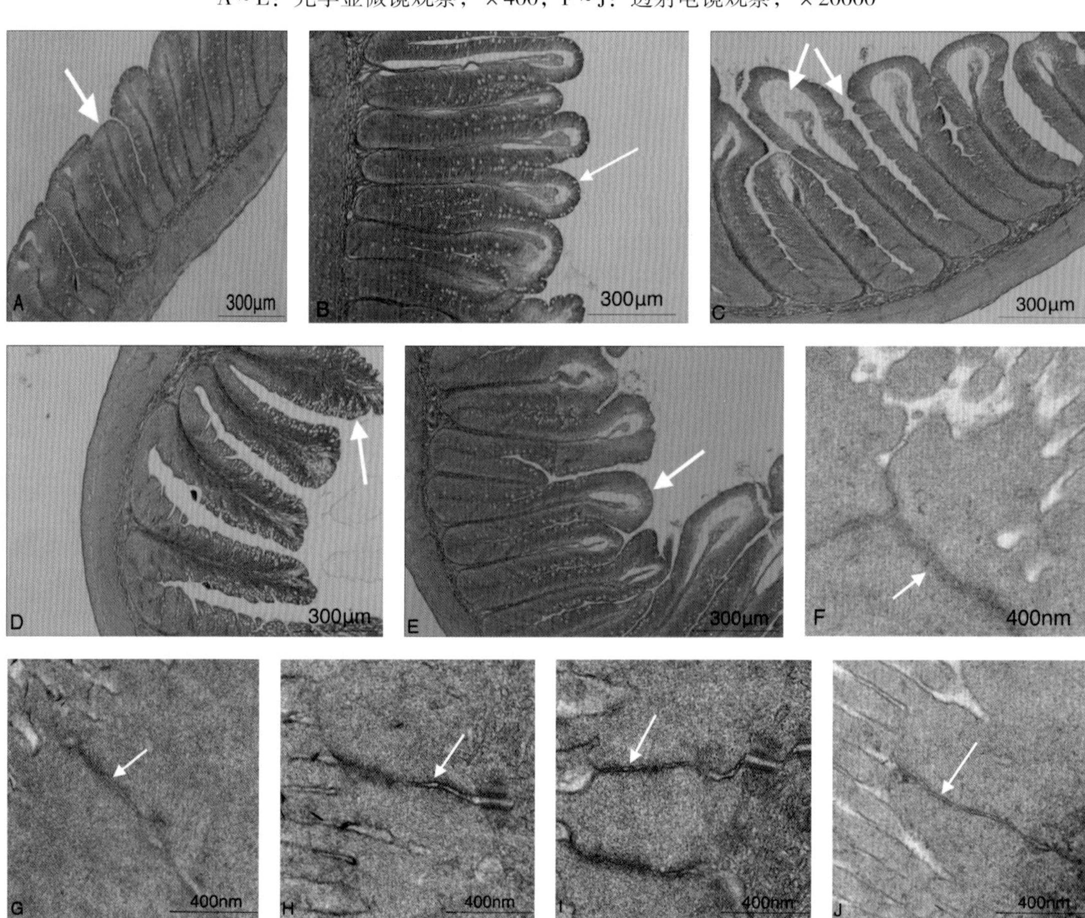

图版9-6-I　氧化鱼油对草鱼中肠形态、结构的影响

Plate 9-6-I　Effect of oxidized fish oil on morphology and structure of Gross carp midgut

A. S组，中肠绒毛排列整齐，黏膜表面完整(↑)；B. M1组，绒毛排列较整齐，中央乳糜管扩大(↑)；C. M2组，绒毛间隙增大，中央乳糜管扩大(↑)；D. M3组，绒毛密度下降，出现假复层柱状上皮细胞(↑)；E. F组绒毛中央乳糜管扩大(↑)；F. S组，中肠紧密连接正常(↑)；G. M1组，紧密连接出现缝隙(↑)；H. M2组，紧密连接扩张(↑)；I. M3组，紧密连接严重受损，结构完全打开(↑)；J. F组，紧密连接结构出现缝隙(↑)

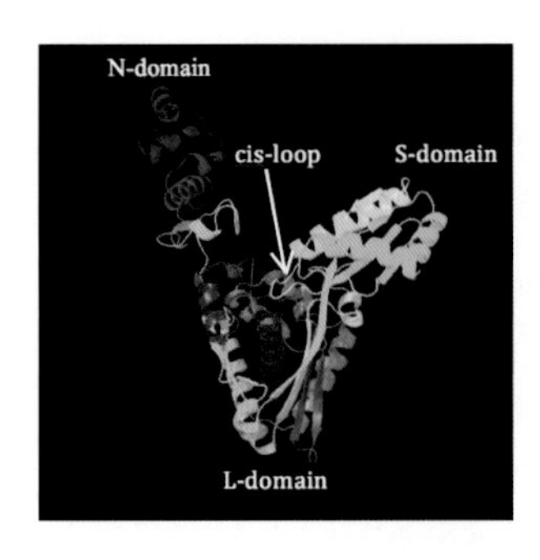

彩图10-5-3 HMGCR蛋白质的空间构象模拟图
Fig.10-5-3 HMGCR protein conformation mimic diagram

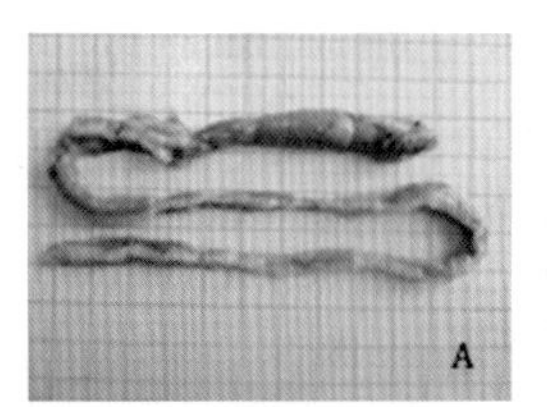
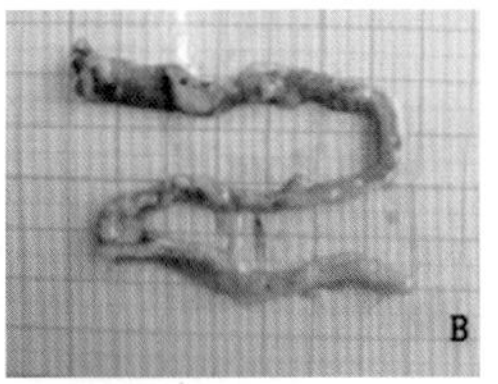

彩图10-6-1正常和损伤肠道外观形态
A.正常肠道；B.损伤肠道
Fig.10-6-1 normal and damaged intestinal morphology diagramA. normal intestine; B. damaged intestine

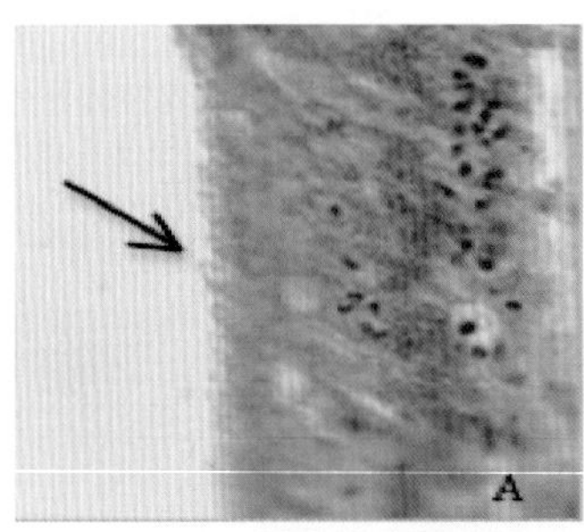
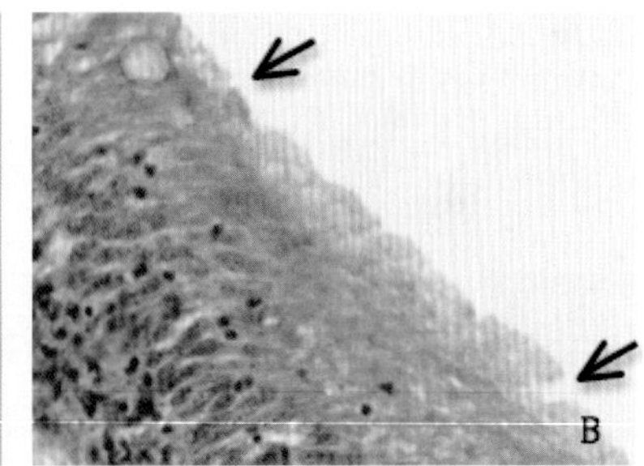

彩图10-6-2 肠道组织形态的影响（×1000）A.正常肠道；B.损伤肠道，箭头示肠微绒毛疏松，局部脱落
Fig.10-6-2 Effects of intestinal tissue morphologyA. normal intestine; B. damaged intestine, the arrows indicate the intestinal microvilli loose, partial loss

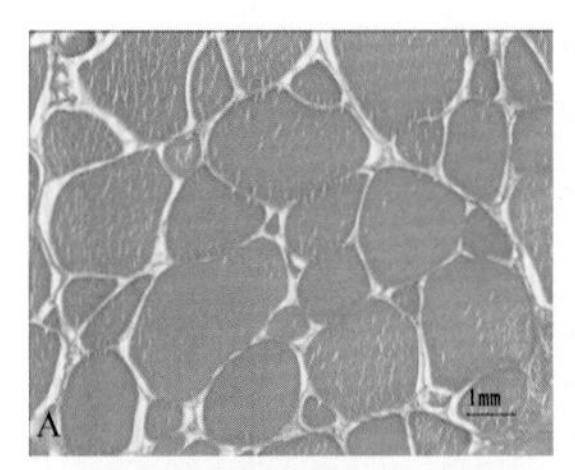
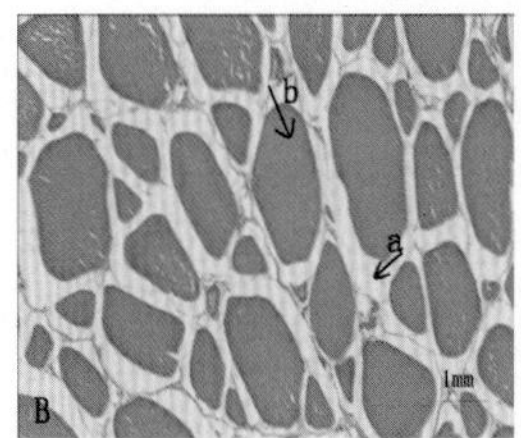
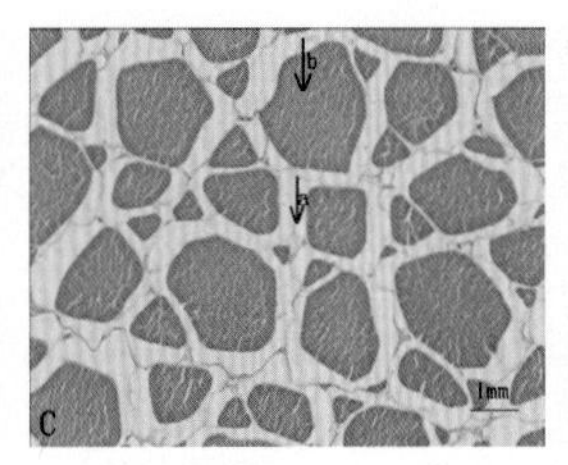
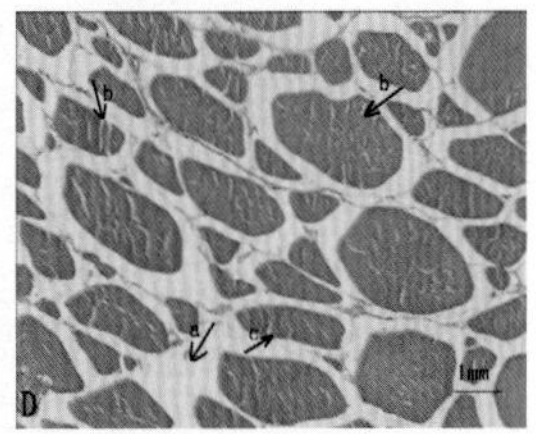
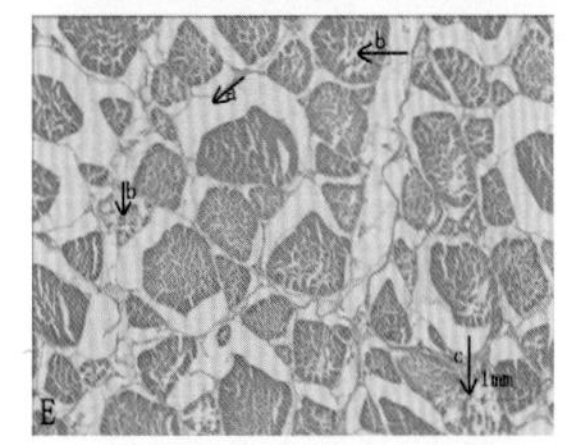
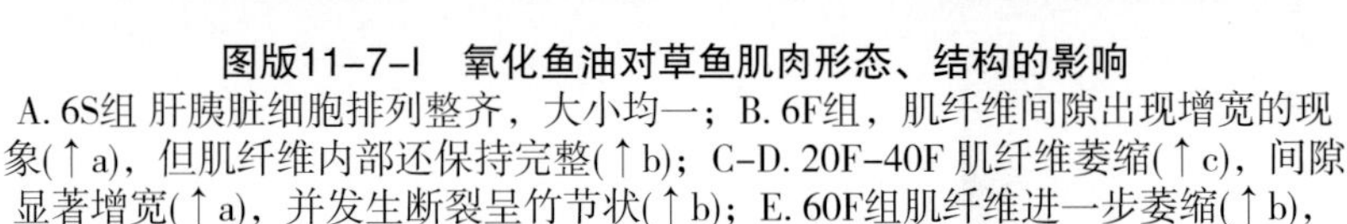

图版11-7-I 氧化鱼油对草鱼肌肉形态、结构的影响

A. 6S组 肝胰脏细胞排列整齐，大小均一；B. 6F组，肌纤维间隙出现增宽的现象(↑a)，但肌纤维内部还保持完整(↑b)；C-D. 20F-40F 肌纤维萎缩(↑c)，间隙显著增宽(↑a)，并发生断裂呈竹节状(↑b)；E. 60F组肌纤维进一步萎缩(↑b)，间隙进一步增宽(↑a)，有的出现破碎甚至溶解的现象(↑c)

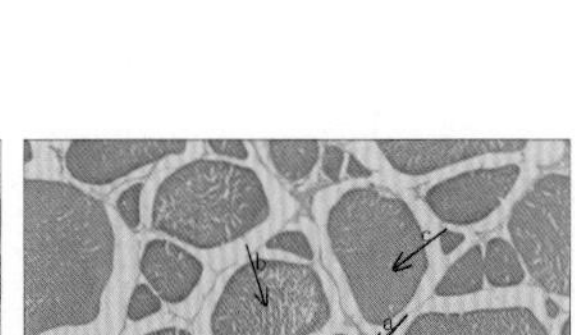
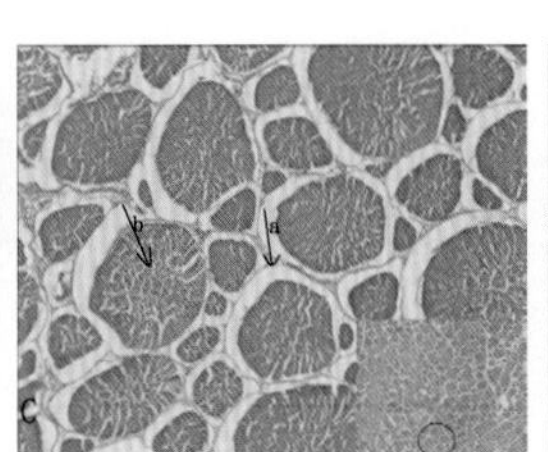
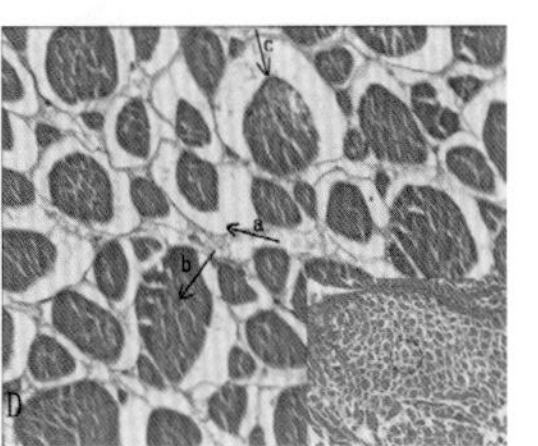

图版11-8-I 丙二醛对肌肉组织结构的影响（400倍）

Plate11-8-I Effect of MDA on structure of muscle in grass carp（×400）

A.6S组 肝胰脏细胞排列整齐，大小均一；B1组肌纤维间隙显著增宽(↑a)，部分肌纤维内部出现断裂(↑b，↑c)；B2组肌纤维萎缩，间隙显著增宽(↑a)，大部分肌纤维发生断裂呈竹节状(↑b)，B3组肌纤维进一步萎缩，间隙进一步增宽(↑a)，肌纤维发生断裂(↑b)，肌纤维边缘模糊(↑c)

氧化油脂对草鱼生长和健康的损伤作用

Injury of Oxidized Dietary Oil on Growth and Health of Grass Carp

叶元土　蔡春芳　吴　萍　等　著

中国农业科学技术出版社

图书在版编目（CIP）数据

氧化油脂对草鱼生长和健康的损伤作用／叶元土，蔡春芳，吴萍等著．—北京：中国农业科学技术出版社，2015.9
ISBN 978－7－5116－2170－2

Ⅰ.①氧… Ⅱ.①叶…②蔡…③吴… Ⅲ.①草鱼－淡水养殖－研究 Ⅳ.①S965.112

中国版本图书馆 CIP 数据核字（2015）第 154152 号

责任编辑 张国锋
责任校对 贾海霞 马广洋

出 版 者 中国农业科学技术出版社
北京市中关村南大街 12 号 邮编：100081
电 话 （010）82109702（发行部） （010）82106636（编辑室）
（010）82109709（读者服务部）
传 真 （010）82106631
网 址 http://www.castp.cn
经 销 者 各地新华书店
印 刷 者 北京卡乐富印刷有限公司
开 本 787 mm×1 092 mm 1/16
印 张 40.5 彩插 16 面
字 数 1100 千字
版 次 2015 年 9 月第 1 版 2015 年 9 月第 1 次印刷
定 价 198.00 元

编写人员

叶元土（苏州大学基础医学与生物科学学院，江苏省水产动物营养重点实验室）

蔡春芳（苏州大学基础医学与生物科学学院，江苏省水产动物营养重点实验室）

吴　萍（苏州大学基础医学与生物科学学院，江苏省水产动物营养重点实验室）

张宝彤（北京市科学技术研究院系统营养工程技术研究中心，水产动物系统营养开放实验室）

向朝林（浙江澳华饲料有限公司）

殷永风（淮安天参农牧水产有限公司）

秦　洁（苏州市张家港市水产技术推广站）

王永庆（新希望六和集团，青岛六和饲料有限公司）

姚世彬（广东粤海饲料集团有限公司）

许　凡（江苏盐城华辰水产科技公司）

刘　猛（江苏安佑科技饲料有限公司）

黄雨薇（苏州海特科生物科技有限公司）

陈科全（浙江金大地饲料公司）

林秀秀（研究生）

罗其刚（研究生）

前　言

1987 年 7 月，笔者离开四川大学的校门，进入了西南农业大学（现在的西南大学），从一个学生成为一个大学教师，从一个学习生物化学专业领域进入了水产养殖领域，从事水产动物营养与饲料的教学工作。从人的营养到动物的营养，再到水产动物的营养；从人的食物到了水产动物的饲料，这种转换是在实践中发生、从一点一点地积累开始的。

中国的水产养殖主要还是池塘养鱼，从范蠡的“养鱼经”（春秋末年）成为有文字记载的养鱼历史开始，也是一段非常悠久的发展史了。为了教学，也做些养殖科研工作，于是走遍了中国有养鱼生产的主要地区，最北端的黑龙江、吉林、辽宁，西北最远的新疆和田、喀什、伊犁、阿勒泰，西部的云南、贵州、陕西，最南端的海南，更不用说养殖业较为集中的华南、华中和华东地区了，更是主要学习和实践的地区。最深的感受有两点，一是体会到、看到养殖户（或者称为养鱼的渔民），一家全部的希望包括小孩上学、吃饭、穿衣等的一切经济来源都是依赖于养鱼赚钱，如果鱼没有养好，一切的生活都要受到影响。即使是现代的养鱼户，也主要还是依赖养鱼获得很好的效益，可以修房、买车、过上好的生活。每一个从事这个行业的科技工作者都会有一个强烈的责任心，尤其是如果因为自己的技术能力限制而导致养殖户出现亏损，谁的心里都会很难受的。这就是一个科研工作者应该有的责任。二是也亲眼看到不少的养殖户遇到重大病害或技术问题导致大量的死鱼现象，这时的养殖户会把全部的希望寄托在专家们的身上，希望有人能够帮他们一把。也正是因为这些感受，发自内心的驱动力，促使自己从原有的寄希望于生命科学研究、从事细胞或分子生物学研究，转而专心于水产养殖业和水产动物营养、水产饲料的教学、科研和技术推广工作，也坚定于踏实地总结、提炼生产技术，实实在在地做些科研工作。每个人都会有自己的理想，而当现实与原初的理想不一致的时候，则要适时地调整自己的理想。历史都是发展的，科学技术也是在不断发展和进步的，也寄希望于有更多的学生、更多的年轻学者从事这项有利于民的工作。

20 世纪 80 年代，正是中国饲料、也是中国水产饲料开始起步的时期，非常幸运的是我们赶上了这个时代。也经历了具有中国特色的施肥养鱼、种草养鱼，到使用单一饲料原料养鱼、使用混合饲料养鱼，到现在使用配合饲料养鱼的发展历程。中国的水产养殖业、中国的水产饲料产业发展到 21 世纪初期，也是达到了历史的最佳时期，水产养殖产量、水产饲料产量都达到了世界第一。我们经历了、也见证了中国水产饲料从起步、快速发展到世界第一产量的这段历史，我们这代人是幸运的。而在快速发展的同时，基础研究的薄弱、基础数据的缺乏的现实问题也是越来越突出。后期的发展则需要更多的人参与，需要更科学的研究方法、更系统的研究成果作为支撑。

水产动物营养与饲料学科发展的终极目标就是希望能够用最少量的饲料产品，在保护水域环境、维护鱼体健康的条件下，获得更多的、符合人类食用安全的养殖水产动物产品。这就需要系统、全面地了解水产动物的营养需要，并通过饲料原料的有机组合，经过系统的制造过程，生产出营养全面的、转化利用率很高的饲料产品。如何科学地配制和生产水产动物所需要的饲料产品就是非常重要的工作。

然而，由于需要通过饲料原料的有机组合，（配方）组成饲料来满足养殖水产动物的营养需要，而不是利用单一的营养物质或纯净的营养物质来组成饲料产品，其结果就是，饲料原料在提供饲料产品营养物质的同时，潜伏其中的或原料变质所产生的有毒有害物质，也随饲料原料进入了饲料产品中，也同样给予了对养殖动物生长和健康不利的物质，或称为有害物质。这些有害物质对养殖动物会造成器质性的损伤作用，会危害养殖水产动物的健康。养殖的水产动物只有在健康状态下才能获得最佳的生长速度、最佳的饲料转化效率。也只有在健康状态下，水产动物才能具有完善的免疫防御系统、具有最佳的免疫防御能力。鱼体的抗病防病主要还是依赖于自身的健康、依赖于自身的免疫防御能力。如果养殖的水产动物具有良好的健康状态，自然可以减少病害的发生，也能减少养殖生产中药物的使用。在养殖生产中，饲料是养殖动物的主要物质和能量来源，因此，要求饲料产品具有很好的安全性，不要损害养殖水产动物的健康，要能够有效地维护养殖动物的生理健康。于是，饲料质量，尤其是安全质量就非常重要了。这也是水产动物营养与饲料学科延伸发展的重要学术、技术领域。

一项很重要的工作就是希望能够建立主要养殖鱼类的健康模型。我们人是否健康可以去医院做全面的体检，因为有一套健康的指标体系和指标值。但是，到目前为止，我们还不能对养殖的水产动物做较为全面的、科学的体检。如果能有一套系统的健康评价指标，并确认不同指标的相应健康范围值，就可以对养殖过程中的水产动物进行有效的体检，并采取适当的、科学的技术对策，通过饲料途径、养殖水质途径等维护和调整养殖动物的生理健康。我们尝试着在养殖较为集中的、我国主要养殖区域如广东、湖北、江苏、河北等地，采集主要淡水养殖鱼类（如草鱼、鲫鱼、鲤鱼、团头鲂、黄颡鱼等）的血液和鱼体样本，参照人体医学健康检查的指标体系和健康模型建立方法来建立这些鱼类的健康模型。结果发现这是一项非常艰巨的工作，所得到的数据差异很大，很难建立一个理想的健康模型。后来把健康模型范围缩小到肝胰脏健康、肠道健康方面。在本书的第一章里，介绍了对草鱼、鲫鱼和团头鲂的肝胰脏健康模型所做的初步的尝试。这个模型有很多不足之处，但必定是第一个初步的模型，什么事都得有个尝试性的开端，希望在以后的工作中逐步地完善，也希望有更多的人关注并参与该项工作。

饲料油脂是水产动物主要的能量来源，也是重要的组成物质。水产动物饲料中必须添加适量的油脂。但是，油脂的氧化酸败是一个重大问题，其氧化产物对养殖动物具有广泛性的毒副作用，对养殖动物的健康具有很大的损伤作用。这是本书将要介绍的研究重点。

油脂氧化酸败具有客观性、发生机制的随机性、氧化产物的不确定性。为了研究的需要，我们建立了实验室油脂的氧化方法和装置。希望能够用较为一致的实验室氧化方法，获得氧化产物较为一致的氧化油脂用于不同的试验之中。在第二章以及后面的不同章节中，均介绍了采用相同的油脂氧化方法、油脂氧化装置，对不同的油脂氧化结果所做的比较和分析以及对油脂的氧化产物进行的初步比较和分析，希望能够为同类研究提供参考。

在人体医学和药物学研究中，建立实验动物模型并利用模型进行损伤机制、药物筛选的研究。希望能够参照这类工作，建立养殖鱼类的肝胰脏损伤实验模型，尤其是脂肪肝病的实验模型。在第三章中介绍了采用硫代乙酰胺作为造模剂，参照大鼠、小鼠的肝损伤模型建立方法，初步建立的草鱼的硫代乙酰胺肝损伤模型。这个模型建立是较为成功的，可以参考使用。

利用离体的肝细胞、肠道黏膜细胞进行饲料有害物质的研究，具有研究条件可控、研究时间短、可批量重复等优点，尤其适用于有害物质作用机制的研究以及肝、肠损伤修复物质的筛选、修复机制的研究。国内外对离体肝细胞、肠道黏膜细胞的分离、培养也有较多的研究，取得了很好的结果。然而，我们在研究的早期遇到一个重要的问题，就是用于细胞分离的草鱼主要来自养殖池塘，有部分鱼体的肝胰脏和肠道已经受到损伤，在不同的器官组织中也就带有细菌等微生物，在细胞分离过程中也仅仅是对培养工具、培养环境和肝胰脏、肠道的组织块表面进行消毒，无法杀死组织块内部的微生物。其结果就是导致分离、培养的肝细胞、肠道黏膜细胞常常出现微生物污染的情况，一度导致试验中断。后来发现，需要对用于细胞分离的草鱼进行肝胰脏、肠道的修复性养殖，只有待试验材料草鱼的肝胰脏、肠道修复好之后才能用于细胞的分离。于是我们发明了一种可以快速修复草鱼肝胰脏、肠道损伤的配合饲料，并申请了发明专利。终于使草鱼肝细胞、肠道黏膜细胞的分离和原代培养试验得以继续，这个经验值得同类研究者特别关注。在肠道黏膜细胞分离、培养过程中，还有一个重要问题是影响细胞培养是否成功的关键点。由于肠道绒毛顶端的细胞是分化较为完全的细胞，不利于细胞的再培养、增殖。肠道黏膜细胞的更新速度很快，1～3 天就要更新一次。而黏膜隐窝处的细胞则是分化程度较低的细胞，适用于离体细胞的培养、增殖。所以，在肠道黏膜细胞分离过程中，我们早期采用结扎肠囊、灌注分离液的方法，或者采用翻转肠囊消化分离的方法，结果可以得到很多单一细胞，但是培养、细胞增殖的效果却很差。后来改用机械刮取、配合消化酶消化的方法，可以得到较多的细胞团，其中也有较多的隐窝细胞材料，终于很好地完成了草鱼肠道黏膜细胞的分离、原代培养工作。并利用离体的草鱼肝细胞、肠道黏膜细胞，完成了氧化豆油水溶物、丙二醛对细胞的损伤作用研究工作。对酵母培养物也进行了初步的研究，一般认为酵母培养物以及其他微生物饲料产品，进入鱼体肠道后主要是对肠道微生物产生作用，依赖肠道微生物对养殖动物产生作用。在我们的研究工作中，发现酵母培养物的水溶性物质可以促进草鱼肠道黏膜细胞的分裂、增殖，并对丙二醛损伤的黏膜细胞具有一定的修复作用。这个试验很好地说明了酵母培养中的水溶性物质可以直接对肠道黏膜细胞发挥作用，类似的微生物产品也可能有同样的机制作用于肠道黏膜细胞。

启动国家自然科学基金项目“饲料氧化油脂对草鱼肠道和肝胰脏损伤机制的研究”的第一项工作，就采用对草鱼灌喂氧化鱼油的方法，造成急性的肠道、肝胰脏器质性损伤，对肝胰脏、肠道黏膜组织进行了总 RNA 提取，并进行转录组的测序工作。该项工作较为全面地了解了氧化鱼油对草鱼肠道黏膜、肝胰脏在基因水平上的损伤基因表达响应，其中，重要的是发现胆固醇、胆汁酸合成代谢途径的基因得到增强性表达。于是，开始关注到胆固醇、胆汁酸可能在草鱼整体生理健康维护，在氧化鱼油刺激下肝胰脏和肠道黏膜结构完整性、功能完整性维护方面的重要作用。肠道黏膜结构完整性、肠道黏膜屏障功能完整性在鱼体生理健康维护方面具有关键性的重要作用。因此，我们对草鱼肠道黏膜细胞之间的紧密连接结构进行了较为系统的研究工作。通过透射电镜照片找到了肠道黏膜细胞之间紧密连接结构的存在，对构成紧密连接结构蛋白的基因也进行了较为系统的研究。在生产性养殖条件下，在氧化鱼油和丙二醛分别添加到饲料中养殖条件下，肠道黏膜损伤的同时，肠道黏膜细胞之间的紧密连接结构受到严重损伤，其主要构成蛋白基因表达活性显著下调，这是肠道损伤的一类重要的标志性指标，在第六章进行了较为详细的阐述。

胆固醇的重要去路之一就是合成胆汁酸，而胆汁酸在肝胰脏、肠道中的循环是“肠—肝轴”中物质循环的重要基础，是草鱼肝胰脏、肠道功能相互联系、相互影响的重要通道。我们对草鱼肝胰脏、肠道黏膜组织胆固醇、胆汁酸合成代谢通路的基因进行了较为系统的研究，也获得了在饲料氧化鱼油、丙二醛刺激下，草鱼肝胰脏、肠道黏膜组织中胆固醇、胆汁酸合成代谢关键酶基因的表达响应结果。这对阐述鱼体肝胰脏、肠道功能的相互关系，对如何应对饲料氧化油脂对鱼体肝胰脏、肠道损伤的饲料技术对策，对肝胰脏、肠道氧化油脂损伤的修复等均具有重要的价值。详细的研究结果在第十章阐述。

利用实验室氧化的豆油加入饲料中，通过养殖试验，研究了氧化豆油对团头鲂、草鱼生长和肝胰脏健康的影响，并对酵母培养物、水飞蓟素、姜黄素的修复作用也进行了初步的研究。这些内容分别在第七、第八章中介绍。

利用氧化鱼油、丙二醛添加到饲料中，对草鱼经过一定时期的养殖后，对养殖草鱼的生产性能、肝胰脏健康、肠道健康等进行了较为系统的研究工作，尤其是对草鱼肠道黏膜屏障结构的损伤作用得到很好的结果。这对阐述氧化油脂的损伤作用机制、作用效果，以及对饲料技术的发展，都具有很好的学术和技术价值。在第九章有较为全面的阐述。

谷胱甘肽/谷胱甘肽转移酶系统是鱼体重要的免疫防御系统，这是鱼体自身免疫防御系统的重要组成部分，也是鱼体健康的重要保障之一。第十一章较为系统地介绍了草鱼不同器官组织中谷胱甘肽/谷胱甘肽转移酶通路基因的差异表达的研究及其在饲料氧化鱼油、丙二醛作用下，草鱼肝胰脏、肠道组织中谷胱甘肽/谷胱甘肽转移酶代谢通路基因表达响应结果。

饲料氧化油脂可导致鱼体消瘦、肌肉萎缩，并使鱼体出现畸形。在第十一章中还介绍了草鱼肌肉组织中蛋白泛素化通路基因的表达的研究，结合肌肉的组织切片观察结果，可以解释在氧化油脂、丙二醛的作用下，鱼体肌肉蛋白质发生变形，并被泛素化标记，之后被蛋白酶水解，于是鱼体肌肉可能出现萎缩、鱼体消瘦等现象。

本项目的研究工作是我们实验室团队共同努力的结果。“求真务实，开拓创新；技术为本，艰苦创业；踏实做人，回报社会”是我们实验室全体师生的共同信念。实验室毕业的研究生们多数在水产饲料生产的第一线，为实验室团队的研究工作提供了很好的帮助和支持。在此表示衷心的感谢。

上海海洋大学的冷向军教授、华雪明副教授与我们合作培养的研究生秦洁、王永庆、陈东兴参与了草鱼肝细胞分离培养、氧化豆油对草鱼生长和肝胰脏损伤作用等研究工作，且取得很好的效果。北京桑普生物化学技术有限公司 20 多年来一如既往地对实验室给予了研究经费、实验设备的大力支持。每年一度的研究生优秀论文奖学金也激励了实验室研究生的学习和研究热情。在此一并致谢。

在项目研究和本书编写过程中，始终得到了国家自然科学基金“饲料氧化油脂对草鱼肠道和肝胰脏损伤机制的研究”和苏州市科委的“姜黄素、水飞蓟素防治草鱼脂肪肝病新型功能性饲料添加剂的研究”及“鱼肠 – 肝轴胆汁酸循环途径与调控机制的研究”3 个项目的支持。在此特别感谢。

叶元土

2015. 3. 1

目 录

第一章　草鱼、团头鲂和鲫鱼健康模型的初步研究

第一节　主要研究结果

以草鱼、鲫鱼和团头鲂为研究对象，通过对其体表颜色、形体指标、肝胰脏形态与颜色、肝胰脏指数和肝脂肪含量、肝组织切片及血清肝胰脏功能指标、酶活力等方面进行研究分析，旨在探讨建立草鱼、鲫鱼和团头鲂健康，尤其是肝胰脏健康的评价指标体系、指标值及指标的正常范围，为同类工作的开展提供参考。

一、池塘草鱼健康模型的建立及验证

（一）池塘草鱼健康评价指标体系的建立

试验以池塘养殖草鱼为对象，根据肝胰脏解剖观察将其分为健康（A 类）和不健康（B 类）两类，从体表颜色、形体指标、肝胰脏解剖、肝组织切片及肝功能和肝损伤酶学值等方面对两类进行对比分析，旨在探讨建立养殖草鱼健康评价指标体系、指标值及其正常范围值。

结果显示：

（1）肝形态的评价可以从以下 3 个方面进行：①颜色：正常肝胰脏的颜色呈紫红色；②外观：肝胰脏正常时，其边缘棱横清晰、呈线形；③质地：正常的肝胰脏质地富有弹性，压迫时无凹陷。

（2）肝组织切片可以从以下几方面来评价：①细胞界限是否清楚且呈线形；②细胞核的位置：正常肝细胞核位于肝细胞的中央，当肝细胞核偏离或细胞核不在细胞中央时，均是肝脏病变的表现。

（3）ALT、AST、ALP、CHE、TBA、TRIG、HDL-C 和 LDL-C 在草鱼健康评价指标变化敏感性强，可以作为判断草鱼健康的指标。试验结果表明草鱼肥满度、内脏指数、肝胰脏指数、肝脂肪含量、ALT、AST、ALP、TRIG、HDL-C 和 LDL-C 及其正常值范围（表 1－1－1）可以用来判定草鱼的健康状态。

（二）池塘草鱼健康评价指标模型的验证

试验以全国 8 个地区的养殖草鱼为试验对象，来验证草鱼健康指标判断的准确性。结果显示：

（1）肥满度、内脏指数、肝胰脏指数、AST、TRIG 和 LDL-C 单独判断健康的准确率均在 60% 以上。

（2）形体指标和肝胰脏结构功能两类指标的判断准确度分别为 77.59% 和 72.22%，均高于其单个指标的判断准确度。

（3）在10个健康指标中，有67.11%（6~7个）及以上的指标在给定的健康指标范围内，就可以认定该样本是健康的。

二、湖泊野生鲫鱼健康指标评价体系

以湖泊鲫鱼为研究对象，从体表颜色、形体指标、肝胰脏形态与颜色、肝胰脏指数和脂肪含量、肝组织切片及血清肝胰脏功能与损伤酶活力等方面对鲫鱼健康评价指标、评价方法及指标正常范围值进行了研究分析。

结果显示：

（1）肥满度、体重/体长比和内脏指数的正常范围值分别为肥满度2.73~3.07、体重/体长比12.36~14.52、内脏指数4.62~6.84。

（2）肝胰脏形态的健康评价可以从以下3个方面进行：①颜色：正常肝胰脏的颜色是紫红色，抽过血后表现为深黄色；②外观：肝胰脏健康时，其边缘棱横清晰、呈线形，外观不肿大；③质地：正常的肝胰脏质地富有弹性，压迫时无凹陷。肝胰脏组织切片主要从以下几方面来评价：①细胞界限清楚；②细胞核位于细胞中央；③肝细胞内脂肪滴的数量。

（3）16项血清肝胰脏功能与肝损伤酶活性值的频率分布均为正态分布或对数正态分布，其正常范围值见表1-1-1。

三、湖泊野生团头鲂健康评价指标体系的研究

以湖泊团头鲂为研究对象，从体表颜色、形体指标、肝胰脏形态与颜色、肝胰脏指数和脂肪含量、肝组织切片及血清肝胰脏功能与损伤酶活力等方面对团头鲂健康评价指标、评价方法及指标正常范围值进行了研究分析。

结果显示：

（1）肥满度、体重/体长比和内脏指数的正常范围值分别为2.05~2.33、14.31~16.51和6.36~9.14。

（2）肝胰脏形态的健康评价可以从以下3个方面进行：①颜色：紫红色；②外观：边缘棱横清晰、不钝厚，外观不肿大；③质地：富有弹性，压迫时无凹陷。肝胰脏组织切片主要从以下几方面来评价：①细胞界限清楚；②细胞核位于细胞中央；③肝细胞脂滴的数量。

（3）15项血清肝胰脏功能与肝损伤酶活性值的频率分布为正态分布或对数正态分布，其正常范围值见表1-1-1。

表1-1-1　草鱼鲫鱼团头鲂健康模型指标

类型	指标	指标范围值		
		草鱼	鲫鱼	团头鲂
形体指标	肥满度（%）	1.87~2.27	2.73~3.07	2.05~2.33
	体重/体长比	7.38~23.20	12.36~14.52	14.31~16.51
	内脏指数（%）	12.53~19.83	4.62~6.84	6.36~9.14
	体宽（cm）	3.30~6.09		

（续表）

类型	指标	指标范围值		
		草鱼	鲫鱼	团头鲂
肝胰脏形态与肝细胞	肝胰脏指数（%）	2.16～3.50	2.24～3.92	1.36～2.16
	肝脂肪含量（湿重%）	4.33～12.74	0.45～1.17	5.62～8.48
	色泽	紫红色	紫红色	紫红色
	外观	边缘棱横清晰、呈线形，不肿大	边缘棱横清晰、呈线形，不肿大	边缘棱横清晰、不肿大
	质地	富有弹性，压迫时无凹陷	富有弹性，压迫时无凹陷	富有弹性，压迫时无凹陷
	细胞界限	细胞界限清楚	细胞界限清楚	细胞界限清楚
	细胞核位置	核位于细胞中央	核位于细胞中央	核位于细胞中央
	脂肪滴面积/肝组织面积	12.09±3.04		
血清酶学	丙氨酸氨基转移酶 ALT（U/L）	4.96～15.84	15.45～37.32	7.02～21.52
	天门冬氨酸氨基转移酶 AST（U/L）	40.66～116.47	391.30～872.67	125.99～361.09
	AST/ALT	4.58～13.17	17.65～35.30	10.43～28.87
	胆碱酯酶 CHE（U/L）	95.73～117.85	112.15～210.71	65.97～213.95
	碱性磷酸酶 ALP（U/L）	48.20～99.20	15.29～26.37	12.07～41.81
血清蛋白	TP（g/L）		15.79～25.36	13.60～23.36
	ALB（g/L）		11.30～17.82	9.76～13.78
	Glo（g/L）		4.72～8.32	3.99～9.44
	A/G		1.84～2.97	
血清功能性指标	总胆红素 STB（μmol/L）	0.52～2.29	2.31～4.74	2.17～4.02
	总胆汁酸 TBA（μmol/L）	2.29～9.94	0.70～1.33	2.08～22.46
	血糖 Glu（mmol/L）	2.05～4.80	7.92～14.54	2.81～7.36
	肌酐 Cre（μmol/L）	1.90～10.10	2.21～6.82	0.95～4.56
血脂	胆固醇 CHO（mmol/L）	2.52～4.47	4.63～8.11	4.77～8.99
	甘油三酯 TRIG（mmol/L）	3.16～7.53	0.64～1.31	0.27～0.72
	高密度脂蛋白 HDL-C（mmol/L）	0.33～0.79	2.54～4.19	2.18～4.75
	低密度脂蛋白 LDL-C（mmol/L）	0.34～1.45	1.53～4.22	1.71～4.77

第二节　养殖鱼类健康研究进展

我国水产业有了很大的发展，自1989年以来连续世界第一[1]。中国水产业的快速发展，对养殖鱼类的健康状况及其评价体系的研究提出了更高的要求，这是因为：①饲料物质对养殖鱼类的主要器官、整体健康有重大的影响；②养殖鱼类只有在健康状态下才能发挥最大的生长潜能、获得最大的饲料效率；③处于健康状态下的养殖鱼类可以最大限度地利用饲料，从而降低了残饵对水体富营养素的排放，保护了生态环境。因而，只有对养殖鱼类的健康状况有着比较清楚的了解，才能合理地安排养殖方式、饲料配制和疾病的预防，从而提高养殖效益也保护了养殖环境。

一、鱼体健康的含义

“健康”是什么？健康的定义没有一个是完美无缺的[2]。人类对“健康究竟是什么”的疑问和不同时期对这个问题的回答，往往是健康领域发展的前提，指引着我们不断前进[3]。健康的定义有很多，影响健康定义的两个最重要的基本理论是Christopher Boorse的生物统计理论（Biostatistical theory）和Lennart Nordenfelt的整体福利理论（Holistic welfare theory），这两个理论对健康定义的发展起到了重要的指导作用。在这两个理论的基础上，又发展了很多对健康的定义，如Josef Kovacs的健康概念、健康的两维理论、健康和疾病的动态定义[3]。

Boorse的健康概念是在不断的完善和发展中。1997年，Boorse认为“疾病是没有能力以最低标准的效率实现所有典型的生理功能。健康就是简单的没有疾病”。后来，Boorse又进行了补充，认为“器官的功能是指对有机体生存和生殖的特定的贡献”（1987）[4]。1997年，他又对这一概念进行完善，认为“疾病是一种内部状态，即是一种正常功能能力的损伤，如一个或多个典型功效以下功能能力的降低，也是环境因素导致的功能能力的限制”。Boorse的健康概念是疾病的对立面，即无疾病，是生物统计研究的理论基础。该概念从内部功能低于生理功能的最低效能扩展到环境所带来的功能受限，提示对健康的定义不能仅考虑生物特性，还必须考虑外部因素带来的影响。

Lennart Nordenfelt从全面福利理论角度提出了健康的定义：“A是健康的，当且仅当A在标准环境下，有能力实现他至关重要的目标，即一系列必需的和共同结合足以满足他最低幸福的一系列目标”（1995）。这里将健康定义为达到幸福的能力，包含几个要素：能力、目标和环境。Freanders Tengland对此定义提出了批评的意见：①这一理论的相对主义导致产生语言和目标标准的矛盾；②“至关重要的目标”的概念导致相反的直觉结果，到底“哪些目标能被认为是至关重要的目标”的答案是模糊的；③理论对能力的关注也是反直觉的；④这个理论使健康的测量困难；⑤理论没有给我们一个健康的、充分的说明[5]。尽管这一概念受到了Freanders Tengland的批评，但健康作为幸福生活的能力成为又一健康新视角。现代医学对人体健康的定义：人体的一种状态，在这种状态下人体查不出任何疾病，其各种生物参数都稳定地处在正常变异范围以内，对外部环境（自然的和社会的）日常范围内的变化有良好的适应能力。

那么，应该怎样认识鱼类的健康？人类在自身遗传背景下，与自然环境条件、自身内环境条件相适应的，这是自然选择、生物物种生存与发展的基本原则，与人类一样，鱼类也是这样的。在此原则下，鱼体健康应该是指鱼体的繁殖、生长、发育状态及其鱼体内部各种器官组织、各项生理功能指标等维持在其个体、物种与环境相适应的适宜范围内。因此，鱼体健康应该是指鱼体的生长速度、饲料利用效率、鱼体各器官和组织的各类指标在其正常、合理的范围内，鱼体各类指标处于正常状态、能够适应所处环境，并对环境的变化具有自我调节适应的能力，不会出现明显的病理性变化、死亡等。

二、鱼类营养性疾病

随着水产养殖业的发展，鱼类疾病问题日益严重，直接影响到养殖者的经济效益。而鱼病的发生是鱼体、病原体和养殖环境三者之间失去平衡所产生的现象，即鱼类疾病的发生与鱼类的健康状况有着密切的关系，而鱼类的健康状况又直接受到饲料营养水平安全性的影响。饲料的营养水平不但与由病毒、细菌和寄生虫等病原生物引起的鱼类疾病有关，情况严重时还会导致鱼类的营养性疾病。鱼类的营养性疾病是指由于某些营养物质长期摄入不足或过多而引起的疾病。在自然水体中生活的野生鱼类很少会出现营养性疾病。这是因为野生鱼类一般都有机会从天然饵料中获得保持机体健康所需的各种营养成分，尤其是维生素和矿物质等微量营养物质。但是在高密度养殖条件下，尤其是集约化程度高的网箱养殖和工厂化养殖，鱼类获得天然饵料的机会极少，保持鱼类快速生长的营养基本上都来源于投喂的饲料。如果投喂的饲料营养成分不全面或不平衡，某种营养成分缺乏或过多，就会导致鱼类出现营养性疾病。

鱼类营养性疾病，一般包括以下几方面。

（1）由蛋白质含量不足或过多、氨基酸不平衡引发的疾病

所谓生长，即是蛋白质在鱼体内的沉积。鱼类对蛋白质的需要量较高，且不同种类、生长阶段、不同环境，要求也不同。蛋白质含量不足，导致鱼类生长发育受阻，体质减弱，抗病力下降；蛋白质含量过高，会使维生素、微量元素与饲料中的蛋白质不成比例，极易导致缺乏症，更为严重的是高蛋白饲料容易诱发肝脏脂肪积累，破坏肝功能，干扰鱼类机体正常生理生化代谢，如鳗鱼饲料[6]。鱼虾对蛋白质的要求，实际上就是对氨基酸的需要。鱼类有 10 种必需氨基酸，包括赖氨酸、精氨酸、组氨酸、蛋氨酸等，且均有一定的配比，任何一种氨基酸不足，其他种类的营养物质将成为多余而浪费[7]。鲤鱼饲料缺乏氨基酸时，会引起鱼的体质恶化，平衡失调，并严重影响肝胰组织。

（2）脂肪不足或变质引起的疾病

脂肪对鱼类的主要功能：氧化释放出能量（约为同量碳水化合物和蛋白质的 2 倍），有利于鱼类安全越冬，减少死亡率；作为脂溶性维生素 A、D、E、K 等的载体，促进这些维生素在鱼体内的吸收和利用[8]。鱼类对脂肪有较高的适应能力和较高的消化能力，但是过量亦会引起鱼体不适，使肝脏中脂肪积聚过多，不利生长[9]。草鱼、青石斑鱼、鲈鱼和台湾铲额鱼的最适脂肪含量分别为 8.8%[10]、9.87% 左右[11]、5.4% ~15.4%[12]或 7.53% ~9.59%[13]和 5% ~10%[14]。鱼类的必需脂肪酸（必须从饵料中获取的鱼体自身不能合成的脂肪酸，多数为多不饱和脂肪酸，简称为 PUFA）是鱼类饵料中不可缺少的成分之一，缺乏 PUFA 对鱼体的生长和繁殖有着较大的阻碍作用。鳗鲡饲料中缺乏必需脂肪酸时，生长受阻，体色暗淡，易患皮肤病，死亡率增加[15]。海产仔稚鱼饵料 ω-3 PUFA 不足会造成成活率降低，生长停滞，出现异常游泳等[16]。用完全不含 ω-3PUFA 饵料在产卵前半年饲养的真鲷

亲鱼，其卵的浮上率和孵化率大大低于饵料中含 ω-3PUFA 的亲鱼的卵，而且投喂不含 ω-3PUFA 饵料的一组，几乎所有的孵化仔鱼都畸形。饵料中脂类的提高对亲鱼的怀卵量和卵质都起着重要作用，而且在一定的范围内随着 ω-3PUFA 的增高，幼鱼的日生长率和存活率都有所增加，但是大量摄入 PUFA 对鱼体也会带来不良影响[17]。

（3）由碳水化合物不足或过多引发的疾病

鱼类由于品种不同，对碳水化合物的利用情况和需要量也不同。若含量不足，势必消耗大量的蛋白质作为能源从而造成浪费；若饲料中碳水化合物含量过高，将引起内脏脂肪积累，妨碍正常的机能，引起肝脏脂肪浸润，大量积聚肝糖原，会造成鱼肝脏肿大、色泽变淡、外表无光泽、死亡率增加等[6]。

（4）缺乏维生素引起的疾病

维生素在鱼类新陈代谢、生长发育、免疫、繁殖等活动中有极其重要的作用。维生素 C 是鱼饲料中的一种重要的维生素。鱼类对缺乏维生素 C 非常敏感，表现为生长缓慢，鱼体畸形和抗病力降低[18]。为了满足鱼体正常生长的需要，防止出现维生素缺乏症，每千克饲料中必需含有 100～350mg 的维生素 C[18]，也有资料表明：鱼体正常生长、不致出现坏血病的维生素 C 需要量为每天 1.0～3.0mg/kg 鱼体重[19]，具体的用量因种而异[20-23]。鱼幼体自体合成不足，相对需求量大，所以一定要添加，随着个体增加逐渐减少，或季节性（高温、低温、环境不良）添加。维生素 C 的存在形式也是影响其作用效率的一个重要因素，李爱杰[24]和马生生等[25]在中国对虾的研究中发现，蚤状幼体包膜维生素 C 的效果比维生素 C 磷酸酯镁好，糠虾幼体维生素 C 磷酸酯镁的效果比包膜维生素 C 好。

（5）矿物质缺乏症

鱼虾对钙的需求可以从水体中得到补充，而对磷的需求只能来源于饲料。饲料中的磷绝大部分是植酸磷，水产动物体内缺乏植酸酶，因而对植酸磷是无法吸收的。另外鱼虾对钙、磷的需求是有比例的，当钙、磷比例失去平衡时，会影响对钙、磷的吸收，养出的鱼体型粗短，造成软骨病、鳃盖变形、脊椎变形等症状。

三、肝胰脏在营养代谢中的功能作用

肝胰脏是鱼体体内物质代谢的中心器官，机体主要的物质代谢都是在肝脏的参与下进行的。肝脏在物质代谢中的功能作用主要包括以下几方面。

（1）肝与糖代谢

①餐后自肠道吸收的葡萄糖由门静脉到达肝脏，在肝细胞内迅速转变为肝糖原贮存起来，使肝静脉血液仍保持着较低的血糖浓度；②肝脏能将果糖、半乳糖等转化成葡萄糖；③肝脏还含有一些酶，能在糖供应不足或肝糖原贮备减少时，通过糖原异生作用，催化一些非糖物质，如氨基酸、脂肪、乳酸、丙酮酸、甘油等转化成葡萄糖或糖原。这在剧烈运动和饥饿时尤为显著。

（2）肝与脂类代谢

肝脏本身含脂类不多，磷脂约 3%、脂肪约 1%。但肝脏除分泌胆汁促进脂类的乳化和消化吸收外，对脂类的分解、合成和运输等代谢过程也起重要作用：①肝脏是脂肪运输的枢纽。脂肪经消化后主要形成甘油、脂肪酸和甘油一酯。肝脏能对吸收来的脂肪酸进行饱和度及碳链长度的改造，以后再转变为体脂，运至脂肪组织贮存。而饥饿时，组织中脂肪水解，生成的甘油须循血流进入肝脏，靠肝中特有的甘油激酶催化生成磷酸甘油，再进行代谢分解。此时组织中的自由脂肪酸则需用肝脏合成的血浆清蛋白结合而运输；②肝脏能有效地进行脂肪酸的氧化产生酮体，成为便于肝外组织对脂肪酸氧化利用的形式，再经血液运至肝外组织；③肝脏能利用脂肪酸、糖及某些氨基酸合成脂肪、胆固醇和磷脂，成为血液中胆固醇和磷脂的主要来源，肝脏又能将脂肪、胆固醇脂、磷脂、胆固醇和载脂蛋白合成脂蛋白输送入血液，供各组织利用；④合成及分泌卵磷脂胆固醇脂酰基移换酶，参与脂类的运输及转化；⑤在肝内肝脂肪酶又可加速中性脂肪水解为甘油和脂肪酸，利于脂肪代谢；⑥肝脏还能特异性地将胆固醇转变成胆盐。

（3）肝与蛋白质代谢

肝脏是氨基酸代谢的主要器官。肝脏中有氨基酸代谢的酶种类多样。自消化道吸收的氨基酸通过肝脏时大部分（80%以上）停留在肝脏内，在酶的催化下，活跃地进行着转氨基、脱氨基、转甲基、脱硫、脱羧基等作用；以及蛋白质的合成或分解和个别氨基酸特异的代谢过程。肝脏利用这些氨基酸：①合成自身的结构蛋白质和机体的大部分血浆蛋白，包括全部清蛋白、纤维蛋白原、凝血因子及部分的球蛋白。清蛋白在维持血浆胶体渗透压上起重要作用，当肝功能不足或蛋白质营养不良时，血浆清蛋白浓度降低，可导致营养性水肿。凝血因子及纤维蛋白原与凝血有关，一旦缺乏则导致血液凝固机能出现障碍。肝脏继而又能将这些蛋白质的大部分进行分解代谢。②合成诸如嘌呤类衍生物、嘧啶类衍生物、肌酸、乙醇胺、胆碱等含氮化合物。③依机体的需要合成各种非必需氨基酸，分解多余的氨基酸。④按机体需要的比例，将各种氨基酸搭配后输送至组织器官。肝脏有病时氨基酸代谢速度降低，则出现血浆氨基酸浓度升高及氨基酸从尿中丢失。⑤在血红蛋白的分解代谢中，肝脏除清除衰老的红细胞，将血红蛋白经一系列反应产生胆红素外，还能浓集亲脂的游离胆红素，并将其转化成水溶性结合胆红素排入胆汁中。当肝患病时，改造胆红素的能力下降，血中胆红素浓度随之增加，便形成黄疸。

（4）肝与维生素代谢

维生素代谢与肝脏关系密切，除了脂溶性维生素的吸收靠肝脏分泌的胆盐参加才能进行外：①肝脏与其他组织相比又能大量贮存多种维生素，如维生素A、D、K、B_{12}等；②肝脏可将胡萝卜素转变成维生素A，又能将脂溶性维生素A转变为自由的醇型维生素A释放入血，以调节血浆维生素A的水平；③维生素K在肝中参与合成4种凝血因子；④B族维生素在肝内可形成各种辅酶，参与各种物质代谢。

四、营养健康的评价方法

鱼类的生命活动受到许多外界因素的影响，其中以食物的营养最为深远。食物不仅提供了鱼类生命活动所需要的能量，还满足了其对一些特殊物质的需要。只有满足了鱼类对能量和营养物质及一些特殊物质的需要，鱼类才能健康的生长、发育和繁殖。当鱼类的营养条件不适合或不满足鱼类的生长需要时，鱼类的健康状况就会受到影响，表现为不健康或者亚健康，从而影响鱼类的生长、疾病甚至死亡。所以，对鱼类营养健康状况的评价和判断就显得十分重要了。鱼类营养健康是机体与栖息环境之间相互作用的综合表现，对鱼类生存和繁殖至关重要。因而鱼类营养健康的评价也是养殖鱼类管理和疾病防治的前提。

我国在鱼类营养健康评价方面有一些研究进展，主要表现在以下几方面。

（1）体表观察法

体表特征是评价鱼类健康状况既直观又简单的方法之一。鱼类的鳞片、黏液和体色是衡量其健康状况的一种既灵敏又直接的尺度。体表观察法的具体方法是研究者通过观察鱼体鳞片的完整和光亮程度、体表黏液的多少、体表颜色正常与否以及身体病态特征等一系列外貌特征作为判断健康状况好坏的依据。但是该评价方法采用非量化的判断指标且各指标没有统一的标准（如鳞片的亮度如何界定、黏液的多少怎么界定等），仅凭观察者的经验判断，因而受观察者经验水平和观察工具的影响较大。所以在实践中，该方法通常只能对养殖鱼类的健康状况进行初步的、整体的、不细微、不准确的评价。

（2）形体指标判断法

养殖鱼类的形体保持正常，是其获得适宜的营养素、正常生长的结果，也是其体质健康的表现。目前评价形体状况的指标主要有体重/体长、肥满度、内脏指数等。形体指标的评价采用了量化的评价指标，且各指标的测量有统一的标准，在实际操作中具有较强的准确性和可重复性，操作程序简单、受测定者经验水平的影响较小。但是，目前对形体指标的利用主要集中在试验组之间的相互比较，对养殖鱼类来说我们需要了解在特定养殖条件下、一定养殖鱼体规格内，养殖鱼类健康状况良好时，各形体指标的变化范围，从而诊断异常条件下的鱼类。

（3）肝胰脏指标判断法

肝胰脏是水产动物关键性的代谢器官，肝胰脏指数是反映肝胰脏重量变化的重要指标之一，肝胰脏指数愈大、肝肿大，或发生脂肪肝的概率也越高。肝胰脏的颜色和质地也是反映鱼体健康的重要指标，正常的肝胰脏颜色应该是紫红色，肝胰脏颜色变成白色、淡黄色、绿色或浅绿色，均是出现病变的反应。

（4）组织切片法

将肝脏、消化道等组织的材料经过一系列的处理，在显微镜下进行消化系统的组织学检测，再用与计算机和显微镜相连的数码相机拍照记录结果。实践表明，组织学方法比形态学方法能更准确可靠地评价鱼体的健康状况，而形态学方法的优点则在于比较直观、快速且操作简单，相对而言，组织学方法则比较复杂而且需要一定的专业知识。

（5）血液生理生化指标

该方法是通过测定和分析血液中相关生理生化指标，对被检验动物的健康状况作出评价。鱼体生理功能的正常发挥，是在体内一些特殊物质的共同作用下完成的。因而，当内环境里这些物质的量不足或发生显著变化时，就会影响机体正常的生理代谢，其外在表现就是机体发生病变；反之，当机体发生疾病时，这些物质也一定会有一定程度的改变。临床上，通过检测血液中某些物质的变化情况，从而能对机体的健康状况进行诊断，具有重要的意义。

（6）RNA/DNA 比值

在野外和实验室研究中，RNA 浓度是测定生物生长和代谢率的理想指标，在蛋白质合成中信使 RNA 和转运 RNA 是重要的参与者，而 DNA 的浓度是体现细胞数目的指标，细胞中 DNA 的含量对环境条件的变化并不敏感。因此，RNA/DNA 比值反映了动物的代谢活动，可作为有机体鱼类健康状况的重要指标。

五、本试验的研究意义

目前，国内外对养殖鱼类的健康状态及其评价方法一直处于定性的描述阶段，这显然不能满足当前的实际需要。鱼类的健康状态及其评价方法需要向定量化方向发展，即我们要思考从哪些方面评价养殖鱼类的健康状况？用哪些指标评价？如何量化评价指标（标值的范围）等？只有对养殖鱼类的健康状况有了量化性的分析，才可以指导饲料配制、健康养殖和疾病预防诊断，建立“饲料原料安全→饲料安全→养殖鱼类健康→养殖鱼类发挥最大生长潜力和最大饲料效率→减少疾病和药物使用，提高水产品食用安全性、保护水域环境”的营养价值体系。但是，影响鱼体健康的因素较多（饲料、水环境、疾病等），鱼体病变的临床症状又比较复杂，以及鱼体内一些代谢的途径和关键性物质尚不清楚等，这些原因无疑加大了对养殖鱼类健康评价的难度。

参考文献

[1] 中国科学技术协会．学科发展报告 2011—2012 水产学［M］．北京：中国科学技术出版社，2012（3）：3.

[2] Louis G，Pol，Richard K，Thomas. 健康人口学［M］．北京：北京大学出版社，2005（2）：56－57.

[3] 韩优莉．健康概念的演变及对医疗卫生体制改革的启示［J］．中国医学伦理学，2011，24（1）：84.

[4] Jozsef K. The concept of health and disease［J］．Medicine Health Care and Philosophy，1998，1：31－39.

[5] Johannes Bircher. Towards a dynamic definition of health and disease［J］．Health Care and Philosophy，2005，8：335－341.

[6] 姜金忠．浅谈鱼虾营养性疾病［J］．科学养鱼，2006，3：77.

[7] 吴锐全．鱼类的营养需要及营养性疾病［J］．广东饲料，2001，10（5）：31.

[8] Rodiguez C，Perez J A，Izgrierdo M S，*et al.* Essential fatty acid requirements of larval gilthead sea bream *Sparus aurata*［J］．Aquaculture Research，1994，25（3）：295－304.

[9] 蒋中柱．鱼类的食性、营养和饲料［J］．粮食科技与经济，1998，5：38－40.

[10] 刘伟，任本根．饲料中不同脂肪含量对草鱼稚鱼生产的影响［J］．江西科学，1995，13（4）：219－223.

[11] 周立红，胡家财，陈学豪．青石斑鱼人工配合饲料中脂肪适宜含量的研究［J］．厦门水产学院学报，1995，17（2）：13－16.

[12] 周光正，王远隆，王淑君．海水仔稚鱼对 n-3 高度不饱和脂肪酸需要量的研究现状［J］．海洋湖沼通报，1996，3：72－76.

[13] 洪惠馨，林利民，陈学豪等．鲈鱼人工配合饲料中脂肪的适宜含量研究［J］．集美大学学报，1994，4（2）：41－44.

[14] 黄承辉，熊文俊．饲料脂质含量对台湾铲颌鱼成长与肌肉组成之影响［J］．台湾水产学会刊，1999，26（2）：96－102.

[15] 赵文．日本鳗鲡的营养研究进展［J］．饲料博览，1996，8（6）：36－37.

[16] 左板博文．高度不饱和脂肪酸对海产鱼卵质量的影响［J］．Aquaculture，2000，37（3）：114－117.

[17] 李战胜，冯敏山．水产饲料中的维生素 C［J］．中国饲料，1999，19：29－31.

[18] 刘宗柱，张培军，刘德泽．鱼虾饲料中维生素 C 的需求和保护［J］．海洋科学，1997，3：43－45.

[19] 宋建兰，林海，刘晓牧．维生素 C 对高温应激鲤鱼生长指标及蛋白质消化率影响的初步研究［J］．动物营养学报，2000，12（3）：56.

[20] Tovama G N，Corrente J E，Cvrino E P. Vitamin C and E supplementation for sex reversal of the *Niletilapia*［J］．SciAgr，2000，57（2）：221－228.

[21] Emata A C，Borlongan I G，Damaso J P. Dietary vitamin C and E supplementation and reproduction of milkfish *Chanos chanos* Forsskal［J］．Aquaculture Research，2000，31（7）：557－564.

[22] Sealoy W M，Gatlin D M. Dietary vitamin C requirement of juvenile striped bass *Morone saxatilis*［J］．J Word Aquac

Soc，1999，30（3）：319－323.

[23] Aguirre P, Gatlin D M. Dietary vitamin C requirement of red drum, *Sciaenopd ccellatus* [J]. Aquaculture Nutrition, 1999, 5 (4): 247－249.

[24] 李爱杰．不同剂型维生素C对中国对虾的营养研究［J］．青岛海洋大学学报，1995，25（4）：481－487.

[25] 马生生，张道波，王克行．饲料添加包膜维生素C和维生素C磷脂酸镁对中国对虾幼体的影响［J］．海洋与湖沼，1999，30（3）：273－277.

第三节 池塘养殖草鱼健康评价指标模型的建立

近年来，我国水产养殖产量有了很大的发展[1]，这对养殖鱼类的健康状况及其评价体系的研究提出了较高的要求。因为只有养殖鱼类在健康状况下，才能发挥最大的生长潜能、获得最大的饲料效率[2]。鱼类的健康主要表现为主要功能器官的健康，如“物质的代谢中心——肝胰脏和物质的消化吸收中心——肠道”等，只有主要功能器官的正常运转，才能保证整个机体的健康。肝胰脏是鱼体健康的主要方面，本试验以肝胰脏的健康研究为中心，为定量的评价鱼体健康提供参考。

目前鱼类的健康评价方法一直处于定性的描述阶段，这显然不能满足当前的实际需要。鱼类健康评价方法需要向定量化方向发展，即需要研究从哪些方面评价鱼类的健康？评价指标是什么？如何量化评价指标（指标的范围）等？显然，目前国内外这方面的研究还十分匮乏。本试验以池塘养殖草鱼为样本，通过健康（A类）和不健康（B类）两类草鱼体表颜色、形体指标、肝胰脏解剖图、肝胰脏组织切片、肝胰脏透射电镜及肝功能和肝损伤酶学值等方面的对比分析，探讨建立养殖草鱼健康评价指标体系、评价指标及指标的正常范围值，作为一个初步的尝试，为同类工作的开展提供参考。

一、材料与方法

（一）试验鱼

试验草鱼94尾，体重范围61.50～1 680.00g，平均体重575.26g，于2011年6～10月取自江苏省大丰市华辰渔业合作社。每月12日采样，每次取样20尾。

试验塘口200亩（1亩≈667m^2），平均水深1.6m。采样期间水温22.4～34.2℃，溶氧2.1～8.7mg/L，氨氮<0.6mg/L，亚硝酸盐<0.2mg/L，pH值7.2～8.0。

养殖模式为草、鲫混养，其中，草鱼每亩400尾，规格5尾/500g；鲫鱼每亩500尾，规格8尾/500g；鲢鱼每亩40尾，规格3尾/500g；鳙鱼每亩35尾，规格3尾/500g。

试验塘口采用投饲机投喂，正常情况下每天投喂4次，以80%左右的鱼不再摄食为止。试验鱼所摄食饲料的营养成分如下：水分10.47%，粗蛋白29.48%，粗脂肪4.50%，灰分12.16%，钙1.15%，总磷1.27%，能量14.46kJ/g，为华辰渔业合作社饲料厂自己生产的配合饲料。

（二）样品采集

试验鱼从塘中捞出后，用湿布轻轻将鱼体体表的水分擦干，拍照，用于对体表颜色的分析；再以无菌的2.5mL注射器自尾柄静脉采血，用于测定血清相关指标和酶活力；同时测量体重与体长，计算肥满度及体重与体长的比值；解剖取出内脏团、肝胰脏等称重，计算内脏指数和肝指数，并取一定量肝胰脏，用于测定肝脏粗脂肪。样品水分采用105℃恒温干燥湿重法测定，粗脂肪采用索氏抽提法测定。

（三）肝胰脏组织切片

1. 肝胰脏切片的取样位置

从肝胰脏左叶（肝胰脏中较短的一叶），沿着其中轴，从叶尖向上 2～3cm 处开始，取肝胰脏 $1cm^3$左右 3～4 块。

2. 肝胰脏切片的制作

将取得的肝胰脏放入 Bouin's 试剂中固定。固定后的样品，采用浙江省金华市科迪仪器设备有限公司 KD-Ⅵ冰冻切片机进行快速切片，分别进行 HE 和油红 O 染色（南京建成科技有限公司，生产批号 20121105）。

3. 肝胰脏切片的量化处理

用 OLYMPUS DP26 型显微镜及其配置下的 Cellsens Standard 软件，对肝胰脏组织切片进行观察、拍照。并对肝组织切片进行相关的量化处理，肝组织的量化处理参数见图 1－3－1。

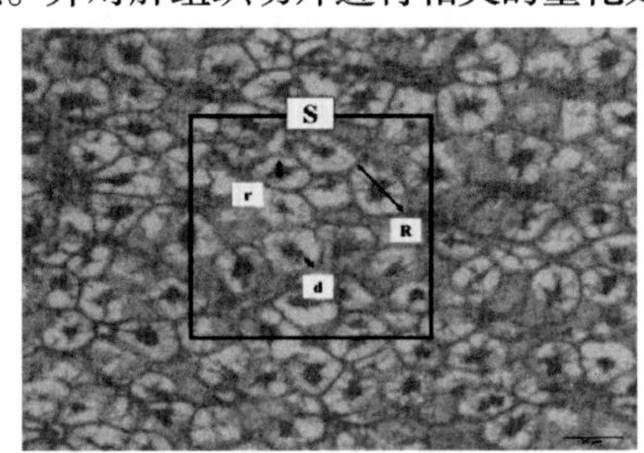

S—选择视野中央6 000 μm^2左右的区域；
n—选定区域内肝细胞个数；
R—肝细胞直径；
r—肝细胞核直径；
d—细胞核到细胞界限的最短距离。

图 1－3－1　草鱼肝胰脏组织形态量化处理过程

Fig. 1－3－1　The morphology quantification process of *Ctenopharyngodon idellus*'hepatopancreas tissue

4. 肝细胞超显微结构的观察

将采得的肝胰脏用含 2.5% 戊二醛的 0.1mol/L 甲次砷酸盐缓冲液固定 2h，然后用 0.1mol/L 甲次砷酸盐缓冲液清洗 3 次，再用 1% 锇酸固定 1h。固定后的标本用一系列丙酮浓度（30%、50%、70%、80%、90% 和 100%）逐级脱水，最后用 Epon812 环氧树脂包埋。做好的超薄切片，用醋酸双氧铀和柠檬酸铅双染色，于 H-600TEM 型透射电子显微镜（HITACHI Co.，Japan）下观察。

（四）血清酶学值

将采得的血液置于 Eppenddorf 离心管中室温自然凝固、分层，3 000r/min、4℃ 离心 10min，取上层血清分装，液氮速冻后放入 －80℃ 冰箱保存，并在 24h 内送往苏州市九龙医院，采用 C800 全自动生化分析仪进行酶活性测定。测定的鱼类血清指标：天门冬氨酸氨基转移酶（AST）、丙氨酸氨基转移酶（ALT）、AST/ALT、胆碱酯酶（CHE）和碱性磷酸酶（ALP）；总胆红素（STB）、总胆汁酸（TBA）和肌酐（Cre）；血糖（Glu）、胆固醇（CHO）、甘油三酯（TRIG）、高密度脂蛋白（HDL-C）和低密度脂蛋白（LDL-C）。

（五）分析方法

1. 肝脏解剖观察

试验根据样品鱼肝脏解剖观察，根据肝胰脏的健康状况将试验鱼分为健康（A 类）和不健康（B类）：A健康：肝胰脏呈紫红色，边缘棱呈线形、不钝厚，外观不肿大；质地富有弹性，压迫时无凹陷；B不健康：肝胰脏颜色变淡、发白无血色甚至变黄、变绿；肝脏边缘棱钝厚、肝肿大；肝表面出现白点，质地差、易碎。结果见表1-3-1。

表1-3-1 草鱼健康状况分类

Tab. 1-3-1 The health status classification of *Ctenopharyngodon idellus*

	样本数	占总样本数的比率（%）
A健康	49	52.13
B不健康	45	47.87

2. 血清酶学活性值

目前医学上常用的确立正常值的方法有百分位、正态分布（含对数正态分布）和允许区间等方法[3]。本试验根据各指标实测值的频率分布图，选择常用的数学分布进行拟合，并用χ^2（卡方）检验法对拟合度进行检验，当检验统计量的值小于显著水平0.05或0.01的χ^2分布临界值时，表示该分布拟合可以接受；反之，表示拒绝接受此分布拟合。全部数据用Excel 2003和SPSS 17.0进行处理。

二、试验结果

（一）体表颜色及形体指标

1. 体表颜色

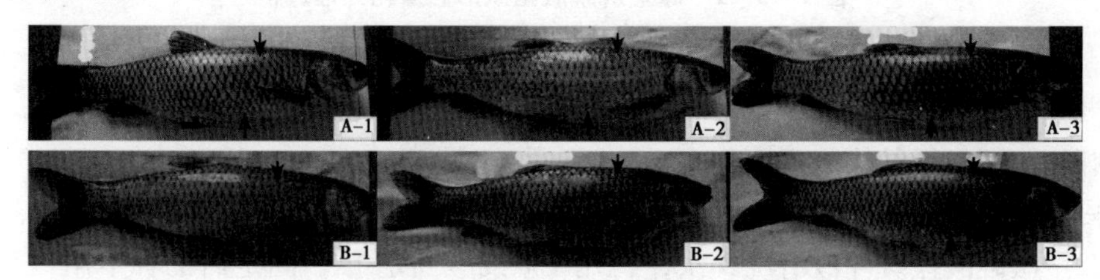

图1-3-2 池塘草鱼肝胰脏不同健康条件下体表颜色的比较

Fig. 1-3-2 The comparison of body colors of *Ctenopharyngodon idellus* hepatopancreas different health status in the pond

体表的颜色可以在一定程度上反映鱼体的健康状况。图1-3-2为池塘草鱼体表颜色，其中A为健康鱼样本，B为不健康草鱼的样本。从图中可以看出，A、B两类草鱼体表颜色没有明显的差异，其均表现出：背部青灰色（图中“↓”所示），腹部银白色（图中“↑”所示），腹鳍略带灰黄，其他各鳍浅灰色。

2. 形体指标

鱼体形体指标是反映鱼体健康的重要标志。试验测量了两类草鱼的相关形体指标，并根据实测值制得各指标的频率分布（图1-3-3），同时选用适当的数学分布进行拟合，最后用χ^2（卡方）法对拟合度进行检验，得到A、B两类草鱼形体指标在68.27%置信区间下的理论范围（表1-3-2）。从表1-3-2可以看出，A类草鱼的肥满度和内脏指数均大于B类，而体宽却小于B。除A类草鱼的肥满度、内脏指数和B类的内脏指数的频率分布属于正态分布外，其余指标均属对数正态分布。A 类肥满度、内脏指数、体重/体长和体宽的理论范围分别为 1.87 ~ 2.27、12.53 ~ 19.83、7.38 ~ 23.20 和 3.30 ~ 6.09；B 类肥满度、内脏指数、体重/体长和体宽的理论范围为 1.95 ~ 2.36、12.26 ~ 18.36、11.83 ~ 30.37 和4.22 ~ 6.87。

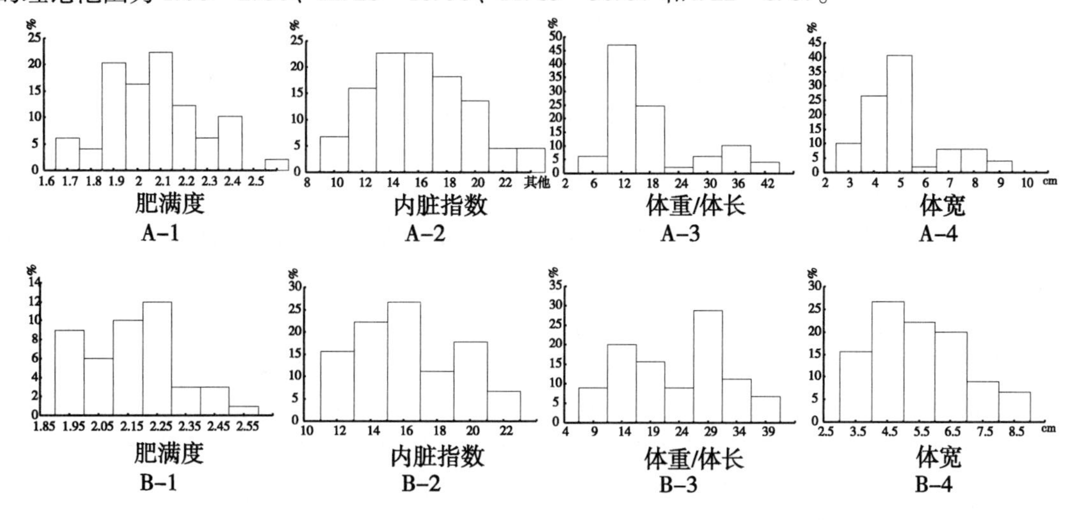

图 1-3-3　池塘草鱼不同健康条件下形体指标的频率分布

Fig. 1-3-3　The frequency distribution of physical indicators of *Ctenopharyngodon idellus* different health status in the pond

表 1-3-2　池塘草鱼不同健康条件下形体指标的理论范围

Tab. 1-3-2　The theories range of value of physical indicators of *Ctenopharyngodon idellus'* different health status in the pond

		均数	变异系数（%）	频率分布 a	χ^2结果 b	理论范围
A 类	肥满度（%）	2.07 ±0.20	9.51	N	A	1.87 ~2.27
	内脏指数（%）	16.18 ±3.65	22.58	N	A	12.53 ~19.83
	体重/体长	15.43 ±9.42	61.03	L	A	7.38 ~23.20
	体宽（cm）	4.70 ±1.57	23.40	L	A	3.30 ~6.09
B 类	肥满度（%）	2.15 ±0.19	8.75	L	A	1.95 ~2.36
	内脏指数（%）	15.31 ±3.05	19.91	N	A	12.26 ~18.36
	体重/体长	20.91 ±8.62	41.20	L	A	11.83 ~30.37
	体宽（cm）	5.50 ±1.34	24.08	L	A	4.22 ~6.87

注：肥满度（%）＝（体重/体长^3）×100，内脏指数（%）＝（内脏团重/体重）×100；

a. “L”表示该指标的频率分布图为对数正态分布；“N”表示该指标的频率分布图为正态分布；

b. “R”表示在显著水平 0.05 下不接受对应的分布；“A”表示在显著水平 0.05 下接受对应的分布。（下文表中相同字母表达的意思和本表的相同）

（二）肝形态与组织学

1. 肝胰脏解剖图片

肝胰脏是机体代谢最为活跃的器官之一，肝胰脏的颜色、形状和质地均可以反映鱼体的健康状况。彩图 1－3－4 为池塘草鱼不同健康条件下的肝胰脏，其中 A 为健康草鱼的样品，从图中可以看出：肝胰脏基本呈紫红色（图“↓”所示），边缘线形、不钝厚，外观不肿大（图“↑”所示）；质地富有弹性，压迫时无凹陷。图 B 是健康异常草鱼的样品，从图中可以看出：肝胰脏的颜色变淡，呈白色（图 B－1“↓”所示）；甚至变绿，出现“绿肝”（图 B－3“↓”所示）；肝明显肿大，肝边棱加粗变厚（图 B－2“↑”所示），肝胰脏表面出现明显的白点（图 B－2“→”所示），肝胰脏的质地变得极差、易碎，肝胰脏整体呈褶皱状（图 B－2“←”所示）。

2. 肝胰脏指数和肝脂肪量

肝胰脏指数和肝脂肪含量，是临床上用来反映肝胰脏健康状况的常用指标。本试验根据各指标的实测值制得草鱼肝胰脏指数和肝脂肪含量的频率分布（图 1－3－5），并选择常用的数学分布分别与各指标的实测值进行拟合，同时通过 χ^2（卡方）法对拟合度进行检验，然后计算出各指标值在 68.27% 置信区间下的理论范围值（表 1－3－3）。从表 1－3－3 中可以看出，肝胰脏指数在草鱼 A、B 两类不同健康状态下的频率分布均属于正态分布，B 类的肝胰脏指数的均值大于 A，其分别为 2.83 和 3.09，二者的理论分别为 2.16～3.50 和 2.45～3.73。B 类肝胰脏脂肪含量为 13.99%，明显大于 A 类的 8.78%，二者的频率分布均为对数正态分布，其理论范围分别为 4.33～12.74、9.54～18.49。

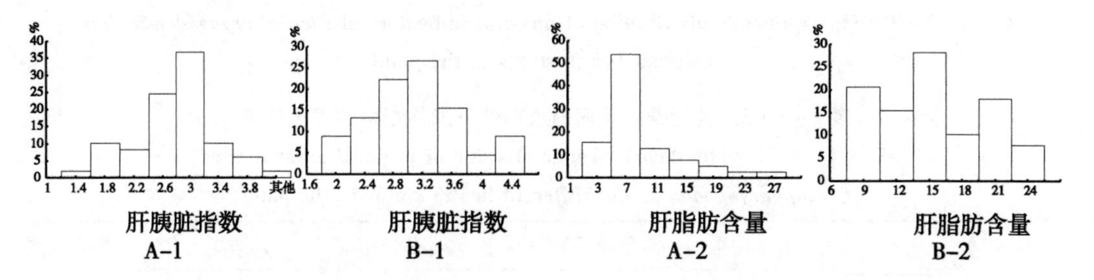

图 1－3－5　池塘草鱼不同健康条件下肝胰脏指数和肝脂肪含量的频率分布

Fig. 1－3－5　The frequency distribution of hepatopancreas index and hepatopancreas fat content of *Ctenopharyngodon idellus*' different health status in the pond

表 1－3－3　池塘草鱼肝胰脏 A、B 两级肝胰脏指数和肝脂肪含量的理论范围

Tab. 1－3－3　The theories range of hepatopancreas index and hepatopancreas fat content of *Ctenopharyngodon idellus*' different health status in the pond

		均数	变异系数（%）	频率分布 a	χ^2结果 b	理论范围
A 类	肝胰脏指数	2.83 ±0.67	23.67	N	A	2.16～3.50
	肝脂肪含量（%）	8.78 ±5.12	58.25	L	A	4.33～12.74
B 类	肝胰脏指数	3.09 ±0.64	20.71	N	A	2.45～3.73
	肝脂肪含量（%）	13.99 ±4.44	31.76	L	A	9.54～18.49

注：肝胰脏指数（%）＝肝胰脏重/体重 ×100，肝脂肪量是肝胰脏脂肪含量与肝胰脏湿重的百分比（%）

3. 肝胰脏组织切片

（1）肝组织 HE 染色

肝的基本结构和功能单位是肝小叶，而肝细胞是构成肝小叶的主要结构。光镜下，正常肝细胞界限清晰，细胞核呈圆球形且位于细胞中央。彩图 1－3－6 为 A、B 两类草鱼肝胰脏组织切片，其中 A（1－3）为健康草鱼的样品，从彩图 1－3－6 中可以看出：肝细胞界限清楚且呈线形（图 A“→”所示）；肝细胞核显色清楚，并基本位于细胞中央（图 A“↓”所示）；细胞质着色较深，肝细胞空泡少（图 A“←”所示）。图 B（1－3）为不健康草鱼肝胰脏的组织切片，从图中我们可以发现：肝细胞界限模糊、变粗，出现一定程度的纤维化（图 B“←”所示）；部分肝细胞核消融，且多数细胞核严重偏于细胞一边，处在细胞界限上（图“↓”所示）；肝细胞空泡化明显，部分肝细胞之间相互融合，细胞界限消失（图“→”、“↑”所示）。

A、B 两类肝组织形态量化处理对比的结果见表 1－3－4，从表中可以看出两类肝细胞直径分别为 17.80μm、17.06μm，细胞核的直径为 5.34μm、5.37μm，肝细胞直径和肝细胞核直径相差无几。但单位面积肝细胞数，A 类明显高于 B，分别为 37.31/10 000 μm^2 和 28.02/10 000 μm^2，表明 B 肝内存在一定程度的细胞消融。肝细胞核直径与肝细胞直径的比（r/R），A 值比 B 略低，为 29.99% 和 31.45%。细胞核到细胞界限的最短距离（d）B 明显低于 A，两者分别为 3.68μm 和 2.89μm；而 d 值为零的百分数，B 明显高于 A；两个参数表明，B 类草鱼肝细胞核偏离细胞中央的程度大于 A 类，不健康草鱼肝细胞内存在脂肪滴挤压细胞核的现象（表 1－3－5）。

表 1－3－4　池塘草鱼不同健康条件下肝胰脏组织量化的比较

Tab. 1－3－4　The comparison of hepatopancreas' tissue morphology quantification of *Ctenopharyngodon idellus'* different health status in the pond

	n/10 000 μm^2	R/μm	r/μm	r/R * 100%	d/μm	d＝0 百分数
A 类	37.31 ± 9.18	17.80 ± 2.51	5.34 ± 0.96	29.99	3.68 ± 0.87	15.49 ± 14.59
B 类	28.02 ± 7.08	17.06 ± 1.99	5.37 ± 0.80	31.45	2.89 ± 0.99	24.77 ± 18.55

（2）肝组织油红 O 染色

表 1－3－5　池塘草鱼不同健康条件下肝胰脏脂肪滴数量的比较

Tab. 1－3－5　The comparison of hepatopancreas' tissue fat drops of *Ctenopharyngodon idellus'* different health status in the pond

	脂肪滴面积（μm^2）	肝组织面积（μm^2）	油滴面积与肝面积比（%）
A 类	370.28 ± 97.91	3 054.41 ± 65.68	12.09 ± 3.04
B 类	692.62 ± 121.29	3 081.52 ± 92.04	22.62 ± 3.94

油红 O 为脂溶性染料，在脂肪内能高度溶解，从而特异性使三酰甘油等中性脂肪呈橘红色，从而直观地显示细胞中脂肪滴的位置与数量[4]。彩图 1－3－7 为两类草鱼肝胰脏组织切片的油红 O 染色，其中 A－1 ~ A－3 为正常草鱼的肝胰脏组织染色，从图中我们可以看

出：在视野中存在着一些小红滴（脂肪滴）（图 A－1～A－3 中“↑”所示），但是脂滴的体积不大，可以清楚地看到肝组织中存在着的其他物质（图中蓝、白色）；图 B－1～B－3 健康异常草鱼的肝胰脏组织染色，从图中可以发现：在可见的视野里，充满了致密的小红滴（图B－1～B－3 中“↑”所示），且小红滴明显比 A 图中的体积大，肝组织几乎到处充斥着脂肪滴，只能看到很少量的其他物质（图中蓝、白色）。为了进一步对两类肝胰脏组织内脂肪滴数量的比较，我们对切片中脂肪滴（红滴）的面积进行了测量，结果见表 1－3－5。从表中可以发现，在 3 000 μm^2 左右的肝组织中，B 类脂肪滴的面积是 A 的一倍多（分别为 692.62 μm^2 和 370.28 μm^2）。油滴面积与肝组织面积的比，B 类也要比 A 类高出 10 个百分点，二者分别为 12.09% 和 22.62%。

4. 肝胰脏透射电镜

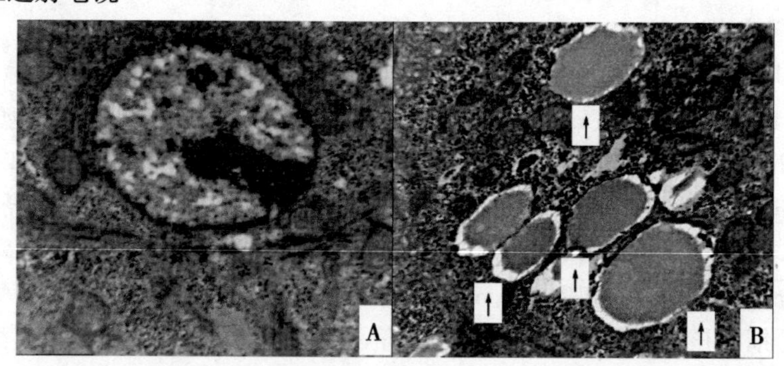

图 1－3－8　池塘草鱼不同健康条件下肝胰脏透射电镜的比较（×8 000）

Fig. 1－3－8　The comparison of hepatopancreas' tissue transmission electron microscopy of *Ctenopharyngodon idellus'* different health status in the pond（×8 000）

图 1－3－8 为池塘草鱼不同健康条件下肝胰脏透射电镜图片，其中 A 图为健康草鱼肝胰脏的显微结构，B 图为肝胰脏异常的结构。从图中我们发现：图 B 视野中充斥着大量的脂肪泡（图中“↑”所示），而图 A 中并没发现脂肪泡。

（三）血清酶活力指标

1. 肝胰脏损伤酶活力

表 1－3－6　池塘草鱼不同健康条件下肝胰脏损伤酶活力的比较

Tab. 1－3－6　The comparison of the enzyme activity of hepatopancreas injury of *Ctenopharyngodon idellus'* different health status in the pond

		均值	变异系数（%）	率分布 a	χ^2结果 b	理论范围
A 类	ALT（U/L）	10.41±6.07	58.28	L	A	4.96～15.84
	AST（U/L）	78.39±40.41	51.55	L	A	40.66～116.47
	AST/ALT	8.83±4.55	51.50	L	A	4.58～13.17
	ALP（U/L）	73.70±25.50	34.60	N	A	48.20～99.20
	CHE（U/L）	136.55±41.01	30.03	L	A	95.73～117.85

（续表）

		均值	变异系数（%）	率分布 a	χ^2结果 b	理论范围
B类	ALT（U/L）	15.07 ±21.17	140.49	L	A	4.39 ~21.92
	AST（U/L）	115.82 ±102.53	88.53	L	A	45.68 ~175.49
	AST/ALT	10.33 ±5.38	52.13	L	A	5.47 ~15.25
	ALP（U/L）	85.24 ±29.48	34.59	N	A	55.76 ~114.72
	CHE（U/L）	130.36 ±46.43	35.55	L	A	84.81 ~176.45

AST、ALT、AST/ALT、CHE 和 ALP 是临床上用来反映肝胰脏损伤的常用指标。试验根据各指标的实测值制得池塘草鱼 A、B 两类各酶学指标值的频率分布（图 1 -3 -9），并选择常用的数学分布分别与各指标的实测值进行拟合，同时通过 χ^2（卡方）法对拟合度进行

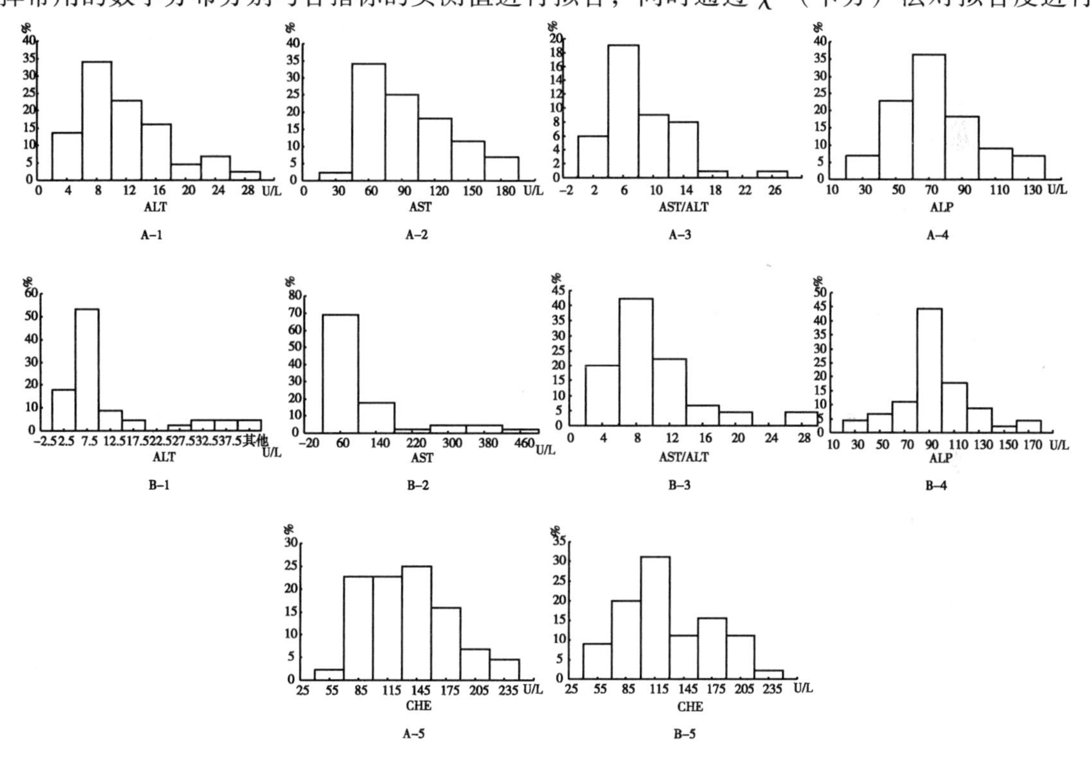

图 1 -3 -9 池塘草鱼不同健康条件下肝胰脏损伤酶活力频率分布

Fig. 1 -3 -9 The frequency distribution of the enzyme activity of hepatopancreas injury of *Ctenopharyngodon idellus'* different health status in the pond

检验，然后计算出各指标值在 68.27% 置信区间下的理论范围值（表 1 -3 -6）。从表中可以看出，B 类草鱼血清 ALT、AST、AST/ALT 和 ALP 的均值均大于 A，表明 B 类肝胰脏存在一定的损伤。A、B 两类 CHE 的频率分布为正态分布，其余酶学值的频率分布均为对数正态分布。A 类 ALT、AST、AST/ALT、CHE 和 ALP 的理论范围分别为 4.96 ~15.84、40.66 ~116.47、4.58 ~13.17、48.20 ~99.20 和 95.73 ~117.85；B 类 ALT、AST、AST/ALT、CHE

和 ALP 的理论范围为 4. 39 ~ 21. 92、45. 68 ~ 175. 49、5. 47 ~ 15. 25、55. 76 ~ 114. 72 和 84. 81 ~ 176. 45。

2. 血清肝胰脏分泌和排泄酶活力

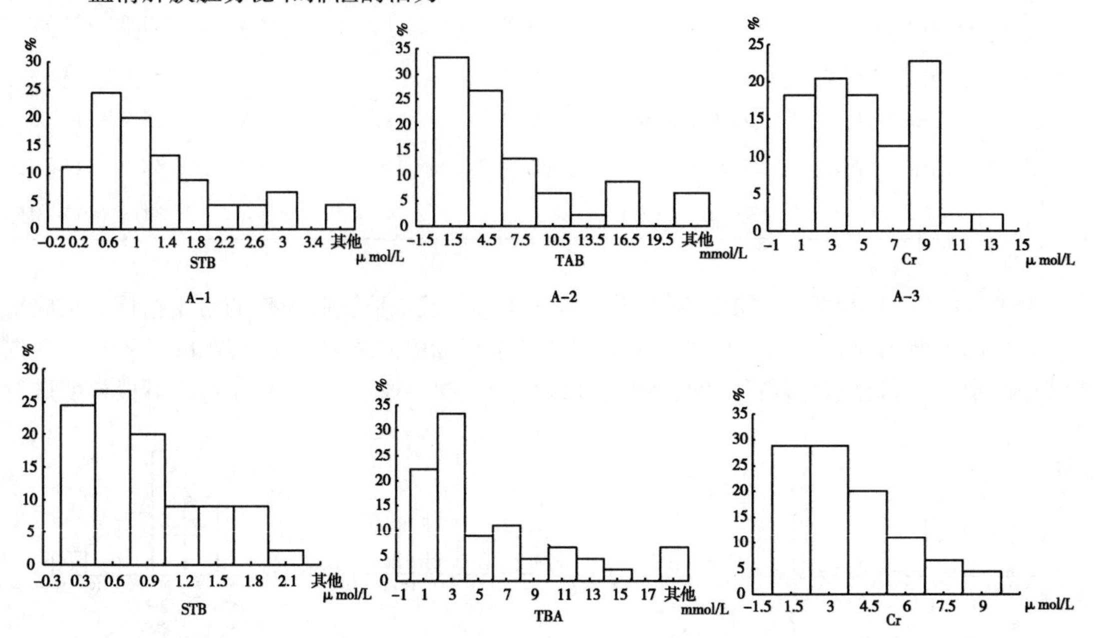

图 1 －3 －10　池塘草鱼不同健康条件下肝胰脏分泌和排泄酶活力值频率分布

Fig. 1 －3 －10　The frequency distribution of the enzyme activity of hepatopancreas pancreas secretion and excretion of *Ctenopharyngodon idellus'* different health status in the pond

表 1 －3 －7　池塘草鱼不同健康条件下肝胰脏分泌和排泄酶活力值的比较

Tab. 1 －3 －7　The comparison of the enzyme activity of hepatopancreas pancreas secretion and excretion of *Ctenopharyngodon idellus'* different health status in the pond

		均值（μmol/L）	变异系数（%）	频率分布 a	χ^2 结果 b	理论范围
A 类	STB	1. 48 ±1. 23	83. 24	L	A	0. 52 ~2. 29
	TBA	6. 12 ±4. 22	68. 99	L	A	2. 29 ~9. 94
	Cre	5. 88 ±4. 05	68. 83	L	A	1. 90 ~10. 10
B 类	STB	1. 48 ±1. 00	67. 85	L	A	0. 54 ~2. 41
	TBA	6. 14 ±6. 10	99. 38	L	A	1. 71 ~10. 04
	Cre	8. 41 ±1. 27	148. 20	L	A	1. 64 ~13. 31

TBA、STB 和 Cre 是临床上用来反映肝分泌和排泄功能的常用指标。试验根据各指标的实测值制得草鱼 A、B 两类三者活性值的频率分布（图 1 －3 －10），并选择常用的数学分布分别与各指标的实测值进行拟合，同时通过 χ^2（卡方）法对拟合度进行检验，然后计算出各指标值在 68. 27% 置信区间下的理论范围值（表 1 －3 －7）。从表中可以看出，各酶均值的

频率分布均属对数正态分布。两类草鱼血清 STB 和 Cre 值差异不明显（分别为 0 和 0. 34），B 类 TBA 活力值明显小于 A（分别为 6. 14 和 8. 41）。A 类 TBA、STB 和 Cre 的理论范围为 0. 52 ~2. 29、1. 64 ~13. 31 和 1. 90 ~10. 10；B 类的 TBA、STB 和 Cre 为 0. 54 ~2. 41、1. 71 ~10. 04 和 2. 29 ~9. 94。

3. 血清血糖血脂代谢酶活力

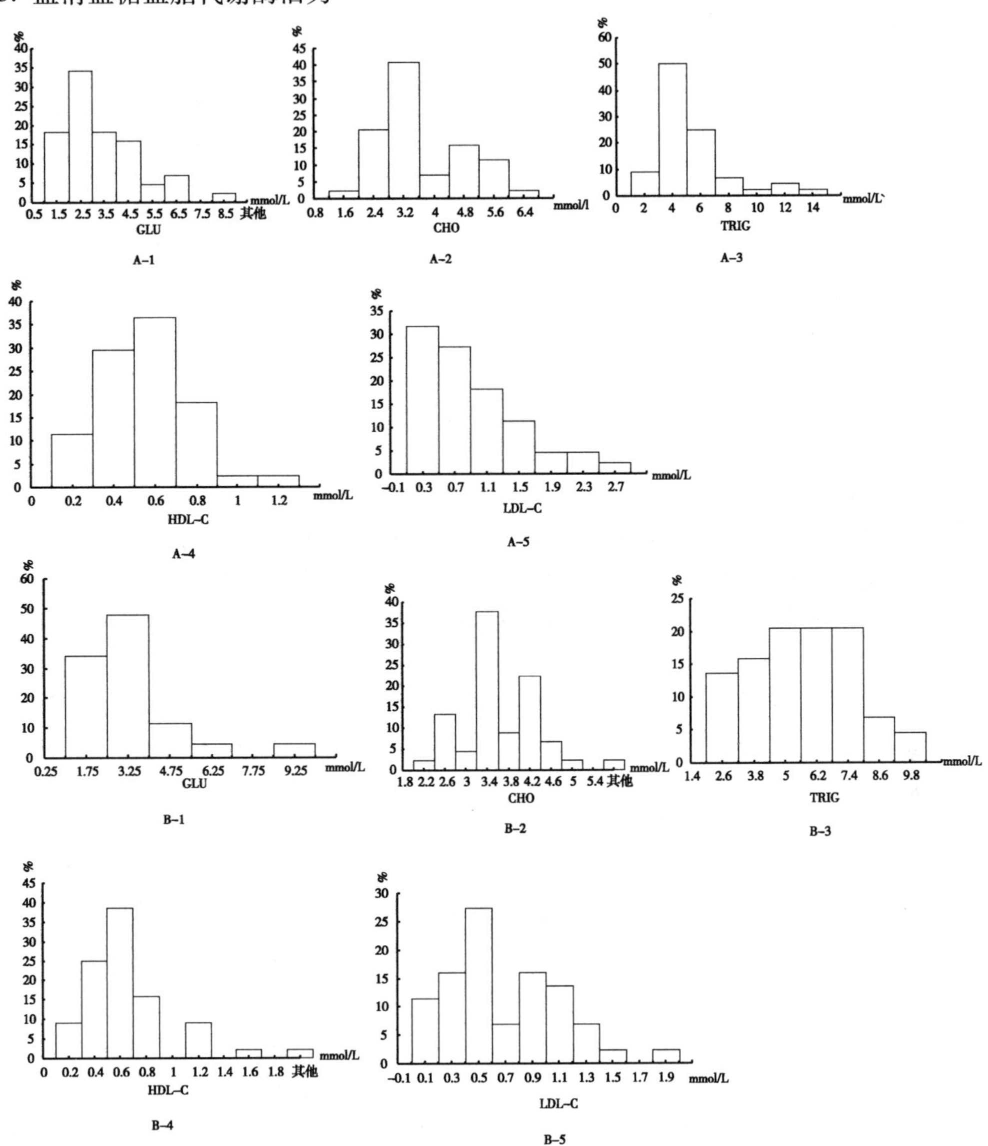

图 1 -3 -11　池塘草鱼不同健康条件下血清血糖血脂代谢酶活力值频率分布

Fig. 1 -3 -11　The frequency distribution of the enzyme activity of glucose and lipid metabolism in serum blood of *Ctenopharyngodon idellus*'different health status in the pond

表1-3-8 池塘草鱼不同健康条件下血清血糖血脂代谢酶活力值的比较

Tab. 1-3-8 The comparison of the enzyme activity of glucose and lipid metabolism in serum blood of *Ctenopharyngodon idellus*'different health status in the pond

		均值（mmol/L）	变异系数（%）	频率分布 a	χ^2结果 b	理论范围
A类	GLU	3.43±1.52	44.43	L	A	2.05~4.80
	CHO	3.63±1.17	32.07	L	A	2.52~4.47
	TRIG	5.38±2.62	48.65	L	A	3.16~7.53
	HD-C	0.56±0.23	40.48	N	A	0.33~0.79
	LD-C	0.90±0.62	68.64	L	A	0.34~1.45
B类	GLU	3.36±1.75	52.08	L	A	1.99~4.67
	CHO	3.63±0.78	21.36	N	A	2.85~4.41
	TRIG	5.75±1.93	33.52	L	A	3.73~7.83
	HDL-C	1.36±4.83	355.76	L	A	0.07~1.80
	LDL-C	0.69±0.42	61.36	L	A	0.27~1.10

GLU、CHO、TRIG、HDL-C和LDL-C是临床上用来反映血糖血脂代谢功能的常用指标。本试验根据各指标的实测值制得草鱼A、B两类该5酶活性值的频率分布（图1-3-11），并选择常用的数学分布分别与各指标的实测值进行拟合，同时通过χ^2（卡方）法对拟合度进行检验，然后计算出各指标值在68.27%置信区间下的理论范围值（表1-3-8）。从表中可以看出，A、B两类草鱼血清GLU和CHO的均值无明显差异（差值分别为0.07和0），B类的TRIG值略高于A（分别为5.75和5.38，差值为0.27）；A类的HDL-C明显低于B（相差0.80），而LDL-C却明显高于B（差值为0.21）。A类的TRIG和LDL-C低于B，而HDL-C却高于B类，表明B类草鱼肝胰脏脂质代谢异常，肝内脂质的蓄积过量。从表中还可发现，除A类的HDL-C和B类的CHO的频率分布属于正态分布外，其余均属对数正态分布。A、B两类草鱼血清GLU、CHO、TRIG、HDL-C和LDL-C的理论范围分别为2.05~4.80和1.99~4.67、2.52~4.47和2.85~4.41、3.16~7.53和3.73~7.83、0.33~0.79和0.07~1.80、0.34~1.45和0.27~1.10。

三、讨论

（一）关于体表颜色与形体指标对池塘草鱼健康评价的讨论

影响鱼体体表颜色变化的因素很多[5-7]，其病理学原因：①在肝胰脏发生病变时，含有大量胆色素的胆汁通过肝组织中的毛细血管进入血液系统，使血液中胆色素含量显著增高。而体表分布有大量的血管，当血液中胆色素含量增高后，体表的颜色就会受到影响、发生改变。②鱼体肝胰脏生理机能异常时，与肝胰脏密切相关的色素细胞的分化、生长和发育等生理功能就会受到严重影响，从而改变体表色素的分布，造成鱼体体表颜色发生变化。叶元土[8]研究认为，当斑点叉尾鮰肝胰脏出现脂肪肝时，体表的颜色就会由正常的黑褐色变为黄色；李文宽等[9]研究发现，建鲤的肝胰脏呈现绿色、胆囊变大且为褐绿色时，其头部和背部的颜色将会加深变为黑色；薛继鹏等[10]发现，喂食氧化油脂后的瓦氏黄颡鱼肝脏的代谢受到影响，其背部皮肤的亮度就会降低、变黑。本研究和上述观点一致，认为鱼体体表颜色的变化与其本身的健康状况存在密切的相关性。但在本试验中，健康草鱼（A类）和不健康的草鱼（B类）体表颜色几乎没有差异，并没有表现出异常。研究者认为，任何病变的发生都有一个由浅及深、由局部到整体的过程，通过上文的陈述我们知道，当肝胰脏的功能严重异常（主要是与细胞色素相关的功能）或者是肝胰脏管道系统受到破坏时，才可以引起鱼体体表颜色发生明显的变化，此时鱼体的肝胰脏应该处于严重的病变状况。所以，试验中B类草鱼体表颜色和A类的无明显差异，表明B类草鱼虽然健康异常，但其肝胰脏病变的程度不深。本研究认为：池塘草鱼的体表颜色可以作为评价其健康状况的指标，我们可以从背部（青灰色）、腹部（银白色）和鳍条（腹鳍灰黄，其他各鳍浅灰色）3方面来评价。但是，体表颜色变化不敏感，只有当肝胰脏的病变达到一定程度时，才能通过体表颜色的变化来反映。

（二）关于肝形态、肝功能指标与肝组织结构对池塘草鱼健康评价的讨论

肝胰脏是水产动物关键性的代谢器官之一，肝胰脏颜色和质地均可以反映肝脏的健康情况。鱼体健康时肝胰脏呈现出紫红色，当肝的颜色变为白色、绿色或浅绿色时，均是出现肝脏病变的反映[11]；肝胰脏正常时外观无弥散性肿大，边缘棱横清晰明显，不钝厚；质地富有弹性，压迫时无凹陷[12]。肖世玖[13]、唐精[14]和曾宪君[15]等研究表明，鱼体出现胆肝综合征时，肝脏颜色就会发绿、发黄有斑点，呈豆腐渣状，轻触易碎，胆囊变大且胆汁变黑；殷永风[16]、向朝林[17]等研究发现喂食氧化油脂的草鱼，其脂质代谢紊乱，氧化有毒产物严重破坏了肝细胞结构，肝胰脏出现明显的“绿肝”、肿大，同时有肝萎缩现象；冯健等[18]研究中发现，高脂肪水平的饲料可引起红姑鱼肝脏脂肪变性，此时可见肝脏油腻发黄、部分着色不均匀、柔软易碎；林明辉等[19]研究表明，当罗非鱼发生胆肝综合征时，肝脏就会肿大、出血，形成黄白相间的“花斑”。本试验中A、B两类草鱼在肝胰脏颜色和质地等方面表现出显著差异，B类草鱼肝胰脏在不同程度上表现出颜色变淡，呈白色，甚至变绿，出现“绿肝”；肝明显肿大，肝边棱加粗变厚，肝胰脏表面出现明显的白点；肝胰脏的质地变得极差、易碎，肝胰脏整体呈褶皱状。试验研究表明：肝胰脏的形态与质地可以作为评价草鱼健康的指标，肝形态的评价可以从以下3个方面进行：①颜色：正常肝胰脏的颜色呈紫红色，肝胰脏的颜色变为绿色、白色，均是肝脏不健康的表现；②外观：肝胰脏正常时，其边缘棱横清晰、呈线形、不钝厚，外观不肿大；③质地：正常的肝胰脏质地富有弹性，压迫时无凹陷。

肝胰脏指数是反映肝胰脏重量变化的重要指标，在一定程度上，肝胰脏指数越大肝脏肿大、脂肪肝的可能性就越大。试验中B类草鱼肝胰脏指数明显大于A类，但这并不能完全表明B类肝胰脏有肿大现象（如果肝胰脏在正常增生范围内，也会出现肝胰脏指数变大的现象）。结合肝胰脏解剖图片，我们发现B类肝胰脏边棱加粗变厚，有肿大的迹象。通过综合分析肝胰脏指数和肝胰脏解剖图片两方面的指标，我们认为，B类肝胰脏存在着一定程度的肿大。本试验结果表明，A类健康草鱼肝胰脏指数的正常范围为2.16~3.50。

肝脂肪含量是用来评价肝脏脂质代谢的指标之一，当肝脏脂代谢出现紊乱时，肝脏脂肪含量就会出现异常，临床上也把肝脂肪含量的高低作为判断是否发生脂肪肝的重要依据。本研究中，B类草鱼肝脂肪含量为13.99%，比A类高了59.34%。范建高和曾民德[20]研究认为，当肝胰脏内脂肪含量超过肝湿重的5%时，即表明肝胰脏存在脂肪肝。试验结果表明，B类草鱼肝胰脏存在严重的脂肪肝。从B类草鱼肝胰脏组织切片上来看，我们发现部分肝细

胞核消融，且多数细胞核严重偏于细胞一边，处在细胞界限上；肝细胞空泡化明显，部分肝细胞之间相互融合，细胞界限消失，这些均是肝胰脏脂质蓄积过量的表现。通过对B类草鱼肝胰脏组织切片的油红O染色的观察，我们发现肝组织充满了密密麻麻的小红滴（脂质被染成红色），几乎到处充斥着脂肪滴，只能看到很少量的其他物质。对视野中脂质面积的测量发现，单位面积脂滴的面积占到整个组织面积的22.06%。上述各方面均表明，B类草鱼肝胰脏内脂质的蓄积量已超过肝胰脏正常脂质的含量，肝胰脏具有一定程度的脂肪肝。

组织切片是组织学、病理组织学等生物医学最基本和最普遍的形态学检验技术，其可以直接对组织器官进行观察、检验和诊断，对于临床病理的诊断至关重要[21,22]。而肝脏是生命体中最大的消化腺，是营养物质的代谢中心，其不仅能分泌胆汁参与消化机能，还有贮藏养分、代谢和解毒等功能[23]。所以当鱼体的生理机能出现异常时，肝胰脏往往会出现不正常的反映，而这些异常的变化多数都能从肝脏组织切片上反映出来[24,25]。李文宽等[9]指出，当建鲤肝脏发生“绿肝”时，其肝脏组织切片上可发现许多肝细胞呈现空泡化，部分肝细胞萎缩。李霞[26]和左凤琴[27]研究认为正常肝细胞呈略带圆形的多角形，细胞界限明显，且具有球形的细胞核，细胞核基本都处在细胞的中间。本试验中，B类草鱼肝胰脏组织切片细胞界限模糊、变粗；部分肝细胞核消融，且多数细胞核严重偏于细胞一边，处在细胞界限上；肝细胞空泡化明显，部分肝细胞之间相互融合，细胞界限消失；表现出了明显的病变症状。试验研究认为，肝组织切片可以作为健康评价的指标，其可以从以下几方面来评价：①细胞界限是否清楚且呈线形。当细胞界限变粗、变模糊时，有可能发生细胞纤维化；②细胞核的位置：正常肝细胞，应该有1~2个核，在光镜下清楚可见，并且位于细胞的中央；当肝细胞核消失或细胞核不在细胞中央时，均是肝脏病变的表现。

（三）关于肝损伤、肝功能性酶学指标对池塘草鱼健康评价的讨论

肝脏是机体代谢的中心器官，肝脏功能的发挥都是在肝脏所具有的一系列酶的作用下完成的。这些酶的非正常变化必然会引起相应肝脏代谢紊乱，进而造成疾病；反之，各种肝脏病变也必然有相关酶的变化，表现为体液中酶浓度和活性的改变[28]。因此，临床上通过对血清相关酶活性的分析，来协助肝病变的诊断、鉴别，预防及治疗等，具有十分重要的意义。林鼎[29]、余红卫[30]、孙敏[31]及程超[32]等分别对草鱼、加州鲈鱼、黑鲩和鳊鱼血液生理生化的研究中指出，正常血清酶学指标能够反映鱼体的特性及其正常的生理状态，也能为动物的生理、病理研究等提供重要的参考依据。

ALT、AST、ALP和CHE是临床上常用的反映肝胰脏受损的指标。ALT主要存在于肝内，肝内该酶的活性相当于血清中的100倍，所以只要有1%的肝细胞损害，血清中ALT的活性就会增加1倍。本试验数据表明，肝胰脏异常的B类草鱼血清ALT活性明显高于A类。AST多数存在于细胞线粒体中，当肝损伤严重特别是累及细胞线粒体损伤的病变时，血清中AST会显著升高。本试验结果显示，B类血清ALT值明显高于A类。正常血清中存在的ALP主要是由肝脏合成。正常情况下，肝脏分泌的ALP随胆汁排入小肠；当肝内外胆道阻塞时，胆汁排泄不畅，ALP便会滞留入血，血清中ALP的活性值就会增高。本试验的结果显示，B类ALP高于A类，表明B类存在胆汁排泄受阻的现象。血清中主要存在的CHE是丁酰基胆碱酯酶，其主要由肝细胞合成。因此，但肝脏发生实质性损害时，血清CHE常呈下降趋势。本试验的结果显示，B类CHE明显低于A类。综上所述，试验认为B类肝细胞存在一定程度的损伤，且有胆汁排泄受阻的现象。

正常情况下，由于肝脏能有效的摄取胆汁酸，因此血清中的 TBA 的含量很少。当肝脏内、肝脏外胆管受到梗阻时，胆汁酸的排泄受阻，大量的胆汁酸就会反流进入机体内部的血液血环，从而造成血清中的 TBA 升高。本试验的结果显示，B 类的 TBA 显著高于 A 类，结合上文 ALP 结果，试验结果表明 B 类肝胰脏存在一定程度的胆管梗阻、胆汁排泄不畅。

TRIG、HDL-C 和 LDL-C 是用来反映机体脂质代谢的常用指标。因为肝脏是合成甘油三酯的主要器官，当肝脏出现异常时，常导致内源性甘油三酯不能排出肝脏或不能有效地进行脂质氧化，从而造成大量的甘油三酯在肝内蓄积，使血清中 TRIG 的升高。HDL-C 能摄取外周组织的脂类并将其转移到肝脏，而 LDL-C 是血浆中运输脂类到肝外组织的主要脂蛋白。本试验结果显示，B 类的 TRIG、HDL-C 高于 A 类，而 LDL-C 却低于 A 类，表明 B 类肝胰脏脂质代谢出现异常，肝胰脏内脂质蓄积量过高。上文肝脂肪含量、肝组织切片和油红 O 染色等结果，也从不同方面证明了这点。当肝内脂质的含量超过肝脏湿重的 5% 时，就会出现脂肪肝，从而破坏肝细胞功能及结构的完整性。单纯性脂肪肝发生后，肝内过量的脂质会发生氧化，产生大量的脂质过氧化物，这些过氧化物会攻击细胞内易被氧化的结构，如磷脂双分子层，从而直接损害细胞膜并致细胞死亡。此时，肝脏也由单纯的脂肪肝逐渐演变为肝脏炎症、坏死、纤维化甚至是肝硬化。

参考文献

[1] 中国科学技术协会. 学科发展报告 2011—2012 水产学 [M]. 北京：中国科学技术出版社，2012，(3)：3.

[2] 刘猛，叶元土，蔡春芳等. 湖泊野生团头鲂健康评价指标体系的研究 [J]. 上海海洋大学学报，2013，22 (2)：168 - 177.

[3] 郭祖超. 医用数理统计方法 [M]. 北京：人民出版社，1987，1 - 939.

[4] Nanton D A, Vegusdal A. Musclipid storage pattern composition and adipocy distribution in different parts of Atlaticsalm of fed fish oil and vegetable oil [J]. Aquaculture, 2007, (265): 230 - 243.

[5] 黄永政. 鱼类体色的研究进展 [J]. 水产学杂志，2008，21 (1)：89 - 94.

[6] 冷向军，李小勤. 水产动物着色的研究进展 [J]. 水产学报，2006，30 (1)：138 - 143.

[7] 张晓红，吴锐全，王海英等. 鱼类体色的色素评价及人工调控 [J]. 饲料工业，2008，29，(4)：58 - 61.

[8] 叶元土. 养殖斑点叉尾鮰体色变化生物学机制及其与饲料的关系分析 [J]. 饲料工业，2009，30 (6)：52 - 55.

[9] 李文宽，于翔，闻秀荣. 建鲤绿肝病组织病理学研究 [J]. 中国水产科学，1997，4 (5)：104 - 107.

[10] 薛继鹏. 三聚氰胺、氧化鱼油和脂肪对瓦氏黄颡鱼生长和体色的影响 [D]. 中国海洋大学，2011.

[11] 叶元土. 水产动物的营养与饲料研究评价指标体系 [J]. 饲料广角，2004，20：19 - 21.

[12] 王宝恩，张定凤. 现代肝脏病学 [M]. 北京：科学出版社，2002：263.

[13] 肖世玖，侯艳君. 鱼类胆肝综合征致病机理及饲料预防措施 [J]. 科学养鱼，2010，2：64 - 65.

[14] 唐精，叶元土，李爱琴等. 饲料引起鱼体肝脏病变的成因及预防 [J]. 广东饲料，2012，21 (2)：45 - 48.

[15] 曾宪君，黄媛秀，刘文斌等. 草鱼肝胆综合征的成因与防治 [J]. 科学养鱼，2004，9：64 - 65.

[16] 殷永风. 氧化豆油对草鱼肝胰脏损伤及其保护作用研究 [D]. 苏州大学，2010.

[17] 向朝林. 草鱼硫代乙酰胺肝损伤模型建立及其应用研究 [D]. 苏州大学，2010.

[18] 冯健，贾刚. 饲料不同脂肪水平诱导红姑鱼脂肪肝病的研究 [J]. 水生生物学报，2005，29 (1)：61 - 64.

[19] 林明辉，钟晓波，黄志斌. 罗非鱼胆肝综合征的防治新方法 [J]. 渔业致富指南，2007，18：50.

[20] 范建高，曾民德. 脂肪性肝病 [M]. 北京：人民卫生出版社，2005：62 - 68.

[21] 王伯云，李玉松，黄高等. 病理学技术 [M]. 北京：人民卫生出版社，2000：61 - 94.

[22] 吕俊耀，于晓军，刘卯阳. 常规组织切片染色制作中常见的问题及解决方法 [J]. 法医学杂志，2008，24 (1)：51 - 53.

[23] 陈宣世，刘俊才，陈勇等. HE 染色两次分化法在病理制片技术中的应用与探索 [J]. 重庆医学，2010，39，

(22)：3 109 - 3 110.

［24］徐维蓉．组织学试验技术［M］．上海：科学出版社，2009：27 - 28.

［25］Joln W，William A，Gregory K，*et al.* The effects of experimental starter diets with different levels of soybean or menhaden oil on red drum［J］．Aquaculture，1997(149)：323 - 339.

［26］李霞．水产动物组织胚胎学［M］．北京：中国农业出版社，2005，192.

［27］左凤琴，简纪常，吴灶和．溶藻弧菌胞外产物注射赤点石斑鱼后的组织病理学观察［J］．湛江海洋大学学报，2006，26（3）：13 - 16.

［28］杨玉林，贺志安，李平法等．临床肝病试验诊断学［M］．北京：中国中医药出版社，2007：54.

［29］林鼎，毛永广，蔡发盛等．池塘草鱼八项血清酶活性指标正常值研究［J］．鱼虾类营养研究进展，1995，1：257.

［30］佘红卫，薛良义．加州鲈鱼血液生理生化指标的测定［J］．水利渔业，2004，24（4）：41 - 42.

［31］孙敏，徐善良，唐道军．黑鲪血液的生理生化指标研究［J］．台湾海峡，2009，28（4）：482 - 487.

［32］程超，费杭良．鳊鱼血液生理生化指标和流变学性质的研究［J］．安徽农业科学，2007，35（22）：6 805 - 6 806.

第四节　池塘养殖草鱼健康评价指标模型的验证

一、材料与方法

（一）试验材料

试验草鱼98尾，体重范围161.00～2 261.00g/尾，平均体重881.50g/尾，于2010—2011年取自全国主要的养殖地。

（二）采样地点的分布

草鱼采样地点的分布见图1 - 4 - 1，共包括了10个地点采集的草鱼样本。

图1 - 4 - 1　采样地点的分布

Fig. 1 - 4 - 1　Sampling location map

（三）样品的采集

试验鱼从塘中捞出后，用湿布轻轻将鱼体体表的水分擦干，拍照，用于对体表颜色的分析；再以无菌的2.5mL注射器自尾柄静脉采血，用于测定血清相关酶；同时测量体重与体长，计算肥满度及体重与体长的比值；解剖取出内脏团、肝胰脏等称重，计算内脏指数和肝指数，并取一定量肝胰脏，用于测定肝脏粗脂肪。样品水分采用105℃恒温干燥湿重法测定，粗脂肪采用索氏抽提法测定。

（四）肝胰脏切片的制作

将取得的肝胰脏放入Bouin's试剂中固定。固定后的样品，采用浙江省金华市科迪仪器设备有限公司KD-Ⅵ冰冻切片机进行快速切片，进行HE染色。并用显微镜对肝胰脏组织切片进行观察、拍照。

（五）血清酶学值

将采得的血液置于Eppenddorf离心管中室温自然分层，3 000r/min、4℃离心10min，取上层血清分装，液氮速冻后放入-80℃冰箱保存，并在24h内送往苏州市九龙医院，采用C800全自动生化分析仪进行酶活性测定。测定的鱼类血清酶学指标：天门冬氨酸氨基转移酶（AST）、丙氨酸氨基转移酶（ALT）、碱性磷酸酶（ALP）、甘油三酯（TRIG）、高密度脂蛋白（HDL-C）和低密度脂蛋白（LDL-C）。

（六）分析方法

1. 草鱼健康状况的判定

试验根据样品鱼解剖观察，将试验鱼分为健康（A类）和不健康（B类）：A健康：鱼体体色正常，体表无明显病变，并且肝胰脏呈紫红色，边缘棱呈线形、不钝厚，外观不肿大；质地富有弹性，压迫时无凹陷；B不健康：体表颜色异常，有明显的病变；或肝胰脏变淡、发白无血色甚至变黄、变绿；肝脏边缘棱钝厚、肝肿大；肝表面出现白点，质地差、易碎。

2. 数据处理

全部数据用Excel 2003和SPSS 17.0进行处理，结果以“平均数±标准差”表示。

二、试验结果及分析

（一）结果统计

表1-4-1　草鱼健康模型验证的统计结果

Tab.1-4-1　Statistical results of grass carp healthy model validation

编号	健康状况	形体指标		肝胰脏结构和功能				脂质代谢			
		肥满度（%）	内脏指数（%）	肝胰脏指数（%）	ALT（U/L）	AST（U/L）	ALP（U/L）	肝脂肪含量（%）	TRIG（mmol/L）	HDL-C（mmol/L）	LDL-C（mmol/L）
参考范围		1.87～2.27	12.53～19.83	2.16～3.50	4.96～15.84	40.66～116.47	48.20～99.20	≤8.78	3.16～7.53	0.33～0.79	0.34～1.45
1	B			Y	Y		Y	Y			Y
2	B		Y	Y					Y		

（续表）

编号	健康状况	形体指标		肝胰脏结构和功能				脂质代谢			
		肥满度（%）	内脏指数（%）	肝胰脏指数（%）	ALT（U/L）	AST（U/L）	ALP（U/L）	肝脂肪含量（%）	TRIG（mmol/L）	HDL-C（mmol/L）	LDL-C（mmol/L）
参考范围		1.87～2.27	12.53～19.83	2.16～3.50	4.96～15.84	40.66～116.47	48.20～99.20	≤8.78	3.16～7.53	0.33～0.79	0.34～1.45
3	B	Y						Y	Y		
4	A	Y					Y		Y		Y
5	A		Y				Y		Y		Y
6	B		Y	Y	Y	Y			Y		Y
7	B	Y	Y		Y	Y					
8	B	Y	Y		Y	Y					
9	B			Y	Y	Y	Y		Y		
10	B		Y		Y						
11	A	Y		Y	Y	Y	Y	Y	Y	Y	Y
12	A	Y	Y			Y	Y		Y		
13	A		Y	Y	Y	Y	Y	—	Y		
14	A	Y	Y	Y	Y	Y	Y	—	Y		
15	A	Y	Y	Y		Y		Y			
16	A	Y	Y		—	—	Y	Y	Y		
17	B			Y			Y	Y	Y	Y	Y
18	B			Y			Y	Y	Y	Y	Y
19	B	Y		Y		Y	Y	Y	Y	Y	Y
20	A	Y	Y	Y		Y	Y		Y	Y	Y
21	A	Y	Y	Y		Y	Y		Y	Y	Y
22	A	Y		Y	Y			Y	Y	Y	Y
23	A	Y		Y		Y		Y	Y	Y	Y
24	A	Y	Y	Y	Y		Y		Y	Y	Y
25	A	Y	Y	Y	Y				Y	Y	Y
26	A	Y	Y		Y	Y			Y	Y	Y
27	A		Y		—	—	—	—	—	—	—
28	A		Y		—	—	—	—	—	—	—
29	A				—	—	—	—	—	—	—
30	A				—	—	—	—	—	—	—

（续表）

编号	健康状况	形体指标		肝胰脏结构和功能				脂质代谢			
		肥满度（%）	内脏指数（%）	肝胰脏指数（%）	ALT（U/L）	AST（U/L）	ALP（U/L）	肝脂肪含量（%）	TRIG（mmol/L）	HDL-C（mmol/L）	LDL-C（mmol/L）
参考范围		1.87～2.27	12.53～19.83	2.16～3.50	4.96～15.84	40.66～116.47	48.20～99.20	≤8.78	3.16～7.53	0.33～0.79	0.34～1.45
31	A	Y		Y	Y	Y	Y	Y	Y	Y	Y
32	A	Y		Y	Y	Y		Y	Y	Y	
33	A	Y	Y		Y	Y		Y		Y	Y
34	B			Y	Y				Y	Y	Y
35	A	Y	Y	Y		Y		Y	Y	Y	Y
36	A	Y	Y	Y	Y	Y	Y	Y		Y	Y
37	A	Y	Y	Y	Y	Y		Y	Y		Y
38	A	Y		Y				Y	Y	Y	Y
39	A	Y	Y	Y	Y	Y	Y		Y	Y	Y
40	A	Y	Y	Y	Y	Y	Y		Y	Y	Y
41	A	Y	Y	Y	Y	Y	Y	Y	Y	Y	Y
42	A	Y	Y	Y	Y		Y		Y	Y	Y
43	A	Y	Y	Y	Y	Y			Y	Y	Y
44	A	Y	Y	Y				Y	Y	Y	Y
45	A	Y		Y	Y	Y				Y	Y
46	B	Y	Y	Y				Y		Y	Y
47	A		Y	Y	Y	Y					Y
48	A	Y		Y		Y	Y		Y		
49	A				Y	Y	Y	Y		Y	
50	A				Y	Y	Y	Y	Y	Y	Y
51	A	Y	Y	Y			Y	Y	Y	Y	
52	A		Y	Y		Y	Y	Y		Y	Y
53	B		Y	Y			Y		Y		Y
54	A		Y		Y	Y	Y	Y	Y		Y
55	B		Y	Y	Y	Y		Y	Y		
56	A				Y			Y	Y		Y
57	A		—	Y	Y		Y	Y	Y	Y	Y
58	B		Y	Y	Y	Y			Y		

（续表）

编号	健康状况	形体指标		肝胰脏结构和功能				脂质代谢			
		肥满度（%）	内脏指数（%）	肝胰脏指数（%）	ALT（U/L）	AST（U/L）	ALP（U/L）	肝脂肪含量（%）	TRIG（mmol/L）	HDL-C（mmol/L）	LDL-C（mmol/L）
参考范围		1.87～2.27	12.53～19.83	2.16～3.50	4.96～15.84	40.66～116.47	48.20～99.20	≤8.78	3.16～7.53	0.33～0.79	0.34～1.45
59	A	Y		Y	Y	Y	Y	Y	Y	Y	Y
60	A	Y	Y	Y	Y	Y		Y	Y		
61	A	Y	Y	Y	Y	Y		Y		Y	Y
62	A	Y	Y	Y	Y	Y	Y	Y	Y		Y
63	A			Y	Y	Y		Y	Y		Y
64	A	Y		Y	Y	Y			Y		Y
65	B			Y	Y	Y		Y	Y		Y
66	B	Y		Y		Y		Y	Y		
67	B			Y		Y	Y	Y	Y	Y	Y
68	B			Y		Y			Y		Y
69	B			Y	Y	Y	Y	Y	Y	Y	Y
70	B	Y	Y	Y		Y	Y	Y	Y	Y	Y
71	B	Y		Y	Y	Y	Y		Y		Y
72	A	Y		Y		Y	Y	Y	Y	Y	Y
73	B	Y			Y	Y	Y	Y			
74	B				Y	Y	Y	Y			
75	A				Y	Y			Y		
76	A				Y		Y				
77	B				Y	Y	Y				
78	B				Y		Y				
79	A	Y		Y	Y		Y				Y
80	A	Y	Y	Y	Y	Y	Y	Y	Y		
81	B	Y	Y		Y		Y	Y	Y	Y	
82	A		Y	Y				Y	Y		
83	A	Y	Y	Y	Y	Y	Y	Y	Y		Y
84	A	Y	Y		Y	Y	Y	Y	Y		
85	A		Y	Y	Y	Y		Y	Y		Y
86	A		Y			Y	Y		Y	Y	Y
87	A	Y	Y	Y	Y			Y		Y	Y
88	A		Y	Y		Y		Y	Y		
89	B		Y	Y	Y	Y		Y	Y		
90	A	Y	Y	Y	Y	Y			Y		Y
91	B	Y	Y	Y		Y	Y		Y		Y

（续表）

编号	健康状况	形体指标		肝胰脏结构和功能				脂质代谢			
		肥满度（%）	内脏指数（%）	肝胰脏指数（%）	ALT（U/L）	AST（U/L）	ALP（U/L）	肝脂肪含量（%）	TRIG（mmol/L）	HDL-C（mmol/L）	LDL-C（mmol/L）
参考范围		1.87～2.27	12.53～19.83	2.16～3.50	4.96～15.84	40.66～116.47	48.20～99.20	≤8.78	3.16～7.53	0.33～0.79	0.34～1.45
92	A	Y	Y	Y	Y	Y			Y		Y
93	A	Y	Y	Y		Y			Y		Y
94	A	Y	Y	Y	Y	Y			Y		Y
95	A	Y		Y		Y			Y		
96	A	Y	Y	Y	Y	Y			Y		Y
97	A		Y	Y		Y	Y		Y		Y
98	A	Y		Y			Y		Y		Y

注：表中“参考范围”一栏中给出的指标的正常范围值来自第三节“池塘草鱼健康评价指标模型的建立”；“健康状况”一栏中“A”表示健康；“B”表示不健康；表中“Y”表示对应样品的对应指标在给定的正常范围值内，不在正常范围内的以空格表示；“—”表示对应指标缺失。

表1-4-1为采集草鱼样品的统计结果，从表中可以看出：试验共得草鱼样品98尾，其中健康的68尾，不健康的30尾。其中，41号样品对应的10个指标值都符合给定的健康范围；10、76和78号样品符合给定健康范围的指标数最少，只有2个符合条件（29号和30号样品因缺失指标太多，故不在统计范围内）。

（二）健康指标的判断准确度

在第三节中我们详细阐述了草鱼健康评价指标范围值的建立方法和范围值，最终我们求得了在68.27%置信区间下的健康评价指标范围，但是这些健康指标是否具有实际意义，我们要通过各指标的判断准确度来验证。

根据表1-4-1的统计结果，用每一指标分别去判断所有的样品，在这个指标的范围内算作健康样本，不在范围内就算不健康的；然后再和我们实际解剖观察的结果进行对比，统计处判断正确的百分比，作为该指标的判断准确度。结果见图1-4-2。

从图1-4-2中我们可以看出，10个健康评价指标的判断准确度在51.06%～65.96%的区间内，其中血清TRIG的准确度最高为65.96%，ALP的准确度最低为51.06%。各健康指标和理论置信度之间的差，见图1-4-3。从图1-4-3中我们可以看出，TRIG的判断准确度和理论置信度的差值最小为2.31%，ALP的判断准确度和理论置信度的差值最大为17.21%。综上我们可知，肥满度、内脏指数、肝胰脏指数、AST、TRIG和LDL-C单独判断是否健康的准确率均在60%以上，且和理论置信度的差值均在10%，从而可以表明我们建立健康指标的正常范围值和我们理论期望相差较小，且在实际中具有一定的实用性。

（三）健康指标之间的联合评定

上文中我们讨论了草鱼10个健康指标的实际置信度（即判断准确度），但在实际运用中，我们往往要通过几个相关指标来判定草鱼在某一方面得结构和功能是否正常，这不仅可以增加我们诊断的准确性，而且可以判断病变的发生原因。

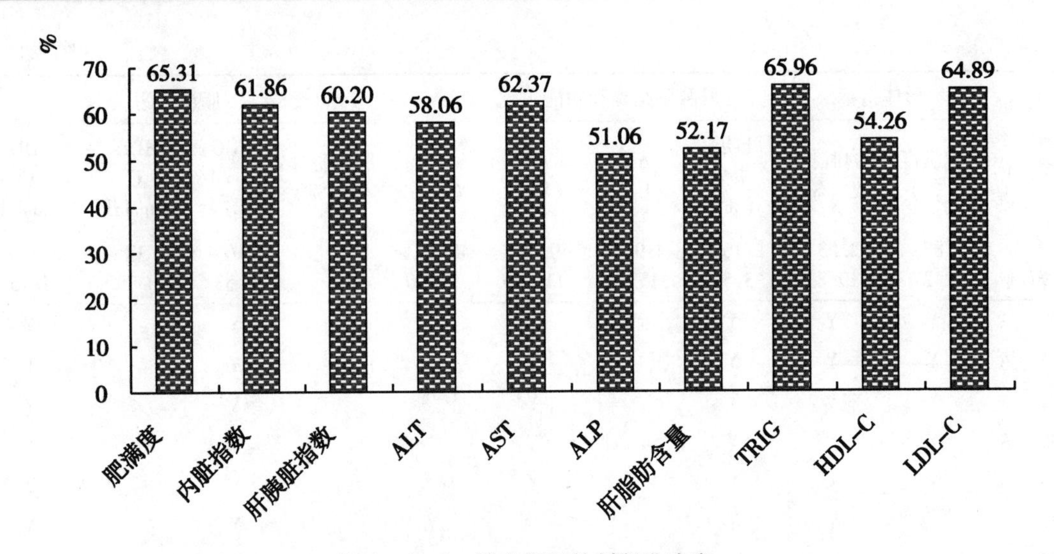

图 1－4－2　健康指标的判断准确度

Fig. 1－4－2　Determine the accuracy of grass carp health indicators

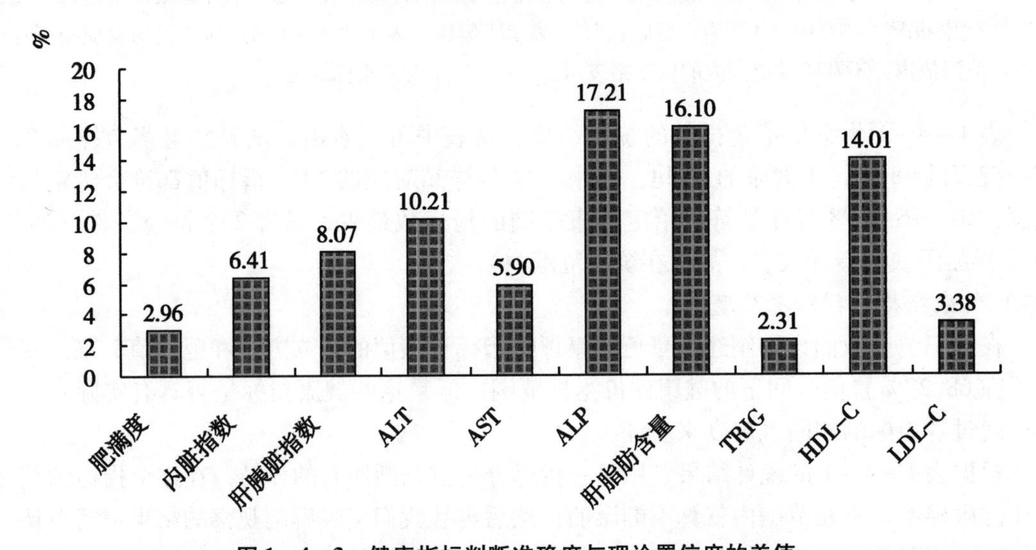

图 1－4－3　健康指标判断准确度与理论置信度的差值

Fig. 1－4－3　The difference between accuracy and confidence theory level of grass carp health indicators

试验中我们根据各指标的临床作用将其分为 3 类：①形体指标：肥满度和内脏指数；②肝胰脏结构和功能指标：肝胰脏指数、ALT 和 AST；③脂质代谢：肝脂肪含量、TRIG、HDL-C 和 LDL-C。

那么，是否能够用几个指标来联合判断某一方的健康情况？实际判断准确度是多少？为此，根据表 1－4－1 的统计结构，我们统计出同时满足或同时不满足某一类指标的样品数，然后在统计出判断准确的样品数占总样品数的百分比，作为一类指标联合判断的准确度（联合置信度），从而分析一类健康指标联合判断健康状况的可行性。

从图 1－4－4 中我们可以看出：形体指标和肝胰脏结构功能两类指标的判断准确度分别为 77.59% 和 72.22%，均高于其单个指标的判断准确度；脂质代谢的判断准确度为

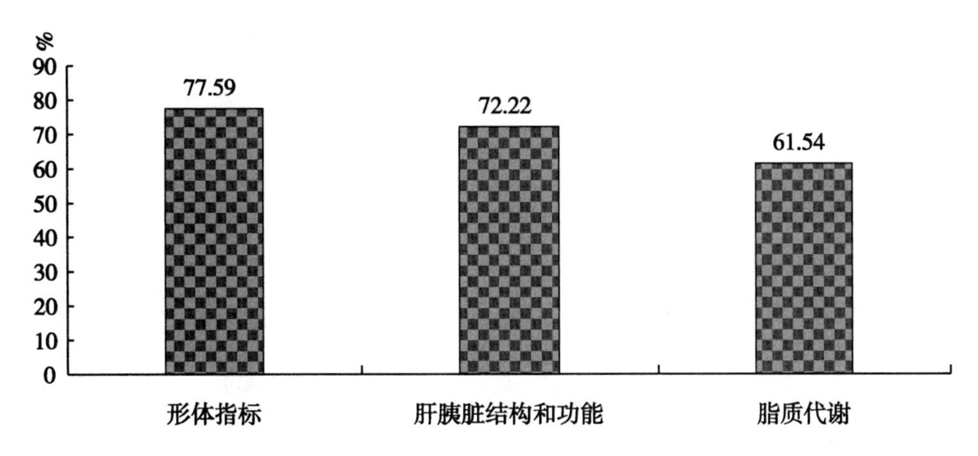

图 1－4－4　健康指标的联合判断准确度

Fig. 1－4－4　to determine the Joint accuracy of grass carp health indicators

61.54%，低于 TRIGD 和 LDL-C，但高于肝脂肪含量和 LDL-C 的单个判断准确度。

（四）如何最终确定鱼体是否健康

本试验中我们给出了草鱼健康方面变化敏感的 10 个指标范围，但是在实际应用中我们最想知道的是怎么通过这 10 个健康指标来判断草鱼的健康状况，也就是说 10 个指标中有哪些异常就可以认定该样本的草鱼健康或不健康。

试验根据表 1－4－1 的结果，统计出健康和不健康样本在满足 10 个健康指标的实际情况，见图 1－4－5。

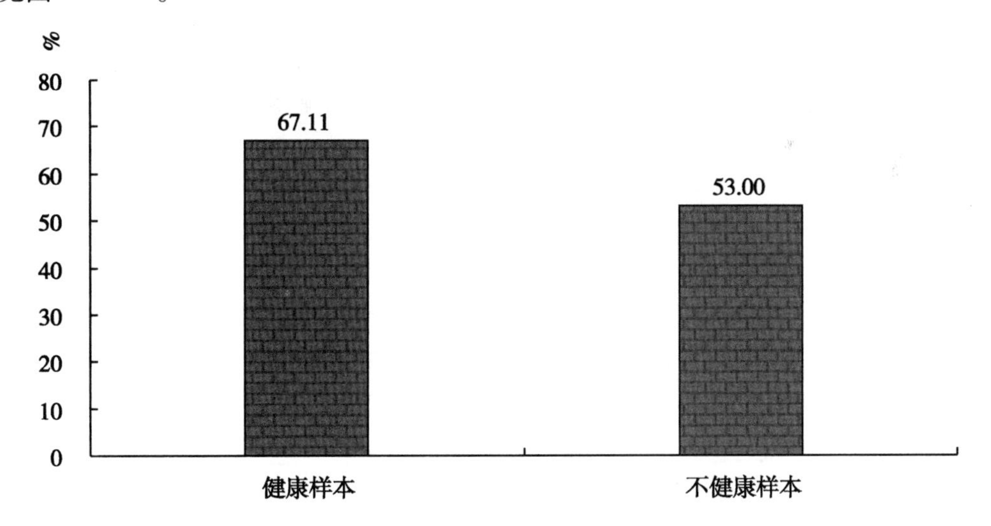

图 1－4－5　健康状况与健康指标数目的关系

Fig. 1－4－5　The relationship between the health status and health indicators

从图 1－4－5 中我们可以看出：在 10 个健康指标中，有 67.11%（6～7 个）及以上的指标数目在给定的健康指标范围内，就可以认定该样本是健康的；如果有 53%（5～6 个）及以下的指标数不在给定的参考范围内，就可判定样品为不健康的。

第五节　湖泊野生鲫鱼健康指标评价体系的研究

现代养殖渔业和水产饲料业发展的一个重要方向是提倡健康养殖和养殖鱼类生理健康的维持。人体医学中具有较为完善、系统的健康评价方法和指标体系。然而，如何评价养殖鱼类的健康状态——通过什么指标体系来评价、评价指标的合理范围是多少？这些问题的研究是鱼类健康评价的重要基础，而目前这方面的研究还处于起步阶段。养殖鱼类健康评价可以包括鱼体生产性能评价（如生长速度、饲料效率等）、体表健康的评价（如体色、体表黏液、鳞片状态等）、重点器官的健康评价（如鳃、肝胰脏、肠道等）、血清指标评价（如内环境指标、酶学指标等）、功能标志性蛋白质（种类和含量）及基因表达活性的评价等。而所有的评价指标都需要有一个参照标准（也可以是范围值），这种参照标准该如何建立？是通过采集不同水域、不同养殖条件下的相关数据后，再用统计分析来建立标准范围值？还是通过采集自然水域环境中的健康鱼类来建立相关评价指标？显然前种方法需要对全国范围内的同种鱼类、不同养殖条件下的养殖鱼类进行数据采集和统计分析，工作量非常巨大，而后者则相对容易。本文以湖泊自然生长、达到上市规格的鲫鱼为样本，从体表颜色及形体指标、肝形态及肝组织细胞、肝功能和肝损伤酶活性值等方面研究分析，探讨建立鲫鱼健康评价指标体系、指标合理范围值及指标建立方法，为同类工作的开展提供参考。

一、材料与方法

（一）试验材料

试验鲫鱼31尾，体重范围239.44～380.20g/尾，平均体重291.47g/尾，于2011年10月取自江苏省苏州市澄湖。从湖中捕捞的团头鲂，选择外观确认健康的，作为试验样品。

（二）样品采集

将选取的试验鱼放入暂养池中，用湿布轻轻将鱼体体表的水分擦干，拍照，用于对体表颜色的分析；再以无菌的2.5mL注射器自尾柄静脉采血，用于测定血清相关酶活性；同时测量体重与体长，计算肥满度及体重与体长的比值；解剖取出内脏团、肝胰脏等称重，计算内脏指数和肝指数，并取一定量肝胰脏留样，用于测定肝脏粗脂肪的含量。样品水分采用105℃恒温干燥湿重法测定，粗脂肪采用索氏抽提法测定。

（三）肝胰脏组织切片

取肝胰脏1cm^3左右3～4块，放入Bouin's试剂中固定。固定后的样品，采用浙江省金华市科迪仪器设备有限公司KD-Ⅵ冰冻切片机进行快速切片，然后分别进行HE和油红O染色。最后在光学显微镜下观察肝胰脏组织结构，并采用Nikon COOLPIX4500型相机进行拍照。

（四）血清酶学值

将采得的血液置于Eppenddorf离心管中室温自然分层后，3 000r/min、4℃离心10min，取上层血清分装，液氮速冻后放入－80℃冰箱保存，并在24h内送往苏州市九龙医院，采用C800全自动生化分析仪进行酶活性测定。测定的血清酶学指标：天门冬氨酸氨基转移酶（AST）、丙氨酸氨基转移酶（ALT）、AST/ALT、胆碱酯酶（CHE）、碱性磷酸酶（ALP）和γ-谷氨酰转肽酶（γ-GT）；总蛋白（TP）、白蛋白（Alb）、球蛋白（Glo）、白球比（A/G）；总胆红素（STB）、总胆汁酸（TBA）和肌酐（Cre）；血糖（Glu）、胆固醇（CHO）、甘油三酯（TRIG）、高密度脂蛋白（HDL-C）和低密度脂蛋白（LDL-C）。

（五）数据分析

目前医学上常用的确立血清酶活性正常值的方法有百分位、正态分布（含对数正态分布）和允许区间等方法[1]。本试验根据实测数据的频率分布图，选择常用的数学分布进行拟合，拟合度采用 χ^2（卡方）检验，当检验统计量的值小于显著水平 0.05 或 0.01 的 χ^2 分布临界值时，表示该分布拟合可以接受，反之表示拒绝接受此分布拟合。全部数据用 Excel 2007 和 SPSS 17.0 进行处理。

二、试验结果

（一）体表颜色及形体指标

1. 湖泊鲫鱼体色

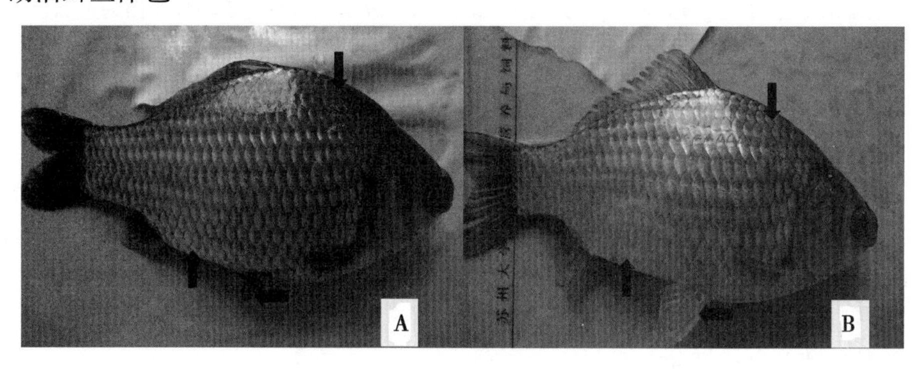

图 1－5－1　湖泊鲫鱼体色

Fig. 1－5－1　Body color of *Carassius auratus* in the lake

鱼体体表颜色可以在一定程度上反映鱼体的健康状况。图 1－5－1 为湖泊鲫鱼的体表颜色，从图中可以看出：湖泊鲫鱼鳞片大侧线微弯，背鳍长，外缘较平直。体背面灰黑色（图中“↓”），腹面银灰色（图中“↑”），各鳍条灰白色（图中“←”）。

2. 形体指标

鱼体的形体指标是反映鱼体健康的重要标志。试验测量了湖泊鲫鱼的相关形体指标，并根据实测值制得了频率分布（图 1－5－2）。根据图 1－5－2 结果，选择常用的数学分布分

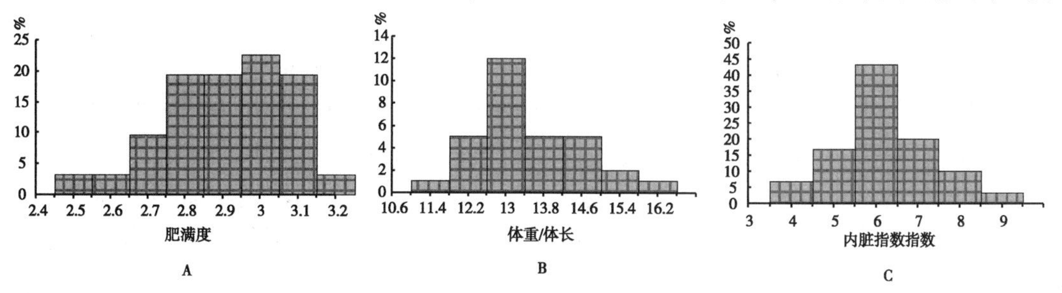

图 1－5－2　湖泊鲫鱼形体指标频率分布

Fig. 1－5－2　Frequency distribution diagram of *Carassius auratus* form index in the lake

别与各指标的实测值进行拟合，并通过 χ^2 检验法对拟合度进行检验，同时计算出各指标值

在68.27%置信区间下的正常范围值（表1－5－1）。结果显示：肥满度的频率分布属于正态分布，正常范围值2.73～3.07；体重/体长属于对数正态分布，正常范围值12.36～14.52；内脏指数属于正态分布，正常范围值4.62～6.84。

表1－5－1　湖泊鲫鱼形体指标正常范围值

Tab. 1－5－1　Normal range values of *Carassius auratus* form index in the lake

	均值	变异系数（%）	频率分布a	χ^2结果b	正常值范围
肥满度（%）	2.90±0.17	5.71	N	A	2.73～3.07
体重/体长	13.48±1.10	8.15	L	A	12.41～14.55
内脏指数（%）	5.73±1.11	19.30	N	A	4.62～6.84

注：肥满度＝体重/体长^3×100%；内脏指数＝内脏团重/体重×100%；

a.“L”表示该指标的频率分布图为对数正态分布；“N”表示该指标的频率分布图为正态分布；

b.“R”表示在显著水平0.05下不接受对应的分布；“A”表示在显著水平0.05下接受对应的分布。

（二）肝形态与组织学

1. 肝解剖图片

肝脏是机体代谢最为活跃的器官之一，肝胰脏的颜色、形状和质地均可以反映鱼体肝胰脏的健康状况。彩图1－5－3为湖泊鲫鱼的肝脏，从图中可以看出：肝胰脏表面色泽光滑，颜色紫红色；外观无弥散性肿大，边缘棱横清晰明显，不钝厚（彩图1－5－3“←”所示）；质地富有弹性，压迫时无凹陷。

2. 肝胰脏指数和肝脂肪量

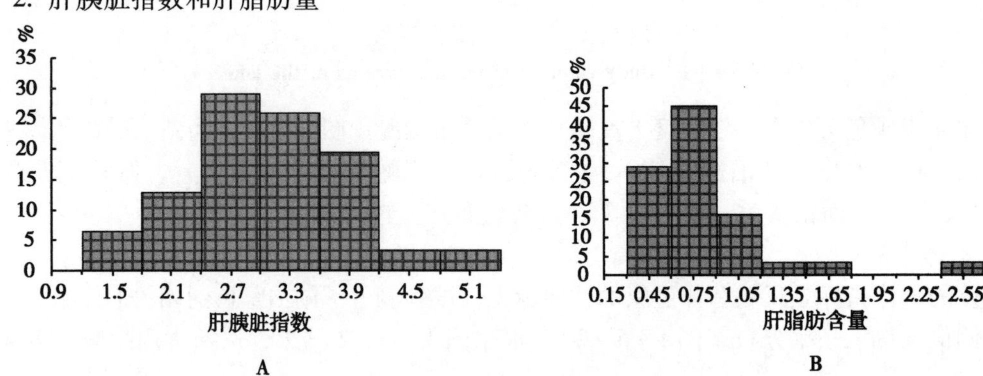

图1－5－4　鲫鱼肝胰脏指数和脂肪含量频率分布

Fig. 1－5－4　Shape and color of *Carassius auratus* hepatopancreas index and fat content

表1－5－2　鲫鱼肝胰脏指数和脂肪含量正常范围值

Tab. 1－5－2　Normal range values of *Carassius auratus* hepatopancreas index and fat content

	均值	变异系数（%）	频率分布a	χ^2结果b	正常值范围
肝胰脏指数（%）	3.08±0.84	27.10	N	A	2.24～3.92
肝脂肪量（%）	0.82±0.43	52.86	L	A	0.45～1.17

注：肝胰脏指数＝肝胰脏重/体重×100%；表中肝脂肪量是肝胰脏脂肪含量与肝胰脏湿重的百分比。

a.“L”表示该指标的频率分布图为对数正态分布；“N”表示该指标的频率分布图为正态分布；

b.“R”表示在显著水平0.05下不接受对应的分布；“A”表示在显著水平0.05下接受对应的分布。

试验根据实测值制得肝胰脏指数和肝脂肪含量的频率分布（图1-5-4）。根据图1-5-4的结果，选择常用的数学分布与各指标的实测值进行拟合，并通过 χ^2 检验法对拟合度进行检验，同时计算出各指标值在68.27%置信区间下的正常范围值（表1-5-2）。结果显示：肝指数和肝脂肪含量均属对数正态分布，其正常范围值分别为2.24~3.92和0.45~1.17。

3. 肝组织切片

肝脏的基本结构、功能单位是肝小叶，肝细胞是构成肝小叶的主要结构。光镜下，肝细胞的界限清楚，细胞核呈圆球形且位于细胞中央。

彩图1-5-5（A~F）为湖泊鲫鱼肝组织切片，从彩图中可以看出，肝结构完整、无残损；整个肝组织清晰，肝细胞清楚可辨，肝细胞界限清楚（图中“→”所示）；肝细胞质着色明显，无空泡（图中“←”所示）；肝细胞核清晰可见，且基本位于肝细胞中央（图中“↓”所示）；细胞间隙基本呈线形，无明显的加粗、变宽。在彩图1-5-5（A~F）中我们发现，肝细胞内存在少量的空泡，肝内圆形空泡形成的病理学原因是肝细胞脂肪变性。当肝细胞脂肪变性时细胞浆内会出现脂滴，在制片的过程中会被脂性溶剂溶掉，故切片中仅保留圆形空泡。本试验采用油红O对肝组织进行了染色，结果见彩图1-5-5（G，H）。从E图中可以看出，仅有少量细胞被油红染成红色（图中“↑”所示），且上色的颜色较浅，上色的细胞数量较少。同时在肝组织内仍可见空泡化的细胞，表明肝细胞呈空泡化的原因不是肝细胞脂肪变性。

（三）血清酶活力指标

1. 肝胰脏损伤酶活力正常范围值

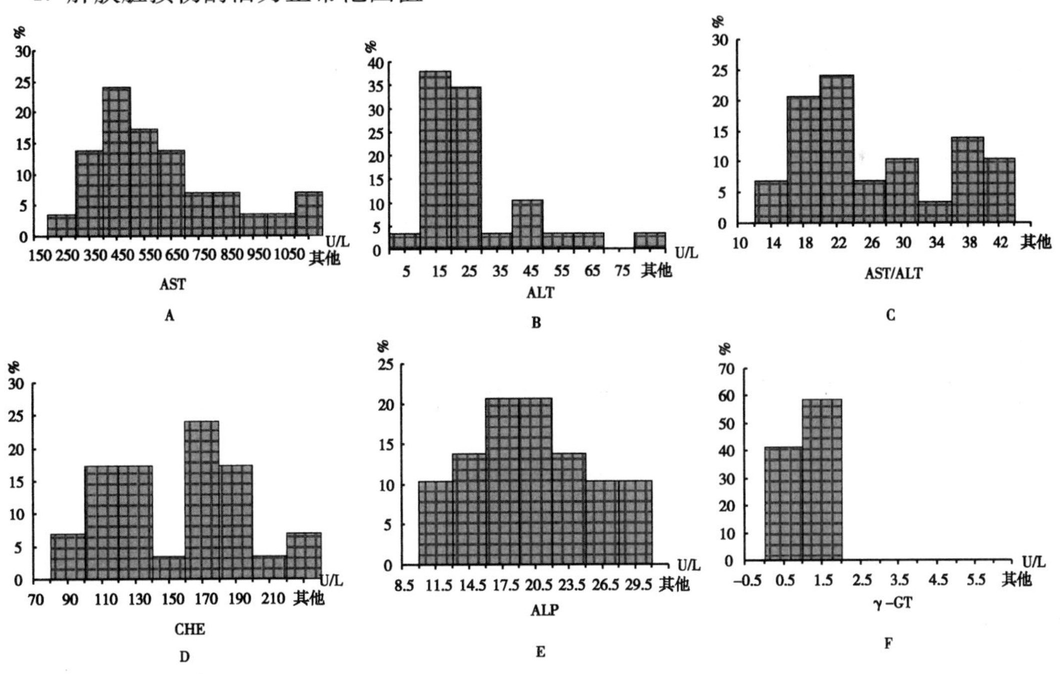

图1-5-6 鲫鱼血清肝胰脏损伤酶活力频率分布

Fig. 1-5-6 Frequency distribution of *Carassius auratus* serum hepatopancreas injury enzyme activity

表 1-5-3 鲫鱼血清肝胰脏损伤酶活力正常范围值

Tab. 1-5-3 The range value of *Carassius auratus* serum hepatopancreas injury enzyme activity

	均值	变异系数（%）	频率分布 a	χ^2结果 b	正常值范围
AST（U/L）	634.10±283.88	44.77	L	A	391.30~872.67
ALT（U/L）	26.52±13.07	49.29	L	A	15.45~37.32
AST/ALT	26.44±9.13	34.52	L	A	17.65~35.30
CHE（U/L）	161.43±49.28	30.52	N	A	112.15~210.71
ALP（U/L）	20.83±5.54	26.61	N	A	15.29~26.37
γ-GT（U/L）	1.59±0.50	31.60	—	—	—

注：a. "L" 表示该指标的频率分布图为对数正态分布；"N" 表示该指标的频率分布图为正态分布；
b. "R" 表示在显著水平 0.05 下不接受对应的分布；"A" 表示在显著水平 0.05 下接受对应的分布。

AST、ALT、AST/ALT、CHE、ALP 和 γ-GT，是临床上用来反映肝损伤的常用指标，本试验根据各指标的实测值制得其频率分布（图 1-5-6）。根据图 1-5-6 结果，选择常用的数学分布分别与各指标的实测值进行拟合，并通过 χ^2 检验法对拟合度进行检验，同时计算出各指标值在 68.27% 置信区间下的正常范围值（表 1-5-3）。结果显示：AST、ALT 和 AST/ALT 的频率分布为对数正态分布，其正常范围值为分别为 391.30~872.67、15.45~37.32 和 17.65~35.30；CHE 和 ALP 属于正态分布，其正常范围值为 112.15~210.71 和 15.29~26.37；γ-GT 的频率分布图是几个孤立的点，既不属于正态分布也不属于对数正态分布，其正常值不能用此法求得。

2. 血清蛋白指标正常范围值

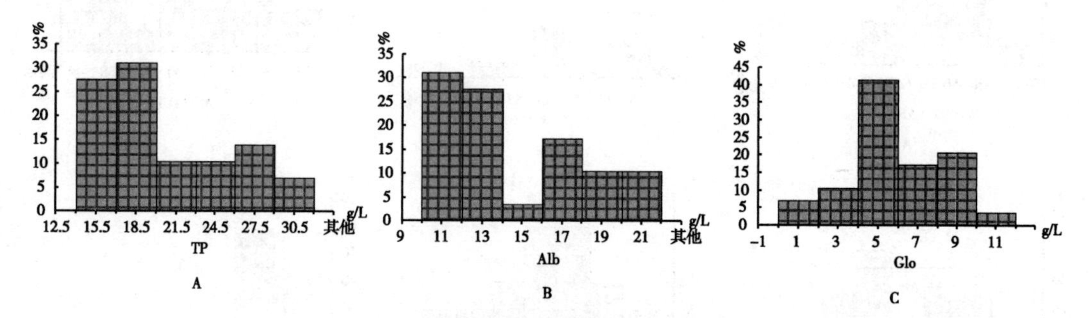

图 1-5-7 鲫鱼血清蛋白频率分布

Fig. 1-5-7 Frequency distribution of serum protein of *Carassius auratus*

表 1-5-4 鲫鱼血清蛋白正常范围值

Tab. 1-5-4 The range value of serum protein of *Carassius auratus*

	均值（g/L）	变异系数（%）	频率分布 a	χ^2结果 b	正常值范围
TP	20.57±5.02	24.38	L	A	15.79~25.36
Alb	14.56±3.40	23.37	L	A	11.30~17.82

（续表）

	均值（g/L）	变异系数（%）	频率分布 a	χ^2结果 b	正常值范围
Glo	6.02 ±2.30	38.17	N	A	4.72 ~8.32

注：a. “L”表示该指标的频率分布图为对数正态分布；“N”表示该指标的频率分布图为正态分布；

b. “R”表示在显著水平 0.05 下不接受对应的分布；“A”表示在显著水平 0.05 下接受对应的分布。

TP、Alb 和 Glo 是临床上用来反映肝合成功能的常用指标，本试验根据各指标的实测值制得其频率分布（图 1 –5 –7）。根据图 1 –5 –7 的结果，选择常用的数学分布分别与各指

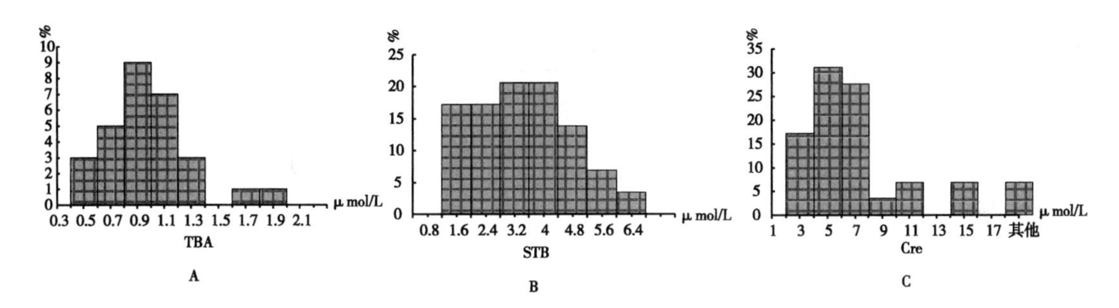

图 1 –5 –8　鲫鱼血清肝胰脏分泌和排泄酶活力频率分布

Fig. 1 –5 –8　Frequency distribution of pancreatic secretion and excretion of *Carassius auratus* serum hepatopancreas enzyme activity

标的实测值进行拟合，并通过 χ^2 检验法对拟合度进行检验，同时计算出各指标值在 68.27% 置信区间下的正常范围值（表 1 –5 –4）。结果显示，TP 和 Alb 的频率分布属于对数正态分布，其正常范围值分别为 15.79 ~25.36 和 11.30 ~17.82；Glo 属于正态分布，其正常范围值为 4.72 ~8.32。

3. 血清肝胰脏分泌和排泄酶活力正常范围值

表 1 –5 –5　团头鲂血清肝胰脏分泌和排泄酶活力正常范围值

Tab. 1 –5 –5　The range value of pancreatic secretion and excretion of *Carassius auratus* serum hepatopancreas enzyme activity

	均值（μmol/L）	变异系数（%）	频率分布 a	χ^2结果 b	正常值范围
TBA	1.01 ±0.33	33.00	L	A	0.70 ~1.33
STB	3.51 ±1.20	34.13	L	A	2.31 ~4.74
Cre	4.23 ±2.93	69.02	L	A	2.21 ~6.82

注：a. “L”表示该指标的频率分布图为对数正态分布；“N”表示该指标的频率分布图为正态分布；

b. “R”表示在显著水平 0.05 下不接受对应的分布；“A”表示在显著水平 0.05 下接受对应的分布。

TBA、STB 和 Cre 是临床上用来反映肝分泌和排泄功能的常用指标，本试验根据各指标

的实测值制得其频率分布（图1-5-8）。根据图1-5-8的结果，选择常用的数学分布分别与各指标的实测值进行拟合，并通过χ^2检验法对拟合度进行检验，同时计算出各指标值在68.27%置信区间下的正常范围值（表1-5-5）。结果显示，TBA、STB和Cre的频率均属于对数正态分布，其正常值范围分别为0.70~1.33、2.31~4.74和2.21~6.82。

4. 血清血糖血脂代谢酶活力正常范围值

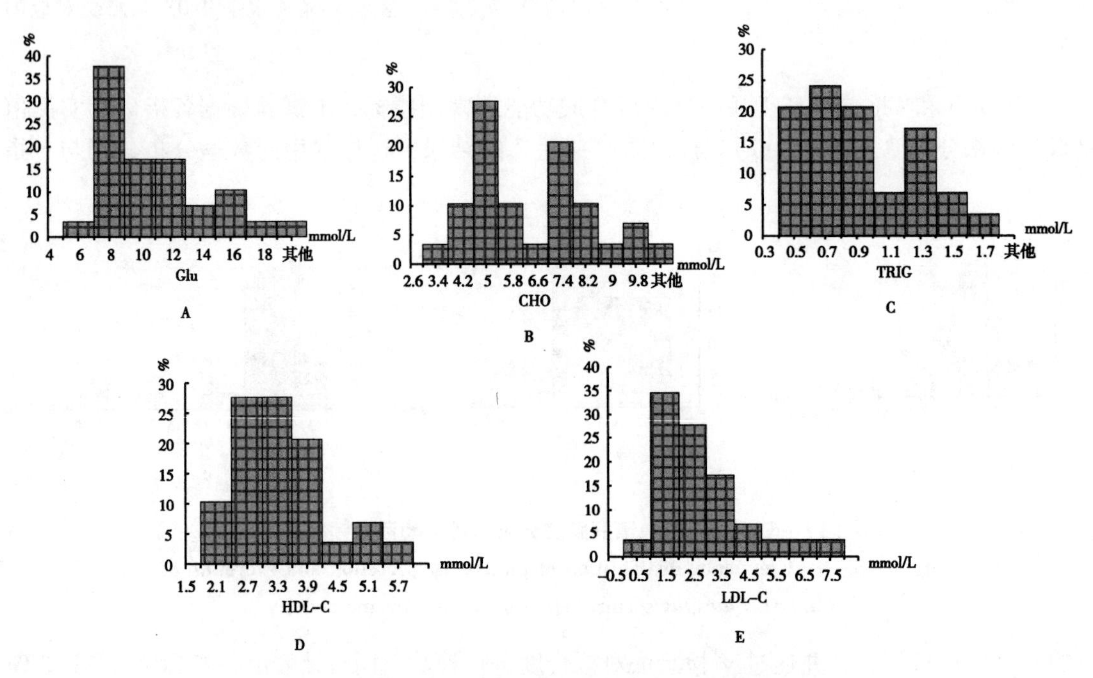

图1-5-9　鲫鱼血清血糖血脂代谢酶活力值频率分布

Fig. 1-5-9　Frequency distribution of serum glucose lipid metabolism enzyme activity value of *Carassius auratus*

表1-5-6　鲫鱼血清血糖血脂代谢酶活力正常范围值

Tab. 1-5-6　The range value of serum glucose lipid metabolism enzyme activity value of *Carassius auratus*

	均值（mmol/L）	变异系数（%）	频率分布a	χ^2结果b	正常值范围
Glu	11.25±3.80	33.78	L	A	7.92~14.54
CHO	6.36±1.75	27.48	L	A	4.63~8.11
TRIG	0.97±0.35	35.82	L	A	0.64~1.31
HDL-C	3.37±0.89	26.47	L	A	2.54~4.19
LDL-C	2.89±1.59	55.22	L	A	1.53~4.22

注：a. “L”表示该指标的频率分布图为对数正态分布；“N”表示该指标的频率分布图为正态分布；

b. “R”表示在显著水平0.05下不接受对应的分布；“A”表示在显著水平0.05下接受对应的分布。

Glu、CHO、TRIG、HDL-C 和 LDL-C 是临床上用来反映血糖血脂代谢功能的常用指标，本试验根据各指标的实测值制得其频率分布（图 1－5－9）。根据图 1－5－9 的结果，选择常用的数学分布分别与各指标的实测值进行拟合，并通过 χ^2 检验法对拟合度进行检验，同时计算出各指标值在 68.27% 置信区间下的正常范围值（表 1－5－6）。结果显示，Glu、CHO、TRIG、HDL-C 和 LDL-C 的频率分布均属于对数正态分布，其正常范围值分别为 7.92～14.54、4.63～8.11、0.64～1.31、2.54～4.19 和 1.53～4.22。

三、讨论

（一）关于体表颜色与形体指标对团头鲂健康评价

影响鱼体体表颜色变化的因素很多[2-4]，其病理学主要原因：①当鱼体肝胰脏发生异常时，含有大量胆色素的胆汁就会通过肝组织中的毛细血管进入血液系统，使血液中胆色素含量增高。而鱼体体表分布有大量的血管，当血液中胆色素含量增高后，体表的颜色就会受到影响、发生变化。②当鱼体肝胰脏的生理机能受到影响时，与肝胰脏密切相关的色素细胞的分化、生长及发育就会受到严重的阻碍，从而改变色素细胞在鱼体的分布，影响体色。叶元土[5]发现，当斑点叉尾鮰肝胰脏出血、肿大甚至出现脂肪肝时，其体表就会由正常的黑褐色变为黄色；李文宽等[6]认为，在建鲤的肝胰脏出现“绿肝”时，其头部和背部的颜色就会加深、变为黑色；薛继鹏等[7]发现，喂食氧化油脂的瓦氏黄颡鱼，其肝脏的代谢受到影响后，背部皮肤亮度就会降低、变黑。本文与上述观点一致，认为鱼体体表颜色的变化与其本身的健康状况存在相关性，试验研究表明：鲫鱼体表颜色可以作为判断其健康的指标，体表颜色的评价可以从 3 个方面进行：背部（灰黑色），腹部（银灰白），鳍条（灰白色）。肥满度、体重/体长和内脏指数，是当前用于评价水产动物形体变化的常用指标。本试验计算得到团头鲂肥满度、体重/体长和内脏指数的正常范围值，分别为 2.73～3.07、12.36～14.52 和 4.62～6.84。

（二）关于肝形态、肝功能指标与肝组织结构对团头鲂健康评价

肝胰脏是水产动物关键性的代谢器官之一，肝胰脏颜色、质地的变化均可以反映肝的健康状况[8]。鱼体健康时肝胰脏为紫红色，当肝胰脏的颜色发生变化时就表明肝胰脏异常[9]；肝胰脏正常时，边缘棱横清晰、不钝厚，无肿大，质地富有弹性[10]。肖世玖[11]、唐精[12]和曾宪君[13]等研究表明当鱼体发生胆肝综合征时，肝胰脏常呈豆渣状、轻触易碎，胆囊变大、胆汁变黑；冯健等[14]研究发现，高脂肪水平可引起红姑鱼肝脏脂肪变性，此时肝脏油腻发黄、着色不均匀、柔软易碎；林明辉等[15]研究表明，当罗非鱼发生胆肝综合征时肝脏常会肿大、出血，形成“花斑”，胆囊浅黄、呈透明状。本试验与上述研究者的观点一致，认为鲫鱼肝胰脏的形态与质地可以作为评价健康的指标，肝形态的评价可以从以下 3 个方面进行：①颜色：正常肝胰脏的颜色呈紫红色，肝胰脏的颜色变为绿色、白色，均是肝脏不健康的表现；②外观：肝胰脏正常时，其边缘棱横清晰、呈线形、不钝厚，外观不肿大；③质地：正常的肝胰脏质地富有弹性，压迫时无凹陷。

肝胰脏指数是反映肝胰脏重量变化的重要指标，在一定程度上，肝胰脏指数越大肝脏肿大、发生脂肪肝的可能性就越大；肝脂肪含量是用来评价肝脏脂质代谢的指标之一，临床上也把肝脂肪含量的高低作为判断是否发生脂肪肝的重要依据。本试验以湖泊鲫鱼为对象，得到了肝胰脏指数和脂肪含量的正常范围，分别为2.24～3.92和0.45～1.17，可为此类问题的研究提供参考。

组织切片是组织学、病理组织学等生物医学最基本和最普遍的形态学检验技术之一，其可以直接对组织器官进行观察、检验和诊断，对于临床病理的诊断至关重要[16-18]。肝脏作为生命体中最大的消化腺，是营养物质的代谢中心，其不仅能分泌胆汁参与消化机能，还有贮藏养分、代谢和解毒等功能[19]。所以当鱼体的生理机能异常时，肝胰脏往往也会出现异常反映，而这些变化多数都能从肝脏组织切片上反映。王忠敏等[20]研究指出，感染致病菌的罗非鱼肝脏，在切片上明显可以发现肝细胞变得修长且有零散现象；杨晓等[21]发现，当长时间给斑点叉尾鮰喂食高剂量的磺胺二甲氧嘧啶钠时，斑点叉尾鮰肝脏组织切片上可明显发现肝细胞界限模糊，细胞形状不规则，细胞核偏离细胞中央、甚至溶解等；李文宽等[22]指出当建鲤肝脏出现“绿肝”时其切片上可发现许多空泡、部分肝细胞萎缩等。李霞[23]和左凤琴[24]研究认为，正常肝细胞的细胞界限明显，具有球形的细胞核，而且细胞核基本都处在细胞的中间。

油红O染色是当前细胞内脂质研究的重要方法之一，其原理：油红可在脂内高度溶解，从而特异性把脂质染成橘红色，从而直观地显示细胞中脂滴的位置与数量[25]。肝脏是鱼体脂质代谢的重要器官，所以对肝细胞内脂质含量的研究可直接、有效的判断鱼体脂质代谢的情况[26]。范建高和曾民德[27]研究认为，在光镜下单位面积可见30%的肝细胞有脂滴时，即为脂肪性肝病。本研究表明，肝胰脏切片可以作为健康评价的有效指标之一，其可从以下几方面来进行评价：①正常肝细胞界限清楚且呈线形；②细胞核的位置：正常肝细胞，核清晰可见，且位于肝细胞中央；③肝细胞脂肪滴的数量：正常肝细胞内含有一定的脂肪滴，可被油红O染为红色，但其数量较少。

（三）关于肝损伤、肝功能性酶学指标对团头鲂健康评价的讨论

肝脏是机体代谢的中心器官，而肝功能的发挥是在肝内一系列酶的作用下完成的。肝内酶的非正常变化必然会引起相应肝脏代谢紊乱，进而造成疾病；反之，各种肝脏病变也必然有相关酶活性的变化，表现为体液中酶浓度和活性的改变[28]。因此，临床上通过对血清相关酶活性的分析，来协助肝病变的诊断、鉴别，预防及治疗等，具有十分重要的意义。但是，林鼎[29]、余红卫[30]、孙敏[31]及程超[32]等研究指出，只有正常血清酶学指标才能反映鱼体的特性及其正常的生理状态，才能为动物的生理、病理研究等提供重要的参考依据，因此只有先建立血清酶学值的正常值范围，才能利于其进行生理和病理等方面的研究。但如何才能建立鱼体酶学值的正常范围？王碧等[33]研究认为，野生动物的血液理化指标相对稳定，能客观地反映机体生理性或病理性的变化、代谢和营养状况等。因此，本试验以湖泊野生团头鲂为研究对象，得到了其肝功能与肝损伤相关的15项血清酶学值的正常范围值，其分别

为 ALT（15.45～37.32）U/L、AST（391.30～872.67）U/L、AST/ALT（17.65～35.30）、CHE（112.15～210.71）U/L、ALP（15.29～26.37）U/L、TP（15.79～25.36）g/L、Alb（11.30～17.82）g/L、Glo（4.72～8.32）g/L、STB（2.31～4.74）μmol/L、TBA（0.70～1.33）μmol/L、Glu（7.92～14.54）mmol/L、CHO（4.63～8.11）mmol/L、TRIG（0.64～1.31）mmol/L、HDL-C（2.54～4.19）、LDL-C（1.53～4.22）mmol/L、Cre（2.21～6.82）μmol/L，为同类研究提供参考。

参考文献

［1］郭祖超．医用数理统计方法［M］．北京：人民出版社，1987：1－939.

［2］黄永政．鱼类体色的研究进展［J］．水产学杂志，2008，21（1）：89－94.

［3］冷向军，李小勤．水产动物着色的研究进展［J］．水产学报，2006，30（1）：138－143.

［4］张晓红，吴锐全，王海英等．鱼类体色的色素评价及人工调控［J］．饲料工业，2008，29，（4）：58－61.

［5］叶元土．养殖斑点叉尾鮰体色变化生物学机制及其与饲料的关系分析［J］．饲料工业，2009，30（6）：52－55.

［6］李文宽，于翔，闻秀荣．建鲤绿肝病组织病理学研究［J］．中国水产科学，1997，4（5）：104－107.

［7］薛继鹏．三聚氰胺、氧化鱼油和脂肪对瓦氏黄颡鱼生长和体色的影响［D］．中国海洋大学，2011.

［8］Milinski M，Bakker T C. Sexuelle selection：stichling sweibchen erkennen parasitierte mannchen nur an deren balzfarbung［J］．Verh Dtsh Zool Ges，1991，84：320.

［9］叶元土．水产动物的营养与饲料研究评价指标体系［J］．饲料广角，2004，20：19－21.

［10］王宝恩，张定凤．现代肝脏病学［M］．北京：科学出版社，2002：263.

［11］肖世玖，侯艳君．鱼类胆肝综合征致病机理及饲料预防措施［J］．科学养鱼，2010，2：64－65.

［12］唐精，叶元土，李爱琴等．饲料引起鱼体肝脏病变的成因及预防［J］．广东饲料，2012，21（2）：45－48.

［13］曾宪君，黄媛秀，刘文斌等．草鱼肝胆综合征的成因与防治［J］．科学养鱼，2004，9：64－65.

［14］冯健，贾刚．饲料不同脂肪水平诱导红姑鱼脂肪肝病的研究［J］．水生生物学报，2005，29（1）：61－64.

［15］林明辉，钟晓波，黄志斌．罗非鱼胆肝综合征的防治新方法［J］．渔业致富指南，2007，18：50.

［16］王伯云，李玉松，黄高等．病理学技术［M］．北京：人民卫生出版社，2000：61－94.

［17］吕俊耀，于晓军，刘卯阳．常规组织切片染色制作中常见的问题及解决方法［J］．法医学杂志，2008，24（1）：51－53.

［18］陈宣世，刘俊才，陈勇等．HE 染色两次分化法在病理制片技术中的应用与探索［J］．重庆医学，2010，39（22）：3 109－3 110.

［19］李霞．水产动物组织胚胎学［M］．北京：中国农业出版社，2005：192.

［20］王忠敏，黄惠莉．一株罗非鱼出血病致病菌的分离与鉴定及组织病理观察［J］．华侨大学学报，2012，33（6）：84－90.

［21］杨晓，张娟，陈加平等．磺胺二甲氧嘧啶钠对斑点叉尾鮰血清生化指标和组织的影响［J］．华中农业大学学报，2012，31（1）：112－115.

［22］左凤琴，简纪常，吴灶和．溶藻弧菌胞外产物注射赤点石斑鱼后的组织病理学观察［J］．湛江海洋大学学报，2006，26（3）：13－16.

［23］Tucker J W，Lellis W A，Vermeer G K，*et al.* The effects of experimental starter diets with different levels of soybean or menhaden oil on red drum（*Sciaenops ocellatus*）［J］．Aquaculture，1997，149：323－339.

［24］Nanton D A，Vegusdal A，Benczerora A M，*et al.* Muscle lipid storage pattern，composition，and adipocyte distribution in different parts of Atlatic salmon (*Salmo salar*) of fed fish oil and vegetable oil [J]. Aquaculture, 2007, 265: 230-243.

[25] Wada S, Yamazaki T, Kawano Y, *et al.* Fish oil fed prior to ethanol administration prevents acute ethanol-induced fatty liver in mice [J]. Journal of hepatology, 2008, 49 (3): 441-450.

[26] 范建高，曾民德. 脂肪性肝病 [M]. 北京：人民卫生出版社，2005：62-68.

[27] 杨玉林，贺志安，李平法等. 临床肝病试验诊断学 [M]. 北京：中国中医药出版社，2007：54.

[28] 林鼎，毛永广，蔡发盛等. 池塘草鱼八项血清酶活性指标正常值研究 [J]. 鱼虾类营养研究进展，1995，1：257.

[29] 余红卫，薛良义. 加州鲈鱼血液生理生化指标的测定 [J]. 水利渔业，2004，24 (4)：41-42.

[30] 孙敏，徐善良，唐道军. 黑鲃血液的生理生化指标研究 [J]. 台湾海峡，2009，28 (4)：482-487.

[31] 程超，费杭良. 鳊鱼血液生理生化指标和流变学性质的研究 [J]. 安徽农业科学，2007，35 (22)：6 805-6 806.

[32] 王碧，于德江，王晓龙. 野生动物营养生态学研究中的血液生理生化指标及其意义 [J]. 黑龙江畜牧兽医，2012，5：34-36.

第六节　湖泊野生团头鲂健康评价指标体系的研究

团头鲂（*Megalobrama amblycephala*），即武昌鱼，属鲤形目（Cypriniformes），鲤科（Cyprinidae），鲌亚科（Cultreinae），鲂属（*Megalorama*）；俗称：鳊鱼，团头鳊，平胸鳊；因其肉质嫩滑，味道鲜美，是我国主要淡水养殖鱼类之一[1-3]。本文以湖泊自然生长、达到上市规格的团头鲂为样本，从体表颜色及形体指标、肝形态及肝组织细胞、肝功能和肝损伤酶活性值等方面研究分析，探讨建立团头鲂健康评价指标体系、指标合理范围值及指标建立方法，为同类工作的开展提供参考。

一、材料与方法

（一）试验材料

试验团头鲂25尾，体重范围340.00~598.00g/尾，平均体重412.00g/尾，达到上市规格。于2011年10月取自江苏省苏州市澄湖。从湖中捕捞团头鲂，选择外观确认健康的作为试验样品。

（二）样品采集

将选取的试验鱼放入暂养池中，用湿布轻轻将鱼体体表的水分擦干，拍照，用于对体表颜色的分析；再以无菌的2.5mL注射器自尾柄静脉采血，用于测定血清相关酶活性；同时测量体重与体长，计算肥满度及体重与体长的比值；解剖取出内脏团、肝胰脏等并称重，计算内脏指数和肝指数，并取一定量肝胰脏留样，用于测定肝脏粗脂肪的含量。样品水分采用105℃恒温干燥湿重法测定，粗脂肪采用索氏抽提法测定。

（三）肝胰脏组织切片

取肝胰脏1cm^{3}左右3~4块，放入Bouin's试剂中固定。固定后的样品，采用浙江省金华市科迪仪器设备有限公司KD-Ⅵ冰冻切片机进行快速切片，然后分别进行HE和油红O染色。最后在光学显微镜下观察肝胰脏组织结构，并采用Nikon COOLPIX4500型相机进行拍照。

(四) 血清酶学值

将采得的血液置于 Eppenddorf 离心管中室温自然分层后，3 000r/min、4℃离心 10min，取上层血清分装，液氮速冻后放入 -80℃冰箱保存，并在 24h 内送往苏州市九龙医院，采用 C800 全自动生化分析仪进行酶活性测定。测定的血清酶学指标：天门冬氨酸氨基转移酶（AST）、丙氨酸氨基转移酶（ALT）、AST/ALT、胆碱酯酶（CHE）、碱性磷酸酶（ALP）和 γ-谷氨酰转肽酶（γ-GT）；总蛋白（TP）、白蛋白（Alb）、球蛋白（Glo）；总胆红素（STB）、总胆汁酸（TBA）和肌酐（Cre）；血糖（Glu）、胆固醇（CHO）、甘油三酯（TRIG）、高密度脂蛋白（HDL-C）和低密度脂蛋白（LDL-C）。

(五) 数据分析

目前医学上常用的确立血清酶活性正常值的方法有百分位、正态分布（含对数正态分布）和允许区间等方法[4]。本试验根据实测数据的频率分布图，选择常用的数学分布进行拟合，拟合度采用 χ^2（卡方）检验，当检验统计量的值小于显著水平 0.05 或 0.01 的 χ^2 分布临界值时，表示该分布拟合可以接受，反之表示拒绝接受此分布拟合。全部数据用 Excel 2007 和 SPSS 17.0 进行处理。

二、试验结果

(一) 体表颜色及形体指标

1. 体表颜色

鱼体体表颜色可以在一定程度上反映鱼体的健康状况。图 1-6-1 为湖泊团头鲂的体表颜色，从图中可以看出：团头鲂背部青灰色（图中“→”），两侧银灰色（图 B“←”）；体侧鳞片基部灰黑，边缘黑色素稀少（图“↑”），使整个体侧呈现出一行行紫黑色条纹（图 A 中“↓”）；腹部银白（图 B“↖”），各鳍条灰黑色（图 B“↘”）。

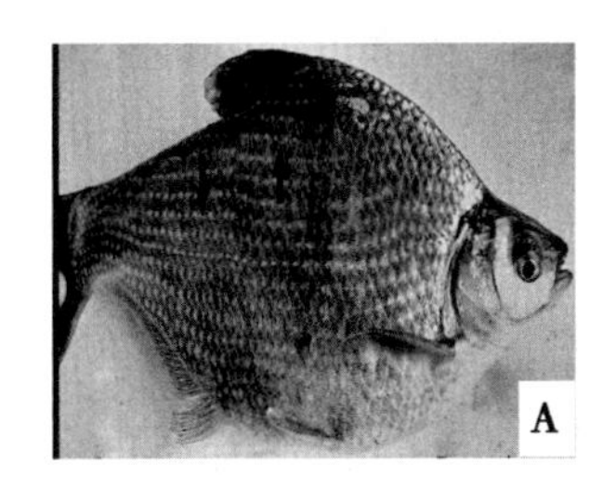

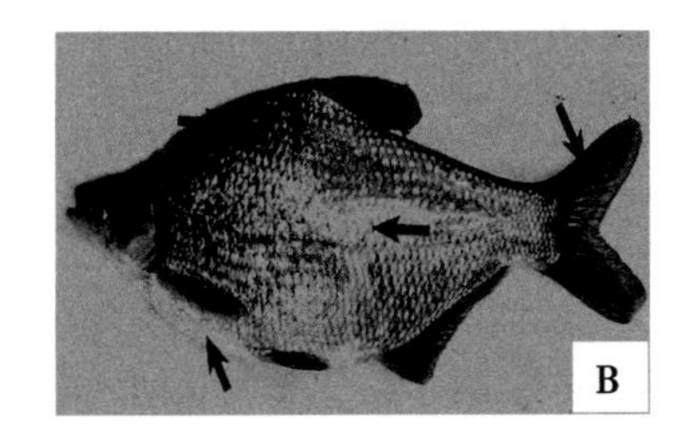

图 1-6-1　团头鲂体表颜色

Fig. 1-6-1　Body color of *Megalobrama amblycephala*

2. 形体指标

鱼体的形体指标是反映鱼体健康的重要标志。试验测量了湖泊团头鲂相关形体指标，并根据实测数据值制得频率分布（图 1-6-2）。根据图 1-6-2 结果，选择常用的数学分布与各指标的实测值进行拟合，并通过 χ^2 检验法对拟合度进行检验，同时计算出各指标值在 68.27% 置信区间下的正常范围值（表 1-6-1）。结果显示，团头鲂肥满度频率分布属于正态分布，正常范围值 2.05～2.33；体重/体长属于对数正态分布，正常范围值 14.31～16.51；内脏指数属于正态分布，正常范围值 6.36～9.14。

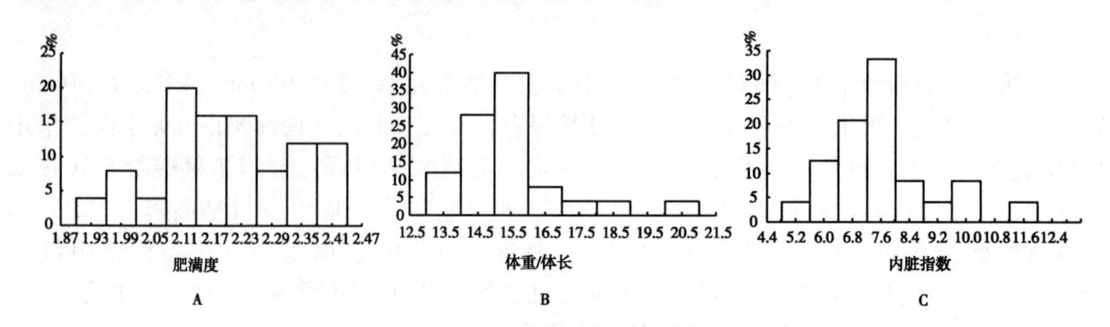

图1－6－2　团头鲂形体指标频率分布

Fig. 1－6－2　Frequency distribution diagram of *Megalobrama amblycephala* form index

表1－6－1　团头鲂形体指标正常范围值

Tab. 1－6－1　Normal range values of *Megalobrama amblycephala* form index

	均值	变异系数（%）	频率分布 a	χ^2结果 b	正常值范围
肥满度（%）	2.19±0.14	6.27	N	A	2.05～2.33
体重/体长	15.48±1.58	10.21	L	A	14.31～16.51
内脏指数（%）	7.72±1.42	18.46	N	A	6.36～9.14

注：肥满度＝体重/体长^3×100%，内脏指数＝内脏团重/体重×100%；

a.“L”表示该指标的频率分布图为对数正态分布；“N”表示该指标的频率分布图为正态分布；

b.“R”表示在显著水平0.05下不接受对应的分布；“A”表示在显著水平0.05下接受对应的分布。

（二）肝形态与组织学

1. 肝解剖图片

肝脏是机体代谢最为活跃的器官之一，肝胰脏的颜色、形状和质地均可以反映鱼体健康状况。彩图1－6－3为湖泊团头鲂的肝胰脏，从彩图中可以看出：肝胰脏表面色泽光滑，颜色红黄、略白（抽过血）；外观无弥散性肿大，边缘棱横清晰明显，不钝厚（图中“→”所示）。质地富有弹性，压迫时无凹陷。

2. 肝胰脏指数和肝脂肪量

表1－6－2　团头鲂肝胰脏指数和脂肪含量正常范围值

Tab. 1－6－2　Normal range values of *Megalobrama amblycephala* hepatopancreas index and fat content

	均值	变异系数（%）	频率分布	χ^2结果	正常值范围
肝胰脏指数（%）	1.76±0.40	22.69	L	A	1.36～2.16
肝脂肪量（%）	7.50±2.83	37.72	L	A	5.62～8.48

注：肝胰脏指数＝肝胰脏重/体重×100%，肝脂肪量是肝胰脏脂肪含量与肝胰脏湿重的百分比；

“L”表示该指标的频率分布图为对数正态分布；“N”表示该指标的频率分布图为正态分布；

“R”表示在显著水平0.05下不接受对应的分布；“A”表示在显著水平0.05下接受对应的分布。

试验根据实测值制得肝胰脏指数和肝脂肪含量的频率分布（图1－6－4）。根据图1－6－4的结果，选择常用的数学分布与各指标的实测值进行拟合，并通过χ^2检验法对拟合度进行检验，同时计算出各指标值在68.27%置信区间下的正常范围值（表1－6－2）。结果显示，肝胰脏指数和肝脂肪含量的频率分布均属对数正态分布，其正常范围值分别为1.36～

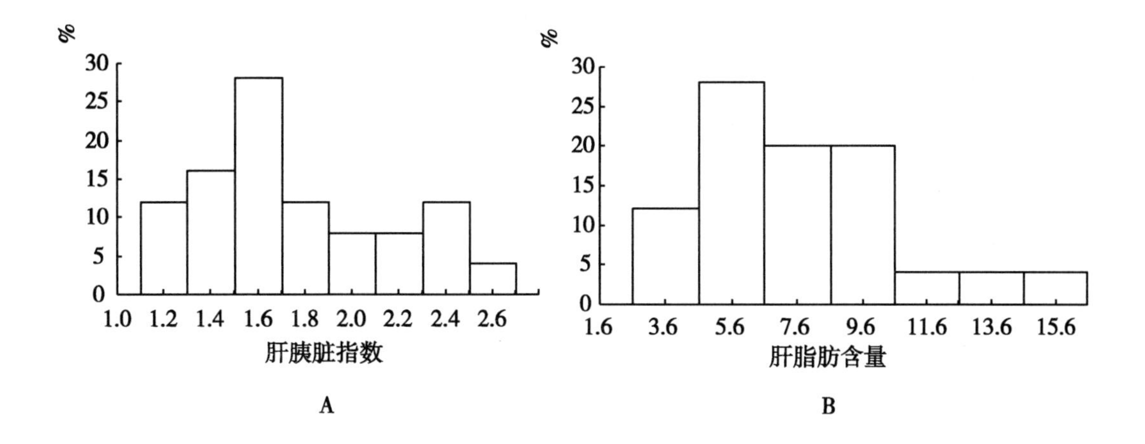

图 1-6-4　团头鲂肝胰脏指数和肝脂肪含量频率分布

Fig. 1-6-4　Shape and color of *Megalobrama amblycephala* hepatopancreas index and fat content

2.16、5.62～8.48。

3. 肝组织切片

肝脏的基本结构、功能单位是肝小叶，肝细胞是构成肝小叶的主要结构。光镜下，肝细胞的界限清楚，细胞核呈圆球形且位于细胞中央。

彩图 1-6-5 为团头鲂肝组织切片，从彩图中可以看出肝结构完整、无残损；整个肝组织清晰，肝细胞完整、细胞界限清楚（图中“→”所示）；细胞质着色明显，有少量的空泡（图中“←”所示）；肝细胞核清晰可见，且基本位于细胞中央（图中“↓”所示）；细胞间隙基本呈线形，无明显的加粗、变宽。在彩图 1-6-5（A～D）中我们发现，肝细胞内存在少量的空泡，肝内圆形空泡形成的病理学原因是肝细胞脂肪变性。当肝细胞脂肪变性时细胞浆内会出现脂滴，在制片的过程中会被脂性溶剂溶掉，故切片中仅留圆形空泡。本试验采用油红 O 对肝组织进行了染色，结果见彩图 1-6-5（E）。从 E 图中可以看出，仅有少量细胞被油红染成红色（图中“↑”所示），且上色的颜色较浅，上色的细胞数量较少。同时在肝组织内仍可见空泡化的细胞，表明肝细胞呈空泡化的原因不是肝细胞脂肪变性。

（三）血清酶活力指标

1. 肝胰脏损伤酶活力正常范围值

AST、ALT、AST/ALT、CHE、ALP 和 γ-GT 是临床上用来反映肝损伤的常用指标，本试验根据各指标的实测值制得其频率分布（图 1-6-6）。根据图 1-6-6 结果，选择常用的数学分布分别与各指标的实测值进行拟合，并通过 χ^2 检验法对拟合度进行检验，同时计算出各指标值在 68.27% 置信区间下的正常范围值（表 1-6-3）。结果显示，AST、ALT 和 AST/ALT 的频率分布为对数正态分布，其正常范围值为分别为 125.99～361.09、7.02～21.52 和 10.43～28.87；CHE 和 ALP 属于正态分布，其正常范围值为 65.97～213.95 和 12.07～41.81；γ-GT 的频率分布是几个孤立的点，既不属于正态分布也不属于对数正态分布，其正常值不能用此法求得。

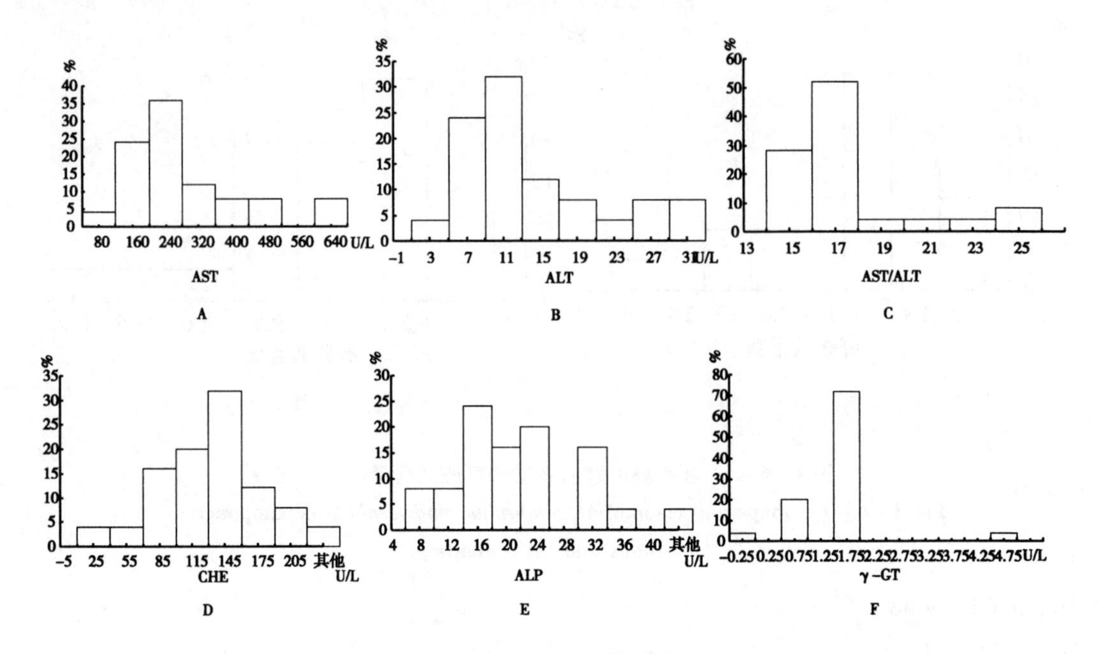

图 1－6－6　团头鲂血清肝胰脏损伤酶活力频率分布

Fig. 1－6－6　Frequency distribution of *Megalobrama amblycephala* serum hepatopancreas injury enzyme activity

表 1－6－3　团头鲂血清肝胰脏损伤酶活力正常范围值

Tab. 1－6－3　The range value of *Megalobrama amblycephala* serum hepatopancreas injury enzyme activity

	均值	变异系数（%）	频率分布 a	χ^2结果 b	正常值范围
AST（U/L）	244.96 ±141.64	57.82	L	A	125.99 ~361.09
ALT（U/L）	14.28 ±8.13	56.91	L	A	7.02 ~21.52
AST/ALT	19.76 ±11.33	57.34	L	A	10.43 ~28.87
CHE（U/L）	139.96 ±73.99	52.86	N	A	65.97 ~213.95
ALP（U/L）	30.88 ±46.87	151.79	N	A	12.07 ~41.81
γ-GT（U/L）	1.84 ±0.85	46.22	—	—	—

注：“L”表示该指标的频率分布图为对数正态分布；“N”表示该指标的频率分布图为正态分布；“R”表示在显著水平 0.05 下不接受对应的分布；“A”表示在显著水平 0.05 下接受对应的分布。

2. 血清蛋白指标正常范围值

TP、Alb 和 Glo 是临床上用来反映肝合成功能的常用指标，本试验根据各指标的实测值制得其频率分布（图 1－6－7）。根据图 1－6－7 的结果，选择常用的数学分布分别与各指标的实测值进行拟合，并通过 χ^2 检验法对拟合度进行检验，同时计算出各指标值在 68.27% 置信区间下的正常范围值（表 1－6－4）。结果显示，TP 和 Alb 的频率分布属于正态分布，其正常范围值分别为 13.60 ~23.36 和 9.76 ~13.78；Glo 的频率分布属于对数正态分布，其正常范围值为 3.99 ~9.44。

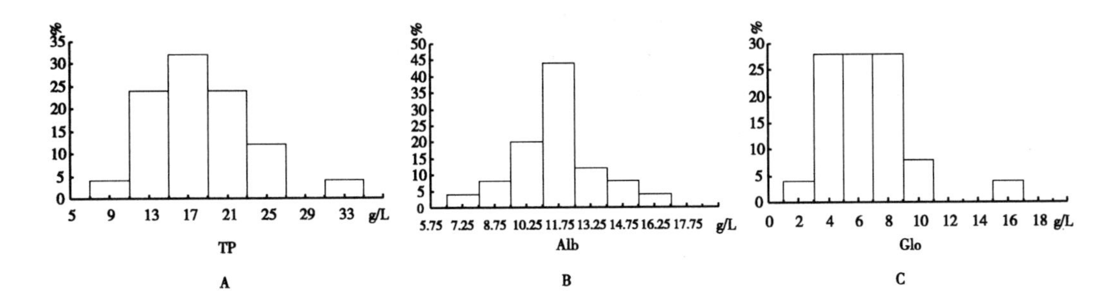

图 1－6－7　团头鲂血清蛋白频率分布

Fig. 1－6－7　Frequency distribution of serum protein of *Megalobrama amblycephala*

表 1－6－4　团头鲂血清蛋白正常范围值

Tab. 1－6－4　The range value of serum protein of *Megalobrama amblycephala*

	均值（g/L）	变异系数（%）	频率分布 a	χ^2结果 b	正常值范围
TP	18.48 ±4.88	26.41	N	A	13.60 ~23.36
Alb	11.77 ±2.01	17.05	N	A	9.76 ~13.78
Glo	6.71 ±3.01	44.88	L	A	3.99 ~9.44

注：“L”表示该指标的频率分布图为对数正态分布；“N”表示该指标的频率分布图为正态分布；“R”表示在显著水平 0.05 下不接受对应的分布；“A”表示在显著水平 0.05 下接受对应的分布。

3. 血清肝胰脏分泌和排泄酶活力正常范围值

TBA、STB 和 Cre 是临床上用来反映肝分泌和排泄功能的常用指标，本试验根据各指标的实测值制得其频率分布（图 1－6－8）。根据图 1－6－8 的结果，选择常用的数学分布分别与各指标的实测值进行拟合，并通过 χ^2 检验法对拟合度进行检验，同时计算出各指标值在 68.27% 置信区间下的正常范围值（表 1－6－5）。结果显示，TBA 和 Cre 的频率分布属于对数正态分布，其正常值范围分别为 2.08 ~22.46 和 0.95 ~4.56；STB 的频率分布属于正态分布，其正常值范围为 2.17 ~4.02。

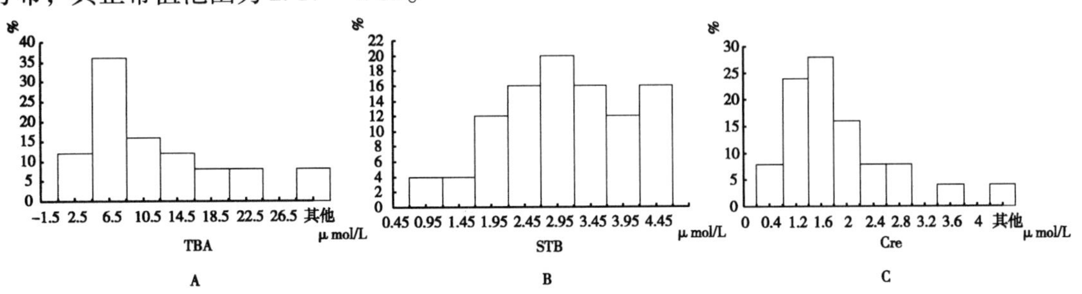

图 1－6－8　团头鲂血清肝胰脏分泌和排泄酶活力频率分布

Fig. 1－6－8　Frequency distribution of pancreatic seretion and excretion of *Megalobrama amblycephala* serum hepatopancreas enzyme activity

表 1－6－5 团头鲂血清肝胰脏分泌和排泄酶活力正常范围值

Tab. 1－6－5 The range value of pancreatic secretion and excretion of *Megalobrama amblycephala* serum hepatopancreas enzyme activity

	均值（μmol/L）	变异系数（%）	频率分布 a	χ^2结果 b	正常值范围
TBA	16.18 ±26.32	224.44	L	A	2.08 ~22.46
STB	3.10 ±0.93	29.98	N	A	2.17 ~4.02
Cre	2.73 ±2.36	86.49	L	A	0.95 ~4.56

注：“L”表示该指标的频率分布图为对数正态分布；“N”表示该指标的频率分布图为正态分布；“R”表示在显著水平 0.05 下不接受对应的分布；“A”表示在显著水平 0.05 下接受对应的分布。

4. 血清血糖血脂代谢酶活力正常范围值

Glu、CHO、TRIG、HDL-C 和 LDL-C 是临床上用来反映血糖血脂代谢功能的常用指标，本试验根据各指标的实测值制得其频率分布（图 1－6－9）。根据图 1－6－9 的结果，选择常用的数学分布分别与各指标的实测值进行拟合，并通过 χ^2 检验法对拟合度进行检验，同时计算出各指标值在 68.27% 置信区间下的正常范围值（表 1－6－6）。结果显示，Glu 的频率分布属于正态分布，其正常范围值为 2.81 ~7.36；CHO、TRIG、HDL-C 和 LDL-C 的频率分布均属于对数正态分布，其正常范围值分别为 4.77 ~8.99、0.27 ~0.72、2.18 ~4.75 和 1.71 ~4.77。

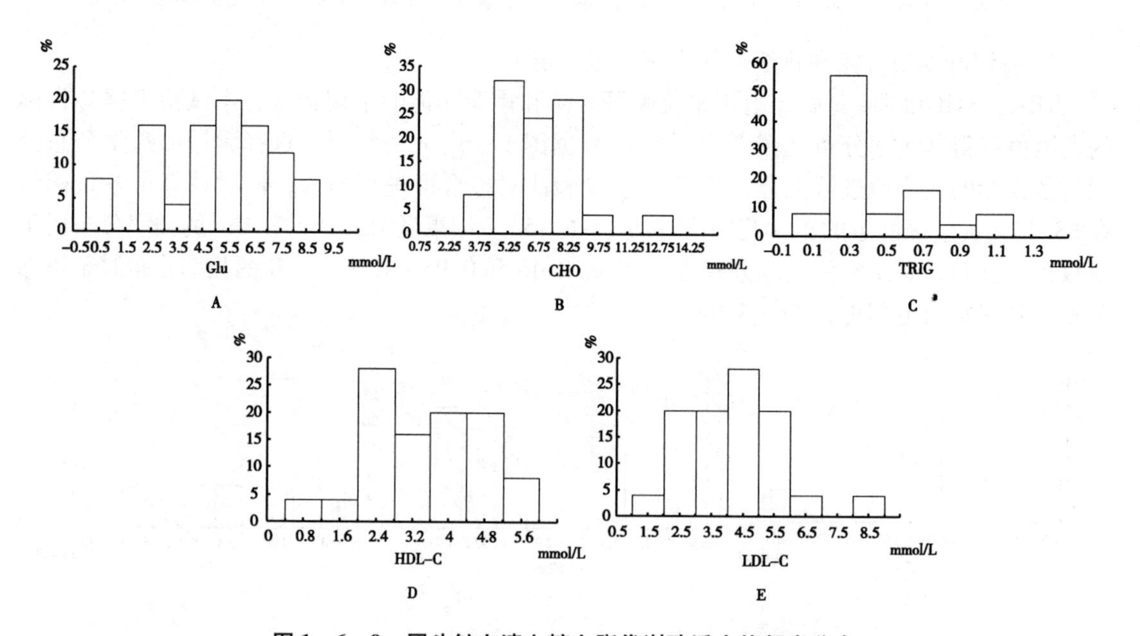

图 1－6－9 团头鲂血清血糖血脂代谢酶活力值频率分布

Fig. 1－6－9 Frequency distribution of serum glucose lipid metabolism enzyme activity value of *Megalobrama amblycephala*

表 1-6-6　团头鲂血清血糖血脂代谢酶活力正常范围值

Tab. 1-6-6　The range value of serum glucose lipid metabolism enzyme activity value of *Megalobrama amblycephala*

	均数（mmol/L）	变异系数（%）	频率分布 a	χ^2结果 b	正常值范围
Glu	5.09 ± 2.27	44.69	N	A	2.81 ~ 7.36
CHO	6.87 ± 2.17	31.61	L	A	4.77 ~ 8.99
TRIG	0.50 ± 0.27	54.44	L	A	0.27 ~ 0.72
HDL-C	3.44 ± 1.20	35.02	L	A	2.18 ~ 4.75
LDL-C	3.20 ± 1.47	45.89	L	A	1.71 ~ 4.77

注："L"表示该指标的频率分布图为对数正态分布；"N"表示该指标的频率分布图为正态分布；"R"表示在显著水平 0.05 下不接受对应的分布；"A"表示在显著水平 0.05 下接受对应的分布。

三、讨论

（一）关于体表颜色与形体指标对团头鲂健康评价

影响鱼体体表颜色变化的因素很多[5-7]，其病理学主要原因：①当鱼体肝胰脏发生异常时，含有大量胆色素的胆汁就会通过肝组织中的毛细血管进入血液系统，使血液中胆色素含量增高。而鱼体体表分布有大量的血管，当血液中胆色素含量增高后，体表的颜色就会受到影响、发生变化。②当鱼体肝胰脏的生理机能受到影响时，与肝胰脏密切相关的色素细胞的分化、生长及发育就会受到严重的阻碍，从而改变色素细胞在鱼体的分布，影响体色。叶元土[8]发现，当斑点叉尾鮰肝胰脏出血、肿大甚至出现脂肪肝时，其体表就会由正常的黑褐色变为黄色；李文宽等[9]认为，在建鲤的肝胰脏出现"绿肝"时，其头部和背部的颜色就会加深、变为黑色；薛继鹏等[10]发现，喂食氧化油脂的瓦氏黄颡鱼，其肝脏的代谢受到影响后，背部皮肤亮度就会降低、变黑。本文与上述观点一致，认为鱼体体表颜色的变化与其本身的健康状况存在相关性，本文研究表明：团头鲂体表颜色可以作为判断其健康的指标，体表颜色的评价可以从以下 4 个方面进行：背部（呈青灰色），两侧（银灰色），腹部（银白），鳍条（灰黑色）。肥满度、体重/体长和内脏指数，是当前用于评价水产动物形体变化的常用指标。本试验计算得到团头鲂肥满度、体重/体长和内脏指数的正常范围值，分别为 2.05 ~ 2.33、14.31 ~ 16.51 和 6.36 ~ 9.14。

（二）关于肝形态、肝功能指标与肝组织结构对团头鲂健康评价

肝胰脏是水产动物关键性的代谢器官之一，肝胰脏颜色、质地的变化均可以反映肝的健康状况[11]。鱼体健康时肝胰脏为紫红色，当肝胰脏的颜色发生变化时就表明肝胰脏异常[12]；肝胰脏正常时，边缘棱横清晰、不钝厚，无肿大，质地富有弹性[13]。肖世玖[14]、唐精[15]和曾宪君[16]等研究表明当鱼体发生胆肝综合征时，肝胰脏常呈豆渣状、轻触易碎，胆囊变大、胆汁变黑；冯健等[17]研究发现，高脂肪水平可引起红姑鱼肝脏脂肪变性，此时肝脏油腻发黄、着色不均匀、柔软易碎；林明辉等[18]研究表明，当罗非鱼发生胆肝综合征时肝脏常会肿大、出血，形成"花斑"，胆囊浅黄、呈透明状。本试验与上述研究者的观点一致，认为团头鲂肝胰脏的形态与质地可以作为评价健康的指标，肝形态的评价可以从以下

3个方面进行：①颜色：肝胰脏的颜色为紫红色，抽过血后表现为深黄色；②外观：肝胰脏正常时，其边缘棱横清晰、呈线形、不钝厚，外观不肿大；③质地：正常的肝胰脏质地富有弹性，压迫时无凹陷。

肝胰脏指数是反映肝胰脏重量变化的重要指标，在一定程度上，肝胰脏指数越大肝脏肿大、发生脂肪肝的可能性就越大；肝脂肪含量是用来评价肝脏脂质代谢的指标之一，临床上也把肝脂肪含量的高低作为判断是否发生脂肪肝的重要依据。本试验以湖泊团头鲂为对象，得到了肝胰脏指数和脂肪含量的正常范围，分别为1.36~2.16和5.62~8.48。

组织切片是组织学、病理组织学等生物医学最基本和最普遍的形态学检验技术之一，其可以直接对组织器官进行观察、检验和诊断，对于临床病理的诊断至关重要[19-21]。肝脏作为生命体中最大的消化腺，是营养物质的代谢中心，其不仅能分泌胆汁参与消化机能，还有贮藏养分、代谢和解毒等功能[22]。所以当鱼体的生理机能异常时，肝胰脏往往也会出现异常反映，而这些变化多数都能从肝脏组织切片上反映。王忠敏等[23]研究指出，感染致病菌的罗非鱼肝脏，在切片上明显可以发现肝细胞变得修长且有零散现象；杨晓等[24]发现，当长时间给斑点叉尾鮰喂食高剂量的磺胺二甲氧嘧啶钠时，斑点叉尾鮰肝脏组织切片上可明显发现肝细胞界限模糊，细胞形状不规则，细胞核偏离细胞中央、甚至溶解等；李文宽等[25]指出当建鲤肝脏出现“绿肝”时其切片上可发现许多空泡、部分肝细胞萎缩等。李霞[26]和左凤琴[27]研究认为，正常肝细胞的细胞界限明显，具有球形的细胞核，而且细胞核基本都处在细胞的中间。

油红O染色是当前细胞内脂质研究的重要方法之一，其原理是：油红可在脂内高度溶解，从而特异性把脂质染成橘红色，从而直观地显示细胞中脂滴的位置与数量[28]。肝脏是鱼体脂质代谢的重要器官，所以对肝细胞内脂质含量的研究可直接、有效的判断鱼体脂质代谢的情况[29]。范建高和曾民德[30]研究认为，在光镜下单位面积可见30%的肝细胞有脂滴时，即为脂肪性肝病。本研究表明，肝胰脏切片可以作为健康评价的有效指标之一，其可从以下几方面进行评价：①正常肝细胞界限清楚且呈线形；②细胞核的位置：正常肝细胞，核清晰可见，且位于肝细胞中央；③肝细胞脂肪滴的数量：正常肝细胞内含有一定的脂肪滴，可被油红O染为红色，但其数量较少。

（三）关于肝损伤、肝功能性酶指标对团头鲂健康评价的讨论

肝是机体代谢的中心器官，而肝功能的发挥是在肝内一系列酶的作用下完成的。肝内酶的非正常变化必然会引起相应肝脏代谢紊乱，进而造成疾病；反之，各种肝脏病变也必然有相关酶活性的变化，表现为体液中酶浓度和活性的改变[31]。因此，临床上通过对血清相关酶活性的分析来协助肝病变的诊断、鉴别，预防及治疗等，具有十分重要的意义。但是，林鼎[32]、余红卫[33]、孙敏[34]及程超[35]等研究指出，只有正常血清酶学指标才能反映鱼体的特性及其正常的生理状态，才能为动物的生理、病理研究等提供重要的参考依据，因此只有先建立血清酶学值的正常值范围，才能利于其进行生理和病理等方面的研究。但如何才能建立鱼体酶学值的正常范围？王碧等[36]研究认为，野生动物的血液理化指标相对稳定，能客观地反映机体生理性或病理性的变化、代谢和营养状况等。因此，本试验以湖泊野生团头鲂为研究对象，得到了其肝功能与肝损伤相关的15项血清酶学值的正常范围值，其分别为ALT（7.02~21.52）U/L、AST（125.99~361.09）U/L、AST/ALT（10.43~28.87）、CHE（65.97~213.95）U/L、ALP（12.07~41.81）U/L、TP（13.60~23.36）g/L、Alb

（9.76～13.78）g/L、Glo（3.99～9.44）g/L、STB（2.17～4.02）μmol/L、TBA（2.08～22.46）μmol/L、Glu（2.81～7.36）mmol/L、CHO（4.77～8.99）mmol/L、TRIG（0.27～0.72）mmol/L、HDL-C（2.18～4.75）、LDL-C（1.71～4.77）mmol/L、Cre（0.95～4.56）μmol/L，为同类研究提供参考。

参考文献

[1] 宋永令，罗永康，张丽娜等．不同温度贮藏期间团头鲂品质变化的规律［J］．中国农业大学学报，2010，15（4）：104－109.

[2] 田甜，胡火庚，陈昌福．团头鲂细菌性败血症病原菌分离鉴定及致病力研究［J］．华中农业大学学报，2010，29（3）：341－345.

[3] 何珠子，邹曙明，袁襄南等．团头鲂 *HoxB3a* 基因全长 cDNA 克隆及表达［J］．上海海洋大学学报，2009，18（6）：656－661.

[4] 郭祖超．医用数理统计方法［M］．北京：人民出版社，1987：1－939.

[5] 黄永政．鱼类体色的研究进展［J］．水产学杂志，2008，21（1）：89－94.

[6] 冷向军，李小勤．水产动物着色的研究进展［J］．水产学报，2006，30（1）：138－143.

[7] 张晓红，吴锐全，王海英等．鱼类体色的色素评价及人工调控［J］．饲料工业，2008，29（4）：58－61.

[8] 叶元土．养殖斑点叉尾鮰体色变化生物学机制及其与饲料的关系分析［J］．饲料工业，2009，30（6）：52－55.

[9] 李文宽，于翔，闻秀荣．建鲤绿肝病组织病理学研究［J］．中国水产科学，1997，4（5）：104－107.

[10] 薛继鹏．三聚氰胺、氧化鱼油和脂肪对瓦氏黄颡鱼生长和体色的影响［D］．中国海洋大学，2011.

[11] Milinski M，Bakker T C. Sexuelle selection：stichlingsweibchen erkennen parasitierte mannchen nur an deren balzfarbung［J］．Verh Dtsh Zool Ges，1991，84：320.

[12] 叶元土．水产动物的营养与饲料研究评价指标体系［J］．饲料广角，2004，20：19－21.

[13] 王宝恩，张定凤．现代肝脏病学［M］．北京：科学出版社，2002：263.

[14] 肖世玖，侯艳君．鱼类胆肝综合征致病机理及饲料预防措施［J］．科学养鱼，2010，2：64－65.

[15] 唐精，叶元土，李爱琴等．饲料引起鱼体肝脏病变的成因及预防［J］．广东饲料，2012，21（2）：45－48.

[16] 曾宪君，黄媛秀，刘文斌等．草鱼肝胆综合征的成因与防治［J］．科学养鱼，2004，9：64－65.

[17] 冯健，贾刚．饲料不同脂肪水平诱导红姑鱼脂肪肝病的研究［J］．水生生物学报，2005，29（1）：61－64.

[18] 林明辉，钟晓波，黄志斌．罗非鱼胆肝综合征的防治新方法［J］．渔业致富指南，2007，18：50.

[19] 王伯云，李玉松，黄高等．病理学技术［M］．北京：人民卫生出版社，2000：61－94.

[20] 吕俊耀，于晓军，刘卯阳．常规组织切片染色制作中常见的问题及解决方法［J］．法医学杂志，2008，24（1）：51－53.

[21] 陈宣世，刘俊才，陈勇等．HE 染色两次分化法在病理制片技术中的应用与探索［J］．重庆医学，2010，39（22）：3 109－3 110.

[22] 李霞．水产动物组织胚胎学［M］．北京：中国农业出版社，2005：192.

[23] 王忠敏，黄惠莉．一株罗非鱼出血病致病菌的分离与鉴定及组织病理观察［J］．华侨大学学报，2012，33（6）：84－90.

[24] 杨晓，张娟，陈加平等．磺胺二甲氧嘧啶钠对斑点叉尾鮰血清生化指标和组织的影响［J］．华中农业大学学报，2012，31（1）：112－115.

[25] 李文宽，于翔，闻秀荣等．建鲤绿肝病组织病理学研究［J］．中国水产科学，1997：104－107.

[26] 李霞，尤建良．中医药治疗原发性肝癌的临床研究进展［J］．中医学报，2010，2（3）35－39.

[27] 左凤琴，简纪常，吴灶和．溶藻弧菌胞外产物注射赤点石斑鱼后的组织病理学观察［J］．湛江海洋大学学报，2006，26（3）：13－16.

[28] Nanton D A，Vegusdal A，Bencze R A M，*et al.* Muscle lipid storage pattern，composition，and adipocyte distribution in different parts of Atlatic salmon（*Salmo salar*）of fed fish oil and vegetable oil［J］．Aquaculture，2007，265：230－243.

[29] Wada S, Yamazaki T, Kawano Y, *et al.* Fish oil fed prior to ethanol administration prevents acute ethanol-induced fatty liver in mice [J]. Journal of Hepatology, 2008, 49 (3): 441 -450.

[30] 范建高, 曾民德. 脂肪性肝病 [M]. 北京: 人民卫生出版社, 2005: 62 -68.

[31] 杨玉林, 贺志安, 李平法等. 临床肝病试验诊断学 [M]. 北京: 中国中医药出版社, 2007: 54.

[32] 林鼎, 毛永广, 蔡发盛等. 池塘草鱼八项血清酶活性指标正常值研究 [J]. 鱼虾类营养研究进展, 1995, 1: 257.

[33] 余红卫, 薛良义. 加州鲈鱼血液生理生化指标的测定 [J]. 水利渔业, 2004, 24 (4): 41 -42.

[34] 孙敏, 徐善良, 唐道军. 黑鲍血液的生理生化指标研究 [J]. 台湾海峡, 2009, 28 (4): 482 -487.

[35] 程超, 费杭良. 鳊鱼血液生理生化指标和流变学性质的研究 [J]. 安徽农业科学, 2007, 35 (22): 6 805 -6 806.

[36] 王碧, 于德江, 王晓龙. 野生动物营养生态学研究中的血液生理生化指标及其意义 [J]. 黑龙江畜牧兽医, 2012, 5: 34 -36.

附表1-1 草鱼常规指标数据源 (草鱼建模数据)

样品编号	体重 (g)	体长 (cm)	体宽 (cm)	体高 (cm)	内脏重 (g)	肝脏重 (g)
CY-6-1	275.8	24.0	4.9	7.5	55.8	8.4
CY-6-2	101.6	17.5	3.3	5.5	20.6	2.4
CY-6-3	142.1	19.0	3.5	5.7	29.7	3.4
CY-6-4	144.8	19.4	3.5	5.7	28.8	4.3
CY-6-4	144.8	19.4	3.5	5.7	28.8	4.3
CY-6-5	115.8	18.4	3.7	5.6	31.4	2.9
CY-6-6	61.5	15.3	2.9	4.3	14.3	2.2
CY-6-7	249.5	23.2	4.6	7.0	42.1	7.5
CY-6-8	194.1	21.5	4.0	6.5	33.1	7.3
CY-6-9	285.7	24.3	4.6	7.6	59.4	8.1
CY-6-10	257.2	23.0	4.5	6.5	42.3	8.2
CY-6-11	216.5	22.5	4.2	6.5	33.0	5.9
CY-6-12	208.1	21.5	4.3	6.8	45.3	6.3
CY-6-13	86.0	16.3	2.7	4.3	17.6	4.8
CY-6-14	164.1	19.6	3.4	5.4	27.8	4.8
CY-6-15	1 072.0	39.5	6.4	10.0	116.3	20.8
CY-6-16	1 311.0	39.5	7.5	11.0	164.3	36.1
CY-6-17	1 329.0	41.5	7.5	11.0	196.6	32.7
CY-7-1	170.8	21.5	3.5	5.0	18.0	2.4
CY-7-2	171.3	20.5	3.7	5.3	22.8	3.6
CY-7-3	133.0	19.5	2.9	4.9	18.1	3.2
CY-7-4	148.0	19.5	3.1	5.2	24.8	2.8

（续表）

样品编号	体重（g）	体长（cm）	体宽（cm）	体高（cm）	内脏重（g）	肝脏重（g）
CY－7－5	113.9	17.7	3.0	4.7	18.5	2.0
CY－7－6	301.7	25.0	4.1	6.1	39.4	5.8
CY－7－7	143.8	18.2	3.1	5.6	26.2	3.9
CY－7－8	232.8	22.3	3.8	5.9	36.6	5.1
CY－7－9	307.6	25.0	4.3	7.0	35.4	6.2
CY－7－10	340.0	29.0	4.8	7.6	57.4	11.7
CY－7－11	259.8	24.0	3.9	6.9	30.4	7.7
CY－7－12	350.2	26.0	4.7	7.2	54.6	8.2
CY－7－13	123.2	19.0	3.0	4.7	16.2	2.4
CY－7－14	269.2	22.3	4.2	7.0	56.6	7.0
CY－7－15	268.7	23.5	4.1	6.3	—	8.2
CY－7－16	252.1	22.0	4.1	7.0	40.1	6.6
CY－7－17	123.4	17.8	3.6	5.2	21.7	3.0
CY－8－1	211.0	21.8	3.6	6.0	33.1	6.7
CY－8－2	238.0	23.0	4.1	5.8	28.3	4.7
CY－8－3	223.0	22.1	4.0	6.1	35.0	6.0
CY－8－4	181.0	20.2	3.3	5.7	33.3	5.2
CY－8－5	473.0	27.5	4.6	8.4	85.4	15.4
CY－8－6	380.0	25.5	4.2	7.9	74.0	13.7
CY－8－7	424.4	26.2	4.5	7.8	82.0	13.7
CY－8－8	258.6	23.0	4.2	6.4	52.1	9.6
CY－8－9	298.5	23.4	4.2	6.8	59.4	13.1
CY－8－10	922.0	35.7	6.6	9.5	144.0	22.7
CY－8－11	688.0	31.4	5.7	9.0	101.4	20.7
CY－8－12	730.9	33.0	5.7	8.8	93.5	20.9
CY－8－13	527.0	30.0	5.3	8.8	64.2	14.5
CY－8－14	846.0	33.8	5.9	8.7	94.5	19.6
CY－8－15	956.0	35.5	6.8	9.5	103.0	27.8
CY－8－16	333.0	24.7	4.0	6.8	41.5	7.0
CY－8－17	470.0	27.6	4.7	7.6	55.0	10.7
CY－8－18	507.0	28.8	5.0	7.8	57.0	17.0

（续表）

样品编号	体重（g）	体长（cm）	体宽（cm）	体高（cm）	内脏重（g）	肝脏重（g）
CY－9－1	490.0	28.8	5.0	7.2	64.8	13.4
CY－9－2	405.0	26.5	4.7	7.0	69.5	9.5
CY－9－3	392.5	25.7	4.6	7.1	82.0	11.8
CY－9－4	559.0	29.3	5.4	8.1	85.0	16.8
CY－9－5	494.0	28.0	5.0	8.0	89.3	17.2
CY－9－6	412.0	26.7	4.6	7.0	68.5	12.8
CY－9－7	395.0	27.1	4.4	6.8	69.5	11.8
CY－9－8	230.0	21.2	3.8	5.8	40.0	7.8
CY－9－9	226.0	22.0	3.7	6.0	42.0	6.2
CY－9－10	852.0	32.7	6.0	9.4	164.0	32.3
CY－9－11	896.0	32.7	6.3	10.0	188.0	32.6
CY－9－12	898.0	34.0	6.2	9.2	140.0	27.5
CY－9－13	1 255.0	38.7	7.0	10.3	193.0	34.3
CY－9－14	1 295.0	39.0	7.2	10.5	191.0	37.4
CY－9－15	852.0	33.5	6.1	9.3	173.0	26.0
CY－9－16	882.0	34.0	5.9	9.3	133.0	28.0
CY－9－17	815.0	33.8	5.7	8.6	101.5	27.1
CY－9－18	965.0	34.5	6.3	9.5	126.0	33.5
CY－9－19	915.0	34.5	6.2	9.3	127.8	37.0
CY－9－20	593.5	29.1	5.3	8.1	100.0	25.0
CY－9－21	905.0	34.7	6.0	9.3	147.0	35.6
CY－10－1	521.0	30.0	4.6	7.5	59.0	14.7
CY－10－2	526.0	30.0	4.9	8.0	76.0	16.0
CY－10－3	470.0	29.0	4.6	7.5	66.0	14.0
CY－10－4	405.0	26.5	4.7	7.3	65.0	14.7
CY－10－5	469.0	28.5	5.0	7.8	59.0	14.5
CY－10－6	1 323.0	40.0	7.4	11.0	162.0	36.0
CY－10－7	1 283.0	37.5	8.4	10.8	237.0	54.6
CY－10－8	1 250.0	38.0	8.1	10.5	175.5	44.5
CY－10－9	1 332.0	39.0	7.3	11.8	162.0	33.0
CY－10－10	840.0	34.0	6.3	8.8	127.0	26.0

（续表）

样品编号	体重（g）	体长（cm）	体宽（cm）	体高（cm）	内脏重（g）	肝脏重（g）
CY－10－11	1 680.0	42.0	9.0	12.0	242.0	56.4
CY－10－12	1 210.0	38.5	7.1	11.0	172.0	32.0
CY－10－13	710.0	33.5	5.8	8.8	100.0	21.0
CY－10－14	1 150.0	38.0	7.0	10.5	135.0	25.0
CY－10－15	1 350.0	40.5	8.0	10.5	164.0	35.0
CY－10－16	999.8	34.5	6.8	10.0	138.0	35.8
CY－10－17	1 550.0	41.5	8.2	11.5	224.0	67.0
CY－10－18	1 481.0	41.0	8.2	11.0	162.0	46.0
CY－10－19	960.0	33.5	6.5	9.5	114.0	35.8
CY－10－20	1 111.0	37.5	7.3	10.5	125.7	36.0

注：表中“样品编号”一列，“CY－6－1”表示“草鱼－6月份采样－1号样品”。

附表1－2　草鱼血清酶学指标数据源（草鱼建模数据）

样品编号	ALT	AST	ALP	γ-GT	CHE	STB	TBA	Cre	TP	Alb	Glo	A/G	Glu	CHO	TRIG	HDL-C	LDL-C
CY－6－1	11	70	98	2	154	0.8	1.9	0.5	17.3	11.0	6.3	1.7	1.3	3.24	10.25	0.28	1.81
CY－6－2	28	49	73	2	182	2.0	2.4	0.2	16.5	9.9	6.6	1.5	1.6	2.47	6.50	0.22	0.56
CY－6－3	15	81	101	1	161	2.6	2.3	1.9	16.9	10.6	6.3	1.7	1.2	2.85	6.90	0.30	0.58
CY－6－4	17	96	151	2	202	3.1	3.3	6.3	18.6	11.4	7.2	1.6	2.5	3.32	7.80	0.30	0.52
CY－6－5	—	—	—	—	—	—	—	—	—	—	—	—	—	—	—	—	—
CY－6－6	—	—	—	—	—	—	—	—	—	—	—	—	—	—	—	—	—
CY－6－7	85	174	72	2	116	1.0	6.5	7.0	16.2	11.5	4.7	2.4	2.2	2.17	5.20	0.22	0.41
CY－6－8	36	306	20	1	177	1.9	3.6	12.8	16.6	8.9	7.7	1.2	3.2	4.20	7.80	1.26	0.60
CY－6－9	15	91	112	0	154	0.7	6.8	2.8	17.5	12.1	5.4	2.2	2.0	3.73	11.30	0.28	1.68
CY－6－10	19	95	113	2	183	1.4	5.8	3.7	17.6	11.3	6.3	1.8	1.7	5.80	2.85	0.31	0.35
CY－6－11	20	81	113	1	133	1.2	3.1	5.9	17.3	11.7	5.6	2.1	2.1	2.79	3.30	0.38	0.91
CY－6－12	14	51	83	3	99	0.3	8.7	6.9	12.7	10.8	1.9	5.7	1.8	2.43	6.00	0.20	1.20
CY－6－13	—	—	—	—	—	—	—	—	—	—	—	—	—	—	—	—	—
CY－6－14	—	—	—	—	—	—	—	—	—	—	—	—	—	—	—	—	—
CY－6－15	4	29	81	2	74	1.6	1.6	5.3	30.1	19.5	10.6	1.8	2.4	5.89	8.30	0.87	1.25
CY－6－16	11	61	132	1	112	1.0	8.1	9.5	29.4	18.4	11.0	1.7	4.4	6.21	11.50	0.88	0.11
CY－6－17	15	99	118	1	153	0.2	16.5	11.8	31.3	18.6	12.7	1.5	3.4	5.69	14.40	0.66	0.50
CY－7－1	3	32	67	1	57	0.6	7.8	6.8	27.8	16.8	11.0	1.5	2.6	3.25	2.40	0.83	1.33

（续表）

样品编号	ALT	AST	ALP	γ-GT	CHE	STB	TBA	Cre	TP	Alb	Glo	A/G	Glu	CHO	TRIG	HDL-C	LDL-C
CY-7-2	7	72	89	2	75	0.2	3.0	10.4	26.0	15.8	10.2	1.5	2.7	3.23	6.20	0.41	0.01
CY-7-3	—	—	—	—	—	—	—	—	—	—	—	—	—	—	—	—	—
CY-7-4	8	48	35	1	109	1.2	4.2	5.1	20.2	13.9	6.3	2.2	5.0	2.89	3.10	0.56	0.92
CY-7-5	7	174	64	1	143	0.9	5.4	8.7	17.9	11.8	6.1	1.9	3.0	2.71	3.80	0.36	0.62
CY-7-6	11	127	64	0	95	1.0	10.7	13.1	20.1	13.5	6.6	2.0	6.1	2.92	3.10	0.63	0.88
CY-7-7	8	103	72	1	130	2.3	13.4	16.2	17.7	11.3	6.4	1.8	3.8	2.81	5.60	0.35	0.38
CY-7-8	11	130	90	1	164	1.3	25.3	17.5	21.5	13.8	7.7	1.8	8.2	3.23	4.10	0.53	0.84
CY-7-9	5	45	89	1	57	2.6	2.4	5.8	24.0	15.6	8.4	1.9	2.8	3.34	4.20	0.48	0.95
CY-7-10	9	76	84	1	98	1.6	6.8	4.3	19.7	13.7	6.0	2.3	2.0	3.34	3.70	0.60	1.06
CY-7-11	6	34	68	1	100	1.1	1.1	2.7	16.4	10.8	5.6	1.9	2.8	2.83	2.60	0.66	1.04
CY-7-12	8	69	75	1	114	4.0	2.4	4.6	17.2	11.1	6.1	1.8	2.8	2.55	3.30	0.35	0.70
CY-7-13	23	132	61	1	124	4.6	5.0	5.1	15.5	9.6	5.9	1.6	5.0	2.09	1.90	0.40	0.83
CY-7-14	16	131	122	1	102	1.5	15.3	9.2	23.2	15.0	8.2	1.8	3.2	3.45	6.90	0.49	0.35
CY-7-15	14	98	85	1	126	0.4	15.7	9.0	20.3	13.3	7.0	1.9	5.7	2.89	4.30	0.32	0.62
CY-7-16	22	117	54	1	111	2.0	16.5	8.4	13.6	9.7	3.9	2.5	2.8	1.64	3.30	0.32	0.30
CY-7-17	23	180	70	1	92	2.2	40.4	7.9	16.1	10.6	5.5	1.9	4.2	2.21	3.30	0.34	0.37
CY-8-1	4	53	88	2	84	2.0	3.7	5.5	16.7	13.6	3.1	4.4	2.5	3.06	4.30	0.57	0.54
CY-8-2	6	36	88	2	107	0.6	1.6	3.3	19.2	15.3	3.9	3.9	3.6	3.28	2.80	0.78	1.23
CY-8-3	6	82	71	2	112	1.4	6.1	5.2	16.6	13.7	2.9	4.7	2.4	2.68	5.20	0.35	0.03
CY-8-4	7	75	48	3	92	0.5	8.5	6.5	14.7	11.9	2.8	4.3	1.7	2.06	5.00	0.25	0.46
CY-8-5	5	63	120	3	170	2.9	11.1	11.4	26.0	18.9	7.1	2.7	2.0	4.09	9.70	0.62	0.93
CY-8-6	6	98	51	3	119	3.5	8.8	17.8	20.4	15.0	5.4	2.8	3.2	3.39	5.60	0.48	0.37
CY-8-7	35	498	128	3	232	1.8	28.9	11.7	18.7	14.7	4.0	3.7	1.5	3.24	5.40	0.52	0.27
CY-8-8	10	167	66	4	181	6.8	9.1	3.9	17.8	14.4	3.4	4.2	2.2	3.24	4.60	0.61	0.54
CY-8-9	31	352	79	4	135	1.2	13.9	15.1	14.7	11.9	2.8	4.3	4.3	2.47	5.00	0.46	0.26
CY-8-10	28	169	76	2	107	1.8	10.4	6.8	18.6	14.6	4.0	3.7	4.9	3.17	5.20	0.41	0.40
CY-8-11	8	51	77	3	66	1.1	11.5	6.0	17.1	14.5	2.6	5.6	3.3	3.29	6.30	0.40	0.03
CY-8-12	5	42	79	3	90	3.3	5.3	7.6	20.9	16.1	4.8	3.4	2.4	3.55	3.70	0.63	1.24
CY-8-13	7	70	74	3	128	2.2	6.5	5.1	17.1	13.9	3.2	4.3	5.6	2.75	3.20	0.50	0.80
CY-8-14	9	252	29	2	107	2.8	3.6	5.0	26.3	17.4	8.9	2.0	9.9	4.68	7.70	1.63	0.45
CY-8-15	6	46	89	3	130	0.3	2.0	3.4	24.5	19.9	4.6	4.3	2.8	3.68	4.00	0.76	1.10

（续表）

样品编号	ALT	AST	ALP	γ-GT	CHE	STB	TBA	Cre	TP	Alb	Glo	A/G	Glu	CHO	TRIG	HDL-C	LDL-C
CY-8-16	7	61	108	1	119	0.5	1.2	2.3	20.4	18.3	2.1	8.7	1.8	3.25	2.60	0.90	1.17
CY-8-17	10	54	82	1	119	0.2	4.8	3.7	15.6	15.3	0.3	51.0	3.5	2.53	2.20	0.54	0.99
CY-8-18	7	61	107	6	99	0.4	1.9	1.8	22.0	19.2	2.8	6.9	1.8	3.60	2.90	0.87	1.41
CY-9-1	10	85	46	1	111	0.4	3.0	7.0	22.7	19.5	3.2	6.1	2.3	3.57	6.50	0.46	0.16
CY-9-2	9	35	42	1	126	0.8	9.6	9.3	19.6	17.4	2.2	7.9	3.0	3.50	5.90	0.51	0.31
CY-9-3	13	45	55	1	97	0.3	4.3	8.4	17.4	16.2	1.2	13.5	3.1	3.06	5.20	0.39	0.31
CY-9-4	8	68	67	1	124	0.4	7.5	7.5	21.4	18.0	3.4	5.3	3.2	3.24	6.10	0.51	0.40
CY-9-5	8	59	67	1	131	0.5	4.0	8.3	17.7	16.8	0.9	18.7	2.8	3.08	7.80	0.34	0.48
CY-9-6	9	35	72	1	161	0.8	7.3	9.6	22.1	19.1	3.0	6.4	3.6	3.70	6.30	0.51	0.33
CY-9-7	5	18	53	1	161	0.6	2.7	6.6	17.3	15.8	1.5	10.5	3.2	2.74	4.60	0.41	0.24
CY-9-8	8	92	60	2	160	0.8	5.7	8.7	21.0	17.9	3.1	5.8	4.5	3.28	5.90	0.49	0.11
CY-9-9	15	77	41	1	194	0.4	73.3	5.6	19.6	17.2	2.4	7.2	6.5	2.75	3.20	0.69	0.61
CY-9-10	36	393	127	1	219	0.3	14.5	11.8	25.5	20.2	5.3	3.8	4.2	4.10	7.90	0.67	0.56
CY-9-11	8	151	100	1	172	0.7	21.9	13.6	26.9	20.3	6.6	3.1	4.3	4.50	9.30	0.71	0.48
CY-9-12	9	121	122	1	186	1.5	13.1	8.4	26.7	20.9	5.8	3.6	3.1	4.30	5.20	1.13	0.81
CY-9-13	119	288	104	1	205	1.7	5.2	6.5	22.7	18.3	4.4	4.2	4.3	4.30	7.10	0.62	0.46
CY-9-14	15	136	97	1	218	0.9	21.0	4.6	21.8	17.7	4.1	4.3	2.0	3.60	6.60	0.55	0.05
CY-9-15	8	78	72	1	116	0.2	2.1	11.1	18.7	16.9	1.8	9.4	3.0	3.29	8.80	33.00	1.04
CY-9-16	6	63	91	1	91	1.3	2.2	12.9	21.9	18.6	3.3	5.6	2.0	3.95	6.70	0.47	0.44
CY-9-17	7	62	73	1	68	1.2	5.5	2.5	23.2	19.1	4.1	4.7	2.9	3.63	4.30	0.62	1.06
CY-9-18	4	23	67	1	56	0.9	3.2	2.2	21.4	17.7	3.7	4.8	3.5	2.70	3.10	0.52	0.77
CY-9-19	13	69	47	1	81	1.4	1.7	3.1	19.0	17.1	1.9	9.0	2.9	3.32	4.00	0.51	0.99
CY-9-20	8	63	75	1	94	0.8	1.2	2.2	23.1	18.7	4.4	4.3	3.7	4.22	6.00	0.68	0.82
CY-9-21	8	108	106	1	95	1.2	2.4	2.7	26.6	20.6	6.0	3.4	1.7	4.01	5.40	0.56	1.00
CY-10-1	6	47	57	1	134	0.9	3.1	3.3	22.2	19.0	3.2	5.9	2.8	4.20	3.80	0.83	1.64
CY-10-2	5	53	69	1	116	0.7	2.8	2.2	20.9	18.9	2.0	9.5	2.6	4.71	3.50	0.81	2.31
CY-10-3	9	66	42	1	156	0.7	1.5	4.2	19.0	17.2	1.8	9.6	2.8	3.56	4.60	0.53	0.94
CY-10-4	8	72	76	1	95	2.6	1.6	4.8	31.3	22.8	8.5	2.7	4.5	4.70	5.00	0.86	1.57
CY-10-5	7	63	40	1	91	1.1	3.3	3.4	17.5	16.9	0.6	28.2	2.0	3.05	3.80	0.59	0.73
CY-10-6	9	137	146	1	170	1.1	1.8	1.1	25.9	21.2	4.7	4.5	3.5	4.69	4.70	1.27	1.29
CY-10-7	3	40	66	1	133	0.7	2.3	0.5	21.0	18.1	2.9	6.2	3.5	4.04	7.00	0.61	0.25

（续表）

样品编号	ALT	AST	ALP	γ-GT	CHE	STB	TBA	Cre	TP	Alb	Glo	A/G	Glu	CHO	TRIG	HDL-C	LDL-C
CY-10-8	3	63	39	1	147	1.5	9.0	2.0	24.3	20.2	4.1	4.9	2.8	4.39	8.80	0.75	0.36
CY-10-9	14	124	87	1	160	0.6	3.7	3.3	31.4	23.8	7.6	3.1	9.5	6.34	7.00	1.23	1.93
CY-10-10	3	80	87	2	169	2.3	1.9	2.8	27.1	21.2	5.9	3.6	6.8	4.99	8.10	0.90	0.41
CY-10-11	3	41	36	2	226	1.3	1.3	1.1	26.7	20.7	6.0	3.5	2.2	4.76	6.20	1.11	0.84
CY-10-12	9	70	86	0	209	2.5	1.6	1.7	29.9	22.5	7.4	3.0	3.4	5.80	8.80	0.67	1.13
CY-10-13	7	102	70	1	199	1.2	1.9	0.3	28.7	21.9	6.8	3.2	3.7	5.34	4.50	0.70	2.60
CY-10-14	4	63	61	1	165	1.8	1.6	2.6	20.4	17.5	2.9	6.0	3.0	3.44	5.30	0.51	0.52
CY-10-15	3	45	86	1	231	1.4	4.2	1.4	27.7	20.6	7.1	2.9	1.9	4.56	4.90	0.89	1.45
CY-10-16	10	130	133	1	107	3.0	1.6	2.2	28.6	22.2	6.4	3.5	6.4	4.55	6.10	0.87	0.91
CY-10-17	7	47	51	1	73	2.0	0.8	2.0	25.0	17.6	7.4	2.4	3.7	3.90	6.00	0.62	0.56
CY-10-18	5	69	57	2	140	3.0	0.8	1.2	24.9	17.6	7.3	2.4	4.3	4.58	4.00	0.91	1.85
CY-10-19	5	40	63	2	155	3.0	0.9	1.8	27.9	19.0	8.9	2.1	5.2	4.95	4.50	0.67	2.24
CY-10-20	5	63	76	2	136	1.2	1.2	2.0	30.2	20.6	9.6	2.1	3.4	4.36	5.90	0.67	1.01

注：表中“ALT、AST、ALP、γ-GT 和 CHE”的单位为 U/L；“TP、Alb 和 Glo”的单位为 g/L；“TBA、CHO、TRIG、HDL-C、LDL-C 和 Glu”的单位为 mmol/L；“STB 和 Cre”的单位为 μmol/L；表中“—”表示该栏数据缺失。

附表 1-3　草鱼常规指标数据源（草鱼模型验证数据）

样品编号	体重（g）	体长（cm）	内脏重（g）	肝胰脏（g）
CY-1	275	25.0	24.0	6.0
CY-2	743	30.0	129.7	16.3
CY-3	223	22.5	16.0	3.1
CY-4	332	24.5	19.1	12.4
CY-5	167	18.4	31.4	6.0
CY-6	395	25.7	62.9	11.6
CY-7	393	26.0	60.5	16.0
CY-8	1 047	36.8	135.5	40.3
CY-9	1 639	40.0	188.6	45.7
CY-10	1 368	38.0	222.4	51.8
CY-11	943	35.0	116.0	28.7
CY-12	1 184	37.5	177.7	42.8
CY-13	1 255	38.0	162.7	29.7
CY-14	955	35.0	134.0	31.6

（续表）

样品编号	体重（g）	体长（cm）	内脏重（g）	肝胰脏（g）
CY－15	1 751	43.0	240.1	50.6
CY－16	1 094	38.0	151.4	21.6
CY－17	646	33.6	71.9	14.0
CY－18	305	26.1	34.1	7.7
CY－19	451	28.1	48.7	12.8
CY－20	835	34.0	116.5	19.7
CY－21	877	34.0	117.3	21.3
CY－22	763	33.4	85.5	22.0
CY－23	1 055	36.5	121.0	28.5
CY－24	1 498	40.5	217.0	49.0
CY－25	1 220	39.0	193.0	38.5
CY－26	1 056	37.5	178.0	40.5
CY－27	196	18.4	37.5	12.5
CY－28	167	17.3	25.0	14.5
CY－29	161	16.5	32.0	10.5
CY－30	166	16.8	33.0	13.5
CY－31	1 058	38.0	112.0	30.5
CY－32	813	34.1	101.0	27.5
CY－33	835	35.0	113.0	29.5
CY－34	1 075	36.0	130.5	34.5
CY－35	946	35.5	148.5	32.5
CY－36	614	31.5	85.5	13.5
CY－37	732	33.5	108.0	18.5
CY－38	631	32.3	78.0	15.0
CY－39	1 394	41.0	203.5	42.0
CY－40	1 280	39.7	208.5	44.5
CY－41	1 141	39.0	169.0	35.0
CY－42	925	36.4	134.0	26.5
CY－43	907	35.5	140.5	24.5
CY－44	804	34.0	114.5	22.0
CY－45	1 220	38.4	151.0	37.5

（续表）

样品编号	体重（g）	体长（cm）	内脏重（g）	肝胰脏（g）
CY－46	1 644	42.8	237.5	57.5
CY－47	1 132	35.8	175.0	41.5
CY－48	881	35.1	97.0	26.0
CY－49	1 049	39.4	88.5	22.0
CY－50	771	35.3	77.5	14.5
CY－51	572	30.7	84.5	19.0
CY－52	475	29.7	62.0	15.0
CY－53	1 491	43.7	191.0	35.0
CY－54	1 558	47.1	202.5	28.0
CY－55	710	34.2	89.0	17.5
CY－56	1 193	40.3	141.0	22.0
CY－57	178	21.5	—	4.5
CY－58	2 261	49.8	313.5	53.5
CY－59	1 061	36.5	211.0	23.5
CY－60	2 011	46.5	342.0	58.0
CY－61	950	35.7	161.5	28.5
CY－62	926	35.3	147.0	26.5
CY－63	517	31.0	46.0	13.0
CY－64	657	32.5	68.5	18.5
CY－65	400	29.0	40.0	11.0
CY－66	552	30.0	66.5	15.0
CY－67	598	32.0	72.0	16.5
CY－68	317	26.3	36.5	9.0
CY－69	279	25.0	30.0	7.0
CY－70	266	24.1	34.5	7.5
CY－71	326	25.6	33.5	8.5
CY－72	311	25.5	36.5	9.5
CY－73	722	33.4	82.0	14.0
CY－74	1 876	48.5	177.0	27.5
CY－75	916	37.8	102.0	16.0
CY－76	1 488	43.5	149.5	25.0

（续表）

样品编号	体重（g）	体长（cm）	内脏重（g）	肝胰脏（g）
CY－77	1 718	47.5	138.5	28.5
CY－78	1 581	45.3	138.5	24.5
CY－79	694	32.8	68.0	15.0
CY－80	675	33.0	100.5	22.5
CY－81	579	31.0	90.0	21.0
CY－82	644	33.0	87.0	21.0
CY－83	648	31.9	119.0	21.5
CY－84	644	32.5	100.5	24.0
CY－85	611	33.4	87.5	17.5
CY－86	565	32.0	73.5	20.5
CY－87	624	32.0	94.5	21.0
CY－88	572	32.0	86.0	19.0
CY－89	472	28.5	76.5	14.0
CY－90	1 423	41.5	183.5	40.0
CY－91	982	36.0	127.5	26.0
CY－92	773	33.5	114.0	25.5
CY－93	821	34.5	105.5	24.5
CY－94	800	33.5	113.5	26.5
CY－95	1 316	39.8	162.5	35.0
CY－96	1 388	41.5	182.0	37.5
CY－97	1 051	38.4	130.5	30.0
CY－98	2 202	48.5	222.5	53.0

注：表中“—”表示该栏数据缺失。

附表1－4　草鱼血清酶学指标数据源（草鱼模型验证数据）

样品编号	ALT	AST	STB	TP	Alb	Glo	ALP	Glu	Cre	CHO	TG	HDL-C	LDL-C
CY－1	12	151	0.9	18.5	11.0	7.5	89	1.5	18.2	3.33	2.40	1.84	0.40
CY－2	17	241	7.6	38.7	16.1	22.6	59	2.7	－6.4	4.81	7.50	1.10	0.31
CY－3	694	412	5.3	24.0	14.8	9.2	146	1.7	9.0	4.02	5.10	1.62	0.08
CY－4	25	350	3.9	22.4	12.7	9.7	95	3.9	7.3	3.62	4.40	0.89	0.73
CY－5	21	240	9.2	28.6	13.4	15.2	99	3.1	8.7	4.09	3.90	1.72	0.60
CY－6	5	69	3.6	23.2	13.8	9.4	139	3.2	7.2	4.78	4.40	1.55	1.23

（续表）

样品编号	ALT	AST	STB	TP	Alb	Glo	ALP	Glu	Cre	CHO	TG	HDL-C	LDL-C
CY-7	12	72	3.1	25.7	11.5	14.2	140	1.7	16.9	5.23	8.18	2.96	1.88
CY-8	13	75	3.2	29.3	12.1	17.2	108	2.3	9.3	6.34	8.28	3.50	2.40
CY-9	12	64	4.1	25.2	11.4	13.8	74	2.1	9.7	5.69	5.45	3.30	2.12
CY-10	11	37	3.4	30.1	12.6	17.5	136	1.6	15.7	6.84	8.27	3.79	2.65
CY-11	15	55	6.1	23.0	10.7	12.3	88	6.0	25.0	5.99	4.93	3.40	2.27
CY-12	19	59	4.0	23.8	11.7	12.1	95	5.8	25.8	5.71	5.25	3.26	2.08
CY-13	13	63	3.3	22.9	11.2	11.7	69	6.6	25.4	5.22	5.00	3.20	1.83
CY-14	14	79	3.7	24.4	11.7	12.7	97	4.7	27.4	5.47	5.66	3.16	2.11
CY-15	21	72	14.3	31.8	13.3	18.5	106	1.6	6.5	6.87	9.49	3.77	2.60
CY-16	—	—	13.1	24.5	9.9	14.6	86	2.8	8.1	5.68	5.68	3.62	1.92
CY-17	49	160	0.5	32.0	11.0	21.0	64	3.7	9.0	5.17	7.11	0.90	0.77
CY-18	41	123	0.0	32.0	11.0	21.0	76	4.4	9.0	4.52	7.22	0.70	0.46
CY-19	18	48	0.6	29.0	10.5	18.5	54	4.8	5.0	5.01	4.10	0.84	0.98
CY-20	23	109	0.7	35.0	12.3	22.7	91	9.3	14.0	5.38	5.51	0.96	1.03
CY-21	19	94	0.9	25.0	10.6	14.4	94	7.5	5.0	4.80	6.25	0.74	0.97
CY-22	14	18	3.8	39.7	9.3	30.5	128	2.4	23.6	7.14	5.28	0.96	0.81
CY-23	3	86	4.0	30.9	14.7	16.2	112	1.9	26.3	5.04	3.48	0.64	0.65
CY-24	7	40	3.4	38.1	16.8	21.3	75	2.2	24.2	5.36	3.23	0.83	0.50
CY-25	6	8	3.7	31.2	13.0	18.2	100	3.0	23.2	5.39	3.39	0.65	0.74
CY-26	8	71	1.8	36.8	16.1	20.6	106	3.6	25.6	5.38	3.59	0.87	0.75
CY-27	—	—	—	—	—	—	—	—	—	—	—	—	—
CY-28	—	—	—	—	—	—	—	—	—	—	—	—	—
CY-29	—	—	—	—	—	—	—	—	—	—	—	—	—
CY-30	—	—	—	—	—	—	—	—	—	—	—	—	—
CY-31	7	50	3.8	33.0	14.7	18.3	91	4.4	24.2	5.67	3.56	0.86	0.80
CY-32	11	70	3.2	33.7	14.9	18.7	117	3.9	24.6	4.64	4.57	0.59	0.30
CY-33	11	40	2.5	28.8	12.5	16.3	106	4.1	26.0	4.58	2.53	0.69	0.63
CY-34	5	6	3.0	34.3	13.8	20.4	202	5.6	27.7	5.10	4.32	0.78	0.50
CY-35	21	116	1.7	30.0	13.1	16.9	102	4.8	27.3	5.37	4.71	0.73	0.76
CY-36	8	57	4.0	31.4	14.3	17.2	99	4.7	26.3	4.25	2.12	0.69	0.44
CY-37	14	74	3.4	37.7	16.6	21.1	109	6.5	30.4	6.87	4.77	1.05	0.99

（续表）

样品编号	ALT	AST	STB	TP	Alb	Glo	ALP	Glu	Cre	CHO	TG	HDL-C	LDL-C
CY-38	20	112	2.7	37.4	17.2	20.2	134	4.3	30.1	5.27	3.20	0.99	0.60
CY-39	7	58	3.4	32.0	13.7	18.4	77	4.1	25.6	4.91	3.80	0.70	0.54
CY-40	12	54	3.3	29.4	13.3	16.1	79	4.1	24.9	4.58	3.79	0.57	0.41
CY-41	14	56	1.6	32.7	14.5	18.2	91	3.7	27.0	5.77	4.15	0.75	0.64
CY-42	8	8	3.3	35.0	15.1	19.9	108	4.1	24.9	5.16	3.51	0.77	0.46
CY-43	10	74	2.9	37.2	23.7	13.6	97	3.6	28.7	5.48	4.01	0.88	0.62
CY-44	33	163	3.8	33.0	15.0	18.0	110	4.0	27.7	6.02	4.88	0.86	0.61
CY-45	9	44	4.1	38.2	16.9	21.2	155	5.5	27.7	7.74	8.60	0.84	0.58
CY-46	23	120	2.1	41.7	18.0	23.7	121	6.4	27.3	8.63	10.47	0.87	0.79
CY-47	14	63	2.3	46.7	20.3	26.4	239	9.0	30.1	9.17	9.13	1.20	0.81
CY-48	20	107	2.4	45.5	19.5	26.1	162	6.5	32.1	7.25	3.64	1.13	1.02
CY-49	7	50	4.1	28.8	12.5	16.3	80	2.3	22.2	3.52	2.31	0.52	0.28
CY-50	12	72	3.3	33.8	15.0	18.8	84	2.7	26.0	4.75	3.23	0.74	0.42
CY-51	44	129	4.3	32.6	14.5	18.1	65	6.1	29.7	4.54	4.00	0.56	0.28
CY-52	27	108	0.3	32.3	14.5	17.8	77	7.4	31.8	4.67	3.00	0.61	0.45
CY-53	26	282	2.6	30.8	11.5	19.3	71	5.4	17.6	4.94	4.52	1.11	1.43
CY-54	11	49	15.2	26.9	10.4	16.5	81	4.8	11.5	4.46	4.33	0.98	1.33
CY-55	10	114	8.0	34.5	12.3	22.2	121	2.9	5.0	5.56	4.83	1.41	1.52
CY-56	9	6	6.3	31.8	11.7	20.1	126	2.5	6.5	4.95	4.61	1.09	1.36
CY-57	11	161	6.4	29.5	10.9	18.6	73	5.9	31.1	3.78	6.27	0.75	1.15
CY-58	9	91	8.7	31.7	12.1	19.6	111	2.9	9.0	6.40	4.89	1.23	1.72
CY-59	9	64	2.8	29.5	11.3	18.2	90	4.4	11.5	4.51	4.65	0.82	1.34
CY-60	10	57	5.1	33.8	12.4	21.4	116	2.4	21.0	5.85	4.89	0.88	1.51
CY-61	8	105	2.8	29.3	11.2	18.1	109	3.8	26.6	4.09	0.01	0.00	1.33
CY-62	11	99	2.9	35.8	13.1	22.7	66	2.2	42.2	4.45	5.99	0.89	1.23
CY-63	11	63	5.3	31.1	11.8	19.3	105	4.1	7.3	4.98	4.57	0.98	1.35
CY-64	12	54	3.3	25.1	9.8	15.3	117	3.3	10.6	4.33	3.79	0.82	1.34
CY-65	11	65	4.7	25.5	10.1	15.4	114	6.6	10.6	4.66	3.89	1.06	1.41
CY-66	17	77	5.6	24.1	9.3	14.8	127	7.1	14.1	4.92	3.38	0.93	1.54
CY-67	17	56	7.1	21.6	8.8	12.8	73	5.0	14.5	3.76	3.26	0.74	1.24
CY-68	19	68	3.4	26.3	10.0	16.3	105	6.7	20.9	3.98	4.03	0.90	1.23

（续表）

样品编号	ALT	AST	STB	TP	Alb	Glo	ALP	Glu	Cre	CHO	TG	HDL-C	LDL-C
CY-69	12	73	6.0	25.9	10.0	15.9	81	7.5	15.1	3.71	4.55	0.65	1.15
CY-70	16	78	12.0	25.5	10.0	15.5	88	6.7	20.7	3.55	4.27	0.66	1.17
CY-71	13	77	3.9	20.6	8.4	12.2	81	8.1	20.8	3.79	3.48	0.83	1.31
CY-72	27	95	5.7	22.2	9.0	13.2	73	5.5	26.9	3.59	3.33	0.63	1.22
CY-73	15	43	17.3	30.3	12.0	18.3	81	2.8	6.0	5.50	2.40	1.06	1.90
CY-74	14	47	13.7	29.3	11.7	17.6	78	3.3	4.2	5.22	2.53	1.15	1.58
CY-75	15	54	21.3	33.0	13.1	19.9	116	3.9	4.7	5.81	3.37	1.28	1.72
CY-76	16	35	13.4	30.2	11.8	18.4	83	2.7	4.6	5.69	2.42	1.24	1.79
CY-77	13	42	7.4	28.7	11.5	17.2	81	3.4	3.6	5.22	2.49	1.23	1.62
CY-78	15	36	14.1	30.8	11.7	19.1	80	7.5	7.4	5.56	2.94	1.20	1.57
CY-79	15	35	21.4	29.3	10.7	18.6	61	4.2	3.0	4.17	2.35	0.93	1.33
CY-80	13	53	14.0	28.1	11.0	17.1	83	4.8	4.5	6.14	4.17	1.10	1.87
CY-81	11	35	8.4	25.4	10.2	15.2	99	3.2	2.3	4.86	4.78	0.80	1.51
CY-82	41	130	11.0	27.0	10.3	16.7	111	3.5	8.7	5.23	4.13	0.96	1.74
CY-83	13	58	15.7	29.2	11.7	17.5	87	3.4	3.4	4.87	5.18	0.91	1.40
CY-84	16	50	9.2	26.4	10.7	15.7	91	3.2	3.2	5.53	4.70	1.05	1.64
CY-85	15	78	8.4	27.7	11.0	16.7	140	4.2	6.7	6.00	4.77	1.09	1.08
CY-86	19	81	8.9	22.1	8.9	13.2	78	3.7	12.4	3.62	3.88	0.77	1.25
CY-87	8	12	1.1	1.1	0.6	0.5	7	0.2	0.8	3.75	0.14	0.69	0.98
CY-88	20	76	10.5	27.6	10.9	16.7	101	4.6	12.6	5.90	4.17	1.14	1.85
CY-89	14	49	8.3	26.4	10.3	16.1	100	3.5	3.6	6.04	4.83	1.22	1.75
CY-90	14	81	11.6	31.0	11.7	19.3	106	5.0	4.9	4.92	4.83	0.94	1.34
CY-91	17	86	4.1	29.7	11.9	17.8	91	4.2	3.4	4.49	4.94	1.09	1.29
CY-92	15	108	11.7	34.4	12.9	21.5	124	2.8	4.5	5.18	4.91	1.09	1.34
CY-93	16	90	11.8	31.7	12.2	19.5	129	2.8	3.6	5.29	5.21	1.04	1.42
CY-94	15	67	11.7	35.3	12.8	22.5	101	1.4	3.4	5.43	4.88	1.09	1.31
CY-95	17	97	12.9	38.0	13.6	24.4	126	2.1	5.9	5.68	5.65	1.26	1.49
CY-96	14	67	10.6	30.7	11.8	18.9	115	2.1	3.6	4.88	4.59	0.94	1.35
CY-97	24	115	8.5	30.6	12.2	18.4	92	3.0	8.2	4.49	5.42	0.92	1.20
CY-98	27	122	14.1	29.1	11.3	17.8	78	2.4	8.5	4.33	5.00	1.00	1.25

注：表中“ALT、AST、ALP、γ-GT 和 CHE”的单位为 U/L；“TP、Alb 和 Glo”的单位为 g/L；“TBA、CHO、TRIG、HDL-C、LDL-C 和 Glu”的单位为 mmol/L；“STB 和 Cre”的单位为 μmol/L；表中“—”表示该栏数据缺失。

附表 1-5　鲫鱼常规指标数据源（鲫鱼建模数据）

样品编号	体重（g）	体高（cm）	体宽（cm）	体长（cm）	内脏团（g）	肝胰脏（g）
JY-1	290.7	7.9	4.3	22.5	15.21	9.44
JY-2	295.0	8.6	4.4	21.2	15.45	8.75
JY-3	239.4	8.0	3.7	19.8	10.23	5.96
JY-4	261.6	8.5	4.2	21.2	14.80	10.50
JY-5	380.2	9.5	4.7	23.3	19.54	10.39
JY-6	317.3	8.3	4.7	22.8	18.85	10.34
JY-7	346.9	8.6	4.7	23.9	15.15	7.15
JY-8	290.8	8.6	4.3	21.8	17.36	8.77
JY-9	335.5	8.5	4.8	22.4	16.21	9.64
JY-10	261.0	8.0	4.3	20.9	12.16	6.78
JY-11	273.7	8.0	4.6	20.8	18.81	8.80
JY-12	270.2	8.4	4.3	21.3	—	7.74
JY-13	274.5	8.2	4.0	20.7	16.42	10.94
JY-14	282.8	8.3	4.3	20.8	22.91	13.82
JY-15	282.2	8.4	4.4	21.2	15.99	7.65
JY-16	291.3	8.5	4.4	21.7	13.80	6.05
JY-17	255.9	8.3	4.2	21.1	18.00	10.29
JY-18	262.5	8.3	4.2	21.0	10.30	5.45
JY-19	283.5	8.5	4.5	21.7	9.88	5.03
JY-20	260.9	8.3	4.1	20.6	17.65	8.10
JY-21	265.0	8.4	4.1	20.5	17.17	9.81
JY-22	238.2	8.1	4.2	20.2	16.19	7.57
JY-23	344.2	8.9	4.7	22.9	22.43	11.65
JY-24	321.5	8.8	4.6	21.9	19.07	9.36
JY-25	370.0	8.9	5.0	23.5	26.17	14.98
JY-26	279.3	8.2	4.2	21.6	14.16	6.26
JY-27	316.0	8.6	4.5	21.9	23.26	14.64
JY-28	263.2	8.2	4.1	20.8	13.21	7.07
JY-29	275.0	8.1	4.0	21.5	14.06	3.41
JY-30	310.7	8.5	4.6	21.8	17.92	10.57
JY-31	296.6	8.4	4.3	21.0	20.49	12.22

注：表中“—”表示该栏数据缺失。

附表1-6 鲫鱼血清酶学指标数据源（鲫鱼建模数据）

样品编号	STB	AST	ALT	CHE	ALP	γ-GT	TP	Alb	Glo	Cre	Glu	TBA	CHO	TRIG	HDL-C	LDL-C
JY-1	4.6	1 183	30	191	13	2	20.0	12.4	7.6	5.2	10.9	1.2	7.43	0.60	3.89	3.27
JY-2	1.8	1 584	66	137	16	2	17.7	10.8	6.9	—	9.7	0.8	5.31	0.80	2.61	2.34
JY-3	2.5	490	27	127	19	2	16.6	12.1	4.5	5.4	8.9	0.7	5.07	0.70	3.09	1.66
JY-4	4.3	524	24	164	30	2	26.7	17.0	9.7	2.9	13.7	1.1	7.19	1.40	3.91	2.64
JY-5	2.6	365	11	176	14	2	17.8	12.0	5.8	13.8	7.8	0.9	3.95	0.80	2.44	1.15
JY-6	3.2	254	—	172	12	2	15.1	11.4	3.7	9.4	11.2	0.8	4.19	0.80	2.30	1.53
JY-7	3.2	499	21	107	18	2	17.3	12.3	5.0	4.3	8.2	0.9	5.30	0.90	2.87	2.02
JY-8	3.3	658	24	174	18	2	19.1	13.1	6.0	4.6	8.9	1.0	5.58	0.90	3.05	2.12
JY-9	2.7	582	41	120	22	2	20.8	13.8	7.0	4.0	9.0	1.0	5.54	1.10	3.50	1.54
JY-10	5.5	465	29	174	28	2	25.8	17.1	8.7	3.1	10.1	1.2	9.72	1.60	2.15	6.84
JY-11	3.8	359	15	118	14	1	14.4	10.7	3.7	2.9	7.1	0.9	4.04	0.60	2.58	1.19
JY-12	3.2	674	—	114	14	2	16.6	11.0	5.6	4.8	12.3	1.3	8.08	0.60	3.33	4.48
JY-13	2.7	399	22	139	18	2	18.2	12.2	6.0	4.8	18.6	2.0	6.50	0.90	2.29	3.80
JY-14	3.8	429	14	198	21	2	18.2	12.6	5.6	9.4	10.4	1.1	5.15	1.00	2.47	2.23
JY-15	4.0	397	15	83	19	2	14.8	11.5	3.3	2.9	6.7	1.0	4.94	0.60	2.92	1.75
JY-16	3.8	824	47	119	20	2	17.6	11.9	5.7	2.1	15.5	0.9	7.27	0.50	3.08	3.96
JY-17	2.0	853	27	94	13	2	15.2	10.4	4.8	4.8	8.6	0.9	5.24	0.50	2.84	2.17
JY-18	2.0	554	15	159	20	1	17.9	11.4	6.5	6.2	7.3	0.9	5.35	0.80	3.06	1.93
JY-19	6.1	590	36	184	25	1	22.4	17.5	4.9	0.6	9.0	1.8	8.48	1.30	3.76	4.13
JY-20	3.3	428	25	210	31	2	29.6	20.5	9.1	4.2	11.9	0.7	8.57	1.70	4.84	2.96
JY-21	4.5	409	20	255	22	1	23.2	17.0	6.2	—	15.5	0.7	7.48	1.30	4.02	2.87
JY-22	5.0	657	42	183	25	1	29.3	19.1	10.2	0.7	23.4	1.3	—	1.00	5.75	7.30
JY-23	2.0	685	17	137	25	1	22.4	17.6	4.8	3.3	10.6	1.2	6.05	1.30	3.55	1.91
JY-24	4.3	753	18	197	27	1	28.9	20.5	8.4	1.4	12.9	0.5	9.66	1.60	3.79	5.14
JY-25	4.7	750	18	317	24	1	27.1	18.5	8.6	—	11.4	0.6	7.26	1.00	5.14	1.67
JY-26	3.1	1 035	51	166	28	1	28.7	20.1	8.6	2.0	16.3	1.1	8.63	1.10	4.64	3.49
JY-27	2.8	433	19	133	20	1	16.4	14.8	1.6	1.3	8.6	1.3	5.24	0.70	3.77	1.15
JY-28	1.5	600	16	—	19	1	14.3	13.8	0.5	3.4	8.1	1.1	3.40	0.70	2.81	—
JY-29	5.5	956	26	172	29	1	24.5	19.0	5.5	2.8	13.7	0.5	7.39	1.40	3.15	3.60

注：表中“ALT、AST、ALP、γ-GT和CHE”的单位为U/L；“TP、Alb和Glo”的单位为g/L；“TBA、CHO、TRIG、HDL-C、LDL-C和Glu”的单位为mmol/L；“STB和Cre”的单位为μmol/L；表中“—”表示该栏数据缺失。

附表 1-7　团头鲂常规指标数据源（团头鲂建模数据）

样品编号	体重（g）	体高（cm）	体宽（cm）	体长（cm）	内脏团（g）	肝胰脏（g）
BY-1	403	11.8	4.2	25.5	39.16	9.37
BY-2	397	11.3	4.2	27.3	26.60	5.30
BY-3	420	11.1	4.5	27.1	43.07	9.84
BY-4	421	11.8	4.4	26.7	34.50	5.86
BY-5	422	11.8	4.6	26.9	32.55	7.08
BY-6	430	11.4	4.8	27.1	28.76	6.57
BY-7	413	12.1	4.1	26.7	—	5.68
BY-8	350	10.3	4.0	25.1	23.49	4.30
BY-9	398	11.3	4.5	26.6	28.77	5.20
BY-10	449	11.1	4.5	27.8	33.38	6.86
BY-11	491	11.6	4.7	27.6	37.04	9.41
BY-12	356	10.6	3.8	24.6	41.56	8.82
BY-13	434	11.1	4.2	27.0	30.35	7.19
BY-14	389	11.2	3.9	25.9	31.02	6.57
BY-15	546	13.1	4.6	28.8	49.28	12.12
BY-16	390	11.6	4.0	25.7	24.36	8.11
BY-17	346	10.4	3.9	25.2	26.85	4.43
BY-18	398	11.2	4.0	25.5	32.41	10.01
BY-19	381	10.5	3.8	26.3	23.77	6.28
BY-20	598	13.2	4.8	29.3	47.17	10.67
BY-21	391	10.8	3.8	26.6	21.83	5.06
BY-22	386	11.0	4.1	27.0	26.42	6.78
BY-23	377	11.0	4.1	26.7	22.15	6.13
BY-24	340	10.3	3.7	25.3	26.97	6.25
BY-25	384	10.9	4.1	25.4	33.94	8.38

注：表中“—”表示该栏数据缺失。

附表 1-8　团头鲂血清酶学指标数据源（团头鲂建模数据）

样品编号	STB	AST	ALT	CHE	ALP	γ-GT	TP	Alb	Glo	Cre	Glu	TBA	CHO	TRIG	HDL-C	LDL-C
BY-1	4.4	292	23	194	24	2	18.6	11.7	6.9	1.2	6.5	3.7	7.09	1.00	2.46	4.18
BY-2	3.9	203	18	200	23	2	21.4	13.2	8.2	1.0	5.3	2.8	8.27	0.40	4.94	3.15
BY-3	4.3	108	9	148	12	2	15.0	10.2	4.8	1.7	4.2	6.6	4.57	1.10	1.17	2.90

（续表）

样品编号	STB	AST	ALT	CHE	ALP	γ-GT	TP	Alb	Glo	Cre	Glu	TBA	CHO	TRIG	HDL-C	LDL-C
BY-4	3.4	152	29	134	16	2	13.1	9.3	3.8	2.1	4.1	8.1	6.85	0.30	2.66	4.05
BY-5	4.3	599	30	441	253	1	33.4	16.7	16.7	2.0	8.5	185.0	13.36	0.40	5.49	7.69
BY-6	3.1	167	14	112	17	2	13.1	9.7	3.4	1.1	2.7	4.9	6.95	0.20	3.61	3.25
BY-7	4.7	154	10	139	22	2	23.7	14.7	9.0	2.0	5.3	4.7	9.61	0.30	5.65	3.82
BY-8	2.5	161	10	99	21	1	18.0	11.6	6.4	1.8	6.5	7.3	8.85	0.20	4.50	4.26
BY-9	3.3	196	11	151	20	2	17.9	12.2	5.7	0.7	2.8	3.8	7.78	0.30	4.64	3.00
BY-10	3.9	175	6	110	24	1	16.5	11.1	5.4	3.2	4.4	19.5	5.89	0.80	2.08	3.45
BY-11	2.9	299	14	146	33	2	19.7	12.5	7.2	2.9	6.8	8.4	8.85	0.30	4.42	4.29
BY-12	3.0	101	6	124	10	2	12.6	8.7	3.9	0.2	3.9	3.8	3.62	0.50	1.68	1.71
BY-13	2.0	76	6	33	10	2	10.5	7.9	2.6	1.3	4.2	2.7	3.26	0.30	2.36	0.76
BY-14	2.2	343	6	81	18	1	14.6	9.9	4.7	2.2	2.6	15.7	5.40	0.40	3.18	2.04
BY-15	4.0	444	29	175	22	1	19.8	11.7	8.1	3.7	0.4	22.5	5.85	0.40	2.04	3.63
BY-16	3.0	189	5	137	32	0	20.8	12.5	8.3	4.5	7.2	12.5	7.73	0.70	3.51	3.90
BY-17	1.3	192	6	98	36	2	19.0	12.1	6.9	3.5	5.9	14.7	6.86	0.30	3.65	3.07
BY-18	2.7	136	12	90	12	2	13.1	9.8	3.3	1.5	0.9	4.0	5.74	0.30	2.85	2.75
BY-19	2.1	227	11	134	23	2	20.0	12.8	7.2	3.0	5.7	12.4	6.03	0.40	4.53	1.32
BY-20	1.2	181	11	105	17	2	17.9	10.9	7.0	2.8	6.9	3.3	7.32	0.30	4.37	2.81
BY-21	2.6	146	12	103	25	2	25.1	14.8	10.3	1.6	7.2	2.2	5.25	0.70	3.69	1.24
BY-22	3.5	242	17	152	34	2	20.7	12.2	8.5	2.2	5.9	12.0	8.65	0.40	4.38	4.09
BY-23	3.2	322	30	164	33	5	23.9	13.7	10.2	4.3	2.4	42.4	8.25	0.60	2.85	5.13
BY-24	3.4	418	13	63	18	2	16.0	12.3	3.7	5.5	7.9	0.7	4.99	0.70	2.79	1.88
BY-25	2.5	601	19	166	17	2	17.6	12.1	5.5	12.3	9.0	0.8	4.54	1.10	2.49	1.55

注：表中“ALT、AST、ALP、γ-GT和CHE”的单位为U/L；“TP、Alb和Glo”的单位为g/L；“TBA、CHO、TRIG、HDL-C、LDL-C和Glu”的单位为mmol/L；“STB和Cre”的单位为μmol/L。

第二章　油脂、脂肪酸及其脂肪酸的氧化

第一节　油脂的化学组成与结构

水产饲料中所有利用的油脂主要还是甘油酯，包括单纯的油脂、磷脂和饲料原料中的油脂。单纯的油脂为三酰甘油酯；磷脂则为甘油的 2 个羟基与脂肪酸形成二酰甘油酯，第三个羟基则与磷酸基团连接、磷酸基再与其他物质（如丝氨酸、胆碱等）连接，其中，2 个脂肪酸链为疏水基团，而磷脂与丝氨酸、胆碱等形成的化合物为亲水基团，所以，磷脂是疏水、亲水双性分子，又称为乳化剂，也是细胞膜的重要组成物质。饲料原料中包含有三酰甘油酯和磷脂，由于饲料其实也是一类生物组织，其中的油脂为生物组织中的油脂，可能与蛋白质、糖类等形成复合物，其油脂的物理性质、氧化稳定性等与单纯的三酰甘油酯有较大的差别。

一、甘油酯的结构通式

甘油酯就是甘油的三个羟基与脂肪酸通过酯键形成的化合物。甘油的结构式如下：

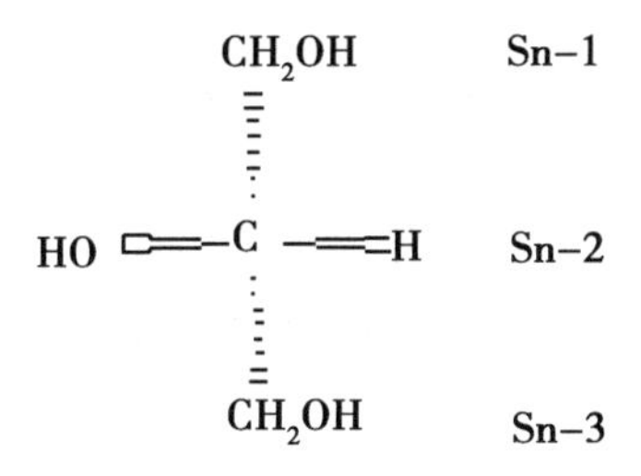

一般将甘油的含羟基的 3 个碳原子分别表示为 Sn-1、Sn-2、Sn-3，对于单纯的甘油，Sn-1 和 Sn-3 碳原子连接的其他基团是一样的，所以 Sn-2 碳原子不是手性碳原子，但是，当甘油与脂肪酸通过酯键结合后，由于与甘油结合的 3 个脂肪酸可能是不一样的，就导致 Sn-2 成为手性碳原子，其结果就是三酰甘油酯可能就会具有镜像异构体。

如果硬脂酸在 Sn-1 位置酯化，油酸在 Sn-2，肉豆蔻酸在 Sn-3 位置酯化，可能生成的酰基甘油是：

$$
\begin{array}{l}
\qquad\qquad\qquad\qquad\qquad\qquad\quad CH_2OOC(CH_2)_{16}CH_3 \\
\qquad\qquad\qquad\qquad\qquad\qquad\quad | \\
CH_3(CH_2)_7CH{=}CH(CH_2)_7COOCH \\
\qquad\qquad\qquad\qquad\qquad\qquad\quad | \\
\qquad\qquad\qquad\qquad\qquad\qquad\quad CH_2OOC(CH_2)_{12}CH_3
\end{array}
$$

可称为 1－硬酯酰－2－油酰－3－肉豆蔻酰－Sn－甘油、Sn－甘油－1－硬脂酸酯－2－油酸酯－3－肉豆蔻酸酯，Sn-StOM 或 Sn-18：0－18：1－14：0。同时，由于 Sn-2 碳原子就成为手性碳原子，就会还有一个镜面异构体了。

正是由于在甘油的 Sn-1、Sn-2、Sn-3 上分别可以与不同的脂肪酸分子连接，造就了油脂分子结构的多样性。即使在同一种油脂中，在 Sn-1、Sn-2、Sn-3 上连接的脂肪酸分子也并不完全是一样的，也是多样化的。而不同的油脂其脂肪酸组成、脂肪酸分子在甘油 Sn-1、Sn-2、Sn-3 的分布规律差异更大。虽然油脂不如蛋白质、核酸的多样性，但由于脂肪酸种类差异、脂肪酸在甘油 Sn-1、Sn-2、Sn-3 分布差异，也有多样性的一面。

油脂的脂肪酸种类、甘油分子结构的多样性对养殖动物营养上的作用、动物体内油脂的生理作用、油脂氧化稳定性、油脂在饲料制造过程中有何作用？还是值得研究的。

二、不同甘油酯的组成与结构差异

就水产饲料使用的油脂而言，包括单纯的油脂如豆油、菜籽油、棕榈油、玉米油、米糠油、鱼油、猪油、鸡油、鸭油等，以及鱼粉中的鱼油、猪肉粉中的猪油、鸡肉粉中的鸡油、油菜籽中的菜籽油、大豆中的豆油、米糠中的米糠油等，当然，植物油脂原料中也含有磷脂。那么，不同的甘油酯在化学组成、甘油酯结构上有何差异？这些差异会导致油脂的物理和化学性质有何差异？这些组成与结构的差异是否会影响养殖的水产动物对油脂的利用、存储、转化？这些组成与结构的差异是否会导致油脂氧化稳定性的差异？以及油脂氧化酸败产物的差异，并导致对养殖动物生长、健康的损伤作用具有很大的差异？水产饲料中如何科学地选择和使用不同油脂或油脂原料？

甘油酯中的甘油分子在不同油脂中是相同的，因此，不同油脂的差异主要在脂肪酸种类差异以及在甘油分子 3 个碳原子连接的脂肪酸种类差异。

（一）脂肪酸的种类差异

不同脂肪酸的差异主要体现在以下方面。

1. 脂肪酸碳链数目的差异

不同的脂肪酸其碳原子数目是有差异的，以碳原子数目对脂肪酸进行命名显示其差异，如 18 碳脂肪酸、16 碳脂肪酸等。

2. 脂肪酸分子中不饱和键位置、数量及其双键在碳链中分布的差异

首先是脂肪酸分子中是否含有不饱和键，一般为双键。

在脂肪酸分子结构中，形成双键的碳原子与非双键碳原子的外层电子杂化方式是不一样的。非双键碳原子的外层电子是 SP^3 杂化方式，碳原子形成的 4 个共价键称为 σ 键（Sigma 键），而形成双键的碳原子外层电子中，其中 3 个电子采用的是 sp^2 杂化和一个未杂化的电子，因此，碳碳双键的 2 个共价键中，其中一个为 sp^2 杂化轨道形成的 σ 键、而另一个则为

未杂化轨道电子形成的 π 键（Pi 键）。形成 π 键的电子云为肩并肩的方式，而 σ 键电子云为头对头的方式，形成 σ 键电子云重叠区域要大于 π 键的电子云重叠区域，因此 σ 键较 π 键更为稳定。所以，含有不饱和的脂肪酸在进行氧化酸败时，容易发生过氧化、共价键断裂的就是 π 键，而 σ 键的断裂需要更多的能量。

含有不饱和键的脂肪酸称为不饱和脂肪酸，而不同不饱和脂肪酸种类的差异主要在于：①含有双键的数目差异；②双键的位置差异；③双键在脂肪酸碳链上分布的差异化。

不饱和键数量是不同脂肪酸结构差异之一，而从现有的研究结果看，在水产动物体内的脂肪酸组成中，含双键数最多的为 6 个，即二十二碳六烯酸（DHA）。含不饱和键越多，油脂的熔点越低、流动性较好，但氧化稳定性越差。深海鱼类含有较多的 EPA、DHA 也是适应自然环境进化的结果，是适应低水温环境的结果，如可以保持在低温下细胞膜的流动性；同时，在深海环境中，水体氧气含量很低，也可以维持高不饱和脂肪酸的稳定性，而在陆地环境中，要保持高不饱和脂肪酸不被氧化则是很困难的。

不饱和键在脂肪酸碳链上的分布位置也是不同脂肪酸分子结构差异的主要原因。在脂肪酸系统命名规则中，一般是保持羧基端碳原子的序号最小，即使从羧基端对碳原子进行编号的，如亚油酸命名为 9，12 - 十八碳二烯酸，即从羧基端碳原子开始，在第 9 位、第 12 位上各有一个双键，COOH 就是这个结构式。而另一种脂肪酸命名系统，又称为 ω（Omega）命名法则，也有称为 n 系列，则是从甲基端碳原子开始计数，使离甲基端的双键的碳原子序号最小化的命名规则，如亚油酸就成为 ω-6（或 n-6）脂肪酸，即离甲基最近的第 6 个碳原子上含有双键。依此规则将脂肪酸分为 ω-6（或 n-6）、ω-3（或 n-3）、ω-7（或 n-7）等脂肪酸类型，目前所有的 ω-6（或 n-6）、ω-3（或 n-3）系列脂肪酸都是养殖水产动物的必需脂肪酸。

含有 2 个以上不饱和键的脂肪酸分子结构中，双键在碳链上的分布也是脂肪酸结构差异的原因之一。这里重要的就是如果 2 个双键之间还有 1 个亚甲基，而这个亚甲基的两端各有一个双键，双键中的 π 键电子云就没有扩展能力，其结果是使得这个亚甲基上的 C-H 键电子云向 C 原子偏离，而 H 则容易离去。因此，在脂肪酸氧化分解时，这个亚甲基上的 H 极易脱落，过氧自由基也容易在这个位置产生；同时，自由基可以在这个亚甲基上、在两端的双键碳原子传递，使得过氧自由基产生的具体位置发生多样化，其最终的氧化产物就带有很大的随机性。如果从两端的双键位置发生碳链断裂，以这个亚甲基为中心、两端各自形成一个 - CHO（醛基），其产物就是丙二醛（$CHO\text{-}CH_2\text{-}CHO$）。

（二）甘油酯中 3 个脂肪酸的差异

不同油脂在化学结构上差异很大，主要体现在形成甘油酯的 3 个脂肪酸分子是否相同，以及不同脂肪酸分子在甘油 3 个碳原子上的位置差异。

表 2 - 1 - 1　几种三酰甘油酯中脂肪酸位置的分布（脂肪酸摩尔数%）

Tab. 2 - 1 - 1　Distribution of fatty acids position in several triacylglycerol（moles % fatty acid）

来源	位置	14：0	16：0	18：0	18：1	18：2	18：3	20：0	20：1
玉米	1		18	—	28	50			
	2		2	31	27	70			
	3		14	6	52	1			

（续表）

来源	位置	14：0	16：0	18：0	18：1	18：2	18：3	20：0	20：1
大豆	1		14	6	23	48	9		
	2		1	—	22	70	7		
	3		13	6	28	45	8		
花生	1		14	5	59	19	—	1	1
	2		2	—	59	39	—	—	—
	3		11	5	57	10	—	4	3
牛	1	4	41	17	20	4	1		
	2	9	17	9	41	5	1		
	3	1	22	24	37	5	1		
猪	1	1	10	30	51	6			
	2	4	72	2	13	3			
	3	—	—	7	73	18			

从表 2－1－1 中可以得知，不同的脂肪或油脂中，在甘油的 Sn-1、Sn-2、Sn-3 连接的脂肪酸种类有很大的差异，这就造就了甘油酯的分子多样性。而且，即使是同一种油脂，在甘油分子的 Sn-1、Sn-2、Sn-3 连接的脂肪酸种类也不是固定的，也是有多样性的。

总结现有的资料，甘油酯可能有以下特征。

1. 植物来源的三酰基甘油酯

植物种子油脂的不饱和脂肪酸优先占据甘油酯 Sn-2 位置，在这个位置上亚油酸特别集中，而饱和脂肪酸几乎都分布在 1、3 位置。在大多数情况下，饱和的或不饱和的脂肪酸在 Sn-1 和 Sn-3 位置基本上是等量分布的。例如：大豆油脂、玉米油脂中，70% 的亚油酸 18：2 主要分布在 Sn-2 位置。

椰子油中三酰基甘油大约有 80% 是饱和的，月桂酸集中在 Sn-2 位置，辛酸在 Sn-3 位置，豆蔻酸和棕榈酸在 Sn-1 位置。

含芥酸的植物，如菜籽油中脂肪酸表现相当大的位置选择性，芥酸优先选择 1、3 位置，而 Sn-3 位置上比 Sn-1 位置上的芥酸多。

油酸－亚油酸类型的甘油酯。自然界中这类油脂最为丰富，全部来自植物界。植物油脂中，含有大量的油酸和亚油酸，饱和脂肪酸低于 20%。这类油脂中最主要的是棉籽、玉米、花生、向日葵、红花、橄榄、棕榈和芝麻油。

2. 动物来源的三酰基甘油酯

不同动物或同一种动物的不同部位的脂肪中三酰基甘油的分布情况都不相同，改变膳食脂肪可引起储存脂肪中脂肪酸组成的变化。但一般说来，Sn-2 位置的饱和脂肪酸含量比植物脂肪高，Sn-1 和 Sn-2 位置的脂肪酸组成也有较大差异。大多数动物脂肪中，16：0 脂肪酸优先在 Sn-1 位置酯化，14：0 脂肪酸优先在 Sn-2 位置酯化。乳脂中短链脂肪酸有选择地结合在 Sn-3 位置。

猪脂肪不同于其他动物脂肪，16∶0 脂肪酸主要集中在甘油基的 Sn-2 位置，18∶0 脂肪酸主要在 Sn-1 位置，18∶1 脂肪酸在 Sn-3 位置，而大量的油酸在 Sn-3 和 Sn-1 位置。猪油、牛油均含有大量 C16 和 C18 脂肪酸和中等量不饱和脂肪酸，且大部分是油酸和亚油酸，仅含少量奇数碳原子酸。此外这类脂肪还含有相当多的完全饱和的三酰甘油酯，所以熔点较高。

在三酰甘油酯中，脂肪酸酯化位置对脂肪酸的吸收有一定的影响。三酰甘油水解之后，位于 Sn-2 位的脂肪酸大部分以 Sn-2 单酰甘油的形式通过扩散的方式通过肠上皮进入肠黏膜细胞（Patten，1979）。位于 Sn-1，Sn-3 的脂肪酸水解后大都呈游离形式。对于长链饱和脂肪酸，处于 Sn-1，Sn-3 的脂肪酸水解后，比处于 Sn-2 的饱和脂肪酸吸收率低得多，最佳利用方式是长链饱和脂肪酸处于 Sn-2 位。

长链多不饱和脂肪酸为海产动物油的特征，它们优先在 Sn-2 位置上酯化。Christensen（1995）发现，EPA 及 DHA 处于 Sn-2 位比处于 Sn-1，Sn-3 的吸收利用要有效得多。

三、不同油脂的物理和化学性质的差异

不同油脂的脂肪酸差异、甘油酯结构和组成的差异导致其物理和化学性质的差异。在水产饲料中，油脂的熔点、油脂与饲料原料的亲和程度、磷脂与水的亲和力、油脂中脂肪酸的氧化稳定性等差异可能导致饲料制造性质的差异，并影响饲料颗粒的质量，脂肪酸氧化稳定性差异导致油脂的氧化稳定性的差异。

第二节　脂肪酸种类与脂肪酸的氧化酸败

一、组成油脂的常见脂肪酸

表 2－2－1 中列举了组成油脂的常见脂肪酸。

表 2－2－1　常见脂肪酸名称和结构式

Tab. 2－2－1　Fatty acids name and structural formula

类别	中文名称	系统命名	构造式
饱和脂肪酸	酪酸（butyric）	正－丁酸	$CH_3(CH_2)_2COOH$
	己酸（caprice）	正－己酸	$CH_3(CH_2)_4COOH$
	辛酸（acrylic）	正－辛酸	$CH_3(CH_2)_6COOH$
	癸酸（caprice）	正－癸酸	$CH_3(CH_2)_8COOH$
	月桂酸（十二烷酸）（laurel）	C12∶0	$CH_3(CH_2)_{10}COOH$
	肉豆蔻（十四烷酸）（muriatic）	C14∶0	$CH_3(CH_2)_{12}COOH$
	棕榈酸（十六烷酸、软脂酸）（politic）	C16∶0	$CH_3(CH_2)_{14}COOH$
	硬脂酸（static）	C18∶0	$CH_3(CH_2)_{16}COOH$
	二羟硬脂酸（9，10－二羟硬脂酸）		
	花生酸（rachitic）	n－二十酸 C20∶0	$CH_3(CH_2)_{22}COOH$
	二十四烷酸	C24∶0	$CH_3(CH_2)_{22}COOH$

（续表）

类别	中文名称	系统命名	构造式
不饱和脂肪酸	棕榈油酸（palmitdeic）	9－十六碳烯酸 C16：1n－9	$CH_3(CH_2)_5CH=CH(CH_2)_7COOH$
	油酸（oleic）（9－十八碳烯酸）	C18：1n－9	$CH_3(CH_2)_5CH=CH(CH_2)_7COOH$
	蓖麻油酸（12－羟基－9－十八碳烯酸）	C18：1n－9（12－OH）	$CH_3(CH_2)_5CHOHCH_2CH=CH(CH_2)_7COOH$
	芥酸（erucic）（二十二－13－烯酸）	C22：1n－13	
	亚油酸（linoleum）（9，12－十八碳二烯酸）	C18：2n－9，12	$CH_3(CH_2)_3(CH_2CH=CH)_2(CH_2)_7COOH$
	γ－亚油酸（6，9，12－十八碳三烯酸）	C18：3n－6，9，12	$CH_3(CH_2)_3(CH_2CH=CH)_2(CH_2)_4COOH$
	亚麻酸（linolenic）（9，12，15－十八碳三烯酸）	C18：3n－9，12，15	$CH_3(CH_2CH=CH)_3(CH_2)_7COOH$
	桐油酸（d－eleostearic）（9，11，13－十八碳三烯酸）	C18：3n－9，11，13	$CH_3(CH_2)_3(CH=CH)_3(CH_2)_7COOH$
	花生四烯酸（arachidonic）（5，8，11，14－二十碳四烯酸）	C20：4n－5，8，11，14	$CH_3(CH_2)_3(CH_2CH=CH)_4(CH_2)_3COOH$
	二十碳五烯酸（Eicosapentaenoic acid）（5：8：11：14：17－五烯酸）（EPA）	C20：5n－5，8，11，14，17	$CH_3(CH_2CH=CH)_5(CH_2)_3COOH$
	二十二碳五烯酸（7：10：13：16：19－五烯酸）	C22：5n－7，10，13，16，19	
	二十二碳六烯酸（4：7：10：13：16：19－六烯酸）（DHA）	C22：6n－4，7，10，13，16，19	$CH_3(CH_2CH=CH)_6(CH_2)COOH$
	神经酸（15－二十四碳烯酸）	C24：1n－15	$CH_3(CH_2)_7CH=CH(CH_2)_{13}COOH$

常见脂肪酸的结构式如下：

月桂酸

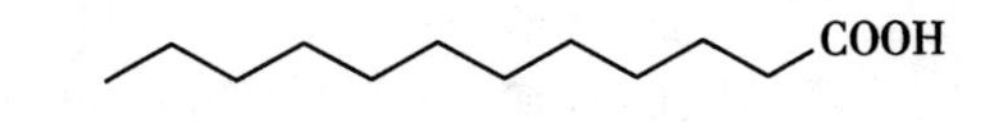

肉豆蔻酸

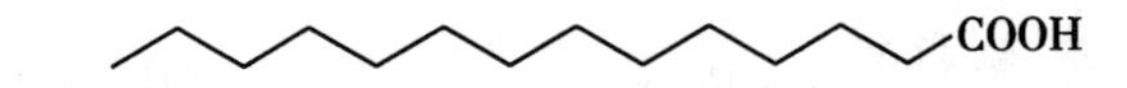

棕榈酸

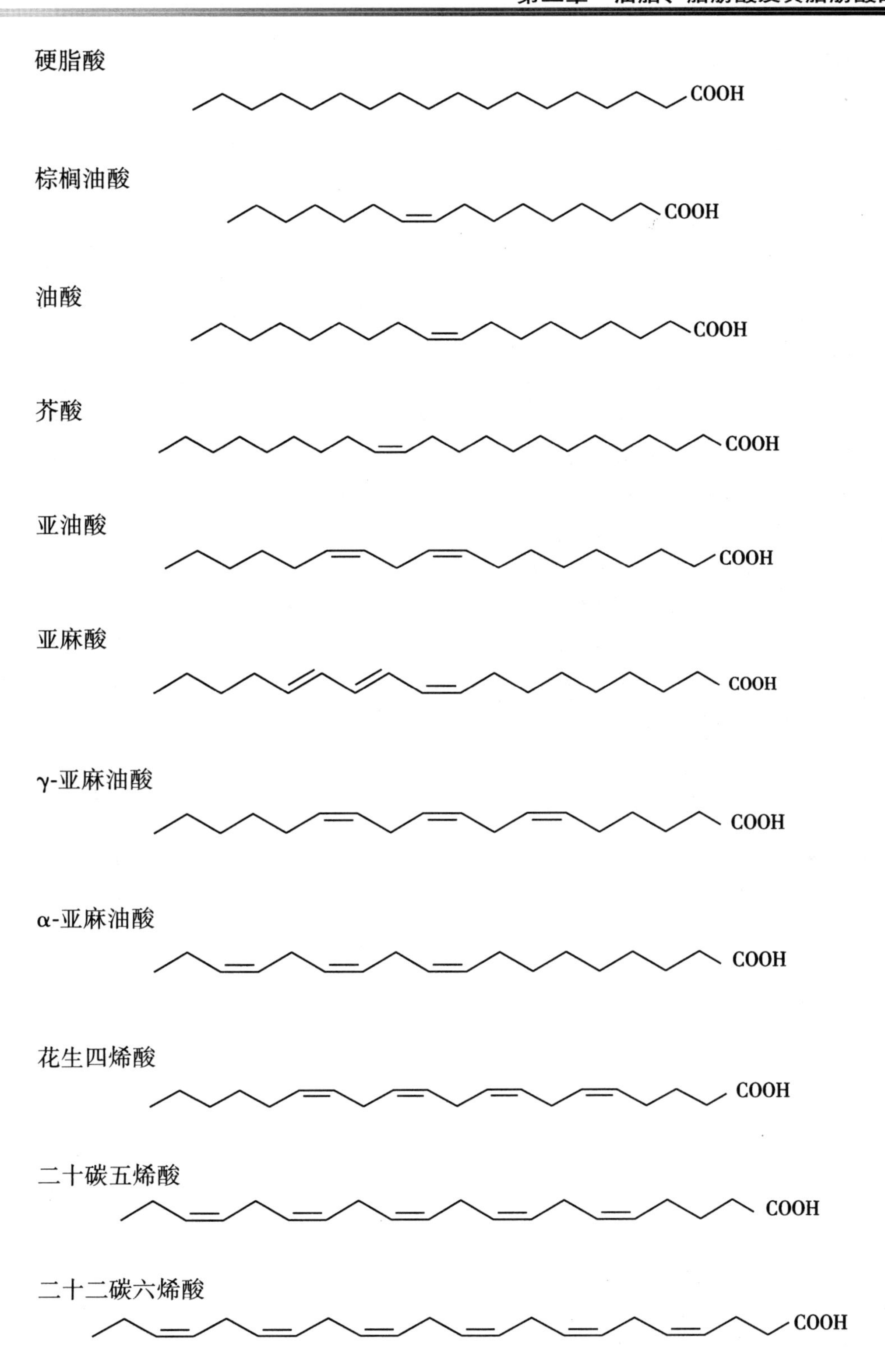
硬脂酸
COOH
棕榈油酸
COOH
油酸
COOH
芥酸
COOH
亚油酸
COOH
亚麻酸
COOH
γ-亚麻油酸
COOH
α-亚麻油酸
COOH
花生四烯酸
COOH
二十碳五烯酸
COOH
二十二碳六烯酸
COOH

环丙烯酸

$$CH_3-(CH_2)_7-\overset{CH_2}{\overset{\diagup\ \diagdown}{C=C}}-(CH_2)_n-COOH$$

依据上述脂肪酸的结构式可以发现，对于含有2个以上双键的脂肪酸分子结构中：①含有一个亚甲基两端紧邻的2个双键，如亚油酸分子中11位碳原子的两端9~10位和12~13位各有一个双键；γ-亚麻油酸分子中有2个这样的亚甲基在8位和11位碳原子亚甲基；α-亚麻油酸则在11位和14位具有这样的亚甲基；花生四烯酸、EPA、DHA则分别有3个、4个、5个这样的亚甲基。这是化学性质较为活跃的亚甲基。②含有共轭双键的脂肪酸分子结构，例如亚麻酸。共轭双键是以C=C-C=C为基本单位，具有共轭双键的化合物，相间的π键与π键相互作用（π-π共轭效应），生成大π键。这类共轭双键的存在，在脂肪酸的氧化酸败中导致自由基在碳链上的传递，使得氧化分解产物具有很大的不确定性。

在天然产物中，还有一些稀有的脂肪酸，且有些稀有脂肪酸对人体和动物是有毒害的，如环丙烯脂肪酸。环丙烯脂肪酸主要存在于棉籽油中。当棉粕含残油4%~7%时，环丙烯类脂肪酸为250~500mg/kg；而含残油1%的棉籽粕中，环丙烯类脂肪酸含量仅在70mg/kg或以下。当产蛋鸡饲以棉籽油、木棉籽油时，将蛋冷藏会发红，这使养禽业者注意饲料中的环丙烯酸。环丙烯脂肪酸除可改变鸡蛋卵黄膜的通透性，使蛋黄pH值不断升高、蛋白pH值下降，导致因蛋黄铁向蛋白转移，蛋白变红、质变现象更加明显外，还可降低母鸡的繁殖力和产蛋性能。

在水产饲料中，如果使用棉籽油作为饲料油脂原料，养殖鲤鱼抗应激能力显著下降，捕鱼时会出现鱼体全身出血、发红，并出现大量死鱼的情况，是否也是因为其中的环丙烯脂肪酸的毒性作用也值得研究。我们在斑点叉尾鮰饲料中添加棉籽油，以豆油为对照，在水泥池网箱养殖后发现斑点叉尾鮰生长速度显著下降，鱼体肝胰脏也受到损伤，鱼体沉积脂肪中不饱和脂肪酸比例显著增加。因此，水产饲料中不宜使用棉籽油作为油脂原料。

二、脂肪酸的氧化酸败

油脂的氧化酸败其实质就是组成油脂的脂肪酸以及油脂中含有的游离脂肪酸的氧化分解。

发生氧化分解的脂肪酸包括：①油脂中、含油脂的原料中游离脂肪酸，游离脂肪酸比甘油酯对氧化作用更为敏感，即更容易发生氧化分解；②甘油酯水解后得到游离的脂肪酸，而水解反应程度越大产生的游离脂肪酸越多，游离脂肪酸越多氧化敏感性更强、氧化程度越高；③甘油酯、磷脂中的脂肪酸发生氧化分解。

值得注意的是，饱和脂肪酸与不饱和脂肪酸都可能发生氧化分解，而不饱和脂肪酸较饱和脂肪酸更容易发生过氧化反应，并发生氧化分解、化学键断裂，产生低碳链数的脂肪酸、醛、醇、酮等。饱和脂肪酸则一般在高温下发生氧化分解、聚合反应等。

脂肪酸的氧化酸败具有以下基本特征。

（一）脂肪酸的氧化酸败具有客观性、普遍性

由于不饱和脂肪酸的存在，在饲料中、油脂原料的保存和使用过程中，有氧气的存在、

有诱发脂肪酸氧化的因素客观存在，因此，脂肪酸具有发生氧化酸败的客观存在性和普遍性。只要有油脂的存在，油脂、饲料中的油脂就具有发生氧化酸败的客观性，只是发生的程度不同而已。因此，在水产饲料生产、使用过程中，要尽力做好油脂的防氧化技术工作和管理工作，尽可能地控制油脂氧化酸败的进一步发展。

（二）脂肪酸碳链断裂位置具有随机性，氧化产物具有显著的不确定性

由于不同油脂的脂肪酸种类组成、不同脂肪酸在甘油分子 3 个碳原子上的分布的差异化，以及不饱和键在碳链上的分布特征，脂肪酸在氧化过程中形成过氧化物的碳链位置不同，且由于自由基可以在碳链上传递，导致碳链断裂的位置具有随机性，其结果导致油脂中脂肪酸发生氧化酸败后的中间产物、终产物种类、含量具有很大的不确定性，即每次氧化后的产物种类、含量差异非常大，要完全重复油脂脂肪酸氧化酸败产物难度非常大。

为了研究工作的方便，我们建立了一种实验室规范的氧化条件和方法，见后面的不同章节中，其目的也是尽可能地保持氧化产物的稳定性。

（三）游离脂肪酸的氧化敏感性大于单纯的油脂，单纯油脂的氧化敏感性大于原料中的油脂

油脂中的游离脂肪酸主要还是来源于甘油酯的水解反应。例如，成熟的油料种子在收获时油脂将发生明显水解，并产生游离脂肪酸，因此大多数植物油在精炼时需用碱中和。油脂在存储、使用过程中也会发生甘油酯的水解，并产生游离脂肪酸。而游离脂肪酸较单纯的甘油酯更容易发生氧化酸败。

存在于饲料原料中的油脂，基本还是处于生物体系中的油脂。脂类分子通常以非常有序的状态存在，分子间的距离和迁移均受到一定限制，并且和邻近的非脂类物质如蛋白质、糖类化合物、水、酶、盐类、维生素、抗氧化物质前体和抗氧化剂紧密地结合在一起。显然，在这些天然体系中，脂类的氧化反应机理和产物，与纯脂类中进行的那些反应完全不相同。在生物体内脂类的氧化包括酶促氧化和非酶氧化。例如米糠中的油脂，在水稻种子中，油脂和脂肪酶是相互分离、独立存在的，当在生产大米时破坏了水稻种子的结构，使得脂肪酶与油脂接触，脂肪酶也被激活，这时就会导致米糠中的油脂发生氧化酸败，米糠就成为一种不宜保存的高含油饲料原料，而水稻种子则可以较长时间地保存。

脂类的酶促氧化途径，是从脂解开始的，得到的多不饱和脂肪酸被脂肪氧合酶或环氧酶氧化分别生成氢过氧化物或环过氧化物。之后的反应包括酶裂解氢过氧化物及环过氧化物，生成各种各样的分解产物。在有其他成分如蛋白质或抗氧化物质存在时，蛋白质的碱性基团可催化脂类氧化，并与氧化生成的羰基化合物发生醇醛缩合反应，最终也生成有抗氧化能力的褐色素。而脂类氧化生成的氢过氧化物能使含硫蛋白质发生氧化，造成营养成分的损失。脂类的次级氧化产物可引发蛋白质游离基反应或者与赖氨酸的 ε-氨基形成席夫氏碱加成产物，此外，游离糖类化合物也可加快乳状液中脂类的氧化速度。

在我们比较油菜籽粉、大豆粉中油脂与相应的菜籽油、豆油进行氧化时，油菜籽、大豆粉中的油脂稳定性显著好于菜籽油、豆油。因此，在水产饲料中要尽可能地多使用含油的饲料原料，尤其是高含油的植物种子，可以更好地预防脂肪酸的氧化酸败。

（四）脂肪酸氧化产物对养殖动物的毒副作用具有普遍性

通过不同研究者和我们的研究结果显示，油脂氧化产物对几乎所有的水产养殖动物都具有毒副作用，其毒性具有广谱性，也就是对整个鱼体的生长、健康都有不良作用，其中对肠道和肝胰脏的研究较多、作用更为显著。因为饲料中必须添加油脂满足水产动物营养和生理

需要，而只要有油脂存在就有氧化的客观存在性，氧化产物对水产动物又是具有毒副作用的。所以，油脂对于水产动物具有营养作用和氧化产物的毒副作用的显著的两面性，在实际生产中，就得合理选择和使用油脂，更好地防止氧化酸败的技术处理和合理的生产、使用管理。

关于不同油脂的氧化过程及其产物的测定结果详见不同的章节。

三、影响脂肪酸氧化速率的因素

不同的脂肪酸对氧化的敏感性有很大的差异，而不同饲料原料、饲料中的油脂、脂肪酸氧化受到更复杂因素的影响。

（一）脂肪酸组成

脂肪酸的双键数目、位置和几何形状都会影响氧化速率。有资料显示，花生四烯酸、亚麻酸、亚油酸和油酸的相对氧化速率近似为40∶20∶10∶1，这反映了脂肪酸分子中不饱和键的数量、不饱和键在碳链中的排列方式所产生的影响。花生四烯酸、亚麻酸、亚油酸和油酸分别含有4个、3个、2个和1个不饱和键。

顺式脂肪酸比对应的反式异构体更容易氧化，花生四烯酸与亚麻酸比较，前者多一个不饱和键，氧化速率则比亚麻酸快一倍，这是因为花生四烯酸的4个双键彼此间隔1个亚甲基，且双键全部为顺式结构，氧化稳定性差；而亚麻酸的3个不饱和键则是形成共轭双键、大π键，且其中2个为反式结构、1个为顺势结构的双键。

室温下饱和脂肪酸自动氧化非常缓慢，当油脂中不饱和脂肪酸已氧化酸败时，饱和脂肪酸实际上仍保持原状不变。但是，在高温下，饱和脂肪酸将发生明显的氧化。

（二）游离脂肪酸的影响

游离脂肪酸的氧化速率大于甘油酯中结合型脂肪酸，天然甘油酯中脂肪酸的无规则分布使其中脂肪酸的氧化速率降低。脂肪和油中存在少量游离脂肪酸并不会明显影响氧化稳定性，但是，当油脂中存在较大量游离脂肪酸时，加快脂类的氧化速率。油脂中游离脂肪酸主要来源于甘油酯的水解反应。

（三）氧浓度与温度的影响

氧气的存在是脂肪酸氧化酸败发生的必要条件之一，凡是能够有效控制氧气含量的技术对策可防止脂肪酸的氧化酸败速度。而温度也是脂肪酸氧化速度的重要影响因素，高温将加速脂肪酸的氧化分解速度。

（四）油脂的比表面积

脂类的氧化速率与其和空气接触的表面积成正比关系，液态油脂与分散在饲料中的油脂比较，氧化速度更快。

（五）助氧化剂加速脂肪酸的氧化速度

过渡金属元素，特别是那些氧化—还原电位对脂类氧化适宜的二价或多价金属元素是主要的助氧化剂，如Co、Cu、Fe、Mn和Ni。如果体系中有这些元素存在，甚至浓度低至0.1mg/kg时，也可以使诱导期缩短和氧化速率增大。主要是这些元素加速了氢过氧化物的分解速度，或将分子氧活化生成单重态氧和过氧化自由基，或直接与脂肪酸发生化学反应，从而加速了脂肪酸的氧化速度。

四、抗氧化剂与抗氧化剂的使用

（一）饲料中抗氧化剂的使用方法

在水产饲料中要使用一定量的抗氧化剂，但抗氧化剂是直接添加到饲料中或是添加到饲料油脂中则是需要重点考虑的问题。如果将抗氧化剂添加到饲料中，与饲料成分即使混合非常均匀，但与油脂的接触面积和比例还是很小，对油脂的抗氧化效果不是很明显。尤其是对于挤压膨化饲料的外喷涂油脂，油脂在饲料颗粒的表面，而抗氧化剂却在饲料之中，不能对油脂起到抗氧化的作用。因此，应该将抗氧化剂添加到油脂之中，随着油脂在饲料中进行混合，尤其是对膨化饲料的外喷涂油脂的抗氧化效果更佳。

（二）饲料抗氧化剂的合理选择

抗氧化剂种类较多，需要考虑的因素主要包括：①抗氧化剂本身是否具有毒副作用，如有研究报告显示，饲料中乙氧基喹啉超过 150mg/kg 时对加州鲈鱼、大黄鱼等就显示出副作用，对生长有负面的影响；②抗氧化剂的稳定性，尤其水产饲料制造过程中的温度超过 90℃、膨化饲料制造过程温度超过 120℃；③抗氧化剂的溶解性，饲料中抗氧化剂主要是对油脂起到抗氧化的作用，所以脂溶性的抗氧化剂应该更好。如果希望饲料进入水产动物消化道后发挥抗氧化作用，或主要针对水溶性的维生素发挥作用，则水溶性的抗氧化剂也是可以选择的。

4 种酚类抗氧化剂在 185℃加热 1h，其稳定性顺序为 TBHQ < BHA < PG < BHT，在加热过程中有的抗氧化剂是热稳定性的，而有的则易挥发，在 4 种抗氧化剂中 PG 的挥发性最小，而 BHT 和 TBHQ 的挥发性最大。

因此，水产饲料中选择的抗氧化剂应该具有很好的高温稳定性；尽量避免使用单一种类的抗氧化剂，而选择多种抗氧化剂混合使用或选择复合型的抗氧化剂；选择脂溶性的抗氧化剂与油脂混合添加到饲料中，如果选择水溶性的抗氧化剂则应该添加到饲料之中。

（三）常用的抗氧化剂

抗氧化剂是一类能延缓或减慢油脂氧化的物质，已报道有几百种具有抗氧化活性的天然和合成化合物。抗氧化剂作用机制是阻止引发阶段自由基的形成或中断自由基的链传递反应，推迟自动氧化。过氧化物分解剂或金属螯合剂或单重态氧抑制剂，都可以阻止自由基的引发。

丁基化羟基茴香醚（BHA）。商品 BHA 是 2-BHA 和 3-BHA 两种异构体的混合物，它和丁基化羟基甲苯（BHT）均易溶于油脂，如果将 BHA、BHT 和其他主要抗氧化剂混合一起使用，抗氧化效果可以提高。

没食子酸（棓酸）及其烷基酯。从没食子酸的酚结构可以看出这种酚酸及其烷基酯具有很强的抗氧化活性。没食子酸可溶于水，几乎不溶于油脂。没食子酸酯在油脂中的溶解度随烷基链长的增加而增大，没食子酸丙酯是我国允许使用的一种油脂抗氧化剂，能阻止亚油酸酯的脂肪氧合酶酶促氧化。

叔丁基氢醌（TBHQ）。TBHQ 是 20 世纪 70 年代开始应用的一种抗氧化剂。美国食品药品管理局（FDA）于 1972 年对这种抗氧化剂进行过广泛试验。TBHQ 微溶于水，在油脂中的溶解性中等，很多情况下，对多不饱和原油和精炼油的抗氧化效果比其他普通抗氧化剂更好。大量动物饲养试验和生物学研究表明，按正常用量水平的 1 000～10 000倍测定安全限度，证明 TBHQ 是一种安全性高的抗氧化剂。

4 - 羟基 - 2，6 - 二叔丁基酚。它是 BHT 甲基上的一个氢原子被羟基取代后生成的产物，挥发性比 BHT 小，抗氧化性能与 BHT 相当。

第三节　6 种油脂和大豆粉、菜籽粉的氧化指标及其脂肪酸组成的变化

油脂在存放的过程中，容易受光、温度、酶及空气中氧的作用而发生氧化，通常称为酸败。油脂的酸价、碘价、过氧化值、丙二醛等是衡量油脂氧化的主要指标[1]。油脂在氧化过程中发生分解、脱饱和，造成黏度和分子量的升高，酸价上升，碘价下降[2]；过氧化物是油脂氧化酸败过程中产生的一种中间产物，很不稳定，会继续分解成醛、酮类及其他氧化产物，使油脂进一步变质；丙二醛是油脂氧化过程中产物之一，能与硫代巴比妥酸（TBA）反应生成粉红色化合物，从而间接反映出油脂氧化程度[3]。随着氧化过程的进行，油脂中的不饱和键逐渐被破坏，使得油脂中不饱和脂肪酸（UFA）的含量发生变化，这也是衡量油脂氧化程度的指标之一。饲料中油脂是养殖鱼类主要能量原料之一，而氧化油脂也是引起鱼类不健康的主要因素。了解不同油脂的氧化稳定性是饲料油脂原料选择的主要参考依据。

一、材料和方法

（一）油脂原料

本试验选用了 8 种油脂原料，分别为猪油（加热提炼而成）、豆油（四级）、菜籽油、江苏棉籽油、新疆棉籽油、罗非鱼油（产自广东）、大豆粉（东北大豆粉碎）、进口油菜籽粉（加拿大产）。

（二）原料中油脂的提取

采用索氏抽提法[4]分别抽提进口油菜籽原料和大豆粉料中的菜籽油、豆油，抽提温度为 46℃。将抽提出的油脂置于 -20℃ 冰箱中备用。

（三）油脂氧化条件

在油脂原料中添加 Fe^{2+} 30mg/kg、Cu^{2+} 15mg/kg、H_2O_2 600mg/kg 和 0.3% 的水，充分混合后，于（37 ± 1）℃条件下放在磁力搅拌器上搅拌，使其氧化[5]。

氧化指标及脂肪酸组成的测定

分别在 0、10、20、30、41、50、56、70h 时取样，以 0h 作为对照，测定其酸价、碘值、过氧化值[2]、丙二醛[3]和脂肪酸组成。脂肪酸采用日本岛津公司产的气相色谱仪（GC-14C）测定，参照 GB9695.2 - 88，即将油中的脂肪酸转化为脂肪酸甲酯，用气相色谱仪（GC - 14C）将各甲酯分离，对照各脂肪酸甲酯标准样品保留时间定性，用归一法定量，即以色谱图上除去杂峰和溶剂峰以外的测量峰的面积之和作为总峰面积，计算各测量峰面积及其占总峰面积的百分率，气相色谱条件：色谱柱为 J&W GC Column Performance Summary（30m × 0.250mm × 0.25μm）；氢火焰离子检测器（FID）；FID 270℃，柱温采用程序升温：80℃（3min）～240℃（5℃/min）；载气为高纯氮气，分流比为 60 : 1，进样量为 1μL。

（四）数据处理

采用 Excel 2007 处理数据并作折线图。

二、结果

（一）几种油脂氧化指标的变化

1. 酸价的变化

酸价是评价油脂氧化过程中产生酸性物质量的一个有效指标。分析得到几种油脂酸价随氧化时间的变化情况见图 2－3－1。由图 2－3－1 可以看出，各种油脂酸价随氧化时间的延长有升高的趋势。其中，在氧化 0～70h 内，罗非鱼油的酸价升高最多，为 2.27mg/g。其次为菜籽油和豆油，分别升高了 1.34mg/g 和 1.14mg/g，其他各组酸价有升高趋势，但酸价值变化不大。总体来看，各种油脂的酸价升高值为罗非鱼油＞菜籽油＞豆油＞猪油＞江苏棉籽油＞ 菜籽粉＞大豆粉＞新疆棉籽油。即在本试验氧化条件下，罗非鱼油、菜籽油和豆油更容易发生氧化使酸价升高而其他油脂酸价升高不明显。

上述结果显示，酸价是评价罗非鱼油、菜籽油和豆油氧化程度的敏感指标之一；而猪油、棉籽油在氧化过程中酸价指标变化不明显，其氧化产物中产生的酸性物质的量相对较少；大豆粉与豆油、菜籽粉与菜籽油相比较，大豆粉和菜籽粉在氧化试验过程中酸价变化不明显，可能在原料中的油脂的氧化稳定性较相应的油脂高。

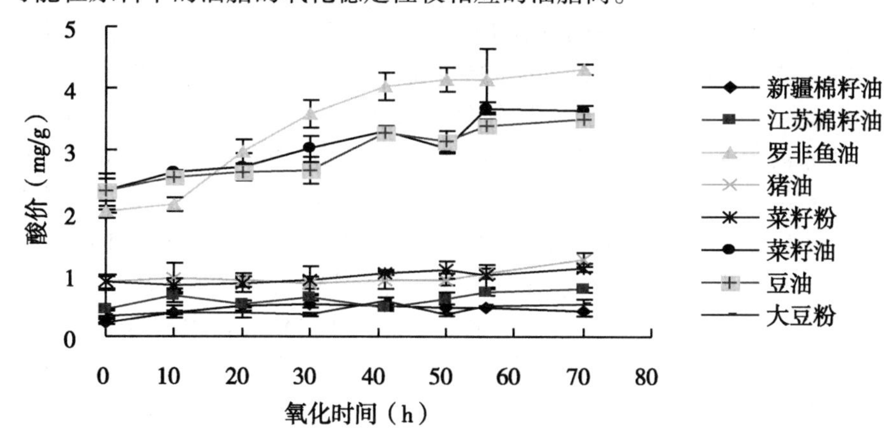

图 2－3－1　各油脂不同氧化时间酸价的变化

Fig. 2－3－1　Acid value changes of the fat in different oxidation time

2. 碘价的变化

碘价是评价油脂不饱和程度的有效指标。分析得到几种油脂碘价随氧化时间延长而变化的情况见图 2－3－2。由图 2－3－2 可知，各种油脂的碘价随氧化时间延长呈下降趋势。0～70h 氧化过程中，随着氧化时间的延长，菜籽油碘价下降最多，为 26.05g/100g，其次为罗非鱼油碘价下降了 20.85g/100g；猪油和菜籽粉下降最少，分别为 8.31g/100g 和 5.15g/100g。而在 0～70h 氧化时间内，各油脂的碘价下降：菜籽油＞罗非鱼油＞江苏棉籽油＞新疆棉籽油＞豆油＞大豆粉＞猪油＞菜籽粉。

上述结果表明，碘价是评价菜籽油、罗非鱼油、棉籽油氧化过程中不饱和性变化的敏感指标之一，而猪油在氧化过程中不饱和性变化不显著；大豆粉与豆油、菜籽粉与菜籽油相比较，碘价变化很小，氧化稳定性更高。

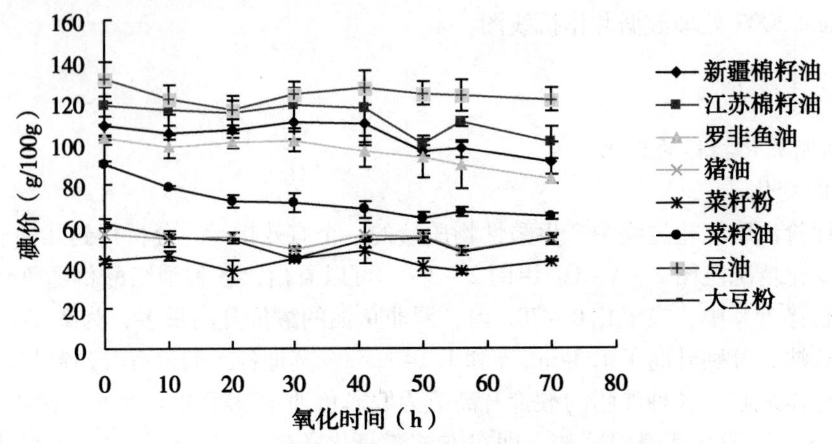

图 2-3-2　各种油脂不同氧化时间碘价的变化

Fig. 2-3-2　Iodine value changes of the fat in different oxidation time

3. 过氧化值的变化

过氧化值是评价氧化过程中过氧化物生成量的一个有效指标，主要反映的是氧化中间产物生成量。分析得到几种油脂碘价随氧化时间延长而变化的情况见图 2-3-3。由图 2-3-3 可知，随着氧化时间的延长，油脂的过氧化值（POV）呈逐渐增大的趋势，氧化程度逐渐升高。在 0~70h，菜籽粕的过氧化值最小，随着氧化时间的延长，过氧化值（POV）升高幅度很小，仅为 0.62meq/kg；其次是大豆粕的过氧化值，在 0~70h 升高了 9.98meq/kg。0~70h 猪油和江苏棉籽油的过氧化值有较大的升高，分别为 26.45meq/kg 和 25.76meq/kg。0~30h 猪油的过氧化值（POV）快速升高，而 30~70h 升高变慢；0~41h 江苏棉籽油过氧化值升高较慢，而 41~70h 升高速度变快。总体来看，各油脂在 0~70h 的过氧化值（POV）变化值：猪油 > 罗非鱼油 > 江苏棉籽油 > 菜籽油 > 新疆棉籽油 > 豆油 > 大豆粕 > 菜籽粕。

上述结果表明，菜籽粕和大豆粕氧化稳定性很好，在氧化过程中酸价变化很小；而猪油、罗非鱼油、棉籽油、菜籽油、豆油在氧化过程中 POV 变化显著，应该成为其氧化程度的评价敏感指标之一。

4. 丙二醛含量变化

丙二醛是油脂氧化的终产物之一，也是对养殖鱼类毒副作用较大的氧化产物之一；不同油脂氧化后丙二醛的生成量主要与其脂肪酸种类有关。分析得到几种油脂丙二醛含量随氧化时间延长变化见图 2-3-4。从图 2-3-4 可以看出，各油脂的丙二醛的含量随氧化时间延长有升高的趋势。其中，动物性油脂罗非鱼油和猪油在 0~70h 氧化过程中出现了明显的升高，分别升高了 0.64mg% 和 0.28mg%，升高幅度远远大于其他植物性油脂。

上述结果表明，动物性油脂罗非鱼油和猪油在氧化过程中产生的丙二醛的量较多，这些油脂氧化后对鱼类的毒副作用较大；而植物性油脂氧化后产生的丙二醛的量较动物性油脂的少，氧化后对养殖鱼类的毒副作用也相对较低。

（二）脂肪酸组成的变化

采用归一法计算的不同脂肪酸含量反映不同脂肪酸占总脂肪酸的比例。分析得到几种油脂脂肪酸组成见表 2-3-1。由表 2-3-1 可以看出，随氧化时间的延长，各油脂的饱和脂

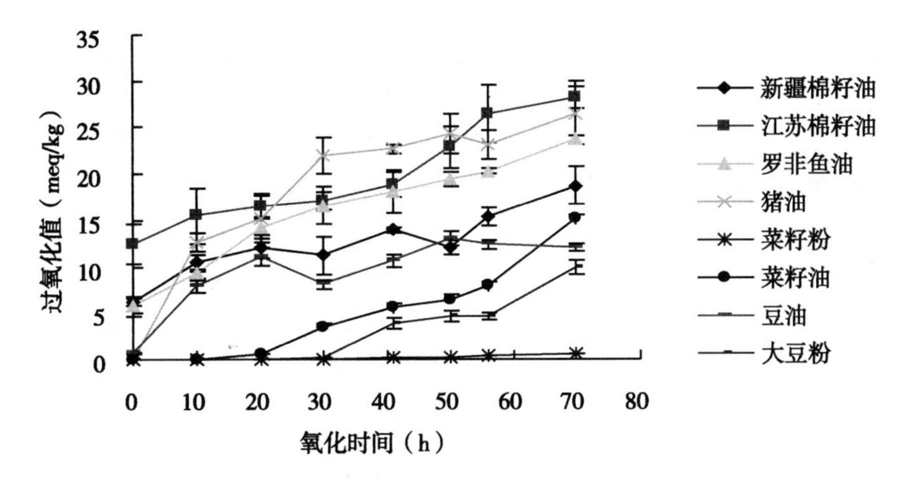

图2-3-3　各种油脂不同氧化时间过氧化值的变化

Fig. 2-3-3　Peroxide value changes of the fat in different oxidation time

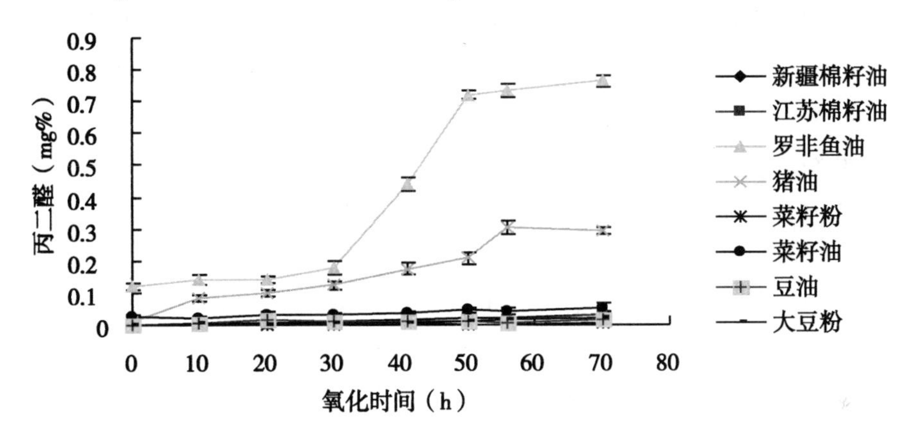

图2-3-4　各种油脂不同氧化时间丙二醛含量的变化

Fig. 2-3-4　MDA content changes of the fat in different oxidation time

肪酸（SFA）有升高的趋势，多不饱和脂肪酸（PUFA）含量随氧化时间的延长而逐渐降低。而单不饱和脂肪酸（MUFA）含量并无明显的规律。动物性油脂（罗非鱼油、猪油）的饱和脂肪酸的含量（0h 分别为27.60mg/kg 和29.09%）明显高于其他几种植物性油脂（0h SFA 含量3.92%～24.34%），同时，动物性油脂（罗非鱼油、猪油）不饱和脂肪酸（UFA）含量（0h 分别为66.05%和69.58%）明显低于其他几种植物性油脂（0hUFA 含量为73.99%～94.26%）。

表2-3-1　几种油脂不同氧化时间脂肪酸组成变化（%）

Tab. 2-3-1　Fatty acids composition changes of the fat in different oxidation time（%）

油脂及脂肪酸组成	氧化时间							
	0h	10h	20h	30h	41h	50h	56h	70h
SFA	3.92	3.99	4.23	4.31	4.32	4.48	4.55	4.78
MUFA	2.80	3.03	2.96	2.97	2.98	2.96	2.99	2.97

（续表）

油脂及脂肪酸组成	氧化时间							
	0h	10h	20h	30h	41h	50h	56h	70h
PUFA	91.46	91.24	90.96	90.89	90.93	90.78	90.44	90.36
江苏棉籽油								
SFA	24.34	24.59	24.58	24.68	24.28	24.43	24.64	24.35
MUFA	14.38	14.23	14.25	14.17	13.59	14.28	13.98	14.18
PUFA	59.61	59.12	59.13	59.11	59.49	59.15	58.72	59.29
罗非鱼油								
SFA	27.60	34.46	27.82	28.67	34.07	28.44	28.83	28.62
MUFA	41.60	36.12	42.05	40.91	36.72	41.43	41.77	41.42
PUFA	24.45	23.69	24.31	23.66	23.60	23.57	23.18	23.49
大豆粉								
SFA	14.55	14.82	14.77	14.74	14.70	14.93	14.87	15.09
MUFA	20.85	20.68	21.08	21.04	21.16	20.67	21.02	21.01
PUFA	63.33	63.16	63.24	63.24	63.09	61.12	63.12	62.67
豆油								
SFA	11.27	14.92	11.09	10.66	10.72	14.42	14.14	11.01
MUFA	23.19	19.78	23.56	23.70	23.46	20.04	19.88	23.40
PUFA	64.66	64.43	64.40	64.77	64.96	64.63	64.98	64.69
猪油								
SFA	29.09	29.06	29.12	29.62	29.58	29.03	29.73	29.75
MUFA	21.69	21.65	21.37	21.37	21.27	21.28	20.78	20.11
PUFA	47.89	47.78	47.98	47.57	47.62	47.62	47.92	47.43
菜籽粉								
SFA	4.54	4.60	4.85	4.99	5.09	5.32	5.49	5.66
MUFA	3.05	3.04	3.10	3.05	3.05	3.05	3.06	3.11
PUFA	91.21	91.06	91.08	72.59	90.63	90.64	90.40	90.22
新疆棉籽油								
SFA	23.05	23.77	23.53	23.65	23.75	23.43	23.62	23.82
MUFA	16.56	16.53	16.60	16.53	16.66	16.61	16.58	16.56
PUFA	58.20	57.26	57.92	57.77	57.62	57.42	57.15	57.26

三、讨论

（一）油脂不同氧化时间氧化指标的变化

油脂氧化程度评价的通用指标包括油脂的酸价、碘价、过氧化值等，这些指标在氧化过程中是连续变化的，它们的变化可以反映油脂的氧化情况。油脂在氧化的过程中发生的脱饱和、分解和聚合会造成油脂的黏度下降，酸价、碘价、过氧化值都会发生变化，同时会生成自由基、过氧化物、氢过氧化物、醛和酮等产物[6]。

在本试验中，根据酸价、碘价、过氧化值及丙二醛的含量综合分析，相对于其他几种油脂，罗非鱼油的氧化稳定性最差，最容易被氧化，这与李兆杰等[7]对鱼油稳定性研究相一致；其他油脂的氧化程度并没有在所有氧化指标中都表现出来，这可能是因为不同的油脂对不同的氧化指标的敏感程度不同。在对大豆粉与菜籽粉的研究中，马挺军等[8]对不同溶剂萃取大豆粉抗氧化活性的研究表明，大豆粉提取物对 DPPH 自由基具有一定的清除能力，这是因为大豆中含有大豆皂苷，而大豆皂苷具有增强免疫功能、抗衰老、抗病毒、抗氧化、调节血脂、抑制血小板凝结[9-11]等生理活性；胡健华等[12]研究发现从油菜籽皮中提取的原花色素对羟自由基的清除率可达到 69%，是松树皮原花色素对羟自由基清除率的 5 倍多；这与本试验中大豆粉与菜籽粉氧化稳定性最强这一结果相吻合。

（二）不同油脂氧化程度评价指标的选择

不同油脂的脂肪酸组成有差异，包括脂肪酸链的长度（碳链数）、不饱和键的位置、不饱和键的数量等，即使在相同的氧化条件下，在氧化过程中生成的氧化产物种类、数量将有较大的差异，这也导致不同油脂在氧化过程中的氧化评价指标（指标种类、指标值）显示出很大的差异。因此，不同油脂氧化程度的评价指标应该有差异，在目前氧化油脂通用性指标体系中，应该针对不同油脂选择较为敏感的氧化程度评价指标，这也是本文的研究目标之一。同时，不同油脂的氧化产物不同（可以依据氧化程度评价指标来反映），而不同氧化产物对养殖鱼类产生的毒副作用也应该有差异。依据上述分析，以下几点应该特别注意：①针对不同油脂原料，应该选择不同的、敏感的氧化程度评价指标；②不同油脂的氧化产物不同，由氧化产物对养殖动物所造成的毒副作用有差异，在饲料油脂原料选择时应该加以关注；③从油脂氧化安全性角度考虑，饲料油脂种类选择的依据应该是不容易氧化（氧化稳定高）、氧化产物对养殖动物的毒副作用小；④在本实验中，我们比较了豆油与大豆粉、菜籽油与菜籽粉中油脂的氧化指标，均显示大豆粉、菜籽粉中油脂的稳定性高于相应的油脂，在饲料油脂原料选择时应该多选择含油高的饲料原料，而不是只关注商品油脂。

按照上述分析思路和本实验的结果，①罗非鱼油各氧化指标变化较其他油脂明显，说明 8 种油脂原料中，罗非鱼油的氧化稳定性最差；②大豆粉和菜籽粉的氧化指标变化最小，其氧化稳定性最好，且氧化稳定性显著好于相应的油脂；③猪油、罗非鱼油、棉籽油、菜籽油、豆油在氧化过程中 POV 变化显著，应该成为油脂氧化程度评价的通用性指标；④猪油氧化程度评价指标可以包括酸价、POV、丙二醛含量；菜籽油氧化程度评价指标可以选择酸价、POV、碘价；豆油可以选择酸价、POV 作为氧化程度评价指标；棉籽油可以选择碘价、POV 作为氧化程度评价指标；鱼油可以选择酸价、POV、碘价、丙二醛含量作为氧化程度评价指标。

（三）油脂不同氧化时间脂肪酸组成变化

在贮存的过程中，油脂发生氧化酸败，不饱和脂肪酸会被氧化生成氢过氧化物而减少，因此可以用不饱和脂肪酸的减少量来判断油脂在储存的过程中品质的变化。在0～70h氧化过程中，各油脂不饱和脂肪酸随氧化时间的延长整体呈下降趋势，同时，各油脂饱和脂肪酸的含量随氧化时间延长有升高的趋势。但是，由于本试验时间较短，二者随氧化时间延长变化的量并不大。所以，在油脂氧化初期阶段，用脂肪酸的组成变化来表征油脂在氧化过程中品质的变化现象并不明显。

参考文献

[1] 殷永风，叶元土，蔡春芳等．在自制氧化装置中氧化时间对豆油氧化指标的影响［J］．安徽农业科学，2011，(7)：4 052－4 054.

[2] 萧培珍，叶元土，唐精等．不同原料中菜籽油、豆油氧化稳定性测定［J］．饲料工业，2005，26（23）：37－40.

[3] GB/T 5009.181—2003. 猪油中丙二醛的测定［S］.

[4] 崔淑文，陈必芳．饲料标准资料汇编［M］．北京：中国标准出版社.

[5] 任泽林，曾虹，霍启光等．鱼油对鲤鱼抗应激能力的影响［J］．水产科学，2000，7（3）：75－79.

[6] 吉红，叶元土．酸败油脂对水生动物致毒作用及其对策的研究进展［J］．中国饲料，1997（7）：13－15.

[7] 李兆杰，薛长湖，林洪等．鱼油在不同体系中氧化稳定性［J］．水产学报，2000，24（3）：271－274.

[8] 马挺军，秦晓健，贾昌喜．大豆粉提取物抗氧化活性的研究［J］．农产品加工，2010（2）：36－37.

[9] 高学敏，靳莉，汪锦邦等．大豆总皂苷抗衰老作用研究（I）［J］．食品工业科技，1999（增刊）：28－30.

[10] Nakashima H，Okubo K，Honda Y，*et al.* Inhibitory effect of glycosides like saponin from soybean on the infectivityof HIV *in vivo*［J］．AIDS，1989（3）：655－658.

[11] 向辽源，齐晓丽，赵莉等．大豆皂苷药理活性研究进展［J］．中国现代中药，2006，8（1）：25－27.

[12] 胡健华，韦一良，陆艳等．油菜籽皮中提取原花色素的研究［J］．中国油脂，2004，29（4）：26－28.

第三章　草鱼硫代乙酰胺肝损伤实验模型与损伤修复

第一节　主要研究结果

建立动物肝损伤实验模型是被现代医学和动学研究普遍采用的研究方法，是研究肝损伤机制、筛选损伤修复药物的重要实验模型。采用硫代乙酰胺（TAA）作为造模剂，并饲喂不同脂肪含量的饲料，初步建立了草鱼脂肪肝损伤实验模型，重要的是建立了相应的评价指标体系。并利用这个实验模型，研究了酵母培养物、姜黄素和水飞蓟素对损伤的肝胰脏进行损伤修复，取得了良好的效果。

一、注射 TAA 并饲喂不同油脂水平饲料建立了草鱼肝损伤实验模型

草鱼腹腔注射 TAA 300mg/kg，1 次/d，注射 1 次，投喂含油脂 1.32%、3.61%、5.83% 的饲料；同时，设不注射 TAA、投喂相应油脂水平的饲料作为对照组，共计 6 个试验组，每组 4 个重复。试验草鱼初重（30.0 ±4.0）g，随机分为 24 个试验网箱，每个网箱 20 尾鱼，在室内水泥池挂网箱，饲养 10 周、70d。结果显示：①与对照组比较，TAA 组草鱼特定生长率（SGR）显著降低了 30.5%（$P<0.01$），但成活率（SR）都在 68.0% 以上。TAA 组全鱼脂肪含量降低了 3.53%（$P>0.05$）、肌肉脂肪含量降低了 17.60%（$P<0.05$），但肝胰脏脂肪含量增高了 13.38%（$P<0.01$），显示出脂肪肝的症状；模型组随着油脂水平由 1.32% 提升到 5.83%，肝胰脏粗脂肪含量显著降低（$P<0.05$），出现肝衰竭发展趋势。②TAA 组在 2 周、4 周和 6 周时，血清 AST/ALT 分别为对照组的 1.94 倍、1.38 倍和 1.31 倍。10 周时，TAA 组血清 AST/ALT 增高了 10.1%（$P>0.05$），而胆碱酯酶（CHE）降低了 6.38%（$P>0.05$）。TAA 组血清超氧化物歧化酶（SOD）活力显著低于对照组 8.56%（$P<0.05$）。③与对照组相比，TAA 组 4 周肝细胞肿胀，有部分炎症，随着饲料油脂水平的提高，肝细胞脂肪性变性增多；TAA 组 10 周时肝细胞肿胀且边界模糊，部分脂肪病变和炎症，同时随着饲料油脂水平提高，肝脏肝纤维化程度也随之增大。

结果表明，选用均重为 34g 草鱼，通过腹腔注射 TAA 300mg/kg，1 次/d，注射 1 次，分别投喂 1.32%、3.61%、5.83% 油脂的饲料，经过 10 周的饲养，可以建立草鱼肝损伤实验模型，肝损伤模型的类型为炎症性脂肪肝和肝纤维化模型。

二、酵母培养物、姜黄素、水飞蓟素对草鱼 TAA 肝损伤的修复作用

草鱼腹腔注射 TAA 300mg/kg，1 次/d，注射 1 次，投喂含 3.61% 油脂饲料建立肝损伤实验模型组。试验设立对照组（不注射 TAA、投喂 3.61% 油脂的基础饲料）、模型组、模

型 +0.75‰酵母 DV 饲料组、模型 +1.40‰姜黄素饲料组、模型 +0.83‰水飞蓟素饲料组，共计 5 个修复试验组，每组 4 个重复。结果显示：①酵母 DV 组、姜黄素组和水飞蓟素组草鱼的 SGR 分别高出模型组 48.68%、28.95% 和 17.11%，差异显著（$P<0.05$）；但低于对照组，差异不显著（$P>0.05$）；注射 TAA 和修复剂对草鱼的肝脏指数（LBR）及体脂肪组成含量的影响显著（$P<0.05$）。②试验组 2 周、4 周和 6 周血清 AST/ALT 值差异显著（$P<0.05$），3 个修复剂组 AST/ALT 值显著低于模型组，同时又显著高于对照组（$P<0.05$）；10 周各试验组血清 AST/ALT 的试验结果之间差异不显著（$P>0.05$）。TAA 和 3 种修复剂对各组血清 T-SOD 和 GSH-PX 之间的影响显著（$P<0.05$），酵母 DV 组和姜黄素组 T-SOD、GSH-PX 显著高于模型组（$P<0.05$），而水飞蓟素组与模型组差异不显著（$P>0.05$）。③与模型组相比，4 周时 3 种修复剂组肝细胞排列整齐，病变明显减轻。10 周模型组细胞肿胀且边界模糊，部分脂肪病变和炎症浸润，并出现肝纤维化；3 种修复剂组肝细胞排列整齐，细胞轮廓清晰，有部分脂肪变性，同时水飞蓟素组还有部分炎症。

结果表明，在饲料中分别添加 0.75‰酵母 DV、1.40‰姜黄素、0.83‰水飞蓟素，对于 TAA +3.61% 油脂建立的肝损伤实验模型草鱼的肝胰脏具有一定的修复作用，但尚不能完全恢复到对照组草鱼的生长和生理状态。

因此，通过腹腔注射 TAA 300mg/kg，1 次/d，注射 1 次，分别投喂 1.32% 油脂、3.61% 油脂、5.83% 油脂饲料，经过 10 周的饲养，依据生长性能、主要生理指标、肝胰脏形态观察、组织切片观察等试验结果显示，可以建立草鱼肝损伤实验模型，模型类型为炎症性脂肪肝和肝纤维化病变症状特征。在饲料中分别添加 0.75‰酵母 DV、1.40‰姜黄素、0.83‰水飞蓟素，对于 TAA +3.61% 油脂建立的肝损伤实验模型草鱼的肝胰脏具有一定的修复作用，但尚不能完全恢复到对照组草鱼的生理状态。

第二节　动物实验模型与鱼类营养研究

一、实验动物与动物实验模型

（一）概述

模型（model），是对特定对象的一种简化模拟或描述，简单地讲就是原型的一种概念性的、特征性的复制品。例如，飞机模型、桥梁模型、动物模型等。与模型对应的称为原型。模型的基本要求就是能够再现原型的本质和内在特性；是对原型的系统、过程、对象或概念的一种简化表达形式，能够反映原型本质的思想、基本特征。

实验动物，主要在人类医学研究中使用实验动物。对一些难以在人身上进行的工作，及一些数量很少的珍稀动物，或一些因体型庞大、不易实施操作的动物种类，采用取材容易、操作简便的另一种动物来代替人类或原来的目标动物进行实验研究，这就是动物实验。例如，小鼠已经成为建立人类疾病的动物模型最佳实验动物。常用的 SPF 级动物（Specific Pathogen Free，SPF）是指无特定病原体级实验动物，指实验动物机体内无特定的微生物和寄生虫存在的动物，但非特定的微生物和寄生虫是容许存在的。一般指无传染病的健康动物，空气洁净度要求一万级，既可来自无菌动物繁育的后裔，亦可经剖胎取后，在隔离屏障设施的环境中，由 SPF 亲代动物抚育。水产学研究则一般直接使用养殖水产动物作为实验动物。

动物实验模型。依据研究目标，可以在活体实验动物身体上重现其发生机制与发展历程。这种能够重现其研究目标特征的活体动物就成为动物实验模型。在实验动物身体上重现特定研究目标发生机制、发展历程的过程就称为建模，其实验方法又称为建模方法。

动物实验模型建立的意义。一个良好动物模型是一项重大研究工作取得成功的基本条件。动物实验模型是对研究目标原型动物的一种简化模拟，可以最大限度地排除其他因素的干扰而特征性地重现研究目标的发生机制和发展历程，使研究目标专一、实验条件和方法更为规范，可以大大降低工作量、显著提高研究工作的成功概率；重要的是可以在较短的时间内，可以批量地获得具备研究目标特征的实验动物，既保障了实验动物研究目标特征的重现、又保障了实验动物数量的需要。

模式动物（Model Animal）。一种动物的生命活动过程可以成为另一种动物或者人类的参照物。为了保证这些动物实验更科学、准确和重复性好，可以用各种方法把一些需要研究的生理或病理活动相对稳定地显现在标准化的实验动物身上，供实验研究之用，称之为模式动物。常见的模式动物有海胆、果蝇、酵母、大肠杆菌、线虫、斑马鱼、非洲爪蟾、大鼠、小鼠等。

（二）动物实验模型建立的基本要求

第一，所选择的实验动物在生物学、生理学、进化程度等方面要与研究目标动物最大限度地接近，直接选用养殖水产动物作为动物实验模型材料可以很好地满足上述需要；第二，在实验动物身上能够较为完整地重现研究目标所需要的发生机制和发展历程，具备研究目标所需要的全部生理、代谢特征，即研究目标特征要明显且稳定，这需要依据特定的研究目标而选择适当的模型构建方法来实现，例如，鱼类脂肪肝实验模型的构建可以采用人为诱导肝损伤并饲喂高脂肪含量的饲料，或在一定时期内直接饲喂过量脂肪含量的饲料来实现；第三，具备研究目标的动物数量要达到一定的规模，可以使具备研究目标的实验动物实现批量的复制，以满足研究工作对实验动物数量的需要；第四，在建模完成时，实验动物要保持较高的成活率，以满足利用动物实验模型进行后期研究工作的需要；第五，模型建立的时间较短。简单讲，就是选择与研究目标动物生物学一致或接近的动物、可以在较短的时间内、批量地、稳定地复制研究目标所需要的重要特征。这是动物实验模型成立的基本条件和要求。

（三）动物实验模型建立方法

动物实验模型构建方法与研究目标是密切相关的。研究目标不同，建立动物实验模型的方法也不同，关键是要满足模型成立的基本条件和要求。例如，关于动物器官的作用研究可以采用切除特定器官的方法建立动物实验模型；营养学研究的动物实验模型可以采用在日粮中缺少某种营养素的方法建立营养缺陷动物实验模型。

在不同方法中，采用药物或试剂建立目标特征的方法较多，也较为常用。这种药物或试剂就被称为造模剂。不同的造模剂所建立的模型特征是有差异的，主要依据研究目标进行选择。

二、水产动物营养学研究代表种类

水产养殖动物都是变温动物，且属于水产养殖的动物种类非常多，这是水产动物营养研究面临的重要问题。主要包含了棘皮动物（如海参）、软体动物（如贝类）、节肢动物（如虾类和蟹类）、脊索动物中的软骨鱼类和硬骨鱼类、爬行动物（如鳖类和龟类）、两栖动物（如蛙类）等。依据生活温度的冷水鱼类、温水鱼类、热带鱼类等；依据水体类型的海水鱼类、淡水鱼类、洄游鱼类等。

要研究每个水产动物的营养需要几乎是一件难以实现的艰巨任务，如何选择不同种类的代表种类或模式种类进行营养需要、营养代谢等研究就成为水产动物营养研究面临的一项重要工作。在农业部颁发的“饲料和饲料添加剂水产靶动物有效性评价试验指南”、“饲料原料和饲料添加剂水产靶动物耐受性评价试验指南”的附录A中，列举了水产养殖种类的代表种类，可以成为一定时期内我国营养学研究的代表种类选择的参考（表3－2－1）。

表3－2－1　水产靶动物种类、试验期限和动物数量

Tab. 3－2－1　Target aquatic animal species，test duration and the number of animals

大类	亚类	试验阶段		最短试验期	最少试验重复和动物数量
		起始体重	结束体重		
鱼类	淡水鱼类（代表物种：鲤、鲫、草鱼、青鱼、团头鲂、罗非鱼、斑点叉尾鮰、虹鳟、鲟、鳗鲡、大口黑鲈）	1～50g		起始体重5～10倍，且不得少于10周	每个处理6个有效重复，每个重复30尾
	海水鱼类（代表物种：鲈、鲷、大黄鱼、大菱鲆）	1～50g		起始体重5～10倍，且不得少于10周	每个处理6个有效重复，每个重复30尾
甲壳类	虾、蟹	虾：0.1～1.0g		起始体重5～10倍，且不得少于8周	每个处理6个有效重复，每个重复50只
		蟹：1～5g		起始体重5～10倍，且不得少于10周	每个处理6个有效重复，每个重复1只
爬行类	中华鳖	5～10g		起始体重5～10倍，且不得少于10周	每个处理6个有效重复，每个重复10只
两栖类	牛蛙	5～10g		起始体重5～10倍，且不得少于10周	每个处理6个有效重复，每个重复10只
水产养殖动物亲本		繁殖前期	繁殖期	12周	每个处理15个有效重复，每个重复1尾（只）

注：以“亚类”中的任意代表物种进行的试验，其结果可以推广至该亚类，但是不能推广至“大类”。

三、动物脂肪肝病实验模型的构建

饲料物质与养殖动物生理健康的关系也是水产动物营养学与饲料学研究的重要内容之一。在水产养殖动物中，养殖动物的脂肪肝病也是主要的营养性疾病之一，也是水产动物营养研究的重要内容之一。水产动物营养与饲料研究的主要方向除了营养素对养殖动物的营养作用外，还要研究饲料中非营养物质对养殖动物的作用。关于非营养物质的作用，部分物质（如纤维素）显示出营养辅助作用，而更多的物质，如抗营养因子、油脂氧化产物、霉菌毒素、重金属等则对养殖动物产生副作用或毒性作用，这些非营养物质可能导致养殖水产动物正常代谢的失调、组织或器官组织的损伤等，进而影响到养殖动物的生理健康，导致抗应激能力下降、免疫防御能力下降等。在实际生产中可能表现为水产动物生长速度下降、饲料效率降低、鱼体体色变化、感染疾病的几率显著增加等。

每种养殖动物都有需要其最适应的生活环境，并具有最佳生长潜力，这是普遍规律。养殖动物只有在良好的生理和健康条件下才能获得最佳的生长潜力。饲料是养殖动物的主要物质和能量来源，饲料的营养质量、卫生安全质量对于养殖动物的生理健康就具有非常重要的作用。借鉴人类医学与药物研究的发展历程与成就，动物实验模型在病理基础研究、药物筛选与作用机制研究中发挥了重要的作用。构建不同的非健康动物实验模型对于饲料物质与养殖水产动物健康关系的研究同样具有重要的学术和应用价值。

动物实验模型的构建，其实质就是对比养殖动物在某一个方面的健康与不健康机制，通过实验的方法快速、准确地重现养殖动物的不健康状态。

（一）动物的脂肪肝及其判断标准

动物肝脏或肝胰脏（水产动物）脂肪性病变的主要特征：①脂肪含量超过正常值，即脂肪在肝（胰）脏中过量累积，不同动物肝（胰）脏脂肪含量正常值有一定的差异；②在肝组织切片观察结果中，肝细胞中有超过正常值的脂肪滴（脂肪滴大小与数量均超过正常值）；③具备进一步发展为脂肪性肝炎、肝纤维化、肝硬化、肝萎缩或肝功能衰竭、肝脏与其他器官同时病变的基础。动物出现脂肪性肝病的判别标准目前还是一个值得研究的问题。目前较为成熟的是人体医学中关于人体脂肪肝病鉴定的基本判断标准（表3－2－2），而其他动物，包括水产动物脂肪肝的判别标准还值得研究。

表3－2－2　人体脂肪肝和肝细胞脂肪变性程度判断标准[1]。

Tab. 3－2－2　Judgment standard human fatty liver and liver steatosis degree

结果（“－”表示正常，“＋”表示脂肪肝成立及其程度）	肝脂肪含量（%湿重）	肝小叶内含脂滴细胞数/总细胞数比值
—	3～5	0
＋	5～10（轻度）	＜1/3
＋＋		1/3～2/3
＋＋＋	10～25（中度）	＞2/3
＋＋＋＋	25～50或以上（重度）	≈1

（二）脂肪肝实验模型及其应用

构建脂肪肝实验模型的要求。实际生产中，养殖水产动物发生脂肪肝病的概率较高，而要满足试验研究的需要，要获得一定数量、病变程度较为一致的具备脂肪肝病特征的实验水产动物则较为困难，这就需要通过有效的实验方法构建一批具备脂肪肝特征的水产动物。动物脂肪肝病实验模型构建的基本要求：①能够较为准确而有效地复制不同致病因素所引起的脂肪肝、肝损伤的实验动物脂肪肝和肝损伤类型，要充分考虑其发病机制，使其更接近研究对象的脂肪肝病变过程，能够有效复制脂肪肝病变的发病机制；②时间尽可能短，一般要求在几周内完成建模；③实验条件可控性强，模型稳定、可重复性高，便于进行有效的、批量化的复制和模拟；④实验模型建立的可操作性强，造模方法和检测指标尽可能简便、经济；⑤动物死亡率低，脂肪肝发展过程中最好能够呈现“单纯性脂肪肝→脂肪性肝炎→脂肪性肝纤维化→肝硬化→肝功能衰竭”的病变渐进性或急性发展过程，便于进行不同发展阶段的研究。

脂肪肝病实验模型的应用。脂肪肝病实验模型的主要方向（表3－2－3）：①用于水产动物脂肪性肝病发生机制、基本的发展历程及其机制的基础研究，需要研究不同的饲料物质、不同的试验条件下，养殖水产动物脂肪肝的发生的物质基础、作用位点、生理与生化作用途径、标志性指标及其指标值的变化等，阐述脂肪肝病发生的机制；②用于应用技术与作用机理研究，研究预防和治疗脂肪肝病的营养与饲料控制方法（如饲料安全控制、营养素的平衡、饲料配方的优化等）、有效的饲料添加物和药物，阐明饲料物质、药物的作用机理；③用于饲料添加剂或药物的筛选和评价。

表3－2－3　动物脂肪性肝病实验模型应用的基本方案

Tab. 3－2－3　Basic experimental scheme of fatty liver disease animal model

组别	试验条件	研究内容与应用方向
正常组	正常的饲料与实验条件	正常对照
模型组	依据研究目标确定造模方法和条件	与正常试验组对比研究脂肪性肝病发生原因、发生机制，以及发展基本历程与发展机制。例如：是什么原因导致肝胰脏脂肪积累量的增加而发生脂肪肝？发生脂肪肝的生理与代谢后果如何等
模型组＋实验目标组	实验动物造模后，给予实验目标物质（种类、剂量水平）	分别与正常对照组、模型组对比研究饲料物质、饲料添加剂、药物等的作用机制、有效作用剂量，定量评价目标物质是否对模型组的损伤具有修复作用、损伤修复的程度是否达到正常组的状态等

（三）动物脂肪肝病实验模型建立方法

小鼠或大鼠脂肪肝实验模型构建的方法较多，而水产动物脂肪肝病模型构建还处于发展的初期，在造模剂选择、建模条件等方面值得借鉴和参考。不同的造模剂、不同的建模方法所得到的动物脂肪性肝病的发生机制、所得到的肝病特征有一定的差异。

药物性脂肪肝模型。药物性脂肪肝模型的造模机理是药物通过影响肝细胞线粒体外源性脂肪酸的β氧化，从而诱发肝细胞脂肪变性。成模标准为肝内三酰甘油酯含量显著增加，多种炎症细胞因子基因表达增强，血清 ALT 水平增高，肝组织学观察见多灶性炎症细胞浸润。下面介绍几种较为典型的动物脂肪性肝病造模方法。

1. 营养失调性大鼠脂肪肝模型

造膜方法。用缺乏胆碱和蛋氨酸、低蛋白、高脂饲料喂幼年大鼠可造成脂肪代谢障碍，通过8～12周的喂养诱发脂肪肝，是国内最常用的非酒性脂肪肝模型，包括单纯高脂乳剂灌喂法，高脂、高糖、高蛋白乳剂灌喂法，改良高脂饲料喂养法，高脂液体饲料喂养法，高糖饮食造模法，禁食后给予高脂高糖饲料造模法[2]。

成模标准。模型中以血脂四项、肝 TC、肝三酰甘油酯指标变化为显著，即造模组与对照组相比，血清三酰甘油酯、TC、HDL_2C、LDL_2C 水平显著升高；肝 TC、肝三酰甘油酯水平显著升高；肝脏病理学显示肝细胞明显水肿，肝细胞浆内出现大小不等的脂滴，呈肝细胞脂肪变性，偶见肝细胞点状坏死。

2. 四氯化碳（CCl_4）引起的肝损伤实验模型

四氯化碳（CCl_4）已被广泛地应用于诱导动物肝损伤模型，其模型特征为肝纤维化[3]。肝纤维化进展稳定、重复性好，是研究肝纤维化发展动态最常用的方法。CCl_4经肝内的CYP_2E_1代谢生成氧化活性中间产物（ROI）造成生物膜结构和功能损伤，表现为肝小叶中央区肝细胞坏死脂变、反应性增生，脂质的过氧化反应可促进肝纤维化，急性损伤小叶中央区见气球样变，DNA 片段及巨噬细胞提示细胞凋亡参与肝损伤[4]。在肝细胞内质网中，CCl_4通过肝微粒体细胞色素 P_{450}氧化酶激活后，产生自由基 CCl_3·及 Cl·，具有自由基的CCl_3可通过共用电子对和 P_{450}磷脂部分发生反应，增强过氧化脂质，引起内质网、线粒体、高尔基体甚至细胞膜的变性和坏死，导致蛋白质合成和能量代谢的障碍[5]。

造模方法。常用于大鼠、小鼠肝纤维化实验模型。给药途径有皮下注射、腹腔注射、灌喂、蒸汽吸入或拌入食物中快速口服等。常用的为 40% ~60% CCl_4橄榄油溶液皮下注射，0.3 mL/100 g 体重，首剂加倍，每周 2 次，共 8 ~12 周形成肝纤维化[3]。

成模标准。造模机理为四氯化碳通过自由基脂质过氧化反应等途径导致实验大鼠肝细胞损伤，肝三酰甘油酯、血清 ALT 指标变化为显著。成模标准为形成中、重度大泡性肝细胞脂肪变、肝细胞坏死和炎症，血清三酰甘油酯、ALT 异常。

3. 氨基半乳糖（D-gal）肝损伤

模型特征为实验性肝炎模型，病理改变与病毒性肝炎相似，是目前研究病毒性肝炎的发病机制及其药物治疗的较好模型。长期小剂量可导致肝纤维化和肝癌。外源性半乳糖进入体内后，竞争性捕捉三磷酸尿酐（UTP）生成二磷酸尿苷半乳糖（UDP-gal），造成 UTP 及其他尿嘧啶核甘酸的消耗，从而使依赖其生物合成的核酸、糖蛋白、脂糖等物质合成受到限制，使磷酸鸟苷耗竭，导致物质代谢严重障碍，引起细胞功能性和结构性损伤[6]。

造模方法。将 D-gal 以无菌生理盐水配 10% 的溶液，用 1mol/L NaOH 将 pH 调至 7.0，按 500 ~850mg/kg 体重一次性腹腔注射成年大鼠。剂量超过 1 000mg/kg 时，常引起广泛性肝坏死。肝功能衰竭模型：大剂量 24h 内注射，单剂 4 ~6h 出现个别肝细胞变性坏死，6h 后有 Kupffer 细胞增多，24h 后出现多灶性坏死伴炎性反应，48h 后损伤达高峰门管区水肿炎性细胞浸润，48h 后开始重建结构，7 ~12d 完全恢复。

成模标准。D-gal 肝损伤呈弥漫性的复发性片状坏死，与病毒性肝炎所造成的损伤类似。

4. 硫代乙酰胺（TAA）肝损伤模型

硫代乙酰胺是弱致癌性物质，在实验性肝损伤动物中致肝癌、肝细胞损伤反应好，肝纤维化组织改变接近人类肝硬化表现，诱发肝衰竭（ALF）可表现肝性脑病，常用于制作肝纤维化和 ALF 模型。TAA 可引起肝细胞坏死、肝硬化和肿瘤、急性肝功能衰竭。TAA 在体内主要经 P_{450}代谢生成活性中间产物 TSO（TAA-S-oxide），后者经 P_{450}继续氧化代谢生成极性中间产物，与细胞内大分子物质呈不可逆性结合，例如：干扰 RNA 从胞核到胞浆的转运过程，影响蛋白质的合成和酶活力，增加肝细胞核内 DNA 合成及有丝分裂，促进肝硬化发展[7]。

造模方法。腹腔注射 TAA 350mg/kg，24 h 后重复一次，成功地复制出急性肝衰竭大鼠模型，过程简单易行，具有可行性和重复性、制备成功率高等优点[8]。

成模标准。AST/ ALT 比值明显升高，AST/ ALT 比值是临床应用较多的反映肝细胞损坏程度的指标，AST 主要分布于线粒体，当肝细胞严重病变坏死时，线粒体内 AST 便释放出来，轻型肝炎时 AST/ ALT 比值下降，重症肝炎时比值上升。

5. 草鱼硫代乙酰胺（TAA）肝损伤模型

向超林等[9]利用硫代乙酰胺与高脂肪饲料建立草鱼肝胰脏损伤实验模型，并利用该模型研究了酵母培养物、姜黄素、水飞蓟素对肝胰脏损伤的修复效果。

造模方法。采用注射硫代乙酰胺（TAA）及饲喂高水平油脂饲料建立草鱼肝损伤实验模型。草鱼腹腔注射 TAA 300mg/kg，1 次/天；投喂含高于 3.8% 油脂（豆油）的饲料，养殖 2 周左右即可建立草鱼肝胰脏损伤和肝纤维化实验模型。

成模标准。①注射 TAA 组特定生长率显著降低了 30.5% （$P<0.01$），成活率平均为 73.33%。注射 TAA 组草鱼的肌肉粗脂肪含量显著降低了 17.6%，而肝胰脏粗脂肪含量显著增高了 13.38% （$P<0.01$）。②注射组在 2 周、4 周和 6 周时，注射 TAA 组血清 AST/ALT 分别为对照组的 1.94 倍、1.38 倍和 1.31 倍。试验结束时，草鱼血清 AST/ALT 增高了 10.1% （$P>0.05$），而 CHE 降低了 6.38% （$P>0.05$）。注射 TAA 草鱼血清 SOD 活力显著低于对照组 8.56% （$P<0.05$）。③与对照组相比，注射 TAA 组肝细胞肿胀且边界模糊，肝细胞部分脂肪病变，有部分炎症浸润，并都出现肝纤维化。实验模型具备脂肪肝和肝纤维化病理特征。

模型的实验应用。通过在硫代乙酰胺（TAA）所致肝损伤草鱼饲料中分别添加酵母培养物 DV、姜黄素和水飞蓟素，探讨 3 种修复剂对肝损伤草鱼生长性能和氧化体系的影响。结果显示：①酵母 DV 组、姜黄素组和水飞蓟素组草鱼的 SGR 分别高出模型组 48.68%、28.95% 和 17.11%，同时低于对照组，但差异不显著（$P>0.05$）；注射 TAA 和修复剂对草鱼的肝脏指数（LBR）及体脂肪组成含量的影响显著（$P<0.05$）。②TAA 和 3 种添加剂对各组血清 T-SOD 和 GSH-PX 之间的影响显著（$P<0.05$），酵母 DV 组和姜黄素组 T-SOD、GSH-PX 显著高于模型组（$P<0.05$），而水飞蓟素组与模型组差异不显著（$P>0.05$）。结果表明：在饲料中分别添加 0.75‰酵母 DV、1.40‰姜黄素、0.83‰水飞蓟素，对于 TAA + 3.61% 油脂建立的肝损伤实验模型草鱼的肝胰脏具有一定的修复作用，但尚不能完全恢复到对照组草鱼的生理状态。

参考文献

[1] 中华医学会肝脏病学分会脂肪肝和酒精性肝病学组非酒精性脂肪性肝病诊断标准［C］. 中华肝脏病杂志，2004.

[2] 宋正己. 实验性肝损伤模型的建立和研究进展［J］. 医学综述，2004，10（5）：278－280.

[3] 郭花，薛挥. 肝硬化动物模型研究进展［J］. 中国比较医学杂志，2006，16（8）：499－501.

[4] Shi J，Aisaki K，Ikawa Y，*et al.* Evidence of hepatocyte apoptosis in rat liver after the administration of carbon tetrachloride［J］. American Journal of Pathology，1998，153（2）：515－525.

[5] 方厚华. 医学实验模型动物［M］. 北京：军事医学科学出版社，2002：118－119.

[6] Bourdi M，Reilly T P，Elkahloun A G，*et al.* Macrophage migration inhibitory factor in drug2 induced liver injury：a role in susceptibility and stress responsiveness［J］. Biochemical and Biophysical Research Communications，2002，294：225－230.

[7] Bruck R，Shirin H，Aeed H，*et al.* Prevention of hepatic cirrhosis in rats by hydroxyl radical scavengers［J］. Journal of Hepatology，2001，35（4）：457－464.

[8] 倪若愚，罗端德，易建华等. 肝衰竭所致胃肠运动障碍的大鼠模型［J］. 中华消化杂志，1997（4）：

243－243.

[9] 向超林，叶元土，蔡春芳等．注射硫代乙酰胺及饲喂不同油脂水平饲料建立草鱼肝损伤实验模型 [J]．中国实验动物学报，2011，9 (6)：505－511.

第三节 饲料与鱼类脂肪肝病的研究进展

我国水产养殖产量有了很大的发展，但近年来其营养性疾病日益突出。据程汉良[1]、张海涛[2]和李秀梅等[3]报道，营养性疾病以由饲料源引起的肝胰脏脂肪病变最为严重。要探讨和研究鱼类肝脏病变的发生机制和过程、筛选防治药物或饲料添加剂，就需要有可控、病变程度一致和批量的鱼类肝脏病变样本，而养殖病变样本却无法满足研究需求，也难以在有限的时间里批量地获得病变鱼体样本。因此，在实验条件下建立鱼体肝胰脏损伤实验模型及其相应评价指标体系（实验平台）就尤为重要，这也是人体医学的主要研究方法和手段。在化学药物作用下，建立鱼类肝损伤模型，然后在饲料中添加保肝护肝药物，通过养殖试验探讨各种药物的修复作用及其机制就是主要的研究思路。

一、鱼类肝病研究

（一）鱼类饲料源性疾病研究

随着集约化养殖的发展，鱼类养殖密度的提高、养殖水环境的恶化、药物的滥用以及饲料营养的不均衡和饲料中有害物质等因素导致养殖鱼类病害频发，给渔业生产造成巨大的损失[4,5]。在这些疾病类型中，而又以饲料因素引起的鱼类营养性肝脏疾病最为严重，即饲料源性肝病。饲料源性肝病主要是鱼类摄食饲料后，由于饲料营养失衡、油脂氧化产物、霉菌毒素和重金属等因素，引起养殖鱼类肝胰脏和血清生化指标的一些病理变化，包括脂肪性肝病、肝胆综合征、肝纤维化和肝硬化等。饲料源性肝病又以肝脏脂肪堆积形成脂肪性肝病为主要特征[2]，所以又称脂肪性肝病。相对于自然水域中的野生鱼类，养殖鱼类，特别是摄食饲料和冰鲜鱼的鱼类容易发生脂肪肝病（fatty liver disease，FLD）[1,3]。多方面的因素都能导致养殖鱼类患脂肪肝病[2,6-8]，如饲料因素（营养失衡和氧化油脂等）、霉菌毒素（黄曲霉毒素和呕吐毒素等）、有害药物（磺胺类和呋喃类药物等）和养殖水环境恶化（氨氮和亚硝酸超标，缺氧和重金属中毒等）等因素，其中饲料因素为主要诱发原因[2,9]。在我国的不同养殖区域、不同的养殖品种和不同的养殖模式中，鱼类脂肪肝发病率都比较高[10]。养殖鱼类如果发生脂肪性肝病，轻度者影响鱼类的生长速度、生产潜力和饲料转化效率，同时影响鱼体正常的免疫机能和生理代谢[11,12]；重者发生肝胆综合性疾病，如脂肪性肝炎、脂肪肝、肝胆综合征和肝肾综合征等[6,13,14]，当多种综合征出现时，预示着鱼类多器官功能衰竭综合征（multiple organ failure，MOF）[15]，最终引起鱼类大量的死亡。

鱼类肝脏脂肪大量沉积而形成脂肪肝，国内外早有学者研究和报道。养殖鱼类由饲料原因引起的脂肪性肝病[9,16]，主要是以肝细胞脂肪变性和脂质贮积为特征的临床病理综合征，包括单纯性脂肪肝、脂肪型肝炎、脂肪性肝纤维化和肝功能衰竭等形式的一类疾病。单纯性脂肪肝是病变较轻的症状，而脂肪性肝炎则是肝纤维化和肝硬化的病因[17,18]。鱼类出现脂肪性肝病后，肝脏会发生一系列的病理学变化，主要表现：①由于脂肪的积累、胆汁排出受阻和出血等原因，肝胰脏颜色出现多样化，如脂肪积累出现土黄色、褐色和花斑等，因出血而出现的红斑、红色和紫色等，因胆汁淤积出现的局部或全部绿肝等[19]。②由于脂肪的积累，肝胰脏脂肪含量显著增加，同时 Tucker 等（Tucker，1997）报道，肝脏密度也随着发生变化，无病变的鱼类肝脏沉入固定液中，而脂肪含量较高的肝脏则漂浮于固定液中。③肝胰脏细胞结构的变化。肝脏组织病理光镜下观察，由于脂肪积累，肝组织出现脂肪变性、肝细胞胞浆内呈现脂肪滴积累、炎症细胞浸润、肝细胞气球样变、细胞连接破坏和肝细胞结构破坏等[20]；随着鱼类脂肪性肝病的恶化，肝细胞结缔组织增生，大量成纤维细胞出现在肝细胞内，无规则地分隔肝组织，局部区域呈现肝纤维化[10]；同时肝组织中央静脉区域呈现局部灶性病变并破裂出血，肝脏组织发生局灶性坏死[21]。④肝脏细胞器的变化。Braunbeck 等（1990）报道，lindane 污染导致斑马鱼脂肪肝病时，由于脂肪的积累而导致细胞直径增大，同时肝细胞粗面内质网的有序性受到破坏，而内质网腔体积也随着脂肪滴的堆积而不断增大，线粒体也出现方形变化（正常为橄榄形）。⑤随着鱼类脂肪肝病变的加剧，出现腹水、肝—脑和肝—肾综合征等[22,23]，严重时出现鱼类多器官功能衰竭综合征。

综合分析潘连德[20,22-24]、朱雅珠[25]、李坚明[26]、张永嘉[27]、殷源洪[28]、曾端[29]和宋振荣[30]等关于养殖鱼类饲料源性肝病的研究表明，其共同的病理特征是肝组织、细胞和细胞器脂肪贮积，肝（胰）细胞和肝组织实质性损伤。同时鱼类肝病的发展历程与人体非酒精性脂肪肝（nonalcoholic fatty liver disease，NAFLD）肝病病理过程非常相似[17,18,30]，基本过程“单纯性脂肪肝→脂肪性肝炎→肝纤维化→肝硬化→肝功能衰竭（多器官功能障碍综合征）”。因此研究养殖鱼类饲料源性肝病的发病机制、病理变化过程及其影响因素、研究不同的防治对策等具有重要的科学理论价值，如安全的肝病防治药物和功能性饲料的研发等；同时对于合理维护养殖鱼类的健康生长、保障养殖鱼类的最大生产潜力、保障养殖水产品的安全性和维护养殖水域环境等具有重要的意义[31,32]。

（二）鱼类肝（胰）肝损伤模型的研究探讨

1. 鱼类肝（胰）肝损伤模型的研究进展

要探讨和研究养殖鱼类肝脏病变的发生机制和过程，就需要有可控、病变程度基本一致和批量的鱼类肝脏病变样本，而养殖鱼类病变样本却无法满足研究要求、也难以在有限的时间里批量地获得病变鱼体样本。因此，在实验条件下建立鱼类肝胰脏损伤实验模型及其相应评价指标体系（实验平台）就尤为重要，这也是人体医学的主要研究方法和手段。

动物肝损伤模型研究是对肝病发生机制、过程和体系的一种表达形式，是为了探讨实验性肝病发生的现象、本质和原理对临床肝病所做的一种简化模拟和描述，要求能够最大限度地体现临床肝病发生的本质和内在特征[33,34]。鱼类肝损伤模型是为了研究鱼类肝损伤、脂肪肝、脂肪性肝炎、肝纤维化和肝硬化等的发病原因、阐述其发生和发展的生物学机制、防治策略与技术等而建立的实验研究模型。因此，建立鱼类脂肪肝、肝损伤模型，是探讨养殖鱼类脂肪性肝病的发病原因、演变历程和发生、发展机制的需要；同时研究有效地预防和治疗鱼脂肪性肝病的营养与饲料控制策略（如营养素平衡和饲料安全性等），研究保肝护肝的药物添加剂及药物的作用机理等，对鱼类营养性疾病的研究有重大意义。

目前关于鱼类肝损伤模型的研究报道比较少，还处于探索性研究阶段。陈勇等[35]通过给异育银鲫注射环磷酰胺，成功建立异育银鲫实验性免疫抑制模型。鲁少双等[36]利用亚致死浓度的 Cu^{2+} 或表面活性剂 AE（脂肪醇聚氧乙烯醚）致黄鳝肝损伤，并通过透射电镜观察了肝损伤黄鳝的肝组织超微结构。梅景良[37]和白洁[38]均采用在养殖水体中加入 $CuSO_4$ ·

$5H_2O$ 作为肝毒剂，分别建立欧洲鳗鲡和罗非鱼肝损伤实验模型，探讨中药制剂与叶下珠对 Cu^{2+} 诱导的鱼类肝损伤保护和修复作用。在人类医学中有较多的方法建立非酒精性脂肪肝模型，且研究方法也较成熟，包括建模类型、造模药物的选择、检测指标体系及肝损伤模型的应用等；同时通过建立试验建模，探讨人类脂肪肝肝病的发生和发展机制、防治药物及其作用机制等，在临床和药物开发等取得系列成果。

2. 实验性动物肝损伤模型研究现状

实验性肝损伤模型在探讨研究动物肝病的发病机制以及筛选保肝护肝药物、探索药物的保肝作用等方面有重要的意义[34]，模型的建立为探讨肝脏疾病的发病原因、发病机制、临床疗效和相关疫苗的研发提供了重要的研究工具[39]。人体医学研究中，肝损伤模型研究方法比较成熟，主要有化学损伤、酒精性损伤、营养代谢损伤、免疫损伤和手术性损伤等[34,40]，由于各种模型的损伤机制不同，所以不同的肝脏疾病类型需选择不同的、合适的损伤模型。在临床上，由于肝功能变化和损伤的多样性，任何一种损伤模型都不能全面、准确的反映特定肝脏疾病的病变本质和科研需求，所以建模的相似性、可重复性、易操作性和低成本是模型成功的关键。目前的肝损伤建模药物有硫代乙酰胺、四氯化碳、乙醇、D-半乳糖胺、二甲基亚硝胺和高糖高脂饲料等[33,34,41]。

四氯化碳（CCl_4）建立肝损伤实验模型已广泛地用于医学研究。四氯化碳是亲肝致毒剂，其主要作用机制是自由基的形成和诱发链式过氧反应，适合诱导动物肝损伤模型[33,42]。通过注射或灌喂四氯化碳进入试验动物体内后，可通过肝细胞内质网中的细胞色素 P_{450} 代谢激活，产生 2 个自由基（CCl_3・与 Cl・）和一系列氧活性产物，自由基和肝细胞膜或亚细胞膜脂质（磷脂部分等）发生过氧化反应，膜磷脂大量破坏降解，从而破坏细胞或亚细胞膜的结构完整性，引起膜通透性增加，蛋白质合成和能量代谢受阻，最终导致肝细胞死亡。四氯化碳致大鼠肝纤维化模型与人类肝纤维化特征相似度较高，肝纤维化发展稳定、可重复性好，适合人体肝纤维化发生和发展最常用的方法[43]。四氯化碳致水产动物肝损伤方面的研究还没有报道。

硫代乙酰胺（TAA）引起大鼠肝损伤，目前国际上被广泛接受的、有良好重复性的肝脏损伤模型[44]。通过注射或灌喂硫代乙酰胺进入动物体内后，可被肝细胞内细胞色素 P_{450} 混合功能氧化酶代谢为 TAA-硫氧化物，后者进一步代谢，引起脂质过氧化，破坏细胞或亚细胞膜的结构完整性，影响膜的通透性，导致肝细胞坏死[45]。此外，TAA 可以作用在肝细胞 DNA、RNA 和蛋白合成酶产生毒性作用，诱导肝脏的代谢紊乱，而引发肝脏坏死。小剂量的硫代乙酰胺诱发肝细胞凋亡，大剂量导致肝细胞肝小叶中央坏死和脂质过氧化。硫代乙酰胺是弱致癌性肝毒剂，可致动物肝细胞坏死、肝纤维化和急性肝功能衰竭等，是急性肝损伤建模的常用致毒剂[41,46]。在试验性大鼠肝损伤中致肝癌、肝功能衰竭、肝纤维化组织改变都较接近人类肝硬化表现，同时可诱发肝性脑病，常用于制作肝纤维化和肝功能衰竭模型[41,47-49]。TAA 易溶于水，便于配制，可灌喂、皮下注射和腹腔注射等，便于控制药物剂量以有效对鱼类生理、生长的影响，既可以促使鱼类肝胰脏损伤，又可以保持一定的成活率，达到建立鱼类肝胰脏损伤实验模型的基本要求。TAA 致水产动物肝损伤方面的研究，目前还没有报道。

二、鱼类保肝护肝药物的研究

目前肝病的治疗方法主要有基础治疗、药物治疗和手术治疗等[50,51]，由于养殖鱼类的生活环境和生物学特性，其肝病的防治主要是通过在饲料中添加抗脂因子（胆碱、蛋氨酸、甜菜碱、磷脂、肉碱、赖氨酸和肌醇等）和保肝护肝药物（姜黄素、水飞蓟素和酵母培养物等）[52,53]。根据我国水产业现状及悠久的中药研究历史，同时考虑各种保肝护肝药物添加剂的成本和防治效果，使用中药添加剂防治养殖鱼类肝脏疾病有很高的推广价值[54,55]。

（一）姜黄素

1. 姜黄素概况

姜黄是我国传统的中药材，收藏于《中华人民共和国药典》，姜黄是姜科姜黄属姜黄的根茎部分，姜黄素（curcumin）是从姜黄提取色素的主要成分，同时姜黄素还可以从郁金和莪术等提取。姜黄素的有效成分为姜黄素、去甲氧基姜黄素和二去甲氧基姜黄素，从中药提取的姜黄素即为3种色素的总称[56]，可作为食品添加剂和调味品。20世纪80年代开始研究姜黄素在疾病防治方面的作用。

2. 姜黄素的药理学研究

姜黄素的主要药理作用：降低血脂，抑制血小板凝聚，具有抗动脉粥样硬化和防治脂肪肝的作用[57]；抗氧化作用，通过抗自由基和脂质过氧化效应，增强机体抗氧化酶的活力，如：超氧化物歧化酶和谷胱甘肽过氧化物酶等[58]；促进伤口愈合和抗炎作用，可以抑制PGE_2的释放和花生四烯酸代谢[59]；抑制致癌剂和诱变剂的致癌性，抑制肿瘤细胞增殖，阻止DNA加成物形成，保护细胞的正常生理机能[60]。

姜黄素在保肝及抗脂肪肝、抗肝硬化和抗肝纤维化等方面效果明显。研究表明，姜黄素对由四氯化碳诱导的大鼠肝细胞毒性有修复作用[61]；姜黄素可以显著地降低血清转氨酶活性，减轻肝细胞脂肪贮积和脂肪变性，减轻肝脏炎性细胞浸润等，保护肝细胞，防止肝细胞脂肪性病变[62-64]；姜黄素可以减轻由肝毒剂诱导肝脏病变产生的胶原纤维和细胞炎症因子，防治和减轻肝纤维化，预防肿瘤细胞增殖而抑制肝肿瘤生成[60,65-67]。

姜黄素作为我国传统的中药，在长期的临床使用中未见明显的毒副作用，但其安全性也需要今后深入研究。在临床癌症早期和癌症高危病人试验中，病人在长期服用大剂量的姜黄素药品制剂时，没有出现明显的毒副作用[68]；在给大鼠灌喂大剂量姜黄素和长期耐受试验中，只表现出大鼠食欲下降而未见明显的毒副作用[69,70]。因此，姜黄素可作为养殖鱼类保肝护肝的添加剂，且可以长期使用。

（二）水飞蓟素

1. 水飞蓟素概况

水飞蓟（Silybum marianum）原产于欧洲和北非，1972年作为一种保肝药用植物引入我国并推广种植，为菊科水飞蓟属植物。中药水飞蓟为水飞蓟干燥成熟的果实，具清热解毒和疏肝利胆等功效，主要用于治疗黄疸、肝炎和肝胆湿热等[71]。水飞蓟素是水飞蓟果实和种子的提取物，为天然黄酮木脂素类化合物，淡黄色或棕黄色粉末物质。水飞蓟素的成分为水飞蓟宾（silybin）、水飞蓟宁（silydianin）、异水飞蓟宾（islsilybin）、水飞蓟醇（silybonol）和水飞蓟亭（silychrison），其中主要为水飞蓟宾。水飞蓟宾多为羟基色满酮，其抗肝炎活性最强，故水飞蓟素的药理作用和临床应用主要以水飞蓟宾为代表[72,73]。

2. 水飞蓟素药理学研究

水飞蓟素主要作为治疗肝脏疾病药物，通过多种途径作用于肝细胞，达到保肝护肝的目的。①抗脂质过氧化，清除自由基。水飞蓟素对于由硫代乙酰胺、四氯化碳、半乳糖和醇类等肝毒剂造成的肝损伤有修复作用[74-76]。水飞蓟素可以阻止细胞内降解因子 LPO 的生成，维护细胞内部酶系统的稳定。Shin 等[77]报道，水飞蓟素不仅抑制自由基的产生，还能清除自由基，减少自由基与脂质之间共价键结合。Tasduq 等[78]报道，水飞蓟素可以修复由抗结核药物引起肝损伤，增高谷胱甘肽含量和谷胱甘肽过氧化物酶活性，降低脂质过氧化物反应和细胞色素 P_{450} 2E1 的活性。②保护肝细胞膜，维持肝细胞的完整性。水飞蓟素通过抗脂质过氧化和清除自由基，维持细胞膜的完整性和流动性，保护肝细胞膜。吴东方等[79]研究表明，水飞蓟素对小鼠肝细胞微粒体及线粒体膜的流动性和完整性有修复作用。③抗肝脏纤维化。曹力波等[75]报道，水飞蓟素降低肝脏细胞 TGF-β_1 mRNA d 的表达，抑制肝星状细胞的活化，达到减轻小鼠肝纤维化程度。王宇等[80]报道，水飞蓟素抑制 procol-I Mrna、TIMP-1mRNA 的表达，减小肝组织胶原纤维的产生，减轻大鼠肝脏纤维化。④抗肝肿瘤、促进肝细胞修复和再生。研究表明，水飞蓟素有抗肿瘤作用，其抗癌机制主要有诱导凋亡作用、生长相关因子抑制作用和细胞阻滞作用等[81]。李荣萍等[82]报道，水飞蓟素促进肝细胞的修复和再生。⑤水飞蓟素在临床上有降血脂和糖尿病并发症，对脂肪肝、糖尿病并发的高血脂疗效显著。水飞蓟素在临床的研究中，未见其明显的毒副作用，因此，水飞蓟素可作为养殖鱼类保肝护肝的添加剂，且可以长期使用。

（三）酵母培养物

1. 酵母培养物概况

酵母培养物（yeast culyure，简称 YC）是指在特定的工艺条件下，通过酵母在指定的培养机上经过充分的厌氧发酵后，由培养物和酵母菌形成的微生态制品。酵母培养物的主要成分为酵母细胞外代谢产物、经过发酵后变异的培养基和少量已无活性的酵母细胞[83]。酵母培养物营养丰富，主要由 B 族维生素、矿物质、有机酸、消化酶、寡糖和大部分的氨基酸等组成。酵母细胞壁主要由葡聚糖（57.0%）、甘露寡糖（6.6%）、糖蛋白（22.0%）和几丁质等主要成分组成，占细胞壁干重的 85% 左右[84]。研究证明，葡聚糖和甘聚糖具有改善肠道微生态环境、增强免疫力和促进生长的作用。酵母培养物的主要成分如表 3-3-1 所示。

表 3-3-1　酵母培养物的主要组成成分

Tab. 3-3-1　Main composition of yeast culture

酵母培养物组成 YC Composition	组成化学物质 Chemical substance
变性培养基 Variability medium	寡糖、多肽等
细胞外代谢产物 Extracellular metabolites	营养性代谢物（多肽、有机酸、寡糖），芳香物质（酯类、醇类、有机酸），增味物质（氨基酸、核苷酸、多肽），酶类，“未知营养因子”等
酵母细胞（细胞壁） Yeast cell	甘露糖—吸收基质，β-葡聚糖—免疫反应基质，“代谢活性物质”等
酵母细胞（内容物） Yeast cell	蛋白质、氨基酸、多肽、核酸、维生素、矿物质及螯合物等

2. 酵母培养物营养保护机理

酵母培养物主要由 B 族维生素、矿物质、有机酸、消化酶、寡糖和氨基酸等组成，还有一些未知的“生长因子”[83]。酵母培养物主要是通过改善肠道微生态环境和维持肠道 pH 的稳定，促进有益菌（乳酸菌和双歧杆菌等）的定植和生长，提高有益菌的活力和浓度[85]，减弱大肠杆菌和有害菌的定植和生长，增加肠道微绒毛的密度和高度，保护肠道屏障的功能性和完整性[86]。有益菌在酵母培养物的作用下，在肠道微生态环境中占据优势地位，有害菌减少[85]，肠道中内毒素也相应地减少，同时完整的肠道屏障有利阻止内毒素和有害物质进入肝脏，从而保护肝脏免受损伤[87]。当肠道肝脏病变时（肝损伤、肝纤维化和肝硬化等），肠道功能和黏膜屏障也会受到破坏，导致肠道黏膜完整性受损伤，因此肠道中内毒素、细菌和其他有害物质等进入体内，对肝脏又产生肠源性损伤，最终导致机体多器官损伤和衰竭[15,41]。研究证明，通过微生态制剂改善肝病患者肠道的内环境，修复肠道的微生态系统和肠道黏膜的完整性，可以减轻肝病患者内毒素症和肠源性肝损伤，达到治疗肝病的目的[88-90]。酵母培养物在合适的添加范围，对于养殖动物毒副作用不明显，可作为养殖鱼类保肝护肠的添加剂，且可以长期使用。

参考文献

[1] 程汉良，夏德全，吴婷婷．鱼类脂类代谢调控与脂肪肝［J］．动物营养学报，2006（4）：294－298.

[2] 张海涛，李国立，孙翠慈等．营养素对鱼类脂肪肝病变的影响［J］．海洋通报，2004（1）：82－89.

[3] 李秀梅．鱼类脂肪肝病因及防治［J］．动物科学与动物医学，2001，（6）：57.

[4] 黄艳平，杨先乐，湛嘉等．水产动物疾病控制的研究和进展［J］．上海水产大学学报，2004（1）：60－66.

[5] 黄玉玲．我国海水养殖鱼类病害研究概况［Z］．2006.

[6] 冯健，贾刚．饵料中不同脂肪水平诱导红姑鱼脂肪肝病的研究［J］．水生生物学报，2005（1）：61－64.

[7] 王菊花，薛敏，丁建中等．鱼类营养性脂肪肝的研究进展［J］．饲料工业，2008，（4）：34－37.

[8] 朱润芝，李京敬，谢超等．过氧化作用与肝脏疾病［J］．世界华人消化杂志，2010，（11）：1 134－1 140.

[9] 林鼎，毛永庆，蔡发盛．Nutritional lipid liver disease of grass carp *Ctenopharyngodon idullus*（C. et V.）［J］．Chinese Journal of Oceanology and Limnology，1990（4）：363－373.

[10] 汪开毓．鱼类肝病防治［J］．淡水渔业，2001（1）：37－40.

[11] 杜震宇，刘永坚，郑文晖等．三种脂肪源和两种降脂因子对鲈生长、体营养成分组成和血清生化指标的影响［J］．水产学报，2002（6）：542－550.

[12] 季文娟．饲料中不同脂肪源对黑鲷幼鱼生长和鱼体脂肪酸组成的影响［J］．海洋水产研究，1999（1）69－74.

[13] 杨鸿昆．卵磷脂、胆碱和肌醇在罗非鱼脂肪肝病变中的作用机制［D］．广西大学，2006.

[14] 黄凯，杨鸿昆，甘晖等．饲料中添加胆碱预防罗非鱼脂肪肝病变的作用［J］．中国水产科学，2007（2）：257－262.

[15] 龙晓弘，赵晓琴．多器官功能障碍综合症发病机制研究进展［J］．蛇志，2007（2）：145－147.

[16] 中华医学会肝脏病学分会脂肪肝和酒精肝病学组．非酒精性脂肪性肝病诊疗指南［J］．实用肝脏病杂志，2007，10（1）：1－3.

[17] 杜娆，虞勋，盛小英．非酒精性脂肪肝研究进展［J］．中国现代医药杂志，2009（6）：133－135.

[18] 田培营，王炳芳．非酒精性脂肪肝研究进展［J］．同济大学学报（医学版），2006（S1）：46－48.

[19] 刘振勇，谢友佺，林小金．大黄鱼肝脏病变组织病理学观察［J］．海洋水产研究，2007（5）：7－11.

[20] 潘连德．中华鳖肝组织炎性细胞的浸润及其结构［J］．中国水产科学，1998（3）.

[21] 李文宽，于翔，闻秀荣等．建鲤绿肝病组织病理学研究［J］．中国水产科学，1997（S1）.

[22] 潘连德．中华鳖非寄生性肝病组织病理研究［J］．水产学报，1998（2）.

[23] 潘连德，许平，陈辉等．施氏鲟（*Acipenser schrenckii* Brandt）肝性脑病的诊断及其防治［J］．中国水产，1998（8）：27－28.

[24] 潘连德，孙玉华，陈辉等．施氏鲟幼鱼肝性脑病组织病理学与细胞病理学研究［J］．水产学报，2000（1）：

56 - 60.

[25] 朱雅珠，杨国华，刘玉良．团头鲂的脂肪肝形成及防治研究 [J]. 水产科技情报，1992 (1): 1 - 5.

[26] 李坚明，甘晖，冯广朋等．饲料脂肪含量与奥尼罗非鱼幼鱼肝脏形态结构特征的相关性 [J]. 南方水产，2008 (5): 37 - 43.

[27] 张永嘉．尼罗罗非鱼肝癌的病理组织学研究 [J]. 水产学报，1990 (3): 256 - 259.

[28] 殷源洪，杨懋琛，刘静雯等．虹鳟肝脂肪变性病病理学的初步观察 [J]. 鲑鳟渔业，1990 (2): 12 - 16.

[29] 曾端．具有脂肪肝症状的几种海水养殖鱼脂类代谢和运输的研究 [D]. 中国海洋大学，2007.

[30] 宋振荣．水产动物病理学（中册）[M]. 厦门：集美大学出版社，2000.

[31] 邵征翌．中国水产品质量安全管理战略研究 [D]. 中国海洋大学，2007.

[32] 张玫．中国水产品国际竞争力研究 [D]. 华中农业大学，2007.

[33] 姜露，范俊．肝损伤动物模型研究进展 [J]. 四川畜牧兽医，2009 (4): 22 - 23.

[34] 张锦雀，黄丽英．肝损伤动物模型研究进展 [J]. 福建医科大学学报，2009 (1): 86 - 88.

[35] 陈勇，周洪琪，余奇文等．异育银鲫实验性免疫抑制模型的建立 [J]. 水产学报，2005 (2): 227 - 231.

[36] 鲁双庆，刘少军，刘红玉等．Cu (2 +) 或表面活性剂 AE 对黄鳝肝损伤的超微结构观察 [J]. 应用与环境生物学报，2003 (2): 167 - 170.

[37] 梅景良．中药制剂对欧鳗实验性肝病修复作用的研究 [D]. 福建农林大学，2005.

[38] 白洁．叶下珠对鱼类肝损伤保护机理的研究 [D]. 福建农林大学，2008.

[39] 殷云勤．肠黏膜屏障在肝硬化代偿期向失代偿期转化中作用的实验研究 [D]. 山西医科大学，2006.

[40] 宋正己，杨晋辉，尤丽英．急性肝功能衰竭脑水肿机制研究进展 [J]. 肝脏，2005 (2): 162 - 163.

[41] 尧颖．实验性肝损伤大鼠肠道屏障功能障碍的研究 [D]. 昆明医学院，2008.

[42] 宋正己．实验性肝损伤模型的建立和研究进展 [J]. 医学综述，2004 (5): 278 - 280.

[43] 张丽娜，龚均，柴宁莉．四氯化碳和硫代乙酰胺诱导大鼠肝纤维化的对比研究 [J]. 第四军医大学学报，2009 (19): 1 909 - 1 912.

[44] Basile A S, Gammal S H, Jones E A, *et al.* GABAA receptor complex in an experimental model of hepatic encephalopathy: evidence for elevated levels of an endogenous benzodiazepine receptor ligand [J]. J Neurochem, 1989, 53 (4): 1 057 - 1 063.

[45] Wang X D, Andersson R, Soltesz V, *et al.* Phospholipids prevent enteric bacterial translocation in the early stage of experimental acute liver failure in the rat [J]. Scand J Gastroenterol, 1994, 29 (12): 1 117 - 1 121.

[46] 魏新智，付勇强，王珲等．硫代乙酰胺建立大鼠急性肝损伤模型探讨 [J]. 临床医学工程，2009 (5): 48 - 49.

[47] 张美华，贾林，杜洪等．硫代乙酰胺致大鼠肝性脑病模型的量—效关系 [J]. 广州医学院学报，2004 (3).

[48] 贾林，张美华，苏常青等．硫代乙酰胺致大鼠轻微型肝性脑病模型的建立 [J]. 世界华人消化杂志，2004 (5).

[49] 李艳辉，肖恩华．实验性肝损伤模型的建立和评价 [J]. 放射学实践，2006 (10): 1 075 - 1 077.

[50] 朱建红，朱起贵．非酒精性脂肪性肝病防治的研究进展 [J]. 临床肝胆病杂志，2008 (6) 469 - 471.

[51] 苌新明，贠建蔚．脂肪性肝病防治的研究进展 [J]. 世界华人消化杂志，2009 (35): 3 573 - 3 578.

[52] 王兴强，段青源，麦康森等．养殖鱼类脂肪肝研究概况 [J]. 海洋科学，2002 (7): 36 - 39.

[53] 杨鸿昆，黄凯，阮栋俭．养殖鱼类脂肪肝及防治研究进展 [J]. 水利渔业，2007 (1): 4 - 6.

[54] 谢炎福．中草药治疗鲤脂肪肝病 [J]. 齐鲁渔业，2008 (4): 5 - 6.

[55] 褚衍伟，张太娥．中草药饲料添加剂在鱼类养殖中的应用（综述）[J]. 北京水产，2008 (4): 57 - 60.

[56] 刘庆．中国医学 R000049 现代中药药理与临床 [R]. 湖北人民出版社，2005.

[57] 潘赞红，李薇，金鑫．姜黄素对高脂血症动物的实验研究 [J]. 天津中医，1999 (5): 35 - 36.

[58] 胡忠泽，金光明，王立克等．姜黄素对肉鸡免疫功能和抗氧化能力的影响 [J]. 粮食与饲料工业，2006 (4).

[59] 温彩霞，郑婷婷，许建华．姜黄素衍生物 FM02 的溶解度、抗抑郁和抗炎作用 [J]. 福建医科大学学报，2006 (4): 341 - 343.

[60] 周京旭．姜黄素对亚硝胺诱导的大鼠肝癌的化学防护作用研究 [D]. 第一军医大学，2001.

[61] 刘永刚，陈厚昌，赵进军等．姜黄素对四氯化碳损伤原代培养大鼠肝细胞的影响 [J]. 中成药，2003 (3): 50 - 52.

［62］刘永刚，谢少玲，李芳君．姜黄素对 DMN 诱导的大鼠肝纤维化形成的影响［J］．中药材，2005，28（12）：1 094 - 1 096.

［63］张瑜，黄秀旺，许建华等．姜黄素固体分散制剂抗小鼠脂肪肝的实验研究［J］．中国药业，2008，17（21）：7 - 9.

［64］任永丽，徐宗佩，梁汝圣等．姜黄素对家鸭脂肪肝模型肝脂与血脂的干预效果及机制研究［J］．时珍国医国药，2008，19（10）：2 327 - 2 329.

［65］何航，华海婴，戈士文．姜黄素对四氯化碳诱导肝纤维化大鼠肝组织核因子-κB 和过氧化物酶体增殖物激活受体 γ 表达的影响［J］．中成药，2009（7）.

［66］赵景润．姜黄素对肝星状细胞增殖与凋亡的影响的初步研究［D］．暨南大学，2004.

［67］吕霞．姜黄素预防肝纤维化作用及其机制的研究［D］．暨南大学，2005.

［68］Cheng A L，Hsu C H，Lin J K，*et al.* Phase I clinical trial of curcumin，a chemopreventive agent，in patients with high-risk or pre-malignant lesions［J］．Anticancer Res，2001，21（4B）：2 895 - 2 900.

［69］沃兴德，洪行球，高承贤等．姜黄素长期毒性试验［J］．浙江中医学院学报，2000（1）：61 - 65.

［70］沃兴德，洪行球，高承贤．姜黄素最大耐受量试验［J］．浙江中医学院学报，2000（2）：55 - 82.

［71］国家药典委员会．中华人民共和国药典［M］．北京：化学工业出版社，2005.

［72］郑巨约．水飞蓟中有效成分的分离制备及其抗氧化活性［D］．浙江工商大学，2009.

［73］刘宏．水飞蓟种子活性成分的提取、分离及初步活性研究［D］．北京化工大学，2009.

［74］李慧，潘竞锵，郭洁文等．水飞蓟素抗肝损伤及治疗糖尿病并发症作用的研究［J］．现代食品与药品杂志，2007（4）：18 - 22.

［75］曹力波，李兵，李佐军等．水飞蓟素对肝纤维化小鼠的修复作用及机制探讨［J］．中国药理学通报，2009（6）：794 - 796.

［76］杨逊，陈钧，韩邦兴等．水飞蓟素固体分散体对 CCl_4 致小鼠急性肝损伤的修复作用［J］．中成药，2010（7）：1 111 - 1 114.

［77］Shin N Y，Liu Q，Stamer S L，*et al.* Protein targets of reactive electrophiles in human liver microsomes［J］．Chem Res Toxicol，2007，20（6）：859 - 867.

［78］Tasduq S A，Peerzada K，Koul S，*et al.* Biochemical manifestations of anti-tuberculosis drugs induced hepatotoxicity and the effect of silymarin［J］．Hepatol Res，2005，31（3）：132 - 135.

［79］吴东方，彭仁秀，叶丽萍等．水飞蓟素对小鼠肝细胞微粒体及线粒体膜流动性的影响［J］．中国中药杂志，2003（9）.

［80］王宇，贾继东，杨寄华等．水飞蓟素对实验性肝纤维化的疗效及其作用机制的研究［J］．国外医学：消化系疾病分册，2005，25（4）：256 - 259.

［81］吕翔隆，任清梅，支庆江．水飞蓟宾对二乙基亚硝胺诱导的鼠肝致癌作用的保护效应［J］．河北医药，2008（8）：1 100 - 1 102.

［82］李荣萍，任成山，赵晓宴．水飞蓟宾对急性肝损伤中肝细胞胀亡的影响及其机制［J］．中国中西医结合急救杂志，2006（4）.

［83］甄玉国．酵母培养物在水产动物中的应用研究进展［J］．饲料与畜牧，2008（5）：38 - 41.

［84］邵明丽，许梓荣．酵母细胞壁对动物机体的免疫作用及其作用机理［J］．饲料研究，2002（5）：26 - 27.

［85］Jensen G. S.，Patterson K. M.，Yoon I. 酵母培养物具有抗大肠杆菌和抗真菌而不影响健康微生物区系的特性［J］．饲料工业，2008（24）：30 - 31.

［86］李高锋．酵母培养物在团头鲂饲料中的应用研究［D］．苏州大学，2009.

［87］张爱忠．酵母培养物对内蒙古白绒山羊瘤胃发酵及其他生理功能调控作用的研究［D］．内蒙古农业大学，2005.

［88］原庆，王惠吉．微生态制剂对肝硬化并发症的治疗作用［J］．北京医学，2005（2）：115 - 117.

［89］郑瑞丹．肝硬化并发肠源性内毒素血症与微生态疗法［J］．实用肝脏病杂志，2005（3）：174 - 175.

［90］史崇明．双歧杆菌活菌制剂对肝硬化患者肠道菌群及内毒素血症的影响［J］．临床消化病杂志，2002（6）：266.

第四节　注射硫代乙酰胺及饲喂不同水平油脂饲料建立草鱼肝损伤实验模型

硫代乙酰胺（TAA）引起大鼠肝损伤，是目前国际上被广泛接受的、有良好重复性的肝脏损伤模型[1]。通过注射或灌喂 TAA 进入动物体内后，可被肝细胞内细胞色素 P_{450} 混合功能氧化酶代谢为 TAA-硫氧化物，后者进一步代谢，引起脂质过氧化，破坏细胞或亚细胞膜的结构完整性，影响膜的通透性，导致肝细胞坏死[2]。有关 TAA 建立鱼类肝损伤模型还未见报道，本试验通过草鱼（*Ctenopharyngodon idellus*）腹腔注射 TAA 并饲喂不同剂量油脂水平的饲料，旨在探讨对草鱼生长性能、肝脏代谢功能和肝组织的影响，为探讨鱼类肝病的发生机制和过程、筛选防治药物或饲料添加剂提供实验平台。

一、材料与方法

（一）试验材料

硫代乙酰胺（Thioacetamide，TAA）购自国药集团化学试剂有限公司，批号：T20100310。

试验用油脂为毛豆油，采购于东海粮油工业（张家港）有限公司，采用普通浸提工艺生产，未添加抗氧化剂，试验用豆油参数见表 3-4-1，达到大豆原油质量标准。

表 3-4-1　试验用油与大豆原油质量指标

Tab. 3-4-1　Quality standards of test and crude soybean oil

类别 Category	酸价 AV（mg KOH/g）	过氧化值 POV（meq/kg）	碘价 IV （g I_2/100g）	硫代巴比妥酸反应物 TBARS（μg MDA/g）
试验用油 Test oil	0.63 ±0.10	1.34 ±0.30	113.20 ±6.30	0.21 ±0.13
质量标准（GB，1535—2003） Quality Standards	≤4	≤7.5	—	—

（二）试验草鱼及分组

试验草鱼 1 000余尾，初始重量为（30.0 ±4.0）g，购于江苏溧阳水产养殖场，为池塘养殖的 1 冬龄鱼种。经 3 周暂养、驯化后，选择体格健壮、规格整齐的鱼种随机分为 6 个组，每组设 4 个重复，每个重复放鱼 20 尾。正式养殖试验 70 天。

（三）草鱼肝损伤模型建立及硫代乙酰胺剂量

参照张美华等[3]和 David 等[4]，通过给大鼠腹腔注射 TAA 300mg/kg，1 次/d，注射 1 次，制备出大鼠急性肝损伤模型。冯建等[5]通过饵料中添加不同脂肪水平诱导红姑鱼脂肪肝病变，可以建立鱼类脂肪肝模型。本文在前期注射不同 TAA 剂量（100mg/kg、150mg/kg、200mg/kg、250mg/kg、300mg/kg、350mg/kg、400mg/kg）造模试验研究的基础上，采用草鱼腹腔注射肝毒药物 TAA300mg/kg，1 次/d，并投喂不同油脂含量的饲料，以此作为建立草鱼肝胰脏损伤实验模型的方法。

（四）试验设计与试验饲料

草鱼腹腔注射 TAA 300mg/kg，1 次/d；投喂 1.32% 油脂组、3.61% 油脂组、5.83% 油脂组；同时，设不注射 TAA，投喂 1.32% 油脂组、3.61% 油脂组、5.83% 油脂组作为对照组，共计 6 个试验组。其中每组的一个特定网箱用于 2 周、4 周和 6 周进行血清采样，其他 3 个重复作为全程养殖试验组，见图 3－4－1。

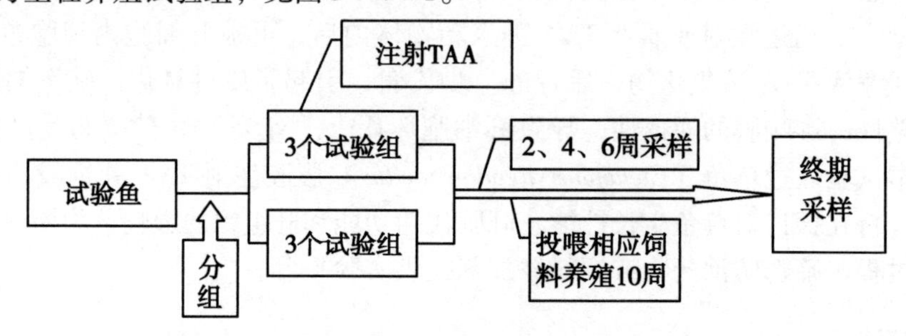

图 3－4－1　试验设计流程

Fig. 3－4－1　Experimental design flow chart

试验饲料由常规饲料原料组成，主要为小麦、米糠、豆粕、棉粕、菜粕、进口鱼粉、豆油、预混料等，饲料配方及营养组成见表 3－4－2。饲料原料经粉碎过 60 目筛，混合均匀，经小型颗粒饲料机加工成直径为 3.0mm 的颗粒饲料，风干后置于冰箱中 －20℃保存。制粒温度在 65～70℃，持续时间约 40s。

表 3－4－2　试验饲料配方和营养成分（g/kg，风干基础）

Tab. 3－4－2　Ingredients and nutrients of the diets（g/kg，air dry basis）

原料 Ingredients	油脂水平 Adding oil levels		
	1.32%	3.61%	5.83%
小麦 Raw	1 70	170	170
米糠 Rice bran	70	70	70
豆粕 Soybean meal	70	78	87
菜粕 Rape seed meal	200	200	200
棉粕 Cotton seed meal	200	200	200
进口鱼粉 Fish meal	70	70	70
磷酸二氢钙 Ca（H_2PO_4）$_2$	20	20	20
膨润土 Bentonit	20	20	20
沸石粉 Zeolite flou	20	20	20
大豆油 Soybean oil		21	42
面粉 Flour	150	121	91
预混料 Premix [1)]	10	10	10

（续表）

原料 Ingredients	油脂水平 Adding oil levels		
	1.32%	3.61%	5.83%
营养成分 Proximate composition（实测值）			
水分 Moisture（%）	12.20	12.02	11.21
粗蛋白 Crude protein（%）	29.78	29.31	29.00
粗脂肪 Crude lipid（%）	1.32	3.61	5.83
总能 Gross energy（kj/g）	15.43	15.35	16.08

注：[1)] 预混料为每千克日粮提供 The premix provided following for per kg of feed：Cu 5mg；Fe 180mg；Mn 35mg；Zn120mg；I 0.65mg；Se 0.5mg；Co 0.07mg；Mg 300mg；K 80mg；VA 10mg；VB_1 8mg；VB_2 8mg；VB_6 20mg；VB_{12} 0.1mg；VC 250mg；泛酸钙 calcium pantothenate 20mg；烟酸 niacin 25mg；VD_3 4mg；VK_3 6mg；叶酸 folic acid 5mg；肌醇 inositol 100mg。由北京桑普生化技术有限公司提供。

（五）饲养管理

养殖试验在苏州市相城区新时代特种水产养殖厂室内水泥池小体积网箱中进行，网箱规格为（1.5×1.5×1.5）m^3。养殖试验时间2010年5月20日至8月1日。养殖期间水质条件：水温20～30℃、溶解氧6.0mg/L以上、pH值7.0～7.4、氨氮含量0.20～0.40mg/L、亚硝酸盐氮0.05～0.1mg/L。试验饲料于每天8：00、12：00、17：30各投喂一次，投喂量为各试验组鱼体体重的3%～4%。饲养过程中水温变化见图3－4－2。

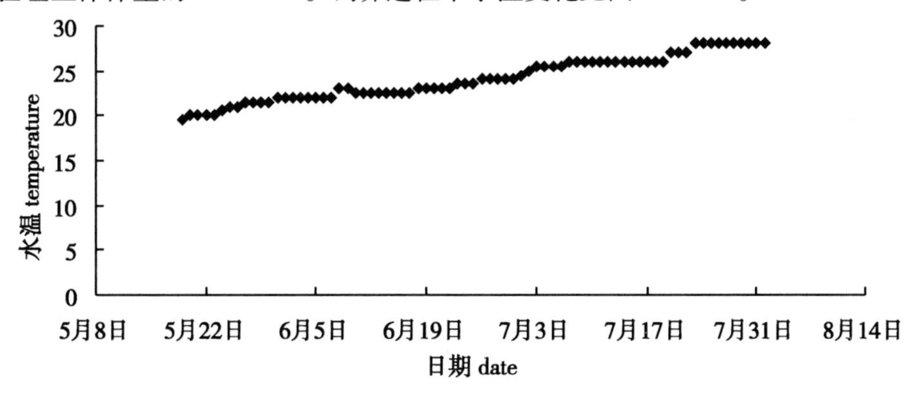

图3－4－2　水温日变化曲线

Fig. 3－4－2　The water temperature curve during breeding

（六）样品采集和分析方法

1. 养殖过程中血清采样分析

在养殖期的2周、4周和6周时，随机从每个处理组中的特定网箱取5尾鱼，尾柄静脉采血，室温自然凝固，3000r/min、4℃离心10min，取血清于雅培C800全自动生化分析仪测定天门冬氨酸氨基转移酶（AST）、丙氨酸氨基转移酶（ALT）和胆碱酯酶（CHE）。

2. 养殖10周采样和分析方法

（1）生长性能指标和分析方法

养殖试验结束时，禁食24 h，测定每个网箱鱼体总重尾数，计算成活率、饲料系数；随机从每个网箱里抽取5尾鱼测量体长与体重，计算肥满度和特定生长率；并解剖取内脏团、肝胰脏等称重，计算内脏指数和肝胰脏指数；同时取全鱼、肌肉和肝胰脏测定粗脂肪。饲料、原料水分采用105℃恒温干燥失重法测定；饲料、全鱼、肌肉和肝胰脏粗脂肪采用索氏抽提法测定。

成活率（SR）=（终尾数/初尾数）×100%

特定生长率（SGR，/d）=（Ln末均重－Ln初均重）/饲养天数×100%

饲料系数（FCR）=每缸投喂饲料总量/每缸鱼体总增重量

肥满度（CF）=体重（g）/［体长（cm）］^{3}×100%

内脏指数（VBR）=内脏重/体重×100%

肝胰脏指数（LBR）=肝胰脏重/体重×100%

（2）血清指标采样

养殖试验结束时，随机从每个网箱取5尾鱼，以无菌的2mL注射器自尾柄静脉采血，置于Eppenddorf离心管中室温自然凝固，3 000r/min、4℃离心10min，取上层血清分装，液氮速冻于－80℃冰箱保存待测。

雅培C800全自动生化分析仪测定：血清天门冬氨酸氨基转移酶（AST）、丙氨酸氨基转移酶（ALT）、胆碱酯酶（CHE）、胆固醇（CHO）、甘油三酯（TRIG）、高密度脂蛋白（HDL-C）和低密度脂蛋白（LDL-C）。

（3）鱼类部分生化指标及分析方法

1）鱼类部分生化指标

血液载氧能力：全血血红蛋白。

肝胰脏损伤指标：天门冬氨酸氨基转移酶（AST）、丙氨酸氨基转移酶（ALT）、AS/ALT和胆碱酯酶（CHE）。

肝胰脏合成功能：总蛋白（TP）、白蛋白（Alb）和球蛋白（Glo）

血脂血糖代谢功能：胆固醇（CHO）、甘油三酯（TRIG）、高密度脂蛋白胆固醇（HDL-C）和低密度脂蛋白胆固醇（LDL-C）。

抗氧化体系指标：总超氧化物歧化酶（T-SOD）和谷胱甘肽过氧化物酶（GSH-PX）。

2）部分生化指标测定方法

血清天门冬氨酸氨基转移酶（AST）、丙氨酸氨基转移酶（ALT）、胆碱酯酶（CHE）、总蛋白（TP）、白蛋白（Alb）、球蛋白（Glo）、白球比例（A/G）、胆固醇（CHO）、甘油三酯（TRIG）、高密度脂蛋白胆固醇（HDL-C）和低密度脂蛋白胆固醇（LDL-C）送样采用雅培C800全自动生化分析仪测定。

T-SOD、GSH-PX和全血血红蛋白，都采用南京建成生物工程研究所试剂盒测定。

（七）肝胰脏病理学检查

试验结束时，首先各组随机取5尾鱼采集肝脏组织活体观察，取肝脏组织1～2cm大小的组织1～2块于Bouin's氏液固定，采取本研究室冰冻切片快速切片方法进行组织学切片，采用HE染色，中性树胶封片，光学显微镜下观察肝胰脏组织结构并采用Nikon COOL-PIX4500型相机进行拍照。

（八）数据处理

数据以平均值±标准差（mean±SD）表示，试验结果用SPSS 17.0软件进行处理，在双因素方差分析的基础上，采用 Duncan 氏多重比较法检验组间差异（$P=0.05$）；在数据处理的基础上，采用独立样本 T 检验法检验组间差异（$P=0.05$）。

二、试验结果

（一）草鱼成活率、特定生长率和饲料系数

草鱼成活率和生长性能是其生理健康特征的整体表现。经过 10 周养殖试验，各试验组草鱼的成活率、特定生长率和饲料系数的结果如表 3－4－3 所示。注射 TAA 对草鱼的成活率影响不显著（$P>0.05$），对草鱼的特定生长率和饲料系数有极显著的影响（$P<0.01$）。结果具体表现：注射 TAA 后，特定生长率降低了 30.50%，饲料系数增高了 60.40%（平均值比较的结果），同时草鱼成活率下降，但都在 68.0% 以上。饲料油脂水平对草鱼的成活率和特定生长率没有显著影响（$P>0.05$），对草鱼饲料系数有极显著的影响（$P<0.01$）。结果具体表现：随着饲料油脂水平的提高，草鱼的成活率和特定生长率有增高的趋势，而 5.83% 油脂水平组饲料系数显著低于前两个油脂水平组。注射 TAA 和饲料油脂水平对草鱼的成活率、特定生长率和饲料系数没有交互作用（$P>0.05$）。

上述试验结果表明，注射 TAA 后导致草鱼的生长速度显著下降、饲料系数显著增加，对成活率影响有降低的趋势，但依然维持 68.0% 以上的成活率；而饲料油脂增加后草鱼饲料系数显著降低，对高成活率和特定生长率有增高的趋势。试验结果显示出注射 TAA 后降低了草鱼的整体生长性能。

表 3－4－3　草鱼的成活率、特定生长率和饲料系数及统计分析

Tab. 3－4－3　The SR, SGR and FCR of grass carp & statistical analysis

注射 Injection	油脂水平 Levels	样本 n	成活率 SR（%）	特定生长率 SGR（%/d）	饲料系数 FCR
对照组 Control	1.32%	3	71.67±5.77	0.97±0.07	5.06±2.11
	3.61%	3	81.67±16.07	1.19±0.44	4.51±0.90
	5.83%	3	85.00±13.23	1.20±0.15	2.93±0.45
注射 TAA TAA	1.32%	3	75.00±5.00	0.60±0.31	7.30±0.22
	3.61%	3	68.33±2.89	0.76±0.04	7.86±0.44
	5.83%	3	76.67±7.64	0.96±0.09	4.90±0.20
统计分析数据 Statistical analysis					
Control [1]		9	79.44	1.12^{b}	4.17^{a}
TAA		9	73.33	0.78^{a}	6.69^{b}
	1.32%	6	73.33	0.78	6.18^{b}
	3.61%	6	75.00	0.98	6.18^{b}
	5.83%	6	80.83	1.08	3.92^{a}
影响因素 Factors			双因素分析结果（P 值）[2] P values of two-way ANOVA		
注射 Injection			0.204	0.009	0.000

（续表）

注射 Injection	油脂水平 Levels	样本 n	成活率 SR（%）	特定生长率 SGR（%/d）	饲料系数 FCR
	油脂水平 Levels		0.397	0.120	0.002
	注射×添加水平 Injection × Levels		0.341	0.770	0.457

[1] 该组全部样品统计的平均值（mean）；下同；

[1] The group average of all sample statistics (mean); The same as below.

[2] 结果用平均值±标准差表示（n=3）；[b] "$P<0.05$" 表示该因素对结果有显著影响；下同。

[2] Values are means n=3 ± standard deviation; [b] "$P<0.05$" means the factor have a significant effect on the results; The same as below.

（二）各组草鱼的形体指标和体脂肪组成

草鱼形体指标和体脂肪组成是反映鱼体健康生长的一类重要标志。养殖试验结束后，各试验组草鱼的体重/体长比、肥满度、内脏指数和肝胰脏指数的结果如表3-4-4所示。注射TAA和饲料油脂水平对草鱼的体重/体长比、肥满度、内脏指数和肝胰脏指数没有显著影响（$P>0.05$）。但草鱼注射TAA后，体重/体长比、肥满度和内脏指数都有减小的趋势，肝胰脏指数有增大的趋势；随着饲料油脂水平的提高，草鱼的体重/体长比和肥满度指数有增高趋势，但草鱼的内脏团指数和肝胰脏指数有减小的趋势。注射TAA和饲料油脂水平对草鱼的体重/体长比有交互作用（$P<0.05$），对肥满度、内脏指数和肝胰脏指数没有交互作用（$P>0.05$）。

同样，表3-4-5为各试验组草鱼10周全鱼粗脂肪、肌肉粗脂肪和肝胰脏粗脂肪含量的结果（按湿重计算）。注射TAA对草鱼全鱼粗脂肪含量没有显著影响（$P>0.05$），但对草鱼肌肉粗脂肪和肝胰脏粗脂肪含量有极显著影响（$P<0.01$）。表现为注射TAA后，草鱼全鱼粗脂肪含量降低了3.53%（$P>0.05$），肌肉粗脂肪含量显著降低了17.60%（$P<0.01$），而肝胰脏粗脂肪含量著增高了13.38%（$P<0.01$）。饲料油脂水平对草鱼全鱼粗脂肪含量有显著影响（$P<0.05$），对肌肉粗脂肪没有显著影响（$P>0.05$），而对肝胰脏粗脂肪含量有极显著性影响（$P<0.01$）。具体表现为全鱼粗脂肪含量和肝胰脏粗脂肪含量随着饲料油脂水平的提高而显著降低，而肌肉粗脂肪含量没有差异。注射TAA和饲料油脂水平对草鱼的全鱼和肌肉粗脂肪含量有交互作用（$P<0.01$），对肝胰脏脂肪含量没有交互作用（$P>0.05$）。

上述结果表明，注射TAA后使草鱼体重/体长比、肥满度和内脏指数都有减小的趋势，肝胰脏指数有增大的趋势，但均未达到显著性水平；同时草鱼肌肉脂肪含量显著降低、肝胰脏脂肪含量显著增加。表明注射TAA后对草鱼的肝胰脏造成了损伤作用，降低了肝胰脏对脂质代谢和转运功能，对鱼体脂肪代谢产生显著性的影响。

表 3－4－4　草鱼的体重/体长比、内脏指数、肝胰脏指数和肥满度及数据分析

Tab. 3－4－4　The W/L, VBR, LBR and CF of grass carp & statistical analysis

注射 Injection	油脂水平 Levels	样本 n	体重/体长比 W/L	肥满度 CF	内脏指数 VBR（%）	肝胰脏指数 LBR（%）
对照组 Control	1.32%	3	4.06 ±0.69	1.70 ±0.09	7.02 ±0.93	1.41 ±0.65
	3.61%	3	3.70 ±0.94	1.78 ±0.07	7.09 ±0.87	0.97 ±0.14
	5.83%	3	4.46 ±0.72	1.80 ±0.14	7.97 ±0.68	1.28 ±0.29
注射 TAA TAA	1.32%	3	3.33 ±0.90	1.65 ±0.19	7.50 ±2.23	1.40 ±0.68
	3.61%	3	4.51 ±0.47	1.79 ±0.08	6.67 ±0.89	1.16 ±0.25
	5.83%	3	3.88 ±0.38	1.81 ±0.12	6.38 ±0.72	1.13 ±0.40
统计分析数据 Statistical analysis						
Control		9	4.07	1.76	7.36	1.22
TAA		9	3.90	1.75	6.85	1.23
	1.32%	6	3.69	1.68	7.25	1.40
	3.61%	6	4.10	1.78	6.88	1.07
	5.83%	6	4.17	1.81	7.18	1.21
影响因素 Factors			双因素分析结果（P 值）P values of two-way ANOVA			
注射 Injection			0.529	0.801	0.250	0.942
油脂水平 Levels			0.288	0.058	0.761	0.259
注射×添加水平 Injection × Levels			0.045	0.829	0.167	0.699

表 3－4－5　草鱼的体脂肪组成及统计分析

Tab. 3－4－5　The body fat composition of grass carp & statistical analysis

注射 Injection	油脂水平 Levels	样本 n	全鱼脂肪[5)] Fish body lipid（%）	肌肉脂肪 Muscle lipid（%）	肝胰脏脂肪 Hepatopancreas lipid（%）
对照组 Control	1.32%	3	2.86 ±0.15	0.73 ±0.08	3.63 ±0.35
	3.61%	3	2.51 ±0.13	0.78 ±0.01	2.14 ±0.09
	5.83%	3	2.54 ±0.09	0.61 ±0.03	1.84 ±0.21
注射 TAA TAA	1.32%	3	2.45 ±0.09	0.57 ±0.03	4.31 ±0.18
	3.61%	3	2.75 ±0.10	0.50 ±0.03	2.37 ±0.22
	5.83%	3	2.44 ±0.11	0.68 ±0.07	1.97 ±0.10

（续表）

注射 Injection	油脂水平 Levels	样本 n	全鱼脂肪[5] Fish body lipid（%）	肌肉脂肪 Muscle lipid（%）	肝胰脏脂肪 Hepatopancreas lipid（%）
		统计分析数据 Statistical analysis			
Control [4]		9	2.64	0.71^{b}	2.54^{a}
TAA		9	2.55	0.58^{a}	2.88^{b}
	1.32%	6	2.66^{b}	0.65	3.97^{c}
	3.61%	6	2.63^{ab}	0.64	2.25^{b}
	5.83%	6	2.49^{a}	0.65	1.91^{a}
	影响因素 Factors		双因素分析结果（P值）[1] P values of two-way ANOVA		
	注射 Injection		0.126	0.000	0.005
	油脂水平 Levels		0.044	0.934	0.000
	注射×添加水平 Injection × Levels		0.001	0.000	0.092

[1]样品粗脂肪的湿重含量（%）；[1] Crude fat content of the sample wet weight（%）

（三）草鱼部分血清生化指标分析

1. 草鱼全血血红蛋白含量

鱼类全血血红蛋白（Hb）含量是反映鱼体载氧能力大小的主要指标。各试验组10周草鱼全血血红蛋白含量如表3－4－6所示。注射TAA和饲料油脂水平对草鱼全血血红蛋白含量有极显著的影响（$P<0.01$）。具体表现为，注射TAA使草鱼全血Hb显著低于对照组49.44%（$P<0.01$），随着饲料油脂水平的提高，草鱼全血Hb含量有明显上升的趋势。注射TAA和饲料油脂水平对草鱼全血Hb含量有交互作用（$P<0.01$）。

上述结果表明，注射TAA后使草鱼全血Hb显著低于对照组，显示出注射TAA对草鱼造血功能产生了影响，使全血Hb含量降低，而饲料油脂的添加，有利于草鱼造血功能的修复。

表3－4－6　草鱼全血血红蛋白影响及统计分析

Tab. 3－4－6　The Hb of grass carp & statistical analysis

注射 Injection	油脂水平 Levels	样本 n	血红蛋白 Hb（g/L）
对照组 Control	1.32%	3	83.03±3.11
	3.61%	3	88.37±5.11
	5.83%	3	79.93±6.26
注射TAA TAA	1.32%	3	40.25±16.76
	3.61%	3	61.38±9.22
	5.83%	3	66.55±1.71

（续表）

注射 Injection	油脂水平 Levels	样本 n	血红蛋白 Hb（g/L）
	统计分析数据 Statistical analysis		
Control		9	83.78[b]
TAA		9	56.06[a]
	1.32%	6	61.64[a]
	3.61%	6	74.87[b]
	5.83%	6	73.24[b]
	影响因素 Factors		双因素分析结果（P 值） P values of two-way ANOVA
	注射 Injection		0.000
	油脂水平 Levels		0.001
	注射×添加水平 Injection × Levels		0.001

2. 草鱼肝功能血清指标

血清天门冬氨酸氨基转移酶（AST）、丙氨酸氨基转移酶（ALT）、胆碱酯酶（CHE）及AST/ALT 被广泛地作为肝胰脏代谢强度和肝功能损伤的标志性指标。养殖试验过程中，各试验组 2 周、4 周和 6 周 AST/ALT 如表 3－4－7 所示，2 周 6 周时注射 TAA 组与对照组 AST/ALT 差异不显著（$P>0.05$），而 4 周时注射 TAA 组与对照组 AST/ALT 差异显著（$P<0.05$），但是 TAA 组均高于对照组。从第 2 周起，随着养殖期的延长，各组血清 AST/ALT 值均逐渐升高；但 TAA 组血清 AST/ALT 值都高于相应的油脂水平对照组；第 6 周时，TAA 组血清 AST/ALT 值高于相应的油脂水平对照组。结果具体表现：在 2 周、4 周和 6 周时，TAA 组血清 AST/ALT 分别为对照组的 1.94 倍、1.38 倍和 1.31 倍。

表 3－4－7　各组 2 周、4 周和 6 周 AST/ALT 值

Tab. 3－4－7　Each group AST/ALT values at 2, 4 and 6 weeks

注射 Injection	油脂水平 Levels	2 周 Two weeks	4 周 Four weeks	6 周 Six weeks
对照组 Control	1.32%	5.25±1.23	8.40±1.37	24.40±1.82
	3.61%	0.76±0.10	9.44±2.02	25.31±2.16
	5.83%	1.69±0.56	11.42±2.49	22.82±1.55
注射 TAA TAA	1.32%	5.94±0.89	12.20±1.91	37.92±3.07
	3.61%	5.42±1.01	14.80±2.72	26.65±1.63
	5.83%	3.62±0.76	13.29±0.94	30.11±2.18

（续表）

注射 Injection	油脂水平 Levels	2 周 Two weeks	4 周 Four weeks	6 周 Six weeks
影响因素 Factors		T 检验 T-test		
	对照组 Control	2.57 ± 2.37	9.75 ± 1.53[a]	24.18 ± 1.26
	注射 TAA	4.99 ± 1.22	13.43 ± 1.30[b]	31.56 ± 5.77
	P 值 *P* values of T-test	0.190	0.034	0.096

表 3-4-8　草鱼血清 10 周 AST、ALT、AST/ALT 值和 CHE 及统计分析

Tab. 3-4-8　The AST, ALT, AST/ALT and CHE of grass carp at 10 weeks & statistical analysis

注射 Injection	油脂水平 Levels	样本 n	天门冬氨酸氨基转移酶 AST（U/L）	丙氨酸氨基转移酶 ALT（U/L）	AST/ALT 值	胆碱酯酶 CHE（U/L）
对照组 Control	1.32%	3	44.00 ± 9.00	2.00 ± 1.00	25.00 ± 8.89	150.67 ± 16.50
	3.61%	3	121.67 ± 65.52	6.00 ± 1.73	20.33 ± 7.51	125.00 ± 37.00
	5.83%	3	77.67 ± 46.76	3.67 ± 0.58	20.67 ± 10.79	137.33 ± 29.50
注射 TAA TAA	1.32%	3	105.00 ± 15.00	4.50 ± 0.50	23.33 ± 0.58	144.00 ± 11.00
	3.61%	3	93.00 ± 35.51	4.33 ± 2.52	23.33 ± 5.51	130.33 ± 10.12
	5.83%	3	112.67 ± 64.49	4.33 ± 1.53	26.00 ± 14.42	112.33 ± 21.55
			统计分析数据 Statistical analysis			
Control		9	81.11	3.89	22.00	137.67
TAA		9	103.56	4.38	24.22	128.89
	1.32%	6	74.50	3.25	24.17	147.33
	3.61%	6	107.33	5.17	21.83	127.66
	5.83%	6	95.33	4.00	23.33	124.83
	影响因素 Factors		双因素分析结果（*P* 值）*P* values of two-way ANOVA			
	注射 Injection		0.312	0.489	0.612	0.436
	油脂水平 Levels		0.467	0.121	0.903	0.226
	注射 × 添加水平 Injection × Levels		0.248	0.090	0.796	0.536

表 3-4-8 为各试验组 10 周草鱼血清 AST、ALT、AST/ALT 和 CHE 的结果。从表 3-4-8 可知，注射 TAA 和饲料油脂水平对草鱼血清 AST、ALT、AST/ALT 值和 CHE 的影响不显著（$P > 0.05$）。注射 TAA 后，草鱼血清 AST/ALT 增高了 10.10%（$P > 0.05$），而 CHE 降低了 6.38%（$P > 0.05$）；随着油脂水平从 1.32% 提高到 5.83%，CHE 分别降低了 13.50% 和 15.30%（$P > 0.05$）。注射 TAA 和饲料油脂水平对草鱼血清 AST、ALT、AST/ALT 和 CHE 没有交互作用（$P > 0.05$）。

上述结果表明，在整个养殖试验过程中，TAA 组草鱼血清 AST/ALT 值高于对照组，主要是导致血清 AST 增加、而 ALT 基本不变的结果，同时血清 CHE 含量降低。结果显示，注射 TAA 对草鱼肝胰脏形成了损伤作用，使血清 AST/ALT 值增大、而 CHE 含量降低。

表 3-4-9 草鱼血清总蛋白、白蛋白和球蛋白含量及统计分析

Tab. 3-4-9 The TP, Alb and Glo of grass carp serum & statistical analysis

注射 Injection	油脂水平 Levels	样本 n	总蛋白 TP (g/L)	白蛋白 Alb (g/L)	球蛋白 Glo (g/L)
对照组 Control	1.32%	3	24.17 ±2.05	15.20 ±1.10	8.97 ±0.95
	3.61%	3	25.23 ±8.73	15.27 ±4.97	9.97 ±3.76
	5.83%	3	22.93 ±3.31	14.73 ±2.11	8.20 ±1.35
注射 TAA TAA	1.32%	3	23.80 ±0.30	12.90 ±1.30	10.90 ±1.00
	3.61%	3	21.23 ±2.65	12.60 ±1.57	8.63 ±1.29
	5.83%	3	21.03 ±2.84	12.23 ±3.27	8.80 ±1.04
统计分析数据 Statistical analysis					
Control		9	24.11	15.07	9.04
TAA		9	22.02	12.58	9.44
	1.32%	6	23.98	14.05	9.93
	3.61%	6	23.23	13.93	9.30
	5.83%	6	21.98	13.48	8.50
	影响因素 Factors		双因素分析结果（*P* 值）*P* values of two-way ANOVA		
	注射 Injection		0.314	0.078	0.656
	油脂水平 Levels		0.715	0.932	0.433
	注射×添加水平 Injection × Levels		0.760	0.993	0.342

3. 草鱼肝脏蛋白质合成功能分析

血清总蛋白（TP）、白蛋白（Alb）和球蛋白（Glo）含量是反映肝胰脏合成功能的关键性指标。10 周各试验组草鱼血清 TP、Alb 和 Glo 含量结果见表 3-4-9 所示，注射 TAA 和饲料油脂水平对草鱼血清 TP、Alb 和 Glo 含量的影响不显著（$P>0.05$）。结果具体表现：注射 TAA 后使草鱼血清 TP、Alb 含量分别低于对照组 9.49%、19.79%（$P>0.05$）；随着饲料油脂水平的提高，草鱼血清 TP、Alb 和 Glo 含量有降低的趋势。注射 TAA 和饲料油脂水平对草鱼血清 TP、Alb 和 Glo 含量没有交互作用（$P>0.05$）。

上述结果表明，注射 TAA 后使草鱼血清 TP 和 Alb 含量也低于对照组，显示出注射 TAA 对草鱼肝胰脏已形成损伤，使血清 TP 和 Alb 含量降低；饲料油脂的添加，肝脏合成功能又有降低的趋势。

4. 草鱼脂代谢分析

血清胆固醇（CHO）、甘油三酯（TRIG）、高密度脂蛋白（HDL-C）和低密度脂蛋白

(LDL-C) 是反映鱼类肝胰脏脂质合成和转运功能的指标。10 周各组草鱼血清 CHO、TRIG、HDL-C 和 LDL-C 含量的结果如表 3-4-10 所示。注射 TAA 和饲料油脂的添加水平对草鱼血清 CHO、TRIG、HDL-C 和 LDL-C 含量影响不显著 ($P>0.05$)。注射 TAA 后，草鱼血清 CHO、TRIG 和 HDL-C 含量低于对照组 ($P>0.05$)，而 LDL-C 含量高于对照组 ($P>0.05$)；随着饲料油脂水平的提高，草鱼血清 CHO、TRIG、HDL-C 含量有降低的趋势 ($P>0.05$)，LDL-C 含量有增高的趋势 ($P>0.05$)。注射 TAA 和饲料油脂水平对草鱼血清 CHO、TRIG、HDL-C 和 LDL-C 含量没有交互作用 ($P>0.05$)。

上述结果表明，注射 TAA 后使草鱼血清 CHO、TRIG 和 HDL-C 含量降低，显示出注射 TAA 后已形成对草鱼肝胰脏严重的实质性损伤。

表 3-4-10 草鱼血清血脂及统计分析

Tab. 3-4-10 The CHO, TRIG, HDL-C and LDL-C of grass carp serum & statistical analysis

注射 Injection	油脂水平 Levels	样本 n	胆固醇 CHO (mmol/L)	甘油三酯 TRIG (mmol/L)	高密度脂蛋白 HDL-C (mmol/L)	低密度脂蛋白 LDL-C (mmol/L)
对照组 Control	1.32%	3	4.07±0.65	2.37±0.45	2.63±0.97	0.38±0.12
	3.61%	3	4.28±1.44	2.40±0.75	2.12±0.82	1.07±0.33
	5.83%	3	4.31±0.59	2.37±0.51	2.53±0.46	0.71±0.48
注射 TAA TAA	1.32%	3	4.70±0.41	2.10±0.20	2.93±0.08	0.83±0.40
	3.61%	3	3.67±0.56	2.07±0.15	1.86±0.07	0.72±0.39
	5.83%	3	3.60±0.86	2.37±0.51	1.42±0.55	1.11±0.48
统计分析数据 Statistical analysis						
Control		9	4.22	2.38	2.42	0.72
TAA		9	3.99	2.18	2.07	0.88
	1.32%	6	4.39	2.23	2.78	0.60
	3.61%	6	3.97	2.23	1.99	0.90
	5.83%	6	3.95	2.37	1.97	0.90
影响因素 Factors			双因素分析结果 (P 值) P values of two-way ANOVA			
注射 Injection			0.564	0.792	0.229	0.379
油脂水平 Levels			0.602	0.156	0.061	0.330
注射×添加水平 Injection × Levels			0.321	0.205	0.161	0.174

(四) 草鱼部分抗氧化体系指标分析

生物体内的超氧化物歧化酶 (SOD) 和谷胱甘肽过氧化物酶 (GSH-PX) 是机体抗氧化体系酶的重要组成部分。表 3-4-11 为各试验组 10 周草鱼血清 SOD 和肝脏 GSH-PX 的结果。从表可知，注射 TAA 对草鱼血清 SOD 有显著影响 ($P<0.05$)，而饲料油脂水平对血清 SOD 没有显著影响 ($P>0.05$)。注射 TAA 和饲料油脂水平对草鱼肝脏 GSH-PX 有显著影响 ($P<0.05$)。结果具体表现：注射 TAA 后，草鱼血清 SOD 显著降低了 8.56%，而肝脏 GSH-

PX 显著增高 9.15%；同时相对于 3.61% 油脂水平组肝脏 GSH-PX，1.32% 和 5.83% 油脂水平组分别低了 14.90% 和 16.30%。注射 TAA 和饲料油脂水平对草鱼血清 SOD 和肝脏 GSH-PX 有交互作用（$P<0.01$）。

上述结果表明，注射 TAA 后使草鱼血清 SOD 酶活力显著降低，而肝胰脏 GSH-PX 酶活力差异不显著，显示出草鱼肝胰脏受到损伤，机体抗氧化能力减弱。饲料油脂水平的提高，进一步降低了草鱼机体的抗氧化能力。

表 3-4-11　草鱼血清 SOD 和肝脏 GSH-PX 及数据分析

Tab. 3-4-11　The SOD and GSH-PX of grass carp & statistical analysis

注射 Injection	油脂水平 Levels	样本 n	血清超氧化物歧化酶 Serum SOD（U/mL）	肝脏谷胱甘肽过氧化物酶（$\times10^3$） Hepatopancreas GSH-PX（U/g）
对照组 Control	1.32%	3	207.13 ± 8.00	10.89 ± 1.60
	3.61%	3	193.80 ± 22.67	15.92 ± 0.83
	5.83%	3	154.71 ± 18.74	11.60 ± 0.96
注射 TAA TAA	1.32%	3	160.13 ± 0.65	14.54 ± 0.70
	3.61%	3	166.37 ± 9.24	13.98 ± 0.50
	5.83%	3	181.04 ± 1.74	13.41 ± 0.57
			统计分析数据 Statistical analysis	
Control		9	185.22^b	12.80
TAA		9	169.10^a	13.98
	1.32%	6	183.63	12.72^a
	3.61%	6	180.09	13.98^b
	5.83%	6	167.86	12.51^a
影响因素 Factors			双因素分析结果（P 值）P values of two-way ANOVA	
注射 Injection			0.023	0.020
油脂水平 Levels			0.131	0.001
注射×添加水平 Injection × Levels			0.001	0.001

（五）草鱼肝胰脏形态学观察

1. 草鱼 4 周肝胰脏 HE 染色观察

养殖试验第 4 周时，各组随机取 5 尾鱼采集肝脏组织样本固定，快速冰冻切片 HE 染色如彩图 3-4-3 所示。对照组（图 A、C、E）可见肝细胞排列整齐，细胞轮廓清晰，无细胞或组织坏死、炎症浸润。同对照组相比，TAA 组（图 B、D、F）肝细胞肿胀，有部分炎症浸润，随着饲料油脂水平的提高，肝细胞脂肪性变性增多。注射 TAA 并添加油脂 1.32% 组（图 B）炎症浸润，程度较轻；注射 TAA 并添加油脂 3.61% 组（图 D）肝细胞脂肪病变增多；注射 TAA 并添加油脂 5.83% 组（图 F）肝细胞脂肪病变增多，细胞间隙出现少量的胶原。

2. 草鱼 10 周肝胰脏形态学和 HE 染色观察

10 周试验结束时，各组随机取 5 尾鱼解剖取内脏肉眼观察，结果如彩图 3-4-4 所示。

对照组（图b、d、f）肝胰脏颜色红润，质地柔软，包膜下未见淤血表现。TAA组（图a、c、e）肝胰脏已纤维化，质地偏韧，包膜下见淤血表现，肉眼观察，病变率为100%。

草鱼各试验组10周肝胰脏快速冰冻切片HE染色如彩图3－4－5所示。对照组（图G、I、K）可见肝细胞排列整齐，细胞轮廓清晰，无细胞或组织坏死、炎症浸润。同对照组相比，TAA组（图H、J、L）肝细胞肿胀且边界模糊，肝细胞部分脂肪病变，有部分炎症浸润，并都出现肝纤维化，随着饲料油脂水平的提高，肝纤维化程度也逐渐增高。注射TAA并添加油脂1.32%组（图H）炎症浸润和纤维间隔较少，肝细胞脂肪病变较多；注射TAA并添加油脂3.61%组（图J）炎症浸润区域增大，纤维间隔增多；注射TAA并添加油脂5.83%组（图L）胶原纤维和纤维间隔较多，病变程度较重。

三、讨论

（一）硫代乙酰胺（TAA）致肝损伤模型探讨

鱼类肝胰脏是其体内最大的实质器官，属于高度分化组织，且对许多毒物敏感。在肝病研究中，通过给动物灌喂或注射肝毒药物等方式，建立对试验动物不同性质、不同程度的肝损伤模型是最常用的方法。本文研究草鱼急性肝胰脏损伤、急性肝损伤后饲料油脂对肝胰脏的影响及其肝胰脏病变发展，采取注射肝毒药物诱发草鱼急性肝损伤并饲喂不同油脂水平的饲料建立肝胰脏病变模型，便于操作和控制药物剂量。硫代乙酰胺（TAA）和四氯化碳（CCl_4）都是常用的肝脏损伤造模药物，但CCl_4是脂溶性物质，容易通过血脑屏障直接造成神经细胞损伤，也会对肾脏造成损伤而影响结果，同时在草鱼上不易操作，草鱼机械损伤大，死亡率高[6]。TAA是一种弱致癌物质，易溶于水，便于配制，可灌喂、皮下注射和腹腔注射等，便于控制药物量以保证对草鱼生理、生长的影响，既要促使草鱼肝胰脏损伤，又要保证草鱼一定的成活率，这是建立肝胰脏损伤实验模型的基本要求。TAA引起大鼠肝损伤是目前国际上被广泛接受的、有良好重复性的肝脏损伤模型[1]。腹腔注射TAA进入动物体内后，可被肝细胞内细胞色素P_{450}混合功能氧化酶代谢为TAA－硫氧化物，后者进一步代谢，引起脂质过氧化和肝细胞坏死[2]。此外，TAA可以作用在肝细胞DNA、RNA和蛋白合成酶上产生毒性作用，诱导肝脏代谢紊乱而引发肝坏死。

张美华等[3]、尧颖[7]和David等[4]通过给大鼠腹腔注射TAA 300mg/kg，1次/d，注射1次，制备出大鼠急性肝损伤模型。关国强[8]通过调节草鱼日粮中的蛋白质、脂肪和碳水化合物水平，探讨和诱导草鱼营养性脂肪肝。冯建等[5]通过饵料中添加不同脂肪水平诱导红姑鱼脂肪肝病变，可以建立鱼类脂肪肝模型。本文在前期试验研究的基础上，采用腹腔注射肝毒药物TAA 300mg/kg，1次/d，注射1次，并投喂不同油脂水平的饲料，以此作为建立草鱼肝胰脏损伤实验模型的方法。TAA剂量已通过预试验验证了在此剂量下能够致草鱼急性肝损伤，同时草鱼的死亡率又控制在合理的水平。注射TAA并饲喂不同油脂水平饲料造模后，通过分析草鱼成活率、生长性能、体脂肪组成、血清生化指标、肝脏组织切片等，探讨注射TAA并投喂不同油脂水平饲料致草鱼肝胰脏病变以及建立草鱼肝损伤模型的实际效果，为今后探讨草鱼肝脏病变机理和保肝护肝添加剂的开发提供参考。

（二）草鱼肝胰脏损伤模型分析

1. 注射TAA后草鱼的生长性能

鱼类的成活率和特定生长率是其生理健康特征的整体表现，当鱼体受到对自身机体不利的因素影响时，鱼体通过调节机体代谢来保护自己，但是鱼体整体机能也会下降，严重时也会导致部分个体死亡。尧颖[7]和 David 等[4]在给大鼠注射一定剂量的 TAA，会出现一定的死亡率，通过调节注射剂量和次数，可以将大鼠死亡率控制在合理的范围内。贾林等[9]和许君君[10]在给大鼠注射 TAA 后，大鼠出现嗜睡、行动迟缓、摄食量下降等症状，本试验中，注射 TAA 后草鱼摄食强度下降，解剖发现肝脏指数增加、肝脏脂肪含量增高。叶继丹[11]和王丽宏[12]在高剂量喹乙醇对鲤鱼毒性研究时发现，鲤鱼的生长性能和摄食量都明显下降，饲料系数增高。

本试验中，TAA 组草鱼特定生长率显著降低了 30.50%，饲料系数显著增高了 60.40%，而草鱼成活率也降低了，但差异不显著。TAA 组草鱼成活率平均为 73.33%，在试验动物研究的合理范围内。注射 TAA 后草鱼特定生长率下降，这与 TAA 对草鱼肝胰脏损伤导致草鱼肝脏代谢功能降低，影响了草鱼对营养物质的吸收和转化有关。尧颖等[13]报道，注射 TAA 后也会继发肠道损伤。肠道损伤后，肠道对饲料的消化和营养物质的吸收能力下降，因此 TAA 组草鱼饲料系数高于对照组，特定生长率低于对照组。随着饲料油脂水平的提高，成活率和特定生长率有增高的趋势，说明在一定的油脂范围，随着饲料油脂水平的提高，为草鱼提供所需的脂肪酸，促进了草鱼的生长，这结果与张树明等[14]、王爱民等[15]和甘晖等[16]在鱼类的研究结果相一致。草鱼注射 TAA 后，虽然成活率有所下降，但成活率保持在 68.0% 以上，符合尧颖等[7]和 David 等[4]报道的实验模型要求。

2. 注射 TAA 对草鱼肝胰脏代谢功能的影响

血清转氨酶是催化体内氨基酸氧化分解的活性酶，其中主要包括丙氨酸氨基转移酶（ALT）和天门冬氨酸氨基转移酶（AST），正常情况下主要存在于肝细胞中，组织液和血清中的含量很低，当肝胰脏组织病变或受到损伤时，导致肝细胞坏死或生物膜通透性增加，肝细胞内的转氨酶释放到组织液和血液中，引起血液或组织中转氨酶活性增强或持续变化[17,18]。因此，血清或肝组织中转氨酶活力大小能够反映出肝脏的健康状况，可以作为肝脏病变或损伤的标志性指标。同时，转氨酶活力大小也是反映鱼类肝脏病变或损伤的重要指标[19]。血清胆碱酯酶（CHE）活力大小也能反映肝脏的健康状况，也作为判断肝脏病变或损伤的指标[17,20]。

本试验中，TAA 组 2 周、4 周和 6 周时血清 AST/ALT 值分别是对照组的 1.94 倍、1.38 倍和 1.31 倍。试验结束时，TAA 组草鱼血清 AST/ALT 增高了 10.10%（$P>0.05$），而 CHE 降低了 6.38%（$P>0.05$）；随着油脂水平从 1.32% 提高到 5.83%，CHE 分别降低了 13.50% 和 15.30%（$P>0.05$）。人体医学中，AST/ALT 值越大，CHE 越小，预示着肝脏病变越严重[18,21]。魏新智等[22]通过检测大鼠血清 AST 和 ALT 的变化，来判断 TAA 致大鼠肝损伤模型。在鱼类养殖试验中，冯建等[5]、张树明等[14]和王爱民等[15]在研究鱼类油脂水平需求时，高油脂饲料会加重肝胰脏的代谢强度，进而伤及肝胰脏。本试验注射 TAA 2 周时，草鱼肝脏损伤病变；10 周时，TAA 组草鱼血清 AST/ALT 有增高的趋势，而 CHE 有减小的趋势，预示着草鱼肝病急性损伤已转变为肝实质病变时期。这与王凤学等[17]、杨玉林等[20]、林伟华等[23]报道肝脏纤维化病变时，血清转氨酶变化比较平静，酶活力的变化相一致。

肝胰脏是鱼类脂类代谢的中枢器官，具有摄取、转运、合成转化及降解利用的作用。鱼类血清血脂的主要成分为胆固醇（CHO）和甘油三酯（TRIG），还包括高密度脂蛋白（HDL-C）和低密度脂蛋白（LDL-C），血脂含量可以反映出体内脂质代谢情况和肝脏的健康状况。当肝胰脏受损伤时，胆固醇（CHO）和甘油三酯（TRIG）合成受到障碍，血清血脂水平降低，随着肝细胞受损伤程度增加，血清 CHO、TRIG 下降也明显。当肝细胞损伤减轻时，血清 CHO、TRIG 含量也随着上升[17,24,25]。血清 HDL-C 和 LDL-C 是肝脏组织中脂肪代谢的转运工具，HDL-C 摄取肝外组织的胆固醇并转运到肝脏中，LDL-C 将肝脏中的脂肪转运到肝脏外，减少脂肪在肝脏中沉积。

本试验中，10 周时血清转氨酶变化比较平稳，而 AST/ALT 继续增大，表明草鱼肝脏已处严重病变时期。王凤学等[26]、杨玉林等[20]、张莹兰等[24]、李玉中等[25]研究表明，当肝脏严重病变或者纤维化时，血清中血脂含量会降低。本试验中，注射 TAA 后使草鱼血清 CHO、TRIG 和 HDL-C 含量降低，预示注射 TAA 后已形成对草鱼肝胰脏严重的实质性损伤，肝胰脏脂类代谢功能减弱。饲料油脂水平的提高，加重肝胰脏脂质代谢的负荷，进一步造成草鱼肝胰脏实质损伤。

血清总蛋白（TP）、白蛋白（Alb）和球蛋白（Glo）是动物肝脏内几种重要的代谢蛋白，是反映肝胰脏合成储备功能的关键性指标，血清 TP、Alb 和 Glo 含量的变化，也反映出肝脏的健康状况。血清 TP、Alb 含量降低，Glo 含量增加，显示出肝脏可能严重病变或损伤[20,26]。本试验中，TAA 组第 10 周时草鱼血清 TP 和 Alb 含量也低于对照组、Glo 含量高于对照组，显示出 TAA 组草鱼肝胰脏已经病变，肝胰脏蛋白质代谢功能减弱。

注射 TAA 已致草鱼肝胰脏和肠道损伤，降低了草鱼肠道的吸收能力和肝胰脏的脂质代谢能力，使脂肪在肝胰脏中沉积，形成轻度脂肪肝。同时，由于肝脏受到损伤后，肝胰脏进行补偿性增生，导致肝胰脏指数增加，这与王丽宏[12]、阮栋俭[27]和叶仕根[28]等研究喹乙醇及氧化油脂对鱼类影响相一致。对照组草鱼肝胰脏能及时地将脂肪转运到腹腔、肠系膜和肌肉中沉积，降低了脂肪在肝胰脏中的沉积。故 TAA 组肝胰脏指数有增大的趋势，草鱼体重/体长、肥满度和内脏指数都有减小的趋势；TAA 组草鱼的肌肉粗脂肪含量显著降低了 17.60%、而肝胰脏粗脂肪含量显著增高了 13.38%，同时饲料油脂水平由 1.32% 提升到 5.83% 时、肝脏粗脂肪含量随之显著降低，最终导致肝损伤草鱼脂肪代谢的紊乱。

本试验中，TAA 组草鱼由急性肝损伤发展到第 10 周时，血清转氨酶指标变化比较平稳，AST/ALT 继续增大，血清血脂含量变小，血清 TP、Alb 含量降低，Glo 含量增加，这些都符合肝脏严重病变的症状，表明 TAA 组草鱼肝脏病变已发展到肝纤维化时期。

3. 注射 TAA 对草鱼氧化体系的影响

超氧化物歧化酶（SOD）和谷胱甘肽过氧化物酶（GSH-PX）都是生物机体内的抗氧化酶，能清除体内氧自由基和抗脂质过氧化。刘存歧等[29]报道，SOD 与水生生物的免疫水平密切相关，是水生生物机体重要的非特异性免疫指标。何珊等[30]报道，GSH-PX 也是鱼类抗氧化防御系统的重要组成部分。杨耀娴等[31,32]、杨清等[33]、施瑞华等[34]研究表明，血清 SOD 活力与肝脏病变严重程度成负相关，同时，李春婷等[35]和王虹等[36]研究表明，SOD、GSH-PX 在探讨化学性肝损伤机制中有重要的作用。

本试验中，TAA 组草鱼血清 SOD 活力显著低于对照组 8.56%，这与张丽娜等[6]、王虹等[36]研究化学性药物致大鼠肝纤维化病变血清 SOD 变化一致，也与梅景良[37]研究 $CuSO_4$ 致鳗鲡肝损伤血清 SOD 变化一致，而 TAA 组肝脏 GSH-PX 酶活力变化不明显。蔡晓坡等[38]和 Sreekumar 等[39]在研究表明，在非酒精性脂肪肝（non-alcoholic fatty liver disease，NAFLD）的早期阶段，受到氧化打击的影响，肝脏 GSH-PX 活力出现代偿性的增加，这可能与人体肝脏病变时期不完全一样。TAA 组草鱼血清 SOD 酶活力显著降低，预示着机体抗氧化能力和免疫水平也随之降低，机体无法及时清除体内的自由基和外来有害物质的影响，导致草鱼整体机能衰弱。TAA 组肝脏 GSH-PX 含量代偿性的增高，但随着肝脏炎症纤维化进展，GSH-PX 如同 SOD 一样，两者的活性和合成受到抑制，进而加重了肝胰脏的过氧化损伤。

4. 注射 TAA 对草鱼肝脏组织病理学的影响

肝脏病理组织学是诊断 NAFLD 及判断肝脏病变炎症程度和纤维化程度的唯一标准[39,40]。通过组织病理学观察，可以直观快捷的对样本进行病理诊断。尧颖[7]、栗素芳[41]、许君君[10]等研究 TAA 致大鼠肝损伤肝脏组织病理检测发现，早期肝细胞部分炎症浸润、肝细胞肿大等；随着损伤时间的延长，肝细胞出现坏死、脂肪细胞增多、细胞核移位，并出现肝纤维化。

本试验中，TAA 组 4 周时，肝细胞出现不同程度的病变，部分炎性细胞浸润，对照组肝细胞排列整齐，细胞轮廓清晰，无坏死和炎症浸润。肝胰脏组织病理检测与第 4 周 TAA 组 AST/ALT 值显著高于对照组相一致，说明 4 周时 TAA 已致草鱼肝损伤了，且草鱼肝损伤病变率 100%。试验第 10 周时，TAA 组草鱼肝胰脏的表面形态、色泽观察表明所有试验鱼均出现肝胰脏损伤性病变，而肝胰脏组织切片 HE 染色观察，对照组肝细胞排列整齐，细胞轮廓清晰，无坏死和炎症浸润。同对照组相比，TAA 组肝细胞肿胀且边界模糊，肝细胞部分脂肪病变和炎症，并都出现肝纤维化，随着饲料油脂水平的提高，肝纤维化程度也逐渐增高，符合肝脏纤维化病变组织病理学特征。说明 TAA 组 10 周时，肝损伤由急性损伤已经发展到肝部分纤维化。

5. 本试验条件下建立草鱼肝损伤模型的特点

按照鱼体体重，1 次性腹腔注射 300mg/kg TAA 并同时投喂不同油脂含量的饲料可以作为草鱼肝胰脏损伤并诱导脂肪性肝病、肝纤维化实验模型的造模方法。

本试验采用腹腔注射 TAA 并投喂不同油脂含量饲料建立的草鱼肝胰脏损伤实验模型，在 2 周时通过血清 AST/ALT 值判断草鱼的肝胰脏出现了损伤；在 10 周时，通过酶学指标和病理检测，发现草鱼出现脂肪肝、肝炎和肝纤维化等病理特征。本试验建立的草鱼肝胰脏损伤实验模型出现肝胰脏实质性病理变化和脂肪代谢紊乱，具有脂肪肝、肝炎和肝纤维化的病理特征。可以满足上述特征的草鱼肝胰脏损伤实验模型的病理机制研究、有效防治药物或饲料添加剂的筛选等需要。

（三）总结

本试验条件下，通过草鱼腹腔注射 TAA 300mg/kg，1 次/d，分别投喂 1.32% 油脂、3.61% 油脂、5.83% 油脂饲料，成功建立草鱼肝损伤实验模型。模型组 2 周血清 AST/ALT 高于对照组，模型组 4 周血清 AST/ALT 值显著高于对照组；相对于对照组，4 周模型组肝细胞出现不同程度的病变，部分炎性细胞浸润、脂肪细胞增多，肝胰脏组织病理检测与第 4 周模型组 AST/ALT 值一同表明草鱼已损伤病变。10 周时，模型组特定生长率显著下降了 30.50%，同时草鱼成活率降低了，但都在 68.00% 以上，模型组草鱼生长性能显著降低；模型组草鱼的肌肉粗脂肪含量显著降低了 17.60%，而肝胰脏粗脂肪含量显著增高了 13.38%，同时，饲料油脂水平由 1.32% 提升到 5.83% 时，肝脏粗脂肪含量随之显著降低，模型组草鱼脂肪代谢发生紊乱，模型组草鱼出现脂肪肝；模型组血清 AST/ALT 值继续增高、CHE 酶活力继续降低，表明模型组肝功能继续减弱；模型组血清 T-SOD 显著降低了 8.56%，表明模型组草鱼机体抗氧化能力减弱；10 周时模型组肝细胞边界模糊、部分脂肪病变和炎症，并出现肝纤维化。注射 TAA 并饲喂不同油脂水平的饲料建立草鱼肝损实验模型，并出现脂肪肝和肝纤维化病变特征。

四、结论

（1）本草鱼肝损伤实验模型出现脂肪肝和肝纤维化症状。TAA 组随着油脂水平由 1.32% 提升到 5.83%，肝脏粗脂肪含量显著降低，而肝脏组织纤维化程度也随之增加；TAA 组生长性能和机体抗氧化能力显著降低，血清转氨酶及 AST/ALT 值持续增高。上述表明，草鱼腹腔注射 TAA 成功建立草鱼肝损伤模型，其中，低油脂水平饲料有利于形成草鱼脂肪肝模型，高油脂水平饲料有利于形成肝纤维化模型，但本试验中无法明确界定草鱼脂肪肝和肝纤维化病变时期。

（2）本试验选用均重为 34g 的草鱼，通过腹腔注射 TAA 300mg/kg，1 次/d，注射 1 次，分别投喂 1.32% 油脂、3.61% 油脂、5.83% 油脂饲料，经过 10 周的饲养，可以建立草鱼肝损伤实验模型，损伤模型类型为脂肪肝和肝纤维化模型。

参考文献

[1] Basile A S, Gammal S H, Jones E A, *et al.* GABAA receptor complex in an experimental model of hepatic encephalopathy: evidence for elevated levels of an endogenous benzodiazepine receptor ligand [J]. J Neurochem, 1989, 53 (4): 1 057 - 1 063.

[2] Wang X D, Andersson R, Soltesz V, *et al.* Phospholipids prevent enteric bacterial translocation in the early stage of experimental acute liver failure in the rat [J]. Scand J Gastroenterol, 1994, 29 (12): 1 117 - 1 121.

[3] 张美华，贾林，杜洪等．硫代乙酰胺致大鼠肝性脑病模型的量—效关系 [J]．广州医学院学报，2004 (3).

[4] David P, Alexandre E, Chenard-Neu M P, *et al.* Failure of liver cirrhosis induction by thioacetamide in *Nagase analbuminaemic* rats [J]. Laboratory Animals, 2002, 36 (2): 158 - 164.

[5] 冯健，贾刚．饵料中不同脂肪水平诱导红姑鱼脂肪肝病的研究 [J]．水生生物学报，2005 (1): 61 - 64.

[6] 张丽娜，龚均，柴宁莉．四氯化碳和硫代乙酰胺诱导大鼠肝纤维化的对比研究 [J]．第四军医大学学报，2009 (19): 1 909 - 1 912.

[7] 尧颖．实验性肝损伤大鼠肠道屏障功能障碍的研究 [D]．昆明医学院，2008.

[8] 关国强．草鱼（*Ctenopharyngodon idellus* C. et V.）营养性脂肪肝发生及调控因子研究 [D]．中山大学，1997.

[9] 贾林，张美华，苏常青等．硫代乙酰胺致大鼠轻微型肝性脑病模型的建立 [J]．世界华人消化杂志，2004 (5).

[10] 许君君．抗 IGFBPrP1 对硫代乙酰胺诱导的小鼠肝纤维化修复作用的研究 [D]．山西医科大学，2009.

[11] 叶继丹．喹乙醇对鲤鱼的生理生化效应及其在组织中的残留 [D]．东北农业大学，2003.

[12] 王丽宏．茵陈汤对鲤作用的初步研究 [D]．西北农林科技大学，2010.

[13] 尧颖，徐智媛，陈学平等．实验性肝损伤大鼠肠道屏障功能障碍研究 [J]．中华肝脏病杂志，2009, 17 (2): 128 - 30.

[14] 张树明，孙增民，李婧等．饲料蛋白和油脂水平对鲤生长及代谢的影响 [J]．西北农业学报，2010 (7).

[15] 王爱民，吕富，杨文平等．饲料脂肪水平对异育银鲫生长性能、体脂沉积、肌肉成分及消化酶活性的影响 [J]．动物营养学报，2010 (3).

[16] 甘晖，李坚明，冯广朋等．饲料脂肪水平对奥尼罗非鱼幼鱼生长和血浆生化指标的影响 [J]．上海海洋大学学报，2009 (1): 35 - 41.

[17] 王凤学主编．临床生物化学自动分析操作规程 [M]．北京：人民军医出版社，2006: 278.

[18] 王辉，孙小敏．肝功能血清酶学检查及其临床意义 [J]．延安大学学报（医学科学版），2004 (3): 55 - 71.

[19] 郑永华，蒲富永．汞对鲤鲫鱼组织转氨酶活性的影响 [J]．西南农业大学学报，1997 (1).
[20] 杨玉林，贺志安主编．临床肝病实验诊断学 [M]．北京：中国中医药出版社，2007.
[21] 林广玲，林春暖．肝病患者血清 11 项生化指标的临床意义 [J]．江西医学检验，2004，22 (1)：27－28.
[22] 魏新智，付勇强，王珲等．硫代乙酰胺建立大鼠急性肝损伤模型探讨 [J]．临床医学工程，2009 (5)：48－49.
[23] 林伟华，陈华英．ALT、AST、GGT、CHE 在肝病中的诊断价值 [J]．现代临床医学生物工程学杂志，2005 (3).
[24] 张莹兰，张弢，周祖发等．急慢性肝炎、肝硬化及肝癌患者血脂检测的临床意义 [J]．临床消化病杂志，2008，20 (6)：369－370.
[25] 李玉中，胡宏，陈艳君等．肝病患者血脂变化的临床价值 [J]．大连医科大学学报，2002 (4).
[26] 王凤学主编．临床生物化学自动分析操作规程 [M]．北京：人民军医出版社，2006：278.
[27] 阮栋俭．氧化油脂对罗非鱼生理机能的影响 [D]．广西大学，2006.
[28] 叶仕根．氧化鱼油对鲤鱼危害的病理学及 VE 的修复作用研究 [D]．四川农业大学，2002.
[29] 刘存歧，王伟伟，张亚娟．水生生物超氧化物歧化酶的酶学研究进展 [J]．水产科学，2005 (11).
[30] 何珊，梁旭方，廖婉琴等．鲢鱼、鳙鱼、草鱼谷胱甘肽过氧化物酶 cDNA 的克隆及肝组织表达 [J]．动物学杂志，2007 (3)：40－47.
[31] 杨耀娴，张月成，党彤等．肝病血清丙二醛及超氧化物歧化酶测定的临床意义 [J]．实用肝脏病杂志，1999 (1)：44.
[32] 杨耀娴，党彤，张月成等．联合检测血清层黏蛋白、透明质酸、丙二醛及超氧化物歧化酶在肝病中的临床意义 [J]．临床肝胆病杂志，2003 (1)：56－57.
[33] 杨清，王永香，张红军．ACTA、TGF-β1、SOD、MDA 与肝纤维化的相关性研究 [J]．中国现代实用医学杂志，2006，5 (8)：11－12.
[34] 施瑞华，陈图兴．自由基清除剂 SOD 和 CAT 在肝纤维化中的预防和修复作用 [J]．中华消化杂志，1993，13 (2)：84－86.
[35] 李春婷，杨芳，索有瑞．复方螺旋藻胶囊对小鼠急性肝损伤的修复作用 [J]．中药材，2009 (3)：416－418.
[36] 王虹，顾建勇，白少进等．紫苏提取物对化学性肝损伤修复作用的研究 [J]．营养学报，2009 (3)：277－280.
[37] 梅景良．中药制剂对欧鳗实验性肝病修复作用的研究 [D]．福建农林大学，2005.
[38] 蔡晓波，陆伦根．谷胱甘肽过氧化物酶与肝脏疾病 [J]．世界华人消化杂志，2009 (32)：3 279－3 282.
[39] Sreekumar R，Rosado B，Rasmussen D，*et al.* Hepatic gene expression in histologically progressive nonalcoholic steatohepatitis [J]．Hepatology，2003，38 (1)：244－251.
[40] 周光德．非酒精性脂肪性肝病 (NAFLD) 病理学评价、无创性诊断指标筛选、发病机制及药物干预研究 [D]．中国人民解放军军事医学科学院，2007.
[41] 栗素芳．IGFBPrP1 与硫代乙酰胺对小鼠肝组织的影响及其机制 [D]．山西医科大学，2010.

第五节　酵母培养物、姜黄素和水飞蓟素对草鱼硫代乙酰胺肝损伤的修复作用

目前在鱼类肝病防治中，抗生素的使用比较广泛且效果显著，但抗生素作为饲料添加剂在饲料中的长期使用，在杀死致病菌的同时也杀死了肠道有益菌，导致鱼类肠道菌群失调，破坏了肠道的微生态环境，引起细菌和内毒素移位。同时，抗生素的滥用造成动物的抗药性和体内的蓄积，进而影响到食品安全。目前研究表明，中草药和微生态制剂在动物生产上已广泛应用且效果显著，但是中草药和微生态制剂在鱼类肝病作用方面研究甚少。本文选用酵母培养物、姜黄素和水飞蓟素 3 种修复剂，利用 TAA 肝损伤模型草鱼，在基础饲料中分别添加 3 种修复剂，经过养殖试验研究 3 种物质对损伤肝胰脏的修复作用，为其在草鱼饲料中

的应用提供参考。

一、材料与方法

（一）试验材料

硫代乙酰胺（TAA），试验用油脂为毛豆油，与本章第四节相同。

酵母 DV，由达农威生物发酵工程技术（深圳）有限公司提供，主要成分：酵母细胞代谢产物、经发酵后变异的培养基和少量已无活性的酵母细胞，颗粒大小：直径 300μm（表 3-5-1）。

姜黄素，由北京桑普生化有限公司提供，由姜黄提取，姜黄素的有效含量为 95%。

水飞蓟素，由北京桑普生化有限公司提供，由水飞蓟提取，水飞蓟素的有效含量为 80%。

表 3-5-1　达农威酵母 DV 的概略养分含量

Tab. 3-5-1　Proximate nutrients in Diamond DV yeast culture

项目 Item	含量 Content
粗蛋白 Crude protein	≥15.0%
粗脂肪 Crude fat	≥1.50%
粗纤维 Crude fiber	≤22.0%
粗灰分 Ash	≤8.0%
水分 Water	≤10.0%

资料来源：达农威达农威生物发酵工程技术（深圳）有限公司

（二）试验设计与试验饲料

草鱼腹腔注射 TAA 300mg/kg，1 次/d，注射 1 次，投喂含 3.61% 油脂饲料建立肝损伤实验模型。试验设立对照组（不注射 TAA、投喂 3.61% 油脂的基础饲料）、模型组、模型 + 0.75‰酵母 DV 饲料组、模型 +1.40‰姜黄素饲料组、模型 +0.83‰水飞蓟素饲料组，共计 5 个试验组，每组 4 个重复。其中，每组的一个特定网箱用于 2 周、4 周和 6 周进行血清采样，其他 3 个平行作为全程养殖试验组，见图 3-5-1。

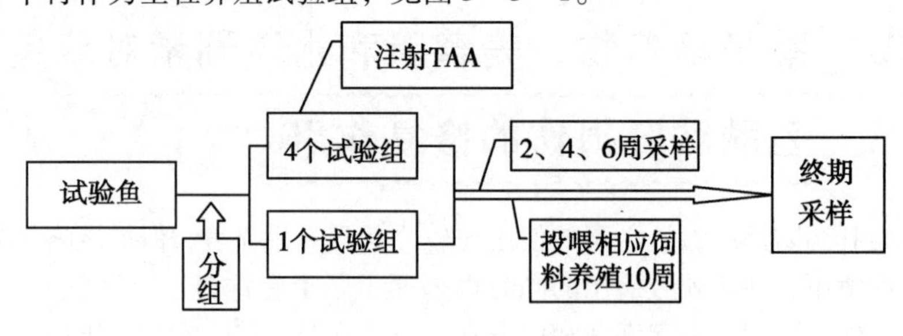

图 3-5-1　试验设计流程

Fig. 3-5-1　Experimental design flow chart

试验饲料由常规饲料原料组成，主要为小麦、米糠、豆粕、棉粕、菜粕、进口鱼粉、豆油、预混料等，饲料配方及营养组成见表3-5-2。饲料原料经粉碎过60目筛，混合均匀，经小型颗粒饲料机加工成直径为3.0mm的颗粒饲料，风干后置于冰箱中-20℃保存。制粒温度为65~70℃、持续时间约40s。

表3-5-2　试验饲料配方和营养成分（g/kg，风干基础）

Tab. 3-5-2　Ingredients and nutrients of the diets (g/kg, air dry basis)

原料 Ingredients	组别 Groups				
	对照组	TAA 模型组	TAA+酵母 DV	TAA+水飞蓟素	TAA+姜黄素
小麦 Raw	170	170	170	170	170
米糠 Rice bran	70	70	70	70	70
豆粕 Soybean meal	78	78	78	78	78
菜粕 Rape seed meal	200	200	200	200	200
棉粕 Cotton seed meal	200	200	200	200	200
进口鱼粉 Fish meal	70	70	70	70	70
磷酸二氢钙 $Ca(H_2PO_4)_2$	20	20	20	20	20
膨润土 Bentonit	20	20	20	20	20
沸石粉 Zeolite flou	20	20	20	20	20
大豆油 Soybean oil	21	21	21	21	21
面粉 Flour	121	121	120.25	120.17	119.6
预混料 Premix [1]	10	10	10	10	10
酵母 DV yeast culyure	—	—	0.75	—	—
水飞蓟 Silymarin[2]	—	—	—	0.83	—
姜黄素 curcumin[2]	—	—	—	—	1.4
营养成分 Proximate composition（实测值）					
水分 Moisture（%）	12.28	12.04	12.88	12.58	12.72
粗蛋白 Crude protein（%）	29.31	29.40	28.88	29.00	28.74
粗脂肪 Crude lipid（%）	3.61	3.72	3.48	3.55	3.49
总能 Gross energy（kJ/g）	15.35	15.38	15.36	15.26	15.56

注：[1] 预混料为每千克日粮提供 The premix provided following for per kg of feed：Cu 5mg；Fe 180mg；Mn 35mg；Zn120mg；I 0.65mg；Se 0.5mg；Co 0.07mg；Mg 300mg；K 80mg；VA 10mg；VB_1 8mg；VB_2 8mg；VB_6 20mg；VB_{12} 0.1mg；VC 250mg；泛酸钙 calcium pantothenate 20mg；烟酸 niacin 25mg；VD_3 4mg；VK_3 6mg；叶酸 folic acid 5mg；肌醇 inositol 100mg；

[2] 试验用姜黄素和水飞蓟素的纯度分别是95%、80%。

（三）试验鱼及分组，饲养管理（同本章第四节）

（四）样品采集和分析

1. 养殖过程中血清采样分析

同本章第四节。

2. 养殖10周采样和分析方法

同本章第四节。

（五）肝胰脏病理学检查

1. 样品的采集和观察

同本章第四节

2. 肝脏组织固定及HE染色方法和步骤

同本章第四节。

（六）数据处理

数据以平均值±标准差（mean±SD）表示，试验结果用SPSS 17.0软件进行处理，在单因素方差分析的基础上，采用Duncan氏多重比较法检验组间差异（$P=0.05$）。

二、试验结果

（一）三种修复剂对草鱼生长性能的影响

1. 草鱼成活率、特定生长率和饲料系数

草鱼成活率和生长性能是其生理健康特征的整体表现。经过10周养殖试验，各试验组草鱼的成活率、特定生长率和饲料系数的结果如表3-5-3所示。注射TAA和添加修复剂对草鱼的成活率、特定生长率影响不显著（$P>0.05$），对草鱼的饲料系数有极显著的影响（$P<0.01$）。结果具体表现：模型组特定生长率降低了36.10%，同时草鱼成活率下降了16.33%，但都在68.00%以上；酵母DV组、姜黄素组和水飞蓟素组的特定生长率分别高出模型组48.68%、28.95%和17.11%，同时又低于对照组；酵母DV组、姜黄素组和水飞蓟素组的成活率分别高出模型组3.34%、1.67%和13.34%；模型组饲料系数显著高于其他组（$P<0.05$）。

上述结果中，注射TAA后草鱼的成活率、特定生长率都降低了，饲料系数增大了；3种修复剂的添加，提高了肝损伤草鱼的成活率和特定生长率，降低了饲料系数。结果表明，3种修复剂对肝损伤草鱼有保护和修复作用，提高了草鱼的生长性能，但还未达到正常对照组的水平。

表3-5-3　3种修复剂对草鱼成活率、特定生长率和饲料系数的影响

Tab. 3-5-3　Effects of three protectants on SR, SGR and FCR of grass carp

组别 Groups	成活率 SR（%）	特定生长率 SGR（%/d）	饲料系数 FCR
对照组 Control	81.67±16.07	1.19±0.44	4.51±0.90[a]
TAA模型组 TAA	68.33±2.89	0.76±0.04	7.86±0.44[b]
TAA+酵母 TAA & YC	71.67±7.64	1.13±0.02	3.51±0.53[a]
TAA+姜黄素 TAA & Curcumin	70.00±10.00	0.98±0.21	4.52±1.60[a]
TAA+水飞蓟 TAA & Silymarin	81.67±7.64	0.89±0.06	5.05±1.04[a]

2. 草鱼形体指标和体脂肪组成

草鱼的形体指标和体脂肪组成是反映鱼体健康生长的重要标志之一。经过10周养殖试

验，各试验组草鱼的形体指标结果如表3－5－4所示。注射TAA和修复剂的添加对草鱼体重/体长比、肝胰脏指数的影响显著（$P<0.05$），而对草鱼的肥满度、内脏指数的影响不显著（$P>0.05$）。结果具体表现为：酵母DV组的体重/体长比显著高于其他组（$P<0.05$），对照组最小；草鱼肝胰脏指数中，对照组最小，水飞蓟素组最大，且差异显著（$P<0.05$）。草鱼肥满度和内脏指数差异不显著（$P>0.05$）；肥满度中，酵母DV组最小，模型组最大；而在内脏指数中，模型组最小，姜黄素组最大。

表3－5－4　3种修复剂对草鱼形体指标的影响

Tab. 3－5－4　Effects of three protectants on W/L, VBR, LBR and CF of grass carp

组别 Groups	体重/体长 W/L	肥满度 CF	内脏指数 VBR（%）	肝胰脏指数 LBR（%）
对照组 Control	3.70±0.94a	1.78±0.07	7.09±0.87	0.97±0.14a
TAA模型组 TAA	4.51±0.47ab	1.79±0.08	6.67±0.89	1.16±0.25a
TAA＋酵母 TAA & YC	5.31±1.16b	1.64±0.19	7.04±0.66	1.19±0.09a
TAA＋姜黄素 TAA & Curcumin	4.54±0.64ab	1.77±0.08	7.53±1.10	1.64±0.28b
TAA＋水飞蓟 TAA & Silymarin	4.19±0.72ab	1.73±0.10	7.38±0.37	1.73±0.49b

表3－5－5　3种修复剂对草鱼体脂肪组成的影响

Tab. 3－5－5　Effects of three protestants on body fat composition of grass carp

组别 Groups	全鱼脂肪 Fish body lipid（%）	肌肉脂肪 Muscle lipid（%）	肝胰脏脂肪 Hepatopancreas lipid（%）
对照组 Control	2.51 ± 0.13^{b}	0.78 ± 0.01^{b}	2.14 ± 0.09^{a}
TAA模型组 TAA	2.75 ± 0.10^{c}	0.50 ± 0.03^{a}	2.37 ± 0.22^{ab}
TAA＋酵母 TAA& YC	2.77 ± 0.11^{c}	0.79 ± 0.11^{b}	2.55 ± 0.23^{b}
TAA＋姜黄素 TAA & Curcumin	1.99 ± 0.10^{a}	0.86 ± 0.11^{b}	3.74 ± 0.06^{c}
TAA＋水飞蓟 TAA & Silymarin	3.38 ± 0.08^{d}	0.58 ± 0.07^{a}	4.34 ± 0.21^{d}

表3－5－5为各试验组草鱼10周全鱼、肌肉和肝胰脏粗脂肪含量的结果（按湿重计算）。注射TAA和修复剂的添加对各试验组草鱼的全鱼脂肪、肌肉脂肪和肝胰脏脂肪含量的影响差异显著（$P<0.05$）。具体表现：酵母DV、水飞蓟素组全鱼脂肪含量分别高出对照组10.36%（$P<0.05$）、34.66%（$P<0.05$），高出模型组0.73%（$P>0.05$）、22.91%（$P<0.05$），而姜黄素组全鱼脂肪低于对照组和模型组20.72%（$P<0.05$）、22.91%（$P<0.05$）。酵母DV组、姜黄素组和水飞蓟素组肌肉脂肪含量分别高于模型组58.00%（$P<0.05$）、72.00%（$P<0.05$）和16.00%（$P>0.05$）；酵母DV组、姜黄素组肌肉脂肪含量高于对照组但差异不显著（$P>0.05$），而模型组、水飞蓟素组的肌肉脂肪含量却低于对照组35.90%、25.64%，并且差异都显著（$P<0.05$）。酵母DV组、姜黄素组和水飞蓟素组肝胰脏粗脂肪含量分别高出对照组19.15%、28.04%和102.80%，并且差异都显著（$P<0.05$），同时又分别高出模型组7.59%（$P>0.05$）、15.61%（$P<0.05$）和83.12%（$P<0.05$）。

上述结果表明，注射TAA并添加3种修复剂后，肝损伤草鱼肥满度有减小的趋势，内脏团指数、肝胰脏指数和肝胰脏粗脂肪含量有增加的趋势。因此，3种修复剂的添加对肝损伤草鱼体内脂质代谢和脂肪周转有显著的影响。

（二）三种修复剂对肝损伤草鱼部分血清生化指标的影响

1. 草鱼全血血红蛋白含量

全血血红蛋白（Hb）含量是反映鱼体载氧能力大小的主要指标。各试验组10周草鱼全血血红蛋白含量如表3-5-6所示。各试验组之间血红蛋白含量差异显著（$P<0.05$）。模型组及3个修复剂添加组草鱼血红蛋白含量显著低于对照组。

上述结果表明，注射TAA降低了草鱼血红蛋白含量；3种修复剂的添加对草鱼血红蛋白含量没有显著的影响（$P>0.05$）。

表3-5-6 3种修复剂对草鱼血红蛋白含量的影响

Tab. 3-5-6 Effects of three Protestants on Hb content of the grass carp

组别 Groups	血红蛋白 Hb（g/L）
对照组 Control	88.37 ± 5.11^{b}
TAA模型组 TAA	61.38 ± 9.22^{a}
TAA+酵母 TAA & YC	59.08 ± 12.67^{a}
TAA+姜黄素 TAA & Curcumin	64.30 ± 5.25^{a}
TAA+水飞蓟 TAA & Silymarin	60.48 ± 3.13^{a}

2. 草鱼肝功能血清指标

血清天门冬氨酸氨基转移酶（AST）、丙氨酸氨基转移酶（ALT）及AST/ALT被广泛地作为肝胰脏损伤的标志性指标，同时也反映出肝胰脏蛋白质代谢强度。表3-5-7是各试验组2周、4周和6周血清AST/ALT值。各试验组各周AST/ALT值都有差异性，且差异显著（$P<0.05$）。2周时，3个修复剂添加组AST/ALT值显著低于模型组，而显著高于对照组，同时3个修复剂组之间差异也显著（$P<0.05$）。4周时，模型组和3修复剂组的AST/ALT值显著高于对照组（$P<0.05$），而模型组和3个修复剂组之间差异不显著（$P>0.05$）。6周时，3个修复剂组AST/ALT值显著低于对照组和模型组（$P<0.05$），模型组AST/ALT值高于对照组，且两组之间的差异不显著（$P>0.05$）。各试验组AST/ALT值随着时间的推移而增大，这可能与草鱼养殖环境水温变化导致机体代谢强度变化有关。

表3-5-7 各组2周、4周和6周草鱼血清AST/ALT值

Tab. 3-5-7 Each group AST / ALT values of 2, 4 and 6-week grass carp

组别 Groups	2周AST/ALT值 Two week	4周AST/ALT值 Four week	6周AST/ALT值 Six week
对照组 Control	0.76 ± 0.10^{a}	9.44 ± 2.02^{a}	25.31 ± 2.16^{b}
TAA模型组 TAA	5.42 ± 1.01^{d}	14.80 ± 2.72^{b}	26.65 ± 1.63^{b}
TAA+酵母 TAA& YC	1.40 ± 0.41^{a}	14.20 ± 1.93^{b}	18.80 ± 3.58^{a}
TAA+姜黄素 TAA & Curcumin	2.80 ± 0.34^{b}	14.80 ± 2.57^{b}	20.70 ± 2.12^{a}
TAA+水飞蓟 TAA & Silymarin	4.30 ± 0.62^{c}	18.70 ± 2.69^{b}	16.40 ± 1.84^{a}

表3-5-8 3种修复剂对草鱼10周血清AST、ALT和AST/ALT值的影响

Tab. 3-5-8 Effects of three Protestants on AST, ALT and AST/ALT of grass carp

组别 Groups	天门冬氨酸氨基转移酶 AST (U/L)	丙氨酸氨基转移酶 ALT (U/L)	AST/ALT 值
对照组 Control	121.67 ±65.52	6.00 ±1.73[b]	20.33 ±7.51
TAA模型组 TAA	93.00 ±35.51	4.33 ±2.52[ab]	23.33 ±5.51
TAA+酵母 TAA& YC	66.67 ±9.02	3.33 ±0.58[ab]	20.67 ±5.15
TAA+姜黄素 TAA & Curcumin	74.33 ±6.03	3.67 ±1.15[ab]	21.33 ±4.73
TAA+水飞蓟 TAA & Silymarin	59.00 ±15.72	2.67 ±0.58[a]	22.33 ±3.06

表3-5-8为各试验组10周草鱼血清AST、ALT和AST/ALT的试验结果。从表可知，各试验组血清AST和AST/ALT的试验结果之间差异不显著（$P>0.05$），各试验组血清ALT试验结果差异显著（$P<0.05$）。草鱼血清AST/ALT具体表现：酵母DV组、姜黄素组和水飞蓟素组都高于对照组，但低于模型组（$P>0.05$）。

上述结果中，3种修复剂对肝损伤草鱼血清AST/ALT值有降低作用（相对于模型组）。结果表明，3种修复剂对肝损伤草鱼的肝功能有修复作用。

3. 草鱼肝脏合成功能

表3-5-9 3种修复剂对草鱼血清TP、Alb、Glo和A/G值的影响

Tab. 3-5-9 Effects of three Protestants on TP, Alb, Glo and A/G of grass carp

组别 Groups	总蛋白 TP (g/L)	白蛋白 Alb (g/L)	球蛋白 Glo (g/L)	白球比例 A/G
对照组 Control	25.23 ±8.73	15.27 ±4.97	9.97 ±3.76	1.57 ±0.06[ab]
TAA模型组 TAA	21.23 ±2.65	12.60 ±1.57	8.63 ±1.29	1.47 ±0.12[a]
TAA+酵母 TAA & YC	25.07 ±2.26	15.53 ±1.74	9.53 ±0.96	1.63 ±0.21[ab]
TAA+姜黄素 TAA & Curcumin	23.27 ±4.57	14.83 ±2.75	8.43 ±1.88	1.77 ±0.12[b]
TAA+水飞蓟 TAA & Silymarin	22.17 ±1.35	13.97 ±1.23	8.20 ±0.30	1.70 ±0.17[ab]

血清总蛋白（TP）、白蛋白（Alb）和球蛋白（Glo）含量是反映鱼体肝胰脏合成功能的关键性指标。表3-5-9为各试验组10周草鱼血清TP、Alb、Glo和A/G值的试验结果，各试验组草鱼血清TP、Alb和Glo值之间差异不显著（$P>0.05$），各试验组之间A/G值之间的差异显著（$P<0.05$）。模型组和3种修复剂添加组的血清总蛋白含量都低于对照组，具体表现：模型组、酵母DV组、姜黄素组和水飞蓟素组血清总蛋白的含量低于对照组15.85%、0.63%、7.77%和12.13%，同时3种修复剂添加组血清总蛋白含量高于模型组，各试验组之间血清总蛋白含量差异不显著（$P>0.05$）。3种修复剂添加组血清白蛋白和白球比例都高于模型组，试验组血清白蛋白差异不显著（$P>0.05$），而白球比例差异显著（$P<0.05$），具体表现：酵母DV组、姜黄素组和水飞蓟素组血清白球比例高于对照组3.82%（$P>0.05$）、12.74%（$P<0.05$）和8.28%（$P>0.05$），而模型组血清白球比例低于对照

组6.37%（$P>0.05$）。

上述试验中，3种修复剂的添加对肝损伤草鱼血清总蛋白和白蛋白含量有提高的趋势，同时对草鱼血清白球比例有显著的影响。结果表明，3种修复剂对肝损伤草鱼肝脏合成功能修复作用。

4. 草鱼脂代谢

表3-5-10　3种修复剂对草鱼血清血脂四项的影响

Tab. 3-5-10　Effects of three protectants on CHO, TRIG, HDL-C and LDL-C of grass carp

组别 Groups	胆固醇 CHO（mmol/L）	甘油三酯 TRIG（mmol/L）	高密度脂蛋白 HDL-C（mmol/L）	低密度脂蛋白 LDL-C（mmol/L）
对照组 Control	4.28±1.44	2.40±0.75	2.12±0.82[a]	1.07±0.33
TAA模型组 TAA	3.67±0.56	2.07±0.15	1.86±0.07[a]	0.72±0.39
TAA+酵母 TAA & YC	4.77±0.12	2.90±0.26	2.32±0.62[ab]	0.89±0.38
TAA+姜黄素 TAA & Curcumin	4.15±0.52	2.67±0.65	1.92±0.10[a]	1.01±0.22
TAA+水飞蓟 TAA & Silymarin	4.63±0.60	1.97±0.45	3.17±0.42[b]	0.56±0.06

血清胆固醇（CHO）、甘油三酯（TRIG）、高密度脂蛋白（HDL-C）和低密度脂蛋白（LDL-C）是反映鱼类肝胰脏脂质代谢功能的指标。表3-5-10为各试验组10周草鱼血清CHO、TRIG、HDL-C和LDL-C的试验结果，各试验组血清CHO、TRIG和LDL-C之间差异不显著（$P>0.05$），各试验组之间血清HDL-C差异显著（$P<0.05$）。3种修复剂的添加，对肝损伤草鱼血清胆固醇和甘油三酯含量有增加的趋势（$P>0.05$），酵母DV组和姜黄素组高于模型组，而水飞蓟组甘油三酯低于模型组；同时3种修复剂添加组显著增加草鱼血清高密度脂蛋白的含量（$P<0.05$），且都高于模型组。

上述结果表明，注射TAA和3种修复剂对草鱼血脂含量和肝脏脂质代谢有的影响，但影响不显著。

（三）3种修复剂对草鱼氧化体系指标的影响

经过10周的养殖试验，各试验组草鱼血清T-SOD和GSH-PX如表3-5-11所示。各组草鱼血清T-SOD和GSH-PX之间差异显著（$P<0.05$）。草鱼血清T-SOD酶活力，酵母DV组、姜黄素组酶活力分别高出对照组14.34%（$P>0.05$）、9.76%（$P>0.05$），高出模型组33.18%（$P<0.05$）、27.86%（$P<0.05$）；模型组、水飞蓟素组酶活力低于对照组14.15%（$P>0.05$）、13.89%（$P>0.05$）。血清GSH-PX酶活力，酵母DV组、姜黄素组和水飞蓟素组酶活力分别高出模型组18.00%（$P<0.05$）、16.60%（$P<0.05$）和3.45%（$P>0.05$）；3个修复剂添加组草鱼血清GSH-PX与对照组之间差异不显著（$P>0.05$）。

上述结果表明，3种修复剂的添加对肝损伤草鱼抗氧化体系酶活力有提高作用，其中酵母DV和姜黄素较明显。

表 3-5-11　3 种修复剂对草鱼血清 T-SOD、GSH-PX 的影响

Tab. 3-5-11　Effects of three protestants on T-SOD, GSH-PX of grass carp

组别 Groups	超氧化物歧化酶 SOD（U/mL）	谷胱甘肽过氧化物酶 GSH-PX（U/mL）
对照组 Control	193.80±22.67[ab]	333.20±11.98[b]
TAA 模型组 TAA	166.37±9.24[a]	285.29±15.12[a]
TAA+酵母 TAA & YC	221.60±5.84[b]	337.23±32.52[b]
TAA+姜黄素 TAA & Curcumin	212.72±16.09[b]	332.92±29.90[b]
TAA+水飞蓟 TAA & Silymarin	166.90±25.48[a]	295.39±12.61[ab]

（四）草鱼肝胰脏病理检测

1. 养殖期 4 周，各试验组草鱼肝胰脏 HE 染色观察

养殖试验第 4 周时，各组随机取 5 尾鱼采集 1～2cm 大小的肝脏组织样 1～2 块 Bouin 试液固定，快速冰冻切片 HE 染色如彩图 3-5-2 所示。对照组（图 M）可见肝细胞排列整齐，肝小叶结构完整，未见肝细胞变性、坏死以及炎性细胞浸润；与对照组相比，模型组（图 N）肝细胞出现不同程度的变性，部分细胞坏死，炎性细胞浸润。酵母 DV 组（图 O）肝细胞排列整齐，无明显水样变性，肝细胞病变明显减轻；姜黄素组（图 P）肝细胞排列整齐，细胞界限清晰，肝细胞病变明显减轻；水飞蓟素组（图 Q）出现部分肝细胞变性、坏死和炎性细胞浸润，但肝脏病变程度低于模型组。

2. 草鱼 10 周肝胰脏形态学和 HE 染色观察

试验结束时，各组随机取 5 尾鱼解剖取内脏肉眼观察，结果如彩图 3-5-3 所示。对照组（图 g）肝胰脏颜色红润，质地柔软，包膜下未见淤血表现；模型组（图 h）肝胰脏已纤维化，质地偏韧，包膜下见淤血表现；酵母 DV 组（图 i）和姜黄素组（图 j）肝组织较模型组质软，但色泽较对照组暗淡、质地较粗糙；水飞蓟素组（图 k）肝组织中分布少量的血斑，同时有少量的纤维。

草鱼各试验组 10 周肝胰脏快速冰冻切片 HE 染色如彩图 3-5-4 所示。对照组（图 R）可见肝细胞排列整齐，细胞轮廓清晰，无细胞或组织坏死、炎症浸润。同对照组相比，模型组（图 S）肝细胞肿胀且边界模糊，肝细胞部分脂肪病变，有部分炎症浸润，并出现肝纤维化。酵母 DV 组（图 T）和姜黄素组（图 U）细胞排列整齐，细胞轮廓清晰。水飞蓟素组（图 V）肝细胞部分脂肪病变和细胞核偏离，有部分炎症浸润。

三、讨论

（一）3 种修复剂对草鱼肝损伤的作用机理

酵母培养物（YC）主要是通过改善肠道微生态环境和维持肠道 pH 值的稳定，促进有益菌（乳酸菌和双歧杆菌等）的定殖和生长，提高有益菌的活力和浓度[1]，增加肠道微绒毛的密度和高度，保护肠道屏障的功能性和完整性[2]，同时完整的肠道屏障有利于阻止内毒素、细菌和其他有害物质进入血液，从而保护肝脏免受损伤[3]。韩德五[4]、尧颖[5]等研究，当肝脏病变或损伤时，肠道也随之受到损伤，导致肠道微生态和黏膜屏障受到破坏，肠

道通透性增大。因此，肠道中内毒素、细菌和有害物质等进入体内，引起继发肠源性肝损伤。当肝脏损伤或病变时，通过改善肠道微生态环境，保护肠道黏膜完整性，减小肠源性肝损伤，有利于肝损伤机体的自我修复。邱艳[6]和李高峰[2]研究表明，在鱼类饲料中添加适量的 YC，有助于改善鱼类肠道微生态环境和肠道微绒毛密度，改善肠道酶活力，提高鱼类生长性能和免疫机能。

姜黄素主要是通过降低血脂、抗自由基和脂质过氧化效应、可以抑制 PGE_2 的释放和花生四烯酸代谢、抑制致癌剂和诱变剂的致癌性、抑制肿瘤细胞增殖等抗脂肪肝、抗肝硬化和抗肝纤维化[7-10]。Bruck 等[11]研究表明，姜黄素能够抑制由 TAA 诱导的大鼠肝损伤试验模型形状细胞活化以及胶原基因的表达，达到保护肝脏的作用。吕霞[12]和刘永刚等[13]研究表明，姜黄素具有抗肝损伤、肝纤维化作用，保护肝脏，从而提高机体的抗病能力。曹煜等[14]研究表明，姜黄素有抗菌、改善肠道微生态环境的作用。王进波等[15]和胡忠泽等[16]研究表明，在鱼类饲料中添加适量的姜黄素有助于鱼类的生长，改善肠道酶活力。

水飞蓟素主要通过抗脂质过氧化、保护细胞膜的完整性、抗纤维化、抗肿瘤、促进肝细胞修复和再生等来达到保护肝脏的目的[17-20]。鞠雷[21]和李荣萍等[22]研究表明，水飞蓟素能够抗大鼠化学性肝损伤、肝纤维化作用，从而提高机体的抗病能力。王英伟等[23]和刘为民等[24,25]研究表明，水飞蓟素能够促进动物消化吸收，提高动物生长性能。

（二）3 种修复剂对肝损伤草鱼生长性能的影响

鱼类生长性能是其生理健康特征的整体表现，其生长性能主要包括成活率和特定生长率。通过腹腔注射 TAA 可以致草鱼试验性肝损伤，造成草鱼整体机能下降，导致草鱼成活率和生长性能下降。本试验中，在饲料中添加酵母 DV、姜黄素和水飞蓟素投喂由 TAA 致肝损伤的草鱼，通过 70d 的养殖试验，3 个修复剂组特定生长率分别高出模型组 48.68%、28.95% 和 17.11%，但都低于对照组。表明 3 种修复剂对草鱼肝脏损伤有修复和修复作用，使肝损伤草鱼恢复生长。

本试验中，酵母培养物组草鱼特定生长率和成活率分别高于模型组 48.68%、3.34%，而都低于对照组；酵母培养物组饲料系数低于模型组和对照组，表明酵母培养物能够促进肝损伤草鱼肝脏功能和代谢机能的修复，提高草鱼的生产性能。上述结果可能的原因，当注射 TAA 致草鱼肝胰脏损伤，同时导致肠道功能和黏膜屏障也会受到破坏，导致肠道黏膜完整性受损伤。当在饲料中添加酵母培养物后，促进了乳酸杆菌、双歧杆菌等有益菌的定植和生长，改善了肠道的微生态环境，保护了肠道的完整性，阻止了草鱼肠源性损伤[26]。邱艳[6]和李高峰[2]研究表明，在鱼类饲料中添加合适的酵母培养物，有助于改善鱼类肠道微生态环境和肠道微绒毛密度，改善肠道酶活力，提高鱼类生长性能和成活率，降低饲料系数。酵母培养物中的营养成分，参与草鱼的机体代谢，还有其中的“未知生长因子”等的作用，促进了草鱼的生长，提高了草鱼的生长性能。

本试验中，姜黄素组草鱼特定生长率和成活率分别高于模型组 28.95%、1.67%，都低于对照组，草鱼饲料系数显著低于模型组，表明姜黄素能够促进肝损伤草鱼肝脏功能和代谢机能的修复，提高草鱼的生产性能。可能的原因是注射 TAA 致草鱼肝损伤后，通过姜黄素抗氧化、抑制肿瘤细胞增殖等作用，减轻 TAA 对草鱼肝胰脏和机体的损伤，修复和保护草鱼肝脏。同时，姜黄素能够改善肠道酶活力和微生态环境，提高了草鱼的生长性能[14-16,27]。

本试验中，水飞蓟素组草鱼特定生长率和成活率分别高于模型组 17.11%、13.34%，而都低于对照组，水飞蓟素组饲料系数显著低于模型组，表明水飞蓟素能够促进肝损伤草鱼肝脏功能和代谢机能的修复，提高草鱼的生产性能。上述结果可能的原因是注射 TAA 致草鱼肝损伤后，通过水飞蓟素抗氧化、抗肿瘤、促进肝细胞修复和再生等作用，减轻 TAA 对草鱼肝胰脏和机体的损伤，修复和保护草鱼肝脏。王英伟等[23]和刘为民等[24,25]研究表明，水飞蓟素能够促进动物消化吸收，提高动物生长性能。

（三）3 种修复剂对草鱼肝脏代谢功能的影响

血清转氨酶是催化体内氨基酸氧化分解的活性酶，其中主要包括丙氨酸氨基转移酶（ALT）和天门冬氨酸氨基转移酶（AST），正常情况下主要存在于肝细胞中，组织液和血液的含量很低，当肝胰脏组织病变或受到损伤时，导致肝细胞坏死或生物膜通透性增加，肝细胞内的转氨酶释放到组织液和血液中，引起血液或组织液中转氨酶活性增强或持续变化[28-30]。因此，血清或肝组织中转氨酶活力大小能够反映出肝脏的健康状况，可以作为肝脏病变或损伤的标志性指标。同时，转氨酶活力大小也是鱼类肝脏病变或损伤的重要指标[31,32]。

血清 AST，ALT 及 AST/ALT 值被广泛地作为肝胰脏损伤的标志性指标[33,34]。在 2 周、4 周和 6 周血清采样分析可知，草鱼腹腔注射 TAA 300mg/kg，1 次/d，注射 1 次，已致草鱼肝损伤。3 种修复剂的添加，肝损伤草鱼 AST/ALT 值逐渐接近对照组，而低于模型组，表明在 3 种修复剂的分别作用下，酵母 DV 通过改善肠道微生态环境，而姜黄素和水飞蓟素直接作用于草鱼肝脏，修复或减轻草鱼肝损伤，恢复肝胰脏功能，降低血清中转氨酶活力。这与许君君[35]和覃素芳[36]等研究抗 IGFBPrP1 对 TAA 诱导的小鼠肝纤维化保护及作用机制时，TAA 致肝损伤恢复相一致。

在第 10 周时，各试验组血清 AST、ALT 及 AST/ALT 值之间差异不显著，但是 3 个修复剂添加组 AST/ALT 值均低于模型组，而高于对照组，表明 3 个修复剂添加组肝功能接近对照组。血清 TP、Alb 含量及 A/G 值等，都高于模型组。王凤学等[37]和杨玉林等[38]研究表明，血清蛋白含量的增加，A/G 值的升高预示着肝脏合成功能的恢复，肝脏病变已不严重。第 10 周血脂分析可知，3 种修复剂的添加对肝损伤草鱼血清胆固醇和甘油三酯含量有增加的趋势（$P>0.05$），同时也显著增加草鱼血清高密度脂蛋白的含量（$P<0.05$），且都高于模型组。王晖等[30]、张莹兰等[39]和梁娟英等[40]研究表明，血清胆固醇、甘油三酯和高密度脂蛋白含量的增加，预示着肝胆疾病，但肝脏病变不严重。试验中模型组，血脂含量下降、血清蛋白含量降低、血清 AST/ALT 继续增高，预示着该组草鱼肝脏病变继续加重，已出现肝纤维化血清指标。

注射 TAA 致草鱼肝损伤，致使草鱼肝脏脂质代谢和蛋白质代谢功能下降，降低了草鱼肠道的吸收能力和肝胰脏的脂质代谢能力，脂肪在体内的转运和利用受阻，使脂肪在肝胰脏中沉积，形成轻度的脂肪肝。同时，由于肝脏受到损伤后，肝胰脏进行补偿性增生，导致草鱼肝胰脏指数增加，这与王丽宏[41]、阮栋俭[42]和叶仕根[43]等研究喹乙醇及氧化油脂对鱼类影响相一致。本试验中，注射 TAA 和 3 个修复剂添加组内脏指数、肝脏指数和肝胰脏粗脂肪含量都高于对照组，主要由于草鱼肝脏损伤后，肝脏的代谢功能紊乱或下降造成的。当修复剂添加后，通过改善肠道微生态环境和肝脏的代谢机能，改善肝损伤草鱼的机体代谢，草鱼肝胰脏损伤慢慢修复。而 3 个修复剂组肝胰脏指数显著增大，具体的原因还待进一步探讨。

韩德五[4]、殷云勤[44]和尧颖[5]等研究表明，肝脏病变会导致肠道损伤，而肠道黏膜屏障破坏，又会导致继发性肝病。赵贵萍[45]、邱艳[6]和李高峰[2]等研究表明，酵母培养物可以显著改善肠道微生态环境，保护肠道屏障免受破坏。罗安智等[46]和王连江等[47]研究表明，酵母培养物会降低机体血液中内毒素的含量，而保护肝脏。朱航[48]研究表明，富硒酵母对铁过量导致的小鼠肝损伤有修复作用，改善肝脏的代谢功能。本试验酵母 DV 组也是通过改善肝损伤草鱼肠道微生态环境，防止肠源性继发性肝损伤而达到对肝脏的修复和保护。

周京旭[10]、刘永刚等[13]、吕霞[12]、万小华[49]等研究表明，姜黄素对不同的大鼠化学性肝损伤类型都有修复作用，降低血清中 AST、ALT 的含量，改善肝脏的代谢功能。潘赞红等[7]探讨灌服姜黄素对实验性小鼠高脂血症的影响，结果表明姜黄素有明显降低血清中 CHO 和 TRIG 的作用。任永丽等[50]研究表明，姜黄素对家鸭脂肪肝模型肝脂和血脂有显著的干预效果。陈兴发[51]研究表明，在罗非鱼饲料中添加，对罗非鱼的脂类代谢有显著的影响。同时，侯洪涛[52]在对梗阻性黄疸大鼠灌喂姜黄素时，发现姜黄素对梗阻性黄疸大鼠肠黏膜屏障修复作用。本试验中，姜黄素直接作用于草鱼的肠道和肝胰脏，达到对肝损伤草鱼的保护，改善草鱼的肝脏代谢功能。

许红霞[53]、李荣萍[54]、鞠雷[21]和曹力波等[20]研究表明，水飞蓟对 D-氨基半乳糖、四氯化碳和醋氨酚、铜等化学性致大鼠不同类型的肝损伤都有修复作用，降低血清中 AST、ALT 的含量，改善肝脏的代谢功能。刘为民等[55]在研究水飞蓟素对雏鸭人工感染鸭肝炎病毒疗效时发现，水飞蓟素能够降低血清转氨酶活力。本试验中，水飞蓟素也是通过作用于肝损伤草鱼肝脏而保护和修复机体，改善肝脏的代谢功能。

（四）3 种修复剂对草鱼抗氧化体系的影响

超氧化物歧化酶（SOD）和谷胱甘肽过氧化物酶（GSH-PX）都是生物机体内的抗氧化酶，是机体抗氧化体系的重要组成部分，能清除体内氧自由基和抗脂质过氧化，保护细胞膜和细胞器膜的完整性，阻止自由基对机体的破坏。刘存歧等[56]报道，SOD 与水生生物的免疫水平密切相关，是机体重要的非特异性免疫指标。何珊等[57]报道，GSH-PX 也是鱼类抗氧化防御系统的重要组成部分。杨耀娴等[58]和杨清等[59]研究表明，血清 SOD 活力与肝脏病变严重程度成负相关，同时，李春婷等[60]和王虹等[61]研究表明 SOD、GSH-PX 在探讨化学性肝损伤机制中有重要的作用。本试验中，注射 TAA 后草鱼血清 T-SOD 和 GSH-PX 酶活力都降低了，而 3 种修复剂的添加后，提升了肝损伤草鱼的抗氧化酶活力，其中酵母 DV 和姜黄素最为显著。结果表明，修复剂添加组机体抗氧化内力提升，肝脏损伤明显修复。

程艳[62]研究表明，酵母培养物对患隐性乳房炎奶牛血清 SOD 有显著影响，提高机体的抗氧化能力。周淑芹等[63,64]在肉鸡饲料中添加酵母培养物，明显改善肉鸡的抗氧化能力。姜黄素能够显著改善肝损伤大鼠的抗氧化能力[65]。在肉鸡饲料添加姜黄素也能显著改善机体的抗氧化能力[8]。在鱼类研究中，陈兴发[51]和卢婉怡[66]等在罗非鱼饲料中添加姜黄素，罗非鱼血清 SOD 和 GSH-PX 酶活力显著提升，对罗非鱼机体的抗氧化性能有明显的改善作用。水飞蓟对大鼠急性酒精性肝损伤机体的抗氧化能力和氧化体系有明显的改善作用[67]。许红霞[53]研究表明，水飞蓟脂质体小鼠化学性肝损伤的抗氧化体系有明显的改善作用，提升血清中 SOD 和 GSH-PX 含量。本试验中，酵母培养物也显著提升肝损伤草鱼的抗氧化能力，与前人的研究相一致；而水飞蓟素对肝损伤草鱼抗氧化体系有改善作用，但效果没有前人在医学上研究结果明显。

（五）3种修复剂对肝损伤草鱼肝脏组织的影响

在医学研究中，肝脏病理组织学是诊断NAFLD、判断肝脏病变炎症程度和纤维化程度的唯一标准[68,69]。通过组织病理学观察，可以直观快捷地对样本进行诊断。许君君[35]在抗IGFBPrP1对TAA诱导的小鼠肝纤维化保护研究病理检测发现，抗IGFBPrP1对TAA致小鼠肝纤维化组织有显著的修复作用，减轻肝细胞病变，减少肝细胞间胶原的形成，随着抗IG-FBPrP1使用时间的加长，肝细胞组织病变程度也随着减轻。本试验中，第4周时，对照组肝细胞排列整齐，细胞轮廓清晰，无坏死和炎症浸润。模型组肝细胞出现不同程度的损伤，部分炎性细胞浸润；酵母DV组和姜黄素组，肝细胞排列整齐，无明显水样变性，肝细胞病变明显减轻；水飞蓟素组，出现脂肪变性和肝细胞炎症浸润，但较模型组病变程度轻；各试验组肝脏病理检查结果与4周血清AST/ALT值变化相一致。第10周时，模型组HE染色或离体组织观察，都发现出现纤维化，而3个保护添加组没有出现肝纤维化，但出现肝脏脂肪病变，其中水飞蓟素组还出现炎性细胞浸润。通过病理检测表明，模型组肝胰脏组织出现坏死和肝纤维化，3个修复剂组肝脏亦未见严重肝损伤。

宋键[70]和尹蓉[71]等在研究姜黄素对大鼠化学性肝损伤病变的保护病理检测发现，姜黄素灌喂组大鼠肝组织病变程度较轻，表明大鼠肝脏组织病变有明显的改善作用。许红霞[53]和李荣萍等[22]在水飞蓟对大鼠化学性肝脏病变的保护试验肝脏组织病理检测发现，水飞蓟素对大鼠肝脏组织细胞有显著的保护和修复作用，同时减少细胞间胶原的沉积。酵母培养物对肝损伤组织的保护研究还未见报道，同时水飞蓟素和姜黄素对在水产动物肝胰脏组织保护的病理检测也未见报道。本试验中，酵母DV添加组和姜黄素添加组肝胰脏组织病变程度较模型组有明显的改善，而水飞蓟素添加组肝组织病变程度也有一些改善，但不如酵母DV组和姜黄素组明显，可能与水飞蓟素的添加剂量及物理特性所导致的，还需要进一步探讨。

（六）3种修复剂对肝损伤草鱼的修复作用

酵母DV、姜黄素和水飞蓟素的添加对肝损伤草鱼都有保护修复作用，提高肝损伤草鱼的生长性能、抗氧化能力、肝脏代谢功能，降低血清转氨酶活力，达到对肝损伤草鱼的修复和保护。在本试验中，酵母DV对草鱼的保护效果最好，姜黄素次之，水飞蓟素组相对较差，但是都没有达到对照组的水平，有可能有这几种原因：①3种修复剂各自最适添加量在本试验中没有办法确定，但3种修复剂都在适宜的耐受范围[6,66,72]。研究表明，高剂量酵母培养物对鱼类有副作用，姜黄素和水飞蓟素对鱼类没有明显的副作用，3种修复剂的长期适量使用，也对机体没有明显的副作用。②3种修复剂的作用机理不同，酵母培养物主要作用于肠道微生态环境，促进肠道绒毛膜的生长和修复，通过肠－肝轴达到对肝损伤的修复和保护；姜黄素和水飞蓟素主要直接作用肝脏，提高肝脏的抗氧化、抗肿瘤和抗纤维化能力而保护肝脏，同时也能提高肠道的酶活力，利于肠道健康。③3种修复剂剂的药理动力学的差异，酵母培养物易容入水，便于利用和吸收，而姜黄素和水飞蓟素水溶性差、肠道吸收效果不好，故草鱼对其的利用率较低。在今后的研究应使用姜黄素和水飞蓟素脂质复合体，提高鱼类的吸收利用率，其效果才可能体现出来。

3种修复剂的添加对肝损伤草鱼有修复作用，但没有完全修复而达到对照组的效果。注射TAA对草鱼肝脏损伤程度比较大，诱发了草鱼一系列的应激反应；3种修复剂的最佳添加量无法在本试验中确定，对肝损伤草鱼的作用没有完全体现出来；3种修复剂对肝损伤草鱼的作用时间可能不够，还需要投喂一段时间修复效果可能会更明显。

四、小结

（一）草鱼腹腔注射TAA 300mg/kg，1次/d，注射1次，致草鱼肝损伤，同时在3.61%油脂饲料中分别添加0.75‰酵母DV、1.4‰姜黄素和0.83‰水飞蓟素。经过10周的养殖试验，3种添加物质能够提高肝损伤草鱼生长性能和机体抗氧化能力，降低草鱼肝脏脂肪沉积和肝功能损伤，减轻肝细胞损伤、减少脂肪粒和肝纤维化的形成。酵母DV和姜黄素对肝损伤草鱼的保护修复效果好于水飞蓟素。

（二）在本试验条件下，在饲料中分别添加0.75‰酵母DV、1.40‰姜黄素、0.83‰水飞蓟素，对于TAA+3.61%油脂建立的肝损伤实验模型草鱼的肝胰脏具有一定的修复作用，但尚不能完全恢复到对照组草鱼的生理状态。

参考文献

[1] Jensen G S，Patterson K M，Yoon I. 酵母培养物具有抗大肠杆菌和抗真菌而不影响健康微生物区系的特性 [J]. 饲料工业，2008 (24)：30-31.

[2] 李高锋. 酵母培养物在团头鲂饲料中的应用研究 [D]. 苏州大学，2009.

[3] 张爱忠. 酵母培养物对内蒙古白绒山羊瘤胃发酵及其他生理功能调控作用的研究 [D]. 内蒙古农业大学，2005.

[4] 韩德五. 肠源性内毒素血症所致"继发性肝损伤"的临床依据 [J]. 世界华人消化杂志，1999，(12)：1 055-1 058.

[5] 尧颖. 实验性肝损伤大鼠肠道屏障功能障碍的研究 [D]. 昆明医学院，2008.

[6] 邱燕. 三种微生态制剂对草鱼（*Ctenopharyngodon idellus*）生长性能、生理机能及肠道黏膜的影响 [D]. 苏州大学，2010.

[7] 潘赞红，李薇，金鑫. 姜黄素对高脂血症动物的实验研究 [J]. 天津中医，1999，(5)：35-36.

[8] 胡忠泽，金光明，王立克等. 姜黄素对肉鸡免疫功能和抗氧化能力的影响 [J]. 粮食与饲料工业，2006 (4).

[9] 温彩霞，郑婷婷，许建华. 姜黄素衍生物FM02的溶解度、抗抑郁和抗炎作用 [J]. 福建医科大学学报，2006 (4)：341-343.

[10] 周京旭. 姜黄素对亚硝胺诱导的大鼠肝癌的化学防护作用研究 [D]. 第一军医大学. 2001.

[11] Bruck R，Ashkenazi M，Weiss S，*et al.* Prevention of liver cirrhosis in rats by curcumin [J]. Liver Int.，2007，27 (3)：373-383.

[12] 吕霞. 姜黄素预防肝纤维化作用及其机制的研究 [D]. 暨南大学，2005.

[13] 刘永刚，陈厚昌，蒋毅萍. 姜黄素对小鼠实验性肝损伤的修复作用 [J]. 中国中药杂志，2003 (8).

[14] 曹煜，茅颖，向俊才等. 中药姜黄有效成分抗真菌研究及临床应用研究 [J]. 中华皮肤科杂志，1994 (6)：354-356.

[15] 王进波，吴天星. 姜黄素在大黄鱼饲料中的应用效果研究 [J]. 水利渔业，2007 (6)：105-106.

[16] 胡忠泽，杨久峰，谭志静等. 姜黄素对草鱼生长和肠道酶活力的影响 [J]. 粮食与饲料工业，2003 (11)：29-30.

[17] Shin N Y，Liu Q，Stamer S L，*et al.* Protein targets of reactive electrophiles in human liver microsomes [J]. Chem Res Toxicol，2007，20 (6)：859-867.

[18] Tasduq S A，Peerzada K，Koul S，*et al.* Biochemical manifestations of anti-tuberculosis drugs induced hepatotoxicity and the effect of silymarin [J]. Hepatol Res，2005，31 (3)：132-135.

[19] 吴东方，彭仁秀，叶丽萍等. 水飞蓟素对小鼠肝细胞微粒体及线粒体膜流动性的影响 [J]. 中国中药杂志，2003 (9).

[20] 曹力波，李兵，李佐军等. 水飞蓟素对肝纤维化小鼠的修复作用及机制探讨 [J]. 中国药理学通报，2009 (6)：794-796.

[21] 鞠雷．水飞蓟对大鼠肝细胞醋氨酚损伤的修复作用 [D]．河北农业大学，2007.

[22] 李荣萍，任成山，赵晓宴．水飞蓟宾对急性肝损伤中肝细胞胀亡的影响及其机制 [J]．中国中西医结合急救杂志，2006 (4).

[23] 王英伟，张敏，白金刚．水飞蓟复合饲料对猪生长性能及日粮养分消化率的影响 [J]．饲料工业，2006 (1)：30 – 32.

[24] 刘为民，王丙云，陈建红等．鸭肝炎病毒 (DHV-1) 及水飞蓟素对雏鸭生长的影响 [J]．中国农业科学，2008 (5).

[25] 刘为民，白挨泉，王军等．鸭肝炎病毒 (DHV) 刺激雏鸭增重和发育及水飞蓟素对其影响的研究 [J]．中国农业科学，2009 (1)：304 – 311.

[26] 邱燕，叶元土，蔡春芳等．酵母培养物对草鱼 (*Ctenopharyngodon idellus*) 生长性能与肠道黏膜形态的影响 [J]．饲料工业，2010 (18).

[27] 胡忠泽，金光明，王立克等．姜黄素对肉鸡生产性能和免疫机能的影响 [J]．粮食与饲料工业，2004 (10)：44 – 45.

[28] 林伟华，陈华英．ALT、AST、GGT、CHE 在肝病中的诊断价值 [J]．现代临床医学生物工程学杂志，2005 (3).

[29] 王凤学主编．临床生物化学自动分析操作规程 [M]．北京：人民军医出版社，2006：278.

[30] 王辉，孙小敏．肝功能血清酶学检查及其临床意义 [J]．延安大学学报 (医学科学版)，2004 (3)：55 – 71.

[31] 郑永华，蒲富永．汞对鲤鲫鱼组织转氨酶活性的影响 [J]．西南农业大学学报，1997 (1).

[32] 周玉，郭文场，杨振国等．鱼类血液学指标研究的进展 [J]．上海水产大学学报，2001 (2)：163 – 165.

[33] 林广玲，林春暖．肝病患者血清 11 项生化指标的临床意义 [J]．江西医学检验，2004，22 (1)：27 – 28.

[34] 李军莉．联合检测血清中 AST/ALT 比值、总胆汁酸及前白蛋白在不同肝病患者中的临床意义 [J]．中国社区医师：医学专业，2010 (32)：157.

[35] 许君君．抗 IGFBPrP1 对硫代乙酰胺诱导的小鼠肝纤维化修复作用的研究 [D]．山西医科大学，2009.

[36] 栗素芳．IGFBPrP1 与硫代乙酰胺对小鼠肝组织的影响及其机制 [D]．山西医科大学，2010.

[37] 王凤学主编．临床生物化学自动分析操作规程 [M]．北京：人民军医出版社，2006：278.

[38] 杨玉林，贺志安主编．临床肝病实验诊断学 [M]．北京：中国中医药出版社，2007.

[39] 张莹兰，张弢，周祖发等．急慢性肝炎、肝硬化及肝癌患者血脂检测的临床意义 [J]．临床消化病杂志，2008，20 (6)：369 – 370.

[40] 梁娟英，钟莉．肝病患者血脂及载脂蛋白的变化及其临床意义 [J]．海南医学，2010 (7).

[41] 王丽宏．茵陈汤对鲤作用的初步研究 [D]．西北农林科技大学，2010.

[42] 阮栋俭．氧化油脂对罗非鱼生理机能的影响 [D]．广西大学，2006.

[43] 叶仕根．氧化鱼油对鲤鱼危害的病理学及 VE 的修复作用研究 [D]．四川农业大学，2002.

[44] 殷云勤．肠黏膜屏障在肝硬化代偿期向失代偿期转化中作用的实验研究 [D]．山西医科大学，2006.

[45] 赵贵萍．不同豆粕水平的饲料中添加一种酵母培养物 (益康 XP) 对大菱鲆生长、组织学结构以及肠道菌群的影响 [D]．中国海洋大学，2008.

[46] 罗安智，齐长明，陈华林等．酵母培养物益康 XP 对奶牛血浆内毒素含量及其他指标影响的研究 [J]．中国奶牛，2005 (2).

[47] 王连江，齐长明，王金秋等．酵母培养物对犊牛血浆内毒素的调控研究 [J]．中国畜牧兽医，2006 (1).

[48] 朱航．富硒酵母对铁过量导致小鼠肝损伤修复作用的实验研究 [D]．南方医科大学，2007.

[49] 万小华．铜过量导致的肝损伤及姜黄素的修复作用 [D]．华中科技大学，2007.

[50] 任永丽，徐宗佩，梁汝圣等．姜黄素对家鸭脂肪肝模型肝脂与血脂的干预效果及机制研究 [J]．时珍国医国药，2008，19 (10)：2 327 – 2 329.

[51] 陈兴发．姜黄素对罗非鱼生长、抗氧化及脂类代谢的影响 [D]．华南农业大学，2008.

[52] 侯洪涛．姜黄素对梗阻性黄疸大鼠肠黏膜屏障修复作用的实验研究 [D]．河北医科大学，2009.

[53] 许红霞．水飞蓟素脂质体的保肝及急性毒性研究 [D]．新疆医科大学，2005.

[54] 李荣萍．水飞蓟宾对 D-氨基半乳糖诱导大鼠急性肝损伤肝细胞胀亡的影响 [D]．第三军医大学，2006.

[55] 刘为民，白挨泉，何永明等．水飞蓟素对雏鸭人工感染鸭肝炎病毒疗效的观察 [J]．佛山科学技术学院学报（自然科学版），2009 (6)：1-4.

[56] 刘存歧，王伟伟，张亚娟．水生生物超氧化物歧化酶的酶学研究进展 [J]．水产科学，2005 (11).

[57] 何珊，梁旭方，廖婉琴等．鲢鱼、鳙鱼、草鱼谷胱甘肽过氧化物酶 cDNA 的克隆及肝组织表达 [J]．动物学杂志，2007 (3)：40-47.

[58] 杨耀娴，党彤，张月成等．联合检测血清层黏蛋白、透明质酸、丙二醛及超氧化物歧化酶在肝病中的临床意义 [J]．临床肝胆病杂志，2003 (1)：56-57.

[59] 杨清，王永香，张红军．ACTA、TGF-β1、SOD、MDA 与肝纤维化的相关性研究 [J]．中国现代实用医学杂志，2006，5 (8)：11-12.

[60] 李春婷，杨芳，索有瑞．复方螺旋藻胶囊对小鼠急性肝损伤的修复作用 [J]．中药材，2009 (3)：416-418.

[61] 王虹，顾建勇，白少进等．紫苏提取物对化学性肝损伤修复作用的研究 [J]．营养学报，2009 (3)：277-280.

[62] 程艳．酵母培养物对患隐性乳房炎奶牛免疫、抗氧化功能及生产性能的影响 [D]．内蒙古农业大学，2007.

[63] 周淑芹，孙文志．酵母培养物对肉仔鸡免疫和生产性能影响的研究 [J]．饲料工业，2004 (11)：38-40.

[64] 周淑芹，孙文志．酵母培养物对肉鸡机体抗氧化和胆固醇代谢的影响 [J]．中国畜牧兽医，2009 (10)：21-24.

[65] 刘永刚，谢少玲，李芳君．姜黄素对 DMN 诱导的大鼠肝纤维化形成的影响 [J]．中药材，2005，28 (12)：1 094-1 096.

[66] 卢婉怡．姜黄素的生物学功能及其在奥尼罗非鱼养殖上的应用研究 [D]．华南理工大学，2009.

[67] 陈世林，洪汝涛，刁磊等．水飞蓟素对大鼠急性酒精性肝损伤的修复作用 [J]．安徽医科大学学报，2010 (2).

[68] Sreekumar R，Rosado B，Rasmussen D，*et al.* Hepatic gene expression in histologically progressive nonalcoholic steatohepatitis [J]. Hepatology，2003，38 (1)：244-251.

[69] 周光德．非酒精性脂肪性肝病（NAFLD）病理学评价、无创性诊断指标筛选、发病机制及药物干预研究 [D]．中国人民解放军军事医学科学院，2007.

[70] 宋健．姜黄素对肝纤维化大鼠肝组织Ⅰ、Ⅲ、Ⅳ型胶原影响的实验研究 [D]．陕西中医学院，2006.

[71] 尹蓉．姜黄素对酒精性肝损伤修复作用的实验研究 [D]．兰州大学，2008.

[72] 李佐军．水飞蓟素对 CCl_4 和/或酒精所致小鼠肝纤维化的修复作用及机制初探 [D]．中南大学，2008.

第四章　氧化豆油对草鱼肝胰脏原代细胞的损伤作用

第一节　主要研究结果

首先建立了草鱼肝细胞分离和原代培养的试验方法，利用原代肝细胞进行了氧化豆油水溶物的损伤作用研究，在氧化豆油水溶物刺激下，测定了肝细胞脂质代谢几个关键酶基因的表达活性。

利用健康草鱼肝胰脏分离得到的原代肝细胞，需要经过培育后，在肝细胞恢复生长且达到快速增殖期时，才能用于氧化油脂的损伤、损伤修复实验，这是一个可用的实验平台。以豆油氧化后的水溶物为试验材料，利用增殖期的原代肝细胞进行了损伤试验，证实豆油的氧化产物对肝细胞具有显著性的损伤作用，这种损伤是以氧化损伤为主要作用方式。对肝细胞的损伤是全面性的，高剂量或长时间的氧化豆油水溶物刺激，可以导致肝细胞整体损伤，甚至直接导致肝细胞凋亡。氧化豆油水溶物对肝细胞氧化损伤的作用位点主要是以细胞膜为主的生物膜系统，以及肝细胞的线粒体，这是氧化豆油水溶物直接作用以及诱导肝细胞内油脂氧化产物共同作用的结果。

一、草鱼肝细胞分离与原代培养

刚分离的肝细胞在短期内形态和功能会发生显著变化，而用于试验研究的肝细胞应该是在培养条件下，恢复生长并在快速增殖期的细胞。这个时期的肝细胞具有了活体动物肝细胞的整体生理功能。

为探讨肝细胞分离和原代培养的肝细胞最佳功能状态，在不同条件下进行肝细胞分离和原代培养，以探讨适合草鱼（*Ctenopharyngodon idellus*）肝细胞生长的最佳条件及培养方法，用于饲料营养与非营养物质对草鱼肝细胞代谢、损伤作用机制的研究。

采用改进的胰蛋白酶消化法和红细胞裂解液分离、纯化肝细胞，置于已配制好的 M199 培养基中进行原代培养。通过显微镜计数法和台盼蓝排斥法计算细胞产量和存活率；MTT 比色法连续测试培养 6d 的肝细胞活力；荧光显微镜观察其形态结构变化，并收集不同时期培养液上清液，检测肝细胞白蛋白分泌、尿素合成功能和 LDH 释放量。

结果显示，采用 0.25% 浓度的温和胰蛋白酶消化法，消化 20min，分步收集肝细胞，经台盼蓝染色检测和血球计数板计数，活细胞数≥99%。在含 10% 胎牛血清、10μg/mL 胰岛素的 M199 培养基中，以接种浓度 1.7×10^6cell/mL 左右为宜，置于 27℃、4.5% CO_2浓度的恒温培养箱中可成功培养草鱼原代肝细胞。MTT 试验结果显示，在培养第 2d 时 A 值最高，细胞处于最佳状态。荧光显微镜下可见肝细胞呈多边形生长，细胞周围有大量伪足伸出，使其贴壁更加牢固，细胞间隔清晰可见，高倍镜下可见圆形细胞核。细胞可生长10d以上。肝功能检测结果显示，24～72h阶段细胞增殖能力强，LDH含量显著降低（$P<0.05$），BUN含量明显增加（$P<0.05$），白蛋白含量呈上升趋势。

培养24～72h阶段草鱼肝细胞原代细胞生长状态最好，适用于肝细胞代谢、损伤及基因表达的研究。

二、氧化豆油水溶物对草鱼肝细胞损伤作用的研究

本研究以草鱼原代培养的肝细胞为试验材料，研究不同浓度和不同作用时间下氧化豆油水溶物对草鱼肝细胞的损伤作用。

通过测定培养液中乳酸脱氢酶（LDH）、总抗氧化能力（T-AOC）和丙二醛（MDA）含量，采用油红O和碱性磷酸酶染色以及透射电镜等方法检测和观察肝细胞的生长变化。

结果显示，高浓度（0.22656g、0.15104g）组氧化豆油水溶物作用3h就可导致草鱼肝细胞形态发生显著改变，细胞的生长受到显著的抑制作用。LDH释放量显著增加，表明肝细胞的细胞膜受到损伤，细胞膜的通透性显著增加；T-AOC能力提高，MDA含量较高，表明原代肝细胞受到氧化损伤作用，并可能引起肝细胞内脂质的进一步氧化，其氧化产物对肝细胞造成进一步的损伤。损伤的肝细胞透射电子显微镜观察结果显示，肝细胞的线粒体受到很大程度的损伤，在氧化豆油水溶物持续作用下，肝细胞出现凋亡性死亡，肝细胞的成活率显著下降。草鱼肝细胞的损伤程度与水溶液的作用浓度和时间存在显著性关系，高浓度组与对照组相比，损伤严重，随着时间的延长肝细胞加剧凋亡。

三、氧化豆油水溶物对草鱼原代肝细胞脂质代谢相关基因表达活性的影响

以原代培养24h的草鱼肝细胞为研究对象，添加0.22656g氧化豆油所含水溶物，分别作用1 h、1.5h、2h、2.5h和3h，收集草鱼肝细胞样品，采用实时定量反转录聚合酶链式反应（qPCR）方法，检测草鱼肝细胞IGF、PPAR-α、PPAR-γ、FAS、PGC1-α、SCD1、UCP2的mRNA表达量。各试验组的IGF-Ⅰ、UCP2、PGC1-α、PPAR-α基因表达量与对照组相比，均呈现显著性下调（$P<0.05$）；FAS、SCD1、PPAR-γ的基因表达量与对照组相比，均呈现显著性上调（$P<0.05$）；各基因试验组中，2.5h、3h时，各基因表达量与1h相比有显著变化。可能是由于添加的氧化豆油水溶性成分（如FFA、MDA）使FAS基因表达上调，而PGC1-α、PPAR-α的表达量都下调，细胞脂质代谢受阻，细胞为进行自我修复，PPAR-γ和SCD1基因表达上调，这种抑制与修复的相互作用致使试验组各基因表达量在不同时间出现下调或上调的变化。

第二节　鱼类肝细胞分离与培养研究进展

草鱼是我国目前养殖产量最大的淡水鱼类之一。但在人工养殖过程中，由于水质恶化、饲料受潮发霉、油脂氧化等因素易出现以脂肪性肝病为特征的营养性疾病。其中，油脂是水产饲料中的重要原料，其质量优劣直接关系到饲料产品的好坏。油脂在加工或储存中易发生氧化，产生多种有害物质，对草鱼健康产生不良影响。因此，为减少氧化油脂带来的负面作

用，探索其对草鱼肝胰脏损伤作用机理，本试验拟建立草鱼原代培养肝细胞平台，研究氧化油脂对肝细胞的损伤作用。同时，克服常规的养殖试验研究周期长、受实际环境制约、可重复性低、见效慢等缺点，为饲料营养与非营养物质对草鱼肝细胞代谢、损伤作用机制的研究以及对修复机制、修复物质筛选的研究提供一个高效的方式。

一、鱼类肝细胞原代培养研究进展

细胞培养是指从体内组织取出细胞模拟体内生存环境，在无菌、适当温度及酸碱度和一定营养条件下，使其生长繁殖并维持结构和功能的一种培养技术。从体内取出细胞首次培养即为原代培养（Primary Culture）。细胞原代培养常用的培养方法可分为贴壁培养（Monolayer culture）和悬浮培养（Suspension culture）。贴壁培养，顾名思义，是细胞在贴附物表面形成生长单层，在其上面增殖、分化。在提供细胞外基质的条件下，肝细胞可以形成特定的形态，表现出完整的特异性功能[1]。肝细胞的培养属于贴壁培养。原代肝细胞的悬浮培养按不同的营养物质提供方法可分为微囊肝细胞培养、微载体黏附培养和球形聚集培养[2]。悬浮培养适合高密度、长期培养的肝细胞，配合高分子的材料，尽可能提供接近体内生存的环境，从而获得大量、高密度、特异性强的肝细胞。1885 年，Wroux 首次尝试组织离体培养，被认为是组织细胞培养技术的萌芽；1907 年 Harrison 和 1912 年 Carrel 开始把组织培养作为一种方法，用于研究离体动物细胞的培养，标志着细胞培养技术的诞生。

国内外对肝细胞的分离培养已有不少研究，在科研领域，已对大鼠、小鼠、猴、猪、狗、兔、鸭等的肝细胞进行成功培养[3]。鱼类细胞的培养方法基本上沿用了哺乳动物细胞的培养方法，并在此基础上根据鱼类的生存环境做相应的调整。鱼类细胞原代培养的组织来源很多，有性腺[4]、肾脏[5]、心脏[6]、脾脏[7]、鳍条[8]、鳔、吻端组织等[9]以及对鲤血管内皮细胞的分离培养，探讨建立水产动物病毒模型[10]。国内外还有许多学者对鱼类肝细胞的培养展开了广泛的研究。鱼类肝脏组织成分复杂，包括基质、肝细胞、非肝细胞，非肝细胞包括间隔、胆管细胞、内皮细胞、脂肪细胞和巨噬细胞等[11]。Segner 等综述了多种硬骨鱼原代肝细胞的代谢活性研究[12]；Braunbeck 等对虹鳟肝细胞进行原代培养，并且对超微结构展开研究[13]；谢保胜等[14]采用组织块移植培养技术，成功进行了青海湖裸鲤体外肝胰细胞原代与传代培养等，喻文娟等通过胰蛋白酶消化法分离大口黑鲈肝细胞，在含 20% 胎牛血清、10μg/mL 胰岛素的 M199/L15 培养基中，于 4% CO_2、28℃ 培养箱中长期培养并传代[15]。还有对黄鳍鲷肝细胞的体外培养，认为在 MEM 培养基中加 20% 小牛血清，15g/L L-谷氨酰胺及 pH6. 9 ~ 7. 1 时，在 23℃ 中静置培养，黄鳍鲷肝细胞生长良好，3 ~ 5d 长满单层，细胞主要为成纤维细胞状，并能顺利传代[16]。另外，也有对剑尾鱼、罗非鱼、鲤鱼等其他鱼类肝细胞的原代培养研究[17-19]。

由于鱼类原代肝细胞培养无需特殊装置，生长环境可以在人工条件下严格控制，兼具体内试验和体外试验的优点，而且体外短期培养的肝细胞不同酶活特性与刚分离的细胞相近，如一些接合酶、P_{450} 等[20,21]。因此，越来越多的研究开始致力于原代肝细胞的结构[22]、功能、细胞相互作用[23]、脂蛋白代谢[24]、激素合成[25]，激素受体表达[26]、毒性[27]等方面。基于肝细胞的代谢功能和对外源性化合物毒性的敏感性，在体外毒性筛选试验中起着重要作用。例如，张毅等[28]研究了不同浓度壬基酚对鲤鱼原代肝细胞增殖和抗氧化系统的影响，高浓度的壬基酚（10^{-3} mol/L）对细胞增殖的抑制作用极其显著，肝细胞形态发生明显改变。经壬基酚处理后的肝细胞 SOD 和 CAT 的活性均受到抑制，对原代鲫鱼肝细胞造成氧化损伤，引起培养液中 MDA 含量升高。Wan 等[29]研究了草鱼原代肝细胞暴露于多氯芳香烃中 EROD（7－乙氧基－3－异吩恶哇酮－脱乙基酶）的活性，结果表明，TCDD（二噁英）作用于细胞会导致 GST 和 LDH 活性的改变，具有生物降解作用。同时，随着冻存技术、药理学、毒理学技术的发展，在体外肝细胞培养基础上进行的试验灵活性、重复性得到提升，原代肝细胞在水产药物研发中将有更加广泛的应用[30]。

二、细胞的分离方法

肝细胞分离技术主要有机械法、酶消化法。早在 20 世纪 40 年代人们就开始通过剪碎、挤压、振荡等方法分离肝细胞，但对细胞损伤严重，获取的肝细胞数量少且活性低。消化分离法有胰蛋白酶消化法、胶原酶消化法和 EDTA 消化法。胰酶溶液包括胰蛋白酶、胰淀粉酶和胰脂肪酶，活性可用消化酪蛋白的能力表示，常见的有 1∶125 和 1∶250，组织培养用的胰酶溶液一般配制成 0.1%～0.25%的浓度，可用 D-Hanks 液配制，最佳 pH 是 8～9，充分溶解，过滤除菌，再调 pH 至 7.5[31]细胞清洗液配制胰酶消化液，用含 0.5%胰酶的细胞清洗液，过滤除菌，分装并 4℃保存。胰酶的消化作用破坏了肝脏组织中的细胞外基质，将肝组织分离成单个细胞，完整肝脏中的肝细胞与细胞外基质和其他细胞类型有着复杂的关系，彼此之间相互依赖而共同维持肝脏结构[32]。胶原酶是从溶解组织梭状细胞芽孢杆菌提取制备的，主要水解结缔组织中胶原蛋白成分。常用剂量最终浓度为 200U/mL 或 0.1～0.3μg/mL。胶原酶分为Ⅰ、Ⅱ、Ⅲ、Ⅳ、Ⅴ型以及肝细胞专用胶原酶，要根据所要分离消化的组织类型选择胶原酶类型。例如，胶原酶Ⅰ用于上皮、肺、脂肪和肾上腺组织细胞的分离。胶原酶Ⅱ适用于肝脏、骨、甲状腺、心脏和唾液腺组织。胶原酶Ⅴ可用于胰腺小岛组织的分离，将结缔组织分离成单个细胞，坏细胞间的连接[33]。对于一些贴壁牢固的细胞，可用胰酶和 EDTA 的混合溶液消化。胰蛋白酶和胶原酶在消化时间、浓度等方面有所差异，见表 4－2－1。

表 4－2－1　胰蛋白酶和胶原酶生物活性的差别[34]

项目	胰蛋白酶	胶原酶
消化特性	适用于消化软组织	适用于消化纤维多的组织
用量	0.01%～0.5%	0.1～0.3mg/mL（200U/mL）
消化时间	0.5～2h	1～12h
pH 值	8～9	6.5～7.0
作用强度	强烈	缓和
细胞影响	有	无太大影响
血清抑活	有影响	无影响
Ca^{2+}和 Mg^{2+}	时间过长有影响	无影响

EDTA 是一种非酶消化物，能螯合离子形成螯合物，促使细胞相互分离。EDTA 的配制浓度一般为 0.02%，加碱助溶后过滤除菌或高压灭菌。胶原酶常用在上皮类原代培养中，

作用对象是胶原组织，对细胞损伤小，使用浓度为0.1～0.3mg/mL或200U/mL，可用PBS配制，最佳作用pH值为6.5。

三、肝细胞体外培养条件

肝细胞属于高度分化的类上皮细胞，在体内与其他细胞及外基质共同维持肝脏的三维结构。体外培养的肝细胞容易失去肝细胞的特异性功能，因此，肝细胞培养的关键是微环境中的可溶性因子、培养基成分、培养温度、pH、各种添加物等[35]。

（一）无污染环境

培养环境的无毒、无菌是保证细胞生存的首要条件。一旦有害物质侵入体内或者代谢产物积累，体内强大的免疫系统和解毒器官就会开始进行抵抗和清除，使细胞不受危害。当肝细胞置于体外环境培养后，失去对微生物和有毒物质的防御能力，一经污染或代谢物累积致使有毒物质增加，都有可能导致细胞死亡。因此，保持培养环境的无污染、代谢物及时清除等是维持细胞生存的基本条件。

（二）附着底物

除了悬浮细胞外，贴壁性细胞都需要贴附在底物上生长。不同细胞对底物的要求不同。常用底物有玻璃、一次性塑料、微载体和饲细胞等[34]。玻璃以培养皿为代表，玻璃底物适于各种细胞的生长，但需经强碱、强酸处理后才能使用。塑料底物以48、96孔和其他规格培养板为代表，常用的为聚苯乙烯，这种材料具有疏水性，可用来培养正常细胞、无限系细胞、转化细胞和肿瘤细胞等。由于消耗量大、不经济，因此必要时可用水冲干净，消除残留细胞，晾干杀菌处理后再次利用，但仅限一两次。微载体是由聚苯乙烯和聚丙乙烯胺制成的小球体，附着面大，利于大量繁殖的细胞培养。饲细胞，顾名思义是以一种细胞为附着物，另一种细胞生长于其表面。常将长成单层的成纤维细胞或其他细胞，经射线照射，虽然仍存活且有代谢能力，但失去增殖能力，将其他细胞接种于其上培养。常用于特殊培养的细胞。现在试验中常用一次性塑料板，但需添加促细胞贴附物质。

试验中常用的促细胞附着物列于表4-2-2。

表4-2-2　促细胞附着物[31,34]

名称	来源	促细胞贴附特性
纤维连接素（Fibronectin）	细胞表面、连接基质等	成纤维细胞
基膜素（Laminin）	基膜	上皮细胞、肝细胞等
Epibolin	血浆、血清	上皮细胞
L-CAM	鸡肝	肝细胞
血清扩展因子	哺乳动物血清和血浆	成纤维细胞
Ⅳ型胶原（Type Ⅳ collagen）	基膜	上皮细胞、表皮细胞
氨基多糖类	基膜	上皮细胞
硫酸软骨素	皮肤软骨	成纤维细胞
硫酸肝素		软骨细胞

在用塑料底物时，通常会在其表面包被一层胶原。胶原是从动物特定组织中用人工方法提取的，作为细胞良好的生长基质，品种很多，如来自大鼠尾腱、豚鼠真皮、牛真皮、牛眼水晶体、跟腱等，其中鼠尾胶原是最常用的一种，通常配制浓度为0.1%～1%，溶于醋酸溶液。国外也有学者提取鱼皮胶原作为细胞培养的附着表层[36]，本试验中也成功试验。

（三）温度

维持细胞的增殖、生长，必须有适宜的温度条件。人和哺乳动物的正常生长温度为(36.5±0.5)℃，鸟类细胞温度要求为38.5℃，鱼类为变温动物，体温会随着水环境温度而发生改变，生存温度跨度较宽，冷水性鱼类和温水型鱼类的肝细胞培养温度也不同，前者细胞的适宜温度在4～24℃，后者则是15～37℃[37]。大多数家鱼的最适生长温度在25～32℃。一般细胞可在36.5℃中培养，温度上升不超过39℃，细胞的代谢强度和温度成正比，但不同鱼种、不同来源细胞之间还是有所差异的。Kim 等[38]在研究罗非鱼肝细胞的培养中，发现在28℃下VTG的合成能力高于23℃和33℃，不同种类对最适温度和pH的要求是不一样的。总的来说，细胞培养对低温的耐受能力比高温强。培养细胞在39～40℃1h，会受到一定损伤，但仍有恢复的可能；41～42℃1h，细胞受到严重损伤，但不会全部死亡，个别活力强的细胞仍有恢复的可能；温度升到43℃1h以上，细胞将被全部杀死。相反，温度不低于0℃对细胞代谢虽有影响，但并无伤害作用；25～35℃时，细胞仍能生长，速度减缓；放在4℃数小时后，37℃培养细胞能继续生长。不同温度下细胞相关酶代谢、物质合成会受到很大影响。Jensen 等研究了虹鳟肝细胞在两种不同温度异代谢酶活性也不同[22]。细胞代谢随着温度的降低而减缓，但当温度低于0℃时，细胞可因胞质结冰而受损死亡，为避免冻存带来的低温伤害，可在培养液中加入适量保护剂，如二甲亚砜或甘油等，液氮速冻后可长期保存。待到需要时，解冻复苏，细胞仍能增殖生长，生物性状不受影响。

（四）气体环境

气体环境也是细胞生存的必要条件之一，O_2和CO_2的组成比例对细胞生长有很大影响。其中，O_2参与三羧酸循环，给细胞生长、增殖提供能量和各种所需养分。虽然有些细胞也可依靠本身的糖酵解获取能量，但大多数细胞在缺氧条件下都不能生存。O_2分压1995—9975Pa适用于封闭式单层细胞培养，如在带螺纹盖的细胞培养瓶中培养，而开放式培养一般是在95%空气+5% CO_2的混合空气中，如在培养板、培养皿或培养瓶松盖培养。培养环境中O_2分压超过大气中氧含量时，会对细胞产生毒害作用。

（五）pH值

培养基的pH值维持主要依靠环境中CO_2的含量，大多数细胞适宜pH值为7.2～7.4，原代培养的细胞一般对pH值的耐受性较差，但总体来说细胞耐碱性比耐酸性强。例如，樊廷俊等在研究大菱鲆鳍细胞时发现，pH值在7.0和7.4时，细胞生长迅速，在pH值6.6时，细胞生长缓慢[39]。细胞在生长过程中随着增殖与代谢，不断释放CO_2，pH值发生变化，导致培养基变酸，如是带酚红的培养基，可见颜色偏黄。例如，常用的D-Hanks平衡盐溶液中含有低浓度的$NaHCO_3$，当D-Hanks平衡盐溶液长期暴露于空气中时，CO_2能迅速溢出导致pH变碱，酚红指示剂变红。因此，在开放式培养时，需放在一定CO_2含量的气体环境中培养。

（六）培养基

体外培养的细胞直接生活在培养基中，因此，培养基应能满足细胞对营养成分、促生长因子、渗透压、激素、pH 值等多方面的要求。培养基种类繁多，按其来源分为天然培养基和合成培养基。前者主要是指来自动物体液或利用组织分离提取的一类培养基，如血清、血浆、淋巴液、鸡胚浸出液等。天然培养基含丰富的营养物质和各种细胞生长因子、激素类物质，目前仍然广泛使用的是血清。

1. 血清种类

常见的有小牛血清、新生牛血清、胎牛血清。牛血清主要成分有葡萄糖、胆固醇、磷脂、蛋白质、维生素、激素（睾丸酮、初乳素、胰岛素等）多种生长因子，促贴附因子等活性物质。小牛血清（10～30d）含丰富胰岛素；新生小牛血清（24h 内）雌酮、雌三醇、睾丸酮较丰富；胎牛血清（剖腹产胎牛）胎球蛋白丰富。显然，胎牛血清品质最高，血清中含有的抗体、补体等对细胞生长的有害成分最少。

2. 血清的主要成分和作用

细胞培养中常用的血清是由血浆去除纤维蛋白形成的，含有血浆蛋白、多肽、脂肪、生长因子、激素、无机物等。血清含有的各种氨基酸、维生素、脂类等为细胞生长提供基本的营养物质。同时，血清中含有的纤连蛋白（FN）、层粘连蛋白（LN）等，可以促进细胞贴壁。血清中还含有各种激素，如胰岛素、肾上腺皮质激素（氢化可的松、地塞米松）、类固醇激素（雌二醇、孕酮、睾酮）等，各种生长因子，如成纤维细胞生长因子（FGF）、表皮细胞生长因子（EGF）、血小板生长因子（PDGF）等。另外，血清还提供结合蛋白，如白蛋白携带维生素、脂肪和激素等，转铁蛋白携带铁，为细胞代谢起到促进作用[40]。血清中的某些物质还为细胞生长提供一定程度的保护，如血清对胰蛋白酶消化的终止作用、血清的黏度减少细胞受到的机械损伤等。

3. 血清的储存和使用

国内细胞培养试验中常加入血清促进肝细胞增殖[41]。血清在使用前是否需要进行灭活处理，在使用中还是存在争议的，但一般试验中都在 56℃下放置 30min。灭活的目的是去除血清中的补体成分，避免补体对细胞产生毒性作用。而不赞成灭活的一方主要是考虑到灭活过程会损失一些对细胞生长有利的成分，如生长因子等。因此，对品质高的胎牛血清和小牛血清可以考虑不灭活直接使用。血清一般储存在 -20℃，为避免反复冻融，可以进行 10、20、50mL 等不同体积分装。融化时可先于 4℃过渡，但不可长时间存放。

血清的使用浓度视不同细胞而定，大致在 5%～20% 的范围，常见的是 10%。当然，并不是血清添加越多越好，过多地使用血清容易使细胞发生异化，特别是二倍体的无限细胞系。对大多数细胞而言，血清不是直接接触的生理学液体，只是在愈合过程才接触，因此，血清有可能改变其体内的正常状态，促进一些成纤维细胞的生长，抑制另一类细胞，如表皮角质细胞的生长。国外学者培养肝细胞时多采用无血清添加培养基，就是为了避免血清对纤维细胞生长的促进作用[42]。血清中含有的多氨氧化酶，能与高度繁殖细胞的多胺起反应形成聚精胺，这种物质对细胞具有毒理作用。

合成培养基是人工设计、配制的，品质繁多，根据不同细胞生长需求可以选择不同培养基，常见的培养基有以下几种[31]。

（1）MEM 为基础培养基，仅含有 12 种必需氨基酸、谷氨酰胺，8 种维生素及必要的无机盐，成分简单，易于添加某种特殊成分适应某些特殊细胞的培养。

（2）DMEM（Dulbecco's modified Eagle medium）与 MEM 相比主要是增加了各种成分的

用量，同时又分为高糖型和低糖型，高糖型含葡萄糖 4 500g/L，低糖型含量为 1 000g/L。高糖型有利于细胞停泊于一个位置生长，适合生长快、附着困难的肿瘤细胞。

（3）IMDM（Iscove's modified Dulbecco's medium）是对 DMEM 培养基的改良，增加了许多非必需氨基酸和维生素，增加了 HEPES，葡萄糖含量为高糖型。IMDM 适合于细胞密度较低、细胞生长困难的情况，如细胞融合之后杂交的细胞培养，DNA 转染后转化细胞的筛选培养。

（4）RPMI1640 成分较为简单，适合于许多种类细胞的生长，如肿瘤细胞或正常细胞、原代培养或传代培养的细胞。RPMI1640 是目前应用最为广泛的培养基之一，常用于培养血细胞[43,44]。

（5）199、109 培养基成分含有 60 多种，几乎含所有氨基酸、维生素、生长激素、核酸衍生物等。109 培养基是 199 培养基的改良种类，比 199 培养基效果更好。

肝细胞用培养基还有 Williams'E、Leibovitzl 5 等。梁岳等研究剑尾鱼肝细胞原代培养时，比较了在 William's E（Williams'Medium E）、DMEM、DMEM/ F12 无血清培养基中肝细胞的生长效果，得出了培养肝细胞首选 William's E 培养基的结论[17]。L-15 以半乳糖替代葡萄糖作为碳源，可防止代谢过程中的乳酸，在鱼类细胞培养中也被广泛利用[45]。此外，还有多种化学添加物，如氨基酸、激素、生长因子、苯巴比妥类、抗坏血酸（L-ascorbic acid 2-phosphate，Asc-2P）、L-脯氨酸、L-谷氨酸等[46]，可根据不同的研究目的添加，有利于肝细胞增殖及功能维持。有研究表明，加入 2% 的 DMSO 对大鼠肝细胞的诱导分化有明显作用[47]。同时，DMSO 还是很好的溶剂，可以和许多有机溶剂互溶。

（七）污染检测与预防、处理

由于体外培养的细胞自身没有抵抗污染的能力，而抗生素的抗污染能力有限，因此，培养细胞的过程中药格外注意污染问题。细胞早期受到污染或程度较轻时，如果及时处理，还可能挽救；严重的，会造成细胞增殖减缓甚至死亡。常见的污染可分为细菌、真菌和支原体污染等。常见的污染细菌种类有大肠杆菌、假单胞菌、葡萄球菌等。增殖的细菌可以改变培养液 pH 值，导致培养液混浊、变色。镜下观察可见点状物质。细菌增殖迅速，能消耗营养物质抑制细胞生长。在微生物污染中，真菌污染最多，常见的有烟曲霉（*Aspergillus fumigatus*）、黑曲霉（*Aspergillus niger*）、毛菌霉（Mucor）、孢子霉（Oospora）、白念珠菌（Candida）、酵母菌（Yeast）等。细胞被真菌污染后，可见培养液的表面漂浮一层白色或浅黄色的小点，镜下观察可见丝状、管状或树枝状的菌丝，可穿透细胞生长，纵横交错。念珠菌和酵母菌呈卵圆形，分散于细胞空隙之间[48]。真菌生长迅速，双抗对其没有作用，只能利用一些抗真菌剂如两性霉素 B，在一定效果上可以抑制其生长，但容易对细胞生长会产生不利影响。在所有的污染中，支原体污染肉眼比较难发现，支原体是一种介于细菌和病毒之间能独立生活的最小微生物，无细胞壁，形态多型，可通过 0.2μm 的滤菌器。支原体污染后，虽不会导致细胞死亡，培养基也没有发生混浊，细胞无明显变化，但会对细胞产生变形、影响 DNA 合成、抑制生长等不良效果。虽然支原体的污染很难察觉，但仍有多种检测的方法，例如相差显微镜检测、低温处理地衣红染色观察、DNA 荧光染色法等[49]。

细胞培养试验是个持续的过程，一旦受到污染，会对试验产生很大的影响。因此，做好污染的预防尤为关键。首先是做好试验器材的预防处理，严格消毒灭菌后方能使用。其次，在试验开始前要做好操作空间的消毒，对于真菌类可以用饱和硫酸铜和过氧乙酸熏蒸细胞培养箱及细胞室，定期清洗或更换超净工作台的空气滤网，开始工作前提前20～30min进行紫外光杀菌，操作者应做到个人的消毒处理。另外，在操作过程中，应注意一些细节，所有瓶口不可与超净工作台风向相逆、不可用手直接触摸瓶口、吸取液体时做到专管专用，防止交叉污染等。

培养的细胞一旦被污染，要及时处理。抗生素排除法、加温除菌、体内接种、与巨噬细胞共培养等是常见的一些手段。抗生素是细胞培养中杀灭微生物的主要手段。各种抗生素性质不同，对微生物的作用也不同（表4－2－3），而且预防污染比治理污染效果好得多。反复使用抗生素容易使微生物产生抗药性，且对细胞容易产生影响。如果污染的细胞比较珍贵而且还有挽救的余地，可采取一些适当的方法，采用5～10倍常用量的冲击法，加入高浓度抗生素培养24～48h后换常规培养液。根据支原体耐热性差的特点，采用加温培养。有人将受支原体污染的细胞置于41℃中作用5～10h以杀灭支原体，但高温本身对细胞影响较大，处理前一定要做预试验，确定合理的温度与时间。对于一些肿瘤细胞受到污染后，可接种在同种动物皮下或腹腔，借动物体内免疫系统消灭微生物，待一定时间后从体内取出细胞再进行培养繁殖。与体内培养方法相似，与巨噬细胞的共培养，主要是利用巨噬细胞在体外培养条件下仍然可以吞噬微生物并将其消化。在良好条件下与巨噬细胞共培养可存活7～10d，并可分泌一些细胞生长因子支持细胞的克隆生长[51]。

表4－2－3　各种抗生素使用情况[34,50]

抗生素	作用对象	参考浓度（μg/mL）	稳定性（d）
两性霉素B	真菌	1～2	3
氨苄青霉素	革兰阳性、阴性菌	100	3
氯霉素	革兰阴性菌	5	5
红霉素	革兰氏阳性菌、支原体	100	3
庆大霉素	革兰阳性、阴性菌、支原体	50～200	5
卡那霉素	革兰阳性、阴性菌	50～100	5
制霉菌素	真菌	25～50	3
青霉素G	革兰阳性菌	100IU/mL	3
链霉素	革兰阴性菌	100	3
利福平	革兰阴性菌	50	3
四环素	革兰阳性、阴性菌、支原体	10	4

（八）体外培养肝细胞生物功能和特性的鉴别

常用于检测肝细胞活力的方法有台盼蓝排斥法、乳酸脱氢酶（lactatedehydrogenase，LDH）测定和MTT比色法等[52]。台盼蓝染色是判断计算活细胞率的常用方法，其原理是活细胞因完整的细胞膜而拒染，死细胞或受损细胞因细胞膜破损被染成蓝色。台盼蓝染色是一种粗略的检测存活细胞的方法，不能准确地反映细胞活力差异。细胞活力（%）＝（总细胞数－着色细胞数）÷总细胞数×100。LDH的测定是细胞膜受损的敏感指标，可用于贴壁和悬浮细胞的培养。乳酸脱氢酶广泛存在于动物、植物及微生物细胞内，是糖代谢酵解途径的关键酶之一，可催化如下反应：乳酸 + $NAD^+ \rightleftharpoons$ 丙酮酸 + NADH + H^+。细胞膜的完整性最常用的方法是检测 LDH[53]。MTT 比色试验为测定细胞破坏程度又一较敏感方法。MTT 是一种能接受氢原子的染料，MTT 在不含酚红的培养液中溶解后呈黄色，活细胞线粒体中的琥珀酸脱氢酶能使外源性的 MTT 还原为难溶性的紫蓝色结晶物并沉积在细胞中，而死细胞无此功能。酸性异丙醇或 DMSO 可溶解结晶，用酶联免疫检测仪在 490μm 波长处测定其光吸收值，可间接反映活细胞数量。在一定细胞数范围内，MTT 结晶物形成的量与细胞数成正比。细胞悬液制备后，所含细胞数一般以细胞数/mL 表示，用血球计数板计算，计算公式：细胞数/mL 原悬液 = 4 大格细胞总数/4 × 10 000 × 稀释倍数。

肝细胞的功能指标有多种，ATP 含量、白蛋白合成、血清酶（GOT，GPT）水平、胆固醇和脂蛋白合成、过氧化脂质和 CYPs 水平和活性等[54]，都可以从不同角度反映肝细胞的生长状况。

四、鱼类肝细胞超微结构的研究

随着电镜技术的发展，对鱼类肝脏结构的研究已经深入到超微水平。对鲫鱼[11]、虹鳟[13]、鳗鲡[55]、大西洋鲑[56]、瓦氏黄颡鱼[57]、斑鳢、平鲷和奥地利罗非鱼[58]等鱼的肝脏超微结构进行了研究，观察肝细胞内脂滴、核仁（nucleolus）、粗面内质网（rouhg endoplasmic reticulum）、滑面内质网（smooth endoplasmic reticulum）、核糖体（ribosome）、线粒体（mitochondrion）、糖原（glycogen）等在不同食性、不同鱼种、不同发育阶段和不同药物作用下的特征和变化。尤其在细胞凋亡时，多呈现细胞器减少、线粒体肿胀、细胞核出现碎块状致密浓染、染色质固缩、严重时细胞膜破裂。其中，线粒体作为细胞代谢提供能量来源，反映细胞对能量的需求及细胞的状态；而且线粒体上特殊的双膜结构为多种酶提供了附着位点，因此线粒体的异常会影响到整个肝细胞的正常功能。内质网是细胞内蛋白质与脂质合成的基地，几乎所有的脂质和重要的蛋白质都是在内质网上合成的，而且内质网也参与细胞的解毒过程。研究者们发现在一些鱼类的肝细胞还存在明显的双态现象，鱼类肝脏中存在暗细胞（dark cell）和亮细胞（light cell），偶见双核肝细胞在营养减少或生长环境恶劣的条件下，会出现肝细胞内细胞器总数减少、脂滴数量降低或分解、粗面内质网含量降低、线粒体水肿、糖原消失等症状[59-60]。

五、氧化油脂对鱼体肝肠损伤作用研究进展

油脂作为饲料中常用能量物质之一，其氧化稳定性直接影响到饲料质量的好坏。然而含有大量不饱和脂肪酸的油脂，在高温、高湿等多种催化因素条件下极易发生氧化，产生多种有毒氧化产物，这些氧化产物对鱼类生理产生危害，破坏肝脏、肠道和其他一些组织结构。而肝肠作为鱼体主要的消化器官，可以分泌多种激素和免疫因子，在营养物质的消化吸收和保证鱼体健康上起着重要作用。鱼类摄食已氧化的油脂饲料，有毒物质首先会受到肠黏膜免疫系统的屏障作用，体内平衡的微生态环境一旦被打破，致使体内激素分泌失调，肠内细菌和内毒素发生移位，引发感染，严重时引发多器官功能衰竭。而肝脏作为最大的解毒器官[61]，可将氨基酸代谢过程中产生的氨转变为无毒的尿素，经肾排出体外。当有毒物质过多时，肝脏首先受到损伤，释放炎症介质和致癌因子，严重时产生肝纤维化，出现脂肪肝或

诱发肝癌等现象。因此，很有必要探讨肠肝损伤在水产动物疾病中的机理，为实际养殖试验中的应用提供参考依据。

（一）油脂的组成

一般而言，把常温下是液体的称之为油，常温下是固体的称作脂肪。油是不饱和高级脂肪酸甘油酯，脂肪是饱和高级脂肪酸甘油酯，因此，在化学成分上油脂是指由高级脂肪酸和甘油所生成的酯。其中，根据碳氢键的饱和状况和双键的数目及位置，脂肪酸可分为饱和脂肪酸（Saturated fatty acid，SFA）、单不饱和脂肪酸（Monounsaturated fatty acid，MUFA）和多不饱和脂肪酸（Polyunsaturated fatty acid，PUFA）。常见的饱和脂肪酸有软脂酸（Palmitic acid）：16：0、硬脂酸（Stearic acid）：18：0、花生酸（Arachidic acid）：20：0 等；单不饱和脂肪酸有油酸（Oleic acid）：18：1（9）、菜子油酸（Colzaoleic acid）：22：1 等；多不饱和脂肪酸有亚油酸（Linoleic acid）：18：2（9 12）、亚麻酸（Linolenic acid）：18：3（6 9 12）、花生四烯酸（Arachidonic acid）：20：4（5 8 11 14）等[62]。饱和脂肪酸结构稳定性较高，不易氧化，油脂的氧化变质是从不饱和脂肪酸的氧化开始的，其中，多不饱和脂肪酸的不稳定性大于单不饱和脂肪酸。甘油三酯是油脂中含量最丰富的一类，此外，还包括磷脂类、蜡类、萜类、固醇类和复合脂，如脂蛋白、糖脂等，但精炼后的油脂一般只含有甘油三酯。

饲料原料中不容易氧化的油脂一般是指不饱和脂肪酸含量相对比较低的油脂原料，如豆油、菜籽油、花生油、猪油、牛油等。容易氧化的油脂所含不饱和脂肪酸含量较高，如玉米油、米糠油、未处理的磷脂油和鱼油等。

（二）油脂的氧化酸败

油脂的氧化酸败根本上是指其脂肪酸的饱和键或不饱和键在物理、化学等多种因素的作用下发生键的断裂，使中性脂分解为甘油和脂肪酸，或使脂肪酸形成过氧化物，不饱和酸酯因空气氧化而分解成低分子羰基化合物，如醛类、酮类等物质，而醛类是刺激性气味的主要来源，俗称哈喇味或酸败味。鱼类食用已氧化酸败的饲料，易引起生长缓慢、贫血[63]、肌肉萎缩[64,65]、肝肾发生脂肪性病变[66]、胆汁异常[67]、视觉退化等症状，加速对维生素的消耗，严重时造成死亡。因此，要密切关注饲用油脂的安全性问题。

1. 诱导因素

油脂氧化受诸多因素的影响，例如：氧气、光照和射线、温度、水分活度、微生物、金属离子催化剂、脂肪酸组成等。按主要诱导因素的不同，油脂氧化大致可分为自动氧化、光氧化、酶氧化等。

空气中的氧和油脂中的溶解氧会促进油脂发生氧化，即经典的游离基反应。经研究发现，自动氧化初期，光氧化是关键诱因，特别是在有光敏性物质存在的情况下。氧分子可分为基态氧、游离态氧和激化态氧 3 种，基态氧可生成为游离态氧，激化态氧则不能，但可直接氧化含烯物生成氢过氧化物。光敏剂可以使基态氧生成激化态氧，激化态氧直接与含烯物生成氢氧化物。高温和高湿状态下的油脂也极易发生氧化。如果油脂长期处于高温状态，会发生热聚合和热缩反应，颜色加深，黏度增高，产生有害聚合物，尤其是不饱和脂肪酸的极性聚合体，同时还会产生醛、酮等有害物质，产生异味。同时，在一定范围内，随着温度的升高脂肪酶活性增强，微生物生长加快，加速油脂的氧化酸败。水分含量高时还会促进水解酸败的发生。但少量水分（0.2%）存在时被认为有益于油脂的稳定性，水能水化金属离子，降低其催化活性。油脂生产和储藏过程中难免会接触金属离子，特别是具两价或者更高价态的重金属且在它们之间有合适的氧化还原电势（如钴、铜、铁、镁等）的金属，可缩短链反应引发期的时间，加快脂类化合物氧化的速度。例如，铁和铜，可导致蛋白质自由基的形成[68]。铁因其用途最广，氧化催化能力很强而最为重要，次之为镍、铜、钴等。其中，铁可分为血红素铁（Heme iron，HI）和非血红素铁（Non-heme iron，NHI），非血红素铁在肉质中有很强的促氧化能力，血红素铁的含量及催化活性对生肉的稳定性更为重要[69]。各种金属的氧化催化能力的强弱除与其本身的特性有关外，还与浓度、温度、水分、杂质（包括抗氧化剂的种类）及所加金属离子的价态有关。在常温下，铜的氧化催化性最强，高浓度下，铁的氧化催化性比铜强[70]。根据 Arrhenius 方程，室温下（25℃）有过渡金属的存在下自由基诱导反应的速度是无过渡金属存在的 4×10^{36} 倍。在实际过程中，多数油脂的自动氧化反应是金属催化下诱发的[71]。此外，油脂本身的不饱和脂肪酸的双键数目和位置会影响油脂的氧化酸败，双键数目越多越易被氧化，尤其是双键中的亚甲基会加快氧化速度。

2. 油脂氧化酸败过程

在食品体系中，根据油脂发生酸败的原因不同可将油脂酸败分为水解酸败、酮型酸败和氧化酸败。其中，水解酸败是指脂肪在高温、酸碱或酶的作用下，水解为脂肪酸分子和甘油分子，水解产生的游离脂肪酸会产生不良气味，还伴随产生二酰甘油酯和单酰甘油酯。酮型酸败指脂肪水解产生的游离饱和脂肪酸在一系列酶的作用下氧化，最后形成酮酸和甲基酮。自动氧化酸败是活化的含烯底物（不饱和油脂）和空气中的氧在室温下，未经任何直接光照、未加任何催化剂等条件下的完全自发的氧化反应。它是一种包括引发、增殖和终止 3 个阶段的连锁反应[71-73]：

简单反应式如下：

（ROO·，H·，R·，RO·代表自由基，ROOH 代表氢过氧化物）

引发（Initiation）：

$RH \rightarrow R\cdot + H\cdot$

$RH + O_2 \rightarrow R\cdot + ROO\cdot$

在这个阶段，亚甲基上的氢受氧攻击后易脱落成 R·（游离基），即开始了油脂的自动氧化。一般情况下，脂类（RH）直接生成自由基（R·和 H·）的可能性比较小，因此需要合适的催化条件。

增殖（Propagation）：

$R\cdot + O_2 \rightarrow ROO\cdot$

$ROO\cdot + RH \rightarrow ROOH + R\cdot$

$ROOH \rightarrow RO\cdot + \cdot OH$

$2ROOH \rightarrow R\cdot + ROO\cdot + H_2O$

$RO\cdot + RH \rightarrow ROH + R\cdot$

$\cdot OH + RH \rightarrow ROH + R\cdot$

在诱导期形成的自由基，与空气中的氧分子结合，形成过氧自由基 ROO·，过氧自由基又从其他油脂分子中亚甲基部位夺取氢，形成氢过氧化物 ROOH，同时使其他油脂分子成为新的自由基。这一过程不断进行，可使反应进行下去，使不饱和脂肪酸不断被氧化，产生大量的氢过氧化物。这一过程中，不稳定的氢过氧化物的分解也可产生多种自由基。

终止（Termination）：

R· + R· → R-R

RO· + RO· → ROOR

ROO· +ROO· → ROOR + O_2

R· + RO · → ROR

R· +ROO· → ROOR

各种游离基连锁反应的结果，自由基聚集到一定浓度，相互结合生成稳定化合物，而使反应终止。

各类化合物的变化情况，常见的氧化过程可以分为诱导期、传播期、终止期和二次产物生成期，但是这四个阶段并无绝对界限，只不过在某一阶段，以哪个反应为主，其量在哪个反应占优势[71,72]。

3. 油脂氧化酸败程度的判定

油脂的质量评价常用的化学指标有氢过氧化物（POV）、羰基化合物（TBARS）、链烷（LH）、4－羟基－2－壬烯醛（HNE）、酸价（AV）、碘价（IV）等，对毛油来说还应包括杂质含量及磷脂、蛋白等胶体物质的含量。油脂氧化酸败表现为氧化值、羰基价和酸价的升高，即会发生氧化（Oxidation）和酸败（Rancidity）。我国国家食品卫生标准规定，对花生油、葵花油、米糠油中过氧化值的允许指标为≤20meq/kg，菜籽油、大豆油、胡麻油、棉籽油等的允许指标为≤12meq/kg[74]。常温下氧化的油脂，在其过氧化值不超过100meq/kg时，不显示毒性，当其过氧化值大于800meq/kg时，这时深度氧化，色香味恶劣，且有毒性。

4. 油脂氧化过程中产生的物质

油脂氧化过程极为复杂，如花生油在高温下（120℃以上）可能会导致多种氧化产物（cholesterol oxidation products，COPs）的生成，而且在一定条件下加入花生油能促使胆固醇自氧化。按氧化过程可分为中间产物和终极产物，主要分为氢过氧化物等初级氧化产物和由初级氧化产物分解而来的次级氧化产物。但在较高温度下，以过氧化物途径占优势，在此过程中有很大一部分双键变成饱和键。当体系中的氢过氧化物浓度增加到一定浓度时，氢过氧化物单分子开始分解为一个烷基和一个羟基游离基，烷氧基可能进一步生成醛、酮或还原成醇的反应。另外还会有烃类、酯类及多聚体等物质[75]。总的来说，油脂氢过氧化物分解可产生低级醛、酮和酸，聚合则可生成聚物和多聚物。油脂氧化产生的主要有毒物质是氢过氧化物、烃、环状化合物、二聚甘油酯、三聚甘油酯等。其中，丙二醛（Maleic dialdehyde，MDA）是氧自由基攻击生物脂质的过氧化产物，其含量可以反映机体内脂质过氧化的程度，并间接反映机体细胞受自由基攻击的程度，会引起蛋白质、核酸等生命大分子的交联聚合，并且具有细胞毒性。

油脂氧化不仅使脂肪酸组成发生变化，植物油中亚油酸和亚麻酸比例下降，鱼油中ω-3系列脂肪酸显著下降，还会破坏饲料中的维生素，促使蛋白质与次级氧化产物发生交联反应，降低鱼体对蛋白质的消化吸收，对鱼体的生长和繁殖性能产生诸多不利影响。

（三）鱼体肝肠道组织结构及肠肝损伤

这里以草鱼为例。草鱼肠道接于食管后端，分前肠、中肠和后肠，肠壁组织结构可区分为黏膜层、肌层和浆膜。前肠、中肠和后肠的组织结构基本相同，主要差异是黏膜层。其中，以皱襞的高低和疏密、上皮细胞的高低、纹状缘的发达程度和杯状细胞数量的多少等方面较为明显。草鱼肠道上皮组织中包含吸收细胞和杯状细胞两大类细胞，主要以吸收细胞为主，这种细胞呈高柱状，细胞核靠近细胞基部，细胞的游离面具有明显的纹状缘，即电镜图下所见的微绒毛结构，研究中常以观察微绒毛情况来说明鱼类肠道吸收能力的好坏。而杯状细胞主要起分泌肠道黏液以润滑肠道和清除废物的作用。肠黏膜上皮细胞也可以通过分泌流体和黏液及分泌型的免疫球蛋白 A（Ig A），来稀释冲刷掉腔内的毒性物质。单层上皮细胞衬于肠腔的内表面，细胞顶部依赖紧密连接形成一个完整的整体。它如同一个选择性屏障，一方面易于营养素的吸收，另一方面构成生物体内外环境之间最重要的屏障。近几年来，肠上皮细胞被越来越多的研究证实是调节肠道免疫炎症反应的关键性细胞，具有双重作用：一是被动性作用，即作为屏障限制腔内抗原的摄入；二是主动性作用，即产生细胞因子和化学因子参与炎症的调节[76]。其肠黏膜屏障是肠道抵御各种损害因素的重要防护屏障，包括机械屏障、化学屏障、生物屏障以及免疫屏障[77]。所有的屏障功能均在神经和激素的调控下运行。肠黏膜的机械屏障由黏膜上皮细胞与细胞间紧密连接构成，肠道上皮的通透性主要取决于紧密连接。在正常情况下，肠上皮只容许微量的完整抗原进入，如果长期暴露于由食物、细菌及其毒性产物、入侵病毒等物质产生的巨大的抗原负载中，破坏肠上皮细胞的完整性，损害肠黏膜屏障，都可能导致肠黏膜的破坏。当病原性微生物进攻肠上皮时，两者之间会发生复杂的相互作用和双向信息传递，上皮细胞受到刺激分泌多种细胞因子和化学因子，如肿瘤、白三烯、NFκB 等，其中，参与免疫反应的早期和炎症反应各阶段的许多分子都受 NF-κB 的调控，包括坏死因子（Tumor Necrosis Factor-α，TNF-α）、白介素（IL-1β、IL-2、IL-6、IL-8、IL-10）、iNOS、COX2 等[78]。这些因子可以聚集并激活黏膜的炎症细胞，进一步扩大炎症反应。此时，局部黏膜充血水肿，紧密连接松弛，中性粒细胞可以穿过紧密连接游入肠腔杀灭病菌及其毒性产物，而病原性抗原也可穿过单层上皮与固有层内的免疫、炎症细胞相互作用，最终达到控制感染的目的。正常情况下，机体肠腔内含有大量细菌及内毒素，胃肠黏膜既能选择性地吸收营养成分，又能有效防止微生物及毒素的侵入。肠道菌群中大部分为专性厌氧菌，与其他细菌构成稳定的微生态系统，形成肠生物屏障。当肠黏膜受到损伤，破坏了稳定的生态平衡，肠道定殖能力大大降低，肠黏膜通透性增高，导致细菌和内毒素易位，当门静脉血内毒素浓度增高时，又可使肝脏免疫功能受损，同时肝脏枯否氏细胞吞噬内毒素后可释放一系列花生四烯酸产物及细胞因子；反过来，内毒素又可使肠黏膜通透性进一步增高，造成恶性循环[79]。

肝是草鱼体内最大的消化腺且结构复杂，肝小叶是肝脏的基本组织结构，包含肝细胞、胆小管、肝静脉窦等结构。肝细胞能储藏糖原，以维持血糖平衡，调节蛋白质和脂肪的代谢，以供应组织细胞的修补和消耗。肝细胞以中央静脉为中心向肝小叶的四周放射排列，血液供应是从小叶外周流向中央静脉，因此，细胞之间就存在不同的生理级度。如果饲料变质产生有毒物质，外周细胞首先遭受毒物影响，得到较多的毒物，外周细胞就会坏死。此外，肝脏可以分泌胆汁，通过胆管输送到肠道，胆汁促进脂肪分解以利于小肠吸收，胆汁中含有的胆汁酸是脂类食物消化必不可少的物质，是机体内胆固醇代谢的最终产物[80]。初级胆汁酸随胆汁流入肠道，在促进脂类消化吸收的同时，受到小肠下端及大肠内细菌作用而变为次级胆汁酸，而后通过主动或者被动吸收，约有 95% 被肠壁重吸收，这些胆汁酸经门静脉重回肝脏，经肝细胞处理后，与新合成的结合胆汁一道再经胆道排入肠道，如此形成一个循环。胆汁酸也可以将体内某些代谢产物，如胆红素、胆固醇等以及经肝生物转化的非营养物排入肠腔，随粪便排出体外。胆汁酸可以提高鱼体免疫力，减少对细菌内毒素的吸收量，若鱼体缺乏胆汁酸会加速肠道对内毒素的吸收，从而破坏消化道循环系统，危害鱼体健康。

由于胃肠道和肝脏之间存在的各种解剖和功能的内在关系，肝脏对于逃逸胃肠黏膜免疫监视的抗原和炎症损害因子提供了第二水平的保护。鉴于肠肝间的这种亲密关系，逐渐形成了“肠肝轴（gut-liver axis）”这一概念。在机体在遭受严重创伤、休克时，肝脏中枯否氏细胞功能受到抑制，一方面肠道内细菌和内毒素侵入循环系统引起肠源性感染；另一方面枯否氏细胞被进入肝脏的内毒素激活，可以释放一系列炎症介质，这些炎症介质之间的相互作用进一步造成肠黏膜以及远端器官组织损伤[81,82]。

肝脏网状内皮系统是肠屏障的重要组成部分，肝脏网状内皮细胞主要为枯否氏细胞，其数量占全身吞噬细胞的70%，吞噬能力占95%。枯否氏细胞摄取了由肠道进入门静脉中的内毒素，再经内化修饰等处理后释放出来，在肝实质细胞内进一步脱去酰基，去除了内毒素的抗原性片段，机体对其产生免疫耐受，从而避免了内毒素的直接和间接损伤。肠黏膜屏障一旦发生损伤产生细菌移位、内毒素血症等，内毒素可进入体循环损伤肝细胞代谢，容易引起肝功能的恶化，从而引起一系列并发症。

肝脏作为各种营养物质代谢中心和解毒中心，对氧化油脂的毒性极为敏感。当氧化油脂摄入量超过肝脏解毒能力时，肝组织会发生降解。鱼类摄食含氧化油脂的饲料后，在金属离子作用下，氢过氧化物发生次级氧化，形成次级氧化产物并与蛋白质或脂肪发生反应，加剧膜结构破坏，造成线粒体变形并与溶酶体融合，会出现类脂质或脂褐质色素沉着。摄食氧化油脂后的大鼠、猪、水貂、虹鳟、斑点叉尾鮰、狼鲈、大西洋鲑、鲤鱼和五条等肝胆系统发生病变，肝脏肿大、肝细胞坏死、小叶中心降解，并出现脂褐质或蜡样色素沉浊[83]。伴随这一系列病理变化常出现渗出性素质病以及胆囊肿大和胆汁颜色异常。肠肝循环障碍，还会造成肠黏膜淤血水肿，肠黏膜功能在一定程度上受到损伤，应激、激素的应用，进一步加重肠黏膜的缺血和微循环障碍，造成肠黏膜屏障功能进一步减退，引发肠道菌群移位、内毒素血症等，增加并发症发生率[84]，从而引发多脏器功能障碍综合征。

鉴于油脂氧化后产生许多不利结果，因此抗氧化剂在饲料中不可或缺。常用的抗氧化剂有二丁基对甲苯酚（BHT）、丁基羟基茴香醚（BHA）、叔丁基对苯二酚（TBHQ）等，这些合成氧化剂，如BHA，可能引起肝损伤甚至致癌。因此，有必要寻求天然抗氧化剂和肝肠损伤的治疗药物。为此，本研究拟建立草鱼原代肝细胞培养的方法，为研究营养与非营养物质对草鱼肝细胞的损伤以及天然修复药物的筛选提供前期的平台。

第三节　草鱼肝细胞分离与原代培养

草鱼（*Ctenopharyngodon idellus*）是我国目前养殖产量最大的淡水鱼类之一，在人工养殖过程中，由于水质、饲料等因素易出现以脂肪性肝病为特征的营养性疾病。肝脏作为鱼体最大的解毒和营养代谢器官[85]，在营养物质的消化吸收和保障鱼体健康上起着重要作用。体外肝细胞分离和原代培养是研究肝细胞功能的有效方法，培养体系中的肝细胞可以很好地模拟体内肝脏的生理环境，一方面原代培养的肝细胞较好地保留和维持了活体肝细胞的完整形态和代谢活性，可真实反应体内代谢情况[86]；同时，肝细胞也是化学物质造成生化损伤的主要作用靶点，在研究外源性化合物的生物活性[87,88]、毒性[89]、内分泌调节[90]、化学物质导致的 mRNA 表达变化[91]、细胞色素 P_{450}的相关代谢[92-94]和致癌检测[95,96]等方面有优势。另外，通过建立肝细胞原代培养模型，在一定程度上节约了试验动物数，与实际养殖试验相比具有见效快、可重复性高等优点。目前，国内外已进行了多种鱼类的肝细胞原代培养研究[97]，如虹鳟[98,99]、斑点叉尾鮰[100]、青海湖裸鲤[14]、鲤鱼[19]等。虽然也有一些关于草鱼肝细胞培养方法的研究[29,101]，但由于试验目的不同、观察周期短等，暂无详细且长期的培养观察研究。本试验拟建立相对稳定、长期的草鱼肝细胞原代培养方法，主要用于饲料营养与非营养物质对草鱼肝细胞代谢、损伤作用机制的研究以及对修复机制、修复物质筛选的研究。

一、试验材料

（一）材料

试验鱼体重为 20～30g，饲养于苏州大学室内循环系统，水温（24±4.0）℃、溶解氧>6mg/L。试验鱼为购买的池塘养殖草鱼鱼种，由于部分个体可能出现肠道、肝胰脏不同程度的损伤，所以在转入养殖系统中的 2 周内，均使用自制的强化饲料（含有修复肠道、肝胰脏损伤的物质，如牛磺酸、谷氨酰胺、肉毒碱等）饲养，之后在整个试验过程中均使用自制的含蛋白质 28%、油脂 4% 的普通配合饲料饲养，每天投喂 2 次。

（二）主要试剂

D-hanks 液、PBS、胰蛋白酶（Amresco）、MTT（Amresco）、牛跟腱胶原 I（Worthington）、胎牛血清（杭州四季青）、牛胰岛素（Sigma）、100IU/mL 青霉素、100μg/mL 链霉素、二甲亚砜（上海三杰）、M199 培养基（Gibco）、红细胞裂解液（Beyotime）、细胞活性鉴别染液（南京建成）。

二、试验方法

（一）肝细胞分离方法

肝细胞分离参照 Segner（1993）[102]、Bickley[19]、张高峰[103]等的方法进行修改。

1. 非酶消化法

试验鱼先尾静脉采血、后剪断鳃弓放血，75% 酒精中浸泡 3min，在超净工作台中取出肝胰脏组织，放入培养皿中用 4℃ D-hanks 液进行漂洗。将肝组织剪成 1～2mm^3 的组织块，再用 D-hanks 液漂洗去除杂质。将组织块转入铺过胶原的 24 孔板内，每孔放 3 块，静置 2h 以便于组织块贴壁。后每孔加入 2.0mL 培养液，置于 27℃、4.5% CO_2浓度的培养箱内静置培养。

2. 酶消化法

本试验采用温和胰蛋白酶消化法。按照上述非酶消化法，肝脏组织块转入圆底小烧瓶（50mL）中，加入 3mL0.25% 的胰蛋白酶，使组织块刚好漂浮于胰蛋白酶液中，于 30℃ 恒温振荡器中低速振荡消化，进行不同时间消化效果的比较。

（二）肝细胞的纯化

组织块消化完毕后，用 100 目筛绢过滤收集消化液，细胞悬液 1 000r/min 离心 1min；吸去剩余消化液后，按 1∶3 的比例加 D-hanks 液和红细胞裂解液，吹打混匀，1 000r/min 离心 3min；弃上清，再加入 D-Hanks 液 1 000r/min、500r/min 各离心 1min，随后加培养基制成细胞重悬液。

（三）肝细胞活力的测定

细胞悬液与细胞活性鉴别染液按 1∶9 体积比混合，4min 后于血球计数板上计数，并在显微镜下观察：活细胞圆形透明，死细胞染成蓝色，用活细胞占计数细胞中的百分比表示细胞活力。计算公式：细胞存活百分率（%）＝4 大格活细胞数/（4 大格活细胞数＋死细胞数）×100。

（四）肝细胞的原代培养

取细胞悬液于血球计数板下计数，计算公式：细胞数/毫升原液＝4 大格的细胞数/4×10 000。调整浓度后每孔加 200μL 细胞液，铺完后呈 S 型轻轻摇动使细胞均匀分布，放入二氧化碳培养箱静置培养，每 24h 或 48h 换液 100μL。

（五）肝细胞增殖率的鉴定

采用二甲基噻唑二苯基四唑溴盐（MTT）比色法测定肝细胞的增殖能力[104]。96 孔细胞培养板每天取 10 孔，每 24h 换液 100μL，加入 80μL 新鲜培养液和 20μL 5mg/ mL MTT 液，继续培养 4h。小心吸出全部培养液，加入 200μL 二甲基亚砜（DMSO），轻轻反复吹打至结晶完全溶解，Biotek 自动酶标仪 490nm 波长下测定吸光值。

（六）草鱼肝细胞功能测定

收集 1～5d 细胞培养基上清液，每天至少重复 6 孔，样品用液氮速冻于－80℃下冻存，一周内测定。分别测定其乳酸脱氢酶（LDH）、尿素氮（BUN）和白蛋白（Alb）含量。乳酸脱氢酶测定采用丙酮酸二硝基苯腙法，尿素氮采用尿酶法，白蛋白测定采用溴甲酚绿比色法，测定方法参照南京建成试剂盒说明书。

（七）数据处理

用 SPSS 17.0 软件进行处理，所有数据用 $\bar{x} \pm SD$ 表示，进行单因素方差分析，采用 Duncan's 多重比较法检验差异性，当 $P<0.05$ 时差异显著。

三、结果

（一）材料鱼肝细胞品质与鱼体强化饲养

材料肝细胞的品质是肝细胞培养的关键，直接使用从池塘购买的草鱼采集肝细胞进行试验可能导致试验的失败，以及培养肝细胞品质的不稳定。本试验进行中，部分批次的草鱼解剖发现有部分“绿肝”或者肝脏颜色不正常的个体，选用这些个体的草鱼对其肝细胞进行分离和培养，结果发现，依照同样的温和胰蛋白酶消化法可以分离出单细胞，但是细胞活力低，台盼蓝染液检测有死细胞。细胞会片难，碎片多，污染几率高。而同样条件下健康草鱼肝胰脏分离、培养的肝细胞均正常。后经过自制的强化饲料[105]饲养 2 周后，试验鱼肝胰脏解剖观察为正常，采用同样的方法进行分离、培养均能够正常生长。

（二）分离、纯化方法对游离肝细胞数量和活力的影响

本试验采用组织块培养法的观察结果是，24h 后荧光显微镜下观察有少量圆形透亮的单细胞迁出，48h 时组织块边缘模糊，没有呈现大量细胞迁出状况，而温和胰蛋白酶消化法可以获得大量单细胞。

试验在温和胰蛋白酶消化法基础上进行了分步消化和一次性消化对细胞纯度、数量和活

力的比较。一次性温和胰蛋白酶消化法消化时间分别设为10min、20min、40min，结果表明，10min消化收集的肝细胞数量极少，不能满足试验需要；20min和40min消化收集的肝细胞数量多。在此基础上进行20min/次分步消化和40min一次性消化的比较。结果显示，20min消化第一次收集的细胞比较杂乱，大小不一，含较多血细胞，随机取样测量，单细胞直径跨度较大，介于6.00～15.50μm；二次、三次收集的细胞大小相对集中，细胞直径介于11.25～15.50μm的较多，其中11.25～13.75μm的占大多数，10.00μm以下的细胞明显减少。一次性温和胰蛋白酶消化40min后收集的肝细胞沉淀大小与分步消化收集的相比差异不大，但细胞活力弱，大小不均匀，离心后细胞沉淀贴壁不牢，易散。

综上所述试验结果，采用一次性温和胰蛋白酶消化20min、分步收集，在细胞数量、纯度和活力上可以达到最佳效果，细胞活力≥99%。

（三）纯化方法对肝细胞活力、生长的影响

100目筛绢过滤收集肝细胞消化液，通过不同的差速离心方式1 000r/min、500r/min各离心3次、1 000r/min、800r/min和500r/min的组合离心以及添加红细胞裂解液后进行差速离心进行对比。于显微镜下观察，结果显示，简单的差速离心不能很好地去除血细胞，而添加了红细胞裂解液后效果明显。前者在培养过程中由于过多的血细胞影响细胞贴壁，造成肝细胞死亡（彩图4－3－1－a）；而纯化后的肝细胞活力强、生长良好（彩图4－3－1－b）。因此，添加红细胞裂解液离心纯化肝细胞可以使肝细胞生长得到进一步优化。

（四）血清浓度对肝细胞贴壁和增殖的影响

在M199培养基中分别添加10%、15%和20%浓度的胎牛血清（FBS），培养一周进行形态观察。结果表明在不同浓度血清条件下，细胞都可以贴壁生长，生长状况没有明显差异。因此，M199培养基中加入10%的FBS就可以满足草鱼肝细胞生长需求。

（五）细胞接种浓度对肝细胞生长的影响

试验设定了3种不同接种浓度：1.0×10^6cell/mL、1.5×10^6 cell/mL和2.0×10^6 cell/mL，通过形态观察对比发现：24h后细胞均可贴壁，但浓度低的会片生长慢，生长不均匀；浓度高的会片生长快，生长相对均匀。因此，细胞合适的铺板密度为1.5×10^6～2.0×10^6 cell/mL，回归分析以1.7×10^6cell/mL左右最佳。

（六）CO_2浓度和培养温度对肝细胞生长的影响

试验比较了5%、4.5%两种CO_2浓度和26℃、27℃和28℃3种培养温度对肝细胞生长的影响，生长状况观察结果表明：4.5%和5%的CO_2浓度下都可贴壁，不同温度对肝细胞生长没有显著影响。因此，4.5%的CO_2浓度，27℃就可满足肝细胞生长需求。

（七）不同时期肝细胞形态观察

刚接种培养的肝细胞在倒置显微镜下呈圆球形，细胞核位于细胞正中，偶见双核肝细胞，细胞直径6～15μm，细胞边界轮廓清晰，符合肝细胞形态的典型特征；培养24h后细胞开始会片，此时单细胞2～3个连一起，生长旺盛的单细胞3～5个连一起，长成链状，细胞间隙增殖出微小圆形单细胞；48h时细胞会片区增大，周围迁出的圆形单细胞增多，会片区代谢旺盛；48～72h时细胞周围有大量伪足伸出，使其贴壁更加牢固；96h细胞连成片状，大量肝细胞迁出，会片区边缘变平变薄，向外拓展；120h时，在200倍下观察细胞会片区可充满整个视野，细胞间隔清晰可见，高倍镜下可见圆形细胞核（彩图4－3－1）。细胞可以生长10d以上，之后慢慢出现空泡化直至死亡。

（八）MTT 法测定不同时间草鱼肝细胞 A 值

草鱼肝细胞增殖能力随时间延长呈现一定规律的变化（图 4－3－2）。A 值总体上呈现先增长后趋于稳定直至降低的趋势。24～48h 阶段 A 值有显著性增加（$P<0.05$），72～120h 期间 A 值相对稳定，144h 时 A 值显著性降低（$P<0.05$）。

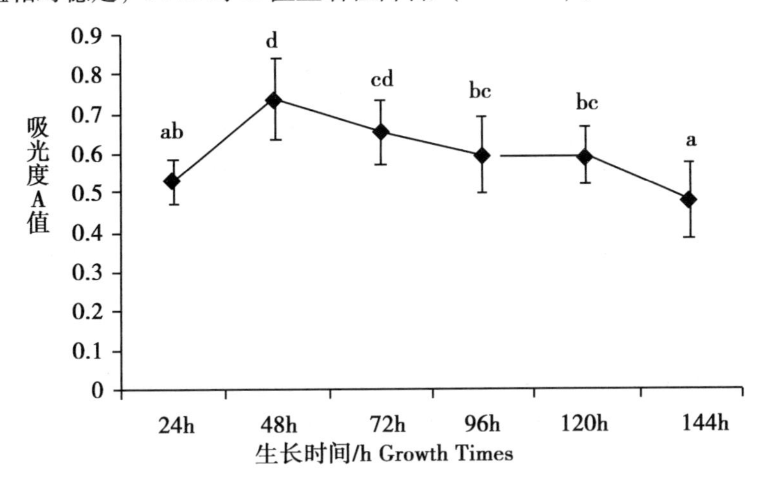

图 4－3－2　MTT 法测定不同生长时期草鱼肝细胞 A 值

Fig. 4－3－2　The A values in different growth stages of grass carp trough MTT assay

注：a，b 不同字母表示差异性显著（$P<0.05$）

Note：a，b donate significant difference（$P<0.05$）

（九）不同时期草鱼肝细胞 LDH 浓度、BUN 含量和 Alb 含量变化

草鱼肝细胞培养液中 LDH 含量 24～48h 时浓度较高，72h 开始有显著性降低（$P<0.05$），72～120h 阶段均保持在较低水平，无显著性差异（图 4－3－3）。培养液中 BUN 含量在总体上呈现先升高后降低的趋势，在 48h、72h 时达到峰值，随后逐渐下降，相互间无显著性差异（图 4－3－4）。Alb 含量同样呈现先升高后降低的趋势，48h 时含量显著性增加（$P<0.05$）达到峰值，72～120h 阶段 Alb 含量稳定，无显著性差异（图 4－3－5）。

四、讨论

（一）试验鱼的强化养殖

在试验前期发现草鱼肝胰脏存在不同程度的损伤，严重时出现“绿肝”症状，而且培养过程中极易受污染，污染种类主要包括细菌、霉菌、杆菌、酵母菌等。细菌污染后培养液浑浊，颜色异常，细菌增殖迅速，可大量消耗培养液中的营养成分，产生毒素抑制细胞生长，最终导致细胞死亡。显微镜下初期霉菌为长条竹节形，培养基颜色没有明显变化，大多长在细胞间隙中，不影响细胞生长，之后成簇形珊瑚状生长，开始发出大量菌丝穿透细胞，后期培养孔底部有浑浊白色黏液，细胞黏附在菌丝上死亡。酵母菌和杆菌分别呈现保龄球状和长竿状，单个散列在培养液中。因此，投喂强化鱼类肠道黏膜和肝胰脏生理功能的配合饲料，对可能有的肠肝损伤进行适度强化修复。饲料配方中加入的谷氨酰胺[106]、酵母培养物[107]、牛磺酸[108]和 DL 肉毒碱[109]等，有利于促进肝胰脏脂肪酸代谢及肝胰脏轴胆汁酸

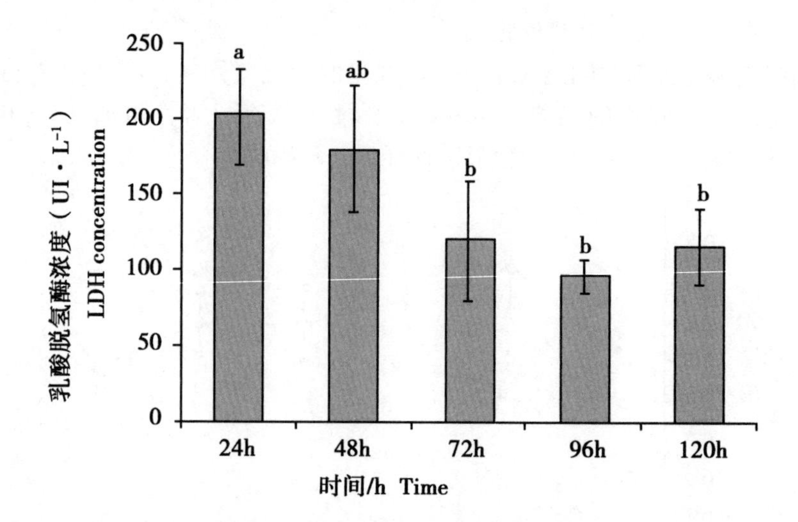

图4-3-3 草鱼肝细胞在120h培养期间上清液中LDH浓度

Fig. 4-3-3 LDH concentration in the super natant of hepatocytes during 120 hours culture

注：a，b不同字母表示差异性显著（$P<0.05$）

Note：a，b donate significant difference（$P<0.05$）

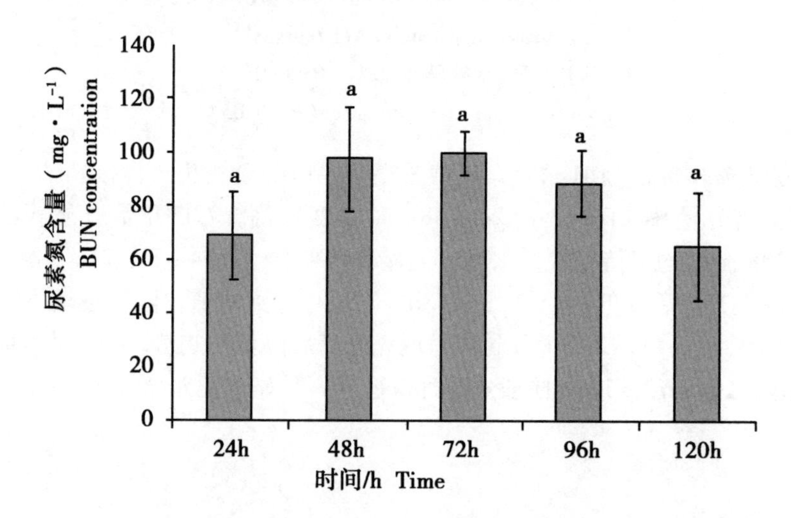

图4-3-4 草鱼肝细胞在120h培养期间上清液中BUN含量

Fig. 4-3-4 BUN concentration in the supernatant of hepatopancreas during 120 hours culture

注：a，b不同字母表示差异性显著（$P<0.05$）

Note：a，b donate significant difference（$P<0.05$）

循，保护肝胰脏的生理功能，同时也有助于肠道有益微生物的生长和微生态平衡。

（二）草鱼肝细胞的分离、纯化条件的优化

在试验室条件下，组织块培养法与酶消化法相比，后者更有优势。这可能和肝胰脏组织结构有关，组织块培养主要依靠细胞自身的迁出能力，在短期内获得大量单细胞较困难；而

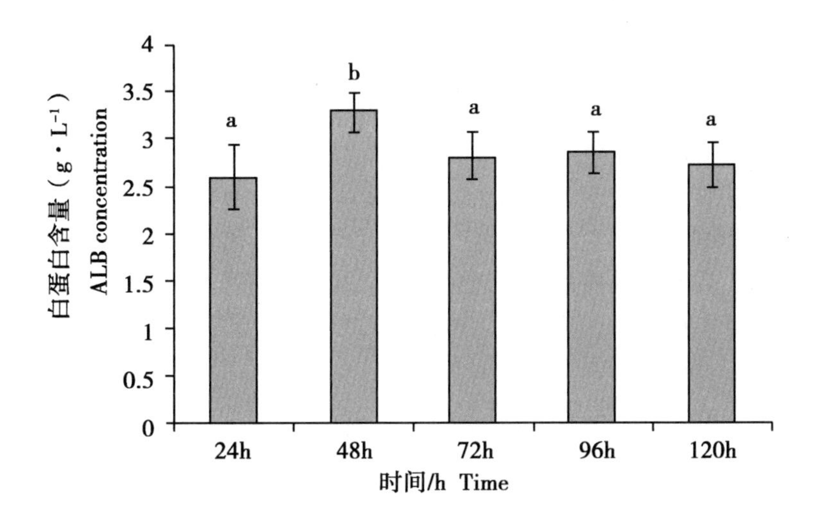

图4－3－5　草鱼肝细胞在120h培养期间上清液中Alb含量

Fig. 4－3－5　BUN concentration in the supernatant of hepatopancreas during 120 hours culture

注：a，b不同字母表示差异性显著（$P<0.05$）

Note：a，b donate significant difference（$P<0.05$）

酶消化法打破了细胞结缔组织等之间的联系，加上外界条件适宜，更容易分离获得大量单细胞[15]。消化后获得的细胞悬液含大量血细胞，大多数研究都是采用离心分离，但是效果不明显。因此，本试验在差速离心基础上添加红细胞裂解液，依靠裂解液中特定的酶对红细胞表面上的专属抗原进行攻击[110]，造成红细胞的变性，生物通道扩张、膨胀、裂解，引起红细胞的变性。通过此方法可以有效去除多余的红细胞，不会攻击肝细胞。

（三）草鱼肝细胞培养条件及方法

本试验肝细胞培养过程中使用M199完全培养基本可以满足生长需求，可能与其营养成分较为全面有关[111]。不同浓度血清条件下肝细胞都可以生长，这与海水鱼类需要20%的小牛血清、猪和鸡胚细胞只需要10%小牛血清不同[16]，可能是因为胎牛血清营养更丰富，其中的胎球蛋白可以增强细胞贴附。同时在培养液中添加了胰岛素，促进细胞对葡萄糖和氨基酸的摄取，改善细胞的贴壁和增殖能力[112]。

合适的细胞浓度对细胞生长有很大影响。若铺板细胞太多，上层细胞不能贴壁，将造成增殖缓慢，细胞膜破损等，产生细胞毒素，致使培养液pH值发生变化，从而形成恶性循环[113]。若铺板细胞太少，虽然局部能会片生长，但整体生长速度慢，不利于整个孔的细胞均匀生长。

pH值和温度也是草鱼肝细胞原代培养的一个关键点。本试验中4.5% CO_2浓度即可满足生长需求，这与一些学者研究鱼类肝细胞培养时CO_2浓度为4%或5%不同[114]，一方面可能是和铺板的细胞数量以及温度相关，生长过程中培养液的pH值会相应发生改变，本试验中测得4.5% CO_2浓度时培养液pH值为7.4，5.0% CO_2浓度时升至7.7；另一方面，可能是由于pH值为7.4的环境更接近草鱼肝细胞的生长条件。试验过程中参照了草鱼的最适生长温度[115]和室温，为了尽可能模拟体内环境，在用温和胰蛋白酶消化和培养时把温度设定在

26 ~ 30℃这一范围，这与鸟类 38.5℃和哺乳动物 37℃不同，由于草鱼为变温动物，相比恒温动物生长温度低，对温度的耐受范围较宽。

（四）培养效果评价及应用

试验中草鱼原代肝细胞贴壁时间稳定在 24h 左右，这与牛[116]、鸡[117]、小鼠[118]等恒温动物有显著差异，而且 48h 首次换液与 24h 首次换液相比，前者可以增加其贴壁率，这可能是由于每 24h 换液影响了肝细胞的生长状况，细胞产生应激需要时间来适应新的环境。换液后的肝细胞因贴壁、伸展，致使形状多样化，有圆形、近圆形、不规则形等。体积相对较小的圆形、近圆形为肝实质细胞，体积较大的树枝形、不规则形的细胞大多为非肝实质细胞，这些细胞周围有伪足伸出，使其贴壁更加牢固[119]。

本试验检测了培养 5d 肝细胞培养基中的 LDH 含量和 BUN、Alb 这两种具有代表性的肝功能指标。LDH 是评价肝脏疾病的一个常用指标，医学上通过检测血清中总 LDH 含量的变化来判断肝脏、肾脏等是否发生病变[120]。同时也是细胞膜通透性的一个敏感指标，LDH 存在于细胞胞质内，细胞受损或者死亡可以产生大量 LDH[116]。试验中前 48h LDH 含量较高，其后降低，这与张高峰等[103]培养鲫鱼肝细胞结果相似。可能是由于 24h 左右细胞开始贴壁生长，长时间未贴壁的细胞浮于培养液中慢慢开始死亡，细胞膜通透性增加产生乳酸，导致培养液中 LDH 含量增高。而后细胞慢慢开始适应培养环境，细胞生长趋于稳定。同样，BUN 和 Alb 含量的峰值也出现在 48h 左右，与肝细胞生长状况一致。肝脏是合成和分泌蛋白的主要场所，而肝细胞是合成白蛋白的唯一场所，各种肝脏、蛋白补偿机能受损，则造成合成和分泌不足[121]。尿素合成的鸟氨酸循环是肝脏特有的代谢功能，肝脏摄取氨基酸经代谢后含氮部分转为尿素及其他含氮物质，尿素合成需要高能量以及不同细胞器之间的连接传递，因而是细胞活率的一个敏感指标[42]。24 ~ 72h 阶段可见大量圆形肝实质细胞，表明此时细胞生长旺盛，BUN 和 Alb 的合成能力较强。随后稳定在一个水平，可能与此时细胞开始大面积会片，增殖速度减慢有关。因此，24 ~ 72h 阶段比较适合用于草鱼肝细胞相关损伤、代谢等的研究。

五、小结

（一）采用 0.25% 浓度的温和胰蛋白酶消化法，30℃下 20min/次，分步收集肝细胞，在含 10% 胎牛血清、10μg/mL 胰岛素的 M199 培养基中，以接种浓度 1.7×10^6 cell/mL 左右为宜，置于 27℃、4.5% CO_2浓度的恒温培养箱中可成功培养草鱼原代肝细胞。

（二）24 ~ 72h 阶段细胞增殖能力强，乳酸脱氢酶含量显著性降低（$P < 0.05$），尿素氮含量明显增加（$P < 0.05$），白蛋白含量呈上升趋势。此阶段肝细胞生长状态最好，适合用于肝细胞代谢、损伤及基因表达的研究。

第四节　氧化豆油水溶物对草鱼肝细胞的损伤作用

生产中的油脂和饲料在加工和储存过程中会出现不同程度的氧化，是造成鱼类脂肪性肝病的重要原因之一。近年来，氧化油脂对鱼体肝肠道的损伤作用已引起研究者的广泛重视[122,83,123]。饲料中的油脂在氧化过程中会产生多种初级或次级氧化物，如醛类、酮类、烃类、脂类、多聚体等[124]，当这些物质富集打破肠道屏障功能，进入体循环直接作用于肝细胞，引起细胞内氧化代谢物增加，或细胞中抗氧化保护机制降低，对细胞产生毒性[125]。因此，本研究拟在前期建立的草鱼肝细胞原代培养的试验平台上，探讨氧化豆油中水溶物质在不同作用剂量和时间上与草鱼肝细胞损伤程度的关系，为研究变质饲料与草鱼肝病发生的作用机理提供理论依据。

一、试验材料

（一）材料

试验鱼体重为20g左右，饲养于苏州大学室内循环系统，水温（24±4.0)℃、溶解氧>6mg/L。试验鱼为购买的池塘养殖草鱼鱼种，在整个试验过程中均使用自制的含蛋白质28%、油脂4%的普通配合饲料饲养，每天投喂2次。试验毛豆油购自东海粮油工业（张家港）有限公司，普通浸出工艺，未添加人工抗氧化剂。

（二）主要试剂

D-hanks液、PBS、胰蛋白酶（Amresco)、牛跟腱胶原Ⅰ(Worthington)、胎牛血清（杭州四季青)、牛胰岛素（Sigma)、100IU/mL 青霉素、100μg/mL 链霉素、M199 培养基(Gibco)、红细胞裂解液（Beyotime)。

二、试验方法

（一）氧化豆油的制备

根据本试验室自制的氧化装置及方法对毛豆油进行氧化[126]，水浴锅温度保持在80℃左右，定时30min充氧1min，添加Fe^{2+} 30mg/kg（$FeSO_4 \cdot 7H_2O$)、Cu^{2+} 15mg/kg（$CuSO_4$)、H_2O_2 600mg/kg（30% H_2O_2水溶液）和0.3%的水，氧化14d，分别测定酸价（AV)、碘价(IV)、过氧化值（POV)、丙二醛（MDA）和脂肪酸组成。IV测定参照GB/T5532—1995；AV测定参照GB/T5530—2005；POV测定参照GB/T5538—2005；TBARS测定参照GB/T5009—2003；脂肪酸组成测定参照GB9695.2—88。

（二）氧化豆油水溶物的提取

取氧化豆油264.32g（300mL）加双蒸水1 000mL，玻璃棒搅拌15min混匀，倒入分液漏斗静置分层，收集下层水溶液。水溶液进行两次冷冻干燥，最后用少量双蒸水润洗烧杯底部及侧面，定量至35mL，即1μL水溶液中含有的水溶性成分与0.007 552g氧化豆油含有的水溶性成分等量。文中均以对应的豆油量表示其中水溶物含量。

（三）草鱼肝细胞的原代培养

无菌条件下取草鱼肝胰脏，用D-Hanks液漂洗后剪碎，0.25%胰蛋白酶消化20min/次，每次以添加血清的培养液终止消化，收集3次，细胞悬液1 000r/1min。细胞沉淀与红细胞裂解液按1∶3比例添加，1 000r/min离心4min进行纯化，吸去废液后添加D-hanks，1 000r/min离心1min纯化2次。添加预先配制的M199培养基，调整细胞浓度至1.7×10^6个/mL接种于铺过胶原的96孔板，每孔200μL，置于27℃、4.5% CO_2恒温培养箱中进行培养。

（四）试验分组

所有试验于培养24h细胞达融合状态后进行。试验设定不同浓度氧化豆油水溶液组，分别添加氧化豆油水溶液30μL、20μL、10μL、5μL，定量为30μL其余部分以无菌超纯水补足。同时设定对照组、溶剂组（0.7%的生理盐水)。在3h、6h、12h、24h阶段分别观察其生长状况，每组收集5个平行孔，样品液氮速冻-80℃后待测。

（五）细胞培养液中LDH、T-AOC和MDA的测定

分别收取3h、6h、12h和24h各试验组的细胞悬液，4℃冷冻离心机上1 500r/min离心3min，收集上清液。分别测定其乳酸脱氢酶（LDH）、总抗氧化能力（T-AOC）和微量丙二醛（MDA）。具体方法参照南京建成试剂盒说明书。

（六）电镜观察

分别收取添加30μL水溶物试验组0h、1.5h、2h、3h、6h和6h对照组肝细胞，用2.5%戊二醛固定过夜，处理后透射电镜观察。戊二醛对组织的渗透率极高，能较好的保存蛋白质，对微管和膜性结构保存亦比较好，并能较好地保存糖原。常用的戊二醛固定液配制方法列于表4-4-1。

表4-4-1　常用的戊二醛固定液配制方法

Tab. 4-4-1　Commonly used configuration method of glutaraldehyde fixative

pH值7.2的0.1mol/L磷酸缓冲液（mL）	96	96	92	90	88
25%戊二醛水溶液（mL）	4	6	8	10	12
戊二醛的终浓度	1%	1.5%	2%	2.5%	3%

透射电镜操作步骤：

1）取材；

2）生理盐水或缓冲液冲洗；

3）放入2.5%戊二醛固定4h以上；

4）缓冲液洗2次，每次15min；

5）锇酸后固定1h；

6）缓冲液冲洗2次，每次15min；

7）30%丙酮脱水15min；

8）50%丙酮脱水15min；

9）70%丙酮饱和醋酸铀过夜；

10）80%丙酮脱水15min；

11）90%丙酮脱水15min；

12）100%丙酮脱水3次，每次10min；

13）包埋剂：100%丙酮=1：1，1h；

14）纯包埋剂浸透2h以上；

15）样品放入模具或胶囊内进行包埋；

16）样品放入烘箱聚合。

切片厚度为70~80nm，超薄切片机型号：德国徕卡 Leica EM-UC6；透射电镜机型号：H-600。

（七）数据分析

用SPSS 17.0软件进行处理，所有数据用$\bar{x} \pm SD$表示，进行双因素方差分析，采用Duncan's多重比较法检验差异性，当$P<0.05$时差异显著。

三、结果

（一）正常豆油、氧化豆油、水洗油脂IV、AV、POV、MDA以及脂肪酸组成的变化

表4－4－2　不同油脂样品IV、AV、POV值

Tab. 4－4－2　The value of IV、AV、POV in different soybean oil samples

名称	IV g（I_2）/100g	AV mg（KOH）/g	POV meq/kg
毛豆油	14 593.50 ±897.32[a]	0.57 ±0.01[a]	25.72 ±2.00[a]
氧化豆油	14 145.23 ±677.52[a]	8.54 ±0.33[b]	506.68 ±2.70[b]
水洗豆油	11 662.72 ±940.05[b]	7.02 ±0.57[b]	494.08 ±14.64[b]

色拉油为超市商品油；氧化豆油是在毛豆油基础上人工氧化14d后的样品；水洗豆油是经试验方法（二）步骤剩下的油脂部分；提取水溶液为分层过滤收集的水溶液经2次冷冻干燥后定容取得的样品。由表4－4－2可知，毛豆油经人工氧化后，水洗豆油IV显著性降低（$P<0.05$），氧化豆油IV值无显著性变化。与毛豆油相比，氧化豆油和水洗豆油的AV和POV均有显著升高（$P<0.05$），氧化豆油和水洗豆油之间无显著性差异。

表4－4－3　不同样品中MDA含量

Tab. 4－4－3　The content of MDA in different samples

名称	色拉油	毛豆油	氧化豆油	水洗豆油	提取水溶液
丙二醛含量（nmol/mL）	10.56 ±0.60[a]	34.46 ±6.21[a]	1 260.09 ±204.50[b]	1 046.95 ±165.85[b]	32.50 ±0.01[a]

由表4－4－3可知，各组的丙二醛含量都高于色拉油组，且氧化豆油和水洗豆油都产生大量丙二醛，提取的水溶液成分中也含有一定量丙二醛。由表4－4－4可知，毛豆油经氧化处理和水洗处理后，短、中链脂肪酸（C6：0、C8：0、C11：0等）的百分比增加，而一些长链脂肪酸（C20：5、C23：0、C24：0）百分比则降低。

表4－4－4　不同样品部分脂肪酸组成（%）

Tab. 4－4－4　The fatty acid composition in different samples（%）

名称	C6：0	C8：0	C11：0	C14：0	C16：0	C18：1	C18：2	C20：5	C23：0	C24：0
毛豆油	0	0	0	0.05	10.48 ±0.63	22.24 ±0.58	54.22 ±0.11	0.12 ±0.08	0.05 ±0.01	0.15 ±0.02
氧化豆油	0.09 ±0.01	0.11 ±0.01	0.16 ±0.10	0.14 ±0.04	12.07 ±0.33	25.55 ±0.65	48.46 ±0.58	0	0	0
水洗豆油	I0.41 ±0.14	0.16 ±0.03	0.22 ±0.01	0.13 ±0.04	12.55 ±0.69	24.34 ±0.10	48.10 ±0.81	0	0	0

表4-4-5 不同样品脂肪酸分类分析

Tab. 4-4-5 Classificational analysis of different samples of fatty acid

名称	毛豆油（%）	氧化豆油（%）	水洗氧化豆油（%）
饱和脂肪酸	15.26 ±0.34[a]	17.94 ±0.22[a]	19.47 ±1.00[a]
单不饱和脂肪酸	22.73 ±0.49[b]	25.88 ±0.35[b]	26.11 ±0.07[b]
多不饱和脂肪酸	61.91 ±0.14[c]	53.68 ±0.95[c]	53.30 ±1.00[c]
其他	0.10 ±0.10	2.49 ±0.38	1.13 ±0.05

由表4-4-5可知，氧化豆油、水洗豆油与毛豆油相比，多不饱和脂肪酸组成比例下降，饱和脂肪酸和单不饱和脂肪酸比例上升。水洗氧化豆油脂肪酸组成中，多不饱和脂肪酸比例最高，与毛豆油相比，同样是多不饱和脂肪酸组成比例下降，饱和脂肪酸和单不饱和脂肪酸比例上升。但与氧化油脂相比，多不饱和脂肪酸比例略微下调，饱和脂肪酸和单不饱和脂肪酸比例有所增加。从总体的脂肪酸组成看，不饱和脂肪酸占脂肪酸组成比例远大于饱和脂肪酸所占的比例。毛豆油经氧化处理后一些多不饱和脂肪酸氧化转变成饱和脂肪酸和单不饱和脂肪酸。

（二）细胞形态变化

当氧化豆油水溶液30μL（对应的氧化豆油量为0.22656g）作用3h时，肝细胞大面积开始收缩，细胞间桥结构断裂、减少，细胞边缘模糊化（彩图4-4-1c-d）；作用6h，细胞极度收缩，产生大片细胞脱失区（彩图4-4-1e-f）；作用12和24h时细胞多为碎片。氧化豆油水溶液20μL作用3h细胞边缘变薄，整体形态暂无明显变化；作用6h同样出现细胞的收缩和脱落。其他组的细胞在观察阶段内形态上未出现明显变化。

（三）细胞培养液中T-AOC、LDH、MDA含量的变化

由表4-4-6可知，试验组最高总抗氧化能力出现的时间不同，在作用6h后总抗氧化能力均升高。3h时T-AOC显著低于6h、12h、24h（$P<0.05$），12h和24h之间差异不显著；高剂量组（对应的氧化豆油量为0.22656g、0.15104g）总抗氧化能力显著高于低浓度组（0.07552g、0.03776g）、对照组和溶剂组（$P<0.05$）。经浓度和时间的双因素分析，高浓度组（0.22656g、0.15104g）LDH的释放量显著比低浓度组（0.07552g、0.03776g）高（$P<0.05$），且显著高于对照组和溶剂组。随着作用时间的增加，各组的LDH释放量大致呈上升趋势，各试验组的最大释放量均在作用24h后，此时LDH含量显著高于3h、6h、12h。在剂量因素上，各试验组的丙二醛含量与对照组、溶剂组之间均存在显著差异（$P<0.05$），氧化豆油水洗液添加量可能存在剂量依赖关系。在时间因素上，各组的丙二醛含量差异不显著。

表4-4-6 细胞培养液中LDH、T-AOC、MDA含量

Tab. 4-4-6 LDH、T-AOC、MDA concentration in the supernatant of hepatopancreas during culture

浓度（g）	0.22656	0.15104	0.07552	0.03776	对照组	溶剂组
T-AOC	单位/mL					
3h	0.99 ±0.12	0.95 ±0.14	0.70 ±0.07	0.70 ±0.07	0.78 ±0.07	0.53 ±0.07

（续表）

浓度（g）	0.22656	0.15104	0.07552	0.03776	对照组	溶剂组
MDA			nmol/mL			
6h	1.23 ±0.12	1.02 ±0.07	0.73 ±0.12	0.70 ±0.07	0.98 ±0.12	0.45 ±0.07
12h	1.15 ±0.19	1.68 ±0.07	0.95 ±0.19	1.10 ±0.12	0.94 ±0.07	0.86 ±0.12
24h	1.27 ±0.07	1.80 ±0.07	1.39 ±0.07	0.86 ±0.21	0.70 ±0.07	0.86 ±0.12
LDH	UI/L					
3h	7 815.47 ± 228.78	4 898.48 ± 308.03	12 950.92 ± 461.47	9 749.26 ± 237.53	474.30 ± 10.85	5 998.70 ± 292.82
6h	8 444.75 ± 514.02	7 023.22 ± 720.53	16 073.92 ± 742.79	13 731.08 ± 533.70	1 067.43 ± 62.92	8 417.18 ± 293.22
12h	19 908.48 ± 2 180.92	11 295.29 ± 1 864.04	9 437.30 ± 1 843.30	6 248.06 ± 1 595.81	4 071.18 ± 95.78	5 704.93 ± 109.39
24h	34 939.26 ± 2 622.54	29 198.29 ± 1 963.00	20 840.32 ± 876.59	16 654.45 ± 1 334.73	11 315.30 ± 406.21	6 056.94 ± 210.21
3h	4.98 ± 6E −4	2.86 ± 6E −4	2.83 ± 6E −4	2.24 ± 6E −4	1.90 ± 1E −3	1.73 ± 6E −4
6h	4.60 ± 1E −3	3.42 ± 1E −3	2.66 ± 1E −3	2.03 ± 1E −3	1.90 ± 1E −3	1.81 ± 2E −3
12h	4.51 ± 6E −4	3.59 ± 6E −4	2.49 ± 6E −4	1.98 ± 6E −4	2.03 ± 3E −3	1.81 ± 6E −4
24h	4.85 ± 6E −4	3.38 ± 6E −4	2.74 ± 6E −4	2.07 ± 6E −4	1.81 ± 6E −4	1.81 ± 1E −3

统计分析数据 Statistical analysis

		样本	T-AOC	LDH	MDA
时间（h）Time	3	18	0.77[a]	6 981.19[a]	2.76
	6	18	0.86[b]	9 126.26[b]	2.74
	12	18	1.12[c]	9 444.21[b]	2.74
	24	18	1.15[c]	19 834[c]	2.78
浓度（g）concentration	0.22656	12	1.16[a]	17 776.99[a]	4.74[a]
	0.15104	12	1.37[b]	13 103.82[b]	3.31[b]
	0.07552	12	0.95[c]	14 825.61[c]	2.68[c]
	0.03776	12	0.84[c]	11 595.71[c]	2.07[d]
	对照组	12	0.85[c]	4 232.06[c]	1.91[e]
	溶剂组	12	0.68[d]	6 544.44[c]	1.79[e]

影响因素 Factors	双因素分析结果（P 值）P values of two-way ANOVA		
时间	$P<0.001$	$P<0.001$	0.958
浓度	0.003	$P<0.001$	$P<0.001$
时间×浓度	0.046	$P<0.001$	$P<0.001$

（四）油红 O 和碱性磷酸酶染色观察

油红 O 和碱性磷酸酶染色后对照组细胞呈多边形，形态完整，细胞边缘和连片化生长界限清晰，细胞核明显，胞膜界限清楚，胞浆丰富，偶见红色脂滴颗粒散落分布；试验组细胞经过染色处理后，细胞收缩，形态不完整，碎片多，细胞边缘模糊，细胞核不明显，胞浆内含大量红色小泡性脂滴或无色小泡（彩图 4 -4 -2），表明添加的氧化豆油水溶液可以改变草鱼肝细胞的生长状态。

（五）电镜观察

0h 刚分离出的草鱼肝细胞（图 4 -4 -3 a1 -3）细胞呈圆形，细胞膜完整，细胞核近圆形，居细胞左侧，染色质形态呈不同电子密度的团状或颗粒，大多居于细胞核中央。细胞质均质，内部充满大量糖原颗粒，且种类较多。胰腺细胞含有发达的内质网，生长 24h、多个细胞达到融合后（图 4 -4 -3 b1 -3），形状平铺展开，相邻细胞之间连接清晰可见，细胞膜之间连接方式可能为紧密连接。且附近线粒体增多，可见内质网，可能是由于会片处细胞合成代谢功能旺盛。核仁清晰，体积较大。氧化豆油水溶物作用 1. 5h（图 4 -4 -3 c1 -3）时细胞核形态没有出现显著性变化，线粒体成不同形态分布，或围绕于细胞膜周围，或集中分布于细胞核周围。细胞膜完整，但细胞内出现大小不一的透明脂滴，但没有核膜围绕。作用 2h（图 4 -4 -3d1 -3）细胞膜完整，细胞核内逐渐出现染色质的边集，细胞内含有透明脂滴，出现程度不一的空泡化现象；线粒体有轻微程度的肿胀；核仁消失。当氧化豆油水溶物作用 3h（图 4 -4 -3e1 -3）相邻细胞之间逐渐开始收缩分离，细胞间隙变大。细胞核染色质边集，呈现典型的环状、眼球状和黑洞状。损伤严重的细胞，空泡化现象严重；线粒体肿胀；细胞膜破裂；细胞器减少。当时间延长至 6h（图 4 -4 -3f1 -3）时，细胞损伤严重，细胞膜破裂，细胞器减少，结构破碎，内含有大脂滴；糖原颗粒消失；细胞核染色质边集化特征显著，甚至出现细胞核皱缩、核被膜开始凹陷、核仁畸形等变化。此时 6h 的对照组（图 4 -4 -3g1 -2）细胞，细胞膜完整；细胞核形态清晰，染色质集中于细胞核中央；细胞质均匀；线粒体和糖原颗粒丰富；可见细胞边缘有相邻生长的细胞。

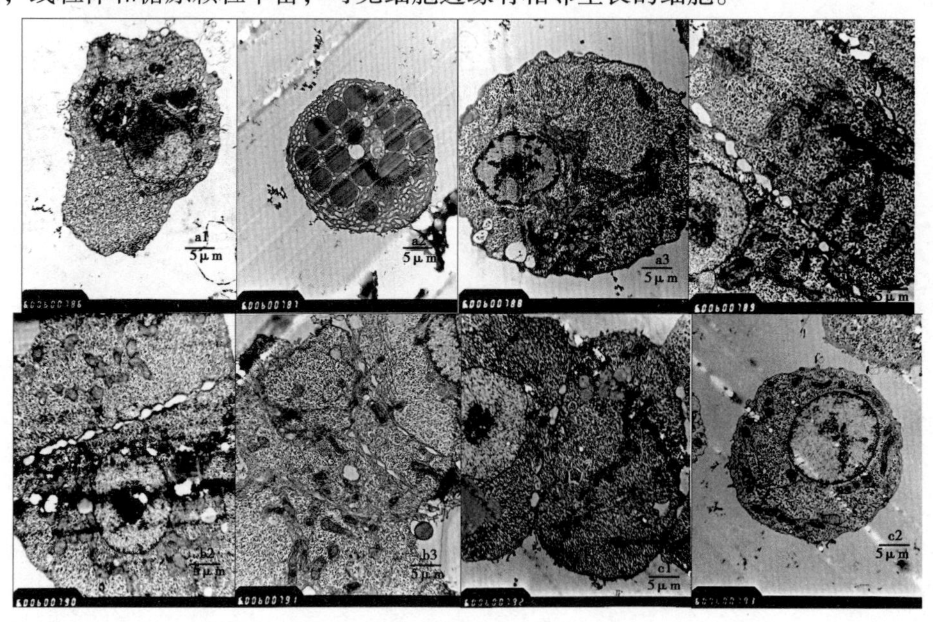

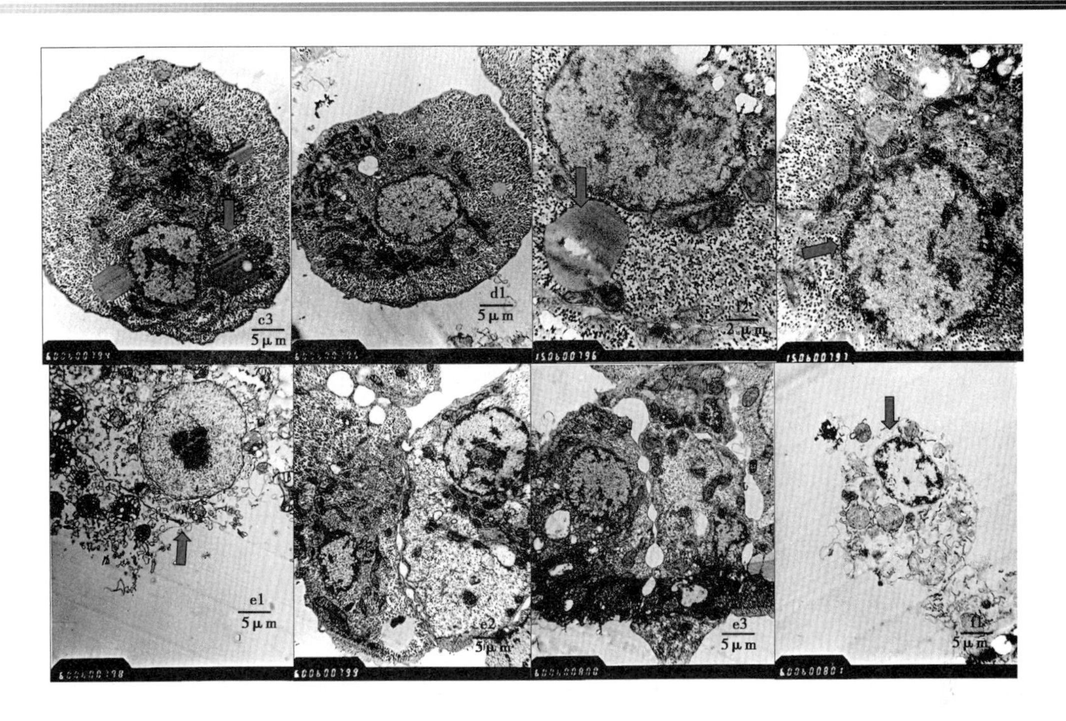

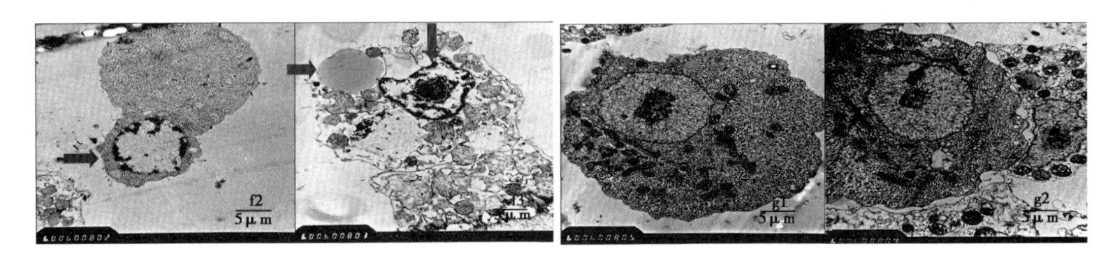

图 4－4－3　a1－3：0h 刚分离出的草鱼肝细胞、腺泡细胞（×6 000）；b1－3：生长 24h 达到融合状态的肝细胞（×6 000）；c1－3：氧化豆油水溶物作用 1.5h（×6 000）；d1－3：氧化豆油水溶物作用 2h（×6 000）（×15 000）；e1－3：氧化豆油水溶物作用 3h（×6 000）；f1－3：氧化豆油水溶物作用 6h（×6 000）；g1－2：正常生长 30h 的细胞。

Fig. 4－4－3　a1－3：Configuration of freshly isolated hepatopancreas（×6 000）；b1－3：Configuration of hepatopancreas on 24 hours（×6 000）；c1－3：the hepatopancreas of water-soluble matter of oxidized soybean oil effect 1.5 hours（×6 000）；d1－3：the hepatopancreas of water-soluble matter of oxidized soybean oil effect 2 hours（×6 000）（×15 000）；e1－3：the hepatopancreas of water-soluble matter of oxidized soybean oil effect 3 hours（×6 000）；f1－3：the hepatopancreas of water-soluble matter of oxidized soybean oil effect 6 hours（×6 000）；g1－2：Configuration of hepatopancreas on 30 hours（×6 000）。

四、讨论

（一）氧化豆油与正常豆油成分比较分析

本试验中毛豆油在人工氧化处理后，IV、AV、POV 的值都发生明显变化。从脂肪酸组成看，一些长链脂肪酸，如 C20：5、C23：0、C24：0，解链为短链脂肪酸，且饱和、单不饱和脂肪酸比例增加，多不饱和脂肪酸比例下降，与殷永风等[126]进行豆油自制氧化的试验结果相似，可初步推断氧化试验成立。通过测定各油脂样品和水溶液中的 MDA 含量，可推断毛豆油在不添加抗氧化剂的前提下，反复冻融或测定过程中同样会发生缓慢的氧化反应。在人工氧化过程中毛豆油会产生大量的 MDA，并且通过测定水溶液中的 MDA 含量判断 MDA 可部分溶于水。从各油脂样品的脂肪酸含量变化推断水溶液中可能含有部分游离脂肪酸，但具体种类还有待研究。

（二）氧化豆油水溶物对肝细胞形态的影响

细胞死亡有坏死和凋亡两种类型，研究揭示细胞凋亡会出现染色质和细胞器的变化。例如，在光镜下胞浆呈现嗜酸性，超微结构下会出现糖原消失、内质网扩张、线粒体肿胀、染色质凝集等现象。本试验中高浓度（0.22656g、0.15104g）氧化豆油水溶物能引起肝细胞形态和生理学特性的变化，影响肝脏合成和运输物质的功能，对细胞产生明显的损伤作用。超微结构观察出现染色质边集、空泡化、细胞核变形、细胞膜破损等特征。这种结构变化与一些学者研究肝细胞凋亡时的变化相似。叶仕根在研究氧化鱼油对鲤鱼的危害时，利用透射电镜观察肝脏结构，可发现肝细胞核染色质稀薄，线粒体肿胀扩张，体积增大变圆，线粒体内出现糖原包含物[127]。吴波等在研究大鼠肝细胞凋亡的超微结构观察中指出凋亡早期会出现核仁消失，随后出现核膜破裂，染色质散布到胞浆内等特征。凋亡中期核内染色质与基质均凝集，核膜出现波浪状皱缩[128]。由于肝细胞膜上有丰富的桥粒和紧密连接等细胞连接，凋亡时细胞表面的细胞连接结构消失，凋亡细胞与邻近肝细胞脱离，细胞失去其原有的立方形形态，细胞形状由立方形变成卵圆形，严重时细胞破碎死亡[129]。本试验中氧化豆油水溶物作用 3h 开始出现大量细胞收缩、脱落现象，可能是由于 3h 细胞开始出现凋亡特征，细胞间的连接消失。研究表明：引起细胞膜破损的因素很多，如各种化学因素或生物因子、体液或细胞免疫反应、缺氧或氧过多、重金属离子等。细胞膜损伤时间的不同对膜的愈合有重要影响，如损伤小、时间短，膜完全可以修复；但损伤大、时间久，由于钠钾泵的受损，可引起水、钠大量进入细胞，细胞水肿；线粒体及膜性管泡系统也可因水钠滞留而扩张，严重者不易恢复，且伴有核的改变而死亡[130]。对照本试验，在氧化豆油水溶物作用 2h 时草鱼肝细胞出现核染色质边集，6h 出现核皱缩现象，甚至出现细胞膜破裂，说明水溶物成分可能破坏了细胞膜，阻碍正常的钠钾泵途径，造成细胞内部代谢紊乱，膜修复作用失效，最终引起肝细胞凋亡。Choudhury 等研究表明，肝细胞脂肪过量聚集的直接原因是肝脏脂代谢异常，而引起肝脏脂代谢异常的主要原因是血清高游离脂肪酸和高胰岛素血症[130]，本试验中氧化豆油水溶物作用 2h 染色观察可见试验组肝细胞内含有大量脂滴，从透射电镜结果可见脂滴体积大于其他细胞器，可能是由于水溶液中含有部分游离脂肪，在肝细胞中形成脂质积累，扰乱了正常的代谢途径。

（三）氧化豆油水溶物对肝细胞酶学指标的影响

细胞通透性变化是细胞损伤的特点之一，损伤引起胞浆酶释放，而酶活的变化反应细胞损伤程度的改变[131]，LDH 释放量可以反映出细胞膜的完整性和 LDH 渗漏性。郭彤等在研究壬基酚或双酚 A 对原代培养鲫肝细胞毒性影响的结果中表明，当鲫肝细胞暴露于壬基酚或双酚 A 中时，随着作用浓度升高，LDH 渗出量增加，细胞膜通透性增大，MDA 活性也显著升高[132]。从本试验结果看，低浓度（0.03776g）的氧化豆油水溶液就能引起培养液中 LDH 释放，当浓度增大时间延长，可进一步诱导肝细胞的损伤，培养液中的 LDH 和 MDA 明显升高，统计学分析差异显著。LDH 大量渗漏说明细胞膜结构崩塌，氧化豆油水溶液对肝细胞的损伤作用具有浓度和时间依赖性关系。

MDA 作为自由基攻击膜产生脂质过氧化作用的主要产物，可与细胞蛋白形成复合物产生细胞毒效应[133]；MDA 可促进 Kuffer 细胞与肝细胞释放细胞因子，并共同进一步介导肝细胞死亡、Mallory 小体形成、肝星状细胞活化和肝纤维化形成；MDA 还会激活 NF-KB，NF-KB 通过调节多种前炎症细胞因子（如 TNF-α、IL-8、ICAM-1 和 E-selectin 等）引起炎症反应；它们与蛋白形成加合物后还可妨碍甘油三酯的运转引起肝细胞的严重受损，使细胞出现凋亡，引发生物膜系统的脂质过氧化反应，产生大量的过氧化物质，在膜内能形成交链，使膜成分多聚化，最终导致膜流动性下降、膜结构改变和膜通透性增加，LDH 大量泄漏[134]。本试验中高浓度组 MDA 含量显著高于低浓度组，伴随细胞出现凋亡形态，可能由于 MDA 引发细胞炎症因子，造成细胞膜系统的脂质紊乱，使细胞出现凋亡。同时，培养液中高浓度组 T-AOC 显著高于其他组，可能是由于肝细胞应激产生相应的抗氧化能力，各组不同的添加浓度，使细胞产生不同的应激，可能导致同一浓度条件下最高 T-AOC 时间不同。

本试验中未进行正常豆油水溶性物质提取对照组的对比研究，因此不能排除豆油中的水溶性物质是否会对细胞生长产生损伤影响。本研究在不同浓度的氧化豆油水溶物损伤作用下，综合观察培养的肝细胞多种生化指标的改变，为进一步研究氧化油脂对鱼体肝肠道的损伤机制打下基础。

五、小结

高浓度（0.22656g、0.15104g）氧化豆油组细胞利用油红 O 和碱性磷酸酶染色观察出现大量细胞收缩、脱落现象，透射电镜观察出现染色质的边集、透明脂滴、空泡化现象、线粒体肿胀、核仁消失、细胞膜破裂、细胞器减少、糖原颗粒消失、细胞核皱、核被膜凹陷、核仁畸形等变化。

通过测定培养液中乳酸脱氢酶（LDH）、总抗氧化能力（T-AOC）和丙二醛（MDA）含量，结果显示，氧化豆油水溶物作用 3h 就可导致草鱼肝细胞形态发生明显变化，LDH 释放量增加，T-AOC 能力提高，MDA 含量较高。草鱼肝细胞的损伤程度与水溶液的作用浓度和时间存在显著性关系，高浓度组与对照组相比损伤严重，随着时间的延长，肝细胞加剧凋亡。

第五节　氧化豆油水溶物对草鱼原代肝细胞相关基因表达活性的影响

众所周知，饲料中氧化油脂会对水产动物的健康产生极大影响，有研究表明，体内过氧化脂质的富集会造成细胞膜损伤、膜内酶和蛋白质变性、代谢异常等多种损伤[135]。但是氧化油脂成分极为复杂，包含醛类、醇类、酮类、烃类、酯类和多聚体等物质，很难区分是何种或多种物质起损伤作用。其中，多不饱和脂肪酸不仅可以作为鱼体能量的来源，又可通过影响相关基因表达改变代谢状况[136]。吉红等研究了高度不饱和脂肪酸（High unsaturated fatty acid，HUFA）对草鱼脂质合成和运转的抑制作用，HUFAs 作为转录因子的配体可调控多种与脂质代谢相关的基因[137]。含双键及其以上的不饱和脂肪酸（unsaturated fatty acid，USFA）在氧化过程中都可产生丙二醛（malondialdehyde，MDA），MDA 作为油脂氧化的中间产物，其生成量与脂肪酸不饱和程度有密切关系。因此，本研究拟采用实时定量反转录聚合酶链式反应（RT-qPCR）方法，检测草鱼肝细胞在添加氧化豆油水溶物作用不同时间后，类胰岛素样生长因子（IGF-I）、过氧化物酶体增殖物激活受体 α（PPAR-α）、过氧化物酶体增殖物激活受体 γ（PPAR-γ）、脂肪酸合成酶（FAS）、过氧化物酶增殖体激活受体 γ 辅助激活因子 1（PGC1-α）、硬脂酰辅酶 A 去饱和酶 1（SCD1）、解耦联蛋白 2（UCP2）的 mRNA 表达量的变化，探讨氧化豆油水溶性成分（如 FFA、MDA）对肝胰脏脂质代谢的影响，为进一步研究草鱼肝胰脏损伤、脂肪性肝病发生和发展机制以及相应的药物防治研究提供理论依据。

一、材料与试剂

（一）材料

试验鱼体重为 20g 左右，饲养于苏州大学室内循环系统，水温（24 ± 4.0）℃、溶解氧 >6mg/L。试验鱼为购买的池塘养殖草鱼鱼种，在整个试验过程中均使用自制的含蛋白质 28%、油脂 4% 的普通配合饲料饲养，每天投喂 2 次。

试验毛豆油购自东海粮油工业（张家港）有限公司，普通浸出工艺，未添加人工抗氧化剂。

（二）主要试剂

胰蛋白酶（Amresco）、牛跟腱胶原 I（Worthington）、胎牛血清（杭州四季青）、牛胰岛素（Sigma）、M199 培养基（Gibco）、红细胞裂解液（Beyotime）、氯仿、异丙醇、苯酚、无水乙醇均为分析纯；RNAiso Plus、DNase Ⅰ、反转录试剂盒、SYBR Premix Ex Taq™ 荧光染料均购于 TaKaRa 公司。

二、试验方法

（一）氧化豆油水溶物的提取

根据本试验室自制的氧化装置及方法[126]对毛豆油氧化 30d，取氧化豆油 264.32g（300mL）加双蒸水 1 000mL，玻璃棒搅拌混匀 15min，倒入分液漏斗静置分层，收集下层水溶液。水溶液进行两次冷冻干燥，最后用少量双蒸水润洗烧杯底部及侧面，定量至 35mL，即 1μL 水溶液中含有的水溶性成分与 0.007552g 氧化豆油含有的水溶性成分等量。

（二）草鱼肝细胞的原代培养与样品制取

无菌条件下取草鱼肝胰脏，用 D-Hanks 液漂洗后剪碎，0.25% 胰蛋白酶消化 20min/次，每次以添加血清的培养液终止消化，收集 3 次，细胞悬液 1 000r/min 离心 1min。细胞沉淀与红细胞裂解液按 1∶3 比例添加，1 000r/min 离心 4min 进行纯化，吸去废液后添加 D-Hanks，1 000r/min 离心 1min 纯化 2 次。添加预先配制的 M199 培养基，调整细胞浓度至

1.7×10^6 个/mL 接种于铺过胶原的 96 孔板，每孔 200μL，置于 27℃、4.5% CO_2 恒温培养箱中进行培养[138]。24h 细胞达到融合状态后添加 0.22656g 氧化豆油所含水溶物，分别作用 1h、1.5h、2h、2.5h 和 3h，收集草鱼肝细胞样品，4℃冷冻离心机上 1 500r/min 离心 3min，用 PBS 洗两次，添加 1 000μL Trizol 吹打混匀后液氮速冻保存于 -80℃冰箱。

（三）mRNA 的实时定量检测

根据 GenBank 中 IGF（登录号 AF247658.1）的保守序列，用 Primer Premier 5.0 软件设计其引物，其他的引物均参考已有的研究资料（表 4-5-1）。引物由上海生物工程技术服务有限公司合成。采用 RT-qPCR 检测肝胰脏脂代谢相关基因 mRNA 表达量。

草鱼肝胰脏细胞 RNA 的提取，DNA Ⅰ 消化处理后，取 1μL 琼脂糖凝胶电泳检测 RNA 质量，1μL 参照逆转录试剂盒（TaKaRa，DRR037S）说明进行反转录，生成 cDNA 第一链。实时定量检测利用 CFX96（Bio-Rad，USA）实时定量 PCR 检测系统进行，反应体系为 20μL：2μL 引物（浓度为上下游各 4μM）、2μL cDNA 模板（反转录 cDNA 稀释 50 倍而得）、10μL 2×SYBR Premix Ex Taq™、6μL 无菌蒸馏水。反应条件为 95℃、30s 预变性；95℃、5s，55℃、30s，40 个循环；溶解曲线 65~95℃。

表 4-5-1　实时定量检测引物

Tab. 4-5-1　Primers used for quantitative real-time PCR

	基因登录 gene bank accession No.	正向引物 forward primer（5′-3′）	反向引物 reverse primer（5′-3′）
IGF-Ⅰ	AF247658	AATCTCCACGATCCCTACGAG	TTCCTCGGCTTGAGTTCTTCT
PPAR-α	FJ623265	TCAGGATACCACTATGGAGTTCAC	TACAGCGGCGTTCACACTTG
PPAR-γ	EU847421	CGCTCATCTCCTACGGTCAG	ATGTCGCTGTCGTCCAACTC
UCP2	AY948546	CGTGGTTTGTGGAAAGG	GCTCCAAATGCAGATGTG
PGC-1α	HM015283	GATGTCAGTGACCTCGATGCA	CAGCAAGTTGGCCTCATTTTC
SCD1	AJ243835	ACTGGAGCTCTGTATGGAC	CGTAGATGTCATTCTGGAAG
β-actin	DQ211096	CGTGACATCAAGGAGAAG	GAGTTGAAGGTGGTCTCAT

注：β-actin，SCD1，UCP2 引物设计参照 Li 等[139]；PGC-1α，PPAR-α，PPAR-γ 引物设计参照吉红等[137]

（四）数据处理

各组肝细胞的基因表达量采用参照基因的 $\triangle C_T$ 法计算，即根据扩增曲线得到的 Ct 值（荧光信号达到设定的阈值时所经历的循环数），以草鱼 β-actin 基因为内参，$\triangle C_t$ 为目的基因与参照基因的差值，用 $2^{-\triangle Ct}$ 方法确定各个基因在不同组织中的相对表达量，结果以柱状图表示。用 SPSS（17.0）软件进行处理，所有数据用 $\bar{x}\pm SD$ 表示，进行单因素方差分析，采用 Duncan 氏多重比较法检验差异性，当 $P<0.05$ 时差异显著。

三、结果与分析

（一）各油脂样品游离脂肪酸组成

表4－5－2　各油脂样品游离脂肪酸组成

Tab. 4－5－2　The free fatty acid composition of oil sample

名称	正常豆油（%）	氧化豆油（%）	水洗氧化豆油（%）
饱和脂肪酸	15.94 ± 0.07[a]	20.93 ± 0.68[a]	19.54 ± 0.36[a]
单不饱和脂肪酸	23.51 ± 0.16[b]	26.70 ± 0.01[b]	27.25 ± 0.92[b]
多不饱和脂肪酸	60.541 ± 0.24[c]	51.88 ± 0.01[c]	53.20 ± 0.56[c]
其他	0.01 ± 0.01	0.48 ± 0.06	0.01 ± 0.01

氧化豆油是在正常毛豆油基础上人工氧化30d后的样品；水洗氧化豆油是经提取步骤处理后剩下的油脂部分。由表4－5－2可见，3种油脂样品游离脂肪酸组成中多不饱和脂肪酸比例最高。氧化豆油、水洗氧化豆油与正常豆油相比，多不饱和脂肪酸组成比例下降，饱和脂肪酸和单不饱和脂肪酸比例上升。水洗氧化豆油组与氧化油脂组相比，饱和脂肪酸、多不饱和脂肪酸比例略微下调，单不饱和脂肪酸比例有所增加。

（二）基因实时荧光定量PCR引物特异性检测

以10倍梯度稀释后的样品为模板进行实时荧光定量PCR，Actin基因的扩增效率为95.4%，标准曲线的相关系数为0.999；溶解峰只出现单一的重叠峰（图4－5－1），未出现非特异性扩增，表明试验条件达到试验要求，可靠性较高。

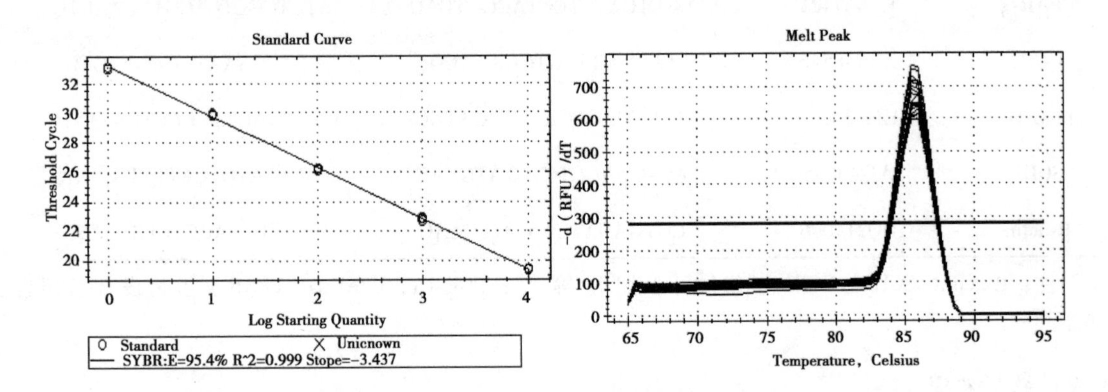

图4－5－1　实时荧光定量PCR中Actin的标准曲线、溶解峰图及溶解曲线

Fig. 4－5－1　Standard curve and melt peak chart of Actin by quantitative real-time

IGF基因的扩增效率为102.2%，标准曲线的相关系数为0.999；溶解峰只出现单一的重叠峰（图4－5－2），未出现非特异性扩增，表明试验条件达到试验要求，可靠性较高。

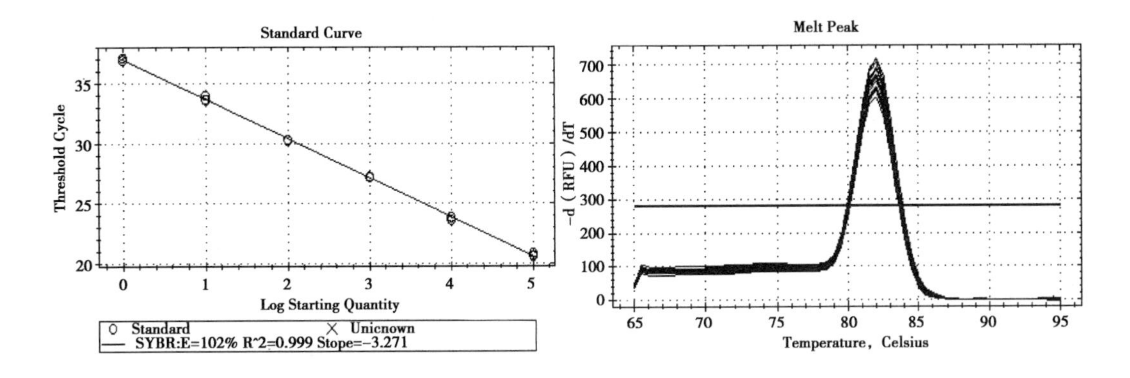

图 4－5－2　实时荧光定量 PCR 中 IGF 的标准曲线、溶解峰图及溶解曲线

Fig. 4－5－2　Standard curve and melt peak chart of IGF gene by quantitative real-time

UCP2 基因的扩增效率为 100.9%，标准曲线的相关系数为 0.996；溶解峰只出现单一的重叠峰（图 4－5－3），未出现非特异性扩增，表明试验条件达到试验要求，可靠性较高。

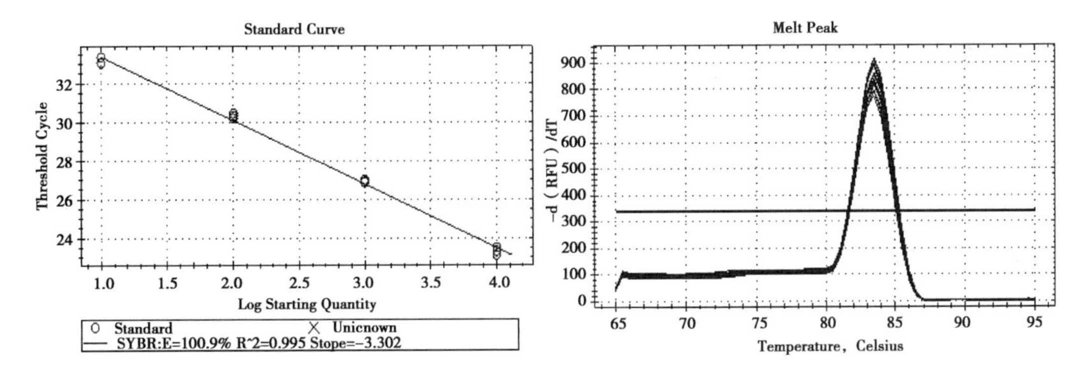

图 4－5－3　实时荧光定量 PCR 中 UCP2 的标准曲线、溶解峰图及溶解曲线

Fig. 4－5－3　Standard curve and melt peak chart of UCP2 gene by quantitative real-time

PPAR-α 基因的扩增效率为 100.5%，标准曲线的相关系数为 0.991；溶解峰只出现单一的重叠峰（图 4－5－4），未出现非特异性扩增，表明试验条件达到试验要求，可靠性较高。

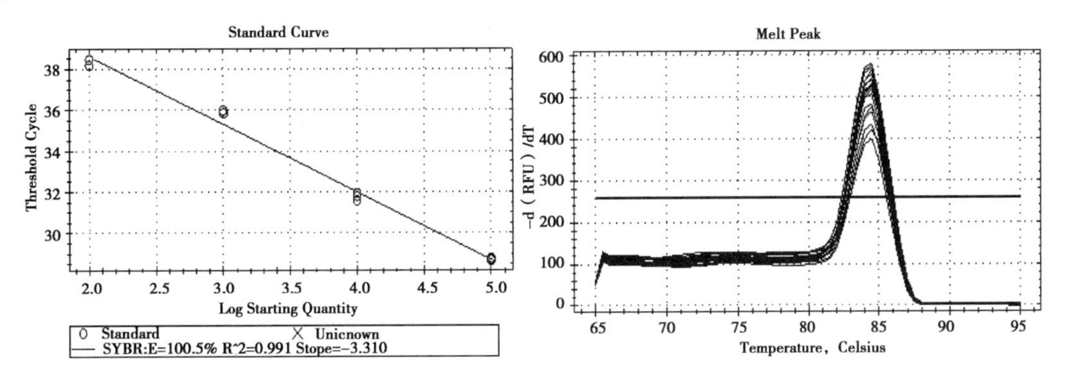

图 4－5－4　实时荧光定量 PCR 中 PPAR-α 的标准曲线、溶解峰图及溶解曲线

Fig. 4－5－4　Standard curve and melt peak chart of PPAR-α gene by quantitative real-time

PPAR-γ 基因的扩增效率为 100.3%，标准曲线的相关系数为 0.999；溶解峰只出现单一的重叠峰（图 4－5－5），未出现非特异性扩增，表明试验条件达到试验要求，可靠性较高。

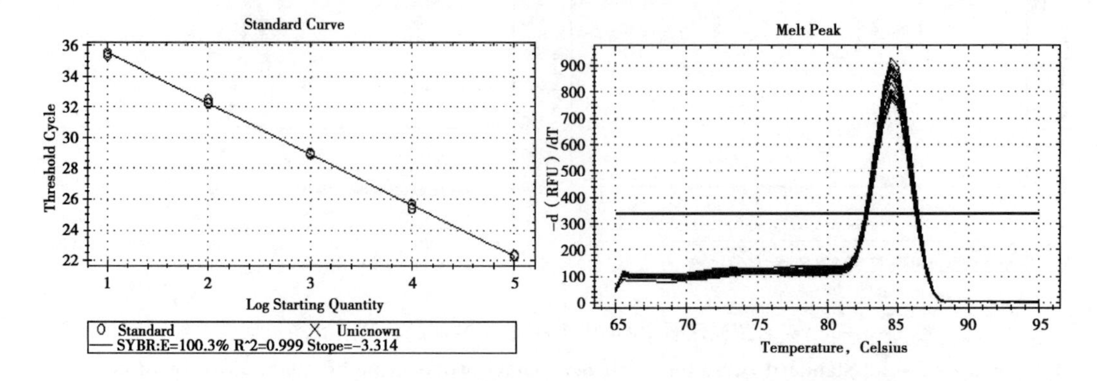

图 4－5－5　实时荧光定量 PCR 中 PPAR-γ 的标准曲线、溶解峰图及溶解曲线

Fig. 4－5－5　Standard curve and melt peak chart of PPAR-γ gene by quantitative real-time

FAS 基因的扩增效率为 100.7%，标准曲线的相关系数为 0.994；溶解峰只出现单一的重叠峰（图 4－5－6），未出现非特异性扩增，表明试验条件达到试验要求，可靠性较高。

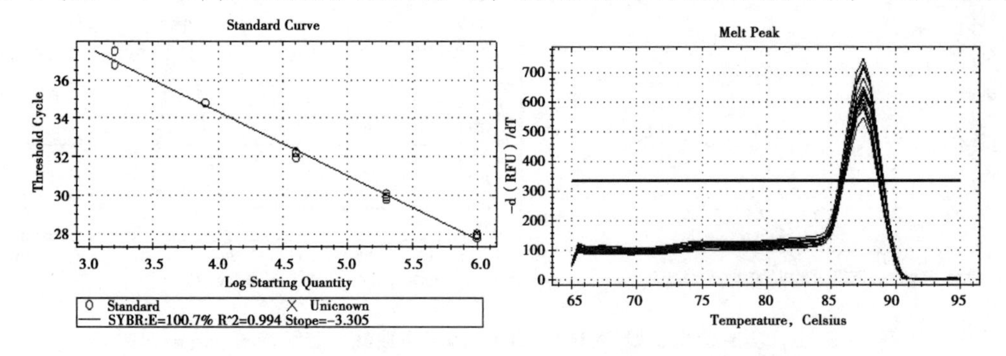

图 4－5－6　实时荧光定量 PCR 中 FAS 的标准曲线、溶解峰图及溶解曲线

Fig. 4－5－6　Standard curve and melt peak chart of FAS gene by quantitative real-time

PGC-1α 基因的扩增效率为 93.4%，标准曲线的相关系数为 0.989；溶解峰只出现单一的重叠峰（图 4－5－7），未出现非特异性扩增，表明试验条件达到试验要求，可靠性较高。

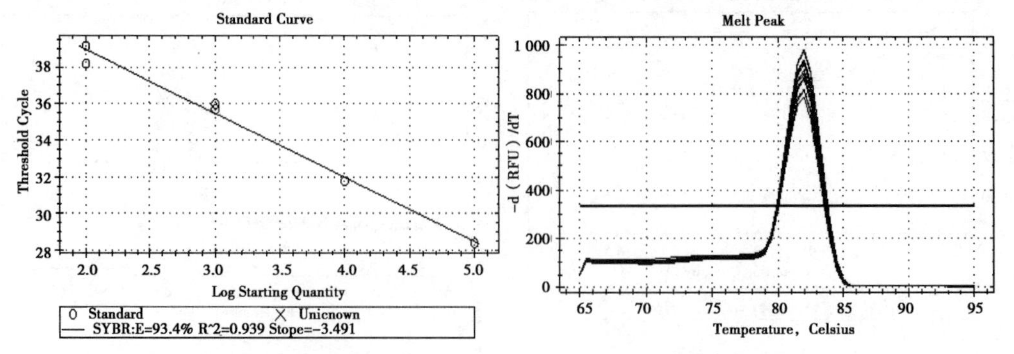

图 4－5－7　实时荧光定量 PCR 中 PGC-1α 的标准曲线、溶解峰图及溶解曲线

Fig. 4－5－7　Standard curve and melt peak chart of PGC-1α gene by quantitative real-time

SCD1 基因的扩增效率为 101.4%，标准曲线的相关系数为 0.999；溶解峰只出现单一的重叠峰（图 4－5－8），未出现非特异性扩增，表明试验条件达到试验要求，可靠性较高。

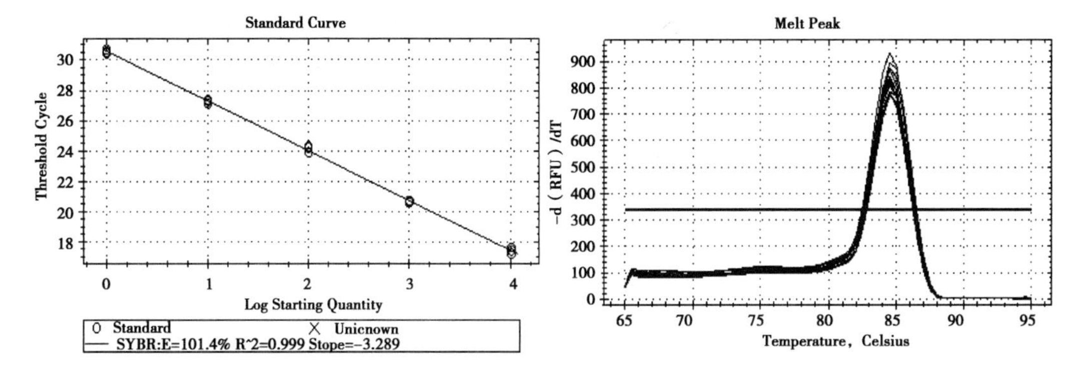

图 4－5－8　实时荧光定量 PCR 中 SCD1 的标准曲线、溶解峰图及溶解曲线

Fig. 4－5－8　Standard curve and melt peak chart of SCD1 gene by quantitative real-time

各试验组草鱼肝细胞相关基因 mRNA 表达量：

1. IGF-Ⅰ基因 mRNA 表达量

胰岛素样生长因子（Insulin-like growth factor，IGF）是一类多功能细胞增殖调控因子，是促生长素在肝脏中所制造的肽，定位于细胞浆，执行促进生长和再生的功能。IGFs 在细胞分化、增殖中有重要的促进作用，机体循环中的 IGF-Ⅰ主要由肝脏合成和分泌。草鱼原代肝细胞正常生长 24h 后添加氧化豆油水溶物作用 3h，通过实时荧光定量 PCR 检测试验组草鱼肝细胞各作用时间段 IGF-Ⅰ基因 mRNA 的相对表达量，结果表明，各试验组与 0h 对照组 IGF-Ⅰ基因 mRNA 表达量相比均有显著性下调（$P<0.05$），在氧化豆油水溶物作用 2.5h 和 3h 后 IGF 基因 mRNA 表达量与前 3 个时间段相比显著上升（$P<0.05$），1h 和 2h 时 IGF 基因 mRNA 表达量差异不显著（$P>0.05$），见图 4－5－9。

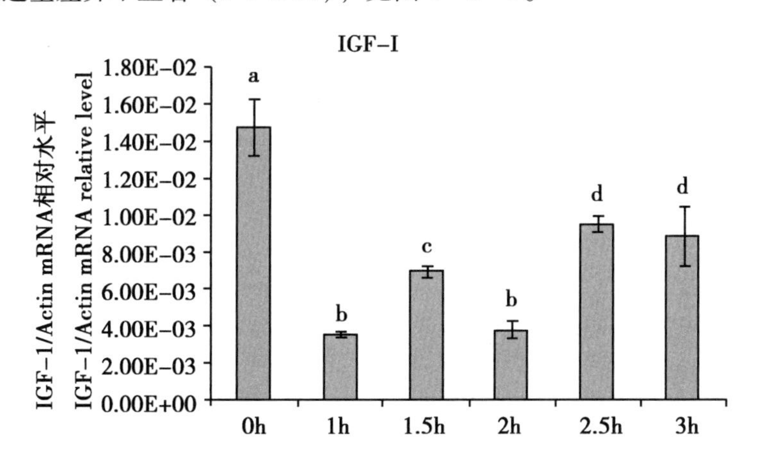

图 4－5－9　IGF-Ⅰ/Actin mRNA 表达量相对水平

Fig. 4－5－9　IGF-Ⅰ/Actin mRNA relative level

2. UCP2 基因 mRNA 表达量

解耦联蛋白（uncoupling proteins，UCPs）是一类线粒体内膜上的载体，属于线粒体载体超家族，可以将 H^+ 从线粒体内膜渗漏到线粒体基质中，减少 ATP 的合成并产生热能。胰岛素是糖脂代谢的重要调控因子。解耦联蛋白 2（UCP2）存在于线粒体内膜，属于线粒体电子转运体超家族中的一员，是一种诱导性表达的基因，其主要生物学作用是抑制脂酸氧化时产生过氧化物，保护细胞免受损伤。本试验测定的草鱼肝胰脏 UCP2 基因 mRNA 表达量表明，各试验组与 0h 对照组相比，UCP2 基因 mRNA 表达量相对水平均显著性下调（$P<0.05$），但 2.5h 和 3h 的 mRNA 相对表达量与 1h 相比，显著上调（$P<0.05$），见图 4－5－10。

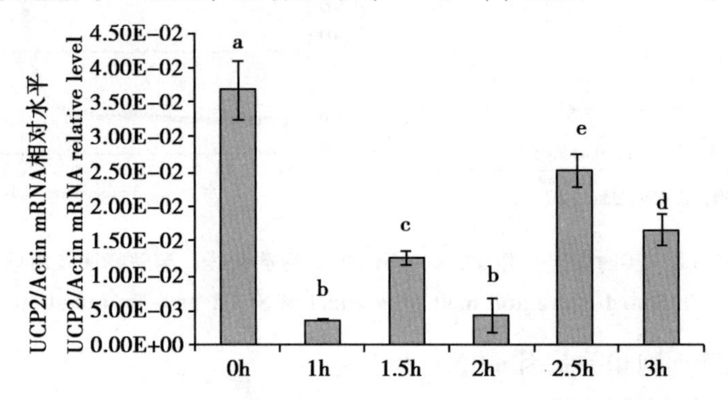

图 4－5－10　UCP2 /Actin mRNA 表达量相对水平

Fig. 4－5－10　UCP2 /Actin mRNA relative level

3. PPAR-α 和 PPAR-γ 基因 mRNA 表达量

过氧化物酶体增生物激活受体（peroxisome proliferator-activated receptor，PPAR），是一种由配体激活的转录因子，PPARs 是属于激素核受体超家族的配体应答型转录因子，共有 3 种亚型：PPAR-α、PPAR-β 和 PPAR-γ。它们有不同的基因编码、结构、功能，在不同组织的表达量都有较大差异，PPAR-α 和 PPAR-γ 主要是调控机体的脂肪代谢。本试验通过实时荧光定量 PCR 检测试验组草鱼肝细胞各作用时间段 PPAR-α 和 PPAR-γ 基因 mRNA 相对表达量，结果表明：试验组与 0h 对照组相比，PPAR-α 基因 mRNA 表达量均显著下调（$P<0.05$），且各试验组之间无显著性差异（$P>0.05$）。PPAR-γ 基因 mRNA 表达量与对照组相比，总体上有上调趋势，1h、1.5h 与对照组相比无显著性差异（$P>0.05$），2h、2.5h 和 3h 时 PPAR-γ 基因 mRNA 表达量与对照组相比显著性上调（$P<0.05$），见图 4－5－11、图4－5－12。

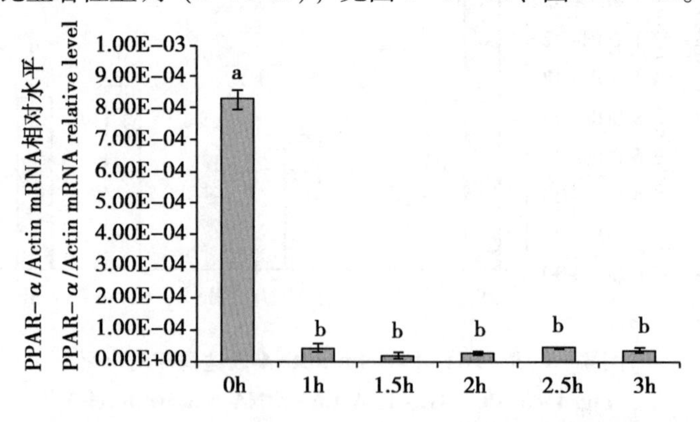

图 4－5－11　PPAR-α/Actin mRNA 表达量相对水平

Fig. 4－5－11　PPAR-α /Actin mRNA relative level

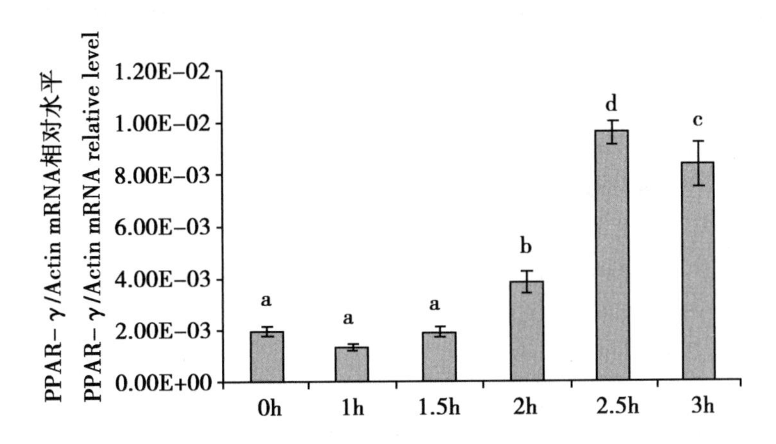

图 4-5-12　PPAR-γ/Actin mRNA 表达量相对水平

Fig. 4-5-12　PPAR-γ /Actin mRNA relative level

4. FAS 基因 mRNA 表达量

脂肪酸合成酶（FAS）控制的生物化学反应是以乙酰 CoA 为原料合成脂肪酸的过程，为脂肪酸合成的主要限制酶。通过实时荧光定量 PCR 检测试验组草鱼肝细胞各作用时间段 FAS 基因 mRNA 相对表达量，结果显示，试验组与 0h 对照组 FAS 基因 mRNA 表达量相比均显著性上调。各试验组之间 FAS 基因 mRNA 相对表达量呈“V”字形变化，1～2h FAS 基因 mRNA 相对表达量呈降低趋势，2h 时的表达量最低，后显著上调，见图 4-5-13。

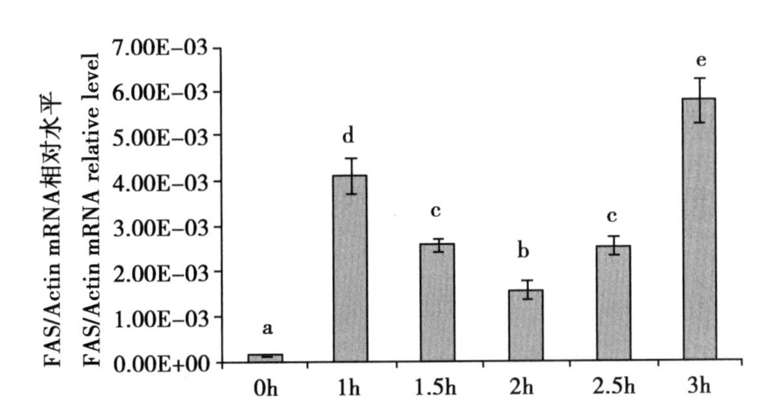

图 4-5-13　FAS/Actin mRNA 表达量相对水平

Fig. 4-5-13　FAS /Actin mRNA relative level

5. PGC1-α 基因 mRNA 表达量

过氧化物酶体增殖物激活受体 γ（PPAR-γ）辅激活因子 1（PGC1-α）也是一种多功能转录调节因子，是 PPAR-γ 的辅助激活因子，通过结合下游转录因子广泛参与线粒体生物合成、肝糖异生、肝脏脂肪酸 β 氧化、能量代谢等重要代谢通路调节，对于维持生物体能量动态平衡有重要生理意义，更重要的是 PGC1 能够有效诱导线粒体生物合成并且上调线粒体生物氧化功能[140]。本试验测定氧化豆油水溶物作用 3h 各时间段草鱼肝细胞中 PGC 基因 mRNA 表达量的变化，结果如图 4-5-14 所示，各试验组 PGC1-α 基因 mRNA 表达量与对照组相比，均显著性下调（$P<0.05$），1h、1.5h 和 2.5h 无显著性差异，在作用 3h 后 PGC 基因 mRNA 表达量显著上升（$P<0.05$）。

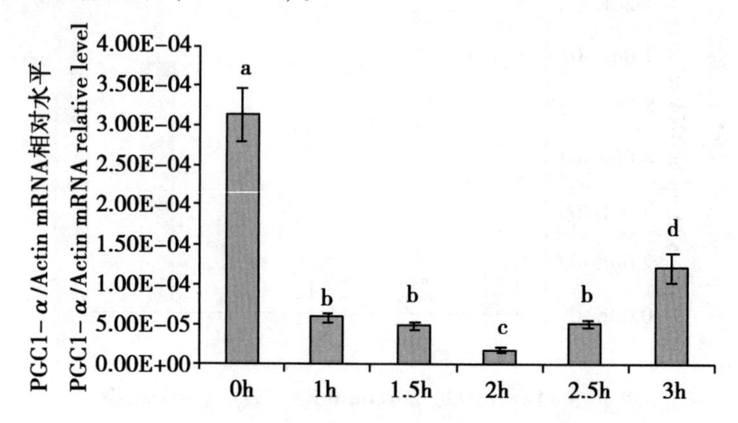

图 4-5-14　PGC1-α/Actin mRNA 表达量相对水平

Fig. 4-5-14　PGC1-α/Actin mRNA relative level

6. SCD1 基因 mRNA 表达量

硬脂酰辅酶 A 去饱和酶 1（stearoyl CoA desaturase-1，SCD1）是脂代谢的关键调控点，主要催化棕榈酰辅酶 A 和硬脂酰辅酶 A 去饱和为棕榈油酰辅酶 A 和油酰辅酶 A，减少 FFA 在肝细胞中的沉积，保持细胞膜的流动性，降低脂毒性[141]。本试验测定各时间段草鱼肝细胞中 SCD1 基因 mRNA 表达量变化，结果（图 4-5-15）显示，各试验组 SCD1 基因 mRNA 表达与对照组相比均显著性上调（$P<0.05$），在氧化豆油水溶物作用 2.5h 时 SCD1 基因 mRNA 表达量最高。

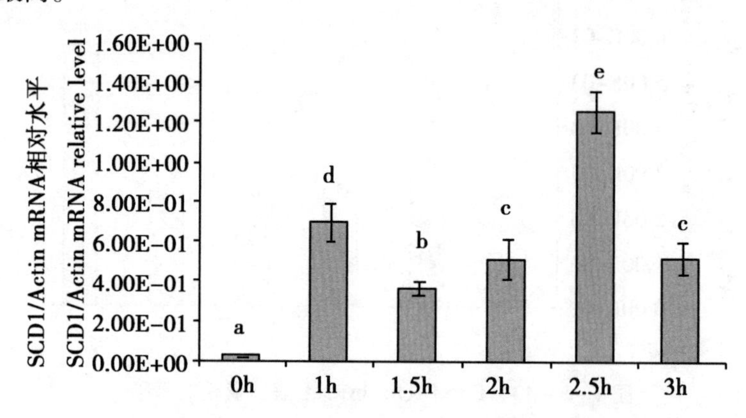

图 4-5-15　SCD1-α/Actin mRNA 表达量相对水平

Fig. 4-5-15　SCD1/Actin mRNA relative level

四、讨论

（一）氧化豆油水溶液成分探究

通过测定各油脂样品的游离脂肪酸（Free fatty acid，FFA）组成和 MDA 含量，推断添加的氧化豆油水溶液成分中可能含有部分 FFA 和 MDA。游离脂肪酸包括饱和脂肪酸（saturated fatty acid，SFA）和不饱和脂肪酸（unsaturated fatty acid，USFA），FFA 参与细胞膜的生物合成和细胞内信号传导。肝脏是脂代谢的重要器官，FFA 参与脂肪肝的形成，当过多的饱和脂肪酸富集于肝细胞时，产生脂毒性，造成肝细胞凋亡损伤甚至坏死，导致肝功能障碍。氧化豆油水溶性成分可能含有的部分游离脂肪酸，激活 TNF-α 等细胞因子，促使凋亡相关受体（如 Fas、TLR2 等）表达增加，引起细胞凋亡。同时，MDA 是脂质过氧化物，可交联磷脂及蛋白质，使蛋白质的巯基氧化，损伤细胞膜，同时还会激活核因子（nuclearfactor-kappa B，NF-KB），而 NF-KB 通过调节多种前炎症细胞因子（如 TNF-α、IL-8、E-selectin 等）引起炎症反应，两者起双重的损伤作用，加剧草鱼原代肝细胞的凋亡。

（二）氧化豆油水溶物诱导草鱼肝细胞损伤作用探究

银大马哈鱼[142]、鲮鱼[143]、尼罗罗非鱼[144]、虹鳟[145]等的研究表明，IGF-Ⅰ与水产动物的营养状态密切相关，IGF-Ⅰ基因表达上调能促进蛋白质的合成，抑制蛋白质的降解。在肝纤维化的研究中发现，正常肝细胞胞膜对肝星状细胞及库普弗细胞的增殖具有接触性抑制作用，肝细胞受损时其胞膜的破坏导致其对肝星状细胞的接触抑制作用丧失从而激活肝星状细胞，肝细胞受损持续时间越长，激活的肝星状细胞越多，其分泌的细胞因子包括 IGF-Ⅰ越多[146]。也有研究表明，IGF-Ⅰ在活化的肝星状细胞中可能刺激其他生长因子，导致肝细胞生长因子的增生和表达[147]。本试验中，试验组 IGF-Ⅰ基因的 mRNA 表达量与对照组相比显著下调，在 1.5h、2.5h、3h 时有显著上调，可能是由于受到水溶液的刺激，肝细胞受损加剧，IGF-Ⅰ基因被激活使表达量的上调。

UCP2 作为线粒体内膜的一种质子转运蛋白，能够通透线粒体质子梯度并以热量形式散发，调节线粒体质子泄漏，降低线粒体内质子跨膜梯度[148]。同时，UCP2 还可调控线粒体活性氧（reactive oxygen species，ROS）产生，细胞内 ROS 增加时 UCP2 亦表达上调[149]。细胞内 ROS 表达增多的情况下，如多不饱和脂肪酸处理肝细胞时，UCP2 的表达量明显增加，推测 UCP2 可能通过降低 ROS 的功能参与抗损伤的过程[150]。有研究表明，UCP2 的表达对急性肝损伤引起的肝细胞凋亡有促进作用，通过改变细胞内 ATP 水平激活能量应激蛋白 AMPK，AMPK 进一步激活其下游的应激活化蛋白 JNK，过度活化的 JNK 进一步调节了细胞内 Bcl-2 家族蛋白的表达和活化（如 Bax），从而最终导致肝细胞凋亡增多[151]。本试验中试验组 UCP2 基因的表达与对照组相比显著性下调，可能导致细胞内氧化磷酸化耦联过程加快，加剧 ADP 向 ATP 的转化，ATP 增多，导致线粒体受损，这也与透射电镜图中线粒体受损的结果一致。在 2.5h 和 3h 时 UCP2 的表达量与 1h 相比显著性上调，可能与肝细胞受损细胞内 ROS 增多，细胞自我修复强度加强，使 UCP2 表达上调。

PPAR-α 主要在肝脏中表达，PPAR-α 和 PGC-Ⅰ可调控多种靶基因的表达，包括参与脂代谢几乎所有过程，如脂肪酸摄取、结合与氧化，脂蛋白组合、运输与代谢的基因，是脂代谢关键的调节因子[152]。PGC-1 与 PPAR-α 的共同作用是 PGC-1 调节肝脏脂肪酸氧化的重要途径。时昭红等在研究葱白提取物对脂肪变性肝细胞模型 PPAR-α 及 PGC-1 表达的影响中发现，葱白提取物对脂肪变性肝细胞的保护作用可能是通过 PPAR-α 和 PGC-1 基因表达量的上调来实现的，而脂肪变性肝细胞脂肪沉积显著增加时，PPAR-α、PGC-1 表达都降低[153]。Neve 等研究发现 PPAR-α 基因的表达受到抑制会影响肝细胞线粒体和过氧化物酶体的氧化，易引起肝细胞脂肪变性、坏死和炎性细胞浸润[154]。在本试验中各试验组与对照组相比，PPAR-α 和 PGC-1 基因的表达量均显著下调，可能和细胞受损 PPAR-α 和 PGC-1 表达量受抑制有关。有研究表明，PPAR-γ 能够抑制白介素 -6 和肿瘤坏死因子、环氧化酶 -2 基因的表达，降低炎症反应。PPAR-γ 可通过调节激活蛋白 -1、NF-KB、信号转录子介导信号通路，通过抑制这些途径的激活抑制靶基因启动子的转录和激活[155]。本试验中，PPAR-α 基因的表达量与对照组相比显著下调，而 PPAR-γ 的表达量则显著上升，推断两者可能存在一种互补的关系，调控细胞受到外界刺激产生的应激反应。

肝脏中脂肪的合成需要以脂肪酸和 α-磷酸甘油为前体，经过酯化作用变为甘油三磷酸酯和胆固醇酯等，在合成过程中需要 FAS 体系催化 A-CoA 和丙二酰辅酶 A 转化为脂肪酸，因此，FAS 基因表达量的高低直接影响生物体脂质的合成与沉积。有研究表明，不同长短碳链的脂肪酸和不同的双键位置对 FAS 基因的表达有不同影响，SFA、n-9 系列脂肪酸对 FAS 基因的抑制效果没有 n-3、n-6 系列明显[156]。由于鱼油和豆油中含较高 HUFA 和 PUFA，能显著提高草鱼 FAS 基因表达量，猪油（SFA）则不能[157]。Shikata 等[158]比较亚麻酸、二十碳五烯酸（EPA）、二十二碳六烯酸（DHA）对肝脏中 FAS 活性的影响，发现 EPA 和 DHA 显著降低了肝脏中 FAS 活性，指出 PUFA 可以抑制 FAS 的表达。Clarke 等研究了大鼠饲喂软脂酸甘油酯（SFA）、三油酸甘油酯 n-9（MUFA）、双不饱和脂肪酸（红花油 n-6）和多不饱和脂肪酸（PUFA）后肝脏中 FAS 基因表达的差异，结果显示 PUFA 可以使肝脏中的 FAS 表达量降低 75% ~90%，表明多不饱和脂肪酸对 FAS 基因表达具有抑制作用[159,160]。本试验中试验组 FAS 基因表达量与对照组相比显著性上调（$P<0.05$），推断水溶液中含有的 n-3 或 n-6 系列的 PUFA 较少，但可能含有其他种类的脂肪酸，促使肝细胞中 FAS 基因表达上调，加速脂肪酸的合成。

SCD1 主要催化硬脂酰和软脂酰 CoA 形成油酰和棕榈油酰 CoA，油酰和棕榈油酰 CoA 是膜磷脂甘油三酯（TG）、胆固醇酯（CE）、蜡酯烷基 2，3 甘油二酯（ADG）生物合成优先利用的底物，其中，棕榈酰辅酶 A 和硬脂酰辅酶 A 会改变细胞膜磷脂构成，降低细胞膜流动性[161,162]。此外，过多的饱和游离脂肪酸会增加神经酰胺的合成，继而增加 ROS 的形成，产生内质网应激反应，致使细胞膜流动性降低，损伤细胞的各种功能，激活肝细胞的凋亡[163,164]。本试验中试验组 SCD1 的 mRNA 表达量与对照组相比有显著性上调，可能是由于添加氧化豆油水溶液后，为降低 FFA 在肝细胞中的沉积，修复细胞膜流动性，刺激 SCD1 基因 mRNA 表达量的上调。

五、小结

（1）依据各试验组类胰岛素样生长因子（IGF-Ⅰ）、解耦联蛋白 2（UCP2）、过氧化物酶体增殖物激活受体 α（PPAR-α）、过氧化物酶增殖体激活受体 γ 辅助激活因子 1（PGC1-α）的基因表达量与对照组基因表达量相比，均呈现显著性下调（$P<0.05$）；各试验组脂肪酸合成酶（FAS）、硬脂酰辅酶 A 去饱和酶 1（SCD1）、过氧化物酶体增生物激活受体 γ（peroxisome proliferator-activated receptor γ，PPARγ）的基因表达量与对照组基因表达量相比，均呈现显著性上调（$P<0.05$）；且各基因试验组中 2.5h、3h 各基因表达量与 1h 相比有显著变化。

（2）结合氧化豆油水溶物对草鱼肝细胞损伤作用荧光显微镜图片及透射电镜图，推断一方面可能是由于添加氧化豆油水溶液后水溶性成分（如 FFA、MDA）对草鱼肝细胞的生长产生很大影响，随着作用时间的延长，FAS 基因表达上调，而 PGC1-α、PPAR-α 的表达量都下调，使脂肪酸代谢减慢，加速脂质积累；同时，细胞出于自我的修复反应，激活PPAR-γ和SCD1的表达，随着作用时间的延长表达量上调。这种损伤与修复的相互作用，致使各时间段出现上调或下调的变化。另一方面可能是由于细胞生长使基因表达出现变化，其相互之间的作用机理还有待做进一步的完善和研究。

参考文献

[1] 陈慧梅，廖红，高静．肝细胞培养方法研究进展［J］．细胞生物学杂志，2002，24（3）：163－166.

[2] Toh Y C，Ng S，Khong Y M，*et al.* A configurable three-dimensional microenvironment in a microfluidic channel for primary hepatocyte culture［J］. Assay and Drug Development Technologies，2005，3（2）：169－176.

[3] Battlet，Stacey G. Cell culture models for hepatotoxicology［J］. Cell Biology and Toxicology，2001，17（4－5）：287－299.

[4] Kumar G S，Bright-Singh I S，Philip R. Development of a cell culture system from the ovarian tissue of African catfish（*Charias gariepinus*）［J］. Aquaculture，2001，194：51－62.

[5] 左文功，钱华鑫，许映芳．草鱼肾组织细胞系CIK的建立及其生物学特性［J］．水产学报，1986，10（1）：11－17.

[6] Bejar J，Hong Y，Alvarez C. An ES-like cell line from the marine fish *Sparus aurata*：Characterization and chimaera production［J］. Transgenic Research，2002，11：279－289.

[7] Qin Q W，Wu T H，Jia T L，*et al.* Development and characterization of a new tropical marine fish cell line from grouper，Epinephelus coioides susceptible to iridovirus and nodavirus［J］. Journal of Virological Methods，2006，131（1）：58－64.

[8] Imajoh M，Ikawa T，Oshima S. Characterization of a new fibroblast cell line from a tail fin of red bream，Pagrus major，and phylogenetic relationships of a recent RSIV isolate in Japan［J］. Virus Research，2007，126（1－2）：45－52.

[9] 于森，管华诗，郭华荣．鱼类细胞培养及其应用［J］．海洋科学，2003，27（3）：4－8.

[10] 吴康，薛明强，吴海琴．鲤血管内皮细胞的分离培养及初步鉴定［J］．水生生物学报，2001，25（2）：174－178.

[11] Segner H. Isolation and primary culture of teleost hepatopancreas［J］. Comparative Biochemistry and Physiology Part A，1998，4：71－81.

[12] Segner H，Cravedi J P. Metabolic activity in primary cultures of fish hepatopancreas［J］. Altern Lab Anim，2001，29：251－257.

[13] Braunbeck T，Storch V. Senescence of hepatopancreas isolated from rainbow trout（*Oncorhynchus mykiss*）in primary culture：an ultranstuctural study［J］. Protoplasma，1992，170（3－4）：138－159.

[14] 谢保胜，王刚，史健全．青海湖裸鲤体外肝胰细胞原代与传代培养［J］．生物学杂志，2009，26（4）：34－37.

[15] 喻文娟，杨先乐，唐俊等．大口黑鲈肝细胞原代培养方法的建立［J］．上海水产大学学报，2006，4（15）：430－435.

[16] 吴国平，纪荣兴，李丽美等．黄鳍鲷肝细胞体外培养研究［J］．动物医学进展，2003，24（3）：102－103.

[17] 梁岳，马广智，方展强．剑尾鱼肝细胞原代培养［J］．中国比较医学杂志，2006，16（3）：185－187.

[18] 赵中辛，周主青．高温对罗非鱼肝细胞原代培养的影响［J］．中华试验外科杂志，2006，23（6）：678－680.

[19] Bickley L K，Langea A，Winterb M J，*et al.* Evaluation of a carp primary hepatocyte culture system for screening chemicals for estrogenic activity［J］. Aquat Toxicolo.，2009，94：195－203.

[20] Pesonen M，Andersson T. Characterization and induction of xenobiotic metabolizing enzyme activities in a primary culture of rainbow trout hepatopancreas［J］. Xenobiotica.，1991，21（4）：461－471.

[21] Kennedy C J，Gill K A，Walsh P T. Temperature acclimation of xenobiotic metabolising enzymes in cultured hepatopancreas and whole liver of the toadfish（*Obsanus beta*）［J］. Canadian Journal of Fish and Aquatic Sciences.，1991，48（7）：1 212－1 219.

[22] Jensen E G，Thauland R，Soli N E. Measurement of xenobiotic metabolising enzyme activities in primary monolayer cul-

tures of immature rainbow trout hepatocytes at two acclimation temperatures [J]. ATLA., 1996, 24: 727 -740.

[23] Baldwin L A, Calabrese E J. Gap junction-mediated intercellular communication in primary cultures of rainbow trout hepatocytes [J]. Ecotoxicol Environ Saf., 1994, 28: 201 -207.

[24] Gjoen T, Berg T. Interaction of low density lipoproteins with liver cells in rainbow trout [J]. Fish Physiol Biochem., 1993, 10: 465 -473.

[25] Pelissero C, Fluoriot G, Foucher J L, *et al.* Vitellogenin synthesis in cultured hepatocytes: an in vitro test for the estrogenic potency of chemicals [J]. J Steroid Biochem Mol Biol., 1993, 44: 263 -73.

[26] Segner H, Bohm R, Kloas W. Binding and bioactivity of insulin in primary cultures of carp (*Cyprinus carpio*) hepatocytes [J]. Fish Physiol Biochem., 1993, 11: 411 -20.

[27] Zahn T, Arnold H, Braunbeck T. Cytological and biochemical response of R1 cells exposure to disulfoton [J]. Exp Toxic Pathol., 1996, 48: 47 -64.

[28] 张毅，张高峰，魏华．壬基酚对鲫鱼原代肝细胞增殖和抗氧化功能的影响 [J]. 应用生态学报，2009, 20 (2): 352 -357.

[29] Wan X Q, Ma T, Wu W Z, *et al.* EROD activities in a primary cell culture of grass carp (*Ctenopharyngodon idellus*) hepatocytes exposed to polychlorinated aromatic hydrocarbonas [J]. Ecotoxicology and Environmental Safety., 2004, 58: 84 -89.

[30] Luo D, Liu G. Separation and primary cultivation of hepatocytes and its application in drug research and development [J]. Guangxi Sciences., 2006, 13 (4): 334 -337.

[31] 薛庆善．体外培养的原理与技术 [M]. 北京：科学出版社，2001.

[32] 张莉萍，康格非．原代肝细胞培养的研究现状 [J]. 医学临床生物化学与检验学分册，2004, 25 (3): 1 931 -1 941.

[33] Hynda K, Kleinma, Robert J, *et al.* Role of collagenous matrices in the adhesion and growth of cells [J]. The Journal of Cell Biology., 1981, 88: 473 -485.

[34] 吕冬霞．细胞生物学技术 [M]. 北京：科学出版社，2010.

[35] Wang Y J, Liu H L, Guo H T, *et al.* Primary hepatocyte culture in collagen gelmixture and collage sandwich [J]. Word Tournal of Gastroenterology., 2004, 10 (5): 699 -702.

[36] Blair J B, Miller M R, Pack D, *et al.* Isolated trout liver cells: establishing short-term primary cultures exhibiting cell-to-cell interactions *in vitro* cell [J]. Dev Biol., 1990, 26: 237 -249.

[37] Fryer J L, Lannan C N. Three decades of fish cell culture: a current listing of cell lines derived from fishes [J]. Tissue Culture Methods., 1994, 16: 87 -94.

[38] Kim B H, Takemura A. Culture conditions affect induction of vitellogenin synthesis by estradiol-17βin primary cultures of tilapia hepatocytes [J]. Comparative Biochemistry and Physiology Part B: Biochemistry and Molecular Biology., 2003, 135 (2): 231 -239.

[39] 樊廷俊，耿晓芬，从日山等．大菱鲆鳍细胞系的建立 [J]. 中国海洋大学学报，2007, 37 (5): 759 -766.

[40] 辛华．细胞生物学试验 [M]. 北京：科学出版社，2001.

[41] 周星辉，王丙力，谭焕然．大鼠肝实质细胞原代培养模型的研究及其功能鉴定 [J]. 中国临床药理学与治疗学，2005, 10 (7): 743 -746.

[42] Robert J, Thomas, Renabhandar, *et al.* The effect of three-dimensional coculture of hepatocytes and hepatic stellate cells on key hepatocyte functions *in vitro* [J]. Cells Tussues Organs., 2005, 181 (2): 67 -79.

[43] Munoz J, Estaban M A, Meseguer J. *In vitro* culture requirements of sea bass (*Dicentrarchus labrax* L.) blood cells: Differential adhesion and phase contrast microscopic study [J]. Fish and Shellfish Immunology., 1999, 9: 417 -428.

[44] Lopresto C J, Schwars L K, Burnrtt K G. An *in vitro* culture system for peripheral blood leucocytes of Sciaenid fish [J]. Fish and Shellfish Immunology., 1995, 5: 97 -107.

[45] Liv Søfteland, Elisabeth Holen, Pål A O. Toxicological application of primary hepatocyte cell cultures of Atlantic cod (*Gadus morhua*) — Effects of BNF, PCDD and Cd [J]. Comparative Biochemistry and Physiology, Part C., 2010, 151: 401 -411.

[46] 徐哲．肝细胞原代培养的常用添加剂 [J]．国外医学流行病传染病学分册，2002，29 (6)：356-3 581.

[47] Cable E E. Exposure of primary rat hepatocytes in long-term DMSO culture to selected transition metals induces hepatocyte proliferation and formation of duct-like structures [J]. Hepatology., 1997, 26 (6): 1 444-1 457.

[48] 田启超，张涛，田丽芳．细胞体外培养过程中霉菌污染的预防 [J]．动物医学进展，2007，28 (8)：115-116.

[49] 郑若玄．实用细胞学技术 [M]．北京：科学出版社，1980.

[50] 章静波．组织和细胞培养技术 [M]．北京：人民卫生出版社，2002.

[51] 鄂征．组织培养与分子细胞学技术 [M]．北京：北京出版社，1997.

[52] 蔡燕，宫丽崑，任进．肝脏体外模型及其在毒理学方面的应用 [J]．中国药理学与毒理学杂志，2004，18 (5)：390-395.

[53] Guillouzoa. Liver cell models *in vitro* toxicology [J]. Environmental Health Perspectives., 1998, 106 (2): 511-532.

[54] 滕光菊．大鼠原代肝细胞的培养、功能鉴定及其在肝细胞移植中的初步应用 [D]．中国西安第四军医大学，2003.

[55] 郭琼林．鳗鲡肝脏脾脏显微与超微结构 [J]．动物学报，1994，40 (2)：125-129.

[56] Rocha E, Monteiro R A F, Pereira C. The liver of the brown trout, Salmo trutta fario: a light and clcetron microscope study [J]. J Anat., 1994, 185: 241-249.

[57] 谢碧文，岳兴建，张耀光．瓦氏黄颡鱼肝和胰的组织学及超微结构 [J]．西南农业大学学报，2004，26 (5)：645-649.

[58] 王永生．饥饿（限食）和重喂对三种不同适盐性鱼类形态形状和肝细胞超微结构的影响 [J]．汕头大学，2002.

[59] 王吉桥，毛连菊，姜静颖等．鲤、鲢、鳙、草鱼苗和鱼种饥饿致死时间的研究 [J]．大连水产学院学报，1993，8 (2&3)：58-65.

[60] 付世建，邓利，张文兵．南方鲶幼鱼胃和肝脏的组织结构及其在饥饿过程中的变化 [J]．西南师范大学学报，1999，24 (3)：336-342.

[61] Hinton D E, Lauren J L. Integrative histopathological approaches to detecting effects of environmental stressors on fishes [J]. Am Fish Soc Symp., 1990, 8: 51-66.

[62] 王宪青，余善鸣，刘研研．油脂的氧化稳定性与抗氧化剂 [J]．肉类研究，2003 (3)：18-21.

[63] Rehulka J. Effect of hydrolytically changed and oxidized fat in dry pelletson the health of rainbow trout (*Oncorhynchus mykiss Richardson*) [J]. Aquaculture and Fisheries Management, 21 (4): 419-434.

[64] 刘伟，张桂兰，陈海燕．饲料添加氧化油脂对鲤体内脂质过氧化及血液指标的影响 [J]．中国水产科学，1997，4 (1)：94-96.

[65] Stephan G, Messager J L, Lamour F, *et al.* Interactions between dietary alp hatocop herol and oxidized oil on sea bass Diecent rarchus labrax [A]. Fish nutrition in practice: 4th International Symposium of Fish Nutrition and Feeding [C]., 1993: 215-218.

[66] Murai T, Andrews J W. Interactions of dietaryα-tocopherol, oxidized menhaden oil and ethoxyquin on channel catfish (*Ictalurus punctatus*) [J]. Journal of Nutrition., 1974, 104: 1 416-1 431.

[67] Murai T, Akiyama T, Ogata H, *et al.* Interaction of dietary oxidized fish oil and glutathione on fingerling yellowtail *Seriola quinqueradiata* [J]. Nippon Suisan Gakkaishi., 1988, 54 (1): 145-149.

[68] Viljanen K, Kivikari R, Heinonen M. Protein-lipid interactions during liposome oxidation with added anthocyanin and other phenolic compounds [J]. Journal of Agricultural and Food Chemistry., 2004, 52: 1 104-1 111.

[69] Kanner J. Oxidative processes in meat and meat products: quality implications [J]. Meat Science., 1994, 36: 169-186.

[70] 王凤玲，孙丽芹，董新伟等．脂类的催化氧化 [J]．中国油脂，1998，23 (4)：52-55.

[71] 孙丽芹，董新伟，刘玉鹏等．脂类的自动氧化机理 [J]．中国油脂，1998，23 (5)：56-57.

[72] 邓鹏，程永强，薛文通．油脂氧化及其氧化稳定性测定方法 [J]．食品科学，2005，26：196-199.

［73］周胜强．油脂氧化酸败的主要诱因——光氧化［J］．四川粮油科技，2003，789（2）：28－30.

［74］GB2716—88，GB9848—88，GB9849—88，GB9850—88，GB8937—88，中华人民共和国国家标准［S］.

［75］Frankel. Chemistry of free radical and singlet oxidation of lipids［J］．Lipid Res.，1985，23：197－221.

［76］Kagnoff M F. Epithelial cells as sensors for mi crobial infection［J］．J Clin Invest.，1997，100：6－10.

［77］Deitch E A. Microbial gastrointestinal translocation in Surgical Infections［J］．Brown and Company.，1995（3）：707－715.

［78］蔡景义，周安国，田刚．氧化锌对 LPS 处理猪肠上皮细胞炎性细胞因子分泌及基因表达的影响［J］．营养饲料，2011，47（23）：47－49.

［79］向朝林．草鱼硫代乙酰胺肝损伤试验模型建立及其应用研究［D］．苏州大学硕士学位论文，2010.

［80］Clifford J. Steer M D. Bile Acids and Hepatocyte Apoptosis：Living/Leaving Life in the Fas Lane［J］．Gastroenterology，117（3）：732－736.

［81］Shirin T，Tracy H，David A，*et al.* Intestinal ischemia and the gut-liver axis：an *in vitro* model［J］．Journal of Surgical Research.，2000，88（2）：160－164.

［82］Jurgen S，Peter R G，Matthias M W. The gut-liver-axis：Endotoxemia，inflammation，insulin resistance and NASH［J］．Journal of Hepatology.，2008，48（6）：1 032－1 034.

［83］仁泽林，霍启光，孙艳玲．氧化油脂对动物机体生理生化机能及肉质的影响［J］．中国饲料，2000，15：8－9.

［84］Janu P，Li J，Renegar K B，*et al.* Recovery of gut-associated lymphoid tissue and upper respiratory tract immunity after parenteral nutrition［J］．Ann Sury.，1997，225：707－717.

［85］Towfigh S，Heisler T，Rigberg D A，*et al.* Intestinal ischemia and the gut-liver axis：an *in vitro* model［J］．J Sur Res.，2000，88（2）：160－164.

［86］Pesonen M，Anderssonb T B. Fish primary hepatocyte culture an important model for xenobiotic metabolism and toxicity studies［J］．Aquat Toxicolo.，1997，37（3）：253－267.

［87］Radice S，Ferraris M，Marabini L，*et al.* Effect of iprodione，a dicarboximide fungicide，on primary cutured rainbow trout（*Oncorhynchus mykiss*）hepatocytes［J］．Aquat Toxicolo.，2001，54（2）：51－58.

［88］Gebhardt R，Fausel M. Antioxidant and hepatoprotective effects of artichoke extracts and constituents in cultured rat hepatocytes［J］．Toxicolo in Vitro.，1997，11（5）：669－672.

［89］Sadar M D，Ash R，Andersson T B. Picrotoxin is a CYP1A1 inducer in rainbow trout hepatocytes［J］．Biochem Biophys Res Commum.，1995，214（3）：1 060－1 066.

［90］Duan C，Hanzawa N，Takeuchi Y，*et al.* Use of primary cultures of salmon hepatocytes for the study of hormonal regulation of insulin-like growth factor I expression *in vitro*［J］．Zool Sci.，1993，10：473－480.

［91］Islinger M，Pawlowski S，Hollert H，*et al.* Measurement of vitellogenin-mRNA expression in primary cultures of rainbow trout hepatocytes in a non-radioactive dot blot/RNAse protection-assay［J］．Sci Total Environ.，1999，233（1－3）：109－122.

［92］Cravedi J P，Paris A，Monod G，*et al.* Maintenance of cytochrome P_{450} content and phase I and phase II enzyme activities in trout hepatocytes cultured as spheroideal aggregates［J］．Comp Biochem Physiol.，1996（113）：241－246.

［93］Anderson M J，Miller M R，Hinton D E. *In vitro* modulation of 17-b-estradiol-induced vitellogenin synthesis：effects of cytochrome P4501A1 inducing compounds on rainbow trout（*Oncorhynchus mykiss*）liver cells［J］．Aquat Toxicol.，1996，34：327－50.

［94］Fent K. Fish cell lines as versatile tools in ecotoxicology：assessment of cytotoxicity，cytochrome P4501A induction potential and estrogenic activity of chemicals and environmental samples［J］．Toxicol In Vitro.，2001，15（4－5）：477－488.

［95］Faggioni R，Jones-Carson J，Reed D A，*et al.* Leptin-deficient（ob/ob）mice are protected from T cell-mediated hepatotoxicity：role of tumor necrosis factor alpha and I L-8［J］．Proc Natl Acad Sci USA.，2000，97（5）：2 367－2 372.

［96］Libert C，Wielockx B，Grijalba B，*et al.* The role of comp lement activation in tumor necrosis factor-induced lethal hepatitis［J］．Cytokine.，1999，11（8）：617－625.

［97］Segner H. Isolation and primary culture of teleost hepatocytes［J］．Comparative Biochemistry and Physiology Part A，Molecular and Integrative Physiology.，1998，120（1）：71－81.

[98] Radice S, Ferraris M, Marabini L, *et al.* Effect of iprodione, a dicarboximide fungicide, on primary cultured rainbow trout (*Oncorhynchus mykiss*) hepatocytes [J]. Aquat Toxicolo., 2001, 54: 51-58.

[99] Christina M I, Michael M L. Toxicity of chloroform and carbon tetrachloride in primary cultures of rainbow trout hepatocytes [J]. Aquat Toxicolo., 1997, 37: 169-182.

[100] Seddon W L, Prosser C L. Non-enzymatic isolation and culture of channel catfish hepatocytes [J]. Com Biochem Physiol A Mol Integr Physiol., 1999, 123 (1): 9-15.

[101] 何春鹏，王恬，刘文斌. 喹乙醇对草鱼肝细胞和胰腺外分泌部细胞的毒理研究 [J]. 浙江大学学报（农业与生命科学版），2006，32 (6)：651-657.

[102] Segner H, Bohm R, Kloas W. Binding and bioactivity of insulin in primary cultures of carp (*Cyprinus carpio*) hepatocytes [J]. Fish Physiol Biochem., 1993, 11 (1-6): 411-420.

[103] 张高峰，郭彤，魏华等. 采用 Percoll 法分离、纯化鲫肝细胞 [J]. 中国水产科学，2007，2 (14)：208-214.

[104] 杨景山. 医学细胞化学与细胞生物学技术 [M]. 北京：北京医科大学、中国协和医科大学联合出版社，1990.

[105] 叶元土，蔡春芳，张宝彤等. 一种强化鱼类肠道黏膜和肝胰脏细胞生理功能的配合饲料：CN 201010585756 [P]. 2011.

[106] 叶元土，王永玲，蔡春芳等. 谷氨酰胺对草鱼肠道 L-亮氨酸、L-脯氨酸吸收及肠道蛋白质合成的影响 [J]. 动物营养学报，2007，19 (1)：28-32.

[107] 邱燕，叶元土，蔡春芳等. 酵母培养物对草鱼（*Ctenopharyngodon idellus*）生长性能与肠道黏膜形态的影响 [J]. 饲料工业，2010，31 (18)：15-17.

[108] 梁健，邓鑫，吴发胜. 牛磺酸抗肝纤维化的研究进展 [J]. 广西医学，2006，31 (6)：863-865.

[109] 李伟，李克，时永辉. L-肉毒碱功能及其检验 [J]. 临床检验杂志，2006，24 (3)：231-233.

[110] 巩文玉，刘怡，李蓓等. 红细胞裂解液对 CD34+细胞相对计数的影响 [J]. 中国试验血液学杂志，2010，18 (3)：762-765.

[111] 弗雷谢尼. 动物细胞培养基本技术培养指南 [M]. 北京：科学出版社，2008.

[112] 南瑛，李嘉，张昆茹等. 胰岛素对大鼠肝细胞损伤的保护及其抗炎机制 [J]. 细胞与分子免疫学杂志，2006，22 (3)：402-405.

[113] 王祎，杨磊，王海东等. 不同浓度血清对肝细胞原代培养的影响 [J]. 农业技术与装备，2009，2 (159)：42-43.

[114] Ana-Lourdes O, Jesús P G, Francisco S. Glutathione and malondialdehyde levels in common carp after exposure to simazine [J]. Environ Toxicol Pharmacol., 2009, 27 (1): 30-38.

[115] 张春生，胡凤霞. 水温对草鱼苗种生长的影响 [A]. 中国动物科学研究—中国动物学会第十四届会员代表大会及中国动物学会65周年年会论文集 [C]，1999.

[116] 吴显实，卫程武，黄克和. 原代牛肝细胞分离和培养方法的建立 [J]. 中国兽医学报. 2009，29 (2)：203-206.

[117] Yamanka N, Kitani H, Mikami O, *et al.* Serum free culture of adult chicken hepatocytes morphological and biochemical characterization [J]. Res Vet Sci., 1997, 62 (3): 233-237.

[118] 余莹，张日华，朱自强等. 改良的小鼠原代肝细胞分离纯化方法 [J]. 南京医科大学学报（自然科学版），2008，28 (11)：1 437-1 440.

[119] 刘秋均，李洪. 小鼠肝细胞的简易高效高纯培养及鉴定 [J]. 西医药杂，2006，3 (35)：187-188.

[120] 施瑞浩，白春学. 吉非替尼治疗选择性中晚期非小细胞肺癌患者后血清乳酸脱氢酶的变化 [J]. 中国肿瘤，2008，17 (10)：887-889.

[121] 杨玉林，贺志安. 临床肝病诊断学 [M]. 北京：中国中医药出版社，2007.

[122] 曹俊明，林鼎，薛华等. 四种抗脂肪肝物质降低草鱼肝胰脏脂质积累的替代关系 [J]. 水生生物学报，1999，23 (2)：102-111.

[123] 蒋启国，梁莹，崔炳群等. 抗氧化剂在饲料油脂中抗氧化的试验 [J]. 饲料研究，2011，5：31-33.

［124］邓鹏，程永强，薛文通．油脂氧化及其氧化稳定性测定方法［J］．食品科学，2005，26：196－199.

［125］M Vázquez-Añón，Jenkins. Effects of feeding oxidized fat with or without antioxidants on nutrition digestibility［J］. Microbial Nitrogen and Fatty Acid Metabolis.，2007，90（9）：4 361－4 367.

［126］殷永风，叶元土，蔡春芳．在自制氧化装置中氧化时间对豆油氧化指标的影响［J］．安徽农业科学，2011，39（7）：4 052－4 054.

［127］叶仕根．氧化鱼油对鲤鱼危害的病理学及 VE 的保护作用研究［D］．四川农业大学，2002.

［128］吴波，马捷，孙桂勤等．肝细胞凋亡的超微结构观察［J］．电子显微学报，2000，19（6）：792－798.

［129］李伯勤，张圣明．医学超微结构基础［M］．山东：山东科学技术出版社，2003.

［130］Choudhury J，Sanyal A J. Insulin resistance and the pathogenesis of nonalcoholic fatty liver disease［J］. Clin Liver Dis.，2004，8：575－594.

［131］顾承志，黄国祥，黄志东等．银杏叶提取物对谷氨酸诱导神经细胞损伤的作用研究［J］．药学与临床研究，2009，17（6）：439－442.

［132］郭彤，张高峰，朱宝长．壬基酚或双酚 A 对原代培养鲫肝细胞毒性的影响［J］．首都师范大学学报，2009，30（2）：35－40.

［133］Hipkiss A R，Preston J E，Himswoth D T，*et al.* Protective effects of carnosine against malon-dialdehyde-induced toxicity towards cultured rat brain endothelial cells［J］. Neuroscience Letters.，1997，238（3）：135－138.

［134］高承贤，丁志山，康文英等．羟自由基对培养心肌细胞损伤作用的研究［J］．浙江中医学院学报，2002，26（3）：52－54.

［135］钱伯初，钱芸，臧星星．蜂花粉对小鼠体内外脂质过氧化的影响［J］．营养学报，1989，11（4）：355－358.

［136］叶华，王继文，罗辉．PUFA 对脂肪代谢基因表达的影响及其作用机制［J］．安徽农业科学，2006，34（15）：3 689－3 691.

［137］吉红，刘品，李杰等．草鱼 PGC-1α 基因的表达及饲喂 n-3HUFAs 对其影响［J］．水产学报，2010，34（9）：1 327－1 334.

［138］秦洁，叶元土，冷向军等．草鱼肝细胞分离与原代培养［J］．中国试验动物学报，2012.

［139］Li G G，Liang X F，Xie Q L，*et al.* Gene structure recombinant expression and functional characterization of grass carp leptin［J］. Gen Comp Endocrinol.，2010（166）：117－127.

［140］王燕飞，陈利华，周曦．马来酸罗格列酮抑制人肺腺癌（A549）细胞中 PGC-1α 表达及其增殖［J］．中国生物化学与分子生物学报，2008，24（11）：1 058－1 063.

［141］Ntambi J M. Regulation of stearoyl CoA desaturase by polyunsaturated fatty acids and cholesterol［J］. Journal of Lipid Research.，1999，40（9）：1 549－1 558.

［142］Pierce A L，Beckman B R，Shearer K D，*et al.* Effects of ration on somatotropic hormones and growth in coho salmon［J］. Comp Biochem Physiol.，2001，128B（2）：255－264.

［143］姜巨峰，张殿昌，邱丽华等．用 IGF-Ⅰ mRNA 表达量评价鲮饲料配方效果的研究［J］．南方水产，2010，6（2）：66－72.

［144］Cruzem V，Brown C L，Lukenback J A，*et al.* Insulinlike growth factor-Ⅰ cDNA cloning gene expression and potential use as a growth rate indicator in *Nile tilapia*，*Oreochranis niloticus*［J］. Aquaculture.，2006，251（2/4）：585－595.

［145］Taylor J F，Porter M J R，Bromagen R，*et al.* Relationships between environment changes maturity，growth rate and plasma insulin-like rowth factor-Ⅰ（IGF-Ⅰ）in female rainbow trout［J］. Gen Comp Endocrino.，2008，155（2）：257－270.

［146］张晓慧，孙雷，姜力华．细胞因子 IGF-Ⅰ及 IGF-ⅠR 在不同程度肝纤维化的表［J］．中国冶金工业医学杂志，2006，23（1）：11－13.

［147］刘嵩翎．IGF-Ⅰ在肝星形细胞过度表达的作用［J］．广西医科大学学报，2000，17（6）：975－977.

［148］Zhang C Y，Baffy G，Perret P，*et al.* Uncoupling protein 2 negatively regulates insulin secrection and is a major link between obesity，betacell dysfunction，and type 2 diabetes［J］. Cell.，2001，105（6）：745－755.

［149］Han J，Bae J H，Kim S Y，*et al.* Taurinr increases glucose sensitivity of UCP2 overexpressing beta cells by ameliorating mitochondrial metabolism［J］. Endocrinology and Metabolism.，2004，287（5）：1 008－1 018.

[150] Armstrong M B, Towle H C. Polyunsaturated fatty acids stimulate hepatic UCP-2 expression via a PPARalpha-mediated pathway [J]. Am J Physiol Endocrinol Metab., 2001, 281 (6): 1 197 - 2 004.

[151] 吴琼. UCP2 在大鼠再生肝抗四氯化碳损伤机制中的作用研究 [D]. 大连医科大学, 2006.

[152] 石巧娟, 刘月环, 楼琦等. 非酒精性脂肪肝大鼠 PPARα 基因表达及脂代谢和胰岛素水平的变化 [J]. 中国比较医学杂志, 2009, 19 (8): 26 - 30.

[153] 时昭红, 张介眉, 林丽莉. 葱白提取物对脂肪变性肝细胞模型 PPAR-α 及 PGC-1 表达的影响 [J]. 中华中医药杂志, 2011, 26 (9): 2 042 - 2 045.

[154] Neve B P, Fruchart J C, Staels B. Role of the peroxisome proliferator-activated receptors (PPAR) in atherosclerosis [J]. Biochem Pharmacol., 2000 (60): 1 245 - 1 250.

[155] Kilter H, Werner M, Roggia C, *et al.* The PPAR-gamma agonist rosiglitazone facilitates Akt rephosphorylation and inhibits apoptosis in cardiomyocytesduring hypoxia/reoxygenation [J]. Diabetes Obes Metab., 2009, 11 (11): 1 060 - 1 067.

[156] Dana R S, Darrell A K, Stephen B S. Depress of lipogenesis in swine adipose tissue by specific fatty acids [J]. J Anim Sci., 1996, 74: 975 - 983.

[157] 朱大世. 饥饿和不同脂肪源对草鱼体脂含量及脂肪酸合成酶的影响 [D]. 华中农业大学, 2005.

[158] Shikata T, Shimeno S. Metabolic response to dietary stearic acid, linoleic acid and highly unsaturated fatty acid in carp [J]. Fisheries Science., 1994, 60 (6): 735 - 739.

[159] Clarke S D, Abraham. Gene expression: Nutrient control of pre-and posttranscription events [J]. Faseb J., 1992, 6 (13): 3 146 - 3 152.

[160] Clarke S D. Regulation of fatty acid synthase gene expression: an approach for reducing fat accumulation [J]. J Anim Sci., 1993, 71 (7): 1 957 - 1 965.

[161] 蔡德丰, 范建高, 陆元善. SCD1 在高脂饮食大鼠肝脏的表达及其与肝细胞凋亡的相关性 [J]. 现代生物医学进展, 2009, 9 (2): 216 - 219.

[162] Vaux D L, Korsmeyer S J. Cell death in development [J]. Cell, 1999, 96 (2): 245 - 254.

[163] Listenberger L L, Han X, Lewis S E, *et al.* Triglyceride accumulation protects against fatty acid-induced lipotoxicity [J]. Proc Natl Acad Sci., 2003, 100 (6): 3 077 - 3 082.

[164] Borradaile N M, Buhman K K, Listenberger L L, *et al.* A critical role for eukaryotic elongation factor 1A-1 in lipotoxic cell death [J]. Mol Biol Cell., 2006, 17 (2): 770 - 778.

第五章　氧化豆油水溶物、丙二醛对草鱼肠道黏膜原代细胞的损伤及损伤修复作用

第一节　主要研究结果

为了研究氧化豆油对草鱼肠道黏膜细胞的损伤机制，以及寻找适宜的肠道黏膜细胞损伤修复物质，以健康草鱼肠道黏膜为材料，分离得到肠道黏膜原代细胞，经过离体培养，黏膜细胞恢复生长并能够快速增殖，成功建立了草鱼肠道黏膜原代细胞试验平台。利用快速增殖期的离体黏膜细胞，研究了氧化豆油水溶物对黏膜细胞的损伤作用；丙二醛是油脂氧化的重要产物之一，利用快速增殖期的离体黏膜细胞研究了丙二醛对离体黏膜细胞的损伤作用。同时，研究了酵母培养物水溶物对离体肠道黏膜细胞生长的影响，以及对丙二醛损伤的黏膜细胞的修复作用。

一、草鱼肠道黏膜细胞分离、培养方法

以健康草鱼肠道为试验材料，采用“机械刮取 + 酶消化”方法，以分离细胞团（含有肠道黏膜的隐窝细胞）、而不是单个游离细胞为主要目标，以 400r/min 离心转速得到以细胞团为主的沉淀作为培养细胞的材料。使用 M199 培养液、6% 浓度 CO_2、15% 浓度胎牛血清、接种浓度为2 000个细胞/孔条件下，可批量培养草鱼肠道黏膜原代细胞，黏膜细胞能够恢复生长、快速增殖，形成贴壁的、汇片生长的黏膜细胞层。利用增殖期黏膜细胞，可以用于氧化油脂的损伤、损伤修复试验。采用荧光倒置显微镜观察法与 Giemsa 染色法、MTT 检测法及培养液中 AKP 与 LDH/MTT OD 评价系统，能有效地评价细胞生长效果。

二、氧化豆油水溶物对草鱼肠道黏膜原代细胞的损伤作用

以离体培养的草鱼肠道黏膜原代细胞为试验对象，以氧化豆油水溶物、丙二醛、酵母培养物水溶物为试验材料，在细胞培养液中分别加入对应 111.06 ~888.48g/L 氧化豆油的水溶物，培养 12h，对草鱼 IECs 原代细胞生长、细胞形态及细胞分化和成熟产生了显著的抑制作用，其作用程度与氧化豆油水溶物添加浓度、作用时间具有依赖性。氧化豆油水溶物导致黏膜细胞结构广泛性的损伤，损伤作用类型为氧化性的损伤作用，氧化损伤作用位点为以细胞膜为主的生物膜系统以及细胞代谢中心——线粒体。氧化损伤作用的结果是细胞膜通透性显著增加、线粒体损伤，高剂量的水溶物或低剂量长时间作用可导致肠道黏膜细胞凋亡。添加对应 888.48g/L 氧化豆油的水溶物在 12h 内极显著降低了细胞活性及培养液中碱性磷酸酶（AKP）酶活力（$P < 0.01$），细胞增殖、分化受到显著的抑制作用，对细胞形态显著损伤。

3 ~9h 内极显著增高培养液中 LDH/MTT OD 值（$P < 0.01$），细胞膜通透性显著增加；显著降低了培养液中 SOD 酶活力及 T-AOC 能力（$P < 0.05$）。

三、丙二醛对肠道黏膜原代细胞的损伤作用

以离体培养的草鱼黏膜原代细胞为对象，在细胞培养液中添加终浓度为 4.94μmol/L、9.89μmol/L 的丙二醛对草鱼 IECs 原代细胞的细胞生长有显著抑制作用，在 3 ~6h 能极显著抑制细胞生长（$P < 0.01$），在 12h 内能极显著降低细胞总蛋白含量（$P < 0.01$），3h 时极显著增高培养液中 LDH/MTT OD 值（$P < 0.01$），6h 时极显著降低培养液中 GSH-PX 酶活力（$P < 0.01$），3h、9h 时极显著降低培养液中 T-AOC 能力（$P < 0.01$），培养液中 SOD 酶活力变化不显著。丙二醛与含相同浓度丙二醛的氧化豆油水溶物对草鱼 IECs 原代细胞的损伤有相似性，证实了丙二醛可能是氧化豆油中主要的有害物质之一。

在培养液中添加对应 444.24g/L 氧化豆油的水溶物与添加终浓度为 4.94μmol/L 丙二醛在 9h 内均导致细胞内基质透明呈气球样，同时胞浆空泡变，细胞核固缩，黏膜细胞出现大量的凋亡。

四、酵母培养物水溶物对黏膜细胞具有促进生长、增殖的作用

以离体培养的草鱼黏膜原代细胞为对象，在细胞培养液中加入酵母培养物水溶物，添加终浓度为 50 ~200mg/L 的酵母培养物水溶物在 3 ~6h 对细胞生长有促进作用，其中 3h 时细胞增殖率最高可提高 42.83%。证实了酵母培养物水溶物对肠道黏膜原代细胞有促进恢复生长、增殖的作用。

五、酵母培养物水溶物对草鱼丙二醛损伤的黏膜细胞有损伤修复作用

在酵母培养物水溶物修复丙二醛损伤的草鱼肠道黏膜原代细胞试验中，与对照组相比，联合使用酵母培养物水溶物和丙二醛时，添加对应 50 ~200mg/L 酵母培养物的水溶物，对 4.94μmol/L、9.89μmol/L 丙二醛导致的黏膜细胞损伤有一定程度的修复作用，但并未能使细胞恢复至对照组水平。与单独添加 4.94μmol/L 浓度丙二醛相比，添加 100mg/L 酵母培养物的水溶物在 6h、12h 极显著增高细胞活性（$P < 0.01$），3 ~12h 内极显著增高细胞总蛋白含量（$P < 0.01$），3h、6h 极显著降低了 LDH/MTT OD 值（$P < 0.01$），一定程度提高了培养液中 GSH-PX、SOD 酶活力及 T-AOC 能力。证实了酵母培养物对丙二醛损伤的黏膜细胞具有损伤修复作用。

筛选能够提高肠道黏膜细胞的增殖能力、修复损伤后的肠道黏膜细胞结构与功能的饲料物质，这是研究通过饲料途径维护鱼体肠道健康，尤其是维护肠道屏障结构和功能完整性的重要任务，本项研究结果为此提供了很好的研究方法、研究思路，也取得初步的研究结果。

第二节　饲料氧化油脂对肠道黏膜细胞损伤作用研究进展

饲料是水产养殖的物质基础，饲料品质直接关乎水生动物的生长速度及体质健康，其中油脂是水生动物饲料中重要物质之一，在水产饲料中得到广泛应用。油脂在水产动物代谢过程中有着多种生理功能，其能提供必需脂肪酸，是组织、细胞的组成成分，为水产动物提供

能量，有助于脂溶性维生素的吸收与运输，此外，还可增高某些水产动物对饲料蛋白质的利用率，有效节省蛋白质[1]。然而，油脂中含有大量不饱和脂肪酸，在存储过程中，易氧化酸败，产生大量具有不良气味的醛、酮等低分子化合物和过氧化物，这些氧化产物被水产动物摄食后，首先能作用于肠道，对肠道造成一定程度的损害。在试验动物研究上发现，动物摄食氧化油脂后，氧化鱼油诱导的肠道氧化应激导致了炎症反应，使肠道通透性增加[2]，同时由于肠—肝轴的存在[3,4]，使得肝脏也会受到影响，出现病变[5]。在肠道受损动物摄食的饲料中，添加一定量的酵母培养物对于肠道的修复非常重要，因酵母培养物营养丰富，能促进肠道皱襞及微绒毛发育，改善肠道内环境，对肠道有保护作用[6,7]。目前，关于氧化油脂对水生动物肠道损伤及离体条件下添加酵母培养物效果的试验研究相对较少，因此氧化油脂产物对肠道的毒性研究对于控制氧化油脂使用量，增高饲料品质非常重要。

肠道黏膜上皮细胞（Intestinal epithelial cells，IECs）是肠道的主要功能细胞，参与肠道食物的消化、吸收、免疫屏障和应激反应，与肠道的内、外分泌功能关系十分密切[8]，同时，原代培养的肠道黏膜上皮细胞接近体内的正常细胞，能真实反映体内代谢情况[9]。目前，国内外尚未有规范的鱼类原代 IECs 操作，因此，本试验通过对草鱼 IECs 原代培养条件的试验，建立了规范的草鱼肠道黏膜的原代培养方法及系统评价指标，为研究饲料营养物质对肠道的作用提供了适宜的试验平台。

一、鱼类肠道黏膜细胞的原代培养

肠道黏膜细胞（Intestinal epithelial cells，IECs）是肠道的主要功能细胞，参与肠道食物的消化、吸收、免疫屏障和应激反应，与肠道的内、外分泌功能关系十分密切[8]。又因原代培养的肠道黏膜细胞接近体内的正常细胞，能真实反映体内代谢情况[9]，因此，肠道黏膜细胞的原代培养方法的建立对于研究药物及营养素方面提供了新的试验平台。

1985 年，Quaroni[10]建立了胎鼠小肠黏膜上皮细胞系，Evans 等[9]成功建立了大鼠 IEC 原代培养方法。目前，IEC 原代培养方法已在其他动物如人、猪、禽、牛等建立起来[11-14]，而在水生动物方面较少。从已发表文献来看，水生动物 IEC 原代培养方法主要参照鼠 IEC 原代培养方法，如牙鲆[15]、鲫[16]、鲤鱼[17-20]，但细胞培养操作方法并不一致，尚未有规范的水生动物肠道黏膜细胞分离及原代培养的试验条件。

二、氧化油脂对肠道的影响

（一）油脂在水产动物中的作用

油脂是动物营养的重要成分之一，在水生动物生长、发育与繁殖的过程中起着重要作用，其作用主要有以下两个方面。

1. 油脂能为磷脂的合成及水生动物提供某些必需脂肪酸

动物组织中均含有脂类物质，因脂肪是体内绝大多数器官和神经组织的防护性隔离层，可保护和固定内脏器官，并作为一种填充衬垫，避免机械摩擦，并使之能承受一定压力。其中，在组织细胞的组成中，细胞膜是维持细胞整体性与内环境恒定的重要结构，其中膜脂在维持细胞的正常形态和生理功能上具有重要的作用，其不仅构成细胞生存必需的疏水屏障，还使细胞膜具有良好的可变形性的流动性，因质膜主要成分磷脂，在质膜上的排列并不是简单的固定不变的，而是随着细胞代谢过程，其位置时刻发生着变化，且运动是不规则的[21]，即其在质膜上有着流动性，当脂肪酸链越短、含不饱和脂肪酸越多，相变温度越低，则在此温度以上膜流动性也越大[22]。当磷脂发生脂质过氧化后会降解，导致含量的减少及组成的改变，这就降低了膜流动性[23-25]。磷脂的复杂结构决定其合成是一个步步叠加的过程，需要多种前体和多种酶的参与，油脂中含有的高度不饱和脂肪酸能竞争细胞膜受体，使磷脂中含有大量 DHA 和 EPA，这些都需要油脂来提供[26]，同时，某些不饱和脂肪酸（如 n-3，n-6 高度不饱和脂肪酸）鱼、虾自身不能合成或合成量不能满足需要，故需要在饲料中直接提供这类脂肪酸，动物缺乏必需脂肪酸会造成生长停滞、饲料效率下降及生理功能障碍等[1,27]。油脂中丰富的不饱和脂肪酸，如亚油酸、亚麻酸和花生四烯酸，这些都是能为水产动物提供必需脂肪酸的基本原料。因此，油脂对于水生动物的健康非常重要。

2. 油脂能为水生动物提供能量、提高饲料蛋白利用率

油脂是含能量最高的营养素，其产热量高于糖类和蛋白质，每克脂肪在体内氧化可释放出 37. 656kJ 的能量，水生动物由于对碳水化合物特别是多糖的利用率低，因此脂肪作为能源物质的利用显得特别重要[1]。动物将摄食后的脂肪转化后贮存于肝脏中，当机体需要能量时，脂肪即被水解，故在冬季或饥饿状态下，主要靠动物机体组织中的脂肪转化供能。此外，油脂还能起到节约蛋白质的作用，当饲料中可消化能含量较低，饲料中的部分蛋白质就会被作为能源物质消耗掉，造成了蛋白质的浪费，因为从营养的代谢角度看，蛋白质的相关功能是脂肪和糖类无法替代的，饲料中油脂的有限度的添加，目标之一就是把蛋白质的分解供能降低在最低限度，但不能无限度的添加，过多的加入对鱼体健康会带来副作用[1]。

（二）氧化油脂中有害物质的产生及其对动物健康的影响

1. 油脂氧化机理

油脂中含有大量不饱和脂肪酸，在高温、高湿的环境条件下极易氧化，产生多种初级和次级氧化产物。油脂发生氧化的影响因素（光、热、氧、酶、金属离子和微生物等）可分为酶氧化反应与非酶氧化反应，在动物体内出现的脂质氧化反应为大部分为酶氧化过程，油脂氧化反应属于非酶氧化反应[28]。在众多因素中，其中重要的因素是空气中的氧，因氧是一种选择性很强的自由基[29]。油脂的氧化可以看做是由自由基驱动的连锁式反应过程，其中以多不饱和脂肪酸为底物，为自动氧化，符合自由基反应的一般规律。油脂氧化的整个过程普遍分为链引发反应、传递反应、终止反应 3 个阶段[28]，反应过程如图 5 - 2 - 1 所示[30]。

（1）链引发阶段。Abuja 等[31]提到连锁反应开始是由一个氢原子诱导氧化多不饱和脂肪酸中的活性亚甲基 C—H 键断裂，而且单不饱和脂肪酸与残留有双键的饱和脂肪酸通常不参与反应。彭风鼎[29]认为在链引发阶段，油脂自动氧化基本反应是选择性氧 O_2进攻油脂分子中不饱和脂肪酸的烯丙位，夺取烯丙位氢原子生成烯丙位自由基，因为不饱和脂肪酸中的烯丙位氢、苄基位氢和叔氢对空气氧化敏感，故烯丙位氢的活性较高较易脱去；或是在有某些化合价为 2 ~3 的金属离子存在时，其能转化基态氧（O_2）为活性超氧阴离子（$O_2^{\cdot -}$），促进氧化反应迅速开始。总的来说，在氧化反应开始时，会有活性很高的自由基产生，如 $H^{\cdot}$ 或超氧阴离子（$O_2^{\cdot -}$），这些自由基能进攻多不饱和脂肪酸上的 C—H 键，使其断裂，生成更多的活性自由基。

（2）链传递反应阶段。在链引发反应过程之后，氧分子迅速的参与到反应中，形成脂质过氧自由基，此过氧自由基再循环到链引发阶段，进攻下一个多不饱和脂肪酸，如此反复

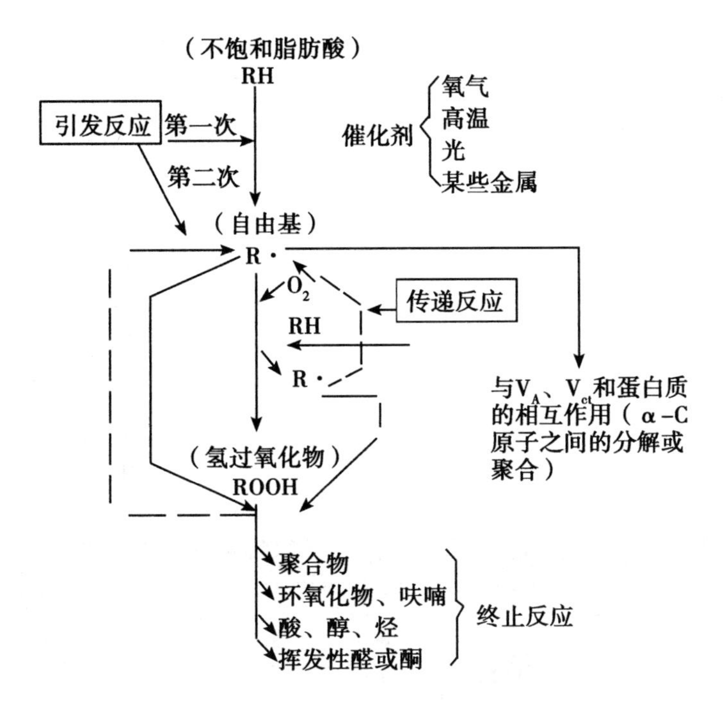

图 5－2－1　油脂氧化反应过程

Fig. 5－2－1　Diagram of lipid oxidation reaction

循环，这种反应被称为传播，这意味着一个自由基可以产生多个多不饱和脂肪酸产生的脂质过氧化物[31]。此外，在有金属（如铁、镍、钴、铜、锰等）存在时，因能还原多不饱和脂肪酸生成的过氧化物，使过氧化物的分解[32－35]，还原产生更多的新的自由基，在脂氧化反应链传递阶段反复进攻多不饱和脂肪酸中不稳定的 C—H 键，加快了油脂氧化反应的速度。传播阶段中，无论金属的存在与否，油脂中的多不饱和脂肪酸都能产生多种产物，其中产生大量的羰基化合物、醇、酸、环氧合物等，其中，具有挥发性的醛是使油脂变化的重要因素[30]。

（3）链终止阶段。反应体系中的自由基数随之增多，自由基之间的相互碰撞的几率加大，当引发阶段产生的自由基耗尽时，自动氧化反应自行终止。Catala[28]提出脂质过氧化反应终止阶段涉及两个分子的 LOO ·结合生成非自由基形式化合物的反应和一个 LOO ·与一个自由基生成稳定自由基形式化合物的反应。

2. 油脂氧化产物

油脂氧化都有着共同的规律，但是由于影响油脂氧化的因素复杂，油脂氧化的条件不能确定，导致油脂氧化后形成的氧化产物不一致。大致有以下物质。

（1）氢过氧化物。在油脂发生氧化的过程中，氢过氧化物是油脂氧化的第一类中间产物[36]，在较高温度下，以过氧化物途径点优势，在此过程中有很大一部分双键变为饱和键。任泽林等[37]提到氢过氧化物是不稳定的化合物，当体系中的浓度增至一定程度时就开始分解。可能发生的反应之一是氢过氧化物单分子分解为一个烷氧基和一个羟基游离基，烷氧基可能进一步发生生成醛、还原为醇和生成酮的反应。

（2）烃类、醇、羧酸、酯、芳香化合物及羰基化合物等衍生物。有研究发现[38]，在

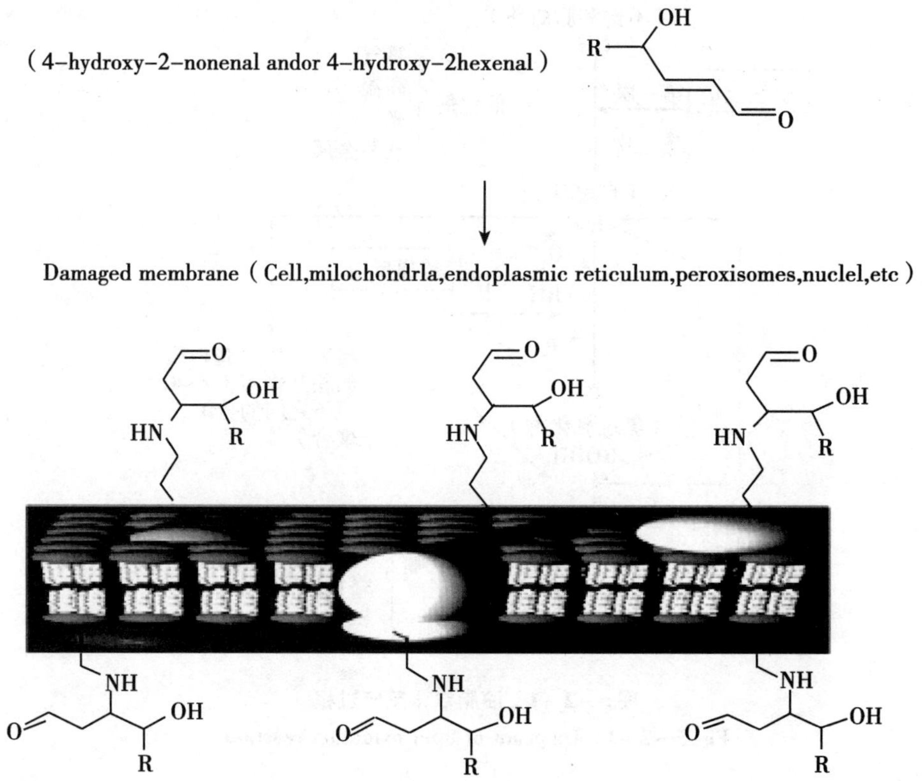

（4-hydroxy-2-nonenal andor 4-hydroxy-2hexenal）

Damaged membrane（Cell,milochondrla,endoplasmic reticulum,peroxisomes,nuclel,etc）

图 5-2-2　HNE 或 HHE 与蛋白加合

Fig. 5-2-2　Diagram of HNE and HHE adducted with the protein

185℃温度下加热玉米油、氢化棉籽油、三亚油酸甘油酯和三油酸甘油酯 4 种油脂后，在 74h 后，通过收集与分离，鉴别出 220 种挥发性氧化产物，其中包括烃类、醇、羧酸、酯、芳香化合物及羰基化合物，在羰基化合物中主要有醛酸、酮酸、饱和及不饱和醛、酮，而不饱和醛主要包括从反式 2-己烯醛到反式 2-癸烯醛的多种单烯醛及多种二烯醛。其中醛类物质中，Mlakar 等[39]研究发现花生四烯酸氧化后最终生成 HNE、MDA、2-羟基-4-反式癸烯醛（HDE），其中 HNE 生成产量为 MDA 产量的 5~10 倍。除了上述氧化产物外，还有非挥发性的多聚体存在[40]。

（3）游离脂肪酸。油脂氧化后，其中大部分的多不饱和脂肪酸分解，产生一部分的游离脂肪酸，一般常用酸价作为油脂氧化程度的衡量标准之一。大量研究证明[41-44]，在油脂氧化后，其酸价呈上升趋势，油脂氧化后游离脂肪酸含量上升。

3. 油脂氧化产物对肠道的影响

在动物食用氧化油脂后，其中最先接触这些氧化产物的组织器官是肠道，故油脂氧化后产生的有毒有害物质，会对肠道产生影响。油脂氧化产物的多种成分大部分是有毒有害物质，对机体组织具有活性，能与机体组织反应，影响组织的正常生理功能，如氢过氧化物、自由基、丙二醛（MDA）、4-羟基壬烯醛（HNE）等[28]。氧化油脂产物对肠道有如下损伤。

（1）导致生物膜流动性降低及完整性破坏。氧化油脂产物对生物膜的破坏主要集中在两个方面：一是氧化油脂产物中自由基、过氧化氢等对生物膜引起了生物膜的脂质过氧化作用；二是烯醛类（如丙二醛）对细胞膜蛋白的加合引起的生物膜流动性下降。对于引起脂质过氧化现象阐述如下：生物膜是由含有多不饱和脂肪酸（PUFA）的脂质与蛋白质镶嵌而成，生物膜的流动性是细胞众多功能不可或缺的因素，生物膜的流动性与完整性的极微小的变化也会导致细胞功能异常或疾病的产生。生物膜流动性主要取决于生物膜上脂双层上磷脂中的多不饱和脂肪酸[45]，与含有催氧化剂（如氧、过氧化物阴离子自由基等）的胞质接触，故易于发生氧化，常为氧化反应的启动点。在有外源性活泼自由基作用于生物膜时，此时导致生物膜上的磷脂发生脂质氧化，磷脂的降解使得膜结构破坏、功能受阻，如线粒体氧化磷酸化的抑制、膜离子通透性的改变等[46]。氧化油脂产物对于脂质过氧化现象的产生主要分两个方面：一为氧化油脂中固有的氧自由基、过氧化氢等强具强氧化作用物质直接对细胞膜造成损伤，即外源性活性氧及自由基造成的损伤；二为这些物质导致细胞自身抗氧化系统产生的氧自由基对细胞内生物膜造成的损伤，即内源性损伤。对后者来说，当外源性的物质（如过氧化氢）刺激肠道黏膜细胞后，细胞中富含的黄嘌呤氧化酶（XO）的活性增加，催化次黄嘌呤转变为黄嘌呤，进而转变为尿酸，反应中都需要以分子氧为电子接受体，从而产生了大量的超氧阴离子自由基（$O_2^{\cdot -}$），释放出毒性更强的羟自由基，导致细胞内生物膜发生脂质过氧化。在脂质发生过氧化时，现在可以确定的是其氧化的最终产物，如丙二醛（MDA）、4－羟基壬烯醛（HNE）、4－羟基己烯醛（HHE），这些产物能作用于蛋白质，与其发生交联现象，有研究发现，MDA、HNE、HHE 能与赖氨酸的氨基酸组、半胱氨酸的巯基组、组氨酸的咪唑基组结合[47]，见图 5－2－2[45]，进一步影响膜的流动性。

（2）影响细胞及线粒体某些基因的表达水平及功能。蔡善荣等[48]报道，50～100μmol/L 过氧化氢作用肠上皮细胞 24h 细胞活性降至 30% 左右，且 400μmol/L 的过氧化氢可引起线粒体整体功能的明显改变[49,50]。在氧化应激诱导的细胞损伤通路中，NF-κB-NOS-NO 是一条关键的通路[51]，其中，HNE 能抑制 NF-κB 基因表达水平下调，氧化鱼油作用肠道后能使 NF-κB 基因表达水平明显上调，造成肠道抗氧化能力及免疫系统的损伤[2]。氧化产物中的过氧化氢还能明显损伤肠道上皮细胞中线粒体 DNA 编码的 ATP 合成酶基因，造成其编码的酶蛋白酶活性下降[52]。

氧化鱼油产物能直接导致肠道的损伤或者在从诱导肠道氧化应激使机体生成过多的 ROS 途径损伤肠道组织，导致肠道细胞受到破坏，因肠道肩负着吸收营养物质的作用，其吸收过程是一个耗能的过程，需要消耗 ATP，有研究表明，线粒体发生脂质过氧化后，能引起 ATP 耗竭[53]，这最终导致了肠道黏膜的代谢应激，造成吸收功能障碍，这加剧肠道炎症反应乃至肠道形态的改变[2]。

此外，任泽林等[37]提到动物具有吸收油脂氧化产物的能力，但在吸收数量上尚有争议，特别是吸收到体内的氧化产物代谢途径研究有限，氧化形成的具体代谢产物有待深入研究。Hung 等[54]研究发现，摄食含 7.5% 氧化鲱鱼油饲料的虹鳟鱼在 9 周后才出现死亡，这表明氧化油脂毒性发挥有时间累积效应。因此，油脂氧化产物对于肠道的损伤作用，存在产生毒性产物种类、毒性剂量及作用时间等问题，这有待进一步研究。

三、丙二醛的产生及其毒性

（一）丙二醛的产生

丙二醛是脂质过氧化反应终止阶段产生的重要活性物质，可以使用 TBARS 检测法测定出来，但是这种方法对丙二醛并非专一性的，因己醛也能通过此法检测出来，故统称为巴比妥反应物[28]。现在尚未完全了解油脂氧化过程中各种具体醛类物质生成的机制，普遍观点是 Pryor 等[55]提出的丙二醛生成于含 3 个或以上的双键的多不饱和脂肪酸中，其次是含有 2 个双键的不饱和脂肪酸中[56]，表明丙二醛生成量与脂肪酸的不饱和程度有关。在 1993 年，Niyati-Shirkhodaee 等[38]在研究氧化油脂产物醛类产量时发现，在紫外线的照射下，平均每 1mg 的鱼肝油能生成 70nm 的丙二醛，同时，当增加紫外线照射强度时，脂质氧化产生出低分子量的乙二醛类羰基化合物（包括乙醛、丙烯醛、丙醛及丙酮），揭示了在脂质氧化过程中，如 · OH、· CHO、· CH_2CHO、· CH_3、· $COCH_3$等低分子量的物质能在氧化过程中合成低分子量的羰基化合物，包括丙二醛和乙二醛。Hartley 等[57]提出金属离子诱导的脂质过氧化反应中，丙二醛是醛类生成物质中的主要产物。图 5－2－3 [58]为 MDA 简要生成途径：

（二）丙二醛对生物膜的影响

丙二醛对生物膜的毒性作用主要在于其能与生物膜上蛋白质进行交联，形成丙二醛－蛋白质加合物（MDA-adducted proteins），如图 5－2－4[59]。Tsai 等[60]通过 2－羟基－3－氨基－1，2－二氢吡咯衍生物与赖氨酸－HNE 交叉连接 2：1 的结合，采用 N_α－乙酰赖氨酸－HNE 荧光方法专一性的鉴定出其存在，同时 Hartley 等[57]使用多克隆抗体检测 HNE－蛋白质加合物及 MDA－蛋白质加合物，证实了它们的存在，其中在苯甲酸钠诱导的脂质过氧化反应中丙二醛与蛋白质广泛且有效地进行交联，形成的 MDA－蛋白质加合物也多。膜蛋白被修饰后成为了含羰基的衍生物，从而在生物膜上形态发生变化，引起膜上脂质与脂质、脂质与蛋白间的联系发生改变，导致生物膜的流动性降低，影响生物膜功能[45,61]。Hartley 等[57]提到丙二醛有与特定细胞大分子进行结合的倾向，因与其结合的细胞大分子功能尚未明确，因此其影响也有待研究。

此外，丙二醛除与膜蛋白交联导致膜损伤外，是否能引起细胞内抗氧化系统的紊乱，从而导致细胞产生内源性的氧化物质作用于生物膜，导致细胞死亡，有待进一步研究。

（三）丙二醛对 DNA 的损伤

线粒体或核酸中的 DNA 对于细胞功能有着非常重要的作用，其损伤后必然导致细胞相关功能失调。Shamberger 等[62]在 1972 年发现，在对大鼠进行局部给药时发现了丙二醛的致癌作用，1983 年 Spalding[63]研究发现纯净 MDA 钠盐对 2 龄兔有致癌作用。MDA 的毒性在于其能与核酸碱基加合，如图 5－2－5 所示[58]，其中，MDA 与 DNA 在体内的加合产物主要为 M_1G 形式物质，为 M_1A 形式物质转化而来，生成 M_1C 形式物质含量很少。刑德印[64]提到 MDA 与 DNA 的加合产物能使 DNA 突变，激活癌基因或使抑癌基因失活，导致细胞生长失控。以上研究表明，氧化产物中丙二醛对动物有致癌作用，部分原因为丙二醛对 DNA 的损伤作用。

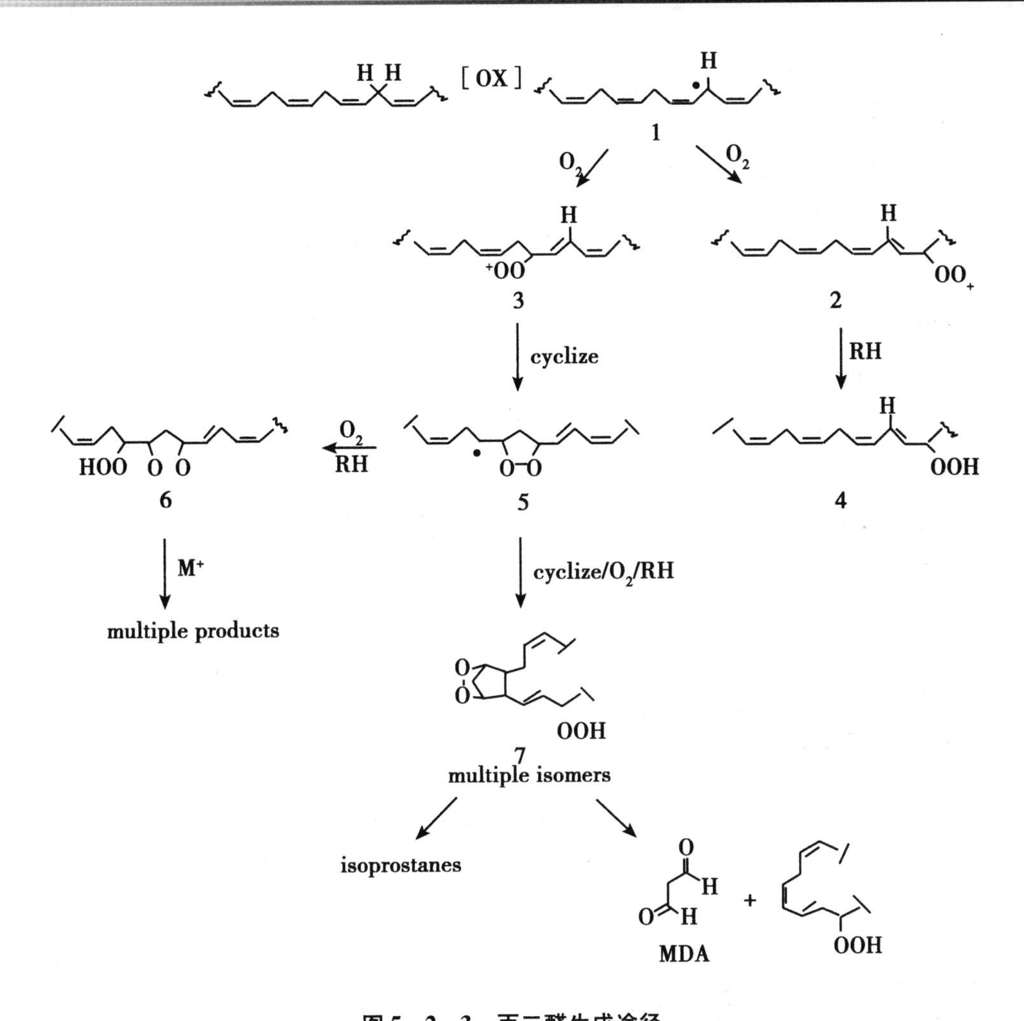

图5－2－3　丙二醛生成途径

Fig. 5－2－3　Formation routes of MDA

四、酵母培养物营养成分及其对肠道的修复作用

(一) 酵母中的有效物质

酵母培养物（yeast culture，简称YC）是在特定工艺下，酵母在固定培养基上经过发酵后形成的微生态制品，其中含有酵母细胞的代谢产物、变性培养基及少量无活性的酵母细胞。酵母培养物与活性干酵母有显著的区别，酵母培养物的核心价值在于其里面含有一定浓度的发酵代谢物，包括肽、有机酸、寡糖、氨基酸、核苷酸和芳香物质等，以及许多为人们所不熟悉的但实践证明对促进畜禽生长有益的“未知生长因子”等物质，且相当稳定，因此，酵母培养物向动物提供的是含有“未知生长因子”的代谢产物，而并非酵母细胞本身[65]。

(二) 酵母对肠道的改善作用

近年来，在养殖试验中发现酵母培养物能提高鱼类生长生理机能与饲料利用率[66－68]，原因是其对鱼体肠道黏膜有显著的修复作用。李高锋[69]发现，饲料中添加酵母培养物后，

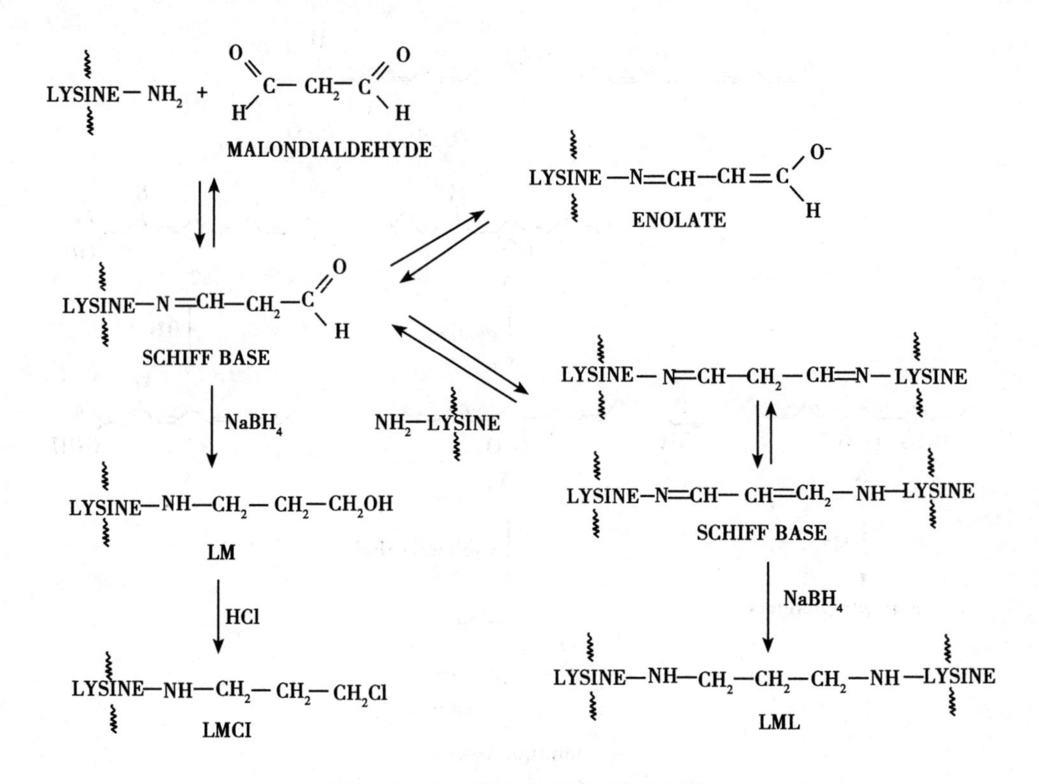

图 5-2-4 MDA 与蛋白质加合过程

Fig. 5-2-4 Diagram of MDA adducted with the protein

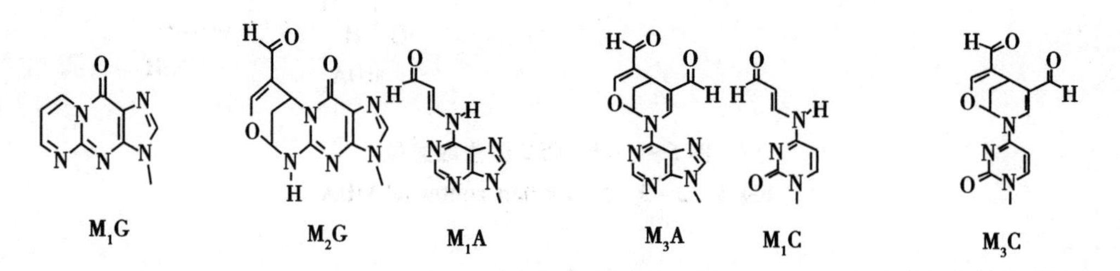

图 5-2-5 MDA 与 DNA 的加合过程

Fig. 5-2-5 Diagram of MDA adducted with DNA

团头鲂前、中肠的黏膜褶皱排列有更为紧密的趋势，绒毛密度有不同程度的提高，促进了鱼体肠道黏膜的发育。邱燕等[6]发现，酵母培养物提高了草鱼皱襞高度、黏膜层厚度，同时肠道微绒毛高度与宽度均显著提高，表明酵母培养物能通过改善草鱼肠道黏膜形态，促进草鱼对饲料的吸收利用率，从而促进草鱼生长。目前，国内外对于酵母培养物对肠道细胞的促生长作用相关资料不足，有待进一步研究。

第三节 草鱼 IECs 的分离与原代培养

肠道黏膜细胞（Intestinal epithelial cells，IECs）是肠道的主要功能细胞，其参与肠道食物的消化、吸收、免疫屏障和应激反应，与肠道的内、外分泌功能关系十分密切[8]。同时，原代培养的 IECs 细胞生理与代谢状态接近体内的正常细胞，能真实反映体内代谢情况[9,70]，因此适宜作为研究营养对鱼类肠道作用机制的细胞试验平台。然而，IECs 原代培养时，需从试验鱼体肠道获得肠道黏膜细胞，故需要规范的操作，从而保障试验中肠道黏膜细胞生理状态基本一致，以保障整个试验可重复性。目前，肠道黏膜细胞的原代培养主要集中在小鼠[11]、人[12,14]，在鱼类中应用较少，已发表文献中鱼类 IECs 原代培养操作方法主要参照小鼠 IECs 原代培养方法，如牙鲆[15]、鲫[16]、鲤鱼[17-20]，但其操作方法并不一致。因此，鱼类 IECs 原代培养规范的操作方法，如细胞消化分离方法、原代培养的试验条件，细胞生长、生理功能状态评价指标体系对于建立规范的、可复制的鱼类 IECs 原代培养方法非常重要。

本试验以草鱼（*Ctenopharyngodon idellus*）为试验材料，试验前期对草鱼肠道功能进行强化培育，通过对原代培养 IECs 消化分离方法、原代培养条件、细胞生长与生理功能指标体系的试验，旨在建立规范的、可复制的草鱼 IECs 分离方法及原代培养方法，为研究氧化油脂对草鱼肠道损伤机制提供基础。

一、材料与方法

（一）试验材料

1. 草鱼

试验材料鱼体重（22.0±5.0）g，购于苏州相城新时代养殖场，转入养殖系统中的 2 周内，使用自制的强化饲料（发明专利“一种强化鱼类肠道黏膜和肝胰脏细胞生理功能的配合饲料”，201010585756）强化饲养 2 周，每天投喂 2 次。饲养于苏州大学室内循环系统中，水温（24±4.0）℃、溶解氧 >6mg/L。

2. 主要试剂

DMEM（高糖）、DMEM（低糖）、M199 培养液为赛默飞世尔生物化学制品（北京）有限公司生产；胎牛血清（FBS）为维森特生物技术（南京）有限公司生产；胶原酶Ⅰ、胶原酶Ⅳ、四甲基偶氮唑盐（MTT）为 Sigma-aldrich 公司生产；Giemsa 染液、AKP 及 LDH 酶试剂盒为南京建成生物工程研究所生产；鼠尾胶原Ⅰ型为杭州生友生物技术有限公司生产；青霉素 G 钠盐、硫酸链霉素为上海三杰生物技术有限公司生产；其他试剂均为国产分析纯。

主要试剂配制：D-Hanks 清洗液：按文献［8］方法使用超纯水配制；完全培养液：M199，使用前添加 15% FBS；上述试验用液使用前临时加入 200U/mL 青霉素，200μg/mL 链霉素。胶原酶Ⅰ、Ⅳ联合消化液：使用 D-Hanks 液配制成 0.1mg/mL 浓度，0.22μm 过滤，-20℃贮存。MTT 溶液：使用超纯水配制的 PBS 避光条件下溶解 MTT 粉末，配制成 5mg/mL 浓度，0.22μm 过滤，-20℃贮存。

3. 主要仪器设备

HF90/HF240 CO_2 培养箱（力康生物医疗科技控股集团），SW-CJ-1FD 单人垂直单面净化工作台（上海博迅实业有限公司），IX70 荧光倒置显微镜（奥林巴斯公司），Biotek Synergy HT 多功能酶标仪（美国伯腾仪器有限公司），TD5A-WS 型台式低速离心机（上海新诺仪器设备有限公司），SHA-C 型水浴恒温振荡器（江苏金坛宏凯仪器厂）。

（二）方法

1. 试验材料鱼肠道黏膜健康状态的强化

试验期间多次购入试验草鱼，随机抽取 10～20 尾鱼进行常规解剖，观察鱼体肠道、肝胰脏健康状态，对有明显肠道和肝胰脏损伤（如炎症、绿色肝胰脏）的材料鱼不用于整个试验；对基本合格批次试验鱼在循环养殖系统中进行强化培育，自制强化培育饲料含有肉碱、牛磺酸、谷氨酰胺等物质。分别以未强化培育和经过 2 周强化培育的草鱼肠道为材料，并使用机械刮取消化法，在 400r/min 转速下进行离心，在 M199 培养液中添加 15% 胎牛血清，27℃，6% CO_2浓度下进行肠道黏膜原代培养，比较 2 种试验材料分离和原代培养细胞的生长效果。

2. IECs 分离方法

（1）3 种消化方法的比较。双蒸水冲洗试验鱼体表 2 次后，捣碎脑部处死，迅速置 75% 酒精中浸泡 5 ~ 10s。放入超净工作台上解剖，取出肠道中段，去除肠系膜，用注射器（10mL）吸取 D-Hanks 清洗液冲洗肠段内腔 3 ~ 4 次，采用 3 种方法消化 2 分离草鱼 IECs：①机械剪碎法：将肠段剪成 $1mm^3$ 大小的组织块，D-Hanks 清洗液反复清洗后备用；②肠囊翻转法：将肠段使翻转使肠道黏膜面朝外，使用 D-Hanks 清洗肠道黏膜面，使用无菌棉线扎紧肠段两端后待用；③机械刮取法：肠段翻转使肠道黏膜面朝外，D-Hanks 清洗肠道黏膜面后，放入培养皿，使用载玻片一端刮取肠道黏膜层，使用清洗液反复清洗，去除悬浮于液面上层的脂肪后待用。

处理后的肠道黏膜组织转入细胞培养瓶（50mL），加入胶原酶Ⅰ、Ⅳ联合消化液，28℃振荡消化 30min 后，按 19：1 比例（$V_{消化液}$：$V_{胎牛血清}$）加入 FBS 终止消化，玻璃吸管（10mL）反复吹打 5min，静止 1min，吸取细胞悬液于细胞培养瓶中备用。

联合消化酶消化肠道黏膜组织后，800r/min 离心 7min，使用完全培养液悬浮沉淀，重复离心 2 次，接种于 96 孔板（鼠尾胶原包被）。在 27℃、6% CO_2条件下培养，以消化后黏膜细胞团数量、细胞悬液中活细胞百分比及 48h 细胞活性[8]为指标，比较 3 种消化方法的效果。

（2）分离转速比较。肠道黏膜经机械刮取法与消化酶处理后，平均分成 4 份，分别按 200r/min、400r/min、600r/min、800r/min 转速离心 7min，于 96 孔板内计算每个转速梯度下单个细胞与细胞团比例，使用荧光倒置显微镜拍照。

3. IECs 原代培养条件

肠道黏膜经机械刮取法与消化酶处理，400r/min 转速离心 7min，去上清，使用完全培养液悬浮，重复离心 2 次，采取下列条件进行细胞原代培养：①培养液与 CO_2浓度组合：分别使用均含 15% FBS 的 DMEM（高糖）、DMEM（低糖）、M199 三种培养液悬浮细胞，接种后放入 3%、6%、9%、12% CO_2浓度下培养；②FBS 浓度条件：M199 悬浮肠道黏膜细胞，分别添加 FBS 至终浓度为 0%、5%、10%、15%、20%，接种后放入 6% CO_2 培养；③黏膜细胞团接种浓度条件：完全培养液悬浮细胞，计数大于 5 个细胞的黏膜细胞团，按照 0.5×10^3、1.2×10^3、2×10^3、2.8×10^3、3.7×10^3（个/孔）梯度，接种至 96 孔板，放入 6% CO_2培养。上述处理培养箱温度均为 27℃，培养过程中观察细胞生长状态，并测定 48h 细胞活性[8]，比较不同培养条件下细胞生长效果。

4. 原代培养效果评价指标

肠道黏膜经机械刮取法与消化酶处理，400r/min 转速下离心 7min，重复离心 2 次后，调整细胞接种浓度至 2×10^3（个/孔），接种于 96 孔板（鼠尾胶原包被）后放入 27℃、6% CO_2培养。测定不同时间点细胞活性[8]及培养液中碱性磷酸酶（AKP）与乳酸脱氢酶

(LDH) 活力，其中培养液需经 2 000r/min 离心 5min，取上清液 10 000r/min 离心 5min，最后留取上清液，-80℃冷冻保存。此外，使用荧光倒置显微镜、碱性磷酸酶 (AKP) 染色法、Giemsa 染色法观察细胞生长过程及细胞形态。AKP、LDH 酶活力测定与 AKP 染色、Giemsa 染色操作方法均参照南京建成试剂盒说明。

5. 数据处理

数据以平均值 ± 标准差 (Mean ± SD) 表示，结果用 SPSS 17.0 软件进行分析，采用 Duncan's 检验组间差异，$P < 0.05$ 时表示差异显著。

二、结果

(一) 试验材料鱼肠道黏膜健康状态的强化

在早期的试验中，没有进行强化培育的试验材料鱼，不同批次试验均出现原代培养的 IECs 贴壁效果差、细胞生长不良，同时细菌污染频率较大，不同批次试验结果重复性差，这可能是池塘养殖的草鱼个别鱼体出现肠道、肝胰脏不同程度的损伤所致。依据鱼体营养和细胞营养学原理，配制了强化培育饲料，在试验前对试验鱼进行 2 周的强化培育，试验后结果显示，细胞生长效果得到改善。本试验对强化培育与未强化培育试验鱼进行解剖观察，并且对 IECs 原代培养生长效果进行比较，结果发现试验材料鱼经过强化培育后，鱼体肠道、肝脏正常，消化分离后发现未强化培育试验材料鱼黏膜细胞团数量明显少于强化培育后的材料鱼。当细胞培养至 24h 时，未强化培育试验材料鱼 IECs 细胞状态不良，贴壁细胞较少 (图版 5 - Ⅰ -1)，强化培育后后原代 IECs 细胞增殖正常，贴壁较多 (图版 5 - Ⅰ -2)。

(二) 黏膜细胞分离结果

本试验比较了 3 种消化方法处理效果，同时比较了 4 种不同分离转速处理后效果 (表 5 -3 -1、表 5 -3 -2)，结果显示：3 种消化方法获得的肠道黏膜细胞中活细胞比例均大于 99%，且机械剪碎消化法处理组 MTT OD 显著低于肠囊翻转消化法处理组与机械刮取消化法处理组 ($P < 0.05$)，其中，机械刮取消化法处理组 MTT OD 较肠囊翻转消化法处理组高。从分离后获取的黏膜细胞大小看，机械剪碎消化法获得的细胞大部分为单个细胞 (图版 5 - Ⅰ -3)，培养 48h 时部分培养孔中有成纤维细胞生长 (图版 5 - Ⅰ -6)，肠囊翻转消化法与机械刮取消化法则获得大量黏膜细胞团 (图版 5 - Ⅰ -4、5 - Ⅰ -5)，培养期间板内无杂质细胞生长。

采用不同离心转速处理后，随着转速的升高，黏膜细胞团与单个细胞数量逐渐增多 (图版 5 - Ⅰ -7 至 5 - Ⅰ -10)；从细胞团与单个细胞比值看 (表 5 -3 -2)，比值呈先升高后降低趋势，400r/min 处理组比值最高，为 1：4；而 800r/min 处理组比值最低，为 1：12，200r/min 转速组与 600r/min 转速组比值相等，为 1：7。

表 5－3－1 消化方法对细胞 MTT OD 的影响

Tab. 5－3－1 Effects of different digestion methods on proliferation of IECs in primary culture

处理组 Treatment groups	样本数（孔） Number of samples（hole）	活细胞比例 Ratio of live cells	MTT OD Cell activity
机械剪碎消化法	20		0.432 ±0.095[a]
肠囊翻转消化法	20	> 99%	0.576 ±0.101[b]
机械刮取消化法	20		0.627 ±0.102[b]

注：处理间肩注小写字母全部不同表示在 0.05 水平上差异显著，相同字母表示差异不显著（$P>0.05$），以下皆同。

表 5－3－2 不同离心转速对细胞团与单个细胞比例的影响

Tab. 5－3－2 Effects of different centrifugal speeds on ratio of cell mass and signal cells

处理组 Treatment groups	样本数（孔） Number of samples（holes）	细胞团：单个细胞 Ratio of cell clumps and signal cells
200r/min	12	1：7
400r/min	12	1：4
600r/min	12	1：7
800r/min	12	1：12

（三）原代培养条件

本试验对 DMEM（高糖）、DMEM（低糖）、M199 培养液分别与不同 CO_2 浓度组合下 IECs 细胞生长效果进行比较（表 5－3－3），结果发现，随着 CO_2 浓度的升高，DMEM（高糖）处理组在 12% CO_2 浓度 MTT OD 值最高，显著高于在 3% CO_2 浓度下（$P<0.05$）；DMEM（低糖）处理组 MTT OD 呈增高趋势，在 12% CO_2 浓度下 MTT OD 显著高于其他 CO_2 浓度（$P<0.05$）；M199 处理组 MTT OD 则呈先增高后降低趋势，在 6% CO_2 浓度 MTT OD 最高，显著高于其他 CO_2 浓度（$P<0.05$），同时 12% CO_2 浓度 MTT OD 显著低于其他 CO_2 浓度（$P<0.05$）。此外，6% CO_2 浓度 M199 处理组 MTT OD 显著高于 12% CO_2 浓度 DMEM（高糖）处理组、DMEM（低糖）处理组（$P<0.05$）。

表 5－3－3 不同培养液与 CO_2 浓度组合对草鱼 IECs 原代细胞 MTT OD 值的影响

Tab. 5－3－3 Effects of different mediums and concentrations of CO_2 on proliferation of IECs in primary culture

处理条件 Treatment conditions		样本数（孔） Number of samples（holes）	MTT OD 值 Cell activity
培养液 Medium	CO_2 浓度 Concentration of CO_2		
DMEM（高糖）	3%	20	0.235 ±0.063[a]
	6%	20	0.261 ±0.062[ab]
	9%	20	0.265 ±0.052[ab]
	12%	20	0.313 ±0.106[bc]

（续表）

处理条件 Treatment conditions		样本数（孔） Number of samples（holes）	MTT OD 值 Cell activity
培养液 Medium	CO_2浓度 Concentration of CO_2		
DMEM（低糖）	3%	20	0.250 ±0.064[a]
	6%	20	0.277 ±0.059[ab]
	9%	20	0.265 ±0.063[ab]
	12%	20	0.370 ±0.111[de]
M199	3%	20	0.345 ±0.074[cd]
	6%	20	0.560 ±0.119[f]
	9%	20	0.404 ±0.067[e]
	12%	20	0.238 ±0.093[a]

本试验对不同浓度胎牛血清细胞生长效果进行比较，结果发现（表 5 –3 –4）：随着 FBS 添加浓度的增加，细胞 MTT OD 逐渐增高，0% FBS 浓度组细胞 MTT OD 显著低于其他 FBS 浓度组（$P<0.05$），且细胞在培养 48h 内未能汇合成片（图版 5 – Ⅰ –11）；5% 与 10% FBS 浓度组 MTT OD 无显著性差异，在培养 48h 内汇合成片；15%、20% FBS 浓度组细胞 MTT OD 显著高于其他 FBS 浓度组（$P<0.05$），细胞均能在培养 24h 内快速汇合成片（图版 5 – Ⅰ –12）。

表 5 –3 –4　胎牛血清浓度及接种浓度对草鱼 IECs 原代细胞 MTT OD 值的影响

Tab. 5 –3 –4　Effects of different concentrations of serum and seeding numbers on proliferation of IECs in primary culture

处理条件 Treatment conditions		样本数（孔） Number of samples（holes）	MTT OD 值 Cell activity
血清与接种 Serum and seeding	浓度（%）或数量（个/孔） Concentrations or numbers		
胎牛血清（FBS）	0	12	0.283 ±0.073[a]
	5	12	0.469 ±0.087[b]
	10	12	0.509 ±0.161[b]
	15	12	0.631 ±0.121[c]
	20	12	0.677 ±0.119[c]

（续表）

处理条件 Treatment conditions		样本数（孔）Number of samples（holes）	MTT OD 值 Cell activity
血清与接种 Serum and seeding	浓度（%）或数量（个/孔）) Concentrations or numbers		
接种	3.7×10^3	12	1.055 ±0.160
	2.8×10^3	12	0.716 ±0.083
	2.0×10^3	12	0.576 ±0.063
	1.2×10^3	12	0.340 ±0.081
	0.5×10^3	12	0.188 ±0.037

本试验对比试验了不同接种浓度后发现（表5－3－4）：随着接种浓度的增加，细胞MTT OD值逐渐增高，以3.7×10^3（个/孔）浓度组最高，OD值达到1.055，当接种浓度在$2\times10^3\sim2.8\times10^3$（个/孔）时，OD值介于0.5～1.0。从增殖细胞汇片时间看到，当接种量为$0.5\sim1.2\times10^3$（个/孔）时，细胞在48h内未能汇合成片；接种量为$2\times10^3\sim2.8\times10^3$（个/孔）时，48h内细胞能汇合成片（图版5－Ⅰ－13、5－Ⅰ－14）；当接种量为3.7×10^3（个/孔）时，细胞1d内即可汇合成片。

（四）黏膜细胞原代培养效果评价指标结果

1.3种细胞形态观察方法与细胞生长过程

本试验中通过荧光倒置显微镜观察到肠道黏膜细胞生长过程（图版5－Ⅰ－15、图版5－Ⅱ－1至5－Ⅱ－5）：肠道黏膜细胞从鱼体肠道消化分离后呈细胞团样，细胞团在接种12h内贴壁，部分细胞团增殖卵圆形游离细胞环绕于细胞团周围，成功贴壁后呈梭状，36～60h期间细胞逐渐分化成熟，同时增殖细胞汇合成片，培养至72h，可部分看到增殖的黏膜细胞贴壁不牢，部分细胞甚至凋亡萎缩。

通过对比荧光倒置显微镜、Giemsa染色法（图版5－Ⅲ－5）及AKP染色法观察细胞形态及细胞生长过程，结果显示：荧光倒置显微镜能方便快速观察细胞外部形态，观察过程中不影响细胞生长；Giemsa染色法与AKP染色法通过对细胞染色后观察到细胞边界清晰，细胞核着色较深，呈卵圆形，核仁可见，但AKP染色法时间较长，染色程序较复杂且成功率低。

2.肠道黏膜细胞活性及AKP、LDH活力

本试验测定了不同时间点肠道黏膜细胞的细胞活性及培养液中AKP、LDH酶活力，结果显示（图5－3－1、图5－3－2）：随着培养时间增加，细胞MTT OD值逐渐降低，在36～60h细胞MTT OD值相对稳定；AKP与LDH活力在12～60h明显增高，但均有波动不稳定的趋势；随培养时间增加，LDH/MTT OD呈增高趋势，在72h为最高（169.52±47.20），36～48h时差异较小。

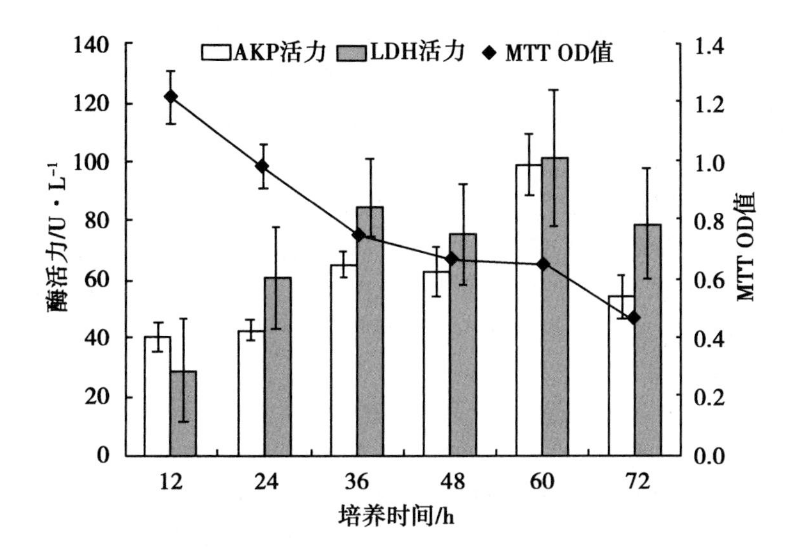

图 5－3－1　MTT OD 值及 AKP、LDH 酶活力

Fig. 5－3－1　Enzyme activity of AKP and LDH and MTT

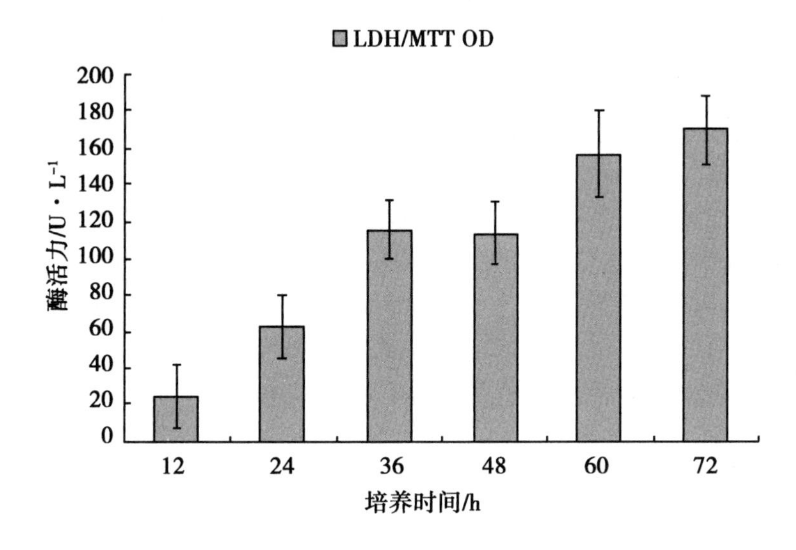

图 5－3－2　LDH/MTT OD 值

Fig. 5－3－2　The ratio of enzyme activity of LDH

三、讨论

（一）草鱼肠道黏膜细胞健康状态的强化

原代培养 IECs 细胞直接来源于试验鱼的肠道黏膜，用于提供肠道黏膜的试验材料鱼一般来自于养殖池塘或可控环境条件下养殖的鱼类，因此试验材料鱼的健康状态，尤其是肠道黏膜的生理健康状态是影响细胞培养效果的重要因素。在实际养殖条件下，饲料物质、环境条件等多种因素可能影响到试验材料鱼的肠道及肝胰脏生理健康状态。来自于同一地区的不同批次的试验材料鱼，其肠道与肝胰脏器官组织状态也有较大的差异，导致试验结果不稳定。同时，试验研究的可重复性要求不同试验批次的试验材料鱼的条件及肠道与肝胰脏器官组织状态基本一致。因此，这就要求对提供肠道黏膜的试验材料鱼进行一段时间的强化饲养，以期对可能有肠道黏膜、肝胰脏损伤进行适度的保护和调整其生理状态，使其生理状态相近，从而确保试验的可重复性。本试验中投料前后试验材料鱼在肠道与肝胰脏状态有较大差异，且投料后 IECs 细胞生长状态正常，说明投喂肠道、肝胰脏保护与功能强化的饲料养殖2周后，试验材料鱼肠道及肠道黏膜细胞生理状态均得到很大程度的改善。因此，对要进行肠道黏膜细胞分离和原代培养的试验鱼，在试验之间及试验进行中，均应该进行肠道和肝胰脏生理功能强化培育，以提高肠道黏膜细胞的质量、保障试验结果的重复性，这对于草鱼 IECs 细胞原代培养非常重要。

（二）草鱼肠道黏膜细胞分离方法及原代培养条件

原代培养肠道黏膜细胞的正常生长需诸多适宜条件，主要条件，如消化分离方法、适宜的培养液及 CO_2浓度、胎牛血清浓度及接种浓度。目前，在鱼类 IECs 原代培养过程中，相关培养条件并不规范，重复性不强，故建立可批量复制的草鱼 IECs 原代细胞的规范操作方法对鱼类 IECs 的原代培养非常重要。

肠道黏膜细胞中主要包括绒毛结构与隐窝，其中隐窝具有增殖分化细胞，并且支持细胞持续增殖的能力，是肠道黏膜细胞培养成功的关键。消化酶将肠黏膜消化成大小不一的黏膜细胞团，其中包含隐窝，故决定了消化分离过程黏膜细胞团的数量与质量非常重要，即以细胞团的数量多，获得的细胞团以健全、完整为好。从本试验结果可以看出，3 种消化法获得活细胞比例均大于99%，但机械刮取消化法较机械剪碎消化法、肠囊翻转消化法获得较多的黏膜细胞团，且 48h 后细胞生长活性最佳，也无杂细胞生长，故使用机械刮取消化法进行消化为宜。分离转速越高，会导致消化后细胞悬液中单个细胞、杂细胞、细菌沉降，挤占细胞团的生长空间，消耗营养，进行多次较低转速离心有利于细胞团与单个细胞的分离，也能有效去除细菌[71]。从本试验结果看，在 400r/min 时，黏膜细胞团的比例值最大，达到了细胞团与单个细胞的有效分离，不仅能提高培养液利用效率，减少细菌污染的机会，也便于细胞团接种浓度的确定。因此，肠道黏膜细胞的消化分离采用机械刮取消化法于 400r/min 离心。

不同培养液含不同浓度的 $NaHCO_3$，其与 CO_2作用来调节培养液 pH，以适宜细胞生长增殖，本试验结果发现黏膜细胞在 6% 浓度 CO_2下 M199 培养液组的生长效果最佳，DMEM（高糖）、DMEM（低糖）均在 12% 浓度 CO_2下生长效果较好，符合弗雷谢尼[72]的论述；然而，6% CO_2浓度下 M199 培养液组 OD 值显著高于 12% CO_2浓度下 DMEM（高糖）组、DMEM（低糖）组（$P < 0.05$），可能是由于 M199 培养液中营养物质比 DMEM（高糖）和 DMEM（低糖）更为全面，更适宜草鱼 IECs 原代细胞的生长增殖。胎牛血清是细胞原代培养中必不可少的营养物质之一，过高过低均可导致细胞生长不佳[9]，本试验中发现添加 15% 胎牛血清能显著促进细胞生长增殖，且无杂细胞生长。细胞团接种浓度直接影响到细胞团增殖汇合成片的速度，汇合后细胞间的接触能抑制细胞的继续增殖[72]，接种浓度过大，细胞还未分化成熟则由于接触抑制停止继续增殖，同时营养消耗过快，导致细胞生长受阻，接种浓度过小，细胞虽能分化成熟，但不能汇合成片，同时 MTT 检测法中适宜 OD 值范围为 0.5 ~ 1.0[73]，本试验结果显示细胞团接种在 2.0×10^3（个/孔）时，细胞能在 48h 内成功汇合成片，且利于 MTT 检测法进行测定细胞活性，适宜选择作为细胞的接种浓度。

因此，草鱼 IECs 原代细胞培养条件宜采用机械刮取消化法消化，400r/min 转速下离心，以 M199 为培养液，添加胎牛血清 15%浓度，接种 2.0×10^3（个/孔），6%浓度 CO_2。

（三）IECs 细胞形态观察方法、生长曲线及 AKP、LDH 酶活力

从结果观察到草鱼 IECs 原代细胞增殖过程符合动物 IECs 原代 IECs 的分化规律[13,74]。在细胞生长增殖过程中，本试验从细胞的形态观察、生长活性及细胞结构功能酶出发，以期能系统地评价细胞培养效果。

从三种细胞形态观察方法对比结果可知，荧光倒置显微镜观察法的优点是直接、简便，但是不能观察到细胞内部结构；AKP 染色法与 Giemsa 染色法均能对细胞内部结构进行有效观察，但 Giemsa 染色法更为快捷简单、成功率高。因此，倒置显微镜观察法与 Giemsa 染色法相结合，能有效地观察细胞内外部形态。

活细胞的线粒体脱氢酶能将染料 MTT 转变为不可溶性的紫色甲臜（Formazan）颗粒，被溶剂溶解后呈现蓝紫色（MTT OD 值表示），其 OD 值与细胞数量呈线性关系[75]显示了细胞增殖活力，间接反映了细胞数量[73]。然而，MTT 测定不能反映细胞结构完整程度。因 LDH 存在于细胞内，当细胞结构破坏时能迅速逸出到胞外，细胞外 LDH 已广泛作为细胞结构完整性的重要标志酶；肠型 AKP 存在于肠道黏膜细胞刷状缘上，是肠道黏膜细胞的标志酶，表示了细胞的分化成熟度。从本试验对此两种酶的检测结果看，由于培养细胞的增殖与凋亡，细胞活性随时间变化，故培养液中 LDH 活力在培养过程中也处于波动不稳定状态，这不利于不同时间点细胞结构完整性的比较，但现已发现 LDH 酶活力大小与 MTT OD 显著相关[17-19]，采用酶活力值与 MTT OD 值相比，降低细胞活性对酶活力的影响后发现 LDH/MTT OD 随时间增长趋势明显，符合细胞凋亡规律，一定程度上消除了细胞数量导致酶活力波动情况，更能准确反映细胞分化成熟度与细胞结构完整程度，利于不同时间点细胞状态的比较。此外，细胞培养 36～48h MTT OD、AKP、LDH/MTT OD 值均较为稳定，故选择 36h 时作为药物添加时间较适宜。

四、小结

为规范肠道黏膜细胞原代培养操作方法、系统评价细胞培养效果指标，在本试验条件下，得出以下结论。

（1）通过对试验材料草鱼投喂肠道、肝胰脏保护与功能强化的饲料进行鱼体肠道的强化培育，确保了其原代培养试验的可重复性。采用机械刮取消化法进行肠道黏膜组织的消化，离心转速以 400r/min 为宜；在使用 M199 培养液、6%浓度 CO_2、15%浓度胎牛血清、接种浓度为 2.0×10^3（个/孔）条件下可批量复制草鱼原代肠道黏膜细胞。

（2）草鱼 IECs 原代细胞增殖过程符合动物原代 IECs 生长分化规律，采用荧光倒置显微镜观察法与 Giemsa 染色法相结合观察细胞形态，使用 MTT 检测方法来描述细胞生长活性，同时采用培养液中 AKP 与 LDH/MTT OD 值分别描述细胞分化成熟度与细胞结构完整程度，能系统、有效的评价细胞生长效果。

（3）通过 MTT 检测方法及 AKP、LDH/MTT OD 值，确定在草鱼 IECs 原代培养 36h 时，适宜作为药物添加时间。

第四节 氧化豆油水溶物的制备

油脂是动物组织与细胞重要物质之一，在水生动物生长、发育与繁殖的过程中起着重要作用，油脂中含有大量不饱和脂肪酸，在高温、高湿的环境条件下极易氧化，产生多种初级和次级氧化产物。研究氧化豆油对于草鱼 IECs 原代细胞的毒性，不利于直接添加于细胞培养液中，且影响因素较多。因此，在试验中需要进行豆油氧化及氧化豆油中有害物质进行一定程度的萃取，制备氧化豆油水溶物，要求氧化豆油水溶物制备的可重复性。同时还需分析氧化豆油水溶物中的物质成分，这对于研究豆油氧化产物对于细胞损伤机制非常重要。国内外尚未有制备氧化豆油水溶物的相关资料，因此，本试验通过正常豆油氧化、氧化豆油水溶物制备条件的确定，并测定相关指标，旨在尝试建立可重复的氧化豆油水溶物制备方法，为进一步氧化豆油水溶物对草鱼 IECs 原代细胞的损伤相关试验提供基础。

一、材料与方法

（一）试验材料

1. 试验用油

试验用油为毛豆油，购自东海粮油工业（张家港）有限公司，普通浸出工艺，最高温度 120℃，未添加人工抗氧化剂。

2. 主要试剂

微量丙二醛试剂盒、过氧化氢测试盒均为南京建成生物工程有限公司产品。其他均为分析纯。

3. 主要仪器设备

数显恒温水水浴锅（菏泽圣邦仪器仪表开发有限公司）、烧杯（5 000mL 及 100mL 规格）、棕色容量瓶、电磁式空气压缩机、LGJ 真空冷冻干燥器（上海亚亚泰科隆仪器技术有限公司），UV-1600 紫外可见分光光度计（上海美谱达有限公司），分液漏斗，4612 - 针头式过滤器（美国 Pall 公司），SW-CJ-1FD 单人垂直单面净化工作台（上海博迅实业有限公司），EP 管（1.5mL）。

（二）方法

1. 氧化豆油水溶物的制备

氧化豆油水溶物的制备过程按以下程序操作。

（1）豆油氧化：试验用油中加入 Fe^{2+} 30mg/kg（$FeSO_4 \cdot 7H_2O$）、Cu^{2+} 15mg/kg（$CuSO_4$）、H_2O_2 600mg/kg（30% H_2O_2）和 0.3% 的双蒸水，混匀后取样，记为豆油，-40℃冷冻待测。使用自制氧化装置[42]氧化试验用油，具体条件：氧化温度在（80 ± 2）℃，充氧定时器设置为开启 1min 停止 30min，氧化时间为 30d 后，立即取样，-80℃冷冻待测。

（2）氧化豆油中水溶性物质的萃取：取上述氧化后豆油约 300mL，重量为 264.32g，装入分液漏斗中，倒入 200mL 双蒸水与氧化豆油充分混合，静置 15min，待水油分层后，将下层萃取液放入干净的烧杯中，如此反复 5 ~ 6 次，最终混合获得萃取液约 1 200mL，转入干净的烧杯（锡铂纸包裹）中，-80℃冰箱过夜冷冻。

（3）冷冻干燥：将上述含冷冻物的烧杯放入冷冻干燥器内，按照冷冻干燥操作要求进行冷冻干燥，冷冻干燥5d后，取出烧杯，使用双蒸水反复冲洗烧杯内壁后，收集溶液约100mL，转入烧杯（锡铂纸包裹）中，放入-80℃冰箱过夜冷冻，进行二次冷冻干燥，使烧杯内水分升华，当烧杯内出现结晶时，表示冷冻干燥完毕。

（4）定容、过滤：此时使用双蒸水溶解，转入棕色容量瓶中，定容，获得氧化豆油水溶物总计35mL。在超净台中使用针头式过滤器0.2μm过滤，分装至1.5mL无菌EP管中，-80℃冷冻保存待用。

2. 指标测定方法

豆油及氧化豆油测定酸价（AV）、碘值（IV）、过氧化值（POV）、MDA含量及脂肪酸组成，氧化豆油水溶物测定MDA与H_2O_2含量及脂肪酸组成。酸价测定参照GB/T 5530—2005；碘价测定参照GB/T 5532—2008；过氧化值测定参照GB/T 5538—2005；MDA与H_2O_2含量分别使用微量丙二醛试剂盒、过氧化氢试剂盒测定，具体操作方法见试剂盒说明；脂肪酸组成测定使用日本岛津公司产的气相色谱仪（GC-14C）测定，参照GB9695.2—88，气相色谱条件：色谱柱为J&W GC Column Performance Summary（30m × 0.250mm × 0.25μm）；氢火焰离子检测器（FID）；FID 270℃，柱温采用程序升温：80℃（3min）至240℃（5℃/min）；载气为高纯氮气，分流比为60∶1，进样量为2μL。

3. 数据处理

数据以平均值±标准差（Mean±SD）表示，使用Excel 2007进行数据处理。

二、试验结果

（一）豆油、氧化豆油指标与氧化豆油水溶物中MDA、H_2O_2含量

由表5-4-1可知，与豆油相比，氧化豆油AV、POV、IV、MDA值均有增高趋势，分别为1.16、17.81、9.45倍；IV值有降低趋势，降低幅度为豆油的37.40%。氧化豆油水溶物中MDA值为氧化豆油的25.87%，同时H_2O_2含量（μmol/L）达到（1 864.63±1 424.14）。

表5-4-1　豆油、氧化豆油及其水溶物AV、POV、IV、MDA、H_2O_2值

Tab. 5-4-1　AV, POV, IV, MDA and H_2O_2 of soybean oil, oxidezied soybean oil and water-soluble-material of oxidezied soybean oil

项目 Items	IV (g (I_2) /kg)	AV [mg (KOH) /g]	POV (meq/kg)	MDA含量 (μmol/L)	H_2O_2含量 (μmol/L)
豆油	78.10±3.76	6.61±0.05	29.88±1.78	34.46±6.21	—
氧化豆油	48.89±4.28	7.68±0.14	532.35±22.03	325.58±4.15	—
氧化豆油水溶物	—	—	—	84.24±1.57	1 864.63±1 424.14

注：—表示该值并未检测

（二）氧化豆油及水溶物脂肪酸组成

由表5-4-2可以看出：与豆油相比，不饱和脂肪酸（UFA）、多不饱和脂肪酸（PFA）比例降低，下降幅度分别为3.60%、14.51%；饱和脂肪酸（SFA）、单不饱和脂肪酸（MFA）比例增高，上升幅度分别为20.12%、26.82%；此外，氧化豆油水溶物与氧化豆油脂肪酸组成比例相近。

表 5-4-2 豆油、氧化豆油及其水溶物脂肪酸组成（%）

Tab. 5-4-2 Varyation of fatty acid rate in soybean oil, oxidezied soybean oil and water-soluble-material of oxidezied soybean oil

项目 Items	豆油 Soybean oil	氧化豆油 Oxidezied soybean oil	氧化豆油水溶物 water-soluble-material of oxidezied soybean oil
C6：0	—	0.061	—
C8：0	—	0.087	0.082
C11：0	—	0.016	—
C12：0	0.005	0.017	0.664
C14：0	0.079	0.085	0.424
C14：1	0.008	—	—
C15：0	—	0.024	—
C15：1	0.003	—	—
C16：0	10.027	11.664	11.471
C16：1	—	0.119	—
C17：0	0.108	0.065	0.32
C17：1	0.067	0.081	0.058
C18：0	3.956	4.448	4.107
C18：1n9c	22.271	26.944	27.358
C18：2n6c	55.068	48.29	49.514
r-C18：3n3	0.054	—	0.042
a-C18：3n3	7.403	4.866	4.989
C20：0	0.352	0.398	0.359
C20：1	0.295	0.287	0.174
C21：0	—	0.07	—
C20：2	0.042	0.14	—
C20：3n3	—	—	0.025
C20：4n6	—	0.188	0.274
C22：0	0.109	0.613	—
C22：2	0.064	—	0.001
C22：1n9	—	1.31	—
C23：0	—	0.072	—
C24：0	0.162	0.156	0.141
C24：1	0.018	—	—

（续表）

项目 Items	豆油 Soybean oil	氧化豆油 Oxidezied soybean oil	氧化豆油水溶物 water-soluble-material of oxidezied soybean oil
饱和脂肪酸（SFA）	14.798	17.776	17.568
不饱和脂肪酸（UFA）	85.293	82.225	82.435
单不饱和脂肪酸（MFA）	22.662	28.741	27.59
多不饱和脂肪酸（PFA）	62.567	53.484	54.844

注：—表示未检测出

三、讨论

（一）氧化豆油制备方法

研究氧化豆油产物对草鱼 IECs 原代细胞的损伤作用，首先需要在固定条件下，为试验提供大量氧化油脂，且要求重复性好，这种方法已经建立[42]。本试验采用其方法制备氧化豆油，得到 POV（meq/kg）、MDA 含量（μmol/L）分别达到（532.35 ± 22.03）、（325.58 ± 4.15），研究表明[76]，饲料中添加氧化油脂（POV = 73.44 meq/kg）4%，与添加相同浓度新鲜油脂相比，罗非鱼的增重率和饲料转化率均显著下降（$P < 0.05$），表明采用此方法本试验能制备出足量的对机体产生损伤的氧化中间产物及终产物。

（二）氧化豆油水溶物制备条件的确定及成分分析

豆油氧化产物种类复杂，主要包括游离脂肪酸、烯醛类、H_2O_2、自由基等，在水中的溶解度不一致，导致了在进行氧化产物对原代 IECs 细胞的损伤试验中，直接添加氧化油脂较为复杂，操作性不强，因此，需要对氧化豆油产物进行一定程度的分离，以满足试验要求，减少试验影响因素。

本试验制备氧化豆油水溶物分 4 个程序：豆油氧化、氧化豆油中水溶性物质萃取、冷冻干燥、定容过滤。在氧化豆油水溶物的制备过程中，需要确定各项条件，以防止豆油继续氧化，从而保证试验的可重复性，同时用于细胞试验中还要求添加物无菌。在豆油氧化过程中，按照殷永风等[42]试验要求进行；氧化豆油水溶性物质萃取过程中要求：温度为室温条件，避光，萃取时间为 1 ~ 2h；冷冻干燥过程要求：避光；冷冻干燥阶段要求：二次冷冻、避光、样品贮存温度为 -80℃；定容过滤过程要求：准确定量、0.22μm 过滤除菌。控制以上条件对于氧化豆油水溶物的制备非常重要。

制备后的氧化豆油水溶物不仅需要能溶解氧化豆油部分水溶性的氧化产物，而且还需要其对动物机体损伤具有代表性。已有研究表明，50μmol/L 的丙二醛孵育线粒体 5min 其呼吸途径中 PDH 活性降低至 20%[77]，吴红照[78]研究发现，在细胞培养液中添加终浓度为 200μmol/L 的 H_2O_2 能对细胞产生不可逆的氧化损伤。本试验中获得的氧化豆油水溶物中 MDA 及 H_2O_2 含量（μmol/L）分别能达到（84.24 ± 1.57）、（1 864.63 ± 1 424.14），因此，本试验制备的氧化豆油水溶物能满足后期氧化豆油水溶物对草鱼 IECs 原代细胞损伤试验要求。

四、小结

为研究氧化豆油产物对草鱼 IECs 原代细胞的损伤机制，需要对氧化豆油进行一定程度的分离，以便能顺利添加到细胞培养液中，在本试验条件下，得出以下结论：

（1）通过豆油氧化、氧化豆油中水溶性物质萃取、冷冻干燥、定容过滤 4 个过程，初步制备了氧化豆油水溶物。

（2）通过测定丙二醛、过氧化氢及脂肪酸分析，表明本试验所制备的氧化豆油水溶物能够应用于研究氧化豆油水溶物对草鱼 IECs 原代细胞损伤机制的相关试验。

第五节　氧化豆油水溶物对草鱼 IECs 原代细胞的损伤作用

氧化油脂产物对动物机体有损伤，能与机体组织反应，影响组织的正常生理功能，关于氧化油脂在被动物摄食后，对肠道的损伤机制研究资料不足。本试验使用氧化豆油水溶物作用于草鱼 IECs 原代细胞，通过观察细胞生长及测定细胞相关酶活力，旨在研究氧化豆油水溶物对细胞的损伤作用，为研究氧化油脂对鱼类肠道的损伤机制提供参考。

一、材料与方法

（一）试验材料

1. 草鱼

试验鱼养殖条件同本章第三节。

2. 主要试剂及配制

主要试剂：①氧化豆油水溶物，为第二部分试验二制备获得；②草鱼 IECs 原代细胞培养所用试剂同第一部分试验；③MTT 测定、细胞 Giemsa 染色所用试剂同第一部分试验；④主要试剂盒：碱性磷酸酶（AKP）、乳酸脱氢酶（LDH）、谷丙转氨酶（GPT）、谷草转氨酶（GOT）、微量丙二醛（MDA）、谷胱甘肽过氧化物酶（GSH-PX）、超氧化物歧化酶（SOD）、总抗氧化能力（T-AOC）、细胞总蛋白试剂盒均为南京建成产品。其他均为国产分析纯。

3. 主要仪器设备

主要仪器设备同本章第三节。

（二）方法

1. 细胞培养

参照第一部分试验操作方法培养草鱼 IECs 原代细胞，细胞接种于 96 孔培养板中，每孔培养液为 150μL。

2. 试验设计

本试验采用单因子试验设计，设对照组及 4 个氧化豆油水溶物处理组（1－1、1－2、1－3、1－4），各组均为 128 个重复（孔）。当细胞生长 36h 后，分别添加含不同浓度氧化豆油水溶物的完全培养液至草鱼 IECs 原代细胞中，计算每升培养液中添加对应的氧化豆油量，计算公式：对应氧化豆油量（g/L）＝（$m_{氧化豆油}/V_{氧化豆油水溶物定容}$）×（$V_{添加氧化豆油水溶物量}/V_{培养液最终体积}$）×1000，算得各处理组中培养液对应氧化豆油量（g/L）为 111.06、222.12、

444.24、888.48。具体试验设计见表5－5－1。

表5－5－1　氧化豆油水溶物对草鱼IECs原代细胞影响试验设计

Tab. 5－5－　Design of effect water-soluble-material of oxidezied soybean oil on primary cultured IECs

项目 Items	对照组 Control group	氧化豆油水溶物处理组 Groups treated withwater-soluble-material of oxidezied soybean oil			
		1－1	1－2	1－3	1－4
完全培养液（μL）	150	150	150	150	150
双蒸水（μL）	20	17.5	15	10	0
氧化豆油水溶物（μL）	0	2.5	5	10	20
对应氧化豆油的量（g/L）	0	111.06	222.12	444.24	888.48
丙二醛含量（μmol/L）	0	1.24	2.47	4.96	9.91
H_2O_2含量（μmol/L）	0	27.42	54.84	109.68	219.37

3. 检测指标及测定方法

（1）荧光倒置显微镜观察、Giemsa染色及细胞MTT测定。以添加氧化豆油后开始计时，分别在3h、6h、9h、12h时取出培养板，放置于荧光倒置显微镜下观察细胞生长情况，并拍照；同时每组随机选取3孔进行Giemsa染色，观察并拍照；各组随机选取8个孔，加入含MTT的M199培养液，立即测定细胞活性（MTT OD），细胞抑制率计算公式：细胞抑制率（%）＝（$OD_{对照组}$－$OD_{处理组}$）/$OD_{对照组}$

（2）细胞培养液中酶活力、细胞总蛋白含量及培养液中丙二醛含量测定。以添加氧化豆油后开始计时，分别在3h、6h、9h、12h时于各组中取32个孔，吸取培养液保存于5支1.5mL EP管中，选取其中4支在－80℃冷冻保存，用于测定培养液中谷胱甘肽过氧化物酶（GSH-PX）、超氧化物歧化酶（SOD）、总抗氧化能力（T-AOC）活力、微量丙二醛（MDA）含量，剩下1支2 000r/min离心5min，取上清液10 000r/min离心5min，留取上清液，－80℃冷冻保存，用于测定碱性磷酸酶（AKP）、乳酸脱氢酶（LDH）、谷丙转氨酶（GPT）、谷草转氨酶（GOT）活力。在取过培养液后的各组中随机选取8个孔，加入150μL 1% Triton X-100，在常温下裂解细胞30min，收集裂解液，－80℃冷冻保存，用于测定细胞总蛋白含量。上述测定过程均严格按照试剂盒说明书进行。

4. 数据处理

数据以平均值±标准差（Mean±SD）表示，结果用SPSS 17.0软件进行单因素分析，$P<0.05$表示差异显著，$P<0.01$表示差异极显著。

二、试验结果

（一）细胞活性、细胞总蛋白含量及细胞形态变化

1. 细胞活性及细胞总蛋白含量变化

由表5－5－2可知：与对照组比较，处理组1－4细胞活性在3h、6h、9h、12h时间点

上均极显著降低（$P<0.01$），处理组1－2、1－3在6h、12h时间点上极显著降低（$P<0.01$），而处理组1－1在6h降低显著（$P<0.05$），12h时极显著降低（$P<0.01$）；比较各组细胞活性平均值后看出，与对照组比较，处理组1－2、1－3、1－4极显著降低（$P<0.01$），处理组1－1降低显著性（$P<0.05$）。处理组1－4细胞总蛋白含量在3h、6h、9h时降低显著（$P<0.05$），12h极显著降低（$P<0.01$）；比较各组细胞总蛋白平均值后看出，处理组1－4极显著降低（$P<0.01$），处理组1－2、1－3显著降低（$P<0.05$）。

上述结果表明：细胞活性有随着水溶物添加浓度的增加与作用细胞时间的延长而下降的趋势，其中添加对应888.48g/L氧化豆油的水溶物在12h内极显著降低了细胞活性（$P<0.01$）；添加对应111.06g/L、222.12g/L、444.24g/L氧化豆油的水溶物在3h时细胞活性无明显差异，但6h时，添加对应111.06g/L氧化豆油的水溶物极显著降低细胞活性（$P<0.05$），添加对应222.12g/L、444.24g/L氧化豆油的水溶物极显著降低细胞活性（$P<0.01$），见图5－5－1。此外，在9h时，除添加对应888.48g/L氧化豆油的水溶物外，其他浓度与对照组无显著性差异（$P>0.05$），而时间延长至12h时，各氧化豆油水溶物处理组均极显著降低细胞活性（$P<0.01$），暗示了细胞活性在受到抑制后，有短暂的自我保护过程，但在氧化豆油水溶物的作用时间延长后，添加大于对应111.06g/L氧化豆油水溶物导致的细胞活性下降，细胞活性并不能恢复到最初水平。从细胞总蛋白含量来看，添加对应888.48g/L氧化豆油的水溶物对细胞总蛋白含量在各时间点均有显著性影响（$P<0.05$），其他浓度水溶物梯度组的影响不显著（$P>0.05$），说明水溶物对细胞总蛋白含量影响较细胞活性小。

表5－5－2　细胞活性（OD值）及细胞总蛋白含量（mg/L）变化

Tab. 5－5－2　Changes of cell activity and total cellular protein

项目 Items ＼ 时间 Time		3h	6h	9h	12h	各组平均值
细胞活性（MTT）	对照组	0.380±0.015	0.404±0.034	0.293±0.051	0.229±0.012	0.327±0.019
	1－1	0.363±0.031	0.348±0.038*	0.286±0.018	0.178±0.014**	0.294±0.012*
	1－2	0.350±0.034	0.303±0.023**	0.270±0.016	0.164±0.021**	0.272±0.012**
	1－3	0.348±0.029	0.250±0.054**	0.231±0.004	0.143±0.023**	0.243±0.019**
	1－4	0.262±0.024**	0.180±0.014**	0.178±0.014**	0.122±0.011**	0.185±0.007**
细胞总蛋白	对照组	208.80±9.47	201.31±14.38	192.94±18.04	193.38±3.05	199.11±5.94
	1－1	199.99±9.69	193.38±21.16	182.82±14.20	176.21±20.56	188.10±13.64
	1－2	197.35±5.82	183.65±18.40	175.33±16.36	164.32±8.75	180.16±6.59*
	1－3	191.62±7.12	172.69±10.21	166.08±17.44	159.92±18.78	172.57±10.01*
	1－4	167.4±15.18*	150.23±14.53*	141.42±14.16*	143.18±6.59**	150.56±11.73**

注：数据右肩*/**表示数据同与对照组进行比较，*为表示差异显著（$P<0.05$），**表示差异极显著（$P<0.01$）。以下皆同

2. 细胞生长观察、Giemsa染色

通过荧光倒置显微镜与Giemsa染色观察结果（图版5－Ⅱ－6至5－Ⅱ－14，图版5－

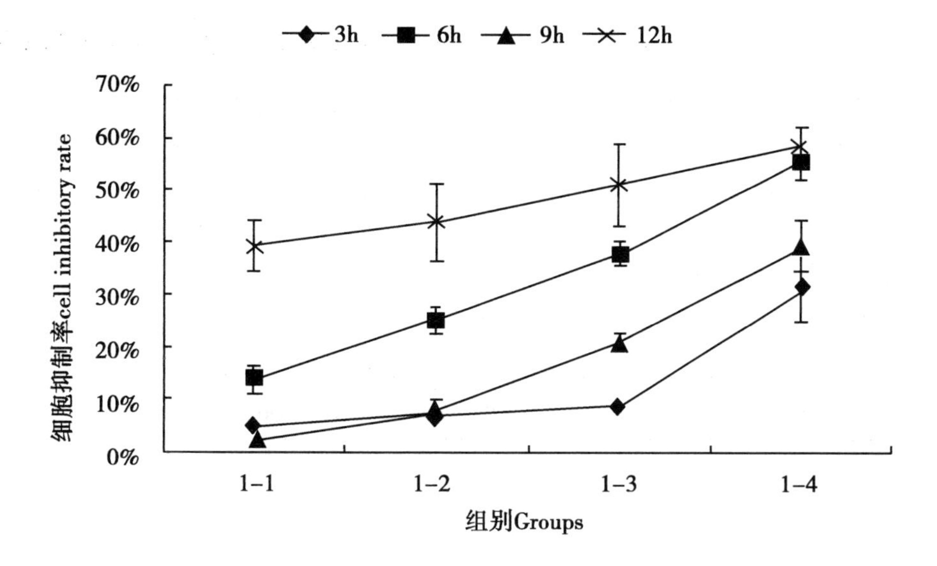

图5-5-1　处理组细胞抑制率变化

Fig. 5-5-1　Changes of cell inhibitory rate of treatment groups

Ⅲ-6至5-Ⅲ-15，图版5-Ⅳ-1）可知，对照组生长状态良好，细胞增殖正常，贴壁细胞多，且胞质丰富，折光性好，也无明显凋亡现象发生（图版5-Ⅱ-6至5-Ⅱ-9）；细胞集落面积较大，贴壁细胞正常分化，3~12h内，单个细胞贴壁面积增大（图版5-Ⅲ-6至5-Ⅲ-9）。添加氧化豆油水溶物后，在培养过程中细胞生长与形态方面出现不同程度的变化，其中3h时处理组1-2、1-3、1-4细胞集落周围出现游离细胞，其中以处理组1-3、1-4较为严重，染色后观察到细胞集落中心区域细胞轮廓不清晰（图版5-Ⅲ-10、5-Ⅲ-11）；6h时，处理组中部分贴壁细胞由梭状变为圆球状，同时细胞折光性下降（图版5-Ⅱ-11至5-Ⅱ-13），随着添加浓度的增加，此类细胞越多，染色后发现，处理组1-1、1-2组中细胞出现如处理组1-3、1-4组现象，处理组1-3此时细胞较3h时集落面积小，处理组1-4细胞大部分细胞脱落（图版5-Ⅲ-13至5-Ⅲ-15）；时间延长至12h时，处理组1-1、1-2细胞多呈圆球状（图版5-Ⅱ-14），容易脱落，贴壁细胞少，处理组1-3、1-4情况较为严重，大部分细胞脱落到培养液中，残留贴壁细胞团，其周围贴壁细胞极少（图版5-Ⅳ-1）。

上述结果表明，贴壁的草鱼IECs原代细胞受到氧化豆油水溶物中有害物质的作用后，细胞凋亡程度随着氧化豆油水溶物的添加浓度及作用时间增加而加深，氧化豆油水溶物作用细胞后其折光性下降，细胞呈圆球状，染色后发现细胞轮廓不清晰，细胞界限模糊。添加对应888.48g/L氧化豆油的水溶物在3h内即对细胞形态造成影响，添加对应111.06g/L、222.12g/L氧化豆油水溶物在6h内开始损伤细胞，其损伤程度较444.24g/L、888.48g/L浓度轻。此外，发现氧化豆油水溶物对细胞的作用过程大致如下：首先，细胞集落周围的受损的贴壁细胞贴壁能力减弱，集落中心区域的贴壁细胞界限模糊，细胞折光性均下降；其次，随着损伤程度的增加，集落边缘细胞不贴壁而游离于细胞集落周围，中心区域的细胞缩小，其形状不规则；最后集落边缘不断地产生受损的游离细胞，集落面积持续减小，最终仅残留细胞团。

（二）培养液中 AKP 酶活力变化

由表 5－5－3 知，与对照组比较，6～12h 期间，各处理组有降低培养液中 AKP 酶的趋势。其中，3h 时处理组 1－2、1－3、1－4 培养液中 AKP 活力均有极显著升高（$P<0.01$），9h 则相反；随着时间的延长，呈降低培养液中 AKP 酶活力的趋势。处理组 1－4 在各时间点均有极显著差异（$P<0.01$）。

上述结果表明，添加对应 444.24～888.48g/L 氧化豆油的水溶物在 6～12h 均能显著降低培养液中 AKP 酶活力。

表 5－5－3 培养液中 AKP 酶活力（U/L）变化

Tab. 5－5－3 Changes of AKP enzyme activity in culture medium

项目 Items ＼ 时间 Time		3h	6h	9h	12h	各组平均值
碱性磷酸酶（AKP）	对照组	58.46±0.56	64.02±2.3	68.41±2.01	59.63±1.73	62.63±0.77
	1－1	60.28±0.89	59.30±1.47	62.38±3.71	56.03±2.86	59.50±1.74
	1－2	124.53±3.63**	59.72±1.84	55.61±2.43**	55.28±1.10	73.79±1.15**
	1－3	120.56±0.98**	55.70±1.21*	57.80±1.90**	53.22±1.25**	71.82±0.31**
	1－4	121.54±1.93**	53.60±1.82**	47.57±1.69**	51.12±1.54**	68.46±1.06**

（三）培养液中 MDA、LDH、GPT、GOT 及 GSH-PX、SOD、T-AOC 活力

1. 培养液中 MDA 含量变化

从表 5－5－4 可知，与对照组比较，处理组 1－4 在各时间点上均有极显著性差异（$P<0.01$）；处理组 1－2 在 3h 时培养液丙二醛含量差异极显著（$P<0.01$），6h 时差异显著（$P<0.05$），9、12h 时差异不显著（$P>0.05$）。相较于 3h，6h 时各组培养液丙二醛含量分别下降了 15.00%、21.16%、52.42%、46.95%、48.74%，其中处理组下降幅度分别是对照组的 1.41、3.49、3.13、3.25 倍。

上述结果表明：处理组培养液中添加不同浓度的丙二醛，在 3h 时处理组培养液丙二醛含量随培养液中氧化豆油的水溶物添加浓度的增高而增大，随着时间的延长，培养液丙二醛含量呈逐渐降低的趋势，其中 6h 时处理组 1－2、1－3、1－4 下降超过 46%，12h 时，添加对应 222.12～888.48g/L 氧化豆油的水溶物培养液丙二醛含量与对照组差异不显著（$P>0.05$）。

表 5－5－4 培养液中 MDA 含量（μmol/L）

Tab. 5－5－4 Changes of content of MDA in culture medium

组别 Groups ＼ 时间 Time	3h	6h	9h	12h
对照组	2.20±0.20	1.90±0.09	1.81±0.12	2.04±0.16
1－1	2.93±0.17*	2.31±0.14*	2.24±0.09**	2.13±0.05

（续表）

时间 Time / 组别 Groups	3h	6h	9h	12h
1－2	4.96±0.20**	2.36±0.14*	2.04±0.09	2.17±0.19
1－3	5.90±0.28**	3.13±0.35*	2.93±0.27**	3.00±0.27*
1－4	8.35±0.29**	4.28±0.17**	3.32±0.16**	3.93±0.17**

2. 培养液中 LDH、GPT、GOT 酶活力变化

从表5－5－5可知，与对照组比较，添加不同浓度的氧化豆油水溶物均增高了培养液中 LDH、GPT、GOT 酶活力。在3～9h时，处理组1－2、1－3、1－4均有极显著性差异（$P<0.01$），12h时无显著性差异；处理组1－3、1－4中 GPT、GOT 酶活力均差异极显著（$P<0.01$）；12h时，处理组1－2、1－3、1－4中 GPT 酶活力在各时间点差异显著（$P<0.05$），处理组1－1、1－2中 GPT 酶活力分别在6h、12h时差异显著（$P<0.05$），处理组1－1、1－2中 GOT 酶活力在3h即差异显著（$P<0.05$）。从图5－5－2至图5－5－4可知，随着氧化豆油水溶物浓度的增加，LDH/MTT OD（图5－5－2）、GPT/MTT OD（图5－5－3）、GOT/MTT OD（图5－5－4）值呈梯度性增长的趋势，其中 LDH/MTT OD 最高，达到（3 374.47±707.30）U/L。

上述结果表明，培养液中 LDH、GPT、GOT 酶活力及 LDH/MTT OD、GPT /MTT OD、GOT/MTT OD 值有随着培养液中氧化豆油水溶物的添加浓度的增加而增大的趋势。从培养液中 LDH 酶活力及 LDH/MTT OD 值变化看，添加对应 222.12g/L、444.24g/L、888.48g/L 氧化豆油的水溶物对其作用较为明显。

表5－5－5 培养液中 LDH、GPT、GOT 酶活力（U/L）变化

Tab.5－5－5 Changes of LDH，GPT，GOT enzyme activity in culture medium

时间 Time / 项目 Items		3h	6h	9h	12h	各组平均值
乳酸脱氢酶（LDH）	对照组	92.18±14.61	193.15±40.13	164.43±21.69	174.16±38.96	155.98±19.53
	1－1	102.37±23.85	171.38±35.25	177.40±32.15	143.59±27.57	148.68±18.26
	1－2	144.98±26.08**	268.65±52.40**	237.62±20.91**	186.20±38.55	209.36±23.55**
	1－3	172.31±33.50**	298.76±64.94**	281.62±35.60**	185.74±50.67	234.60±25.28**
	1－4	298.3±57.71**	604.93±126.19**	346.47±72.91**	182.03±34.16	357.93±37.83**
谷丙转氨酶（GPT）	对照组	1.84±0.37	1.69±0.19	2.14±0.31	1.20±0.10	1.72±0.22
	1－1	2.36±0.37	2.61±0.11	2.54±0.47	3.56±0.55*	2.76±0.31**
	1－2	2.14±0.41	3.54±0.50*	3.63±0.52**	3.19±0.14**	3.12±0.19**
	1－3	3.81±0.46**	3.63±0.56**	4.13±0.31**	6.23±0.61**	4.45±0.36**
	1－4	4.22±0.44**	7.03±0.90**	7.39±1.2**	7.40±0.84**	6.51±0.23**

（续表）

项目 Items \ 时间 Time		3h	6h	9h	12h	各组平均值
谷草转氨酶（GOT）	对照组	1.04 ±0.14	2.68 ±0.31	1.56 ±0.40	1.50 ±0.23	1.70 ±0.11
	1 – 1	2.46 ±0.53**	2.64 ±0.16	2.38 ±0.25*	1.65 ±0.16	2.28 ±0.24*
	1 – 2	1.63 ±0.29*	3.88 ±0.23**	3.16 ±0.41**	2.43 ±0.82	2.77 ±0.23**
	1 – 3	2.12 ±0.21**	3.44 ±0.97	3.22 ±0.66**	4.77 ±1.19**	3.38 ±0.51**
	1 – 4	5.70 ±0.56**	4.07 ±0.39**	4.76 ±0.76**	6.36 ±0.53**	5.22 ±0.29**

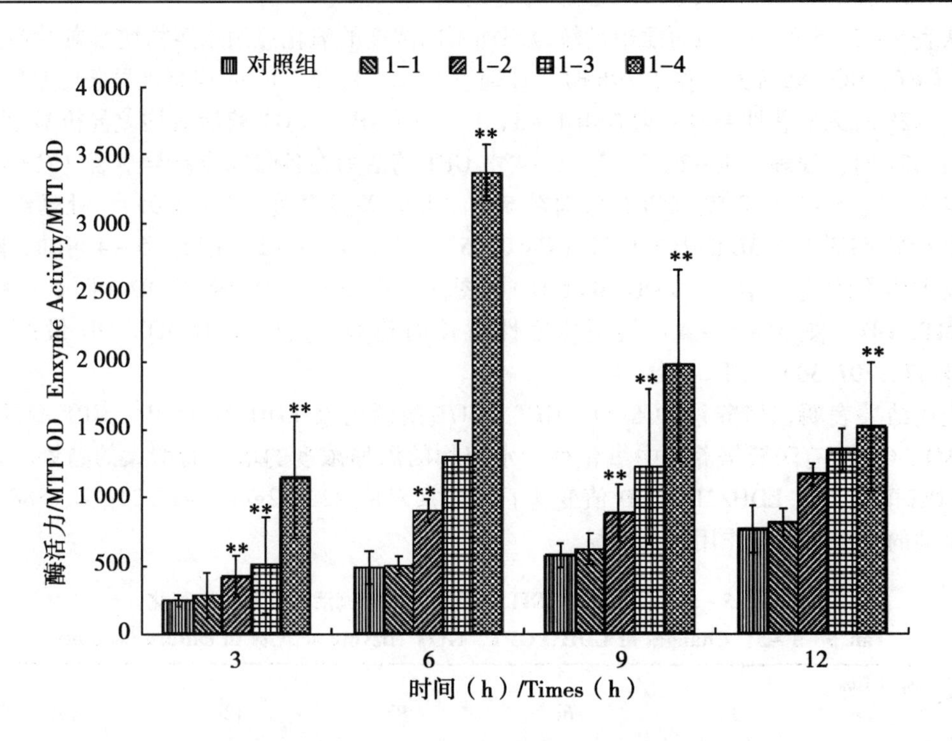

图 5 – 5 – 2 各组 LDH/MTT OD 值变化

Fig. 5 – 5 – 2 Changes of the ratio of LDH and MTT OD of groups

3. 培养液中 GSH-PX、SOD、T-AOC 变化

从表 5 – 5 – 6 可知，添加不同浓度的氧化豆油水溶物后，培养液中的 GSH-PX、SOD、T-AOC 均有降低的趋势，其中 GSH-PX 活力降低较为显著，降低幅度达到 61.09%。具体表现为，与对照组相比，处理组中 GSH-PX 活力在 3h、6h 显著降低（$P<0.05$），其中，处理组 1 – 2 组活力最低，其他差异不显著。处理组中 SOD 活力均有降低趋势，其中 9h、12h 时处理组 1 – 1、1 – 2、1 – 3 降低极显著（$P<0.01$）。处理组 1 – 1、1 – 3、1 – 4 中 T-AOC 在 9h 时降低极显著（$P<0.01$）。

上述结果表明，添加氧化豆油水溶物后，培养液中 GSH-PX、SOD 酶活力及 T-AOC 均降低，但是降低时间并不一致，其降低的主要时间段分别集中在 3 ~ 6h、9 ~ 12h、6 ~ 9h。添加对应 222.12 ~ 888.48g/L 氧化豆油的水溶物培养液中 3 种酶活力降低极显著（$P<0.01$），

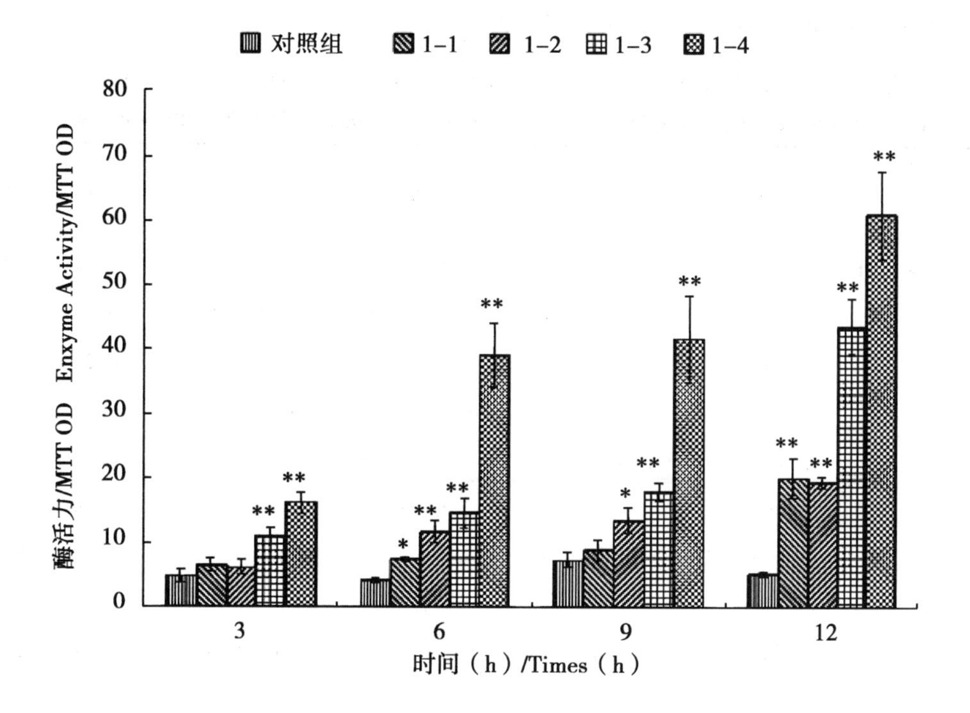

图 5－5－3　各组 GPT/MTT OD 值变化

Fig. 5－5－3　Changes of the ratio of GPT and MTT OD of groups

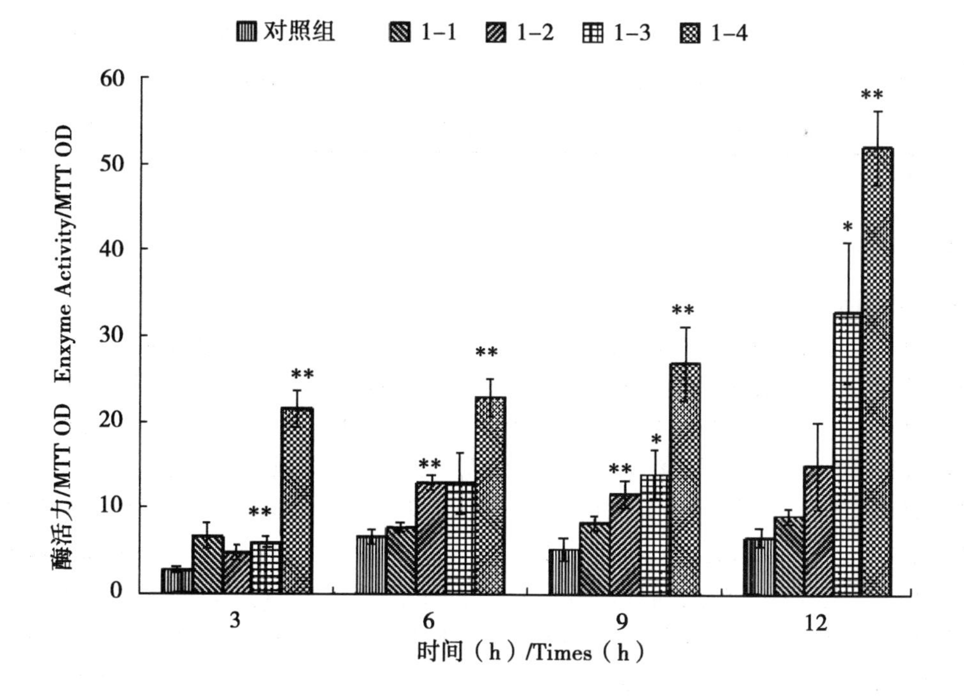

图 5－5－4　各组 GOT/MTT OD 值变化

Fig. 5－5－4　Changes of the ratio of GOT and MTT OD of groups

111.06g/L 浓度对 GSH-PX、SOD 影响显著（$P < 0.05$）。

表 5－5－6　培养液中 GSH-PX（U）、SOD（U/mL）、T-AOC（U/mL）变化

Tab. 5－5－6　Changes of GSH-PX, SOD, T-AOC enzyme activity in culture medium

项目 Items ＼ 时间 Time		3h	6h	9h	12h	各组平均值
谷胱甘肽过氧化物酶（GSH-PX）	对照组	55.42 ±20.49	54.35 ±9.58	59.44 ±3.68	64.52 ±4.91	58.43 ±5.74
	1－1	31.06 ±6.08*	23.29 ±7.14**	59.71 ±8.96	51.67 ±6.54	41.43 ±2.51**
	1－2	7.23 ±6.06**	6.96 ±4.57**	61.31 ±3.62	57.56 ±5.70	33.26 ±0.30**
	1－3	10.44 ±4.02**	7.76 ±1.23**	68.01 ±13.66	64.26 ±5.62	37.61 ±3.66**
	1－4	33.47 ±6.54*	21.15 ±8.88**	58.1 ±10.93	62.92 ±10.96	43.90 ±6.28**
超氧化物歧化酶（SOD）	对照组	20.35 ±0.15	19.56 ±0.18	21.04 ±0.13	16.87 ±0.26	19.45 ±0.11
	1－1	19.37 ±0.61*	18.51 ±0.40	13.85 ±0.38**	15.72 ±0.41**	16.86 ±0.20**
	1－2	19.08 ±0.47**	17.77 ±3.13	17.29 ±0.27**	13.24 ±0.23**	16.84 ±0.99**
	1－3	19.91 ±0.16	18.04 ±0.31	16.60 ±0.08**	16.16 ±0.13**	17.67 ±0.15**
	1－4	17.17 ±0.44**	16.4 ±0.31*	16.84 ±0.27**	17.12 ±0.12	16.88 ±0.25**
总抗氧化能力（T－AOC）	对照组	2.60 ±0.02	2.62 ±0.04	2.07 ±0.20	1.88 ±0.04	2.29 ±0.50
	1－1	2.47 ±0.29	2.32 ±0.35	1.69 ±0.04**	2.09 ±0.32	2.14 ±0.90
	1－2	2.41 ±0.23	2.03 ±0.01**	1.86 ±0.20	1.96 ±0.32	2.06 ±0.12**
	1－3	2.24 ±0.44	2.13 ±0.26*	1.18 ±0.07**	1.48 ±0.16	1.76 ±0.07**
	1－4	2.03 ±0.06*	1.73 ±0.15**	1.37 ±0.04**	1.35 ±0.26	1.62 ±0.07**

三、讨论

（一）氧化豆油水溶物对细胞生长及形态的影响

MTT 测定是基于线粒体内含有琥珀酸脱氢酶，其能将 MTT 从黄色转化为蓝色，广泛用于细胞增殖及线粒体活力指标，亦能间接反映细胞数量[73]，同时也反映了细胞代谢强度[79]，而细胞总蛋白含量表示着存活细胞含量的多少，通过这两个指标值的大小，可以反应细胞数量的增加与减少，间接表示药物对细胞的保护或是损伤程度。研究发现，50～100 μmol/L H_2O_2作用肠上皮细胞 24h 细胞活性降至 30% 左右[48]，在体外试验中，细胞线粒体能保护低浓度（400 μmol/L）H_2O_2的损伤[80]，龙建纲等[81]发现丙二醛在体外能对线粒体呼吸链复合物及线粒体内关键酶活性产生影响，且 100μmol/L 浓度的 MDA 即能对线粒体内脱氢酶活性产生显著影响，在孵育 5min 时 PDH 活性降低至约 45%。因氧化豆油水溶物中本身含有 H_2O_2 与丙二醛，添加到培养液中后终浓度分别为 27.42～219.37μmol/L 与 1.23～9.89μmol/L，在长时间的作用中均可能造成细胞损伤。从本试验结果中，添加不同浓度的氧化豆油的水溶物在 12h 内均极显著（$P < 0.01$）降低细胞活性，说明此浓度范围及作用时间下氧化豆油水溶物对细胞极强的损伤作用。

从能导致细胞损伤的添加浓度及作用时间来看，添加对应 111.06 g/L 氧化豆油的水溶物在 6h 能显著抑制细胞生长，在 12h 时才对细胞产生极显著损伤（$P<0.01$）；添加对应 222.12～444.24g/L 浓度，在 6h 产生极显著损伤（$P<0.01$），以上浓度均对细胞总蛋白含量指标无显著影响；对应中添加 888.48g/L 氧化豆油的水溶物能在 3h 对细胞产生极显著的损伤（$P<0.01$），对细胞总蛋白含量指标产生显著影响。

本试验观察到氧化豆油水溶物导致损伤的细胞动态变化过程，主要表现在集落边缘不断地产生受损的游离细胞，集落面积持续减小，最终仅残留活力较低的细胞团。造成细胞这一动态变化的可能原因是氧化豆油水溶物中有害物质（如 H_2O_2、丙二醛）降低了细胞膜的流动性或是影响了细胞中粘附因子的表达，导致细胞贴壁与迁移受阻[82,83]，因与本试验目标相距较远，故在此不做详细讨论。此外，结果也暗示了其破坏了细胞膜的结构，导致细胞裂解死亡。

总的来说，对应中添加 111.06～888.48g/L 氧化豆油的水溶物均能不同程度地降低细胞活性，并且能对细胞形态造成影响，其中以添加对应 888.48g/L 氧化豆油水溶物影响程度最大。

（二）对细胞分化的影响

AKP 酶是肠道黏膜细胞的标志酶，代表了成熟分化程度[17,84,85]，根据细胞这一特点，常用 AKP 酶显色反应标记肠道上皮细胞[70,71,74,82]。研究表明，AKP 酶活力上升，表明细胞分化程度越高，IEC 的消化、吸收和防御能力越强[86]。然而，有部分研究结果却出现了相反的结果，即在添加对细胞有损伤的药物后，其培养液中 AKP 酶会升高[18]，而添加对细胞有修复作用的药物后，其 AKP 酶活力却下降[19]，笔者认为此类现象的发生可能是由于细胞受损后，脱落细胞或是细胞膜片段上 AKP 酶残留于培养液中，导致在检测 AKP 酶活力时出现 AKP 酶活力波动或相反的结果。为了防止此类情况的发生，本试验在测定 AKP 酶之前，其样品均经过低速离心，去除培养液中未破裂的细胞后，再高速离心，去除样品中残留的细胞碎片，以有效消除细胞或是膜碎片上 AKP 酶活力造成结果不准确的情况。

从试验结果看出，添加不同浓度的氧化豆油水溶物后，在 6～12h 内有降低培养液中的 AKP 酶活力的趋势，表明其抑制了细胞的分化成熟，产生明显抑制浓度为添加对应 222.12～888.48g/L 氧化豆油的水溶物，作用时间点主要集中在添加后 6～12h。根据细胞增殖特点[72]，即 IECs 细胞生长为从隐窝开始逐步向外扩展，集落边缘的细胞分化程度较靠近细胞集落中心细胞高，同时结合细胞生长观察与 Giemsa 染色结果，笔者认为造成细胞分化程度降低的主要原因可能是细胞受到氧化豆油水溶物的作用后，集落边缘细胞脱落，集落面积减小，残余细胞分化程度较受损前分化程度低，由此导致了培养液中 AKP 酶活力下降的结果。

总的来说，添加对应 444.24g/L、888.48g/L 氧化豆油的水溶物在 6～12h 能显著抑制细胞分化成熟。

（三）培养液中 MDA 含量、细胞结构完整性及抗氧化能力的变化

结合本试验结果分析，得到氧化豆油水溶物对草鱼 IECs 原代细胞生长及细胞分化成熟有抑制作用，但要研究其作用的具体机制还需了解作用物质含量的变化，作用细胞位点与作用途径。故本试验测定了培养液中 MDA 含量，培养液中 LDH、GPT、GOT 酶及 LDH/MTT OD、GPT /MTT OD、GOT/MTT OD 值，培养液中 GSH-PX、SOD、T-AOC 酶活力，以了解氧

化豆油水溶物对草鱼 IECs 原代细胞作用的具体机制。

在研究氧化豆油水溶物作用物质含量的变化时，本试验中未能测得培养液中 H_2O_2 的含量，因添加到培养液中时其含量大致在27.42～219.37μmol/L 浓度范围，一般的酶试剂盒精确度未能达到检测此浓度范围的条件，故未能测得。本试验测定了培养液丙二醛含量，根据目前已发表文献资料，丙二醛能与细胞膜上蛋白质交联，形成丙二醛－蛋白质的加合产物，导致细胞膜发生改变[47,59]。由于氧化豆油水溶物中含有一定含量的丙二醛，故在本试验中处理组培养液丙二醛各时间点含量相应较高，同时，随着时间的延长，培养液丙二醛含量逐渐降低，可能原因是培养液中的丙二醛与细胞膜蛋白结合后，导致培养液丙二醛含量下降，其中丙二醛含量急剧下降的时间集中在添加氧化豆油水溶物3～6h。

细胞拥有正常结构是其具有正常生理功能的前提，若其正常结构受到破坏，胞内酶则逸出膜外，在培养液中被检测出来。LDH、GPT、GOT 分别存在于胞浆、胞浆、线粒体内，细胞受损后，逸出至培养液中，其酶活力越高，说明细胞受到的损伤程度越重。吴红照[78]研究发现，在细胞培养液中添加终浓度为200μmol/L 的 H_2O_2 能对细胞产生不可逆的氧化损伤，表现为细胞存活率、LDH 活性和清除自由基的能力均显著降低，100μmol/L 浓度在12h 内能对细胞产生氧化应激；陈瑾[87]研究发现，100μmol/L H_2O_2 作用细胞16h，培养液中 LDH 活性极显著升高。本试验中添加氧化豆油水溶物后，培养液中上述3 种酶活力均有不同程度的增高，说明水溶物对细胞膜结构产生了损伤，且随着添加浓度的增加，酶活力越高，原因是水溶物中有害物质直接或间接导致生物膜结构破坏，从而使细胞、线粒体内酶逸出。此外，培养液中 LDH 与 GPT 酶对水溶物的敏感性高于 GOT 酶，可能是由于 LDH 与 GPT 酶为胞内酶，而 GPT 酶为线粒体内酶[18]，仅有细胞膜与线粒体膜同时破裂才能逸出胞外，故逸出时间较 LDH 与 GPT 慢。

谷胱甘肽过氧化物酶（GSH-PX）是广泛存在的一种重要的过氧化物分解酶，主要分解 H_2O_2，阻断其对机体的进一步损伤，其与专一作用超氧阴离子（O_2^-）的 SOD 酶能够清除多余的活性氧物种，维持机体氧化—抗氧化平衡[88]。T-AOC 是用来衡量机体抗氧化系统功能状况的综合指标，其大小可代表机体抗氧化系统对外来刺激的代偿能力及机体自由基的代谢状态，其显著减低，表明体内抗氧化系统的大量消耗，间接提示了体内自由基的大量产生。目前，普遍使用 H_2O_2 作用细胞建立氧化应激模型来寻找适宜的保护药物，故对 H_2O_2 导致的细胞抗氧化系统损伤研究已较清楚，故在此不赘述。然而，目前尚未有丙二醛导致中抗氧化系统损伤的相关文献，故其具体损伤机制有待进一步研究，同时细胞膜破裂，其中的抗氧化物酶也相应逸出到培养液中，间接反映了细胞在未破裂时的状态。从本试验结果中看出，氧化豆油水溶物作用草鱼 IECs 原代细胞后其培养液中 GSH-PX、SOD 酶活力及 T-AOC 均降低，说明细胞抗氧化系统已经受到损伤，这与车勇良[89]结果相似。从抗氧化能力酶指标降低时间段看，GSH-PX 首先降低，其次为 T-AOC，最后为 SOD，其中 GSH-PX 降低可能与清除 H_2O_2 过程中消耗与超氧阴离子（O_2^-）导致 GSH-PX 失活的原因有关；从对3 种抗氧化酶降低程度看，氧化豆油水溶物损伤细胞时对 GSH-PX、SOD 影响较大，说明了氧化豆油水溶物中大量的 H_2O_2、自由基等直接攻击细胞后使其细胞内部产生了应激反应，导致细胞产生大量氧自由基等活性物质，促使了细胞相关抗氧化系统酶的下降，导致细胞膜结构产生脂质过氧化作用。此外，3～6h 培养液中丙二醛急剧下降与细胞抗氧化能力降低的相互关系仍需进一步试验研究。

总的来说，氧化豆油水溶物对细胞造成了不同程度的损伤，其损伤作用位点在细胞膜结构，从而直接导致细胞膜脂质过氧化，这可能导致了细胞抗氧化能力下降。

（四）氧化豆油水溶物对草鱼 IECs 原代细胞损伤指标的确定

从本试验结果及各指标对氧化豆油水溶物敏感角度出发，可以选择氧化豆油水溶物作用草鱼 IECs 原代细胞相适宜的损伤指标。MTT OD 值指标较细胞总蛋白含量敏感，同时细胞形态变化较为明显，故适宜选用 MTT OD 值、荧光倒置显微镜观察法及 Giemsa 染色法作为细胞生长及形态指标，利于氧化豆油水溶物添加损伤作用浓度与作用时间的确定。培养液中 AKP 酶活力下降显著，适宜作为细胞分化程度的评价指标。LDH/MTT OD、GPT/MTT OD、GOT/MTT OD 值增长趋势较培养液中 LDH、GPT、GOT 明显，适宜选择作为细胞结构完整性评价指标。GSH-PX、SOD、T-AOC 均下降明显，可以选择作为显示细胞抗氧化能力的评价指标。

四、小结

（1）在本试验条件下，对应中添加 111.06～888.48g/L 氧化豆油的水溶物在作用 12h 内对草鱼 IECs 原代细胞生长、细胞形态及细胞分化成熟产生了抑制，其作用程度与添加浓度、作用时间相关。

（2）氧化豆油水溶物能引起草鱼 IECs 原代细胞损伤的作用位点在细胞膜结构，从而直接导致细胞膜脂质过氧化，这可能导致了细胞抗氧化系统能力下降。

（3）初步建立氧化豆油水溶物损伤草鱼 IECs 原代细胞的损伤指标，其中包括细胞生长及形态指标、细胞分化程度指标、细胞结构完整性指标及细胞抗氧化系统指标，为进一步研究氧化豆油水溶物中具体有害物质对草鱼 IECs 原代细胞损伤作用浓度及作用时间奠定基础。

第六节 丙二醛（MDA）对草鱼 IECs 原代细胞的损伤作用

油脂氧化后，其终产物中主要产物为丙二醛（MDA），由于 MDA 能与蛋白质产生交联作用，修饰蛋白，从而造成蛋白形态发生改变，导致细胞生理功能改变。目前，关于 MDA 对肠道的损伤影响资料不足，MDA 对肠道黏膜细胞的损伤后造成的细胞变化尚未发现，从第二部分试验二的结果中，培养液中 MDA 含量呈降低趋势，为研究 MDA 对原代 IECs 损伤机制奠定了基础。本试验通过制备 MDA，并试验不同浓度的 MDA 对原代培养的草鱼 IECs 的影响，观察细胞生长形态、细胞活性及培养液中酶活力，旨在探讨与氧化豆油水溶物中相应丙二醛浓度对细胞损伤的作用及程度，为进一步研究氧化油脂产物对鱼类肠道损伤机制提供参考。

一、材料与方法

（一）试验材料

1. 草鱼

试验草鱼养殖条件同本章第三节。

2. 主要试剂及配制

主要试剂：①丙二醛制备所需试剂：1，1，3，3－四乙氧基丙烷（1，1，3，3-Tetraethoxypropane)，为 Sigma-Aldrich 公司产品，浓度≥96%。②主要试剂盒种类与第三节相同。其他均为国产分析纯。

（二）方法

1. 丙二醛的贮备液、使用液及不同浓度丙二醛培养液的制备

（1）丙二醛贮备液的制备：参照龙建纲等[81]试验操作方法制备丙二醛（MDA）贮备液，具体操作方法：取 3mL 1，1，3，3－四乙氧基丙烷到 100mL 0.01mol/L HCl 中，搅拌 6h，4℃避光放置 2 周后 0.22um 过滤分装，－20℃冷冻保存。使用 MDA 测试盒测得丙二醛含量为（44 545.46 ± 539.25）μmol/L。

（2）丙二醛使用液配制：在试验前，用双蒸水稀释贮备液 530 倍后按试验设计（表 5－6－1）添加到培养液中。

2. 细胞培养

草鱼 IECs 原代培养方法同本章第三节。

3. 试验设计

本试验采用单因子试验设计，设为对照组及 4 个处理组，各组均为 128 个重复，每个重复为一个培养孔。当细胞生长 36h 后，在培养液中添加 MDA 及双蒸水。具体方法：对照组在 150μL 完全培养液中添加 20μL 无菌双蒸水，各 MDA 处理组在 150μL 完全培养液中添加 20μL 含 MDA 及双蒸水的混合物，各 MDA 处理组中 MDA 终浓度（μmol/L）分别为 1.23、2.47、4.94、9.89。具体试验设计见表 5－6－1。

表 5－6－1　丙二醛对草鱼 IECs 原代细胞影响试验设计

Tab. 5－6－1　Design of effect MDA on primary cultured IECs

项目 Items	对照组 Control group	MDA 处理组 Groups treated with MDA			
		1－1	1－2	1－3	1－4
完全培养液量（μL）	150	150	150	150	150
添加双蒸水量（μL）	20	17.5	15	10	0
添加丙二醛液使用量（μL）	0	2.5	5	10	20
丙二醛含量（μmol/L）	0	1.23	2.47	4.94	9.89

4. 取样及测定方法

取样方法与测定内容同本章第三节。

5. 数据处理

数据以平均值 ± 标准差（Mean ± SD）表示，结果用 SPSS 17.0 软件进行单因素分析，$P<0.05$ 时表示差异显著，$P<0.01$ 时表示差异极显著。

二、试验结果

（一）细胞活性、细胞总蛋白含量及细胞形态变化

1. 细胞活性及细胞总蛋白含量变化

由表 5－6－2 可知，处理组细胞活性及细胞总蛋白含量在 3h、6h 时极显著降低（P <

0.01)；9h 时，处理组 1－1、1－4 细胞活性（$P<0.01$），处理组 1－2、1－3、1－4 细胞总蛋白含量降低极显著（$P<0.01$），处理组 1－1 则降低显著（$P<0.05$）；12h 时，处理组1－3、1－4 细胞总蛋白含量降低极显著（$P<0.01$）。从图 5－6－1 可知，6h 时细胞抑制率随丙二醛浓度的增加而升高，细胞抑制率与丙二醛浓度正相关，处理组抑制率分别达到 20.93%、35.02%、50.43%、52.32%，处理组 1－1、1－2、1－3 增幅较大，处理组 1－3、1－4 增幅较小。此外，与 9h 相较，处理组 1－1、1－2 细胞活性 12h 时有升高趋势。

上述结果表明，添加不同浓度丙二醛对细胞活性及细胞总蛋白含量均在 3～6h 内有极显著降低趋势（$P<0.01$）。添加 4.94μmol/L、9.89μmol/L 浓度的丙二醛在 3～6h 能明显抑制细胞生长，在 12h 内能极显著降低细胞总蛋白含量，表明细胞保护情况差，其中细胞抑制率达到 50.43%，添加 4.94μmol/L、9.89μmol/L 丙二醛 6h 细胞抑制率差异不大。此外，添加 1.23μmol/L、2.47μmol/L 丙二醛在 12h 细胞活性与细胞总蛋白含量有上升趋势，表明细胞有一定程度的自身修复作用。

表 5－6－2　细胞活性（OD 值）及细胞总蛋白（mg/L）变化

Tab. 5－6－2　Changes of cell activity and total cellular protein

项目 Items	时间 Time	3h	6h	9h	12h	各组平均值
细胞活性（MTT）	空白组	0.506 ±0.041	0.589 ±0.066	0.317 ±0.092	0.292 ±0.067	0.426 ±0.028
	1－1	0.425 ±0.060**	0.466 ±0.050**	0.243 ±0.022**	0.276 ±0.081	0.352 ±0.024**
	1－2	0.376 ±0.051**	0.383 ±0.092**	0.272 ±0.044	0.295 ±0.054	0.331 ±0.017**
	1－3	0.446 ±0.063**	0.292 ±0.061**	0.289 ±0.037	0.262 ±0.033	0.322 ±0.025**
	1－4	0.417 ±0.038**	0.281 ±0.061**	0.238 ±0.036**	0.263 ±0.052	0.299 ±0.025**
细胞总蛋白	对照组	264.23 ±4.35	265.38 ±9.51	211.84 ±4.35	198.03 ±2.64	234.87 ±4.19
	1－1	241.20 ±6.07**	222.21 ±3.60**	223.36 ±3.45*	203.21 ±12.73	222.49 ±4.12**
	1－2	225.66 ±4.35**	205.51 ±7.79**	191.12 ±5.28**	209.54 ±5.18	207.96 ±1.39**
	1－3	210.12 ±7.79**	191.12 ±8.52**	175.58 ±5.28**	174.43 ±6.07**	187.81 ±4.35**
	1－4	211.84 ±7.19**	171.55 ±14.14**	162.34 ±4.99**	142.76 ±9.51**	172.12 ±7.02**

注：数据右肩 */** 表示数据同与对照组进行比较。* 为表示差异显著（$P<0.05$），** 表示差异极显著（$P<0.01$）。以下皆同

2. 细胞生长观察、Giemsa 染色

从荧光倒置显微镜与 Giemsa 染色后细胞形态结果（图版 5－Ⅱ－15，图版 5－Ⅲ－1 和 5－Ⅲ－2，图版 5－Ⅳ－2 至 5－Ⅳ－8）发现，添加丙二醛 3h 时，各处理组中均有圆球状细胞出现，随丙二醛浓度增大而增多，其折光性较差（图版 5－Ⅱ－15），Giemsa 染色后观察到大部分细胞状态较正常，而集落部分区域细胞轮廓不清晰（图版 5－Ⅳ－2）；6h 时，

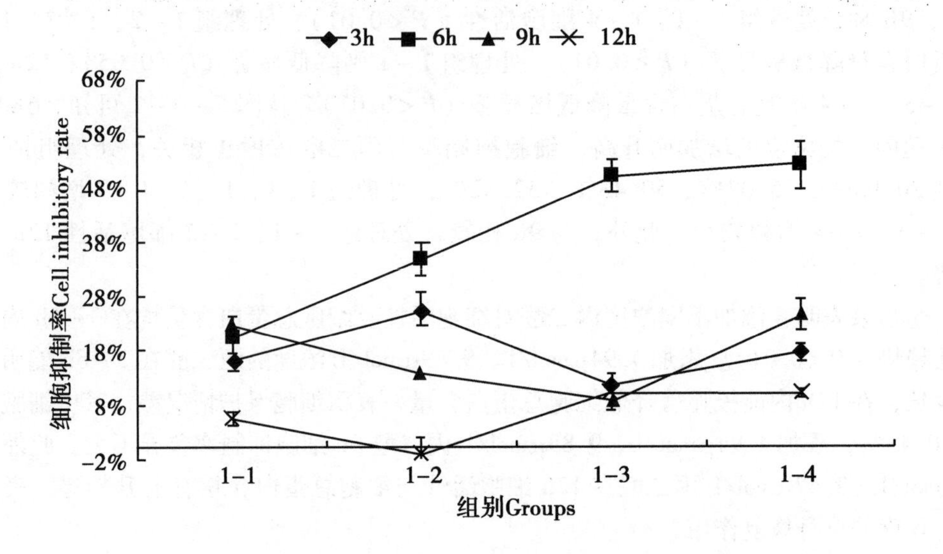

图5-6-1 处理组细胞抑制率（%）变化

Fig. 5-6-1 Changes of cell inhibitory rate of treatment groups

圆球状细胞较多，折光性差（图版5-Ⅲ-1），染色后发现部分细胞集落面积减小（图版5-Ⅳ-3、5-Ⅳ-5）；9h时，处理组1-1、1-2细胞圆球状细胞较少，处理组1-3、1-4大部分细胞呈圆球状（图版5-Ⅲ-2），Giemsa染色后发现处理组1-1、1-2中部分细胞分化正常，贴壁较正常（图版5-Ⅳ-4），处理组1-3、1-4中大部分细胞轮廓不清晰，其中处理组1-4中大部分细胞明显凋亡（图版5-Ⅳ-6和5-Ⅳ-7）；12h时，处理组1-1、1-2贴壁细胞较多（图版5-Ⅳ-8），而处理组1-3、1-4大部分细胞凋亡，细胞集落面积小，处理组1-4最为严重。

上述结果表明，在1.23~2.47μmol/L的MDA作用下，细胞能在12h时生长较为正常，但其生长效果及细胞状态较对照组差，在4.94~9.89μmol/L浓度MDA作用下，12h内细胞生长不良，细胞集落逐渐减小。同时，MDA作用细胞后其细胞生长及形态大致过程：在MDA作用过程中细胞集落内产生折光性差的圆球状细胞，部分细胞显示其轮廓不清晰；其次，轮廓不清晰的细胞逐渐增多，细胞集落中部分细胞凋亡。此外，结果发现MDA与氧化豆油水溶物导致的细胞形态变化有共同特点，即产生圆球状细胞并导致IECs细胞轮廓不清晰。

（二）培养液中AKP酶活力变化

由表5-6-3可知，与对照组比较，不同浓度MDA均有降低细胞培养液中AKP酶活力的趋势，但降低幅度程度较小。在12h，处理组1-4降低极显著（$P<0.01$），然而，处理组1-4中AKP酶活力在3h极显著升高（$P<0.01$）。其他差异不显著。

上述结果表明，MDA有抑制细胞分化成熟的趋势，在9.89μmol/L浓度12h时对细胞分化程度极显著的降低（$P<0.01$）。

表 5-6-3　培养液中 AKP 酶活力（U/L）变化

Tab. 5-6-3　Changes of AKP enzyme activity in culture medium

项目 Items \ 时间 Time		3h	6h	9h	12h	各组平均值
碱性磷酸酶（AKP）	对照组	56.02 ±4.72	66.04 ±2.70	66.21 ±0.79	74.38 ±0.70	65.66 ±1.38
	1-1	53.33 ±1.63	60.94 ±5.86	67.54 ±6.45	73.23 ±2.67	63.76 ±1.11
	1-2	54.87 ±0.48	64.15 ±1.12	62.20 ±6.17	66.60 ±2.61	61.95 ±1.89
	1-3	55.01 ±0.97	65.65 ±6.69	62.34 ±14.5	70.12 ±4.27	63.28 ±3.48
	1-4	64.54 ±6.61*	72.36 ±6.62	63.39 ±5.34	57.94 ±0.30**	64.55 ±1.29

（三）培养液 MDA、LDH、GPT、GOT、GSH-PX、SOD、T-AOC 酶活力变化

1. 培养液中 MDA 含量变化

从表 5-6-4 知，各 MDA 处理组培养液 MDA 含量在 3h 呈梯度变化，其含量随着时间的延长呈降低趋势。相比于 3h，处理组 1-3、1-4 在 6h 下降幅度较大，分别达到 20.80%、54.98%。培养液 MDA 下降幅度较大的时间主要集中在 3~6h。

上述结果表明，添加不同浓度 MDA 后，培养液中 MDA 含量相应增加，但随着时间的延长，含量呈降低趋势，降低时间主要为添加后 6h。

表 5-6-4　培养液中 MDA 含量（μmol/L）变化

Tab. 5-6-4　Changes of content of MDA in culture medium

组别 Groups \ 时间 Time	3h	6h	9h	12h	各组平均值
对照组	1.76 ±0.00	1.54 ±0.15	1.41 ±0.07	1.86 ±0.03	1.64 ±0.02
1-1	1.70 ±0.06	1.94 ±0.16**	1.49 ±0.09	1.54 ±0.09**	1.67 ±0.08
1-2	2.10 ±0.09**	1.98 ±0.09**	1.45 ±0.00	1.35 ±0.07**	1.72 ±0.02
1-3	3.27 ±0.22**	2.59 ±0.13**	2.06 ±0.16**	1.76 ±0.06	2.42 ±0.10**
1-4	6.42 ±0.16**	2.89 ±0.19**	2.77 ±0.15**	1.78 ±0.14	3.46 ±0.05**

2. 细胞结构相关酶活力变化

从表 5-6-5 及图 5-6-2 至图 5-6-4 可知，与对照组相较，添加不同含量 MDA 在 3h 极显著提高了培养液中 LDH 酶活力及 LDH/MTT OD 值（$P<0.01$），处理组 1-3 中 LDH 酶活力及 LDH/MTT OD 值在 9h 时提高显著（$P<0.05$）。处理组 1-1、1-4 及处理组 1-3 分别在 3h、9h 显著提高了培养液中 GPT 酶活力（$P<0.05$），同时处理组 1-4 在各时间点均显著提高（$P<0.05$）。处理组培养液中 GOT 酶活力无显著影响，但 6h 处理组 1-3、1-4 中 GOT/MTT OD 值显著提高（$P<0.05$）。

上述结果表明，添加不同浓度 MDA 后，细胞培养液中敏感顺序为 GPT/MTT OD、LDH/MTT OD、GOT/MTT OD，同时，LDH/MTT OD、GPT/MTT OD 值增高时间主要集中

在添加 MDA 后 3h、3 ~9h。此外，添加 4.94μmol/L、9.89μmol/L 浓度 MDA 对上述 3 种酶活力影响较显著，而 1.23、2.47μmol/L 浓度范围 MDA 仅在 3h 对 LDH/MTT OD、GPT/MTT OD 值影响较显著（$P<0.05$），在 3h 后，LDH/MTT OD、GPT/MTT OD 增高并不显著。

表 5-6-5 培养液中 LDH、GPT、GOT 酶活力（U/L）变化

Tab. 5-6-5 Changes of LDH，GPT，GOT enzyme activity in culture medium

项目 Items \ 时间 Time		3h	6h	9h	12h	各组平均值
乳酸脱氢酶（LDH）	对照组	26.6 ±9.03	52.87 ±1.50	42.36 ±7.10	54.84 ±9.97	44.17 ±4.8
	1-1	68.31 ±6.56**	51.23 ±5.49	43.02 ±17.63	49.26 ±12.81	52.96 ±6.33
	1-2	64.70 ±9.92**	56.49 ±15.4	53.53 ±5.06	72.58 ±11.07	61.82 ±5.59 *
	1-3	82.76 ±6.90**	60.76 ±6.71	66.67 ±15.46*	69.29 ±13.84	69.87 ±4.31**
	1-4	96.22 ±4.96**	55.17 ±53.05	50.25 ±0.99	65.02 ±14.31	66.67 ±11.52**
谷丙转氨酶（GPT）	对照组	1.84 ±0.66	2.18 ±0.33	2.23 ±0.41	3.17 ±0.36	2.36 ±0.26
	1-1	2.90 ±0.34*	2.60 ±0.27	3.09 ±0.57	3.00 ±1.09	2.9 ±0.53 *
	1-2	2.75 ±0.41	2.16 ±0.27	2.75 ±1.16	3.52 ±1.19	2.79 ±0.14
	1-3	2.68 ±0.29	2.82 ±0.07	3.78 ±0.30*	3.10 ±1.10	3.09 ±0.19**
	1-4	3.24 ±0.88*	3.14 ±1.12	2.99 ±0.42	3.31 ±0.19	3.17 ±0.08**
谷草转氨酶（GOT）	对照组	4.80 ±1.82	3.42 ±1.06	3.33 ±0.22	5.11 ±1.99	4.17 ±0.76
	1-1	2.97 ±0.78	3.45 ±0.59	3.29 ±0.36	3.70 ±0.53	3.35 ±0.23
	1-2	4.02 ±0.65	3.05 ±0.70	3.21 ±1.70	6.80 ±3.54	4.27 ±1.39
	1-3	3.80 ±0.77	3.36 ±0.67	4.81 ±1.93	6.06 ±2.20	4.51 ±1.39
	1-4	3.19 ±0.73	3.98 ±0.96	5.63 ±4.42	5.81 ±1.74	4.65 ±0.87

3. 培养液中 GSH-PX、SOD、T-AOC 变化

从表 5-6-6 知，与对照组比较，处理组中 GSH-PX、T-AOC 在 6h 极显著降低（$P<0.01$），3h 处理组 1-1、1-2、1-3 中 T-AOC 极显著降低（$P<0.01$），此外，处理组 1-2 在 6h 显著降低（$P<0.05$），其他差异不显著；此外，处理组中 SOD 差异不显著。

上述结果表明，MDA 作用细胞后培养液中上述 3 个指标降低时间排序为 T-AOC、GSH-PX、SOD，其中培养液中 T-AOC 降低时间分别集中在 3h、9h，培养液中 GSH-PX 为 6h，培养液中 SOD 降低并不显著。从作用浓度看，2.47 ~9.89μmol/L 浓度 MDA 对 GSH-PX、T-AOC 极显著降低（$P<0.01$），1.23μmol/L 浓度 MDA 对 T-AOC 有较大影响。

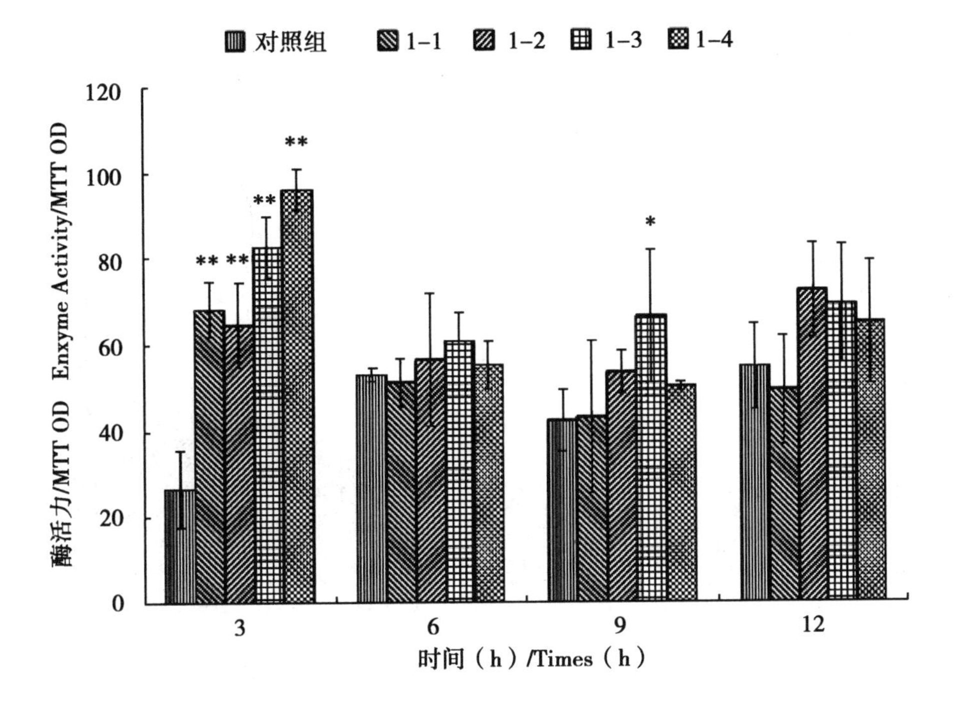

图 5-6-2　各组 LDH/MTT OD 值变化

Fig. 5-6-2　Changes of the ratio of LDH and MTT OD

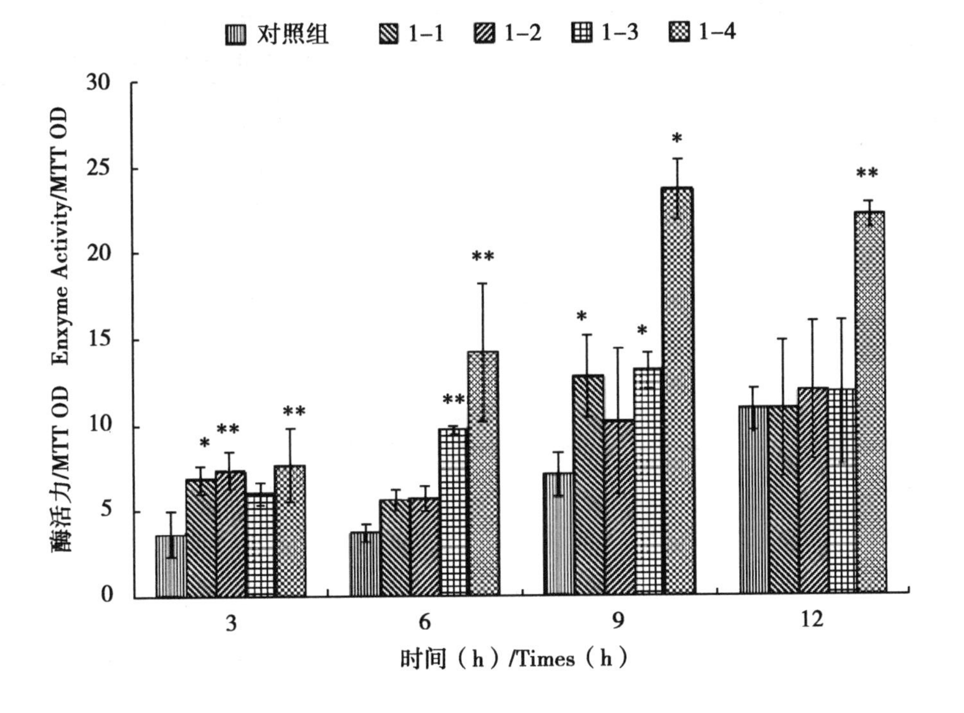

图 5-6-3　各组 GPT/MTT OD 值变化

Fig. 5-6-3　Changes of the ratio of GPT and MTT OD

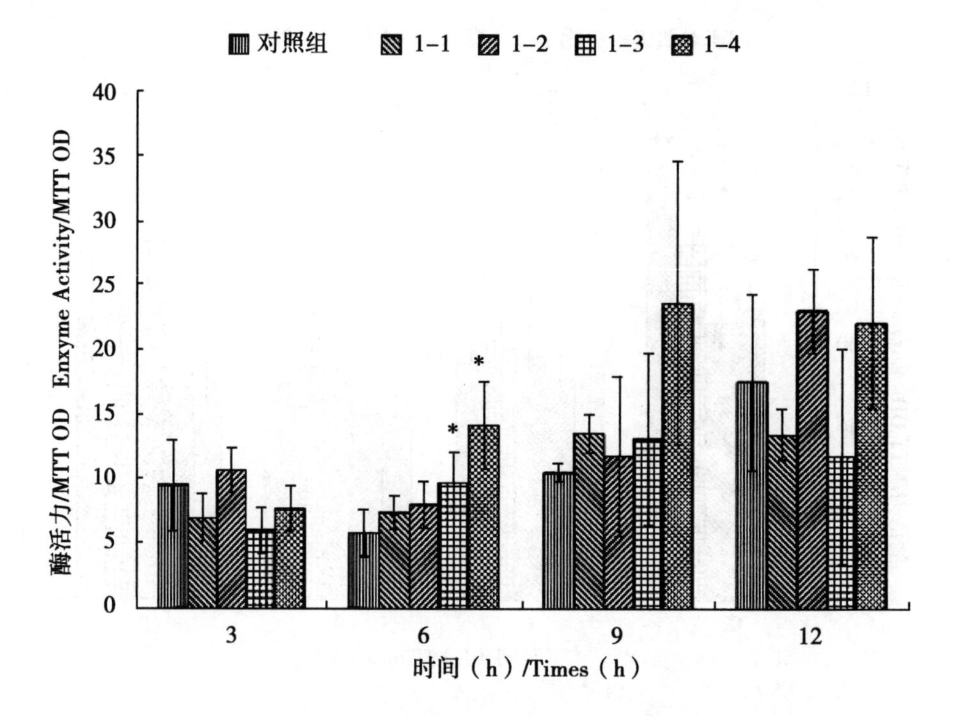

图 5－6－4　各组 GOT/MTT OD 值变化

Fig. 5－6－4　Changes of the ratio of GPT and MTT OD

表 5－6－6　培养液中 GSH-PX（U）、SOD（U/mL）、T-AOC（U/mL）变化

Tab. 5－6－6　Changes of GSH-PX，SOD，T-AOC enzyme activity in culture medium

项目 Items \ 时间 Time		3h	6h	9h	12h	各组平均值
谷胱甘肽过氧化物酶（GSH-PX）	对照组	38.02 ±4.04	55.69 ±3.71	34.81 ±9.82	38.55 ±3.68	41.77 ±0.72
	1－1	35.88 ±3.80	34.81 ±5.16 **	32.40 ±5.64	38.29 ±4.57	35.34 ±4.00 *
	1－2	30.79 ±12.5	36.41 ±3.34 **	31.06 ±7.29	39.09 ±7.80	34.34 ±3.87 **
	1－3	31.06 ±10.48	22.76 ±11.08 **	41.50 ±8.05	42.03 ±7.29	34.34 ±2.12 **
	1－4	29.99 ±7.20	16.06 ±7.36 **	42.03 ±3.62	43.64 ±12.88	32.93 ±1.78 **
超氧化物歧化酶（SOD）	对照组	20.32 ±0.12	20.32 ±0.12	19.91 ±0.26	20.35 ±0.67	20.22 ±0.17
	1－1	20.42 ±0.25	20.06 ±0.25	19.91 ±0.18	20.16 ±0.03	20.14 ±0.06
	1－2	20.64 ±0.23	19.94 ±0.16	19.77 ±0.35	20.45 ±0.21	20.2 ±0.14
	1－3	20.74 ±0.10	19.88 ±0.38	20.10 ±0.25	20.40 ±0.06	20.28 ±0.06
	1－4	20.47 ±0.39	20.08 ±0.20	19.88 ±0.10	20.69 ±0.09	20.28 ±0.09

（续表）

项目 Items \ 时间 Time		3h	6h	9h	12h	各组平均值
总抗氧化能力（T-AOC）	对照组	2.96 ±0.13	2.87 ±0.33	2.68 ±0.22	2.45 ±0.20	2.74 ±0.15
	1－1	2.81 ±0.13	2.74 ±0.04	1.71 ±0.22 **	2.41 ±0.19	2.42 ±0.06 **
	1－2	2.26 ±0.10 **	2.36 ±0.13 *	2.09 ±0.17 **	2.55 ±0.26	2.32 ±0.10 **
	1－3	2.41 ±0.11 **	2.62 ±0.31	2.09 ±0.25 **	2.13 ±0.13	2.31 ±0.07 **
	1－4	2.45 ±0.22 **	2.53 ±0.13	1.79 ±0.10 **	2.26 ±0.10	2.26 ±0.06 **

三、讨论

（一）添加不同浓度 MDA 对细胞生长及形态的影响

线粒体是一个敏感而多变的细胞器，是细胞进行生物氧化和能量转换的主要场所，细胞生命活动所需能量的 80% 是由线粒体提供的，而哺乳动物吸收氧气的 90% 在线粒体中利用。琥珀酸脱氢酶（SDH）是三羧酸循环中唯一与内膜结合的酶，是含铁—硫中心的黄素蛋白，含有羟基，为线粒体呼吸链提供电子，其为线粒体的标志酶之一，其活性反映了线粒体的功能，当其酶活力降低后，三羧酸循环被阻断，造成线粒体功能损伤[90]，同时，线粒体损伤使 MTT OD 值下降。对于 MDA 对 IECs 生长的实证结果少，有关对肠道黏膜细胞产生损伤的准确浓度、作用时间尚未研究，从已发表的文献看，龙建纲等[81]发现 MDA 在体外能对线粒体呼吸链复合物及线粒体内关键酶活性产生影响，且 100μmol/L 浓度的 MDA 即能对线粒体内脱氢酶活性产生显著影响，在孵育 5min 时 PDH 活性降低至约 45%。本试验中培养液中添加 4.94 ~9.89μmol/L 浓度 MDA 3 ~6h 能极显著降低细胞活性细胞总蛋白（$P<0.01$），可能是 MDA 降低了细胞中线粒体呼吸链关键酶的活性，导致细胞活性下降；同时，MDA 作用细胞 3 ~9h 期间能极显著降低细胞总蛋白含量（$P<0.01$），说明 MDA 损伤细胞过程中，对细胞膜的影响较大，这暗示 MDA 与细胞膜蛋白交联后，形成 MDA—蛋白质加合物[59]，使膜蛋白变化并暗示了 MDA 有引起细胞膜破裂的趋势，并最终导致细胞质内多种细胞器及胞质散落到培养液中。

通过两种细胞观察法发现，细胞能承受一定浓度下 MDA 导致的损伤，结合 MTT OD 值及细胞总蛋白含量变化，笔者认为在 1.23 ~2.47μmol/L 浓度范围，细胞能在 12h 内通过增殖细胞来消耗 MDA，从而降低丙二醛的损伤程度。此外，MDA 与氧化豆油水溶物导致的细胞形态变化较为相似，推测 MDA 是氧化豆油导致肠道损伤的重要物质之一。

综上所述，4.94μmol/L、9.89μmol/L MDA 在 12h 内均能降低细胞活性及影响细胞形态，细胞在 12h 内不可修复，12h 时，细胞能自身修复 1.23μmol/L、2.47μmol/L MDA 浓度下造成的损伤。

（二）对细胞分化的影响

从本试验结果中可以看出，MDA 对细胞分化程度有抑制的趋势，但 1.23 ~4.94μmol/L 浓度范围下影响较弱，9.89μmol/L 浓度 MDA 12h 中对细胞分化有极显著影响，结合本试验细胞生长观察结果及第二部分试验二中氧化豆油水溶物对细胞分化的分析，笔者认为可能是

9.89μmol/L 浓度 MDA 导致大部分成熟细胞凋亡所致。

（三）培养液中 MDA 含量、细胞结构完整性及抗氧化能力的变化

结合本试验 3.1 及 3.2 分析，说明高浓度下 MDA 对细胞产生了显著的影响，观察损伤物质，即各 MDA 处理组培养液中 MDA 含量的变化结果，发现其含量随着时间的延长呈降低趋势，在 6h 下降幅度较大，可能是部分 MDA 与细胞膜结合导致含量下降。

关于 MDA 对细胞的完整性的影响，目前均仍未有此类的文献资料。本试验结果发现 4.94～9.89μmol/L 浓度 MDA 对 LDH/MTT OD、GPT/MTT OD 值影响较大，其增高时间分别主要集中在 3h、3～9h，而对 GOT/MTT OD 影响较小，仅在 6h 时有极显著的影响（$P<0.01$），结合培养液中 MDA 含量下降的结果，可以得到以下结论：LDH/MTT OD、GPT/MTT OD、GOT/MTT OD 值与 MDA 含量下降有关，可能 MDA 与细胞膜蛋白质相结合导致了细胞的凋亡产生。此外，本试验结果中 1.23～2.47μmol/L 浓度范围 MDA 仅在 3h 对 LDH/MTT OD、GPT/MTT OD 值影响较显著，说明了此浓度范围下的 MDA 在 3h 后对细胞结构并未产生严重损伤，细胞自身能进行保护导致损伤。其与含相同浓度丙二醛的氧化豆油水溶物对细胞结构完整性破坏程度的比较，MDA 导致的细胞结构破坏程度较后者弱，暗示了 MDA 仅为氧化豆油水溶物损伤作用物质的一种。

MDA 能导致细胞凋亡产生，破坏细胞结构完整性，说明其导致细胞损伤，但其是否导致细胞的氧化应激反应有关，这需要分析细胞抗氧化系统中各种酶活力的变化。因机体在病理条件下自身产生的活性氧有超氧阴离子、过氧化氢、羟自由基[91]，本试验结果发现，GSH-PX、T-AOC 下降较明显，降低时间分别集中在 6h、9h，与培养液中 MDA 含量的降低时间较为一致，同时，SOD 无显著影响，根据刘宗平等[92]关于动物细胞清除活性物质途径的观点，说明有产生脂质超氧化物（LOOH）或 H_2O_2 的途径被激活，其具体激活机制有待进一步研究。

综上所述，4.94～9.89μmol/L 浓度范围的 MDA 对原代培养草鱼 IECs 结构造成破坏，损伤细胞的持续时间也较长，且能降低细胞的抗氧化能力。

（四）氧化豆油水溶物与相应浓度 MDA 对细胞影响相关性的探讨

氧化豆油水溶物中含有一定含量的 MDA，本试验中旨在探讨氧化豆油水溶物中 MDA 对细胞的损伤程度，进一步了解氧化豆油产物中主要有害物质是否为 MDA。从培养液中 MDA 的降低趋势来看（见表 5－6－4），添加氧化豆油水溶物与单独添加 MDA 后培养液中 MDA 含量的降低趋势很相似，说明两者中 MDA 在细胞中的代谢趋势相近。

从细胞生长方面看，MDA 作用细胞活性在 3～6h，而氧化豆油水溶物则作用于细胞 6、12h，作用时间并不一致。两者导致的损伤细胞形态变化过程都有共同特征，即细胞轮廓不清晰的现象，折光率下降，可能正是 MDA 与膜蛋白结合导致的细胞膜磷脂流动性下降，细胞膜功能与形态发生改变所致。

从两者对细胞结构损伤方面来看，氧化豆油水溶物对草鱼 IECs 原代细胞结构完整损伤程度更大，持续时间更久。表现为细胞培养液中添加 222.12mg 获得的氧化豆油的水溶物对 LDH/MTT OD、GPT/MTT OD 及 GOT/MTT OD 值在 6～9h 时间段均有显著降低（$P<0.05$），而添加相应浓度 MDA 仅在 3h 对 LDH/MTT OD、GPT/MTT OD 值极显著降低（$P<0.01$），6～9h 以上指标均无显著差异，由此说明，氧化豆油中除 MDA 为主要有害物质外，其他有害物质也对细胞产生了极其严重的损伤。

从两者对细胞抗氧化能力影响来看，氧化豆油水溶物对细胞 SOD 酶活力影响程度较相应浓度 MDA 为深，说明氧化豆油中含有超氧阴离子物质或促使细胞产生超氧阴离子途径的激活，而 MDA 导致细胞损伤中这种情况并不显著。从 GSH-PX 变化来看，氧化豆油较 MDA 能更早促使 GSH-PX 酶活力下降，因培养液添加氧化豆油水溶物后，培养液中含有 27.42～219.37μmol/L 的 H_2O_2，故其对细胞 GSH-PX 酶活力的降低较 MDA 早，虽然 MDA 对细胞抗氧化系统的损伤不及氧化豆油水溶物，不可否认的是，MDA 仍是氧化豆油水溶物中有害物质的重要组成成分，其能对草鱼 IECs 原代细胞产生损伤作用。

四、小结

（1）在本试验条件下，培养液中添加终浓度为 4.94～9.89μmol/L 的 MDA 对原代培养的草鱼 IECs 的细胞生长及形态、细胞分化均有显著抑制，对细胞膜结构完整性有损伤作用，降低细胞抗氧化能力，其损伤作用不可保护；1.23～2.47μmol/L 浓度范围仅在 3h 损伤作用较大，12h 细胞能自身保护。

（2）MDA 与含相同浓度 MDA 的氧化豆油水溶物对原代培养的草鱼 IECs 的损伤有相似性，MDA 为氧化豆油水溶物导致细胞损伤的重要损伤物质之一。氧化豆油水溶物较相同浓度 MDA 致细胞损伤程度更深，损伤时间持续更长。

第七节　酵母培养物对草鱼 IECs 原代细胞的影响

酵母培养物为酵母的发酵代谢物，包括肽、有机酸、寡糖、氨基酸、核苷酸和芳香物质等，研究表明[6,7,69,93]，酵母培养物对动物肠道有修复作用。然而，直接添加酵母培养物到细胞培养液中操作上非常困难，商品类的酵母培养物中储存在空气中，可能有菌，对细胞有伤害作用。根据酵母培养物大多为水溶性物质这一特性，可以将酵母培养物的水溶物除菌后添加到草鱼 IECs 原代细胞培养液中，观察其对离体草鱼肠道细胞的作用。本试验通过在草鱼 IECs 原代细胞培养液中添加不同浓度梯度的酵母培养物水溶物，测定细胞生长、细胞分化及结构完整性指标，旨在为丙二醛致使的细胞损伤选择适宜的酵母培养物水溶物添加浓度，为进一步研究酵母培养物是否能保护细胞免受丙二醛损伤提供基础，同时为研究酵母培养物对氧化豆油导致的草鱼 IECs 原代细胞损伤作用提供参考。

一、材料与方法

（一）试验材料

1. 草鱼

试验草鱼养殖环境同本章第三节。

2. 主要试剂及配制

酵母培养物（达农威益康 XP），为达农威生物发酵工程技术有限公司产品。

（二）方法

1. 酵母培养物水溶物的制备

使用完全培养液将酵母培养物溶解 10min，期间使用玻棒混匀搅拌，最终浓度为 1 000 mg/L，放入超净台中，0.22μm 过滤，即制得无菌酵母培养物水溶物。使用时，用完全培养液稀释至5、10、20、40、100倍，分别制得（1/5酵培水溶物）完全培养液、（1/10酵培水溶物）完全培养液、（1/20酵培水溶物）完全培养液、（1/40酵培水溶物）完全培养液、（1/100酵培水溶物）完全培养液，其培养液中对应酵母培养物添加浓度分别为200mg/L、100mg/L、50mg/L、25mg/L、10mg/L。

2. 细胞培养

原代草鱼肠道黏膜细胞培养方法同本章第三节。

3. 试验设计

当细胞生长36h后，添加不同浓度的酵母培养物水溶物到培养液中。具体方法为采用单因子试验设计，设为空白组及4个处理组，各组均为64个重复，每个重复为一个培养孔。空白组不做处理，各处理组添加不同类型的培养液。计算每升培养液中添加对应的酵母培养物量，计算公式为：对应酵母培养物浓度（g/L）＝1 000/n，n为稀释倍数。算得各处理组添加对应酵母培养物浓度（g/L）为10、25、50、100、200。具体试验设计见表5－7－1。

表5－7－1　酵母培养物水溶物对草鱼IECs原代细胞影响试验设计

Tab. 5－7－1　Design of effect water-soluble-material from yeast culture on primary cultured IECs

项目 Items	空白组 Black group	酵母培养物水溶物处理组 Groups treated with water-soluble-material from yeast culture				
		1－1	1－2	1－3	1－4	1－5
添加培养液类型	完全培养液	（1/100酵培水溶物）完全培养液	（1/40酵培水溶物）完全培养液	（1/20酵培水溶物）完全培养液	（1/10酵培水溶物）完全培养液	（1/5酵培水溶物）完全培养液
对应酵母培养物浓度（mg/L）	0	10	25	50	100	200

4. 检测指标及测定方法

荧光倒置显微镜观察、Giemsa染色及细胞MTT、细胞培养液中AKP、LDH、GPT、GOT酶活力测定方法同本章第三节；其中细胞增殖率计算公式：细胞增殖率（%）＝（$OD_{处理组}$－$OD_{对照组}$）/ $OD_{对照组}$。

5. 数据处理

数据以平均值±标准差（Mean±SD）表示，结果用SPSS 17.0软件进行单因素分析和多重比较，$P<0.05$时表示差异显著，$P<0.01$时表示差异极显著。

二、试验结果

（一）细胞活性、细胞总蛋白含量及细胞形态变化

1. 细胞活性变化

从表5－7－2及图5－7－1可知，添加不同浓度的酵母培养物有增高细胞活性的趋势。与对照组相较，3h时处理组1－3、1－4细胞活性增高极显著（$P<0.01$）；6h时，处理组1－2、1－4增高显著（$P<0.05$）。3h时，处理组1－3、1－4细胞增殖率分别达到41.09%、42.83%，以处理组1－3为最高。9h时，处理组1－2细胞增殖率达到39.12%。

上述结果表明，培养液中添加100～200g/L浓度酵母培养物在3h对细胞生长促进作用明显，

50g/L 在 6h 效果细胞生长效果较好，浓度为 10～25g/L 其在 12h 内促细胞生长效果不理想。

表 5－7－2　细胞活性变化

Tab. 5－7－2　Changes of cell activity

项目 Items	时间 Time	3h	6h	9h	12h	各组平均值
细胞活性（MTT）	空白组	0.287±0.051	0.403±0.078	0.348±0.121	0.243±0.116	0.320±0.045
	1－1	0.355±0.054	0.439±0.071	0.405±0.168	0.282±0.084	0.370±0.026
	1－2	0.328±0.082	0.409±0.087	0.408±0.106	0.272±0.093	0.354±0.044
	1－3	0.332±0.062	0.506±0.107*	0.485±0.156	0.252±0.135	0.393±0.062*
	1－4	0.410±0.079**	0.448±0.076	0.447±0.236	0.265±0.103	0.393±0.081*
	1－5	0.405±0.102**	0.497±0.093*	0.388±0.041	0.328±0.082	0.405±0.059**

注：数据右肩 */** 表示数据同与对照组进行比较。* 表示差异显著（$P<0.05$），** 表示差异极显著（$P<0.01$）。以下皆同。

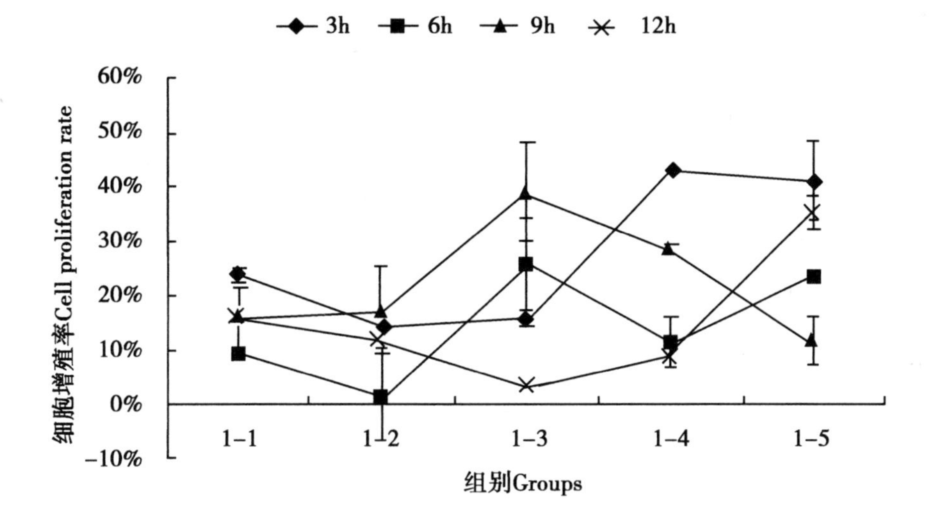

图 5－7－1　处理组细胞增殖率（%）变化

Fig. 5－7－1　Changes of cell proliferation rate of treatment groups

2. 细胞 Giemsa 染色

从添加不同浓度酵母培养物水溶物后细胞进行 Giemsa 染色结果发现（图版 5－Ⅳ－9 至 5－Ⅳ－11），细胞在添加酵母培养物水溶物后，细胞集落面积大，细胞增殖正常，其中 50～200mg/L 集落中细胞贴壁扩展能力较好，轮廓清晰，无明显细胞凋亡产生。

上述结果表明，培养液中添加终浓度为 50～200mg/L 酵母培养物对细胞有促增殖作用。

（二）培养液中 AKP 酶活性变化

由表 5－7－3 可知，添加不同浓度的酵母培养物有增高细胞培养液中 AKP 酶活力的趋势。与对照组相较，处理组中 AKP 酶活力在 3h 均极显著增高（$P<0.01$），6h 在处理组 1－

1、1-2、1-3、1-4 均极显著增高（$P<0.01$），处理组 1-5 显著增高（$P<0.05$），9h 时处理组 1-1、1-3、1-5 极显著增高（$P<0.01$），处理组 1-4 显著增高（$P<0.05$），12h 时，处理组 1-2、1-3、1-5 极显著增高（$P<0.01$），处理组 1-4 显著增高（$P<0.05$）。

上述结果表明，添加 10~200mg/L 浓度的酵母培养物均能显著增高培养液中 AKP 酶活力，作用时间主要集中在 3~6h 内，其中 50~200mg/L 浓度在 12h 内能增高培养液中 AKP 酶活力。

表 5-7-3　培养液中 AKP 酶活力（U/L）变化

Tab. 5-7-3　Changes of AKP enzyme activity in culture medium

项目 Items ＼ 时间 Time		3h	6h	9h	12h	各组平均值
碱性磷酸酶（AKP）	空白组	30.63±0.55	32.65±0.49	36.29±0.25	38.32±0.39	34.47±0.19
	1-1	35.14±0.15**	34.53±0.41**	37.99±0.37**	37.63±0.60	36.32±0.11**
	1-2	37.59±0.27**	39.14±0.94**	36.25±0.3	42.01±0.93**	38.74±0.21**
	1-3	35.28±0.49**	38.15±0.53**	37.92±0.64**	41.77±0.24**	38.28±0.15**
	1-4	36.13±0.46**	36.11±0.19**	35.59±0.19*	39.28±0.65*	36.78±0.37**
	1-5	33.07±0.23**	33.66±0.74*	32.67±0.52**	40.01±0.63**	34.85±0.15*

（三）培养液 LDH、GPT、GOT 酶活力变化

从表 5-7-4 及图 5-7-2 至 5-7-4 可知，与对照组相较，处理组 1-4 在 6~12h 内极显著降低了 LDH 酶活力及 LDH/MTT OD 值（$P<0.01$），处理组 1-1、1-5 在6h 时显著降低 LDH/MTT OD 值（$P<0.05$）；处理组 1-3 在 6h 显著降低了培养液中 GPT 酶活力，而处理组中 GPT/MTT OD 值均无显著差异；培养液中 GOT 无显著性差异，处理组 1-3、1-5 中 GOT/MTT OD 值分别在 9h、12h 显著降低（$P<0.05$），而处理组 1-4 在 3h 显著增高了 GOT/MTT OD 值（$P<0.05$）。

上述结果表明，添加 100mg/L 酵母培养物在 12h 内对培养液中 LDH/MTT OD、GPT/MTTOD 值有降低趋势。

表 5-7-4　培养液中 LDH、GPT、GOT 酶活力（U/L）变化

Tab. 5-7-4　Changes of LDH，GPT，GOT enzyme activity in culture medium

项目 Items ＼ 时间 Time		3h	6h	9h	12h	各组平均值
乳酸脱氢酶（LDH）	空白组	50.31±9.56	45.71±12.29	25.77±12.39	29.14±7.18	37.73±3.77
	1-1	46.63±10.93	31.9±16.73	43.56±5.71**	19.94±9.09	35.51±6.88
	1-2	64.11±19.04	44.79±5.16	45.09±4.63**	30.06±12.13	46.01±8.88
	1-3	52.76±19.91	54.91±5.05	27.61±11.88	20.86±9.24	39.03±7.75
	1-4	58.59±8.52	11.35±6.04*	7.36±5.58*	10.74±6.12*	22.01±1.65**
	1-5	78.22±5.05*	35.58±7.95	24.23±6.29	26.69±11.95	41.18±5.2

（续表）

项目 Items	时间 Time	3h	6h	9h	12h	各组平均值
谷丙转氨酶（GPT）	对照组	1.37 ±0.58	2.04 ±0.67	2.35 ±1.4	2.85 ±1.85	2.14 ±0.55
	1-1	2.42 ±0.73	1.22 ±0.48	2.11 ±0.84	2.01 ±1.05	1.94 ±0.21
	1-2	1.09 ±0.46	1.94 ±1.17	1.44 ±0.45	2.03 ±0.37	1.63 ±0.26
	1-3	1.33 ±0.93	0.78 ±0.49*	1.68 ±0.95	1.59 ±1.88	1.35 ±0.78
	1-4	1.68 ±0.58	1.42 ±0.69	1.85 ±1.01	1.48 ±1.04	1.61 ±0.56
	1-5	2.78 ±2.51	2.77 ±0.26	2.47 ±1.23	1.42 ±1.12	2.36 ±0.92
谷草转氨酶（GOT）	对照组	3.68 ±0.54	3.37 ±0.64	3.13 ±0.45	3.03 ±0.31	3.30 ±0.06
	1-1	3.92 ±0.2	3.74 ±0.8	3.84 ±0.28	3 ±0.44	3.62 ±0.30
	1-2	3.78 ±0.7	3.61 ±0.17	3.13 ±0.56	2.89 ±0.79	3.35 ±0.42
	1-3	3.39 ±0.59	3.33 ±1.63	3.32 ±0.29	3.37 ±0.63	3.35 ±0.65
	1-4	3.69 ±0.46	3.76 ±0.54	3.57 ±0.80	2.61 ±0.75	3.41 ±0.27
	1-5	4.9 ±2.04	3.24 ±0.37	3.06 ±0.69	2.81 ±0.68	3.50 ±0.44

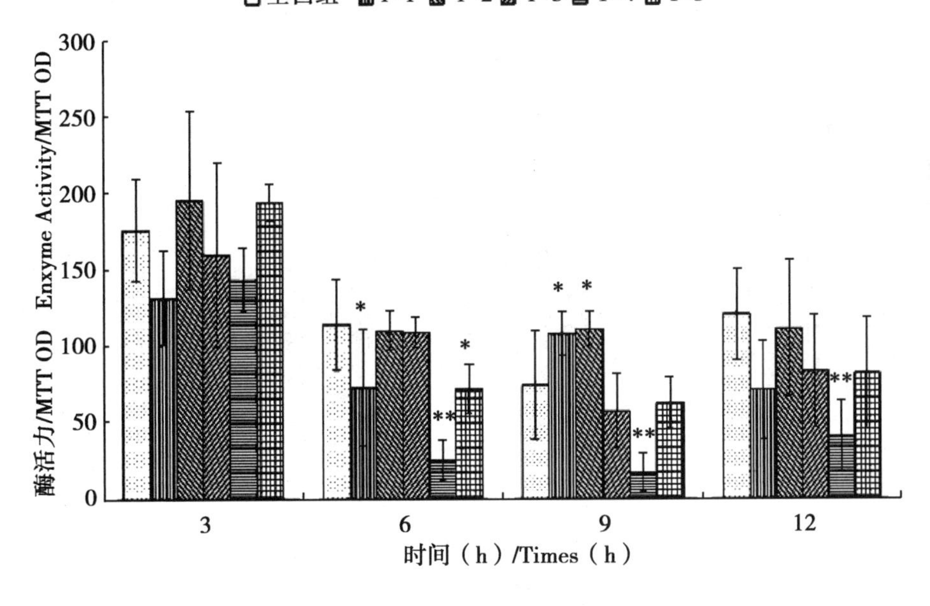

图 5-7-2　各组 LDH/MTT OD 值变化

Fig. 5-7-2　Changes of the ratio of LDH and MTT OD

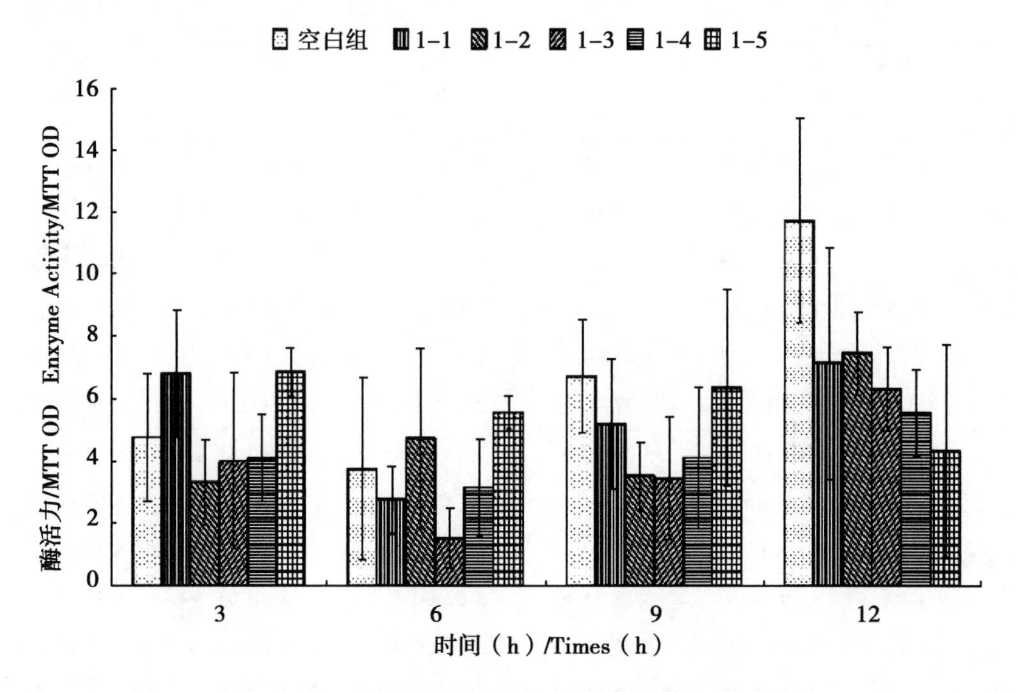

图 5-7-3　各组 GPT/MTT OD 值变化

Fig. 5-7-3　Changes of the ratio of GPT and MTT OD

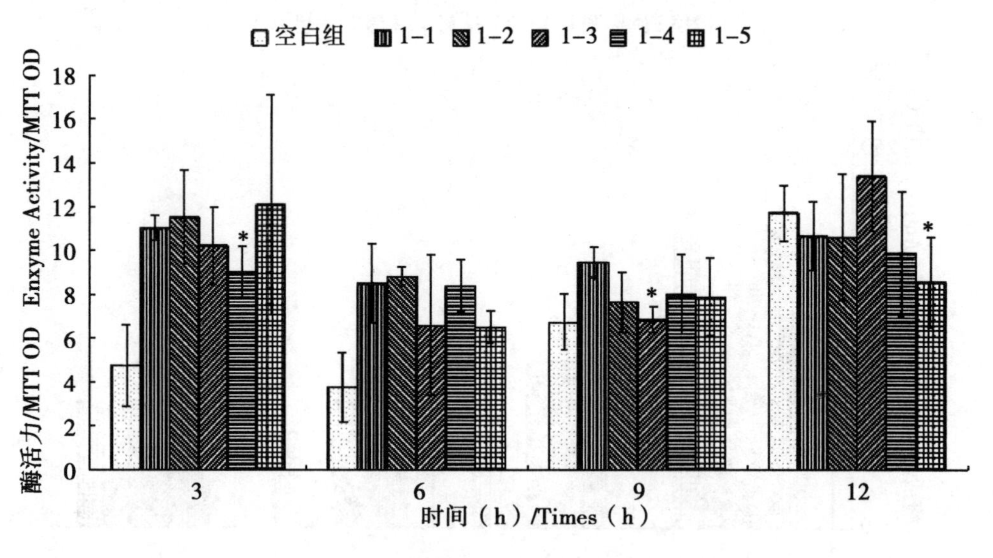

图 5-7-4　各组 GOT/MTT OD 值变化

Fig. 5-7-4　Changes of the ratio of GPT and MTT OD

三、讨论

（一）酵母培养物对细胞生长及形态、细胞分化及结构完整性的影响

酵母培养物中有效物质为酵母的代谢产物，而非酵母[65]，且这些代谢产物如多肽、有机酸、寡糖、氨基酸、核苷酸和芳香物质中大部分均可以使用双蒸水洗出，因此为制备添加

到细胞培养液中的酵母培养物水溶物奠定了基础。

因酵母培养物水溶物中含有保护肠道的酵母代谢产物，关于酵母培养物对细胞的影响尚未有相关文献，但酵母培养物能改善动物肠道黏膜形态，有效提高动物肠道的绒毛高度和隐窝浓度比，且其还能为肠道提供营养物质成分[6,7]。本试验结果中，添加终浓度为 100 ~ 200mg/L 的酵母培养物水溶物在 3 ~6h 对细胞生长有促进作用，其中 3h 时细胞增殖率最高可提高 42.83%，且 50mg/L 在 6h 效果细胞生长效果较好，因此印证了酵母培养物水溶物中确实含有对草鱼 IECs 原代细胞生长有益的物质，其中的代谢产物中有益于促进细胞增殖与生长。然而，酵母培养物中具体物质对细胞生长的作用机制，仍需进一步的试验研究。

从酵母培养物对细胞分化结果看到，10 ~200mg/L 浓度的酵母培养物均能显著促进细胞分化程度，其中 50 ~200mg/L 浓度能在 12h 内达到持续促进细胞分化的作用，说明了其对细胞分化的影响较好。从其对细胞结构完整性的影响来看，酵母虽有增强细胞结构完整性的能力，而酵母培养物在部分时间点有损伤细胞完整性的情况出现，如其在 200mg/L 浓度下作用细胞 3h，有提高 LDH/MTT OD 值的趋势，添加 10 ~25mg/L 浓度作用 9h 提高显著（$P < 0.05$），具体机制需进一步研究。

（二）培养液中添加酵母培养物的最适浓度选择

为了研究酵母培养物对丙二醛导致的草鱼 IECs 原代细胞损伤有修复作用试验提供适宜酵母培养物添加量范围，需先进行酵母对正常细胞的作用试验，故本试验中以不同浓度培养物对草鱼 IECs 原代细胞生长情况、细胞分化及结构完整性的影响作为添加浓度选择指标。从本试验结果中可以看出，培养液中添加终浓度为 50 ~200mg/L 的酵母培养物对细胞各方面指标都较 10 ~25mg/L 浓度好，故适宜作为进一步研究保护草鱼 IECs 原代细胞免受丙二醛损伤的适宜添加浓度。

四、小结

在本试验条件下，添加终浓度为 50 ~200mg/L 的酵母培养物水溶物在 3 ~6h 对细胞生长有促进作用，其中 3h 时细胞增殖率最高可提高 42.83%，添加不同浓度的酵母培养物均有增强细胞分化程度及细胞结构完整性的趋势。

第八节 酵母培养物水溶物对草鱼 IECs 原代细胞 MDA 损伤的修复作用

通过前期试验，证实了一定浓度的酵母培养物水溶物对正常草鱼 IECs 原代细胞生长、分化及结构完整性有明显作用。然而，此浓度下的酵母培养物水溶物是否具有对 MDA 导致的草鱼 IECs 原代细胞损伤进行保护的能力，这直接影响到酵母培养物对氧化豆油导致的草鱼 IECs 原代细胞损伤保护能力的研究。为此，本试验在培养液中添加不同浓度的酵母培养物水溶物与不同浓度的 MDA，通过观察及测定细胞生长及细胞抗氧化能力等相关指标，以期找到保护细胞免受 MDA 导致的损伤的适宜添加浓度，为酵母培养物保护细胞免受氧化豆油导致的损伤提供基础数据。

一、材料与方法

（一）试验材料

1. 草鱼

试验草鱼养殖环境同本章第三节。

2. 主要试剂及配制

主要试剂配制：按本章第五节方法配制（1/40 酵培水溶物）完全培养液、（1/20 酵培水溶物）完全培养液、（1/10 酵培水溶物）完全培养液。

（二）方法

1. 细胞培养

草鱼原代肠道黏膜细胞培养方法同本章第三节。

2. 试验设计

当细胞生长 36h 后，添加含不同浓度 MDA 与酵母培养物水溶物的不同类型完全培养液到细胞中。具体方法为采用单因子试验设计，设对照组、MDA 处理组（1－1、1－2）及 MDA－酵母培养物水溶物处理组（2－1～3、3－1～3）。各组均为 128 个重复，每个重复为一个培养孔。对照组直接加入 20μL 的无菌双蒸水，处理组按表 5－8－1 添加不同量的 MDA 与酵母培养物水溶液。计算每升培养液中添加对应的对应氧化豆油量，方法同表 5－5－1。具体试验设计见表 5－8－1。

表 5－8－1　酵母培养物水溶物及丙二醛对原代草鱼 ICs 影响试验设计

Tab. 5－8－1　Design of effect water-soluble-material from yeast culture and MDA on primary cultured IECs

项目 Items	对照组 Control group	MDA 处理组 Groups treated with MDA		MDA－酵母培养物水溶物处理组 Groups treated with water-soluble-material from yeast culture					
		1－1	1－2	2－1	2－2	2－3	3－1	3－2	3－3
培养液 （150μL）	完全培养液	完全培养液	完全培养液	（1/40 酵培水溶物）完全培养液	（1/20 酵培水溶物）完全培养液	（1/10 酵培水溶物）完全培养液	（1/40 酵培水溶物）完全培养液	（1/20 酵培水溶物）完全培养液	（1/10 酵培水溶物）完全培养液
双蒸水量（μL）	20	15	10	15	15	15	10	10	10
丙二醛量（μL）	0	10	20	5	5	5	10	10	10
相应的酵母培养物含量（mg/L）	0	0	0	50	100	200	50	100	200
培养液丙二醛含量（μmol/L）	0	4.94	9.89		4.94			9.89	

3. 取样及测定方法

取样方法与测定内容同本章第三节。

4. 数据处理

数据以平均值±标准差（Mean±SD）表示，结果用 SPSS 17.0 软件进行单因素分析和多重比较，$P<0.05$ 时表示差异显著，$P<0.01$ 时表示差异极显著。

二、试验结果

（一）细胞活性、细胞总蛋白含量及细胞形态变化

1. 细胞活性及细胞总蛋白含量变化

从表5-8-2可知，与对照组比较，丙二醛—酵母培养物水溶物处理组细胞活性及细胞总蛋白均无显著性差异。与1-1组比较，2-2组在6h时细胞活性极显著增高（$P<0.01$），9h时显著增高（$P<0.05$），同时2-1组显著增高（$P<0.05$）；与1-2组比较，3-3组细胞活性极显著增高（$P<0.01$），此外，2-2、2-3组细胞活性各时间点均较对照组高，2-1组与对照组细胞活性相近。与1-1组比较，2-1组细胞总蛋白含量在6~12h内有极显著增高（$P<0.01$），2-2组则在各时间点内均极显著增高（$P<0.01$），2-2组仅在9h有极显著增高（$P<0.01$）；与1-2组比较，3-2、3-3组细胞总蛋白含量在9~12h内有极显著增高（$P<0.01$），3-1组则在9h极显著增高（$P<0.01$），12h时显著增高（$P<0.05$），其他差异不显著。

上述结果表明，添加50~200mg/L浓度的酵母培养物水溶物对2.47~9.89μmol/L浓度丙二醛导致的细胞损伤的细胞活性及细胞总蛋白均有提高的趋势，其中对细胞总蛋白的提高较为显著。添加50~100mg/L浓度的酵母培养物水溶物在6~12h极显著提高了4.94μmol/L浓度丙二醛导致细胞损伤后细胞总蛋白含量（$P<0.01$），而添加50~200mg/L浓度酵母培养物水溶物在9~12h内极显著提高了9.89μmol/L浓度丙二醛导致细胞损伤的细胞总蛋白含量（$P<0.01$），表明了随着丙二醛损伤浓度的增加，酵母培养物水溶物增高细胞活性及细胞总蛋白含量所需时间越长。同时，添加50~200mg/L浓度酵母培养物水溶物能保护细胞免受4.94μmol/L浓度丙二醛导致的细胞活性，将其提高到对照组水平。

表5-8-2　细胞活性（OD值）及细胞总蛋白含量（mg/L）变化

Tab.5-8-2　Changes of cell activity and total cellular protein

项目 Items	时间 Time	3h	6h	9h	12h	各组平均值
细胞活性（MTT）	对照组	0.467±0.041	0.493±0.141	0.439±0.029	0.412±0.168	0.453±0.070
	1-1	0.463±0.036	0.430±0.038	0.383±0.017	0.389±0.022	0.416±0.013
	1-2	0.437±0.035	0.389±0.054	0.350±0.099	0.365±0.081	0.385±0.005
	2-1	0.490±0.125	0.490±0.025#	0.451±0.022	0.434±0.051	0.466±0.038
	2-2	0.515±0.034	0.511±0.028##	0.468±0.309	0.457±0.028#	0.488±0.085
	2-3	0.452±0.044	0.471±0.019	0.437±0.088	0.392±0.034	0.438±0.027
	3-1	0.443±0.084	0.411±0.053	0.426±0.042	0.402±0.031	0.420±0.009
	3-2	0.441±0.024	0.446±0.036	0.450±0.103	0.423±0.031	0.440±0.022##
	3-3	0.463±0.207	0.450±0.037	0.421±0.016	0.447±0.044#	0.445±0.041##

（续表）

项目 Items \ 时间 Time		3h	6h	9h	12h	各组平均值
细胞总蛋白	对照组	263.65±4.35	272.87±3.60	245.81±3.45	222.78±2.64	251.28±3.06
	1-1	259.62±7.90	231.99±7.53	208.97±8.86	201.48±12.73	225.52±1.50
	1-2	233.72±6.23	201.48±4.35	200.33±4.35	202.63±1.70	209.54±1.56
	2-1	242.93±2.64	279.20±12.13##	246.96±8.16##	246.96±11.10##	254.01±4.12##
	2-2	287.83±7.98#	288.98±13.04##	252.72±1.73##	237.75±18.14##	266.82±5.80##
	2-3	260.2±24.57	242.35±10.5	238.9±3.45##	226.24±9.97	241.92±5.25##
	3-1	254.44±18.68	240.05±7.98	244.66±7.98##	216.45±18.28#	238.9±12.58##
	3-2	248.69±6.54	244.66±12.13	251.57±17.98##	236.02±4.35##	245.23±7.96##
	3-3	253.29±1.99	257.32±9.51	225.08±16.47##	241.78±8.69##	244.37±0.50##

注：*/**为丙二醛-酵母培养物水溶物处理组与对照组比较，分别表示差异显著/极显著；#/##为丙二醛-酵母培养物水溶物处理组分别与相同浓度丙二醛的丙二醛处理组比较，如2-1~2-3对应1-1，3-1~3-3对应1-2，分别表示差异显著/极显著。以下皆同。

2. 细胞生长观察、Giemsa染色

从两种细胞观察法结果（图版5-Ⅲ-3和5-Ⅲ-4，图版5-Ⅳ-12至5-Ⅳ-15）看出：3~6h时处理组2-1有部分新增殖的细胞生长，同时，染色后发现，处理组2-2、2-3中细胞大部分细胞轮廓不清晰。9~12h时，处理组2-3细胞生长较正常，染色后发现9h时，处理组2-1大部分细胞轮廓不清晰，但有部分细胞增殖，处理组2-2组，大部分比较低增殖较为正常，处理组2-3细胞有部分细胞增殖，细胞状态较处理组2-1差。

上述结果表明，添加50~200mg/L对酵母培养物水溶物有保护细胞免受4.94μmol/L浓度丙二醛导致细胞损伤的趋势。

（二）细胞培养液中AKP酶活性变化

由表5-8-3可知，与对照组比较，2-2、2-3、3-3组中AKP酶活力在各时间点均极显著降低（$P<0.01$），3-1组中AKP酶活力在各时间点极显著增高（$P<0.01$），3-2组中AKP酶活力在3~9h极显著增高（$P<0.01$），12h时显著增高（$P<0.05$）。相较于1-1组，2-1、2-2、2-3组均有降低的趋势，其中2-2组在3~9h内极显著降低（$P<0.01$），2-1组在3h、9h极显著降低（$P<0.01$）；相较于1-2组，3-3组在各时间点均极显著降低（$P<0.01$），3-1组在3h、9h、12h时极显著增高（$P<0.01$），而3-2组在9h、12h时显著增高（$P<0.05$）。

上述结果表明，添加50~100g/L浓度的酵母培养物水溶物能提高9.89μmol/L浓度丙二醛作用细胞的分化程度，而当相同浓度的酵母培养物水溶物与较低浓度（如4.94μmol/L）丙二醛联合作用下，细胞分化程度却有一定程度的降低。

表 5－8－3　细胞培养液中 AKP 酶活力（U/L）变化

Tab. 5－8－3　Changes of AKP enzyme activity in culture medium

项目 Items \ 时间 Time		3h	6h	9h	12h	各组平均值
碱性磷酸酶（AKP）	对照组	58.62±0.76	56.94±0.66	59.83±0.14	67.51±2.30	60.72±0.82
	1－1	58.90±0.53	57.84±0.52	60.42±0.94	67.79±2.27	61.24±0.58
	1－2	59.46±0.48	61.32±1.54	61.70±0.56	66.61±0.49	62.27±0.37
	2－1	57.06±0.62*##	57.56±0.92	58.37±0.71*##	68.16±3.76	60.29±0.69#
	2－2	55.88±0.61**##	56.13±0.29##	58.34±0.7b*##	65.86±0.81	59.05±0.16**##
	2－3	53.11±0.62**##	52.36±0.46**##	55.41±0.43**##	60.76±0.97**##	55.41±0.22**##
	3－1	62.16±0.71**##	61.26±0.29**	73.20±1.22**##	73.83±2.27**##	67.61±0.94**##
	3－2	60.23±0.30**	60.98±0.39**	69.63±0.23**##	71.31±0.33*#	65.54±0.12**##
	3－3	46.61±1.20**##	47.42±0.33**##	57.43±0.47**##	58.77±2.92**##	52.56±0.78**##

（三）培养液 MDA、LDH、GPT、GOT、GSH-PX、SOD、T-AOC 酶活力变化

1. 培养液中丙二醛含量变化

由表 5－8－4 可知，各处理组培养液丙二醛呈降低趋势，其中与对照组相较，2－3 与 3－1、3－3 组培养液中丙二醛含量在各时间点均有极显著差异。与 1－1 组相较，2－2 组在各时间点丙二醛含量降低极显著（$P<0.01$），3h 降低幅度为 47.25%，6h 时仅为初始浓度（4.94μmol/L）的 27.73%，2－1 组在 3～9h 内降低极显著（$P<0.01$），而 2－3 组仅在 3h 降低极显著（$P<0.01$），其他无显著性差异。此外，与 1－2 组相比较，3－2 组培养液中丙二醛含量降低幅度为 8.25%。

上述结果表明，添加 100mg/L 浓度的酵母培养物水溶物与 4.94μmol/L 浓度丙二醛联合后培养液中丙二醛在各时间点丙二醛含量下降最快，其次为 50mg/L 浓度的酵母培养物水溶物与 4.94μmol/L 浓度丙二醛。而添加 9.89μmol/L 浓度丙二醛与 50～200mg/L 浓度酵母培养物水溶物组合后，丙二醛含量并未发生显著下降。

表 5－8－4　细胞培养液中 MDA 含量（μmol/L）变化

Tab. 5－8－4　Changes of content of MDA in culture medium

组别 Groups \ 时间 Time	3h	6h	9h	12h	各组平均值
对照组	1.17±0.15	1.15±0.06	1.35±0.13	1.27±0.06	1.24±0.05
1－1	3.45±0.18	2.44±0.07	1.92±0.09	1.72±0.25	2.38±0.10
1－2	5.94±0.22	3.27±0.18	2.71±0.09	1.84±0.15	3.44±0.05
2－1	1.88±0.10**##	1.92±0.13**##	1.25±0.30##	1.66±0.15*	1.68±0.06**##
2－2	1.82±0.12**##	1.37±0.21##	1.15±0.28##	1.01±0.09##	1.34±0.06##

（续表）

时间 Time / 组别 Groups	3h	6h	9h	12h	各组平均值
2－3	2.79±0.22**##	2.53±0.03**	2.02±0.23**	1.88±0.21**	2.30±0.05**
3－1	5.96±0.21**	3.43±0.33**	2.91±0.06**	1.92±0.14**	3.56±0.08**
3－2	5.45±0.34**	3.05±0.19**	2.63±0.19**	1.78±0.39**	3.23±0.07**
3－3	5.82±0.18**	3.21±0.00**	2.65±0.19**	1.84±0.19**	3.38±0.05**

2. 培养液中 LDH、GPT、GOT 酶活性的变化

由表5－8－5及图5－8－1至图5－8－3可知，与对照组相较，丙二醛—酵母培养物水溶物处理组中 LDH 酶活力呈降低趋势。3h 时丙二醛—酵母培养物水溶物处理组培养液中极显著增高（$P<0.01$）；6h 时2－1、2－2组 LDH 酶活力及 LDH/MTT OD 值均极显著降低（$P<0.01$），而3－3组仍极显著增高（$P<0.01$）；9h 时，2－2、2－3、3－1组 LDH 酶活力及 LDH/MTT OD 值均极显著降低（$P<0.01$），2－1组显著降低（$P<0.05$）；12h 时，2－3与3－1～3－3组 LDH 酶活力均极显著降低，同时，丙二醛－酵母培养物水溶物处理组中 LDH/MTT OD 值均极显著降低（$P<0.01$）。与1－1组相较，2－1～2－3组 LDH 酶活力及 LDH/MTT OD 值在6～9h 均极显著降低（$P<0.01$）；与1－2组相较，3－1～3－3组 LDH 酶活力及 LDH/MTT OD 值在9～12h 均极显著降低（$P<0.01$）。

与对照组相较，2－2组培养液中 GPT 酶活力在6h 显著增高（$P<0.05$），而12h 时3－1组显著降低（$P<0.05$）。丙二醛—酵母培养物水溶物处理组中 GPT 酶活力与丙二醛处理组无显著性差异，但3－1、3－3组中 GPT/MTT OD 值均在3h、9h 有显著降低（$P<0.05$）。此外，3－3、2－3组中 GPT/MTT OD 值分别在6h、12h 有显著降低（$P<0.05$）。与对照组相较，2－1组与3－2组培养液中 GOT 酶活力分别在12h、3h 显著增高（$P<0.05$）、极显著增高（$P<0.01$）；12h 时，2－2与2－3组分别下降显著（$P<0.05$）、极显著（$P<0.01$）。与1－1组相较，2－1～2－3组中 GOT/MTT OD 值均在6h 有显著降低（$P<0.05$），同时2－2组在3h GOT/MTT OD 值显著降低（$P<0.05$）。

上述结果表明，在细胞结构完整性方面，添加50～200mg/L 浓度的酵母培养物水溶物对4.94～9.89μmol/L 浓度丙二醛导致的细胞损伤有修复作用趋势，其中4.94μmol/L 浓度丙二醛导致的细胞损伤，添加50～200mg/L 浓度的酵母培养物水溶物对细胞结构的修复作用主要集中在6～9h，而在9.89μmol/L 浓度丙二醛导致的细胞损伤中，添加50～200mg/L 浓度的酵母培养物水溶物对细胞结构的修复作用主要集中在9～12h，3h 时此浓度范围下的酵母培养物水溶物并不能保护细胞免受丙二醛对细胞结构的损伤。此外，LDH/MTT OD 值可作为酵母培养物水溶物对丙二醛导致细胞结构损伤的敏感性指标。

表5-8-5　培养液中LDH、GPT、GOT酶活力（U/L）变化

Tab. 5-8-5　Changes of LDH, GPT, GOT enzyme activity in culture medium

项目 Items \ 时间 Time		3h	6h	9h	12h	各组平均值
乳酸脱氢酶（LDH）	对照组	69.47 ± 3.10	128.56 ± 2.48	76.28 ± 4.30	105.28 ± 3.22	94.9 ± 0.94
	1-1	127.13 ± 8.62	184.06 ± 11.78	243.87 ± 9.18	117.1 ± 72.09	168.04 ± 18.23
	1-2	210.92 ± 17.86	147.90 ± 2.70	164.37 ± 8.79	128.92 ± 28.91	163.03 ± 4.20
	2-1	140.73 ± 10.25**	36.17 ± 9.69$^{**##}$	53.72 ± 6.53$^{*##}$	69.47 ± 7.92	75.02 ± 5.74$^{*##}$
	2-2	161.86 ± 38.58**	64.10 ± 9.26$^{**##}$	12.18 ± 2.24$^{**##}$	68.40 ± 8.13	76.63 ± 9.15$^{*##}$
	2-3	147.90 ± 19.88**	57.30 ± 32.70$^{##}$	8.95 ± 2.70$^{**##}$	34.38 ± 16.26$^{**#}$	62.13 ± 14.8$^{##}$
	3-1	194.45 ± 21.46**	138.23 ± 60.97	38.68 ± 23.41$^{**##}$	16.83 ± 7.15$^{**##}$	97.05 ± 7.72$^{##}$
	3-2	186.21 ± 8.21**	150.04 ± 6.11	69.11 ± 13.13$^{##}$	12.18 ± 8.13$^{**##}$	104.39 ± 7.55$^{##}$
	3-3	215.94 ± 71.69**	181.92 ± 30.86*	80.93 ± 5.30$^{##}$	17.91 ± 6.56$^{**##}$	124.17 ± 13.20$^{**##}$
谷丙转氨酶（GPT）	对照组	5.31 ± 0.38	5.56 ± 0.32	6.07 ± 0.5	5.75 ± 1.16	5.67 ± 0.35
	1-1	5.72 ± 0.46	5.89 ± 0.43	5.66 ± 1.71	6.13 ± 0.70	5.85 ± 0.46
	1-2	6.62 ± 0.50	5.11 ± 0.22	5.57 ± 0.85	5.06 ± 1.06	5.59 ± 0.36
	2-1	5.82 ± 0.84	5.04 ± 1.17	5.46 ± 0.79	6.10 ± 0.22	5.61 ± 0.64
	2-2	5.54 ± 0.96	6.75 ± 0.72*	6.22 ± 1.53	4.14 ± 1.49	5.66 ± 0.32
	2-3	5.33 ± 1.91	4.96 ± 0.87	5.5 ± 1.29	5.70 ± 1.38	5.37 ± 1.20
	3-1	4.96 ± 0.95	5.82 ± 0.93	4.61 ± 0.42	3.77 ± 1.77*	4.79 ± 0.39$^{#}$
	3-2	6.76 ± 1.30	6.10 ± 0.31	6.05 ± 0.15	6.88 ± 0.36	6.44 ± 0.28$^{#}$
	3-3	5.13 ± 0.53	4.76 ± 0.40	5.03 ± 0.42	4.91 ± 0.60	4.96 ± 0.33
谷草转氨酶（GOT）	对照组	4.01 ± 0.04	3.87 ± 0.20	3.47 ± 0.74	4.47 ± 0.61	3.95 ± 0.24
	1-1	4.81 ± 0.07	4.88 ± 1.29	3.61 ± 0.16	3.90 ± 0.40	4.30 ± 0.34
	1-2	4.58 ± 0.98	4.05 ± 0.42	2.49 ± 1.65	3.94 ± 0.34	3.76 ± 0.36
	2-1	4.31 ± 0.62	3.31 ± 0.47$^{#}$	2.74 ± 0.70	6.17 ± 2.19*	4.13 ± 0.57
	2-2	3.66 ± 0.66$^{#}$	3.50 ± 0.10$^{#}$	2.41 ± 1.67	2.78 ± 0.78*	3.09 ± 0.44$^{*#}$
	2-3	4.49 ± 0.38	2.69 ± 0.28$^{##}$	2.31 ± 1.20	2.06 ± 0.78**	2.88 ± 0.54$^{*##}$
	3-1	4.52 ± 0.59	3.79 ± 0.50	3.27 ± 0.28	3.22 ± 0.95	3.7 ± 0.34
	3-2	5.67 ± 0.16**	5.03 ± 3.52	4.19 ± 0.56	3.48 ± 0.07$^{#}$	4.59 ± 0.99
	3-3	3.97 ± 1.13	4.12 ± 0.30	3.72 ± 0.07	3.24 ± 0.81	3.76 ± 0.22

3. 培养液中GSH-PX、SOD、T-AOC的变化

由表5-8-6可知，与丙二醛处理组相较，丙二醛-酵母培养物水溶物处理组有提高细胞GSH-PX、SOD酶活力的趋势，其中GSH-PX酶活力变化：与1-1组相较，2-1～2-3组在6、12h均极显著提高了GSH-PX酶活力（$P<0.01$），且超过对照组水平；与1-2组相较，3-1组在3～9h极显著提高（$P<0.01$），3-2组在6～12h极显著提高（$P<0.01$），3-3组在9～12h内显著提高（$P<0.05$）。SOD酶活力变化：与1-1组相较，2-1、2-2

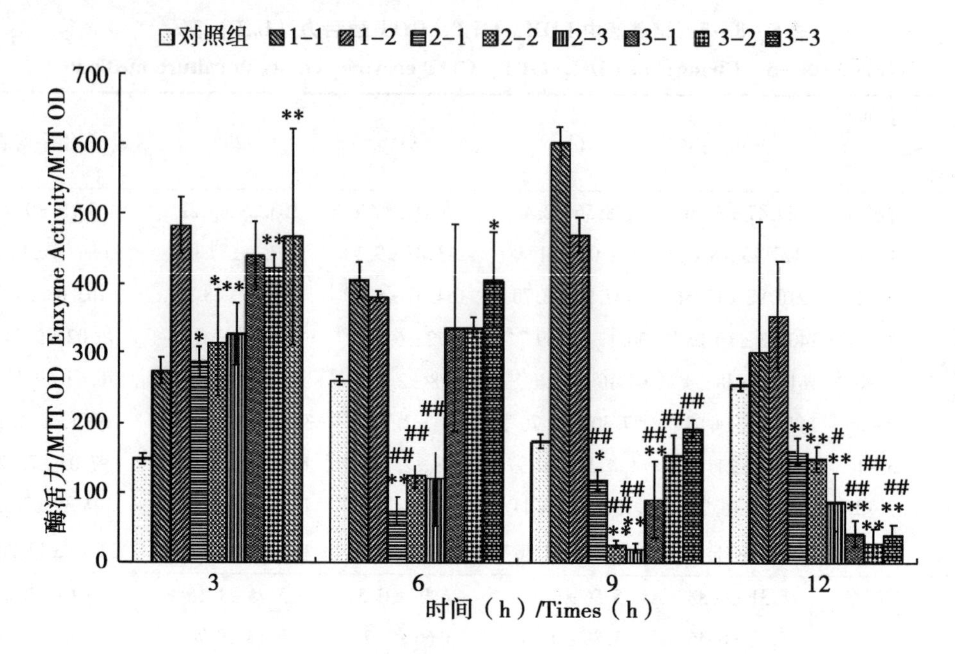

图 5-8-1 各组 LDH/MTT OD 值变化

Fig. 5-8-1 Changes of the ratio of LDH and MTT OD

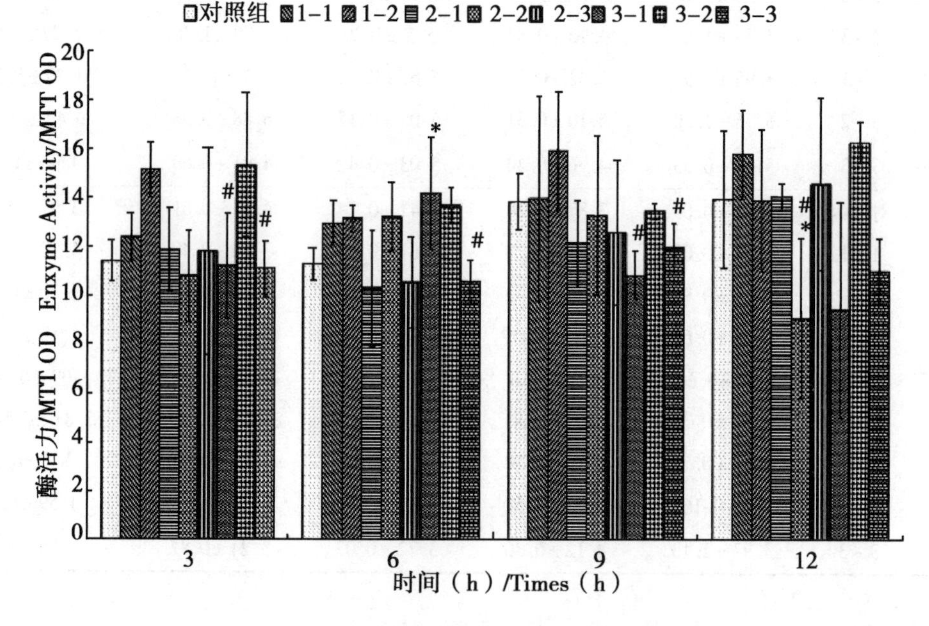

图 5-8-2 各组 GPT/MTT OD 值变化

Fig. 5-8-2 Changes of the ratio of GPT and MTT OD

组在 6~12h 均极显著提高（$P<0.01$），2-3 组仅在 9~12h 极显著提高（$P<0.01$）；与 1-2组相较，3-1~3-3 组在 6h 极显著降低（$P<0.01$），9~12h 却极显著提高（$P<0.01$）。从 T-AOC 变化看：与 1-1 组相较，2-1、2-2 组在 3h、9h、12h 显著提高（$P<$

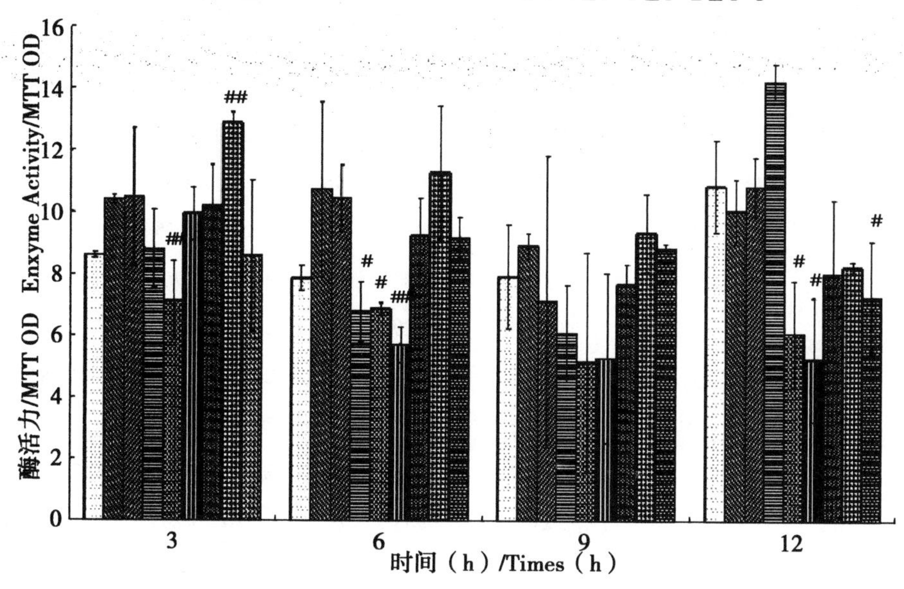

图 5-8-3 各组 GOT/MTT OD 值变化

Fig. 5-8-3 Changes of the ratio of GPT and MTT OD

0.05)，而 2-3 组仅在 6h 显著提高（$P<0.05$）；与 1-2 组相较，3-2 组在 9h、12h 极显著提高（$P<0.01$），而 3-1、3-2 组分别在 9h、12h 极显著提高（$P<0.01$）。

上述结果表明，酵母培养物水溶物对丙二醛导致细胞抗损伤的抗氧化能力的增强主要表现在提高 GSH-PX、SOD 酶活力，而对 T-AOC 提高能力相对较弱，从修复作用时间看，主要集中在 6~12h 期间，而 3h 内修复作用较弱。从作用浓度看，添加 50~200mg/L 浓度的酵母培养物水溶物能增高 4.94~9.89μmol/L 丙二醛导致的抗氧化能力下降。在 4.94μmol/L 丙二醛导致的抗氧化能力下降，以添加 50~100mg/L 浓度的酵母培养物水溶物增高情况较好；较高浓度，如 9.89μmol/L 丙二醛，以 100~200mg/L 浓度的酵母培养物水溶物增高情况较好。

表 5-8-6 培养液中 GSH-PX（U）、SOD（U/mL）、T-AOC（U/mL）变化

Tab. 5-8-6 Changes of GSH-PX, SOD, T-AOC enzyme activity in culture medium

项目 Items		时间 Time 3h	6h	9h	12h	各组平均值
谷胱甘肽过氧化物酶（GSH-PX）	对照组	54.08±6.83	42.57±12.15	87.82±37.69	108.43±12.05	73.23±7.71
	1-1	22.22±10.61	9.37±1.67	59.17±7.63	111.65±15.01	50.60±5.81
	1-2	31.33±4.02	23.29±12.55	74.16±4.84	97.99±17.62	56.69±3.86
	2-1	41.50±13.83	76.84±11.62##	54.08±13.01	170.82±10.17##	85.81±7.47##
	2-2	28.11±10.5	67.47±11.67##	81.39±14.15	177.24±16.25##	88.55±3.52##
	2-3	22.76±8.36	71.75±5.64##	51.94±12.61	153.41±12.75##	74.97±4.44##
	3-1	24.63±10.36#	69.88±4.89##	208.57±7.29##	189.83±8.44	123.23±3.64##
	3-2	51.67±13.69	97.46±24.97##	164.93±8.05##	183.67±16.47##	124.43±6.10##
	3-3	22.49±4.47	68.27±10.25##	149.4±5.62#	159.3±14.40##	99.87±4.47##

（续表）

项目 Items \ 时间 Time		3h	6h	9h	12h	各组平均值
超氧化物歧化酶（SOD）	对照组	21.14 ±0.18	20.37 ±0.19	20.23 ±0.13	20.47 ±0.18	20.55 ±0.02
	1-1	20.8 ±0.15	20.11 ±0.25	19.86 ±0.16	20.20 ±0.33	20.24 ±0.09
	1-2	20.47 ±0.39	20.04 ±0.21	19.88 ±0.10	20.57 ±0.26	20.24 ±0.14
	2-1	21.09 ±0.10$^{\#}$	20.89 ±0.31$^{\#\#}$	20.84 ±0.13$^{\#\#}$	21.31 ±0.28$^{\#\#}$	21.03 ±0.16$^{\#\#}$
	2-2	21.01 ±0.20	21.29 ±0.18$^{\#\#}$	21.29 ±0.18$^{\#\#}$	21.11 ±0.20$^{\#\#}$	21.18 ±0.13$^{\#\#}$
	2-3	21.02 ±0.11	20.52 ±0.16	20.64 ±0.27$^{\#\#}$	21.09 ±0.18$^{\#\#}$	20.82 ±0.05$^{\#\#}$
	3-1	20.55 ±0.11$^{\#}$	19.89 ±0.15$^{\#\#}$	20.53 ±0.13$^{\#\#}$	20.48 ±0.13$^{\#\#}$	20.37 ±0.06$^{\#\#}$
	3-2	20.28 ±0.13	19.88 ±0.10$^{\#\#}$	20.75 ±0.25$^{\#\#}$	21.13 ±0.06$^{\#\#}$	20.51 ±0.07$^{\#\#}$
	3-3	20.79 ±0.05	19.93 ±0.09$^{\#\#}$	20.11 ±0.08$^{\#\#}$	20.96 ±0.20$^{\#\#}$	20.45 ±0.08$^{\#\#}$
总抗氧化能力（T-AOC）	对照组	2.85 ±0.06	2.93 ±0.10	3.38 ±0.04	3.31 ±0.18	3.12 ±0.05
	1-1	2.51 ±0.19	3.31 ±0.10	2.77 ±0.13	2.77 ±0.13	2.84 ±0.04
	1-2	2.74 ±0.04	2.93 ±0.13	2.43 ±0.10	2.45 ±0.13	2.64 ±0.03
	2-1	2.74 ±0.04$^{\#}$	3.36 ±0.06	3.15 ±0.10$^{\#}$	3.25 ±0.13$^{\#\#}$	3.12 ±0.01$^{\#\#}$
	2-2	2.83 ±0.13$^{\#}$	3.44 ±0.13	3.61 ±0.06$^{\#\#}$	3.46 ±0.13$^{\#\#}$	3.34 ±0.09$^{\#\#}$
	2-3	2.64 ±0.04	3.02 ±0.10$^{\#\#}$	2.98 ±0.22	2.81 ±0.18	2.86 ±0.07
	3-1	2.79 ±0.23	3.04 ±0.13	3.10 ±0.19$^{\#\#}$	2.93 ±0.10	2.97 ±0.08
	3-2	2.79 ±0.13	3.08 ±0.13	3.31 ±0.32$^{\#\#}$	3.04 ±0.11$^{\#\#}$	3.06 ±0.00$^{\#\#}$
	3-3	2.58 ±0.07	2.93 ±0.13	3.02 ±0.04	3.12 ±0.33$^{\#\#}$	2.91 ±0.14$^{\#}$

三、讨论

（一）对细胞生长及形态的影响

从第三部分试验一的结果我们已经发现，在培养液中添加 50 ~ 200mg/L 浓度酵母培养物水溶物对草鱼 IECs 原代细胞 3 ~ 6h 内有明显的促进细胞生长的能力。本试验联合使用 50 ~ 200mg/L 浓度范围的酵母培养物水溶物与 4.94 ~ 9.89μmol/L 浓度范围的丙二醛作用于草鱼 IECs 原代细胞，结果发现：50 ~ 200mg/L 浓度的酵母培养物水溶物对 4.94 ~ 9.89μmol/L 浓度丙二醛导致细胞损伤的细胞活性及细胞总蛋白均有提高的趋势，其中对细胞总蛋白的提高较为显著，因在前面的试验已经发现，丙二醛造成细胞损伤的过程中对细胞总蛋白含量下降程度影响较 MTT OD 值明显，故当添加具有肠道修复作用物质（如酵母培养物水溶物）时，细胞总蛋白含量会有一定程度的上升。根据细胞的损伤后其状态是不可逆这一特点，即受损细胞只能通过凋亡来完成生命周期，而不能逆向恢复到受损前的状态[72]，笔者认为酵母培养物对细胞的修复作用可能通过促细胞增殖或利用其本身含有大量物质去中和或消除丙二醛损伤量两条途径，关于酵母培养物能中和或消除丙二醛损伤量的资料不足，从本试验培养液中丙二醛含量降低的结果（表5－8－4）看出，100mg/L浓度酵母培养物水溶物对4.94μmol/L、9.89μmol/L浓度的丙二醛降低幅度分别为47.25%、8.25%，其对丙二醛损伤量的降低幅度并不一致。因此，酵母培养物水溶物对丙二醛导致损伤的细胞修复作用可能主要为促进细胞增殖生长，以达到消除丙二醛的损伤。

（二）对细胞分化的影响

根据第二部分试验三、第三部分试验一的结果，丙二醛对细胞分化有一定程度抑制的趋势，但作用较弱，而酵母培养物水溶物有显著促进细胞分化的能力。本试验中添加50～100mg/L浓度的酵母培养物水溶物能提高9.89μmol/L浓度丙二醛作用细胞的分化程度，表明在此浓度下丙二醛与酵母培养物水溶物对细胞分化有促进作用，然而，当相同浓度的酵母培养物水溶物与较低浓度（如4.94μmol/L）丙二醛联合作用下细胞分化程度却有一定程度的降低，可能与增殖细胞及凋亡细胞比例有关。

（三）培养液中丙二醛含量、细胞结构完整性及抗氧化系统的影响

本试验结果中培养液中丙二醛总体呈降低的趋势，酵母培养物水溶物与丙二醛联用后，3h时培养液中丙二醛含量下降最为明显，结合本试验与试验五细胞生长情况发现，培养液中单独添加100～200mg/L浓度酵母培养物水溶物在3h对细胞生长促进作用明显，当联合使用相同浓度酵母培养物水溶物与丙二醛作用细胞后，细胞生长在3h时并不显著的增高，而此时培养液中丙二醛含量下降较大，说明了3h时培养液中丙二醛的代谢可能主要靠酵母培养物水溶物促使的细胞增殖，细胞增殖后，可能加大了丙二醛与细胞膜蛋白作用范围，从本试验LDH/MTT OD值结果（表5－8－5）发现，3h时丙二醛4.94μmol/L酵母培养物水溶物组较单独添加4.94μmol/L丙二醛组LDH/MTT OD值有一定程度增高，6h时则降低极显著（$P<0.01$），说明了3h时丙二醛4.94μmol/L酵母培养物水溶物组内有较多的细胞破裂，同时6h时培养液中丙二醛含量仅为初始浓度4.94μmol/L的27.73%，表明6h时大部分的丙二醛可能被细胞代谢消耗，暗示了细胞可通过形成更多的丙二醛—蛋白质加合产物途径达到代谢丙二醛的目的，从而降低丙二醛对细胞的损伤作用。

从细胞结构完整性方面看到，LDH/MTT OD值对酵母培养物水溶物对丙二醛导致细胞结构损伤的修复作用较为敏感，说明LDH/MTT OD值在表示细胞结构完整性指标的重要性。添加50～200mg/L浓度的酵母培养物水溶物对4.94 μmol/L浓度丙二醛导致细胞损伤的保护时间较9.89μmol/L浓度丙二醛作用时间早，可能与细胞在3～6h期间经过快速代谢低浓度的丙二醛后，残余少量丙二醛对细胞的损伤程度较轻的原因有关。总的来说，添加50～200g/L浓度的酵母培养物水溶物有助于细胞免受4.94～9.89μmol/L浓度丙二醛的损伤。

有研究发现，酵母培养物添加到饲料中能显著提高动物机体中抗氧化能力，其中包括GSH-PX、SOD酶活力及T-AOC能力[94]，但作用机制尚不清楚，可能原因是其改善了动物肠道内有益菌的生长，提高了动物机体免疫能力。在其对丙二醛导致损伤细胞的抗氧化系统的影响中，本试验结果发现酵母培养物水溶物显著提高了GSH-PX、SOD酶活力，可能与其促进了细胞的增殖、降低了培养液中丙二醛含量有关，使丙二醛对细胞的损伤作用减弱，故培养液中抗氧化系统活力均增高。

四、小结

在本试验条件下，通过联合使用酵母培养物水溶物与丙二醛，得出以下结论：在本试验

条件下，添加50～200mg/L浓度的酵母培养物的水溶物有对4.94～9.89 μmol/L浓度丙二醛导致损伤细胞的保护趋势，主要表现在促进细胞生长、减少培养液中丙二醛含量，保护细胞结构完整性，提高细胞抗氧化系统能力方面，其中以100mg/L浓度酵母培养物的水溶物对4.94 μmol/L浓度丙二醛导致细胞损伤的作用较好，其次为50mg/L浓度。

第九节　氧化豆油水溶物、丙二醛对草鱼IECs原代细胞超微结构的影响

通过前面的试验，结果发现氧化豆油、丙二醛对草鱼IECs原代细胞有损伤作用，酵母培养物一定程度上能保护细胞免受丙二醛对草鱼IECs原代细胞的损伤。氧化豆油中含有H_2O_2，其能造成细胞中线粒体脂质过氧化导致其结构改变，由此产生的自由基会导致细胞膜发生改变[50,95]，同时，H_2O_2也能通过影响细胞色素c氧化酶和ATP合成酶部分亚基，从而影响线粒体呼吸链氧化磷酸化过程中的关键酶的活性[96]，丙二醛则能影响线粒体呼吸链复合物及关键酶活性[81]，但对细胞超微结构的改变尚未有相关文献资料，而丙二醛对细胞超微结构的损伤在研究丙二醛损伤机制中非常重要。同时，通过观察联合添加酵母培养物水溶物及氧化豆油水溶物后超微结构的改变，对研究酵母培养物对细胞保护机制非常重要。因此，本试验通过在草鱼IECs原代细胞培养液中添加氧化豆油水溶物、丙二醛及联合使用酵母培养物水溶物与氧化豆油水溶物，观察细胞形态及超微结构的变化，旨在为研究氧化豆油、丙二醛及酵母培养物对细胞作用机制提供参考。

一、材料与方法

（一）试验材料

1. 草鱼

试验草鱼养殖环境同本章第三节。

2. 主要试剂及配制

配制MDA使用液，按照酵母培养物水溶物的配制方法配制（1/10酵培水溶物）完全培养液。

3. 主要仪器设备

HF90/HF240 CO_2培养箱（力康生物医疗科技控股集团），SW-CJ-1FD单人垂直单面净化工作台（上海博迅实业有限公司），TD5A-WS型台式低速离心机（上海新诺仪器设备有限公司），H－600透射电子显微镜（日本日立）。

（二）方法

1. 细胞培养

原代草鱼肠道黏膜细胞培养方法同本章第三节。

2. 试验设计

采用单因子试验设计，设对照组及3个处理组，各组均为144个重复，每个重复为一个培养孔。当细胞生长36h后，对照组培养液中添加20μL的无菌双蒸水，处理组按表5－9－1进行氧化豆油水溶物、MDA及酵母培养物水溶物的添加。氧化豆油水溶物及酵母培养物

水溶物的计算公式分别见第二部分试验二、第三部分试验一。具体试验设计见表5－9－1。

表5－9－1　试验设计

Tab. 5－9－1　Experimental Design

项目 Items	对照组 Control group	氧化豆油水溶物处理组 Group treatedwith water-soluble-material of oxidized soybean oil	丙二醛处理组 Group treatedwith MDA	酵母培养物水溶物及氧化豆油水溶物处理组 Group treatedwith water-soluble-material of oxidized soybean oil and yeast culture
培养液	完全培养液	完全培养液	完全培养液	（1/10 酵培水溶物）完全培养液
培养液量（μL）	150	150	150	150
双蒸水量（μL）	20	10	10	10
氧化豆油水溶物量（μL）	0	10	0	10
MDA 使用液量（μL）	0	0	10	0
对应氧化豆油量（g/L）	0	444.24	0	444.24
培养液中 MDA 量（μmol/L）	0	4.96	4.94	4.96
H_2O_2含量（μmol/L）	0	109.68	0	109.68
对应酵母培养物量（mg/L）	0	0	0	100

3. 透射电镜样品制备方法

细胞透射电子显微镜样品制备按以下操作进行。

（1）细胞取样：以添加双蒸水后开始计时，对照组及 MDA 处理组分别在 3h、6h、9h 取样，氧化豆油水溶物处理组及酵母培养物水溶物与氧化豆油水溶物处理组在 3h、6h 取样，取样时各组随机选取 48 孔，吸去培养液后进行以下操作：无菌 PBS 冲洗→加入 50μL 胰酶（0.1g/L）消化（5min）→收集于 10mL 离心管中→加入 0.5μL 血清→离心 1 000r/min（5min）→加入 3mL 无菌 PBS 悬浮→离心 1 000r/min（5min）→加入 1.5mL 2.5% 戊二醛－PBS 溶液悬浮→转入 1.5mL EP 管中→离心 1 000r/min（5min）→加入 1.5mL 2.5% 戊二醛－PBS 溶液，于 4℃贮存。

（2）电镜样品处理：取出细胞取样样品，弃上清后，按以下操作进行：PBS 缓冲液冲洗 2 次（15min/次）→锇酸（1h）→缓冲液冲洗 2 次（15min/次）→30% 丙酮（15min）→50% 丙酮（15min）→70% 丙酮饱和醋酸铀过夜→80% 丙酮（15min）→90% 丙酮（15min）→100% 丙酮（3 次，10min）→1：1 的包埋剂 100% 丙酮（1h）→纯包埋剂浸透（2h）→放入模具包埋→放入 72℃ 烘箱中聚合 8h→超薄切片，醋酸铀－柠檬酸铅双染色，透射电镜观察。

二、试验结果

试验结果见图版5－Ⅴ－1至5－Ⅴ－10，可以看出：对照组3h时胞浆空泡变，细胞核染色质凝集，线粒体正常，内嵴清晰；6h时细胞核染色质凝集较多，细胞核皱褶程度轻，部分线粒体轻微肿胀；9h时细胞核皱褶程度加重，核内染色质凝集靠边，线粒体增多，轻微肿胀。

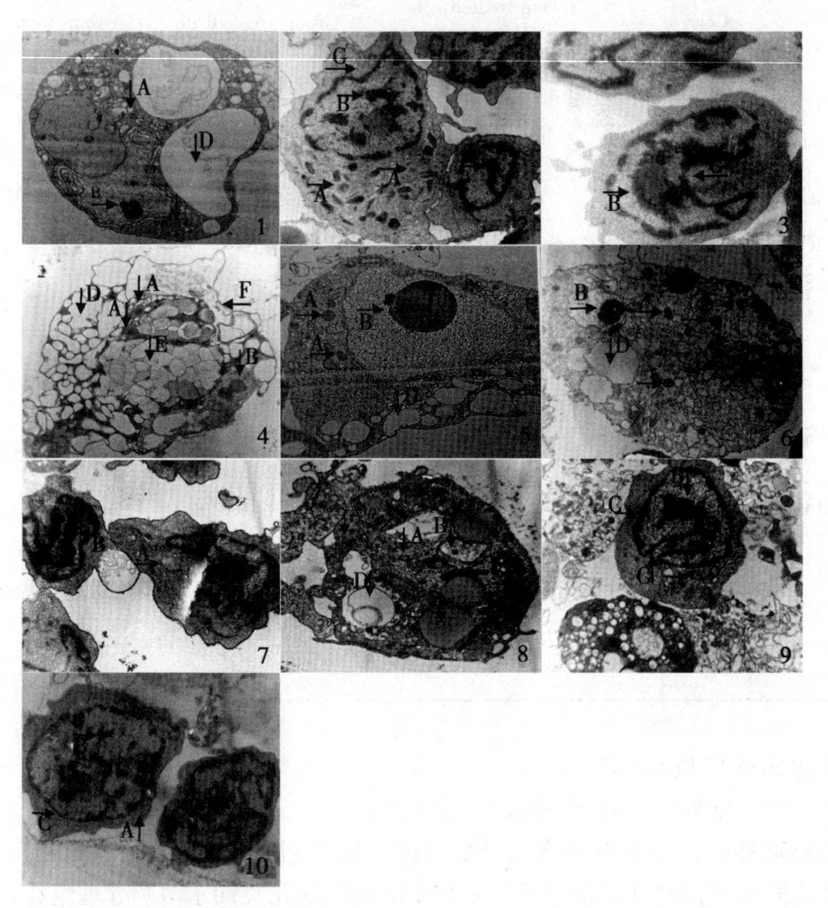

图版5－Ⅴ　（×6 000）

1. 对照组，3h，胞浆空泡变，细胞核染色质凝集，线粒体正常；2. 对照组，6h，部分线粒体肿胀；3. 对照组，9h，皱褶较严重，染色质凝集靠边，线粒体轻微肿胀；4. 丙二醛处理组，3h，细胞核固缩，线粒体肿胀，细胞膜不明显，胞浆空泡变，细胞内基质透明呈气球样；5. 丙二醛处理组，6h，细胞空泡变程度减轻，线粒体增多；6. 丙二醛处理组，9h，细胞核固缩，线粒体增多，肿胀程度严重；7. 氧化豆油水溶物处理组，3h，皱褶程度较重，染色质凝集靠边；8. 氧化豆油水溶物处理组，6h，胞浆空泡变，线粒体肿胀，基质气球样；9. 酵母培养物水溶物—氧化豆油水溶物处理3h，细胞核皱褶较严重，染色质凝集，线粒体轻度肿胀；10. 酵母培养物水溶物—氧化豆油水溶物处理6h，线粒体较正常，无明显肿胀，细胞核染色质凝集程度减轻。

箭头说明：$\uparrow_A$表示线粒体；$\uparrow_B$表示染色质凝聚；$\uparrow_C$表示细胞核；$\uparrow_D$表示胞浆空泡变；$\uparrow_E$表示细胞基质呈气球样；$\uparrow_F$表示细胞膜；$\uparrow_G$表示细胞核皱折

MDA 处理组 3h 细胞核固缩，细胞核染色质凝集，线粒体肿胀，细胞膜不明显，胞浆空泡变程度较严重且细胞内基质透明呈气球样；6h 时细胞空泡变程度较 3h 轻，线粒体增多且肿胀程度较 3h 轻，细胞核染色质凝集；9h 时细胞核固缩，细胞核染色质凝集，线粒体数目较多且肿胀程度严重，内嵴不清晰，胞浆空泡变程度较重，细胞有凋亡的趋势。氧化豆油水溶物处理组 3h 细胞核皱褶程度较重，染色质凝集靠边，线粒体增多，轻度肿胀；6h 时细胞核固缩，细胞核染色质凝集，胞浆空泡变，线粒体肿胀，细胞内基质透明呈气球样。

酵母培养物水溶物及氧化豆油水溶物联合使用 3h 时，细胞核皱褶程度较严重，细胞核染色质凝集，线粒体轻度肿胀；6h 时细胞皱褶程度较 3h 轻，细胞核染色质凝集程度减轻，线粒体较为正常，无明显肿胀。

上述结果表明，在氧化豆油水溶物及 MDA 处理后，细胞内基质最终均透明呈气球样，同时胞浆空泡变，细胞核固缩。但 MDA 作用 6h 时细胞内空泡变及线粒体肿胀程度较 3h 减轻，9h 时上述症状继续加重；氧化豆油水溶物处理后上述症状则持续加重。在含氧化豆油水溶物的培养液中添加酵母培养水溶物作用 6h 时细胞内无空泡变，且线粒体也无明显肿胀，细胞状态接近对照组水平。

三、讨论

外源氧自由基及有害物质能引起细胞结构的改变及线粒体功能障碍[50,95]，线粒体膜通透性改变和跨膜电位改变使线粒体肿胀[3]，位于线粒体内外膜间隙的细胞色素 c 进入胞质，激活某些蛋白酶系统（caspases），是凋亡产生的起源[5]，且细胞核改变时核酸酶进入核内使染色质致密化和 DNA 断裂[6]。通过细胞核染色质凝集、核固缩、线粒体肿胀等能判定细胞处于凋亡状态[3]。从本试验结果看到，草鱼 IECs 原代细胞经氧化豆油水溶物和 MDA 处理后，细胞核固缩，胞浆空泡变，且线粒体肿胀程度严重。核染色质凝集加重，同时，细胞内基质透明呈气球样，暗示了在两种有害物质能引起细胞结构与超微结构的改变，进一步导致了细胞某些功能受到影响，且细胞内基质呈气球样，结合第二部分试验三的结果，MDA 能使细胞抗氧化系统中 GSH-PX 酶活力及 T-AOC 能力下降，同时也说明了 MDA 能导致细胞内产生过氧化物质及氧自由基。因 MDA 能影响线粒体呼吸链复合物及关键酶活性[4]，可能导致细胞内氧自由基及过氧化物含量失衡，这些产物攻击细胞生物膜，使其发生脂质过氧化作用，进一步导致线粒体肿胀及细胞膜结构消失，从而引起细胞某些功能的改变。

豆油氧化后终产物主要为 MDA，其中还含有过氧化物，添加对应 444.24g/L 的氧化豆油水溶物到培养液中后，H_2O_2、MDA 含量分别达到 109.68μmol/L、4.96μmol/L。从本试验氧化豆油水溶物及 MDA 作用细胞后其超微结构变化过程发现，MDA 在 3h 损伤细胞程度较重，在 6h 有一定程度的减轻，9h 继续加重；而 6h 氧化豆油水溶物较 3h 对细胞损伤程度重，表明细胞对 MDA 单独损伤时在短时间内有一定程度的自身修复，然而在对氧化豆油水溶物作用时，在本试验条件下并未观察到此修复作用，可能原因是氧化豆油水溶物中 MDA 结合细胞膜后，使细胞膜的通透性改变，进而促进了氧化豆油水溶物中一部分 H_2O_2 进入到细胞内部，导致细胞内氧自由基失衡，生物膜发生脂质过氧化。此外，上述结果也暗示了 MDA 可能为氧化豆油导致细胞损伤的重要物质之一。

前面试验已提到，酵母培养物对肠道有修复作用，从前面的结果看到，酵母培养物能促进细胞生长，有抑制 4.96μmol/LMDA 导致细胞损伤的产生。从本试验结果看到，100mg/L

酵母培养物水溶液能使含4.96μmol/L丙二醛的氧化豆油水溶液导致的细胞超微结构改变恢复到接近对照组的状态，细胞核椭圆形，染色质凝集并不严重且线粒体无明显肿胀，说明添加酵母培养物水溶液能保护细胞，使其避免受到氧化豆油水溶液的损伤。

四、小结

在本试验条件下，通过观察使用氧化豆油水溶物、MDA、联合使用酵母培养物水溶物与氧化豆油水溶物对细胞超微结构的影响结果，得出以下结论：

（1）在培养液中添加对应444.24g/L氧化豆油的水溶物与添加终浓度为4.94μmol/L MDA在9h内均导致细胞内基质透明呈气球样，同时胞浆空泡变，细胞核固缩。推测MDA可能为氧化豆油致细胞损伤的重要物质之一。

（2）培养液中添加对应100mg/L酵母培养物水溶物及对应444.24g/L氧化豆油的水溶物，细胞超微结构状态6h时较单独添加对应444.24g/L氧化豆油的水溶物好，接近对照组水平。

参考文献

[1] 李爱杰. 水产动物营养与饲料学［M］. 北京：中国农业出版社，1996.

[2] 黄琳，蒋宗勇，林映才等. 饲喂氧化鱼油对新生仔猪肠道黏膜免疫应答的影响及大豆异黄酮的干预作用［J］. 动物营养学报，2011（5）：799－806.

[3] 苏磊，刘志锋. 肠肝轴与脓毒症［J］. 中华急诊医学杂志，2010（2）：124－125.

[4] 曾民德. 非酒精性脂肪性肝病研究的关切点［J］. 肝脏，2009（4）：321－324.

[5] 彭士明，陈立侨，叶金云等. 饲料中添加氧化鱼油对黑鲷幼鱼生长的影响［J］. 水产学报，2007（S1）：109－115.

[6] 邱燕，叶元土，蔡春芳等. 酵母培养物对草鱼（*Ctenopharyngodon idellus*）生长性能与肠道黏膜形态的影响［J］. 饲料工业，2010（18）：15－17.

[7] 李高锋. 酵母培养物在团头鲂饲料中的应用研究［D］. 苏州大学，2009.

[8] 薛庆善. 体外培养的原理与技术［M］. 北京：科学出版社，2001.

[9] Evans G S, Flint N, Somers A S, *et al.* The development of a method for the preparation of rat intestinal epithelial cell primary cultures［J］. Journal of Cell Science, 1992, 101（1）：219－231.

[10] Quaroni A. Development of fetal rat intestine in organ and monolayer culture［J］. Journal of Cell Biology, 1985, 100（5）：1 611－1 622.

[11] 王莉，段相林. 大鼠小肠上皮细胞的体外原代培养［J］. 军事医学科学院院刊，2004（1）：61－63.

[12] 张文竹，戴定威，吴圣媚等. 人胎小肠上皮细胞体外培养的研究［J］. 上海第二医科大学学报，1996（5）：321－324.

[13] 张道杰，蒋建新，陈永华等. 用嗜热菌蛋白酶进行人肠上皮细胞分离培养［J］. 第三军医大学学报，2004（11）：1 016－1 018.

[14] 张安平，刘宝华，张连阳等. 正常人结肠上皮细胞体外培养和鉴定［J］. 世界华人消化杂志，2004（8）：1 966－1 968.

[15] 陈伟. 抗营养因子对牙鲆（*Paralichthys olivaceus*）利用大豆蛋白源的影响［D］. 中国海洋大学，2009.

[16] 宋增福，吴天星，潘晓东. 鲫肠道上皮细胞原代培养方法的研究［J］. 淡水渔业，2008（1）：67－69.

[17] 姜俊. 谷氨酰胺对鲤鱼肠上皮细胞生长和代谢的影响［D］. 四川农业大学，2005.

[18] 冯琳. 大豆凝集素对鲤鱼肠道上皮细胞增殖分化及其功能的影响［D］. 四川农业大学，2006.

[19] 郑婷. 维生素E对鲤鱼肠上皮细胞生长发育及抗氧化能力的影响［D］. 四川农业大学，2007.

[20] 郭林英. 大豆β－伴球蛋白提取物对鲤鱼肠上皮细胞增殖及其功能的影响［D］. 四川农业大学，2006.

[21] Marguet D, Lenne P F, Rigneault H, *et al.* Dynamics in the plasma membrane: how to combine fluidity and order [J]. The EMBO Journal, 2006, 25 (15): 3 446 – 3 457.

[22] 赵春蓉，周小秋．磷脂与水生动物生物膜的关系 [J]．饲料研究，2005 (10)：15 – 18.

[23] Petkova D H, Momchilova-Pankova A B, Koumanov K S. Effect of liver plasma membrane fluidity on endogenous phospholipase A2 activity [J]. Biochemic, 1987, 69 (11 – 12): 1 251 – 1 255.

[24] 陈军，夏培元，常山等．烧伤大鼠胎牛血清对肠上皮细胞膜磷脂代谢及膜流动性的影响 [J]．第三军医大学学报，2002 (3)：271 – 273.

[25] Sengupta P, Baird B, Holowka D. Lipid rafts, fluid/fluid phase separation, and their relevance to plasma membrane structure and function [J]. Seminars in Cell & Developmental Biology, 2007, 18 (5): 583 – 590.

[26] 刘镜恪．海鱼早期阶段必需脂肪酸和磷脂的研究现状与展望 [J]．海洋水产研究，2002 (2)：58 – 64.

[27] 姚妙爱．油脂的饲用价值及其氧化酸败的防止措施 [J]．粮食加工，2004 (1)：68 – 71.

[28] Catala A. An overview of lipid peroxidation with emphasis in outer segments of photoreceptors and the chemiluminescence assay [J]. The International Journal of Biochemistry & Cell Biology, 2006, 389: 1 482 – 1 495.

[29] 彭风鼐．氧在油脂自动氧化中的作用机理 [J]．郑州粮食学院学报，1992 (3)：52 – 57.

[30] 王世润．豆油氧化变哈反应机理的研究 [J]．天津轻工业学院学报，1997 (4)：9 – 14.

[31] Abuja P M, Albertini R. Methods for monitoring oxidative stress, lipid peroxidation and oxidation resistance of lipoproteins [J]. Clinical Chemical Acta, 2001, 306 (1 – 2): 1 – 17.

[32] Esterbauer H, Schaur R J, Zollner H. Chemistry and biochemistry of 4-hydroxynonenal, malonaldehyde and related aldehydes [J]. Free Radical Biology & Medicine, 1991, 11 (1): 81 – 128.

[33] Parola M, Bellomo G, Robino G, *et al.* 4-Hydroxynonenal as a biological signal: molecular basis and pathophysiological implications [J]. Antioxidants & Redox Signaling, 1999, 1 (3): 255 – 284.

[34] Uchida K. Current status of acrolein as a lipid peroxidation product [J]. Trends in Cardiovascular Medicine, 1999, 9 (5): 109 – 113.

[35] Lee S H, Oe T, Blair I A. Vitamin C-induced decomposition of lipid hydroperoxides to endogenous genotoxins [J]. Science, 2001, 292 (5524): 2 083 – 2 086.

[36] 李炎，包惠燕，赖旭新等．油脂氧化与抗氧化研究 [J]．中国食品添加剂，1997 (5)：5 – 9.

[37] 任泽林，霍启光．氧化油脂对动物机体的影响 [J]．动物营养学报，2000 (3)：1 – 13.

[38] Chang S S, Peterson R J, Ho C T. Chemical reactions involved in the deep-fat frying of foods [J]. Journal of the American Oil Chemists'Society, 1978, 55 (10): 718 – 727.

[39] Mlakar A, Spiteller G. Previously unknown aldehydic lipid peroxidation compounds of arachidonic acid [J]. Chemistry and Physics of Lipids, 1996, 79 (1): 47 – 53.

[40] Kanazawa K, Ashida H, Minamoto S, *et al.* The effect of orally administered secondary autoxidation products of linoleic acid on the activity of detoxifying enzymes in the rat liver [J]. Biochemica et Biophysica Acta, 1986, 879 (1): 36 – 43.

[41] 袁施彬，陈代文，韩飞．氧化时长对不同油脂过氧化指标的影响研究 [J]．饲料工业，2007 (11)：33 – 34.

[42] 殷永风，叶元土，蔡春芳等．在自制氧化装置中氧化时间对豆油氧化指标的影响 [J]．安徽农业科学，2011 (7)：4 052 – 4 054.

[43] 萧培珍，叶元土，唐精等．不同原料中菜籽油、豆油氧化稳定性的测定 [J]．饲料工业，2005 (23)：37 – 40.

[44] 肖小年，刘媛洁，易醒等．薏苡仁油在不同存放条件下的氧化与氧化稳定性 [J]．食品科学，2009 (21)：43 – 45.

[45] Catalá A. Lipid peroxidation of membrane phospholipids generates hydroxy-alkenals and oxidized phospholipids active in physiological and/or pathological conditions [J]. Chemistry and Physics of Lipids, 2009, 157 (1): 1 – 11.

[46] 张瑾岗，仲来福，夏元洵．脂质过氧化引起的生物化学与生物物理学效应 [J]．国外医学（卫生学分册），1988 (6)：340 – 343.

[47] Esterbauer H, Schaur R J, Zollner H. Chemistry and biochemistry of 4-hydroxynonenal, malonaldehyde and related aldehydes [J]. Free Radical Biology & Medicine, 1991, 11 (1): 81 – 128.

[48] 蔡善荣，郑树，张苏展等. 过氧化氢诱导肠上皮干细胞 DNA 氧化损伤模型的建立 [J]. 浙江大学学报（医学版），2006 (4)：366 - 369.

[49] 李建明，蔡黔，周红等. 过氧化氢对肠上皮细胞线粒体的损伤作用 [J]. 第三军医大学学报，2002 (2)：142 - 145.

[50] 蔡黔，周红，肖光夏等. 过氧化氢对肠上皮细胞线粒体膜电位及细胞凋亡的影响 [J]. 西北国防医学杂志，2004 (4)：241 - 244.

[51] Zhou L Z, Johnson A P, Rando T A. NF kappa B and AP-1 mediate transcriptional responses to oxidative stress in skeletal muscle cells [J]. Free Radical Biology & Medicine, 2001, 31 (11)：1 405 - 1 416.

[52] 蔡黔，周红，肖光夏. 过氧化氢导致肠上皮细胞线粒体编码三磷酸腺苷合成酶基因损伤的研究 [J]. 中华创伤杂志，2002 (11)：47 - 50.

[53] 高姝娟，刘锡锰，高贵等. 谷胱甘肽的抗线粒体脂质过氧化作用 [J]. 生物化学杂志，1997 (3)：287 - 291.

[54] Hung S S, Cho C Y, Slinger S J. Effect of oxidized fish oil, DL-alpha-tocopheryl acetate and ethoxyquin supplementation on the vitamin E nutrition of rainbow trout (Salmo gairdneri) fed practical diets [J]. The Journal of Nutrition, 1981, 111 (4)：648 - 657.

[55] William A, Pryor J P S A. Autoxidation of polyunsaturated fatty acids：A suggested mechanism for the formation of TBA-reactive materials from prostaglandin-like endoperoxides. Lipids [J]. Lipids, 1976, 11 (5)：370 - 379.

[56] Tamura H, Shibamoto T. Gas chromatographic analysis of malonaldehyde and 4-hydroxy-2- (E) -nonenal produced from arachidonic acid and linoleic acid in a lipid peroxidation model system [J]. Lipids, 1991, 26 (2)：170 - 173.

[57] Hartley D P, Kroll D J, Petersen D R. Prooxidant-initiated lipid peroxidation in isolated rat hepatocytes：detection of 4-hydroxynonenal-and malondialdehyde-protein adducts [J]. Chemical Research of Toxicology, 1997, 10 (8)：895 - 905.

[58] Marnett L J. Lipid peroxidation-DNA damage by malondialdehyde [J]. Mutation Research, 1999, 424 (1 - 2)：83 - 95.

[59] Requena J R, Fu M X, Ahmed M U, *et al.* Quantification of malondialdehyde and 4-hydroxynonenal adducts to lysine residues in native and oxidized human low-density lipoprotein [J]. The Biochemical Journal, 1997, 322 (Pt 1)：317 - 325.

[60] Tsai L, Szweda P A, Vinogradova O, *et al.* Structural characterization and immunochemical detection of a fluorophore derived from 4-hydroxy-2-nonenal and lysine [J]. Proceedings of the National Academy of Science of the USA, 1998, 95 (14)：7 975 - 7 980.

[61] Refsgaard H H, Tsai L, Stadtman E R. Modifications of proteins by polyunsaturated fatty acid peroxidation products [J]. Proceedings of the National Academy of Science of the USA, 2000, 97 (2)：611 - 616.

[62] Shamberger R J, Tytko S, Willis C E. Antioxidants in cereals and in food preservatives and declining gastric cancer mortality [J]. Cleveland Clinic Quarterly, 1972, 39 (3)：119 - 124.

[63] Spalding. Toxicology and Carcinogenesis Studies of Malonaldehyde, Sodium Salt (3-Hydroxy-2-propenal, Sodium Salt) (CAS No. 24382 - 04 - 5) in F344/N Rats and B6C3F1 Mice (Gavage Studies) [J]. Nationan Toxicology Program Technical Report Series, 1988, 331：1 - 182.

[64] 邢德印. DNA 损伤和 DNA 保护基因多态与食管癌风险 [D]. 中国协和医科大学，2002.

[65] 彭一凡，张丽荣. 活性干酵母产品与酵母培养物的区别 [J]. 饲料工业，2008 (12)：32 - 35.

[66] 刘哲，魏时来. 酵母培养物对建鲤生长性能影响的研究 [J]. 饲料工业，2003 (4)：52 - 53.

[67] 温俊. 复合益生菌与酵母培养物对牙鲆 (Paralichthys olivaceus) 生长、免疫及抗病力的影响 [D]. 中国海洋大学，2007.

[68] 邱燕. 三种微生态制剂对草鱼 (Ctenopharyngodon idellus) 生长性能、生理机能及肠道黏膜的影响 [D]. 苏州大学，2010.

[69] 范秀敏. 不同添加剂组合对断奶仔猪生长性能及小肠黏膜形态的影响 [D]. 吉林农业大学，2007.

[70] 纪华英，陈其奎，曾晖. 小鼠小肠上皮细胞的体外原代培养 [J]. 医学综述，2010 (9)：1 417 - 1 419.

[71] 李莉，高淑静，张守全等. 新生仔猪小肠上皮细胞体外培养的研究 [J]. 仲恺农业工程学院学报，2010, 23 (1)：30 - 33.

[72] 弗雷谢尼 R I. 动物细胞培养：基本技术指南 [M]. 北京：科学出版社，2008.

[73] 赵承彦，靖志安，牛青霞. MTT 显色反应试验条件分析 [J]. 河南医学研究，2000 (2)：107 - 111.

[74] 杨文平，高峰，许辉堂等. 鸡肠上皮细胞体外原代培养研究 [J]. 江西农业学报，2007 (5)：113 - 115.

[75] 张辉，牟振波，刘敏等. 高脂饲料对细鳞鱼稚鱼刷状缘膜水解酶发育的影响 [J]. 饲料工业，2011 (4)：29 - 32.

[76] 黄凯，阮栋俭，战歌等. 氧化油脂对奥尼罗非鱼生长和抗氧化性能的影响 [J]. 淡水渔业，2006 (6)：21 - 24.

[77] 李莉，陈菁菁，李方序等. 氧应激毒性产物丙二醛 (MDA) 对小鼠体能的影响及其体内代谢 [J]. 湖南师范大学自然科学学报，2006，2：97 - 101.

[78] 陈云良. 永停终点指示碘量法测定油脂过氧化值 [J]. 理化检验 (化学分册)，2010 (5)：574 - 575.

[79] Fukamachi H. Proliferation and differentiation of fetal rat intestinal epithelial cells in primary serum-free culture [J]. Journal of Cell Science，1992，103 (Pt 2)：511 - 519.

[80] 徐淑芬，蔡黔，周红等. 过氧化氢对肠上皮细胞线粒体功能及细胞凋亡的影响 [J]. 中国现代医学杂志，2002 (21)：4 - 6.

[81] 龙建纲，王学敏，高宏翔等. 丙二醛对大鼠肝线粒体呼吸功能及相关脱氢酶活性影响 [J]. 第二军医大学学报，2005 (10)：1 131 - 1 135.

[82] 刘琳娜，刘莉，王志鹏等. 唐古特大黄多糖促进肠上皮细胞的增殖、移行和分化 [J]. 中国药理学通报，2005 (4)：486 - 489.

[83] 雷在枝. MG132 抑制人晶状体上皮细胞增殖、移行和分化的试验研究 [D]. 山西医科大学，2010.

[84] 周吕. 胃肠生理学基础与临床 [M]. 北京：科学出版社，1991.

[85] Sanderson I R，He Y. Nucleotide uptake and metabolism by intestinal epithelial cells [J]. The Journal of Nutrition，1994，124 (1 Suppl)：131S - 137S.

[86] 伍烽，金先庆，吴仕孝等. 肠营养素对小肠黏膜上皮细胞分化的影响 [J]. 肠外与肠内营养，1998 (2)：96 - 123.

[87] 陈瑾. 谷氨酰胺对鲤鱼肠上皮细胞抗氧化能力的影响 [D]. 四川农业大学，2008.

[88] 庞战军，周玫，陈瑗. 自由基医学研究方法 [M]. 北京：人民卫生出版社，2000.

[89] 车勇良. 扇贝多肽对 H_2O_2 所致胸腺细胞氧化损伤的修复作用及其机制 [D]. 西北农林科技大学，2004.

[90] 季宇彬，吴盼，朗朗. 龙葵碱对小鼠睾丸生殖细胞氧化损伤的研究 [J]. 药物评价研究，2009，32 (2)：130 - 132.

[91] 陈群. 氧化应激对动物消化道结构与功能影响的研究 [D]. 江南大学，2007.

[92] 刘宗平，王捍东，王凯. 现代动物营养代谢病学 [M]. 北京：化学工业出版社，2003.

[93] 曾虹，任泽林，郭庆. 酵母培养物对罗非鱼生产性能的影响 [J]. 中国饲料，1998 (14).

[94] 张爱忠，卢德勋，姜宁等. 酵母培养物对绒山羊机体抗氧化能力的影响 [J]. 动物营养学报，2010 (3)：781 - 786.

[95] 刘井波，彭双清. 脂质过氧化作用与线粒体损伤 [J]. 中国预防医学杂志，2005 (2)：167 - 170.

[96] 李建明. 线粒体在活性氧诱导肠上皮细胞凋亡中的作用 [D]. 第三军医大学，2002.

第六章　草鱼肠道紧密连接结构与氧化油脂的损伤作用

第一节　主要研究结果

肠道是鱼体最大的消化吸收器官、最大的内分泌器官、最大的免疫防御器官，肠道也是鱼体器官损伤，尤其是氧化损伤的始发器官，而肠道屏障的结构完整性和功能完整性是肠道通透性、肠道健康维护的关键。肠道通透性增加可以通过黏膜细胞膜损伤与通透性改变（黏膜细胞通路），以及黏膜上皮细胞之间的紧密连接结构损伤与通透性改变（黏膜细胞间通路）而实现。因此，研究鱼体肠道黏膜细胞之间的紧密连接结构组成、结构损伤，以及损伤修复作用就具有非常重要的学术价值，也具有很好的应用技术研究价值。

一、观察到草鱼肠道黏膜细胞之间的紧密连接结构的存在

通过透射电镜（TEM），首次观察到草鱼中肠的紧密连接结构，其中肠上皮细胞断面高电子密度（黑色）连接线微绒毛一端为紧密连接结构，证实了草鱼肠上皮细胞间紧密连接物理性结构的存在。同时，也证实了饲料氧化鱼油、饲料丙二醛可以导致草鱼肠道紧密连接结构出现严重的损伤，组成紧密连接结构的蛋白质基因表达活性显著下调。池塘养殖草鱼再肠道发生病变时，其肠道黏膜细胞紧密连接结构蛋白基因表达活性显著下调。

二、组成肠道紧密连接结构的蛋白质基因克隆与组织表达差异分析

系统地在草鱼肠道组织中成功克隆出 *Claudin*-3、*Claudin*-12、*Claudin*-15*a*、*Claudin*-*b*、*Claudin*-*c*、*Occludin*、*ZO*-1、*ZO*-2*isoform* 2、*ZO*-3 部分基因片段（cDNA），为组成草鱼肠道紧密连接蛋白的基本组成。除 *Claudin*-12 以外（可能是由于本试验所克隆的基因序列编码氨基酸太短），其余各基因片段在物种间的氨基酸序列相似性结果显示，均与物种形态学和生化特征分类地位相吻合。组织表达分析表明，各基因在草鱼肝脏、脾和肠道中均有表达，其中，*Claudin*-12、*Claudin*-3 在肝脏中表达量较高，其可能是草鱼肝脏中较为重要的 *Claudin* 基因，*Claudin*-*c*、*Claudin*-15*a* 在肠道中表达量较高，其可能是草鱼肠道中较为重要的 *Claudin* 基因。

三、肠道病变的池塘养殖草鱼，肠道紧密连接结构组成蛋白质的基因表达活性显著下调

为了研究肠道损伤与肠道黏膜细胞紧密连接结构的关系，以池塘养殖条件下的草鱼为研

究对象，在对肠道损伤进行外观形态、组织切片评估的基础上，分别选取肠道健康和肠道损伤的草鱼，进行血清二胺氧化酶活力的测定，并采用荧光定量 PCR（RT-qPCR）方法，定量检测了构成肠道黏膜细胞紧密连接结构的 9 个蛋白基因的表达活性。结果显示，与健康草鱼比较，养殖草鱼肠道损伤后，肠道黏膜细胞 8 个紧密连接蛋白基因表达活性均出现下调，其中跨膜蛋白基因 *Claudin*-3、*Claudin*-12、*Claudin*-*b*、*Claudin*-*c*、*Claudin*-15*a*，外周膜蛋白基因 ZO-3 和闭锁蛋白基因 *Occludin* 的表达水平显著下调（$P<0.05$），只有外周膜蛋白基因 ZO-1 的表达水平上调。作为肠道通透性增加的标识性指标之一的血清二胺氧化酶活性显著增加。结果表明，池塘养殖草鱼在肠道病变、损伤的同时，会伴随着肠道黏膜细胞间紧密连接结构中细胞膜跨膜蛋白 *Claudins*、*Occludin*，以及细胞质中信号蛋白 ZOs 基因表达活性的显著改变，表现为黏膜细胞紧密连接结构的损伤、肠道黏膜细胞间通路通透性的增加，导致肠道屏障结构完整性损伤，肠道屏障通透性显著增加。

四、饲料氧化鱼油导致草鱼肠道黏膜细胞紧密连接结构严重损伤、肠道通透性显著增加

为了研究饲料氧化鱼油对草鱼肠道屏障结构和肠道通透性的影响，以豆油、鱼油、氧化鱼油作为饲料脂肪源，分别设计鱼油组（6F）、豆油组（6S）、2%氧化鱼油（2OF）、4%氧化鱼油（4OF）及 6%氧化鱼油（6OF）5 组等氮、等能的半纯化饲料，在池塘网箱养殖草鱼，平均体重（74.8 ± 1.2）g，共 72d。采用实时荧光定量 PCR（RT-qPCR）的方法，测定了草鱼肠道紧密连接蛋白中闭锁蛋白 *Occludin*，闭合蛋白 *Claudin*-3、*Claudin*-15*a* 和胞浆蛋白 ZO-1、ZO-2、ZO-3 的基因表达活性，并结合肠黏膜细胞间紧密连接结构透射电镜观察结果、肠道通透性标志性指标测定结果综合分析。

结果显示，在添加氧化鱼油后，①血清二胺氧化酶活性、内毒素和 D-乳酸含量都出现显著增加（$P<0.05$），表明肠道通透性显著增加。②组成肠黏膜细胞间紧密连接结构的闭合蛋白 *Claudin*-3、*Claudin*-15*a* 和胞浆蛋白 ZO-1、ZO-2、ZO-3 基因表达活性显著下调（$P<0.05$），而闭锁蛋白 *Occludin* 基因表达活性出现不同程度的下调，但差异不显著（$P>0.05$），显示肠道黏膜细胞之间的紧密连接结构损伤。③透射电镜观察结果显示肠黏膜细胞间紧密连接结构出现缝隙，再次证实饲料氧化鱼油可导致肠道黏膜细胞之间的紧密连接结构受到严重损伤。④饲料中的 AV 值、POV 值、MDA 含量与闭合蛋白 *Claudin*-3、*Claudin*-15*a*，胞浆蛋白 ZO-1、ZO-2、ZO-3 和闭锁蛋白 *Occludin* 基因表达活性均显示负相关关系的变化趋势，其中饲料 POV 值、MDA 含量与胞浆蛋白 ZO-1 基因表达活性呈极显著负相关关系（$P<0.05$）。

结果表明，在饲料中添加氧化鱼油后，氧化鱼油中的过氧化物、丙二醛等油脂氧化产物导致组成肠道黏膜细胞间紧密连接结构的蛋白基因表达活性显著下调、紧密连接物理性结构显著损伤，致使肠黏膜屏障结构的完整性被破坏、肠黏膜通透性显著增加。

五、饲料丙二醛导致草鱼肠道黏膜细胞紧密连接结构严重损伤、肠道通透性显著增加

为了研究饲料丙二醛（MDA）对草鱼肠道屏障结构和肠道通透性的影响。以豆油为饲料脂肪源，根据等氮、等能的原则，设置了一个对照组和 3 个 MDA 处理组的试验饲料，在池塘网箱养殖草鱼，平均体重（74.8 ± 1.2）g，共 72d。采用实时荧光定量 PCR（qRT-PCR）的方法，测定了草鱼肠道紧密连接蛋白中闭锁蛋白 *Occludin*，闭合蛋白 *Claudin*-3、

Claudin-15*a* 和胞浆蛋白 ZO-1、ZO-2、ZO-3 的基因表达活性，并结合肠黏膜细胞间紧密连接结构透射电镜观察结果、肠道通透性标志性指标测定结果进行综合分析。

结果显示，在添加 MDA 后，①血清二胺氧化酶活性、内毒素和 D－乳酸含量都出现显著增加（$P<0.05$）；②组成肠黏膜细胞间紧密连接结构的闭锁蛋白 *Occludin*、闭合蛋白 *Claudin*-3、*Claudin*-15*a* 和胞浆蛋白 ZO-1、ZO-2、ZO-3 基因表达活性显著下调（$P<0.05$）；③透射电镜观察结果显示肠黏膜细胞间紧密连接结构出现缝隙；④闭合蛋白 *Claudin*-3、*Claudin*-15*a*，胞浆蛋白 ZO-1、ZO-2、ZO-3 和闭锁蛋白 *Occludin* 基因表达活性与饲料 MDA 含量均显示负相关关系的变化趋势。

结果表明，饲料 MDA 会减少闭锁蛋白 *Occludin*、闭合蛋白 *Claudin*-3、*Claudin*-15*a* 的生成能力，削弱胞浆蛋白 ZOs 对紧密连接“锁扣”结构的“闭合”调控，致使紧密连接结构遭到破坏，导致肠黏膜通透性增加和肠黏膜屏障损伤，最终破坏肠道屏障结构和功能的完整性。再次证实了丙二醛是鱼油氧化产物中具有较大毒副作用的主要作用物质之一。

第二节　动物肠道黏膜细胞紧密连接结构研究进展

鱼类的肠道是其主要消化吸收场所，肠道健康与鱼体健康密切相关。肠黏膜上皮细胞之间的连接，又称为肠上皮连接，在维持肠道的正常生理功能方面起着关键作用，而紧密连接则是上皮连接最主要的连接方式。当肠黏膜上皮细胞之间的紧密连接发生变异，肠上皮细胞间隙通透性就会增加，细菌、内毒素及大分子物质就可通过紧密连接进入体循环，从而影响鱼体健康[1]。因此，对肠道紧密连接结构观察及其蛋白、基因表达活性的检测能快速、灵敏地反映紧密连接的变化，是研究肠黏膜损伤的重要方法之一。

一、肠上皮紧密连接结构、功能及在肠屏障中的作用

（一）肠上皮连接结构

现已知的上皮细胞黏附结构包括 4 种连接形式：紧密连接（Tight Junction）、黏附连接（Adherens Junction）、缝隙连接（Gap Junction）和桥粒（Desmosomes）。如图 6－2－1 所示，位于连接结构顶端的是紧密连接和黏附连接，统称为顶端紧密连接（AJC），由跨膜蛋白和肌动蛋白细胞骨架通过连接分子或者骨架蛋白相连而成，其中 *Claudin*、*Occludin*、JAM 通过 ZO 蛋白，E－钙黏蛋白通过连环素与细胞骨架相连。桥粒通过中间纤丝相互连接。缝隙连接之间形成特定管道，供不同细胞液中分子来回穿梭[2]。

（二）肠上皮紧密连接结构

1. 分子组成

紧密连接是一种由多种蛋白质构成的、动态的、多功能复合体，呈一狭长的带状结构，它将相邻的细胞以“拉链样”结构相吻合，使相邻的细胞膜紧靠在一起（图 6－2－2 红方框圈出的部分）。按分布部位不同分为两类：一类为细胞膜蛋白，它们位于细胞膜上，多为跨膜蛋白，如 *Claudin*、*Occludin*、JAM 蛋白等，它们是构成紧密连接选择性屏障的功能蛋白；一类为细胞质蛋白，它们位于细胞质中，如 ZO-1、ZO-2、ZO-3、cinglin、symplekin 等，它们可与多种蛋白质结合，将膜蛋白与肌动蛋白组成的细胞骨架连接起来，同时起到传递信

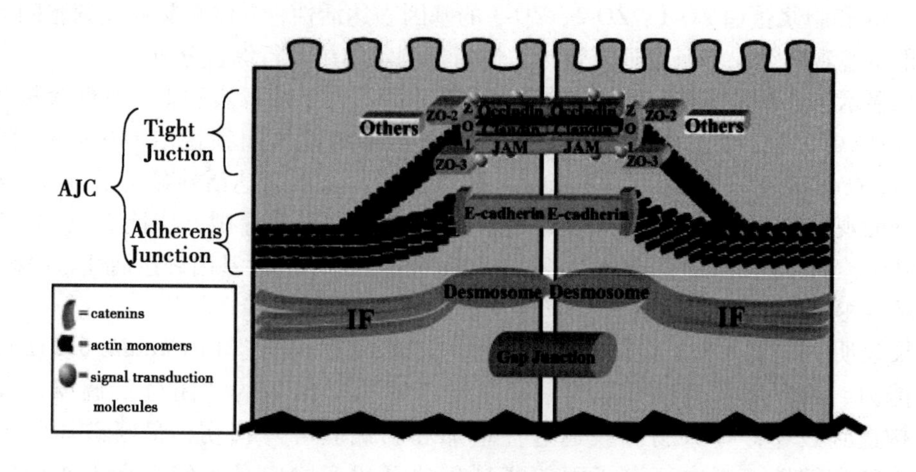

图 6－2－1　上皮细胞间的连接

Fig. 6－2－1　Epithelial intercellular junctions

号分子的作用[3]。

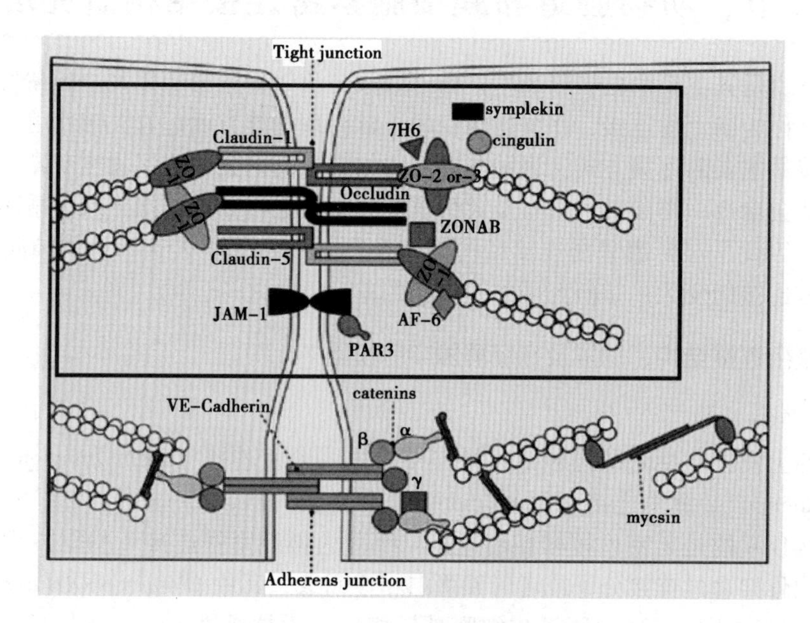

图 6－2－2　上皮细胞间的紧密连接

Fig. 6－2－2　Epithelial intercellular tight junctions

2. 透射电镜（TEM）结构观察

肠上皮连接在透射电镜下表现为一条条黑色的致密电子带，起始于上皮顶端，从绒毛根部向细胞内延伸，最顶端的一部分为紧密连接（图 6－2－3[4] 白圈处或者 TJ 标示处）。

（三）肠上皮紧密连接的生物学功能

肠道上皮细胞紧密连接的主要生物学功能：①维持细胞极性：上皮细胞的顶部和基侧膜的不同之处在于蛋白质和脂质的构成不同。由于顶部和基侧膜成分不同，从而将细胞分为不同的液性空间[5]。②维持通透性屏障作用：紧密连接调节着离子和大分子物质的跨细胞旁

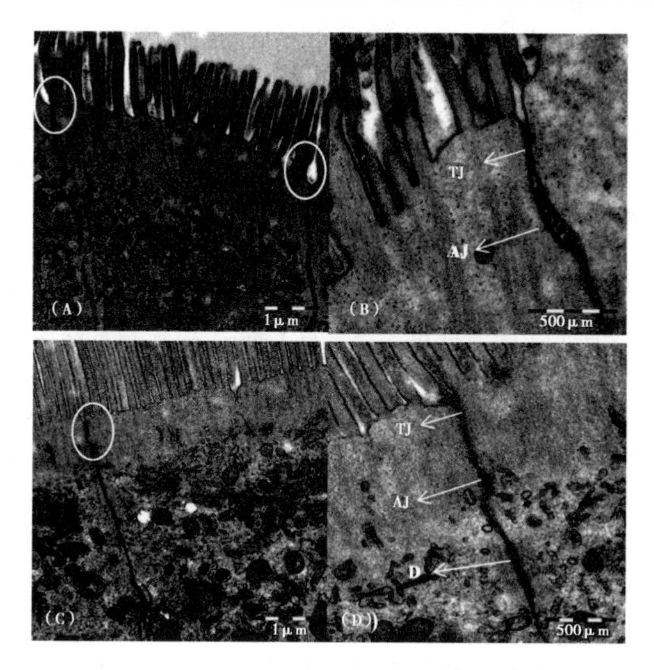

图 6-2-3　电镜透射的欧洲黑鲈后肠连接结构

Fig. 6-2-3　TEM micrographs of the junctional structures between enterocytes in the posterior intestinal region of European sea bass

TJ：紧密连接；AJ：黏附连接；D：桥粒

TJ，tight juntions；AJ，adhering junctions；D，desmosome

路的被动转运。细胞旁途径与跨细胞膜的物质转运相比更迅速，而且无需耗能，但只允许离子及小分子可溶性物质（如寡糖、氨基酸、多肽和各类激素等）通过，而不允许毒性大分子及微生物通过。肠道上皮细胞间 TJ 结构一旦受损，通透性就会增加，内毒素或微生物代谢产物可经肠黏膜进入体循环，引起肠道局部感染或脓毒症等全身性反应。

（四）影响肠上皮细胞紧密连接及肠屏障的因素

1. 细菌及其毒素

不同细菌可通过不同途径影响紧密连接通透性。例如，产气夹膜杆菌可通过其肠毒素改变 *Claudin* 蛋白的再分布，从而调节紧密连接的形成。弗氏痢疾杆菌血清型 2a 能将 *Claudin*-1 蛋白从其他蛋白中移除，而血清型 2a 及 5 则能调节 ZO-1、ZO-2 及 E-钙黏连素的表达，并使 *Occludin* 蛋白去磷酸化[6]。早期的 T84 细胞实验已证实，EPEC 可作用于 TJ 导致 ZO-1、*Occludin* 和 *Claudin*-1 蛋白的表达减少[7]。Chen 等[8]深入研究发现，肠毒素 A 是通过 PKC-α、PKC-β 的激活作用于 RhoA，进而引起 ZO-1 蛋白的重新分布。

2. 炎症细胞因子

多种炎症因子可损害肠上皮细胞屏障功能，导致肠黏膜通透性增高，包括 LPS、TNF-α、IFN-γ、IL-1、IL-2、NO 等。Willemsen 等[9]研究 IFN-γ 对闭合蛋白 *claudin*-2 表达的影响和肠上皮屏障功能之间的关系，发现 IFN-γ 通过不同作用机制影响 *claudin*-2 和 *Occludin* 的表达，破坏了肠上皮屏障，从而导致炎症性肠病（IBD）的发生。TNF-α 通过紧密连接破坏上皮屏障功能，同时在不存在紧密连接蛋白改变的情况下促进上皮细胞凋亡，表明 TNF-α 在肠道通透性增高方面起重要作用[10]。TNF-α 不仅能直接影响上皮细胞紧密连接蛋白表达及分布，并能与 IFN-γ 呈协同作用，诱导 MLCK 等紧密连接调节蛋白的表达[11]。

3. 酸中毒

当肠黏膜上皮细胞长期处于高酸环境时，细胞间紧密连接结构变得疏松。Naoki 等[12]研究发现，将肠上皮细胞置于 pH 值为 5.43 的条件下培养 24 h，可引起肠黏膜通透性增高，同时细胞内 ATP 含量显著降低，细胞代谢发生障碍。

4. 多价阳离子

许多种多价阳离子物质，如聚氮丙啶、聚赖氨酸等，均可影响上皮细胞间紧密连接的通透性。Tzyy-Harn 等 [13]研究了壳聚糖对人肠上皮 Caco-2 细胞系紧密连接的调控机制，结果表明，Caco-2 细胞系与壳聚糖共培养后，*Claudin*-4 由细胞膜向细胞质重新分布，与此同时，其在溶酶体中含量降低，在紧密连接中含量增加，从而增加了细胞旁路的通透性。因此，口服壳聚糖等多价阳离子物质，可能通过改变肠屏障功能，从而导致潜在的毒性物质或变应原性物质进入体内。

5. 双糖类物质

Mine 等[14]研究发现，食品级表面活性剂蔗糖单脂肪酸可增加紧密连接的通透性，缩短微绒毛，解散肌动蛋白以及紧密连接结构分离。将蜜二糖、二果糖酐Ⅲ和二果糖酐Ⅳ与大鼠肠上皮细胞共同孵育 30min 后，发现肠上皮细胞对 Ca^{2+} 净吸收增加，同时跨膜电阻抗呈剂量依赖性降低，表明不消化性双糖类物质可直接激活紧密连接通路，从而增加肠上皮细胞的通透性。

二、紧密连接蛋白及基因研究进展

随着河豚中 56 个 *Claudin* 亚型逐步被鉴定出，人们开始了对硬骨鱼类 *Claudins* 和 *Occludins* 蛋白的研究[15]。目前，斑马鱼的研究重点集中在紧密连接蛋白与胚胎和器官发生发展的关系上，其他硬骨鱼类则主要集中在紧密连接蛋白的渗透调节功能上，涉及的器官主要有鳃、肾、肠。有研究表明，环境的盐度对鲫鱼[16]和罗非鱼、大西洋鲑、三文鱼以及南方鲆[17]的 *Claudins* 和 *Occludin* 蛋白不论是转录水平还是翻译水平上都有一定的影响。Chasiotis 等[18]研究催乳素（prolactin：一种被认为在广盐性鱼类向淡水中过渡时起作用的激素）对虹鳟鳃细胞的影响，结果表明，催乳素影响了 *Occludin* 基因 mRNA 表达，降低了细胞旁路通透性。McDonald 等[19]指出，多种淡水鱼类暴露在酸性环境中会显著增加 Na^{+} 的流出，很有可能是由于其紧密连接被破坏所致。综上所述并结合影响肠上皮细胞紧密连接及肠屏障的因素，我们可以发现，目前鱼类肠道 TJ 的研究主要集中在酸性环境和离子吸收相关的渗透性调节方面，而细菌、内毒素以及炎症细胞因子对肠道 TJ 的影响研究较少。然而，在人、小鼠、家禽等哺乳动物上，细菌、内毒素以及炎症细胞因子对肠道紧密连接蛋白影响的研究还是比较广泛的。并且多与人类和动物的包括癌症在内的各种炎性肠病有关。接下来，将对 *Claudins*、*Occludin* 和 ZOs 基因的结构、功能、研究现状等进行简要综述。

（一）*Claudins* 结构、功能及研究进展

1. *Claudins* 结构

Claudin 是一多基因家族的蛋白质，在大鼠和人类中至少有 24 位成员，分子量在 22 ~ 27kDa。CLDN 含 4 个跨膜结构域，2 个细胞外环形结构和位于胞质中的 N 及 C 末端结构

域[20]。第一个环中的 grW'CC 模序，在所有的 *Claudin* 家族成员中都有所保留。存在于胞质中的 N 末端和 C 末端的尾巴，尽管在长度上保持一致，但是对于不同的 *Claudin* 成员，序列差异性很大，其中，在 C 末端有一段能被磷酸化的区域和一段 PDZ 连接区域，在信号传导上起了重要的作用。*Claudins* 直接作用于紧密连接膜相关蛋白的鸟苷酸激酶同工酶 ZO-1、ZO-2、ZO-3 以及富含 PDZ 结构域的蛋白并间接同 AF-6 和菌环蛋白作用，维持紧密连接特有的栅栏功能和屏障功能[21]。

2. *Claudins* 的组织表达

尽管 *Claudins* 存在于所有上皮细胞间和内皮细胞间，不同 *Claudins* 的组织分布具有特异性。哺乳动物肾单位中的渗漏性节段表达 *Claudin*-2，而相对紧密的远端小管表达 *Claudin*-7、-8[22]。大鼠肠道中 *Claudins* 的表达与相应节段的细胞旁屏障特性有关，结肠“紧密型”*Claudin*-1、-3、-4、-5、-8 呈强表达；十二指肠“紧密型”、-4、-5、-8 呈强表达，介导通透性的 *Claudin*-2、-7、-12 呈弱表达。回肠 *Claudin*-2、-7 呈强表达，空肠 *Claudin*-12 呈强表达，且无 *Claudin*-4、-8 表达[23]。Christoph Rahner 等[24]研究表明，*Claudin*-3 在大鼠肝脏、胰脏、肠道中均有表达。Hideki Chiba 等[25]指出，在非洲绿候肾细胞（COS-7）中，*Claudin*-12 和 -15 都有表达，其中 -15 具有较强表达。Fujita 等[26]指出 *Claudin*-15 基因在肠道上皮细胞的紧密连接中广泛表达。Tipsmark 等[27]指出，*Claudin*-15 和 -25b 是大西洋鲑肠道中主要表达的两种紧密连接蛋白。Kumai 等[28]分析了斑马鱼不同器官组织中 *Claudin-b*，*c* 的表达情况，结果表明 *Claudine* 在心、肝、肠、肾中有表达，其在肠道中表达量很高；*Claudin-b* 在心、肠、肾、鳃、眼和肌肉中有表达，分布没有显著的组织特异性。

3. *Claudins* 的渗透调节功能

Claudins 对细胞连接处选择渗透性的调节主要通过蛋白激酶途径实现。蛋白激酶 A（PKA）或蛋白激酶 C（PKC）作用于 *Claudins* 上特定氨基酸靶点，一般以丝氨酸、苏氨酸为主。以点突变技术使 *Claudin*-1 的 PKA 磷酸化位点缺失可使 *Claudin*-1 转移进入细胞核，提示 PKA 可通过磷酸化作用调控 *Claudin*-1 的细胞内定位[29]。在大鼠脑神经胶质瘤模型中，血脑肿瘤屏障（BTB）的开放是由 TJ 蛋白 *Occludin*、*Claudin*-5 和细胞骨架蛋白 F-actin 表达下调所致，上述蛋白下调伴 PKA 表达水平显著减低，提示 cAMP/PKA 信号通路可能参与了 BTB 的破坏，其下调可能导致 *Claudin*-5 磷酸化水平降低和表达下调[30]。

在渗透调节中，不同 *Claudin* 蛋白对离子具有交换选择性。Furuse 等[31]研究表明，*Claudin*-2 在狗肾细胞的过表达可增加阳离子的渗透性，而 *Claudin*-4 则刚好相反。*Claudins*-8[32]，-11[33]和 -14 能增加阳离子的渗透性，而 *Claudin*-7，-15 则降低阳离子或者增加阴离子的渗透性[34]。事实上，在脊椎动物各上皮转运组织中，不同 *Claudin* 蛋白对不同离子交换选择性地维持了各组织对大范围离子浓度梯度的适应性，就像 *Claudin*-8，其维持了Na^+浓度大范围波动时组织的稳定性[35]。

4. *Claudins* 研究进展

（1）*Claudin*-3 的研究进展。目前，国内关于 *Claudin*-3 的研究主要集中在乳腺癌、卵巢癌、肾癌、膀胱癌等人类癌症上，并且相对集中在 *Claudin*-3 蛋白的研究上，而在鱼类上的研究甚少。王刚[36]等在 *Claudin*-3 表达对膀胱移性细胞癌（TCCB）的影响研究中指出，TCCB 组 *Claudin*-3 mRNA 和蛋白表达水平均明显低于非肿瘤组，提示 *Claudin*-3 与 TCCB 的发生密切相关，*Claudin*-3 在膀胱肿瘤的发生中起抑制作用。而李传应[37]等指出，*Claudin*-3、-4蛋白及 *Claudin*-4 mRNA 在卵巢癌中表达强于良性肿瘤，*Claudin*-3、-4 表达增强与原发性卵巢癌的发生、发展、转移密切相关。

除了癌症方面的研究，国外在鱼类上也有一定的研究，主要集中在外界环境（如压力、盐度、酸度等）对 *Claudin*-3 和 *Occludin* 基因表达活性的影响上。如 Tipsmark 等[38]测定了三文鱼鳃、肠道、肾三个组织中 *Claudin*-3 基因 mRNA 的表达水平以及在外界盐度适应过程中的变化。结果表明，*Claudin*-3 基因 mRNA 在肾脏中表达最高，并且在从淡水过渡到海水的过程中，其表达增强，提示，在三文鱼适应海水过程中肾脏紧密连接的重建可能与 *Claudin*-3 有关。Clelland 等[39]研究了盐度和空间限制对河豚肠道 4 个 *Claudin*-3 亚型（a，b，c，d）mRNA 表达水平的影响。结果证明了鱼类的 *Claudin*-3 参与了其对水、盐自我调节的过程，并推测 *Claudin*-3 很可能在调节溶质进行跨上皮细胞的旁路转运中扮演重要角色。

（2）*Claudin*-12 的研究进展。Kumai 等[40]指出，斑马鱼在接触酸性水体 14d 中，*Claudin*-12 表达没有显著变化。Clelland 等[41]指出，斑马鱼卵巢滤泡从卵黄前体到中后期卵泡的形成过程中，*Claudin* 12 基因表达水平变化不明显。Mireille Be'langer 等[42]将脑血管内皮细胞置于含 5mM 氨离子环境中培养 72h，结果发现，牛磺酸转运载体和肌酐转运载体基因的 mRNA 表达水平分别增加了 2 倍和 1.9 倍，与此同时，*Claudin*-12 mRNA 的表达显著降低到对照组的66.7%，提示高血氨增加了脑血管的渗透调节以及能量缓解物质的输入，同时，可能影响到脑血管紧密连接的完整性。Fujita 等[43]，在 Caco-2 细胞中加入维生素 D_3 共培养，发现维生素 D_3 能够诱导 *Claudin*-2 和 *Claudin*-12 基因的表达，然而，将这两个基因敲除则会损伤由维生素 D_3 介导的转运。

（3）*Claudin*-15a 的研究进展。目前，对于 *Claudin*-15a 的研究甚少，对于 *Claudin*15 的研究较多。Tipsmark 等[27]研究大西洋鲑在刚由河水进入海水阶段、海水适应阶段以及激素刺激下，其后肠 *Claudin*-15 和 -25b 基因的表达变化。结果发现，大西洋鲑在刚由河水进入海水阶段，*Claudin*-15 和 -25b 基因表达无变化，而在海水适应阶段都表达增强，与此同时，在河水中皮质醇和生长激素均能抑制 *Claudin*-15 和 -25b 基因的表达。有研究表明，*Claudin*-15 在维持肠道屏障和调节渗透压方面具有重要功能。Zili Lei 等[44]指出，EpCAM 突变小鼠肠道屏障功能会受到损伤，可能主要是由于 *Claudin*-2、-3、-7、-15 蛋白表达减少。Tamura 等[45]指出，*Claudin*-2 和 *Claudin*-15 蛋白主要负责对钠离子的选择性渗透。*Claudin*-15 基因突变小鼠的肠道对 NaCl 的稀释能力减弱，其中对 Cl^- 的细胞旁路渗透力不变，而对 Na^+ 的细胞旁路渗透力明显降低。此外，*Claudin*-15 在肠道的形态发展中起一定的作用。Hardison 等[46]指出，*Claudin*-15 在肠道形成过程中保证了空腔的形成，起着至关重要的作用。

（4）*Claudin*-b，-c 的研究进展。目前，已知的 *Claudin*-b，-c 蛋白质、核酸序列信息很少，在 NCBI 的数据库里搜索后发现，*Claudin*-b，-c 在蛋白质数据库里只有斑马鱼和鲫鱼的序列信息，在核酸数据库里，只有斑马鱼、斑点叉尾鮰、蓝鲶鱼和鲫鱼等鱼类的序列信息。因此，国内外关于 *Claudin*-b、-c 的研究较少，主要集中在斑马鱼、虹鳟鱼上。Kumai 等[40]研究发现，斑马鱼在接触酸性水体 14d 中，14 种 *Claudin* 和 2 种 *Occludin* 的表达都在某些特定的时间点或多或少受到影响。其中，*Claudin*-b，-e，-g 和 -7 在刚开始接触酸性水体的

24h 内，表达显著增强，尤其是 *Claudin*-b；*Claudin*-c，-d，-h 在接触酸性水体后期，表达显著增强，尤其是 *Claudin*-h。Clelland 等[47]研究了斑马鱼卵巢滤泡形成各阶段各种紧密连接蛋白基因的表达水平。结果表明，从卵黄前体到中后期卵泡的过程中，*Claudin*-b 的基因表达水平显著降低。Chasiotis 等[48]研究了皮质醇刺激下，金鱼、虹鳟鳃细胞中紧密连接蛋白基因的变化。结果发现，对于金鱼的鳃细胞，在 100ng/mL、500ng/mL 和 1 000ng/mL 剂量的皮质醇刺激下，上皮防御能力得到加强，细胞旁路流量减少，但是，在各剂量下，*Occludin*、*Claudin*-b，-c，-d，-e，-h，-7，-8d 和-12 以及 ZO-1 基因的变化都出乎意料的小，只有在 1 000 ng/mL 剂量下，*Claudin*-c，h，和 ZO-1 的表达才明显减弱。而对于虹鳟，在 500ng/mL 剂量的皮质醇刺激下，上皮的紧密连接就得到明显的增强，其紧密连接相关蛋白 *Occludin*、*Claudin*-30，-28b，-3a，-7，-8d 和-12 的表达明显增强。在这两种鱼上，同样的刺激出现不同的结果，很有可能是因为金鱼属于窄盐性鱼类，皮质醇对其细胞旁路通透性影响不明显。

（二）*Occludin* 结构、功能及研究进展

1. *Occludin* 结构

Occludin 是第 1 个被发现的定位于紧密连接的跨膜蛋白，相对分子质量（65 ~ 68） × 10^3，mRNA 全长 2 379bp，基因定位于人类染色体 5q13. 1[49]。4 个跨膜结构将 *Occludin* 分为 2 个细胞外环和 2 个细胞内环。两个细胞外环分别含 46 和 48 个氨基酸，化学性质独特，尤其是第 1 个细胞外环（靠近氨基端），酪氨酸和氨基己酸约占 65%。其细胞质内的 N 末端为含 65 个氨基酸的多肽，细胞内环含 10 个氨基酸，C 末端约含 255 个氨基酸。*Occludin* 蛋白主要集中于紧密连接纤维内，有一小部分 *Occludin* 蛋白沿着细胞侧膜分布，不进入纤维内[50]。

2. *Occludin* 的功能及研究进展

有研究表明，在致病性大肠杆菌感染，氧化应激及乙醛等化学物质破坏后，人结肠癌上皮细胞株 -2 单层细胞的 *Occludin* 蛋白发生酪氨酸磷酸化，丧失了与 ZO-1 和 ZO-3 结合的能力[51]。有研究发现，脑缺血导致 *Occludin* 蛋白的酪氨酸磷酸化，ZO-1 的表达显著减少，引起血脑屏障的功能紊乱，在动物脑缺血模型中，使用 RNA 沉默基质金属蛋白酶 29（MMP29）基因，能上调 *Occludin* 蛋白的表达，从而起到对脑缺血的治疗作用[52]。促炎细胞因子，如肿瘤坏死因子 α（TNF-α）、IL-1、γ-干扰素（IFN-γ）等可参与调节 *Occludin* 蛋白。有研究表明，TNF-α 可增加肠上皮细胞细胞旁的通透性，降低肠上皮细胞屏障的跨上皮电阻。加 TNF-α 后，可引起 *Occludin* 蛋白分布异常，使其不能定位在 TJ 上发挥功能，从而引起 TJ 的断裂[53]。IFN-γ 由辅助性 T 淋巴细胞和 NK 细胞产生，是巨噬细胞和中性粒细胞的激活物，能促进炎症的发生。IFN-γ 能抑制上皮细胞膜 Na^+、K^+ ATP 酶活性、降低 *Occludin* 基因表达、改变 *Occludin* 等 TJ 蛋白的分布等[54]。Kucharzik 等[55]指出，患有溃疡性结肠炎和克罗恩病的病人 mRNA 水平和蛋白水平 *Occludin* 蛋白的表达均显著下调，*Occludin* 蛋白很可能参与了 IBD 的发病。Hermiston 等[56]实验发现，敲除上皮细胞 *Occludin* 蛋白基因，动物会出现类似 IBD 的肠道病理变化。McDermott 等[57]观察到，线虫感染能诱导正常小鼠空肠上皮细胞的 *Occludin* 蛋白表达减少和移位，肠黏膜通透性增高，说明线虫感染通过诱导肥大细胞释放特异性蛋白酶，损伤 *Occludin* 蛋白，从而影响肠黏膜屏障功能。而益生菌粘附肠黏膜上皮细胞后，能诱导肠黏膜上皮细胞 *Occludin* 等 TJ 蛋白的表达，起到保护肠黏膜的

作用[58]。

（三）ZOs 的结构、功能及研究进展

1. ZOs 结构

细胞质蛋白 zona occludens（ZOs）蛋白有 ZO-1、ZO-2 和 ZO-3 三种异构体，它们同属于膜相关的鸟氨酸激酶（membrane-associated guanylate kinase homologs，MAGUK）家族，用于连接 TJ 和肌动蛋白骨架[59]。ZO-1 是肠道上皮细胞第 1 个被鉴定出来的 TJ 相关蛋白，相对分子质量为 220kDa，ZO-2、ZO-3 相对分子质量比较小，分别为 160kDa 和 130kDa，ZO 蛋白结构相似，包括多种不同类型的蛋白质—蛋白质相互作用的结构域，其中有 3 个 PDZ 结构域和 1 个 SH3 结构域，1 个能够降解鸟苷酸激酶的 GUK 结构域[60]。

2. ZO-1 功能及研究进展

ZO-1 不仅表达于紧密连接，而且表达于粘附连接，但 ZO-2 仅表达于紧密连接。ZO-1 的 C 末端则可结合肌动蛋白和应激纤维，从而将闭合蛋白 *Claudin*、*Occludin* 和肌动蛋白骨架系统连接在一起，构成稳定的连接系统[61]。ZO-1 的 N 末端与 AF-6 的 Ras 结合域连接，Ras 激活后则可抑制这种作用。ZO-1 的 N 末端可直接与 α-连锁蛋白（catenin）或细胞质 E-钙黏连素结合（但不能与 β-连锁蛋白结合），这似乎构成不同细胞间的另一条与肌动蛋白细胞骨架的连接方式，介导紧密连接的开启和闭合[62-64]。

通过对 ZO-1 表达缺乏小鼠的观察，发现是 ZO-1 而不是 ZO-2 在紧密连接的形成过程中起着关键作用[65]。培养的上皮细胞如 IEC-6 在细胞达到融合后，可检测到 ZO-1 表达，在未融合的细胞则检测不到 ZO-1 表达[66]。大鼠黏膜肥大细胞水解酶 RMCP-1（rat mast cell protease-1）能通过影响紧密连接蛋白 ZO-1 和 *Occludin* 的重新分布而改变单层细胞的通透性[67]。有一些细胞因子，如 γ-干扰素、肿瘤坏死因子（TNF）可通过影响 ZO-1（而不是 ZO-2）和 *Occludin* 的表达而降低肠上皮细胞的屏障功能[68]。

3. ZO-2 isoform 2/3 功能及研究进展

目前，对 ZO-2 isoform 2 的研究甚少，对 ZO-2 的研究较多。研究表明，ZO-2 对肠道上皮细胞正常屏障功能具有重要的作用。ZO-2 与 ZO-1 结构域类似，可结合到 DNA 骨架蛋白骨架黏附因子 B 和转录因子 Fos、Jun、C/EBP 和 c-myc 等，穿梭于细胞核与细胞膜，进行信号的传递[69]。Sandra Hernandez 等[70]研究了 ZO-2 基因沉默的狗肾细胞所产生的影响，结果表明，ZO-2 基因沉默增加了单分子层细胞旁通路中葡萄糖的流量，降低了上皮紧密连接对电荷载体的抵抗力；与此同时，还影响了紧密连接和黏附连接蛋白的表达，使得细胞膜中 *Occludin* 和 E-cadherin 蛋白表达量降低，并推迟了 ZO-1、*Occludin* 和 E-cadherin 向细胞膜的转移过程。ZO-2 基因敲除小鼠相关研究显示，ZO-2 可以对其他细胞周期调控因子进行调控，如 ATR、Chkl、Mad2、NBS、RadS0、BRCA1、BRCA2 和 Rad51。这些细胞因子在小鼠发育过程中是必不可少的，可能与相关信号转导通路有关。ZO-3 对小鼠的发育过程并无明显影响[71]，但 ZO-3 对斑马鱼胚胎发育以及降低其表皮屏障功能有重要的作用[72]。

第三节　草鱼中肠紧密连接结构的电子显微镜观察

一、材料与方法

（一）试验材料

1. 试验鱼

试验鱼体重为 20～40g，饲养于苏州大学室内循环系统，空气增氧，水温（25.0±3.0）℃、溶解氧维持 5～7mg/L。实验鱼来源于常州芙蓉镇一鱼塘，鱼体消毒后，即刻挑选体格健壮、规格整齐者转入养殖系统。前 2 周，使用实验室自制的强化饲料（含有修复肠道、肝胰脏损伤的物质，如牛磺酸、谷氨酰胺、肉毒碱等，参考发明专利：ZL 201210585756.9）饲养，待其状态稳定后，逐渐更换饲料，使用自制的含蛋白质 28%、油脂 4% 的通用配合饲料饲养，每天 9：00 和 16：00 投喂 2 次。

2. 主要试剂

2.5% 戊二醛：pH 值为 7.2 的 0.1mol/L 磷酸缓冲液与 25% 戊二醛水溶液按照体积比 9：1 混合；PBS（pH7.4）：NaCl 8g；KCl 0.2g；Na_2HPO_4 1.44g；KH_2PO_4 0.24g；定容至 1 000mL。

3. 主要仪器设备

超薄切片机型号：德国徕卡 Leica EM-UC6；透射电镜机型号：H-600。

（二）试验方法

随机取 3 尾草鱼中肠部分，侧面剪开中肠，PBS 轻轻洗净肠道表面，刀片截取中间部分，2.5% 戊二醛过夜固定，经锇酸固定、丙酮脱水、包埋、聚合等处理后透射电镜（TEM）观察。

二、结果

如图 6－3－1 所示，通过透射电镜对草鱼中肠的结构观察，可见完整的肠道微绒毛（图 6－3－1A，B，C）以及肠上皮细胞层（图 6－3－1F），在上皮细胞层的侧面有一道道黑色连接线，在放大倍数下，能看到连接线处有致密的黑点（图 6－3－1F）。

三、讨论

可以确定肠上皮细胞层的断面黑色连接线的为肠道上皮细胞之间的连接，其顶部（图中黑色箭头处）为紧密连接；在放大倍数下，细胞侧线之间和两侧胞质内均可见致密黑点，应为肠道上皮细胞之间的紧密连接结构。

四、小结

本试验通过透射电镜（TEM），首次观察到草鱼中肠的紧密连接结构，其中肠细胞侧面黑色连接线顶部为紧密连接，证实了草鱼肠上皮细胞间紧密连接的存在。

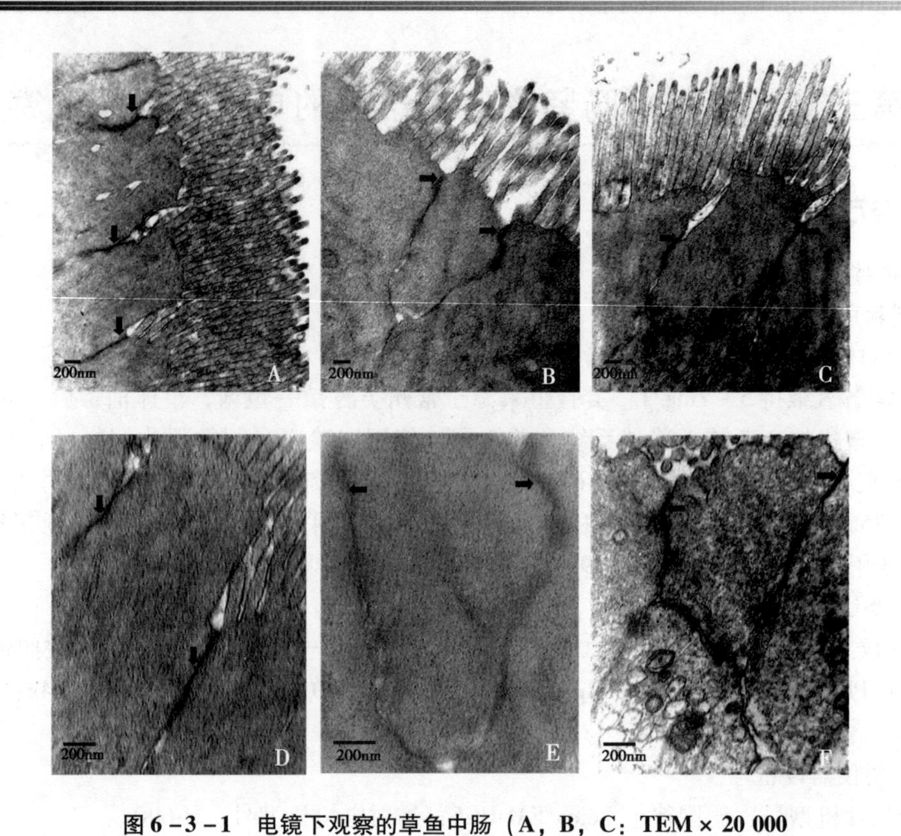

图 6-3-1　电镜下观察的草鱼中肠（A，B，C：TEM × 20 000 D，E，F：TEM × 40 000）

Fig. 6-3-1　TEM of the middle intestine of grass carp（A，B，C：TEM × 20 000 D，E，F：TEM × 40 000）

第四节　草鱼肠道紧密连接蛋白基因克隆及组织表达分析

一、材料与方法

（一）试验材料

1. 试验鱼

试验鱼体重为 20 ~ 40g，饲养于苏州大学室内循环系统，空气增氧，水温（25.0 ± 3.0）℃、溶解氧维持 5 ~ 7mg/L。实验鱼来源于常州芙蓉镇一鱼塘，鱼体消毒后，即刻挑选体格健壮、规格整齐者转入养殖系统。前 2 周，使用实验室自制的强化饲料（含有修复肠道、肝胰脏损伤的物质，如牛磺酸、谷氨酰胺、肉毒碱等，参考发明专利：ZL 201210585756.9）饲养，待其状态稳定后，逐渐更换饲料，使用自制的含蛋白质 28%、油脂 4% 的通用配合饲料饲养，每天 9：00 和 16：00 投喂 2 次。

2. 主要试剂

主要试剂见表 6-4-1。

表 6-4-1　试验试剂

Tab. 6-4-1　Experimental reagents

试验试剂	产家
无水乙醇	国药集团
冰醋酸（95%）	国药集团
氯仿	国药集团
异丙醇	国药集团
DEPC	上海生工生物工程有限公司
Agarose 琼脂糖	上海生工生物工程有限公司
溴化乙啶（EB）	上海生工生物工程有限公司
RNA 提取试剂盒（RNAiso Plus）	日本 TaKaRa 公司
DNA 酶Ⅰ（DNase Ⅰ）	日本 TaKaRa 公司
100 bp DNA marker	日本 TaKaRa 公司
M-MLV 反转录酶	日本 TaKaRa 公司
pMD-19T 载体	日本 TaKaRa 公司
SYBR® Premix Ex Taq™ Ⅱ（Perfect Real Time）	日本 TaKaRa 公司
普通琼脂糖凝胶回收试剂盒	北京天根生物技术有限公司
质粒快速抽提试剂盒	北京天根生物技术有限公司
LB 培养基	北京天根生物技术有限公司
氨苄青霉素	北京天根生物技术有限公司

3. 主要试剂的配制

0.1% DEPC 水：1 000mL 超纯水中加入 1mLDEPC，磁力搅拌 1～2h，待油珠消失后，121℃高压灭菌 30min。

PBS（pH 值为 7.4）：NaCl 8g；KCl 0.2g；Na_2HPO_4 1.44g；KH_2PO_4 0.24g，定容至 1 000mL。

75% 乙醇：150mL 乙醇，50mL DEPC 水配制，配制后 -20℃保存备用。

50×TAE Buffer（pH8.5）：Tris 24.2 g、Na_2 EDTA·$2H_2O$ 3.72g，加入约 70mL 的双蒸水，充分搅拌溶解，加入 5.71mL 的醋酸，充分搅拌，定容至 100mL。

100mg/mL 氨苄青霉素：5g Ampicillin 置于烧杯中，加入 40mL 灭菌水，充分混合后定容至 50mL，0.22μm 滤膜过滤除菌。

LB 液体培养基：称取胰蛋白胨 10g、酵母提取物 5g、NaCl 10g 置于烧杯中，加入蒸馏水 800mL，搅拌使药品全部溶化，定容至 1 000mL，分装、加塞、包扎，高压蒸汽 121℃灭菌 30min，即为 LB（A^-）液体培养基；待冷却至 60℃左右，添加氨苄青霉素，使其浓度为 100μg/mL，即为 LB（A^+）液体培养基。

LB（A^+）固体培养基：称取胰蛋白胨 10g、酵母提取物 5g、NaCl 10g、琼脂粉 15g，加入蒸馏水 600mL，全部溶化后，定容至 1 000mL，分装、加塞、包扎，高压蒸汽 121℃ 灭菌 30min，待冷至 60℃ 左右，迅速混匀，倒板，紫外灭菌 15～20min，封膜，4℃ 保存。

4. 相关耗材前处理

所有的玻璃器皿、剪刀、镊子等解剖器材均应在使用前超声清洗，双蒸水冲洗后烘干，包上锡箔纸，于 180℃ 高温干烤 4h 以上。

Eppendorf 管用 0.1% DEPC 水在大烧杯中浸泡过夜（12h 以上），牛皮纸封口后用高压灭菌除去残留的 DEPC。

有机玻璃的电泳槽等，用去污剂洗涤，双蒸水冲洗，晾干。

（二）实验方法

1. 采样

随机选取试验鱼 6 尾，酒精棉擦拭腹部对其进行消毒后，分别采其肝胰脏、脾脏以及肠道组织，液氮速冻，－80℃ 冰箱保存。

2. RNA 提取与反转录

取 6 尾鱼的肝脏、脾脏和肠道样本，各组织分别随机两两混合，设 3 个重复，提取总 RNA，反转录得到的 cDNA 作为组织表达分析样本，其中肠道 cDNA 也作为基因克隆的模板。具体操作步骤如下。

（1）RNA 提取步骤

①取速冻组织块适量 50～100mg，样品总体积不能超过所用 Trizol 体积的 10%，加入含 1mL Trizol 的 Dorf 管中，冰浴匀浆混匀，超净台中移入 EP 管，室温静置 5min。

②加入 200μL 氯仿，上下颠倒混匀 15s，室温静置 5min，4℃ 12 000r/min 离心 15min。

③取上清，加入与上清等体积的异丙醇，上下颠倒混匀 15s，室温静置 10min，4℃ 12 000r/min 离心 10min。

④弃上清，加入 75% 乙醇 1mL 洗沉淀，4℃ 12 000r/min 离心 5min。

⑤弃上清，室温干燥 5min。

⑥DNase I 消化处理：依次向离心管底部加入 DEPC 水 42.5μL、10 × DNase I Buffer 5μL、RNase Inhibitor（40U/μL）0.5μL、DNase I（RNase-free，5U/μL）2μL，37℃ 孵育 20～30min。

⑦稀释到 100 μL，加入等体积的苯酚/氯仿/异戊醇（25：24：1）混匀。

⑧室温，12 000r/min 离心 10min，取上清，加入等体积的异丙醇混匀；4℃，12 000r/min 离心 10min，弃上清。

⑨加入 1mL 的 75% 冷乙醇洗净，4℃，12 000r/min 离心 5min，弃上清。

⑩沉淀干燥，用适量的 DEPC 水溶解。

（2）1% 琼脂糖凝胶电泳检测总 RNA 质量

称取 0.15g 琼脂糖置 250mL 三角瓶内，加入 15mL1 ×TAE，微波炉加热至完全溶化，冷却至 60℃ 以下，加入 0.5 μL EB 混匀，倒入制胶槽，插上梳子，待凝固后手持梳子两端平稳将其拔出，将胶板浸入电泳槽中。检测物 1μL 与上样缓冲液（溴酚蓝）0.2 μL 混合后上样 1μL，同时加 5 μL Maker，120V 电泳 25min。紫外凝胶成像系统观察、拍照。照片中可见 28S、18S、5S 三条带，无 DNA 污染条带，无明显降解条带，则表明提取的总 RNA 纯度较高、较完整。

（3）OD 值测定

1μL 总 RNA 中加入 99μLTE 缓冲液将其稀释 100 倍，采用 Bio-Rad 蛋白核酸分析仪测定稀释后的总 RNA 浓度及其在 λ_{260nm} 和 λ_{280nm} 的吸光值。根据 $OD_{\lambda 260}/OD_{\lambda 280}$ 的比值来检测总 RNA 质量，OD 比值在 1.8 ~2.0 则表明 RNA 质量较好。RNA 浓度（μg/ mL） = 浓度 × 稀释倍数（100）。

（4）反转录

反转录反应以 1μg 总 RNA 为模板，加入 1μL 50μM Oligo dT 引物，Rnase free H_2O 补足至 10μL 体积，混匀后 70℃热变性 10min，立即置于冰上急冷 2min 以上。

离心数秒使模板/引物的变性溶液聚集于管底，依次加入：5 × M-MLV Buffer 4μL、dNTP mixture（10mM）1μL、RNase Inhibitor（40U/μL）0.5μL、RTase M-MLV（200 U/μL）1μL、RNase free H_2O 3.5μL，使最终体积为 20μL，混匀后于 42℃孵育 60min，70℃ 15min 后，冰上终止反应，－20℃保存备用。

3. 引物设计

（1）基因克隆引物 PCR 设计

根据本实验室草鱼肠道转录组测序结果，采用 Primer Premier 5.0 软件设计引物如表 6 －4 －2 所示。

表 6 －4 －2　基因克隆 PCR 引物

Tab. 6 －4 －2　PCR Primers for gene cloning

基因名称 Gene Name		引物（5′to 3′） Primer（5′to 3′）	扩增长度（bp） Length（bp）
Claudin-3	F：	CTGTCTGCCACCACCAATAG	1 291 ~1 402
	R：	CGGTCATCGCCATCATCTT	
Claudin-b	F：	GGTGTCTGCTGGGCTTCA	774
	R：	TTGTCCTTGTTGTCTTTGTGC	
Occludin	F：	TGGACAGACGCCGACAC	1 143 ~1 426
	R：	GCTACGGAGGTTCTTATGGAG	
ZO-1	F：	AGCAATGACCCTGATGGG	299 ~423
	R：	ATGACTGGGAGGTTTCACTTT	
ZO-2 isoform 2	F：	TGGGACATTGGGAGTTACAG	762
	R：	GGATACAGCGGATGAGGG	
ZO-3	F：	TGGGCAATGATCTACACGAA	419
	R：	TGCTATCCGCCTAACCGT	
Claudin-12	F：	CTAAGGGGCACCTGCTACA	235
	R：	TGCTGGGCACCGCTAT	
Claudin-15a	F：	GGATGATTTTGGAGCCTGTG	490
	R：	GGGTAGAGCGGGTTGAAGA	

（续表）

基因名称 Gene Name		引物（5′to 3′） Primer（5′to 3′）	扩增长度（bp） Length（bp）
Claudin-c	F：	GAGTGACAATGGACACCGAA	662
	R：	GGAGGGAATCTGGATGAGC	

（2）实时荧光定量 RT-PCR 引物设计

根据克隆获得的 *Claudin*-3、*Claudin*-12、*Claudin*-15a、*Claudin*-b、*Claudin*-c、*Occludin*、ZO-1、ZO-2 isoform 2、ZO-3 基因部分序列以及 Genbank 中已公布的草鱼 β-Actin 基因（DQ211096），采用 Primer Premier 5.0 软件设计引物如表 6－4－3 所示。

表 6－4－3　RT-qCR 引物

Tab. 6－4－3　Primers for quantitative real-time PCR

基因名称 Gene Name		引物（5′to 3′） Primer（5′to 3′）	扩增长度（bp） Length（bp）
ZO-1	F：	CCAGGACAGAGTCAGTGGAGA	92
	R：	TGGGGTCAGTGCAGGTTT	
ZO-2 isoformz	F：	GTCGTTAGAGGTCATTTCGTCA	119
	R：	CCAGCAGCACAATCAGCAGT	
ZO-3	F：	TTGTCATTTTGGGTCCTCTG	147
	R：	CTATCCGCCTAACCGTGTC	
Occludin	F：	TGGGTGAATGATGTGAATGG	184
	R：	AACCGCTGCTCAGTGGGAC	
Claudin-12	F：	CTAAGGGGCACCTGCTACA	154
	R：	TGGGGTGTTCACAGTTGTTT	
Claudin-15a	F：	ACAGATTCTCGTACAGGGTTGA	230
	R：	CGGTTGTTGAAGTCGTTGC	
Claudin-3	F：	TCGGTGGATTGTACTTCTTCTC	164
	R：	CCAAATCACTCGGGACTTCTA	
Claudin-c	F：	GTGGTGGGCTGAGTAGGCT	111
	R：	GCTGCTGCGGCTCTGTT	
Claudin-b	F：	ACAGACTTCGTGGGAGGGA	137
	R：	CGATGGCAATGATGGTGAGA	
β-Actin	F：	CGTGACATCAAGGAGAAG	182
	R：	GAGTTGAAGGTGGTCTCAT	

4. 目的基因克隆

（1）回收：用表 6－4－2 中相应的引物分别对 *Claudin*-3、*Claudin*-12、*Claudin*-15a、*Claudin*-b、*Claudin*-c、*Occludin*、ZO-1、ZO-2 isoform 2、ZO-3 基因进行 PCR，产物用 1% 的琼脂糖凝胶电泳，按照天根普通琼脂糖回收试剂盒对 DNA 进行回收纯化。

①PCR 反应体系（25 μL）如下：

灭菌蒸馏水	17.3μL
TaKaRa Ex Taq（5 U/μL）	0.2μL
10×Ex Taq Buffer（Mg^{2+} Plus）	2.5μL
dNTP Mixture（各 2.5 mM）	2μL
模板 DNA（λDNA）	1μL
上游引物（20μM）	1μL
下游引物（20μM）	1μL
	Total 25μL

②PCR 反应条件如下：

94℃ 4min

94℃ 30 sec
T℃ 30 sec } 30 Cycles
72℃ 1min

72℃ 10min

4℃　forever

Claudin-3、*Claudin*-12、*Claudin*-15a、*Claudin*-b、*Claudin*-c、*Occludin*、ZO-1、ZO-2 isoform 2、ZO-3、Actin 各基因的退火温度 T 依次为 55℃、54℃、55℃、53℃、55℃、56℃、53℃、55℃和 53℃。

③PCR 产物割胶回收纯化

a. 向 50μL 反应液中加入 10 μL 6×loading buffer，混合后上样，1% 琼脂糖凝胶 100V 电泳 45min，EB 染色，紫外凝胶成像系统中迅速割取单一目的条带，放入干净的 1.5mL 尖头离心管中，称取重量。

b. 向胶块中加入 3 倍体积 NI－溶胶液（如凝胶重为 0.1g，其体积可视为 100μL，依此类推）。50℃水浴放置 5～10min，期间不断温和地上下翻转离心管，以确保胶块充分溶解。

c. 胶块完全溶解后，待胶溶液温度降至室温，再将溶液加入一个 NI－吸附柱中，室温放置 1min，12 000r/min 离心 60s，倒掉收集管中的废液，将 NI－吸附柱重新放入收集管中。

d. 向 NI－吸附柱中加入 600μL 已混有无水乙醇的洗涤缓冲液，12 000r/min 离心 60s，倒掉收集管中的废液。

e. 向 NI－吸附柱中加入 600μL 洗涤缓冲液，12 000r/min 离心 60s，倒掉废液。

f. 将 NI－吸附柱放回收集管中，空柱 12 000r/min 离心 3min，置于室温数分钟，尽量除去残留乙醇。

g. 将 NI－吸附柱放到一个干净的离心管中，向吸附膜中间位置悬空滴加 30～50μL DEPC 水，室温放置 2min，12 000r/min 离心 1min 收集 DNA 溶液。

h. 为了提高 DNA 的回收量，重复（f）步骤。

i. 最后取回收产物3μL进行1%琼脂糖凝胶电泳，鉴定纯化效果并估算其浓度，其余用于连接反应。

（2）连接、转化

①连接反应体系：胶回收产物和灭菌水共4 μL（胶回收产物体积由其浓度决定），Vector 1 μL，solution Ⅰ5 μL。反应条件为16℃、30min。

②向大肠杆菌感受态细胞中加入连接产物，轻轻用枪头吹打几下，插入碎冰中放置30min。

③放入42℃水浴，热激90s。

④取出混合物，插入冰中放置2min以上。

⑤向其中加入500μL LB液体培养基，于37℃摇床以200r/min摇45min。

⑥取100μL菌液（可视情况稀释）均匀涂布其上。

⑦将LB（A^+）平板放于37℃培养箱中，先正置30min，待涂布液干，倒置培养过夜（12～16h）。

（3）重组子筛选

在LB（A^+）培养基上随机挑取单菌落，每块平板至少挑4个，放入约3mL含氨苄的LB液体试管中，37℃ 250r/min培养8～10h后，观察培养液，至细菌生长至对数生长期时从中吸取1mL左右的培养液进行质粒抽提。

（4）质粒抽提

①柱平衡：向NI－吸附柱中（吸附柱放入收集管中）加入500μL NI－柱处理液，13 000r/min（17 900g）离心1min，倒掉收集管中的废液，将吸附柱重新放回收集管中，备用。（请使用当天处理过的柱子）

②取1～5mL过夜培养的菌液加入离心管中，13 000r/min（17 900g）离心1min，尽量吸除上清。注意：菌液较多时可以通过几次离心将菌体沉淀收集到一个离心管中，菌体量以能够充分裂解为佳，过多的菌体裂解不充分会降低质粒的提取效率。

③向留有菌体沉淀的离心管中加入250μL NI－溶液Ⅰ（请先检查是否已加入RNaseA），使用移液器或涡旋振荡器彻底悬浮细菌细胞沉淀。

④向离心管中加入250μL NI－溶液Ⅱ，温和地上下翻转6～8次使菌体充分裂解。此时菌液应变得清亮黏稠，所用时间不应超过5min，以免质粒受到破坏。如果未变清亮，可能由于菌体过多，裂解不彻底，应减少菌体量。

⑤向离心管中加入400μL NI－溶液Ⅲ，立即温和地上下翻转6～8次，充分混匀，直至出现白色絮状沉淀。注意：NI－溶液Ⅲ加入后应立即混合，避免产生局部沉淀。如果上清中还有白色沉淀，可离心后取上清。

⑥将上一步收集的上清液加入NI－柱处理液平衡过的NI－吸附柱中（过滤柱放入收集管中），13 000r/min（17 900g）离心1min，弃去废液。

⑦向NI－吸附柱中加入500μL NI－缓冲液，13 000r/min（17 900g）离心1min，弃去废液。

⑧向NI－吸附柱中加入600μL洗涤缓冲液（请先检查是否已加入无水乙醇），13 000r/min（17 900g）离心1min，弃去废液。

⑨再次向NI－吸附柱中加入600μL洗涤缓冲液，13 000r/min（17 900g）离心1min，倒

掉收集管中的废液。

⑩将 NI－吸附柱中重新放回收集管中置于 13 000r/min（17 900g）空柱离心 3min。室温放置 2～3min，去除残留乙醇；将 NI－吸附柱置于一个干净的 1.5mL 离心管中，向吸附膜的中间部位悬空滴加 60～100μL 洗脱缓冲液，室温放置 2min，13 000r/min（17 900g）离心 1min 将质粒溶液收集到离心管中。

（5）DNA 测序

每管质粒吸取 20 μL 送苏州金唯智生物技术有限公司测序，其余保存在 －20℃。

5. 测序后序列分析

运用 DNAMAN 软件将所得基因序列翻译成氨基酸序列，应用 BLASTP 程序搜索 GenBank 的 Non-redundant protein sequences（nr）数据库，进行氨基酸序列同源性分析和氨基酸多重序列比较分析，同时使用 DNAMAN 绘制 *Claudin*-3、*Claudin*-12、*Claudin*-15a、*Claudin*-b、*Claudin*-c、*Occludin*、ZO-1、ZO-2 isoform 2、ZO-3 氨基酸系统进化树。

6. 实时荧光定量 PCR

cDNA 模板通过方法（4）反转录获得，稀释成合适浓度后，使用表 6－4－3 中相应引物和 SYBRR® Premix Ex Taq™ Ⅱ（Perfect Real Time）试剂盒（TaKaRa Code：DRR081A）在 ABI7300 荧光定量 PCR 仪上进行 Q-RT-PCR，分析 *Claudin*-3、*Claudin*-12、*Claudin*-15a、*Claudin*-b、*Claudin*-c、*Occludin*、ZO-1、ZO-2 isoform 2、ZO-3 基因在草鱼肝胰脏、脾脏、肠道组织中的表达。每个样本进行 3 个重复，空白对照采用灭菌双蒸水作为模板。

①实时荧光定量反应体系：

SYBR® Premix Ex Taq™ Ⅱ（2×）	10μL
上游 Primer（4μM）	1μL
下游 Primer（4μM）	1μL
模板（稀释 10～30 倍后的 cDNA 溶液）	2μL
灭菌蒸馏水（ddH_2O）	6μL
总共（Total）	20μL

②实时荧光定量反应条件：

Stage 1：95℃　1min	（reps：1）
Stage 2：95℃　15s；60℃　31s	（reps：45）
Stage 3：95℃　15s；60℃　30s；95℃　15s	（reps：1）

③标准曲线制作

为保证样本具有准确、可重复的实验结果，将 cDNA 模板 10 倍梯度稀释（10^1～10^6），采用表 6－4－3 中各基因引物，进行荧光定量 PCR 反应，每个样本进行 3 个重复，空白对照模板采用灭菌双蒸水。结果使用模板稀释倍数的 log 值对每个稀释样品的 C_T值作图，两者呈递减的线性关系，可得标准曲线公式：$y = -\text{slope}\ \lg x + b$（slope—斜率；$x$—模板中目的基因的初始 DNA 分子数；b—常数）。同时通过观察各基因的溶解曲线是否单一确定引物是否特异。

④实时荧光定量数据分析

采用 Pfaffl 方法（参照 Bio-rad 荧光定量 RT-PCR 手册）处理数据。使用公式 $(1+E)_{actin}{}^{C_{Tactin}} / (1+E)_{target}{}^{C_{Ttarget}}$ 计算目的基因相对于内参基因 β-action 的 mRNA 相对表达水平，

即目的基因 mRNA 相对表达水平。数据运用 SPSS 17.0 软件，采用 Duncan 氏多重比较法进行显著性分析，$P<0.05$ 表示有显著差异，结果以平均值 ± 标准误（x ± SE）来表示。

二、结果与分析

（一）草鱼肝脏、脾脏、肠道提取 RNA 的质量

采用 Trizol 法，即使用 TaKaRa 公司的 RNAiso Plus 试剂盒提取总 RNA，取总 RNA 溶液 1μL 进行 1% 的琼脂糖凝胶电泳，120V 电泳 25min。紫外凝胶成像系统观察、拍照。结果如图 6－4－1，照片中可见 28S、18S、5S 三条带，无明显 DNA 污染条带，无明显降解条带，表明提取的总 RNA 纯度较高、较完整。

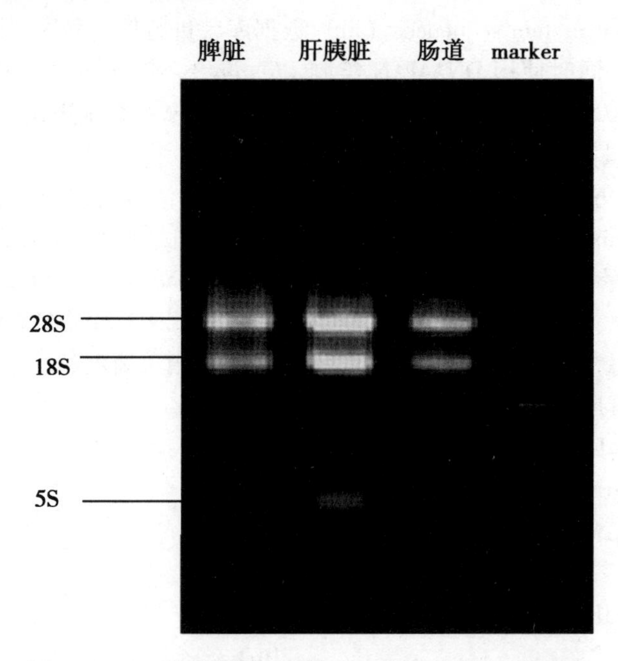

图 6－4－1　草鱼脾脏、肝胰脏、肠道总 RNA 电泳图

Fig. 6－4－1　Electrophoresis of total RNA from spleen、hepatopancreas、intestine of grass carp

（二）草鱼 *Claudin*-3 基因克隆及其序列分析

1. *Claudin*-3 基因克隆

使用草鱼肠道 cDNA 模板和表 6－4－2 中 *Claudin*-3 基因引物进行 PCR 扩增，产物经琼脂糖凝胶电泳后，置于紫外凝胶成像系统下，显示获得约 1300bp 的单一条带，片段大小在预期范围 1 291 ~ 1 402bp（图 6－4－2）。

2. *Claudin*-3 基因片段序列及其推导的氨基酸序列

使用 DNAMAN 软件对经克隆、测序获得的 *Claudin*-3 基因片段序列进行处理，结果（图 6－4－3）表明，草鱼 *Claudin*-3 基因片段序列长 1 263bp，编码 131 个氨基酸。

3. 草鱼与其他物种 *Claudin*-3 基因氨基酸序列同源性分析及对比分析

使用 BLASTP 程序搜索 GenBank 的 Non-redundant protein sequences（nr）数据库，结果表明（表 6－4－4），所获草鱼 *Claudin*-3 部分氨基酸序列与其他物种的相似性在 60% ~

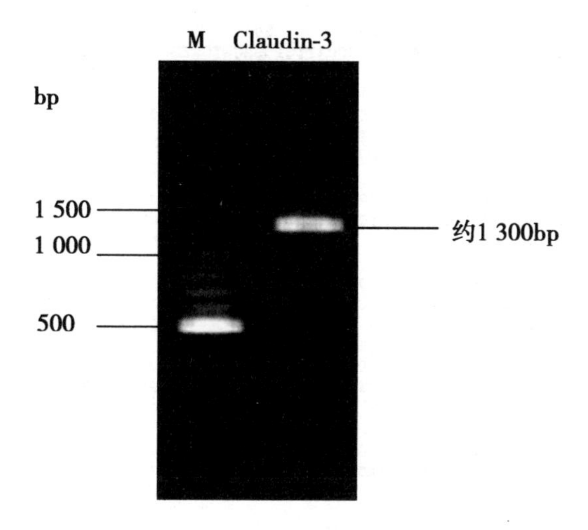

M.100bp DNA Ladder Marker

图 6－4－2　草鱼 *Claudin*-3 基因 PCR 扩增产物

Fig. 6－4－2　PCR products of grass carp *Claudin*-3 gene

88%，其中与斑马鱼相似性最高，为 88%；与红鳍东方鲀、青鳉、点带石斑鱼次之，分别为 69%、69%、67%；与热带爪蟾、非洲爪蟾、大西洋鲑、安乐蜥、大象鲨鱼分别为 67%、66%、64%、65%、65%；与原鸡相似性较低，为 60%，这与传统的形态学和生化特征分类进化地位基本一致。

表 6－4－4　草鱼与其他物种 *Claudin*-3 基因部分氨基酸序列的同源性比较结果

Tab. 6－4－4　Comparative results of homologues of partial *Claudin*-3 amino acid between grass carp and other species

氨基酸序列号 Amino Acid No.	物种名称 Specific Name	中文名 Chinese Name	相似性（%） Identities（%）
NP_ 571842. 1	*Danio rerio*	斑马鱼	88
XP_ 003971036. 1	*Takifugu rubripes*	红旗东方鲀	69
XP_ 004076222. 1	*Oryzias latipes*	日本青鳉	69
NP_ 001005709. 1	*Xenopus*（*Silurana*）*tropicalis*	热带爪蟾	67
NP_ 001087400. 1	*Xenopus laevis*	非洲爪蟾	66
ACI32952. 1	*Salmo salar*	大西洋鲑	64
XP_ 003227229. 1	*Anolis carolinensis*	安乐蜥	65
ACH73085. 1	*Epinephelus coioides*	点带石斑鱼	67
NP_ 989533. 1	*Gallus gallus*	原鸡	60
AFK11218. 1	*Callorhinchus milii*	大象鲨鱼	65

运用 DNAMAN 软件对不同物种的 *Claudin*-3 基因所编码的部分氨基酸序列进行多重序列

```
                10        20        30        40        50        60
1     CGGTCATCGCCATCATCTTGGCCATTCTGGGCGTGATGATCTCCATCATGGGCGCCAAAT
1       V  I  A  I  I  L  A  I  L  G  V  M  I  S  I  M  G  A  K

                70        80        90       100       110       120
61    GCACCAATTGTATCGAGGATGAAGCAGCCAAGGCTAAAGTCATGATCGTCTCCGGCATCA
20    C  T  N  C  I  E  D  E  A  A  K  A  K  V  M  I  V  S  G  I

               130       140       150       160       170       180
121   TGTTCATTCTTTCCGGCATCCTGGAGCTCATTCCGGCAGCCTGGGTTGCAAACCAAATCA
40    M  F  I  L  S  G  I  L  E  L  I  P  A  A  W  V  A  N  Q  I

               190       200       210       220       230       240
181   CTCGGGACTTCTACAACCCGTTACTGCCTGCCGCTCAGCAAAGAGAGATCGGGGCATCAA
60    T  R  D  F  Y  N  P  L  L  P  A  A  Q  Q  R  E  I  G  A  S

               250       260       270       280       290       300
241   TCTACATTGGGTTTGCTGCTGCTGTTCTGTTAATGATTGGAGGAGCATTGCTGTGCTGCA
80    I  Y  I  G  F  A  A  A  V  L  L  M  I  G  G  A  L  L  C  C

               310       320       330       340       350       360
301   CCTGTCCTCCAAAAGAGAAGAAGTACAATCCACCGAGAATGGGCTACTCCGCCCCACGCT
100   T  C  P  P  K  E  K  K  Y  N  P  P  R  M  G  Y  S  A  P  R

               370       380       390       400       410       420
361   CTACCAGTGCTGGATATGACAAGAAGGACTATGTTTAAATATTTGTTGGGGGAAAAAAAA
120   S  T  S  A  G  Y  D  K  K  D  Y  V  *

               430       440       450       460       470       480
421   TGAAGAAAAGAAGGATTTGAAGATCTCACACAAAGGGTGGAGATACTTCTGAAAGGACTC
               490       500       510       520       530       540
481   CGCAATGAAGGGTCATACGATGCTGTCAATATTTGCTTTTCGTCTGACTGGTGTGTGTGT
               550       560       570       580       590       600
541   CTGTGTGTGTGTGTGTGTTAAGGGCTGGTTTCATAGGTTTACTAGTCAGGGATTTTTGTG
               610       620       630       640       650       660
601   TTCATACATTTCCTGTTTGATACTATTTTATATGCTGTTGTTTAAATGTGGCCATTTTTG
               670       680       690       700       710       720
661   TTTGAAATGACACAAAACTGGTGTCAAAATGTATTCTTTGCTCTGTGTAAGCAGACTTAA
               730       740       750       760       770       780
721   ATAAGTAGAGATGTGCAAATTTTGTCTATCACTAATGTATGTTGACAGGAAGAGGAAGAC
               790       800       810       820       830       840
781   TTTAGCTCTTTACATGTATTTGCTTAGGAAAATTCCACTGGACACAGAAATGGAATATAT
               850       860       870       880       890       900
841   ATTTTGTTTTGTTTTTACTTTTAGGTTTCAGTTGTGTCTATTCTTGAGGACATCAAGTTT
               910       920       930       940       950       960
901   TTTTTCTGTATAGTTCCCCATGTTTTGTACAGTTGTTTTATTATTCATACATATTTTACA
               970       980       990      1000      1010      1020
961   GAGTTTAAAGATTGAACACATTTTCTAGATTTTCATAACCATTTAAGACTGTGACTAATA
              1030      1040      1050      1060      1070      1080
1021  TTTTTCAATTGTATTGCTTTTATATTATCAAAATTGATTGTGTGGTAAAATAAAACAGTA
              1090      1100      1110      1120      1130      1140
1081  CAAAAGCTAGTAAATAAAACAAATGGTCAGTTACAGCATAACAGTAGACTGTTGGAGTGG
              1150      1160      1170      1180      1190      1200
1141  TTGTACCTGTTTGGCCCTTTGTTCTACAATTGGGGCAGTAATTTGAATACATGTCTGAGA
              1210      1220      1230      1240      1250      1260
1201  GAGACCACTCAGCATACAAACCTTAAGCAAGCTGTACTGTTTGCTATTGGTGGTGGCAGA

1261  CAG
```

图6-4-3　草鱼 *Claudin*-3 基因 cDNA 部分序列及其编码氨基酸序列的推导

Fig. 6-4-3　Partial nucleotide sequence of the cDNA and deduced amino acid sequence of grass carp *Claudin*-3 gene

比对，结果如下（图6-4-4）。

4. *Claudin*-3 氨基酸系统进化树构建

使用 DNAMAN 软件的多重序列对比功能（multi-alignments）构建各物种间 *Claudin*-3 部分氨基酸序列的系统进化树，结果显示（图6-4-5）：草鱼和斑马鱼聚成一支，再与红鳍东方鲀和日本青鳉聚成一支，再与大西洋鲑和点带石斑鱼聚成一支；热带爪蟾和非洲爪蟾聚成一支，再与大象鲨鱼聚成一支，再与安乐蜥和原鸡聚成一支，这与传统的形态学和生化特征分类进化地位基本一致。

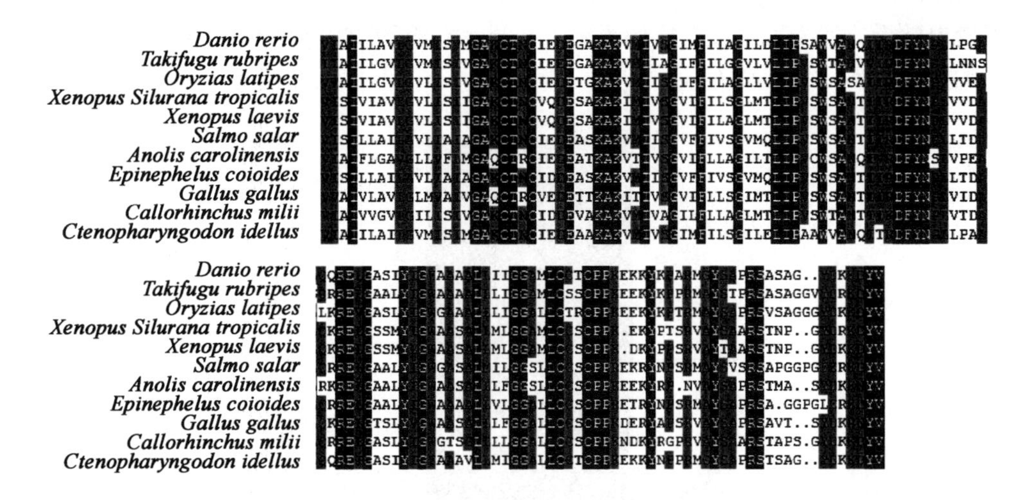

图 6 -4 -4　草鱼 *Claudin*-3 部分氨基酸序列与其他物种的序列比对结果

Fig. 6 -4 -4　Comparison of partial amino acid sequence alignments of *Claudin*-3 between grass carp with other species

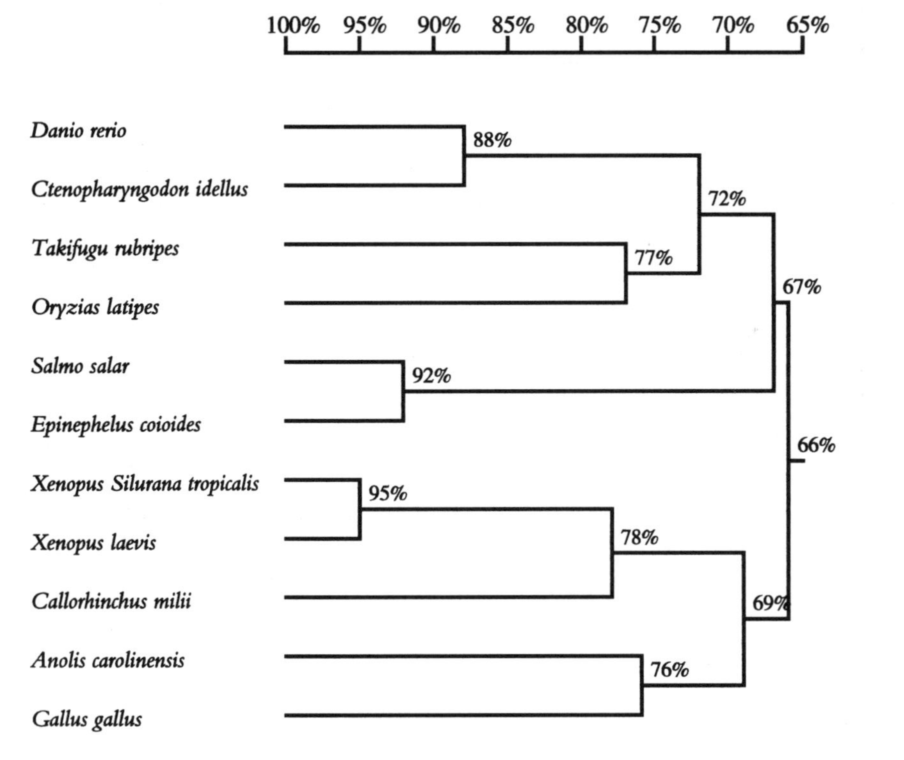

图 6 -4 -5　DNAMAN 构建的 *Claudin*-3 部分氨基酸序列系统进化树

Fig. 6 -4 -5　Phylogenetic tree drawn with DNAMAN of the partial amino acid sequence of *Claudin*-3

（三）草鱼 *Claudin*-12 基因克隆及其序列分析

1. *Claudin*-12 基因克隆

使用草鱼肠道 cDNA 模板和表 6 -4 -2 中 *Claudin*-12 基因引物进行 PCR 扩增，产物经琼脂糖凝胶电泳后，置于紫外凝胶成像系统下，显示获得约 240bp 的单一条带，片段大小与预期的目的片段基本一致（图 6 –4 –6）。

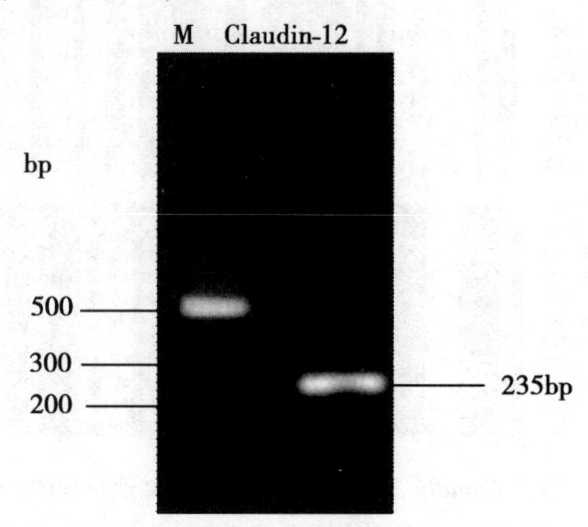

图 6 –4 –6　草鱼 *Claudin*-12 基因 PCR 扩增产物

Fig. 6 –4 –6　PCR products of grass carp *Claudin*-12 gene

2. *Claudin*-12 基因片段序列及其推导的氨基酸序列

使用 DNAMAN 软件对经克隆、测序获得的 *Claudin*-12 基因片段序列进行处理，结果（图 6 –4 –7）表明，草鱼 *Claudin*-12 基因片段序列长度 235bp，编码 23 个氨基酸。

```
                10        20        30        40        50        60
1      TGCTGGGCACCGCTATTCCACACGCTCCCGTATGTCAGGCATTGAGATTGACATTCCTGT
1        A  G  H  R  Y  S  T  R  S  R  M  S  G  I  E  I  D  I  P  V

                70        80        90       100       110       120
61     CCTTACAGACTGACACTGAGTTGGGGTGTTCACAGTTGTTTTAAATCAAAAAGGTCAATC
21       L  T  D  *

               130       140       150       160       170       180
121    TGTTATTATATTTTTAGGAATTAGAAAACAGCTGTGACATGGTCAGTATGAAGTGAACAA
               190       200       210       220       230
181    AATGGTAAATTGAAAGAAACACCTTTATTCAGTTGATGTAGCAGGTGCCCCTTAG
```

图 6 –4 –7　草鱼 *Claudin*-12 基因 cDNA 部分序列及其编码氨基酸序列的推导

Fig. 6 –4 –7　Partial nucleotide sequence of the cDNA and deduced amino acid sequence of grass carp *Claudin*-12 gene

3. 草鱼与其他物种 *Claudin*-12 基因氨基酸序列同源性分析及对比分析

使用 BLASTP 程序搜索 GenBank 的 Non-redundant protein sequences（nr）数据库，结果表明（表 6 –4 –5）：所获草鱼 *Claudin*-12 部分氨基酸序列与大西洋鲑相似性较高，为 100%；与斑马鱼次之，为 96%，与红旗东方鲀和青斑河豚为 86%、82%；与热带爪蟾和非洲爪蟾的相似性为 78%；与其他物种的相似性均保持在 81%，这一结果中，鱼类的氨基酸序列相似性与其生化特征分类地位不太相符，应该是获得的氨基酸片段太短造成的。

表 6-4-5　草鱼与其他物种 *Claudin*-12 基因部分氨基酸序列的同源性比较结果

Tab. 6-4-5　Comparative results of homologues of *Claudin*-12 amino acid between grass carp and other species

氨基酸序列号 Amino Acid No.	物种名称 Specific Name	中文名 Chinese Name	相似性（%） Identities（%）
NP_ 001133553. 1	*Salmo salar*	大西洋鲑	100
NP_ 571848. 1	*Danio rerio*	斑马鱼	96
AAT64072. 1	*Takifugu rubripes*	红旗东方鲀	86
CAG11899. 1	*Tetraodon nigroviridis*	青斑河豚	82
NP_ 001088979. 1	*Xenopus laevis*	非洲爪蟾	78
NP_ 001016851. 1	*Xenopus*（*Silurana*）*tropicalis*	热带爪蟾	78
XP_ 003504446. 1	*Cricet ulus griseus*	灰仓鼠	81
NP_ 001153551. 1	*Sus scrofa*	野猪	81
NP_ 001164747. 1	*Oryctolagus cuniculus*	家兔	81
NP_ 075028. 1	*Mus musculus*	小鼠	81
NP_ 001244033. 1	*Equus caballus*	马	81
NP_ 001069591. 1	*Bos taurus*	牛	81
NP_ 001094283. 1	*Rattus norvegicus*	大鼠	81

运用 DNAMAN 软件对不同物种的 *Claudin*-12 基因所编码的部分氨基酸序列进行比对，结果如下（图 6-4-8）。

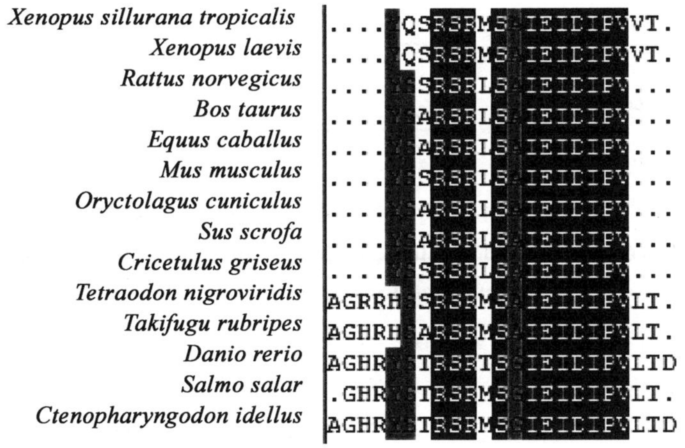

Xenopus sillurana tropicalis	....YQSRSRMSAIEICIPVVT.
Xenopus laevis	....YQSRSRMSAIEICIPVVT.
Rattus norvegicus	....YSSRSRLSAIEICIPV...
Bos taurus	....YSARSRLSAIEICIPV...
Equus caballus	....YSARSRLSAIEICIPV...
Mus musculus	....YSSRSRLSAIEICIPV...
Oryctolagus cuniculus	....YSARSRLSAIEICIPV...
Sus scrofa	....YSARSRLSAIEICIPV...
Cricetulus griseus	....YSSRSRLSAIEICIPV...
Tetraodon nigroviridis	AGRRHSSRSRMSAIEICIPVLT.
Takifugu rubripes	AGHRHSARSRMSAIEICIPVLT.
Danio rerio	AGHRYSTRSRTSGIEICIPVLTD
Salmo salar	.GHRYSTRSRMSGIEICIPVLT.
Ctenopharyngodon idellus	AGHRYSTRSRMSGIEICIPVLTD

图 6-4-8　草鱼 *Claudin*-12 部分氨基酸序列与其他物种序列的比对结果

Fig. 6-4-8　Comparison of partial amino acid sequence alignments of *Claudin*-12 between grass carp with other species

4. *Claudin*-12 氨基酸系统进化树构建

使用 DNAMAN 软件的多重序列对比功能（multi-alignments）构建各物种间 *Claudin*-12 部分氨基酸序列的系统进化树，结果显示（图 6－4－9）：草鱼和大西洋鲑聚成一支，再与与斑马鱼聚成一支；野猪、家兔、马、牛、小鼠、大鼠等哺乳动物聚成一支，再与红旗东方鲀和青斑河豚聚成一支；热带爪蟾和非洲爪蟾聚成一支，这与传统的生物进化地位不太相符，其中旗东方鲀和青斑河豚应该归属到鱼类的分支中，这应该是由于本氨基酸片段太短的缘故。

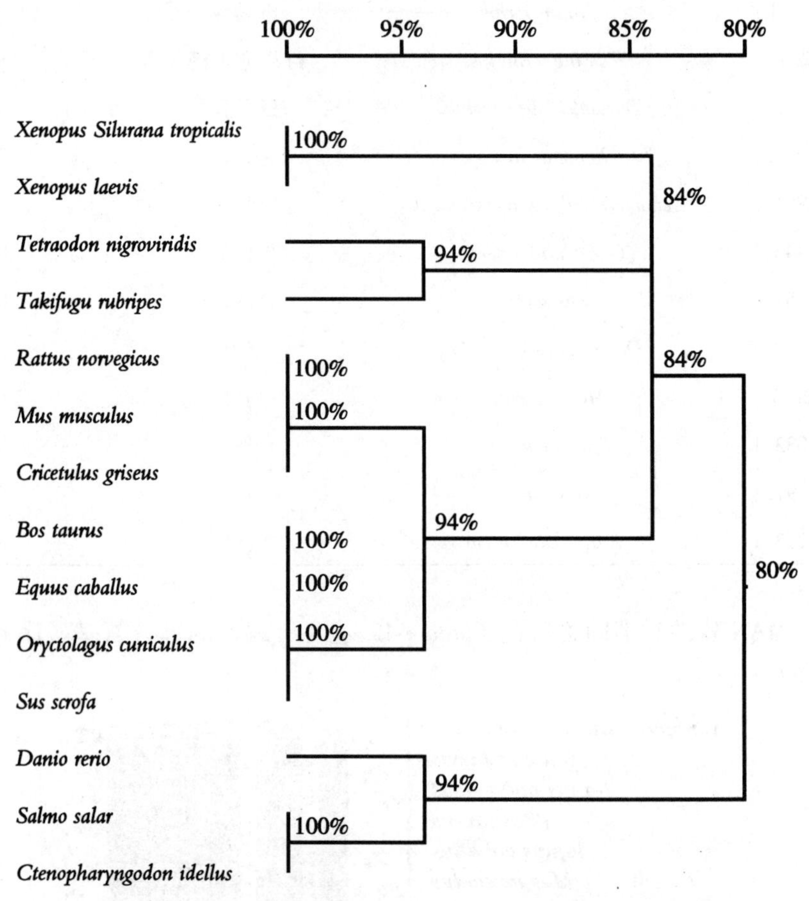

图 6－4－9　DNAMAN 构建的 *Claudin*-12 部分氨基酸序列系统进化树

Fig. 6－4－9　Phylogenetic tree drawn with DNAMAN of the partial amino acid sequence of *Claudin*-12

（四）草鱼 *Claudin*-15a 基因克隆及其序列分析

1. *Claudin*-15a 基因克隆

使用草鱼肠道 cDNA 模板和表 6－4－2 中 *Claudin*-15a 基因引物进行 PCR 扩增，产物经琼脂糖凝胶电泳后，置于紫外凝胶成像系统下，显示获得约 500bp 的单一条带，片段大小与预期的目的片段基本一致（图 6－4－10）。

2. *Claudin*-15a 基因片段序列及其推导的氨基酸序列

使用 DNAMAN 软件对经克隆、测序获得的 *Claudin*-15a 基因片段序列进行处理，结果

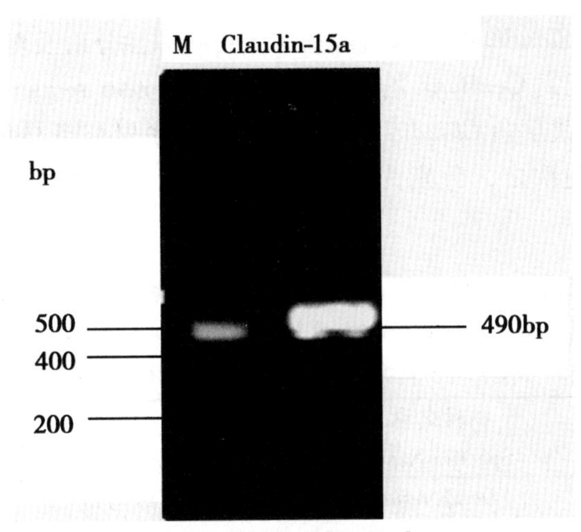

图 6-4-10　草鱼 *Claudin*-15a 基因 PCR 扩增产物

Fig. 6-4-10　PCR products of grass carp *Claudin*-15a gene

（图 6-4-11）表明，草鱼 *Claudin*-15a 基因片段序列长度 490bp，编码 151 个氨基酸。

```
                  10        20        30        40        50        60
1        GGATGATTTTGGAGCCTGTGTAATCTAAAGCAGCCATGGATCCGGTTGTTGAAGTCGTTG
1                                           M  D  P  V  V  E  V  V

                  70        80        90       100       110       120
61       CTTTATTTCTTGGCTTTCTGAGTTGGATAATGGTTGGCATCACAATTCCGAACCGTTACT
9        A  L  F  L  G  F  L  S  W  I  M  V  G  I  T  I  P  N  R  Y

                 130       140       150       160       170       180
121      GGAAAGTATCGTCGTTAGATGGGACTGTGATCACCACCTCAACCCTGTACGAGAATCTGT
29       W  K  V  S  S  L  D  G  T  V  I  T  T  S  T  L  Y  E  N  L

                 190       200       210       220       230       240
181      GGATGTCCTGCGCCACGGACTCGACGGGAGTGCACAACTGCCGCGAATTCCCCTCTCTGC
49       W  M  S  C  A  T  D  S  T  G  V  H  N  C  R  E  F  P  S  L

                 250       260       270       280       290       300
241      TCGCCCTGTCTGGTTATATCCAGGCGTCTCGCGCTCTGGTGATCGCGGCAGTGGTGTGTG
69       L  A  L  S  G  Y  I  Q  A  S  R  A  L  V  I  A  A  V  V  C

                 310       320       330       340       350       360
301      GCACGTTCGGAGTGGTGGCGGCCCTCATCGGCATTCAGTGTTCGAAGGCCGGCGGAGAGA
89       G  T  F  G  V  V  A  A  L  I  G  I  Q  C  S  K  A  G  G  E

                 370       380       390       400       410       420
361      ACTACACACTGAAAGGCAGAATCGCCGGTACCGGAGGCGTATTTTTCCTGCTGCAGGGTT
109      N  Y  T  L  K  G  R  I  A  G  T  G  G  V  F  F  L  L  Q  G

                 430       440       450       460       470       480
421      TGTGCACGATGGTATCAGTGTCCTGGTACGCTGCCAATATCACTCAAGAGTTCTTCAACC
129      L  C  T  M  V  S  V  S  W  Y  A  A  N  I  T  Q  E  F  F  N

                 490
481      CGCTCTACCC
149      P  L  Y
```

图 6-4-11　草鱼 *Claudin*-15a 基因 cDNA 部分序列及其编码氨基酸序列的推导

Fig. 6-4-11　Partial nucleotide sequence of the cDNA and deduced amino acid sequence of grass carp *Claudin*-15a gene

3. 草鱼与其他物种 *Claudin*-15a 基因氨基酸序列同源性分析及对比分析

使用 BLASTP 程序搜索 GenBank 的 Non-redundant protein sequences（nr）数据库，结果表明（表 6－4－6），所获草鱼 *Claudin*-15a 部分氨基酸序列与斑马鱼相似性最高，达 92%；与大西洋鲑、红鳍东方鲀次之，分别为 79%、78%，与其他物种的相似性也比较高，基本维持在 50%～53%。

表 6－4－6　草鱼与其他物种 *Claudin*-15a 部分氨基酸序列的同源性比较结果

Tab. 6－4－6　Comparative results of homologues of *Claudin*-15a partial amino acid between grass carp and other species

氨基酸序列号 Amino Acid No.	物种名称 Specific Name	中文名 Chinese Name	相似性（%） Identities（%）
NP_ 956698.1	*Danio rerio*	斑马鱼	92
DAA06160.1	*Salmo salar*	大西洋鲑	79
AAT64091.1	*Takifugu rubripes*	红旗东方鲀	78
XP_ 003895868.1	*Papio anubis*	狒狒	53
NP_ 001039651.1	*Bos taurus*	牛	53
XP_ 003794216.1	*Otolemur garnettii*	小耳大婴猴	53
XP_ 003998578.1	*Felis catus*	家猫	52
NP_ 055158.1	*Homo sapiens*	人	52
XP_ 004021042.1	*Ovis aries*	绵羊	51
NP_ 001155115.1	*Sus scrofa*	野猪	50
AFM87087.1	*Heterocephalus glabe*	裸隐鼠	51
NP_ 001100605.1	*Rattus norvegicus*	大鼠	50

运用 DNAMAN 软件对不同物种的 *Claudin*-15a 基因所编码的部分氨基酸序列进行比对，结果如下（图 6－4－12）。

图 6－4－12　草鱼 *Claudin*-15a 部分氨基酸序列与其他物种序列的比对结果

Fig. 6－4－12　Comparison of partial amino acid sequence alignments of *Claudin*-15a between grass carp with other species

4. *Claudin*-15a 氨基酸系统进化树构建

使用 DNAMAN 软件的多重序列对比功能（multi-alignments）构建各物种间 *Claudin*-15a 部分氨基酸序列的系统进化树，结果显示（图 6-4-13）：鱼类独立聚成一支，草鱼与斑马鱼聚

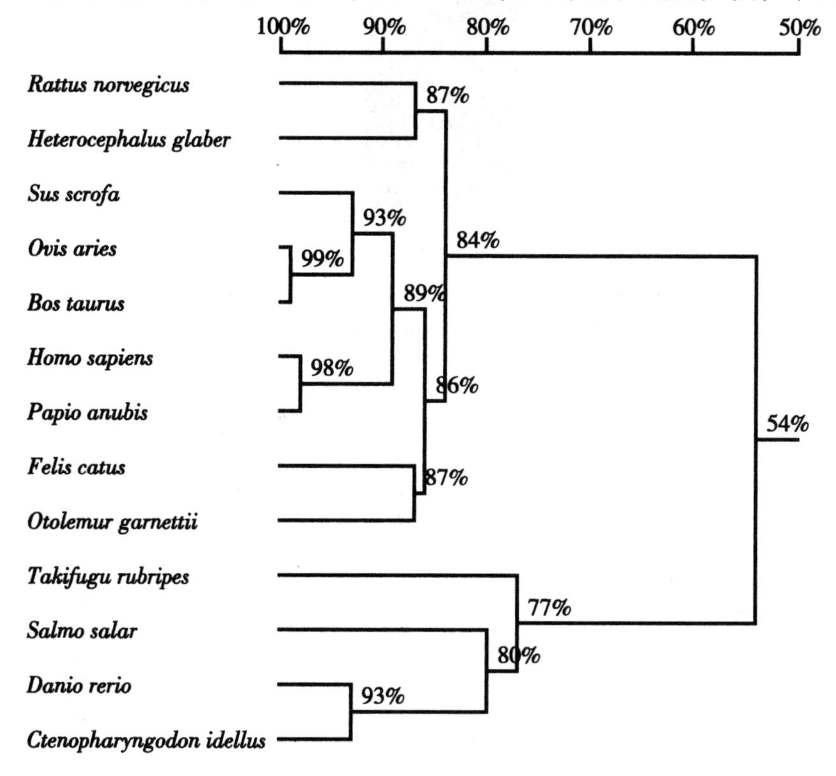

图 6-4-13 DNAMAN 构建的 *Claudin*-15a 部分氨基酸系统进化树

Fig. 6-4-13 Phylogenetic tree drawn with DNAMAN of the partial amino acid sequence of *Claudin*-15a

成一支，后与大西洋鲑聚成一支，再与红旗东方鲀聚成一支；人、狒狒、牛、羊、猪、家猫、裸隐鼠和大鼠等哺乳类独立聚成一支，这与传统的形态学和生化特征分类进化地位基本一致。

（五）草鱼 *Claudin*-b 基因克隆及其序列分析

1. *Claudin*-b 基因克隆

使用草鱼肠道 cDNA 模板和表 6-4-2 中 *Claudin*-b 基因引物进行 PCR 扩增，产物经琼脂糖凝胶电泳后，置于紫外凝胶成像系统下，显示获得约 800bp 的单一条带，片段大小与预期的目的片段基本一致（图 6-4-14）。

2. *Claudin*-b 基因片段序列及其推导的氨基酸序列

使用 DNAMAN 软件对经克隆、测序获得的 *Claudin*-b 基因片段序列进行处理，结果（图 6-4-15）表明，草鱼 *Claudin*-b 基因片段序列长度 776bp，编码 195 个氨基酸。

3. 草鱼与其他物种 *Claudin*-b 基因氨基酸序列同源性分析及对比分析

使用 BLASTP 程序搜索 GenBank 的 Non-redundant protein sequences（nr）数据库，结果表明（表 6-4-7），所获草鱼 *Claudin*-b 部分氨基酸序列与斑马鱼相似性为 84%，与鲫鱼的相似性为 89%。

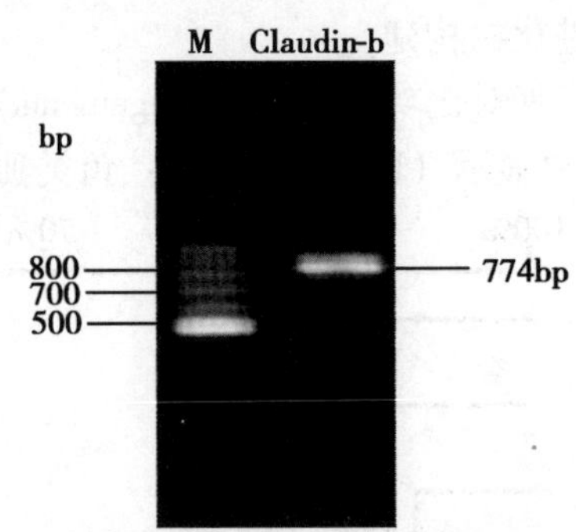

M.100bp DNA Ladder Marker

图 6-4-14 草鱼 *Claudin*-b 基因 PCR 扩增产物

Fig. 6-4-14 PCR products of grass carp *Claudin*-b gene

```
                  10         20         30         40         50         60
1      GTCATTGTGACCTGCGCTGTTCCCATGTGGAGAGTTACAGCCTTCATTGGCAATAACATT
1       V  I  V  T  C  A  V  P  M  W  R  V  T  A  F  I  G  N  N  I

                  70         80         90        100        110        120
61     GTCACGGCACAGACTTCGTGGGAGGGAATCTGGATGAGCTGCGTCGTGCAGAGCACCGGG
21      V  T  A  Q  T  S  W  E  G  I  W  M  S  C  V  V  Q  S  T  G

                 130        140        150        160        170        180
121    CAGATGCAGTGTAAAGTCTACGACTCCATGCTGGCCCTCAGCTCAGACCTTCAGGCTGCC
41      Q  M  Q  C  K  V  Y  D  S  M  L  A  L  S  S  D  L  Q  A  A

                 190        200        210        220        230        240
181    CGCGCTCTCACCATCATTGCCATCGTGATTGGGATCCTGGGCATCATGCTGGCGATGGCT
61      R  A  L  T  I  I  A  I  V  I  G  I  L  G  I  M  L  A  M  A

                 250        260        270        280        290        300
241    GGCGGCAAATGCACCAATTGCGTTGAGGATGAGAGCTCCAAAACCAAGGTCGCTATCACT
81      G  G  K  C  T  N  C  V  E  D  E  S  S  K  T  K  V  A  I  T

                 310        320        330        340        350        360
301    GCCGGTGTGATTTTCATCATAGCTGGGTTGCTGTGTCTGATCCCGGTGTGCTGGACAGCC
101     A  G  V  I  F  I  I  A  G  L  L  C  L  I  P  V  C  W  T  A

                 370        380        390        400        410        420
361    AACGTCGTCATCCAAGACTTCTACAACCCCTTGGTGAACGCAGCACAGAAGAGAGAGCTG
121     N  V  V  I  Q  D  F  Y  N  P  L  V  N  A  A  Q  K  R  E  L

                 430        440        450        460        470        480
421    GGAGCAGCGCTCTACATCGGCTGGGGGGCCGCCGCCCTGTTGATCATCGGGGGAGCTTTG
141     G  A  A  L  Y  I  G  W  G  A  A  A  L  L  I  I  G  G  A  L

                 490        500        510        520        530        540
481    CTCTGCTGCAACTGCCCACCAAAAGAGGAAACAGGAAAATACACGGCCAAATACAATGCT
161     L  C  C  N  C  P  P  K  E  E  T  G  K  Y  T  A  K  Y  N  A

                 550        560        570        580        590        600
541    ACCCCTCGCTCTGATGCCTCTGCACCCTCTGGCAAAAACTTTGTGTAAATGATCAACTCT
181     T  P  R  S  D  A  S  A  P  S  G  K  N  F  V  *

                 610        620        630        640        650        660
601    AAAATGGACTCTACAGTGCCTAATGTTTACAGTCTTGGTTTGTCCAGGATGCAGTGGCTC
                 670        680        690        700        710        720
661    AAAAAGAGTTTGCAGCAGGTATCATGAGGACTTGAAACGTCAATGAAACGCTGATTCTAC
                 730        740        750        760        770
721    AAGGTTTCTAAATATTTTCAATATATATATACAGCACAAAGACAACAAGGACAA
```

图 6-4-15 草鱼 *Claudin*-b 基因 cDNA 部分序列及其编码氨基酸序列的推导

Fig. 6-4-15 Partial nucleotide sequence of the cDNA and deduced amino acid sequence of grass carp *Claudin*-b gene

表 6-4-7　草鱼与其他物种 *Claudin*-b 部分氨基酸序列的同源性比较结果

Tab. 6-4-7　Comparative results of homologues of *Claudin*-b partial amino acid between grass carp and other species

氨基酸序列号 Amino Acid No.	物种名称 Specific Name	中文名 Chinese Name	相似性（%） Identities（%）
NP_ 571838. 1	*Danio rerio*	斑马鱼	84
ADT91050. 1	*Carassius auratus*	鲫鱼	89

运用 DNAMAN 软件对不同物种的 *Claudin*-b 基因所编码的部分氨基酸序列进行比对，结果如下（图 6-4-16）。

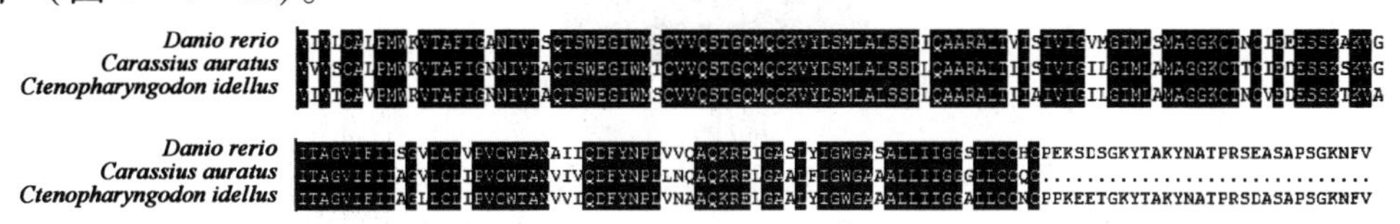

图 6-4-16　草鱼 *Claudin*-b 部分氨基酸序列与其他物种序列的比对结果

Fig. 6-4-16　Comparison of partial amino acid sequence alignments of *Claudin*-b between grass carp with other species

4. *Claudin*-b 氨基酸系统进化树构建

使用 DNAMAN 软件的多重序列对比功能（multi-alignments）构建各物种间 *Claudin*-b 部分氨基酸序列的系统进化树，结果显示（图 6-4-17）：草鱼和鲫鱼聚成一支，再与斑马鱼聚成一支，正好与其亲缘关系远近相一致。

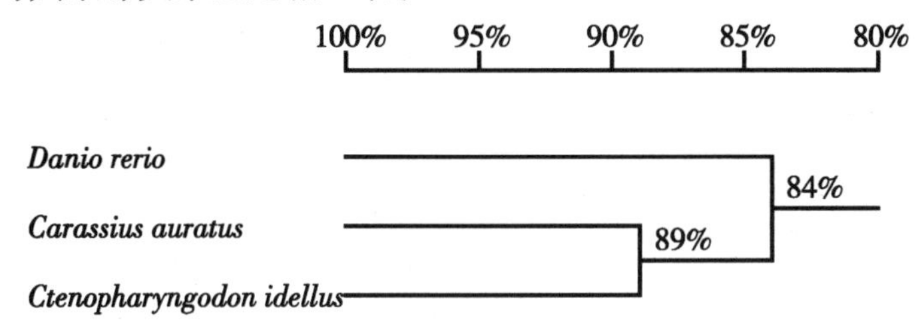

图 6-4-17　DNAMAN 构建的 *Claudin*-b 部分氨基酸系统进化树

Fig. 6-4-17　Phylogenetic tree drawn with DNAMAN of the partial amino acid sequence of *Claudin*-b

（六）草鱼 *Claudin*-c 基因克隆及其序列分析

1. *Claudin*-c 基因克隆

使用草鱼肠道 cDNA 模板和表 6-4-2 中 *Claudin*-c 基因引物进行 PCR 扩增，产物经琼脂糖凝胶电泳后，置于紫外凝胶成像系统下，显示获得约 670bp 的单一条带，片段大小与预期的目的片段基本一致（图 6-4-18）。

2. *Claudin*-c 基因片段序列及其推导的氨基酸序列

使用 DNAMAN 软件对经克隆、测序获得的 *Claudin*-c 基因片段序列进行处理，结果（图 6-4-19）表明，所获草鱼 *Claudin*-c 基因片段序列长 662bp，编码 171 个氨基酸。

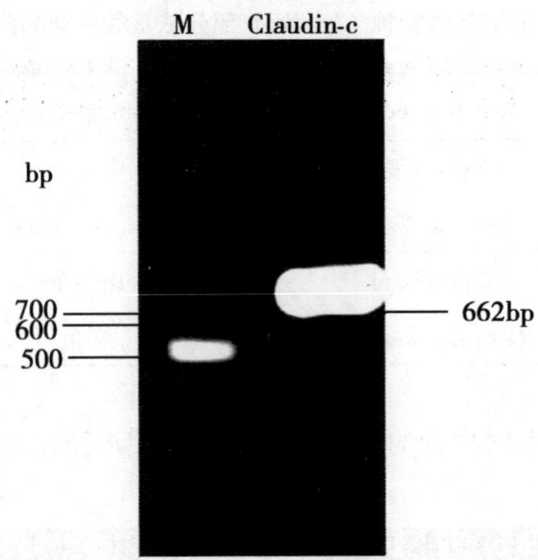

图 6－4－18　草鱼 *Claudin*-c 基因 PCR 扩增产物

Fig. 6－4－18　PCR products of grass carp *Claudin*-c gene

```
                10        20        30        40        50        60
1       GGAGGGAATCTGGATGAGCTGTGTGGTTCAGAGTACCGGACAGATGCAATGTAAAGTCTA
1        E  G  I  W  M  S  C  V  V  Q  S  T  G  Q  M  Q  C  K  V  Y
                70        80        90       100       110       120
61      CGACTCTATGTTGGCTCTTCCTGCGGACCTACAGGCGGCTCGCGCTCTGGTGGTGGTGGC
21       D  S  M  L  A  L  P  A  D  L  Q  A  A  R  A  L  V  V  V  A
               130       140       150       160       170       180
121     CATCATCGTGGGTGTCCTTGCGCTCTTTGTGGCTATAGTTGGGGCCAAATGCACCAACTG
41       I  I  V  G  V  L  A  L  F  V  A  I  V  G  A  K  C  T  N  C
               190       200       210       220       230       240
181     CATTGAGGATGAATCGGCCAAAGCCCGTGTGATGATCAGCTCTGGTGCCGCTTTCATAAC
61       I  E  D  E  S  A  K  A  R  V  M  I  S  S  G  A  A  F  I  T
               250       260       270       280       290       300
241     AGCTGCAGTCTTGCAGCTTATTCCTGTGTCCTGGTCAGCAAACACTGTCATTTTGGAGTT
81       A  A  V  L  Q  L  I  P  V  S  W  S  A  N  T  V  I  L  E  F
               310       320       330       340       350       360
301     CTACAGCCCAGTTGTACCAGAAGCTCAGAAGATGGAAATAGGAGCATCGCTGTACCTTGG
101      Y  S  P  V  V  P  E  A  Q  K  M  E  I  G  A  S  L  Y  L  G
               370       380       390       400       410       420
361     CTGGGCTGCTGCGGCTCTGTTGCTGGTCGGAGGCTCCATTCTGTGCTGCAGTTGTCCACC
121      W  A  A  A  A  L  L  L  V  G  G  S  I  L  C  C  S  C  P  P
               430       440       450       460       470       480
421     TAAGGATGAGATAAGGTACCCGCCACAAAGTCGTATAGCCTACTCAGCCCACCACTCAGT
141      K  D  E  I  R  Y  P  P  Q  S  R  I  A  Y  S  A  H  H  S  V
               490       500       510       520       530       540
481     AGCTCCAAGCACCTACAACAAGAGAGACTATGTCTGAGGACTTTTGAGGACTTTTACTGT
161      A  P  S  T  Y  N  K  R  D  Y  V  *
               550       560       570       580       590       600
541     CAGTCTTTCATTGAAAGATAATTGTGACCATATGGGTTGGAGGTAACTCAAAATCTTGTT
               610       620       630       640       650       660
601     TACTTTTTCTCCATGTGAATACTTCTACATGCTTTTGTTTTGTTCGGTGTCCATTGTCAC
661     TC
```

图 6－4－19　草鱼 *Claudin*-c 基因 cDNA 部分序列及其编码氨基酸序列的推导

Fig. 6－4－19　Partial nucleotide sequence of the cDNA and deduced amino acid sequence of grass carp *Claudin*-c gene

3. 草鱼与其他物种 *Claudin*-c 基因氨基酸序列同源性分析及对比分析

使用 BLASTP 程序搜索 GenBank 的 Non-redundant protein sequences（nr）数据库，结果表明（表6-4-8），所获草鱼 *Claudin*-c 部分氨基酸序列与斑马鱼相似性最高，达95%；与鲫鱼的相似性次之，达91%。

表6-4-8 草鱼与其他物种 *Claudin*-c 基因氨基酸序列的同源性比较结果

Tab. 6-4-8 Comparative results of homologues of *Claudin*-c amino acid between grass carp and other species

氨基酸序列号 Amino Acid No.	物种名称 Specific Name	中文名 Chinese Name	相似性（%） Identities（%）
NP_ 571839. 1	*Danio rerio*	斑马鱼	95
ADT91051. 1	*Carassius auratus*	鲫鱼	91

运用 DNAMAN 软件对不同物种的 *Claudin*-c 基因所编码的部分氨基酸序列进行比对，结果如下（图6-4-20）。

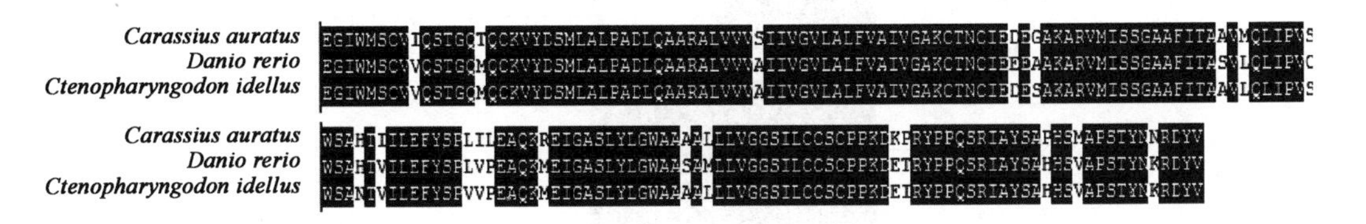

图6-4-20 草鱼 *Claudin*-c 部分氨基酸序列与其他物种序列的比对结果

Fig. 6-4-20 Comparison of partial amino acid sequence alignments of *Claudin*-c between grass carp with other species

4. *Claudin*-c 氨基酸系统进化树构建

使用 DNAMAN 软件的多重序列对比功能（multi-alignments）构建各物种间 *Claudin*-c 部分氨基酸序列的系统进化树，结果显示（图6-4-21）：草鱼与斑马鱼聚成一支，再与鲫鱼聚成一支，这与其近缘关系远近相悖，可能是由于获得的 *Claudin*-c 基因片段所编码的氨基酸序列较短的缘故。

（七）草鱼 *Occludin* 基因克隆及其序列分析

1. *Occludin* 基因克隆

使用草鱼肠道 cDNA 模板和表6-4-2 中 *Occludin* 基因引物进行 PCR 扩增，产物经琼脂糖凝胶电泳后，置于紫外凝胶成像系统下，显示获得约 1200bp 的单一条带，片段大小在预期范围内（图6-4-22）。

2. *Occludin* 基因片段序列及其推导的氨基酸序列

使用 DNAMAN 软件对经克隆、测序获得的 *Occludin* 基因片段序列进行处理，结果（图6-4-23）表明，所获草鱼 *Occludin* 基因片段序列长 1 183bp，编码 375 个氨基酸。

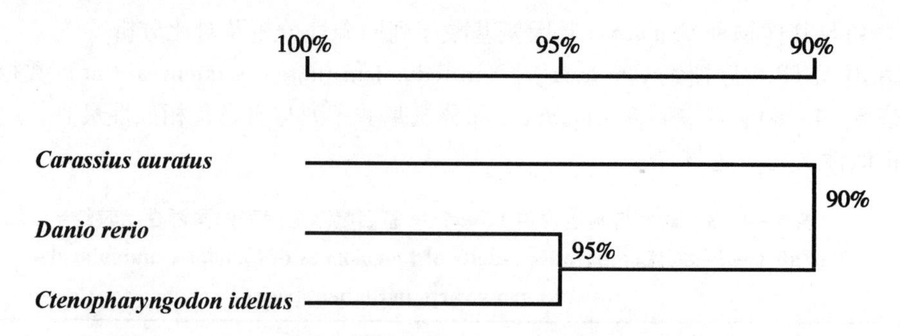

图6－4－21 DNAMAN 构建的 *Claudin*-c 氨基酸系统进化树

Fig. 6－4－21 Phylogenetic tree drawn with DNAMAN of the amino acid sequence of *Claudin*-c

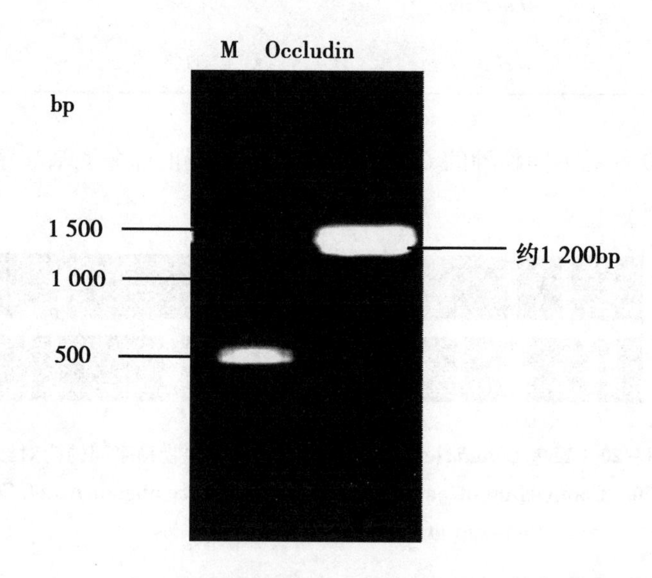

M.100bp DNA Ladder Marker

图6－4－22 草鱼 *Occludin* 基因 PCR 扩增产物

Fig. 6－4－22 PCR products of grass carp *Occludin* gene

3. 草鱼与其他物种 *Occludin* 基因氨基酸序列同源性分析及对比分析

使用 BLASTP 程序搜索 GenBank 的 Non-redundant protein sequences（nr）数据库，结果表明（表6－4－9），所获草鱼 *Occludin* 部分氨基酸序列与鲫鱼的相似性最高，为88%；与斑马鱼次之，为84%；与尼罗罗非鱼、虹鳟、红旗东方鲀、青鳉再次之，分别为65%、66%、64%、59%；与其他物种的相似性相对较低，在47%～37%。

```
                10        20        30        40        50        60
1          CAGAACGACCCCAGGCAAGGAAAGGGTTTCATGATCGCGATGGCGATCATCACCTTCATC
1           Q  N  D  P  R  Q  G  K  G  F  M  I  A  M  A  I  I  T  F  I

                70        80        90       100       110       120
61         GTTCTGCTCGTCATCTTTATCATGATCATCTCGCACCAGAAAGTGGCCCAGGGCAGGAAG
21          V  L  L  V  I  F  I  M  I  I  S  H  Q  K  V  A  Q  G  R  K

               130       140       150       160       170       180
121        TTTTATCTGGCCGTCATCATCACCAGTGCCATCATGGCCTTTCTCATGTTTGTTGCCACC
41          F  Y  L  A  V  I  I  T  S  A  I  M  A  F  L  M  F  V  A  T

               190       200       210       220       230       240
181        ATAGTCTACCTGGTGACGATTTACCCAATGGCCCAGACGTCCGGATCAGTTCAGTTCAAT
61          I  V  Y  L  V  T  I  Y  P  M  A  Q  T  S  G  S  V  Q  F  N

               250       260       270       280       290       300
241        CAAGTGTACGCCATGTGTGCCGCTTACCAGCAGCCGCAGATGTCGGGTGCATTCGTCAAT
81          Q  V  Y  A  M  C  A  A  Y  Q  Q  P  Q  M  S  G  A  F  V  N

               310       320       330       340       350       360
301        CAATATCTGTATCACTACTGCGTCGTGGATCCTCAGGAGGCAATCGCTCTAGTTTTGGGC
101         Q  Y  L  Y  H  Y  C  V  V  D  P  Q  E  A  I  A  L  V  L  G

               370       380       390       400       410       420
361        TTTATTGTCACCGCGGCCCTCATTATCATCATGGTTTTTGCCATTAAAACCCGTCAAAGG
121         F  I  V  T  A  A  L  I  I  I  M  V  F  A  I  K  T  R  Q  R

               430       440       450       460       470       480
421        ATCAATTATCATGGGAAGGACAACATCCTGTGGCGCCGTGTGAAAGAAATCGACACAAAC
141         I  N  Y  H  G  K  D  N  I  L  W  R  R  V  K  E  I  D  T  N

               490       500       510       520       530       540
481        TCACCACAGGATGTGGAGGATTGGGTGAATGATGTGAATGGCGTCCCTGATCCACTGCTG
161         S  P  Q  D  V  E  D  W  V  N  D  V  N  G  V  P  D  P  L  L

               550       560       570       580       590       600
541        GCTGACTATCCCATGAAGTTCGGAGGGTCTACAAATGATCTAGATGACAACAGCACAAAT
181         A  D  Y  P  M  K  F  G  G  S  T  N  D  L  D  D  N  S  T  N

               610       620       630       640       650       660
601        TATGACAAACCTCCCCACAGTGAGAGTCCTGTGGAGATTCGGCATGAGCTGCCTGTGCGT
201         Y  D  K  P  P  H  S  E  S  P  V  E  I  R  H  E  L  P  V  R

               670       680       690       700       710       720
661        AGTTCAGTCCCACTGAGCAGCGGTTCAGAGTTCAGCAGCTCTGCAGGACGGCCCAAGAAA
221         S  S  V  P  L  S  S  G  S  E  F  S  S  S  A  G  R  P  K  K

               730       740       750       760       770       780
721        CGCCGCGCTGGACGCCCGCGTACCGCCGACGGCCGGGATCGTGACACAGACTACGCCTCT
241         R  R  A  G  R  P  R  T  A  D  G  R  D  R  D  T  D  Y  A  S

               790       800       810       820       830       840
781        TCTGGAGATGAGCTGGATGATGAGGACTTCTTCAGTGAATTCCCTCCCATTGCTAATAAT
261         S  G  D  E  L  D  D  E  D  F  F  S  E  F  P  P  I  A  N  N

               850       860       870       880       890       900
841        GAAGAGAGAGAAGATTACAAACACCTGTTTGATAAAGACCATCAGGAGTACAAGGAGCTG
281         E  E  R  E  D  Y  K  H  L  F  D  K  D  H  Q  E  Y  K  E  L

               910       920       930       940       950       960
901        CAGGCAGAACTGGACCAGATCAACAAGCGTCTGGCTGACGTGGACCGAGAGCTCGATGAC
301         Q  A  E  L  D  Q  I  N  K  R  L  A  D  V  D  R  E  L  D  D

               970       980       990      1000      1010      1020
961        CTGCAGGAGGGCAGCCCTCAGTTCCTGGACGCCATGGACGAGTACAACGTGCTCAAAGAC
321         L  Q  E  G  S  P  Q  F  L  D  A  M  D  E  Y  N  V  L  K  D

              1030      1040      1050      1060      1070      1080
1021       ATGAAGAGGGGCGGAGATTACCAGGTGAAGAAGAAGAGGTGCAAGCACCTGAAGGCCAAA
341         M  K  R  G  G  D  Y  Q  V  K  K  K  R  C  K  H  L  K  A  K

              1090      1100      1110      1120      1130      1140
1081       CTAAACCACATCAAGAAGATGGTCAGCGATTATGATCGCAGATGCTGAAGGAAAGAGCTA
361         L  N  H  I  K  K  M  V  S  D  Y  D  R  R  C  *

              1150      1160      1170      1180
1141       CTGGACAGCAGTGAGAGAGCATAGATGTGTCGGCGTCTGTCCA
```

图 6-4-23　草鱼 *Occludin* 基因 cDNA 部分序列及其编码氨基酸序列的推导

Fig. 6-4-23　Partial nucleotide sequence of the cDNA and deduced amino acid sequence of grass carp *Occludin* gene

表6-4-9 草鱼与其他物种 *Occludin* 部分氨基酸序列的同源性比较结果

Tab. 6-4-9 Comparative results of homologues of *Occludin* partial amino acid between grass carp and other species

氨基酸序列号 Amino Acid No.	物种名称 Specific Name	中文名 Chinese Name	相似性（%） Identities（%）
ADM86752.1	*Carassius auratus*	鲫鱼	88
AAH49304.1	*Danio rerio*	斑马鱼	84
XP_ 003453017.1	*Oreochromis niloticus*	尼罗罗非鱼	65
NP_ 001177375.1	*Oncorhynchus mykiss*	虹鳟	66
XP_ 004074505.1	*Oryzias latipes*	青鳉	59
XP_ 003965465.1	*Takifugu rubripes*	红鳍东方鲀	64
NP_ 001087667.1	*Xenopus laevis*	非洲爪蟾	47
NP_ 001015948.1	*Xenopus*（*Silurana*）*tropicalis*	热带爪蟾	46
NP_ 001157119.1	*Sus scrofa*	野猪	45
AAT00455.1	*Bos taurus*	牛	45
NP_ 001186645.1	*Cavia porcellus*	豚鼠	44
EHB15043.1	*Heterocephalus glaber*	裸隐鼠	44
EHH26554.1	*Macaca mulatta*	猕猴	44
ADN52076.1	*Mesocricetus auratus*	金仓鼠	44
AAH29886.1	*Homo sapiens*	人	44
NP_ 112619.2	*Rattus norvegicus*	大鼠	43
NP_ 990459.1	*Gallus gallus*	原鸡	37

运用 DNAMAN 软件对不同物种的 *Occludin* 基因所编码的部分氨基酸序列进行比对，结果如下（图6-4-24）。

4. *Occludin* 氨基酸系统进化树的构建

使用 DNAMAN 软件的多重序列对比功能（multi-alignments）构建各物种间 *Occludin* 部分氨基酸序列的系统进化树，结果显示（图6-4-25）：鱼类的 *Occludin* 独立成一支，草鱼和鲫鱼聚成一支，再与斑马鱼聚成一支；尼罗罗非鱼、红鳍东方鲀和虹鳟聚成一支，再与青鳉聚成一支；猕猴、人、猪、牛、大鼠和金仓鼠等哺乳动物聚成一支，再与热带爪蟾与非洲爪蟾聚成一支；原鸡单独为一支，这与传统的形态学和生化特征分类进化地位基本一致。

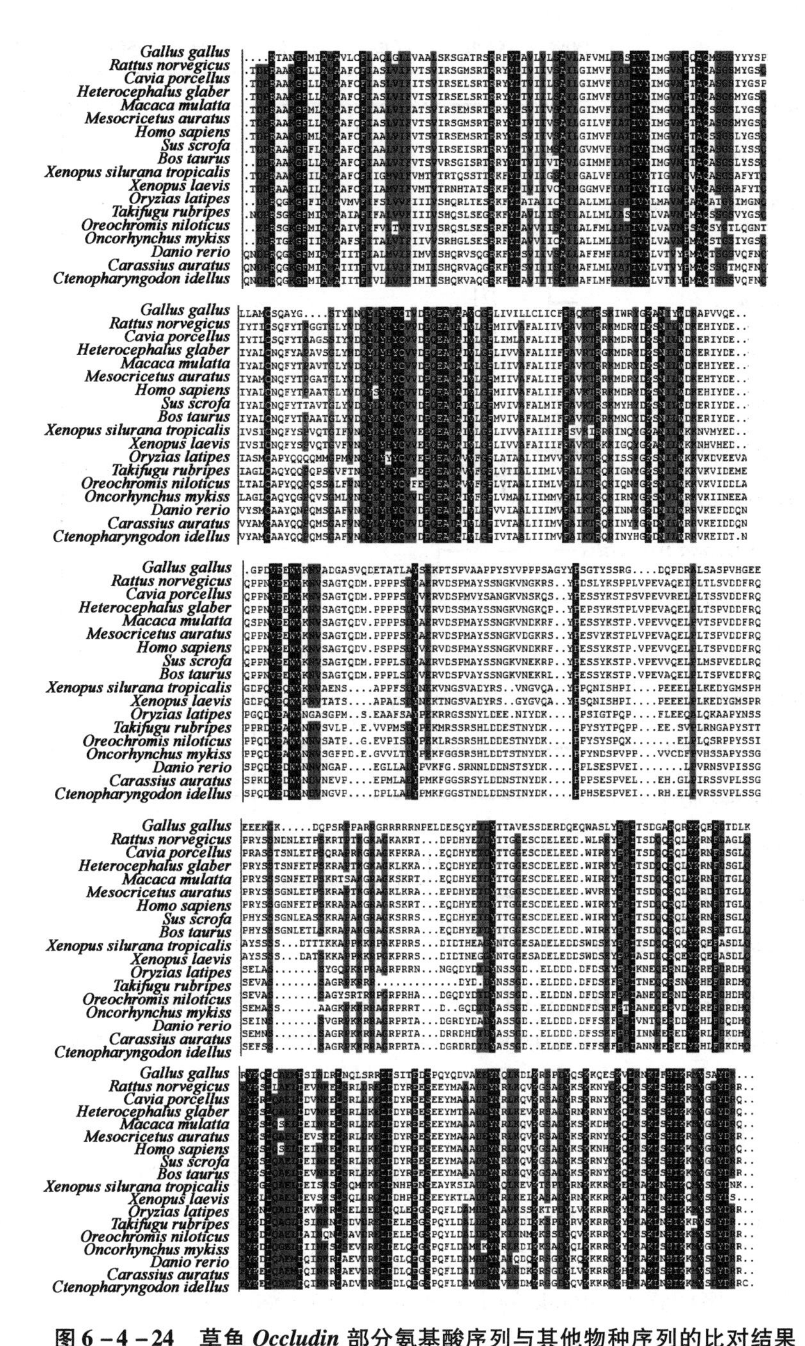

图 6-4-24　草鱼 *Occludin* 部分氨基酸序列与其他物种序列的比对结果

Fig. 6-4-24　Comparison of partial amino acid sequence alignments of *Occludin* between grass carp with other species

（八）草鱼 ZO-1 基因克隆及其序列分析

1. ZO-1 基因克隆

使用草鱼肠道 cDNA 模板和表 6-4-2 中 ZO-1 基因引物进行 PCR 扩增，产物经琼脂糖凝胶电泳后，置于紫外凝胶成像系统下，显示获得约 280bp 的主要条带，片段大小在预期范围内（图 6-4-26）。

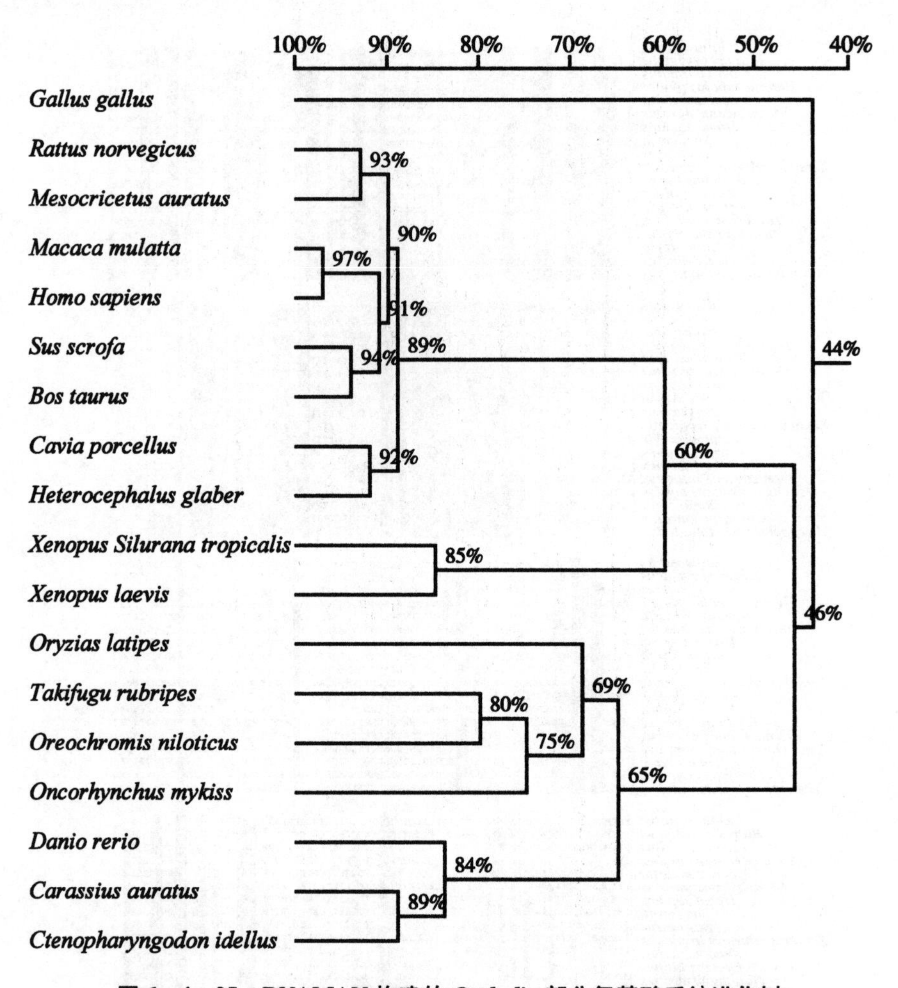

图 6-4-25　DNAMAN 构建的 *Occludin* 部分氨基酸系统进化树

Fig. 6-4-25　Phylogenetic tree drawn with DNAMAN of the partial amino acid sequence of *Occludin*

2. ZO-1 基因片段序列及其推导的氨基酸序列

使用 DNAMAN 软件对经克隆、测序获得的 ZO-1 基因片段序列进行处理，结果（图 6-4-27）表明，所获草鱼 ZO-1 基因片段序列长 279bp，编码 93 个氨基酸。

3. 草鱼与其他物种 ZO-1 基因氨基酸序列同源性分析及对比分析

使用 BLASTP 程序搜索 GenBank 的 Non-redundant protein sequences（nr）数据库，结果表明（表 6-4-10），所获草鱼 ZO-1 部分氨基酸序列与斑马鱼相似性最高，达 88%；与尼罗罗非鱼、青鳉、红鳍东方鲀次之，分别为 46%、60%、47%；与其他物种的相似性相对较低，在 51%～61%之间。

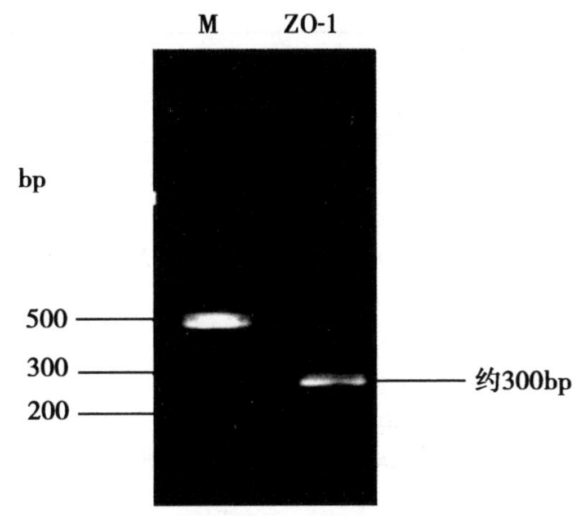

图 6－4－26　草鱼 ZO-1 基因 PCR 扩增产物

Fig. 6－4－26　PCR products of grass carp ZO-1 gene

```
                10        20        30        40        50        60
1     AGCAATGACCCTGATGGGGATGAGGAGTACTACAGGAAACAGCTGTCCTACTTTGACCGC
1      S  N  D  P  D  G  D  E  E  Y  Y  R  K  Q  L  S  Y  F  D  R

                70        80        90       100       110       120
61    CGAAGCTTTGACAGCAAACCCCCCACACAGCTGACACCTGCCATCAAGCCAGCTCAACCC
21     R  S  F  D  S  K  P  P  T  Q  L  T  P  A  I  K  P  A  Q  P

               130       140       150       160       170       180
121   CAGACCCAACCAGGGTACTACCCCAGGACAGAGTCAGTGGAGAAGATCAACCCTGTTGCT
41     Q  T  Q  P  G  Y  Y  P  R  T  E  S  V  E  K  I  N  P  V  A

               190       200       210       220       230       240
181   CCAGCAAACCCAGCTGCCCCACCACCGACCCTGCCCAAACCTGCACTGACCCCACCGCTC
61     P  A  N  P  A  A  P  P  P  T  L  P  K  P  A  L  T  P  P  L

               250       260       270
241   GACCCACACGGATCTCCCAAAGTGAAACCTCCCAGTCAT
81     D  P  H  G  S  P  K  V  K  P  P  S  H
```

图 6－4－27　草鱼 ZO-1 基因 cDNA 部分序列及其编码氨基酸序列的推导

Fig. 6－4－27　Partial nucleotide sequence of the cDNA and deduced amino acid sequence of grass carp ZO-1gene

表 6－4－10　草鱼与其他物种 ZO-1 部分氨基酸序列的同源性比较结果

Tab. 6－4－10　Comparative results of homologues of ZO-1 partial amino acid between grass carp and other species

氨基酸序列号 Amino Acid No.	物种名称 Specific Name	中文名 Chinese Name	相似性（%） Identities（%）
XP_ 003199015. 1	*Danio rerio*	斑马鱼	88
XP_ 003444006. 1	*Oreochromis niloticus*	尼罗罗非鱼	46

（续表）

氨基酸序列号 Amino Acid No.	物种名称 Specific Name	中文名 Chinese Name	相似性（%） Identities（%）
XP_ 004069994. 1	*Oryzias latipes*	青鳉	60
XP_ 002696696. 2	*Bos taurus*	牛	55
XP_ 004018129. 1	*Ovis aries*	绵羊	55
XP_ 003967792. 1	*Takifugu rubripes*	红旗东方鲀	47
NP_ 001099736. 1	*Rattus norvegicus*	大鼠	60
AAA02891. 1	*Homo sapiens*	人	55
EGW06564. 1	*Cricetulus griseus*	灰仓鼠	58
EDL07245. 1	*Mus musculus*	小鼠	60
EHB04969. 1	*Heterocephalus glaber*	裸隐鼠	56
XP_ 003475576. 1	*Cavia porcellus*	豚鼠	56
XP_ 002934958. 1	*Xenopus*（*Silurana*）*tropicalis*	热带爪蟾	61
XP_ 413773. 3	*Gallus gallus*	原鸡	51
XP_ 003353487. 2	*Sus scrofa*	野猪	53

运用 DNAMAN 软件对不同物种的 ZO-1 基因所编码的部分氨基酸序列进行比对，结果如下（图 6 －4 －28）。

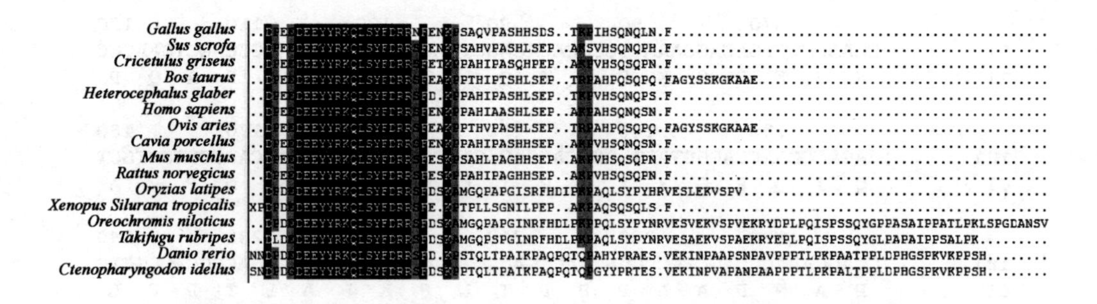

图 6 －4 －28　草鱼 ZO-1 部分氨基酸序列与其他物种序列的比对结果

Fig. 6 －4 －28　Comparison of partial amino acid sequence alignments of ZO-1 between grass carp with other species

4. ZO-1 氨基酸系统进化树构建

使用 DNAMAN 软件的多重序列对比功能（multi-alignments）构建各物种间 ZO-1 部分氨基酸序列的系统进化树，结果显示（图 6 －4 －29）：鱼类的 ZO-1 独立成一支，草鱼和斑马鱼聚成一支；日本青鳉和尼罗罗非鱼聚成一支，再与红鳍东方鲀聚成一支；大鼠、小鼠、灰仓鼠、人、猪、牛和羊等哺乳动物聚成一支，再与原鸡聚成一支，后与热带爪蟾聚成一支，这与传统的形态学和生化特征分类进化地位基本一致。

（九）草鱼 ZO-2 isoform 2 基因克隆及其序列分析

1. ZO-2 isoform 2 基因克隆

使用草鱼肠道 cDNA 模板和表 6 －4 －2 中 ZO-2 isoform 2 基因引物进行 PCR 扩增，产物经琼脂糖凝胶电泳后，置于紫外凝胶成像系统下，显示获得约 760bp 的单一条带，片段大小

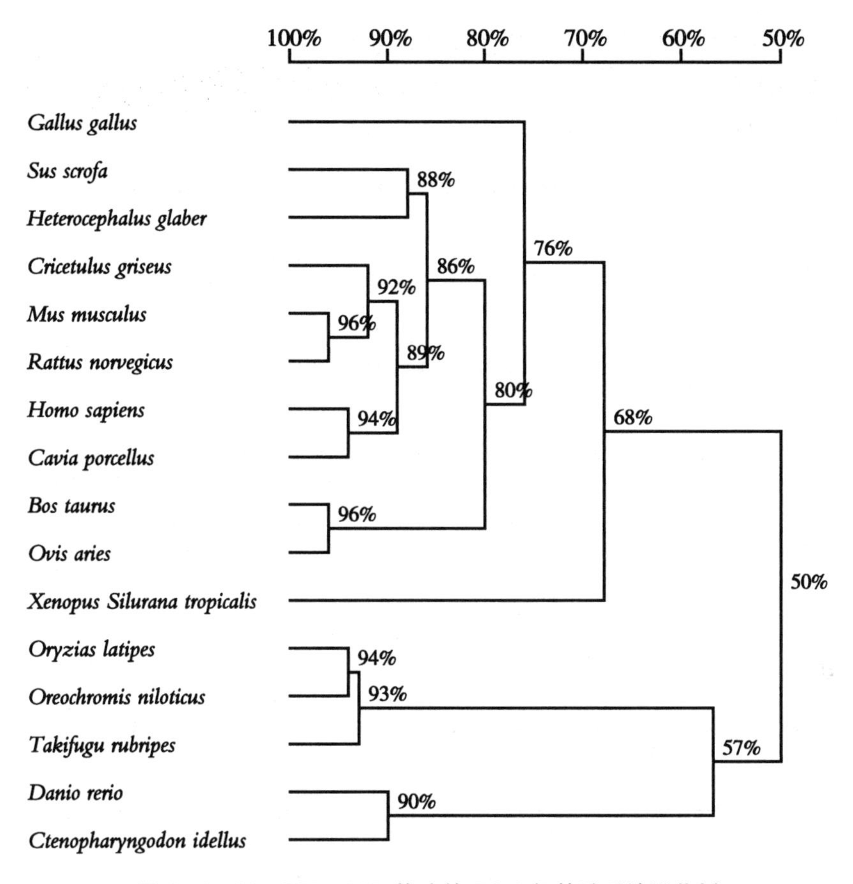

图 6 - 4 - 29　DNAMAN 构建的 ZO-1 氨基酸系统进化树

Fig. 6 - 4 - 29　Phylogenetic tree drawn with DNAMAN of the amino acid sequence of ZO-1

与预期的目的片段基本一致（图 6 - 4 - 30）。

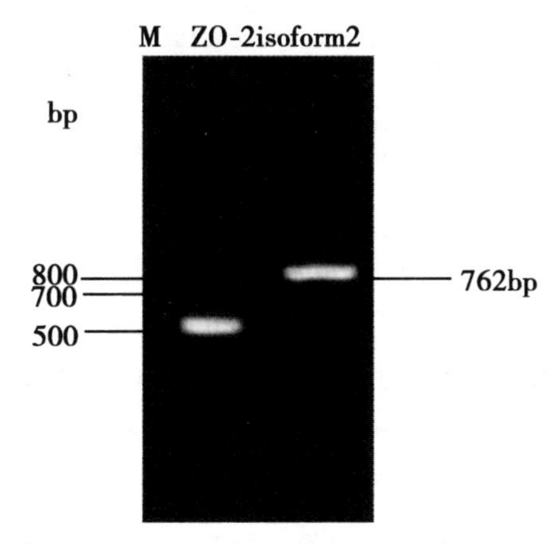

图 6 - 4 - 30　草鱼 ZO-2 isoform 2 基因 PCR 扩增产物

Fig. 6 - 4 - 30　PCR products of grass carp ZO-2 isoform 2 gene

2. ZO-2 isoform 2 基因片段序列及其推导的氨基酸序列

使用 DNAMAN 软件对经克隆、测序获得的 ZO-2 isoform 2 基因片段序列进行处理，结果（图 6－4－31）表明，所获草鱼 ZO-2 isoform 2 基因片段序列长 762bp，编码 248 个氨基酸。

```
                 10        20        30        40        50        60
1        GGATACAGCGGATGAGGGCGGCGCATATACAGATAACGAACTTGATGAATCCACCGACGA
1          D  T  A  D  E  G  G  A  Y  T  D  N  E  L  D  E  S  T  D  E

                 70        80        90       100       110       120
61       GCCACAGCCCATGTCGGCGATTAGTCGCTCGTCTGAGCCTGTTAGTGAGGAGAGGCCCAT
21         P  Q  P  M  S  A  I  S  R  S  S  E  P  V  S  E  E  R  P  M

                130       140       150       160       170       180
121      GCCTGTTCCCCAAGAGCGTTCAAAGAAACCTGCGAGCAGAGAGGTGCAGCGGGACCCCAG
41         P  V  P  Q  E  R  S  K  K  P  A  S  R  E  V  Q  R  D  P  S

                190       200       210       220       230       240
181      CCCGCCTCCATCATTTGTTCCAGAACCCCCTAAGGTCAGGTCAGCTTCACGTCCTGCTGA
61         P  P  P  S  F  V  P  E  P  P  K  V  R  S  A  S  R  P  A  D

                250       260       270       280       290       300
241      CTCCAGGAGTTTTGACTCCCGTTCCAGCAGCACAATCAGCAGTGATGTTCCTGTCAGCAC
81         S  R  S  F  D  S  R  S  S  S  T  I  S  S  D  V  P  V  S  T

                310       320       330       340       350       360
301      CAAACCCCTTCCACCGCCAGTAGCCCAGAAGCCCAGTTTCACGATGAGGACAGGCCCAGC
101        K  P  L  P  P  P  V  A  Q  K  P  S  F  T  M  R  T  G  P  A

                370       380       390       400       410       420
361      TGACGAAATGACCTCTAACGACCCTGCCGATGACCCTGCCAACCGCACCTTCCGGGGAAA
121        D  E  M  T  S  N  D  P  A  D  D  P  A  N  R  T  F  R  G  K

                430       440       450       460       470       480
421      GGTGAAGGCTTTTGAGCAAATGGACCACCTGGCCCGGGCCAAAAGGATGCTCGAGCTCCA
141        V  K  A  F  E  Q  M  D  H  L  A  R  A  K  R  M  L  E  L  Q

                490       500       510       520       530       540
481      GGAGGCTGAACAAGCACGGCTGGAAATATCTCAGAAACATCCGGATATTTACGCAGTTCC
161        E  A  E  Q  A  R  L  E  I  S  Q  K  H  P  D  I  Y  A  V  P

                550       560       570       580       590       600
541      CCACAAGCCGAAACCAAACCAAAACAGGCCACAACCAATTGGTTCCAGCTCAAATTCTGA
181        H  K  P  K  P  N  Q  N  R  P  Q  P  I  G  S  S  S  N  S  E

                610       620       630       640       650       660
601      GTCCCAGAGCTCCTCCAAACCACCATATTCAGAGAGCCGCTCTCACTACCGCGCTGATGA
201        S  Q  S  S  S  K  P  P  Y  S  E  S  R  S  H  Y  R  A  D  E

                670       680       690       700       710       720
661      AGATGAGGAGGAATATCGACGCCAGCTGGCTGACCAAACCCGCAGAGGCTTTTACAATCC
221        D  E  E  E  Y  R  R  Q  L  A  D  Q  T  R  R  G  F  Y  N  P

                730       740       750       760
721      CCAGAAATACAACGACACTGAACTGTAACTCCCAATGTCCCA
241        Q  K  Y  N  D  T  E  L  *
```

图 6－4－31　草鱼 ZO-2 isoform 2 基因 cDNA 部分序列及其编码氨基酸序列的推导

Fig. 6－4－31　Partial nucleotide sequence of the cDNA and deduced amino acid sequence of grass carp ZO-2 isoform 2 gene

3. 草鱼与其他物种 ZO-2 isoform 2 基因氨基酸序列同源性分析及对比分析

使用 BLASTP 程序搜索 GenBank 的 Non-redundant protein sequences（nr）数据库，结果表明（表 6－4－11），所获草鱼 ZO-2 isoform 2 部分氨基酸序列与斑马鱼相似性最高，达 89%；与尼罗罗非鱼、青鳉、红鳍东方鲀次之，分别为 64%、64%、63%；与其他物种的相似性相对较低，在50%～44%，这与传统的形态学和生化特征分类进化地位基本一致。

表6-4-11　草鱼与其他物种ZO-2 isoform 2部分氨基酸序列的同源性比较结果

Tab. 6-4-11　Comparative results of homologues of ZO-2 isoform 2 partial amino acid between grass carp and other species

氨基酸序列号 Amino Acid No.	物种名称 Specific Name	中文名 Chinese Name	相似性（%） Identities（%）
NP_ 001188500. 1	*Danio rerio*	斑马鱼	89
XP_ 003965181. 1	*Takifugu rubripes*	红鳍东方鲀	63
XP_ 003440260. 1	*Oreochromis niloticus*	尼罗罗非鱼	64
XP_ 002935643. 1	*Xenopus*（*Silurana*）*tropicalis*	热带爪蟾	50
XP_ 004075127. 1	*Oryzias latipes*	青鳉	64
NP_ 446225. 1	*Rattus norvegicus*	大鼠	46
NP_ 035727. 2	*Mus muscuus*	小鼠	46
EGW15255. 1	*Cricetulus griseus*	灰仓鼠	47
XP_ 004004378. 1	*Ovis aries*	绵羊	45
NP_ 001003204. 1	*Canis lupus familiaris*	家犬	44
NP_ 001193333. 1	*Sus scrofa*	野猪	44
NP_ 990249. 1	*Gallus gallus*	原鸡	47

运用DNAMAN软件对不同物种的ZO-2 isoform 2基因所编码的部分氨基酸序列进行比对，结果如下（图6-4-32）。

4. ZO-2 isoform 2氨基酸系统进化树构建

使用DNAMAN软件的多重序列对比功能（multi-alignments）构建各物种间ZO-2 isoform 2部分氨基酸序列的系统进化树，结果显示（图6-4-33）：鱼类的ZO-2 isoform 2独立聚成一支，青鳉和尼罗罗非鱼聚成一支，再与红鳍东方鲀聚成一支，后与草鱼和斑马鱼聚成的一支聚成一支；牛、绵羊和家犬聚成一支，再与大鼠、小鼠和灰仓鼠聚成一支；原鸡和热带爪蟾聚成一支，这与传统的形态学和生化特征分类进化地位基本一致。

（十）草鱼ZO-3基因克隆及其序列分析

1. ZO-3基因克隆

使用草鱼肠道cDNA模板和表6-4-2中ZO-3基因引物进行PCR扩增（25μL体系），扩增产物经电泳跑胶后，置于紫外凝胶成像系统下，显示获得约420bp的单一条带，片段大小与预期的目的片段基本一致（图6-4-34）。

2. ZO-3基因片段序列及其推导的氨基酸序列

使用DNAMAN软件对经克隆、测序获得的ZO-3基因片段序列进行处理，结果（图6-

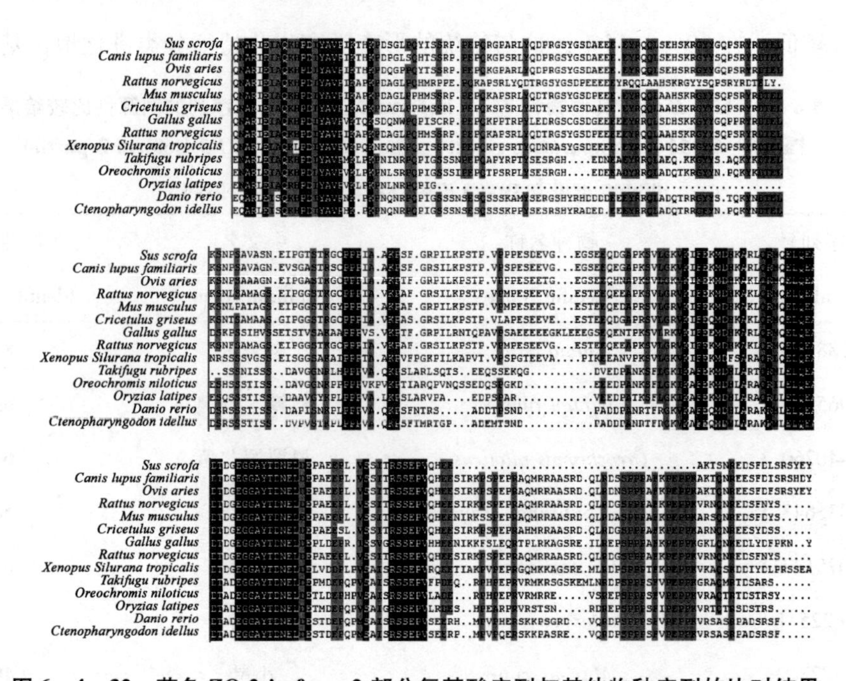

图 6－4－32　草鱼 ZO-2 isoform 2 部分氨基酸序列与其他物种序列的比对结果

Fig. 6－4－32　Comparison of partial amino acid sequence alignments of ZO-2 isoform 2 between grass carp with other species

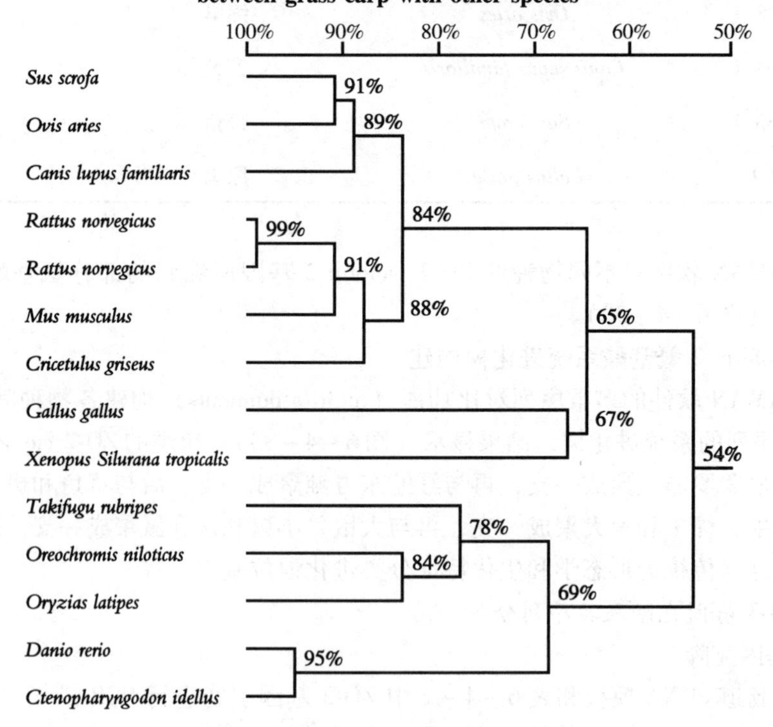

图 6－4－33　DNAMAN 构建的 ZO-2 isoform 2 部分氨基酸系统进化树

Fig. 6－4－33　Phylogenetic tree drawn with DNAMAN of the partial amino acid sequence of ZO-2 isoform 2

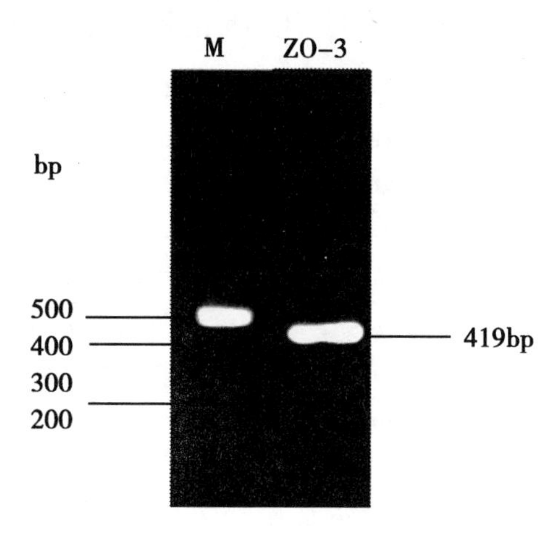

M.100bp DNA Ladder Marker

图 6 – 4 – 34　草鱼 ZO-3 基因 PCR 扩增产物

Fig. 6 – 4 – 34　PCR products of grass carp ZO-3 gene

4 – 35）表明，所获草鱼 ZO-3 基因片段序列长度为 419bp，编码 139 个氨基酸。

```
                 10        20        30        40        50        60
1       TGGGCAATGATCTACACGAACTGGACAAAGGCACCATTCCTAACCAGGCCAGGGCTGAAA
1         G  N  D  L  H  E  L  D  K  G  T  I  P  N  Q  A  R  A  E

                 70        80        90       100       110       120
61      CTCTGGCCAATTTGGAGCAGACACAGAGAATTAGTGCAGCCGAGCGCCAAGCCTCCGGCC
20      T  L  A  N  L  E  Q  T  Q  R  I  S  A  A  E  R  Q  A  S  G

                130       140       150       160       170       180
121     CCAGAGCCGAATTCTGGAAGCTACGGGGCCTAAGGGGGGCCAAAAAGAATACCAGAAGAA
40      P  R  A  E  F  W  K  L  R  G  L  R  G  A  K  K  N  T  R  R

                190       200       210       220       230       240
181     CCCGCGATGACCTCCTACAGTTGACGATTCAGGGCAAATTTCCAGCATATGAGAAGGTCC
60      T  R  D  D  L  L  Q  L  T  I  Q  G  K  F  P  A  Y  E  K  V

                250       260       270       280       290       300
241     TGCTGAAAGAGGCCAATTTCAAACGGCCAATTGTCATTTTGGGTCCTCTGAATGACATTG
80      L  L  K  E  A  N  F  K  R  P  I  V  I  L  G  P  L  N  D  I

                310       320       330       340       350       360
301     CGAATGAGAAGCTAGCCCGAGAGTTGCCTGATGAATTTGAAGTTGCAGAAATGGTAGCCA
100     A  N  E  K  L  A  R  E  L  P  D  E  F  E  V  A  E  M  V  A

                370       380       390       400       410
361     GGAGTGGAAGTGATAGTTCATCCAGTGTCATAAAACTGGACACGGTTAGGCGGATAGCA
120     R  S  G  S  D  S  S  S  S  V  I  K  L  D  T  V  R  R  I  A
```

图 6 – 4 – 35　草鱼 ZO-3 基因 cDNA 部分序列及其编码氨基酸序列的推导

Fig. 6 – 4 – 35　Partial nucleotide sequence of the cDNA and deduced amino acid sequence of grass carp ZO-3 gene

3. 草鱼与其他物种 ZO-3 基因氨基酸序列同源性分析及对比分析

使用 BLASTP 程序搜索 GenBank 的 Non-redundant protein sequences（nr）数据库，结果表明（表 6 – 4 – 12），所获草鱼 ZO-3 部分氨基酸序列与红旗东方鲀、尼罗罗非鱼、青鳉相似性较高，依次为82%、80%、78%；与其他物种的相似性相对较低，在57%～61%。

表6－4－12　草鱼与其他物种ZO-3部分氨基酸序列的同源性比较结果

Tab. 6－4－12　Comparative results of homologues of ZO-3 partial amino acid between grass carp and other species

氨基酸序列号 Amino Acid No.	物种名称 Specific Name	中文名 Chinese Name	相似性（%） Identities（%）
XP_ 003974133. 1	*Takifugu rubripes*	红鳍东方鲀	82
XP_ 004069994. 1	*Oreochromis niloticus*	尼罗罗非鱼	80
XP_ 004068336. 1	*Oryzias latipes*	青鳉	78
EGW03127. 1	*Cricetulus griseus*	灰仓鼠	58
XP_ 004059810. 1	*Gorilla gorilla gorilla*	大猩猩	59
XP_ 001916601. 2	*Equus caballus*	马	60
NP_ 001254490. 1	*Homo sapiens*	人	59
XP_ 003354058. 1	*Sus scrofa*	野猪	61
XP_ 003642888. 1	*Gallus gallus*	原鸡	60
NP_ 038797. 2	*Mus musculus*	小鼠	58
NP_ 001039339. 1	*Bos taurus*	牛	57
XP_ 004008657. 1	*Ovis aries*	绵羊	57

运用DNAMAN软件对不同物种的ZO-3基因所编码的部分氨基酸序列进行比对，结果如下（图6－4－36）。

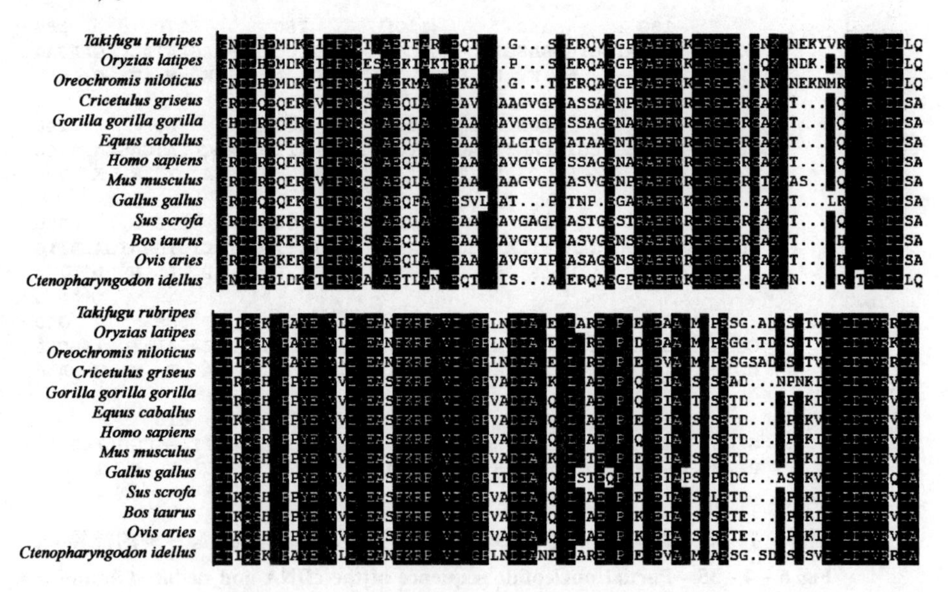

图6－4－36　草鱼ZO-3部分氨基酸序列与其他物种序列的比对结果

Fig. 6－4－36　Comparison of partial amino acid sequence alignments of ZO-3 between grass carp with other species

4. ZO-3 氨基酸系统进化树构建

使用 DNAMAN 软件的多重序列对比功能（multi-alignments）构建各物种间 ZO-3 部分氨基酸序列的系统进化树，结果显示（图 6－4－37）：鱼类的 ZO-3 独立聚成一支，尼罗罗非

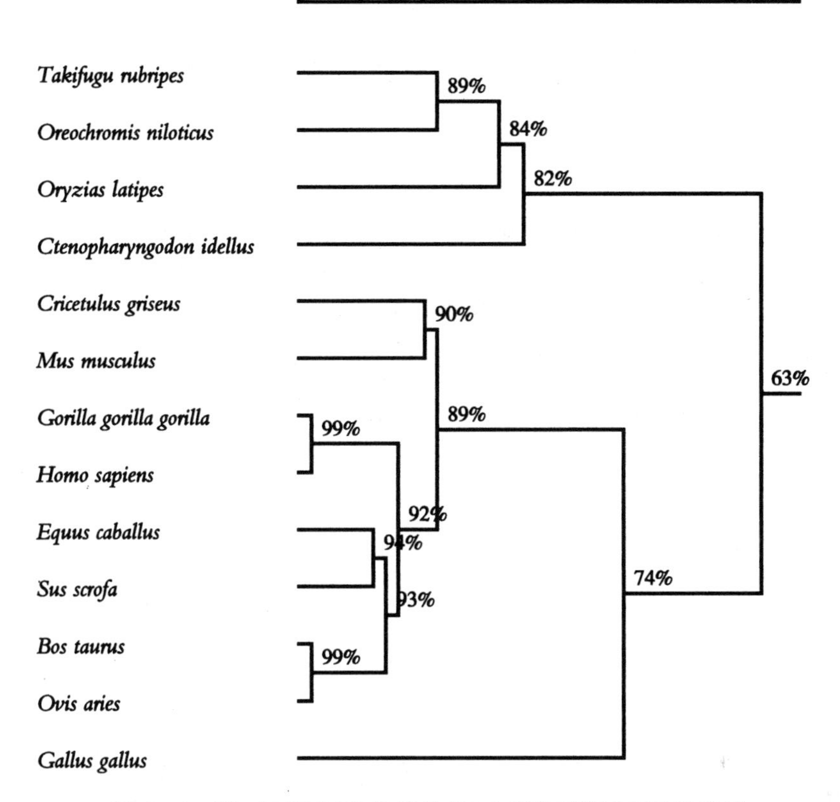

图 6－4－37　DNAMAN 构建的 ZO-3 部分氨基酸系统进化树

Fig. 6－4－37　Phylogenetic tree drawn with DNAMAN of the partial amino acid sequence of ZO-3

鱼和红鳍东方鲀聚成一支，再与青鳉聚成一支，后与草鱼聚成一支；牛、羊、马、猪、人、大猩猩、灰仓鼠和小鼠等哺乳动物独立聚成一支；原鸡单独成一支，这与传统的形态学和生化特征分类进化地位基本一致。

（十一）草鱼各紧密连接蛋白基因组织表达分析

1. 各基因实时荧光定量 PCR 引物特异性检测

以梯度稀释后的肝脏 cDNA 为模板，采用表 6－4－3 中的引物进行实时荧光定量 PCR，制作各个基因的标准曲线，结果显示：各基因的扩增效率在 91%～101%，标准曲线的相关系数 R^2 均大于 0.980；溶解峰出现单一的重叠峰，未出现非特异性扩增，表明试验条件达到实验要求，可靠性较高，具体如下。

（1）ZO-1 基因的扩增效率为 101%，标准曲线的相关系数为 0.992（图 6－4－38）。

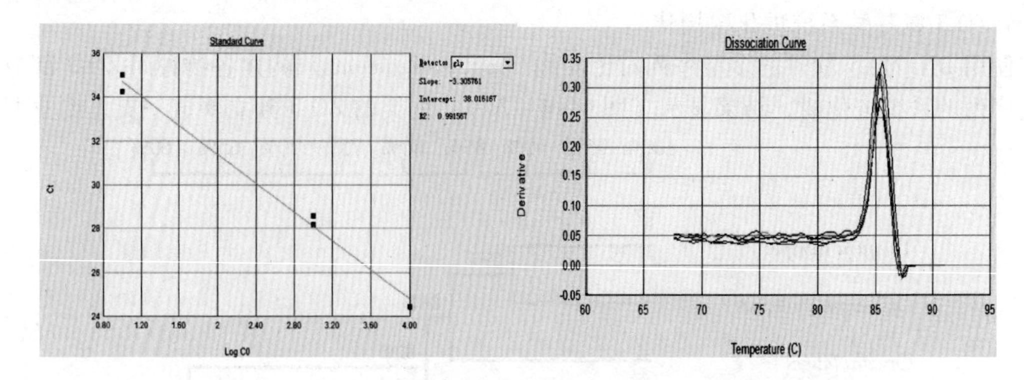

图 6-4-38　实时荧光定量 PCR 中 ZO-1 基因的标准曲线和溶解峰

Fig. 6-4-38　Standard curve and melt peak chart of ZO-1 gene by quantitative real-time PCR

（2）ZO-2 isoform 2 基因的扩增效率为 100%，标准曲线的相关系数为 0.990（图 6-4-39）。

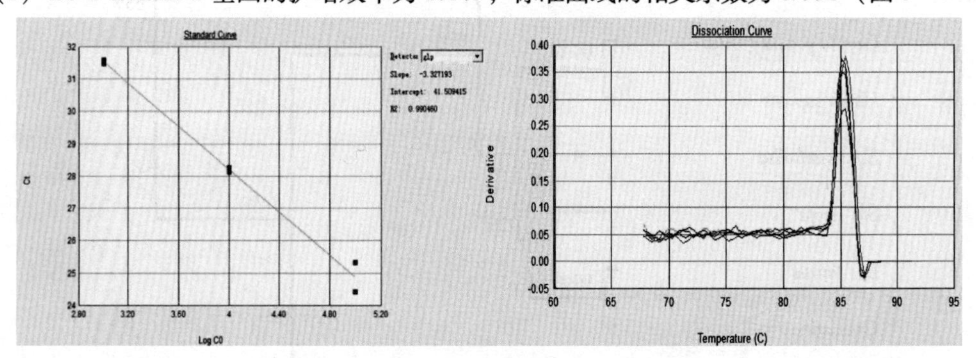

图 6-4-39　实时荧光定量 PCR 中 ZO-2 isoform 2 基因的标准曲线和溶解峰

Fig. 6-4-39　Standard curve and melt peak chart of ZO-2 isoform 2 gene by quantitative real-time PCR

（3）ZO-3 基因的扩增效率为 97%，标准曲线的相关系数为 0.980（图 6-4-40）。

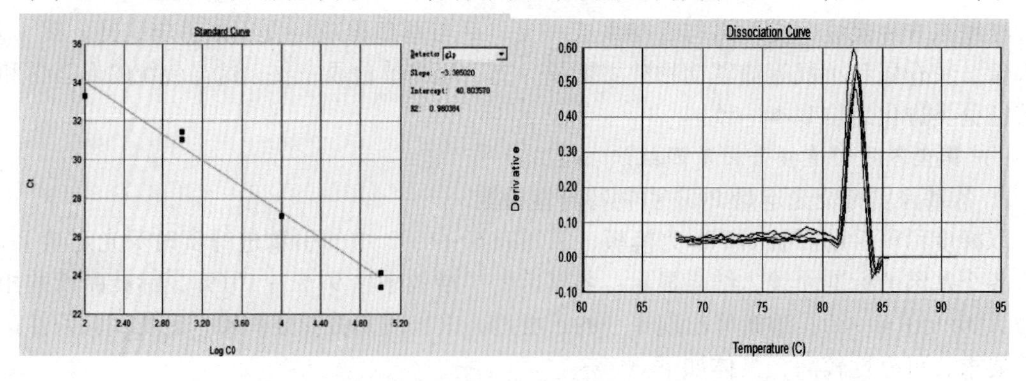

图 6-4-40　实时荧光定量 PCR 中 ZO-3 基因的标准曲线和溶解峰

Fig. 6-4-40　Standard curve and melt peak chart of ZO-3 gene by quantitative real-time PCR

（4）*Occludin* 基因的扩增效率为97%，标准曲线的相关系数为0.991（图6－4－41）。

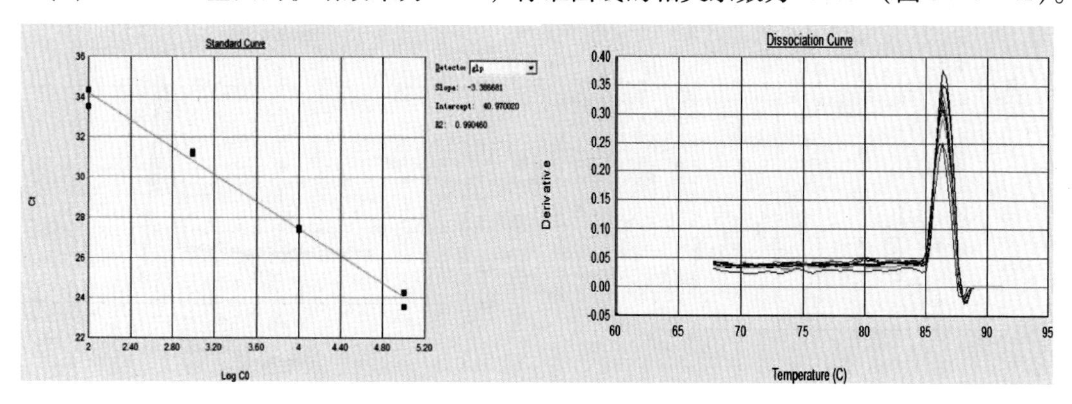

图6－4－41　实时荧光定量PCR中*Occludin*基因的标准曲线和溶解峰

Fig. 6－4－41　Standard curve and melt peak chart of *Occludin* gene by quantitative real-time PCR

（5）*Claudin*-12基因的扩增效率为96%，标准曲线的相关系数为0.994（图6－4－42）。

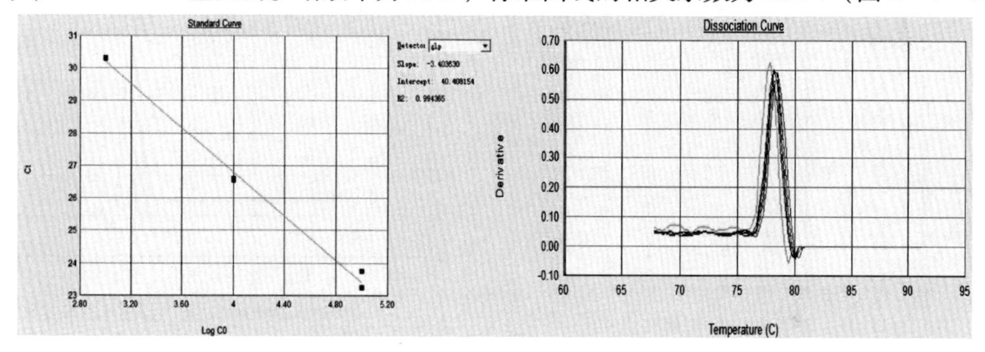

图6－4－42　实时荧光定量PCR中*Claudin*-12基因的标准曲线和溶解峰

Fig. 6－4－42　Standard curve and melt peak chart of *Claudin*-12 gene by quantitative real-time PCR

（6）*Claudin*-15a基因的扩增效率为92%，标准曲线的相关系数为0.991（图6－4－43）。

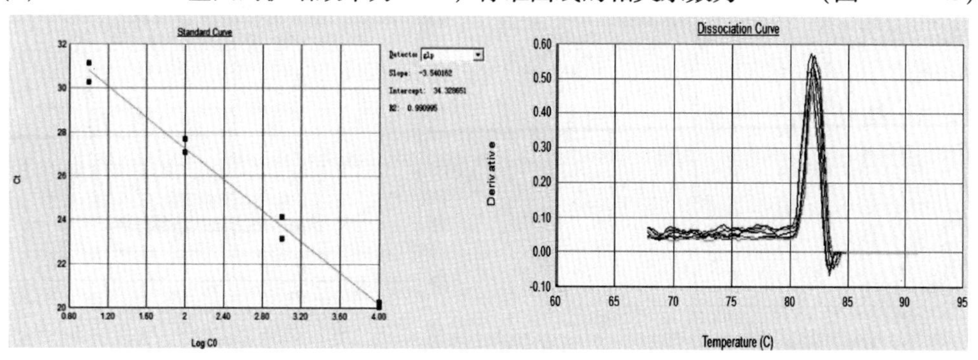

图6－4－43　实时荧光定量PCR中*Claudin*-15a基因的标准曲线和溶解峰

Fig. 6－4－43　Standard curve and melt peak chart of *Claudin*-15a gene by quantitative real-time PCR

（7）*Claudin*-3 基因的扩增效率为 99%，标准曲线的相关系数为 0.998（图 6－4－44）。

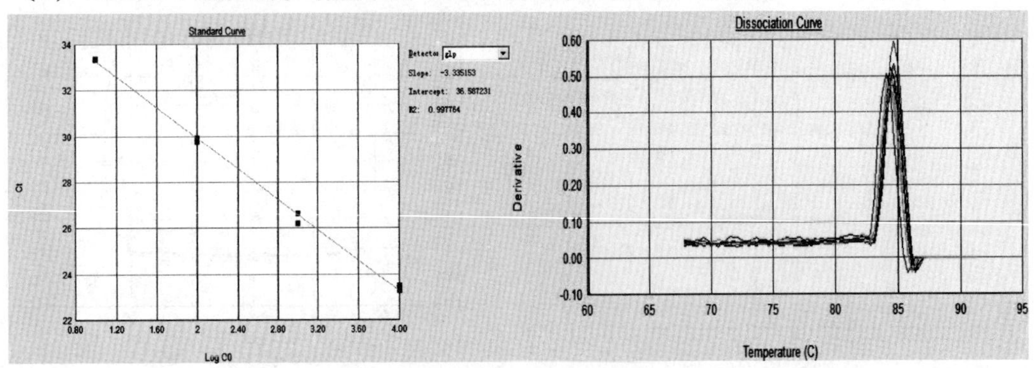

图 6－4－44　实时荧光定量 PCR 中 *Claudin*-3 基因的标准曲线和溶解峰

Fig. 6－4－44　Standard curve and melt peak chart of *Claudin*-3 gene by quantitative real-time PCR

（8）*Claudin*-c 基因的扩增效率为 93%，标准曲线的相关系数为 0.997（图 6－4－45）。

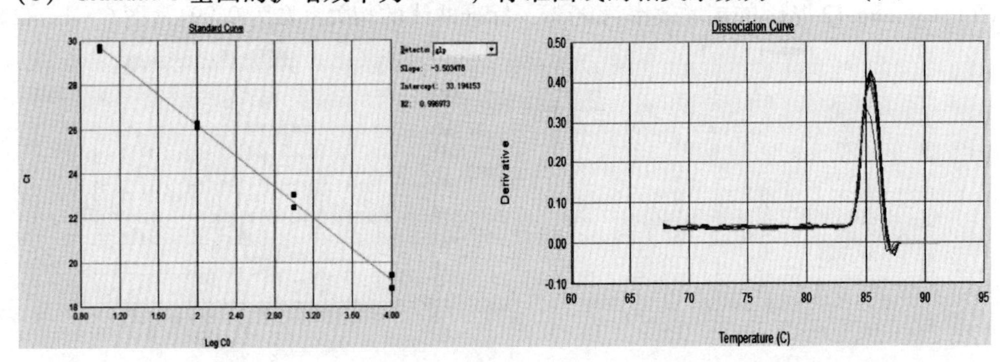

图 6－4－45　实时荧光定量 PCR 中 *Claudin*-c 基因的标准曲线和溶解峰

Fig. 6－4－45　Standard curve and melt peak chart of *Claudin*-c gene by quantitative real-time PCR

（9）*Claudin*-b 基因的扩增效率为 101%，标准曲线的相关系数为 0.984（图 6－4－46）。

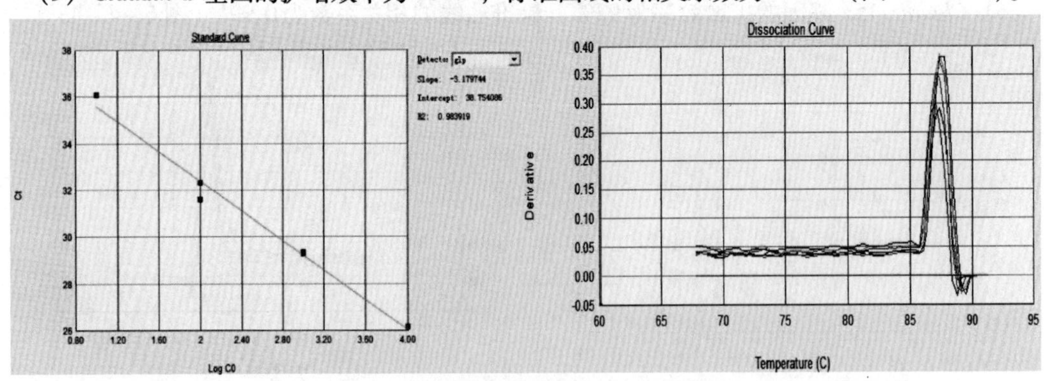

图 6－4－46　实时荧光定量 PCR 中 *Claudin*-b 基因的标准曲线和溶解峰

Fig. 6－4－46　Standard curve and melt peak chart of *Claudin*-b gene by quantitative real-time PCR

（10）β-actin 基因的扩增效率为 91%，标准曲线的相关系数为 0.992（图 6－4－47）。

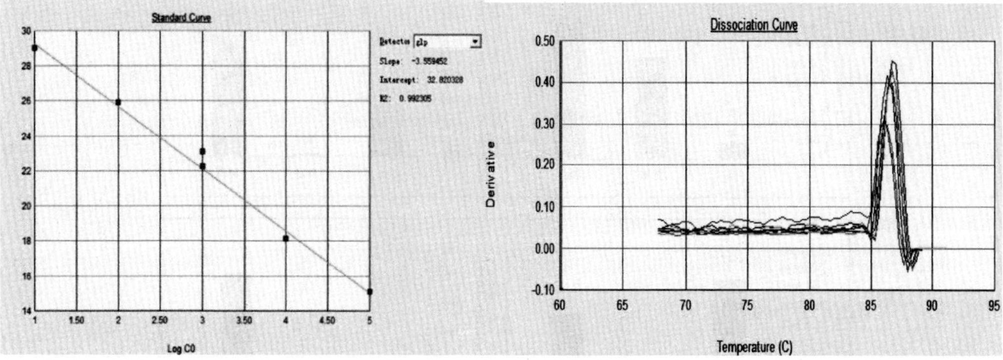

图 6－4－47　实时荧光定量 PCR 中 β-actin 基因的标准曲线和溶解峰

Fig. 6－4－47　Standard curve and melt peak chart of β-actin gene by quantitative real-time PCR

2. 各基因组织表达的差异

本试验通过荧光定量方法检测到草鱼肝脏、脾脏以及肠道 3 个器官组织中相关紧密连接蛋白基因 mRNA 的相对表达量，并将结果用表格和柱状图表示（表 6－4－13）。

表 6－4－13　草鱼肝脏、脾脏、肠道各基因相对表达水平

Tab. 6－4－13　Relative gene expression level of hepatopancreas, spleen and intestine of grass carp

	肝脏	脾脏	肠道
ZO-1	0.000085 ± 0.00001^{a}	0.000533 ± 0.000081^{b}	0.000733 ± 0.000038^{c}
ZO-2 isoform 2	0.000391 ± 0.000039^{b}	0.000021 ± 0.000003^{a}	0.000881 ± 0.000144^{c}
ZO-3	0.003709 ± 0.000501^{b}	0.000058 ± 0.000007^{a}	0.002786 ± 0.000146^{b}
Occludin	0.001266 ± 0.000105^{b}	0.000063 ± 0.000013^{a}	0.010362 ± 0.001035^{c}
Claudin-12	0.025132 ± 0.001265^{c}	0.007608 ± 0.00039^{a}	0.011229 ± 0.001215^{b}
Claudin-15a	0.002179 ± 0.000295^{b}	0.000782 ± 0.000133^{c}	0.137571 ± 0.013601^{a}
Claudin-3	0.007886 ± 0.000868^{c}	0.00018 ± 0.000035^{a}	0.000627 ± 0.000181^{b}
Claudin-c	0.001392 ± 0.00027^{b}	0.000441 ± 0.000072^{a}	0.186042 ± 0.035429^{c}
Claudin-b	0.000059 ± 0.000014^{a}	0.000093 ± 0.000008^{a}	0.000882 ± 0.000041^{b}

（1）各基因在不同组织中的表达差异

如图 6－4－48 所示，ZO-1 基因在草鱼肝脏、脾脏以及肠道中表达均存在显著的差异（$P<0.05$），表达量由高到低依次为肠道、脾脏、肝脏。ZO-2 isoform 2、*Occludin*、*Claudin*-15a、*Claudin*-c 基因在草鱼肝脏、脾脏以及肠道中表达均存在显著的差异（$P<0.05$），表达量由高到低依次为肠道、肝脏、脾脏，其中 *Occludin*、ZO-2 isoform 2 在肠道中表达量最高，肝脏次之，脾脏微量表达；*Claudin*-15a、*Claudin*-c 在肠道中表达量较高，而在肝脏和脾脏中都只微量表达。*Claudin*-12、*Claudin*-3 基因在草鱼肝脏、脾脏以及肠道中表达均存在显著

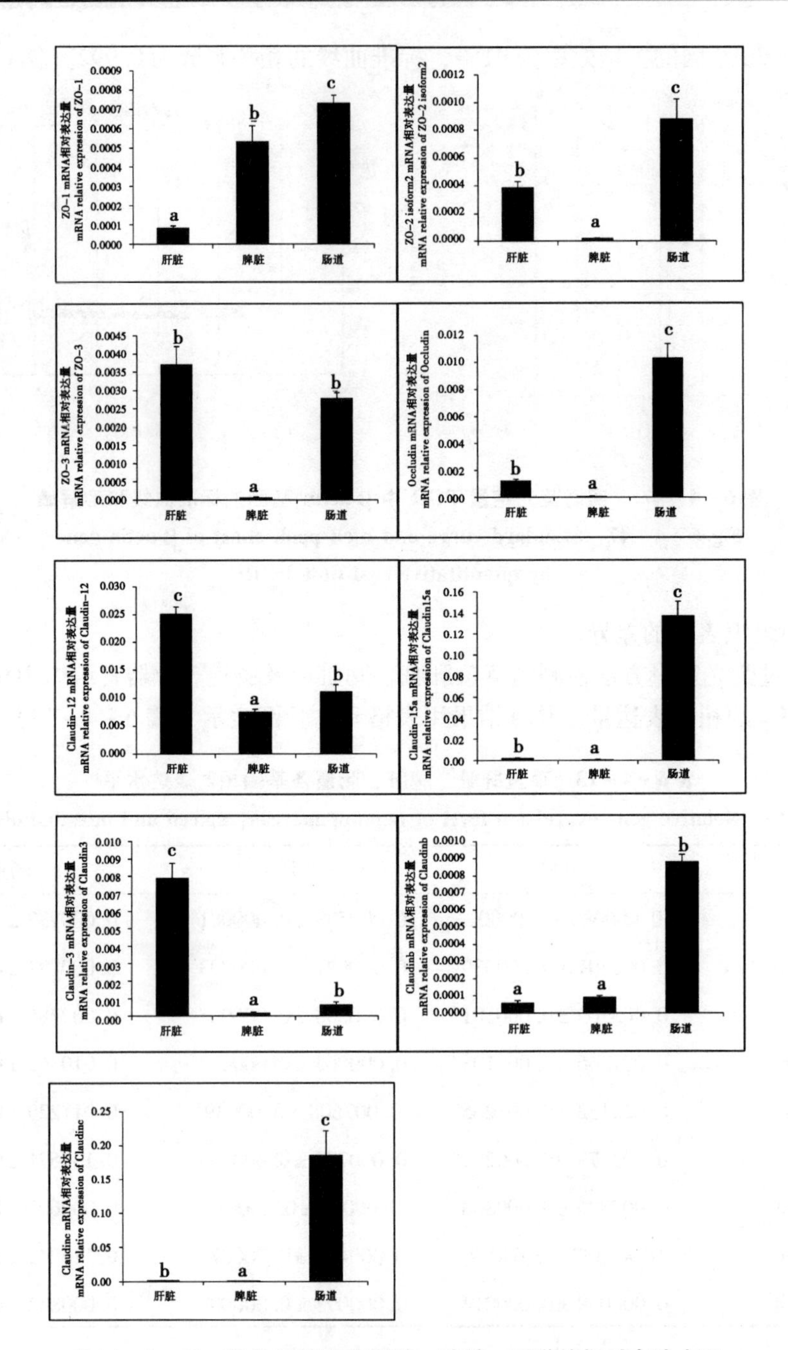

图 6-4-48　草鱼各基因在肝脏、脾脏、肠道的相对表达水平

Fig. 6-4-48　Gene relative expression level ofhepatopancreas, spleen, intestine of each gene of grass carp

字母不同代表有显著差异（$P<0.05$），a ~ c 依次表示由低到高。

Different letter means significant difference, from a to c representive a low to a high mRNA expression level.

的差异（$P<0.05$），表达量由高到低依次为肝脏、肠道、脾脏，其中，*Claudin*-12 在肝脏中表达量最高，肠道次之，脾脏最低；*Claudin*-3 在肝脏中表达量最高，肠道表达量较低，脾

脏微表达。*Claudin*-b 基因在草鱼肝脏、脾脏中表达量较低，且两者之间不存在显著性差异（$P>0.05$），而在肠道中的表达量则显著高于肝脏和脾脏（$P<0.05$）。ZO-3 基因在草鱼肝脏、肠道中表达量较高，且两者之间不存在显著的差异（$P>0.05$），而在脾脏中表达量显著低于肝脏和肠道（$P<0.05$）。

（2）各组织中不同基因的表达差异

如图 6－4－49 所示，在现有的 9 个基因中，草鱼肝脏中表达水平较高的是 *Claudin*-12、*Claudin*-3 和 ZO-3；肠道中表达水平较高的 *Claudin*-c 和 *Claudin*-15a；脾脏中表达水平较高的是 *Claudin*-12、*Claudin*-15a、*Claudin*-c 和 ZO-1。这些基因的表达量均显著高于同组织中的其他基因。

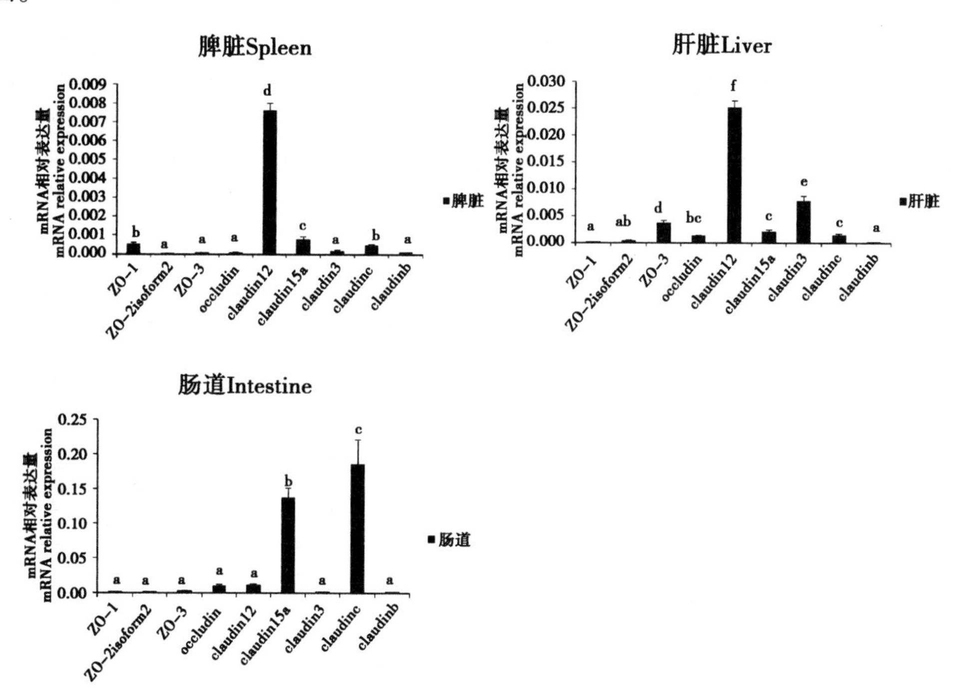

图 6－4－49　草鱼肝脏、脾脏、肠道各基因相对表达水平

Fig. 6－4－49　Gene relative expression level ofhepatopancreas, spleen, intestine of grass carp

字母不同代表有显著差异（$P<0.05$），a～f 依次表示由低到高。

Different letter means significant difference, from a to f representive a low to a high mRNA expression level.

三、讨论

（一）各基因生物信息学分析

1. *Claudin*-3 基因

本试验通过 RT-PCR 获得草鱼 *Claudin*-3 基因片段序列，长 1 263bp，编码 131 个氨基酸。通过对各物种氨基酸序列的比对结果进行分析，发现所获草鱼 *Claudin*-3 部分氨基酸序列与其他物种的相似性与物种生化特征分类地位比较吻合。草鱼与同为鲤科鱼类的斑马鱼亲缘关系相对较近，与鲀科、鲉科、鲑科鱼和鮨科鱼类关系较远，而与负子蟾科、鬣鳞科、鲨鱼以及鸟禽类鸡的亲缘关系就更远了，这也比较符合物种分子进化关系。*Claudin*-3 氨基酸系统进化树分析表明，鱼类的 *Claudin*-3 独立聚成一支，最终与其他物种汇聚成的一支聚成一支，可以推测出它们应该是起源于共同的祖先，虽然处于不同进化分支，但它们具有一定的亲缘关系。

2. *Claudin*-12 基因

本试验通过 RT-PCR 获得草鱼 *Claudin*-12 基因片段序列，长 235bp，编码 23 个氨基酸。通过对各物种氨基酸序列的比对结果进行分析，发现所获草鱼 *Claudin*-12 部分氨基酸序列与大西洋鲑相似性达到 100%；与斑马鱼次之，为 96%，这点与物种生化特征分类地位不是很吻合，按照正常分类，草鱼应与同为鲤科的斑马鱼亲缘关系最近，与鲑科鱼类相对较远，这应该与本试验获得的氨基酸序列较短有关，需要更长的氨基酸序列才能得到更准确的相似性关系。*Claudin*-12 氨基酸系统进化树分析表明，哺乳类 *Claudin*-12 聚成一支；热带爪蟾和非洲爪蟾聚成一支，这与传统的形态学和生化特征分类进化地位基本一致。然而，红旗东方鲀和青斑河豚并不处于鱼类分支中，这点与生化特征分类进化地位不符，同样，应该也是本试验获得的氨基酸序列太短所造成的。

3. *Claudin*-15a 基因

本试验通过 RT-PCR 获得草鱼 *Claudin*-15a 基因片段序列，长 490bp，编码 151 氨基酸。通过对各物种氨基酸序列多重比对结果进行分析，发现所获草鱼 *Claudin*-15a 部分氨基酸序列与其他物种的相似性与物种生化特征分类地位很吻合。草鱼与同为鲤科鱼类的斑马鱼亲缘关系相对较近，与鲑科、鲀科鱼类关系相对较远，而与哺乳类的牛、羊、猪、猫、鼠和人的亲缘关系就更远了。*Claudin*-15a 氨基酸系统进化树分析表明，鱼类 *Claudin*-15a 独立聚成一支，哺乳类 *Claudin*-15a 独立聚成一支，符合物种分子进化关系。与此同时，鱼类与哺乳动物 *Claudin*-15a 最后共同聚成一支，可以推测出鱼类 *Claudin*-15a 与哺乳类 *Claudin*-15a 应该是起源于共同的祖先，虽然处于不同的进化分支，但两者应具有一定的亲缘关系。

4. *Claudin*-b 基因

本试验通过 RT-PCR 获得草鱼 *Claudin*-b 基因片段序列，长 776bp，编码 195 个氨基酸。通过对各物种氨基酸序列多重比对结果进行分析，发现所获草鱼 *Claudin*-b 部分氨基酸序列与斑马鱼相似性为 84%，与鲫鱼的相似性为 89%，这种相似性正是草鱼与同为鲤科鱼类的斑马鱼、鲫鱼亲缘关系较近的体现。*Claudin*-b 氨基酸系统进化树分析表明，草鱼和鲫鱼聚成一支，再与斑马鱼聚成一支，符合物种分子进化关系。

5. *Claudin*-c 基因

本试验通过 RT-PCR 获得草鱼 *Claudin*-c 基因片段序列，长 662bp，编码 171 个氨基酸。通过对各物种氨基酸序列多重比对结果进行分析，发现所获草鱼 *Claudin*-c 部分氨基酸序列与斑马鱼相似性最高，达 95%；与鲫鱼的相似性次之，达 91%，体现了草鱼与同为鲤科鱼类的斑马鱼、鲫鱼亲缘关系较近。*Claudin*-c 蛋白的系统进化树分析表明，草鱼与斑马鱼聚成一支，再与鲫鱼聚成一支，符合物种分子进化关系。

6. *Occludin* 基因

本试验通过 RT-PCR 获得草鱼 *Occludin* 基因片段序列，长 1183bp，编码 375 个氨基酸。通过对各物种氨基酸序列多重比对结果进行分析，发现所获草鱼 *Occludin* 氨基酸序列与其他物种的相似性与物种生化特征分类地位很吻合。草鱼与同为鲤科鱼类的鲫鱼、斑马鱼亲缘关系较近，与鲑科、丽鲷科、鲀科和鲉科鱼类关系相对较远，而与哺乳类的牛、猪、鼠、猕猴和人的亲缘关系就更远了，与此同时，根据本试验所获的 *Occludin* 片段分析，我们还可以看出 *Occludin* 基因在各物种间的保守性并不高。*Occludin* 氨基酸系统进化树分析表明，鱼类的 *Occludin* 独立成一支，哺乳类 *Occludin* 独立成一支，热带爪蟾与非洲爪蟾聚成一支；原鸡单独为一支，符合物种分子进化关系。鱼类 *Occludin* 与哺乳动物 *Occludin* 最后共同聚成一支，可以推测出鱼类 *Occludin* 与哺乳类 *Occludin* 应该是起源于共同的祖先，虽然处于不同的进化分支，但两者具有一定的亲缘关系。

7. ZO-1 基因

本试验通过 RT-PCR 获得草鱼 ZO-1 基因片段序列，长 279bp，编码 93 个氨基酸。通过对各物种氨基酸序列多重比对结果进行分析，发现所获草鱼 ZO-1 部分氨基酸序列与其他物种的相似性与物种生化特征分类地位比较吻合。草鱼与同为鲤科鱼类的斑马鱼亲缘关系较近，与丽鲷科、鲀科和鲉科鱼类关系相对较远，而与哺乳类的牛、羊、猪、鼠和人的亲缘关系就更远了。ZO-1 氨基酸系统进化树分析表明，鱼类 ZO-1 独立聚成一支；哺乳类 ZO-1 聚成一支，再与原鸡聚成一支，后与热带爪蟾聚成一支，比较符合物种分子进化关系。鱼类与哺乳动物 ZO-1 最终间接共同聚成一支，可以推测出鱼类 ZO-1 与哺乳类 ZO-1 应该是起源于共同的祖先，虽然处于不同的进化分支，但两者具有一定的亲缘关系。

8. ZO-2 isoform 2 基因

本试验通过 RT-PCR 获得草鱼 ZO-2 isoform 2 基因片段序列，长 762bp，编码 248 个氨基酸。通过对各物种氨基酸序列多重比对结果进行分析，发现所获草鱼部分 ZO-2 isoform 2 氨基酸序列与其他物种的相似性与物种生化特征分类地位比较吻合。草鱼与同为鲤科鱼类的斑马鱼亲缘关系较近，与丽鲷科、鲀科和鲉科鱼类关系相对较远，而与哺乳类的狗、猪、鼠、羊的亲缘关系就更远了。ZO-2 isoform 2 氨基酸系统进化树分析表明，鱼类的 ZO-2 isoform 2 独立聚成一支，哺乳类的 ZO-2 isoform 2 独立聚成一支；原鸡和热带爪蟾聚成一支，符合物种分子进化关系。鱼类 ZO-2 isoform 2 与哺乳动物 ZO-2 isoform 2 最终间接共同聚成一支，可以推测出鱼类 ZO-2 isoform 2 与哺乳类 ZO-2 isoform 2 应该是起源于共同的祖先，虽然处于不同的进化分支，但两者具有一定的亲缘关系。

9. ZO-3 基因

本试验通过 RT-PCR 获得草鱼 ZO-3 基因片段序列，长 419bp，编码 139 个氨基酸。通过对各物种氨基酸序列多重比对结果进行分析，发现所获草鱼 ZO-3 部分氨基酸序列与其他物种的相似性与物种生化特征分类地位比较吻合。草鱼与鲀科、丽鲷科和鲉科鱼类的近缘关系相对较近，而与哺乳类的人、大猩猩、牛、羊、猪、鼠等的亲缘关系相对较远。ZO-3 氨基酸系统进化树分析表明，鱼类 ZO-3 独立聚成一支；哺乳类 ZO-3 独立聚成一支；原鸡单独成一支，符合物种分子进化关系。鱼类 ZO-3 与哺乳动物 ZO-3 最终间接共同聚成一支，可以推测出鱼类 ZO-3 与哺乳类 ZO-3 应该是起源于共同的祖先，虽然处于不同的进化分支，但两者具有一定的亲缘关系。

（二）各基因组织表达分析

本试验通过荧光定量 RT-PCR 检测了草鱼肝脏、脾脏和肠道 3 个组织中已克隆出的 *Claudin*-3、*Claudin*-12、*Claudin*-15a、*Claudin*-b、*Claudin*-c、*Occludin*、ZO-1、ZO-2 isoform 2、ZO-3 的 mRNA 表达水平。分析上述结果发现：*Claudin*-15a、*Claudin*-c、*Claudin*-b 在肠道

中表达较高，*Claudin*-3、*Claudin*-12 在肝脏中表达较高，而 *Occludin*、ZO-2 isoform 2 在肠道和肝脏中同时表达较高，ZO-1 在肠道和脾脏中表达较高，这一结果正好和紧密连接的蛋白组成和功能相符，即在肝脏和肠道组织中，*Occludin*、*Claudins* 通过 ZOs 将其与肌动蛋白细胞骨架相连，介导紧密连接的开启和闭合，而 *Claudins* 则根据组织的不同而表现出不同的蛋白亚型。有研究表明，尽管 *Claudins* 存在于所有上皮细胞间和内皮细胞间，不同 *Claudins* 的组织分布具有特异性[22]。本结论与这一说法相符。

此外，在 *Claudins*、*Occludin* 和 ZOs 中，各组织表达量较高的都是 *Claudins*，说明 *Claudins* 在紧密连接中表达是最多的，同时，可以推测草鱼肝脏中 *Claudin*-12、*Claudin*-3、ZO-3，肠道中 *Claudin*-c 和 *Claudin*-15a，脾脏 *Claudin*-12、*Claudin*-15a、*Claudin*-c 和 ZO-1 可能是各自较为重要的 *Claudin* 蛋白，与其功能息息相关。在上述的这些 *Claudin* 蛋白中，*Claudin*-3 在肝脏中具有较高的表达，这与 Schulzke JD 等[73]提出的 *Claudin*1、*Claudin*2、*Claudin*-3 蛋白常见于成熟肝细胞，沿胆管分布结果相一致。对于 *Claudin*-12，Nitta 等[74]指出，*Claudin*-12 在小鼠胚胎中的脑毛细管内皮中强烈表达，并和 ZO-1 协作，可能参与紧密连接的形成。Hideki Chiba 等[25]指出，在非洲绿候肾细胞（COS-7）中，*Claudin*-12 有表达。*Claudin*-12 在草鱼肝脏和脾脏中具有相对较高的表达，可能与其功能作用有关，有待进一步研究。*Claudin*-15a 在草鱼肠道中较高表达，占据九个基因中的第二位。有研究表明，Fujita 等[26]指出，*Claudin*-15 广泛表达于肠上皮细胞的紧密连接中，在小鼠畸形肠道中表达下调，尤其在在十二指肠和空肠中。Hardison 等[46]指出，*Claudin*-15 在肠道形成过程中保证了空腔的形成，起着至关重要的作用。这些研究表明了 *Claudin*-15 在肠道中的重要地位，并从一定程度上支撑了 *Claudin*-15a 在肠道中具有较高的表达。而对于 *Claudin*-c，目前在 NCBI 中只能搜索到斑马鱼、鲫鱼、斑点叉尾鮰、蓝鲶鱼等鱼类的相关基因序列，现有的研究也主要集中在斑马鱼、虹鳟上。根据 Clauidnc 在草鱼肠道中具有较高的表达，可以推测，*Claudin*-c 可能是草鱼肠道中比较重要的基因之一。

综上所述，可以得出：*Claudin*-12、*Claudin*-3 是草鱼肝脏中表达量较高的 *Claudin* 基因，*Claudin*-c、*Claudin*-15a 是草鱼肠道中表达量较高的 *Claudin* 基因。这种表达分布关系可能与其在紧密连接中特定的功能与作用相关。

四、小结

本试验首次在草鱼上成功克隆出 *Claudin*-3、*Claudin*-12、*Claudin*-15a、*Claudin*-b、*Claudin*-c、*Occludin*、ZO-1、ZO-2 isoform 2、ZO-3 部分基因片段，除 *Claudin*-12 以外，其余各基因物种间氨基酸序列相似性均与物种形态学和生化特征分类地位相吻合，*Claudin*-12 在这点上不太吻合，可能是由于本试验所克隆的基因序列编码氨基酸太短而造成。组织表达分析表明，各基因在草鱼肝脏、脾和肠道中均有表达，其中，*Claudin*-12、*Claudin*-3 在肝脏中表达量较高，其可能是草鱼肝脏中较为重要的 *Claudin* 基因，*Claudin*-c、*Claudin*-15a 在肠道中表达量较高，其可能是草鱼肠道中较为重要的 *Claudin* 基因。本次试验结果将为草鱼肠道损伤机制的研究奠定分子生物学基础。

参考文献（第 2 ~4 节）

[1] 曹霞，于成功．肠黏膜屏障功能异常与炎症性肠病［J］．胃肠病学，2011，16（6）：379 -381.

[2] Brian A, Babbin, Asma Nusrat. Epithelial Barrier Function [J]. Encyclopedia of Gastroenterology, 2004, 53 (5): 718 - 724.

[3] Zakir H, Takashi H. Molecular mechanism of intestinal permeability interaction at tight junctions [J]. The Royal Society of Chemistry, 2008, 54 (4): 1 181 - 1 185.

[4] Silvia T, Alex M. Enhanced intestinal epithelial barrier health status on European seabass (Dicentrarchus labrax) fed mannan oligosaccharides [J]. Fish & Shellfish Immunology, 2003 (22).

[5] 邵立健，朱清仙．一种跨膜蛋白闭锁蛋白的研究现状 [J]. 国外医学生理、病理科与临床分册，2004，24: 263 - 266.

[6] Tobias N M, Catherine S, Bradley M D. Zonulaoccludens-1 is a scaffolding protein for signaling Molecular [J]. J Biol Chem., 2002, 277 (28): 24 855 - 24 858.

[7] Shiflhtt D E, Clayburgh D R, Koutsouris A, *et al.* Enteropathgenic E. cell disrupts tight junction barier function and structure in vivo [J]. Lab Invest., 2005, 85 (10): 1 304 - 1 324.

[8] Chen M L, Charalabos P J, Omasla M. Protein kinase C sig-haling regulates ZO-1 translecation and increased paracellular flux of colonecytes exposed to clostridium difficile toxin AJ [J]. Bio Chem., 2002, 277 (2): 4 247 - 4 254.

[9] Willemsen L E, Hoetjes J P, Deventer S J, *et al.* Abrogation of IFN-gamma mediated epithelial barrier disruption by serine protease inhibition [J]. Clin Exp Immunol, 2005, 142: 275 - 284.

[10] Poritz L S, Garver K I, Tilberg A F, *et al.* Tumor necrosis factor alpha disrupts tight junction assembly [J]. J Surg Res., 2004, 116: 14 - 18.

[11] Bruewer M, Luegering A, Kucharzik T, *et al.* Proinflammatory cytokines disrupt epithelial barrier function by apoptosis independent mechanisms [J]. J Immunol., 2003, 171: 6 164 - 6 172.

[12] Naoki U, Michael J M, Marianne S. Acidic conditions ameliorate both adenosine triphosphate depletion and the development of hyperpermeability in cultured Caco-2BBe enterocytic monolayers subjected to metabolic inhibition [J]. Surgery, 1997, 121 (6): 668 - 680.

[13] Tzyy-Harn Y, Li-Wen H, Michael T, *et al.* Mechanism and consequence of chitosan-mediated reversible epithelial tight junction opening [J]. Biomaterials, 2011, 26 (32): 6 164 - 6 173.

[14] Mine Y, Zhang J W. Surfactants enhance the tight-junction permeability of food allergens in human intestinal epithelial Caco-2 cells [J]. Int Arch Alergy Immunol., 2003, 130 (2): 135 - 142.

[15] Loh Y H, Christoffels A, Brenner S, *et al.* Extensive expansion of the Claudin gene family in the teleost fish Fugu rubripes [J]. Genome Research, 2004, 14: 1 248 - 1 257.

[16] Chasiotis H, Effendi J C, Kelly S P. *Occludin* expressi on in goldfish held in ion-poor water [J]. J Comp Physiol., 2009, 179: 145 - 154.

[17] Tipsmark C K, Luckenbach J A, Mads S S, *et al.* Osmoregulation and expression of ion transport proteins and putative Claudins in the gill of Southern flounder (*Paralichthys lethostigma*) [J]. Comp Biochem Physiol A., 2008, 150: 265 - 273.

[18] Chasiotis H, Wood C M, Kelly S P. Cortisol reduces paracellular permeabilityand increases *Occludin* abundance in cultured trout gill epithelia [J]. Mol Cell Endocrinol., 2010, 323: 232 - 238.

[19] McDonald D G, Walker R L, Wilkes P R H. The interaction of environmental calcium and low pH on the physiology of the rainbow trout, *Salmo gairdneri*: II Branchial iono regulatory mechanisms [J]. J Exp Biol., 1983, 102: 141 - 155.

[20] Furuse M, Fujita K, Hiiragi T, *et al.* Claudin-1 and-2 novel integral membrane proteins localizing at tight junctions with no sequence similarity to *Occludin* [J]. J Cell Biol., 1998, 141 (7): 1 539 - 1 550.

[21] Anderson J M, Vanhallie C M. Tight junction and the molecular basis for regulation of paracelular permability [J]. Am J Physiol, 1995, 269 (32): 467 - 475.

[22] Gonzilez M L, Tapia R, Chamoo D. Crosstalk of tight junction components with signaling pathways [J]. Biochem Biophys Acta, 2008, 1778 (3): 729 - 756.

[23] Markov A G, Veshnyakova A, Fromm M, *et al.* Segmental expression of claudin proteins correlates with tight junction barrier properties in rat intestine [J]. J Comp Physiol B, 2010, 180 (4): 591 - 598.

[24] Christoph R, Laura L, Mitic J M. Heterogeneity in expression and subcellular localization of Claudins 2, 3, 4, and 5

in the rat hepatopancreas, pancreas, and gut [J]. Gastroenterology, 2001, 120 (2): 411 -422.

[25] Hideki C, Makoto O, Masaki M, *et al.* Transmembrane proteins of tight junctions [J]. Biochemicaet Biophysica Acta, 2008, 1778: 588 -600.

[26] Fujita H, Sugimoto K, Inatomi S, *et al.* Tight Junction Proteins Claudin-2 and -12 Are Critical for Vitamin D-dependent Ca^{2+} Absorption between Enterocytes [J]. Mol Biol Cell, 2008, 19: 1 912 -1 921.

[27] Christian K, Tipsmark, Kenneth J, *et al.* Claudin-15 and -25b expression in the intestinal tract of Atlantic salmon in response to seawater acclimation, smoltification and hormone treatment [J]. Compar ative Biochemistry and Physiology, 2010, 155: 361 -370.

[28] Yusuke K, Amin B, Shelby S, *et al.* Strategies for maintaining Na + balance in zebrafi sh (Danio rerio) during prolonged exposure to acidic water [J]. Comparative Biochemi stry and Physiology, 2011, 160: 52 -62.

[29] Soini Y. Expression of Claudin-1, 2, 3, 4, 5 and 7 in various types of tumors [J]. Histopathology, 2005, 46: 551.

[30] French A D, Fiori J L, Camilli T C, *et al.* PKC and PKA phosphorylation affect the subcellular localization of Claudin-1 in melanoma cells [J]. Med Sci., 2009, 6 (2): 93 -101.

[31] Furuse M, Furuse K, Sasaki H, *et al.* Conversion of zonulae occludentes from tight to leaky strand type by introducing Claudin-2 into MDCK I Cells [J]. Cell Biol., 2001, 153: 263 -272.

[32] Yu A S L, Claudins and epithelial paracellular transport: the end of the beginning [J]. Curr Opin Nephrol Hypertens, 2003, 12: 503 -509.

[33] Van I, Fanning A S, Anderson J M. Reversal of charge selectivity in cation or anion-selective epithelial lines by expression of different Claudins [J]. Physiol., 2003, 285: 1 078 -1 084.

[34] Van I, Anderson J M. Claudins and epithelial paracellular transport annu [J]. Physiol., 2006, 68: 403 -429.

[35] Amasheh S, Milatz S, Krug S M, *et al.* Na^+ absorp tion defends from paracellular back-leakage by claudin-8 upregulation [J]. Biochem Biophys Res Commun., 2009, 378: 45 -50.

[36] Wang Z H, Xue Y X, Liu Y H. The modulation of protein kinase A and heat shock protein 70 is involved in the reversible increase of blood brain tumor barrier permeability induced by papaverine [J]. Brain Res Bull., 2010, 83 (6): 367 -373.

[37] 王刚，吴小候. Claudin-3 在膀胱移行细胞癌中的表达及意义 [J]. 重庆医学，2009，38 (17): 2 154 -2 158.

[38] 李传应，葛霞. 卵巢上皮性肿瘤中 Claudin-3、Claudin-4 的表达及其意义 [J]. 安徽医药，2012，16 (3): 342 -344.

[39] Eric S, Clelland, Phuong B, *et al.* Spatial and salinity-induced alterations in isoform mRNA along the gastrointestinal tract of the puffer fish (*Tetraodon nigroviridis*) [J]. Comparative Biochemistry and Physiology, 2010, 155: 154 -163.

[40] Yusuke K, Amin B, Shelby S, *et al.* Strategies for maintaining Na^+ balance in zebrafish (*Danio rerio*) during prolonged exposure to acidic water [J]. Comparative Biochemistry and Physiology, 2011, 160: 52 -62.

[41] Hardison A L, Lichten L, Banerjee-Basu S, *et al.* The zebrafish gene claudin is essential for normal ear function and important for the formation of the otoliths [J]. Mech., 2005, 122: 949 -958.

[42] Tipsmark S S, Madsen T. *Occludin* and expression in salmon intestine and kidney during salinity adaptation [J]. Comparative Biochemistry and Physiology, 2012, 162: 378 -385.

[43] Mireille B, Tomoko A, Sumio O. Hyperammonemia induces transport of taurine and creatine and suppresses Claudin-12 gene expression in brain capillary endothelial cells *in vitro* [J]. Neurochemistry International, 2007, 50: 95 -101.

[44] Fujita H, Chiba H, Yokozaki H, *et al.* Differential expression and subcellular localization of Claudin-7, -8, -12, -13, and -15 along the mouse intestine [J]. Histochem Cytochem., 2006, 54: 933 -944.

[45] Zili L, Takako M, Atsushi T, *et al.* EpCAM contributes to formation of functional tight junction in the intestinal epithelium by recruiting claudin proteins [J]. Developmental Biology, 2012, 371: 136 -145.

[46] Tamura A, Hayashi H, Imasato M, *et al.* Loss of Claudin-15, but not Claudin-2, causes Na^+ deficiency and glucose malabsorption in mouse small intestine [J]. Gastroenterology, 2011, 140: 913 -923.

[47] Hardison A L, Lichten L, Banerjee-Basu S, *et al.* The zebrafish gene claudinj is essential for normal ear function and important for the formation of the otoliths [J]. Mech., 2005, 122: 949 -958.

[48] Helen C, Scott P, Kelly. Effect of cortisol on permeability and tight junction protein transcript abundance in primary cultured

gill epithelia from stenohaline goldfish and euryhaline trout [J]. General and Comparative Endocrinology, 2011, 172: 494 – 504.

[49] Eric S, Clelland, Scott P. Tight junction proteins in zebrafish ovarian follicles: stage specific mRNA abundance and response to 17β-estradiol, human chorionic gonadotropin, and maturation inducing hormone [J]. General and Comparative Endocrinology, 2010, 168: 388 – 400.

[50] Tsukita S, Furnso M. *Occludin* and claudins in tight-junction strands: leading or supporting players [J]. Trends Cell Biol., 1999, 9 (7): 268 – 273.

[51] 高志光. 肠上皮细胞紧密连接的生物学功能及在肠屏障中的作用 [J]. 肠外与肠内营养, 2005, 12 (5): 299 – 302.

[52] Bruewer M, Luegering A, Kucharzik T, *et al.* Proinflammatorycy 2 tokines disrupt epithelial barrier function byapoptosis-independ-entmechanisms [J]. J Immunol., 2003, 171 (11): 6 164 – 6 172.

[53] Elias B C, Suzuki T, Seth A, *et al.* Phosphorylation of Tyr-398 and Tyr-402 in *Occludin* prevents its interaction with ZO-1 and destabilizes its assembly at the tight junctions [J]. J Biol Chem., 2009, 284 (3): 1 559 – 1 569.

[54] Sappington P L, Han X, Yang R, *et al.* Ethyl pyruvate ameliorates intestinal epithelial barrier dysfunction in endotoxemicmice and immunostimulated Caco-2 enterocytic monolayers [J]. Pharmacol Exp Ther., 2003, 304 (1): 464 – 476.

[55] Kucharzik T, Walsh S V, Chen J, *et al.* Neutrophil transmigration in inflammatory bowel disease is associated with differential expression of epithelial intercellular junction proteins [J]. Am J Patho., 2001, 159, (9): 2 001 – 2 009.

[56] Hermiston M L, Gordon J I. Inflammatory boweldisease and adenomas inmice expressing a dominant negative N-cadherin [J]. Science, 1995, 270 (5239): 1 203 – 1 207.

[57] Hu Q, Chen C, Yan J, *et al.* Herapeutic applicationof gene silencing MMP29 in amiddle cerebral artery occlusion-induced focalischemia ratmodel [J]. Exp Neurol., 2009, 216 (1): 35 – 46.

[58] Mcdermott J R, Bartram R E, Knight P A, *et al.* Mast cells disrupt epithelial barrier function during enteric nematode infection [J]. Proc Natl Acad Sci USA, 2003, 100 (13): 7 761 – 7 766.

[59] 张中伟, 秦环龙. 乳酸菌对感染肠上皮细胞通透性及紧密连接蛋白表达的影响 [J]. 肠外与肠内营养, 2007, 14 (4): 193 – 200.

[60] 钮凌颖, 李宁. 肠上皮细胞的紧密连接与肠道疾病 [J]. 肠外与肠内营养, 2009, 16 (1): 51 – 54.

[61] 张中伟, 秦环龙. 肠上皮细胞紧密连接的结构及功能研究进展 [J]. 肠外与肠内营养, 2005, 12 (6): 367 – 369.

[62] Keon B H, Schafer S, Kuhn C, *et al.* Symplekin, a novel type of tight junction plaque protein [J]. Cel Biol., 1996, 134 (4): 1 003 – 1 018.

[63] Zhong Y, Saitoh T, Minase T, *et al.* Monoclonal antibody 7 H6 reacts with a novel tight junction-associated protein distinct from ZO-1, cingulin and ZO-2 [J]. J Cell Biol., 1993, 120 (2): 477 – 483.

[64] Weber E, Berta G, Tousson A, *et al.* Expression and polarized targeting of a rab 3 isoform in epithelial cels [J]. J Cell Biol., 1994, 125 (3): 583 – 594.

[65] Umeda K, Matsui T, Nakayama M, *et al.* Establishment and characterization of cultured epithelial cells lacking expression of ZO-l [J]. J Biol Chem., 2004, 279 (43): 44 785.

[66] Li C X, Poznansky M J. Characterization of the ZO-l protecin in endothelial and other cell lines [J]. J Cell Sci., 1990, 97 (Pt 2): 231.

[67] Scudamore C L, Jepson M A, Hirst B H, *et al.* The rat mucosal mast cell chymase, RMCP-II, alters epithelial cell monolayer permeability in association with altered distribution of the tight junction proteins ZO-1 and *Occludin* [J]. Eur J Cell Biol., 1998, 75 (4): 321.

[68] Youakim A, Ahdieh M. Interferon-ganmma decreases barrier function in T84 cells by reducing ZO-1 levels and disrupting apical actin [J]. Am J Physiol., 1999, 276 (5 Pt 1): 1 279.

[69] Huerta M, Munoz R, Tapla R, *et al.* Cyelin D1 is transcriptionally down-regulated by ZO-2 via an E-box and the transcription factor cmyc [J]. Mol Biol Cell, 2007, 18 (12): 4 826 – 4 836.

[70] Sandra H Z, Bibiana C M, Lorenza G. ZO-2 silencing in epithelial cells perturbs the gate and fence function of tight junctions and leads to an atypical monolayer architecture [J]. Experimetal Cell Research, 2007, 313: 1 533 – 1 547.

[71] Xu J, Kausalya P J, Phua D C, *et al.* Early embryonic lethality of mice lacking ZO-2, but Not ZO-3, reveals critical and nonredundant roles for individual zonula oeeludens proteins in mammalian development [J]. Mol Cell Biol, 2008, 28 (5): 1 669 - 1 678.

[72] Kiener T K, Selptsova-Friedrich I, Hunziker W. Tjp3/zo-3 is critical for epidermal barrier function in zebrafish embryos [J]. Dev Biol., 2008, 316 (1): 36 - 49.

[73] Schulzke J D, Fromm M. Tight junctions: molecular structure meets function [J]. Ann N Y Acad Sci., 2009, 1 165: 1 - 6.

[74] Nitta T, Hata M, Gotoh S, et al. Size-selective loosening of the blood brain barrier in Claudin-5-deficient mice [J]. Cell Biol., 2003, 161: 653 - 660.

[75] 王军，房殿春，赵晶京等. Claudin-3 在食管腺癌和贲门腺癌的表达和意义 [J]. 第三军医大学学报，2008，30 (10): 932 - 934.

[76] 毕罡，靳风烁，吴刚等. Claudin-3 在前列腺癌中的表达及其意义探讨 [J]. Chinese Journal of Andrology，2008，22 (5): 14 - 16.

[77] Hosoya K, Saeki S, Terasaki T. Activation of carrier-mediated transport of L-cystine at the blood-brain and blood-retinal barriers *in vivo* [J]. Microvasc Res., 2001, 62: 136 - 142.

第五节　养殖草鱼肠道病变与肠道黏膜细胞紧密连接蛋白基因表达活性变化

肠道黏膜结构完整性是肠道屏障完整性的基础，而肠道黏膜结构完整性包括了肠道黏膜上皮细胞（膜）结构的完整性，以及肠道黏膜细胞之间连接结构的完整性，二者共同构成肠道的机械性屏障[1]。肠道黏膜完整性受到损伤将导致肠道屏障功能减弱或通透性增加，肠道内的有毒物质、细菌等将越过肠道黏膜对其他器官组织形成损伤性打击作用。肠道黏膜通透性增加会经过 2 个主要通路，即黏膜细胞通路和黏膜细胞之间的通路，前者主要依赖黏膜细胞膜的结构和功能完整性，而后者主要依赖肠道黏膜细胞之间的连接结构的完整性。肠道黏膜细胞间的连接有紧密连接（tight junction，TJ）、黏附连接（adherens junction，AJ）和缝隙连接（gap junction，GJ）等，而紧密连接是肠上皮细胞间主要的连接方式[2]。紧密连接不仅能将细胞顶部与基侧膜分开（栅栏功能）[3]，而且还是调节肠上皮细胞旁路流量的限速屏障（门控功能）[4]。现已证明，有多种蛋白质参与紧密连接的形成，主要有跨膜蛋白 *Occluding* 和 Claudin，细胞质蛋白 zo-na occludens（ZOs）以及连接黏附分子（JAM）等[5-7]。目前，对肠上皮 TJ 基因的研究主要集中在 ZO-1 和 *Occluding* 上，对其他的 TJ 基因研究得很少。研究对象也主要集中在大鼠（*Rattus norvegicus*）[8,9]、鸡（*Gallus gallus*）[10]、仔猪（Piglets）[11]、山羊（*Capra hircus*）[12]等动物上，而在鱼类上的相关研究尚无报道。

草鱼（Ctenopharyngodon idellus）作为典型的草食性鱼类，是我国最为重要的淡水养殖鱼类。草鱼因对饵料要求低，生长迅速，肉质细嫩，而一直受到广大消费者的青睐，但在养殖过程当中，常受到肠炎病的困扰，导致草鱼大量死亡。草鱼肠炎病作为养殖草鱼的主要疾病之一，已经严重地影响到草鱼的健康养殖[13]。相关研究表明，草鱼肠炎性疾病主要表现为黏膜面局部或整个肠道红肿、有出血点，黏膜面不完整等症状[14]，组织切片观察会发现黏膜组织结构的不完整性、微绒毛的断裂或脱落等症状[15,16]，这两个方面经常作为肠道损伤判别的重要指标。而血清中 DAO 含量的变化经常作为判断肠道通透性改变的一个重要生化指标[17,18]。

虽然在草鱼肠道上发现了TJ的存在[19]，但是对紧密连接蛋白在维持肠道屏障功能完整性和肠道黏膜通透性方面是如何发挥作用的系统性研究相当缺乏。本文选取实际养殖生产的草鱼，将肠道的解剖观察结果和组织切片观察结果作为肠道损伤草鱼样本的筛选指标，获得正常草鱼与肠道损伤草鱼的试验样本，测定了不同草鱼血清二胺氧化酶活力。采用RT-qPCR方法，在对草鱼肠道损伤状况进行评价的基础上，定量检测了构成肠黏膜细胞紧密连接结构的9个主要的蛋白基因表达活性差异，主要探讨草鱼肠道损伤与肠道紧密连接结构的关系、肠道黏膜细胞之间紧密连接结构完整性与肠道黏膜通透性之间的关系，这是了解肠道健康维护、肠道损伤与修复作用的重要基础。

一、材料与方法

（一）试验鱼

养殖草鱼取自江苏省大丰市华辰渔业合作社，为常规生产性养殖池塘，取样期间养殖池塘水温（25±2）℃，溶解氧≥3.5mg/L，氨氮<0.6mg/L，亚硝酸盐<0.2mg/L，pH值7.5左右，试验鱼体重（100±10）g。采样时间为7~9月，每次在饲料投喂台附近用手撒网捕捞，随机采集25条草鱼样本。

（二）血清样品制备和肠道组织切片的制备、观察

用一次性无菌注射器进行尾静脉采血，常温下放置0.5h，待血清析出后，3 000r/min离心10min，取上层血清转入PT离心管中密封，液氮速冻后-80℃保存备用。将鱼活体解剖，迅速取出肠道，从肠道自然卷曲的第一个拐点到最后一个拐点之间的肠段为中肠，从中肠的1/2处，取一段1~2cm肠管，剔除脂肪，用生理盐水冲洗后，于波恩试液中固定，作为冰冻组织切片样品。采用HE染色，中性树胶封片后，在油镜下进行观察和拍照。

（三）肠黏膜基因样品的采集

从中肠起始处向后截取一段3~4cm的肠道置于冰上，剪开侧面，用PBS清洗干净，刮取肠黏膜于EP管中，液氮速冻保存后-80℃保存备用。

（四）样本的筛选

通过肠道的外观形态、中肠的组织切片观察结果等指标对试验鱼的肠道进行评估，筛选出正常肠道草鱼和损伤肠道草鱼。

（五）血清二胺氧化酶（DAO）的测定

用二胺氧化酶试剂盒（南京建成科技有限公司）对筛选出的样本进行血清二胺氧化酶活力的测定。

（六）总RNA提取和cDNA合成

利用Trizol试剂（TaKaRa）按照说明书提取样本肠黏膜总RNA。取1μg总RNA为模板，加入1μL Oligo dT（50μM）引物，用DEPC水补足至10 μL，混匀后70℃热变性10min，然后立即放在冰上2min以上。离心5s后，在PCR管中依次加入4μL 5 ×M-MLV Buffer、1μL dNTP mixture（10mM）、0.5 μL RNase Inhibitor（40U/ μL）、1 μL RNase M-MLV（200U/μL）、3.5μL DEPC水，使终体积为20μL，混匀，依次42℃孵育60min，70℃ 15min后，冰浴终止反应，cDNA于-20℃保存备用。

（七）RT-qPCR引物

根据本试验室草鱼肠道黏膜组织转录组测序结果、在GeneBank中已发布的草鱼紧密连

接蛋白基因和内参基因 β-Actin 部分序列[19]，运用 Primer Premier 5.0 软件设计荧光定量正、反向引物，由上海生物工程服务有限公司合成（表 6－5－1）。

表 6－5－1　荧光定量 RT-PCR 引物
Tab. 6－5－1　PCR primers for RT-qPCR

基因 Gene		引物（5′to 3′） Primer	碱基对数（bp） Product size
ZO-1	F：	CCAGGACAGAGTCAGTGGAGA	92
	R：	TGGGGTCAGTGCAGGTTT	
ZO-2	F：	GTCGTTAGAGGTCATTTCGTCA	119
	R：	CCAGCAGCACAATCAGCAGT	
ZO-3	F：	TTGTCATTTTGGGTCCTCTG	147
	R：	CTATCCGCCTAACCGTGTC	
Occludin	F：	TGGGTGAATGATGTGAATGG	184
	R：	AACCGCTGCTCAGTGGGAC	
Claudin-12	F：	CTAAGGGGCACCTGCTACA	154
	R：	TGGGGTGTTCACAGTTGTTT	
Claudin-15a	F：	ACAGATTCTCGTACAGGGTTGA	230
	R：	CGGTTGTTGAAGTCGTTGC	
Claudin-3	F：	TCGGTGGATTGTACTTCTTCTC	164
	R：	CCAAATCACTCGGGACTTCTA	
Claudin-c	F：	GTGGTGGGCTGAGTAGGCT	111
	R：	GCTGCTGCGGCTCTGTT	
Claudin-b	F：	ACAGACTTCGTGGGAGGGA	137
	R：	CGATGGCAATGATGGTGAGA	
β-Actin	F：	CGTGACATCAAGGAGAAG	182
	R：	GAGTTGAAGGTGGTCTCAT	

（八）实时荧光定量 PCR（RT-qPCR）

肠道正常和肠道损伤的草鱼各取 7 尾用于 RT-qPCR 分析，反应在 CFX96（Bio-Rad）荧光定量 PCR 仪中进行，应体系为 20μL：SYBR Premix Ex Taq™ II（TaKaRa 公司）10μL，候选引物各 1μL，cDNA 2μL，灭菌水 6μL，每个样品重复 3 次。PCR 反应采用两步法，反应条件：95℃预变性 30s、95℃ 5s、60℃ 30s，循环数为 40。熔解曲线：95℃ 15s、60℃ 30s、95℃ 15s。

（九）数据分析

采用 $2^{-\Delta CT}=2^{-(\text{Ct目的基因}-\text{Ct管家基因})}$ 法计算目的基因相对表达量，结果以平均值 ± 标准误（mean ± SD）表示。用 SPSS 21.0 对数据进行单因素方差分析（One-way ANOVA）和 LSD 法多重比较，统计分析7尾正常肠道草鱼和7尾损伤肠道草鱼各自的目的基因表达水平差异，当 $P<0.05$ 时表示差异显著。

二、结果

（一）肠道的形态变化通过对草鱼肠道形态解剖观察发现，正常的肠道充满食糜，外观无出血、红肿，剖开肠道后，肠黏膜面色泽明亮、黏膜面完整、无炎症症状（彩图6－5－1A）；损伤的肠道整体红肿，肠道内少食物或无食物，肠道黏膜出现肠道疾病状态，如部分肠道黏膜已充血发炎、红肿，肠道黏膜面局部出现淤血、水肿甚至化脓或糜烂（彩图6－5－1B）。

（二）肠道组织切片观察

草鱼肠道组织结构分为黏膜层、黏膜下层、肌层和浆膜，黏膜层作为与肠腔直接接触的部位，决定着肠道的主要机能。黏膜层绒毛结构的完整性和微绒毛的数量经常作为判断肠道损伤的一个重要指标。

草鱼中肠的组织切片观察结果见彩图6－5－2。正常的肠道，肠黏膜微绒毛排列整齐，密度均匀（彩图6－5－2－A）；损伤的肠道，肠黏膜微绒毛分布不规整，密度不均，长短不一，多处微绒毛断裂（彩图6－5－2－B）。

（三）血清DAO活性变化

本试验中，经过解剖和肠道组织切片观察，分别选取肠道健康草鱼和肠道严重损伤草鱼进行血清二胺氧化酶活力测定，结果如图6－5－3所示，出现肠道损伤草鱼血清中二胺氧化酶活性显著高于肠道健康草鱼1.7倍（$P<0.05$）。

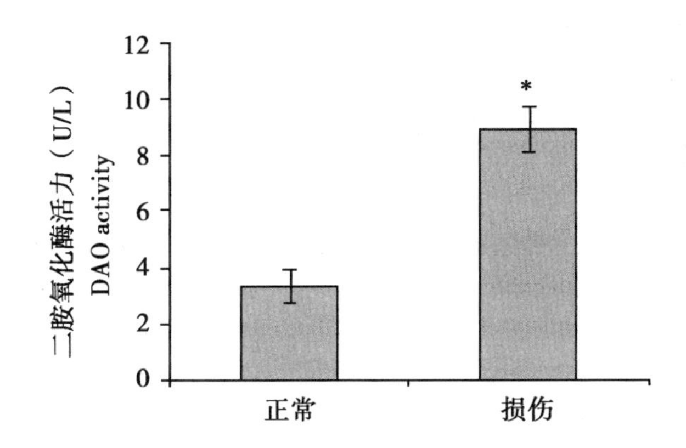

图6－5－3　肠道健康与损伤草鱼血清二胺氧化酶活性

Fig. 6－5－3　Intestinal health and damage grass carp serum diamine oxidase activity

（四）草鱼肠道损伤后肠黏膜紧密连接蛋白基因的表达活性变化

经过解剖观察、肠道组织切片观察，分别选取健康草鱼和肠道具有明显损伤特征的草鱼各7尾，采用RT-qPCR方法，定量分析其肠道组织中构成黏膜细胞紧密连接结构的9个蛋白基因的表达活性，得到了这9个基因的表达活性结果。

1. 跨膜蛋白Claudins基因表达活性变化

与肠道健康草鱼的结果比较，肠道损伤后，肠黏膜跨膜蛋白基因 *Claudin*-3、*Claudin*-12、*Claudin*-b、*Claudin*-c、*Claudin*-15a 的表达水平显著下调，基因表达活性结果见表6－5－2，5个基因表达活性的差异倍数在－20.5～－2.2，具有显著性的差异（$P<0.05$）。依据

表6－5－2 数据作图结果见图 6－5－4。

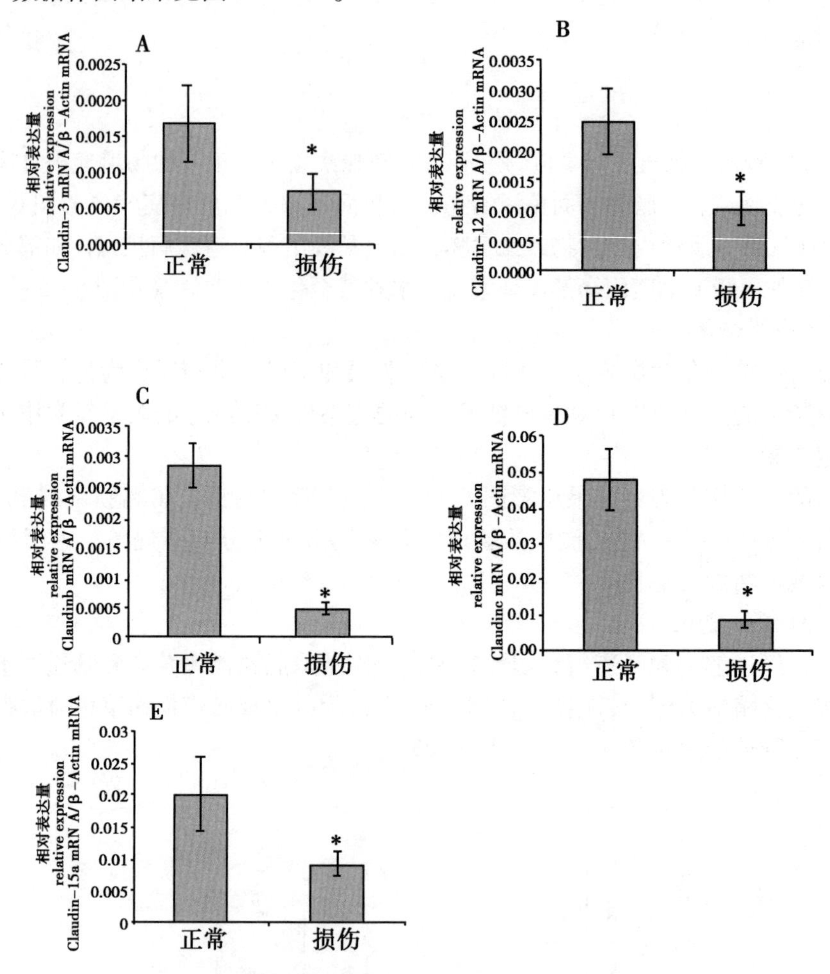

图 6－5－4　肠道健康与损伤草鱼肠道黏膜跨膜蛋白 *Claudins* 表达活性

Fig. 6－5－4　The intestinal mucosa transmembrane protein *Claudins* expression activity in intestinal healthy and damaged grass carp

注：柱上⋆表示损伤肠道组与正常肠道组差异显著（$P<0.05$）。

A：*Claudin*-3；B：*Claudin*-12；C：*Claudin*-b；D：*Claudin*-c；E：*Claudin*-15a.

Note：Column with ⋆ means significant differences（$P<0.05$）compared with normal intestine group. A：*Claudin*-3；B：*Claudin*-12；C：*Claudin*-b；D：*Claudin*-c；E：*Claudin*-15a.

2. 外周膜蛋白 ZOs 基因表达变化

与肠道健康草鱼的结果比较，肠道损伤后，肠黏膜外周膜蛋白基因 ZO-2 和 ZO-3 的表达水平显著下调，具有显著性的差异（$P<0.05$），而 ZO-1 的表达水平出现上调，但差异不显著（$P>0.05$），基因表达活性结果见表 6－5－2，3 个基因表达活性的差异倍数在－5～1.3。依据表 6－5－2 数据作图结果见图 6－5－5。

3. 闭锁蛋白 *Occludin* 基因表达变化

与肠道健康草鱼的结果比较，肠道损伤后，肠黏膜闭锁蛋白基因 *Occludin* 的表达水平显著下调（$P<0.05$）（表 6－5－2，图 6－5－6），差异表达倍数达到最大－20.5（表 6－5－

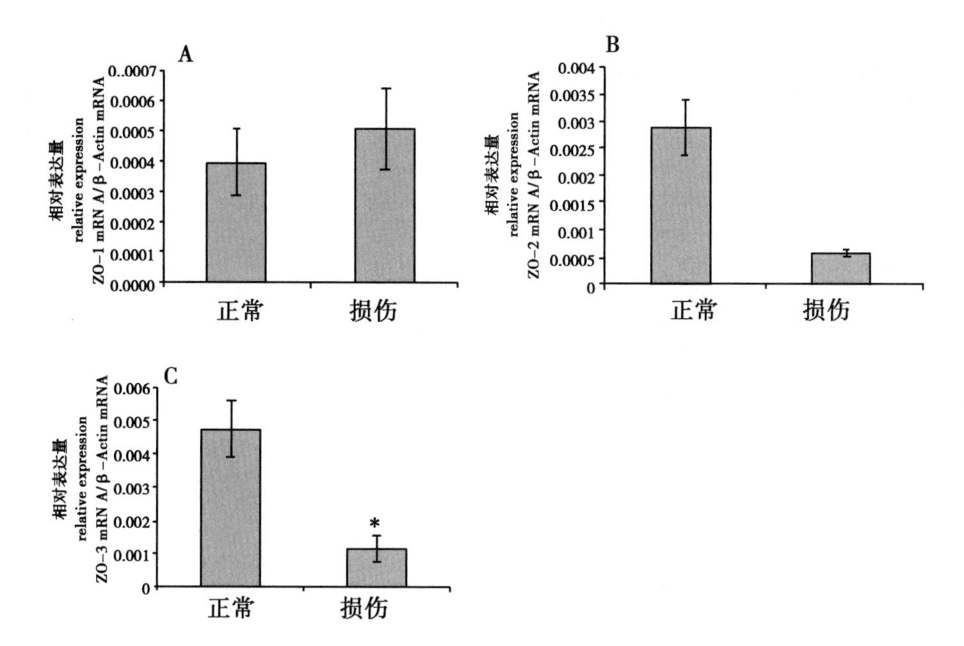

图6-5-5　肠道健康与损伤草鱼肠黏膜外周膜蛋白相关基因表达活性

Fig. 6-5-5　The intestinal mucosa peripheral membrane protein related genes expression activity in intestinal healthy and damaged grass carp

注：柱上*表示损伤肠道组与正常肠道组差异显著（$P<0.05$）。A：ZO-1；B：ZO-2；C：ZO-3.

Note：Column with * means significant differences （$P<0.05$） compared with normal intestine group. A：ZO-1；B：ZO-2；C：ZO-3.

2）。依据表6-5-2数据作图结果见图6-5-6。

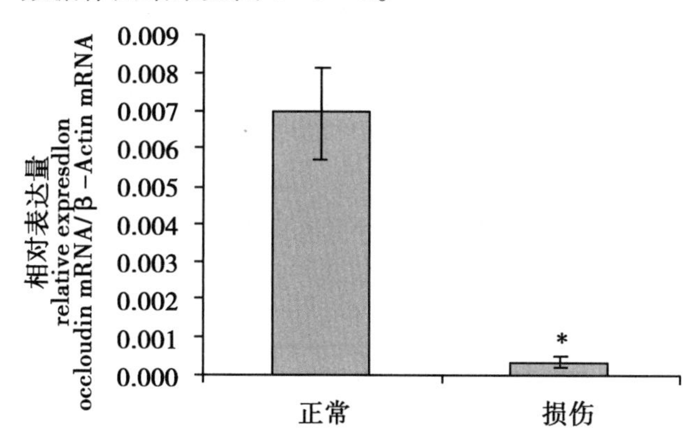

图6-5-6　肠道健康与损伤草鱼肠黏膜闭锁蛋白基因 *Occludin* 表达活性

Fig. 6-5-6　The intestinal mucosa atresia protein gene *Occludin* expression activity in intestinal healthy and damaged grass carp

注：柱上*表示损伤肠道组与正常肠道组差异显著（$P<0.05$）。

Note：Column with * means significant differences （$P<0.05$） compared with normal intestine group.

表 6-5-2 各紧密连接蛋白基因相对表达变化

Tab. 6-5-2 The relative changes of tight junction protein gene expression

组织 Tissue	基因 Gene		正常肠道组 Normal intestine group	损伤肠道组 Injuried intestine group	变化倍数 The relative changed multiples
肠道黏膜 Intestinal mucosa	跨膜蛋白基因 Transmembrane protein genes	*Claudin*-3	0.00166 ±0.00053	0.00073 ±0.00024 *	-2.3
		Claudin-12	0.00244 ±0.00054	0.00101 ±0.00028 *	-2.4
		Claudin-b	0.00283 ±0.00037	0.00048 ±0.00010 *	-5.9
		Claudin-c	0.04742 ±0.00824	0.00881 ±0.00222 *	-5.4
		Claudin-15a	0.02004 ±0.00583	0.00899 ±0.00185 *	-2.2
	外周膜蛋白基因 Peripheral membrane protein genes	ZO-1	0.00040 ±0.00011	0.00051 ±0.00013	1.3
		ZO-2	0.00288 ±0.00051	0.00058 ±0.00003	-5
		ZO-3	0.00474 ±0.00103	0.00115 ±0.00038 *	-4.1
	闭锁蛋白基因 Atresia protein gene	*Occludin*	0.00691 ±0.00122	0.00034 ±0.00012 *	-20.5

* 代表有显著性差异（$P<0.05$）。* represents a significant difference.

三、讨论

（一）肠道损伤与肠道黏膜通透性的关系

DAO 是特异性存在于肠黏膜上皮细胞胞质中的细胞内酶。正常情况下，DAO 在血清中含量很少，只有当肠黏膜上皮细胞受损、黏膜细胞通透性增加后才会被释放进入血液循环，导致血清 DAO 含量（活性）增高，故血清中 DAO 含量的变化可作为判断肠道通透性改变的一个重要生化指标。马瑞亮等[17]观察家兔小肠末端结扎梗阻模型发现，血 DAO 与胃肠屏障损伤有关。黎君友等[20]在模拟临床创伤研究中发现，血清 DAO 活性能敏感反映肠屏障功能损伤程度。本试验结果发现，肠道损伤草鱼的血清 DAO 含量显著升高，高于健康草鱼 1.7 倍，这表明，根据外观形态和组织切片观察结果筛选出的肠道损伤草鱼的肠道屏障结构已经受到严重破坏，肠道的通透性增加。

（二）肠道损伤与肠道紧密连接蛋白基因表达的关系

肠道屏障结构在肠道正常生理功能维护中具有重要作用，肠道黏膜结构的完整性是维护肠道通透性的结构基础，而肠道通透性的增加可以通过黏膜细胞通路（细胞内通路）、黏膜细胞之间（细胞缝隙通路）2 个通路来实现。而黏膜细胞之间通路的完整性则是依赖于黏膜细胞间连接结构的完整性，通过紧密连接结构的“开启”与“闭合”实现肠道黏膜细胞间通路的“开启”与“闭合”。现已知的上皮细胞间连接结构包括紧密连接（Tight Junction）、黏附连接（Adherens Junction）、缝隙连接（Gap Junction）和桥粒（Desmosomes）4 种连接方式。其中，紧密连接是肠道黏膜细胞连接的主要结构，位于肠道内腔面黏膜细胞之间的最顶端[21]。我们在前期的研究中，通过电镜观察已经证实了草鱼肠道黏膜紧密连接结构的存在，并依据肠道转录组分析结果，克隆了草鱼肠道紧密连接结构的 9 个蛋白基因[19]，并已经录入 Genebank。本试验则利用前期研究结果，对养殖生产中出现肠道病变的草鱼进行了紧密连接结构蛋白 9 个基因的表达活性测定。结果显示，池塘养殖草鱼在肠道出现炎症等病变情况下，肠道黏膜细胞间紧密连接结构的 8 个蛋白基因表达活性显著下调，表明草鱼肠道损伤会同时导致肠道黏膜细胞间紧密连接结构的损伤，并导致肠道屏障通透性的显著增加，肠道损伤草鱼血清的二胺氧化酶活性显著增加也是主要证据之一。

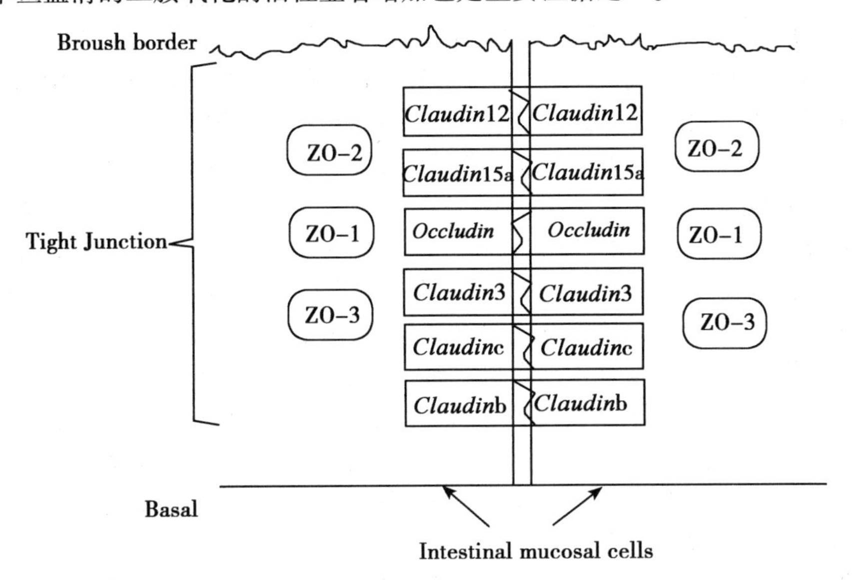

图 6－5－7　肠上皮细胞间的紧密连接

Fig. 6－5－7　The tight junctions of intestinal epithelial intercellular

肠道紧密连接是一种由多种蛋白质构成的多功能复合体，使相邻的黏膜细胞的细胞膜紧靠在一起，是阻止肠道黏膜细胞间通路的关键性结构。主要由跨膜蛋白（如 *Claudins*、*Occludin*）和细胞质蛋白（如 ZO-1、ZO-2、ZO-3）组成（图 6－5－7）。*Claudins* 是 TJ 中一种具有代表性的跨膜蛋白家族，构成了 TJ 的主要结构，通过位于细胞膜外部的环形结构与其他细胞的同种或不同类型的环形结构相接触，成为黏膜细胞间的紧密连接“锁扣”之一。肠上皮的跨膜结合蛋白 *Occludin*（称为闭锁蛋白）是构成紧密连接的另一类“锁扣”结构蛋白。因此，*Claudins*、*Occludin* 蛋白是肠道黏膜细胞紧密连接“锁扣”结构的关键性蛋白，属于结构性蛋白。当 *Claudins*、*Occludin* 蛋白变性、损伤或合成量不足时，紧密连接结构受到损伤，黏膜细胞间通透性会显著增加[22]，从而导致肠道细菌、细菌内毒素等大分子物质透过紧密连接进入体循环[23]。Furuse 等[24]发现先天性缺乏 Claudin-1 的小鼠，皮肤上皮屏障会受到严重影响。Wan 等[25]证明了作为半胱氨酸蛋白酶的尘螨 I 类抗原（Der p1）会通过裂解呼吸道上皮细胞的 *Claudins* 蛋白破坏 TJ 结构而增加上皮通透性。刘海萍等[26]在早期断奶对仔猪肠通透性影响的试验中发现，早期断奶引起仔猪肠屏障受损、通透性增加可能与肠上皮细胞 TJ 蛋白 *Occludin* 表达下降有关。本试验中，与肠道正常草鱼的结果对比，对肠道损伤草鱼的肠道紧密连接蛋白基因表达活性的定量检测结果显示，*Claudin*-3、*Claudin*-12、*Claudin*-c、*Claudin*-b、*Claudin*-15a 和 *Occludin* 蛋白基因表达活性分别下调了 2.3、2.4、5.4、5.9、2.2 和 20.5 倍，差异显著（$P<0.05$）。结果表明，跨膜蛋白 *Claudins*、*Occludin* 基因表达下降很有可能通过肠道紧密连接“锁扣”结构的开启这一方式，导致肠道紧密连接结构的破坏和肠道通透性的增加。

ZOs 是一类外周膜蛋白，有 3 种异构体（ZO-1、ZO-2、ZO-3），它们可与多种蛋白质结合，从而将细胞膜蛋白 *Claudin*、*Occludin* 与细胞中的肌动蛋白骨架系统连接在一起，构成稳定的连接系统。ZOs 主要发挥传递信号分子的作用[5]，受到多种信号分子的调控作用，并将不同的信号传递到跨膜蛋白 *Claudin*、*Occludin*，对紧密连接结构的“开启”与“闭合”进行调控，故常被用来作为观察各种组织紧密连接屏障功能和通透性功能的指标，如血脑屏障[27]、肠道屏障通透性的判别指标[2]等。刘圣烜等[28]在大鼠急性肝内胆汁淤积中发现，紧密连接蛋白 ZOs 的减少会破坏 TJ 的完整性，削弱机体肠黏膜机械屏障功能。有研究表明，ZO-1 的位移[29]和不连续的断片状结构[30]是导致肠黏膜屏障功能异常的主要原因之一，而不是通过 ZO-1 量的减少或降解[31]。本试验中，肠道损伤后，ZO-1 基因表达出现了上调，而 ZO-2 和 ZO-3 出现了下调，其中 ZO-3 下调显著（$P<0.05$），结果表明，ZO-1 的分布异常和 ZO-2 和 ZO-3 的基因表达下调很可能是通过削弱了对跨膜蛋白 *Claudin*、*Occludin* 的调控这一方面，从而导致肠道紧密连接结构破坏和肠道通透性增加。

上述结果表明，池塘养殖草鱼在肠道损伤（病变）时，会伴随着肠道黏膜细胞之间紧密连接结构 *Claudins*、*Occludin* 2 类跨膜蛋白基因表达活性显著下调，预示着黏膜细胞间紧密连接结构的损伤性变化，其结果可导致肠道黏膜通透性的增加，如导致血清二胺氧化酶活性的显著增加。同时，对肠道黏膜细胞间紧密连接跨膜蛋白进行信号传递的细胞质蛋白 ZO-2、ZO-3 的表达活性也显著下调，而 ZO-1 则上调，这是由于 3 种 ZOs 蛋白功能差异所致，而各自的功能作用还有待进一步的研究。此外，到底是什么因子导致了草鱼肠道的损伤以及是通过什么途径影响肠道紧密连接结构相关蛋白基因表达的这些问题，还有待后面的深入研究。

四、结论

池塘养殖草鱼在肠道病变、损伤的同时，会伴随中肠道黏膜细胞间紧密连接结构中细胞膜跨膜蛋白 *Claudins*、*Occludin*，以及细胞质中信号蛋白 ZOs 基因表达活性的显著改变，表现为黏膜细胞紧密连接结构的损伤，肠道黏膜细胞间通路通透性的增加，导致肠道屏障结构损伤、肠道屏障通透性的增加。

参考文献

[1] 吴国豪．肠道屏障功能［J］．肠外与肠内营养，2004，11（1）：44－47.

[2] 高志光，秦环龙．肠上皮细胞紧密连接的生物学功能及在肠屏障中的作用［J］．肠外与肠内营养，2005，12（5）.

[3] 曹景利，朱学良．上皮细胞极性的建立和维持［J］．中国细胞生物学学报，2010，32（2）：163－168.

[4] 杨楠，杨蕾琪，王润．血脑屏障中紧密连接分子研究新进展［J］．亚太传统医药，2011，7（9）：181－182.

[5] Bazzoni G，Martınez-Estrada O M，Orsenigo F，*et al.* Interaction of junctional adhesion molecule with the tight junction components ZO-1，cingulin，and occluding［J］．Journal of Biological Chemistry，2000，275（27）：20 520－20 526.

[6] Liu S，Yang W，Shen L，*et al.* Tight junction proteins claudin-1 and occludin control hepatitis C virus entry and are downregulated during infection to prevent superinfection［J］．Journal of Virology，2009，83（4）：2 011－2 014.

[7] Hirase T，Kawashima S，Wong E Y M，*et al.* Regulation of tight junction permeability and occludin phosphorylation by Rhoa-p160ROCK-dependent and-independent mechanisms［J］．Journal of Biological Chemistry，2001，276（13）：10 423－10 431.

[8] 李英，王晓素，刘倩等．清肝化瘀活血方对非酒精性脂肪性肝炎大鼠肠上皮细胞紧密连接蛋白 *Occludin* 表达的影响［J］．上海中医药大学学报，2013，27（6）：67－70.

[9] 翟金海．清肠化湿方对溃疡性结肠炎模型大鼠的影响及机制研究［D］．南京中医药大学，2013.

[10] 于玮. 蛋氨酸类似物调节鸡肠道紧密连接蛋白表达与机理研究 [D]. 江南大学，2013.

[11] 邓宸玺，王自蕊，游金明等. 丙氨酰－谷氨酰胺二肽对仔猪小肠上皮细胞间紧密连接蛋白 occludin 定位与表达的影响 [J]. 动物营养学报，2014，26 (3)：694－700.

[12] 马燕芬，杜瑞平，高民. 热应激对奶山羊瘤胃黏膜紧密连接蛋白表达的影响 [J]. 动物营养学报，2014，26 (3)：768－775.

[13] 林春友，朱宏利. 池塘养殖草鱼肠炎病综合防治技术 [J]. 河北渔业，2010 (4)：33－34.

[14] 刘荣军，邓绿洲，黄小丽等. 草鱼一例烂鳃、赤皮、肠炎混合感染疾病的诊治 [J]. 科学养鱼，2013 (3)：66－67.

[15] 吴莉芳，王洪鹤，秦贵信等. 大豆蛋白对草鱼肠道组织及血液主要生化指标的影响 [J]. 西北农林科技大学学报：自然科学版，2010 (2).

[16] 吴莉芳，秦贵信. 饲料中去皮豆粕替代鱼粉对埃及胡子鲇消化酶活力和肠道组织的影响 [J]. 中山大学学报：自然科学版，2010 (4).

[17] 马瑞亮，王晓东，卢建跃等. 急性小肠梗阻时肠壁病理学及二胺氧化酶活性的变化 [J]. 北京军区医药，2001，13 (6)：393－394.

[18] 曹洪庆. 乌司他丁对重症急性胰腺炎大鼠肠道屏障损伤及紧密连接蛋白－1 表达的影响 [D]. 福建医科大学，2011.

[19] 许凡. 草鱼肠道紧密连接蛋白基因克隆与表达活性分析 [D]. 苏州大学，2013：1－35.

[20] 黎君友，吕艺. 二胺氧化酶在创伤后肠道损伤中变化及意义 [J]. 中国危重病急救医学，2000，12 (8)：482－484.

[21] Zakir H, Takashi H. Molecular mechanism of intestinal permeability interaction at tight junctions [J]. Mol BioSyst., 2008, 4: 1 181－1 185.

[22] Turksen K, Troy T C. Barriers built on claudins [J]. J Cell Sci., 2004, 117 (12): 2 435－2 447.

[23] 张中伟，秦环龙. 肠上皮细胞紧密连接的结构及功能研究进展 [J]. 肠外与肠内营养，2005，12 (6)：367－369.

[24] Furuse M, Hata M, Furuse K, *et al.* Claudin-based tight junctions are crucial for the mammalian epidermal barrier: a lesson from claudin-1-deficient mice [J]. J Cell Biol., 2002, 156 (6): 1 099－1 111.

[25] Wan H, Winton H L, Soeller C, *et al.* The transmembrane protein occludin of epithelial tight junctions is a functional target for serine peptidases from faecal pellets of dermatophagoides pteronyssinus [J]. Clin Exp Allergy, 2001, 31 (2): 279－294.

[26] 刘海萍，胡彩虹，徐勇. 早期断奶对仔猪肠通透性和肠上皮紧密连接蛋白 *Occludin* mRNA 表达的影响 [J]. 动物营养学报，2008，20 (4)：442－446.

[27] 鲍欢，包仕尧. 缺氧后血脑屏障紧密连接变化的分子机制 [J]. 国外医学脑血管疾病分册，2005，13 (8)：604.

[28] 刘圣烜，黄志华，林莉. 急性肝内胆汁淤积大鼠小肠上皮紧密连接蛋白 ZO-1 和 *Occludin* 表达的变化 [J]. 实用儿科临床杂志，2011 (1).

[29] 杜勇，施诚仁，张文竹等. 先天性巨结肠肠黏膜紧密连接蛋白分布表达方式的研究 [J]. 临床儿科杂志，2006，24 (5)：410－413.

[30] Cenac N, Garcia-Villar R, Ferrier L, *et al.* Proteinaseactivated receptor-2 induced colonic inflammation in mice: possible involvement of afferent neurons, nitricoxide, and paracellular permeability [J]. J Immunol., 2003, 170: 4 296－4 300.

[31] Han X, Fink M P, Yang R, *et al.* Increased ions activity is essential for intestinal epithelial tight junction dysfunction in endotoxemic mice [J]. Shock, 2004, 21: 261－270.

第六节 饲料氧化鱼油引起草鱼肠道黏膜结构屏障损伤

完整的肠黏膜屏障结构是维护完整的肠道屏障功能的结构基础，能防止有毒有害物质透过肠壁到达肠外组织，维持机体的内环境稳定。目前认为，肠黏膜屏障一般由机械屏障、免疫屏障、生物屏障和化学屏障构成，其中以机械屏障最为重要。而完整的肠黏膜细胞和肠黏膜细胞间的连接是肠黏膜机械屏障的结构基础，二者共同构成了肠道的结构性屏障[1]。肠黏膜细胞间连接包括紧密连接（tight junction）、黏附连接（adherens junction）、桥粒连接（desmosome junction）和缝隙连接（gap junction）。紧密连接是肠黏膜细胞间最为重要的连接方式，位于相邻肠黏膜细胞间最顶端，是物质通过肠黏膜细胞间通路转运的限制因素，具有栅栏功能和屏障功能[2]。栅栏功能把肠黏膜细胞质膜分成顶膜和基侧膜两部分，阻止它们之间的脂质和蛋白质等自由弥散。而屏障功能通过对分子大小和所带电荷的选择性，调节肠黏膜细胞间通路离子、水和溶质的转运，维持组织的内环境稳态[3]。紧密连接是由多种蛋白构成的大分子复合物，主要分为跨膜蛋白 *Occludin*[4]、*Claudins*[5,6] 和胞浆蛋白 ZOs[7,8]。紧密连接蛋白在维持肠道黏膜通透性和肠道屏障功能完整性方面具有重要作用[9]。

鱼油虽然含有丰富的多不饱和脂肪酸，但由于鱼油的高度不饱和性，导致了其极易发生氧化变质，产生大量的自由基、过氧化物（如丙二醛）等，这些油脂氧化产物会使肠道产生氧化应激，损伤肠道屏障功能[10,11]。但是，目前关于氧化鱼油是否破坏肠道屏障结构和功能完整性的研究还少有报道。本试验在添加不同梯度氧化鱼油的条件下，采用荧光定量 PCR 技术（RT-qPCR）对草鱼肠道的 6 个紧密连接蛋白基因表达活性进行检测，并结合紧密连接结构透射电镜和肠道通透性指标综合分析，探讨氧化鱼油对肠黏膜细胞间紧密连接蛋白基因表达活性、肠黏膜细胞间紧密连接结构完整性和肠黏膜通透性的影响。

一、材料与方法

（一）试验鱼

草鱼来源于浙江一星饲料有限公司养殖基地，为池塘培育的 1 冬龄鱼种，挑选体格健康、无畸形、体质量为（74.8 ± 1.2）g 的草鱼 300 尾鱼，随机分为 5 组，每组 3 个重复，每个重复 20 尾鱼。

（二）试验饲料

以酪蛋白和秘鲁蒸汽鱼粉为主要蛋白源，采用等氮、等能方案设计基础饲料，制作了 6% 豆油组（6S 组）、6% 鱼油组（6F 组）、2% 氧化鱼油 +4% 豆油组（2OF 组）、4% 氧化鱼油 +2% 豆油组（4OF 组）、6% 氧化鱼油组（6OF 组）作为脂肪源的 5 组等蛋等能试验饲料，饲料原料粉碎过 60 目筛，用绞肉机制成直径 1.5mm 的长条状，切成 1.5mm ×2mm 的颗粒状，风干，饲料置于 -20℃冰柜保存备用，具体配方及营养水平见表 6 -6 -1。豆油为“福临门”牌一级大豆油，鱼油来源于广东省良种引进服务公司生产的“高美牌”精炼鱼油，氧化鱼油参考[10]方法制备，并分别测定了 3 种油脂过氧化值（POV）、酸价（AV）、丙二醛（MDA），并计算试验饲料中 POV 值、AV 值、MDA 含量，具体结果见表 6 -6 -2。

表 6－6－1 试验饲料组成及营养水平（干物质基础）

Tab. 6－6－1 Formulation and proximate composition of experiment diets（DM basis）

项目 Items	组别 Group				
	6S	6F	20F	40F	60F
原料 ingredients（‰）					
酪蛋白 casein	215	215	215	215	215
蒸汽鱼粉 steam dried fish meal	167	167	167	167	167
磷酸二氢钙 Ca（H_2PO_4）$_2$·H_2O	22	22	22	22	22
氧化鱼油 oxidized fish oil	0	0	20	40	60
豆油 soybean oil	60	0	40	20	0
鱼油 fish oil	0	60	0	0	0
氯化胆碱 choline chloride	1.5	1.5	1.5	1.5	1.5
预混料 premix[1)]	10	10	10	10	10
糊精 dextrin	110	110	110	110	110
α-淀粉 α-starch	255	255	255	255	255
微晶纤维 microcrystalline cellulose	61	61	61	61	61
羧甲基纤维素 carboxymethyl cellulose	98	98	98	98	98
乙氧基喹啉 ethoxyquin	0.5	0.5	0.5	0.5	0.5
合计 total	1 000	1 000	1 000	1 000	1 000
粗蛋白质 crude protein（%）	30.01	29.52	30.55	30.09	30.14
粗脂肪 crude lipid（%）	7.08	7.00	7.23	6.83	6.90
能量 energy（kJ/g）	20.242	20.652	20.652	19.943	20.860

1) 预混料为每千克饲料提供 The premix provided the following per kg of diets：Cu 5mg，Fe 180mg，Mn 35mg，Zn 120mg，I 0.65mg，Se 0.5mg，Co 0.07mg，Mg 300mg，K 80mg，VA 10mg，VB_1 8mg，VB_2 8mg，VB_6 20mg，VB_{12} 0.1mg，VC 250mg，泛酸钙 calcium pantothenate 20mg，烟酸 niacin 25mg，VD_3 4mg，VK_3 6mg，叶酸 folic acid 5mg，肌醇 inositol 100mg。

2) 实测值 Measured values.

表 6－6－2 试验饲料中 POV 值、AV 值、MDA 含量分析结果

Tab. 6－6－2 Analytical results for POV、AV and MDA content in diets

组别 Group	过氧化值 POV（mg/kg）	酸价 AV（mg/kg）	丙二醛 MDA（mg/kg）
6S	3.67	30	0.182
6F	72.45	800	10.8
20F	64.55	400	61.6
40F	125.43	770	123.9
60F	186.31	1 140	185

本试验中使用的鱼油有一定程度的氧化，由于其在饲料中比例为 6%，而氧化鱼油组是由氧化鱼油和豆油按比例混合作为脂肪源，所以 6F 组的实际 POV 值比 20F 组高 12.25%，而 AV 则比 20F 和 40F 组分别高出 100% 和 3.9%。

（三）饲养管理

饲养实验在浙江一星饲料有限公司养殖基地进行，在面积为 5×667m^2（平均水深

1.8m）的池塘中设置网箱，网箱规格为1.0m×1.5m×2.0m。饲养试验前用6S组饲料驯化一周，正式饲养时间为72d，每天7：00、16：00定时投喂，投饲率为4%。每10d依据投饲量估算鱼体增重并调整投喂率，记录每天投饲量。每周测定水质一次，试验期间水温25～33℃，溶解氧浓度>8.0mg/L，pH值7.8～8.4，氨氮浓度<0.2mg/L，亚硝酸盐浓度<0.01mg/L，硫化物浓度<0.05mg/L。

（四）主要试剂

总RNA提取试剂RNAiso Plus，PrimeScript™RT Mastetr Mix反转录试剂盒，SYBR Premix Ex Taq™ I都来自TaKaRa公司，荧光定量PCR扩增引物由上海生工生物技术有限公司合成。

（五）样品制备与分析

1. 血清样品的制备与分析

养殖72d、停食24h后，每网箱随机取出10尾鱼，采用尾静脉采血法，取其全血置于离心管中，常温放置0.5 h后，3 000r/min离心10min制备血清样品，经液氮速冻后，-80℃保存备用。血清二胺氧化酶（DAO）活性采用南京建成的二胺氧化酶试剂盒进行测定。血清D-乳酸、内毒素含量采用南京建成的Elisa试剂盒进行测定。

2. 肠道组织透射电镜样品制备与分析

每网箱取2尾鱼、每组6尾，于中肠前四分之一处取1～2cm肠管1段，纵向剖开用磷酸缓冲液冲洗后，立即将其投入4%戊二醛中固定，用于透射电镜分析。透射电镜采用锇酸固定、丙酮脱水，最后放入胶囊内包埋切片染色，用日立HT7700透射式电子显微镜观察肠道组织结构并拍照。

3. 草鱼肠道组织基因样品制备

每网箱随机选取抽过血的3尾鱼活体解剖，迅速取出内脏团置于冰浴中，在中肠的1/2处各取1.0cm×1.0cm的一块组织于PBS中，漂洗2～3次后，一式两份，迅速装于EP管中，液氮速冻，于-80℃保存。

4. 总RNA的提取和反转录cDNA

利用总RNA提取试剂RNAiso Plus按照说明书提取肠道样品总RNA。取1μg总RNA为模板，按照PrimeScript™ RT Mastetr Mix反转录试剂盒的方法将RNA转录成cDNA，于-20℃保存备用。

表6-6-3 实时荧光定量引物

Tab.6-6-3 Primers used for quantitative real-time PCR

基因 Gene		引物（5′-3′）Primer（5′-3′）
ZO-1	F	CCAGGACAGAGTCAGTGGAGA
	R	TGGGGTCAGTGCAGGTTT
ZO-2	F	GTCGTTAGAGGTCATTTCGTCA
	R	CCAGCAGCACAATCAGCAGT
ZO-3	F	TTGTCATTTTGGGTCCTCTG
	R	CTATCCGCCTAACCGTGTC
Occludin	F	TGGGTGAATGATGTGAATGG
	R	AACCGCTGCTCAGTGGGAC

（续表）

基因 Gene		引物（5′-3′）Primer（5′-3′）
Claudin-15a	F	ACAGATTCTCGTACAGGGTTGA
	R	CGGTTGTTGAAGTCGTTGC
Claudin-3	F	TCGGTGGATTGTACTTCTTCTC
	R	CCAAATCACTCGGGACTTCTA
β-Actin	F	CGTGACATCAAGGAGAAG
	R	GAGTTGAAGGTGGTCTCAT

5. RT-qPCR 检测肠黏膜细胞间紧密连接蛋白基因表达

根据本实验室草鱼肠道转录组测序（RNA-Seq）结果，运用 Primer Premier 5.0 软件设计了 6 个紧密连接蛋白基因和内参基因 β-actin（Genbank 登录号：DQ211096）的荧光定量正、反向引物（表 6-6-3）。

实时定量检测采用 CFX96 荧光定量 PCR 仪（Bio-Rad，USA）进行，反应体系为 20μL：SYBR Premix Ex Taq™ II（TaKaRa）10μL，候选引物各 1μL，cDNA 2μL，灭菌水 6μL。PCR 反应采用两步法，反应条件：95℃预变性 30s、95℃ 变性 5s、60℃退火 30s，共 40 个循环。同一样品重复 3 个反应，以 β-actin 作为参照基因。根据扩增曲线得到的 C_t，计算出目标基因和参照基因 β-actin C_t值的差异 ΔC_t；最后计算出不同样品相对于参照样品基因表达倍数 $2^{-\Delta\Delta Ct}$，制作出相对定量的图表。

（六）数据分析

通过 SPSS 21.0 进行 One-way ANOVA 分析，并进行 LSD 与 Duncan 氏比较，结果以平均值 ± 标准误（mean ± SD）表示，当 $P<0.05$ 时差异显著。

二、结果与分析

（一）草鱼血清内毒素、D-乳酸含量和 DAO 活性显著增加

由表 6-6-4 可知，与 6S 组相比，在添加氧化鱼油后，血清 DAO 活性、内毒素含量和 D-乳酸含量都出现显著增加（$P<0.05$）。

表 6-6-4　氧化鱼油对草鱼肠道通透性的影响

Tab. 6-6-4　Effect of oxidized fish oil on the permeability of grass carp intestine

组别 Group	二胺氧化酶（diamine oxidase）(U/L)	内毒素（endotoxin）(EU/L)	D-乳酸（D-lactic acid）(μmol/L)
6S	19.56 ± 1.4^{a}	46.5 ± 3.9^{a}	0.605 ± 0.0575^{a}
6F	23.22 ± 0.88^{b}	53.5 ± 2.8^{ab}	0.883 ± 0.0031^{b}
20F	29.86 ± 0.88^{c}	63.6 ± 1.5^{b}	0.962 ± 0.0565^{b}
40F	29.91 ± 0.88^{c}	65.2 ± 4.9^{b}	0.866 ± 0.1298^{b}
60F	44.04 ± 1.71^{d}	125.3 ± 16.1^{c}	2.022 ± 0.2075^{c}

（二）氧化鱼油使草鱼肠黏膜细胞间紧密连接结构严重损伤

经过 72d 养殖试验后，各个试验组草鱼肠黏膜细胞间紧密连接结构的透射电镜图见图

6-6-1。图6-6-1A~E分别为6S、6F、2OF、4OF和6OF组（图中箭头所示为草鱼肠黏

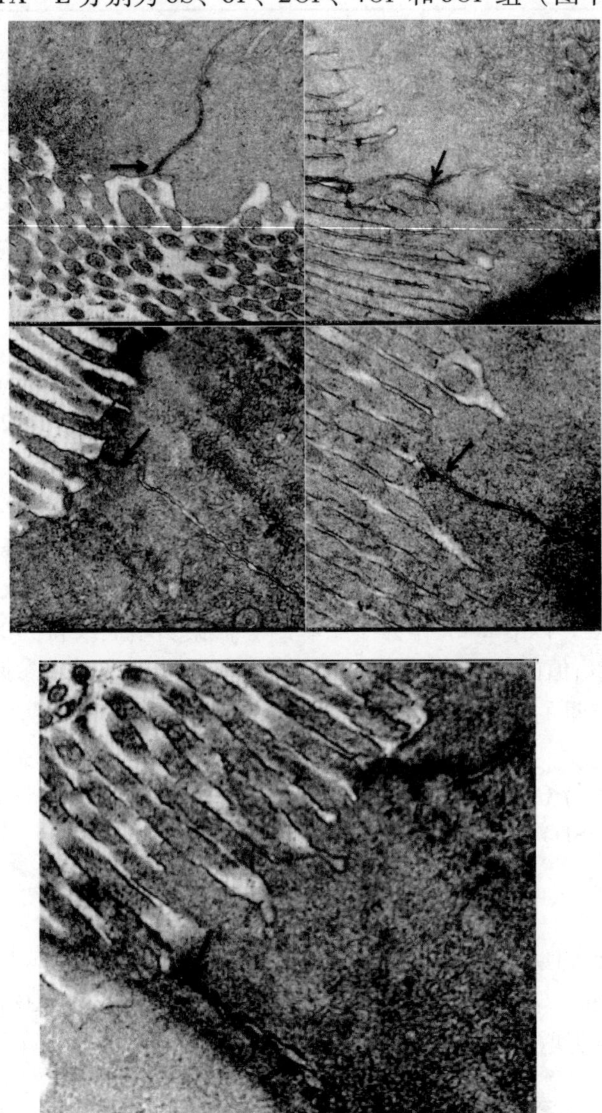

图6-6-1　电镜透射的草鱼肠道紧密连接（×12 000）

Fig. 6-6-1　TEM micrographs of the junction structures in grass carp（×12 000）

A. 6S组，肠道紧密连接正常（↑）；B. 6F组，紧密连接出现缝隙（↑）；C. 2OF组，紧密连接扩张（↑）；D. 4OF组，紧密连接受损，缝隙明显（↑）；E. 6OF组，紧密连接严重受损，结构完全打开（↑）。

A. 6S group, midgut tight junction was normal（↑）; B. 6F group, there was space between the tight junction（↑）; C. 2OF group, the space between tight junction was enlarged（↑）; D. 4OF group, the tight junction was injured and the space was obvious（↑）; E. 6OF group, the tight junction was injured badly and completely opened（↑）.

膜细胞间紧密连接结构），在透射电镜下，紧密连接结构表现为一条条黑色的致密电子带，

起始于上皮顶端，从绒毛根部向基底层延伸。由图6-6-1A可见，6S组紧密连接结构没有缝隙，图6-6-1B~E箭头所示处可以发现紧密连接结构出现缝隙，并且逐步扩大，6OF组紧密连接结构严重受损，缝隙达到最大。结果显示肠黏膜细胞间紧密连接结构受到严重的损伤。

（三）氧化鱼油诱导草鱼肠黏膜细胞间紧密连接蛋白基因表达活性显著下调

对组成肠道黏膜细胞间紧密连接结构蛋白质基因表达活性的检测结果见表6-6-5。由表6-6-5可知，与6S组相比，在饲料中添加氧化鱼油后，闭合蛋白 *Claudin*-3、*Claudin*-15a 和胞浆蛋白 ZO-1、ZO-2、ZO-3 基因表达活性显著下调（$P<0.05$），而闭锁蛋白 *Occludin* 基因表达活性出现不同程度的下调，但差异不显著（$P>0.05$）。

表6-6-5　氧化鱼油对草鱼肠黏膜细胞间紧密连接蛋白基因表达活性的影响

Tab. 6-6-5　Tight junction protein gene expression of intestine in grass carp under oxidized fish oil

组别 group	闭合蛋白基因 closed protein gene				胞浆蛋白基因 cytoplasmic protein gene						闭锁蛋白基因 atresia protein gene	
	Claudin-3	变化量 fold change	*Claudin*-15a	变化量 fold change	ZO-1	变化量 fold change	ZO-2	变化量 fold change	ZO-3	变化量 fold change	*Occludin*	变化量 fold change
6S	1.00 ± 0.09b	0	1.00 ± 0.01c	0	1.00 ± 0.01c	0	1.00 ± 0.08b	0	1.00 ± 0.37b	0	1.00 ± 0.1a	0
6F	0.51 ± 0.22a	-45%	0.51 ± 0.09a	-49%	0.93 ± 0.17bc	-7%	1.5 ± 0.25c	50%	1.04 ± 0.01b	4%	1.56 ± 0.29b	56%
20F	0.64 ± 0.1a	-36%	0.44 ± 0.01a	-56%	0.78 ± 0.21bc	-22%	0.45 ± 0.04a	-55%	0.42 ± 0.07a	-58%	0.88 ± 0.03a	-12%
40F	0.6 ± 0.11a	-39%	0.71 ± 0.11b	-29%	0.73 ± 0.14b	-27%	0.52 ± 0.01a	-48%	0.44 ± 0.02a	-56%	0.88 ± 0.31a	-12%
60F	0.9 ± 0.01b	-9%	0.55 ± 0.06a	-45%	0.48 ± 0.03a	-52%	0.36 ± 0.02a	-64%	0.46 ± 0.02a	-54%	0.94 ± 0.05a	-6%

注：变化量 =（鱼油或氧化鱼油组的数值 - 豆油组的数值）×100%/豆油组的数值

Note: Fold change = (the value of fish oil or oxidized fish oil group-the value of soybean oil group) ×100% / the value of soybean oil group.

（四）草鱼肠黏膜细胞间紧密连接蛋白基因表达活性与饲料油脂氧化产物的相关性分析

将6S、6F、2OF、4OF和6OF组饲料的AV值、POV值、MDA含量分别与肠黏膜细胞间紧密连接蛋白基因表达活性做Pearson相关性分析，检验双侧显著性，样品组数 n=5，结果见表6-6-6。

由表6-6-6可知，饲料中的AV值、POV值、MDA含量与闭合蛋白 *Claudin*-3、*Claudin*-15a，胞浆蛋白 ZO-1、ZO-2、ZO-3 和闭锁蛋白 *Occludin* 基因表达活性均显示负相关关系的变化趋势，其中饲料POV值、MDA值与胞浆蛋白 ZO-1 基因表达活性呈极显著负相关关系（$P<0.05$）。

表 6-6-6 草鱼肠黏膜细胞间紧密连接蛋白基因表达活性与饲料油脂质量的相关性分析

Tab. 6-6-6 Correlation analysis between tight junction protein gene expression of intestine in grass carp and oil oxidized products in diets

person		*Claudin*-3	*Claudin*-15a	*Occludin*	ZO-1	ZO-2	ZO-3
AV	R[21)]	-0.292	-0.599	-0.147	-0.775	-0.228	-0.438
	P[2)]	0.634	0.285	0.813	0.124	0.712	0.461
POV	R^2	-0.096	-0.483	-0.221	-0.941	-0.554	-0.673
	P	0.878	0.409	0.721	0.017**	0.333	0.213
MDA	R^2	-0.093	-0.318	-0.53	-0.978	-0.783	-0.806
	P	0.882	0.602	0.358	0.004**	0.117	0.1

注：[1)] R^2 相关系数；[2)] P 显著性（双侧）水平；[3)] * 表示因子之间显著相关，$P<0.05$；[4)] ** 表示因子之间极显著相关，$P<0.01$。

Note：[1)] correlation coefficient；[2)] P significance level（Bilaterally）；[3)] * significant correlation between different factors，$P<0.05$；[4)] ** significant correlation between different factors，$P<0.01$.

再对相关系数 $R^2>0.90$ 的因子作回归分析发现，POV 值、MDA 含量对胞浆蛋白 ZO-1 基因表达活性的影响以二次函数关系拟合度最高，拟和度分别为 0.9106 和 0.9591（图 6-6-2）。

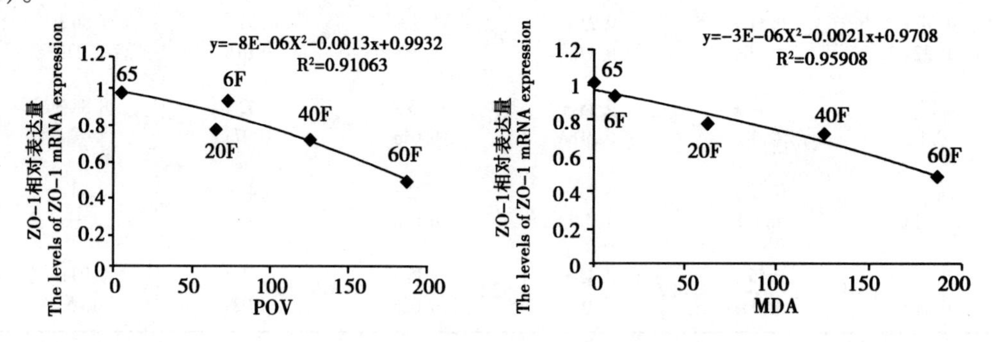

图 6-6-2 ZO-1 基因表达活性与饲料油脂质量的关系

Fig. 6-6-2 Relationship between ZO-1 gene expression and oil quality in diets

三、讨论

（一）氧化鱼油使草鱼肠黏膜通透性显著增加

肠黏膜通透性的升高主要通过肠黏膜细胞通路和肠黏膜细胞间通路通透性增加来实现[12]。其中，DAO 活性、D-乳酸和内毒素含量经常作为判断肠黏膜通透性和肠黏膜屏障功能的指标。

DAO 是具有高度活性的细胞内酶，该酶在小肠黏膜上层绒毛含量高，活性强，在其他组织内含量少，活性低。当肠黏膜细胞受损、肠黏膜通透性增加后，胞内释放大量的 DAO 会通过肠黏膜屏障而进入血液，使血浆 DAO 活性升高[13]。D-乳酸主要是细菌发酵的代谢产物，正常情况下很少被吸收。当肠黏膜细胞受损时，肠黏膜通透性增加，肠道中细菌产生大量 D－乳酸会通过受损黏膜细胞进入血液，使血浆 D－乳酸水平升高[14]。所以，血浆 DAO 活性和 D－乳酸含量可作为反映肠道黏膜损害程度和通透性变化的重要指标。当肠道屏障被破坏时，肠黏膜通透性增加，大量的内毒素可通过肠黏膜细胞间通路、肠黏膜细胞微绒毛的细胞膜通路，进入血液引发内毒素血症。因此，内毒素的通透性可反映肠黏膜屏障的功能[15]。有研究表明，腹泻、感染和手术等多种应激状态均可导致暂时或长时间的肠黏膜屏障损伤，表现为肠黏膜通透性增加、细菌和毒素移位等[16]。表 6－6－4 结果显示，在添加氧化鱼油后，血清 DAO 活性、D－乳酸和内毒素含量都出现显著增加（$P<0.05$），表明饲料氧化鱼油破坏了肠黏膜细胞和肠黏膜细胞间紧密连接结构，即肠黏膜屏障遭到严重损伤，肠黏膜通透性显著增加。

（二）氧化鱼油使草鱼肠黏膜细胞间紧密连接蛋白基因表达活性显著下调

如图 6－6－3 所示，闭锁蛋白 *Occludin* 和闭合蛋白 *Claudins* 是构成紧密连接结构的主要跨膜蛋白，相邻肠黏膜细胞间通过跨膜蛋白 *Occludin*、*Claudins* 的胞外环以“拉链”状相连接，形成“锁扣”结构，从而封闭细胞旁间隙，在维持紧密连接的屏障功能和通透性上起着关键作用[17,18]。刘海萍等[16]研究发现，早期断奶会引起仔猪肠道屏障受损、通透性增加，这可能与紧密连接蛋白 *Occludin* 表达下降有关。Turksen 等[19]研究表明，当紧密连接蛋白 *Claudins*、*Occludin* 合成量不足时，紧密连接结构受到损伤，肠黏膜细胞间通透性会显著增加。Furuse 等[20]发现先天性缺乏 *Claudin*-1 的小鼠，皮肤上皮屏障会受到严重影响。Inoue 等[21]研究表明，缺血再灌注后大鼠回肠屏障功能的损害与 *Occludin*、*Claudin*3 的表达改变有关。胞浆蛋白 ZOs 是一类外周膜蛋白，有 3 种异构体（ZO-1、ZO-2、ZO-3），它们一端可以与跨膜蛋白 *Occludin*、*Claudins* 的胞内域相连，另一端可以与肌动蛋白相结合，从而将跨膜蛋白与细胞内骨架系统连接起来，构成稳定的紧密连接结构[22]。胞浆蛋白 ZOs 可以将不同的信号传递到跨膜蛋白 *Claudins*、*Occludin*，对紧密连接结构的“开启”与“闭合”进行调控[23]。有研究表明，ZO-1 的结构和功能与紧密连接的其他成员关系密切，多数情况下，只要 ZO-1 受到破坏，紧密连接的功能也会随之变化，所以，ZO-1 常被用作组织紧密连接屏障功能和通透性的指标[24]。刘圣烜等[25]研究表明，当大鼠胆汁淤积时，ZO-1 表达下降对肠黏膜屏障的破坏起了主要作用。体外研究发现，一些细胞因子会降低 ZO-1 的表达而降低肠上皮细胞的屏障功能[26]。另有学者观察到，烧伤后早期肠道通透性增加的同时，细胞连接处 ZO-1 和 *Occludin* 减少[27]。本试验中，在添加氧化鱼油后，闭锁蛋白 *Occludin* 基因表达活性出现不同程度的下调，闭合蛋白 *Claudin*-3、*Claudin*-15a 基因表达活性显著下调（$P<0.05$）。胞浆蛋白 ZO-1、ZO-2、ZO-3 基因表达活性显著下调（$P<0.05$）。上述结果表明，饲料氧化鱼油减少了闭锁蛋白 *Occludin*、闭合蛋白 *Claudin*-3、*Claudin*-15a 的生成能力，削弱了胞浆蛋白 ZOs 对紧密连接“锁扣”结构的“闭合”调控，通过打开紧密连接“锁扣”结构的方式，导致肠黏膜细胞间紧密连接结构的破坏和肠黏膜通透性的增加，损伤肠黏膜屏障。

作为肠黏膜细胞间通路的关键结构，紧密连接结构只允许离子和可溶性的小分子通过，大分子物质及微生物难以通过，通过紧密连接结构的“开启”与“闭合”实现肠黏膜细胞间通路的“开启”与“闭合”。Schmitz 等[28]研究发现，紧密连接发生变化会使肠黏膜屏障受损。如图版 I 所示，6S 组紧密连接结构没有出现缝隙，在添加氧化鱼油后，2OF、4OF 组紧密连接结构开始出现缝隙，并且逐步扩大，6OF 组紧密连接结构严重受损，缝隙达到最大。这些结果表明，在添加氧化鱼油后，紧密连接的“锁扣”结构被打开，紧密连接结构遭到破坏，导致肠黏膜通透性增加。这也为解释肠黏膜细胞间紧密连接蛋白基因表达活性显著下调导致肠道紧密连接结构的破坏和肠黏膜通透性的增加提供了很好的证据。

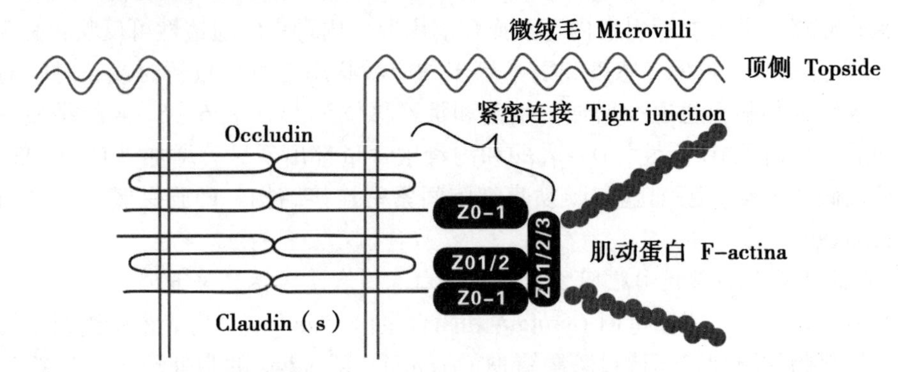

图 6-6-3 肠上皮细胞间的紧密连接

Fig. 6-6-3 The tight junctions of intestinal epithelial intercellular

（三）肠黏膜细胞间紧密连接蛋白基因表达活性与饲料油脂氧化产物的关系

陈群等[10]研究发现，饲喂氧化脂肪会导致氧化应激发生，诱发消化道损伤。黄琳等[11]研究表明，饲喂氧化鱼油日粮会造成仔猪肠道氧化应激，诱发肠道炎症反应。表 6-6-6 结果显示，在添加鱼油或氧化鱼油后，饲料中的 AV 值、POV 值、MDA 含量与闭合蛋白 *Claudin*-3、*Claudin*-15a，胞浆蛋白 ZO-1、ZO-2、ZO-3 和闭锁蛋白 *Occludin* 基因表达活性均显示负相关关系的变化趋势，其中，饲料 POV 值、MDA 值与胞浆蛋白 ZO-1 基因表达活性呈极显著负相关关系（$P<0.05$），且符合二次函数关系。表明饲料 AV 值、POV 值、MDA 含量会通过肠黏膜细胞间紧密连接蛋白基因表达活性显著下调，紧密连接的“锁扣”结构被打开，紧密连接结构遭到破坏的方式，导致肠黏膜通透性增加和肠黏膜屏障受损。

四、结论

在饲料中添加氧化鱼油后，氧化鱼油中的过氧化物、丙二醛等油脂氧化产物会使肠黏膜细胞间紧密连接蛋白基因表达活性显著下调，紧密连接结构遭到破坏，导致肠黏膜通透性增加和肠黏膜屏障损伤，最终破坏肠道屏障功能的完整性。

参考文献

[1] Epstein M D, Tchervenkov J I, Alexander J W, *et al.* Increased gut permeability following burn trauma [J]. Archives of Surgery, 1991, 126 (2): 198-200.

[2] Saadia R, Schein M, Macfarlane C, *et al.* Gut barrier function and the surgeon [J]. British Journal of Surgery, 1990, 77 (5): 487-492.

[3] 丛馨，孟庆娱，吴立玲. 涎腺细胞紧密连接的研究进展 [J]. 生理科学进展, 2012, 43 (3): 193-197.

[4] Tsukita S, Furuse M. *Occludin* and claudins in tight junction strands: leading or supporting players [J]. Trends Cell Biology, 1999, 9 (7): 268-273.

[5] Laura L M, Christina M, Van I, *et al.* Molecular physiology and pathophysiology of tight junctions i. tight junction structure and function: lessons from mutant animals and proteins [J]. American Journal of Physiology Gastrointest Liver Physiology,

2000, 279 (2): 250 - 254.

[6] Furuse M, Sasaki H, Fujimoto K, *et al.* A single gene product, claudin-1 or - 2, reconstitutes tight junction strands and recruits occludin in fibroblasts [J]. Journal of Cell Biology, 1998, 143 (2): 391 - 401.

[7] Keno B H, Schafer S, Kuhn C, *et al.* Symplekin, a novel type of tight junction plaque protein [J]. Cell Biology, 1996, 134 (4): 1 003 - 1 018.

[8] Weber E, Berta G, Tousson A, *et al.* Expression and polarized targeting of a rab3 isoform in epithelial cells [J]. Journal of Cell Biology, 1994, 125 (3): 583 - 594.

[9] 高志光，秦环龙．肠上皮细胞紧密连接的生物学功能及在肠屏障中的作用 [J]．肠外与肠内营养，2005，12 (5): 299 - 302.

[10] 黄琳，蒋宗勇，林映才等．饲喂氧化鱼油对新生仔猪肠道黏膜免疫应答的影响及大豆异黄酮的干预作用 [J]．动物营养学报，2011，23 (5): 799 - 806.

[11] 陈群，乐国伟，施用晖等．氧自由基对动物消化道损伤及干预研究进展 [J]．中国畜牧兽医，2006，33 (11): 106 - 108.

[12] Lu L, Walker W A. Pathologic and physiologic interactions of bacteria with the gastrointestinal epithlium [J]. American Journal of Clinical Nutrition, 2001, 73 (1): 1 124 - 1 130.

[13] 黎君友，吕艺．二胺氧化酶在创伤后肠道损伤中变化及意义 [J]．中国危重病急救医学，2000，12 (8): 482 - 484.

[14] 孙晓庆，付小兵，张蓉等．大鼠肠缺血 - 再灌流损伤对肠黏膜通透性的影响 [J]．创伤外科杂志，1999，1 (4): 208 - 210.

[15] Lenz A, Franklin G A, Cheadle W G. Systemic inflammation aftertrauma [J]. Injury, 2007, 38 (12): 1 336 - 1 345.

[16] 刘海萍，胡彩虹，徐勇．早期断奶对仔猪肠通透性和肠上皮紧密连接蛋白 *Occludin* mRNA 表达的影响 [J]．动物营养学报，2008，20 (4): 442 - 446.

[17] Sakakibara A, Furuse M, Saitou M, *et al.* Possible involvement of phosphorylation of occludin in tight junction formation [J]. The Journal of Cell Biology, 1997, 137 (6): 1 393 - 1 401.

[18] Itoh M, Furuse M, Morita K, *et al.* Direct binding of three tight junction associated MAGUKs, ZO-1, ZO-2, and ZO-3, with the COOH termini of claudins [J]. J Cell Biology, 1999, 147 (6): 1 351 - 1 363.

[19] Turksen K, Troy T C. Barriers built on claudins [J]. Journal of Cell Science, 2004, 117 (12): 2 435 - 2 447.

[20] Furuse M, Hata M, Furuse K, *et al.* Claudin-based tight junctions are crucial for the mammalian epidermal barrier: a lesson from claudin-1-deficient mice [J]. Journal of Cell Biology, 2002, 156 (6): 1 099 - 1 111.

[21] Inoue K, Oyamada M, Mitsufuji S, *et al.* Different changes in the expression of multiple kinds of tight junction proteins during ischemia-reperfusion injury of the rat ileum [J]. Acts Histochem Cytochem, 2006, 39, (2): 35 - 45.

[22] Keon B H, Schafer S, Kuhn C, *et al.* Symplekin, a novel type of tight junction plaque protein [J]. Cell Biology, 1996, 134 (4): 1 003 - 1 018.

[23] Zhong Y, Saitoh T, Minase T, *et al.* Monoclonal antibody 7H6 reacts with a novel tight junction associated protein distinct from ZO-1, cingulin and ZO-2 [J]. Journal of Cell Biology, 1993, 120 (2): 477 - 483.

[24] Utepbergenov D I, Fanning A S, Anderson J M. Dimerization of the scaffolding protein ZO-1 through the second PDZ domain [J]. Journal of Biology Chemistry, 2006, 281: 24 671 - 24 677.

[25] 刘圣烜，黄志华，林莉．急性肝内胆汁淤积大鼠小肠上皮紧密连接蛋白 ZO-1 和 *Occludin* 表达的变化 [J]．实用儿科临床杂志，2011，26 (1): 45 - 47.

[26] 陈传莉，刘依凌，王裴等．严重烧伤后肠黏膜肌球蛋白轻链磷酸化表达改变及其意义 [J]．第三军医大学学报，2008，30 (15): 1 434 - 1 437.

[27] Costantini T W, Loomis W H, Putnam J G, *et al.* Burn-induced gut barrier injury is attenuated by phosphodiesterase inhibition: effects on tight junction structural proteins [J]. Shock, 2009, 31 (4): 416 - 422.

[28] Schmitz H, Bamteyer C, Fromm M, *et al.* Ultered fight junction structure contributes to the impaired epithelial barrier function in uclerative colitiss [J]. Gastroenterology, 1999, 116 (2): 301 - 309.

第七节　饲料丙二醛（MDA）引起草鱼肠道黏膜结构屏障损伤

油脂为鱼类的生长提供能量和必需脂肪酸，因此在饲料中得到广泛应用。然而，油脂由于含有大量不饱和脂肪酸，特别是鱼油，在高温、高湿条件下特别容易氧化酸败，产生多种初级和次级氧化产物，这些氧化产物被鱼类摄食后，会破坏其正常的生理功能，危及健康生长[1,2]。次级产物中的一些醛类具有高度生物学活性，可能作为一个高毒性第二信使活性小分子进一步扩大和加强起始自由基毒性效应[3]。目前，被广泛关注的醛类有四羟基壬烯醛（4-HNE）和丙二醛（MDA）等[4]。MDA 作为多不饱和脂肪酸氧化最主要的产物，具有半衰期长和反应性高的特点，能通过细胞脂质过氧化、破坏细胞膜结构和功能引发蛋白质交联、破坏酶活性、损伤 DNA 等途径诱导细胞凋亡，进而造成组织损伤[5,6]。

肠道作为与外界相通的器官，不仅具有消化吸收的作用，还具有屏障功能，能防止有毒有害物质透过肠壁到达肠外组织。而肠道屏障功能的完整性依赖于肠黏膜屏障结构的完整性。完整的肠黏膜细胞和肠黏膜细胞间的连接作为肠黏膜机械屏障的结构基础，共同构成了肠道的结构性屏障[7]。紧密连接是肠黏膜细胞间最为重要的连接方式，是物质通过肠黏膜细胞间通路转运的限制因素。紧密连接是由跨膜蛋白 *Occludin*[8]、*Claudins*[9,10] 和胞浆蛋白 ZOs[11,12] 构成的大分子复合物，在维持肠道黏膜通透性和肠道屏障功能完整性方面具有重要作用[13]。

有研究表明，油脂氧化产物会使肠道产生氧化应激，损伤肠道屏障功能[14,15]。在“氧化鱼油引起草鱼肠道黏膜结构屏障损伤”的试验中发现，氧化鱼油会使肠黏膜细胞间紧密连接蛋白基因表达活性显著下调，紧密连接结构遭到破坏，导致肠黏膜通透性增加和肠黏膜屏障损伤。而 MDA 作为鱼油氧化的最主要产物，是导致草鱼肠道黏膜结构屏障损伤的因素吗？目前，关于 MDA 对动物肠道黏膜结构屏障损伤的研究还少有报道。

本试验在添加不同浓度 MDA 的条件下，采用荧光定量 PCR 技术（RT-qPCR）对草鱼肠道的 6 个紧密连接蛋白基因表达活性进行检测，并结合紧密连接结构透射电镜和肠道通透性指标综合分析，探讨 MDA 对肠黏膜细胞间紧密连接蛋白基因表达活性、肠黏膜细胞间紧密连接结构完整性和肠黏膜通透性的影响。

一、材料和方法

（一）试验鱼

草鱼来源于浙江一星饲料有限公司养殖基地，为池塘培育的 1 冬龄鱼种，挑选体格健康、无畸形、体质量为（74.8 ± 1.2）g 的草鱼 300 尾鱼，随机分为 5 组，每组 3 个重复，每个重复 20 尾鱼。

（二）试验饲料

以酪蛋白和秘鲁蒸汽鱼粉为主要蛋白源，豆油为主要脂肪源，根据等蛋等能的原则，设置了一个对照组和 3 个 MDA 处理组的试验饲料，具体配方及营养水平见表 6 - 7 - 1。饲料原料粉碎过 60 目筛，用绞肉机制成直径 1.5mm 的长条状，切成 1.5mm × 2mm 的颗粒状，风干，饲料置于 -20℃冰柜保存备用。豆油为“福临门”牌一级大豆油。

（三）MDA 的制备与添加

MDA 的制备方法：精确量取 1，1，3，3 - 四乙氧基丙烷（Sigma-Aldrich 公司，浓度≥99%）31.5mL，用 95% 乙醇溶解后定容至 100mL，搅拌 15min，此时每毫升溶液相当于 MDA100mg。

MDA 的添加：依据每日的投喂量配制相应的 MDA，采用现配现用的方式，快速、均匀地喷洒在饲料当中。MDA 的添加量是根据试验“氧化鱼油引起草鱼肠道黏膜结构屏障损伤”中氧化鱼油的实际 MDA 含量设置的。

表 6-7-1　试验饲料组成及营养水平（干物质基础）

Tab. 6-7-1　Formulation and proximate composition of experiment diets（DM basis）

项目 Items	组别 Groups			
	对照组 Control group	MDA-1	MDA-2	MDA-3
原料 Ingredients（‰）				
酪蛋白 Casein	215	215	215	215
蒸汽鱼粉 Steam dried fish meal	167	167	167	167
磷酸二氢钙 $Ca(H_2PO_4)_2 \cdot H_2O$	22	22	22	22
MDA malondialdehyde	0	0.062	0.124	0.185
豆油 Soybean oil	60	60	60	60
氯化胆碱 Choline chloride	1.5	1.5	1.5	1.5
预混料 Premix[1)]	10	10	10	10
糊精 Dextrin	110	110	110	110
α-淀粉 α-starch	255	255	255	255
微晶纤维 Microcrystalline cellulose	61	60.938	60.876	60.815
羧甲基纤维素 Carboxymethyl cellulose	98	98	98	98
乙氧基喹啉 Ethoxyquin	0.5	0.5	0.5	0.5
合计 Total	1 000	1 000	1 000	1 000
营养水平 Nutrient levels[2)]				
粗蛋白质 Crude protein（%）	30.01	30.01	30.01	30.01
粗脂肪 Crude lipid（%）	7.08	7.08	7.08	7.08
能量 Energy（kJ/g）	20.242	20.242	20.242	20.242

[1)] 预混料为每千克饲料提供 The premix provided the following per kg of diets：Cu 5mg，Fe 180mg，Mn 35mg，Zn 120mg，I 0.65mg，Se 0.5mg，Co 0.07mg，Mg 300mg，K 80mg，VA 10mg，VB_1 8mg，VB_2 8mg，VB_6 20mg，VB_{12} 0.1mg，VC 250mg，泛酸钙 calcium pantothenate 20mg，烟酸 niacin 25mg，VD_3 4mg，VK_3 6mg，叶酸 folic acid 5mg，肌醇 inositol 100mg。

[2)] 实测值 Measured values.

（四）饲养管理

饲养实验在浙江一星饲料有限公司养殖基地进行，在面积为 5×667m^2（平均水深 1.8m）的池塘中设置网箱，网箱规格为（1.0m×1.5m×2.0m）。饲养试验前用 6S 组饲料驯化一周，正式饲养时间为 72d，每天 7：00、16：00 定时投喂，投饲率为 4%。每 10d 依据投饲量估算鱼体增重并调整投喂率，记录每天投饲量。每周测定一次水质，试验期间水温 25～33℃，溶解氧浓度 >8.0mg/L，pH 值 7.8～8.4，氨氮浓度 <0.2mg/L，亚硝酸盐浓度 <0.01mg/L，硫化物浓度 <0.05mg/L。

（五）主要试剂

总 RNA 提取试剂 RNAiso Plus，PrimeScript™RT Mastetr Mix 反转录试剂盒，SYBR Premix Ex Taq™ I 都来自 TaKaRa 公司，荧光定量 PCR 扩增引物由上海生工生物技术有限公司合成。

（六）样品制备与分析

1. 血清样品的制备与分析

养殖 72d、停食 24h 后，每网箱随机取出 10 尾鱼，采用尾静脉采血法，取其全血置于离心管中，常温放置 0.5h 后，3 000r/min 离心 10min 制备血清样品，经液氮速冻后，-80℃保存备用。血清二胺氧化酶（DAO）活性采用南京建成的试剂盒进行测定。血清 D-乳酸、内毒素含量采用南京建成的 Elisa 试剂盒进行测定。

2. 肠道组织透射电镜样品制备与分析

每网箱取 2 尾鱼、每组 6 尾，于中肠前 1/4 处取 1～2cm 肠管 1 段，纵向剖开用磷酸缓冲液冲洗后，立即将其投入 4% 戊二醛中固定，用于透射电镜分析。透射电镜采用锇酸固定、丙酮脱水，最后放入胶囊内包埋切片染色，用日立 HT7700 透射式电子显微镜观察肠道组织结构并拍照。

3. 草鱼肠道组织基因样品制备

每网箱随机选取抽过血的 3 尾鱼活体解剖，迅速取出内脏团置于冰上，在中肠的 1/2 处各取 1.0cm×1.0cm 的一块组织于 PBS 中，漂洗 2～3 次后，一式两份，迅速装入 EP 管中，液氮速冻，于 -80℃保存。

4. 总 RNA 的提取和反转录 cDNA

利用总 RNA 提取试剂 RNAiso Plus 按照说明书提取肠道样品总 RNA。取 1μg 总 RNA 为模板，按照 PrimeScript™ RT Mastetr Mix 反转录试剂盒的方法将 RNA 转录成 cDNA，于 -20℃保存备用。

表 6-7-2 实时荧光定量引物

Tab. 6-7-2 Primers used for quantitative real-time PCR

基因 Gene		引物（5′-3′）Primer（5′-3′）
ZO-1	F	CCAGGACAGAGTCAGTGGAGA
	R	TGGGGTCAGTGCAGGTTT
ZO-2	F	GTCGTTAGAGGTCATTTCGTCA
	R	CCAGCAGCACAATCAGCAGT

（续表）

基因 Gene		引物（5′－3′）Primer（5′－3′）
ZO-3	F	TTGTCATTTTGGGTCCTCTG
	R	CTATCCGCCTAACCGTGTC
Occludin	F	TGGGTGAATGATGTGAATGG
	R	AACCGCTGCTCAGTGGGAC
Claudin-15a	F	ACAGATTCTCGTACAGGGTTGA
	R	CGGTTGTTGAAGTCGTTGC
Claudin-3	F	TCGGTGGATTGTACTTCTTCTC
	R	CCAAATCACTCGGGACTTCTA
β-Actin	F	CGTGACATCAAGGAGAAG
	R	GAGTTGAAGGTGGTCTCAT

5. RT-qPCR 检测肠黏膜细胞间紧密连接蛋白基因表达

根据本实验室草鱼肠道转录组测序（RNA-Seq）结果，运用 Primer Premier 5.0 软件设计了 6 个紧密连接蛋白基因和内参基因 *β-actin*（Genebank 登录号：DQ211096）的荧光定量正、反向引物（表 6－7－2）。

实时定量检测采用 CFX96 荧光定量 PCR 仪（Bio-Rad，USA）进行，反应体系为 20μL：SYBR Premix Ex Taq™ II（TaKaRa）10μL，候选引物各 1μL，cDNA 2μL，灭菌水 6μL。PCR 反应采用两步法，反应条件：95℃预变性 30s、95℃ 变性 5s、60℃退火 30s，共 40 个循环。同一样品重复 3 个反应，以 *β-actin* 作为参照基因。根据扩增曲线得到的 C_t，计算出目标基因和参照基因 *β-actin* C_t值的差异 ΔC_t；最后计算出不同样品相对于参照样品基因表达倍数 $2^{-\Delta\Delta Ct}$，制作出相对定量的图表。

（七）数据分析

通过 SPSS 21.0 进行 One-way ANOVA 分析，并进行 LSD 与 Duncan 氏比较，结果以平均值 ± 标准误（mean ± SD）表示，当 $P<0.05$ 时差异显著。

二、结果与分析

（一）草鱼血清内毒素、D－乳酸含量和 DAO 活性显著增加

由表 6－7－3 可知，与对照组相比，在饲料中添加 MDA 后，血清 DAO 活性、内毒素含量和 D－乳酸含量都出现显著增加（$P<0.05$）。

表 6－7－3　MDA 对草鱼肠道通透性的影响

Tab. 6－7－3　Effect of MDA on the permeability of grass carp intestine

组别 Groups	二胺氧化酶 Diamine oxidase (U/L)	内毒素 Endotoxin (EU/L)	D－乳酸 D-lactic acid (μmol/L)
对照组	19.56 ± 1.4^{a}	46.5 ± 3.9^{a}	0.61 ± 0.06^{a}

（续表）

组别 Groups	二胺氧化酶 Diamine oxidase (U/L)	内毒素 Endotoxin (EU/L)	D-乳酸 D-lactic acid (μmol/L)
MDA-1	22.31 ± 0.31^{b}	55.27 ± 0.88^{b}	0.74 ± 0.03^{b}
MDA-2	24.62 ± 0.87^{c}	64.05 ± 1.78^{c}	0.96 ± 0.04^{c}
MDA-3	27.61 ± 0.42^{d}	74.72 ± 4.56^{d}	0.93 ± 0.02^{c}

（二）MDA使草鱼肠黏膜细胞间紧密连接结构严重损伤

经过72d养殖试验后，各个试验组草鱼肠黏膜细胞间紧密连接结构的透射电镜图见下

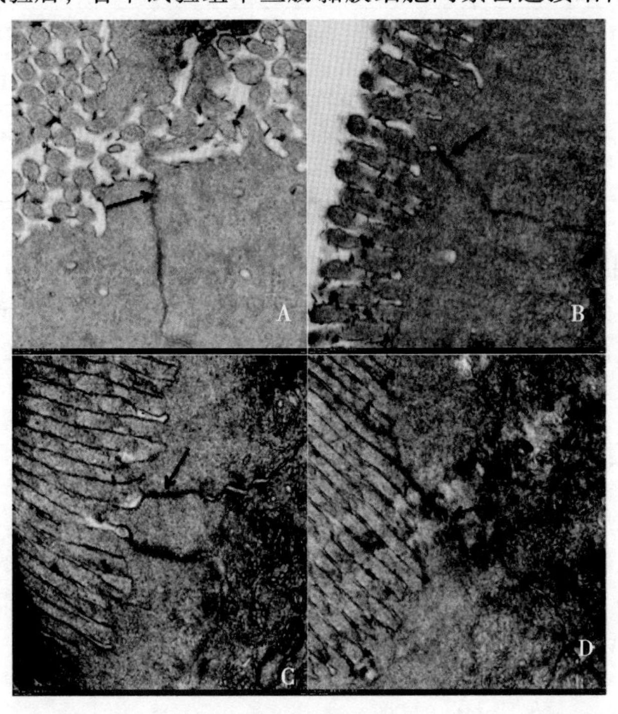

图6－7－1　电镜透射出的草鱼肠道紧密连接（×12 000）

Fig. 6－7－1　TEM micrographs of the junction structures in grass carp（×12 000）

A. 对照组，肠道紧密连接正常（↑）；B. MDA-1组，紧密连接出现缝隙（↑）；C. MDA-2组，紧密连接受损，缝隙明显（↑）；D. MDA-3组，紧密连接严重受损，结构完全打开（↑）

A. Control group, midgut tight junction was normal（↑）; B. MDA-1 group, there was space between the tight junction（↑）; C. MDA-2 group, the tight junction was injured and the space was obvious（↑）; D. MDA-3 group, the tight junction was injured badly and completely opened（↑）

图。图6－7－1A～D分别为对照组、MDA-1、MDA-2和MDA-3组（图中箭头所示为草鱼肠黏膜细胞间紧密连接结构），在透射电镜下，紧密连接结构表现为一条条黑色的致密电子带，起始于上皮顶端，从绒毛根部向基底层延伸。由图6－7－1 A可见，对照组紧密连接结构没有缝隙，图6－7－1 B～D箭头所示处可以发现紧密连接结构出现缝隙，并且逐步扩大，MDA-3组紧密连接结构严重受损，缝隙达到最大。结果显示肠黏膜细胞间紧密连接结构受到严重的损伤。

（三）MDA 诱导草鱼肠黏膜细胞间紧密连接蛋白基因表达活性显著下调

对组成肠道黏膜细胞间紧密连接结构蛋白质基因表达活性的检测结果见表 6－7－4。由表 6－7－4 可知，与对照组相比，在饲料中添加 MDA 后，闭合蛋白 *Claudin*-3、*Claudin*-15*a*，闭锁蛋白 *Occludin* 和胞浆蛋白 *ZO*-1、*ZO*-2、*ZO*-3 基因表达活性都显著下调（$P < 0.05$）。

表 6－7－4　MDA 对草鱼肠黏膜细胞间紧密连接蛋白基因表达活性的影响

Tab. 6－7－4　Tight junction protein gene expression of intestine in grass carp under MDA

组别 group	闭合蛋白基因 closed protein gene				胞浆蛋白基因 cytoplasmic protein gene						闭锁蛋白基因 atresia protein gene	
	Claudin-3	变化量 fold change	*Claudin*-15*a*	变化量 Fold change	*ZO*-1	变化量 Fold change	*ZO*-2	变化量 Fold change	*ZO*-3	变化量 Fold change	*Occludin*	变化量 Fold change
6S	1.00 ± 0.09[c]	0	1.00 ± 0.02[d]	0	1.00 ± 0[d]	0	1.00 ± 0.08[b]	0	1.00 ± 0.01[d]	0	1.00 ± 0.11c	0
6SM1	0.5 ± 0.03[a]	－50%	0.85 ± 0.07[c]	－15%	0.57 ± 0.02[a]	－43%	0.52 ± 0.06[a]	－42%	0.41 ± 0.07[a]	－59%	0.57 ± 0.03a	－43%
6SM2	0.8 ± 0.08[b]	－20%	0.36 ± 0.04[a]	－64%	0.58 ± 0.04[ab]	－42%	0.52 ± 0.1[a]	－56%	0.65 ± 0.09[c]	－35%	0.74 ± 0.13b	－26%
6SM3	0.48 ± 0.02[a]	－52%	0.57 ± 0.01[b]	－43%	0.62 ± 0.02[b]	－38%	0.52 ± 0.02[a]	－48%	0.54 ± 0.02[b]	－46%	0.53 ± 0.05a	－47%

注：变化量（%）＝（处理组的数值－对照组的数值）/豆油组的数值 ×100

Note: Fold change (%) = (the value of experimental group-the value of control group) / the value of control group ×100

（四）饲料 MDA 含量与草鱼肠黏膜细胞间紧密连接蛋白基因表达活性的相关性分析

将对照组、MDA-1、MDA-2 和 MDA-3 组饲料 MDA 含量分别与肠黏膜细胞间紧密连接结构蛋白质基因表达活性做 Pearson 相关性分析，检验双侧显著性，样品组数 n＝5，结果见表 6－7－5。由表 6－7－5 可知，饲料 MDA 含量与闭合蛋白 *Claudin*-3、*Claudin*-15*a*，胞浆蛋白 *ZO*-1、*ZO*-2、*ZO*-3 和闭锁蛋白 *Occludin* 基因表达活性均显示负相关关系的变化趋势。

表 6－7－5　饲料 MDA 含量与草鱼肠黏膜细胞间紧密连接蛋白基因表达活性的相关性分析

Tab. 6－7－5　Correlation analysis between the content of MDA in diets and tight junction protein gene expression of intestine in grass carp

Person		*Claudin*-3	*Claudin*-15*a*	*ZO*-1	*ZO*-2	*ZO*-3	*Occludin*
MDA	R[21)]	－0.649	－0.806	－0.71	－0.818	－0.582	－0.749
	P[2)]	0.351	0.194	0.29	0.182	0.418	0.251

注：[1)] R^2 相关系数；[2)] P 显著性（双侧）水平；[3)] * 表示因子之间显著相关，$P < 0.05$；[4)] ** 表示因子之间极显著相关，$P < 0.01$。

Note: [1)] correlation coefficient; [2)] P significance level (Bilaterally); [3)] * significant correlation between different factors, $P < 0.05$; [4)] ** significant correlation between different factors, $P < 0.01$.

三、讨论

（一）MDA使草鱼肠黏膜通透性显著增加

肠黏膜通透性的升高主要通过肠黏膜细胞通路和肠黏膜细胞间通路通透性增加来实现[16]。其中，DAO活性、D－乳酸和内毒素含量经常作为判断肠黏膜通透性和肠黏膜屏障功能的指标。

DAO是具有高度活性的细胞内酶，该酶在小肠黏膜上层绒毛含量高、活性强，在其他组织内含量少、活性低。当肠黏膜细胞受损、肠黏膜通透性增加后，胞内释放大量的DAO会通过肠黏膜屏障而进入血液，使血浆DAO活性升高[17]。D－乳酸主要是细菌发酵的代谢产物，正常情况下很少被吸收。当肠黏膜细胞受损时，肠黏膜通透性增加，肠道中细菌产生大量D－乳酸会通过受损黏膜细胞进入血液，使血浆D－乳酸水平升高[18]。所以，血浆DAO活性和D－乳酸含量可作为反映肠道黏膜损害程度和通透性变化的重要指标。当肠道屏障被破坏时，肠黏膜通透性增加，大量的内毒素可通过肠黏膜细胞间通路、肠黏膜细胞微绒毛的细胞膜通路，进入血液引发内毒素血症。因此，内毒素的通透性可反映肠黏膜屏障的功能[19]。有研究表明，腹泻、感染和手术等多种应激状态均可导致暂时或长时间的肠黏膜屏障损伤，表现为肠黏膜通透性增加、细菌和毒素移位等[20]。表6－7－3结果显示，在饲料中添加MDA后，血清DAO活性、D－乳酸和内毒素含量都出现显著增加（$P<0.05$），表明饲料MDA破坏了肠黏膜细胞和肠黏膜细胞间紧密连接结构，即肠黏膜屏障遭到严重损伤，肠黏膜通透性显著增加。

（二）MDA使草鱼肠黏膜细胞间紧密连接蛋白基因表达活性显著下调

如图6－7－2所示，闭锁蛋白*Occludin*和闭合蛋白*Claudins*是构成紧密连接结构的主要跨膜蛋白，相邻肠黏膜细胞间通过跨膜蛋白*Occludin*、*Claudins*的胞外环以“拉链”状相连接，形成“锁扣”结构，从而封闭细胞旁间隙，在维持紧密连接的屏障功能和通透性上起着关键作用[21,22]。胞浆蛋白ZOs是一类外周膜蛋白，有3种异构体（*ZO*-1、*ZO*-2、*ZO*-3），它们一端可以与跨膜蛋白*Occludin*、*Claudins*的胞内域相连，另一端可以与肌动蛋白相结合，从而将跨膜蛋白与细胞内骨架系统连接起来，构成稳定的紧密连接结构[23]。胞浆蛋白*ZOs*可以将不同的信号传递到跨膜蛋白*Claudins*、*Occludin*，对紧密连接结构的“开启”与“闭合”进行调控[24]。本试验中，在饲料添加MDA后，闭锁蛋白*Occludin*、闭合蛋白*Claudin*-3、*Claudin*-15*a*基因表达活性都出现不同程度的下调，且差异显著（$P<0.05$），胞浆蛋白*ZO*-1、*ZO*-2、*ZO*-3基因表达活性显著下调（$P<0.05$），同时表6－7－5结果显示，饲料MDA含量与闭锁蛋白*Occludin*，闭合蛋白*Claudin*-3、*Claudin*-15*a*，胞浆蛋白*ZO*-1、*ZO*-2、*ZO*-3基因表达活性均显示负相关关系的变化趋势。有研究表明，MDA对离体草鱼肠道黏膜细胞膜具有损伤作用，作用途径可能是促使细胞膜脂质过氧化，导致细胞凋亡[25]。在氧化豆油水溶物对离体草鱼肠道黏膜细胞损伤的研究中提到，氧化豆油水溶物中的MDA可能是对细胞产生损伤的重要物质之一[26]。上述结果表明，饲料MDA减少了闭锁蛋白*Occludin*、闭合蛋白*Claudin*-3、*Claudin*-15*a*的生成能力，削弱了胞浆蛋白*ZOs*对紧密连接“锁扣”结构的“闭合”调控，通过打开紧密连接“锁扣”结构的方式，导致肠黏膜细胞间紧密连接结构的破坏和肠黏膜通透性的增加，损伤肠黏膜屏障。

作为肠黏膜细胞间通路的关键结构，紧密连接结构只允许离子和可溶性的小分子通过，大分子物质及微生物难以通过，通过紧密连接结构的“开启”与“闭合”实现肠黏膜细胞间通路的“开启”与“闭合”。Schmitz 等[27]研究发现，紧密连接发生变化会使肠黏膜屏障受损。如图 6－7－1 所示，对照组紧密连接结构没有出现缝隙，MDA-1、MDA-2 组紧密连接结构开始出现缝隙，并且逐步扩大，MDA-3 组紧密连接结构严重受损，缝隙达到最大。这些结果表明，在饲料中添加 MDA 后，紧密连接的“锁扣”结构会被打开，紧密连接结构遭到破坏，导致肠黏膜通透性增加。这也为解释肠黏膜细胞间紧密连接蛋白基因表达活性显著下调导致肠道紧密连接结构的破坏和肠黏膜通透性的增加提供了很好的证据。

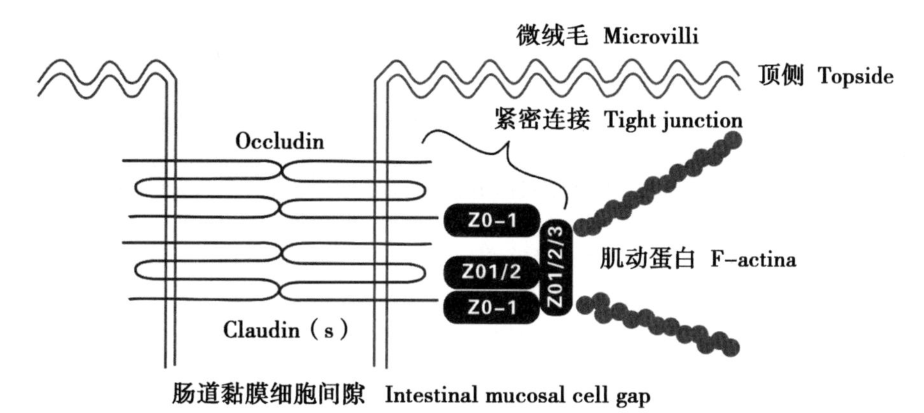

图 6－7－2　肠上皮细胞间的紧密连接

Fig. 6－7－2　The tight junctions of intestinal epithelial intercellular

四、结论

饲料 MDA 会减少闭锁蛋白 *Occludin*、闭合蛋白 *Claudin*-3、*Claudin*-15*a* 的生成能力，削弱胞浆蛋白 *ZOs* 对紧密连接“锁扣”结构的“闭合”调控，使紧密连接结构遭到破坏，导致肠黏膜通透性增加和肠黏膜屏障损伤，最终破坏肠道屏障功能的完整性。

参考文献

[1] Om A D, Umino T, Nakagawa H, *et al.* The effects of dietary EPA and DHA fortification on lipolysis activity and physiological function in juvenile black sea bream Acanthopagrus schlegeli (Bleeker) [J]. Aquaculture Research, 2001, 32 (sup): 255－262.

[2] 曹俊明，刘永坚，劳彩玲等. 饲料中不同脂肪酸对草鱼生长和组织营养成分组成的影响 [J]. 华南理工大学学报：自然科学版，1996，12 (Sup)：149－154.

[3] Uchida K. Role of reactive aldehyde in cardiovascular diseases [J]. Free Radic Biol Med., 2000, 28 (12): 1 685－1 696.

[4] Esterbauer H, Schauur J S, Zollner H. Chemistry and biochemistry of 4-hydroxynonenal, malonaldehyde and related aldehydes [J]. Free Radic Biol Med., 1991, 11 (1): 81－128.

[5] 陈群，乐国伟，施用晖等. 氧自由基对动物消化道损伤及干预研究进展 [J]. 中国畜牧兽医，2006，33 (11)：106－108.

[6] Monahan F J, Gray J I, Asghar A, *et al.* Effect of dietary lipid and vitamin E supplementation on free radical production and lipid oxidation in porcine muscle microsomal fractions [J]. Food Chemistry, 1993, 46 (1): 1－6.

[7] Epstein M D, Tchervenkov J I, Alexander J W, *et al.* Increased gut permeability following burn trauma [J]. Archives of Surgery, 1991, 126 (2): 198－200.

[8] Tsukita S, Furuse M. *Occludin* and claudins in tight junction strands: leading or supporting players [J]. Trends Cell Biology, 1999, 9, (7): 268 -273.

[9] Laura L M, Christina M, Van I, *et al.* Molecular Physiology and Pathophysiology of Tight Junctions I Tight junction structure and function: lessons from mutant animals and proteins [J]. American Journal of Physiology Gastrointest Liver Physiology, 2000, 279 (2): G250 - G254.

[10] Furuse M, Sasaki H, Fujimoto K, *et al.* A single gene product, claudin -1 or -2, reconstitutes tight junction strands and recruits occludin in fibroblasts [J]. Journal of Cell Biology, 1998, 143 (2): 391 -401.

[11] Keno B H, Schafer S, Kuhn C, *et al.* Symplekin, a novel type of tight junction plaque protein [J]. Cell Biology, 1996, 134 (4): 1 003 -1 018.

[12] Weber E, Berta G, Tousson A, *et al.* Expression and polarized targeting of a rab3 isoform in epithetial cells [J]. Journal of Cell Biology, 1994, 125 (3): 583 -594.

[13] 高志光，秦环龙．肠上皮细胞紧密连接的生物学功能及在肠屏障中的作用 [J]．肠外与肠内营养，2005，12 (5): 299 -302.

[14] 黄琳，蒋宗勇，林映才等．饲喂氧化鱼油对新生仔猪肠道黏膜免疫应答的影响及大豆异黄酮的干预作用 [J]．动物营养学报，2011，23 (5): 799 -806.

[15] 陈群，乐国伟，施用晖等．氧自由基对动物消化道损伤及干预研究进展 [J]．中国畜牧兽医，2006，33 (11): 106 -108.

[16] Lu L, Walker W A. Pathologic and physiologic interactions of bacteria with the gastrointestinal epithlium [J]. American Journal of Clinical Nutrition, 2001, 73 (suppl): 1 124S -1 130S.

[17] 黎君友，吕艺．二胺氧化酶在创伤后肠道损伤中变化及意义 [J]．中国危重病急救医学，2000，12 (8): 482 -484.

[18] 孙晓庆，付小兵，张蓉等．大鼠肠缺血 - 再灌流损伤对肠黏膜通透性的影响 [J]．创伤外科杂志，1999，1 (4): 208 -210.

[19] Lenz A, Franklin G A, Cheadle W G. Systemic inflammation aftertrauma [J]. Injury, 2007, 38 (12): 1 336 -1 345.

[20] 刘海萍，胡彩虹，徐勇．早期断奶对仔猪肠通透性和肠上皮紧密连接蛋白 *Occludin* mRNA 表达的影响 [J]．动物营养学报，2008，20 (4): 442 -446.

[21] Sakakibara A, Furuse M, Saitou M, *et al.* Possible involvement of phosphorylateion of occludin in tight junction formation [J]. The Journal of Cell Biology, 1997, 137 (6): 1 393 -1 401.

[22] Itoh M, Furuse M, Morita K, *et al.* Direct binding of three tight junction associated MAGUKs, ZO-1, ZO-2, and ZO-3, with the COOH termini of claudins [J]. J Cell Biology, 1999, 147 (6): 1 351 -1 363.

[23] Keon B H, Schafer S, Kuhn C, *et al.* Symplekin, a novel type of tight junction plaque protein [J]. Cell Biology, 1996, 134 (4): 1 003 -1 018.

[24] Zhong Y, Saitoh T, Minase T, *et al.* Monoclonal antibody 7H6 reacts with a novel tight junction associated protein distinct from ZO-1, cingulin and ZO-2 [J]. Journal of Cell Biology, 1993, 120 (2): 477 -483.

[25] 姚仕彬，叶元土，蔡春芳等．丙二醛对离体草鱼肠道黏膜细胞的损伤作用 [J]．水生生物学报，2015，39，(1): 137 -146.

[26] 姚仕彬，叶元土，蔡春芳等．氧化豆油水溶物对离体草鱼肠道黏膜细胞的损伤作用 [J]．水生生物学报，2014，38 (4): 690 -698.

[27] Schmitz H, Bamteyer C, Fromm M, *et al.* Ultered fight junction structure contributes to the impaired epithetial barrier function in ulcerative colitiss [J]. Gastroenterology, 1999, 116 (2): 301 -309.

第七章　氧化豆油对团头鲂生长和健康的损伤与水飞蓟素的修复作用

第一节　主要研究结果

植物油脂的氧化稳定性优于鱼油（第二章第三节），豆油是水产饲料常用的油脂原料之一。但是，豆油也含有不饱和脂肪酸，也存在氧化酸败的问题。豆油的氧化产物对养殖鱼类是否也如鱼油一样，具有毒副作用？本试验将豆油在实验室添加下人工氧化后，按照不同的比例加入团头鲂饲料中，以等量的豆油为对照，研究了氧化豆油对团头鲂生长、肝胰脏健康的影响。依据人体医学、药物学的研究，水飞蓟素对肝损伤具有良好的损伤修复作用，在水产动物肝损伤后是否也可以用水飞蓟素等产品进行修复？这类研究是通过饲料途径维护、或修复损伤的肝胰脏最为有效的技术途径和方法。

一、氧化豆油对团头鲂生长、肝胰脏的损伤作用，以及水飞蓟素的损伤修复作用

采用实验室油脂氧化方法，将豆油氧化后，酸价增加了 3.77 倍、过氧化值增加了 51.19 倍。以团头鲂为研究对象，利用这种氧化豆油为试验材料，以正常豆油为对照，均按照 2% 的比例添加到实用性饲料中，将饲料分成氧化豆油组和豆油组两个大组，同时分别在氧化豆油组和豆油组添加水飞蓟素 0mg/kg（对照）、5mg/kg、10mg/kg 和 50mg/kg，共 8 组，每组设 3 个重复。在水泥池网箱养殖 70d 后，氧化豆油组团头鲂的增重率显著降低、团头鲂的饲料系数显著增加（$P<0.05$）；与对照相比，添加 50mg/kg 水飞蓟素显著提高了团头鲂的增重率（$P<0.05$），当添加量为 10mg/kg 和 50mg/kg 时，氧化豆油和豆油增重率和饲料系数无显著差异，水飞蓟素添加量为 10mg/kg 和 50mg/kg 对氧化油脂引起的团头鲂生长下降有良好的改善效果。

氧化油脂对团头鲂抗氧化能力、肝脏蛋白合成和脂质代谢能力均有一定程度的降低；随着水飞蓟素添加量的升高，鱼体抗氧化、肝脏合成和脂质代谢能力有一定程度的提高，水飞蓟素添加量为 10mg/kg 时，鱼体抗氧化、肝脏合成和脂质代谢能力均高于对照组，添加量为 50mg/kg 时，氧化豆油组抗氧化和肝脏合成能力明显高于对照组，豆油组抗氧化和肝脏合成功能均有下降趋势。

因此，氧化豆油对团头鲂的生长、健康有显著的不良影响；2% 的添加量下是生长速度和饲料效率显著下降。在本试验条件下，水飞蓟素的添加水平应为 10 ~ 50mg/kg，可以修复氧化豆油的损伤作用，而高于 50mg/kg 有可能对生理造成不利影响。如果同时兼顾生长速

度和鱼体健康，建议水飞蓟添加水平为 10mg/kg。

二、水飞蓟种子与水飞蓟素养殖效果的比较

以团头鲂为研究对象，在饲料中添加水飞蓟素和水飞蓟种子，以高效液相色谱法确定两种添加形式中水飞蓟宾含量基本保持一致。水飞蓟素设定水平为 0mg/kg（对照）、5mg/kg、10mg/kg 和 50mg/kg，两种添加形式共用一个对照，共分为 7 组，每组 3 个重复，分别对水飞蓟素不同添加水平之间比较，添加相同水平的水飞蓟素和水飞蓟种子进行比较。经过 70d 的水泥池网箱养殖试验，结果显示，在生长性能方面，添加相同水平的水飞蓟素和水飞蓟种子比较，增重率和饲料系数没有显著差异（$P>0.05$）。水飞蓟素组，随着水飞蓟素添加水平的提高，增重率有逐渐上升的趋势，50mg/kg 组显著高于对照组（$P<0.05$）；水飞蓟种子组，随着添加水平的升高，增重率有逐渐升高的趋势（$P>0.05$）。在生理性能方面，水飞蓟素和水飞蓟种子对机体载氧能力，抗氧化能力有显著提高作用，对血清谷草转氨酶有显著降低作用，对肝脏合成和脂质代谢有一定促进作用。添加水平为 5～10mg/kg 水飞蓟素和水飞蓟种子相比，差异不显著，添加 50mg/kg 时，水飞蓟素对部分生理指标有副作用，而水飞蓟种子却没有副作用。在组织结构方面，相同水平的水飞蓟素和水飞蓟种子组没有明显差异。

在本试验条件下，水飞蓟种子 50mg/kg 对水飞蓟素有较好的替代作用。

第二节　氧化豆油对团头鲂生长、健康的损伤与水飞蓟素的修复作用

水飞蓟对防治肝脏损伤的研究进展。水飞蓟作为早期欧洲民间的一种草药，其主要成分为水飞蓟素，具有保肝、降血脂、抗血小板聚集等[1]生理功能，在治疗非酒精性脂肪性肝病、单纯性脂肪肝[2]等方面得到广泛的应用，但在水产领域的应用，报道还非常少。

Mourele 等[3]研究对大鼠 CCl_4模型时发现，水飞蓟素可以改善 CCl_4对大鼠的影响，降低肝胶原含量，并且认为这一作用可能与它的抗氧化与稳定细胞膜的作用有关。Lieber 等[4]对酒精介导的狒狒肝纤维化的作用研究中显示，水飞蓟素可以明显降低前胶原 α-mRNA 的水平。Tasduq 等[5]的研究发现，服用抗结核药物如利福平、异烟肼、吡嗪酰胺等可导致肝脏损伤，丙氨酸转氨酶（ALT）、天冬氨酸转氨酶（AST）、碱性磷酸酶和胆红素升高，除此之外，谷胱甘肽过氧化物酶（GSH-PX）、过氧化氢酶（CAT）活性和谷胱甘肽（GSH）含量下降，而服用水飞蓟素可以使以上指标得到恢复。王宇等[6]在对大鼠的研究中发现水飞蓟可以降低 I 型前胶原（procol-I）mRNA 和组织金属蛋白酶抑制因子 I（TIMP-1）mRNA 表达水平，减少肝组织胶原含量，降低肝纤维化程度。曹力波等[7]向小鼠体内注射酒精和四氯化碳建立肝纤维化模型，并以 50mg/kg、100mg/kg、200mg/kg 三种不同浓度水飞蓟素灌胃进行干预，研究表明，模型组小鼠血清 AST、ALT，肝脏组织 α-SMA、TGF-β1 及 collagen-I mRNA 表达水平增高，而水飞蓟处理组上述指标均有一定程度降低，在减轻肝纤维化方面，以 100mg/kg 组效果最好。张俊平等[8]研究发现，水飞蓟宾在体内外均可显著抑制脂多糖（LPS）诱导 TNF 产生，并提示水飞蓟宾的保肝作用机理与其抑制 TNF 的产生和活性有关。

此外，水飞蓟也可以与其他药物共同使用，表现出良好的效果，杨维萍等[9]证明，水飞蓟宾同时加用复方丹参注射液能提高治疗酒精性脂肪肝的疗效。

水飞蓟素不同组分及其作用。水飞蓟（*Silybum marianum* L. Gaertn），是菊科水飞蓟属植物。原产于南欧、北非。我国于20世纪50年代将其引入，开始仅仅将其作为观赏性植物。直到20世纪60年代，德国药学家H. Wagner对其有效成分进行提取后，我国才将其作为保肝的药物。水飞蓟的主要有效成分是水飞蓟素，是从水飞蓟的种子中提取出的一种新型的黄酮类化合物，是一种淡黄色粉末状物质。主要成分有水飞蓟宾（silybin）、异水飞蓟宾（isosilybin）、水飞蓟宁（silydianin）、水飞蓟亭（silychristin）等，其中以水飞蓟宾的含量最高、活性也最强[10]。水飞蓟素的主要生理功能。水飞蓟素在保护肝脏，降血脂，抗氧化延缓衰老，防止糖尿病，保护心肌，抗血小板凝聚以及抗肿瘤等方面都发挥着显著的作用。其中，最重要的是对肝脏的保护作用，水飞蓟素不仅可以清除自由基，还可以抑制脂肪氧化酶活性[11,12]，同时对Microcystin-L R、Pricroliv、四氯化碳、半乳糖胺、醇类[13-17]造成的肝损害具有保护作用，其机制可能与清除氧自由基、抗脂质氧化、稳定肝细胞膜有关。已被世界公认为有效的保肝药物。其对肝脏的保护主要包括以下几个方面。

（1）对肝细胞膜的保护

水飞蓟素有抗脂质氧化的作用，以此维持细胞膜的流动进而保护肝细胞膜，同时，还能阻断真菌毒素如α-鹅膏革碱（α-arnanitine）和鬼笔毒环肽（phalloidine）等与肝细胞膜上特异受体的结合，抑制其对肝细胞膜的攻击及跨膜转运，进而中断其在肝肠中的循环，起到增强肝细胞膜对多种损害因素的抵抗力的作用[18]。吴东方等[19]研究发现，水飞蓟素能增加肝微粒体及线粒体膜浅层流动性，降低深层流动性。

（2）促进肝细胞的修复和再生

水飞蓟素可以激活雌二醇，增强肝细胞中的RNA聚合酶Ⅰ活性，从而使得核糖体RNA的转录增强，促进酶和结构蛋白的合成，间接促进DNA的合成，最终促进肝脏胞的修复和再生。这种作用常见于受损伤的肝细胞及肝脏部分切除术后剩余的肝细胞[20]。

（3）抗肝纤维化

肝纤维化是指弥漫性细胞外基质（特别是胶原）在肝脏中过度沉积，目前针对原发病病因的治疗，如清除肝毒性物质仍是人类抗肝纤维化的主要治疗方向。随着对发病机制的进一步了解，新的注重于抑制肝星状细胞激活，抑制基质合成和促进基质分解的治疗方法，正逐渐地被临床医生及患者所接受。研究表明，肝纤维化的中心环节是肝脏星状细胞（HSC）激活[21]，肝星状细胞是生成细胞外基质的主要细胞，它的激活是一个很复杂的过程，是多种细胞、氧化应激、细胞因子和生长因子等复杂作用的结果。对病因不清以及对慢性肝损伤的原因无特殊治疗的肝纤维化来说，抑制肝星状细胞的激活及其相关作用尤为重要。研究证实，水飞蓟素通过抗氧化和直接抑制各种细胞因子激活HSC的激活来实现抗肝纤维化[22]。

油脂是鱼类必需的营养物质之一，不仅能为鱼体提供大量的能量和必需脂肪酸，还能促进脂溶性维生素的吸收[23]。但是由于油脂内部存在大量的不饱和键，在潮湿、高温条件下很容易发生氧化，生成有毒的初级和次级代谢产物。这些产物被鱼、虾摄食后会显著降低其增重率、成活率和饲料转化效率[24,25]，同时，氧化油脂中含有大量的自由基还能与生物膜结合，降低生物膜流动性[26]，可能会对鱼体的一些器官组织造成损伤。本试验以团头鲂为研究对象，通过在饲料中添加氧化豆油，研究氧化豆油对团头鲂生长性能、肝脏功能及组织结构的影响，同时选用人体医学中治疗肝病常用的药物水飞蓟素，通过在饲料中添加不同水平的水飞蓟素来研究水飞蓟素是否对氧化油脂引起的肝脏损伤有保护作用，以及水飞蓟素在饲料中适宜添加量，为生产上鱼类的肝病治疗提供参考。

一、材料和方法

（一）试验用油

试验用油分为氧化豆油和豆油。二者为同一批毛豆油，毛豆油购自东海粮油工业（张家港）有限公司，普通浸出工艺，最高温度120℃，未添加人工抗氧化剂。氧化豆油制作方法：向油脂中加入 Fe^{2+} 30mg/kg（$FeSO_4 \cdot 7H_2O$）、Cu^{2+} 15mg/kg（$CuSO_4$）、H_2O_2 600 mg/kg（30% H_2O_2水溶液）和0.3%的水，充分混匀，氧化温度为（80±2）℃，以电子定时器控制充氧泵充氧时间，每隔30min充氧1min。连续氧化30d后于-50℃冰箱内保存备用。

取适量氧化豆油和豆油测定其酸价（AV，GB/T5530—2005）、过氧化值（POV，GB/T5538—2005）和脂肪酸组成。本试验所用豆油氧化指标和大豆原油国家标准见表7-2-1，豆油和氧化豆油脂肪酸组成见表7-2-2。与氧化前比较，氧化后豆油的酸价增加了3.77倍、过氧化值增加了51.19倍。

表7-2-1 试验用豆油和大豆原油质量指标

Tab.7-2-1 Quality indice of crude soybean oil and experimental soybean oil

油脂类别 Oil category	酸价 AV（mg/KOH）	过氧化值 POV（meq/kg）
氧化豆油 oxidation	7.68±0.14	453.01±5.18
豆油 normal	1.61±0.05	8.68±1.03
大豆原油国标（GB，1535—2003）Quality Standards	≤4	≤7.5

表7-2-2 豆油和氧化豆油脂肪酸组成（%）

Tab.7-2-2 The fatty acid composition of non-oxidized and oxidized soybean oil（%）

脂肪酸种类	豆油（%）	氧化豆油（%）	氧化前后的比较
C16：0	10.51	13.62	29.59
C16：1	0.12	0.26	116.67
C17：0	0.10	0.14	40.00
C17：1	0.17	0.32	88.24
C18：0	3.77	4.43	17.51
C18：1n9	22.24	25.22	13.40
C18：2n6	54.22	48.91	-9.79
C18：3n3	7.55	5.22	-30.86
C20：0	0.30	0.45	50.00
C20：1	0.17	0.23	35.29
C20：2	0.13	0.37	184.62

（续表）

脂肪酸种类	豆油（%）	氧化豆油（%）	氧化前后的比较
C20：5n3	0.49	0.25	-48.98
C24：0	0.21	0.56	166.67

由于脂肪酸分析方法采用的是归一法计算不同脂肪酸的比例，从表中可以发现，经过氧化之后，带有不饱和键的脂肪酸如 C18：2n6、C18：3n3、C20：5n3 的相对比例减少，也有部分不饱和脂肪酸如 C16：1、C18：1n9、C20：1 的比例有所增加。

（二）试验设计与试验饲料

试验共分为 8 组，其中 4 组为氧化豆油组，添加的氧化豆油水平为 2%，添加水飞蓟素 0mg/kg（氧化对照）、5mg/kg、10mg/kg、50mg/kg；另外 4 组为豆油组，添加豆油水平为 2%，添加水飞蓟素水平为 0mg/kg（正常对照）、5mg/kg、10mg/kg、50mg/kg。氧化豆油组和豆油组的其他配方成分一致（表 7-2-3）。

试验饲料的原料主要包括小麦、次粉、米糠、棉籽粕、菜籽粕、大豆粕、进口鱼粉、豆油、预混料、磷酸二氢钙、沸石粉、膨润土等。原料经粉碎后过 60 目筛，以自动混匀器混匀，用小型制粒机制成直径为 3mm 的饲料颗粒，风干后 -20℃冰箱中储存备用。

表 7-2-3　试验饲料配方及营养成分（g/kg，风干基础）

Tab. 7-2-3　Composition and nutrient levels of experimental diets（DM basis, %）

原料 Ingredients	氧化对照	氧化豆油 + 水飞蓟素			正常对照	正常豆油 + 水飞蓟素		
		5mg/kg	10mg/kg	50mg/kg		5mg/kg	10mg/kg	50mg/kg
小麦 Wheat	180	180	180	180	180	180	180	180
次粉 Wheat-middlings	80	79.9937	79.9875	79.9375	80	79.9937	79.9875	79.9375
米糠 Rice bran meal	70	70	70	70	70	70	70	70
菜粕 Rape seed meal	230	230	230	230	230	230	230	230
棉粕 Cotton seed meal	220	220	220	220	220	220	220	220
豆粕 Soybean meal	80	80	80	80	80	80	80	80
鱼粉 Fish meal	50	50	50	50	50	50	50	50
磷酸二氢钙 $Ca(H_2PO_4)_2$	20	20	20	20	20	20	20	20
沸石粉 Zeolite flou	20	20	20	20	20	20	20	20
膨润土 Bentonit	20	20	20	20	20	20	20	20
预混料 Premix[1)]	10	10	10	10	10	10	10	10
豆油 Soybean oil	20	20	20	20	20	20	20	20
水飞蓟素[2)] Silymarine	0	0.0063	0.0125	0.0625	0	0.0063	0.0125	0.0625
合计 Total	1 000	1 000	1 000	1 000	1 000	1 000	1 000	1 000

（续表）

原料 Ingredients	氧化对照	氧化豆油＋水飞蓟素			正常对照	正常豆油＋水飞蓟素		
		5mg/kg	10mg/kg	50mg/kg		5mg/kg	10mg/kg	50mg/kg
营养成分 Proximate composition[3)]								
水分 Moisture（%）	10.65	10.87	10.44	11.06	11.00	11.12	11.04	11.06
蛋白 CP（%）	28.33	28.50	28.42	28.43	28.51	28.35	28.04	28.02
脂肪 EE（%）	4.22	4.15	4.08	4.15	4.17	4.18	4.16	4.12
总能 Total energy（KJ/g）	16.21	16.13	15.82	16.20	16.47	15.99	15.88	15.89

1）预混料为每千克日粮提供 The premix provided following per kg of diet：Cu 5mg；Fe180mg；Mn 35mg；Zn 120mg；I 0.65mg；Se 0.5mg；Co 0.07mg；Mg 300mg；K 80mg；VA 10mg；VB_1 8mg；VB_2 8mg；VB_6 20mg；VB_{12} 0.1mg；VC 250mg；泛酸钙 calcium pantothenate 20mg；烟酸 niacin 25mg；VD_3 4mg；VK_3 6mg；叶酸 folic acid 5mg；肌醇 inositol 100mg。

2）水飞蓟素：纯度为80mg/kg，北京桑普生物化学技术有限公司提供。

3）实测值 Measured values.

（三）试验用鱼及分组

团头鲂为相城新时代养殖场提供的当年鱼种，初始平均体重为（31.00±0.60）g，经过2周暂养，挑选体格健壮的、规格相对整齐的鱼种480尾，随机分为8组，每组3个重复，每个重复20尾鱼。

（四）饲养管理

养殖试验在苏州市相城区新时代养殖场进行。养殖条件为室内水泥池（6m×3m×1.2m）养殖，每个水泥池挂5个网箱（1m×1m×1.2m），共24个网箱。养殖用水为池塘水，每周换水一次，每次换水约1/3。每个水泥池加充氧头10个，连续不断充氧。养殖时间为2011年7月6日至2011年9月1日，采样前停食24h，共计8周。在整个养殖期间，水温在25～31℃、溶氧>6mg/L、pH值7.0～7.4、氨氮含量0.22～0.40mg/L。每天投喂饲料3次，投喂时间为8：00、12：00、17：00，每次投喂量为鱼体重量的3%～5.5%，每次分两遍投喂。

（五）样品采集和分析方法

1. 样品采集

养殖试验结束时，停食24h后采样，称量每个网箱鱼体总重，并随机取5尾鱼称量体重，量体长、体宽、体高，然后进行解剖，取内脏团和肝胰脏，称重。每个网箱取若干尾鱼取肝胰脏和背肌分析其常规成分及脂肪酸组成。每个网箱随机取2尾鱼、每组共6尾，取肝胰脏及中肠，分别以bouin's液和戊二醛溶液固定，制作冰冻切片和扫描电镜。同时，对每个网箱中的团头鲂进行尾部静脉取血，3 000r/min，4℃离心10min，取上层血清分装，以液氮速冻，于-80℃冰箱保存。

肝胰脏组织匀浆：随机取团头鲂3尾，取肝胰脏，以组织：生理盐水（质量：体积）为1：9进行匀浆，4℃、8 000r/min离心25min，取上清液，液氮速冻后于-80℃冰箱中保存待测。

2. 分析方法

血清谷草转氨酶（GOT）、谷丙转氨酶（GPT）、总蛋白（TP）、白蛋白（Alb）、球蛋白（Glo）、白球比例（A/G）、胆固醇（CHO）、甘油三酯（TRIG）、高密度脂蛋白（HDL-C）和低密度脂蛋白（LDL-C）采用雅培 C800 全自动生化分析仪测定。

全血血红蛋白、肝胰脏超氧化物歧化酶（SOD）、谷胱甘肽过氧化物酶（GSH-PX）采用南京建成生物工程研究所生产的试剂盒测定。

组织切片采用浙江金华科迪（KD-VI）冰冻切片机切片，进行快速 H. E 染色。

肝胰脏脂肪酸组成测定同第二章 2. 3. 1。

粗蛋白测定参照 GB/T 18868—2002 采用微量凯氏定氮法测定；粗脂肪测定参照 GB/T 18868—2002 采用索氏抽提法测定；总能采用燃烧能测定方法，采用上海吉昌公司氧弹仪 XRY-1 测定。

（六）数据分析

数据以平均值 ± 标准差（mean ± SD）表示，试验结果用 SPSS17. 0 软件 One-way ANOVA，Duncan 氏多重比较与 T 检验结合进行差异显著性分析（$P = 0.05$）。

二、结果

（一）对团头鲂生长性能的影响

1. 对团头鲂增重率和饲料系数的影响

经过 8 周的饲养，各试验组饲料对团头鲂增重率和饲料系数的影响见表 7 - 2 - 4。

（1）氧化豆油组和豆油组比较

添加水飞蓟素 0mg/kg、5mg/kg 组中，豆油组和氧化豆油组相比，增重率分别比氧化豆油组高 20. 1%、15. 4%，饲料系数分别低 19. 9% 和 19. 4%，差异显著（$P < 0.05$）；而对于添加水飞蓟 10mg/kg 和 50mg/kg 组，豆油组的增重率分别比氧化豆油组高 11. 3%、9. 3%，饲料系数分别低 8. 8% 和 8. 8%，无显著差异（$P > 0.05$）。

氧化豆油和豆油组整体进行比较，分析得出，豆油组的增重率显著高于氧化豆油组（$P < 0.05$），饲料系数显著低于氧化豆油组（$P < 0.05$）。

（2）添加不同水平水飞蓟素各组之间比较

对于氧化豆油组，饲料中添加水飞蓟素 5mg/kg、10mg/kg 和 50mg/kg 组增重率分别比 0mg/kg（氧化对照）高 8. 5%、12. 0% 和 21. 2%。随着水飞蓟素的添加水平的增高，团头鲂的增重率随之升高。其中，添加水飞蓟素 0mg/kg（氧化对照）组增重率最低，为 185. 0%，添加水飞蓟素水平为 50mg/kg 的鱼体增重率最高，为 224. 3%，比 0mg/kg 组高 21. 2%，差异显著（$P < 0.05$）；对于豆油组，鱼体增重率随水飞蓟素添加水平的提高而呈现升高的趋势，添加水飞蓟素 5mg/kg、10mg/kg 和 50mg/kg 增重率分别比正常对照高 4. 3%、3. 8% 和 10. 3%。添加 5mg/kg、10mg/kg 组与添加 0mg/kg 组（豆油对照）相比差异不显著（$P > 0.05$），添加 50mg/kg 组鱼体增重率显著高于 0mg/kg 组（$P < 0.05$）。对于饲料系数，氧化豆油组和豆油组中添加不同水平水飞蓟素的各组之间无显著性差异（$P > 0.05$），但在氧化豆油组中随水飞蓟素添加水平的升高，饲料系数有下降的趋势。

表 7-2-4　氧化豆油组和豆油组添加不同水平水飞蓟素对团头鲂生长的影响

Tab. 7-2-4　Effect of different levels of silymarine on growth of *Megalobrama amblycephala* in oxidized groups and non-oxidized groups

水飞蓟素水平 Silymarine level	组别 Group	初体重（g/尾） IW（g/fish）	末体重（g/尾） FW（g/fish）	增重率（%） WGR（%）	饲料系数 FCR
0mg/kg	氧化豆油	31.6 ±0.4	90.0 ±3.4	185.0 ±9.4[a]	1.94 ±0.21[b]
	豆油	31.0 ±0.1	99.8 ±0.7	222.2 ±3.4[b]	1.53 ±0.10[a]
5mg/kg	氧化豆油	30.8 ±0.3	92.8 ±2.5	200.8 ±5.8[a]	1.86 ±0.15[b]
	豆油	31.0 ±0.7	102.9 ±5.2	231.7 ±9.8[b]	1.50 ±0.13[a]
10mg/kg	氧化豆油	31.8 ±0.8	97.7 ±6.2	207.2 ±19.2	1.71 ±0.26
	豆油	30.6 ±0.5	101.0 ±1.8	230.7 ±3.0	1.56 ±0.13
50mg/kg	氧化豆油	31.0 ±0.7	100.5 ±7.2	224.3 ±17.0	1.70 ±0.27
	豆油	30.6 ±0.5	106.6 ±0.7	245.1 ±8.6	1.52 ±0.05
氧化豆油组均值		31.3 ±0.6	95.2 ±6.2	204.3 ±18.9[a]	1.80 ±0.22[b]
豆油组均值		30.9 ±0.5	102.6 ±3.6	232.4 ±10.4[b]	1.53 ±0.09[a]
氧化豆油组	0mg/kg	31.6 ±0.4	90.0 ±3.4	185.0 ±9.4[a]	1.94 ±0.21
	5mg/kg	30.8 ±0.3	92.8 ±2.5	200.8 ±5.8[ab]	1.86 ±0.15
	10mg/kg	31.8 ±0.8	97.7 ±6.2	207.2 ±19.2[ab]	1.71 ±0.26
	50mg/kg	31.0 ±0.7	100.5 ±7.2	224.3 ±17.0b	1.70 ±0.27
豆油组	0mg/kg	31.0 ±0.1	99.8 ±0.7	222.2 ±3.4[a]	1.53 ±0.10
	5mg/kg	31.0 ±0.7	102.9 ±5.2	231.7 ±9.8[a]	1.50 ±0.13
	10mg/kg	30.6 ±0.5	101.0 ±1.8	230.7 ±3.0[a]	1.56 ±0.13
	50mg/kg	30.6 ±0.5	106.6 ±0.7	245.1 ±8.6[b]	1.52 ±0.05

注：表中氧化豆油组和豆油组中添加不同水平水飞蓟素组的均值为三个重复的平均值，而氧化豆油组和豆油组均值为添加不同水飞蓟素组总体的平均值（下同）。

增重率（WGR,%）=（末体重－初体重）/初体重×100；饲料系数＝摄食饲料总量/（末体质量－初体质重）

表中小写字母表示不同水平水飞蓟素之间差异显著，大写字母表示氧化豆油组和豆油组差异显著（$P=0.05$）下表同此。

2. 对团头鲂形体指标的影响

以体重/体长、肥满度、内脏指数、肝胰脏指数来反映投喂不同饲料对团头鲂形体指标的影响，结果见表 7-2-5。

对于氧化豆油组和豆油组，饲料中添加水飞蓟素后体重/体长值比未添加水飞蓟素（对照组）大，且随着水飞蓟素添加水平的升高有逐渐升高的趋势。氧化豆油组和豆油组添加不同水飞蓟素水平的之间无显著差异（$P>0.05$）。对于氧化豆油组，饲料中添加不同水平的水飞蓟素各组之间的肥满度无显著差异（$P>0.05$）；对于豆油组，饲料中添加不同的水飞蓟素组的肥满度均低于0mg/kg组（对照组），并且随着水飞蓟素添加水平的升高而呈现逐渐降低的趋势，但添加不同水飞蓟素各组之间的肥满度无显著差异。对于内脏指数和肝胰脏指数，氧化豆油组和豆油组中添加不同水平的水飞蓟素各组之间均无显著性差异（$P>0.05$），随着添加水飞蓟素水平的升高，鱼体内脏指数和肝胰脏指数均有逐渐下降的趋势。

表7-2-5　氧化豆油组和豆油组添加不同水飞蓟素对团头鲂形体指标的影响

Tab. 7-2-5　Effect of different levels of silymarine on fish body of *Megalobrama amblycephala* in oxidized groups and non-oxidized groups

水飞蓟素水平 Silymarine level	组别 Group	体重/体长 Wight/length	肥满度 CF	内脏指数 VSI	肝胰脏指数 HSI
0mg/kg	氧化豆油	3.90±0.03	2.14±0.03	7.28±0.52	1.64±0.08
	豆油	4.17±0.23	2.45±0.34	7.71±0.34	1.71±0.16
5mg/kg	氧化豆油	4.44±0.53	2.18±0.07	7.94±0.90	1.77±0.27
	豆油	4.47±0.29	2.33±0.06	7.25±0.75	1.49±0.28
10mg/kg	氧化豆油	4.47±0.67	2.34±0.23	7.63±0.51	1.65±0.23
	豆油	4.47±0.10	2.29±0.06	7.39±1.31	1.53±0.15
50mg/kg	氧化豆油	4.36±0.42	2.17±0.04	7.36±0.35	1.60±0.18
	豆油	4.33±0.45	2.22±0.08	7.57±0.35	1.50±0.22
氧化豆油组均值		4.29±0.27	2.21±0.09	7.55±0.30	1.67±0.19
豆油组均值		4.36±0.14	2.32±0.10	7.48±0.20	1.56±0.20
氧化豆油组	0mg/kg	3.90±0.03	2.14±0.03	7.28±0.52	1.64±0.08
	5mg/kg	4.44±0.53	2.18±0.07	7.94±0.90	1.77±0.27
	10mg/kg	4.47±0.67	2.34±0.23	7.63±0.51	1.65±0.23
	50mg/kg	4.36±0.42	2.17±0.04	7.36±0.35	1.60±0.18
豆油组	0mg/kg	4.17±0.23	2.45±0.34	7.71±0.34	1.71±0.16
	5mg/kg	4.47±0.29	2.33±0.06	7.25±0.75	1.49±0.28
	10mg/kg	4.47±0.10	2.29±0.06	7.39±1.31	1.53±0.15
	50mg/kg	4.33±0.45	2.22±0.08	7.57±0.35	1.50±0.22

注：肥满度（CF）=体重（g）/［体长（cm）］^{3}×100；内脏指数（VI,%）=内脏团重/体重×100；肝胰脏指数（HIS,%）=肝胰脏重/体重×100

3. 对团头鲂鱼体营养成分的影响

氧化豆油组和豆油组中添加不同水平的水飞蓟素对团头鲂鱼体营养成分的影响见表7-2-6。

（1）氧化豆油组和豆油组鱼体营养成分比较

相同水平水飞蓟素的氧化豆油组和豆油的全鱼粗蛋白含量无显著差异（$P>0.05$），水飞蓟素10mg/kg组中氧化豆油组的肌肉粗蛋白含量显著高于豆油组，水飞蓟素5mg/kg组中氧化豆油组的肝胰脏粗蛋白含量显著高于豆油组（$P<0.05$），其他水平水飞蓟素的氧化豆

油组和豆油组肝脏粗蛋白含量无显著差异（$P>0.05$），氧化豆油组和豆油组整体相比，全鱼、肌肉和肝脏粗蛋白含量无显著差异（$P>0.05$）；

对照组（0mg/kg）中氧化豆油全鱼和肝胰脏的粗脂肪含量分别比豆油高22.3%和25.4%，差异显著（$P<0.05$），水飞蓟素50mg/kg组氧化豆油组肝脏粗脂肪含量比豆油组低4.7%，差异显著（$P<0.05$），其他各水平水飞蓟素氧化豆油和豆油全鱼、肌肉和肝脏的粗脂肪含量无显著差异（$P>0.05$）。

氧化豆油组和豆油组整体相比，氧化豆油的全鱼和肝脏粗脂肪含量分别比豆油组高8.0%和10.9%，有显著差异（$P<0.05$）。

（2）氧化豆油和豆油中添加不同水平水飞蓟素之间的比较

氧化豆油组中添加水飞蓟素50mg/kg组肌肉粗蛋白含量显著低于10mg/kg组（$P<0.05$），其他各组之间无显著差异（$P>0.05$）；氧化豆油组添加不同水平水飞蓟素的全鱼、肝脏及豆油组全鱼、肌肉、肝脏粗蛋白含量无显著差异（$P>0.05$）。氧化豆油组和豆油组中添加不同水平水飞蓟素组全鱼和肌肉粗蛋白含量无显著差异。

氧化豆油组中，以氧化对照组（0mg/kg）肝脏粗脂肪含量最高，为28.6%，水飞蓟素5mg/kg、10mg/kg和50mg/kg组分别比对照组降低了3.8%、10.1%和14.7%。水飞蓟素50mg/kg组肝脏粗脂肪含量显著低于0mg/kg、5mg/kg组（$P<0.05$）与10mg/kg组无显著差异（$P>0.05$），且随着水飞蓟素添加水平的提高，肝脏粗脂肪含量有下降的趋势；豆油组中，添加不同水平水飞蓟素各组肝脏粗脂肪含量无显著差异（$P>0.05$），随着水飞蓟素添加水平的提高，粗脂肪含量有升高的趋势。

表7-2-6　不同水平水飞蓟素对氧化豆油和豆油对团头鲂鱼体成分的影响（干物质基础，%）

Tab.7-2-6　Effect of different levels of silymarine on nutrient composition of *Megalobrama amblycephala* in oxidized groups and non-oxidized groups（DM basis，%）

水飞蓟素水平 Silymarine level	组别 Group	粗蛋白 CP（%）			粗脂肪 EE（%）		
		全鱼 Whole fish	肌肉 Muscle	肝脏 Hepatopancreas	全鱼 Whole fish	肌肉 Muscle	肝脏 Hepatopancreas
0mg/kg	氧化豆油	54.0±0.5	88.4±0.4	40.2±1.0	30.2±1.4B	5.31±0.22	28.6±1.4B
	豆油	57.8±3.9	88.1±0.6	42.8±2.7	24.7±1.3A	5.41±0.23	22.8±2.0A
5mg/kg	氧化豆油	54.5±3.2	87.8±0.9	43.6±2.5B	28.0±3.2	5.52±0.37	27.5±1.0
	豆油	57.4±2.9	88.1±0.5	42.0±2.5A	26.3±0.2	5.18±0.11	23.2±1.9
10mg/kg	氧化豆油	57.5±3.0	88.9±0.6B	41.6±5.2	28.1±2.5	5.48±0.18	25.7±2.0
	豆油	56.8±2.7	88.2±0.8A	42.9±1.1	28.2±1.3	5.55±0.31	24.0±1.6
50mg/kg	氧化豆油	58.2±0.7	86.6±1.5	43.7±2.0	26.3±1.7	5.65±0.10	24.4±0.3A
	豆油	58.3±2.8	88.5±0.4	42.8±2.9	25.1±2.3	5.54±0.09	25.6±0.5B
氧化豆油组均值		56.6±2.4	87.9±1.2	42.3±3.1	28.2±2.5B	5.49±0.24	26.5±2.0B
豆油组均值		57.6±2.7	88.3±0.5	42.6±2.1	26.1±1.9A	5.42±0.23	23.9±1.8A

（续表）

水飞蓟素水平 Silymarine level	组别 Group	粗蛋白 CP（%）			粗脂肪 EE（%）		
		全鱼 Whole fish	肌肉 Muscle	肝脏 Hepatopancreas	全鱼 Whole fish	肌肉 Muscle	肝脏 Hepatopancreas
氧化豆油组	0mg/kg	54.0 ±0.5	88.4 ±0.4ab	40.2 ±1.0	30.2 ±1.4	5.31 ±0.22	28.6 ±1.4c
	5mg/kg	54.5 ±3.2	87.8 ±0.9ab	43.6 ±2.5	28.0 ±3.2	5.52 ±0.37	27.5 ±1.0bc
	10mg/kg	57.5 ±3.0	88.9 ±0.6b	41.6 ±5.2	28.1 ±2.5	5.48 ±0.18	25.7 ±2.0ab
	50mg/kg	58.2 ±0.7	86.6 ±1.5a	43.7 ±2.0	26.3 ±1.7	5.65 ±0.10	24.4 ±0.3a
豆油组	0mg/kg	57.8 ±3.9	88.1 ±0.6	42.8 ±2.7	24.7 ±1.3	5.41 ±0.23	22.8 ±2.0
	5mg/kg	57.4 ±2.9	88.1 ±0.5	42.0 ±2.5	26.3 ±0.2	5.18 ±0.11	23.2 ±1.9
	10mg/kg	56.8 ±2.7	88.2 ±0.8	42.9 ±1.1	28.2 ±1.3	5.55 ±0.31	24.0 ±1.6
	50mg/kg	58.3 ±2.8	88.5 ±0.4	42.8 ±2.9	25.1 ±2.3	5.54 ±0.09	25.6 ±0.5

（二）对团头鲂生理指标的影响

1. 对团头鲂血清葡萄糖和血红蛋白含量的影响

饲料中添加不同水平水飞蓟素对团头鲂血清葡萄糖和血红蛋白的影响见表7－2－7。

（1）氧化豆油组和豆油组比较

豆油组的血清葡萄糖的含量均高于氧化豆油组，但无显著差异（$P>0.05$），氧化豆油组和豆油组整体比较来看，豆油组的血清葡萄糖含量比氧化豆油组高36.0%，差异显著（$P<0.05$）；

非氧化对照组（0mg/kg）的血红蛋白含量比氧化对照组高35.5%，有显著差异（$P<0.05$），水飞蓟素50mg/kg氧化豆油组血红蛋白水平显著高于非氧化对照组（$P<0.05$），其他各组之间无显著性差异（$P>0.05$）。

（2）水飞蓟素不同添加水平之间比较

对于氧化豆油组和豆油组，添加不同水平的水飞蓟素各组之间葡萄糖含量无显著差异（$P>0.05$）；氧化豆油组中水飞蓟素5mg/kg、10mg/kg和50mg/kg组血红蛋白含量分别比对照组高30.3%、24.2%和41.8%，均显著高于对照组（$P<0.05$），随着水飞蓟素添加水平的提高，血红蛋白含量有升高的趋势，豆油组中添加水飞蓟素50mg/kg组血红蛋白含量显著低于其他各组（$P<0.05$），随着水飞蓟素水平的升高血红蛋白含量有下降的趋势。

表7－2－7　不同水平水飞蓟素对氧化豆油组和豆油团头鲂葡萄糖和血红蛋白的影响

Tab.7－2－7　Effect of different levels of silymarine on blood sugar and hematoglobin of *Megalobrama amblycephala* in oxidized groups and non-oxidized groups

水飞蓟素水平 Silymarine level	组别 Group	血糖 Blood sugar（mmol/l）	血红蛋白 Hematoglobin（g/l）
0	氧化豆油	3.67 ±1.06	51.2 ±2.4^{a}
	豆油	5.53 ±0.74	69.4 ±4.0^{b}

（续表）

水飞蓟素水平 Silymarine level	组别 Group	血糖 Blood sugar（mmol/l）	血红蛋白 Hematoglobin（g/l）
5mg/kg	氧化豆油	2.97 ±0.71	66.7 ±5.5
	豆油	4.27 ±1.27	64.0 ±2.8
10mg/kg	氧化豆油	3.13 ±0.91	63.5 ±1.5
	豆油	4.20 ±1.95	72.1 ±4.9
50mg/kg	氧化豆油	3.80 ±1.00	72.6 ±4.4[b]
	豆油	4.43 ±1.78	43.1 ±3.9[a]
氧化豆油组均值		3.39 ±0.87[a]	63.5 ±8.8
豆油组均值		4.61 ±1.41[b]	62.1 ±12.3
氧化豆油组	0	3.67 ±1.06	51.2 ±2.4[a]
	5mg/kg	2.97 ±0.71	66.7 ±5.5[bc]
	10mg/kg	3.13 ±0.91	63.5 ±1.5[b]
	50mg/kg	3.80 ±1.00	72.6 ±4.4[c]
豆油组	0	5.53 ±0.74	69.4 ±4.0[bc]
	5mg/kg	4.27 ±1.27	64.0 ±2.8[b]
	10mg/kg	4.20 ±1.95	72.1 ±4.9[c]
	50mg/kg	4.43 ±1.78	43.1 ±3.9[a]

2. 对团头鲂血清转氨酶活力的影响

饲料中添加水飞蓟素对氧化豆油组和豆油组血清转氨酶活力的影响见表7－2－8。

（1）氧化豆油组和豆油组比较

豆油对照组的血清谷草转氨酶（GOT）活性比氧化豆油组低9.1%，水飞蓟素50mg/kg组豆油组GOT比氧化豆油组高26.0%，差异显著（$P<0.05$），其他各水平水飞蓟素的氧化豆油组与豆油组相比，血清GOT活性无显著差异（$P>0.05$）。添加各水平水飞蓟素的氧化豆油组和豆油组的血清谷丙转氨酶（GPT）活力无显著差异（$P>0.05$）。

（2）水飞蓟素不同添加水平之间比较

对于氧化豆油组，水飞蓟素5mg/kg组与对照相比血清GOT活性无显著差异（$P>0.05$），水飞蓟素10mg/kg、50mg/kg组血清GOT活性分别比对照组低5.9%和15.3%，差异显著（$P<0.05$），随水飞蓟素添加水平的提高，血清GOT活性有逐渐降低的趋势。添加水飞蓟素50mg/kg组血清GPT活性显著低于0mg/kg（对照）和5mg/kg组（$P<0.05$）。

对于豆油组，添加水飞蓟素50mg/kg组GOT活性显著高于其他各组（$P<0.05$），0 mg/kg、5mg/kg和10mg/kg之间无显著差异（$P>0.05$）。添加各水平水飞蓟素的血清谷丙转氨酶（GPT）活性无显著差异（$P>0.05$）。

表7-2-8　不同水平水飞蓟素对氧化豆油组和豆油组血清转氨酶活力的影响

Tab. 7-2-8　Effect of different levels of silymarine on GOT and GPT of *Megalobrama amblycephala* in oxidized groups and non-oxidized groups

水飞蓟素水平 Silymarine level	组别 Group	血清谷草转氨酶 Serum GOT (U/L)	血清谷丙转氨酶 Serum GPT (U/L)
0	氧化豆油	124.0±2.6[b]	16.33±1.53
	豆油	112.7±6.1[a]	14.33±0.58
5mg/kg	氧化豆油	128.0±5.3	16.00±2.00
	豆油	120.3±2.1	14.00±1.00
10mg/kg	氧化豆油	116.7±2.5	14.33±1.53
	豆油	117.7±3.1	15.00±1.00
50mg/kg	氧化豆油	105.0±2.6[a]	11.67±2.08
	豆油	132.3±7.6[b]	13.33±1.53
氧化豆油组均值		118.4±9.6	14.58±2.47
豆油组均值		120.8±8.8	14.17±1.11
氧化豆油组	0	124.0±2.6[c]	16.33±1.53[b]
	5mg/kg	128.0±5.3[c]	16.00±2.00[b]
	10mg/kg	116.7±2.5[b]	14.33±1.53[ab]
	50mg/kg	105.0±2.6[a]	11.67±2.08[a]
豆油组	0	112.7±6.1[a]	14.33±0.58
	5mg/kg	120.3±2.1[a]	14.00±1.00
	10mg/kg	117.7±3.1[a]	15.00±1.00
	50mg/kg	132.3±7.6[b]	13.33±1.53

3. 对部分抗氧化指标的影响

氧化豆油组和豆油组中添加不同水平的水飞蓟素对团头鲂肝脏超氧化物歧化酶（SOD）和谷胱甘肽过氧化物酶活性的影响见表7-2-9。

（1）氧化豆油组和豆油组比较

水飞蓟素添加水平为0mg/kg和5mg/kg时，氧化豆油组肝脏SOD活性分别比非氧化组低10.0%和11.7%，差异显著（$P<0.05$），添加水平为10mg/kg和50 mg/kg时，氧化豆油组和豆油组肝脏SOD活性无显著差异（$P>0.05$）。肝脏谷胱甘肽过氧化物酶活性规律与SOD规律相似。氧化豆油和豆油组整体比较，肝脏SOD活性无显著差异（$P>0.05$），氧化豆油组肝脏GSH-PX活性显著低于豆油组（$P<0.05$）。

（2）添加不同水平水飞蓟素各组之间比较

氧化豆油组中，随着水飞蓟素添加水平的升高，肝脏SOD活性呈先升高再降低趋势，其中添加水飞蓟素10mg/kg和50 mg/kg组SOD活性显著高于对照组（$P<0.05$），5mg/kg组

与对照组无显著差异（$P>0.05$）；GSH-PX 活性随水飞蓟素添加水平的升高而呈升高的趋势，其中 50mg/kg 组的 GSH-PX 活性显著高于对照组（$P<0.05$），5mg/kg 和 10mg/kg 组与对照组无显著差异（$P>0.05$）。豆油组中，添加各水平水飞蓟素组肝脏 SOD 活性无显著差异（$P>0.05$）；GSH-PX 活性随水飞蓟素添加水平的升高有下降的趋势，其中，水飞蓟素 50mg/kg 组的肝脏 GSH-PX 活性显著低于对照组（$P<0.05$）。

表 7-2-9　添加不同水平的水飞蓟素对氧化和豆油组团头鲂肝脏 SOD、GSH-PX 的影响

Tab. 7-2-9　Effect of different levels of silymarine on SOD and GSH-PX of *Megalobrama amblycephala* in oxidized groups and non-oxidized groups

水飞蓟素水平 Silymarine level	组别 Group	超氧化物歧化酶 SOD（U/mg pro）	谷胱甘肽过氧化物酶 GSH-PX（U/mg pro）
0mg/kg	氧化豆油	108.0±9.9[a]	226.1±8.7[a]
	豆油	131.1±8.5[b]	270.2±7.2[b]
5mg/kg	氧化豆油	109.1±2.3[a]	222.0±10.2[a]
	豆油	123.5±3.8[b]	264.8±8.6[b]
10mg/kg	氧化豆油	133.9±6.2	238.5±11.9
	豆油	128.6±6.6	268.6±10.2
50mg/kg	氧化豆油	129.6±7.0	263.7±12.8
	豆油	119.6±7.2	249.3±8.5
氧化豆油组均值		122.6±17.6	237.6±19.4[a]
豆油组均值		124.9±6.2	263.2±11.4[b]
氧化豆油组	0mg/kg	104.7±5.6[a]	226.1±8.7[a]
	5mg/kg	109.1±2.3[a]	222.0±10.2[a]
	10mg/kg	133.9±6.2[b]	238.5±11.9[a]
	50mg/kg	129.6±7.0[b]	263.7±12.8[b]
豆油组	0mg/kg	127.8±4.9	270.2±7.2[b]
	5mg/kg	123.5±3.8	264.8±8.6[ab]
	10mg/kg	128.6±6.6	268.6±10.2[b]
	50mg/kg	119.6±7.2	249.3±8.5[a]

4. 对肝脏合成功能的影响

血清总蛋白、白蛋白和球蛋白含量是反映肝脏蛋白合成功能的重要指标，对团头鲂血清总蛋白、白蛋白和球蛋白的分析见表 7-2-10。

（1）氧化豆油和豆油之间比较

氧化和豆油组血清总蛋白含量无显著差异（$P>0.05$），氧化豆油组血清白蛋白含量比非氧化组降低 19.0%，球蛋白升高 30.3%，差异显著（$P<0.05$）。

（2）水飞蓟素不同添加水平之间的比较

随着水飞蓟素添加水平的升高，氧化豆油和豆油组血清总蛋白含量无显著差异（$P>0.05$）。氧化豆油组中，添加水飞蓟素5mg/kg、10mg/kg和50mg/kg组白蛋白含量分别比对照组高14.4%、25.0%和22.7%，差异显著（$P<0.05$），且随着水飞蓟素添加水平升高有升高的趋势；豆油组中，添加水飞蓟素10mg/kg组血清白蛋白含量显著高于对照组（$P<0.05$），其他各组差异不显著（$P>0.05$）。氧化豆油组中，添加水飞蓟素10mg/kg和50mg/kg组血清球蛋白含量显著低于对照组（$P<0.05$），5mg/kg组与对照组无显著差异（$P>0.05$）；豆油组中，添加水飞蓟素5mg/kg组球蛋白含量显著低于对照组（$P<0.05$），10mg/kg和50mg/kg组与对照组无显著差异（$P>0.05$）。

表7-2-10 不同水平水飞蓟素对氧化和豆油组团头鲂血清总蛋白、白蛋白和球蛋白的影响

Tab. 7-2-10 Effect of different levels of silymarine on TP、Alb and Glo of *Megalobrama amblycephala* in oxidized groups and non-oxidized groups

水飞蓟素水平 Silymarine level	组别 Group	总蛋白 TP（g/L）	白蛋白 Alb（g/L）	球蛋白 Glo（g/L）
0mg/kg	氧化豆油	24.1±1.0	13.2±0.8[a]	10.9±1.7[b]
	豆油	24.5±0.7	16.3±0.5[b]	8.2±0.7[a]
5mg/kg	氧化豆油	24.6±0.6	15.1±0.5	9.4±1.1
	豆油	23.1±0.8	16.8±0.5	6.2±0.5
10mg/kg	氧化豆油	24.7±0.4	16.5±0.6[a]	8.3±0.2
	豆油	24.6±1.1	18.1±0.6[b]	6.5±1.6
50mg/kg	氧化豆油	23.9±0.7	16.2±0.4	7.7±0.4
	豆油	23.8±1.0	15.8±0.7	8.0±0.4
氧化豆油组均值		24.3±0.7	15.3±1.4[a]	9.1±1.5[b]
豆油组均值		24.0±1.0	16.8±1.0[b]	7.2±1.2[a]
氧化豆油组	0mg/kg	24.1±1.0	13.2±0.8[a]	10.9±1.7[b]
	5mg/kg	24.6±0.6	15.1±0.5[b]	9.4±1.1[ab]
	10mg/kg	24.7±0.4	16.5±0.6[c]	8.3±0.2[a]
	50mg/kg	23.9±0.7	16.2±0.4[bc]	7.7±0.4[a]
豆油组	0mg/kg	24.5±0.7	16.3±0.5[a]	8.2±0.7[b]
	5mg/kg	23.1±0.8	16.8±0.5[a]	6.2±0.5[a]
	10mg/kg	24.6±1.1	18.1±0.6[b]	6.5±1.6[ab]
	50mg/kg	23.8±1.0	15.8±0.7[a]	8.0±0.4[ab]

5. 对肝脏脂质代谢功能的影响

血清中胆固醇、甘油三酯、高密度脂蛋白和低密度脂蛋白的含量是反应肝脏脂质代谢的重要指标。团头鲂血清中胆固醇、甘油三酯、高、低密度脂蛋白的含量见表7-2-11。

（1）添加相同水平的水飞蓟素的氧化豆油组和豆油组相比较

添加各水平的水飞蓟素的氧化豆油组和豆油组的血清胆固醇、甘油三酯和低密度脂蛋白含量无显著差异（$P>0.05$）；添加水飞蓟素 5mg/kg 组非氧化组血清高密度脂蛋白显著高于氧化豆油组（$P<0.05$）。

氧化豆油组和豆油组的整体之间进行比较可以看出，血清胆固醇和甘油三酯含量无显著差异（$P>0.05$），而血清高密度脂蛋白和低密度脂蛋白含量豆油组显著高于氧化豆油组（$P<0.05$）。

（2）不同水平水飞蓟素各组之间比较

对于氧化豆油组，添加水飞蓟素 10mg/kg 组的血清胆固醇含量显著低于 0mg/kg 组（$P<0.05$），添加水飞蓟素 5mg/kg 和 50mg/kg 组分别与对照相比无显著差异（$P>0.05$）；对于非氧化组，添加不同水平的水飞蓟素的各组血清胆固醇含量无显著差异（$P>0.05$）。氧化豆油组各水平水飞蓟素组的血清甘油三酯含量无显著差异（$P>0.05$），但随着水飞蓟素添加水平的增高，血清甘油三酯含量呈逐渐下降的趋势；豆油组添加水飞蓟素 10mg/kg 组的血清甘油三酯的含量显著低于 0mg/kg、5mg/kg 和 50mg/kg 组（$P<0.05$），且这 3 组之间无显著差异（$P>0.05$）。氧化豆油组中添加水飞蓟素 50mg/kg 组的血清高密度脂蛋白含量显著高于添加水飞蓟素 0 mg/kg和 5mg/kg 组（$P<0.05$）与 10mg/kg 组之间无显著差异（$P>0.05$）；豆油组添加水飞蓟素 10mg/kg、50mg/kg 组血清高密度脂蛋白含量显著高于 0mg/kg 组（$P<0.05$），且与 5mg/kg 组无显著差异（$P>0.05$）。氧化豆油组中添加水飞蓟素 50mg/kg 组血清低密度脂蛋白含量显著高于 0mg/kg 组（$P<0.05$）与 5mg/kg、10mg/kg 组无显著差异（$P>0.05$）；豆油组添加各水平水飞蓟素各组之间血清低密度脂蛋白含量无显著差异（$P>0.05$）。

表 7－2－11　不同水平水飞蓟素对氧化和豆油团头鲂血清 CHO、TRIG、HDL-C 和 LDL-C 的影响

Tab. 7－2－11　Effect of different levels of silymarine on CHO、TRIG、HDL-C and LDL-C of *Megalobrama amblycephala* in oxidized groups and non-oxidized groups

水飞蓟素水平 Silymarine level	组别 Group	胆固醇 CHO（mmol/L）	甘油三酯 TRIG（mmol/L）	高密度脂蛋白 HDL-C（mmol/L）	低密度脂蛋白 LDL-C（mmol/L）
0mg/kg	氧化豆油	5.00 ± 0.41	2.90 ± 0.00	1.46 ± 0.06	1.45 ± 0.12
	豆油	4.61 ± 0.27	2.73 ± 0.32	1.59 ± 0.25	2.12 ± 0.42
5mg/kg	氧化豆油	4.48 ± 0.02	2.80 ± 0.82	1.65 ± 0.23^{a}	1.57 ± 0.14
	豆油	4.63 ± 0.36	2.57 ± 0.21	1.93 ± 0.20^{b}	2.07 ± 0.38
10mg/kg	氧化豆油	4.34 ± 0.12	2.70 ± 0.92	1.77 ± 0.21	1.78 ± 0.08
	豆油	4.51 ± 0.34	2.97 ± 0.35	2.04 ± 0.18	2.40 ± 0.52
50mg/kg	氧化豆油	4.48 ± 0.43	2.07 ± 0.31	2.03 ± 0.21	1.95 ± 0.13
	豆油	4.90 ± 0.74	2.30 ± 0.36	2.00 ± 0.02	1.93 ± 0.31
氧化豆油组均值		4.58 ± 0.37	2.62 ± 0.64	1.73 ± 0.27^{a}	1.69 ± 0.23^{a}
豆油组均值		4.66 ± 0.42	2.64 ± 0.37	1.89 ± 0.25^{b}	2.13 ± 0.40^{b}

（续表）

水飞蓟素水平 Silymarine level	组别 Group	胆固醇 CHO（mmol/L）	甘油三酯 TRIG（mmol/L）	高密度脂蛋白 HDL-C（mmol/L）	低密度脂蛋白 LDL-C（mmol/L）
氧化豆油组	0mg/kg	5.00±0.41[b]	2.90±0.00	1.46±0.06[a]	1.45±0.12[a]
	5mg/kg	4.48±0.02[ab]	2.80±0.82	1.65±0.23[a]	1.57±0.14[ab]
	10mg/kg	4.34±0.12[a]	2.70±0.92	1.77±0.21[ab]	1.78±0.08[ab]
	50mg/kg	4.48±0.43[ab]	2.07±0.31	2.03±0.21[b]	1.95±0.13[b]
豆油组	0mg/kg	4.61±0.27	2.73±0.32[a]	1.59±0.25[a]	2.12±0.42
	5mg/kg	4.63±0.36	2.57±0.21[a]	1.93±0.20[ab]	2.07±0.38
	10mg/kg	4.51±0.34	2.97±0.35[b]	2.04±0.18[b]	2.40±0.52
	50mg/kg	4.90±0.74	2.30±0.36[a]	2.00±0.02[b]	1.93±0.31

6. 对团头鲂肝脏组织结构的影响

不同水平的水飞蓟素下的氧化豆油和豆油组团头鲂的肝脏组织结构 HE 染色冰冻切片见彩图 7－2－1。彩图中氧化豆油组（图 A、B、C、D）可见到氧化豆油对照（图 A）中出现大量的脂肪滴，肝细胞排列比较稀疏；水飞蓟素为 5mg/kg 时（图 B），肝细胞中的脂肪滴变少、变小；水飞蓟素为 10mg/kg 时（图 C），肝脏肝细胞中基本没有成滴的脂肪出现，此时肝细胞个体较大，密度较低；水飞蓟素为 50mg/kg 时（图 D），肝脏细胞的密度明显变大。图中豆油组（图 a、b、c、d），非氧化对照组（图 a）肝细胞个体较大，与氧化对照相比肝细胞密度明显高于氧化豆油组；水飞蓟素为 5mg/kg 时（图 b）肝细胞的密度与豆油对照相比明显增大；水飞蓟素为 10mg/kg（图 c）和 50mg/kg（图 d）肝细胞的密度没有明显变化。豆油中对照组、水飞蓟素 5mg/kg、10mg/kg 与氧化豆油组中水飞蓟素 5mg/kg、10mg/kg 相比，肝细胞密度更大，排列更为紧密，规则，水飞蓟素为 50mg/kg 的氧化豆油和豆油组相比，肝脏细胞密度差别不明显。

7. 对团头鲂肠道结构的影响

饲料中添加不同水平的水飞蓟素对氧化豆油组和豆油组团头鲂肠道结构的影响，见表 7－2－12 和表 7－2－13。

由表 7－2－12 中各组肠道结构扫描电镜可以定性看出，与非氧化组相比，氧化对照组的肠道微绒毛密度明显小于豆油组，绒毛的排列散乱，没有规律，从表面可以看出微绒毛的长度参差不齐，而豆油对照组肠道微绒毛排列非常紧密有规律，且各绒毛的顶端形成非常平坦的平面；氧化豆油组随着水飞蓟素添加水平的升高，肠道微绒毛密度呈现逐渐升高的趋势，在豆油组，添加各水平水飞蓟素组与对照组相比，肠道微绒毛密度没有明显变化。

表 7-2-12　添加不同水平水飞蓟素对肠道微绒毛密度的影响

Tab. 7-2-12　Effect of different level of silymarine on the density of intestinal microvilli

水飞蓟素水平	氧化豆油组	豆油组
0mg/kg（对照）	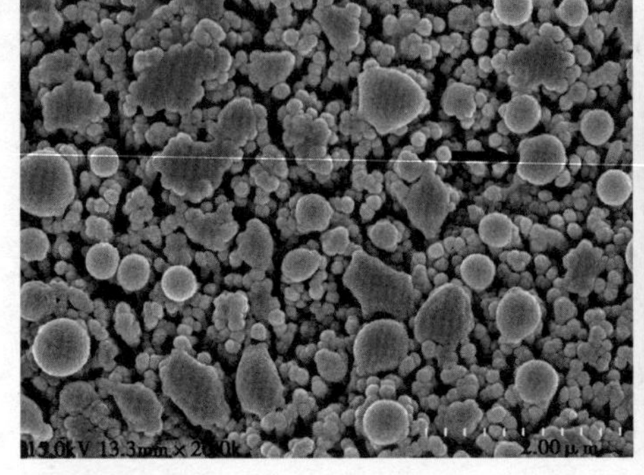 参数：15. 0kV 12. 8mm ×20. 0k　2. 00μm	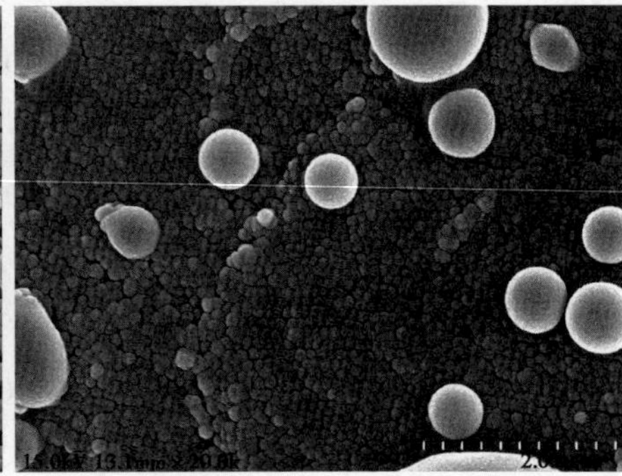 参数：15. 0kV 12. 8mm ×20. 0k　2. 00μm
5mg/kg	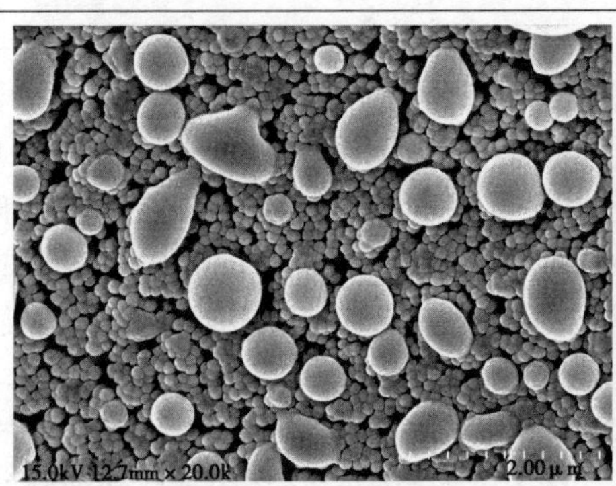 参数：15. 0kV 12. 8mm ×20. 0k　2. 00μm	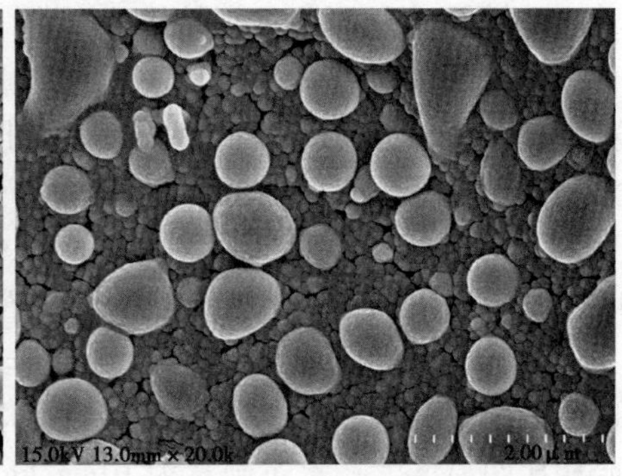 参数：15. 0kV 12. 8mm ×20. 0k　2. 00μm
10mg/kg	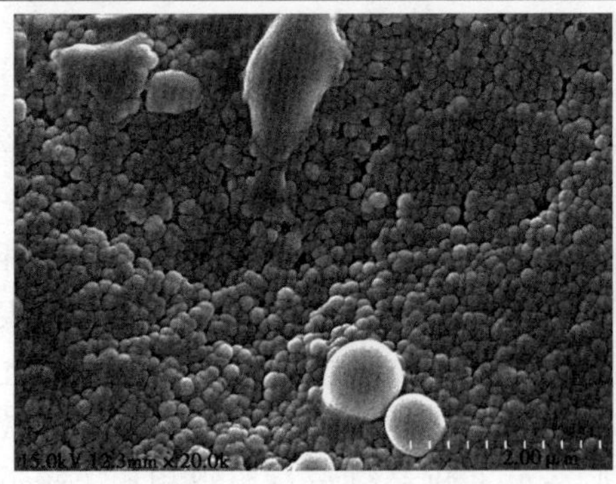 参数：15. 0kV 12. 8mm ×20. 0k　2. 00μm	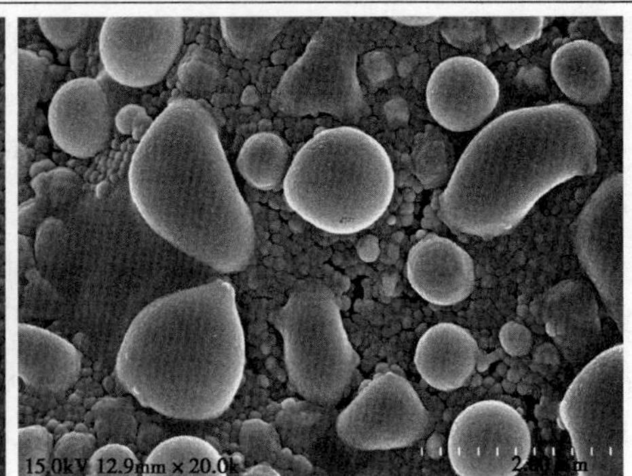 参数：15. 0kV 12. 8mm ×20. 0k　2. 00μm

（续表）

水飞蓟素水平	氧化豆油组	豆油组
50mg/kg	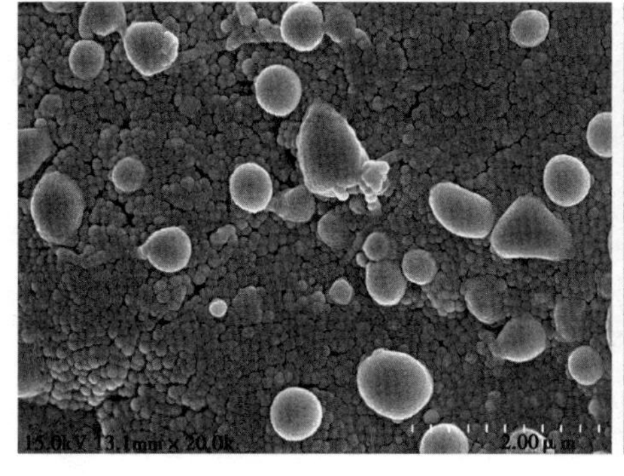 参数：15. 0kV 12. 8mm ×20. 0k　2. 00μm	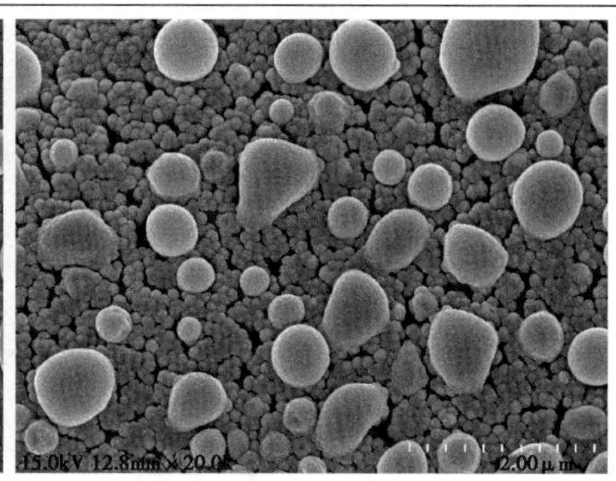 参数：15. 0kV 12. 8mm ×20. 0k　2. 00μm

注：图中箭头所标处为肠道食糜，因本试验采样是在野外，受条件限制，在样品处理时先用戊二醛固定，然后回实验室进一步处理，造成无法将食糜全部洗净，但不影响定性观察（试验三同）。

由表 7 －2 －13 中各组肠道微绒毛高度可以看出，与豆油对照组相比，氧化豆油对照组的肠道微绒毛高度相对较低，氧化豆油组微绒毛高度随着水飞蓟素的添加有一定的增加。豆油组的肠道微绒毛高度与对照组相比，没有明显变化，添加水飞蓟素 50mg/kg 组肠道微绒毛高度与对照相比有一定程度的降低。

表 7 －2 －13　添加不同水平的水飞蓟素对肠道微绒毛高度的影响

Tab. 7 －2 －13　Effect of different level of silymarine on the length of intestinal microvilli

水飞蓟素水平	氧化豆油组	豆油组
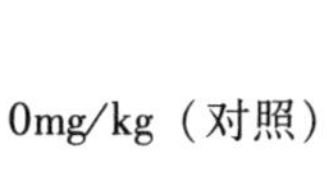0mg/kg（对照）	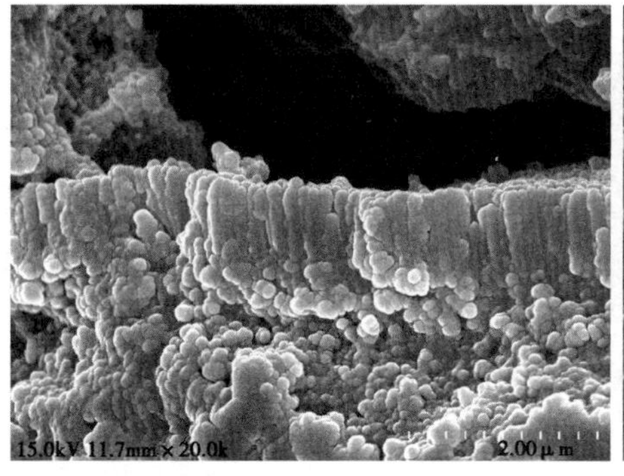 参数：15. 0kV 12. 8mm ×20. 0k　2. 00μm	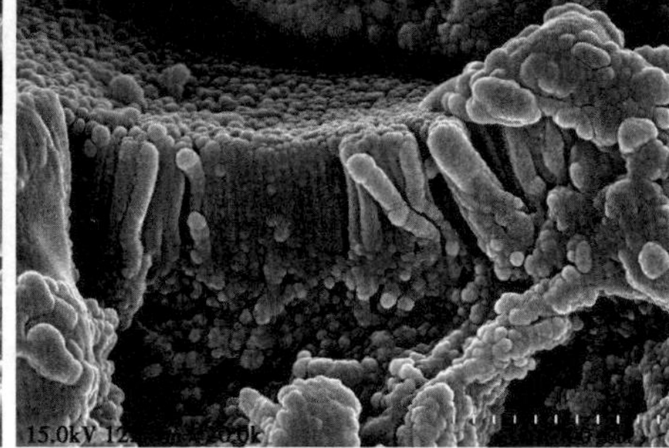 参数：15. 0kV 12. 8mm ×20. 0k　2. 00μm

（续表）

水飞蓟素水平	氧化豆油组	豆油组
5mg/kg	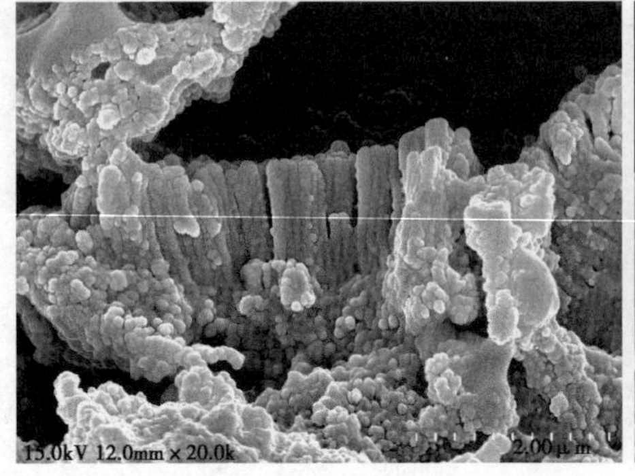 参数：15. 0kV 12. 8mm × 20. 0k　2. 00μm	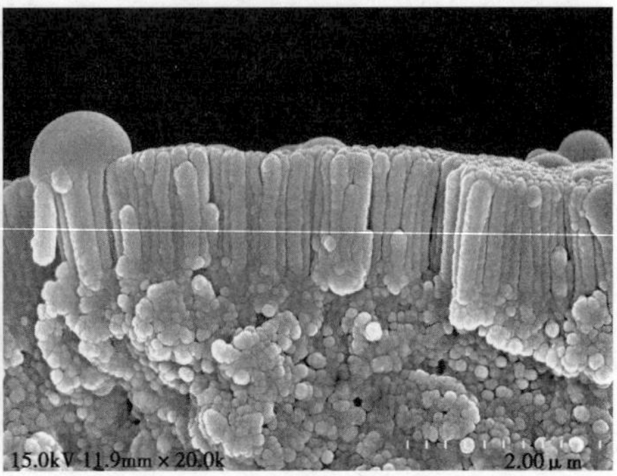 参数：15. 0kV 12. 8mm × 20. 0k　2. 00μm
10mg/kg	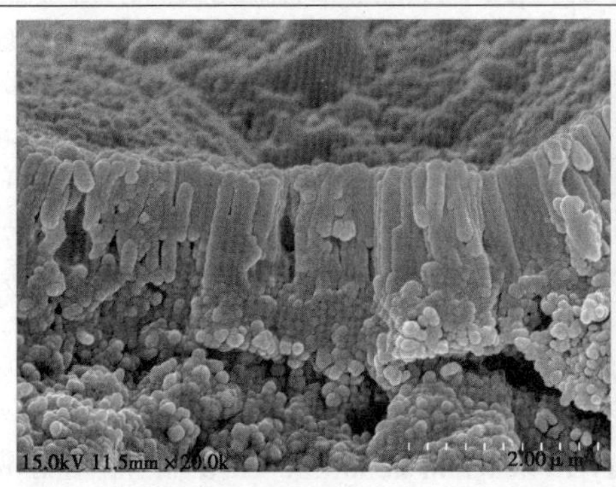 参数：15. 0kV 12. 8mm × 20. 0k　2. 00μm	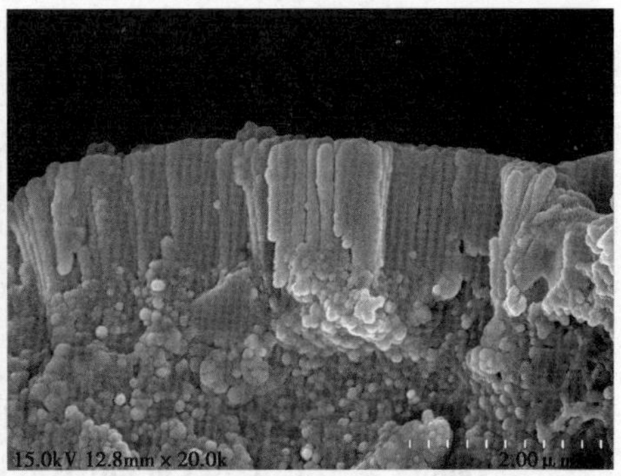 参数：15. 0kV 12. 8mm × 20. 0k　2. 00μm
50mg/kg	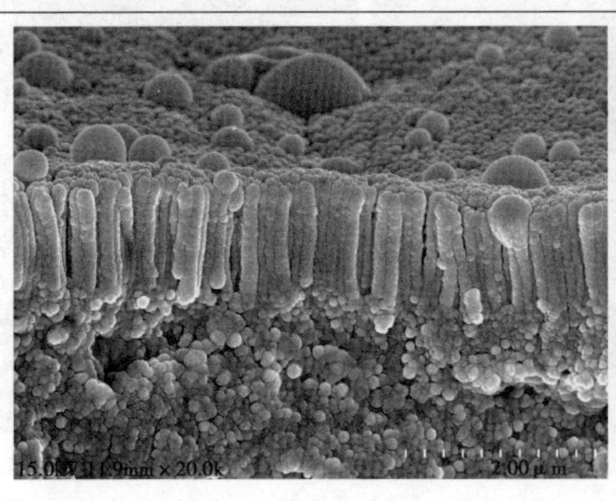 参数：15. 0kV 12. 8mm × 20. 0k　2. 00μm	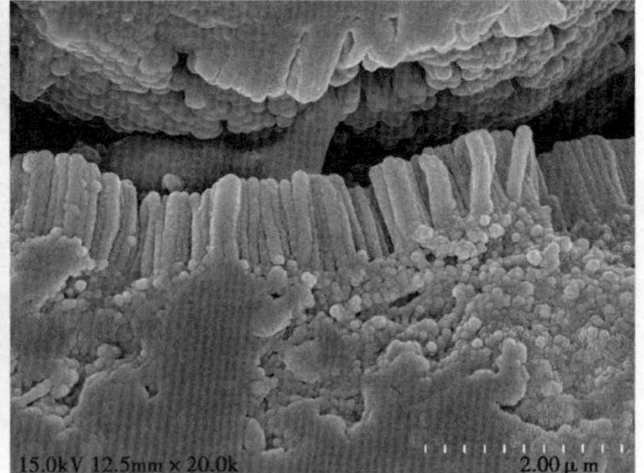 参数：15. 0kV 12. 8mm × 20. 0k　2. 00μm

8. 对团头鲂肝胰脏脂肪酸组成的影响

饲料中添加不同水飞蓟素对团头鲂氧化豆油组和豆油组肝胰脏脂肪酸的组成见表 7－2－14。

（1）氧化豆油组不同水平水飞蓟素组之间进行比较

C14：0 含量以 50mg/kg 最小，为 2.19%，显著低于对照（$P<0.05$），对照组含量最大，为 2.50mg/kg，随水飞蓟素添加水平升高呈下降趋势；C15：0 含量以 5mg/kg 最大，为 0.17%，显著高于其他 3 组（$P<0.05$），其他各组无显著差异（$P>0.05$）；C16：0 含量以氧化对照组（0mg/kg）最小，为 22.33%，显著低于水飞蓟素组（$P<0.05$）；C18：0 含量以对照组最小 15.31%，50mg/kg 组最大，为 16.22%，显著高于对照组（$P<0.05$）；C17：0、C20：0和 C21：0 含量与对照组相比无显著差异（$P>0.05$）；饱和脂肪酸（SFA）水飞蓟素 5mg/kg 与对照相比无显著差异，10mg/kg 和 50mg/kg 组与对照相比显著增高（$P<0.05$），随着水飞蓟素水平升高，SFA 含量有逐渐升高的趋势。

C16：1 含量以对照组最小，为 2.58%，50mg/kg 组最大，为 3.53%，显著高于对照组（$P<0.05$）；C18：1n9c 含量以 50mg/kg 组最小，为 37.31%，显著低于对照组（$P<0.05$）；C17：1、C20：1、C24：1、C22：1n9 及单不饱和脂肪酸（MUFA）含量，添加水飞蓟素组与对照组相比无显著差异（$P>0.05$）。

C18：3n3 和 C20：5n3 含量各组之间无显著差异（$P>0.05$）；C22：6n3 和 n-3 多不饱和脂肪酸含量以 50mg/kg 最小，显著低于其他各组（$P<0.05$）。

C18：2n6c 以对照组最高，为 8.43%，显著高于 5mg/kg 组和 10mg/kg 组（$P<0.05$）；C18：3n6 含量以 50mg/kg 组最高，显著高于其他各组（$P<0.05$）；C20：3n6 和 C20：4n6 含量各组之间无显著差异（$P>0.05$）；n-6PUFA 含量以氧化对照（0mg/kg）最高，为 11.27%，显著高于 5mg/kg 和 10mg/kg 组（$P<0.05$）；n-3/n-6 值以 5mg/kg 组最大，为 0.32，显著高于 50mg/kg 组的 0.15（$P<0.05$）。

（2）豆油组中不同水平水飞蓟组进行比较

C14：0、C15：0、C16：0 和 C21：0 含量，添加不同水飞蓟素各组之间无显著差异（$P>0.05$）；C17：0 含量以 50mg/kg 最高，显著高于其他各组；C18：0 含量以 50mg/kg 组最高，为 17.52%，显著高于对照组和 5mg/kg 组（$P<0.05$）；饱和脂肪酸（SFA）含量以对照组（0mg/kg）为最低，为 41.15%，最高为 50mg/kg 组，显著高于对照组（$P<0.05$）。

C16：1、C17：1、C20：1、C18：1n9c 和 C22：1n9 含量各组之间无显著差异（$P>0.05$）；单不饱和脂肪酸（MUFA）含量添加不同水平水飞蓟素各组之间无显著差异（$P>0.05$）。

C18：3n3、C20：5n3 和 C22：6n3 含量添加不同水飞蓟素各组之间无显著差异（$P>0.05$）；n-3PUFA 含量对照组最高，为 2.09%，显著高于 5mg/kg 和 10mg/kg 组（$P<$ 0.05[illegible]

[illegible]8：2n6c 含量对照组和 5mg/kg 组显著高于 10mg/kg 组和 50mg/kg 组（$P<0.05$）；C1[illegible]3n6、C20：3n6 添加不同水平水飞蓟素各组之间无显著差异（$P>0.05$）；C20：4n6 含[illegible]以对照组最高，为 1.73%，显著高于 5mg/kg（$P<0.05$），与 10mg/kg、50mg/kg 组无[illegible]差异（$P>0.05$）；n-6 多不饱和脂肪酸（n-6PUFA）和多不饱和脂肪酸（PUFA）含量[illegible]照组最高，分别为 10.33% 和 12.42%，显著高于 10mg/kg 组和 50mg/kg 组（$P<0.05$）。

表 7-2-14 不同水平的水飞蓟素对氧化豆油组和豆油组肝胰脏脂肪酸组成的影响

Tab. 7-2-14 Effect of different level of the silymarine on the composition of fatty acid of the hepatopancreas in oxidized groups and non-oxidized groups

脂肪酸组成	氧化豆油组				豆油组			
	0mg/kg	5mg/kg	10mg/kg	50mg/kg	0mg/kg	5mg/kg	10mg/kg	50mg/kg
C14:0	2.50 ±0.07^{b}	2.46 ±0.05^{b}	2.41 ±0.16^{b}	2.19 ±0.07^{a}	2.29 ±0.51	2.52 ±0.16	2.34 ±0.28	2.51 ±0.49
C15:0	0.12 ±0.01^{a}	0.17 ±0.01^{b}	0.10 ±0.01^{a}	0.12 ±0.02^{a}	0.10 ±0.03	0.10 ±0.02	0.07 ±0.02	0.10 ±0.02
C16:0	22.33 ±0.42^{a}	24.79 ±0.25^{b}	24.06 ±0.79^{b}	24.48 ±0.19^{b}	23.97 ±0.80	23.42 ±0.42	22.51 ±0.70	22.37 ±1.16
C17:0	0.28 ±0.05	0.29 ±0.04	0.28 ±0.02	0.29 ±0.02	0.22 ±0.03^{ab}	0.25 ±0.01^{bc}	0.20 ±0.03^{a}	0.27 ±0.01^{c}
C18:0	15.31 ±0.46^{a}	15.63 ±0.15^{ab}	16.10 ±0.57^{ab}	16.22 ±0.51^{b}	13.44 ±0.29^{a}	15.28 ±0.48^{b}	15.97 ±146^{bc}	17.52 ±0.64^{c}
C20:0	0.19 ±0.03	0.15 ±0.05	0.16 ±0.05	0.16 ±0.02	0.14 ±0.02^{ab}	0.15 ±0.03^{ab}	0.12 ±0.02^{a}	0.18 ±0.04^{b}
C21:0	1.06 ±0.08	0.94 ±0.10	1.02 ±0.02	1.01 ±0.17	0.99 ±0.20	0.87 ±0.01	0.87 ±0.16	0.89 ±0.06
SFA	41.69 ±0.26^{a}	42.76 ±0.67^{a}	44.12 ±0.93^{b}	44.47 ±0.44^{b}	41.15 ±0.89^{a}	42.60 ±0.64^{ab}	42.07 ±0.89^{ab}	43.82 ±1.17^{b}
C16:1	2.58 ±0.26^{a}	2.68 ±0.22^{a}	2.70 ±0.13^{a}	3.53 ±0.27^{b}	3.01 ±0.66	2.89 ±0.11	3.11 ±0.45	2.50 ±0.21
C17:1	0.24 ±0.02	0.22 ±0.02	0.21 ±0.04	0.24 ±0.04	0.17 ±0.05	0.22 ±0.04	0.17 ±0.06	0.19 ±0.01
C20:1	1.58 ±0.18	1.28 ±0.18	1.36 ±0.10	1.54 ±0.34	1.21 ±0.16	1.26 ±0.16	1.16 ±0.25	1.22 ±0.13
C24:1	0.13 ±0.01	0.13 ±0.01	0.09 ±0.05	0.15 ±0.03	0.14 ±0.01^{b}	0.12 ±0.03^{ab}	0.11 ±0.03^{ab}	0.08 ±0.02^{a}
C18:1n9	39.57 ±0.38^{b}	39.15 ±1.41^{ab}	39.04 ±1.07^{ab}	37.31 ±0.76^{a}	41.65 ±0.49	41.25 ±0.44	43.16 ±0.46	41.72 ±1.83
C22:1n9	0.30 ±0.04	0.22 ±0.04	0.27 ±0.11	0.33 ±0.01	0.27 ±0.03	0.24 ±0.01	0.20 ±0.08	0.29 ±0.09
MUFA	44.41 ±0.47	43.69 ±1.42	43.67 ±0.73	43.10 ±0.74	46.46 ±0.78	45.98 ±0.54	47.91 ±0.80	46.01 ±1.83
S+M	86.10 ±0.24^{a}	86.45 ±0.78^{ab}	87.79 ±0.59^{b}	87.57 ±1.09b	87.61 ±0.62^{a}	88.58 ±0.77^{a}	89.98 ±0.26^{b}	89.83 ±0.68^{b}
C18:3n3	0.34 ±0.02	0.43 ±0.14	0.37 ±0.13	0.39 ±0.06	0.54 ±0.15	0.38 ±0.06	0.37 ±0.12	0.49 ±0.14
C20:5n3	0.16 ±0.04	0.15 ±0.03	0.17 ±0.04	0.13 ±0.02	0.18 ±0.02	0.16 ±0.03	0.15 ±0.01	0.16 ±0.04
C22:6n3	2.17 ±0.02^{b}	2.50 ±0.21^{b}	2.02 ±0.19^{b}	1.14 ±0.41a	1.37 ±0.35	0.81 ±0.28	0.97 ±0.28	1.13 ±0.16
n-3PUFA	2.67 ±0.04^{b}	3.08 ±0.33^{b}	2.56 ±0.33^{b}	1.66 ±0.49a	2.09 ±0.28^{b}	1.34 ±0.34^{a}	1.49 ±0.25^{a}	1.78 ±0.32^{ab}
C18:2n6	8.43 ±0.26^{b}	6.76 ±1.08^{a}	7.00 ±0.57^{a}	7.41 ±0.33ab	7.43 ±0.36^{b}	7.86 ±0.39^{b}	5.88 ±0.42^{a}	5.63 ±0.12^{a}
C18:3n6	0.22 ±0.02^{a}	0.24 ±0.03^{a}	0.20 ±0.02^{a}	0.31 ±0.05b	0.24 ±0.02	0.24 ±0.05	0.22 ±0.04	0.28 ±0.03
C20:3n6	0.99 ±0.10	0.94 ±0.14	0.93 ±0.09	1.15 ±0.41	0.93 ±0.19	0.77 ±0.08	0.84 ±0.12	0.93 ±0.08
C20:4n6	1.63 ±0.08	1.83 ±0.63	1.52 ±0.16	1.90 ±0.44	1.73 ±0.21^{b}	1.20 ±0.23^{a}	1.60 ±0.21^{b}	1.55 ±0.16^{ab}
n-6PUFA	11.27 ±0.19^{c}	9.77 ±0.79^{ab}	9.66 ±0.44^{a}	10.77 ±0.62bc	10.33 ±0.30^{b}	10.07 ±0.54^{b}	8.54 ±0.41^{a}	8.38 ±0.36^{a}
PUFA	13.94 ±0.21^{b}	12.85 ±0.58^{a}	12.21 ±0.59^{a}	12.44 ±1.06a	12.42 ±0.57^{b}	11.41 ±0.78^{b}	10.03 ±0.26^{A}	10.16 ±0.68^{a}

注：1）SFA 表示饱和脂肪酸；MUFA 表示单不饱和脂肪酸；PUFA 表示多不饱和脂肪酸；S+M 表示 SFA+MUFA。

2）表中小写字母表示氧化豆油组中添加不同水平水飞蓟素各组之间比较，大写字母表示添豆油组中添加不同水飞蓟素各组之间比较，$P=0.05$.

三、讨论

（一）对团头鲂生长性能的影响

1. 添加氧化油脂对团头鲂生长性能的影响

脂肪是鱼、虾类生长所必需的一类营养物质，不仅为鱼、虾提供必需的脂肪酸，还可以促进脂溶性维生素的吸收[23]。但是，值得注意的是，脂肪在储存和运输的过程中，由于受光、温度和金属离子的影响，其中的不饱和脂肪酸极容易发生氧化，造成脂肪的酸败。这不仅会影响饲料或油脂的营养价值，而且其中的氧化产物一旦被鱼、虾摄入体内，会造成鱼、虾生长缓慢、抗病力下降，甚至死亡[27]。

研究表明，饲料中的氧化油脂被水产动物，如鲤鱼、斑点叉尾鮰、真鲷、鰤鱼、奥尼罗非鱼和中国明对虾摄食，会造成其生产性能下降。真鲷幼鱼摄食氧化鱼油后，其增长率和成活率随鱼油中过氧化物含量的升高呈明显下降的趋势[28]。鲤鱼摄食氧化大豆油脂可以导致其体内的过氧化脂质的含量增加，增重率下降、死亡率增加[29]。阮检栋等[30]研究了氧化油脂对奥尼罗非鱼生长的影响，发现饲料中添加氧化油脂显著降低奥尼罗非鱼的增重率和饲料转化率，并且氧化油脂过氧化值越高氧化油脂对罗非鱼增重率、饲料转化率降低的越早。梁萌青等[31]关于氧化鱼油对中国明对虾生长影响的研究表明，随着氧化鱼油酸价的升高，对虾的增重率和成活率有下降的趋势。氧化油脂降低动物的生产性能可能由于饲料中添加氧化油脂降低了饲料的适口性导致动物摄食量下降或者是氧化油脂的营养价值下降，也有可能是因为氧化油脂加快肠黏膜上皮细胞核肝细胞增殖更新，从而增加了维持需要[32]。

目前，关于氧化油脂对鱼类生长影响的研究报道并不一致，任泽林等[33]认为氧化鱼油降低了鲤鱼的生产性能，但是生产性能的降低趋势与氧化鱼油的氧化程度无关，而高淳仁等[28]对氧化豆油的研究表明，氧化豆油降低了鲤鱼的增重率和成活率，并且增重率、成活率与豆油的过氧化物含量呈负相关。本试验采用的是单一氧化程度（$453.01 meqO_2/kg$）的氧化豆油，结果表明，氧化豆油组与豆油组相比，团头鲂的增重率显著降低（$P<0.05$），饲料系数显著升高（$P<0.05$），与上述研究结果一致。

2. 水飞蓟素对团头鲂生长性能的影响

水飞蓟素作为一种保肝药物成分，在临床肝病的治疗中已得到了广泛的应用，但是其在水产领域的研究和应用还很少。从本试验结果来看，饲料中添加水飞蓟素对团头鲂的生长有显著改善作用。对于氧化豆油组，添加水飞蓟素5mg/kg、10mg/kg和50mg/kg组增重率分别为200.8%、207.2%、224.3%，均高于氧化对照组的185%，并且随着水飞蓟素添加水平的升高，均增重率有逐渐升高的趋势，这可能与水飞蓟素对肝细胞的修复和再生的促进作用进而维持肝脏的健康有关。对于本试验豆油组，添加各水平的水飞蓟素各组与对照组相比，增重率均高于对照组，这说明，即使饲料中的油脂未被氧化，在饲料中添加一定水平的水飞蓟素也可以对团头鲂的生长性能具有一定的提高作用。王伟英[34]和刘为民[35]研究表明，水飞蓟素能够促进动物消化吸收，提高动物的生长性能。

（二）对团头鲂生理机能的影响

1. 对血清葡萄糖和血清转氨酶活性的影响

糖类是动物机体中除脂肪和蛋白质外另一种重要的能量来源，被鱼、虾摄入的糖类在消化道内被淀粉酶、麦芽糖酶分解成单糖，然后被吸收。吸收后的单糖在肝脏及其他组织中进一步被氧化而释放出能量，多余的则用于合成糖原、体脂和作为氨基酸合成的碳架。肝脏是机体物质代谢最活跃的器官之一，在糖代谢、调节和维持血糖浓度恒定方面起着非常重要的作用，因此在肝脏发生病变时，不仅葡萄糖的生成或利用受到不同程度的影响，血糖浓度也容易发生紊乱[36]。本试验中氧化豆油组的血糖含量均比豆油组血糖浓度低，表明氧化油脂引起的肝脏损伤已经初步开始影响到团头鲂糖类的代谢，已经造成一定程度的血糖浓度紊乱，各组之间的血糖浓度并没有显著差异，说明团头鲂对血糖具有较强的自我调节能力。

转氨酶主要对氨基酸分解起到催化作用，主要包括谷草转氨酶（GOT）和谷丙转氨酶（GPT），主要存在于肝细胞内，谷草转氨酶（GOT）只存在于胞浆内，而谷丙转氨酶只有20%存在于胞浆内，其余存80%存在于线粒体中，当肝细胞受损时，细胞通透性增高，细胞内溢出的主要是GOT，而当肝细胞严重损伤时，线粒体内GPT便释放出来[37]，从而引起转氨酶在血清中浓度上升或活力突然持续性加强[38]，因此在临床医学中常以血清中转氨酶的活性来判断肝脏是否健康。彭文锋等[37]、霍应昌等[39]研究表明，肝病患者的血清GOT和GPT活性显著高于正常人。本试验中，氧化豆油对照组血清谷草转氨酶（GOT）活性显著高于非氧化对照组（$P<0.05$），而血清谷丙转氨酶（GPT）活性与非氧化对照相比有一定程度升高，无显著差异（$P>0.05$），说明饲料中添加氧化豆油对团头鲂肝脏细胞造成一定损伤，使得肝细胞膜通透性增高，胞浆中的GOT被释放到血清中，但是肝细胞中的线粒体还没受到严重损伤，其中的GPT没有被释放出来，只有胞浆中GPT被释放出来，因此，血清中GPT活性升高不显著。饲料中添加低剂量的水飞蓟素氧化豆油组和豆油组的血清GOT和GPT的差异逐渐缩小，水飞蓟素添加水平为10mg/kg和50mg/kg时，血清GOT、GPT与对照没有明显差别；在添加水飞蓟素50mg/kg组，氧化豆油组的血清GOT显著低于豆油组，血清GPT也低于豆油组，这表明随着水飞蓟素的添加，对肝细胞的起到了修复和促进其再生的作用，肝细胞的细胞通透性逐渐得到恢复，使得血清中的GOT和GPT含量也逐渐恢复到低水平，水飞蓟素添加水平为10mg/kg和50mg/kg时对肝脏有明显的保护效果。刘兴霞等[40]对幼鼠毒脓症肝损伤研究表明，水飞蓟宾磷脂酰胆碱复合物能使幼鼠因肝损伤而升高的血清GOT和GPT得到回复。值得注意的是，在豆油组中，添加高剂量的水飞蓟素（50mg/kg）不但没有降低血清中的转氨酶，反而使得转氨酶活力增强，这说明，在饲料中添加的水飞蓟素剂量过高可能会对肝脏的保护起到反作用，这一结论与刘为民[41]等关于水飞蓟素对雏鸭病毒性肝病的研究结论一致。

2. 对团头鲂抗氧化体系的影响

氧化油脂中的毒性作用主要通过其中的氧自由基和次生产物对体内的抗氧化体系的破坏来实现的。动物的抗氧化酶，如SOD、GSH-PX、CAT和T-AOC等主要存在于肝脏和红细胞中。正常情况下，这些酶类在血液和肝脏中的含量处于一定的范围内，当机体摄入氧化油脂后，机体在活性氧自由基的作用下处于氧化应激状态下，会诱导抗氧化酶基因的表达，导致这些酶类的含量升高，这是机体的自我调节作用，但这种状况持续下去会造成细胞甚至器官的损伤，最终机体抗氧化酶活性会下降。

超氧化物歧化酶（SOD）是机体重要的抗氧化酶类[42]，广泛分布于细胞和各种体液中，是体内自由基的主要清除剂，能清除体内的超氧阴离子并减轻其毒副作用，以此保护肝脏。刘存歧等[43]报道，SOD作为水产动物机体非特异性免疫指标之一，能起到增强吞噬细胞防御能力和整个机体的免疫功能。Izaki[44]和Ashwin[45]等对大鼠的研究表明，氧化油脂能降低大鼠肝脏 CuZnSOD 和 GSH-Px 活性。任泽林等[46]对鲤鱼的研究表明，氧化油脂能降低肝脏 SOD 和 GSH-Px 活性，且随着氧化程度的提高，肝脏 SOD 和 GSH-Px 活性有逐渐降低的趋势。本试验中，饲料中添加氧化豆油显著降低了团头鲂肝胰脏 SOD 和 GSH-Px 活性，这与上述研究结论一致。

水飞蓟素作为一种保肝药物，可产生抗自由基、抗脂质氧化、抗脂氧酶、降血脂和抗肿瘤等药理作用[47]。本试验中，对于氧化豆油组，添加水飞蓟素 5mg/kg 的 SOD 和 GSH-Px 活性与对照相比没有显著差异，氧化油脂和水飞蓟素被团头鲂同时摄入体内，氧化油脂的自由基被水飞蓟素清除一部分，间接降低油脂氧化产物摄入量。抗氧化酶活性有一定上升，说明水飞蓟素对肝脏损伤有一定治疗作用，这与郭秀丽等[48]的研究结果一致。由于水飞蓟素剂量低，清除自由基能力有限，此时肝脏抗氧化酶活性仍然显著低于豆油组。当水飞蓟素添加到 10mg/kg，水飞蓟素清除自由基能力更强，肝脏进一步得到保护，抗氧化酶活性升高。值得注意的是水飞蓟素添加水平为 10mg/kg 时，肝脏 SOD 活性高于非氧化组，这可能是因为少量的自由基刺激了控制抗氧化酶的基因表达，这是机体的自我调节能力，增瑞等[49]研究表明，有轻微脂肪肝的大黄鱼肝脏 SOD 活性显著高于正常肝脏。水飞蓟素添加到 50mg/kg 时，SOD 活性下降，GSH-Px 继续升高，可能是因为，水飞蓟素将体内自由基清除之后，导致控制 SOD 产生的基因表达活性降低，同时也说明，控制 SOD 产生的基因比控制 GSH-Px 表达的基因更敏感。在豆油组中，随着水飞蓟素添加水平的升高，肝脏 SOD 和 GSH-Px 活性有降低的趋势，这可能是因为非氧化鱼体中氧自由基较少，加入水飞蓟素之后，进一步清除了体内自由基，使得控制抗氧化酶产生的基因表达活性下降，也有可能是因为高剂量的水飞蓟素对机体抗氧化能力有一定的副作用，具体原因还需进一步研究。

（三）氧化油脂及水飞蓟素对团头鲂肝胰脏代谢功能的影响

肝胰脏是鱼类代谢的中枢器官，具有运转、合成和降解等多种生理功能。血脂的含量可以反映体内脂类的代谢情况，血脂中的主要成分是甘油三酯（TG）和胆固醇（CHE），还包括高密度脂蛋白（HDL-C）和低密度脂蛋白（LDL-C）。血脂只占全身脂肪的一小部分，但是其代谢却非常活泼。鱼类肠道吸收外源性脂肪和肝脏合成对内源性脂肪的动用都需要经过血液运输到其他组织，鱼类主要借助血清运输脂肪[50,51]。因此，血脂含量可以反映出脂类的代谢。高密度脂蛋白和低密度脂蛋白都有运输胆固醇的作用，高密度脂蛋白主要负责将多余的胆固醇从周边组织（血管）运送到肝脏进行分解代谢，然后通过胆道排出体外，而低密度脂蛋白的作用相反。在人体中，如果血清中的甘油三酯和低密度脂蛋白含量高，高密度脂蛋白含量低可能导致心血管疾病。

本试验中，相同条件下氧化豆油组的血清胆固醇、甘油三酯的含量与豆油组相比，无显著性差异，这说明在本试验条件下，饲料中的氧化油脂还不足以影响到团头鲂血清中胆固醇、甘油三酯的含量，或者说其影响还在团头鲂自身调节能力范围内；对于氧化豆油组添加不同水平的水飞蓟素各组，添加水飞蓟素各组的血清胆固醇、甘油三酯含量均低于对照组，这说明，饲料中添加水飞蓟素对团头鲂血脂代谢能力有一定的提高作用，这可能与水飞蓟素能清除自由基，促进肝细胞的修复和再生[52]，从而维持肝脏健康作用有关。

血清总蛋白（TP）、白蛋白（Alb）和球蛋白（Glo）动物肝脏内几种重要的代谢蛋白，是反映肝胰脏合成储备功能的关键性指标。血清总蛋白（TP）是反映肝脏功能的重要指标，肝脏具有很强的代偿能力，因此，一般情况下，血清 TP 含量变化不大，只有当肝脏损伤程度超过代偿能力时血清 TP 含量才会发生变化，同时常伴随着血清白蛋白（Alb）含量降低和球蛋白含量升高[53,54]。本试验中氧化豆油组与豆油组相比，血清白蛋白（Alb）显著降低，球蛋白（Glo）显著升高，而血清总蛋白无显著变化，说明氧化豆油对团头鲂肝脏造成明显损伤，但还没超过其代偿能力。添加水飞蓟素后，由于水飞蓟素具有清除氧自由基及促进肝细胞的修复和再生的作用，肝脏损伤减轻的同时，部分损伤的肝细胞被水飞蓟素修复或再生，提高了肝脏合成蛋白的能力，血清白蛋白含量上升，相应球蛋白含量逐渐降低，当水飞蓟素添加水平为 50mg/kg 时，肝脏功能基本得到保护。在豆油组，添加水飞蓟素 5mg/kg 和 10mg/kg 时血清白蛋白有升高的趋势，球蛋白有降低的趋势，但是当添加水平为 50mg/kg 时，白蛋白含量开始下降，而球蛋白含量开始上升。这可能是由水飞蓟素添加水平过高所致，有研究表明，水飞蓟素的治疗效果并不是剂量越高越好，而是存在着最佳剂量；Manna[55]等研究表明，水飞蓟素可以对由 TNF-α 诱导的 NF-κB 活化起到抑制作用，但是对剂量具有依赖性。刘为民[35]关于水飞蓟素对鸭肝病毒治疗的研究中也发现，10mg 剂量组比 30mg 剂量组治疗效果好。

（四）对团头鲂肠道和肝脏结构的影响

肠道作为鱼体与饲料物质直接接触并发挥作用的重要功能器官，其黏膜上皮细胞有大量的微绒毛，这些微绒毛在结构上仅为一层质膜，其中含有大量的多不饱和脂肪酸。当含有氧化油脂的食糜与肠道接触时，这些多不饱和脂肪酸容易被氧化使得肠道遭到直接打击，致使肠道结构和功能的完整性遭到破坏，这是肠道损伤的主要内容[56]。由于机体中存在一个“肠—肝轴”[57]，当肠道受到损伤后，肝胰脏就成为其远程打击的最大器官之一，当肝脏受到损伤后就会引起鱼体一系列脂肪性肝病，这些肝病有许多共同的组织结构的损伤，其中最常见的就是肝细胞损伤，肝细胞的损伤常见的有肝细胞水样变性、羽毛性变性，脂肪变性、嗜酸性变性和肝坏死[58]。同时，一些肝细胞以外的组织结构也受致病因子的影响，其组织结构的变化同样可以在一定程度上间接反映出肝脏的损伤程度，如肝纤维化和毛细胆管淤积等[59,60]。肝脏是鱼体主要的解毒场所，在代谢过程中起着重要的生理作用，如糖类、蛋白质、脂肪的代谢，机体的解毒功能，调节血容量及水电解质的平衡等都离不开肝脏的参与[61]。同时，肝脏还可以分泌对脂肪的消化和吸收有重要作用的胆汁，胆汁由胆囊进入肠道，多余的部分被肠道重新吸收通过血液循环最后被肝脏重新收集，补充道胆囊中。当大量氧化油脂进入鱼体后，由于代谢不畅，鱼体血液会变黏稠一致造成毛细胆管堵塞，进而出现毛细胆管淤积现象[62]。

本试验中氧化豆油组中，氧化对照肠道微绒毛密度明显降低，可能是因为肠道长期与含氧化油脂的食糜接触，细胞膜中多不饱和脂肪酸被氧化，膜的流动性降低，使得微绒毛枯萎脱落。微绒毛的高度、宽度和密度直接影响肠道的吸收面积，尤其是密度增大时，可以是吸收面积明显扩大，有利于营养物质的吸收[63]。试验中，添加水飞蓟素后肠道的密度逐渐增大，吸收面积也就逐渐增大，这一点从增重率随水飞蓟素添加水平的升高而升高可以得到验证。与豆油组相比，氧化豆油组的肝脏中表现出肝细胞中出现大量的脂肪滴，这可能是因为在氧化油脂的作用下，肝细胞出现损伤从而影响整个肝脏对脂肪的代谢，造成脂肪在肝脏中的淤积所致，如果脂肪在肝脏中长期淤积，可能会引起脂肪肝，进而出现肝硬化[64]，其一般历程为“脂肪肝→脂肪性肝炎→肝纤维化→肝硬化”。出现的肝细胞脂肪淤积属于肝脏病变历程的前期，这可能是因为本试验饲料中添加氧化油脂量不够或者养殖周期不够长，脂肪在肝脏中的积累量和积累时间不够的原因。水飞蓟素具有清除氧自由基的作用，饲料中添加水飞蓟素后，随着食糜进入肠道，消除了氧化油脂中的氧自由基，减少油脂氧化产物对肠道的刺激，保护了肠道结构完整性，间接起到了保护肝脏的作用，同时，部分水飞蓟素经过循环进入肝脏，直接参与肝脏的保护，并且对肝脏和肠道的保护作用随水飞蓟素添加水平的升高有增强的趋势，在水飞蓟素添加水平为 50mg/kg 时，肝脏结构基本得到保护。

（五）对团头鲂肝胰脏脂肪酸组成的影响

氧化油脂对动物组织中脂肪酸含量变化的影响主要是通过改变组织中的饱和脂肪酸和单不饱和脂肪酸的含量来实现的。氧化后的油脂，其多不饱和脂肪酸含量会下降，而单不饱和脂肪酸和饱和脂肪酸的含量相对会升高，其升高的幅度与油脂氧化的程度有关，如鱼油的氧化会导致 C18：3n-3、C20：4n-6、C20：5n-3 及 C22：6n-3 含量下降[65]，氧化油脂被鱼体摄取后，通过肝胰腺的代谢作用，单不饱和脂肪酸被氧化分解为机体提供能量，或者转化为饱和脂肪酸，储存在肝脏中，或者和饱和脂肪酸一起被转运出肝脏，储存在肠系膜或肌肉中。本试验中，氧化豆油的各组中肝脏单不饱和脂肪酸的含量均无显著差异，这与阮检栋等[30]对罗非鱼的研究结果相似。

由表 7－2－14 可以看出，在氧化豆油组中，水飞蓟素添加水平的升高，鱼体肝胰脏中饱和脂肪酸（SFA）含量发生显著变化，以 50mg/kg 最大，10mg/kg 组和 50mg/kg 显著高于氧化对照组（$P<0.05$）。本实验中氧化豆油各组中添加的氧化油脂的量是一定的，各组饲料原料均保持了一致，但在肝胰脏中饱和脂肪酸的含量却出现了显著差异，这有可能是各组中鱼体肝脏中脂肪酸的代谢出现了差异。脂类对鱼体一个重要营养功能就是供应能量，在脂肪酸分解供能的过程中，饱和脂肪酸和单不饱和脂肪酸是氧化分解提供能量的主体，有研究表明，当鱼体处于饥饿状态时，其主要是动员单不饱和脂肪酸或饱和脂肪酸用于供能，而不动用多不饱和脂肪酸。非洲鲶在饥饿状态下，优先利用 C16：1n-9、C18：1n-9 和 C14：0[66]，而红罗非在饥饿时对脂肪酸的利用的先后顺序为：C18：1n-9、C16：1n-7 和 C14：0[67]。南美白对虾在早期发育是主要靠卵中的脂肪酸来满足自身需要，因此体内的单不饱和与饱和脂肪酸不断被利用，使得饱和脂肪酸所占比例增大[68]。肝脏是机体内脂质代谢的主要场所，脂肪酸的线粒体及线粒体外氧化过程中均需肝脏细胞的参与，大部分中长链脂肪酸都是通过线粒体 β 氧化来为机体提供能量。线粒体是细胞内主要最重要的一种细胞器，其主要功能是通过氧化磷酸化产生 ATP，为机体提供能量。线粒体生物膜上含有大量的不饱和脂肪酸，其膜上的电子传递体大部分都紧密镶嵌在其内膜上，集合成大分子复合物，这些大分子复合物在功能上相互联系。这些复合物为脂蛋白，很容易受机体中及外来的自由基损害，对膜中的脂质环境很敏感[69]。当氧化油脂被机体摄入后，其中的自由基会镶嵌在生物膜上，降低膜的流动性，使得膜的通透性增加，使得线粒体内的基质和呼吸链成分丢失，影响到电子链传递，造成线粒体结构和功能的损害。持续的摄入氧化油脂使得线粒体结构和功能受损严重时，可引起氧化磷酸化的脱偶联，生成的能量减少，为了满足机体对能量的需求，线粒体要氧化更多的不饱和脂肪酸和单不饱和脂肪酸。

本试验中，氧化豆油组和豆油组中饱和脂肪酸的含量均是对照组最低，添加水飞蓟素 50mg/kg 组肝脏饱和脂肪酸组成显著高于对照组，并且随着水飞蓟素添加量的升高，肝脏中饱和脂肪酸含量有逐渐升高的趋势。氧化豆油组和豆油组中多不饱和脂肪含量变化与单不饱和脂肪酸含量变化趋势相反，随着水飞蓟素添加水平的升高，多不饱和脂肪酸含量有下降的趋势。水飞蓟素具有清除自由基的功能，同时可以促进受损肝细胞的修复和再生。氧化豆油组中添加的水飞蓟素被机体吸收后，清除了线粒体膜上的自由基，增加了线粒体膜的流动性，提高了膜表面电子传递效率，增加了线粒体的产生 ATP 的效率，进而使得线粒体对饱和与单不饱和脂肪酸利用减少。因此，在本试验中，随着水飞蓟素添加水平的升高，对机体内自由基的清除能力逐渐增强，表现在结果中就是随着水飞蓟素添加水平升高，肝脏中饱和脂肪酸含量上升，多不饱和脂肪酸相对比例下降，水飞蓟素 50mg/kg 组表现最为明显。

四、小结

本试验中，饲料中添加氧化豆油显著降低了团头鲂的增重率，提高了团头鲂的饲料系数（$P<0.05$）；与对照相比，添加 50mg/kg 水飞蓟素显著提高了团头鲂的增重率（$P<0.05$），当添加量为 10mg/kg 和 50mg/kg 时，氧化豆油和豆油增重率和饲料系数无显著差异，水飞蓟素添加量为 10mg/kg 和 50mg/kg 对氧化油脂引起的团头鲂生长下降有良好的改善效果。

本试验条件下，氧化油脂对团头鲂抗氧化能力、肝脏合成和脂质代谢能力均有一定程度的降低；随着水飞蓟素添加量的升高，鱼体抗氧化、肝脏合成和脂质代谢能力有一定程度的提高，水飞蓟素添加量为 10mg/kg 时，鱼体抗氧化、肝脏合成和脂质代谢能力均高于对照组，添加量为 50mg/kg 时，氧化豆油组抗氧化和肝脏合成能力明显高于对照组，豆油组抗氧化和肝脏合成功能均有下降趋势。综上，在本试验条件下，水飞蓟素的添加水平应为10～50mg/kg，高于 50mg/kg 有可能对生理造成不利影响。

在本试验条件下，如果只注重鱼体生长指标，建议水飞蓟素添加水平为 50mg/kg，如果同时兼顾鱼体健康，建议水飞蓟添加水平为 10mg/kg。水飞蓟素最优添加水平有待进一步研究。

第三节　水飞蓟素和水飞蓟种子对团头鲂生长、生理的影响

水飞蓟种子呈长卵圆形或长倒卵形，表面颜色呈浅褐至深褐色，其中含有大量黄酮类化合物。市场上水飞蓟素产品多从水飞蓟种子中提取得来，具有稳定细胞膜和改善肝脏功能的作用，对急慢性肝炎、肝硬化和代谢中产生的毒性对造成的肝损伤有显著疗效[70-72]，同时，其还具有抗氧自由基和抗脂质氧化的作用，在保健和美容领域也有一定的应用[71]。但是，市场上水飞蓟素产品价格较高，将其添加到水产饲料中会增高饲料生产成本。本试验将水飞蓟种子粉碎后直接添加到饲料中，研究其对鱼体生长和生理的影响，并于水飞蓟素效果进行对比，探讨水飞蓟种子对水飞蓟素的替代效果及替代水平，降低饲料生产成本。

一、材料和方法

（一）水飞蓟种子添加量确定

高效液相色谱（HPLC）测定水飞蓟素和水飞蓟种子中水飞蓟宾含量[73]，图 7－3－1。以水飞蓟宾浓度为横坐标，以峰面积积分值为纵坐标，得到线性回归方程：$Y=4\times10^7X-19187$，$R^2=0.9999$。通过计算得到水飞蓟种子中的水飞蓟宾含量为水飞蓟素的 5%。

（二）试验设计和试验饲料

本试验共分为 7 组，其中 3 组为添加水飞蓟素组，添加水平分别为 5mg/kg、10mg/kg、

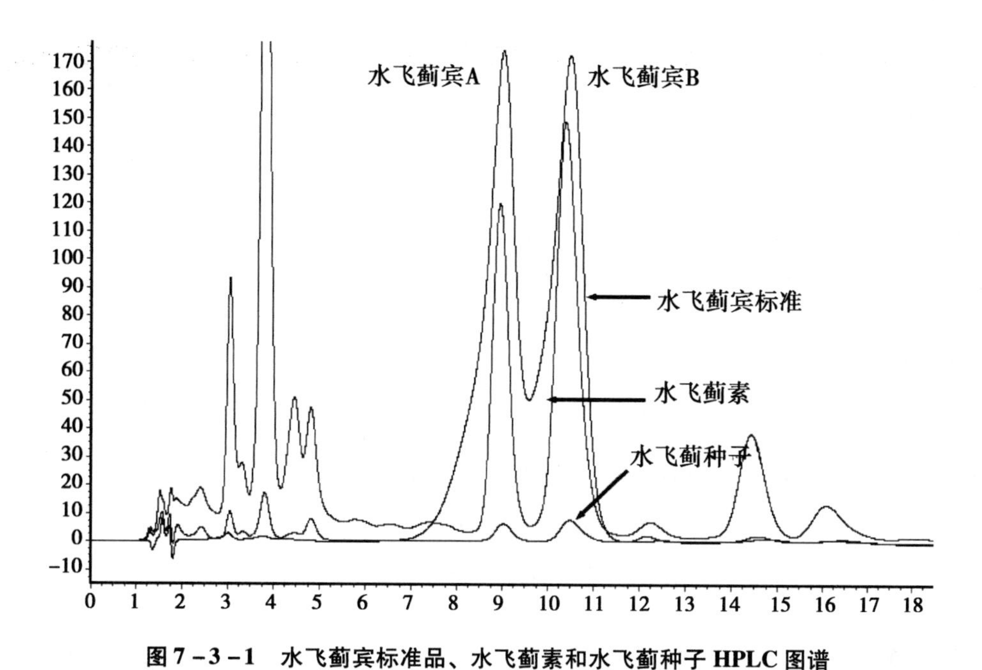

图 7-3-1　水飞蓟宾标准品、水飞蓟素和水飞蓟种子 HPLC 图谱

Fig. 7-3-1　The HPLC of standard control of silybin, silymarine and milk thistle seed

50mg/kg，3 组为添加水飞蓟种子组，添加水平分别为 5mg/kg、10mg/kg、50mg/kg（水飞蓟种子中水飞蓟素实际有效成分含量）。饲料配方及各组饲料营养成分见表 7-3-1。

表 7-3-1　试验饲料配方及营养成分（g/kg，风干基础）

Tab. 7-3-1　Composition and nutrient levels of experimental diets（DM basis, %）

原料 Ingredients	对照	水飞蓟素			水飞蓟种子		
		5mg/kg	10mg/kg	50mg/kg	5mg/kg	10mg/kg	50mg/kg
小麦 Wheat	180	180	180	180	180	180	180
次粉 Wheat-middlings	80	79.9937	79.9875	79.9375	79.875	79.75	78.75
米糠 Rice bran meal	70	70	70	70	70	70	70
菜粕 Rape seed meal	230	230	230	230	230	230	230
棉粕 Cotton seed meal	220	220	220	220	220	220	220
豆粕 Soybean meal	80	80	80	80	80	80	80
鱼粉 Fish meal	50	50	50	50	50	50	50
磷酸二氢钙 Ca（H_2PO_4）$_2$	20	20	20	20	20	20	20
沸石粉 Zeolite flou	20	20	20	20	20	20	20

（续表）

原料 Ingredients	对照	水飞蓟素			水飞蓟种子		
		5mg/kg	10mg/kg	50mg/kg	5mg/kg	10mg/kg	50mg/kg
膨润土 Bentonit	20	20	20	20	20	20	20
预混料 Premix[1]	10	10	10	10	10	10	10
大豆油 Soybean oil	20	20	20	20	20	20	20
水飞蓟素 Silymarine	0	0.0063	0.0125	0.0625	0	0	0
水飞蓟种子 SMS[3]	0	0	0	0	0.125[4]	0.25	1.25
合计 Total	1 000	1 000	1 000	1 000	1 000	1 000	1 000
营养成分 Proximate composition[2]							
水分 Moisture（%）	11.00	11.52	11.84	11.66	11.52	11.04	11.06
蛋白 CP（%）	28.51	28.35	28.04	28.02	28.38	28.50	28.29
脂肪 EE（%）	4.17	4.18	4.16	4.12	4.16	4.17	4.24
总能 Total energy（kJ/g）	16.47	15.99	15.88	15.89	15.92	16.25	16.09

1）预混料为每千克日粮提供 The premix provided following per kg of diet：Cu 5mg；Fe180mg；Mn 35mg；Zn 120mg；I 0.65mg；Se 0.5mg；Co 0.07mg；Mg 300mg；K 80mg；VA 10mg；VB_1 8mg；VB_2 8mg；VB_6 20mg；VB_{12} 0.1mg；VC 250mg；泛酸钙 calcium pantothenate 20mg；烟酸 niacin 25mg；VD_3 4mg；VK_3 6mg；叶酸 folic acid 5mg；肌醇 inositol 100mg。

2）实测值 Measured values.

3）silybum marianum seed.

4）经计算水飞蓟种子实际添加量。

（三）试验用鱼及分组（同本章第二节）

（四）饲养管理（同本章第二节）

（五）样品采集和分析方法（同本章第二节）

（六）数据分析（同本章第二节）

二、结果

（一）对团头鲂生长性能的影响

1. 添加水飞蓟素和水飞蓟种子对团头鲂增重率和饲料系数的影响

饲料中添加水飞蓟素和水飞蓟种子对团头鲂生长性能的影响见表 7 – 3 – 2。

（1）水飞蓟两种添加形式不同添加水平之间的比较

对于饲料中添加水飞蓟素水平为 5mg/kg、10mg/kg 组与对照组相比增重率无显著差异（$P>0.05$），添加水飞蓟素 50mg/kg 组增重率比对照组高 10.3%，比 5mg/kg 和 10mg/kg 组分别高 5.8% 和 6.2%，差异显著（$P<0.05$）；添加水飞蓟种子各组与对照组相比，增重率无显著差异。添加水飞蓟素和水飞蓟种子各组鱼体饲料系数之间无显著差异（$P>0.05$）。

（2）添加相同水平的水飞蓟的水飞蓟素和水飞蓟种子组比较

相同添加水平的水飞蓟两种不同添加形式之间增重率和饲料系数无显著差异（$P>0.05$）。各添加水平的水飞蓟素组的增重率均比水飞蓟种子组高，水飞蓟素组的饲料系数均比水飞蓟种子组低。水飞蓟素组整体的增重率显著高于水飞蓟种子组，饲料系数显著低于水飞蓟种子组（$P<0.05$）。

表 7－3－2　不同水平水飞蓟素和水飞蓟种子对团头鲂生长性能的影响

Tab. 7－3－2　Effect of different level of silymarine and silybum marianum seed on growth of *Megalobrama amblycephala*

水飞蓟形式 Silybum form	添加水平 Level（%）	初体重（g/尾） IW（g/fish）	末体重（g/尾） FW（g/fish）	增重率（%） WGR（%）	饲料系数 FCR
对照	0mg/kg	31.0±0.1	99.8±0.7	222.2±3.4[a]	1.53±0.10
水飞蓟素	5mg/kg	31.0±0.7	102.9±5.2	231.7±9.8[a]	1.50±0.13
	10mg/kg	30.6±0.5	101.0±1.8	230.7±3.0[a]	1.56±0.13
	50mg/kg	30.9±0.6	106.6±0.7	245.1±8.6[b]	1.52±0.05
对照	0mg/kg	31.0±0.1	99.8±0.7	222.2±3.4	1.53±0.10
水飞蓟种子	5mg/kg	30.7±0.8	100.2±3.6	226.6±5.1	1.53±0.09
	10mg/kg	30.8±0.6	100.9±5.5	227.6±11.4	1.61±0.10
	50mg/kg	30.9±0.5	100.4±2.6	225.6±7.6	1.64±0.06
5mg/kg	水飞蓟素	31.0±0.7	102.9±5.2	231.7±9.8	1.50±0.13
	水飞蓟种子	30.7±0.8	100.2±3.6	226.6±5.1	1.53±0.09
10mg/kg	水飞蓟素	30.6±0.5	101.0±1.8	230.7±3.0	1.56±0.13
	水飞蓟种子	30.8±0.6	100.9±5.5	227.6±11.4	1.61±0.10
50mg/kg	水飞蓟素	30.9±0.6	106.6±0.7	245.1±8.6	1.52±0.05
	水飞蓟种子	30.9±0.5	100.4±2.6	225.6±7.6	1.64±0.06
总体比较					
	水飞蓟素组	30.8±0.5	103.5±3.7	235.9±9.7	1.53±0.10A
	水飞蓟种子组	30.8±0.5	100.5±3.5	226.6±7.4	1.59±0.09B

注：增重率（WGR,%）＝（末体重－初体重）/初体重×100；饲料系数＝摄食饲料总重量/（末重量－初重量）；

表中小写英文字母表示水飞蓟素和水飞蓟种子组中不同添加水平之间比较，大写英文字母表示水飞蓟素和水飞蓟种子比较，$P=0.05$，下表同此。

2. 对形体指标的影响

体重/体长、肥满度、内脏指数和肝胰脏指数是反映鱼体形体指标的重要指标。添加不同水平的水飞蓟素和水飞蓟种子对团头鲂形体指标的影响见表 7－3－3。

由表 7－3－3 可以看出，添加不同水平的水飞蓟素和水飞蓟种子对团头鲂的体重/体长、肥满度和肝胰脏指数无显著影响，各组之间无显著差异（$P>0.05$），但添加水飞蓟素和水飞蓟种子组的肥满度和肝胰脏指数均比对照组低，且添加水飞蓟素组肥满度随水飞蓟素添加水平的升高有降低的趋势；添加水飞蓟素组整体和添加水飞蓟种子之间的体重/体长、肥满度和肝胰脏指数无显著差异（$P > 0.05$）。添加水飞蓟素各组与对照组相比，内脏指数无显著差异（$P > 0.05$），添加水飞蓟种子10mg/kg组内脏指数显著低于对照组和添加水飞蓟种子50mg/kg组（$P < 0.05$），其他各组之间内脏指数无显著差异（$P > 0.05$）。添加水飞蓟素和水飞蓟种子组整体之间的体重/体长、肥满度、内脏指数和肝胰脏指数无显著差异（$P > 0.05$）。

表7-3-3 不同水平水飞蓟素和水飞蓟种子对团头鲂形体指标的影响

Tab. 7-3-3 Effect of different level of silymarine and silybum marianum seed on fish body of *Megalobrama amblycephala*

水飞蓟形式 Silybum form	添加水平 level（%）	体重/体长 Wight/length	肥满度 CF（%）	内脏指数 VSI（%）	肝胰脏指数 HIS（%）
对照	0mg/kg	4.08 ±0.58	2.45 ±0.38	7.71 ±0.78	1.71 ±0.55
水飞蓟素	5mg/kg	4.47 ±0.72	2.33 ±0.13	7.25 ±0.87	1.49 ±0.31
	10mg/kg	4.47 ±0.80	2.29 ±0.30	7.40 ±1.38	1.53 ±0.33
	50mg/kg	4.33 ±0.74	2.20 ±0.17	7.56 ±0.80	1.50 ±0.29
对照	0mg/kg	4.08 ±0.58	2.45 ±0.38	7.71 ±0.78	1.71 ±0.55
水飞蓟种子	5mg/kg	4.65 ±0.83	2.29 ±0.15	7.05 ±1.05	1.50 ±0.28
	10mg/kg	4.38 ±0.98	2.16 ±0.21	6.50 ±1.99	1.23 ±0.47
	50mg/kg	4.38 ±0.67	2.28 ±0.11	7.41 ±0.71	1.47 ±0.27
5mg/kg	水飞蓟素	4.47 ±0.72	2.33 ±0.13	7.25 ±0.87	1.49 ±0.31
	水飞蓟种子	4.65 ±0.83	2.29 ±0.15	7.05 ±1.05	1.50 ±0.28
10mg/kg	水飞蓟素	4.47 ±0.80	2.29 ±0.30	7.40 ±1.38	1.53 ±0.33
	水飞蓟种子	4.38 ±0.98	2.16 ±0.21	6.50 ±1.99	1.23 ±0.47
50mg/kg	水飞蓟素	4.33 ±0.74	2.20 ±0.17	7.56 ±0.80	1.50 ±0.29
	水飞蓟种子	4.38 ±0.67	2.28 ±0.11	7.41 ±0.71	1.47 ±0.27
总体比较					
水飞蓟素组		4.42 ±0.74	2.27 ±0.21	7.40 ±1.03	1.51 ±0.30
水飞蓟种子组		4.47 ±0.83	2.24 ±0.17	6.99 ±1.39	1.40 ±0.37

3. 对团头鲂鱼体营养成分的影响

饲料中添加不同水平的水飞蓟素和水飞蓟种子对团头鲂鱼体营养成分的影响见表7-3-4。

（1）水飞蓟两种添加形式不同添加水平之间的比较

水飞蓟素和水飞蓟种子不同添加水平各组全鱼和肌肉粗蛋白含量无显著差异（$P > 0.05$），水飞蓟素组添加各水平与对照组相比肝脏粗蛋白含量无显著差异（$P > 0.05$），水飞蓟种子添加量 10mg/kg 组肝脏粗蛋白含量显著高于对照组（$P<0.05$），其他各组无显著差异（$P>0.05$），水飞蓟种子组肝脏粗蛋白含量显著高于水飞蓟素组（$P<0.05$）。水飞蓟素和水飞蓟种子不同添加水平的全鱼和肌肉脂肪含量无显著差异（$P>0.05$）；添加各水平水飞蓟素的肝脏粗脂肪含量无显著差异（$P>0.05$），添加水飞蓟种子 5mg/kg、10mg/kg 组分别比对照组高 18.9% 和 16.5%，有显著差异（$P<0.05$）。

（2）添加相同水平水飞蓟素和水飞蓟种子组比较

由表 7-3-4 可知，添加相同水平的水飞蓟素和水飞蓟种子组相比，全鱼和肌肉的粗蛋白含量无显著差异（$P>0.05$）；添加水飞蓟素 10mg/kg 组肝脏粗蛋白含量显著低于水飞蓟种子组（$P<0.05$），添加水飞蓟 5mg/kg 组和 50mg/kg 组的水飞蓟素组和水飞蓟种子组肝脏粗蛋白含量无显著差异（$P>0.05$）。添加水飞蓟 5mg/kg、10mg/kg、50mg/kg 组的水飞蓟素组和水飞蓟种子相比，全鱼、肌肉和粗脂肪含量无显著差异（$P>0.05$）。

表 7-3-4　不同水平水飞蓟素和水飞蓟种子对团头鲂鱼体营养成分的影响（干物质基础，%）

Tab. 7-3-4　Effect of different level of silymarine and silybum marianum seed on nutrient composition of *Megalobrama amblycephala*

水飞蓟形式 Silybum form	添加水平（%）Level	粗蛋白（%）CP			粗脂肪（%）EE		
		全鱼 Whole fish	肌肉 Muscle	肝脏 Hepatopancreas	全鱼 Whole fish	肌肉 Muscle	肝脏 Hepatopancreas
对照	0mg/kg	57.8±3.9	88.1±0.6	42.8±2.7	24.7±1.3	5.41±0.23	22.8±2.0
水飞蓟素	5mg/kg	57.4±2.9	88.1±0.5	42.0±2.5	26.3±0.2	5.18±0.11	23.2±1.9
	10mg/kg	56.8±2.7	88.2±0.8	42.9±1.1	28.2±1.3	5.55±0.32	24.0±1.6
	50mg/kg	58.3±2.8	88.5±0.4	42.8±2.9	25.1±2.3	5.54±0.09	25.6±0.5
对照	0mg/kg	57.8±3.9	88.1±0.6	42.8±2.7a	24.7±1.3	5.41±0.23	22.8±2.0
水飞蓟种子	5mg/kg	57.7±3.0	88.2±0.3	43.1±0.5ab	27.4±2.2	5.33±0.20	28.1±2.2
	10mg/kg	57.8±1.3	88.2±0.5	46.8±1.2b	27.3±4.1	5.63±0.19	27.3±4.2
	50mg/kg	58.5±2.6	88.2±0.4	45.3±2.4ab	24.6±4.7	5.62±0.37	23.9±2.2
5mg/kg	水飞蓟素	57.4±2.9	88.1±0.5	42.0±2.5	26.3±0.2	5.18±0.11	23.2±1.9
	水飞蓟种子	57.7±3.0	88.2±0.3	43.1±0.5	27.4±2.2	5.33±0.20	28.1±2.2
10mg/kg	水飞蓟素	56.8±2.7	88.2±0.8	42.9±1.1A	28.2±1.3	5.55±0.32	24.0±1.6
	水飞蓟种子	57.8±1.3	88.2±0.5	46.8±1.2B	27.3±4.1	5.63±0.19	27.3±4.2

（续表）

水飞蓟形式 Silybum form	添加水平（%）Level	粗蛋白（%）CP			粗脂肪（%）EE		
		全鱼 Whole fish	肌肉 Muscle	肝脏 Hepatopancreas	全鱼 Whole fish	肌肉 Muscle	肝脏 Hepatopancreas
50mg/kg	水飞蓟素	58.3±2.8	88.5±0.4	42.8±2.9	25.1±2.3	5.54±0.09	25.6±0.5
	水飞蓟种子	58.5±2.6	88.2±0.4	45.3±2.4	24.6±4.7	5.62±0.37	23.9±2.2
总体比较							
水飞蓟素组		57.5±2.5	88.3±0.5	42.6±2.0A	26.5±1.9	5.42±0.25	24.3±1.6
水飞蓟种子组		58.0±2.1	88.2±0.3	45.1±2.1B	26.4±3.6	5.53±0.27	26.5±3.2

（二）对团头鲂生理性能的影响

1. 对团头鲂血清葡萄糖和血红蛋白含量的影响

血清葡萄糖和血红蛋白含量分别反映机体对糖类代谢情况和机体红细胞载氧能力，饲料中添加不同水平的水飞蓟素水飞蓟种子对团头鲂血清葡萄糖和血红蛋白含量的影响见表7－3－5。

（1）水飞蓟两种添加形式不同添加水平之间的比较

饲料中添加水飞蓟素5mg/kg、10mg/kg和50mg/kg组血清葡萄糖与对照组相比，分别降低了22.8%、24.1%和19.9%，无显著差异（$P>0.05$）；添加水飞蓟素50mg/kg组与对照相比，添加水飞蓟素10mg/kg组与5mg/kg组相比，血红蛋白含量分别降低了37.9%和升高了12.7%，差异显著（$P<0.05$），5mg/kg组和10mg/kg组与对照组相比无显著差异（$P>0.05$）。

添加水飞蓟种子5mg/kg、10mg/kg和50mg/kg组与对照组相比血清葡萄糖含量分别下降了45.8%、43.4%和55.3%，差异显著（$P<0.05$），而添加3种水平水飞蓟种子组之间相比血清葡萄糖含量无显著差异（$P>0.05$）；添加水飞蓟种子5mg/kg、10mg/kg和50mg/kg组与对照组相比血红蛋白无显著差异（$P>0.05$），50mg/kg组血红蛋白含量显著高于5mg/kg组和10mg/kg组（$P<0.05$）。

（2）添加相同水平的水飞蓟的水飞蓟素和水飞蓟种子组比较

相同水平的水飞蓟组的水飞蓟素和水飞蓟种子组相比血清葡萄糖含量无显著差异（$P>0.05$），但是水飞蓟种子组的血清葡萄糖含量均低于水飞蓟素组。水飞蓟50mg/kg组的水飞蓟种子组的血红蛋白含量显著高于水飞蓟素组（$P<0.05$），其他两种添加水平的水飞蓟素组和水飞蓟种子组的血红蛋白含量无显著差异（$P>0.05$）。

添加各水平水飞蓟素和水飞蓟种子组整体相比，水飞蓟种子组的血清葡萄糖含量比水飞蓟素组低21.1%，差异显著（$P<0.05$）；添加水飞蓟种子组的血红蛋白含量比水飞蓟素组高13.4%，差异不显著（$P>0.05$）。

表7-3-5 对团头鲂血清葡萄糖和血红蛋白影响

Tab. 7-3-5 Effect of different level of silymarine and silybum marianum seed on blood sugar and hematoglobin of *Megalobrama amblycephala*

水飞蓟添加形式 Silybum form	添加水平（%） Level	葡萄糖（mmol/L） Blood sugar	血红蛋白（g/L） Hematoglobin
对照	0mg/kg	5.53±0.74	69.4±4.0[bc]
水飞蓟素	5mg/kg	4.27±1.27	64.0±2.8[b]
	10mg/kg	4.20±1.95	72.1±4.9[c]
	50mg/kg	4.43±1.78	43.1±3.9[a]
对照	0mg/kg	5.53±0.74[b]	69.4±4.0[ab]
水飞蓟种子	5mg/kg	3.00±0.00[a]	65.5±2.9[a]
	10mg/kg	3.13±0.64[a]	64.3±1.0[a]
	50mg/kg	2.47±0.55[a]	73.3±3.1[b]
5mg/kg	水飞蓟素	4.27±1.27	64.0±2.8
	水飞蓟种子	3.00±0.00	65.5±2.9
10mg/kg	水飞蓟素	4.20±1.95	72.1±4.9
	水飞蓟种子	3.13±0.64	64.3±1.0
50mg/kg	水飞蓟素	4.43±1.78	43.1±3.9A
	水飞蓟种子	2.47±0.55	73.3±3.1B
总体比较			
水飞蓟素组		4.30±1.47[b]	59.7±13.4
水飞蓟种子组		2.87±0.52[a]	67.7±4.8

2. 对血清转氨酶活力的影响

血清中谷草转氨酶（GOT）和谷丙转氨酶（GPT）含量是反映肝脏健康状况的重要指标，饲料中添加不同水平的水飞蓟对团头鲂血清GOT和GPT的影响见表7-3-6。

（1）水飞蓟两种添加形式不同添加水平之间的比较

添加水飞蓟素5mg/kg和10mg/kg组与对照组相比无显著差异（$P>0.05$），50mg/kg与对照组相比GOT升高了17.4%，差异显著（$P<0.05$）；添加各水平水飞蓟素组与对照组相比，血清谷丙转氨酶含量无显著差异（$P>0.05$）。添加水飞蓟种子5mg/kg和10mg/kg与对照组相比无显著差异（$P>0.05$），50mg/kg与对照组相比显著降低（$P<0.05$）；不同水飞蓟种子组血清GPT含量无显著差异（$P>0.05$），随着水飞蓟种子添加水平的提高，血清GPT含量有下降趋势。

（2）添加相同水平的水飞蓟的水飞蓟素和水飞蓟种子组比较

添加50mg/kg水飞蓟组的水飞蓟种子组的血清GOT含量比水飞蓟素组低20.9%，差异显著（$P<0.05$），添加水飞蓟5mg/kg和10mg/kg组的水飞蓟素和水飞蓟种子组的血清GOT含量无显著差异（$P>0.05$）；添加各水平水飞蓟组的水飞蓟素组和水飞蓟种子的血清GPT

含量无显著差异（$P>0.05$）。添加水飞蓟素各组与水飞蓟种子组总体相比，水飞蓟种子血清GOT显著低于水飞蓟素组（$P<0.05$），血清GPT含量无显著差异（$P>0.05$）。

表7-3-6　不同水平水飞蓟素和水飞蓟种子对团头鲂血清转氨酶活性的影响

Tab. 7-3-6　Effect of different level of silymarine and silybum marianum seed on GOT and GPT of *Megalobrama amblycephala*

水飞蓟形式 Silybum form	添加水平（%） Level	血清谷草转氨酶（U/L） Serum GOT	血清谷丙转氨酶（U/L） Serum GPT
对照	0mg/kg	112.7±6.1[a]	14.3±0.6
水飞蓟素	5mg/kg	120.3±2.1[a]	14.0±1.0
	10mg/kg	117.6±3.1[a]	15.0±1.0
	50mg/kg	132.3±7.6[b]	13.3±1.5
对照	0mg/kg	112.7±6.1[b]	14.3±0.6
水飞蓟种子	5mg/kg	113.3±3.1[b]	13.3±0.6
	10mg/kg	115.0±4.0[b]	13.0±1.0
	50mg/kg	104.7±2.1[a]	12.0±2.0
5mg/kg	水飞蓟素	120.3±2.1	14.0±1.0
	水飞蓟种子	113.3±3.1	13.3±0.6
10mg/kg	水飞蓟素	117.6±3.1	15.0±1.0
	水飞蓟种子	115.0±4.0	13.0±1.0
50mg/kg	水飞蓟素	132.3±7.6[b]	13.3±1.5
	水飞蓟种子	104.7±2.1[a]	12.0±2.0
		总体比较	
水飞蓟素		123.4±8.0[b]	14.1±1.3
水飞蓟种子		111.0±5.5[a]	12.8±1.3

3. 对团头鲂血清抗氧化指标的影响

添加不同水平的水飞蓟素和水飞蓟种子对团头鲂血清抗氧化指标SOD、GSH-PX活性的影响见表7-3-7。

（1）水飞蓟两种添加形式不同添加水平之间的比较

由表7-3-7分析得出，对于添加水飞蓟素组，各组血清SOD活性分别比对照组高12.8%、17.9%和7.6%，差异显著（$P<0.05$）；且10mg/kg组SOD活性显著高于50mg/kg组（$P<0.05$）。不同添加水平水飞蓟素组血清谷胱甘肽过氧化物酶（GSH-PX）无显著差异。

添加水飞蓟种子5mg/kg组SOD活性与对照组无显著差异（$P>0.05$），而添加水飞蓟种子10mg/kg、50mg/kg组分别比对照组高10.7%和24.2%，差异显著（$P<0.05$）。水飞蓟素不同水平之间的血清谷胱甘肽过氧化物酶（GSH-PX）无显著差异（$P>0.05$）。添加水飞蓟种子 5mg/kg 组的血清 GSH-PX 显著高于其他各组（$P<0.05$），而其他各组之间无显著性差异（$P>0.05$）。

（2）添加相同水平的水飞蓟的水飞蓟素和水飞蓟种子组比较

相同水平的水飞蓟素和水飞蓟种子组相比，添加水飞蓟 5mg/kg 组的水飞蓟素组的血清 SOD 活性比水飞蓟种子组高 13.5%，差异显著（$P<0.05$），添加 10mg/kg 和 50mg/kg 组无显著差异（$P>0.05$）；相同水平的水飞蓟素和水飞蓟种子组的血清 GSH-PX 活性无显著差异（$P>0.05$）。水飞蓟素和水飞蓟种子组总体相比，血清 SOD、GSH-PX 均无显著差异（$P>0.05$）。

表 7-3-7　不同水平水飞蓟素和水飞蓟种子对团头鲂血清 SOD、GSH-PX 的影响

Tab. 7-3-7　Effect of different level of silymarine and silybum marianum seed on Serum SOD and GSH-PX of *Megalobrama amblycephala*

水飞蓟形式 Silybum form	添加水平（%）Level	超氧化物歧化酶（U/mL）Serum SOD	谷胱甘肽过氧化物酶（U/mL）Serum GSH-PX
对照	0mg/kg	171.1 ± 3.6[a]	153.2 ± 6.4
水飞蓟素	5mg/kg	193.0 ± 3.8[bc]	154.7 ± 14.7
	10mg/kg	201.7 ± 2.5[c]	148.2 ± 15.3
	50mg/kg	184.1 ± 8.3[b]	154.9 ± 18.8
对照	0mg/kg	171.1 ± 3.6[a]	153.2 ± 6.4[a]
水飞蓟种子	5mg/kg	170.0 ± 8.3[a]	185.6 ± 15.2[b]
	10mg/kg	189.4 ± 7.3[b]	135.5 ± 4.3[a]
	50mg/kg	212.4 ± 13.9[c]	141.1 ± 10.6[a]
5mg/kg	水飞蓟素	193.0 ± 3.8[b]	154.7 ± 14.7
	水飞蓟种子	170.0 ± 8.3[a]	185.6 ± 15.2
10mg/kg	水飞蓟素	201.7 ± 2.5	148.2 ± 15.3
	水飞蓟种子	189.4 ± 7.3	135.5 ± 4.3
50mg/kg	水飞蓟素	184.1 ± 8.3	154.9 ± 18.8
	水飞蓟种子	212.4 ± 13.9	141.1 ± 10.6
		总体比较	
水飞蓟素组		192.9 ± 9.0	152.6 ± 14.58
水飞蓟种子组		190.6 ± 20.4	154.1 ± 25.6

4. 对肝脏合成能力的影响

血清总蛋白、白蛋白和球蛋白是反映肝脏合成功能的重要指标。饲料中添加不同水平水飞蓟素和水飞蓟种子对团头鲂血清总蛋白、白蛋白和球蛋白的影响见表 7-3-8。

添加不同水平水飞蓟素各组之间血清总蛋白含量无显著差异（$P>0.05$）；添加水飞蓟种子 5mg/kg 和 10mg/kg 组显著低于对照组（$P<0.05$），50mg/kg 组与对照无显著差异($P>$

0.05)。添加水飞蓟素 10mg/kg 组血清白蛋白含量比对照高 11.0%，差异显著（$P<0.05$），5mg/kg 和 50mg/kg 组与对照相比无显著差异（$P>0.05$）；添加各水平水飞蓟种子组白蛋白含量无显著差异。添加水飞蓟素 5mg/kg 组球蛋白含量显著低于对照组（$P<0.05$），10 mg/kg和 50mg/kg 组与对照无显著差异（$P>0.05$）；添加水飞蓟种子 10mg/kg 和 50mg/kg 组球蛋白显著低于对照组（$P<0.05$），而 5mg/kg 组与对照组无显著差异（$P>0.05$）。添加相同水平水飞蓟素和水飞蓟种子组相比，血清总蛋白、白蛋白和球蛋白含量均无显著差异（$P>0.05$）。

表 7-3-8　水飞蓟素和水飞蓟种子对团头鲂血清总蛋白、白蛋白和球蛋白的影响

Tab. 7-3-8　Effect of different level of silymarine and silybum marianum seed on Serum TP、Alb、Glo of *Megalobrama amblycephala*

水飞蓟形式 Silybum form	添加水平（%） Level	总蛋白（g/L） TP	白蛋白（g/L） Alb	球蛋白（g/L） Glo
对照	0mg/kg	24.5±0.7	16.3±0.5[a]	8.2±0.7[b]
水飞蓟素	5mg/kg	23.1±0.8	16.8±0.5[a]	6.2±0.5[a]
	10mg/kg	24.6±1.1	18.1±0.6[b]	6.5±1.6[ab]
	50mg/kg	23.8±1.0	15.8±0.7[a]	8.0±0.4[ab]
对照	0mg/kg	24.5±0.7[b]	16.3±0.5	8.2±0.7[b]
水飞蓟种子	5mg/kg	22.9±0.8[a]	16.0±0.3	6.8±0.6[ab]
	10mg/kg	22.9±0.4[a]	17.3±0.9	5.5±0.8[a]
	50mg/kg	23.9±0.6[ab]	17.5±1.3	6.4±0.9[a]
5mg/kg	水飞蓟素	23.1±0.8	16.8±0.5	6.2±0.5
	水飞蓟种子	22.9±0.8	16.0±0.3	6.8±0.6
10mg/kg	水飞蓟素	24.6±1.1	18.1±0.6	6.5±1.6
	水飞蓟种子	22.9±0.4	17.3±0.9	5.5±0.8
50mg/kg	水飞蓟素	23.8±1.0	15.8±0.7	8.0±0.4
	水飞蓟种子	23.9±0.6	17.5±1.3	6.4±0.9
		总体比较		
水飞蓟素组		23.8±1.1	16.9±1.1	6.9±1.2
水飞蓟种子组		23.2±0.7	17.0±1.0	6.2±0.9

5. 对团头鲂脂质代谢的影响

血清中胆固醇、甘油三酯、高密度脂蛋白和低密度脂蛋白含量是反映动物机体脂代谢的主要指标。团头鲂血清胆固醇、甘油三酯、高密度脂蛋白和低密度脂蛋白含量见表 7-3-9。

（1）水飞蓟两种添加形式不同添加水平之间的比较

由表 7-3-9 可知，添加不同水平的水飞蓟素和水飞蓟种子对团头鲂血清胆固醇和低密度脂蛋白含量无显著差异（$P>0.05$）；添加水飞蓟素10mg/kg组甘油三酯显著高于对照组（$P<0.05$），5mg/kg和50mg/kg组与对照组相比无显著差异（$P>0.05$）；水飞蓟素10mg/kg和50mg/kg组与对照组相比高密度脂蛋白分别高28.3%和25.8%，差异显著（$P<0.05$）。添加水飞蓟种子各组与对照组相比甘油三酯分别下降8.4%、9.5%和12.1%，无显著差异（$P>0.05$）；水飞蓟种子50mg/kg组高密度脂蛋白显著高于对照组（$P<0.05$），5mg/kg组和10mg/kg组与对照组无显著差异（$P>0.05$）。

（2）添加相同水平的水飞蓟的水飞蓟素和水飞蓟种子组比较

添加相同水平的水飞蓟素和水飞蓟种子相比，血清胆固醇、甘油三酯和高密度脂蛋白无显著差异，添加水飞蓟50mg/kg组水飞蓟种子组血清低密度脂蛋白显著高于水飞蓟素组。

表7-3-9　水飞蓟素和水飞蓟种子对团头鲂血清胆固醇、甘油三酯、高密度脂蛋白和低密度脂蛋白影响

Tab. 7-3-9　Effect of different level of silymarine and silybum marianum seed on CHO、TRIG、HDL-C and LDL-C of *Megalobrama amblycephala*

水飞蓟形式 Silybum form	添加水平（%） Level	胆固醇（mmol/L） CHO	甘油三酯（mmol/L） TRIG	高密度脂蛋白（mmol/L） HDL-C	低密度脂蛋白（mmol/L） LDL-C
对照	0mg/kg	4.61±0.27	2.73±0.32[a]	1.59±0.26[a]	2.12±2.42
水飞蓟素	5mg/kg	4.63±0.36	2.57±0.21[a]	1.93±0.20[ab]	2.07±0.38
	10mg/kg	4.51±0.34	2.97±0.35[b]	2.04±0.18[b]	2.40±0.52
	50mg/kg	4.90±0.74	2.30±0.36[a]	2.00±0.02[b]	1.93±0.31
对照	0mg/kg	4.61±0.27	2.73±0.32	1.59±0.26[a]	2.12±2.42
水飞蓟种子	5mg/kg	4.56±0.47	2.50±0.20	1.86±0.30[ab]	2.06±0.12
	10mg/kg	4.69±0.28	2.47±0.40	1.89±0.07[ab]	2.31±0.08
	50mg/kg	4.37±0.25	2.40±0.26	2.05±0.15[b]	2.49±0.17
5mg/kg	水飞蓟素	4.63±0.36	2.57±0.21	1.93±0.20	2.07±0.38
	水飞蓟种子	4.56±0.47	2.50±0.20	1.86±0.30	2.06±0.12
10mg/kg	水飞蓟素	4.51±0.34	2.97±0.35	2.04±0.18	2.40±0.52
	水飞蓟种子	4.69±0.28	2.47±0.40	1.89±0.07	2.31±0.08
50mg/kg	水飞蓟素	4.90±0.74	2.30±0.36	2.00±0.02	1.93±0.31[a]
	水飞蓟种子	4.37±0.25	2.40±0.26	2.05±0.15	2.49±0.17[b]
总体比较					
水飞蓟素组		4.68±0.48	2.61±0.40	1.99±0.14	2.14±0.41
水飞蓟种子组		4.54±0.33	2.46±0.27	1.93±0.19	2.29±0.07

6. 对肝脏组织结构的影响

饲料中添加相同水平的水飞蓟素和水飞蓟种子对团头鲂肝脏组织结构的影响见彩图7-3-2。从图中可以看出，添加不同水平的商品水飞蓟素的各组肝脏组织结构没有明显差别。

添加水飞蓟种子 5mg/kg 组肝细胞的密度较水飞蓟素 5mg/kg 低，添加水飞蓟种子 10mg/kg 和 50mg/kg 组的肝细胞密度没有明显的差别。添加相同水平的水飞蓟素和水飞蓟种子各组的肝细胞密度没有明显差别。

7. 对团头鲂肠道结构的影响

饲料中添加不同水平的水飞蓟素和水飞蓟种子对团头鲂肠道微绒毛密度和高度的影响见表 7－3－10 和表 7－3－11。由表 7－3－10 可以看出，水飞蓟添加水平为 5mg/kg 和 10 mg/kg时，水飞蓟素和水飞蓟种子的肠道微绒毛排列紧密，二者之间微绒毛密度没有明显的差别；水飞蓟添加水平为 50mg/kg 组时，商品水飞蓟素的微绒毛密度出现降低，并且绒毛之间出现裂缝。

表 7－3－10　添加水飞蓟素和水飞蓟种子对肠道微绒毛密度的影响

Tab. 7－3－10　Effect of silymarine and silybum marianum seed on the density of intestinal microvilli

水飞蓟添加水平	水飞蓟素组	水飞蓟种子组
5mg/kg	参数：15. 0kV 12. 8mm ×20. 0k　2. 00μm	参数：15. 0kV 12. 8mm ×20. 0k　2. 00μm
10mg/kg	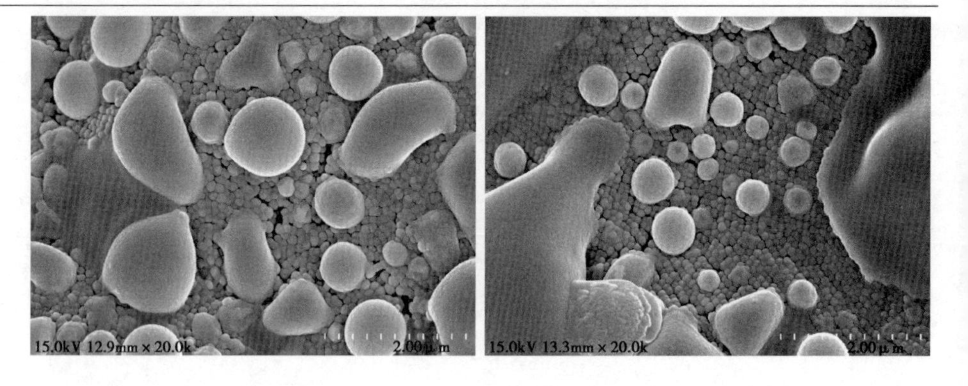 参数：15. 0kV 12. 8mm ×20. 0k　2. 00μm	参数：15. 0kV 12. 8mm ×20. 0k　2. 00μm

（续表）

水飞蓟添加水平	水飞蓟素组	水飞蓟种子组
50mg/kg	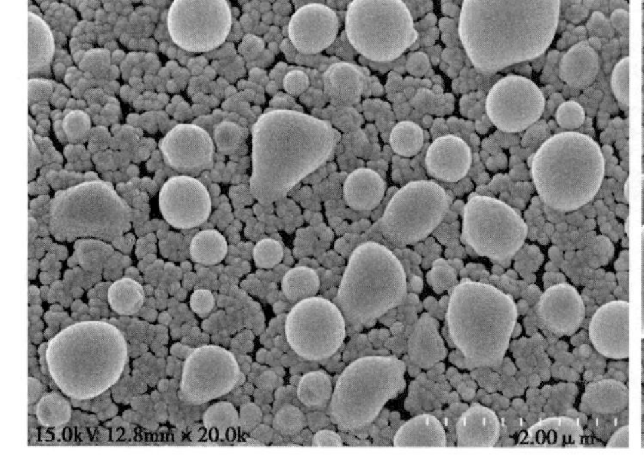 参数：15. 0kV 12. 8mm ×20. 0k　2. 00μm	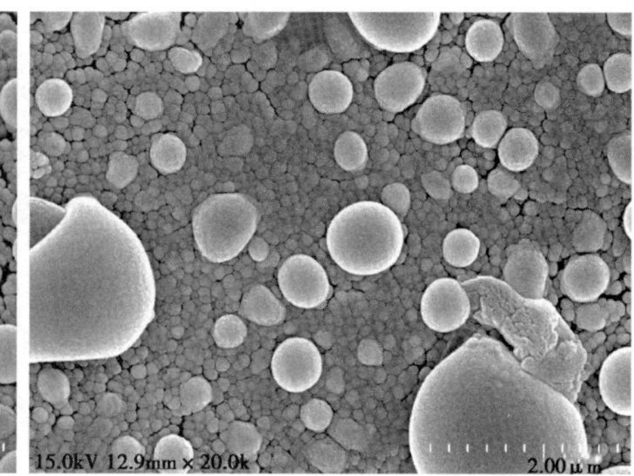 参数：15. 0kV 12. 8mm ×20. 0k　2. 00μm

由表 7 – 3 – 11 可以看出，添加不同水平的商品水飞蓟素和水飞蓟种子组的肠道微绒毛高度没有明显差别，商品水飞蓟素和水飞蓟种子内部各组之间微绒毛高度没有明显差别。

表 7 – 3 – 11　商品水飞蓟素和水飞蓟种子对肠道微绒毛高度的影响

Tab. 7 – 3 – 11　Effect of silymarine and silybum marianum seed on the length of intestinal microvilli

水飞蓟水平	水飞蓟素	水飞蓟种子
 5mg/kg	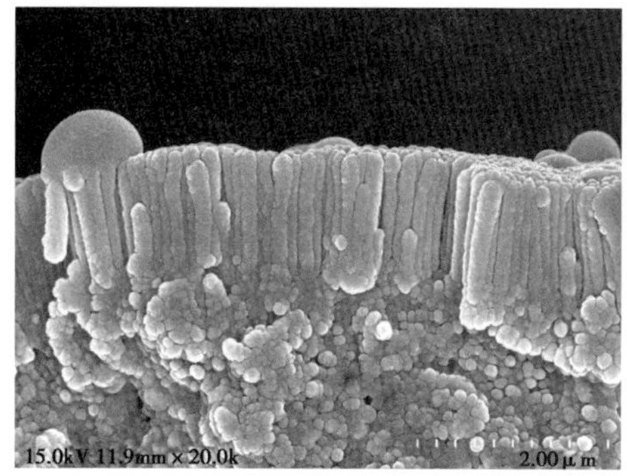 参数：15. 0kV 12. 8mm ×20. 0k　2. 00μm	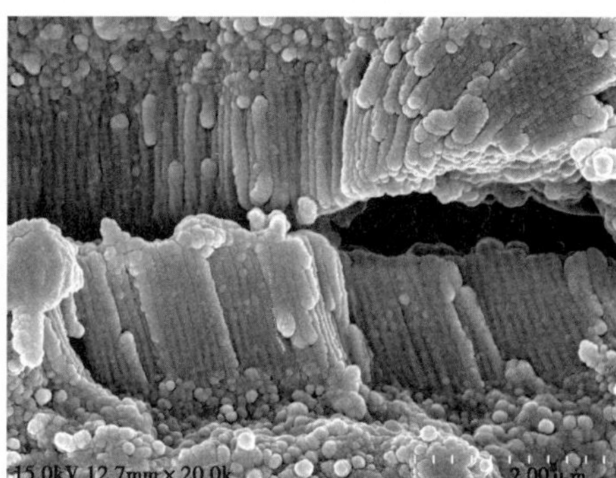 参数：15. 0kV 12. 8mm ×20. 0k　2. 00μm

（续表）

水飞蓟水平	水飞蓟素	水飞蓟种子
10mg/kg	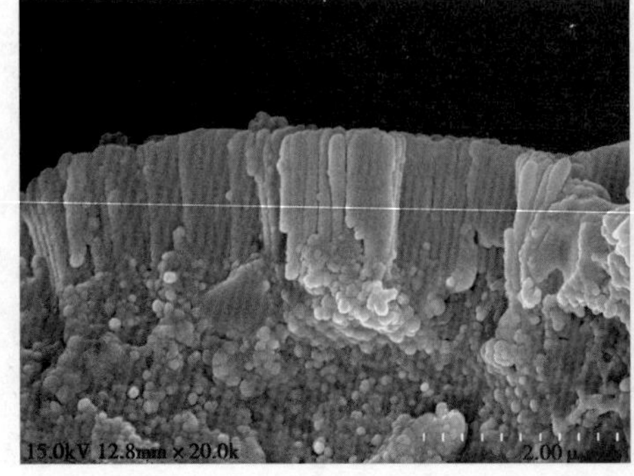 参数：15.0kV 12.8mm ×20.0k　2.00μm	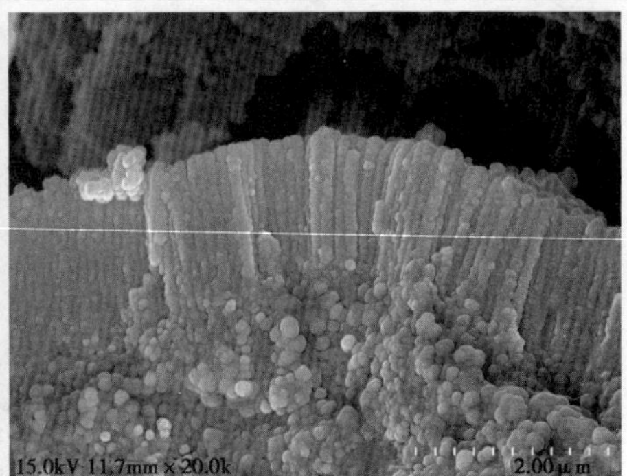 参数：15.0kV 12.8mm ×20.0k　2.00μm
50mg/kg	 参数：15.0kV 12.8mm ×20.0k　2.00μm	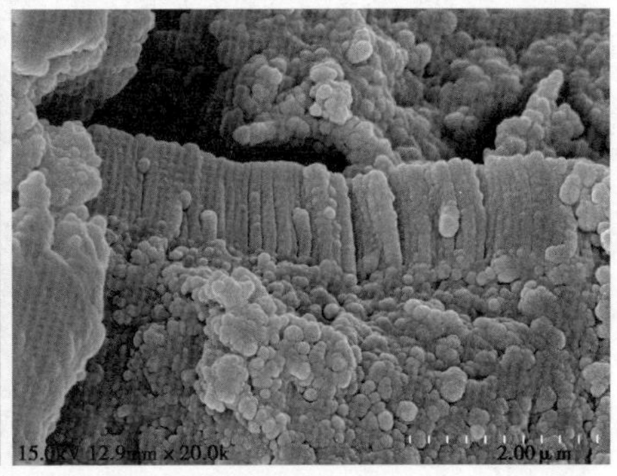 参数：15.0kV 12.8mm ×20.0k　2.00μm

8. 对团头鲂肝脏脂肪酸组成的影响

不同水平的水飞蓟素和水飞蓟种子对团头鲂肝脏脂肪酸组成的影响见表 7－3－12。

（1）添加不同水平商品水飞蓟素组之间进行比较

C14：0、C15：0、C16：0 和 C21：0 含量，添加不同水飞蓟素各组之间无显著差异（$P>0.05$）；C17：0 含量以 50mg/kg 最高，显著高于其他各组；C18：0 含量以 50mg/kg 组最高，为 17.52%，显著高于对照组和 5mg/kg 组（$P<0.05$）；饱和脂肪酸（SFA）含量以对照组（0mg/kg）为最低，为 41.15%，最高为 50mg/kg 组，显著高于对照组（$P<0.05$）。

C16：1、C17：1、C20：1、C18：1n9c 和 C22：1n9 含量各组之间无显著差异（$P>0.05$）；单不饱和脂肪酸（MUFA）含量添加不同水平水飞蓟素各组之间无显著差异（$P>0.05$）。

C18：3n3、C20：5n3 和 C22：6n3 含量添加不同水飞蓟素各组之间无显著差异（$P>0.05$）；n-3PUFA 含量对照组最高，为 2.09%，显著高于 5mg/kg 和 10mg/kg 组（$P<0.05$）。

C18：2n6c 含量对照组和 5mg/kg 组显著高于 10mg/kg 组和 50mg/kg 组（$P<0.05$）；

C18：3n6、C20：3n6 添加不同水平水飞蓟素各组之间无显著差异（$P>0.05$）；C20：4n6 含量以对照组最高，为 1.73%，显著高于 5mg/kg（$P<0.05$），与 10mg/kg、50mg/kg 组无显著差异（$P>0.05$）；n-6 多不饱和脂肪酸（n-6PUFA）和多不饱和脂肪酸（PUFA）含量对照组最高，分别为 10.33% 和 12.42%，显著高于 10mg/kg 组和 50mg/kg 组（$P<0.05$）。

（2）不同水平的水飞蓟种子组之间进行比较

添加不同水平水飞蓟种子组的饱和脂肪酸 C14：0、C15：0、C16：0、C17：0、C20：0、C21：0 的含量，各组之间无显著差异（$P>0.05$）；C18：0 的含量以对照组为最小，为 13.44%，显著低于其他各组；饱和脂肪酸 SFA 含量以对照组最小，为 41.15%，水飞蓟种子 10mg/kg 组最高，为 44.65%，添加水飞蓟种子的各组含量均显著高于对照组（$P<0.05$）。

添加不同水飞蓟种子组的 C16：1、C17：1、C20：1、C21：1、C22：1n9 含量无显著差异，C18：1n9c 含量最大的为对照组，为 41.65%，随着水飞蓟种子添加量的升高，C18：1n9c 含量呈下降的趋势。添加不同水平水飞蓟种子单不饱和脂肪酸（MUFA），饱和与单不饱和脂肪酸之和（S+M）含量无显著差异（$P>0.05$）。

C18：3n3、C20：5n3 含量与对照组相比无显著差异（$P>0.05$）；C22：6n3 含量以水飞蓟种子 50mg/kg 组最高，为 2.09%，最低为对照组，为 1.37%，50mg/kgC22：6n3 含量显著高于其他 3 组（$P<0.05$）；n-3PUFA 以对照组为最低，为 2.09%，50mg/kg 组含量最高，为 2.79%，二者差异显著（$P<0.05$）；C18：2n6c 含量以对照组最高，为 7.43%，显著高于其他 3 组（$P<0.05$）；C18：3n6、C20：3n6、C20：4n6、n-6PUFA、PUFA 含量各组之间均无显著差异（$P>0.05$）。

表 7-3-12　不同水平水飞蓟素和水飞蓟种子肝脏脂肪酸百分比组成

Tab. 7-3-12　Effect of silymarine and silybum marianum seed on the composition of the fatty acid of the hepatopancreas

脂肪酸组成	水飞蓟素组				水飞蓟种子			
	0mg/kg	5mg/kg	10mg/kg	50mg/kg	0mg/kg	5mg/kg	10mg/kg	50mg/kg
C14：0	2.29±0.51	2.52±0.16	2.34±0.28	2.51±0.49	2.29±0.51	2.38±0.39	2.40±0.12	2.27±0.32
C15：0	0.10±0.03	0.10±0.02	0.07±0.02	0.10±0.02	0.10±0.03	0.10±0.01	0.12±0.02	0.08
C16：0	23.97±0.80	23.42±0.42	22.51±0.70	22.37±1.16	23.97±0.80	22.20±0.87	24.55±0.97	24.08±1.86
C17：0	0.22±0.03[ab]	0.25±0.01[bc]	0.20±0.03[a]	0.27±0.01[c]	0.22±0.03	0.25±0.04	0.28±0.04	0.28±0.05
C18：0	13.44±0.29[a]	15.28±0.48[c]	15.97±1.46[bc]	17.52±0.64[c]	13.44±0.29[a]	17.54±0.64[c]	16.06±0.32[b]	16.59±1.22[bc]
C20：0	0.14±0.02[ab]	0.15±0.03[ac]	0.12±0.02[a]	0.18±0.04[b]	0.14±0.02	0.16±0.03	0.16±0.05	0.13±0.02
C21：0	0.99±0.20	0.87±0.01	0.87±0.16	0.89±0.06	0.99±0.20	1.06±0.10	1.10±0.12	0.93±0.09
SFA	41.15±0.89[a]	42.60±0.64[ab]	42.07±0.89[ab]	43.82±1.17[b]	41.15±0.89[a]	43.69±1.27[b]	44.65±0.94[b]	44.37±1.11[b]
C16：1	3.01±0.66	2.89±0.11	3.11±0.45	2.50±0.21	3.01±0.66	2.40±0.32	2.71±0.15	2.69±0.16
C17：1	0.17±0.05	0.22±0.04	0.17±0.06	0.19±0.01	0.17±0.05	0.21±0.03	0.20±0.04	0.22±0.03
C20：1	1.22±0.16	1.26±0.16	1.16±0.25	1.22±0.13	1.22±0.16	1.27±0.22	1.31±0.24	1.11±0.14

（续表）

脂肪酸组成	水飞蓟素组				水飞蓟种子			
	0mg/kg	5mg/kg	10mg/kg	50mg/kg	0mg/kg	5mg/kg	10mg/kg	50mg/kg
C24：1	0.14±0.01^{b}	0.12±0.03^{ab}	0.11±0.03^{ab}	0.08±0.02^{a}	0.14±0.01	0.14±0.03	0.13±0.03	0.13±0.02
C18：1n9c	41.65±0.49	41.25±0.44	43.16±0.46	41.72±1.83	41.65±0.49^{b}	39.51±0.92^{ab}	39.34±1.35^{ab}	38.69±2.16^{a}
C22：1n9	0.27±0.03	0.24±0.01	0.20±0.08	0.29±0.09	0.27±0.03	0.40±0.19	0.26±0.05	0.25±0.04
MUFA	46.46±0.78	45.98±0.54	47.91±0.80	46.01±1.83	46.46±0.78	43.94±1.58	43.95±1.73	43.09±2.27
S+M	87.61±0.62^{a}	88.58±0.77^{a}	89.98±0.26^{b}	89.83±0.68^{b}	87.61±0.62	87.63±0.37	88.61±0.90	87.46±1.37
C18：3n3	0.54±0.15	0.38±0.06	0.37±0.12	0.49±0.14	0.54±0.15	0.63±0.12	0.56±0.07	0.51±0.11
C20：5n3	0.18±0.02	0.16±0.03	0.15±0.01	0.16±0.04	0.18±0.02	0.26±0.03	0.25±0.03	0.20±0.07
C22：6n3	1.37±0.35	0.81±0.28	0.97±0.28	1.13±0.16	1.37±0.35^{a}	1.52±0.17^{a}	1.47±0.27^{a}	2.09±0.22^{b}
n-3PUFA	2.09±0.28^{b}	1.34±0.34^{a}	1.49±0.25^{a}	1.78±0.32^{ab}	2.09±0.28^{a}	2.42±0.19^{ab}	2.29±0.20^{ab}	2.79±0.36^{b}
C18：2n6c	7.43±0.36^{b}	7.86±0.39^{a}	5.88±0.42^{a}	5.63±0.12^{a}	7.43±0.36^{b}	6.37±0.38^{a}	5.64±0.59^{a}	6.08±0.42^{a}
C18：3n6	0.24±0.02	0.24±0.05	0.22±0.04	0.28±0.03	0.24±0.02	0.30±0.04	032±0.03	0.33±0.11
C20：3n6	0.93±0.19	0.77±0.08	0.84±0.12	0.93±0.08	0.93±0.19	1.13±0.10	1.14±0.03	1.06±0.19
C20：4n6	1.73±0.21B	1.20±0.23A	1.60±0.21B	1.55±0.16AB	1.73±0.21	1.69±0.57	2.02±0.18	2.46±0.48
n-6PUFA	10.33±0.30B	10.07±0.54B	8.54±0.41A	8.38±0.36A	10.33±0.30	9.48±0.69	9.11±0.75	9.94±1.08
PUFA	12.42±0.57B	11.41±0.78B	10.03±0.26A	10.16±0.68A	12.42±0.57	11.90±0.88	11.40±0.90	12.73±1.21

1）SFA 表示饱和脂肪酸；MUFA 表示单不饱和脂肪酸；PUFA 表示多不饱和脂肪酸；S + M 表示 SFA + MUFA.

2）表中大写英文字母表示添加不同水平水飞蓟素之间比较，小写英文字母表示添加不同水平水飞蓟种子组之间比较，$P=0.05$。

三、讨论

（一）水飞蓟素和水飞蓟种子对团头鲂生长性能的影响

水飞蓟为菊科水飞蓟属草本植物，最早是欧洲民间的一种草药，主要用于保肝，其有效成分为水飞蓟素，是一种黄酮类化合物，对治疗肝脏损伤具有很好的效果。其有效成分水飞蓟素主要存在于水飞蓟种子的种皮中[74]，主要成分为水飞蓟宾、水飞蓟亭、水飞蓟宁等，其中水飞蓟宾的含量最高、活性最强[75]。除了保肝作用外，水飞蓟还具有促进动物消化吸收[34]，从而提高动物的生长性能的作用[35]。因此，在饲料中加入一定量的水飞蓟，可提高动物的消化利用率，从而促进其生长。

在本试验中，饲料中加入不同水平水飞蓟素和水飞蓟种子均可以一定程度上提高团头鲂的增重率和特定生长率。在低剂量水平时（5mg/kg 和 10mg/kg）与对照组相比，鱼体增重率有一定程度的升高，差异不显著；添加水平在 50mg/kg 时，水飞蓟素的增重率显著高于对照组，这说明在饲料中添加一定的水平的水飞蓟素可以提高鱼体的生长性能，并且随添加水平的增高增重率随之升高。由于各组的饲料的营养价值基本保持一致，这说明鱼体的消化利用率在水飞蓟添加后得到了提高，这与王英伟、刘为民等[34,35]的研究结果相一致。添加相同水平的水飞蓟素和水飞蓟种子各组进行比较得出，在增重率和饲料系数方面均无显著差异出现，只是水飞蓟种子组的生长性能比水飞蓟素略差，这可能使因为水飞蓟的有效成分在两种添加形式中的存在方式不一样，从而导致二者在鱼体的代谢中利用率不同。

（二）对团头鲂生理指标的影响

1. 对团头鲂血清转氨酶活性的影响

转氨酶主要在氨基酸分解起到催化作用，正常情况下主要存在于肝脏中，血液中含量很低，但是在肝脏组织受损导致细胞膜通透性增大时，转氨酶会被释放到血液中，从而引起血清中该酶的浓度上升或活力突然持续性加强[38]。因此，在临床医学中常以血清中转氨酶的活性来判断肝脏是否健康。本试验中，饲料中添加水飞蓟素和水飞蓟种子，在低剂量时血清谷草转氨酶（GOT）和谷丙转氨酶（GPT）与对照组相比没有显著差异，在高剂量(50mg/kg)时，血清 GOT 与对照组差异显著，且水飞蓟素和水飞蓟种子表现出的效果不同，水飞蓟素 50mg/kg 组表现出显著增高血清 GOT 活性而水飞蓟种子组则表现出显著降低了血清 GOT。水飞蓟素的主要作用是清除机体中以及生物膜上的自由基，维持生物膜的流动性[76]。试验中，添加低剂量的水飞蓟素时血清中的 GOT 和 GPT 与对照组无显著差异，说明此时肝细胞的通透性没有改变，当进入机体水飞蓟过多时，在起到清除自由基的同时可能对肝细胞有应激作用，因此引起血清中转氨酶活性升高。在添加水飞蓟种子 50mg/kg 组的转氨酶下降可能是因为水飞蓟的有效成分在水飞蓟种子中呈结合状态，被机体吸收的较少，具体原因还需进一步证实。

2. 对团头鲂抗氧化体系的影响

超氧化物歧化酶（SOD）和谷胱甘肽过氧化物酶（GSH-PX）都是生物机体内的抗氧化酶，是机体抗氧化体系的重要组成部分，能清除体内氧自由基和抗脂质过氧化，保护细胞膜和细胞器膜的完整性，阻止自由基对机体的破坏。超氧化物歧化酶（SOD）是机体重要的抗氧化酶类[42]，广泛分布于细胞核各种体液中，是体内自由基的主要清除剂，能清除体内的超氧阴离子并减轻其毒副作用以此保护肝脏。刘存歧等[43]报道，SOD 能增强吞噬细胞防御能力和整个机体的免疫功能，是水产动物机体重要的非特异性免疫指标。杨耀娴等[77-78]、施瑞华等[79]研究表明，肝脏病变程度越高，血清 SOD 活性越低。GSH-PX 也是衡量鱼体抗氧化能力的重要指标，彭庆远等[80]研究表明，肝脏疾病患者血清中的 GSH-PX 活性低于正常人体，并且随肝病加重含量逐渐降低。

本试验中，添加水飞蓟素各组与对照组相比，超氧化物歧化酶（SOD）的活性分别比对照组高 12.8%、17.9% 和 7.6%，差异显著（$P<0.05$），这说明饲料中添加水飞蓟素对团头鲂机体抗氧化的提高有显著作用；随着水飞蓟素添加量的升高，血清超氧化物歧化酶活性有先升高后降低的趋势，这说明，水飞蓟素对提高机体抗氧化的功能上存在最适剂量，过多的水飞蓟素可能会对机体造成一定的不利影响。添加不同水平的水飞蓟素对血清的谷胱甘肽过氧化物酶（GSH-PX）活性无显著影响，这说明，调节谷胱甘肽过氧化物酶的基因可能具有较强的自我调节能力，或者对水飞蓟素的作用反应不敏感。添加水飞蓟种子 5mg/kg 对血清超氧化物歧化酶活性没显著影响，而 10mg/kg 和 50mg/kg 组显著高于对照组，这说明水飞蓟种子对提高机体的抗氧化功能也有一定的作用；水飞蓟种子对血清谷胱甘肽过氧化物酶活性与超氧化物歧化酶的规律相反，在添加水平为 5mg/kg 组时作用比较明显，而在 10

mg/kg和50mg/kg效果不明显，具体原因有待于进一步探究。在对相同水平的水飞蓟素和水飞蓟种子进行比较是发现，对于血清超氧化物歧化酶活性，在添加水平为5mg/kg和10mg/kg时，水飞蓟种子在提高血清超氧化物歧化酶活性比水飞蓟素组差，特别在5mg/kg组时显著低于水飞蓟素组，而在添加水平为50mg/kg时，水飞蓟种子的效果要优于水飞蓟素组，这可能是因为，一方面高剂量水飞蓟素对机体抗氧化能力有一定副作用，另一方面水飞蓟种子中的水飞蓟素处于结合态，被机体吸收利用的效率要低于提取出来的水飞蓟素，但具体原因需要进一步证实。

3. 对团头鲂肝脏代谢的影响

肝脏是鱼类代谢的中枢器官，具有运转、合成和降解等多种生理功能。血脂的含量可以反映体内脂类的代谢情况，血脂中的主要成分是甘油三酯（TG）和胆固醇（CHE），还包括高密度脂蛋白和低密度脂蛋白。血脂与全身脂肪相比虽然只占一小部分，但是其代谢却非常活泼。鱼类肠道吸收外源性脂肪和肝脏合成的内源性脂肪的动用都需要经过血液运输到其他组织，鱼类主要借助血清运输脂肪[51,52]。因此，血脂含量可以反映出脂类的代谢。高密度脂蛋白和低密度脂蛋白都是胆固醇的运输工具。高密度脂蛋白主要负责将多余的胆固醇从周边组织（血管）运送到肝脏进行分解代谢，然后通过胆道排出体外，低密度脂蛋白的作用相反，主要负责将胆固醇从肝脏运输到周边组织。在人体中，如果血清中的甘油三酯和低密度脂蛋白含量高，高密度脂蛋白含量低可能导致心血管疾病。

本实验中，添加不同水平的水飞蓟素和水飞蓟种子对团头鲂血清胆固醇和低密度脂蛋白的含量均无显著差异，这说明，在本试验条件下团头鲂血清胆固醇（CHO）和低密度脂蛋白（LDL-C）含量不受水飞蓟素的影响或者本试验添加的水飞蓟剂量在团头鲂机体的自我调节范围之内；血清甘油三酯（TRIG），高密度脂蛋白（HDL-C）含量随水飞蓟素和水飞蓟种子的添加分别呈降低和升高的趋势，这说明，饲料中添加水飞蓟素和水飞蓟种子，可在一定程度上促进机体对脂肪的代谢。

饲料中添加相同水平的水飞蓟素和水飞蓟种子组进行比较发现，血清胆固醇（CHO）、甘油三酯（TRIG），高密度脂蛋白（HDL-C）和低密度脂蛋白（LDL-C）含量没有明显差别，这表明，水飞蓟种子在一定程度上可以对水飞蓟素进行替代。

血清总蛋白（TP）、白蛋白（Alb）和球蛋白（Glo）动物肝脏内几种重要的代谢蛋白，是反映肝胰脏合成储备功能的关键性指标，血清TP、Alb和Glo含量的变化，也反映出肝脏的健康状况。血清总蛋白（TP）是反映肝脏功能重要指标，肝脏有很强的代偿能力，只有肝脏损伤程度达到一定程度是血清总蛋白才会发生明显变化[81]。血清白蛋白是由肝实质细胞合成，血清中白蛋白水平反映肝细胞合成蛋白质的能力，同时，白蛋白含量也是对肝硬化患者进行Child-Pugh分级的依据之一[82]。血清TP、Alb含量降低，Glo含量增加，显示出肝脏可能严重病变或损伤[83,84]。本试验中，随着水飞蓟种子添加水平的升高，其血清总蛋白，白蛋白含量有上升的趋势，血清球蛋白含量有下降的趋势，表明水飞蓟种子对团头鲂肝脏蛋白合成能力有一定的促进作用。相同水平的水飞蓟素和水飞蓟种子组相比，血清总蛋白（TP）、白蛋白（Alb）和球蛋白（Glo）无显著差异，说明在二者在对肝蛋白合成功能的影响上无显著差异。

4. 对团头鲂肝脏脂肪酸组成的影响

脂类对鱼体一个重要营养功能就是供应能量，在脂肪酸分解功能的过程中，饱和脂肪酸和单不饱和脂肪酸是氧化分解提供能量的主体，有研究表明，当鱼体处于饥饿状态时，其主要是动员单不饱和脂肪酸或饱和脂肪酸用于功能，而不动用多不饱和脂肪酸。非洲鲶在饥饿状态下，优先利用 C16：1n-9、C18：1n-9 和 C14：0[63]，而红罗非在饥饿时对脂肪酸的利用的先后顺序为 C18：1n-9、C16：1n-7 和 C14：0[64]。南美白对虾在早期发育时主要靠卵中的脂肪酸来满足自身需要，因此体内的单不饱和与饱和脂肪酸不断被利用，使多不饱和脂肪酸所占比例增大[65]。肝脏是机体内脂质代谢的主要场所，脂肪酸在线粒体及线粒体外氧化过程中均需肝脏细胞的参与，大部分中长链脂肪酸都是通过线粒体 β 氧化来为机体提供能量。线粒体是细胞内最重要的一种细胞器，其主要功能是通过氧化磷酸化产生 ATP，为机体提供能量，其生物膜上含有大量的不饱和脂肪酸，膜上的电子传递体大部分都紧密镶嵌在其内膜上，集合成大分子复合物，这些大分子复合物在功能上相互联系。这些复合物属于脂蛋白，很容易受机体中及外来的自由基损害，对膜中的脂质环境很敏感[66]。本试验中，添加水飞蓟素和水飞蓟种子，其饱和脂肪酸的含量随水飞蓟素和水飞蓟种子添加量的升高而逐渐升高，这可能是因为水飞蓟素被鱼体摄入后，提高了鱼体内部对自由基的清除能力，使得线粒体膜上的电子传递效率提高，线粒体产生 ATP 效率升高，利用的饱和脂肪酸相对减少。

四、小结

生长性能方面，添加相同水平的水飞蓟素和水飞蓟种子比较，增重率和饲料系数没有显著差异（$P>0.05$）；水飞蓟素组，随着水飞蓟素添加水平的提高，增重率有逐渐上升的趋势，50mg/kg 组显著高于对照组（$P<0.05$）；水飞蓟种子组，随着添加水平的升高，增重率有逐渐升高的趋势（$P>0.05$）。

生理性能方面，水飞蓟素和水飞蓟种子对机体载氧能力、抗氧化能力有显著提高作用，对血清谷草转氨酶有显著降低作用，对肝脏合成和脂质代谢有一定促进作用。添加水平为 5～10mg/kg 水飞蓟素和水飞蓟种子相比，差异不显著，添加 50mg/kg 时，水飞蓟素对部分生理指标有副作用，而水飞蓟种子却没有副作用。

组织结构方面，相同水平的水飞蓟素和水飞蓟种子没有明显差异。

综上所述，在本试验条件下，水飞蓟种子 50mg/kg 对水飞蓟素有较好的替代作用。

参考文献（整章）

[1] 何召允，代龙．水飞蓟的药学研究进展［J］．江西中医学院学报，2006，18（3）：74－75.

[2] 程慧桢，王海艳，崔凤芹等．水飞蓟宾胶囊治疗单纯性脂肪肝的临床疗效观察［J］．实用肝脏病杂志，2009，12（6）：457－459.

[3] Mourele M，Muriel P，Favari L，*et al.* Prevention of CCl_4 induced liver cirrhosis by silymarin［J］．Fundam Clin Phermacol.，1989，3：183－191.

[4] Lieber C S，Leo M A，Cao Q，*et al.* Silymarin retards the progression of alcohol-induced hepatic fibrosis in baboons［J］．J Clin Gastmenteml.，2003，37：336－339.

[5] Tasduq S A，Pecrzada K，Koul S，*et al.* Biochemical manifestations of anti-tuberculosis drugs induced hepatotoxicity and the efect of silymarin［J］．Hepatol Res.，2005.

[6] 王宇，贾继东，杨寄华等．水飞蓟素对实验性肝纤维化的疗效及其作用机制的研究［J］．国外医学消化系疾病分册，2005，25（4）：256－259.

[7] 曹力波，李兵，李佐军等．水飞蓟素对肝纤维化小鼠的保护作用及机制探讨［J］．中国药理学通报，2009，25

(6): 794－796.

[8] 张俊平，胡振林，冯增辉等．水飞蓟宾对小鼠肝脏炎症损伤和肿瘤坏死因子的产生及活性的影响 [J]．药学学报，1996，31 (8): 577－580.

[9] 杨维萍，宋宵，张韵．水林佳配合复方丹参注射液治疗酒精性脂肪肝临床观察 [J]．河北医药，2006，28 (8): 745－746.

[10] 柯铭清．中草药有效成分理化与药理特性 [M]．湖南：湖南科学技术出版社，1982.

[11] Muriel P，Garciapina T，Perez A V，*et al.* Silymarine protects against paracetamol-induced lipid peroxidation and liver damage [J]．Appl Toxicol.，1992，12 (6): 439－442.

[12] Mereish K A，Solow R. Effect of antihepatotoxic agents against mictocystin-LR toxicity in cultured rat hepatocytes [J]．Pharm Res.，1990，7 (3): 256－259.

[13] Mereish K A，Bunner D L，*et al.* Protection against microcystin-LR induced hepatotoxicity by silymarine: Biochemistry，histopathology and lethality [J]．Pharm Res.，1991，8 (2): 273－277.

[14] Muriel，Pablo，Mourelle，*et al.* Prevention by silymain of membrane alterations in acute carbon tetrachloride liver damage [J]．Journal of Applied Toxicology.，1990，10 (4): 275－279.

[15] Rauen H M，Schriewer H. Antihepatotoxic effect of silymarin on liver damage in rats induced by carbon tetrachloride D-gal actosamine and allylalcohol [J]．Arzneimittle-Forschung，1971，21 (8): 1 194－1 201.

[16] Mourelle M，Franco M T. Erythrocyte defects precede the onset of CCl_4-induced liver cirrhosis protection by silymarine [J]．Life Sci.，1991，48 (11): 1 083－1 090.

[17] Murid P，Mourelle M. The role of membrane composition in ATPase activities of cirrhotic rat liver: effect of silymarine [J]．J Appl Toxicol.，1990，10 (4): 281－284.

[18] Leng-Peschlow，Elke. Properties and medical use of flavonolignans (silymarin) from silybummarianum [J]．Phytotherapy Research.，1996，10 (Suppkl): 25－26.

[19] 吴东方，彭仁秀，叶丽萍等．水飞蓟素对小鼠肝细胞微粒体及线粒体膜流动性的影响 [J]．中国中药杂志，2003，28 (9): 870－872.

[20] Sonnenbichler，Johann，Sonnenbichler，*et al.* Biochemistry and pharmacology of silibinin [J] Book of Abstracts of 12th ACS National Meeting.，1996 (4): 25－26.

[21] Li D，Friedman S L. Liver fibrogenesis and the role of hepaticstellate cells: new insights and prospects for the rapy [J]．Gastroenterol Hepatol.，1999，14: 618－633.

[22] 王宇，贾继东．水飞蓟素的抗肝脏纤维化作用及其机制 [J]．中华医学杂志，2005，85 (17): 1 219－1 221.

[23] 李爱杰．水产动物营养与饲料科学 [M]．北京：中国农业出版社，1996.

[24] 张朝正．氧化鱼油和高氟饲料对石斑鱼的危害性评估 [D]．中山大学，2005.

[25] 王珺．乙氧基喹啉、氧化鱼油和烟酸铬对大黄鱼与鲈鱼生长性能的影响及其（或代谢物）在鱼体组中残留的研究 [D]．中国海洋大学，2010.

[26] 任泽林，霍启光，孙艳玲．氧化油脂对动物机体生理生化机能及肉质的影响 [J]．中国饲料，2000，15: 8－9.

[27] 刘伟，陈海燕，张桂兰．鱼类饲料油脂氧化酸败分析及对饲料质量影响探讨 [J]．水产学杂志，1996，9 (1): 22－25.

[28] 高淳仁，雷霁霖．饲料中氧化鱼油对真鲷幼鱼生长、存活及脂肪酸组成的影响 [J]．上海水产大学学报，1999，8 (2): 124－130.

[29] 刘伟，张桂兰，陈海燕等．饲料中添加氧化油脂对鲤体内脂质过氧化及血液指标的影响 [J]．中国水产科学，1997，4 (1): 94－96.

[30] 阮检栋．氧化油脂对罗非鱼生理机能的影响 [D]．广西大学，2006.

[31] 梁萌青，徐明起，姚健等．酸败油脂和黄曲霉毒素对中国明对虾生长的影响 [J]．中国水产科学，1996，3 (4): 48－52.

[32] Dibner J J，Atwell C A，Kitchell M L，*et al.* Feeding of oxidized fats to broilers and swine: effects on enterocyte turnover hepatocyte proliferation and the gut associated lymphoid tissue [J]．Animal Feed Science Technology，1996，62: 1－13.

[33] 任泽林，霍启光，曾虹等．氧化鱼油对鲤鱼生产性能和肌肉组织结构的影响［J］．动物营养学报，2001，13（1）：59－64．

[34] 王英伟，张敏，白金刚．水飞蓟复合饲料对猪生长性能及日粮养分消化率的影响［J］．饲料工业，2006（1）：30－32．

[35] 刘为民，王丙云，陈建红等．鸭肝炎病毒（DHV-1）及水飞蓟素对雏鸭生长的影响［J］．中国农业科学，2008，41（5）：1 519－1 523．

[36] 杨玉林，贺志安．临床肝病实验诊断学［M］．北京：中国中医药出版社，2007．

[37] 彭文锋，钟政勇．ADA 与 ALT、AST、GGT 联合检测在肝脏疾病诊断中的意义［J］．当代医学，2011，17（9）：4－5．

[38] 郑永华，蒲富永．汞对鲤鲫鱼组织转氨酶活性的影响［J］．西南农业大学学报，1997，19（1）：41－45．

[39] 霍应昌．血脂、转氨酶与脂肪肝关系分析［J］．中国现代医生，2010，48（24）：64－130．

[40] 刘兴霞，邱培勇，高建枝等．水飞蓟宾磷脂酰胆碱复合物对脓毒症幼鼠肝损伤的保护作用［J］．实用儿科临床杂志，2006，21（9）：547－548．

[41] 刘为民，白挨泉，何永明等．水飞蓟素对雏鸭人工感染鸭肝炎病毒疗效的观察［J］．佛山科学技术学院学报（自然科学版），2009，27（6）：1－4．

[42] 李磊，马长清，刘飞鸽等．超氧化物歧化酶的固定化及其酶学性质［J］．中国生物制品学杂志，2009（2）：153－157．

[43] 刘存歧，王伟伟，张亚娟．水生生物超氧化物歧化酶的酶学研究进展［J］．水产科学，2005，24（11）：49－52．

[44] Izaki Y，Yoshikawa S，Uchiyama M. Effect of ingestion of thermally oxidized frying oil on peroxidative criteria in rats［J］．Lipids，1984，19：324－331．

[45] Ashwin J L，Harris P G，Alexander J C. Effects of thermally oxidized canola oil and chronic consumption on aspects of hepatic oxidative stress in rats［J］．Nutrition Research，1991，11（1）：79－90．

[46] 任泽林，曾虹，霍启光等．氧化鱼油对鲤肝胰脏抗氧化机能及其组织结构的影响［J］．大连水产学院学报，2000，15（4）：235－242．

[47] 孙铁民，李铣．水飞蓟素药理研究进展［J］．中草药，2000，31（3）：229－231．

[48] 郭秀丽，杨昭徐，梁丕霞等．硫普罗宁和水飞蓟素对非酒性脂肪性肝病的抗氧化作用［J］．肝脏，2007，12（1）：32－34．

[49] 增瑞，麦康森，艾庆辉．脂肪肝病变大黄鱼肝脏脂肪酸组成、代谢酶活性及抗氧化能力的研究［J］．中国海洋大学学报，2008，38（4）：542－546．

[50] Nakagawa H. Classification of album in and globulin in yellow tail plasma［J］．Bull Japan Soc Fish，1978，44（3）：251－257．

[51] Hiraoka Y，Nakagawa H，Murachi S，*et al.* Blood properties of rainbow trout in acute hepatotoxity（sic）by carbon tetrachloride［J］．Japan Soc Sci Fish，1979，45（4）：527－532．

[52] 喇明平，陈梅花．水飞蓟素的药理学研究进展［J］．安徽农学通报，2007，13（6）：35－36．

[53] Loste A，Marca M C. Study of the effect of total serum protein and albumin concentrations on canine fructosamine concentration［J］．Can J Vet Res.，1999，63（2）：138－141．

[54] 李维勤，王新颖，朱虹．严重感染患者血清白蛋白分解和分布动力学研究［J］．中华外科杂志，2003，41（6）：423－426．

[55] Manna S K，Mukhopadhyay A，Van N T，*et al.* Silybum suppresses TNF-induced activation of NF-κB，c-Jun N-terminal kinase and apoptosis［J］．The Journal of Immunology，1999，163：6 800－6 809．

[56] 李永渝．肠道屏障功能障碍的病理生理机制［J］．胃肠病学，2006，11（10）：629－631．

[57] Towfigh S，Heisler T，Rigberg D A，*et al.* Intestinal ischemia and the gut liver axis：an in vitro model［J］．J Surg Res.，2000，88：160－164．

[58] 张泰和，周晓军，张丽华．肝脏诊断病理学［M］．江苏：江苏科学技术出版社，2005．

[59] 胡克章，黄正明．脂肪肝的发病机制与防治［J］．解放军药学学报，2008（5）：433－436．

［60］汤华，Choy. 大鼠诱发肝癌过程中肝脏脂类的变化［J］. 肿瘤，1991，11（2）：81－85.

［61］叶仕根. 氧化鱼油对鲤鱼危害的病理学研究［D］. 四川农业大学硕士学位论文，2002.

［62］马红，刘乃慧，余款. 大鼠胆管阻塞性肝纤维化模型的建立［J］. 实验动物科学与管理，2002，19（2）：1－4.

［63］王秀武，杜昱光，白雪芳等. 卡拉胶寡糖对肉仔鸡肠道菌群、小肠微绒毛及免疫功能和生产性能的影响［J］. 中国兽医学报，2004，24（5）：498－500.

［64］Nanji A A，Sadrzadeh S M，Yang E K，*et al.* Saturated fatty acids：a novel treatment for alcoholic liver disease［J］. Gastroenterology，1995，109（2）：547－54.

［65］任泽林，范志影，霍启光等. 氧化鱼油营养价值评定［J］. 饲料广角，2003，13：33－36.

［66］Zamal H，Ollevier F. Effect of feeding and lack of food on the growth gross biochemical and fatty acid composition of juvenile catfish［J］. Fish Biol.，1995，46：404－414.

［67］Sena S，De Silva，Rasanthi M，*et al.* Changes in the fatty acid profiles of hybrid red tilapia oreochromis mossambicu soniloticus subjected to short-term starvation and a comparison with changes in seawater raised fish［J］. Aquaculture，1997，153：273－290.

［68］蔡生力，刘福军，冯普刚等. 南美白对虾卵和无节幼体脂肪酸组成及其与饵料的关系［J］. 中国水产科学，2002，9（2）：142－146.

［69］Zheng X，Shoffner J M，Lott M T，*et al.* Evidence in annuclear mutation affecting respiratory complexes I and IV［J］. Neurology，1983，39，（9）：1 203－1 209.

［70］苑辉卿，娄红祥，薛克亮. 水飞蓟素及其复合物的近期研究［J］. 国外医学中医分册，1996，18（1）：3－5.

［71］徐勇，马成芳，张荣桂. 水飞蓟素生产工艺探讨［J］. 中国野生植物资源，1996，4：34－35.

［72］任春华，任艳春，任继业. 水飞蓟在长白山区的引种栽培研究［J］. 人参研究，1997，2：35－37.

［73］张进祥，段吉平. HPLC 法测定当飞利肝宁胶囊中水飞蓟宾的含量［J］. 中国实验方剂学杂志，2009，15（9）：16－17.

［74］袁丹，张国峰，王瑞杰. 水飞蓟果实、果皮及其提取物质量评价法的研究［J］. 沈阳药科大学学报，2003，20（2）：119－122.

［75］成军，肖琳. 水飞蓟素在抗肝纤维化中的应用［J］. 国际消化病杂志，2007，27（1）：69－71.

［76］于乐成，顾长海. 水飞蓟素药理学效应研究进展［J］. 中国医院药学杂志，2000，21（8）：493－494.

［77］杨耀娴，张月成，党彤等. 肝病血清丙二醛及超氧化物歧化酶测定的临床意义［J］. 胃肠病学和肝病学杂志，1998，7（4）：361－363.

［78］杨耀娴，党彤，张月成等. 联合检测血清层粘蛋白、透明质酸、丙二醛及超氧化物歧化酶在肝病中的临床意义［J］. 临床肝胆病杂志，2003（1）：56－57.

［79］施瑞华，陈图兴. 自由基清除剂 SOD 和 CAT 在肝纤维化中的预防和保护作用［J］. 中华消化杂志，1993，13（2）：84－86.

［80］彭庆远，钟辉秀，尹朝伦. 硒、GSH-PX、SOD、MDA 测定在探测肝脏疾病过氧化脂质损伤中的临床应用［J］. 国外医学临床生物化学与检验学分册，2001，22（6）：324.

［81］程忠，吴建刚. 慢性丙型肝炎患者血清总蛋白、清蛋白及甲胎蛋白分析［J］. 检验医学与临床，2008，5（22）：1 349－1 350.

［82］Puhg R N，Murray-Lyon I M，Dawson J L，*et al.* Transection of the oesophagus for bleeding oesophageal varices［J］. Br J Surg.，1973，60（8）：646－649.

［83］杨玉林，贺志安. 临床肝病实验诊断学［M］. 北京：中国中医药出版社，2007.

［84］王凤学. 临床生物化学自动分析操作规程［M］. 北京：人民军医出版社，2006.

第八章　氧化豆油对草鱼生长、肝胰脏的损伤与损伤修复作用

第一节　主要研究结果

一、豆油在实验室条件下的氧化酸败

以豆油为材料，在可以控制的试验条件下快速地、批量地、可重复地制备出氧化豆油，并在中期取样，测量豆油中各氧化指标和脂肪酸组成，选择有效的指标作为快速氧化指标，确定氧化时间，为研究氧化豆油对鱼类生长、肝胰脏损伤实验提供原材料。

以毛豆油为原料，在自制氧化装置和氧化条件下，分别在不同时间测定酸价（AV）、过氧化值（POV）、碘价（IV）、硫代巴比妥酸反应物（TBARS）等指标，同时测定脂肪酸组成。结果显示，以0d作为对照，氧化至18d时AV、POV、TBARS显著升高（$P<0.05$），分别为0d的1.7倍、29.0倍、19.0倍。UFA（不饱和脂肪酸）从84.0%显著降低至82.2%（$P<0.05$）。POV、TBARS和SFA、UFA各值在16d和18d无显著性差异（$P>0.05$）。结果表明，豆油在自制氧化装置中，将氧化温度设定为80℃，POV和TBARS的变化大而可以作为快速氧化的指标，当豆油氧化至18d时，其氧化速度变慢。

二、氧化豆油对草鱼生长、健康的损伤作用

饲料中分别添加2%、4%、6%和8%四个油脂水平，以添加豆油（POV：7.2mmol O/kg，TBARS：0.7μg MDA/g）为对照组，以添加氧化豆油（POV：128.7mmol O/kg，TBARS：24.8 μg MDA/g）为试验组，共计8组，每组设4个重复。

在室内水泥池网箱中养殖试验草鱼，每个网箱放养初重为（35.9±2.1）g的草鱼20尾，随机分组后，正式养殖时间为12周。分别在2周、4周、6周、8周、10周和12周采集血清和肝胰脏，测定各组血清和肝胰脏的生化指标，制作肝胰脏组织结构切片；在12周时还测定了各组的生长性能方面的指标。结果表明：①由生长指标得出，各试验组特定生长率（SGR）均比对应对照组的小，饲料系数（FCR）比对应对照组大，其中试验组SGR均值比对照组的均值低20.4%，试验组FCR均值比对照组的高34.9%（$P>0.05$）。在2%、4%、6%和8%4个油脂添加水平中，随着非氧化和氧化豆油添加量的增高，草鱼SGR减小，FCR增大。②由肝胰脏组织结构得出，高油脂（≥4%）对照组和各试验组草鱼肝胰脏首先出现毛细胆管淤积，脂肪积累并损伤肝胰脏，高油脂（≥4%）对照组出现肝纤维化症状，高油脂（≥4%）试验组出现肝坏死症状。在2%、4%、6%和8%四个油脂添加水平

中，随着非氧化和氧化豆油添加水平的增大和养殖时间的加长，草鱼肝胰脏组织结构病变加重。③由血清抗氧化能力指标得出，试验组血清 SOD 均值的周均值和对照组差异不大，随着 4 个油脂添加水平的增大，试验组 SOD 周均值有减小的趋势，对照组 SOD 周均值也有减小的趋势。试验组血清 MDA 均值的周均值比对照组大 28.5%（$P>0.05$），随着 4 个油脂添加水平的增大，试验组 MDA 周均值有增大的趋势，对照组 MDA 周均值也有减小的趋势。④由肝功能指标得出，试验组血清 AST 和 CHE 均值的周均值分别比对照组均值的周均值小 8.7% 和 4.1%（$P>0.05$），且随着 4 个油脂添加水平的增大和养殖时间的增长，试验组 AST 和 CHE 周均值有先减小再增大的趋势，对照组 AST 周均值增大而 CHE 周均值减小。12 周试验组肝胰脏 AST 均值比对照组小 24.0%（$P>0.05$）。⑤由肝胰脏抗氧化能力指标得出，12 周时试验组肝胰脏 SOD 均值和对照组差异不大，MDA 均值比对照组小 18.1%（$P>0.05$）。随着四个油脂添加水平的增加，试验组肝胰脏 SOD 有先升高再降低的趋势，肝胰脏 MDA 有先降低再升高的趋势；对照组肝胰脏 SOD 有先降低再升高的趋势，肝胰脏 MDA 有先升高再降低的趋势。⑥由肠道通透性指标得出，12 周时试验组肠道 MDA 均值和血清 DAO 均值分别比对照组小 22.2% 和 8.7%（$P>0.05$）。随着四个油脂添加水平的增加，试验组肠道 MDA 有先降低再升高的趋势，血清 DAO 有先升高再降低的趋势；对照组肠道 MDA 有先降低再升高的趋势，血清 DAO 变化不大。

试验结果表明，氧化豆油对草鱼的生长、肝胰脏健康有显著性的损伤作用。在 2%、4%、6% 和 8% 四个添加水平下，摄食氧化豆油（POV：128.7mmol O/kg，TBARS：24.8μg MDA/g）和高油脂（≥4%）的豆油对草鱼的生长性能和肝胰脏均有不利影响，且随着油脂水平的增加和养殖时间的增长不利影响会加重。

三、水飞蓟素、姜黄素、酵母 DV 对氧化豆油损伤草鱼的损伤修复作用

设定添加 2% 豆油为正常组，添加 2% 氧化豆油为氧化组，并以 2% 氧化豆油的饲料为基础饲料，分别添加水飞蓟素 666.7g/t、姜黄素 1 333.3g/t、酵母 DV 750g/t，研究 3 种物质对摄食氧化豆油草鱼的损伤修复与保护作用。结果表明，①水飞蓟组和姜黄素组的 SGR 和 FCR 与氧化组之间差异不大，酵母 DV 组的 SGR 比氧化组高 16.0%，FCR 比氧化组低 38.1%（$P>0.05$）。②添加 3 种药物对草鱼肝胰脏毛细胆管淤积症状有一定的抑制作用，可以一定程度的降低肝胰脏粗脂肪含量。③姜黄素组和酵母 DV 组血清 SOD 和 MDA 的周均值均比氧化组低，而水飞蓟组的差异不大。④3 个保护组 AST 和 CHE 的周均值均比氧化组低，12 周时水飞蓟组和姜黄素组肝胰脏 AST 比氧化组高，酵母 DV 组和氧化组差异不大。⑤水飞蓟组肝胰脏 SOD 和 MDA 与氧化组差异不大，姜黄素组和酵母 DV 组肝胰脏 SOD 比氧化组大，肝胰脏 MDA 比氧化组小。⑥水飞蓟组肠道 MDA 和血清 DAO 与氧化组的差异不大；姜黄素组肠道 MDA 比氧化组小，血清 MDA 差异不大；酵母 DV 组肠道 MDA 和血清 DAO 均比氧化组小。

因此，在饲料中添加水飞蓟素 666.7g/t、姜黄素 1 333.3g/t、酵母 DV750g/t 对摄食氧化豆油（油脂添加水平 2%）草鱼肝胰脏有一定保护作用，但是各自最适添加量还有待进一步研究。

第二节　豆油在自制氧化装置下不同时间氧化指标的变化

作为研究氧化油脂对鱼类损伤的基础，需要在可以控制的试验条件下快速地、批量地、可重复地制备出氧化油脂。目前国内获得氧化油脂的主要途径有太阳光曝晒氧化、油厂提供的油脚、直接长期放置、37℃催化充氧氧化等[1-6]，这些方法具有氧化时间长、量少、不可重复等缺点。由于淡水鱼类主要使用豆油作为饲料油脂，所以本试验以豆油为材料，以自制氧化装置进行氧化，并在中期取样，测量豆油中多种指标和脂肪酸组成并分析氧化趋势，选择有效的指标作为快速氧化指标，并确定氧化时间，为研究氧化豆油对草鱼肝胰脏损伤试验提供原材料。

一、材料与方法

（一）材料

1. 试验用油

试验用油为毛豆油，采购于东海粮油工业（张家港）有限公司，普通浸出工艺，最高温度120℃，未添加人工抗氧化剂，试验用油的指标见表8－2－1，达到大豆原油质量标准。

表8－2－1　用油与大豆原油质量指标

Tab. 8－2－1　Test oil and quality standards of soybean oil

类别 Category	AV (mg KOH/g)	POV (meq/kg)	IV ($g\ I_2$/100g)	TBARS (μg MDA/g)
试验用油 Test oil	0.63±0.1	1.34±0.3	113.2±6.3	0.21±0.13
质量标准（GB，1535—2003）Quality Standards	≤4	≤7.5	—	—

2. 氧化装置

氧化装置由自行设计，详见图8－2－1。装置中各仪器的作用：连接加热棒的控温仪（图中1）的作用是控制氧化温度，加热棒功率为2kW；水箱中盛温度稳定的水（图中2和3）作用保持氧化温度，水箱大小为50cm×40cm×20cm；大烧杯5 000mL（图中4）盛试验用油；试验用油（图中5）本试验为毛豆油；连有充氧头的充氧泵接定时器（图中6）的作用是给豆油提供氧化用氧并搅拌（增氧泵功率为45W），为防止豆油因充氧冒泡溢出所以加有定时器；自来水进水管（图中7）的作用是补充因加热而蒸发掉的水；水位控制阀（图中8）的作用是防止水位过高溢出。

（二）方法

1. 氧化方法

向试验用油中加入 Fe^{2+} 30mg/kg（$FeSO_4 \cdot 7H_2O$）、Cu^{2+} 15mg/kg（$CuSO_4$）、H_2O_2 600mg/kg（30% H_2O_2 水溶液）和0.3%的水[7]，混匀后取样，计为0d样品。然后按照图8－2－1装置进行氧化，氧化温度为（80±2）℃。充氧泵定时器的设定以刚好油脂泡沫消失为标准，本试验设定为开启1min、停止30min，分别在0d、7d、14d、16d、18d时取样，样品保存在－21℃冰箱中待测。分别以0d作为对照，测定其酸价（AV）、碘价（IV）、过氧

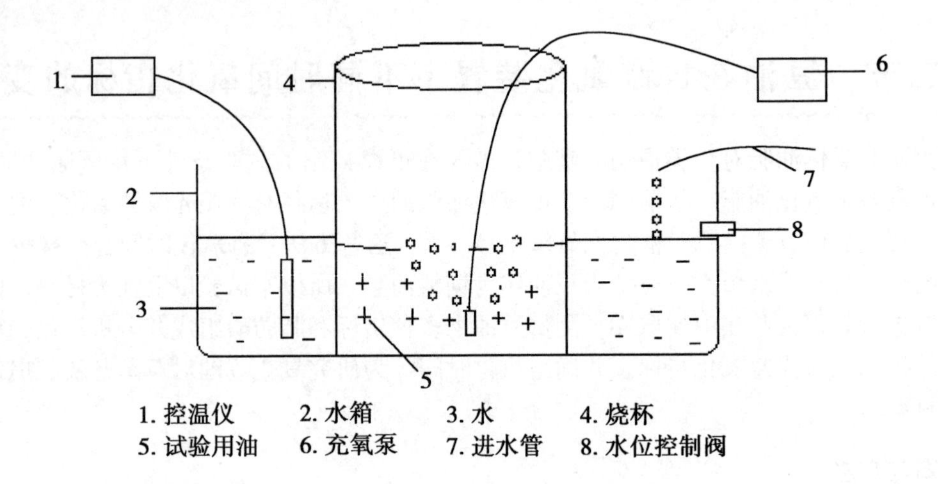

图 8-2-1 实验室油脂氧化装置

Fig. 8-2-1 Oxidation device

化值（POV）、硫代巴比妥酸反应物（TBARS）和脂肪酸组成。

2. 指标测定方法

试验测定指标与参考方法：碘价（IV，GB/T 5532—1995）；酸价（AV，GB/T5530—2005）；过氧化值（POV，GB/T5538—2005）；硫代巴比妥酸反应物（TBARS，GB/T5009—2003）；脂肪酸组成测定参照 GB9695.2—88，即将油中的脂肪酸转化为脂肪酸甲酯，用气相色谱仪（GC-14C）将各甲酯分离，对照各脂肪酸甲酯标准样品保留时间定性，用归一法定量，即以色谱图上除去杂峰和溶剂峰以外的测量峰的面积之和作为总峰面积，计算各测量峰面积及其占总峰面积的百分率。气相色谱条件：色谱柱为 J&W GC Column Performance Summary（30m × 0.250mm × 0.25μm）；氢火焰离子检测器（FID）；FID 270℃，柱温采用程序升温：80℃（3min）~240℃（5℃/min）；载气为高纯氮气，分流比为 60∶1，进样量为 3μL。

（三）数据处理与分析

数据分析采用 SPSS17.0 进行方差分析（$P<0.05$），结果用平均数 ± 标准差（mean ± SD）表示。

二、结果与分析

（一）不同氧化时间豆油的 AV、POV、IV、TBARS 的变化

在本试验条件下，不同时间的 AV、POV、TBARS 和 IV 见表 8-2-2，随着氧化时间的增加，AV、POV、TBARS 的值变大，IV 的值变小。氧化至 18d 时以 0d 作为对照，4 个指标均有显著性变化（$P<0.05$），其中 AV、POV、TBARS 分别为 0d 的 1.7 倍、29.0 倍、19.0 倍，IV 的值降低为 0d 的 0.91 倍，可以看出 AV 和 IV 的变化较小，POV 和 TBARS 的变化很大，POV 和 TBARS 可以作为快速氧化的指标。在 16d 时各指标分别与 14d 相比较时得出，16d 的 POV 和 TBARS 都显著大于 14d（$P<0.05$），而在继续氧化两天后即 18d 时，18d 的 POV 和 TBARS 与 16d 的相比均无显著性差异（$P>0.05$），结果表明：在本试验条件下，豆油在经历了 18d 的氧化后，氧化反应已经趋于减缓。

另外，建立豆油氧化指标（Y）与氧化时间（X）之间回归方程如下：

$Y_{AV}=0.0024X^2+0.0046X+1.1388$（$R^2=0.9793$）

$Y_{POV}=6.6132e0.1957X$（$R^2=0.9757$）

$Y_{IV}=-0.0312X^2+0.0478X+98.926$（$R^2=0.9523$）

$Y_{TBARS}=0.0301X^2+1.2032X+0.9741$（$R^2=0.9797$）

从回归曲线来看，豆油的 AV、IV 和 TBARS 的值与氧化时长呈二次曲线变化规律，豆油的 POV 与氧化时长呈指数变化规律。

表 8-2-2 不同时间豆油的 AV、POV、IV、TBARS 的值

Tab. 8-2-2 AV、POV、IV、TBARS of bean oil at different time

氧化时间 Oxidation time	AV (mg KOH/g)	POV (meq/kg)	IV ($g\ I_2$/100g)	TBARS (μg MDA/g)
0d	1.15 ±0.02[a]	5.7 ±0.8[a]	98.8 ±0.4[a]	1.6 ±0.4[a]
7d	1.25 ±0.04[a]	29.8 ±0.0[b]	98.2 ±1.7[a]	8.9 ±0.[6b]
14d	1.76 ±0.08[b]	135.0 ±4.2[c]	92.2 ±7.4[b]	25.6 ±2.0[c]
16d	1.78 ±0.00[b]	157.6 ±6.9[d]	92.8 ±0.7[b]	29.4 ±0.1[d]
18d	2.00 ±0.02[c]	165.5 ±2.9[d]	89.5 ±1.7[b]	30.4 ±3.2[d]

注：同列肩标不同小写字母表示差异显著（$P<0.05$）。

The column marked with different lowercase letters shoulder significant difference.

（二）不同氧化时间豆油的脂肪酸组成的变化

本氧化条件下，0d 至 18d 的脂肪酸组成见表 8-2-3。从 SFA（饱和脂肪酸）和 UFA（不饱和脂肪酸）总量来看，氧化至 18d 时以 0d 作为对照，UFA 的百分比从 84.0% 显著降低至 82.2%，而 SFA 由 16.0% 显著增加到 17.8%（$P<0.05$）；16d 和 18d 的相比，SFA 和 UFA 均无显著性差异（$P>0.05$）。从单个脂肪酸来看，棕榈酸（C16：0）、硬脂酸（C18：0）、二十二烷酸(C22：0)和油酸（C18：1）的百分率有增加的趋势，而亚油酸（C18：2）和亚麻酸（C18：3）的百分率有增有减，只有二十碳三烯酸（C20：3）的百分率逐渐较少直至为 0。从积分方法可以得出，当某种脂肪酸减少时，其他脂肪酸的比例就会增加，所以随着氧化时间的增加，二十碳三烯酸（C20：3）的含量减少其百分比也减少时，其他的脂肪酸的百分比就会增加，如棕榈酸（C16：0）、硬脂酸（C18：0）、二十二烷酸（C22：0）和油酸（C18：1）的百分率；但是有些不饱和脂肪酸自身含量也会减少时，又受到其他脂肪酸含量减少的影响，其值就会有增有减，如亚油酸（C18：2）和亚麻酸（C18：3）的百分率。结果表明，本试验条件下随着氧化时间的增加，豆油中的 UFA 含量减少，到 16d 时趋于缓和。

表 8-2-3 不同时间豆油的脂肪酸组成变化（%）

Tab. 8-2-3 Fatty acid of bean oil at different time（%）

脂肪酸 Fatty acid	0d	7d	14d	16d	18d
C16：0	11.9 ±0.1	12.3 ±0.1	12.7 ±0.5	13.5 ±0	13.4 ±0
C18：0	3.7 ±0	3.6 ±0.2	3.9 ±0.1	3.8 ±0	4.0 ±0.1
C18：1	21.5 ±0.3	21.3 ±0.1	22.4 ±0.2	22.4 ±0	23.1 ±0.1
C18：2	53.5 ±0.2	53.6 ±0.4	53.0 ±0.3	51.6 ±0.1	51.5 ±0.5

（续表）

脂肪酸 Fatty acid	0d	7d	14d	16d	18d
C18：3	8.6 ±0.2	8.6 ±0.1	7.6 ±0.2	8.3 ±0.1	7.2 ±0.5
C20：3	0.3 ±0.1	0.3 ±0	0.2 ±0.2	0	0
C22：0	0.3 ±0	0.3 ±0.1	0.3 ±0.1	0.4 ±0.1	0.4 ±0.1
SFA	16.0 ±0.1[a]	16.2 ±0.3[a]	16.8 ±0.5[b]	17.7 ±0.1[c]	17.8 ±0.1[c]
UFA	84.0 ±0.1[a]	83.8 ±0.3[a]	83.2 ±0.5[b]	82.3 ±0.1[c]	82.2 ±0.1[c]

注：同行肩标不同小写字母表示差异显著（$P<0.05$）。

Peer shoulder different lowercase superscript were significantly different.

三、讨论

（一）豆油氧化时间和温度的确定

氧化温度和氧化时间是影响油脂氧化的重要因素。油脂的自动氧化过程可分为诱导期、传播期、终止期和二次产物的形成[2]。油脂的诱导期是油脂质量最为重要的指标之一，它与油脂的抗氧化能力有关，当油脂开始有酸败味时，就标志着诱导期的结束或传播期的开始[8]。油脂在氧化过程中颜色也会有变化，袁施彬等[7]在研究鱼油氧化时发现，鱼油在氧化到一定程度后，黏稠度逐渐增加，颜色类似蜂蜜，并散发出刺鼻的气味。本试验中采样时间的确定就是按照气味和颜色来确定的，在7d时刚可以闻到酸败味表明豆油的诱导期结束传播期开始。随着氧化时间的增加，豆油的颜色也逐渐降低，0d时为深褐色，7d为褐色，至14d时为橙色，16d为黄色，而18d也为黄色，而且与16d相比颜色基本没有变化。最后时间（停止氧化）的确定，是按照POV和IV的值在16d和18d时，各值无显著性差异来确定，又以测定脂肪酸组成来证明，并得出本试验条件下，豆油在经历16d的快速氧化后，至18d时，氧化速度开始变慢。

油脂的自动氧化反应属于自由基反应体系，自由基反应体系的诱导期和传播期是吸热过程，温度升高，分子内能增加，分子碰撞的机会增加，反应就会加快，这样有利于空气中的氧的分解和双键旁的α-亚甲基自由基的形成，从而加速诱导期和传播期的反应[8]。周华龙[5]研究得出在50～100℃催化氧化范围中，温度的最佳选择是70～80℃；结合实验中以水作为氧化温度的媒介，所以将氧化温度升高到80℃以增加其反应速度、缩短氧化时间。

（二）豆油氧化指标的确定

油脂氧化的产物包括一级氧化产物（氢过氧化物）和二级氧化产物（酸、酮和醛）[9]，其中POV反映的是一级产物量的变化，AV和TBARS反映的是二级产物量的变化，而IV反映的是油脂的不饱和程度的变化。随着氧化时间的增加，油脂的双键断裂，一级产物和二级产物的增多，POV、AV和TBARS的值就会增大，IV减小，这与氧化鱼油[7]、玉米油[7]、菜油[10]、薏苡仁油[11]的结果相一致，尤其当油脂被深度氧化时，一级产物的量的生成速度会小于其反应消耗（生成二级产物）的速度，那么一级产物的量减少，POV降低[12]。但是在氧化过程中并不是每种指标的变化都是很大的，袁施彬等[7]在研究氧化时间对玉米油和鱼油氧化指标的影响时发现（氧化温度为37℃），当玉米油被氧化至51d时，POV和

TBARS 的变化大，而鱼油被氧化 80h 时，POV、AV 和 TBARS 的变化大，本试验中氧化指标变化较大的为 POV 和 TBARS。

作为快速氧化的指标，不仅需要明显的量的变化，还需要其对机体损伤的代表性。黄凯等[12]研究氧化油脂对奥尼罗非鱼生长性能和抗氧化性能的影响时发现，添加氧化油脂（POV =73.44 meq/kg）2%时，与添加新鲜油脂相比，罗非鱼的增重率和饲料转化率显著下降，肝体比显著增加（$P<0.05$）。Imagawa 等[13]研究得出，氢过氧化物可抑制肝脏和心脏亚线粒体 NADH 氧化酶和 NADH-泛醌还原酶活性，对核糖核酸酶、胰蛋白酶、胰凝乳蛋白酶、胃蛋白酶活性有抑制作用。另外，Agerbo 等[14]报道次级氧化产物中，醛、酮可在体外发挥对葡萄糖－6－磷酸酶的抑制作用，还会破坏溶菌酶的活性。综上所述，氧化油脂中的 POV 与 TBARS 的值与对鱼体的损伤具有密切的联系，但是它们之间量的关系还有待进一步研究。

（三）氧化豆油的使用

本试验的主要目的是探讨一种可以快速制备氧化油脂的方法，要求重复性好。利用制备的氧化油脂研究饲料氧化油脂对养殖鱼类生长性能、生理代谢、主要器官组织结构与功能的影响等。本试验结果显示，在可控条件下，以毛豆油为原料，可以在 2～3 周内快速制备出氧化豆油，尤其是 14d 后进入快速氧化期，可以得到足量的氧化中间产物和终产物。

四、结论

本试验条件下，豆油在自制氧化装置中，将氧化温度设定为 80℃，POV 和 TBARS 的变化大可以作为快速氧化的指标，IV 和 AV 变化小不能显著反映豆油氧化程度的变化。豆油在经历了 16d 的快速氧化后，至 18d 时，其氧化速度变慢。氧化 18d 内，豆油的 AV、IV 和 TBARS 的值与氧化时长呈二次曲线变化规律，豆油的 POV 与氧化时长呈指数变化规律。

第三节 氧化豆油、豆油不同添加水平对草鱼生长和肝胰脏的影响

油脂是重要的营养物质，在饲料中适当添加油脂可以提高蛋白质效率，提高鱼类的生长速度。草鱼是四大家鱼之一，为草食性鱼类，对油脂的利用能力相对较低，添加过量的油脂反而会降低其生长速度[15]；同样，当油脂氧化时，氧化产物也会影响草鱼的生长和生理性能[12]。本试验设计以不同水平非氧化和氧化豆油饲料喂养草鱼，测定并统计生长性能指标、生理指标和肝组织切片，为高油脂和氧化油脂对草鱼生长、生理性能和肝胰脏的影响提供理论依据。

一、材料与方法

（一）试验用油

试验用油分豆油和氧化豆油两种，豆油为毛豆油，采购于东海粮油工业（张家港）有限公司，普通浸出工艺，最高温度 120℃，未添加人工抗氧化剂；氧化豆油用豆油在本章第二节的条件下进行氧化得到。豆油和氧化豆油的各项指标见表 8－3－1，氧化指标之间均存

在显著性差异（$P<0.05$）。

表 8－3－1　豆油和氧化豆油的 AV、POV、IV 和 TBARS 值

Tab. 8－3－1　AV，POV，IV，and TBARS values of normal and oxidized soybean oil

项目 Project	AV（mg KOH/g）	POV（mmol O/kg）	IV（g I/100g）	TBARS（μg MDA/g）
豆油 normal	1.55 ± 0.09^a	7.2 ± 0.3^a	94.9 ± 0.9^a	0.7 ± 0.1^a
氧化豆油 oxidation	3.56 ± 0.26^b	128.7 ± 4.5^b	83.7 ± 1.4^b	24.8 ± 1.8^b

（二）试验设计与试验饲料

试验共分 8 组，其中豆油对照组（简称对照组，下同）包括含油 2%、4%、6%、8% 共 4 个组，饲料中添加的是豆油；氧化试验组（简称试验组，下同）也包括含油 2%、4%、6%、8% 共 4 个组。正常组和氧化组相同含油量的配方一致，只有添加的油不一样，详见表 8－3－2。

试验饲料由常规实用饲料原料组成，主要有小麦、进口鱼粉、豆粕、棉粕、菜粕、豆油、预混料等。饲料原料经粉碎过 60 目筛，混合均匀，经小型颗粒饲料机制粒加工成直径 3.0 mm 的颗粒饲料，风干后置于 －20℃ 冰箱中保存。制粒温度在 65～70℃、持续时间约 40s。

表 8－3－2　试验饲料的组成及营养水平

Tab. 8－3－2　Composition and nutrient levels of experimental diets

原料 Raw materials	2%	4%	6%	8%
小麦 Wheat	170	170	170	170
米糠 Rice bran meal	70	70	70	70
豆粕 Soybean meal	78	87	95	103
棉粕 Cotton seed meal	200	200	200	200
菜粕 Rape seed meal	200	200	200	200
进口鱼粉 Fish meal	70	70	70	70
磷酸二氢钙 $Ca(H_2PO_4)_2$	20	20	20	20
膨润土 Bentonite	20	20	20	20
沸石粉 Zeolite flou	20	20	20	20
豆油/氧化豆油 Soybean oil	21	42	63	84
面粉 Flour	121	91	62	33
预混料 Premix[1)]	10	10	10	10
总计 Total	1 000	1 000	1 000	1 000

（续表）

原料 Raw materials		2%	4%	6%	8%	
营养成分 Proximate composition[2]						
油脂水平 Oil level	氧化水平 Oxidation level	水分 Moisture（%）	粗脂肪 EE（%）	粗蛋白 CP（%）	总能 Total energy（kJ/g）	POV（mmol O/kg）	TBARS（μgMDA/kg）
2%	对照组 CG	11.58	4.09	32.59	15.35	0.15	14.7
	试验组 EG	11.18	4.15	32.44	15.18	2.70	520.8
4%	对照组 CG	11.24	6.57	32.66	16.63	0.30	29.4
	试验组 EG	11.88	6.80	32.17	16.08	5.41	1041.6
6%	对照组 CG	10.94	8.23	31.81	16.22	0.45	44.1
	试验组 EG	10.49	8.53	32.62	16.42	8.11	1562.4
8%	对照组 CG	10.47	10.72	33.14	17.29	0.60	58.8
	试验组 EG	10.27	10.47	32.56	17.10	10.81	2083.2

注：1）预混料为每千克日粮提供 The premix provided following for per kg of feed：Cu 5mg；Fe 180mg；Mn 35mg；Zn120mg；I 0.65mg；Se 0.5mg；Co 0.07mg；Mg 300mg；K 80mg；VA 10mg；VB_1 8mg；VB_2 8mg；VB_6 20mg；VB_{12} 0.1mg；VC 250mg；泛酸钙 calcium pantothenate 20mg；烟酸 niacin 25mg；VD_3 4mg；VK_3 6mg；叶酸 folic acid 5mg；肌醇 inositol 100mg；

2）水分、粗脂肪、粗蛋白和能量为实测值，POV 和 TBARS 为换算值；粗脂肪和粗蛋白为干样测定，能量、POV 和 TBARS 为湿样测定。

（三）试验鱼及分组

试验草鱼 1 000余尾，初始平均重量为（35.9 ± 2.1）g，购于江苏溧阳水产养殖场，为池塘养殖的一冬龄鱼种。试验鱼经一周暂养、驯化后，选择体格健壮、规格整齐的鱼种随机分为 8 个组，每组设 4 个重复，每个重复放鱼 20 尾。

（四）饲养管理

养殖试验在苏州市相城区新时代特种水产养殖场室内水泥池小体积网箱中进行，网箱规格为 1.5m × 1.5m × 1.5m。养殖试验时间 2010 年 5 月至 8 月。养殖期间水质条件：养殖期间的水温变化见图 8 - 3 - 1、溶解氧 6.0mg/L 以上、pH 值 7.0 ~ 7.4、氨氮含量 0.20 ~ 0.40mg/L、亚硝酸盐氮 0.05 ~ 0.1mg/L。试验饲料于每天 8：00、12：00、17：30 各投喂一次，日投饲量为各试验组鱼体体重的 3% ~ 4%，正式养殖试验为 12 周。

（五）样品采集

采样前，试验草鱼全部禁食 24h。12 周时，称量各网箱鱼体总重，并随机量取 5 尾鱼的体重和体长，解剖并称量其内脏团和肝胰脏重。

分别在养殖期为 2 周、4 周、6 周、8 周、10 周和 12 周时，随机捞取各网箱中的 3 尾鱼，解剖分离肝胰脏，并测定其水分和粗脂肪含量。再取新鲜肝胰脏，放入波恩试液中固定，常温保存待做组织切片观察。并对草鱼尾静脉取血，室温自然凝固，于离心机中 3 000r/min、4℃离心 10min，以上清液作为血清，液氮速冻后于 - 41℃中保存待测。

肝胰脏匀浆液制备：12 周时，随机捞取各网箱中的 3 尾鱼解剖取新鲜肝胰脏，加入 10 倍体积的生理盐水，用 FSH-2 型可调高速匀浆器在冰浴中匀浆，然后在 4℃、10 000r /min 离心 20min，取上清液，液氮速冻后于 - 41℃中保存待测。

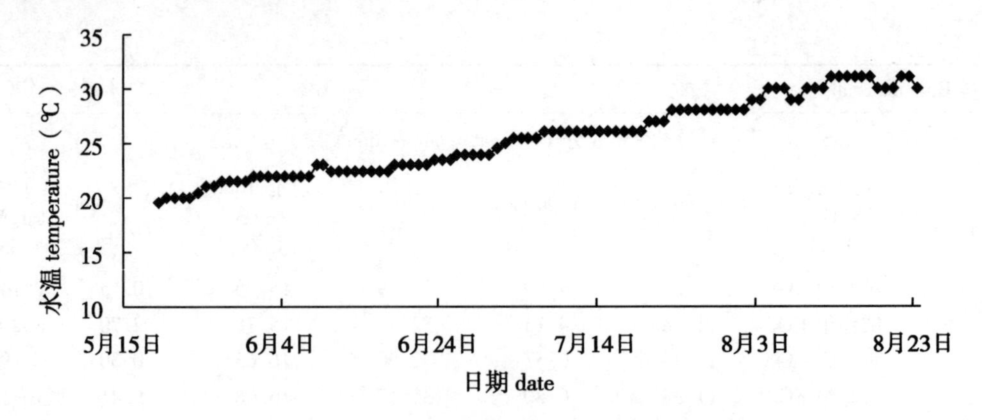

图 8-3-1 养殖试验期间水温日变化曲线

Fig. 8-3-1 Daily variation of water temperature

肠道匀浆液制备：12 周时，随机捞取各网箱中的 3 尾鱼解剖取肠道，用生理盐水冲洗干净后，加入 5 倍体积的生理盐水，用 FSH-2 型可调高速匀浆器在冰浴中匀浆，然后在 4℃、10 000r/min 离心 20min，取上清液，液氮速冻后于 -41℃ 中保存待测。

（六）测定方法

血清指标中，天门冬氨酸氨基转移酶（AST）和胆碱酯酶（CHE）以全自动生化分析仪测定。

肝胰脏的天门冬氨酸氨基转移酶（AST）、血清超氧化物歧化酶（SOD）、黄嘌呤氧化酶（XOD）和丙二醛含量（MDA）均采用南京建成生物公司提供的试剂盒进行测定。

血清二胺氧化酶（DAO）的测定参照邻联茴香胺试剂法[16]，邻联茴香胺、尸胺二氢氯化物、辣根过氧化物酶和 DAO 标准液均为 Sigma 公司提供。

组织切片采用本实验室特别冰冻切片并进行快速 H. E. 染色的方法。

水分测定参照 GB/T 5009. 3—2003 采用 105℃ 恒温干燥失重法测定，粗蛋白测定参照 GB/T 18868—2002 采用微量凯氏定氮法测定，粗脂肪测定参照 GB/T 18868—2002 采用索氏抽提法测定。总能采用燃烧能测定方法，采用上海吉昌公司氧弹仪 XRY-1 测定。

（七）数据处理

数据以平均值 ± 标准差（mean ± SD）表示，试验结果用 SPSS 17.0 软件进行处理，采用 t 检验来检验试验组与对照组间的差异（$P = 0.05$），不同水平的对照组间的差异和不同水平的试验组间的差异。

二、结果与分析

（一）对草鱼生长指标的影响

试验中分别从草鱼增重率、存活率、特定生长率、饲料系数、体重体长比、肥满度、内脏指数、肝胰脏指数、脂肪沉积率和蛋白沉积率来反应非氧化和氧化豆油不同添加水平对生长性能的影响。

投喂不同油脂水平的豆油和氧化豆油 12 周对草鱼增重率、存活率、特定生长率和饲料系数的影响见表 8-3-3，可以得到以下趋势。

从添加等量油脂对对照组和试验组之间的比较来看，各油脂水平中的试验组的末均重、增重率、存活率和特定生长率都比对应对照组的小，饲料系数要大，其中以4%组最为突出，试验组的末均重显著比对照组小28.0%（$P<0.05$）。

从试验组和对照组均值来看，试验组的末均重、增重率、存活率和特定生长率都比对应对照组的分别小23.0%、23.2%、7.4%和20.4%，饲料系数要大34.9%。

单纯对豆油的不同添加水平即对照组之间的比较来看，随着油脂添加水平的提高，对照组中的末均重、增重率和特定生长率有减小的趋势，饲料系数有增大的趋势；试验组中的末均重、增重率和特定生长率有减小的趋势，饲料系数有增大的趋势。

由此得出添加氧化豆油对草鱼有降低生长速度的影响；豆油添加水平从2%至8%，草鱼的生长速度减慢；氧化豆油添加水平从2%至8%，草鱼的生长速度也减慢。

表8-3-3　不同水平非氧化和氧化豆油12周时对草鱼生长指标的影响

Tab. 8-3-3　Levels of normal and oxidized oil on the impact of grass carp with growth index

油脂水平 Oil level	氧化水平 Oxidation level	初均重 IBW（g）	末均重 FBW（g）	增重率 WGR（%）	存活率 SR（%）	特定生长率 SGR（%/d）	饲料系数 FCR
2%	对照组 CG	37.4±5.7	95.1±33.7	150.2±51.8	87.5±17.7	1.30±0.30	2.51±1.07
	试验组 EG	30.4±4.0	75.1±40.3	140.5±100.7	77.5±17.7	1.19±0.62	4.51±1.27
4%	对照组 CG	33.7±2.2	77.9±6.1^{b}	132.3±33	77.5±3.5	1.20±0.21	2.93±0.64
	试验组 EG	30.7±1.4	56.1±7.8^{a}	83.3±30.4	78.3±7.6	0.85±0.23	5.48±1.99
6%	对照组 CG	31.3±5.4	60.6±13.0	92.7±8.4	77.5±10.6	0.94±0.06	4.47±1.56
	试验组 EG	34.7±2.9	61.2±11.8	75.8±19.3	70.0±7.1	0.80±0.16	5.03±0.18
8%	对照组 CG	33.7±5.9	61.1±1.2	83.8±28.6	80.0±14.1	0.86±0.23	5.08±2.66
	试验组 EG	33.8±1.8	51.3±13.1	53.1±46.8	72.5±10.6	0.58±0.45	5.22±0.13
对照组均值		33.1±2.5	76.1±16.4	114.8±31.7	80.6±4.7	1.08±0.21	3.75±1.22
试验组均值		33.4±2.2	58.6±10.3	88.2±37.2	74.6±4.0	0.86±0.35	5.06±0.41
不同油脂水平的对照组	2%	37.4±5.7	95.1±33.7	150.2±51.8	87.5±17.7	1.30±0.30	2.51±1.07
	4%	33.7±2.2	77.9±6.1	132.3±33	77.5±3.5	1.20±0.21	2.93±0.64
	6%	31.3±5.4	60.6±13.0	92.7±8.4	77.5±10.6	0.94±0.06	4.47±1.56
	8%	33.7±5.9	61.1±1.2	83.8±28.6	80.0±14.1	0.86±0.23	5.08±2.66
不同油脂水平的试验组	2%	30.4±4.0	75.1±40.3	140.5±100.7	77.5±17.7	1.19±0.62	4.51±1.27
	4%	30.7±1.4	56.1±7.8	83.3±30.4	78.3±7.6	0.85±0.23	5.48±1.99
	6%	34.7±2.9	61.2±11.8	75.8±19.3	70.0±7.1	0.80±0.16	5.03±0.18
	8%	33.8±1.8	51.3±13.1	53.1±46.8	72.5±10.6	0.58±0.45	5.22±0.13

注：对照组均值是四个不同油脂水平对照组的平均值，试验组均值是四个不同油脂水平试验组的平均值；分别对四个油脂水平的对照组和试验组做t检验，对均值的对照和实验做做t检验，对对照中的四个添加水平做t检验，对实验中的四个添加水平做t检验。同列肩标不同字母表示表示差异显著（$P<0.05$）。下表同；

存活率（SR,%）=（试验末鱼尾数/试验初鱼尾数）×100；增重率（WGR,%）=（末总重-初总重）/初总重×100；特定生长率（%）=［exp（ln末体质量-ln初体质量）/饲养天数-1］×100；饲料系数=摄食饲料总量/（末体质量-初体质量）

投喂不同油脂水平的豆油和氧化豆油12周对草鱼体重体长比、肥满度、内脏指数、肝胰脏指数、脂肪沉积率和蛋白沉积率的影响见表8-3-4，可以得出以下趋势：从添加等量油脂对对照组和试验组之间的比较来看，2%水平试验组的体重体长比、肥满度、内脏指数和对照组之间无显著差异，肝胰脏指数要比对照组显著大86.6%（$P<0.05$）。4%水平试验组的体重体长比、肥满度、内脏指数、肝胰脏指数和对照组之间无显著差异（$P>0.05$）。6%水平和4%水平试验组的体重体长比、肥满度和对照组之间无显著差异，但试验组的内脏指数和肝胰脏指数比对照组分别显著小18%和22.0%（$P<0.05$）。8%试验组的肥满度、内脏指数、肝胰脏指数和对照组之间无显著差异，但是试验组的体重体长比要比对照组的显著大28.6%（$P<0.05$）。各水平试验组的脂肪沉积率和蛋白沉积率均与对应对照组之间无显著差异，但有比对照组小的趋势（$P>0.05$）。

从试验组和对照组均值来看，试验组的体重体长比、肥满度、内脏指数、肝胰脏指数和对照组之间差异都不大，但是试验组的脂肪沉积率和蛋白沉积率比对照组分别小24.7%和53.2%（$P>0.05$）。

单纯从对照组之间的比较来看，豆油添加水平从2%至8%，体重体长比、肥满度、内脏指数、肝胰脏指数之间无显著差异（$P>0.05$），但是脂肪沉积率和蛋白沉积率随着油脂添加水平的增大而变小。单纯从试验组之间的比较来看，氧化豆油添加水平从2%至8%，体重体长比、肥满度之间无显著差异，内脏指数、肝胰脏指数变小在6%时达到最小（$P<0.05$），脂肪沉积率和蛋白沉积率变小。

由此可以得出，试验组均值的体重体长比、肥满度、内脏指数、肝胰脏指数和对照组均值之间差异不大；4个水平的氧化豆油均能降低草鱼蛋白沉积率和脂肪沉积率；2%水平氧化豆油组使草鱼肝胰脏指数增大，而设置氧化豆油4%、6%和8%水平会降低草鱼肝胰脏指数。

表8-3-4 不同水平非氧化和氧化豆油12周时对草鱼形体指标的影响

Tab.8-3-4 Levels of normal and oxidized oil on the impact of grass carp with physical indicator

油脂水平 Oil level	氧化水平 Oxidation level	体重/体长 Weight/length	肥满度 CF	内脏指数 VSI	肝胰脏指数 HSI	蛋白沉积率 PDR	脂肪沉积率 LDR
2%	对照组 CG	3.70±0.94	1.78±0.07	7.09±0.87	0.97±0.14[a]	25.3±12.4	27.5±19.2
	试验组 EG	4.80±1.27	1.64±0.16	8.19±0.51	1.81±0.28[b]	18.8±12.5	19.1±10.4
4%	对照组 CG	4.46±0.72	1.80±0.14	7.97±0.68	1.28±0.29	18.8±9.2	22.8±17.1
	试验组 EG	3.66±0.69	1.88±0.08	6.65±1.44	1.13±0.52	13.8±4.7	10.2±3.7
6%	对照组 CG	4.05±0.60	1.73±0.09	7.07±0.72[b]	1.23±0.23[b]	12.6±4.7	17.3±4.1
	试验组 EG	3.31±0.60	1.81±0.11	5.74±0.36[a]	0.96±0.33[a]	10.6±2.6	8.5±2.1
8%	对照组 CG	3.32±0.48a	1.68±0.10	6.22±1.27	1.27±0.44	8.0±4.6	11.3±3.5
	试验组 EG	4.27±0.53b	1.77±0.12	6.70±1.29	1.09±0.39	5.6±1.3	4.3±1.5
对照组均值		3.88 ±0.49	1.75 ±0.05	7.09 ±0.71	1.19 ±0.15	16.2±7.5	19.7±7.0
试验组均值		4.01 ±0.66	1.78 ±0.10	6.82 ±1.01	1.25 ±0.38	12.2±5.5	10.5±6.2

（续表）

油脂水平 Oil level	氧化水平 Oxidation level	体重/体长 Weight/length	肥满度 CF	内脏指数 VSI	肝胰脏指数 HSI	蛋白沉积率 PDR	脂肪沉积率 LDR
不同油脂水平的对照组	2%	3.70 ±0.94	1.78 ±0.07	7.09 ±0.87	0.97 ±0.14	25.3 ±12.4	27.5 ±19.2
	4%	4.46 ±0.72	1.80 ±0.14	7.97 ±0.68	1.28 ±0.29	18.8 ±9.2	22.8 ±17.1
	6%	4.05 ±0.60	1.73 ±0.09	7.07 ±0.72	1.23 ±0.23	12.6 ±4.7	17.3 ±4.1
	8%	3.32 ±0.48	1.68 ±0.10	6.22 ±1.27	1.27 ±0.44	8.0 ±4.6	11.3 ±3.5
不同油脂水平的试验组	2%	4.80 ±1.27	1.64 ±0.16	8.19 ±0.51[b]	1.81 ±0.28[b]	18.8 ±12.5	19.1 ±10.4
	4%	3.66 ±0.69	1.88 ±0.08	6.65 ±1.44[ab]	1.13 ±0.52[ab]	13.8 ±4.7	10.2 ±3.7
	6%	3.31 ±0.60	1.81 ±0.11	5.74 ±0.36[a]	0.96 ±0.33[a]	10.6 ±2.6	8.5 ±2.1
	8%	4.27 ±0.53	1.77 ±0.12	6.7 ±1.29[ab]	1.09 ±0.39[a]	5.6 ±1.3	4.3 ±1.5

注：肥满度（CF）＝体重（g）/［体长（cm）］^{3} ×100；内脏指数（VI,%）＝内脏团重/体重×100；肝胰脏指数（HIS,%）＝肝胰脏重/体重×100；蛋白质沉积率（PDR,%）＝100×（试验结束时鱼体总重×试验结束时鱼体粗蛋白含量－试验开始时鱼体总重×试验开始时鱼体粗蛋白含量）/（消耗饲料总重×饲料粗蛋白含量）；脂肪沉积率（LDR,%）＝100×（试验结束时鱼体总重×试验结束时鱼体粗脂肪含量－试验开始时鱼体总重×试验开始时鱼体粗脂肪含量）/（消耗饲料总重×饲料粗脂肪含量）

（二）对草鱼肝胰脏组织结构的影响

1. 草鱼形态变化

随着养殖时间的增加，各试验组的草鱼均出现了活力下降、易受惊动、鳞片松动、表皮发黑、摄食下降等症状。各对照组中（除了2%对照组），也在不同时期出现活力下降、鳞片松动等症状。

2. 肝胰脏形态变化

各试验组的草鱼肝胰脏和对应对照组比较，试验组的肝胰脏均较对照组的颜色深，而且草鱼多腹水。随着养殖时间的增加和油脂水平的增大，2周时，常出现“绿肝”现象，之后对照组的肝胰脏与周围组织粘连增强，试验组的鱼体腹水变重，甚至出现肝胰脏萎缩现象。

3. 肝胰脏组织结构变化

结合表8－3－5和表8－3－6对草鱼肝胰脏组织切片进行定性观察，可以得出：

从添加等量油脂对对照组和试验组之间肝胰脏组织切片的比较来看，4个水平中的试验组和对照组都是通过毛细胆管淤积，再行胞内脂肪积累来损伤草鱼肝胰脏。但是试验组和对照组之间有区别，对照组的毛细胆管淤积的程度比对应试验组要高，而脂肪积累的速度却没有试验组的快，表中可以得出，2周和6周时试验组粗脂肪分别比对照组大12.1%和170.2%。但是到4%的12周、6%的8周后和8%的6周后的试验组和对照组之间行不同变化趋势，对照组向纤维化方向而试验组向坏死方向发展。

单独从对照组的4个水平来看，在同一时间，随着豆油添加量的增大，草鱼肝胰脏组织切片的变化为毛细胆管淤积→肝细胞脂肪变性→肝纤维化的趋势，尤其以8周时最为突出。单独从试验组的4个水平来看，在同一时间，随着氧化豆油添加量的增大，草鱼肝胰脏组织切片的变化为毛细胆管淤积→肝细胞脂肪变性→坏死的趋势。

由此得出，添加氧化豆油的试验组和添加豆油的对照组都是通过毛细胆管淤积，再行胞内脂肪积累来损伤草鱼肝胰脏，然后对照组的肝胰脏会发生肝纤维化现象，试验组的肝胰脏会出现坏死症状。单独从对照组的 4 个水平来看，随着豆油添加量的增大，草鱼肝胰脏组织切片的变化为毛细胆管淤积→肝细胞脂肪变性→肝纤维化的趋势。单独从试验组的 4 个水平来看，随着氧化豆油添加量的增大，草鱼肝胰脏组织切片的变化为毛细胆管淤积→肝细胞脂肪变性→坏死的趋势。

结合表 8－3－4 可以得出对照组中高油脂的肝胰脏指数的增大，原因是肝细胞脂肪变性引起的；4 个水平的试验组中，随着氧化油脂添加量的增大，肝细胞趋于坏死，所以其肝胰脏指数会降低。

表 8－3－5　6%水平下不同时间草鱼肝胰脏水分、粗脂肪和组织结构变化（HE 染色，10×20）

Tab. 8－3－5　6% of normal and oxidized oil on the impact of grass carp with hepatopancreas（10×20）

时间 Time	项目 Project	对照组 CG	试验组 EG
2 weeks	组织切片 Biopsy	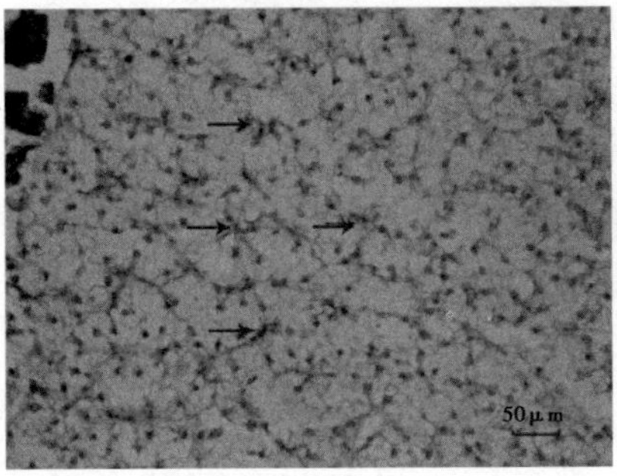 50μm	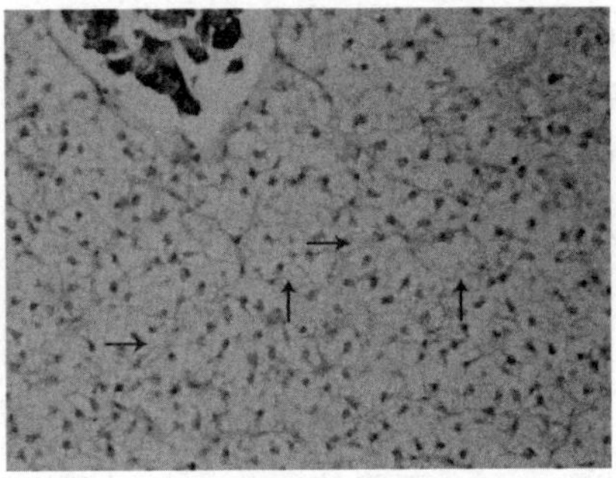
	粗脂肪 EE（%）	1.89±0.35^{a}	2.12±0.03^{b}
	水分 Moisture（%）	73.93±0.52^{b}	71.47±0.47^{a}
	分析 Analysis	毛细胆管淤积→	小泡性脂肪变性↑、毛细胆管淤积→
6 weeks	组织切片 Biopsy	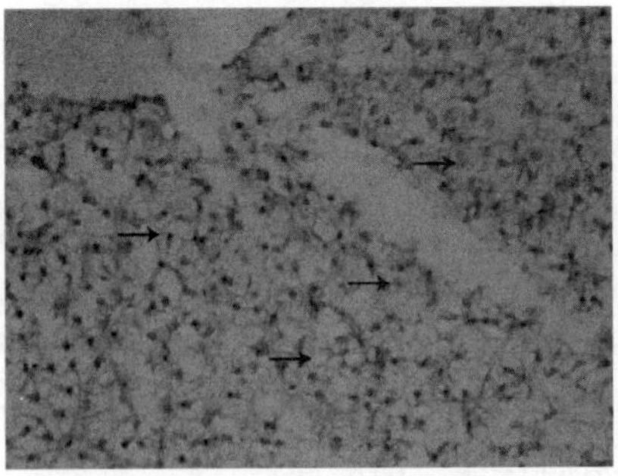	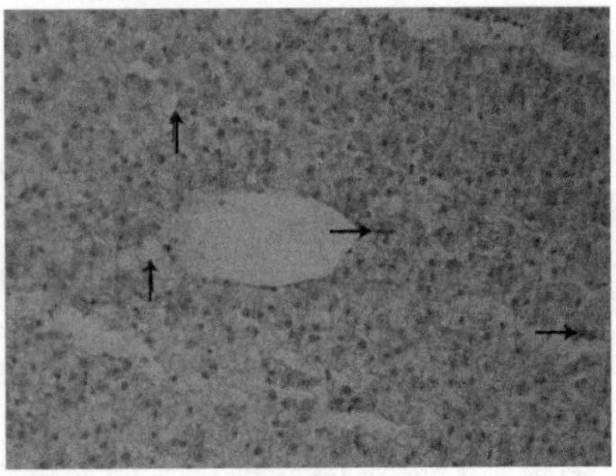
	粗脂肪 EE（%）	3.39±0.47^{a}	9.16±0.45^{b}
	水分 Moisture（%）	72.93±0.66^{b}	69.92±0.46^{a}
	分析 Analysis	小泡性脂肪变性→	混合性脂肪变性→、有嗜酸小体→

（续表）

时间 Time	项目 Project	对照组 CG	试验组 EG
10 weeks	组织切片 Biopsy	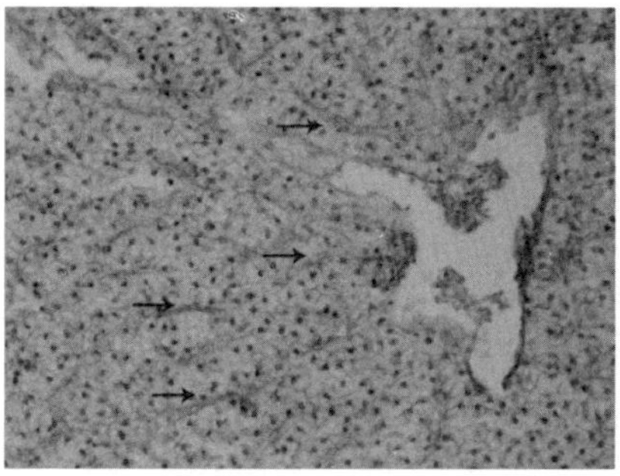	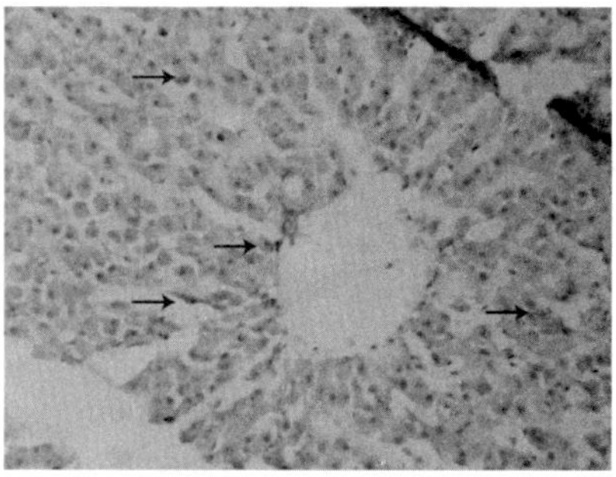
	粗脂肪 EE（%）	5.77 ± 0.77^{b}	2.21 ± 0.25^{a}
	水分 Moisture（%）	71.60 ± 0.68^{a}	75.76 ± 0.73^{b}
	分析 Analysis	纤维化→	嗜酸小体→

注：粗脂肪为肝胰脏湿重下的含量。

表 8－3－6　8 周时下不同油脂水平草鱼肝胰脏水分、粗脂肪和组织结构变化（HE 染色，10×20）

Tab. 8－3－6　At 8weeks levels of normal and oxidized oil on the impact of grass carp with hepatopancreas（10×20）

油脂水平 Oil level	项目 Project	对照组 CG	试验组 EG
2%	组织切片 Biopsy	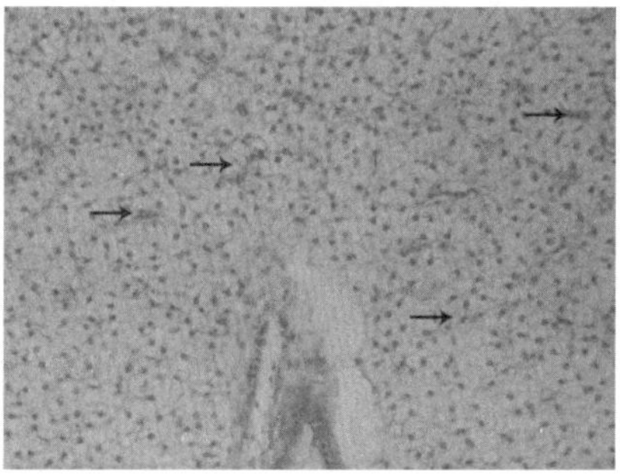	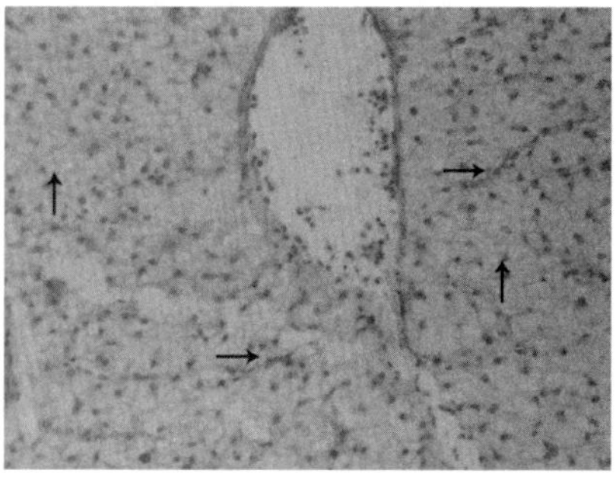
	粗脂肪 EE（%）	1.93 ± 0.23^{a}	5.37 ± 0.14^{b}
	水分 Moisture（%）	71.40 ± 0.76^{b}	68.64 ± 0.48^{a}
	分析 Analysis	毛细胆管淤积→	小泡性脂肪变性↑、毛细胆管淤积→

（续表）

油脂水平 Oil level	项目 Project	对照组 CG	试验组 EG
4%	组织切片 Biopsy	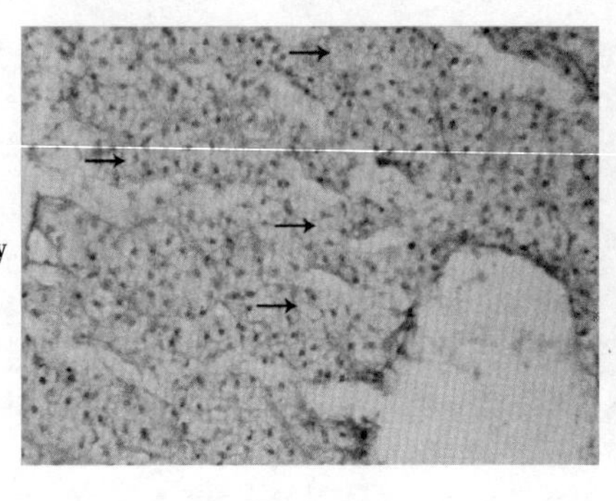	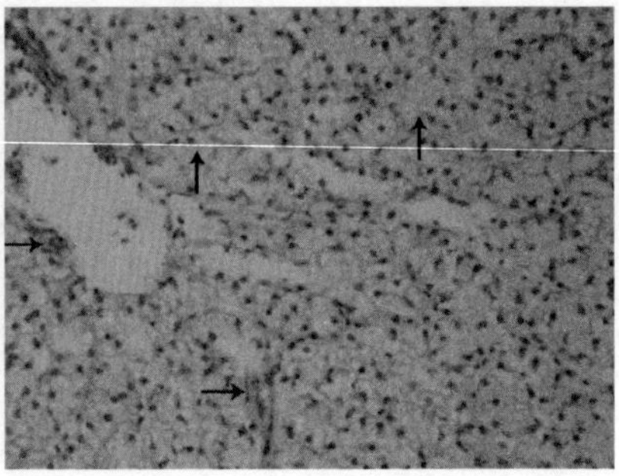
	粗脂肪 EE（%）	9.43 ±4.50^{b}	5.39 ±0.18^{a}
	水分 Moisture（%）	71.54 ±0.67^{b}	68.11 ±0.56^{a}
	分析 Analysis	混合脂肪变性→	小泡性脂肪变性↑、有嗜酸小体→
6%	组织切片 Biopsy	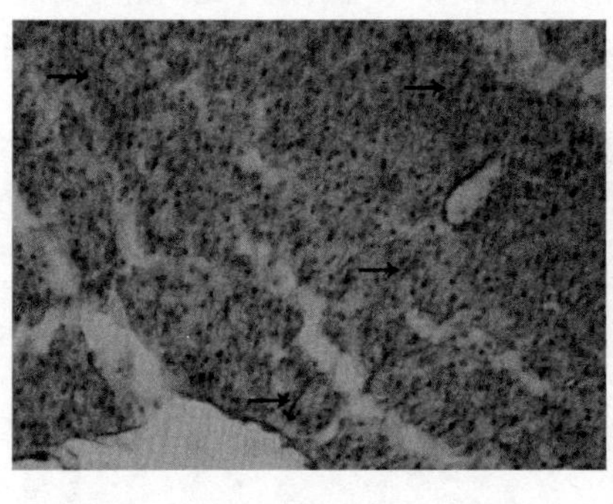	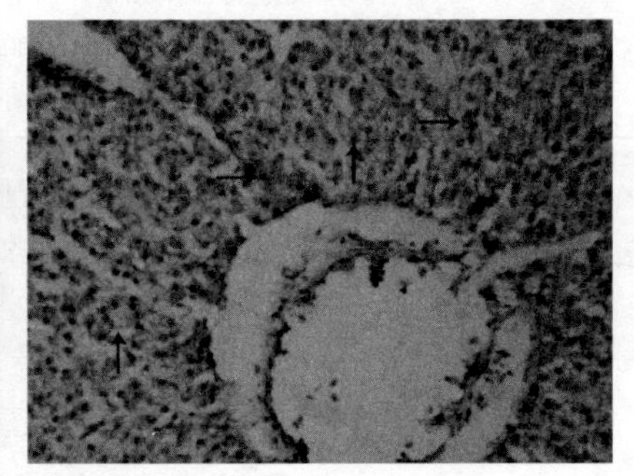
	粗脂肪 EE（%）	3.46 ±0.08	2.99 ±0.38
	水分 Moisture（%）	73.83 ±0.83^{a}	76.12 ±0.74^{b}
	分析 Analysis	纤维化→	小泡性脂肪变性↑、嗜酸小体→

（续表）

油脂水平 Oil level	项目 Project	对照组 CG	试验组 EG
8%	组织切片 Biopsy		
	粗脂肪 EE（%）	2.71 ±0.10[a]	3.98 ±0.07[b]
	水分 Moisture（%）	74.48 ±0.59[a]	76.15 ±0.49[b]
	分析 Analysis	纤维化→	坏死→

注：粗脂肪为肝胰脏湿重下的含量

（三）对草鱼部分生化指标的影响

1. 投喂不同油脂水平的非氧化和氧化豆油饲料 12 周对草鱼血清 AST 的影响（表 8－3－7）

从添加等量油脂水平对对照组和试验组之间的比较来看，2% 水平下，2 周和 4 周试验组和对照组之间差异不大，至 6 周和 8 周时试验组的 AST 比对照组大 34.9% 和 323.6%，10 周和 12 周时试验组比对照组有降低的趋势；2% 试验组血清 AST 周均值比对照组稍大。4% 水平下，2 周时试验组的 AST 比对照组大 44.3%，在 4 周时差异不大，但在 6 周、8 周和 10 周时试验组的 AST 比对照组分别小 44.2%、73.6% 和 57.8%，12 周无显著差异；4% 试验组血清 AST 周均值比对照组小。6% 水平下，2 周时试验组的 AST 比对照组大 73.7%，但在 4 周、6 周和 8 周时又比对照分别小 58.7%、27.6% 和 79.4%，10 周和 12 周差异不大；6% 试验组血清 AST 周均值比对照组小。8% 水平下，2 周和 4 周试验组的 AST 和对照组差异不明显，在 6 周和 8 周时试验组比对照组大 37.1% 和 56.5%，10 周时又小 42.3%，12 周时差异不明显；8% 试验组血清 AST 周均值比对照组大。

从试验组均值和对照组均值来看，试验组的要比对照组的略小。2 周时试验组的 AST 比对照组大 22.0%，4 周时要小 29.6%，6 周和 8 周的试验组和对照之间差异不大，10 周和 12 周试验组的 AST 比对应对照组分别小 31.4% 和 19.0%。单独从对照组均值来看，对照的均值有先从 2 周升高至 6 周再降低的趋势；单独试验组均值来看，有先从 2 周降低至 4 周，再升高至 6 周最大，然后再降低。

从对照组的 4 个水平周均值的比较来看，随着豆油添加量的增加，草鱼血清 AST 先降低再增大。随着氧化豆油添加量的增加，在周均值上出现先降低（2% 的 218U/L 降低至 4% 的 122U/L）再增大（从 4% 的 122U/L 增大到 6% 的 142U/L 再到 8% 的 268U/L）的趋势。

由此得出，添加氧化豆油的试验组都会先经历其 AST 大于对照组后，再出现比对照组小的情况，乃至更复杂的变化。对照组均值的变化趋势是先升高再降低，而试验组的变化趋势是先降低再升高再降低。单纯从 4 个油脂添加水平之间来看，随着豆油添加量的增加，有先变小再变大的趋势；随着氧化豆油添加量的增加，也有先变小再变大的趋势。

表 8-3-7　不同水平非氧化和氧化豆油对草鱼血清 AST 的影响（U/L）

Tab. 8-3-7　Levels of normal and oxidized oil on the impact of grass carp with serum AST（U/L）

油脂水平 Oil level	氧化水平 Oxidation level	2 weeks	4 weeks	6 weeks	8 weeks	10 weeks	12 weeks	周均值 Mean
2%	对照组 CG	220 ± 76	235 ± 84	398 ± 98	55 ± 14[a]	136 ± 49	138 ± 84[b]	197 ± 118
	试验组 EG	171 ± 68	182 ± 72	537 ± 103	233 ± 66[b]	143 ± 42	43 ± 11[a]	218 ± 168
4%	对照组 CG	149 ± 64	137 ± 54	251 ± 76[b]	193 ± 65[b]	296 ± 74[b]	78 ± 47	184 ± 80
	试验组 EG	215 ± 75	116 ± 41	140 ± 42[a]	51 ± 13[a]	125 ± 55[a]	84 ± 32	122 ± 56
6%	对照组 CG	99 ± 43	206 ± 79[b]	384 ± 86	339 ± 82[b]	90 ± 22	54 ± 13	195 ± 139
	试验组 EG	172 ± 61	85 ± 32[a]	278 ± 73	70 ± 21[a]	124 ± 37	124 ± 72	142 ± 75
8%	对照组 CG	133 ± 47	232 ± 67	353 ± 85	315 ± 72	307 ± 75	149 ± 50	248 ± 92
	试验组 EG	173 ± 72	190 ± 53	484 ± 92	493 ± 87	177 ± 58	88 ± 41	268 ± 175
对照组均值		150 ± 51	203 ± 46	347 ± 66	226 ± 130	207 ± 111	105 ± 46	206 ± 82
试验组均值		183 ± 22	143 ± 51	360 ± 184	212 ± 205	142 ± 25	85 ± 33	188 ± 95
不同油脂水平的对照组	2%	220 ± 76	235 ± 84	398 ± 98	55 ± 14[a]	136 ± 49[a]	138 ± 44[b]	197 ± 118
	4%	149 ± 64	137 ± 54	251 ± 76	193 ± 65[b]	296 ± 74[b]	78 ± 47[ab]	184 ± 80
	6%	99 ± 43	206 ± 79	384 ± 86	339 ± 82[c]	90 ± 22[a]	54 ± 13[a]	195 ± 139
	8%	133 ± 47	232 ± 67	353 ± 85	315 ± 72[c]	307 ± 75[b]	149 ± 50[b]	248 ± 92
不同油脂水平的试验组	2%	171 ± 68	182 ± 72	537 ± 103[c]	233 ± 66[b]	143 ± 42	43 ± 11	218 ± 168
	4%	215 ± 75	116 ± 41	140 ± 42[a]	51 ± 13[a]	125 ± 55	84 ± 32	122 ± 56
	6%	172 ± 61	85 ± 32	278 ± 83[b]	70 ± 21[a]	124 ± 37	124 ± 72	142 ± 75
	8%	173 ± 72	190 ± 53	484 ± 92[c]	493 ± 87[c]	177 ± 58	88 ± 41	268 ± 175

2. 投喂不同油脂水平的豆油和氧化豆油饲料 12 周对草鱼血清 CHE 的影响（表 8-3-8）

从添加等量油脂水平对对照组和试验组之间的比较来看，2% 水平下，2 周试验组和对照组的 CHE 之间差异不大，4 周时试验组的 CHE 比对照组大 86.0%，6 周无显著差异，8 周时试验组比对照组大 60.9%，10 周时试验组比对照组小 27.5%，12 周差异不大；总均值中试验组的 CHE 比对照组稍大。4% 水平下，2 周时试验组比对照组大 22.1%，4 周时差异不大，6 周时试验组的 CHE 比对照组小 24.6%，8 周时差异不大，10 周时试验组又比对照组小 22.1%，12 周又无显著差异；总均值中试验组的 CHE 比对照组稍小。6% 水平下，2 周时试验组的 CHE 比对照组大 23.1%，4 周时试验组的 CHE 比对照组小 79.1%，6 周的试验组比对照组大 60.9%，8 周、10 周、12 周的差异不大；总均值中试验组的 CHE 比对照组稍小。8% 水平下，2 周时试验组的 CHE 比对照组大 50.9%，4 周的试验组却比对照组小 41.3%，6 周差异不大，8 周试验组的 CHE 又比对照组大 96.3%，10 周则又小 35.3%，12 周无显著差异；各水平中的试验组与对照组均值的 CHE 与对照组的差异不大。

从周均值来看，2 周时试验组的 CHE 比对照组大 21.1%，4 周时要小 18.1%，6 周试验组和对照之间差异不大，8 周的试验组又比对照组大 28%，10 周和 12 周试验组的 CHE 比对应对照组分别小 26.0% 和 17.1%。

4 个油脂添加水平下，随着豆油添加量的增加，周均值有逐渐降低的趋势；随着氧化豆油添加量的增加，在周均值上出现先降低（2% 的 167U/L 降低至 6% 的 121U/L）再增大（从 6% 的 121U/L 增大到 8% 的 139U/L 再到 8% 的 268U/L）的趋势。

由此得出，各个油脂添加组中，试验组都会先经历其 CHE 大于对照组后，再出现比对照小的情况，乃至更复杂的变化。4 个油脂添加水平下，随着豆油添加量的增加，对照组 CHE 周均值有逐渐变小的趋势；随着氧化豆油添加量的增加，试验组 CHE 的周均值先降低再升高的趋势。

表 8-3-8　不同水平非氧化和氧化豆油对草鱼血清 CHE 的影响（U/L）

Tab. 8-3-8　Levels of normal and oxidized oil on the impact of grass carp with serum CHE（U/L）

油脂水平 Oil level	氧化水平 Oxidation level	2 weeks	4 weeks	6 weeks	8 weeks	10 weeks	12 weeks	周均值 Mean
2%	对照组 CG	180±27	86±15[a]	179±55	128±25[a]	218±57	144±26	156±46
	试验组 EG	181±34	160±26[b]	163±32	206±53[b]	158±44	131±22	167±25
4%	对照组 CG	131±35	94±16	191±43	136±39	222±66	137±30	152±46
	试验组 EG	160±24	100±17	144±28	130±24	173±47	125±25	139±26
6%	对照组 CG	143±41	129±37[b]	87±12[a]	156±42	170±48	173±56	143±32
	试验组 EG	176±31	27±11[a]	140±23[b]	131±29	138±41	113±10	121±50
8%	对照组 CG	114±26	155±42[b]	149±41	108±18[a]	173±52	131±7	138±25
	试验组 EG	172±46	91±22[a]	131±25	212±62[b]	112±33	115±12	139±45
对照组均值		142±28	116±32	152±46	132±20	196±28	146±19	147±27
试验组均值		172±9	95±54	145±13	170±45	145±26	121±8	141±29
不同油脂水平的对照组	2%	180±27	86±15	179±55[b]	128±25	218±57	144±26	156±46
	4%	131±35	94±16	191±43[b]	136±39	222±66	137±30	152±46
	6%	143±41	129±37	87±12[a]	156±42	170±48	173±56	143±32
	8%	114±26	155±42	149±41[ab]	108±18	173±52	131±7	138±25

（续表）

油脂水平 Oil level	氧化水平 Oxidation level	2 weeks	4 weeks	6 weeks	8 weeks	10 weeks	12 weeks	周均值 Mean
不同油脂水平的试验组	2%	181 ±34	160 ±26[c]	163 ±32	206 ±53[b]	158 ±44	131 ±22	167 ±25
	4%	160 ±24	100 ±17[b]	144 ±28	130 ±24[a]	173 ±47	125 ±25	139 ±26
	6%	176 ±31	27 ±11[a]	140 ±23	131 ±29[a]	138 ±41	113 ±10	121 ±50
	8%	172 ±46	91 ±22[b]	131 ±25	212 ±62[b]	112 ±33	115 ±12	139 ±45

3. 投喂不同油脂水平的豆油和氧化豆油饲料 12 周对草鱼血清 SOD 的影响（表 8－3－9）

从添加等量油脂水平对对照组和试验组之间的比较来看，2% 水平下，2 周试验组的 SOD 比对照组小 31. 2%，4 周和 6 周差异不明显，8 周和 10 周试验组的血清 SOD 比对照组的分别大 20. 0% 和 30. 7%，12 周时差异不显著。4% 水平下，2 周试验组血清 SOD 比对照组低 27. 5%，4 周、6 周、8 周和 10 周相差不大，12 周试验组的血清 SOD 比对照组的大 18. 7%。6% 水平下，2 周和 4 周试验组的 SOD 与对照组的差异不大，6 周时试验组比对照组大 74. 2%，8 周和 10 周试验组血清 SOD 又分别比对照组小 18. 7% 和 24. 4%，12 周之间差异不大。8% 水平下，2 周试验组血清 SOD 比对照组大 32. 6%，4 周差异不大，6 周和 8 周分别比对照组小 24. 4% 和 20. 6%，10 周又比对照组大 54. 3%，12 周差异不大。各水平中的试验组与对照组 SOD 周均值与对照组的差异不大。

从试验组均值和对照组均值来看，2 周时试验组的 SOD 比对照组小 13. 0%，4 周时差异不大，6 周试验组血清 SOD 比对照组的大 10. 9%，8 周之间差异不大，10 周试验组的 SOD 比对照组大 12. 1%。4 个油脂添加水平下，随着养殖时间的增加，对照组均值有先减小再增大的趋势，试验组均值也有逐渐增大的趋势。

4 个油脂添加水平下，随着豆油添加量的增加，周均值有逐渐降低的趋势。随着氧化豆油添加量的增加，周均值有逐渐降低的趋势。

由此得出，4 个油脂添加水平下，添加氧化豆油的试验组在各个水平中都出现试验组的血清 SOD 比对应对照组大的现象。单纯从对照组均值之间的比较来看，随着豆油添加量的增加和养殖时间的增长，对照组血清 SOD 均值有逐渐变小的趋势；随着氧化豆油添加量的增加和养殖时间的延长，试验组的血清 SOD 均值也呈现减小的趋势。

表 8－3－9　不同水平非氧化和氧化豆油对草鱼血清 SOD 的影响（U/mL）

Tab. 8－3－9　Levels of normal and oxidized oil on the impact of grass carp with serum SOD（U/mL）

油脂水平 Oil level	氧化水平 Oxidation level	2 weeks	4 weeks	6 weeks	8 weeks	10 weeks	12 weeks	周均值 Mean
2%	对照组 CG	162. 0 ±6. 7[b]	103. 7 ±5. 7	117. 2 ±5. 2	168. 0 ±12. 3	143. 0 ±14. 8[a]	193. 8 ±22. 7	148 ±34. 2
	试验组 EG	111. 5 ±7. 0[a]	105. 1 ±7. 0	127. 8 ±8. 2	201. 6 ±24. 4	186. 9 ±16. 9[b]	171. 8 ±18. 3	151 ±41. 2

（续表）

油脂水平 Oil level	氧化水平 Oxidation level	2 weeks	4 weeks	6 weeks	8 weeks	10 weeks	12 weeks	周均值 Mean
4%	对照组 CG	119.1 ±5.5[b]	96.2 ±8.5	89.4 ±3.1	170.6 ±14.3	155.1 ±12.2	154.7 ±18.7	131 ±34.5
	试验组 EG	86.4 ±5.1[a]	106.6 ±5.8	94.7 ±5.3	166.2 ±10.7	171.9 ±15.7	183.6 ±13.3	135 ±44.1
6%	对照组 CG	81.0 ±2.9	111.7 ±9.2	67.0 ±2.6[a]	170.6 ±13.5[b]	176.5 ±21.2[b]	151.2 ±6.7	126 ±46.8
	试验组 EG	80.1 ±4.3	99.1 ±6.9	116.1 ±7.4[b]	138.7 ±9.5[a]	133.4 ±9.2[a]	158.4 ±18.7	121 ±28.3
8%	对照组 CG	81.0 ±4.7	91.5 ±4.4	99.3 ±7.6[b]	190.3 ±18.6[b]	118.0 ±8.3[a]	145.4 ±5.5	121 ±40.9
	试验组 EG	107.4 ±6.5	109.3 ±8.7	75.1 ±3.3[a]	151.1 ±11.2[a]	172.1 ±18.9[b]	144.6 ±11.5	127 ±36.1
对照组均值		110.8 ±39.2	100.8 ±9.2	93.2 ±21.1	174.9 ±10.3	148.2 ±23.9	161.3 ±22.2	132 ±34.2
试验组均值		96.4 ±15.4	105 ±4.8	103.4 ±22.6	164.4 ±27.0	166.1 ±23.4	164.6 ±17.3	133 ±35.7
不同油脂水平的对照组	2%	162.0 ±6.7[c]	103.7 ±5.7	117.2 ±5.2[c]	168.0 ±12.3	143.0 ±14.8[b]	193.8 ±22.7[b]	148 ±34.2
	4%	119.1 ±5.5[b]	96.2 ±8.5	89.4 ±3.1[b]	170.6 ±14.3	155.1 ±12.2[b]	154.7 ±18.7[a]	131 ±34.5
	6%	81.0 ±2.9[a]	111.7 ±9.2	67.0 ±2.[6a]	170.6 ±13.5	176.5 ±21.2[b]	151.2 ±6.7[a]	126 ±46.8
	8%	81.0 ±4.7[a]	91.5 ±4.4	99.3 ±7.6[b]	190.3 ±18.6	118.0 ±8.3[a]	145.4 ±5.5[a]	121 ±40.9
不同油脂水平的试验组	2%	111.5 ±7.0[b]	105.1 ±7.0	127.8 ±8.2[c]	201.6 ±24.4[c]	186.9 ±16.9[b]	171.8 ±18.3[ab]	151 ±41.2
	4%	86.4 ±5.1[a]	106.6 ±5.8	94.7 ±5.3[b]	166.2 ±10.7[b]	171.9 ±15.7[b]	183.6 ±13.3[b]	135 ±44.1
	6%	80.1 ±4.3[a]	99.1 ±6.9	116.1 ±7.4[c]	138.7 ±9.5[a]	133.4 ±9.2[a]	158.4 ±18.7[a]	121 ±28.3
	8%	107.4 ±6.5[b]	109.3 ±8.7	75.1 ±3.3[a]	151.1 ±11.2[b]	172.1 ±18.9[b]	144.6 ±11.5[a]	127 ±36.1

4. 投喂不同油脂水平的豆油和氧化豆油饲料12周对草鱼血清MDA的影响（表8－3－10）

从添加等量油脂对对照组和试验组之间的比较来看，2%水平下，2周、4周和6周各阶段试验组血清MDA和对照组的差异不大，8周时试验组比对照组大47.7%，10周和12周分别大59.7%和16.6%。4%水平下，2周试验组的MDA比对照组的大70.7%，后面的4周、6周、8周、10周和12周试验组和对照组血清MDA之间的差异不大。6%水平下，2周试验组的MDA和对照组无显著差异，4周时试验组比对照大108.6%，6周无明显差异，但在8周和10周又分别大124.9%和96.7/%，在12周又无显著差异。8%水平下，2周试验组的MDA和对照组无显著差异，4周时比对照大65.8%，6周无明显差异，但在8周和10周试验组比对照组的MDA分别大18.9%和53.0%，在12周又无显著差异。各水平中的试验组血清MDA周均值都比对照组的大，其中6%水平时试验组比对照组大55.3%。

从试验组均值和对照组均值来看，各时间段试验组血清MDA均值都比对应对照组的大，从2周至12周分别大26%、31.1%、7.7%、50.2%、36.5%和13.1%；试验组均值的周均值比对照组大28.4%。随着养殖时间的加长，对照组血清MDA的均值有逐渐降低的趋势，试验组成先升高再降低的趋势。

单纯从4个添加水平之间的比较来看，随着豆油添加量的增加，周均值有逐渐降低的趋势。随着氧化豆油添加量的增加，周均值有先升高再降低的趋势。

由此得出，添加氧化豆油的试验组在各个水平中都出现试验组的血清 MDA 比对应对照组大的现象。随着养殖时间的增加，对照组血清 MDA 均值有逐渐减小的趋势，试验组血清 MDA 均值有先升高再降低的趋势。从 4 个添加水平之间的比较来看，随着豆油添加量的增加，对照组周均值有逐渐变小的趋势；试验组血清 MDA 周均值呈现先升高再降低的趋势。

表 8－3－10　不同水平非氧化和氧化豆油对草鱼血清 MDA 的影响（nmol/mL）

Tab. 8－3－10　Levels of normal and oxidized oil on the impact of grass carp with serum MDA（nmol/mL）

油脂水平 Oil level	氧化水平 Oxidation level	2 weeks	4 weeks	6 weeks	8 weeks	10 weeks	12 weeks	周均值 Mean
2%	对照组 CG	12.15 ±1.86	12.59 ±1.66	8.77 ±0.88	11.62 ±0.92^{a}	7.70 ±0.69^{a}	8.65 ±2.84	10.25 ±3.25
	试验组 EG	14.3 ±2.96	13.58 ±0.98	10.25 ±1.25	17.16 ±3.15^{b}	12.30 ±0.99^{b}	10.09 ±0.98	12.95 ±3.67
4%	对照组 CG	10.38 ±1.47^{a}	15.43 ±2.11	8.4 ±0.75	9.59 ±0.55	12.30 ±3.76	9.32 ±3.45	10.90 ±4.12
	试验组 EG	17.72 ±3.43^{b}	13.09 ±2.19	10.37 ±0.97	11.08 ±1.16	8.92 ±1.02	9.78 ±2.48	11.83 ±3.65
6%	对照组 CG	11.27 ±1.21	8.64 ±0.53^{a}	7.65 ±0.64	8.11 ±0.63^{a}	7.97 ±1.83^{a}	7.03 ±0.95	8.45 ±2.07
	试验组 EG	12.41 ±1.08	18.02 ±4.24^{b}	6.91 ±0.65	18.24 ±4.43^{b}	15.68 ±3.58^{b}	7.48 ±0.47	13.12 ±5.65
8%	对照组 CG	10.25 ±0.88	9.75 ±0.75^{a}	7.16 ±0.82	7.84 ±0.35	6.89 ±1.27^{a}	6.71 ±1.94	8.10 ±2.17
	试验组 EG	11.39 ±0.76	16.17 ±3.65^{b}	6.91 ±0.34	9.32 ±0.52	10.68 ±2.16^{b}	8.52 ±3.44	10.5 ±3.86
对照组均值		11.01 ±1.15	11.6 ±3.35	8.00 ±1.09	9.29 ±2.25	8.72 ±1.96	7.93 ±1.12	9.42 ±2.19
试验组均值		13.96 ±2.86	15.22 ±2.12	8.61 ±2.41	13.95 ±4.10	11.9 ±3.17	8.97 ±1.21	12.1 ±3.32
不同油脂水平的对照组	2%	12.15 ±1.86	12.59 ±1.66^{ab}	8.77 ±0.88	11.62 ±0.92^{c}	7.70 ±0.69^{a}	8.65 ±2.84	10.25 ±3.25
	4%	10.38 ±1.47	15.43 ±2.11^{b}	8.40 ±0.75	9.59 ±0.55^{b}	12.30 ±3.76^{b}	9.32 ±3.45	10.90 ±4.12
	6%	11.27 ±1.21	8.64 ±0.53^{a}	7.65 ±0.64	8.11 ±0.63^{a}	7.97 ±1.83^{a}	7.03 ±0.95	8.45 ±2.07
	8%	10.25 ±0.88	9.75 ±0.75a	7.16 ±0.82	7.84 ±0.35^{a}	6.89 ±1.27^{a}	6.71 ±1.94	8.10 ±2.17
不同油脂水平的试验组	2%	14.3 ±2.96^{a}	13.58 ±0.98^{a}	10.25 ±1.25^{b}	17.16 ±3.15^{b}	12.30 ±0.99^{ab}	10.09 ±0.98^{b}	12.95 ±3.67
	4%	17.72 ±3.43^{b}	13.09 ±2.19^{a}	10.37 ±0.97^{b}	11.08 ±1.16^{a}	8.92 ±1.02^{a}	9.78 ±2.48^{ab}	11.83 ±3.65
	6%	12.41 ±1.08^{a}	18.02 ±4.24^{b}	6.91 ±0.65^{a}	18.24 ±4.43^{b}	15.68 ±3.58^{b}	7.48 ±0.47^{a}	13.12 ±5.65
	8%	11.39 ±0.76^{a}	16.17 ±3.65^{b}	6.91 ±0.34^{a}	9.32 ±0.52^{a}	10.68 ±2.16^{ab}	8.52 ±3.44^{ab}	10.50 ±3.86

5. 投喂不同油脂水平的豆油和氧化豆油饲料 12 周时对草鱼肝胰脏 SOD、XOD、MDA 和肠道 MDA、DAO 的影响（表 8－3－11）

从添加等量油脂对对照组和试验组之间的比较来看，2% 水平下，试验组肝胰脏的 SOD 比对照组的小 19.5%，而肝胰脏 MDA 要比对照组大 152.8%；试验组肠道 MDA 比对应对照组小 28.7%。4% 水平下刚好与 2% 相反，试验组肝胰脏的 SOD 比对照组的大 16%，而肝胰脏 AST 和 MDA 要比对照组小 21.8% 和 59.0%；试验组肠道 MDA 比对应对照组小 24.7%。6% 水平下，试验组肝胰脏的 SOD 比对照组的大 8.7%，而肝胰脏 AST 和 MDA 要比对照组小 29.3% 和 62.0%；试验组肠道 MDA 比对应对照组小 41.3%。8% 水平下，试验组肝胰脏的 SOD 比对应对照组的小 7.7%，肝胰脏 AST 比对照组小 53.7%，而肝胰脏 MDA 与对照组之间无显著性差异；试验组肠道 MDA 和血清 DAO 和对应对照间无显著差异。

从试验组均值和对照组均值来看，试验组的肝胰脏 AST、SOD、MDA、肠道 MDA 和血清 DAO 都比对应对照组的要分别小 24.0%、1.3%、18.1%、22.2% 和 8.7%。

单纯从 4 个油脂添加水平之间的比较来看，随着豆油添加水平的提高，对照组中的肝胰脏 SOD 和肠道 MDA 有先减小再增大的趋势，肝胰脏 AST 有减小的趋势，只有肝胰脏 MDA 相反有先增大再减小的趋势。随着氧化豆油添加水平的提高，肝胰脏 SOD 有先增大再减小的趋势，但肝胰脏 MDA 和肠道 MDA 有先减小再增大的趋势，而肝胰脏 AST 有逐渐减小的趋势。

由此得出添加等量油脂下，试验组的肝胰脏 AST、肠道 MDA 和血清 DAO 都比对应对照组小，但是试验组和对照组肝胰脏 SOD 和 MDA 的变化相反。从整体均值来看，试验组的肝胰脏 AST、SOD、MDA、肠道 MDA 和血清 DAO 都比对应对照组小。4 个油脂添加水平下，随着豆油添加量的增加，对照组肝胰脏 AST 逐渐减小，肝胰脏 MDA 先增大再减小，而肝胰脏 SOD 有先减小再增大的趋势。随着氧化豆油添加量的增加，试验组肝胰脏 AST 逐渐减小，肝胰脏 MDA 先减小再增大，而肝胰脏 SOD 有先增大再减小的趋势。

表 8-3-11　不同水平非氧化和氧化豆油 12 周时对草鱼部分生化指标的影响

Tab. 8-3-11　Levels of normal and oxidized oil on the impact of grass carp with some of biochemical indicators

油脂水平 Oil level	氧化水平 Oxidation level	肝胰脏组织（U/g×1 000）			肠道组织（U/g）	血清（μg/mL）
		AST	SOD	MDA	MDA	DAO
2%	对照组 CG	69.8±4.6	19.5±0.3^{b}	134.0±60.7^{a}	303.6±73.6^{b}	28.67±5.37
	试验组 EG	65.7±8.3	15.7±0.5^{a}	338.8±88.1^{b}	216.4±12.6^{a}	25.89±4.61
4%	对照组 CG	60.2±5.0^{b}	16.1±0.2^{a}	297.2±94.3^{b}	279.0±23.1^{b}	26.26±2.94
	试验组 EG	47.1±0.7^{a}	18.9±0.2^{b}	122±46.7^{a}	210.0±11.4^{a}	26.53±5.28
6%	对照组 CG	71.7±23.2^{b}	18.4±0.2^{a}	268.3±73.2^{b}	274.9±15.0^{b}	28.99±1.55
	试验组 EG	50.7±5.3^{a}	20.0±0.3^{b}	101.9±29.8^{a}	161.3±34.3^{a}	26.48±5.84
8%	对照组 CG	34.8±2.2^{b}	19.5±0.3^{b}	224.2±47.4	393.8±30.3	27.32±3.35
	试验组 EG	16.1±0.9^{a}	18.0±0.3^{a}	193.9±100.7	385.7±66.3	24.14±2.67
对照组均值		59.1±20.8	18.38 ±1.6	230.93 ±71.2	312.83 ±55.5	27.81±1.26
试验组均值		44.9±16.2	18.15 ±1.8	189.15 ±107.3	243.35 ±98.0	25.76±1.11
不同油脂水平的对照组	2%	69.8±4.6^{b}	19.5±0.3^{c}	134.0±60.7^{a}	303.6±73.6	28.67±5.37
	4%	60.2±5.0^{b}	16.1±0.2^{a}	297.2±94.3^{b}	279.0±23.1	26.26±2.94
	6%	71.7±23.2^{b}	18.4±0.2^{b}	268.3±73.2^{ab}	274.9±15.0	28.99±1.55
	8%	34.8±2.2^{a}	19.5±0.3^{c}	224.2±47.4^{ab}	393.8±30.3	27.32±3.35

（续表）

油脂水平 Oil level	氧化水平 Oxidation level	肝胰脏组织（U/g×1 000）			肠道组织（U/g）	血清（μg/mL）
		AST	SOD	MDA	MDA	DAO
不同油脂水平的试验组	2%	65.7±8.3[c]	15.7±0.5[a]	338.8±88.1[b]	216.4±12.6[b]	25.89±4.61
	4%	47.1±0.7[b]	18.9±0.2[b]	122.0±46.7[a]	210.0±11.4[b]	26.53±5.28
	6%	50.7±5.3[b]	20.0±0.3[c]	101.9±29.8[a]	161.3±34.3[a]	26.48±5.84
	8%	16.1±0.9[a]	18.0±0.3[b]	193.9±100.7[ab]	385.7±66.3[c]	24.14±2.67

三、讨论

2%、4%、6%和8%4个不同油脂添加水平的非氧化和氧化豆油对草鱼生长、生理及肝胰脏的影响是一个系统性的影响。试验中测定各指标的目的见图8－3－2。草鱼摄食非氧化或氧化豆油后，通过测定血清SOD和MDA来反映草鱼血清抗氧化能力。血清抗氧化能力受到影响后，肝胰脏和肠道进而受到影响。试验中做肝胰脏组织切片，并测定肝胰脏AST、SOD、MDA和血清AST、CHE来反映对肝胰脏的影响；测定血清DAO和肠道MDA来反映对肠道的影响。最后综合肝胰脏和肠道受到的影响来反映对草鱼生长性能的影响。生长性能指标包括增重率、特定生长率、饲料系数、蛋白沉积率、脂肪沉积率、肝胰脏指数等。本文以4个不同油脂添加水平的非氧化和氧化豆油对草鱼血清抗氧化能力的影响、对肝胰脏的影响、对肠道的影响来进行讨论。

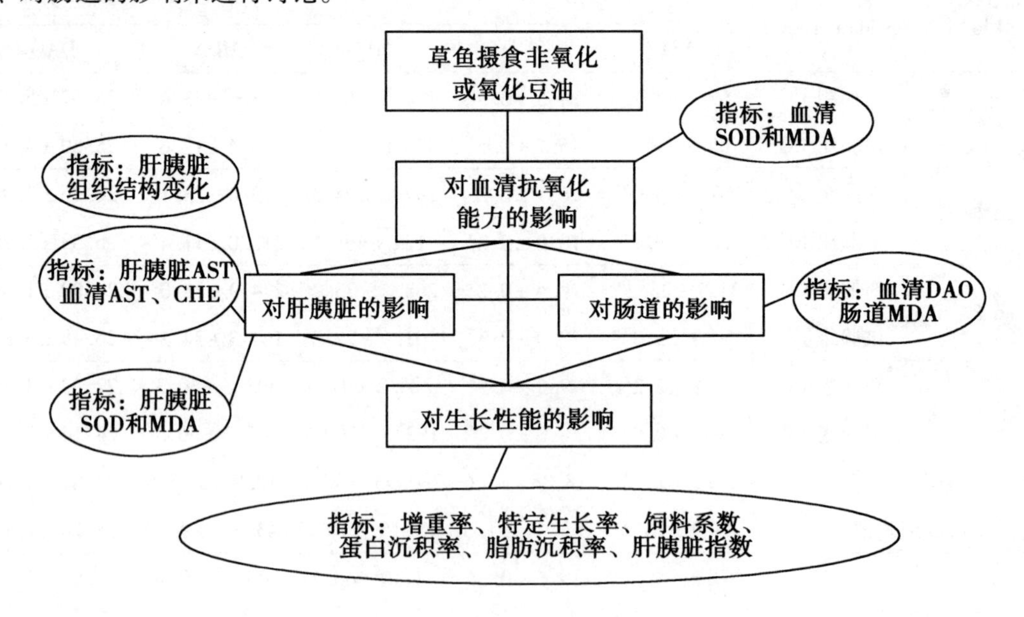

图8－3－2　试验中各测定指标作用

Fig. 8－3－2　Indicative of the determination in the experiment

（一）对草鱼抗氧化能力的影响

鱼体解毒的重要机制之一就是抗氧化损伤防御体系，其中 SOD 是一种主要的酶类[17]。SOD 是体内自由基的主要清除剂，能清除脂质过氧化作用过程中产生的具有高度活性的超氧阴离子，并减轻其毒性作用，保护肝细胞的结构和功能，阻止肝细胞的损伤。临床研究表明，在急性肝炎、肝硬化等病症情况下，血清 SOD 会增大[18]。本试验中各水平试验组都出现试验组 SOD 大于对应对照组的情况，说明各水平的试验组都出现肝损伤的情况，当然随着养殖时间的加长，试验组的 SOD 增大也可以说明肝胰脏的损伤在加大。但是随着豆油和氧化豆油添加水平的增大，SOD 都有降低的趋势，而对照组 SOD 随着养殖时间的变化较复杂，这可能是因为草鱼肝胰脏受损严重，机体合成 SOD 的能力下降[19]。当体内的氧自由基或过氧化物过多，机体不能有效清除时就会生成 MDA。MDA 是脂质过氧化物的最终产物。MDA 的形成可进一步使细胞内蛋白质发生交联，形成 Mallory 小体，并诱发免疫反应、趋化中性粒细胞、导致炎细胞浸润[20]，另外，脂质过氧化反应还是脂肪肝诱发脂肪性肝炎和肝纤维化的重要机制[21]。本试验中试验组血清 MDA 和血清 SOD 的变化呈现相反趋势，即 SOD 活性大血清 MDA 小，是因为当血清 SOD 高时，其清除氧自由基的能力强，血清中的 MDA 就会减少，反之就会增加，这和杨耀娴[22]的结果一致。但是添加豆油的对照组例外，它的血清 SOD 和 MDA 都随油脂添加水的升高而降低，这是因为 SOD 升高有效清除了氧自由基。总体来说，2%、4%、6% 和 8% 4 个油脂添加水平的氧化豆油都对会降低草鱼血清抗氧化能力，并且随着添加量的增高，这种影响越大；4 个油脂添加水平的对照组血清抗氧化能力没有降低。

（二）对草鱼肝胰脏的影响

肝脏疾病尤其是肝脏中非肿瘤疾病常具有许多共同的组织结构的损伤，而最主要的就是肝细胞损伤，肝细胞的损伤通常包括肝细胞水样变性、肝细胞羽毛状变性、肝细胞脂肪变性、肝细胞嗜酸性变性以及肝细胞坏死[23]。致病因子对肝脏的损伤还会影响肝细胞以外结构的变化，如胆管和血管，这些结构的变化程度同样可以反映肝胰脏的损伤程度，其中包括毛细胆管淤积、肝纤维化等症状[23,24]。

肝胰脏是鱼体最大的腺体，也是鱼体解毒的主要场所，有着重要的生理功能，如参与蛋白质、脂肪、糖类等营养物质的代谢；解毒、吞噬、防御机能；调节血容量及水电解质平衡等[3]。胆汁主要由肝脏分泌，它对脂肪的消化和吸收具有重要作用。胆汁经胆囊进入肠道后，还将由肠道重吸收进入血液，最后由肝脏收集并补充到胆囊中。但是伴随着高热量、高油脂或氧化油脂进入鱼体，鱼体内的血液会变黏稠，从而堵塞毛细胆管，出现毛细胆管淤积现象[25]，本试验中各试验组和对照组均出现过该现象。一旦胆汁分泌调节出现异常，细胞间通透性增加，肝脏代谢就会受到影响，继而引发肝细胞脂肪变性[25]，试验中，各试验组和对照组（除 2% 对照组）都在不同时期出现过不同程度的肝细胞脂肪变性。氧化豆油影响肝胰脏脂肪酸氧化应激、NF-κB 依赖的炎症因子的表达以及脂肪因子的作用下就会出现脂肪性肝炎[26]，引起肝细胞缺血坏死，从而出现嗜酸小体，严重时导致肝胰脏坏死，添加氧化豆油的试验组肝胰脏组织切片上，在不同时期均可见嗜酸小体。另外脂肪肝也可诱发肝硬化，其发生机制为游离脂肪酸对肝细胞的毒性作用，加上肝细胞脂变导致肝内代谢紊乱影响肝微循环，从而诱发肝纤维化和肝硬化[27]。肝胰脏的损伤直接会影响到鱼类生长与生理功能，持续摄食高油脂和氧化豆油都会危害草鱼肝胰脏，并且在一定范围内随着油脂水平的增大对肝胰脏的损伤也越大。试验中添加豆油的6%和8%组的草鱼就出现了肝纤维化现象。研究显示脂肪肝与肝脏脂质代谢障碍、细胞因子作用、肝细胞色素P4502EI（CYP2E1）表达增加、脂质过氧化损伤、免疫反应、遗传因素等有关[28]。近年来有提出以氧应激和脂质过氧化为中心的“二次打击”学说[29]，即一次打击诱发脂肪变性，在应激产生的细胞因子、原有致病因素持续存在、肝星状细胞活化等作用下发生“二次打击”，导致肝脏发生炎症、坏死、纤维化和细胞凋亡等，引起肝脏脂肪变、肝纤维化甚至肝硬化[30]。试验中添加氧化豆油的试验组和添加豆油的对照组草鱼的肝胰脏均发生了不同程度的损伤，但是两者损伤的原因不同，所以最终出现的损伤结果也不同。

临床上AST和CHE是检测肝脏是否损伤的重要指标。有研究表明，AST有80%存在于肝细胞线粒体中，在肝细胞浆中只占总活性的20%[31]。急性肝炎的肝细胞轻度损伤，其损伤仅发生在肝细胞膜上而线粒体膜完整，只有胞浆酶释出[31]，所以血清中AST正常或轻度增高，这时肝脏组织中的AST含量变化就不大。当慢活肝、肝硬化、肝癌组肝细胞损伤严重，不仅有肝细胞膜损伤，且有线粒体膜的损伤或毁坏[31,32]，线粒体中的AST进入血中的量增多，这时血清中AST会增高，而肝脏中就会减少。本试验中，添加等量油脂的试验组和对照组之间，4个水平均出现试验组血清AST高于对照组，但是肝胰脏AST小于对照组的情况，可以说明氧化豆油损伤了草鱼肝细胞的线粒体[33]。但是随着油脂水平的增高，血清AST出现降低现象，这可能是因为随着肝细胞AST的不断释放，肝胰脏受损不断增强，肝胰脏中不能合成需要的AST，所以AST降低。血清胆碱酯酶是由肝脏合成的水解酶，主要功能是催化乙酰胆碱的水解，长期CHE降低往往提示肝病不良[34]，可反映肝脏的合成功能[35]。但是本试验中，添加氧化豆油的试验组往往大于对应对照组的现象，这与脂肪的代谢有关。有研究表明，脂肪肝患者血清CHE活性会升高[35,36]，可能是脂肪肝患者血脂的异常增高导致脂类代谢及产物的异常影响到肝脏合成和降解CHE，脂肪合成和转换增加导致肝脏中酰基CoA积累，继而产生大量酰基胆碱等过多的底物诱导肝合成酶的增加，从而使血中CHE水平升高[37]。

12周时，4个水平试验组的肝胰脏SOD随氧化豆油添加水平的升高有先升再降的趋势，肝胰脏MDA为先降再升的趋势。这是因为在肝细胞还没有坏死的情况下，肝胰脏还具有清除自由基的能力，但是当氧化豆油添加量的能够使得肝细胞大量坏死时，合成SOD的能力殆尽，MDA就会快速积累[20]。4个水平对照组的肝胰脏SOD随豆油添加水平的升高有先降再升的趋势，但肝胰脏MDA有逐渐升高的趋势，具体原因还有待进一步研究。

综上所述，2%、4%、6%和8%4个油脂添加水平的氧化豆油都对草鱼肝胰脏合成功能、抗氧化功能和肝胰脏组织形态有不利影响；添加豆油的高油脂（≥4%）对草鱼肝胰脏也有不利影响。

（三）对草鱼肠道通透性的影响

机体重要的解毒器官肝脏损伤后，肝脏的解毒能力下降，还会造成其他组织的损伤，如肠道等。二胺氧化酶（DAO）是动物肠黏膜上层绒毛细胞胞浆中具有高度活性的细胞内酶。当肠黏膜上皮细胞受到损伤后，胞内释放DAO增加，进入肠细胞间隙、淋巴管和血管，使血清DAO升高[38]，所以血清DAO是反映肠道通透性的重要指标。但是本试验中各试验组血清DAO都比对应对照组小，这可能和肠道损伤的程度有关。添加氧化油脂后，肠道直接受到氧化油脂产物等的伤害，脂质过氧化物MDA会升高，通透性加强血清DAO也会升高。

但是当肠道上皮受损绒毛变短时，含 DAO 的细胞变少或者合成 DAO 变少，那么血清 DAO 会降低，而不是升高，这时的肠道损伤程度更大。肠道 MDA 的变化可以证明这点，添加等量水平中试验组的肠道 MDA 都比对应对照组小。4 个不同油脂添加水平豆油的对照组肠道 MDA 之间无显著性差异，血清 DAO 之间也无显著差异，说明对草鱼肠道通透性无影响。

（四）对草鱼生长性能的影响

有研究报道，油脂氧化会破坏饲料中的不饱和脂肪酸和维生素等营养物质，氧化油脂的产物还会损伤鱼类的肠道，降低消化酶活力[39]。油脂氧化使部分亚油酸（18：2n-6）、亚麻油酸（18：3n-3）等必需脂肪酸遭到破坏，产生的高活性自由基还能破坏维生素，特别是脂溶性维生素，并能破坏细胞膜功能造成维生素缺乏症[40]。机体摄入油脂氧化产生的醇、醛、酮等有毒有害物质后，对肠道和消化酶也有很大影响，投喂添加氧化鱼油（263mmol/kg）的鲤鱼在 6 周可见小肠上皮细胞变性、坏死、脱落到肠腔[40]。脂质氧化还可使蛋白质和酶（如核糖核酸酶、胰蛋白酶、胃蛋白酶）失活[40]。综上原因，投喂添加氧化油脂的饲料就会降低鲤鱼[1]、奥尼罗非鱼[12]的增重率和特定生长率，使得饲料系数增大。本试验得到相同的结论，并且随着氧化油脂添加量和养殖时间的增大，对草鱼生长性能的影响加大。有研究报道，高脂肪会抑制草鱼蛋白酶活性，降低草鱼对蛋白的利用率，从而降低生长速度[12]，试验中也存在同样的趋势，即随着豆油添加量的提高，草鱼生长性能下降。可能是因为鱼体消化器官中的消化酶与摄食饲料没有直接关系，主要由鱼类自身的遗传规律和发育过程决定[41]。

（五）对草鱼的综合影响

添加氧化豆油对草鱼的影响是一个整体性的影响。当草鱼摄食氧化豆油后，氧化豆油的产物（氧自由基、醛酮等）首先会对肠道进行破坏，被吸收进入鱼体内后，免疫系统为了防御有毒物质，势必先提高免疫酶类，这时草鱼血清 SOD 就会升高。当氧化豆油过多机体内不能有效清除时，鱼体内的脂质过氧化物就会增多，进而 MDA 增加，即血清 MDA、肝胰脏的 MDA 和肠道 MDA 就会增多。MDA 的破坏力很大，可进一步使细胞内蛋白质发生交联，形成 Mallory 小体，并诱发免疫反应、趋化中性粒细胞、导致炎细胞浸润[20]，另外脂质过氧化反应还是脂肪肝诱发脂肪性肝炎和肝纤维化的重要机制[21]。随着血清 MDA 含量的增大，肝胰脏解毒压力增大，胰脏受损伤的程度也增大。肝胰脏组织结构的变化以及血清 AST、CHE 和肝胰脏 AST、CHE 都可以证明肝胰脏的损伤程度。当肝胰脏受损，分泌胆汁酸的功能受限，会引起毛细胆管淤积。同时，肝细胞代谢脂肪能力受限，从而引发脂肪肝，发生脂肪肝后，肝胰脏指数就会增大。肝胰脏是草鱼最大的消化腺，当肝胰脏受损后，草鱼对食物的消化能力就会下降，进而影响草鱼生长。肝胰脏受损还引起解毒能力的下降，引发肠道通透性的增强，血清 DAO 的变化可以证明，这使得饲料中的氧化产物更容易进入鱼体，从而加快对草鱼的损伤影响，最终甚至引起肝胰脏坏死和草鱼死亡现象。

添加高油脂（≥4%）对草鱼的影响有相同的方式。因为草鱼是草食性鱼类，体内对脂肪的代谢能力差，添加高油脂后，草鱼肝胰脏分泌胆汁酸的压力和肝细胞代谢脂肪的压力增大，从而引起毛细胆管淤积和脂肪肝。随着肝脂肪性变性程度的增大，从而影响肝胰脏的内稳态，使得其向肝纤维化发展[42]。同样肝胰脏受到损伤，消化就会受到影响，最终草鱼生长也会受到影响。

四、结论

添加2%、4%、6%和8%四个水平的氧化豆油（POV：128.7mmol O/kg，TBARS：24.8 μg MDA/g）对草鱼有降低生长性能的影响；油脂添加水平从2%至8%，随着豆油添加量的增高，草鱼的生长速度减慢，随着氧化豆油添加量的增高，草鱼的生长速度也减慢。

摄食高豆油含量（≥4%）和氧化豆油会使草鱼肝胰脏组织结构发生不利影响，并且对照组和氧化组都随着油脂添加水平的增加和养殖时间的加长，肝胰脏组织结构病变程度会加重。

添加2%、4%、6%和8%四个水平的氧化豆油对草鱼抗氧化能力、肝功能和肠道通透性有不利影响，且随着油脂添加水平的增大而加重；对添加高豆油（≥4%）的草鱼也有不利影响，且随着添加水平的增大而加重。

第四节　水飞蓟、姜黄素和酵母DV对摄食氧化豆油草鱼的修复作用

目前，不同的养殖鱼类都或多或少的存在肝脏疾病，其中油脂氧化是造成肝病的主要原因之一，但是对鱼类肝胰脏的保护与肝病的治疗研究很少。水飞蓟和姜黄素在临床上已经被用于预防或治疗脂肪性肝病，并取得一定效果[43,44]；酵母DV通常被用来改善鱼类肠道环境健康，从而提高饲料利用率，增强机体免疫力[45]。本试验试探性地将水飞蓟、姜黄素和酵母DV用于保护摄食氧化豆油（油脂添加水平2%）草鱼的保护，观察其对草鱼生长、生理和肝胰脏组织切片的影响。

一、材料与方法

（一）试验用油（同本章第二节）

（二）试验设计与试验饲料

试验共分5组，其中正常组（豆油对照组下同）为添加豆油组，氧化组（氧化对照组下同）、水飞蓟组、姜黄素组和酵母DV组都为添加氧化豆油组，详见表8-4-1。水飞蓟和姜黄素由北京桑普生物化学技术有限公司提供，水飞蓟中含水飞蓟素≥80%，姜黄素中含姜黄素≥95%。酵母DV由达农威生物发酵工程技术（深圳）有限公司提供，主要由酵母细胞外代谢产物、经过发酵后变性的培养基和少量残留的酵母细胞所构成，组分分析：颗粒大小为300μm，粗蛋白≥15.0%，粗脂肪≥1.5%，粗纤维≥22.0%，灰分≥8.0%，水分≥10%。饲料中按照水飞蓟素666.7g/t、姜黄素1 333.3g/t、酵母DV 750g/t来添加，实际产品添加量为水飞蓟0.83g/kg、姜黄素1.4 g/kg、酵母DV 0.75g/kg。

试验饲料由常规实用饲料原料组成，主要为小麦、进口鱼粉、豆粕、棉粕、菜粕、豆油、预混料等。饲料原料经粉碎过60目筛，混合均匀，经小型颗粒饲料机制粒加工成直径3.0mm的颗粒饲料，风干后置于冰箱中-20℃保存。制粒温度在65~70℃，持续时间约40s。

表 8-4-1　试验饲料组成及营养水平（g/kg）

Tab. 8-4-1　Composition and nutrient levels of experimental diets（g/kg）

原料 Raw materials	正常组 NG	氧化组 OG	水飞蓟组 SG	姜黄素组 CG	酵母 DV 组 YG
小麦 Wheat	170	170	170	170	170
米糠 Rice bran meal	70	70	70	70	70
豆粕 Soybean meal	78	78	78	78	78
棉粕 Cotton seed meal	200	200	200	200	200
菜粕 Rape seed meal	200	200	200	200	200
进口鱼粉 Fish meal	70	70	70	70	70
磷酸二氢钙 $Ca(H_2PO_4)_2$	20	20	20	20	20
膨润土 Bentonite	20	20	20	20	20
沸石粉 Zeolite flou	20	20	20	20	20
豆油 Normal oil	21				
氧化豆油 Oxidized oil		21	21	21	21
水飞蓟 Silybum[1)]			0.83		
姜黄素 Curcumin[1)]				1.4	
酵母 DV Yeast[1)]					0.75
面粉 Flour	121	121	120.17	119.6	120.25
预混料 Premix[2)]	10	10	10	10	10
总计 Total	1 000	1 000	1 000	1 000	1 000

营养成分 Proximate composition[3)]

项目 Project	水分 Moisture（%）	粗脂肪 EE（%）	粗蛋白 CP（%）	总能 Total energy（kJ/g）	POV（mmol O/kg）	TBARS（μg MDA/kg）
正常组 NG	11.58	4.09	32.59	15.35	0.1512	14.7
氧化组 OG	11.18	4.15	32.44	15.18	2.7027	520.8
水飞蓟组 SG	13.03	4.56	32.27	14.96	2.7027	520.8
姜黄素组 Cμg	12.83	3.88	31.77	15.56	2.7027	520.8
酵母 DV 组 YG	12.56	4.25	31.82	15.36	2.7027	520.8

注：[1)]水飞蓟中含水飞蓟素≥80%，姜黄素中含姜黄素≥95%由北京桑普生物化学技术有限公司提供；酵母 DV 产品由达农威生物发酵工程技术（深圳）有限公司提供；

[2)]预混料为每千克日粮提供 The premix provided following for per kg of feed：Cu 5mg；Fe 180mg；Mn 35mg；Zn120mg；I 0.65mg；Se 0.5mg；Co 0.07mg；Mg 300mg；K 80mg；VA 10mg；VB_1 8mg；VB_2 8mg；VB_6 20mg；VB_{12} 0.1mg；VC 250mg；泛酸钙 calcium pantothenate 20mg；烟酸 niacin 25mg；VD_3 4mg；VK_3 6mg；叶酸 folic acid 5mg；肌醇 inositol 100mg；

[3)]水分、粗脂肪、粗蛋白和能量为实测值，POV 和 TBARS 为换算值；粗脂肪和粗蛋白为干样测定，能量、POV 和 TBARS 为湿样测定。

（三）试验鱼及分组（同本章第三节）

（四）饲养管理（同本章第三节）

（五）样品采集（同本章第三节）

（六）分析方法（同本章第三节）

（七）数据处理

数据以平均值±标准差（mean±SD）表示，试验结果用 SPSS 17.0 软件进行处理，采用 Duncan 氏单因素比较法检验组间差异（$P=0.05$）。

二、结果与分析

（一）添加水飞蓟、姜黄素和酵母 DV 对草鱼生长的影响

投喂添加水飞蓟、姜黄素和酵母 DV 饲料 12 周时对草鱼生长指标的影响见表 8-4-2，可以得出：在初均重之间均无显著差异的条件下，正常组的末均重、增重率和特定生长率均比氧化组高，饲料系数比氧化组低，可以说明添加氧化豆油降低了草鱼生长。水飞蓟组和姜黄素组的增重率分别比正常组小 54.6%、49.7%，酵母 DV 组比对照组大 12.3%，而水飞蓟组和姜黄素组甚至比氧化组还要低。特定生长率和增重率有同样趋势，水飞蓟组和姜黄素组比正常组的特定生长率小 43.1%、38.5%，酵母 DV 组比对照组大 6.2%，而水飞蓟组和姜黄素组甚至比氧化组还要低。饲料系数则相反，水飞蓟组、姜黄素组和酵母 DV 组的饲料系数分别比正常组大 101.2%、51.4%和 11.2%，水飞蓟组比氧化组稍大，姜黄素组和酵母 DV 组分别比氧化组小 16.0%和 38.1%。由此得出：水飞蓟组和姜黄素组没有促进对摄食氧化豆油的草鱼生长，酵母 DV 组不仅可以增大增重率和特定生长率，而且可以降低饲料系数。

表 8-4-2　添加水飞蓟、姜黄素和酵母 DV 12 周时对草鱼生长指标的影响

Tab. 8-4-2　Silybum, Curcuminand Yeast on the impact of grass carp with growth index

项目 Project	初均重 IBW（g）	末均重 FBM（g）	增重率 WGR（%）	存活率 SR（%）	特定生长率 SGR（%/d）	饲料系数 FCR
正常组 NG	37.4±5.7	95.1±33.7	150.2±51.8	77.5±17.7	1.30±0.30	2.51±1.07
氧化组 OG	30.4±4.0	75.1±40.3	140.5±100.7	87.5±17.7	1.19±0.62	4.51±1.27
水飞蓟组 SG	36.4±8.3	61.9±20.1	68.2±16.7	70.0±4.2	0.74±0.14	5.05±1.39
姜黄素组 CuG	35.1±1.6	61.8±11.0	75.5±23.6	72.5±10.6	0.80±0.19	3.79±0.24
酵母 DV 组 YG	35.3±11.6	90.6±5.2	168.6±73.6	82.5±3.5	1.38±0.40	2.79±0.21

投喂添加水飞蓟、姜黄素和酵母 DV 饲料 12 周时对草鱼形体指标的影响见表 8-4-3，可以得出：在氧化组的体重体长比值显著大于对照组时，水飞蓟组和姜黄素组与正常组无显著差异，酵母 DV 比正常组显著大 47.0%，与氧化组相比，姜黄素组比氧化组要小 35.2%。氧化组的肥满度和正常组无显著差异，水飞蓟组和姜黄素组的肥满度分别比氧化组大 12.2%和 11.6%，酵母 DV 与正常组和氧化组之间均无显著差异。各组内脏指数之间无显著差异。氧化组和水飞蓟组的肝胰脏指数显著大于正常组 86.6%，姜黄素组和酵母 DV 组位于正常组和氧化组之间，且无显著差异。3 个保护组的蛋白沉积率都比氧化组要高，而脂肪沉

积率要比氧化组的低。

由此得出水飞蓟组和姜黄素组可以增大摄食氧化豆油草鱼的肥满度和蛋白沉积率。姜黄素组可以减小体重体长比、肝胰脏指数和脂肪沉积率。酵母 DV 组可以增大体重体长比与蛋白沉积率，减小肝胰脏指数和脂肪沉积率。

表 8－4－3　添加水飞蓟、姜黄素和酵母 DV 12 周时对草鱼形体指标的影响

Tab. 8－4－3　Silybum，Curcuminand Yeast on the impact of grass carp with physical indicator

项目 Project	体重/体长 weight/length	肥满度 CF	内脏指数 VSI	肝胰脏指数 HSI	蛋白沉积率 PDR	脂肪沉积率 LDR
正常组 NG	3.70 ± 0.94^{a}	1.78 ± 0.07^{ab}	7.09 ± 0.87	0.97 ± 0.14^{a}	25.3 ± 12.4	27.5 ± 19.2
氧化组 OG	4.80 ± 1.27^{bc}	1.64 ± 0.16^{a}	8.19 ± 0.51	1.81 ± 0.28^{b}	18.8 ± 12.5	19.1 ± 10.4
水飞蓟组 SG	4.06 ± 0.45^{ab}	1.84 ± 0.14^{b}	7.65 ± 1.18	1.81 ± 0.76^{b}	27.1 ± 4.2	9.9 ± 2.9
姜黄素组 CuG	3.11 ± 0.36^{b}	1.83 ± 0.07^{b}	7.24 ± 0.80	1.30 ± 0.41^{ab}	22.6 ± 6.1	5.2 ± 3.1
酵母 DV 组 YG	5.44 ± 0.57^{c}	1.70 ± 0.12^{ab}	7.13 ± 1.29	1.43 ± 0.57^{ab}	30.4 ± 12.6	13.5 ± 8.3

（二）投喂添加水飞蓟、姜黄素和酵母 DV 对草鱼肝胰脏组织结构的影响

1. 草鱼形态和肝胰脏的变化

正常组和酵母 DV 组的草鱼活力和体色较正常，摄食快速。试验组随着养殖时间的增加，草鱼均出现了活力下降、易受惊动、鳞片松动、表皮发黑、摄食下降等症状。水飞蓟组和姜黄素组的草鱼趋于氧化组和正常组之间。正常组、姜黄素组和酵母 DV 组的肝胰脏颜色较正常，试验组颜色较深且随养殖周期的增多而变深；水飞蓟组趋于正常组和氧化组之间。

2. 肝胰脏组织结构变化

水飞蓟组、姜黄素组和酵母 DV 组对添加氧化豆油草鱼的肝胰脏组织结构变化见表 8－4－4，正常组与试验组和 3 个保护组间存在明显的共同点和差异。共同点是各组都在不同阶段有着毛细胆管淤积现象。差异是正常组的肝细胞没有形成脂肪变性，而试验组和 3 个保护组存在肝细胞脂肪变性现象；正常组和 3 个保护组 8 周时单位面积的肝胰脏细胞数目要比 4 周多，而试验组差异大；4 周时正常组肝胰脏水分含量最大为 70.48%，大于试验组和 3 个保护组，8 周时正常组和 3 个保护组肝胰脏水分含量相近却都大于氧化组。水飞蓟组虽然存在毛细胆管淤积现象，但是相同时期内水飞蓟组的毛细胆管淤积程度较氧化组的弱；4 周时水飞蓟组草鱼肝胰脏的粗脂肪含量比氧化组的高 69.1%，8 周时水飞蓟组的和 2 周差异不大，但比 8 周氧化组的小 11.4%。姜黄素组和酵母 DV 组 4 周时存在毛细胆管淤积现象，但是在 8 周时消失；姜黄素组和酵母 DV 组的粗脂肪含量分别比氧化组小 18.1% 和 22.3%。由此得出，3 个保护组的草鱼肝胰脏和正常组一样，随着养殖时间的增长，单位面积肝细胞数量明显增加，肝胰脏的水分含量也增加；水飞蓟组对毛细胆管淤积有一定的抑制作用，姜黄素组和酵母 DV 组可以解除毛细胆管淤积现象，还可以一定程度的降低肝胰脏粗脂肪含量。

表 8－4－4　添加水飞蓟、姜黄素和酵母 DV 对草鱼肝胰脏组织结构的影响

Tab. 8－4－4　Silybum，Curcuminand Yeast on the impact of grass carp with hepatopancreas

组别 Group	项目 Project	4 weeks	8 weeks
正常组 NG	组织切片 Biopsy	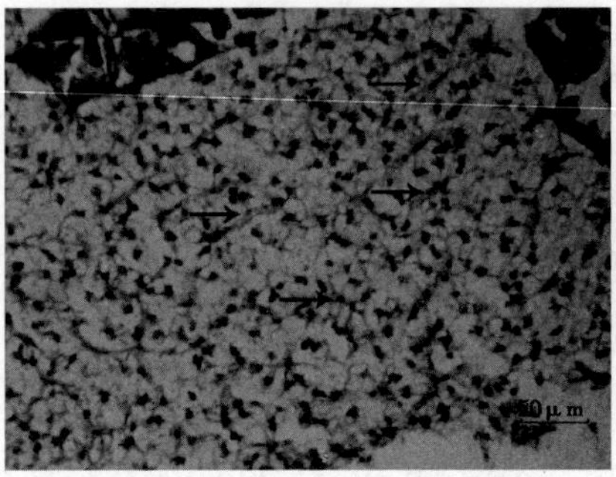	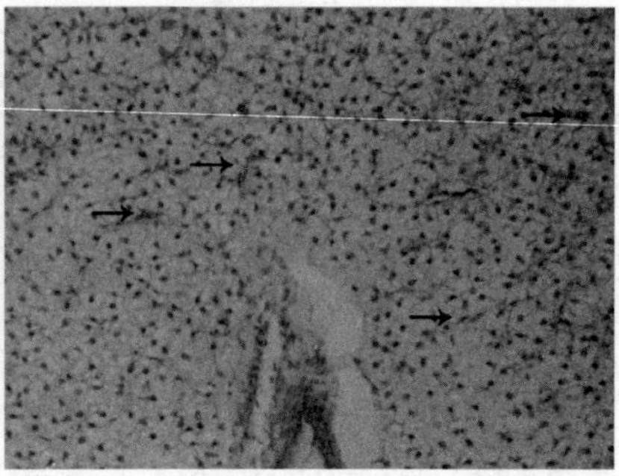
	粗脂肪 EE（%）	2.67 ±0.13[b]	1.93 ±0.23[a]
	水分 Moisture（%）	70.48 ±0.65	71.40 ±0.76
	分析 Analysis	毛细胆管淤积→	毛细胆管淤积→
氧化组 OG	组织切片 Biopsy	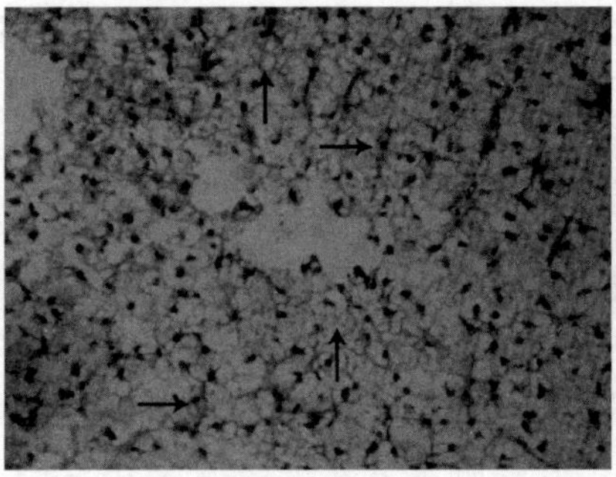	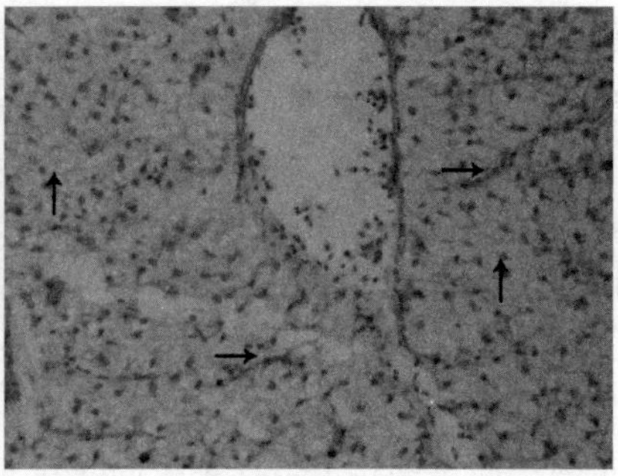
	粗脂肪 EE（%）	2.59 ±0.20[a]	5.37 ±0.14[b]
	水分 Moisture（%）	68.11 ±0.77	68.64 ±0.48
	分析 Analysis	小泡性脂肪变性↑、毛细胆管淤积→	小泡性脂肪变性↑、毛细胆管淤积→

（续表）

组别 Group	项目 Project	4 weeks	8 weeks
水飞蓟组 SG	组织切片 Biopsy	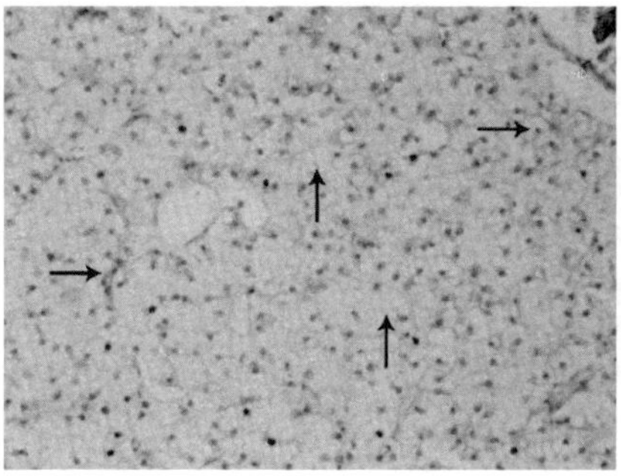	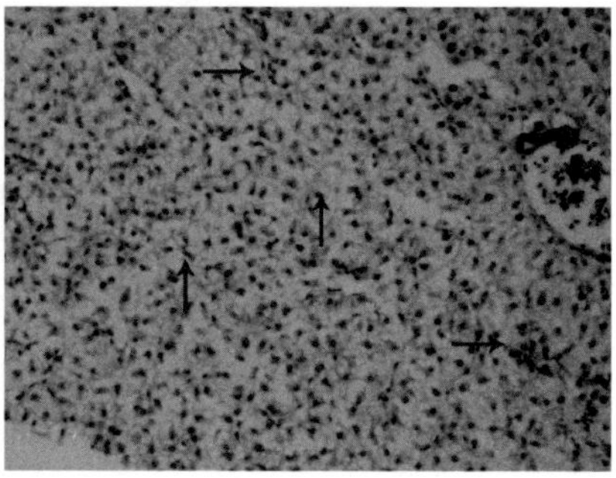
	粗脂肪 EE（%）	4.38 ±0.3	4.76 ±0.18
	水分 Moisture（%）	67.82 ±1.02[a]	71.30 ±0.98[b]
	分析 Analysis	小泡性脂肪变性↑、毛细胆管淤积→	小泡性脂肪变性↑、毛细胆管淤积→
姜黄素组 CuG	组织切片 Biopsy	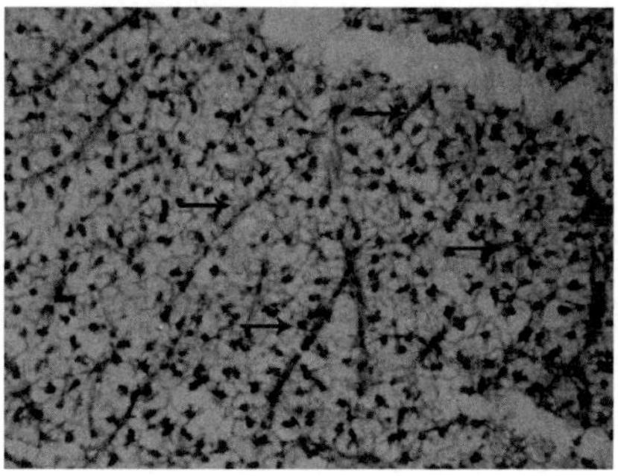	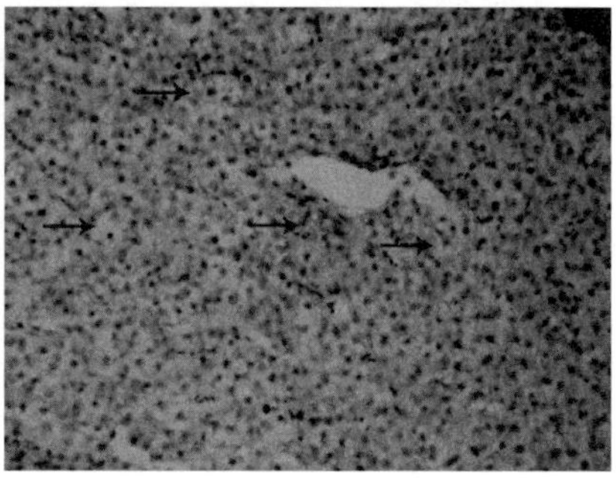
	粗脂肪 EE（%）	2.67 ±0.64[a]	4.40 ±0.03[b]
	水分 Moisture（%）	68.17 ±0.80[a]	75.74 ±0.59[b]
	分析 Analysis	毛细胆管淤积→	小泡性脂肪变性→

（续表）

组别 Group	项目 Project	4 weeks	8 weeks
酵母 DV 组 YG	组织切片 Biopsy	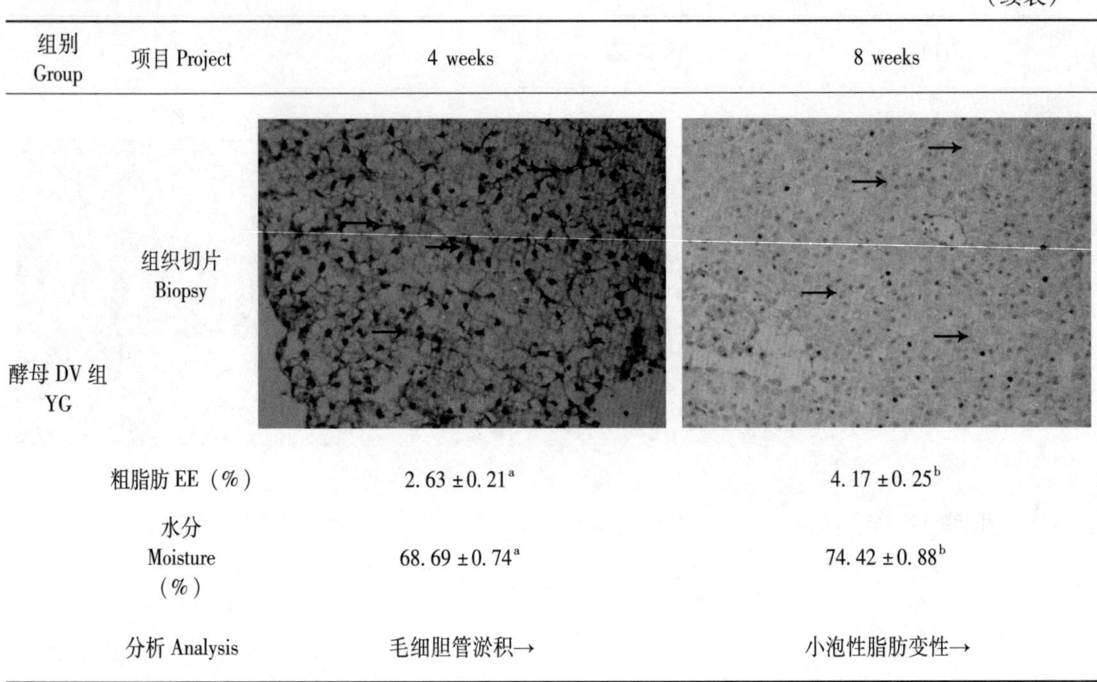	
	粗脂肪 EE（%）	2.63 ±0.21[a]	4.17 ±0.25[b]
	水分 Moisture（%）	68.69 ±0.74[a]	74.42 ±0.88[b]
	分析 Analysis	毛细胆管淤积→	小泡性脂肪变性→

注：粗脂肪为肝胰脏湿重的粗脂肪含量

（三）投喂添加水飞蓟、姜黄素和酵母 DV 对草鱼生化指标的影响

投喂添加水飞蓟、姜黄素和酵母 DV 饲料 12 周时对草鱼血清 AST 的影响见表 8－4－5。2 周时正常组和酵母 DV 组显著大于氧化组和水飞蓟组、姜黄素组，姜黄素组和氧化组差异不大，水飞蓟组最小比氧化组小 37.4%。4 周时，正常组最大，酵母 DV 组最小比正常组小 49.4%，氧化组和水飞蓟组、姜黄素组相对较大。6 周时，氧化组最大，其次是水飞蓟组比氧化组小 19.2%，正常组和姜黄素组、酵母 DV 组最小。8 周时正常组最低，姜黄素组和酵母 DV 组最高比氧化组要大，水飞蓟组低于氧化组。10 周时，水飞蓟组最大，其他各组之间差异不大。12 周时，正常组最大，酵母 DV 次之，水飞蓟组和姜黄素组同氧化组无显著性差异。从周均值来看，水飞蓟组、姜黄素组和酵母 DV 组趋于氧化组和正常组之间。由此得出，3 种保护剂对摄食氧化豆油的草鱼血清 AST 有降低的影响。

表 8－4－5　添加水飞蓟、姜黄素和酵母 DV 对草鱼血清 AST 的影响（U/L）

Tab. 8－4－5　Silybum，Curcuminand Yeast on the impact of grass carp with serum AST（U/L）

项目 Project	2 weeks	4 weeks	6 weeks	8 weeks	10 weeks	12 weeks	周均值 Mean
正常组 NG	220 ±76	235 ±84	398 ±98	55 ±14	136 ±49	138 ±84[c]	197 ±118
氧化组 OG	171 ±68	182 ±72	537 ±103	233 ±66	143 ±42	43 ±11[a]	218 ±168
水飞蓟组 SG	107 ±15	196 ±54	434 ±92	141 ±48	277 ±72	53 ±2[ab]	201 ±137
姜黄素组 CuG	159 ±23	212 ±71	329 ±94	311 ±83	146 ±45	47 ±6[ab]	201 ±107
酵母 DV 组 YG	215 ±69	129 ±38	399 ±85	296 ±78	118 ±36	66 ±7[bc]	204 ±125

投喂添加水飞蓟、姜黄素和酵母 DV 饲料 12 周时对草鱼血清 CHE 的影响见表 8－4－6。2 周时正常组、氧化组和酵母 DV 组之间无显著差异，只有水飞蓟组和姜黄素组分别比氧化组小 52.5% 和 34%。4 周时，正常组和水飞蓟组分别比氧化组显著小 46.3% 和 54.4%，姜黄素组和酵母 DV 组同氧化组之间无显著差异。6 周时，正常组、酵母 DV 组和氧化组之间无显著差异，水飞蓟组比氧化组大 42.3%，而姜黄素组比氧化组小 33.7%。8 周时，正常组、水飞蓟组和姜黄素组分别比氧化组小 36.9%、36.9% 和 31.1%，酵母 DV 位于正常组和氧化组之间且与它们都无显著差异。10 周时，水飞蓟组、姜黄素组和正常组之间无显著差异，但酵母 DV 组比正常组小 32.1%。12 周时，各组之间均无显著差异。从周均值比较来看，氧化组大于正常组，而 3 个保护组均小于正常组。由此得出，3 种保护剂对摄食氧化豆油的草鱼都有降低血清 CHE 的影响，水飞蓟组和姜黄素组甚至还小于正常组。

表 8－4－6　添加水飞蓟、姜黄素和酵母 DV 对草鱼血清 CHE 的影响（U/L）

Tab. 8－4－6　Silybum，Curcuminand Yeast on the impact of grass carp with serum CHE（U/L）

项目 Project	2 weeks	4 weeks	6 weeks	8 weeks	10 weeks	12 weeks	周均值 Mean
正常组 NG	180 ±27	86 ±15	179 ±55	128 ±25	218 ±57	144 ±26	156 ±46
氧化组 OG	181 ±34	160 ±26	163 ±32	206 ±53	158 ±44	131 ±22	167 ±25
水飞蓟组 SG	86 ±16	73 ±13	232 ±56	128 ±33	186 ±49	134 ±34	140 ±60
姜黄素组 CuG	118 ±26	169 ±23	108 ±21	142 ±36	172 ±39	128 ±16	140 ±27
酵母 DV 组 YG	145 ±21	189 ±33	159 ±41	179 ±45	148 ±36	113 ±17	156 ±27

投喂添加水飞蓟、姜黄素和酵母 DV 饲料 12 周时对草鱼血清 SOD 的影响见表 8－4－7。2 周时正常组比氧化组大 45.3%，3 个保护组和氧化组之间无显著差异，也都比正常组小。4 周时，正常组和氧化组之间无显著差异，水飞蓟组和姜黄素组比氧化组和正常组稍大，但无显著差异，酵母 DV 组比正常组和氧化组小但也无显著差异。6 周时，正常组和氧化组之间无显著差异，但 3 个保护组（水飞蓟组、姜黄素组和酵母 DV 组）分别比正常组小 50.3%、42.8% 和 27.5%。8 周时，氧化组最大比正常组大 20.0%，水飞蓟组和姜黄素组和正常组之间无显著差异，但酵母 DV 组比正常组要小 17.6%。10 周时，3 个保护组都比氧化组低比正常组高，其中水飞蓟组和姜黄素组比正常组高 18.0% 和 16.2%。12 周时，各组之间无显著差异。从周均值来看，氧化组的血清 SOD 最大，正常组比氧化组略小，3 个保护组比正常组要小。由此得出，3 种保护剂对摄食氧化豆油的草鱼都有降低血清 SOD 的影响。

表 8－4－7　添加水飞蓟、姜黄素和酵母 DV 对草鱼血清 SOD 的影响（U/mL）

Tab. 8－4－7　Silybum，Curcuminand Yeast on the impact of grass carp with serum SOD（U/mL）

项目 Project	2 weeks	4 weeks	6 weeks	8 weeks	10 weeks	12 weeks	周均值 Mean
正常组 NG	162.0 ±6.7	103.7 ±5.7	117.2 ±5.2	168.0 ±12.3	143.0 ±14.8	193.8 ±22.7	147.8 ±34.2
氧化组 OG	111.5 ±7.0	105.1 ±7.0	127.8 ±8.2	201.6 ±24.4	186.9 ±16.9	171.8 ±18.3	150.8 ±41.2
水飞蓟组 SG	88.4 ±5.4	123.5 ±9.5	58.3 ±4.6	177.2 ±14.8	168.7 ±10.6	163.6 ±8.4	130 ±48.5

（续表）

项目 Project	2 weeks	4 weeks	6 weeks	8 weeks	10 weeks	12 weeks	周均值 Mean
姜黄素组 CuG	99.4 ±6.0	121.2 ±10.3	67.0 ±3.8	156.9 ±15.2	166.2 ±5.9	161.8 ±10.1	128.8 ±40.1
酵母 DV 组 YG	129.4 ±7.3	87.3 ±6.6	85.0 ±4.9	139.5 ±11.9	153.9 ±10.6	163.7 ±7.3	126.5 ±33.4

投喂添加水飞蓟、姜黄素和酵母 DV 饲料 12 周时对草鱼血清 MDA 的影响见表 8 -4 -8。2 周时，正常组、水飞蓟组和酵母 DV 组分别比氧化组小 15.0%、18.5% 和 25.7%。4 周时水飞蓟最大比氧化组大 27.2%，酵母 DV 最小比氧化组小 18.2%，其他之间无显著差异。6 周时，各组之间均无显著差异。8 周时，氧化组最大比正常组大 47.7%，酵母 DV 组比正常组小 32.5%，水飞蓟组和姜黄素组比正常组低但无显著差异。10 周时，氧化组和 3 个保护组都比正常组高。12 周时，氧化组和酵母 DV 组最大分别比正常组大 43.5% 和 65.3%。从周均值来看，氧化组最大，正常组最小，3 个保护组位于两组之间，但是水飞蓟组和氧化组接近，姜黄素组和酵母 DV 组与正常组接近。由此得出，姜黄素组和酵母 DV 组对添加氧化豆油草鱼血清 MDA 有降低作用，而水飞蓟组效果不明显。

表 8 -4 -8　添加水飞蓟、姜黄素和酵母 DV 对草鱼血清 MDA 的影响（nmol/mL）

Tab. 8 -4 -8　Silybum, Curcuminand Yeast on the impact of grass carp with serum MDA（nmol/mL）

项目 Project	2 weeks	4 weeks	6 weeks	8 weeks	10 weeks	12 weeks	周均值 Mean
正常组 NG	12.15 ±1.86	12.59 ±1.66	8.77 ±0.88	11.62 ±0.92	7.70 ±0.69	8.65 ±2.84[a]	10.25 ±3.25
氧化组 OG	14.3 ±2.96	13.58 ±0.98	10.25 ±1.25	17.16 ±3.15	12.30 ±0.99	10.09 ±0.98[cd]	12.95 ±3.67
水飞蓟组 SG	11.65 ±0.95	17.28 ±4.65	9.51 ±0.89	10.81 ±2.30	16.35 ±3.51	8.11 ±0.38[b]	12.29 ±3.72
姜黄素组 CuG	13.16 ±2.84	12.96 ±2.08	8.64 ±2.02	9.59 ±2.75	11.08 ±1.35	7.77 ±0.38[ab]	10.53 ±2.24
酵母 DV 组 YG	10.63 ±1.22	11.11 ±0.79	9.01 ±1.13	7.84 ±1.21	12.97 ±1.83	11.62 ±0.85[d]	10.53 ±1.85

投喂添加水飞蓟、姜黄素和酵母 DV 饲料 12 周时对草鱼肝胰脏 AST、SOD、MDA 及肠道 MDA 和血清 DAO 的影响见表 8 -4 -9。氧化组肝胰脏 AST 和正常组无显著差异，姜黄素组和酵母 DV 组与正常组和氧化组之间也无显著差异，水飞蓟组比正常组大 64.4%。氧化组的草鱼肝胰脏 SOD 均显著大于氧化组和 3 个保护组，姜黄素组和酵母 DV 位于正常组和氧化组之间，但水飞蓟组显著小于氧化组。正常组的肝胰脏 MDA 显著小于氧化组和 3 个保护组，3 个保护组肝胰脏 MDA 小于氧化组，但是无显著差异。正常组的肠道 MDA 显著大于氧化组与 3 个保护组，姜黄素组和酵母 DV 组分别比氧化组小 9.2% 和 32.9%。血清 DAO 中，正常组比氧化组和 3 个保护组都大，水飞蓟组和酵母 DV 组比氧化组稍小。由此得出，水飞蓟组对添加氧化豆油的草鱼有增大肝胰脏 AST，降低肝胰脏 MDA 和 SOD 的影响，姜黄素组和酵母 DV 组有升高草鱼肝胰脏 SOD，降低肝胰脏和肠道 MDA 影响，酵母 DV 组还能降低草鱼血清 DAO。

表 8－4－9　添加水飞蓟、姜黄素和酵母 DV 12 周时对草鱼部分生化指标的影响

Tab. 8－4－9　Silybum, Curcuminand Yeast on the impact of grass carp with some of biochemical indicators

项目 Project	肝胰脏组织（U/g×10 000）			肠道组织（U/g）	血清组织（U/g）
	AST	SOD	MDA	MDA	DAO
正常组 NG	69.77±4.55[b]	19.53±0.32[a]	134.0±60.7[a]	303.56±73.62[a]	28.67±5.37
氧化组 OG	65.66±18.27[b]	15.70±0.54[c]	338.8±88.1[b]	216.38±12.59[b]	25.89±4.61
水飞蓟组 SG	114.73±29.28[a]	13.49±0.65[d]	296.9±47.8[b]	246.56±18.41[b]	24.63±5.01
姜黄素组 CuG	76.65±15.03[b]	18.18±0.32[b]	260.2±115.1[b]	196.50±14.57[bc]	26.59±2.61
酵母 DV 组 YG	60.25±4.97[b]	16.02±0.32[c]	263.0±30.5[b]	145.13±27.09[c]	24.75±0.72

三、讨论

（一）添加水飞蓟、姜黄素和酵母 DV 对草鱼生长的影响

水飞蓟素和姜黄素现已被广泛地应用到临床肝病研究中，但是它们对鱼类生长影响的研究很少。从试验结果来看，水飞蓟组对投喂氧化豆油草鱼生长的影响不大，可能是因为水飞蓟素的添加量不合理。有研究认为水飞蓟素的治疗效果并不随用药剂量的加大而巩固，而是存在最佳剂量，Manna[46]证明水飞蓟素对由 TNF-α 诱导的 NF-κB 活化的抑制具有时间和剂量依赖的特点。刘为民[47]也证明，在治疗鸭肝病毒中，10mg 水飞蓟素比 30mg 效果好。试验中姜黄素组的饲料系数低于氧化组，这与姜黄素的添加量和姜黄素对草鱼肠道消化酶的影响有关。有研究得出，草鱼饲料中添加姜黄素具有提高饲料利用率的效果，但是表现出一定的剂量依赖性[48]。另外，饲料中添加适量姜黄素还可以显著提高草鱼肠道中蛋白酶和淀粉酶的活力，促进了鱼体对营养物质消化的吸收[48]。同时，姜黄素是治疗脂肪肝良好的药物，可以降低肝胰脏粗脂肪含量，从而使得肝脏指数降低，这与大鼠的结果一致[49]。而众多研究和试验表明，酵母培养物能刺激动物肠道内有益菌的生长，抑制有害菌的繁殖，提供未知的营养因子，促进营养物质的消化吸收，可明显提高水产动物的生产性能、优化饲料的营养价值、改善动物的健康状态[50]，试验中的结果和团头鲂的结果相一致[51]。综上所述，水飞蓟组和姜黄素组没有改善摄食氧化豆油草鱼的生长速度，只有酵母 DV 有促进作用。

（二）添加水飞蓟、姜黄素和酵母 DV 对草鱼肝胰脏组织结构的影响

由于草鱼是草食性鱼类，本身对脂肪的需求量较低，肠道的脂肪酶活力较低，对脂肪代谢力度较低，容易使肝胰脏形成毛细胆管淤积现象[25]。试验结果得出，水飞蓟组、姜黄素组和酵母 DV 组都可以降低毛细胆管淤积现象，这可以证明 3 个保护剂对肝胰脏的保护有一定效果。目前，临床上对肝病治疗策略有去除病因、针对肝星状细胞（HSC）活化和胶原代谢的抗纤维化治疗、肝纤维化细胞因子和基因的治疗、中药治疗 4 个方面[52]，其中，中药治疗肝病是我国的特色和优势，临床应用广泛，其作用机制常包括保护肝脏功能、抑制炎症反应、调节免疫反应、促进肝细胞再生、抑制胶原合成和促进胶原分解等多个环节[52,53]。试验中的水飞蓟和姜黄素属于中药治疗，酵母 DV 属于去除病因方面的治疗。水飞蓟素对脂肪肝和肝纤维化有良好的效果，有研究证明水飞蓟对酒精和 CCl_4 所致的大鼠肝脏损伤和非

酒精性脂肪肝大鼠有明显保护作用，其机制可能与降低肝脏组织转化生长因子－β1（TGF-β1）的表达、抑制肝星状细胞活化，促进肝脏增强过氧化物酶体增殖物激活受体（PPARα）表达有关[54－55]。姜黄素可以预防四氯化碳所致的小鼠肝脂肪肝和纤维化，并对已经形成的四氯化碳所致的小鼠肝纤维化有一定的治疗作用，其机制可能与抑制 CTGF 的表达，抑制 HSC 的增殖活化，促进 HSC 凋亡有关[52]。酵母 DV 是通过改善肠道菌群环境，抑制氧化产物的吸收，提高机体免疫的功能来减小对草鱼肝胰脏的损伤[56]。试验中水飞蓟对肝胰脏粗脂肪抑制的效果不明显，可能是由剂量不适引起[43]。综上所述，3 个药物组均可对摄食氧化豆油的草鱼肝胰脏有一定程度的保护作用。

（三）添加水飞蓟、姜黄素和酵母 DV 对草鱼生化指标的影响

血清 AST 和 CHE 是反映肝功能受损的重要指标。当血清 AST 升高，CHE 升高时可以确定大鼠肝功能受损[32,35]，结合 3 个保护组与正常组和氧化组的比较得出，水飞蓟组和姜黄素组的血清 AST 位于正常组和氧化组之间，CHE 较正常组和氧化组低，说明水飞蓟组和姜黄素组对摄食氧化豆油的草鱼肝胰脏有一定的保护作用。水飞蓟组和姜黄素组草鱼肝胰脏 AST 的增大可以证明，肝胰脏是因为受到保护，其合成 AST 的能力才增强。酵母 DV 组与水飞蓟和姜黄素保护肝胰脏的方式不同，酵母 DV 组血清 AST 在正常组和氧化组之间，说明对肝胰脏有一定的保护作用，但是血清 CHE 和肝胰脏 AST 与氧化组差异不大，可以说明肝胰脏的合成功能没有得到改善[36]。

大量研究可以证明酵母培养物主要是通过改善肠道微生态环境、增强免疫力来影响鱼体健康的[57]，而血清 DAO 是反映肠道通透性的重要指标之一，SOD 和 MDA 是反映机体免疫力的重要指标。从试验结果推断，酵母 DV 组的肠道 MDA 比氧化组低，说明其有效降低了对氧化豆油中的氧化产物的吸收，从而使得血清 MDA 和肝胰脏 MDA 的降低；另外，作为重要的解毒器官肝胰脏 SOD 的升高，有效降低了 MDA 的沉积；血清 DAO 比氧化组低可以证明肠道通透性比氧化组低，可以有效阻碍氧化产物的直接进入，使草鱼肠道受到保护，这些与团头鲂[51]、建鲤[58]、罗非鱼[59]的结果一致。姜黄素组的结果不同，血清 DAO 和肠道 MDA 与氧化组差异不大，可以说明姜黄素组草鱼肠道受损，但是在姜黄素对肝胰脏的保护下，肝胰脏 SOD 升高，抑制了血清 MDA 和肝胰脏 MDA 的沉积，可能是因为抑制了肝组织中 TNF-α 的表达[60]，这些和小鼠[61]与大鼠[62]的研究相一致。水飞蓟组对机体抗氧化能力的影响较弱，肠道 MDA、血清 MDA 和肝胰脏 MDA 都和试验组差异不大，血清 SOD 和肝胰脏 SOD 试验组略小，这可能和水飞蓟素的添加量有关，水飞蓟素存在最佳剂量[46,47]，这与小鼠[55]、大鼠[63]、兔[64]等动物的研究相一致。

综上所述，水飞蓟组和姜黄素组提高了草鱼肝胰脏的合成功能，酵母 DV 组没有提高。姜黄素组和酵母 DV 组提高了肝胰脏抗氧化能力，水飞蓟组没有提高。酵母 DV 组降低了肠道通透性，水飞蓟组和姜黄素组没有降低。

（四）水飞蓟、姜黄素和酵母 DV 对草鱼的综合影响

由草鱼肝胰脏组织结构分析得出，3 个保护组的肝胰脏都受到了保护，但是它们之间存在差异。水飞蓟组的肝胰脏组织结构相对氧化组来说，其毛细胆管淤积现象减少，但是抗氧化能力和肠道通透性的指标较差，可能是因为水飞蓟的添加量，还有待探讨。姜黄素组和酵母 DV 组肝胰脏组织结构比氧化组的要好，除去了毛细胆管淤积现象，对小泡性脂肪肝症状也有一定的减轻作用。通过生化指标的分析得出，姜黄素组和酵母 DV 组的肝胰脏抗氧化能

力提高，酵母 DV 组还能改善肠道通透性，两组的肝功能指标均优于氧化组，但是没有达到正常组的数值，说明它们的添加量还有待进一步研究。

四、结论

酵母 DV（750g/t）可以提高摄食氧化豆油（油脂添加水平 2%）草鱼的生长效果，水飞蓟素（666.7g/t）和姜黄素（1 333.3g/t）效果不明显。

水飞蓟素（666.7g/t）、姜黄素（1 333.3g/t）和酵母 DV（750g/t）对摄食氧化豆油（油脂添加水平 2%）草鱼的肝胰脏组织结构有一定的保护作用。

酵母 DV（750g/t）通过降低肠道通透性、提高抗氧化能力来保护肝胰脏，姜黄素（1 333.3g/t）通过提高抗氧化能力和肝胰脏合成功能来保护肝胰脏，水飞蓟通过提高肝胰脏合成功能来保护肝胰脏。

水飞蓟、姜黄素和酵母 DV 的添加量还有待进一步研究。

参考文献

[1] 任泽林，曾虹，霍启光等．氧化鱼油对鲤肝胰脏抗氧化机能及其组织结构的影响［J］．大连水产学院学报，2000（4）．

[2] 穆同娜，张惠，景全荣．油脂的氧化机理及天然抗氧化物的简介［J］．食品科学，2004（S1）．

[3] 叶仕根．氧化鱼油对鲤鱼危害的病理学及 VE 的保护作用研究［D］．四川农业大学，2002.

[4] 阮栋俭．氧化油脂对罗非鱼生理机能的影响［D］．广西大学，2006.

[5] 周华龙．不饱和油脂非均相系统氧化机理的研究与表征［D］．四川大学，2003.

[6] 孙丽芹，董新伟，刘玉鹏等．脂类的自动氧化机理［J］．中国油脂，1998，23（5）：56－58.

[7] 袁施彬，陈代文，韩飞．氧化时长对不同油脂过氧化指标的影响研究［J］．饲料工业，2007（11）：33－34.

[8] 邓鹏，王守经，王文亮．食用油氧化机理及检测方法研究［J］．中国食物与营养，2008（8）：17－19.

[9] 陈新民．油脂的氧化作用及天然抗氧化剂［J］．四川粮油科技，2001，69（1）：8－10.

[10] 萧培珍，叶元土，唐精等．不同原料中菜籽油、豆油氧化稳定性的测定［J］．饲料工业，2005（23）：37－40.

[11] 肖小年，刘媛洁，易醒等．薏苡仁油在不同存放条件下的氧化与氧化稳定性［J］．食品科学，2009（21）：43－45.

[12] 黄凯，阮栋俭，战歌等．氧化油脂对奥尼罗非鱼生长和抗氧化性能的影响［J］．淡水渔业，2006，36（6）：21－24.

[13] Imagawa T，Kasai S，Matsui K. Detrimental effect s of methyl hydropeoxy-epoxy-ctadecenoate on mitochondrial respiration：Detoxication by rat liver mitochondria［J］．J Biochem.，1983，94：87－96.

[14] Agerbo P，Jorgensen B M，Borresen T，*et al.* Enzyme inhibition by secondary lipid autoxidation products from fish oil［J］．Journal of Nutritional Biochemistry，1992，3（10）：549－553.

[15] 胡忠泽．姜黄素对草鱼生长和肠道酶活力的影响［J］．粮食与饲料工业，2003（11）：29－30.

[16] Hosoda N，Nishi M，Nakagawa M，*et al.* Structual and functional alter-ations in the gut of parenterally or enterally fed rats［J］．J Surg Res，1989，47（2）：129－133.

[17] 李磊，马长清，刘飞鸽等．超氧化物歧化酶的固定化及其酶学性质［J］．中国生物制品学杂志，2009（2）：153－157.

[18] 朱梅玲，王国祯，陈湘琦等．急慢性肝病患者血浆超氧化物歧化酶活力的变化［J］．铁道医学，1992（4）：229－230.

[19] 施华，陈国新，吕秀珍等．自由基清除剂 SOD 和 CAT 在肝纤维化中的预防和保护作用［J］．中华消化杂志，1993，13（2）：84－86.

[20] 李岩．非酒精性脂肪肝的发病机制［J］．河北北方学院学报（医学版），2007（2）：77－80.

［21］周玉娟，刘福林，张永健．脂肪肝的发病机制和治疗研究进展［J］．临床荟萃，2005（6）：350－352.

［22］杨耀娴，张月成，党彤等．肝病血清丙二醛及超氧化物歧化酶测定的临床意义［J］．实用肝脏病杂志，1999（1）：44.

［23］张泰和，周晓军，张丽华．肝脏诊断病理学［M］．江苏：江苏科学技术出版社，2005.

［24］汤华，Choy. 大鼠诱发肝癌过程中肝脏脂类的变化［J］．肿瘤，1991，11（2）：81－85.

［25］马红，刘乃慧，余款．大鼠胆管阻塞性肝纤维化模型的建立［J］．实验动物科学与管理，2002，19（2）：1－4.

［26］Marko D，Ivan L，Neven B. Pathogenesis and management issues for non-alcoholic fatty liver disease［J］．World J Gastroenterol，2007，13（34）：4 539－5 001.

［27］Nanji A A，Sadrzadeh S M，Yang E K，*et al.* Saturated fatty acids：a novel treatment for alcoholic liver disease［J］．Gastroenterology，1995，109（2）：547－54.

［28］Chitturi S，Farrell G. Eli pathogenesis of nonalcoholic steat-onepatitis［J］．Semin Liver Dis.，2001，21（1）：27.

［29］曾民德．脂肪肝病机制及其“二次打击”假设［J］．中华消化杂志，2002，22（3）：167.

［30］朱理辉，张琍，钟大志．水飞蓟宾治疗非酒精性脂肪肝的疗效观察［J］．实用医药杂志，2008（12）：1 450－1 451.

［31］Yosenthal P，Haught M. Aminotransferase as a prognostic in infants with liver disease［J］．Clin Chem.，1990，36（2）：346－348.

［32］刘富杰，崔广山．关于血清 GOT 与 GPT 比值的探讨［J］．临床肝胆病杂志，1990，6（4）：219－220.

［33］周铁成，卢宝粥，索丽萍．天门冬氨酸氨基转移酶测定诊断肝病的意义［J］．第四军医大学学报，1993（1）：77－78.

［34］陈卓鹏．血清胆碱酯酶与肝硬化分级及血清肝纤维化指标的相关性［J］．实用肝脏病杂志，2005，8（5）：273.

［35］王丹峰．血清前白蛋白与胆碱酯酶检测对肝病患者的临床应用价值［J］．中国误诊学杂志，2009（3）：568.

［36］朱建一，闻平．血清胆碱酯酶和前白蛋白对肝脏合成功能监测的意义［J］．临床检验杂志，2004，22（6）：458.

［37］余洪立．肝病患者血清胆碱酯酶水平观察［J］．广西医学，2002，24（10）：1 621－1 622.

［38］陈秀凯，蒲践一，邱方等．二胺氧化酶与 D－乳酸对脑损伤大鼠肠屏障功能的监测意义［J］．中国煤炭工业医学杂志，2003（7）：669－671.

［39］王阳．饲用油脂的营养价值及酸败的控制［J］．黑龙江科技信息，2009（21）：56－111.

［40］任泽林，霍启光．氧化油脂对动物机体的影响［J］．动物营养学报，2000（3）：1－13.

［41］Drewe K E，Hom M H，Dickson K A，*et al.* Insectivore to fmgivole：ontogenetic changes in gut morphology and digestive enzyme activity in the charaeid fish bryson guatemalensis from costa rican rain forest streams［J］．J Fish Bio.，2004，64：890－902.

［42］胡克章，黄正明．脂肪肝的发病机制与防治［J］．解放军药学学报，2008（5）：433－436.

［43］孙东，胡仕琦，王宇明．水飞蓟药理作用及其在肝病中的临床应用［J］．中国全科医学，2007，10（22）：1 891－1 893.

［44］刘永刚，陈厚昌，赵进军等．姜黄素对四氯化碳损伤原代培养大鼠肝细胞的影响［J］．中成药，2003（3）.

［45］朱春森，徐春厚．酵母培养物的研究与应用［J］．湖南饲料，2006（5）：19－21.

［46］Manna S K，Mukhopadhyay A，Van N T，*et al.* Silybum suppresses TNF-induced activation of NF-κB，c-Jun N-terminal kinase and apoptosis［J］．The Journal of Immunology，1999，163：6 800－6 809.

［47］刘为民，白挨泉，何永明等．水飞蓟素对雏鸭人工感染鸭肝炎病毒疗效的观察［J］．佛山科学技术学院学报（自然科学版），2009（6）：1－4.

［48］殷凡，毛涛，徐臻．姜黄素对大鼠肝脏缺血再灌注损伤影响的实验研究［J］．实用预防医学，2009（5）.

［49］谭德安，府伟灵，周智广等．姜黄素治疗大鼠非酒精性脂肪肝病的实验研究［J］．重庆医学，2007（16）.

［50］罗小华，肖克宇．酵母及其培养物在水产养殖中的应用［J］．北京水产，2008（2）：6－8.

［51］李高锋，叶元土，林炳贤等．酵母培养物对团头鲂生长的影响［J］．饲料工业，2009，30（22）：17－22.

[52] 贾文文. 姜黄素防治小鼠肝纤维化效果的观察 [D]. 河北医科大学, 2009.

[53] Bruck R, Ashkenazi M, Weiss S, *et al.* Prevention of liver cirrhosis in rats by curcumin [J]. Liver Int., 2007, 27 (3): 373 - 383.

[54] 邢凌翔, 贺永文. 水飞蓟素对大鼠非酒精性脂肪性肝炎的防治作用及机制 [J]. 胃肠病学和肝病学杂志, 2007, 16 (1): 60 - 62.

[55] 曹力波, 李兵, 李佐军等. 水飞蓟素对肝纤维化小鼠的保护作用及机制探讨 [J]. 中国药理学通报, 2009 (6): 794 - 796.

[56] 乌日娜, 王怀蓬. 酵母培养物中葡多糖对机体免疫应答影响的研究 [J]. 河南畜牧兽医 (综合版), 2008 (11): 7 - 8.

[57] 彭一凡, 甄玉国. 酵母培养物及其在养殖业中的应用 [J]. 饲料工业, 2008, 29 (10): 30 - 33.

[58] 刘哲, 魏时来. 酵母培养物对建鲤生长性能影响的研究 [J]. 饲料工业, 2003 (4): 52 - 53.

[59] 曾虹, 任泽林, 郭庆. 酵母培养物对罗非鱼生产性能的影响 [J]. 中国饲料, 1998 (14): 17.

[60] 严红梅, 张赤志, 刘林等. 姜黄素对非酒精性脂肪性肝炎大鼠肝组织 TNF-α 表达的影响 [J]. 实用肝脏病杂志, 2007 (2).

[61] 王政, 张静, 惠伯棣等. 姜黄素对小鼠肝损伤的影响 [J]. 食品科学, 2007 (10).

[62] 刘永刚, 陈厚昌, 赵进军等. 姜黄素对四氯化碳损伤原代培养大鼠肝细胞的影响 [J]. 中成药, 2003 (3).

[63] 鞠雷. 水飞蓟对大鼠肝细胞醋氨酚损伤的保护作用 [D]. 河北农业大学, 2007.

[64] 叶健, 陈素文, 郭爱玲等. 水飞蓟对异烟肼所致兔肝毒性的保护作用 [J]. 中国医院药学杂志, 1994 (8).

第九章　饲料氧化鱼油对草鱼生长、健康的损伤作用

第一节　研究主要结果

鱼油是水产饲料中常用的主要动物油脂之一，因其富含高不饱和脂肪酸被视为营养价值很高的水产动物饲料油脂原料。也正是因为鱼油的高不饱和脂肪酸含量，也使得鱼油的氧化稳定性差，极易发生氧化酸败。因此，鱼油作为水产饲料主要动物油脂，显示出其营养作用和氧化产物的毒副作用的两面性。如何评估和正确使用鱼油就成为一个很重要的技术问题。我们以豆油作为对照，同时选用鱼油、氧化鱼油作为试验材料，在池塘网箱中养殖72d后，对草鱼的生长性能、肝胰脏结构与功能、肠道的结构与功能、肠道黏膜细胞紧密连接结构及其组成蛋白质基因表达活性、肝胰脏和肠道胆固醇与胆汁酸合成代谢、肝胰脏和肠道谷胱甘肽/谷胱甘肽转移酶通路代谢、肌肉组织结构与肌肉蛋白质泛素化途径基因表达活性等进行了较为系统地研究。同样的方法，对饲料中的丙二醛也进行了上述相同的研究。旨在探讨氧化鱼油、丙二醛对草鱼生长、健康的损伤作用进行较为全面地评价和分析，为在技术上防治氧化油脂的毒副作用奠定基础。

一、饲料氧化鱼油对草鱼生长、肌肉脂肪酸组成的影响

为了研究鱼油对草鱼的营养作用与氧化产物的副作用，以豆油、鱼油及氧化鱼油作为饲料脂肪源，分别设计鱼油组（6F组）、豆油组（6S组）、2%氧化鱼油（2OF组）、4%氧化鱼油（4OF组）及6%氧化鱼油（6OF组）5组等氮、等能的半纯化饲料，在池塘网箱中养殖72d。与6S组比较，6F、2OF、4OF及6OF组草鱼特定生长率（SGR）下降了5.81%～11.50%、饲料系数（FCR）增加了8.64%～17.28%，差异显著（$P<0.05$），显示氧化鱼油严重影响了草鱼的生长性能。饲料中多不饱和脂肪酸（PUFA）含量与草鱼的SGR呈正相关关系（幂函数），而饲料中酸价（AV）、过氧化值（POV）、及丙二醛（MDA）含量与SGR呈负相关关系、与FCR呈正相关关系，回归关系为幂函数关系，即饲料中少量的AV、POV及MDA会使草鱼生长性能显著下降（$P<0.05$），并降低草鱼对蛋白质的利用率及肌肉中PUFA的含量，干扰脂肪的代谢；随着POV值及MDA含量的进一步增加，对草鱼生长速度、饲料效率的影响程度达到较高程度的平稳期。

试验结果显示，鱼油在提供了饲料不饱和脂肪酸营养作用的同时，其氧化产物对草鱼的副作用也显著显现。保持饲料中适宜的不饱和脂肪酸、控制鱼油的氧化酸败是提高草鱼饲料油脂效率的关键。

二、饲料氧化鱼油对草鱼肠道组织结构及其通透性的影响

为了探讨饲料氧化鱼油对草鱼肠道组织结构及其通透性的影响，以豆油、鱼油及氧化鱼油作为饲料脂肪源，分别设计鱼油组（6F）、豆油组（6S）、2%氧化鱼油（2OF）、4%氧化鱼油（4OF）及6%氧化鱼油（6OF）5组等氮、等能的半纯化饲料，在池塘网箱中养殖72d。结果显示：①氧化鱼油显著增加（$P<0.05$）草鱼血清和肠道MDA含量、增加肠道GSH含量（$P<0.05$），但随氧化产物含量上升GSH含量出现下降，显示氧化鱼油导致草鱼肠道通透性显著增加、防御能力下降。②氧化鱼油会显著降低肠道内胆汁酸的含量（$P<0.05$）。③氧化鱼油会显著增加肠道绒毛中杯状细胞的数量（$P<0.05$），且随着氧化产物的增加，肠道微绒毛高度呈现先上升后下降趋势。④氧化鱼油会导致肠道紧密连接间隙增大，增加肠道通透性，使血清中D-乳酸及内毒素含量显著增加（$P<0.05$）。

结果表明，饲料中鱼油氧化产物损伤了草鱼肠道组织结构，尤其是肠道上皮细胞紧密连接结构损伤严重，从而破坏了肠道黏膜的机械屏障功能，使肠道通透性显著增加，肠道细菌内毒素等发生转移。鱼油氧化产物会引起草鱼肠道氧化与抗氧化应激反应，干扰草鱼“肝—肠”正常胆汁酸循环，致使草鱼肠道胆汁酸不足。

三、饲料氧化鱼油对草鱼肝胰脏组织结构及其功能的影响

为了探讨饲料氧化鱼油对草鱼肝胰脏组织结构及其功能的影响，以豆油、鱼油及氧化鱼油作为饲料脂肪源，分别设计鱼油组（6F）、豆油组（6S）、2%氧化鱼油（2OF）、4%氧化鱼油（4OF）及6%氧化鱼油（6OF）5组等氮、等能的半纯化饲料，在池塘网箱中养殖72d。结果显示：①氧化鱼油显著增加草鱼血清ALB、GLB、MDA、GSH含量（$P<0.05$），显著降低肝胰脏GSH、SOD含量（$P<0.05$）；②氧化鱼油会显著增加草鱼肝胰脏指数及肝胰脏脂肪含量（$P<0.05$），且草鱼血清TG含量显著上升（$P<0.05$），HDL/LDL显著下降（$P<0.05$）；显示氧化鱼油导致草鱼肝胰脏脂肪性病变的发展趋势。③氧化鱼油使血清及肝胰脏TC含量显著增加（$P<0.05$），血清TBA显著下降（$P<0.05$），肝胰脏TBA显著上升（$P<0.05$）；显示氧化鱼油导致草鱼肝胰脏发生胆汁淤积的发展趋势。④氧化鱼油会引起草鱼脂肪肝，损伤肝胰脏细胞线粒体，并导致肝胰脏细胞纤维化和组织萎缩。

结果表明，鱼油氧化产物会引起草鱼氧化应激，并降低草鱼肝胰脏抗氧化能力。扰乱草鱼肝胰脏脂肪代谢，引起脂肪肝。影响胆汁酸肝肠循环，使胆汁酸在肝胰脏中淤积，最终增加草鱼肝胰脏脂肪性肝炎、胆汁淤积的发生率，并损伤肝胰脏细胞线粒体，与草鱼肝细胞离体试验的研究结果类似，氧化鱼油能够导致肝胰脏细胞损伤性坏死。

四、饲料丙二醛对草鱼生长和肝胰脏功能的损伤

为了探讨MDA对草鱼生长、肝胰脏功能结构的影响及初步对比MDA与其他油脂氧化产物的毒副作用，本试验以新鲜豆油、低氧化程度的鱼油为饲料脂肪源，制成豆油组（S组）、鱼油组（F组），并在豆油组中添加不同浓度的MDA，制成MDA水平为12.8（M1组）、25.56（M2组）、38.32（M3组）μmol/mL的5种等氮等能的试验饲料。经72d池塘网箱养殖后，试验结果显示，①饲料中MDA及油脂其他氧化产物均可显著降低草鱼FCR、SGR、PRR（$P<0.05$），MDA还可显著降低草鱼LRR（$P<0.05$）。②饲料中MDA会显著

降低草鱼 CF 值（$P<0.05$），并使 HSI 先上升后下降，其中 M1 组具有最大值，且显著大于 S 组及 M3 组（$P<0.05$），与 M2 组没有显著差异。③饲料中 MDA 及油脂其他氧化产物均可显著增加肝胰脏脂肪含量（$P<0.05$）。④饲料中 MDA 及油脂其他氧化产物均可显著降低血清 TBA 含量（$P<0.05$），并使血清 TC、TG、MDA 含量及 SOD 酶活性显著上升（$P<0.05$），饲料中 MDA 还可显著增加血清 ALT 含量（$P<0.05$），显著降低血清 HDL/LDL、A/G 比值（$P<0.05$）。⑤饲料中 MDA 及油脂其它氧化产物会显著增加肝胰脏 TC 含量（$P<0.05$），使 SOD 活性显著下降（$P<0.05$），饲料中高含量 MDA 还可显著增加肝胰脏 MDA 含量（$P<0.05$）。⑥饲料中 MDA 会显著降低草鱼肝胰脏细胞细胞核数量（$P<0.05$），并有细胞纤维化趋势，并使肝胰脏细胞线粒体内部结构模糊，嵴数量下降，而饲料中油脂其他氧化产物会改变肝胰脏细胞线粒体形态。

结果表明，饲料中 MDA 会引起草鱼鱼体应激，并通过影响胆固醇、胆汁酸循环来干扰草鱼对脂肪的消化吸收，最终导致草鱼生长性能下降并使肝胰脏萎缩，增加肝胰脏发生脂肪性肝炎机率；MDA 可引起肝胰脏氧化应激，并通过损伤线粒体功能，降低肝胰脏抗氧化能力，导致肝纤维化机率增加；MDA 可能是油脂氧化产物中导致草鱼脂肪沉积率下降的主要因素；油脂其他氧化产物在肝胰脏抗氧化酶的作用下，其在肝胰脏中含量并不会增加，而对于单一 MDA 物质，其可以增加肝胰脏中 MDA 含量；MDA 对草鱼肝胰脏线粒体的影响主要集中在对其内部结构的改变，而油脂其他氧化产物则是主要影响线粒体的形态。MDA 对鱼体瘦背病的影响及其对胆固醇、胆汁酸循环的作用机制等问题仍待进一步研究解答。

五、饲料丙二醛引起草鱼肠道结构损伤、通透性增加

为了探讨 MDA 对草鱼肠道功能及结构的影响并初步对比 MDA 与鱼油其他氧化产物的毒副作用，本试验以新鲜豆油、低氧化程度的鱼油为饲料脂肪源，制成豆油组（S 组）、鱼油组（F 组），并在豆油组中添加不同浓度的 MDA，制成 MDA 水平为 12.8（M1 组）、25.56（M2 组）、38.32（M3 组）μmol/mL 的 3 个试验组，5 组饲料等氮等能。经 72d 池塘网箱养殖后，试验结果显示：①饲料 MDA 会显著增加草鱼肠道及血清 MDA 含量（$P<0.05$），而鱼油其他氧化产物只能显著增加血清 MDA 含量（$P<0.05$）；②饲料 MDA 会显著降低肠道胆汁酸含量（$P<0.05$）；③饲料 MDA 及鱼油其他氧化产物均可引起肠道微绒毛增生及肠道黏膜杯状细胞数量增加，但 M3 组草鱼肠道微绒毛出现萎缩；④饲料 MDA 及鱼油其他氧化产物均可损伤肠道紧密连接结构，使肠道通透性增加，血清内毒素及 D－乳酸含量显著增加（$P<0.05$）。

结果表明，饲料 MDA 会干扰草鱼肠道正常的胆汁酸、胆固醇循环，导致肠道胆汁酸含量严重不足，影响肠道功能；饲料 MDA 及鱼油其他氧化产物均可损伤肠道紧密连接结构，增加肠道通透性。

第二节　饲料中氧化鱼油对草鱼生长及肌肉脂肪酸组成的影响

油脂作为重要的能量来源而广泛应用于水产动物配合饲料中，其丰富的不饱和脂肪酸是鱼类生长发育所必需的[1]。研究发现，脂类对淡水鱼的营养价值很大程度上取决于高不饱

和脂肪酸的种类和数量，尤其是亚麻酸、亚油酸、EPA 和 DHA 等，这些物质少量添加入饲料就可以明显提高鱼类生长速度[2-4]，而鱼油则正富含这些多不饱和脂肪酸。但大量不饱和脂肪酸，在光照、温度和氧等因素的影响下会被氧化酸败，进而产生大量氢过氧化物、醛、醇、酮以及酯类和多聚体等物质损害动物的生产性能及健康[5]。洪平等[6]饲喂鲤（*Cyprinus carpio*）氧化酸败的饲料后发现其生长下降，肌肉营养不良，死亡率上升。虹鳟（*Seriola quinqueradiata*）[7]摄食氧化的饲料后，其肝脏中维生素 E 含量下降。饲喂氧化油脂会导致罗非鱼（*Oreochromis niloticus*）[8]生长显著下降，肝胰脏出现明显病变。因此，饲料油脂显示出营养作用和氧化产物的副作用 2 个方面的作用。

草鱼（*Ctenopharyngodon idellus*）作为我国四大家鱼之一，深受广大消费者喜爱。近年来，随着草鱼养殖业的迅速发展，其疾病多，难控制，易造成大量死亡的问题也越来越突出[9]，饲料营养、安全与鱼体健康的关系是值得研究的重要课题。而饲料质量的重点之一便是对油脂营养质量和安全质量的控制。本文以豆油为对照，主要研究氧化鱼油对草鱼生长速度、饲料效率的营养作用与氧化产物的副作用，及对肌肉脂肪酸组成的影响，为饲料中油脂营养作用研究、饲料油脂质量的控制提供参考。

一、材料与方法

（一）草鱼

草鱼来源于浙江一星饲料有限公司养殖基地，为池塘培育的 1 冬龄鱼种共 350 尾，平均体重为（74.8±1.0）g。草鱼随机分为 5 组，每组设 3 重复，每重复 20 尾，分组剩余草鱼用于养殖前期取样分析。

（二）饲料

以酪蛋白和秘鲁蒸汽鱼粉为主要蛋白源，采用等氮、等能方案设计基础饲料，设置了 6% 豆油组（简称 6S）、6% 鱼油组（6F）、2% 氧化鱼油 +4% 豆油组（2OF）、4% 氧化鱼油 +2% 豆油组（4OF）、6% 氧化鱼油组（6OF）共 5 种半纯化饲料，配方及实测营养指标见表 9-2-1。各组蛋白含量为 29.52% ~30.55%，无显著差异；各组能量为 19.943 ~20.860kJ/g，无显著差异。

饲料原料粉碎过 60 目筛，用绞肉机制成直径 1.5mm 的长条状，切成 1.5mm ×2mm 的颗粒状，风干。饲料置于 -20℃冰柜保存备用。

表 9-2-1 试验饲料组成及营养水平（干物质基础）

Tab.9-2-1 Formulation and proximate composition of experiment diets（DM basis）

项目 Items	组别 Groups				
	6S	6F	2OF	4OF	6OF
原料 Ingredients（‰）					
酪蛋白 Casein	215	215	215	215	215
蒸汽鱼粉 Steam dried fish meal	167	167	167	167	167
磷酸二氢钙 $Ca(H_2PO_4)_2 \cdot H_2O$	22	22	22	22	22
氧化鱼油 Oxidized fish oil	0	0	20	40	60
豆油 Soybean oil	60	0	40	20	0

（续表）

项目 Items	组别 Groups				
	6S	6F	20F	40F	60F
鱼油 Fish oil	0	60	0	0	0
氯化胆碱 Choline chloride	1. 5	1. 5	1. 5	1. 5	1. 5
预混料 Premix[1)]	10	10	10	10	10
糊精 Dextrin	110	110	110	110	110
α-淀粉 α-starch	255	255	255	255	255
微晶纤维 Microcrystalline cellulose	61	61	61	61	61
羧甲基纤维素 Carboxymethyl cellulose	98	98	98	98	98
乙氧基喹啉 Ethoxyquin	0. 5	0. 5	0. 5	0. 5	0. 5
合计 Total	1 000	1 000	1 000	1 000	1 000
营养水平 Nutrient levels[2)]					
粗蛋白质 Crude protein（%）	30. 01	29. 52	30. 55	30. 09	30. 14
粗脂肪 Crude lipid（%）	7. 08	7. 00	7. 23	6. 83	6. 90
能量 Energy（kJ/g）	20. 242	20. 652	20. 652	19. 943	20. 860

[1)] 预混料为每千克饲料提供 The premix provided the following per kg of diets：Cu 5mg，Fe 180mg，Mn 35mg，Zn 120mg，I 0. 65mg，Se 0. 5mg，Co 0. 07mg，Mg 300mg，K 80mg，VA 10mg，VB_1 8mg，VB_2 8mg，VB_6 20mg，VB_{12} 0. 1mg，VC 250mg，泛酸钙 calcium pantothenate 20mg，烟酸 niacin 25mg，VD_3 4mg，VK_3 6mg，叶酸 folic acid 5mg，肌醇 inositol 100mg；

[2)] 实测值 Measured values.

豆油为“福临门”牌一级大豆油，鱼油来源于广东省良种引进服务公司生产的“高美牌”精炼鱼油，氧化鱼油参考［10］方法制备，分别测定了 3 种油脂过氧化值（POV）、酸价（AV）、丙二醛（MDA），并计算试验饲料中 POV、AV、MDA 值（饲料中 AV、POV、MDA 测定尚无有效方法，故采用油脂测定结果的计算值），结果分别见表 9 –2 –2。

表 9 –2 –2 试验饲料中 POV 值、AV 及 MDA 含量分析结果

Tab9 –2 –2 Analytical results for POV、AV and MDA content in diets

组别 Groups	过氧化值 POV（mg/kg）	酸价 AV（mg/kg）	丙二醛 MDA（mg/kg）
6S	3. 67	30	0. 182
6F	72. 45	800	10. 8
20F	64. 55	400	61. 6
40F	125. 43	770	123. 9
60F	186. 31	1 140	185

由表9-2-2可知，本试验中使用的鱼油有一定程度的氧化，由于其在饲料中比例为6%，而氧化鱼油组是由氧化鱼油和豆油按比例混合作为脂肪源，所以6F组的实际POV值比2OF组高12.25%，而AV则比2OF和4OF组分别高出100%和3.9%。

（三）饲养管理

养殖试验在浙江一星饲料有限公司试验基地进行。在面积为5×667m^2（平均水深1.8m）的池塘中设置网箱，网箱规格为1.0m×1.5m×2.0m。将各组试验草鱼随机分配在5组、15个网箱中。

分别用试验饲料驯化1周后，开始正式投喂，每天7：00、16：00定时投喂，投饲率为4%，每10d依据投饲量估算鱼体增重并调整投饲率，记录每天投饲量。正式试验共养殖72d。

每周测定水质一次，试验期间溶解氧浓度>8.0mg/L，pH值7.8~8.4，氨氮浓度<0.2mg/L，亚硝酸盐浓度<0.01mg/L，硫化物浓度<0.05mg/L。

养殖期间水温25~33℃，水温日变化见图9-2-1。

（四）生长与饲料统计

养殖72d后，禁食24h，分别捞取各网箱草鱼过滤水后称重，并记录尾数，用于生长速度计算。统计各组草鱼增重量和投喂饲料量，计算饲料系数。

随机从每个网箱内取2尾鱼作为全鱼样品。采集鱼体侧线鳞以上肌肉（不含红色肉）于-20℃冰箱保存，用于肌肉脂肪酸测定。

（五）样品及其分析方法

饲料原料及所有试验鱼样品均在冷冻干燥机（北京四环科学仪器厂LGJ-18B型）中干燥至恒重，然后进行营养成分测定。采用凯氏定氮法测定粗蛋白；索氏抽提法测定粗脂肪；总能使用上海吉昌公司XRY-1型氧弹仪，采用燃烧能测定方法测定。

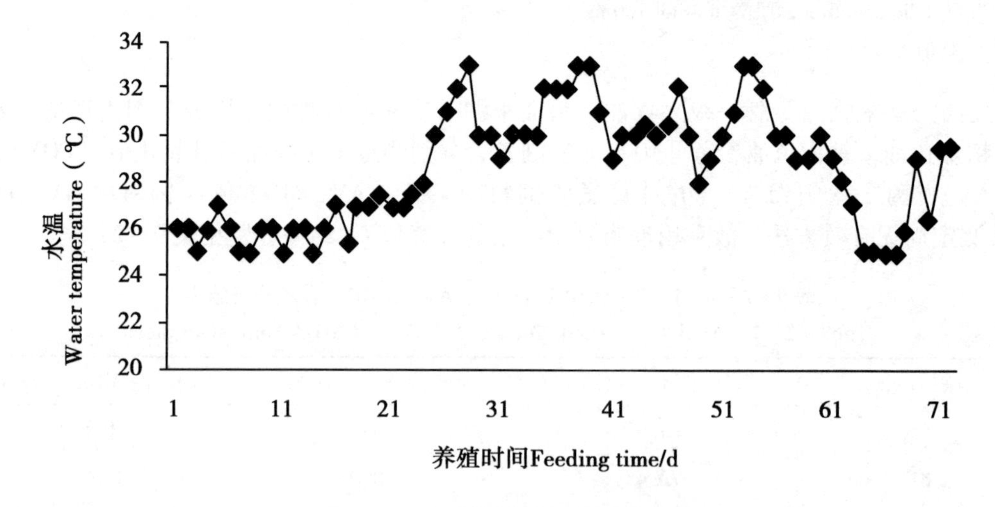

图9-2-1 养殖期间水温日变化

Fig. 9-2-1 Diurnal variation of temperature trends

肌肉脂肪酸的测定采用氯仿-甲醇方法，样品在4℃冰箱浸提24h后，离心、蒸发溶剂得到肌肉脂肪后参照GB 9695.2—88，采用GC-14C型气相色谱仪（日本岛津公司）测定脂肪酸含量，脂肪酸组成采用归一法定量，以百分比（%）表示。

气相色谱条件：色谱柱为 J&W 气相色谱柱（30m × 0.25mm × 0.25μm）；氢火焰离子检测器（FID）；FID270℃，柱温采用程序升温：80℃（3min）~240℃（5℃/min）；载气为高纯氮气，分流比为 60∶1，进样量为 3μL。过氧化值测定参照 GB/T 5538—2005；酸价测定参照 GB/T 5530—2005；MDA 含量采用南京建成试剂盒测定。

（六）数据处理

试验结果用 SPSS 21.0 软件进行统计分析，采用平均值 ± 标准差（mean ± SD）表示，在单因素方差分析的基础上，采用 Duncan 氏法多重比较检验组间差异显著性，以 $P<0.05$ 表示差异显著。

二、结果与分析

（一）饲料中氧化鱼油对草鱼生长性能的影响

经过 72d 的养殖试验，各试验组草鱼的特定生长率及饲料效率结果见表 9-2-3 和表 9-2-4。

表 9-2-3　饲料氧化鱼油对草鱼特定生长率的影响

Tab. 9-2-3　The effect of oxidized fish oil on SGR of grass carp

组别 Groups	初体重 IBW（g）	末体重 FBW（g）	特定生长率[1] SGR（%/d）	与 6S 组比较 （%）
6S	74.6 ± 1.5	176.2 ± 12.4	1.72 ± 0.006[c]	0.00
6F	74.4 ± 1.6	167.8 ± 6.5	1.62 ± 0.015[b]	-5.81
20F	74.5 ± 0.2	166 ± 9.4	1.60 ± 0.012[b]	-6.98
40F	75 ± 0.8	167.3 ± 0.2	1.61 ± 0.020[b]	-6.40
60F	75.6 ± 0.23	163.1 ± 4.8	1.53 ± 0.015[a]	-11.05

注：同行数据肩标不同小写字母表示差异显著（$P<0.05$）。下表同。

In the same row, values with different small letter superscripts mean significant different（$P<0.05$）. The same as below.

[1]特定生长率（%/d）=100 ×（ln 末均重 - ln 初均重）/ 饲养天数

Specific Growth Rate（SGR）（%/d）=100 ×（lnFBW-lnIBW）/d

由表 9-2-3 可知，相对于 6S 组，无论添加鱼油或是氧化鱼油草鱼的生长性能都出现了不同程度的下降，下降率为 5.81% ~ 11.50%，且差异具有显著性（$P<0.05$）。在鱼油、氧化鱼油组之间，除 60F 组生长显著下降（$P<0.05$）外，6F、20F 及 40F 组之间差异不显著（$P>0.05$）。

表9－2－4　氧化鱼油对草鱼饲料效率的影响

Tab. 9－2－4　The effect of oxidized fish oil onfeed efficiency of grass carp

组别 Groups	饲料系数[1] FCR	与6S组比较（%）	蛋白质沉积率[2] PRR（%）	脂肪沉积率[3] LRR（%）
6S	1.62 ±0.05[a]	0	35 ±1.35[c]	59 ±0.12[b]
6F	1.76 ±0.02[b]	8.64	30.3 ±0.47[b]	53.9 ±2.36[a]
2OF	1.80 ±0.085[b]	11.11	30.4 ±1.23[b]	54.9 ±0.44[a]
4OF	1.77 ±0.035[b]	9.26	30.4 ±0.91[b]	51.5 ±2.01[a]
6OF	1.90 ±0.015[c]	17.28	28.3 ±0.28[a]	64.6 ±2.01[c]

注：[1]饲料系数＝饲料摄入量/（终末体重－初始体重）

Feed Conversion Ratio（FCR）＝100×feed intake/（FBW-IBW）

[2]蛋白质沉积率（%）＝100×全鱼增重蛋白质含量/（摄入饲料总重×饲料蛋白质含量）；

Protein Retention Rate（PRR）（%）＝100×（final body weight × final body protein）/（feed intake × diet protein）

[3]脂肪沉积率（%）＝100×全鱼增重脂肪含量/（摄入饲料总重×饲料脂肪含量）

（Lipid Retention Rate（LRR）（%）＝100×（final body weight × final body lipid）/（feed intake × diet lipid）

由表9－2－4可知，相对于6S组，添加鱼油或氧化鱼油后草鱼饲料系数都出现不同程度的上升，上升率为8.64%～17.28%，且差异具有显著性（$P<0.05$）。在鱼油与氧化鱼油组之间，除6OF组FCR显著下降（$P<0.05$）外，6F、2OF及4OF组之间差异不显著（$P>0.05$）。6S组蛋白质沉积率最大，6OF组最小，较其他3组差异具有显著性（$P<0.05$）。6F、2OF及4OF组的脂肪沉积率较6S组显著下降（$P<0.05$），但6OF组较其他4组显著升高（$P<0.05$）。

（二）生长速度与饲料油脂质量的相关分析

1. SGR、FCR与饲料∑PUFA的相关性

将不同试验组草鱼的SGR、FCR与饲料中PUFA含量进行回归分析，以幂函数回归方程相关性最强，结果见图9－2－2、图9－2－3。

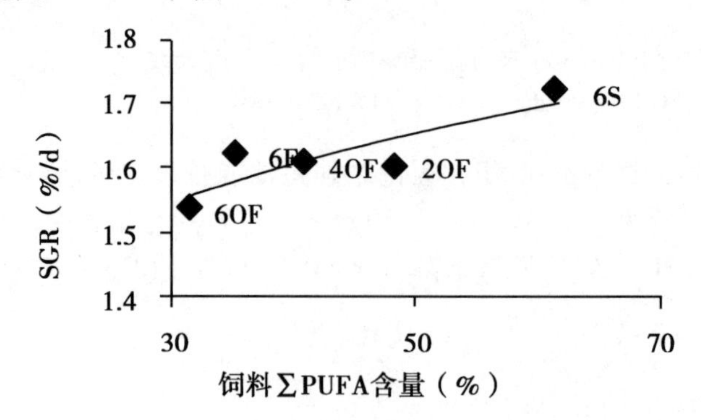

图9－2－2　SGR与饲料∑PUFA的关系

Fig. 9－2－2　Relationship between SGR and ∑PUFA in diets

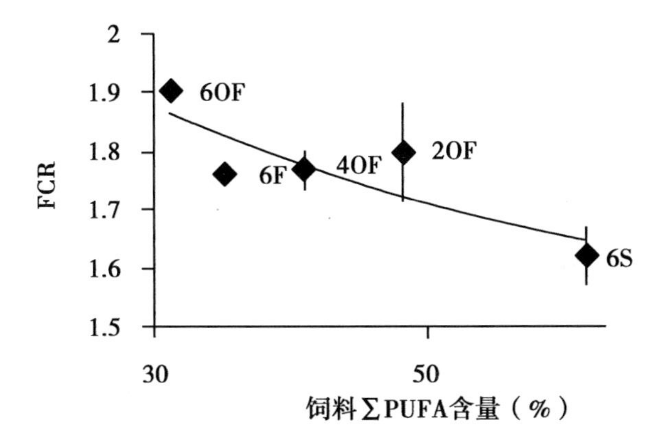

图9－2－3　FCR与饲料∑ PUFA的关系

Fig. 9－2－3　Relationship between FCR and ∑ PUFA in diets

由图9－2－2可知，SGR（y）与饲料中∑ PUFA（x）呈幂函数正相关关系，其回归方程为$y=0.9739x^{0.1351}$，$R^2=0.7419$。结果显示，随着饲料中PUFA含量的增加，草鱼的SGR增加，表明饲料中多不饱和脂肪酸对草鱼具有正相关促进生长速度的作用。

由图9－2－3可知，FCR（y）饲料中∑ PUFA（x）呈幂函数负相关关系，其回归方程为$y=3.4873x^{-0.182}$，$R^2=0.7114$。结果显示，随着饲料中PUFA含量的增加，草鱼的FCR减少，表明饲料中多不饱和脂肪酸对草鱼降低饲料系数具有很好的促进作用。

2. SGR、FCR与饲料油脂氧化产物的相关性分析

将不同试验组草鱼的SGR、FCR与饲料POV值、AV值及MDA含量进行回归分析，以幂函数回归方程相关性最强，结果见图9－2－4至图9－2－9。

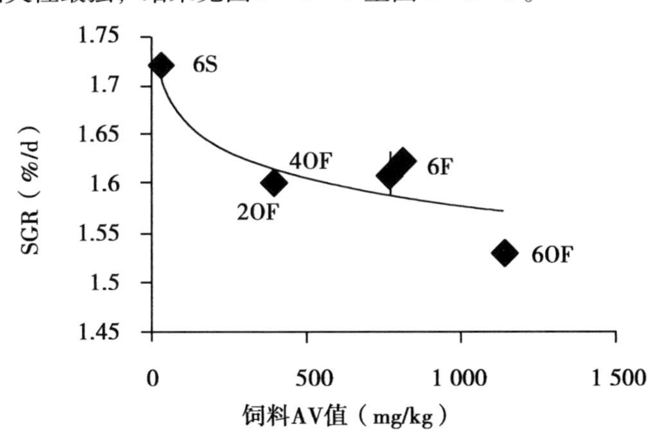

图9－2－4　SGR与饲料AV的关系

Fig. 9－2－4　Relationship between SGR and AV in diets

由图9－2－4可知，SGR（y）与饲料AV值（x）呈幂函数负相关关系，其回归方程为$y=1.5764x^{-0.025}$，$R^2=0.7921$。由图9－2－6可知，SGR（y）与饲料中MDA含量（x）呈幂函数负相关关系，其回归方程为$y=1.6812x^{-0.014}$，$R^2=0.8427$。由图9－2－8可知，SGR（y）与饲料POV值（x）呈幂函数负相关关系，其回归方程为$y=1.783x^{-0.025}$，$R^2=0.8564$。结果显示，随着饲料POV值、AV值及MDA含量的上升，草鱼SGR减少，表明饲

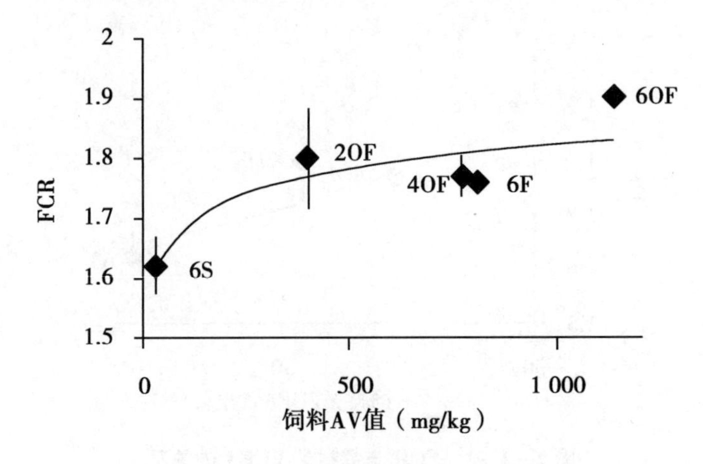

图 9-2-5 FCR 与饲料 AV 值的关系

Fig. 9-2-5 Relationship between FCR and AV in diets

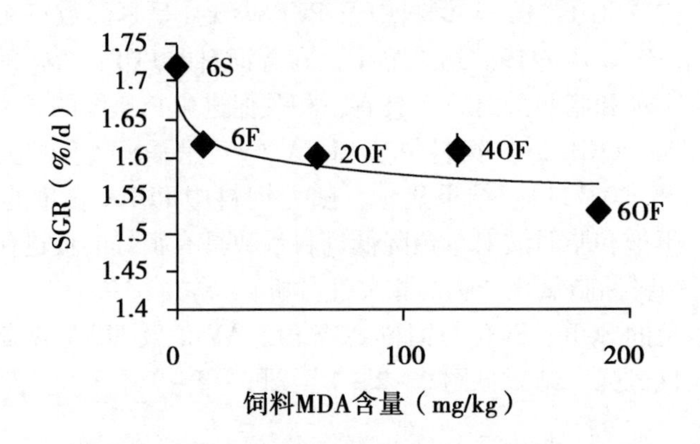

图 9-2-6 SGR 与饲料中 MDA 含量的关系

Fig. 9-2-6 Relationship between SGR and MDA in diets

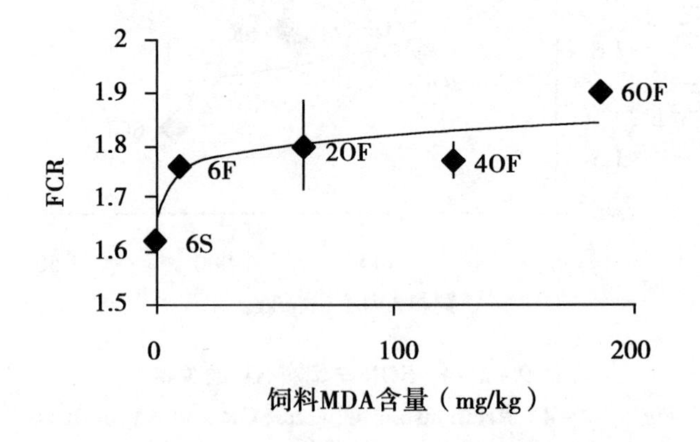

图 9-2-7 FCR 与饲料中 MDA 含量的关系

Fig. 9-2-7 Relationship between FCR and MDA in diets

料 POV 值、AV 值及 MDA 含量对草鱼的生长具有负相关的减缓作用，其中 POV 值及 MDA 含量的影响较 AV 值大。

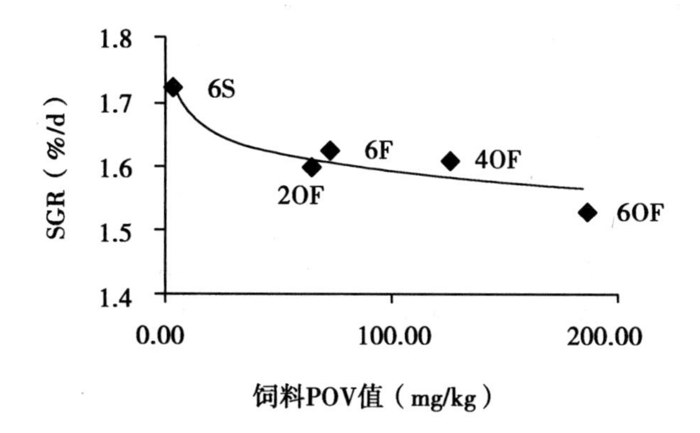

图 9-2-8　SGR 与饲料 POV 值的关系

Fig. 9-2-8　Relationship between SGR and POV in diets

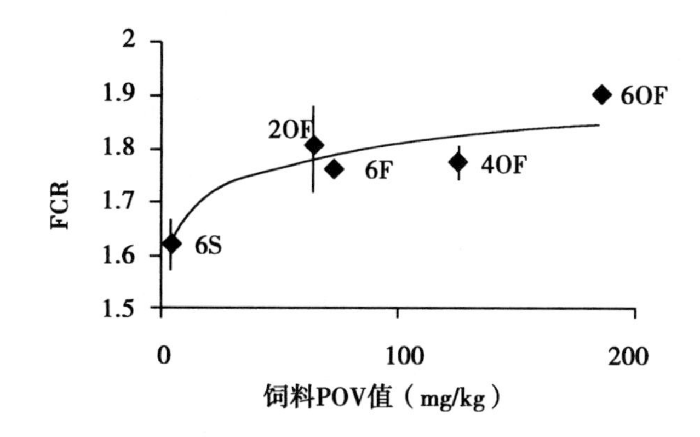

图 9-2-9　FCR 与饲料 POV 值的关系

Fig. 9-2-9　Relationship between FCR and POV in diets

由图 9-2-5 可知，FCR（y）与饲料 AV 值（x）呈幂函数正相关关系，其回归方程为 $y = 1.8267x^{0.0344}$，$R^2 = 0.7817$。由图 9-2-7 可知，FCR（y）与饲料中 MDA 含量（x）呈幂函数正相关关系，其回归方程为 $y = 1.6726x^{0.0186}$，$R^2 = 0.8429$。由图 9-2-9 可知，FCR（y）与饲料 POV 值（x）呈幂函数正相关关系，其回归方程为 $y = 1.5443x^{0.0341}$，$R^2 = 0.8469$。结果显示，随着饲料 POV 值、AV 值及 MDA 含量的上升，草鱼 FCR 增加，表明饲料 POV 值、AV 值及 MDA 含量会降低草鱼的饲料效率，其中 POV 值及 MDA 含量的影响较 AV 值大。

（三）氧化鱼油对草鱼肌肉脂肪酸组成的影响

各组试验饲料脂肪酸组成及经 72d 养殖试验后各试验组草鱼肌肉的脂肪酸组成见表 9-2-5。由表 9-2-5 可知，试验饲料中 6F 组 Σ SFA 比 6S 组高 118.8%，Σ MUFA 高 47.5%，Σ PUFA 低 45.7%，但 PUFA 中 6F 组 EPA 和 DHA 含量分别高于 6S 组 146.5%、329%。而 2OF、4OF 及 6OF 组中随着氧化鱼油含量的增加，Σ SFA 及 Σ MUFA 含量也增加，Σ PUFA 含量下降。草鱼肌肉中，与 6S 组相比，添加鱼油或氧化鱼油后，Σ SFA 和 Σ MUFA 均增加，而 Σ PUFA 则下降。

饲料中 Σ SFA、Σ MUFA、Σ PUFA 及 n-6 总量均与草鱼肌肉中脂肪酸表现出较大的相关性，相关系数为 0.97~1.00。而除 6S 组肌肉中 n-3 脂肪酸总量与饲料中为正相关，相关系数为0.53外，其余各组均为负相关，相关系数为-0.81～-0.28。说明添加鱼油或氧化鱼油后肌肉中n-3脂肪酸含量与饲料中脂肪酸呈负相关关系，n-3脂肪酸的代谢受到了很大的影响。

三、讨论

饲料油脂的营养作用主要为提供饲料能量、必需脂肪酸等，而油脂氧化酸败产物对动物具有毒副作用[1]。因此，饲料油脂对于养殖动物显示出营养与毒副作用的两面性。对某种具体油脂而言，其营养作用与其能量值大小、不饱和脂肪酸组成和含量相关，而其毒副作用则与其氧化程度（如POV、AV、MDA等）相关[11]。鱼油与豆油相比较，其不饱和脂肪酸含量，尤其是高不饱和脂肪酸如EPA、DHA等含量较高，但也更容易氧化酸败，其氧化产物对养殖动物的毒副作用也更大[12]。本试验结果很好地显示了鱼油的营养作用和氧化酸败产物毒副作用的两面性，且氧化产物的毒副作用显著影响了草鱼的生长速度和饲料效率。

（一）生长速度与饲料油脂质量的相关性

高淳任[13]在用添加不同氧化程度的氧化鱼油的饲料饲喂真鲷后发现其增重率随饲料中POV值的升高而呈线性下降。刘伟等[14]在鲤鱼上也发现了同样的规律，但任泽林[15]在鲤鱼上得到的结果是，氧化鱼油降低鲤鱼生产性能，但这一降低趋势与鱼油氧化程度升高无相关性。任泽林认为这可能是由于氧化鱼油中氧化产物在试验期间的降解从而引起试验各组间实际的氧化程度差距减少。他们都只考虑过氧化物含量这一单一指标，而未考虑饲料油脂酸价和MDA以及PUFA的含量，氧化油脂对动物的影响应该是众多有效成分共同作用的结果。

本试验结果显示，饲料中过氧化物、酸价、MDA及PUFA的含量与SGR和FCR均呈幂函数相关关系（图9-2-2至图9-2-9）。6F组相比2OF组，其∑ PUFA少26.7%，酸价、过氧化物含量分别提高100%及12.3%，MDA含量少82.4%，但2OF组的生长与6F组没有显著差异（$P>0.05$），还有一定下降，这可能是因为2OF组高MDA含量对草鱼体造成的损害大于其他因素的影响造成的。根据幂函数的特性，当MDA和过氧化物的含量从较少的0.128mg/kg、3.67mg/kg升高到较高的10.82mg/kg及64.55mg/kg时，它们对草鱼生长的影响比较显著，而再升高到123.92mg/kg及125.43mg/kg时其影响就相对不显著，这可能是为什么6F、2OF和4OF组之间生长没有显著差异的原因，也有可能是因为饲料中过氧化物、酸价、MDA对草鱼造成的负面影响与PUFA造成的正面影响相抵消，其具体原因有待进一步研究。

上述结果显示，氧化油脂对动物生长的影响应该综合饲料中氧化产物和营养物质，并且过氧化物及MDA对草鱼生长性能的影响随着它们含量的上升而下降，两者对草鱼的损伤有待进一步研究。

（二）饲料效率与饲料油脂质量的相关性

本试验中，添加氧化鱼油后草鱼生长性能下降，这与大西洋鳕（*Gadus morhua*）[16]、鲤（*Cyprinus carpio*）[17]、大西洋比目鱼（*Hippoglossus hippoglossus*）[18]、真鲷（*Pagrus major*）[19]、非洲鲶鱼（*Clarias gariepinus*）[20]、金头鲷（*Sparus aurata*）[21]等在摄食氧化油脂后的结果相一致。在添加鱼油或氧化鱼油后蛋白质沉积率出现不同程度的下降，说明油脂中的有害物质对鱼体蛋白质的合成造成干扰从而降低其生产性能。研究表明，氧化油脂对动物生产性能的影响可能是油脂氧化产物使肌肉蛋白质交联造成的[22,23]。6F组及2OF、4OF组的

表 9－2－5　饲料及草鱼肌肉中脂肪酸组成（干物质基础）

Tab. 9－2－5　Fatty acids composition in diets and muscle of grass carp（DM basis）

组别 Groups		脂肪酸 Fatty acids C4：0	C12：0	C14：0	C14：1	C15：0	C16：0	C16：1	C17：1	C18：0	C18：1n9c	C18：2n6c	γ-C18：3n6	α-C18：3n3	C20：0	C20：1	C21：0	C20：3n6	C20：4n6	C22：0
肌肉 Muscle	60F	0.2	0.74	6.15	0.24	0.43	18.66	11.58	0.58	2.17	36.33	11.97	0.18	1.42		1.2	0.34	0.55	1.24	
	40F	0.24	0.72	5.15	0.22	0.36	21.7	10.62	0.55	1.9	37.38	10.62	0.21	1.77		1.08	0.27	0.6	1.3	
	20F	0.17	0.76	6	0.25	0.45	20.43	11.47	0.63	2.46	38.11	10.98		1.26		1.07	0.41	0.47	1.02	
	6F	0.49	0.78	6.04	0.24	0.44	19.63	11.94	0.57	1.99	36.14	12.14	0.19	1.41		0.92	1.03	0.47	1.06	
	6S	0.54	0.62	4.34	0.2	0.32	17.1	9.89	0.49	2.03	35.64	20.01	0.31	1.94		0.62	1.09	0.61	1.65	
饲料 Diets	60F	0.21	0.34	8.07		0.49	19.18	6.36	0.98	3.36	26.47	19.18	0.17	3.18	0.23	1.19	0.2	0.18	0.36	0.13
	40F	0.25	0.22	5.41		0.32	16.3	4.52	0.71	3.49	25.44	29.46	0.19	4.19	0.25	0.89	0.15	0.13	0.28	0.18
	20F	0.14	0.14	3.73		0.22	15.74	2.96	0.52	3.46	23.33	37.96	0.25	4.96	0.23	0.46	0.13		0.2	0.2
	6F	0.21	0.33	7.25		0.39	13.54	7.13	1.05	2.2	29.56	22.29	0.18	3.64	0.13	1	0.72	0.19	0.38	
	6S			1.94			7.23	1.97	0.45	1.45	24.15	52.07		6.64		0.2	0.69		0.12	

（续表）

脂肪酸 Fatty acids			C20：5n3	C22：1n9	C24：1	C22：6n3	Σ SFA	Σ MUFA	Σ PUFA	Σ n-3	Σ n-6	与饲料 Σ SFA 相关系数	与饲料Σ MUFA 相关系数	与饲料Σ PUFA 相关系数	与饲料中 Σn-6 相关系数	与饲料中 Σn-3 相关系数
组别 Groups	肌肉 Muscle	60F	1.3	0.26	0.67	3.56	28.7	50.87	20.22	6.28	13.95	0.99	1.00	0.97	1.00	-0.28
		40F	1.12	0.23	0.64	3.22	30.33	50.72	18.83	6.11	12.73	0.99	0.99	0.98	1.00	-0.81
		20F	0.77	0.26	0.43	2.25	30.67	52.22	16.76	4.28	12.48	0.99	0.98	0.99	1.00	-0.47
		6F	1.07	0.19	0.5	2.66	30.39	50.52	19	5.14	13.86	0.97	0.99	0.98	1.00	-0.64
		6S	0.57		0.29	1.63	26.05	47.13	26.72	4.14	22.58	1.00	0.98	0.99	1.00	0.53
	饲料 Diets	60F	4.6		1.18	3.6	32.21	36.18	31.27	11.38	19.89					
		40F	3.78		0.92	2.89	26.57	32.48	40.92	10.86	30.06					
		20F	2.83		0.58	1.92	23.99	27.85	48.12	9.71	38.41					
		6F	4.88		1.1	3.69	24.77	39.84	35.25	12.21	23.04					
		6S	1.98		0.24	0.86	11.31	27.01	61.67	9.48	52.19					

脂肪沉积率较6S组显著下降（$P<0.05$），但6OF组显著大于其他组（$P<0.05$）。说明草鱼能代谢一定量的氧化产物，但是当过量后氧化产物会干扰脂肪的代谢造成脂肪在体内过多的沉积。黄凯[8]用氧化油脂饲喂奥尼罗非鱼后其肝胰脏脂肪含量随氧化油脂含量的上升而先上升后下降，他认为下降的原因是大剂量的氧化产物使肝胰脏受损从而影响脂肪在体内的正常代谢，而导致大量沉积。Jian[24]用氧化鱼油和维生素E饲喂真鲷后发现，无维生素E组全鱼脂肪显著上升，而添加维生素E组下降，说明氧化鱼油会影响鱼体的脂肪代谢。

上述结果显示，鱼油的氧化产物会使草鱼的生长下降，使鱼体内蛋白质沉积下降，且较低氧化程度的饲料会使草鱼代谢脂肪能力增加，而高氧化程度则会扰乱鱼体脂肪代谢导致脂肪在体内大量沉积。

（三）氧化鱼油对草鱼肌肉脂肪酸组成的影响

本试验结果显示，与6S组相比添加鱼油或氧化鱼油后会增加鱼肌肉中SFA和MUFA的含量，降低PUFA含量。但4OF及6OF组中EPA、DHA的含量高于6F组和2OF组，这与高淳任[13]、Jian[24]、Baker[25,26]的结果不一致，一般认为PUFA尤其是EPA、DHA容易被脂质过氧化物所氧化从而降低其在肌肉中的含量。然而，一些研究得出和本试验相一致的结果，Patrick Kestemont[27]在饲喂鲈鱼（*Perca fluviatilis*）氧化油脂的饲料后发现其肌肉中DHA含量上升，他认为相对较高的DHA水平可能是短链和中链脂肪酸作为维护机体的原料优先利用的结果，而不是在饱不饱和脂肪酸中的绝对含量的增加，并且发现DHA相对较高的组的鱼体重相对较低。Xu[28]在用添加游离脂肪酸的饲料饲喂对虾（*Penaeus chinensis*）时发现其尸体中含有较高含量的DHA。Bettino[29]发现在一些动物如白对虾（*P. setiferus*）、桃红对虾（*P. duorarum*）上一些特定的高不饱和脂肪酸会被保留而优先消耗饱和脂肪酸和单不饱和脂肪酸。Zhone[16]发现在氧化鱼油的饲料中添加维生素E后大西洋鳕肌肉中PUFA含量下降。

添加鱼油或氧化鱼油组的草鱼肌肉中n-3脂肪酸含量与饲料中脂肪酸呈负相关，说明鱼油的氧化产物会干扰草鱼对饲料中n-3脂肪酸的消化吸收。Marque-Ruiz[30]认为，这可能是由氧化产物使脂肪酶活性下降而导致的。脂肪酶活性下降致使草鱼无法高效的利用EPA、DHA等鱼类必须脂肪酸，从而降低了草鱼的生长。

上述结果显示，相对于6S组，鱼油中的氧化产物会使草鱼肌肉中的PUFA的含量下降，降低是对n-3脂肪酸的利用。且当氧化产物含量过高后鱼体可能会优先消耗SFA和MUFA来满足机体对于PUFA的需求。

四、结论

鱼油在提供草鱼饲料不饱和脂肪酸营养作用的同时，其氧化产物对草鱼生长的副作用也较为显著。鱼油的氧化产物会导致草鱼生长速度、饲料效率、蛋白质利用率的下降，并降低草鱼肌肉中高不饱和脂肪酸的含量。综合考虑饲料中油脂氧化产物及其中营养物质对草鱼的影响，在实际生产中可以配合使用豆油和鱼油来减少因鱼油氧化而产生的氧化产物的浓度及其引起的对水产动物生长性能的影响。

参考文献

[1] 张红娟，刘玉梅，刘海燕等. 油脂氧化对水产动物的危害及其预防对策［J］. 饲料研究，2013（7）：68－71.

［2］王裕玉，杨雨虹．水生生物对高不饱和脂肪酸的营养需求［J］．中国饲料，2008（17）：31－33.

［3］刘镜恪，雷霁霖．人工调节轮虫 n-3HUFA 对黑鲷仔鱼生长、存活的影响［J］．科学通报，1997，42（12）：1 330－1 333.

［4］Watanabe T，Ohta M，Kitajima C，*et al.* Improvement of dietary value of brine shrimp Artemia salina for fish larvae by feeding them on omega 3 highly unsaturated fatty acids［J］．Bulletin of the Japanese Society of Scientific Fisheries，1982.

［5］姚仕彬，叶元土，李洁等．鱼油在氧化过程中氧化指标及其脂肪酸组成的变化［J］．饲料研究，2012（6）：74－76.

［6］洪平．影响水产饲料品质之非配方因素－鱼虾营养研究进展［J］．中山大学出版社，1995：397－399.

［7］Park S I. Nutritional liver disease in cultured yellowtail，*Seriola quinqueradiata*，caused by feed deficiency［J］．Bull Korean Fish Sec.，1978，11：1－4.

［8］黄凯，阮栋俭，战歌等．氧化油脂对奥尼罗非鱼生长和抗氧化性能的影响［J］．淡水渔业，2006，36（6）：21－24.

［9］张春雨．池塘草鱼病害的发生与防治［J］．现代农业科技，2008，22：240－242.

［10］殷永风，叶元土，蔡春芳等．在自制氧化装置中氧化时间对豆油氧化指标的影响［J］．安徽农业科学，2011，39（7）：4 052－4 054.

［11］王凤红．肉仔鸡饲用油脂营养价值的评定［D］．中国农业科学院，2009.

［12］任泽林，范志影，霍启光等．氧化鱼油营养价值评定［J］．饲料广角，2003（13）：33－36.

［13］高淳仁，雷霁霖．饲料中氧化鱼油对真鲷幼鱼生长、存活及脂肪酸组成的影响［J］．上海水产大学学，1999，8（2）：124－130.

［14］刘伟．饲料添加氧化油脂对鲤体内脂质过氧化及血液指标的影响［J］．中国水产科学，1997，4（1）：94－96.

［15］任泽林，霍启光，曾虹等．氧化鱼油对鲤鱼生产性能和肌肉组织结构的影响［J］．动物营养学报，2001，13（1）：59－64.

［16］Zhong Y，Lall S P，Shahidi F. Effects of oxidized dietary oil and vitamin E supplementation on lipid profile and oxidation of muscle and liver of juvenile Atlantic cod（*Gadus morhua*）［J］．Journal of Agricultural and Food Chemistry，2007，55（15）：6 379－6 386.

［17］叶仕根，汪开毓，何显荣．鲤摄食含氧化鱼油的饲料后其病理学的变化［J］．大连水产学院学报，2006，21（1）：1－6.

［18］Lewis-McCrea L M，Lall S P. Effects of phosphorus and vitamin C deficiency，vitamin A toxicity，and lipid peroxidation on skeletal abnormalities in Atlantic halibut（*Hippoglossus hippoglossus*）［J］．Journal of Applied Ichthyology，2010，26（2）：334－343.

［19］Gao J，Koshio S，Ishikawa M，*et al.* Effect of dietary oxidized fish oil and vitamin C supplementation on growth performance and reduction of oxidative stress in Red Sea Bream Pagrus major［J］．Aquaculture Nutrition，2013，19（1）：35－44.

［20］Rtm B. The effects of dietary α-tocopherol and oxidised lipid on post-thaw drip from catfish muscle［J］．Animal Feed Science and Technology，1997：65.

［21］Mourente G，Dıaz-Salvago E，Bell J G，*et al.* Increased activities of hepatic antioxidant defence enzymes in juvenile gilthead sea bream（*Sparus aurata* L.）fed dietary oxidised oil：attenuation by dietary vitamin E［J］．Aquaculture，2002，214（1）：343－361.

［22］Chio K S，Tappel A L. Synthesis and characterization of the fluorescent products derived from malonaldehyde and amino acids［J］．Biochemistry，1969，8（7）：2 821－2 827.

［23］Chiba H，Yoshikawa M. Deterioration of casein components by malonaldehyde［J］．Memoirs of the College of Agriculture-Kyoto University Crop Science Series（Japan），1977.

［24］Gao J，Koshio S，Ishikawa M，*et al.* Effects of dietary oxidized fish oil with vitamin E supplementation on growth performance and reduction of lipid peroxidation in tissues and blood of red sea bream Pagrus major［J］．Aquaculture，2012，356：73－79.

［25］Baker R T M，Davies S J. Increased production of docosahexaenoic acid（22：6 n-3，DHA）in catfish nutritionally stressed by the feeding of oxidized oils and the modulatory effect of dietary α-tocopheryl acetate [J]. Journal of Fish Biology, 1996, 49 (4): 748-752.

[26] Rtm B. The effects of dietary α-tocopherol and oxidised lipid on post-thaw drip from catfish muscle [J]. Animal Feed Science and Technology, 1997, 56 (2): 567-570.

[27] Kestemont P, Vandeloise E, Mélard C, *et al.* Growth and nutritional status of eurasian perch perca fluviatilis fed graded levels of dietary lipids with or without added ethoxyquin [J]. Aquaculture, 2001, 203 (1): 85-99.

[28] Xu X L, Ji W J, Castell J D, *et al.* Essential fatty acid requirement of the Chinese prawn, *Penaeus chinensis* [J]. Aquaculture, 1994, 127 (1): 29-40.

[29] Bottino N R, Gennity J, Lilly M L, *et al.* Seasonal and nutritional effects on the fatty acids of three species of shrimp, penaeus setiferus, p aztecus and p duorarum [J]. Aquaculture, 1980, 19 (2): 139-148.

[30] Márquez-Ruíz G, Pérez-Camino M C, Dobarganes M C. *In vitro* action of pancreatic lipase on complex glycerides from thermally oxidized oils [J]. Lipid Fett., 1992, 94 (8): 307-312.

第三节 饲料氧化鱼油引起草鱼肠道结构损伤、通透性增加

鱼油因其富含 EPA、DHA 等高不饱和脂肪酸对鱼类具有很好的营养作用，而高含量的不饱和脂肪酸会在光照、温度和氧气等因素的影响下迅速被氧化产生过氧化物、醛、酮等氧化产物而对动物体造成损害[1]，这就是鱼油对于养殖水产动物所具有的营养作用、氧化损伤副作用的两面性。已有研究表明氧化鱼油会对动物体机体有损伤作用，但大多报道都集中在对生产性能[2-4]和肝胰脏[5-7]的研究上，关于氧化油脂对水产动物肠道结构与功能研究的还不够系统、深入。

草鱼是中国主要淡水养殖经济鱼类，在实际养殖中也是病害较多养殖鱼类之一[8]。动物肠道是最大的消化、吸收器官，也是最大的免疫、防御器官和最大的内分泌器官。肠道作为动物体消化系统的第一道屏障，起着分隔肠腔内物质、防止致病性抗原侵入的作用[9]。有研究表明油脂氧化产物会引起小鼠肠道应激而导致肠炎[10]。饲料物质对肠道组织结构和功能的影响日益受到关注，饲料营养物质在维护鱼类肠道屏障结构与功能方面有重要的作用，而饲料中潜在的有毒有害物质如油脂的氧化产物也是破坏肠道结构屏障与功能的主要因素，并可能作为病原生物感染的原发性因素[11]。本文以草鱼为试验对象，以豆油为对照，研究氧化鱼油对草鱼肠道结构及其通透性的影响，期望为阐述油脂氧化产物对鱼体肠道结构与功能损伤作用机制及其作用方式等科学问题提供依据，为实际生产中饲料油脂的选择与质量控制提供参考。

一、材料与方法

（一）草鱼

草鱼来源于浙江一星饲料有限公司养殖基地，为池塘培育的 1 冬龄鱼种，共 350 尾，平均体重为（74.8±1.0）g。草鱼随机分为 5 组，每组设 3 重复，每重复 20 尾。分组剩余草鱼用于养殖前期取样分析。

（二）饲料

饲料原料、饲料配方与营养组成与本章第二节完全一致。

（三）饲养管理（同本章第二节）

（四）样品采集及其分析方法

经72d养殖、禁食24h后进行样品采集。

1. 肠道组织学样品制备及分析

每网箱取4尾鱼、每组12尾，于中肠前1/4处取1～2cm肠管1段，纵向剖开用磷酸缓冲液冲洗后，立即将其投入4%戊二醛中固定，用于透射和扫描电镜分析。每网箱另取2尾、每组6尾鱼于中肠前1/4处取肠管2段置于Bouin试液固定，用于组织学切片分析。

组织学切片采用石蜡切片进行组织学切片，苏木精－伊红染色，中性树胶封片，光学显微镜下观察肠道组织结构并采用Nikon COOLPIX4500型相机进行拍照。

透射电镜采用锇酸固定、丙酮脱水，最后放入胶囊内包埋切片染色，用日立HT7700透射式电子显微镜观察肠道组织结构并拍照。

扫描电镜采用锇酸固定，缓冲液洗涤，乙醇梯度脱水，醋酸异戊酯置换，临界点干燥，镀膜最后用导电胶于样品台，采用飞利浦XL-20型扫描电子显微镜观察肠道组织结构、测量肠道微绒毛高度并拍照。

2. 肠道组织匀浆样品制备与分析

取部分新鲜中肠，称重后加入10倍体积0.02mol/L磷酸缓冲液（pH值7.4），匀浆器10 000r/min匀浆1min，3 000r/min冷冻离心10min，取上清液分装，液氮速冻后－80℃冰箱保存。MDA、GSH采用南京建成试剂盒测定。

3. 血清样品制备与分析

每个网箱随机取10尾鱼，以无菌1mL注射器自尾柄静脉采血，置于Eppendorf离心管中室温自然凝固0.5h，3 000r/min冷冻离心10min，取上清液分装后，液氮速冻并于－80℃冰箱中保存。

MDA采用南京建成试剂盒，D－乳酸、内毒素采用购于南京建成的Elisa试剂盒测定。血清胆固醇、胆汁酸采用雅培C800全自动生化分析仪测定。

4. 饲料油脂样品分析

油脂过氧化值测定参照GB/T 5538—2005；酸价测定参照GB/T 5530—2005；MDA采用南京建成试剂盒测定。

（五）数据处理

试验结果用SPSS 21.0软件进行统计分析，采用平均值±标准差（mean±SD）表示，在单因素方差分析的基础上，采用Duncan氏法多重比较检验组间差异显著性，用Pearson分析方法检验数据相关性，并用Excel 2013作回归分析，以$P<0.05$表示差异显著。

二、结果与分析

（一）草鱼血清、肠道丙二醛（MDA）及肠道谷胱甘肽（GSH）含量

以丙二醛作为氧化标志物，以谷胱甘肽作为抗氧化损伤标志物，经72d养殖试验后，测定各组草鱼血清、肠道MDA及GSH含量，结果见表9－3－1。

表 9-3-1 氧化鱼油对草鱼血清、肠道丙二醛（MDA）及肠道谷胱甘肽（GSH）含量的影响

Tab. 9-3-1 Effect of oxidized fish oil on MDA content of intestine and serum and GSH content of intestine

组别 Group	血清 MDA (nmol/mL)	肠道 MDA (nmol/mg prot)	谷胱甘肽 GSH (μmol/L)
6S	14 ± 1.65^{a}	25.7 ± 1.1^{a}	138 ± 1^{a}
6F	20 ± 1.84^{b}	26.3 ± 2.0^{a}	189 ± 13^{c}
2OF	20.5 ± 0.20^{bc}	30.9 ± 0.4^{b}	174 ± 1^{bc}
4OF	22.5 ± 1.58^{bc}	34.5 ± 0.4^{c}	160 ± 4^{b}
6OF	23.2 ± 1.81^{c}	29.5 ± 0.4^{b}	147 ± 5^{b}

由表 9-3-1 可知，相对于 6S 组，添加鱼油或氧化鱼油组草鱼血清及肠道 MDA 含量均出现上升。其中，血清中 6F、2OF 及 4OF 组显著大于 6S 组（$P<0.05$），6OF 组则显著大于 6S 及 6F 组（$P<0.05$）；肠道中 6S 与 6F 组无显著差异（$P>0.05$），2OF 及 6OF 组显著大于 6S 及 6F 组（$P<0.05$），4OF 组显著大于所有组（$P<0.05$）。2OF、4OF 及 6OF 组肠道 GSH 含量则显著大于 6S 组（$P<0.05$），6F 组除与 2OF 组差异不显著（$P>0.05$）外，显著大于其他 3 组（$P<0.05$）。

（二）草鱼肠道胆固醇及胆汁酸含量

我们前期研究结果发现，氧化鱼油损伤肠道后，会导致肠道组织胆固醇、胆汁酸生物合成通路基因表达活性显著上调，显示胆固醇、胆汁酸在肠道结构与功能维护中具有重要的作用。经 72d 养殖试验后，测定各组草鱼肠道胆固醇及胆汁酸含量，结果见表 9-3-2。

表 9-3-2 氧化鱼油对草鱼肠道胆固醇及胆汁酸含量的影响

Tab. 9-3-2 Effect of oxidized fish oil on bile acid and cholesterol content of Grass carp intestine

组别 Group	胆汁酸含量（Bile acid）(μmol/L)	胆固醇含量（Cholesterol）(mmol/L)
6S	3.4 ± 1.73^{c}	0.51 ± 0.38^{a}
6F	1.7 ± 0.15^{b}	0.61 ± 0.04^{b}
2OF	0.1 ± 0.01^{a}	0.53 ± 0.023^{a}
4OF	0.4 ± 0.12^{ab}	0.66 ± 0.021^{b}
6OF	0.8 ± 0.32^{ab}	0.54 ± 0.053^{a}

由表 9-3-2 可知，在添加鱼油或氧化鱼油后，草鱼肠道中胆汁酸含量出现不同程度下降，下降率为 50.9% ~97.1%，且差异具有显著性（$P<0.05$）；肠道胆固醇含量出现不同程度上升，上升率为 3.9% ~29.4%，其中 6F 组及 4OF 组显著大于其余 3 组（$P<0.05$）。

（三）草鱼血清内毒素及 D-乳酸含量

经 72d 养殖试验后，测定各组草鱼血清内毒素及 D-乳酸含量见表 9-3-3。

表 9-3-3　氧化鱼油对草鱼肠道通透性的影响

Tab. 9-3-3　Effect of oxidized fish oil on the permeability of Grass carp intestine

组别 Group	内毒素（Endotoxin） （EU/L）	D-乳酸（D-lactic acid） （μmol/L）
6S	46.5±3.9[a]	0.605±0.0575[a]
6F	53.5±2.8[ab]	0.883±0.0031[b]
2OF	63.6±1.5[b]	0.962±0.0565[b]
4OF	65.2±4.9[b]	0.866±0.1298[b]
6OF	125.3±16.1[c]	2.022±0.2075[c]

由表 9-3-3 可知，6OF 组草鱼血清中内毒素及 D-乳酸均显著高于其他组（$P<0.05$），6S 组则具有最小值，除内毒素中与 6F 组没有显著差异外（$P>0.05$）均显著小于其他各组（$P<0.05$）。

（四）草鱼肠道、血清生化指标与饲料油脂氧化产物的相关性分析

将血清 MDA、内毒素、D-乳酸和肠道 MDA、GSH 含量分别与饲料油脂 POV、AV 及 MDA 做 Pearson 相关性分析，检验双侧显著性，样本量 n=5，结果见表 9-3-4。

由表 9-3-4 可知，血清 MDA 与内毒素含量与饲料油脂 POV 值的相关性显著水平（双侧）检测值小于 0.05，即血清 MDA 与内毒素含量与饲料油脂 POV 值显著相关。血清 MDA 含量与饲料油脂 AV 值显著相关，血清内毒素与饲料油脂 MDA 含量显著相关。

表 9-3-4　草鱼肠道、血清生化指标与饲料油脂氧化产物的相关性分析

Tab. 9-3-4　Correlation analysis of the biochemical criterion of intestine and serum with the oxidative product of oil in diets

Pearson 分析结果		血清 MDA 含量[1)]	血清内毒素含量[2)]	血清 D-乳酸含量[3)]	肠道 MDA 含量[4)]	肠道 GSH 含量[5)]
饲料油脂 POV 值	R^2[6)]	0.814	0.782	0.757	0.283	0.002
	P[7)]	0.036*[8)]	0.047*	0.055	0.356	0.949
饲料油脂 AV 值	R^2	0.785	0.572	0.618	0.120	0.057
	P	0.045*	0.140	0.115	0.568	0.699
饲料油脂 MDA 含量	R^2	0.653	0.796	0.707	0.408	0.083
	P	0.098	0.042*	0.075	0.246	0.638

注：[1)] MDA content of serum；[2)] Endotoxin content of serum；[3)] D-lactic acid content of serum；[4)] MDA content of intestine；[5)] GSH content of intestine；[6)] R^2 相关系数 correlation coefficient；[7)] P 显著性（双侧）水平 significance level（Bilaterally）；[8)] * 表示因子之间显著相关 significant correlation between different factors.

再对 $P<0.05$ 的因子做回归分析发现：血清 MDA 与饲料油脂 POV 及 AV 值以幂函数关系拟合度最高，血清内毒素与饲料 POV 值及 MDA 含量以二次函数关系拟合度最高，结果见图 9-3-1 a~d。

由图 9-3-1 a~d 可知，血清 MDA 含量、内毒素含量与饲料中油脂氧化程度评价指标

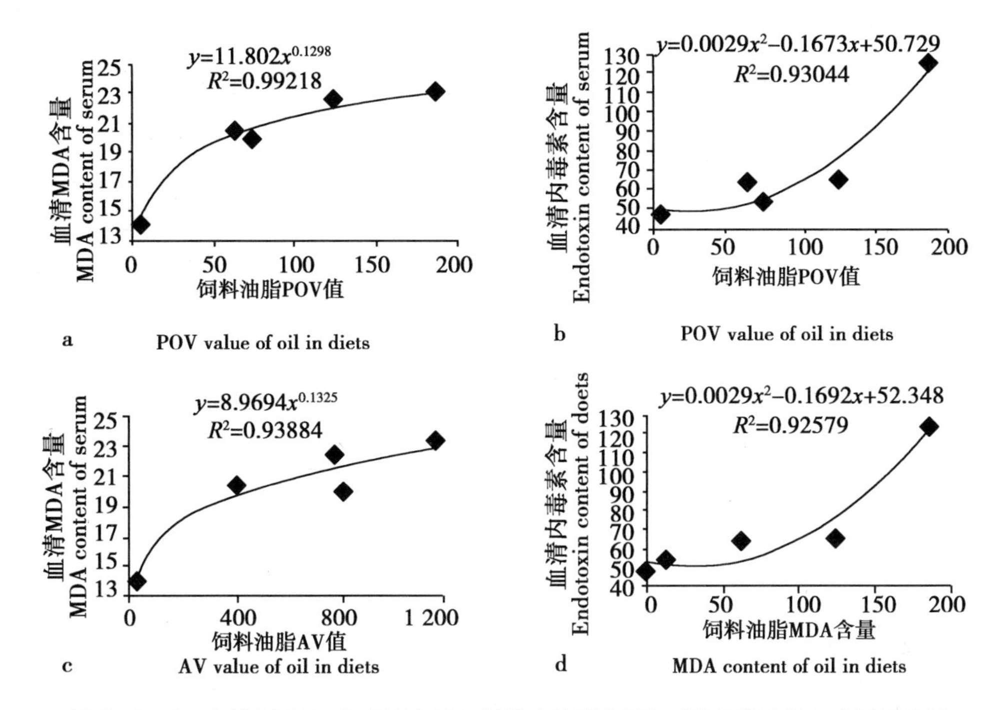

图 9－3－1 血清 MDA、内毒素含量与饲料中油脂 POV、AV 值及 MDA 含量的关系

Fig. 9－3－1 Relationship between MDA and endotoxin content of serum with POV value, AV value and MDA content of oil in diets

（a：血清 MDA 与饲料油脂 POV 值关系；b：血清内毒素与饲料油脂 POV 值关系；c：血清 MDA 与饲料油脂 AV 值关系；d：血清内毒素与饲料油脂 MDA 含量关系）

（a：Relationship between MDA content of serum with POV value of oil in diets；b：Relationship between endotoxin content of serum with POV value of oil in diet；c：Relationship between MDA content of serum with POV value of oil in diets；d：Relationship between endotoxin content of serum with MDA content of oil in diets）

POV、MDA、AV 含量具有显著的正相关关系。其含量变化受饲料油脂氧化程度的影响很大。

（五）草鱼肠道黏膜组织观察结果

经 72d 养殖试验后，各组草鱼肠上皮黏膜细胞结构见图版 9－3－ⅠA～E。A～E 分别为 6S、6F、2OF、4OF 及 6OF 组。由图版 9－3－ⅠB～D 可以得到以下结果。

1. 氧化鱼油影响了肠道绒毛组织形态，并使微绒毛高度下降

相比较 6S 组，6F、2OF 及 4OF 组肠道绒毛间隙扩大，排列不整齐，中央乳糜管明显扩增。图版 9－3－ⅠE 中 6OF 组肠道绒毛明显增生水肿。

经 72d 养殖试验后，各组草鱼肠道微绒毛高度结果见表 9－3－5。肠道微绒毛高度中 6OF 具有最小值，且差异具有显著性（$P<0.05$），其余各组差异不显著（$P>0.05$），但相对于 6S 组有升高的趋势。

2. 氧化鱼油使草鱼肠道杯状细胞数量增加

经 72d 养殖试验后，各组草鱼肠道杯状细胞数量结果见表 9－3－5。由表 9－3－5 可知，添加鱼油或氧化鱼油后草鱼肠道绒毛杯状细胞个数增加 56.7%～312.8%，且各组间差异具有显著性（$P<0.05$）。

表9-3-5 氧化鱼油对草鱼肠道草鱼肠道杯状细胞数量、微绒毛高度的影响

Tab. 9-3-5 Effect of oxidized fish oil on the number of goblet cell and the height of microvilli of intestine

组别 Group	杯状细胞数量[1]（个/绒毛）	肠道微绒毛高度[2]（μm）
6S	49.9±11.18a	1.46±0.014b
6F	78.2±10.59b	1.61±0.05b
2OF	113.5±20.87c	1.58±0.053b
4OF	159.8±12.28d	1.58±0.039b
6OF	206.2±16.83e	1.26±0.218a

注：[1] number of goblet cell（number of per 20 villi）；[2] height of microvilli.

（六）氧化鱼油对草鱼肠道紧密连接结构有破坏作用

经72d养殖试验后各组草鱼肠道紧密连接结构见图版9-3-ⅠF～J。

图版9-3-ⅠF～J分别为6S、6F、2OF、4OF及6OF组。图中箭头所示为草鱼肠道紧密连接结构，图版9-3-ⅠF可见6S组紧密连接结构没有空隙，图版9-3-ⅠG～J箭头所示处可以发现紧密连接结构出现空隙，并且逐步扩大，6OF组整个通路基本已打开，这与血清内毒素和D-乳酸含量显著增加结果相一致。

三、讨论

（一）氧化鱼油对草鱼肠道健康有显著的损伤作用

饲料中，鱼油高不饱和脂肪酸的营养作用、脂肪酸氧化产物的毒副作用相互影响，对草鱼肠道的结构与功能产生重大的影响。

1. 氧化损伤与抗氧化损伤作用与饲料中油脂氧化产物及其含量有直接的关系，整体显示氧化鱼油对草鱼肠道健康具有损伤作用

鱼油氧化会产生大量的氢过氧化物、醛、酮等氧化产物，对草鱼机体造成损害。过氧化氢能引发生物膜磷脂双分子层结构中多不饱和脂肪酸发生氧化反应而产生MDA[12]，MDA可交联蛋白质及磷脂的氨基，生成Schiff氏碱，从而进一步降低细胞膜的流动性[13]。而谷胱甘肽GSH作为抗氧化剂能有效清除超氧自由基，保护细胞膜，抵御膜损伤[14,15]。本试验结果可以看出，草鱼血清中MDA含量呈上升趋势，且血清MDA含量与饲料油脂POV及AV值呈幂函数正相关关系。这说明饲料油脂氧化程度、氧化产物含量（POV及AV值）对草鱼血清MDA含量有促进作用，并且较低的POV和AV值即会造成血清MDA含量的快速上升，但随着POV与AV值的增大其对血清MDA含量的影响将减小。虽然肠道MDA含量也呈上升趋势，但与饲料油脂中POV、AV值及MDA含量的相关性不大，说明肠道MDA含量的变化可能是由于一方面其被肠道吸收进入血液循环，另一方面饲料油脂过氧化氢氧化细胞膜所产生的MDA数量的干扰。

一般认为肠道对氧化油脂的吸收与肠道GSH的含量呈负相关[16]，而本试验中肠道GSH含量与饲料油脂POV、AV值及MDA含量相关性为0.002～0.083，说明肠道GSH含量与饲

料油脂中氧化产物含量基本不相关。这可能是由于少量的氧化产物即会引起草鱼体内的抗氧化应激，因此6F组肠道GSH含量具有最大值。但随着饲料中氧化产物含量的上升，逐渐超过草鱼的耐受范围后，GSH含量便出现下降，肠道对氧化油脂的吸收增加。这与本实验中6S与6F组肠道MDA含量差异不显著，而2OF、4OF及6OF组中血清MDA含量上升相一致。

2. 在氧化鱼油对肠道损伤作用下，肠道组织胆汁酸、胆固醇的作用值得进一步的研究

鱼体生理性的“肠—肝轴”中，胆汁酸的“肠—肝循环”是其重要物质基础之一。肝胰脏、肠道组织都具有以乙酰辅酶A为原料的胆固醇生物合成的能力。肝胰脏以胆固醇为原料合成初级胆汁酸，初级胆汁酸进入肠道后，在肠道细菌等作用下转变为次级胆汁酸，并在肠道后段被重新吸收回到肝胰脏，这就是典型的胆汁酸“肝—肠循环”通路。油脂氧化产物在损伤肠道黏膜组织后，对胆汁酸的“肝—肠循环”是否有障碍？是否会影响肠道与肝胰脏的胆固醇、胆汁酸的生物合成？胆固醇、胆汁酸在肠道黏膜结构完整性和功能完整性有何种影响？这是都是值得研究的关键性问题。我们的几个试验研究结果均显示出[17-19]，饲料氧化油脂对肠道黏膜造成了严重损伤，同时也会引起草鱼肝胰脏、肠道胆固醇生物合成通路基因表达活性显著上调，表明胆固醇、胆汁酸在维护肠道黏膜结构与功能完整性方面可能具有特殊的生理作用。

本试验结果显示，添加鱼油及氧化鱼油后，中肠胆汁酸呈现明显下降趋势，而胆固醇则有不同程度的上升。Dibner等[20]通过标记公鸡肠绒毛上皮细胞的研究发现，氧化油脂会降低肠上皮细胞的存活率并促进细胞增殖更新，而胆固醇是细胞膜的重要组成成分[21]，肠道上皮细胞的更新速度加快会增加鱼体对胆固醇的需求。本试验中肠胆汁酸含量的减少说明鱼油氧化产物打破了草鱼体内胆汁酸平衡，而2OF、4OF及6OF组胆汁酸含量呈上升趋势可能是由于鱼油含有比豆油丰富的胆固醇，因此草鱼可以利用胆固醇来合成胆汁酸。鱼体胆汁酸的缺乏可能是由于氧化鱼油加快了肠道上皮细胞的更新而增加了体内胆固醇的消耗量导致胆汁酸的合成不足，也有可能是氧化鱼油损伤肠道后，导致胆汁酸的重吸收受阻，降低机体对胆汁酸的利用率，具体原因有待进一步研究。

（二）氧化鱼油对草鱼肠道结构造成显著性的损伤作用，导致肠道通透性的显著增加，并可能导致对其他器官组织的损伤作用

1. 饲料鱼油氧化产物对肠道组织结构、肠道上皮细胞间紧密连接有显著的损伤作用

现有研究表明氧化油脂会对动物消化系统造成损伤，如鱼肠道内无食物[22]，肠壁变薄[23]，肠绒毛萎缩[24]，降低消化道内酶活性[25]等。正常肠道屏障功能中，最关键的屏障是肠黏膜上皮屏障，肠黏膜上皮屏障由肠黏膜表面的黏液层、肠上皮细胞及其紧密连接、黏膜下固有层等组成的。一般认为氧化油脂对肠道的损伤都是通过氧化产物如过氧化物、MDA等影响细胞膜的完整性，增加细胞内ATP的消耗而导致ATP耗竭和酸中毒，而从破坏肠道黏膜以增加肠道通透性[26,27]。

本试验肠道切片结果显示，鱼油氧化产物增加了肠道绒毛的间隙，扩大了中央乳糜管。荣新洲等[28]在大鼠严重烧伤后的肠道也发现这个现象，他认为中央乳糜管的扩张是一种代偿性改变以增加肠道绒毛的吸收能力。Berman[29]发现，肠道受损时中央乳糜管中淋巴管会扩张以增加肠道抵御细菌和毒素的能力。史桂芝等[30]在诱导小鼠内毒素血症时发现小鼠肠道绒毛水肿、中央乳糜管扩张，这与Elias等[31]在羊上得到的结果一致。她认为这个现象可

能是脂多糖及其诱导的炎性介质作用下致使血浆渗出、组织液增多，机体相应淋巴液生成增加所导致的。这与本实验草鱼血清内毒素含量显著增加结果一致。光学显微镜观察黏膜上皮柱状细胞后发现，杯状细胞数量在草鱼摄食鱼油和氧化鱼油后明显增加。杯状细胞是一种糖蛋白分泌细胞，其分泌的黏蛋白能润滑肠道，保护肠上皮黏膜[32]。并且它产生的三叶状蛋白，能在上皮黏膜受损时与细胞因子和生长因子的协同下加快上皮细胞的愈合[33]。因此，杯状细胞的增多表明草鱼肠道黏膜受到了损伤。肠道扫描电镜结果显示，除6OF组肠道微绒毛高度低于6S组外，其余几组均高于6S组。这可能是由于鱼油氧化产物对草鱼造成损伤，使草鱼需要更多营养物质来修复这些损伤，从而使肠道微绒毛增生以增加肠道吸收营养的能力，这与人类短肠综合征病人残余肠道的代偿、适应过程[34]有相似之处。6OF组微绒毛高度减小可能是鱼油氧化产物超出草鱼的耐受范围而造成微绒毛的萎缩。从肠道透射电镜图版9－3－ⅠF中可以看出，6S组肠道紧密连接结构为一条黑色的致密电子带，而添加鱼油或氧化鱼油后此结构出现明显空隙。紧密连接常见于单层柱状上皮，位于相邻细胞间隙的顶端侧面[35]，具有渗透性调节功能[36]和维持细胞极性[37]这两个功能。紧密连接在细菌及其毒素或炎症细胞因子等外界因素的影响下[38]，它的功能会丧失，最终导致组织浮肿和损伤[39]，并使肠道通透性增加。

2. 饲料鱼油氧化产物导致肠道通透性显著增加，形成对其他器官组织损伤作用通路

D－乳酸是肠道固有细菌的代谢中产物，动物体内一般不具有将其快速代谢分解的酶，因而血中D－乳酸水平常用来反应肠道通透性[40]。内毒素是G^-菌细胞壁的脂多糖部分，可以引起黏膜水肿并引起缺血，肠绒毛顶端细胞坏死，肠道通透性增加[41]，同时还能引起谷氨酰胺代谢紊乱，进而影响肠道黏膜的修复[42]。本试验添加鱼油和氧化鱼油后，血清中D－乳酸和内毒素含量均出现不同程度的上升。尤其是6OF组，其D－乳酸和内毒素含量较6S组分别上升146.5%、234.2%，这说明鱼油氧化产物会导致肠道通透性增加。内毒素含量的上升可能是由于鱼油氧化产物导致肠道蠕动能力和机械清除能力减弱，进而增强了细菌易位和定植的能力，而需氧菌的大量聚集和繁殖可产生高浓度的内毒素[43]。且血清中内毒素含量与饲料油脂中POV值和MDA呈二元函数正相关，这表明随着饲料油脂中POV值及MDA含量的上升，它们对血清内毒素含量的影响会越大。血清D－乳酸含量与饲料油脂氧化产物含量也呈正相关，其相关系数为61.8%～75.7%。因此，肠道通透性和饲料油脂氧化程度呈正相关。

肠道通透性增加可以有2个通路：一是细胞内通路，即由于上皮细胞微绒毛、肠腔方面细胞膜损伤，导致内毒素等经过上皮细胞→基底层→毛细血管的通路；二是细胞间通络，即由于上皮细胞间紧密连接的破坏，导致内毒素等经过上皮细胞间歇通路进入血液系统[44,45]。当肠道黏膜组织的屏障结构完整性受到破坏后，肠道内的细菌、细菌内毒素等即可越过肠道屏障而进入血液系统，并对其他远程器官组织（如肝胰脏等）形成损伤作用。因此，肠道损伤，尤其是肠道屏障完整性损伤常常被视为体内炎症的始发器官。本试验结果表明，鱼油氧化产物会损伤肠道并使其通透性增加，进而导致肠道内有害物质大量进入血液循环而对草鱼造成进一步损伤。并且结合血清内毒素、D－乳酸和肠道切片及透射电镜结果可知，在6F、2OF及4OF组中，肠道黏膜并没有被严重损伤，只有紧密连接明显被损伤。且6OF组血清内毒素和D－乳酸较4OF分别上升92.2%和133.5%，而4OF较6S组分别上升40.2%和43.1%，由此可见血清内毒素和D－乳酸在6OF组中出现较大幅度上升，再结合切片照

片结果，推测只有在6OF组中肠道黏膜才明显受损，进而导致有害物质通过肠道黏膜直接进入血液循环。

四、结论

饲料中鱼油氧化产物损伤了草鱼肠道组织结构，尤其是肠道上皮细胞紧密连接结构损伤严重，从而破坏了肠道黏膜的机械屏障功能，使肠道通透性显著增加，肠道细菌内毒素等发生转移，可能对其他器官组织也形成损伤作用。鱼油氧化产物会引起草鱼肠道氧化与抗氧化应激反应，可干扰草鱼“肝—肠”正常胆汁酸循环，致使草鱼肠道胆汁酸不足。

参考文献

[1] 姚仕彬，叶元土，李洁等．鱼油在氧化过程中氧化指标及其脂肪酸组成的变化［J］．饲料研究，2012，6：74 -76.

[2] Gao J，Koshio S，Ishikawa M，*et al.* Effect of dietary oxidized fish oil and vitamin C supplementation on growth performance and reduction of oxidative stress in Red Sea Bream Pagrus major［J］．Aquaculture Nutrition，2013，19（1）：35 -44.

[3] 任泽林，霍启光，曾虹等．氧化鱼油对鲤鱼生产性能和肌肉组织结构的影响［J］．动物营养学报，2001，13（1）：59 -64.

[4] 黄凯，阮栋俭，战歌等．氧化油脂对奥尼罗非鱼生长和抗氧化性能的影响［J］．淡水渔业，2006，36（6）：21 -24.

[5] Park S I. Nutritional liver disease in cultured yellowtail seriola quinqueradiata caused by feed deficiency［J］．Bull Korean Fish Sec.，1978，11：1 -4.

[6] Mourente G，Dıaz-Salvago E，Bell J G，*et al.* Increased activities of hepatic antioxidant defense enzymes in juvenile gilthead sea bream（Sparus aurata L）fed dietary oxidised oil：attenuation by dietary vitamin E［J］．Aquaculture，2002，214（1）：343 -361.

[7] 任泽林，曾虹．氧化鱼油对鲤肝胰脏抗氧化机能及其组织结构的影响［J］．大连海洋大学学报，2000（4）：235 -243.

[8] 江涛．草鱼“三病”的综合防治［J］．重庆水产，2005（4）：31 -32.

[9] 吴国豪．肠道屏障功能［J］．肠外与肠内营养，2004（1）：44 -47.

[10] Bagchi M，Milnes M，Williams C，*et al.* Acute and chronic stress-induced oxidative gastrointestinal injury in rats，and the protective ability of a novel grape seed proanthocyanidin extract［J］．Nutrition Research，1999，19（8）：1 189 -1 199.

[11] 林春友，朱宏利．池塘养殖草鱼肠炎病综合防治技术［J］．河北渔业，2010（4）：33 -34.

[12] 潘华珍，冯立明，许彩民等．丙二醛对红细胞的作用［J］．生物化学与生物物理进展，1984，2：34 -37.

[13] 林迎晖，张家俊．阿魏酸钠对大鼠肝线粒体氧化性损伤的保护作用［J］．药学学报，1994（3）：171 -175.

[14] 龚宏伟，马翎健．2类小麦雄性不育系育性敏感时期谷胱甘肽过氧化物酶活性及丙二醛含量变化［J］．江苏农业科学，2013，41（7）：60 -62.

[15] 刘振玉．谷胱甘肽的研究与应用［J］．生命的化学，1995（1）：19 -21.

[16] Agerbo P，Jørgensen B M，Jensen B，*et al.* Enzyme inhibition by secondary lipid autoxidation products from fish oil［J］．The Journal of Nutritional Biochemistry，1992，3：549 -553.

[17] 姚仕彬，叶元土，蔡春芳等．氧化豆油水溶物对离体草鱼肠道黏膜细胞的损伤作用［J］．水生生物学报，2014（4）：689 -698.

[18] 叶元土，蔡春芳，许凡等．灌喂氧化鱼油使草鱼肠道黏膜胆固醇胆汁酸合成基因通路表达上调［J］．水生生物学报，2015，39（1）：94 -104.

[19] 姚仕彬，叶元土，蔡春芳等．丙二醛对离体草鱼肠道黏膜细胞的损伤作用［J］．水生生物学报，2015，39（1）：137 -146.

[20] Dibner J，Atwell C，Kitchell M，*et al.* Feeding of oxidized fats to broilers and swine：effects on enterocyte turnover，hepatocyte proliferation and the gut associated lymphoid tissue［J］．Animal Feed Science and Technology，1996（1）：1 -13.

[21] 黄磊，詹勇，许梓荣．虾蟹类胆固醇需要量的最新研究 [J]．饲料研究，2004，11：41－43.

[22] Moccia R, Hung S, Slinger S, *et al.* Effect of oxidized fish oil, vitamin E and ethoxyquin on the histopathology and haematology of rainbow trout, *Salmo gairdneri* Richardson [J]. Journal of Fish Diseases, 1984, 7: 269－282.

[23] Řehulka J. Effect of hydrolytically changed and oxidized fat in dry pellets on the health of rainbow trout *Oncorhynchus mykiss* (Richardson) [J]. Aquaculture Research, 1990, 21: 419－434.

[24] Engberg R, Borsting C. Inclusion of oxidized fish oil in mink diets 2 the influence on performance and health considering histopathological, clinical-chemical, and haematological indices [J]. Journal of Animal Physiology and Animal Nutrition, 1994, 72: 146－157.

[25] Kanazawa K, Kanazawa E, Natake M. Uptake of secondary autoxidation products of linoleic acid by the rat [J]. Lipids, 1985, 20 (7): 412－419.

[26] Asfaha S, Bell C J, Wallace J L, *et al.* Prolonged colonic epithelial hypo responsiveness after colitis: role of inducible nitric oxide synthase [J]. American Journal of Physiology-Gastrointestinal and Liver Physiology, 1999, 276 (3): 703－710.

[27] Wardle T D, Hall L, Turnberg L A. Platelet activating factor: release from colonic mucosa in patients with ulcerative colitis and its effect on colonic secretion [J]. Gut, 1996, 38 (3): 355－361.

[28] 荣新洲，张涛，杨荣华等．大鼠严重烧伤后肠绒毛的改变 [J]．中华烧伤杂志，2005，21 (6)：459－461.

[29] Berman I R, Moseley R V, Lamborn P B, *et al.* Thoracic duct lymph in shock: gas exchange, acid base balance and lysosomal enzymes in hemorrhagic and endotoxin shock [J]. Annals of Surgery, 1969, 169 (2): 202.

[30] 史桂芝，王宝恒．急性内毒素血症早期大鼠淋巴管运动变化及其一氧化氮合酶组织学研究 [J]．中国病理生理杂志，2001，17 (3)：223－225.

[31] Elias R M, Johnston M G, Hayashi A, *et al.* Decreased lymphatic pumping after intravenous endotoxin administration in sheep [J]. American Journal of Physiology, 1987, 253 (6): H1349－H1357.

[32] Huerta B, Arenas A, Carrasco L, *et al.* Comparison of diagnostic techniques for porcine proliferative enteropathy (lawsonia intracellularis infection) [J]. Journal of Comparative Pathology, 2003, 129 (2): 179－185.

[33] Wattanaphansak S, Asawakarn T, Gebhart C J, *et al.* Development and validation of an enzyme-linked immunosorbent assay for the diagnosis of porcine proliferative enteropathy [J]. Journal of Veterinary Diagnostic Investigation, 2008, 20 (2): 170－177.

[34] 吴国豪．短肠综合征病人残余肠道的代偿 [J]．中国实用外科杂志，2006，25 (11)：655－657.

[35] Wolburg H, Lippoldt A. Tight junctions of the blood-brain barrier: development composition and regulation [J]. Vascular Pharmacology, 2002, 38 (6): 323－337.

[36] Bernacki J, Dobrowolska A, Nierwińska K, *et al.* Physiology and pharmacological role of the blood-brain barrier [J]. Pharmacol Rep, 2008, 60 (5): 600－622.

[37] Ueno M. Molecular anatomy of the brain endothelial barrier: an overview of the distributional features [J]. Current Medicinal Chemistry, 2007, 14 (11): 1 199－1 206.

[38] 高志光，秦环龙．肠上皮细胞紧密连接的生物学功能及在肠屏障中的作用 [J]．肠外与肠内营养，2005，12 (5)：299－302.

[39] Förster C. Tight junctions and the modulation of barrier function in disease [J]. Histochemistry and Cell Biology, 2008, 130 (1): 55－70.

[40] Smith S M, Eng R H K, Buccini F. Use of D-lactic acid measurements in the diagnosis of bacterial infections [J]. Journal of Infectious Diseases, 1986, 154 (4): 658－664.

[41] Berg R D, Garlington A W. Translocation of certain indigenous bacteria from the gastrointestinal tract to the mesenteric lymph nodes and other organs in a gnotobiotic mouse model [J]. Infection and Immunity, 1979, 23 (2): 403－411.

[42] 石刚，陈嘉勇，徐鹏远．肠道黏膜屏障的损伤与保护 [J]．肠外与肠内营养，2004，11 (1)：61－63.

[43] Bauer T M, Schwacha H, Steinbrückner B, *et al.* Small intestinal bacterial overgrowth in human cirrhosis is associated with systemic endotoxemia [J]. The American Journal of Gastroenterology, 2002, 97 (9): 2 364－2 370.

[44] Sigalet D L, Kneteman N M, Fedorak R N, *et al.* Intestinal function following allogeneic small intestinal transplantation in the rat [J]. Transplantation, 1992, 53 (2): 264－271.

[45] 吴仲文．肠道屏障与肠道微生态 [J]．中国危重病急救医学，2005，16 (12)：768－770.

第四节　饲料氧化鱼油对草鱼肝胰脏结构、功能的损伤

鱼油因其富含 EPA、DHA 等长链脂肪酸而对水产动物有很好的营养作用，但高含量的不饱和脂肪酸会在光照、温度和氧等因素的影响下迅速被氧化产生过氧化物、酯类、多聚体等氧化产物而对动物体造成损害[1]，因此鱼油对水产动物具有营养作用和氧化损伤的两面性。现有研究表明，氧化鱼油会导致虹鳟（*Oncorhynchus mykiss*）肝脏肿大，并出现脂肪肝[2]；鲤鱼（*Cyprinus carpio*）肝胰脏抗氧化能力下降，肝细胞受损[3,4]。

草鱼（*Ctenopharyngodon idellus*）作为我国主要的淡水养殖经济鱼类，在实际养殖中也是病害较多养殖鱼类之一[5]。肝胰脏是草鱼最重要的代谢和解毒器官，具有代谢脂肪、合成胆汁酸、分泌免疫蛋白、分解有毒物质等众多功能[6]。近年来，通过保护动物肝胰脏来加强其自身体抗力的途径已成为水产动物病害防治的关键点，越来越受到重视[7,8]。但关于氧化鱼油对水产动物肝胰脏功能和结构的损伤进行系统、深入地研究和探讨的报道尚少见。本文以草鱼为试验对象，以豆油为对照，研究氧化鱼油对草鱼肝胰脏细胞、线粒体结构的损伤及对脂肪代谢、胆汁酸循环功能的影响，期望为阐述油脂氧化产物对鱼体肝胰脏结构、功能损伤机制及其作用方式等科学问题提供依据，为实际生产中饲料油脂的选择与质量控制提供参考。

一、材料与方法

（一）草鱼

草鱼来源于浙江一星饲料有限公司养殖基地，为池塘培育的 1 冬龄鱼种，共 350 尾，平均体重为（74.8 ±1.0）g。草鱼随机分为 5 组，每组设 3 重复，每重复 20 尾。分组剩余草鱼用于养殖前期取样分析。

（二）饲料

3 饲料原料、饲料配方与营养组成与本章第二节完全一致。

（三）饲养管理（同本章第二节。）

（四）样品采集及其分析方法

经 72d 养殖、禁食 24h 后进行样品采集。

1. 肝胰脏组织学样品制备及分析

每网箱取 6 尾鱼、每组 18 尾，单独记录其体重和肝胰脏重量，用于肝胰脏指数（HIS）计算，并收集肝胰脏用于脂肪测定。另外，每网箱取 3 尾鱼，于肝胰脏左叶取 $1mm^3$、$1cm^3$ 组织块各 1 块，分别放入 4% 戊二醛溶液及 Bouin's 试液中固定，用于透射电镜和组织学切片分析。

组织学切片采用石蜡切片方法，苏木精—伊红染色，中性树胶封片，光学显微镜下观察肝胰脏组织结构并采用 Nikon COOLPIX4500 型相机进行拍照。

透射电镜采用锇酸固定、丙酮脱水，最后放入胶囊内包埋切片染色，用日立 HT7700 透射式电子显微镜观察肝胰脏组织结构并拍照。

2. 肝胰脏组织匀浆样品制备与分析

取部分新鲜肝胰脏，称重后加入 10 倍体积 0.02mol/L 磷酸缓冲液（pH 值 7.4），匀浆

器 10 000r/min 匀浆 1min，3 000r/min 冷冻离心 10min，取上清液分装，液氮速冻后 -80℃冰箱保存。丙二醛（MDA）、谷胱甘肽（GSH）、超氧化物歧化酶（SOD）采用南京建成试剂盒测定，胆固醇（TC）、胆汁酸（TBA）采用雅培 C800 全自动生化分析仪测定。

3. 血清样品制备与分析

每个网箱随机取 10 尾鱼，以无菌 1mL 注射器自尾柄静脉采血，置于 Eppendorf 离心管中室温自然凝固 0.5h，3 000r/min 冷冻离心 10min，取上清液分装后，液氮速冻并于 -80℃冰箱中保存。

MDA、SOD 采用南京建成试剂盒。白蛋白（ALB）、球蛋白（GLB）、谷丙转氨酶（ALT）、谷氨酰转肽酶（GGT）、高密度脂蛋白（HDL）、低密度脂蛋白（LDL）、甘油三酯（TG）、血清胆固醇（TC）、胆汁酸（TBA）采用雅培 C800 全自动生化分析仪测定。

4. 饲料油脂样品分析

油脂过氧化值测定参照 GB/T 5538—2005；酸价测定参照 GB/T 5530—2005；MDA 采用南京建成试剂盒测定。

（五）数据处理

试验结果用 SPSS 21.0 软件进行统计分析，采用平均值 ± 标准差（mean ± SD）表示，在单因素方差分析的基础上，采用 Duncan 氏法多重比较检验组间差异显著性，用 Pearson 分析方法检验数据相关性，以 $P<0.05$ 表示差异显著，$P<0.01$ 表示差异极显著。

二、结果与分析

（一）氧化鱼油对草鱼肝胰脏功能的影响

1. 饲料氧化鱼油引起草鱼抗氧化损伤应激与氧化损伤

经 72d 养殖试验后，各组草鱼血清 ALB、GLB、MDA 及 SOD 含量见表 9-4-1。

表 9-4-1 血清 MDA、SOD、ALB、GLB、ALB/GLB 测定结果及其与饲料油脂 POV、AV 值、MDA 含量的相关性分析

Tab. 9-4-1 Correlation analysis of MDA, SOD, ALB, GLB, ALB/GLB measurement results of serum with POV value, AV value, MDA content of oil in diets

组别 Groups		MDA (nmol/mL)	SOD (U/mL)	ALB (g/L)	GLB (g/L)	ALB/GLB
6S		14 ± 1.7[a]	127 ± 1[a]	8.1 ± 0.15[a]	17 ± 0.4[a]	0.483 ± 0.041
6F		20 ± 1.9[b]	142 ± 4[b]	9.1 ± 0.15[c]	19 ± 0.6[d]	0.470 ± 0.014
2OF		21 ± 0.9[bc]	137 ± 1[b]	8.3 ± 0.09[ab]	18 ± 0.4[b]	0.461 ± 0.028
4OF		23 ± 1.6[bc]	154 ± 5[c]	9.2 ± 0.21[c]	19 ± 0.8[cd]	0.479 ± 0.010
6OF		23 ± 1.8[c]	149 ± 4[c]	8.5 ± 0.13[ab]	18 ± 0.4[bc]	0.467 ± 0.011
Pearson 分析结果						
POV 值	R^2	0.71	0.69	0.14	0.25	0.02
	P	0.003	0.004	0.177	0.576	0.648

（续表）

组别 Groups		MDA (nmol/mL)	SOD (U/mL)	ALB (g/L)	GLB (g/L)	ALB/GLB
AV 值	R^2	0.68	0.68	0.26	0.44	0.02
	P	0.003	0.008	0.068	0.004	0.601
MDA 含量	R^2	0.56	0.55	0.04	0.08	0.01
	P	0.011	0.003	0.471	0.295	0.727

同行数据肩标不同小写字母表示差异显著（$P<0.05$），下表同。

In the same row, values with different small letter superscripts mean significant different ($P<0.05$), The same as below.

由表9－4－1可知，相比6S组，添加鱼油或氧化鱼油后，草鱼血清ALB、GLB、MDA、SOD含量，除2OF、6OF组ALB含量与6S组差异不显著外，其余各组含量均显著上升($P<0.05$)，虽然ALB/GLB各组间没有显著差异，但有下降趋势。在相关性分析中，血清MDA、SOD含量与饲料油脂中POV值、AV值相关性较大，R^2为0.68～0.71，且相关性极显著（$P<0.01$）。

血清酶学指标能反映鱼体整体的生理功能状态，上述结果显示，ALB/GLB有下降趋势，表明草鱼肝胰脏蛋白质合成能力下降，且血清中免疫细胞增多，体内可能有炎症反应；氧化物质MDA含量增加，抗氧化的SOD含量增加，说明氧化损伤和抗氧化损伤加剧；血清中MDA、SOD含量与饲料油脂中POV、AV值呈极显著正相关关系，但与饲料中MDA无显著相关关系，说明血清中的MDA并不是直接来源于饲料中的MDA，而可能是来源于饲料中POV、AV引起鱼体体内氧化损伤所产生的MDA。上述结果表明，饲料鱼油氧化产物的影响是以氧化损伤为主，鱼体处于氧化损伤与抗氧化损伤的应激状态；氧化损伤的程度与饲料中油脂氧化程度呈正相关关系。

2. 饲料氧化鱼油引起草鱼肝胰脏抗氧化功能下降

经72d养殖试验后，各组草鱼血清ALT、GGT含量及肝胰脏GSH、MDA、SOD含量见表9－4－2。

表9－4－2 血清ALT、GGT含量与肝胰脏GSH、MDA、SOD测定结果及其与饲料油脂POV、AV值、MDA含量的相关性分析

Tab. 9－4－2 Correlation analysis of the content of ALT, GGT of serum and the content of GSH, MDA, SOD of hepatopancreas with POV value, AV value, MDA content of oil in diets

组别 Groups	ALT (U/L)	GGT (U/L)	MDA (nmol/mg prot)	GSH (μmol/L)	SOD (U/mg prot)
6S	7.7±0.5	1.7±1.2	4.5±0.67	101 ± 5^{d}	27 ± 0.21^{d}
6F	7.0±2.7	2.3±1.5	4.6±0.38	109 ± 1^{d}	16 ± 0.68^{ab}
2OF	6.7±1.1	1.3±0.6	4.1±0.19	88 ± 7^{bc}	13 ± 0.26^{a}
4OF	6.3±0.8	1.3±0.5	4.4±0.22	82 ± 8^{b}	20 ± 3.8^{c}
6OF	7.3±1.2	1.2±0.7	4.2±0.14	39 ± 5^{a}	17 ± 0.25^{bc}

（续表）

组别 Groups		ALT (U/L)	GGT (U/L)	MDA (nmol/mg prot)	GSH (μmol/L)	SOD (U/mg prot)
Pearson 分析结果						
POV 值	R^2	0.03	0.03	0.05	0.69	0.18
	P	0.561	0.544	0.409	0.003	0.121
AV 值	R^2	0.02	0.01	0.01	0.40	0.26
	P	0.633	0.951	0.712	0.005	0.047
MDA 含量	R^2	0.03	0.09	0.10	0.83	0.08
	P	0.552	0.286	0.257	0.002	0.301

由表9－4－2可知，添加鱼油或氧化鱼油后，草鱼血清ALT、GGT含量及肝胰脏MDA含量各组间差异不显著，GSH、SOD含量均显著下降（$P<0.05$）。在相关性分析中，肝胰脏GSH含量与饲料油脂中POV值、MDA含量相关性较大，R^2分别为0.69与0.83，且相关性极显著（$P<0.01$）。

上述结果显示，血清ALT、GGT含量没有差异，表明草鱼肝胰脏细胞通透性没有发生显著性的改变；虽然血清MDA随饲料中鱼油氧化产物含量增加而增加，但肝胰脏组织中MDA没有增加，还有下降的趋势，同时GSH、SOD下降，说明肝胰脏抗氧化能力下降了，且肝胰脏GSH含量与饲料油脂POV值、MDA含量呈极显著负相关关系。

3. 饲料氧化鱼油有引起草鱼发生损伤性脂肪肝的趋势

经72d养殖试验后，各组草鱼肝胰脏指数（HIS）、肝胰脏脂肪含量（Lipid）及血清TG、HDL、LDL、HDL/LDL测定结果见表9－4－3。

表9－4－3 氧化鱼油对草鱼肝胰脏脂肪代谢功能的影响

Tab. 9－4－3 Effect of oxidized fish oil on the function of fat metabolism of grass carp hepatopancreas

组别 Groups	HIS (%)	Lipid (%)	TG (mol/L)	HDL (mol/L)	LDL (mol/L)	HDL/LDL
6S	1.38±0.021[a]	5.1±0.25[a]	2.1±0.17[a]	2.5±0.03[a]	1.9±0.15[a]	1.3±0.11[b]
6F	1.63±0.311[b]	6.4±0.65[b]	2.7±0.23[b]	2.7±0.05[c]	2.1±0.08[b]	1.3±0.03[b]
2OF	1.63±0.194[b]	5.9±0.40[b]	2.4±0.21[b]	2.6±0.06[b]	2.0±0.04[b]	1.3±0.03[b]
4OF	1.69±0.285[b]	5.9±0.61[b]	2.8±0.31[b]	2.6±0.05[b]	2.5±0.16[c]	1.1±0.06[a]
6OF	1.53±0.175[b]	6.5±0.29[b]	2.6±0.35[b]	2.5±0.06[a]	2.2±0.07[b]	1.1±0.05[a]

由表9－4－3可知，添加鱼油或氧化鱼油后，草鱼肝胰脏脂肪含量、HIS显著上升（$P<0.05$），血清TG含量也显著上升（$P<0.05$）。血清HDL、LDL含量都有先上升后下降的趋势，但HDL/LDL结果显示，6S、6F及2OF组差异不显著，4OF及6OF组则显著下降（$P<0.05$）。上述结果显示，饲料中添加氧化鱼油后，肝胰脏指数和肝胰脏脂肪含量、血脂含量

均增加，部分达到脂肪肝标准，说明草鱼肝胰脏有发生脂肪肝的趋势。

4. 氧化鱼油导致草鱼肝胰脏胆汁酸淤积

经72d养殖试验后，各组草鱼血清及肝胰脏中TBA、TC含量见表9－4－4。

表9－4－4　血清、肝胰脏TBA、TC测定结果及其与饲料油脂POV值、AV值、MDA含量的相关性分析

Tab. 9－4－4　Correlation analysis of the content of TBA，TC of serum and hepatopancreas with POV value，AV value，MDA content of oil in diets

组别 Groups		血清 serum		肝胰脏 hepatopancreas	
		TBA (μmol/L)	TC (mol/L)	TBA (μmol/L)	TC (mol/L)
6S		1.5±0.05[d]	5.3±0.14[a]	4.7±0.35[a]	0.257±0.026[a]
6F		0.73±0.01[a]	6.1±0.21[cd]	4.3±0.80[a]	0.371±0.035[abc]
20F		0.83±0.01[b]	5.7±0.13[b]	6.2±0.12[b]	0.379±0.025[bc]
40F		0.67±0.03[a]	6.2±0.21[d]	5.1±0.15[a]	0.334±0.031[ab]
60F		0.93±0.06[c]	5.8±0.02[bc]	9.1±0.70[c]	0.452±0.116[c]
Pearson分析结果					
POV值	R^2	0.31	0.31	0.54	0.42
	P	0.003	0.001	0.002	0.001
AV值	R^2	0.45	0.45	0.32	0.44
	P	0.002	0.002	0.003	0.001
MDA含量	R^2	0.15	0.15	0.65	0.31
	P	0.166	0.151	0.009	0.008

由表9－4－4可知，相比6S组，添加鱼油或氧化鱼油后，草鱼血清、肝胰脏胆汁酸、胆固醇含量变化如下：①血清TBA含量显著下降（$P<0.05$），TC含量显著上升（$P<0.05$）；②肝胰脏TC含量除6F和40F组、TBA含量除6F组外，其余各组均显著上升（$P<0.05$）。在相关性分析中，肝胰脏TBA含量与饲料油脂MDA含量相关性较大，R^2为0.65，且相关性极显著（$P<0.01$）。

上述结果显示，血清胆汁酸含量显著下降、而肝胰脏胆汁酸显著上升，说明胆汁酸在肝胰脏中大量淤积；肝胰脏胆固醇含量上升与HDL/LDL显著下降结果相一致，说明肝胰脏将胆固醇等脂类转运至外周组织的能力下降，脂肪在肝胰脏聚积可能性增加。且肝胰脏TBA含量与饲料油脂MDA含量呈极显著负相关关系。

（二）氧化鱼油对草鱼肝胰脏结构的影响

1. 草鱼肝胰脏组织学观察

经72d养殖试验后，各组草鱼肝胰脏组织切片结果见图版9－4－ⅠA～E。

由图版9－4－ⅠA～E可知：6S、6F组草鱼肝胰脏细胞排列整齐，大小均一；20F组草鱼肝胰脏出现部分因肝胰脏增生而导致相互挤压变形的细胞（图中箭头所示）；40F组草鱼肝胰脏出现部分细胞细胞核由细胞中央转移至细胞边缘（图中箭头所示）；60F组草鱼肝胰脏出现细胞形态异常，结缔组织增生，且有明显纤维化趋势（图中箭头所示）。肝胰脏细胞核与细胞个数比值（M_n/M_c）结果见表9－4－5。

表9－4－5 肝胰脏细胞核与细胞个数比值（M_n/M_c）

Tab. 9－4－5 Ratio of the number of hepatopancreas nucleus and hepatopancreas cells（M_n/M_c）

组别 Groups	M_n/M_c
6S	0.78 ±0.19[b]
6F	0.77 ±0.04[b]
20F	0.77 ±0.09[b]
40F	0.75 ±0.11[b]
60F	0.56 ±0.13[a]

由表9－4－5可知，6S、6F、20F、40F组 M_n/M_c 有减小趋势，但无显著差异，而60F组则显著小于所有组，说明60F组中草鱼肝胰脏出现实质性损伤。

2. 氧化鱼油对草鱼肝胰脏细胞线粒体的损伤

经72d养殖试验后，各组草鱼肝胰脏线粒体透射电镜结果见图版9－4－ⅠF～J。

由图版9－4－ⅠF～J可知，6S、6F组草鱼肝胰脏线粒体呈正常长杆形，内部结构清晰，嵴形态明显；20F组线粒体形态正常，但嵴形态模糊；40F组线粒体形态发生明显变化，内部结构模糊，嵴形态消融；60F组线粒体接近圆形，内部出现大面积空缺，嵴已基本消融。

上述结果表明，氧化鱼油会损伤草鱼肝胰脏中线粒体，而导致肝胰脏发生炎症，这与本实验血清ALB、GLB结果相一致。

三、讨论

鱼油因其富含高不饱和脂肪酸而极易容易被氧化，所产生的多种中间产物或终产物如醛类、酮类、脂类、多聚体等，会对水产动物造成氧化损伤与抗氧化应激反应[9,10]。

（一）氧化鱼油导致草鱼氧化应激并造成肝胰脏氧化损伤

MDA作为油脂氧化的终产物[11]，会交联蛋白质及磷脂的氨基，从而降低细胞膜的流动性[12]，而细胞膜流动性下降后更易被过氧化氢氧化从而产生MDA[13]。SOD、GSH水平作为机体抗氧化状态的标志[14]，常作为机体抗氧化能力的指标。本试验结果显示，添加鱼油或氧化鱼油后草鱼血清中MDA、SOD含量均出现显著上升，且与饲料油脂中POV、AV值呈正相关关系；而肝胰脏SOD、GSH含量显著下降，肝胰脏GSH含量与饲料油脂中POV值、MDA含量呈极显著负相关性关系。说明本试验中草鱼鱼体处于氧化应激状态，肝胰脏的抗氧能力显著下降，且抗应激程度很大程度上取决于饲料油脂的氧化程度。

ALB只能由肝胰脏合成，GLB则作为主要的血清免疫球蛋白[15]，因此这两者常用来反映肝胰脏的合成及代谢能力[16]。本试验中6F、20F、40F组血清ALB较6S组显著上升，而60F组与6S组无显著差异，说明草鱼肝胰脏功能在少量氧化产物的情况下会出现代偿性增强，当氧化产物过高后其功能会受到抑制，这与HIS结果相一致。而ALB/GLB的显著下降则表示肝胰脏有因氧化应激而产生炎症的可能。

血清中 ALT、GGT 都主要来自肝胰脏，当肝胰脏受到实质性损伤，其细胞通透性增加后血清中 ALT、GGT 含量会显著上升[17]。而本试验中各组血清 ALT、GGT 没有显著升高，说明肝胰脏细胞通透性没有增加。

结果表明，鱼油氧化产物会引起草鱼氧化应激，且应激程度与鱼油氧化程度正相关；草鱼肝胰脏有发生炎症的可能，且炎症主要发生在肝胰脏细胞内部，尚未对细胞通透性造成影响，这也可能是肝胰脏 MDA 含量没有显著变化的原因。

（二）氧化鱼油干扰草鱼胆固醇、胆汁酸代谢

胆汁酸是以胆固醇为原料在肝脏中合成的一种重要物质，其对胆固醇代谢的调控、及胆汁胆固醇的溶解和对肠道脂类物质的消化、吸收具有重要意义[18]。正常情况下机体存在“胆汁酸肠肝循环”[19]以循环利用胆汁酸。胆汁酸的肠肝循环是调节胆汁酸合成速率的重要调节机制[20]，以防止具有毒性的疏水性胆汁酸在肝胰脏内大量聚积而损伤肝胰脏。胆汁酸的肠肝循环过程中任何一个环节发生障碍，都会导致胆汁酸在肝细胞和肝内胆管内淤积，从而发生肝胰脏增大、黄疸等疾病[21]。本试验结果显示，鱼油氧化产物会导致肝胰脏胆汁酸、胆固醇含量显著上升。与 6S 组比较，饲料中添加鱼油或氧化鱼油后，草鱼血清胆汁酸量显著下降、胆固醇含量增加，而肝胰脏是胆汁酸、胆固醇含量均显著增加（表 9－4－4），表明饲料中氧化鱼油显著干扰草鱼的胆固醇、胆汁酸代谢，草鱼胆汁酸肠肝循环发生障碍，胆汁酸大量淤积在肝胰脏中，且肝胰脏胆汁酸含量与饲料油脂 MDA 含量极显著正相关。

肝胰脏中高含量的胆汁酸会引起疏水性胆汁酸在肝内聚积，疏水性胆汁酸会溶解细胞膜，从而引起肝胰脏细胞的坏死，是胆汁淤积性肝损伤的主要原因[22]。Hino 等[23]在小鼠肝脏中发现，加入抗氧化剂可显著降低疏水性胆汁酸的毒性，并且降低肝脏中 MDA 的含量，他认为氧自由基与疏水性胆汁酸的细胞毒作用之间存在某种关系。刘菁菁[24]在用富含牛磺胆酸的狐胆汁处理被过氧化物损伤的乳鼠心肌细胞后发现，牛磺胆酸可以提高细胞的抗氧化能力，降低 MDA 含量。黄延风等[25]在用大黄治疗幼鼠肝内胆汁淤积时发现，熊去氧胆酸也能有效的治疗肝内胆汁淤积。富含熊去氧胆酸的熊胆粉可以有效降低因氧化损伤而产生的 MDA[26,27]。可见亲水性胆汁酸具有一定的抗氧化能力，并且亲水性胆汁酸可在肠道胆汁酸重吸收时竞争性抑制疏水性胆汁酸的重吸收，从而减少体内胆汁酸中疏水性胆汁酸的含量[28]。因此，本试验结果显示，可能是鱼油氧化产物大量消耗体内亲水性胆汁酸、导致胆汁酸中疏水性胆汁酸比例上升，从而堵塞胆管致使草鱼肝胰脏中胆汁酸大量淤积，最终引发肝胰脏炎症。其具体机理有待进一步分析。

另外，鱼油富含胆固醇，肝胰脏胆固醇含量的增加是否是由于饲料中鱼油添加量增加所致？6F 与 6OF 组相比较，饲料中鱼油添加量均为 6%，饲料所含胆固醇量相等。但是，由表 9－4－4 结果显示，6OF 组草鱼血清、肝胰脏 TC 含量均高于 6F 组，且肝胰脏 TC 含量显著高于 6F。这个结果表明，血清、肝胰脏 TC 含量的增加并不是源于饲料中 TC，而是由于鱼油的氧化所致。饲料中氧化鱼油引起鱼体自身胆固醇生物合成量显著增加，这与我们以前的研究结果[29,30]相一致。胆固醇的去路之一是合成胆汁酸，对于各组草鱼胆汁酸含量的差异，6F 组与 6OF 组饲料鱼油添加量均为 6%，6S 组为 6% 的豆油，6OF 组肝胰脏胆汁酸显著高于 6F 组、6F 组与 6S 组无显著差异；6OF 组血清胆汁酸含量显著高于 6F 组，表明本试验中添加氧化鱼油后（6OF 组），草鱼肝胰脏胆汁酸含量的增加并非由不同油脂源（6F、

6S）所引起的，而是由鱼油的氧化程度所致。

(三) 氧化鱼油增加草鱼肝胰脏发生脂肪性肝炎的概率

脂肪肝是指由肝细胞内脂肪堆积过多而导致肝脏病变的一种慢性肝脏病[31]。Lin 等[32]认为，草鱼 HIS 大于 3%、肝胰脏脂肪含量大于 5% 即可称为脂肪肝。但鱼类 HIS 会随着生长阶段和种类的变化而变化[33]，鱼类摄食不同脂肪源其肝胰脏在不发生病变的情况下脂肪含量也会发生较明显变化[34,35]。因此，目前对于鱼类脂肪肝还没有明确的判断标准。但可以肯定的是，鱼类发生脂肪肝后其肝胰脏脂肪含量会显著上升，HIS 在脂肪肝前期会代偿性增加，后期可能会因肝胰脏实质性损伤而减小，且肝胰脏中脂肪氧化会加剧[36]，血脂含量也会增加[37]。

本实验结果显示，添加鱼油或氧化鱼油后草鱼 HIS 显著增大，但 6OF 组有减小的趋势（可能是肝胰脏严重损伤后出现萎缩性变化），肝胰脏脂肪含量显著增加，说明肝胰脏脂肪代谢功能受干扰；HDL/LDL 显著下降，也说明鱼油氧化产物会降低草鱼肝胰脏将胆固醇等脂类转运至外周组织的能力，致使脂肪在肝胰脏中聚积；血清 TG、TC、HDL、LDL 含量均显著上升，说明试验草鱼血脂含量显著上升。上述结果表明，草鱼有发生脂肪肝的趋势。

结合肝胰脏组织切片（图版 9－4－ⅠA～E）可以发现：6S、6F 组肝胰脏细胞大小均匀、细胞核明显；2OF 中可发现，部分肝胰脏细胞出现因增生而相互挤压导致细胞大小明显不一；4OF 中则出现部分细胞细胞核向细胞边缘靠近；6OF 中肝细胞形态发生改变，排列不规则，有明显纤维化趋势。这些结果与大口黑鲈（*Micropterus salmoides*）[38]、红姑鱼（*Sciaenops ocellatus*）[39]脂肪肝组织学观察结果相一致，进一步说明鱼油氧化产物会引起草鱼脂肪肝。

通过肝胰脏透射电镜结果（图版 9－4－ⅠF～J）可以发现，6S、6F 组肝胰脏细胞中线粒体为长杆状的正常形态，且内部结构完整，嵴形态明显；2OF 组中肝胰脏线粒体形态尚正常，但是内部嵴较分散，有消融趋势；4OF 组中肝胰脏线粒体形态发生变化，内部结构模糊，嵴结构混乱明显消融；6OF 组中肝胰脏线粒体形态接近圆形，内部结构基本全部消融。这与因人工饲喂引起鲈鱼（*Lateolabrax japonicas*）脂肪肝[40]及用氧化鱼油饲喂鲤鱼造成肝胰脏损伤的电镜结果相一致[3]。

肝胰脏作为各种营养物质代谢和解毒中心，对氧化鱼油的毒性极为敏感。一般认为氧化油脂在肠道消化吸收后，其结合在乳糜微粒中的氧化产物，一部分会随血液循环转运至肝脏[41]，另一部分会转运给脂蛋白，并由脂蛋白运送到各组织，但其中以转运至肝脏的最多[42]，而运送至肝脏的次级氧化产物可能先在线粒体中性脂肪上代谢，然后转运至微粒体磷脂上代谢[43]。

线粒体是真核细胞重要的细胞器，生物体内 90% 以上的氧分子是在线粒体中被消耗的，而此过程在生物体内具有两重性：一方面，线粒体利用氧分子产生 APT，这是生物体的重要能量代谢过程；另一方面，线粒体体内的呼吸作用及氧化反应会产生大量有害的氧自由基，并造成细胞损伤，导致疾病和衰老[44]。研究发现，脂肪性肝炎患者普遍存在线粒体肿胀，氧化呼吸复合体功能下降等[45]，并认为线粒体反应性氧体系与脂肪肝的发生密切相关。

上述结果表明鱼油氧化产物会引发草鱼肝胰脏脂肪肝，并会损伤肝胰脏细胞线粒体而引起脂肪性肝炎。

本试验中鱼油氧化产物对线粒体的损伤可能由两方面造成：①线粒体膜富含多不饱和脂

肪酸极易被鱼油氧化产物中氢过氧化物所氧化，使线粒体膜流动性下降、通透性增加[46]，进而肝胰脏中氧化产物大量进入线粒体，最后导致线粒体变形与溶酶体融合[47]；②线粒体反应性氧体系的形成可启动不饱和脂肪酸氧化从而引发脂质过氧化发生[48]，且鱼油氧化产物导致肝胰脏产生应激而消耗大量的 GSH 及维生素 E，从而降低线粒体抗氧化能力，最终导致线粒体内部被破坏。

四、结论

饲料中鱼油氧化产物会引起肝胰脏氧化应激，使其抗氧化能力下降；导致肝胰脏中脂肪转运发生障碍、脂肪积累增加；引起草鱼肝胰脏中线粒体损伤、肝细胞纤维化；饲料氧化鱼油对肝胰脏的损伤类型为氧化性损伤，并导致肝胰脏由脂肪肝转变成脂肪性肝炎、肝纤维化或肝萎缩。氧化鱼油会导致草鱼体内胆汁酸中亲水性胆汁酸含量下降，从而引起疏水性胆汁酸堵塞胆管，造成其在肝胰脏中大量淤积，进而扰乱胆汁酸、胆固醇的正常代谢循环；胆汁酸在肝胰脏淤积会导致肝胰脏脂肪代谢异常，致使草鱼肝胰脏成为脂肪肝，并增加其发生脂肪性肝炎的概率。

参考文献

[1] 姚仕彬，叶元土，李洁等. 鱼油在氧化过程中氧化指标及其脂肪酸组成的变化 [J]. 饲料研究，2012，6：74 – 76.

[2] Řehulka J. Effect of hydrolytically changed and oxidized fat in dry pellets on the health of rainbow trout, *Oncorhynchus mykiss* (Richardson) [J]. Aquaculture Research, 1990, 21 (4): 419 – 434.

[3] 任泽林，曾虹. 氧化鱼油对鲤肝胰脏抗氧化机能及其组织结构的影响 [J]. 大连海洋大学学报，2000，15 (4)：235 – 243.

[4] 刘伟，张桂兰，陈海燕. 饲料添加氧化油脂对鲤体内脂质过氧化及血液指标的影响 [J]. 中国水产科学，1997，4 (1)：94 – 96.

[5] 江涛. 草鱼“三病”的综合防治 [J]. 重庆水产，2005，73 (4)：31 – 32.

[6] 秦洁. 氧化油脂对草鱼肝细胞损伤机制的研究 [J]. 上海海洋大学，2012.

[7] 杨保和，袁明凤，唐精. 中草药对水产动物肝健康的应用前景 [J]. 饲料研究，2013，4：60 – 63.

[8] 李超，张其中，杨莹莹等. 不同剂量复方中草药免疫增强剂对草鱼生长性能和免疫功能的影响. 上海海洋大学学报，2011，20 (4)：534 – 540.

[9] Vázquez-Añón M, Jenkins T. Effects of feeding oxidized fat with or without dietary antioxidants on nutrient digestibility, microbial nitrogen, and fatty acid metabolism [J]. Journal of Dairy Science, 2007, 90 (9): 4 361 – 4 367.

[10] 任泽林，霍启光. 氧化油脂对动物机体的影响 [J]. 动物营养学报，2000，12 (3)：1 – 13.

[11] Benzie I F F. Lipid peroxidation: a review of causes, consequences measurement and dietary influences [J]. International Journal of Food Sciences and Nutrition, 1996, 47 (3): 233 – 261.

[12] 林迎晖，张家俊. 阿魏酸钠对大鼠肝线粒体氧化性损伤的保护作用 [J]. 药学学报，1994，29 (3)：171 – 175.

[13] 潘华珍，冯立明，许彩民等. 丙二醛对红细胞的作用 [J]. 生物化学与生物物理进展，1984，2：34 – 37.

[14] Trevisan M, Browne R, Ram M, *et al.* Correlates of markers of oxidative status in the general population [J]. American Journal of Epidemiology, 2001, 154 (4): 348 – 356.

[15] 张占卿，陆伟，崔晨蓉等. 血清白蛋白和球蛋白对乙型肝炎相关肝硬化的诊断意义 [J]. 实用医学杂志，2009，25 (3)：374 – 376.

[16] 曾珍，韩玉坤，耿华等. 慢性重型肝炎分类的研究 [J]. 中华实验和临床病毒学杂志，2006，20 (2)：53 – 55.

[17] 彭文锋，钟政永．ADA 与 ALT，AST，GGT 联合检测在肝脏疾病诊断中的意义［J］．当代医学，2011，17（9）：4 -6.

[18] Davis M. Cholestasis and endogenous opioids：liver disease and exogenous opioid pharmacokinetics［J］. Clin Pharmacokinet，2007，46（10）：825 -850.

[19] Kullak-ublick G A，Stieger B，Meier P J. Enterohepatic bile salt transporters in normal physiology and liver disease［J］. Gastroenterology，2004，126（1）：322 -342.

[20] Anwer M S. Cellular regulation of hepatic bile acid transport in health and cholestasis［J］. Hepatology，2004，39（3）：581 -590.

[21] Nakajima T，Okuda Y，Chisaki K，*et al.* Bile acids increase intracellular Ca^{2+} concentration and nitric oxide production in vascular endothelial cells［J］. British journal of pharmacology，2000，130（7）：1 457 -1 467.

[22] 钟岚，范建高．熊去氧胆酸在慢性肝病中的应用及机制［J］．国外医学：消化系疾病分册，1999，19，（2）：91 -94.

[23] Hino A，Morita M，Une M，*et al.* Effects of deoxycholic acid and its epimers on lipid peroxidation in isolated rat hepatocytes［J］. Journal of Biochemistry，2001，129（5）：683 -689.

[24] 刘菁菁．狐胆汁 HPLC 分析及其对心肌抗氧化损伤的研究［J］．东北林业大学，2013.

[25] 黄延风，朱朝敏．大黄对幼鼠肝内胆汁淤积的治疗作用［J］．第四军医大学学报，2006，27（13）：1 178 -1 181.

[26] 张庆镐，徐惠波，朴惠善．注射用熊胆粉对大鼠脑血栓的影响［J］．中草药，2005，36（9）：1 360 -1 364.

[27] 王巍巍．熊胆粉的药效学研究［J］．黑龙江医药，2010，23（2）：196 -198.

[28] 黄文方．熊脱氧胆酸的护肝机制［J］．国外医学：临床生物化学与检验学分册，1999，20（2）：68 -71.

[29] 叶元土，蔡春芳，许凡等．灌喂氧化鱼油使草鱼肠道黏膜胆固醇胆汁酸合成基因通路表达上调［J］．水生生物学报，2015，39（1）：94 -104.

[30] 黄雨薇，叶元土，蔡春芳等．肠道损伤对草鱼胆固醇代谢通路基因表达的影响［J］．南京农业大学学报，2015，38（3）待刊印.

[31] 周燕，王绩凯，黄凯等．脂肪肝患者肝功能与血脂水平关系［J］．中国公共卫生，2011，27（1）：101 -102.

[32] Ding L，Yongqing M，Fasheng C. Nutritional lipid liver disease of grass carp *Ctenopharyngodon idullus*（C et V）［J］. Chinese Journal of Oceanology and Limnology，1990，8（4）：363 -373.

[33] 李晓宁．饲料糖水平对大菱鲆和牙鲆生长、生理状态参数及体组成的影响［D］．中国海洋大学，2011.

[34] 程小飞，田晶晶，吉红等．蚕蛹基础日粮中添加不同脂肪源对框鳞镜鲤生长、体成分及健康状况的影响［J］．水生生物学报，2013，37（4）：656 -668.

[35] 黄劼，程志萍，金明昌等．饲料中不同脂肪源替代鱼油对金鲳鱼生长的影响［J］．长江大学学报自然科学版，2013，10（6）：48 -50.

[36] 汪开毓，苗常鸿，黄锦炉等．投喂高脂饲料后草鱼主要生化指标和乙酰辅酶 A 羧化酶 1 mRNA 表达的变化［J］．动物营养学报，2012，24（12）：2375 -2383.

[37] 朱瑞俊，李小勤，谢骏等．饲料中添加氯化胆碱对草鱼成鱼生长、脂肪沉积和脂肪代谢酶活性的影响［J］．中国水产科学，2010，17（3）：527 -535.

[38] 谭肖英，刘永坚，田丽霞等．饲料中碳水化合物水平对大口黑鲈（*Micropterus salmoides*）生长、鱼体营养成分组成的影响［J］．中山大学学报：自然科学版，2005，44（B06）：258 -263.

[39] 冯健，贾刚．饵料中不同脂肪水平诱导红姑鱼脂肪肝病的研究［J］．水生生物学报，2005，29（1）：61 -64.

[40] Mosconi-Bac N. Hepatic disturbances induced by an artificial feed in the sea bass（*Dicentrarchus labrax*）during the first year of life［J］. Aquaculture，1987，67（1）：93 -99.

[41] Stephan G，Messager J L，Lamour F，*et al.* Interactions between dietary alpha-tocopherol and oxidized oil on sea bass *Dicentrarchus labrax*［J］. Colloques de l'INRA（France），1993，61（6）：215 -218.

[42] Kanazawa K，Kanazawa E，Natake M. Uptake of secondary autoxidation products of linoleic acid by the rat［J］. Lipids，1985，20（7）：412 -419.

[43] Kazuki K，Hitoshi A，Shinsuke M，*et al.* The effect of orally administered secondary autoxidation products of linoleic

acid on the activity of detoxifying enzymes in the rat liver [J]. Biochemica et Biophysica Acta (BBA) -Lipids and Lipid Metabolism, 1986, 879 (1): 36-43.

[44] 赵云罡，徐建兴. 线粒体、活性氧和细胞凋亡 [J]. 生物化学与生物物理进展，2001，28 (2)：168-171.

[45] Caldwell S H, Swerdlow R H, Khan E M, *et al.* Mitochondrial abnormalities in non-alcoholic steatohepatitis [J]. Journal of Hepatology, 1999, 31 (3): 430-434.

[46] Monahan F J, Gray J I, Asghar A, *et al.* Effect of dietary lipid and vitamin E supplementation on free radical production and lipid oxidation in porcine muscle microsomal fractions [J]. Food Chemistry, 1993, 46 (1): 1-6.

[47] Gritz B G, Rahko T, Korpela H. Diet-induced lipofuscin and ceroid formation in growing pigs [J]. Journal of Comparative Pathology, 1994, 110 (1): 11-24.

[48] Yang S Q, Zhu H, Li Y, *et al.* Mitochondrial adaptations to obesity-related oxidant stress [J]. Archives of Biochemistry and Biophysics, 2000, 378 (2): 259-268.

第五节　饲料丙二醛对草鱼生长和肝胰脏功能的损伤

脂类作为动物重要能量来源之一[1]，在实际使用过程中常会因保存或加工不当而被氧化，进而产生过氧化物、醛、酮等氧化产物而对动物机体造成损伤[2]。MDA 作为油脂氧化的终产物之一[3]，可以交联蛋白质及磷脂的氨基，使细胞膜流动性下降[4]，从而导致细胞生理功能改变[5]，最终对动物机体造成影响。然而 MDA 在酸性环境下不稳定，易转变成丙二酸。因此，关于 MDA 对动物的损伤性研究大多是基于 MDA 对体外培养细胞的影响而进行的[6-8]。

草鱼（*Ctenopharyngodon idellus*）作为我国主要的淡水养殖经济鱼类之一，其在实际养殖中也存在着较多病害[9]。现有研究表明，氧化油脂会降低草鱼生长性能并损伤其肝胰脏[10]，但对于油脂氧化终产物之一的 MDA 对草鱼健康的影响尚没有系统、深入的研究。本文以草鱼为试验对象，以豆油为对照，研究 MDA 对草鱼生长性能及肝胰脏健康的影响，期望为阐述饲料中 MDA 对草鱼生长性能的影响及其对肝胰脏结构、功能损伤机制和作用方式等科学问题提供依据，并初步比较 MDA 与油脂其他氧化产物的毒副作用。

一、材料与方法

1. 草鱼

草鱼来源于浙江一星饲料有限公司养殖基地，为池塘培育的 1 冬龄鱼种，共 350 尾，平均体重为（74.82 ± 1.49）g。草鱼随机分为 5 组，每组设 3 重复，每重复 20 尾。分组剩余草鱼用于养殖前期取样分析。

2. 饲料

以酪蛋白和秘鲁蒸气鱼粉为主要蛋白源，采用等氮、等能方案设计基础饲料，设置了 S 组（对照）、M1 组、M2 组、M3 组、F 组 5 种半纯化饲料，其中 S 组、M1 组、M2 组、M3 组共用一个基础配方，配方及实测营养指标见表 9-5-1。

饲料原料粉碎过 60 目筛，用绞肉机制成直径 1.5mm 的长条状，切成 1.5mm × 2mm 的颗粒状，风干。饲料置于 -20℃ 冰柜保存备用。

M1、M2、M3 3 组不同 MDA 浓度试验组是通过在 S 组饲料中喷洒 4mL 不同浓度 MDA 溶液制得。MDA 溶液浓度根据每天实际投喂饲料量计算，使最终 M1、M2、M3 组饲料 MDA 浓度分别为 12.8、25.56、38.32μmol/mL。

MDA 制备方法（GB/T 5009.181—2003）：精确称取 31.500 0g 1，1，3，3－四乙氧基丙烷（购于 Sigma 公司），用 95% 乙醇溶解后定容至 100mL，搅拌 15min，置于－20℃冰箱内保存备用。此溶液 MDA 浓度实测值为 1 388μmol/mL。

表 9－5－1 试验饲料组成及营养水平（干物质基础）

Tab. 9－5－1 Formulation and proximate composition of experiment diets（DM basis）

项目 Items	组别 Groups	
	S	F
原料 Ingredients（‰）		
酪蛋白 Casein	215	215
蒸汽鱼粉 Steam dried fish meal	167	167
磷酸二氢钙 $Ca(H_2PO_4)_2 \cdot H_2O$	22	22
氧化鱼油 Oxidized fish oil	0	0
豆油 Soybean oil	60	0
鱼油 Fish oil	0	60
氯化胆碱 Choline chloride	1.5	1.5
预混料 Premix[1)]	10	10
糊精 Dextrin	110	110
α-淀粉 α-starch	255	255
微晶纤维 Microcrystalline cellulose	61	61
羧甲基纤维素 Carboxymethyl cellulose	98	98
乙氧基喹啉 Ethoxyquin	0.5	0.5
合计 Total	1 000	1 000
营养水平 Nutrient levels[2)]		
粗蛋白质 Crude protein（%）	30.01	29.52
粗脂肪 Crude lipid（%）	7.08	7.00
能量 Energy（kJ/g）	20.242	20.652

[1)] 预混料为每千克饲料提供 The premix provided the following per kg of diets：Cu 5mg，Fe 180mg，Mn 35mg，Zn 120mg，I 0.65mg，Se 0.5mg，Co 0.07mg，Mg 300mg，K 80mg，VA 10mg，VB_1 8mg，VB_2 8mg，VB_6 20mg，VB_{12} 0.1mg，VC 250mg，泛酸钙 calcium pantothenate 20mg，烟酸 niacin 25mg，VD_3 4mg，VK_3 6mg，叶酸 folic acid 5mg，肌醇 inositol 100mg；

[2)] 实测值 Measured values.

豆油为“福临门”牌一级大豆油。鱼油来源于广东省良种引进服务公司生产的“高美牌”精炼鱼油。分别测定 2 种油脂 POV（GB/T 5538—2005）、AV（GB/T 5530—2005）、MDA（南京建成试剂盒），并计算饲料中 POV、AV、MDA 值（饲料中 AV、POV、MDA 测定尚无有效方法，故采用油脂测定结果的计算值），结果分别见表 9－5－2。

表 9-5-2　试验饲料中 POV 值、AV 及 MDA 含量分析结果

Tab. 9-5-2　Peroxide value, Acid value and MDA content of the experimental diets

组别 Groups	过氧化值 POV (meq/kg)	酸价 AV (KOH mg/g)	丙二醛 MDA (μmol/mL)
S	2.89	0.03	0.04
M1	2.89	0.03	12.80
M2	2.89	0.03	25.56
M3	2.89	0.03	38.32
F	57.09	0.80	2.20

3. 饲养管理

养殖试验在浙江一星饲料有限公司试验基地进行。在面积为 $5\times667m^2$（平均水深 1.8m）的池塘中设置网箱，网箱规格为 1.0m×1.5m×2.0m。将各组试验草鱼随机分配在 5 组、15 个网箱中。

分别用试验饲料驯化试验鱼 1 周后，开始正式投喂，每天 7：00、16：00 定时投喂，投饲率为 3%～4%。每 10d 据投饲量估算鱼体增重并调整投饲率，记录每天投饲量。正式试验共养殖 72d。

每周测定水质一次，试验期间溶解氧浓度 >8.0mg/L，pH 值 7.8～8.4，氨氮浓度 <0.2mg/L，亚硝酸盐浓度 <0.01mg/L，硫化物浓度 <0.05mg/L。养殖期间水温 25～33℃。

4. 样品采集及其分析方法

经 72d 养殖、禁食 24h 后进行样品采集。

（1）生长数据及全鱼、肌肉样品制备及分析

分别捞取各网箱草鱼滤水后称重，记录尾数，用于生长速度计算，并统计各组草鱼增重量和投喂饲料量，计算饲料系数、特定生长率、蛋白沉积率及脂肪沉积率。计算公式如下。

饲料系数（FCR）＝饲料摄入量/（网箱末总重－网箱初总重）

特定生长率（SGR,%）＝100×（ln 网箱末总重－ln 网箱初总重）

随机从每个网箱内取 2 尾鱼作为全鱼样品，用于检测水分、粗蛋白、粗脂肪及蛋白沉积率和脂肪沉积率。计算公式如下。

蛋白质沉积率（PRR,%）＝100×全鱼增重蛋白质含量/（摄入饲料总重×饲料蛋白质含量）

脂肪沉积率（LRR,%）＝100×全鱼增重脂肪含量/（摄入饲料总重×饲料脂肪含量）

采集鱼体侧线鳞以上肌肉（不含红色肉），用于检测水分、粗蛋白及测脂肪。

饲料原料及所有试验鱼样品均在冷冻干燥机（北京四环科学仪器厂 LGJ-18B 型）中干燥至恒重，然后进行营养成分测定。采用凯氏定氮法测定粗蛋白（GB/T 6432—94）；索氏抽提法测定粗脂肪；总能测定使用上海吉昌公司 XRY-1 型氧弹仪，采用燃烧能测定方法测定。

（2）肝胰脏组织学样品制备及分析

每网箱取 6 尾鱼、每组 18 尾，单独记录其体重、体长及肝胰脏重量，用于肥满度

（CF）及肝胰脏指数（HSI）计算，并收集肝胰脏用于水分、蛋白及脂肪测定。计算公式如下。

$$肥满度（CF）=100\times 鱼体重量/体长^3$$

$$肝体比（HSI,\%）=100\times 肝胰脏重量/鱼体重量$$

另外，每网箱取3尾鱼，于肝胰脏左叶取$1mm^3$、$1cm^3$组织块各1块，分别放入4%戊二醛溶液及Bouin试液中固定，用于透射电镜和组织学切片分析。

组织学切片采用石蜡切片方法，苏木精—伊红染色，中性树胶封片，光学显微镜下观察肝胰脏组织结构并采用Nikon COOLPIX4500型相机进行拍照。

透射电镜采用锇酸固定、丙酮脱水，最后放入胶囊内包埋切片染色，用日立HT7700透射式电子显微镜观察肝胰脏组织结构并拍照。

（3）肝胰脏组织匀浆样品制备与分析

取部分新鲜肝胰脏，称重后加入10倍体积0.02mol/L磷酸缓冲液（pH值7.4），匀浆器10 000r/min匀浆1min，3 000r/min冷冻离心10min，取上清液分装，液氮速冻后－80℃冰箱保存。丙二醛（MDA）、超氧化物歧化酶（SOD）采用南京建成试剂盒测定，胆固醇（TC）、胆汁酸（TBA）采用雅培C800全自动生化分析仪测定。

（4）血清样品制备与分析

每个网箱随机取10尾鱼，以无菌1mL注射器自尾柄静脉采血，置于Eppendorf离心管中室温自然凝固0.5h，3 000r/min冷冻离心10min，取上清液分装后，液氮速冻并于－80℃冰箱中保存。

MDA、SOD采用南京建成试剂盒。白蛋白（ALB）、球蛋白（GLB）、谷丙转氨酶（ALT）、高密度脂蛋白（HDL）、低密度脂蛋白（LDL）、甘油三酯（TG）、血清胆固醇（TC）、胆汁酸（TBA）采用雅培C800全自动生化分析仪测定。

5. 数据处理

试验结果用SPSS 21.0软件进行统计分析，采用平均值±标准差（mean±SD）表示，在单因素方差分析的基础上，采用Duncan氏法多重比较检验组间差异显著性，用Pearson分析方法检验数据相关性，以$P<0.05$表示差异显著，$P<0.01$表示差异极显著。

二、结果与分析

1. 饲料中添加MDA对草鱼生长性能的影响

经72d养殖试验后，各组草鱼特定生长率（SGR）、饲料效率（FCR）、蛋白质沉积率（PRR）、脂肪沉积率（LRR）等生长指标结果见表9－5－3；肥满度（CF）、肝胰脏指数（HIS）等形态学指标结果见表9－5－4；全鱼、肌肉、肝胰脏组成结果见表9－5－5。

表9－5－3　饲料中添加MDA对草鱼生长的影响及饲料MDA含量与生长指标的相关性分析

Tab. 9－5－3　Effect of MDA on the growth of *Ctenopharyngodon idellus* and the correlation analysis of them with the MDA content in diets

组别 Groups	IBW (g)	FBW (g)	SGR (%/d)	FCR	PRR (%)	LRR (%)
S	74.6±1.5	176.5±4.9	1.7±0.0[c]	1.6±0.1[a]	35.2±1.4[a]	59.7±2.1[c]

（续表）

组别 Groups	IBW (g)	FBW (g)	SGR (%/d)	FCR	PRR (%)	LRR (%)
M1	75.3 ±0.5	171.3 ±3.1	1.7 ±0.1[b]	1.7 ±0.1[b]	34.5 ±0.6[a]	61.2 ±0.8[c]
M2	74.3 ±0.6	159.7 ±5.1	1.5 ±0.1[a]	1.9 ±0.1[c]	31.1 ±0.6[b]	53.1 ±0.3[b]
M3	75.4 ±0.3	158.7 ±5.8	1.5 ±0.1[a]	1.9 ±0.0[c]	30.5 ±0.8[b]	39.6 ±0.3[a]
F	74.4 ±1.6	168.1 ±7.4	1.6 ±0.0[b]	1.8 ±0.0[b]	30.7 ±0.5[b]	54.5 ±2.4[b]
Pearson 分析结果						
MDA 含量	R^2		0.933	0.953	0.953	0.781
	P		0.034	0.024	0.024	0.116

同行数据肩标不同小写字母表示差异显著（$P<0.05$），下表同。

In the same row, values with different small letter superscripts mean significant different ($P<0.05$), The same as below.

由于F组添加的鱼油中POV及AV值与添加豆油的4个试验组不同，因此饲料中MDA含量与相关数据的相关性分析只涉及添加豆油的4个试验组。

由表9-5-3可知，饲料添加MDA后，相对于S组，M1、M2、M3组草鱼SGR显著下降（$P<0.05$），FCR显著增加（$P<0.05$），PRR、LRR除M1外，M2、M3组均显著下降（$P<0.05$）。饲料中添加鱼油与豆油相比，F组SGR显著小于S组（$P<0.05$），与M1组没有显著差异；FCR显著大于S组（$P<0.05$），与M1组没有显著差异；PRR显著小于S、M1组（$P<0.05$），与M2、M3组没有显著差异；LRR显著小于S、M1组（$P<0.05$），与M2组没有显著差异。

在相关性分析中，SGR、FCR及PRR与饲料MDA含量相关性较大，R^2为0.933～0.953，且相关性具有显著性（$P<0.05$）。

表9-5-4　饲料中添加MDA对草鱼形体指标的影响及饲料MDA含量与形体指标的相关性分析

Tab. 9-5-4　Effect of MDA on the physical indicators of *Ctenopharyngodon idellus* and the correlation analysis of them with the MDA content in diets

组别 Groups		CF	HSI (%)
S		1.80 ±0.06[c]	1.38 ±0.03[a]
M1		1.75 ±0.07[ab]	1.55 ±0.25[c]
M2		1.73 ±0.07[ab]	1.47 ±0.03[bc]
M3		1.72 ±0.08[a]	1.39 ±0.08[ab]
F		1.77 ±0.03[bc]	1.63 ±0.31[c]
Pearson 分析结果			
MDA 含量	R^2	0.889	0.007
	P	0.057	0.919

由表9-5-4可知，饲料添加MDA后，相对于S组，M1、M2、M3组草鱼CF出现显著下降（$P<0.05$），HIS则先上升后下降，S组显著小于M1、M2组（$P<0.05$），与M3组没有显著差异。添加鱼油与豆油相比，F组CF显著大于M3组（$P<0.05$），与S、M1、M2组没有显著差异；F组HIS具有最大值，但与M1、M2组没有显著差异。

在相关性分析中，CF与饲料MDA含量相关性较大，R^2为0.889，且相关性具有显著性（$P<0.05$）。

表9-5-5 饲料中添加MDA对草鱼鱼体、肌肉、肝胰脏组成的影响及饲料MDA含量与草鱼鱼体、肌肉、肝胰脏组成的相关性分析

Tab. 9-5-5 Effect of MDA on the body, muscle and hepatopancreas of *Ctenopharyngodon idellus* and the correlation analysis of them with the MDA content in diets

组成（%）Composition	组别 Groups					Pearson 分析结果	
	S	M1	M2	M3	F	MDA含量	
						R^2	P
全鱼 Body							
蛋白 Protein	14.4±0.4	14.5±0.3	13.7±0.4	14.2±0.5	13.6±0.9	0.258	0.492
脂肪 Lipid	6.4±0.2[c]	6.9±0.2[c]	5.8±0.3[b]	5.2±0.3[a]	6.4±0.1[c]	0.679	0.176
水分 Moisture	75.5±0.2[a]	75.2±0.5[a]	76.6±1.1[ab]	77.3±1.5[b]	77.4±0.7[b]	0.891	0.056
肌肉蛋白 Muscle Protein	16.0±0.0	15.9±0.2	15.7±0.3	15.9±0.4	15.8±0.5	0.263	0.487
脂肪 Lipid	1.4±0.1	1.5±0.1	1.3±0.1	1.4±0.1	1.3±0.2	0.097	0.689
水分 Moisture	81.5±0.8	81.1±0.4	81.5±0.4	81.1±0.5	80.8±1.8	0.067	0.742
肝胰脏 Hepatopancreas							
蛋白 Protein	10.4±0.4	10.7±0.5	10.9±0.5	10.9±0.1	10.2±1.2	0.863	0.071
脂肪 Lipid	5.1±0.1[a]	5.2±0.4[a]	5.8±0.1[b]	5.6±0.1[b]	6.4±0.1[c]	0.674	0.179
水分 Moisture	71.8±0.9	71.9±0.9	71.1±0.5	71.4±0.4	71.4±0.8	0.601	0.225

由表9-5-5可知，各组间全鱼蛋白、肌肉蛋白、肌肉脂肪、肌肉水分、肝胰脏蛋白和肝胰脏水分之间均无显著差异。与S组相比，全鱼脂肪除M1外，M2、M3组均显著下降（$P<0.05$）；全鱼水分除M1、M2组外，M3组均显著上升（$P<0.05$）；肝胰脏脂肪M1组显著下降（$P<0.05$），M2、M3组无显著差异。添加鱼油组与豆油组相比，F组全鱼脂肪与S组、M1组无显著差异；全鱼水分显著大于S组（$P<0.05$）；肝胰脏脂肪显著大于S组（$P<0.05$）。

在相关性分析中，全鱼水分和肝胰脏蛋白与饲料 MDA 含量相关性较大，R^2 为 0.891 和 0.863，但相关性没有显著差异。

2. 饲料中添加 MDA 对草鱼血清内环境的影响

经 72d 养殖试验后，各组草鱼血清指标见表 9－5－6。

表 9－5－6　饲料中添加 MDA 对草鱼血清内环境的影响及饲料 MDA 含量与血清指标的相关性分析

Tab. 9－5－6　Effect of MDA on the serum of *Ctenopharyngodon idellus* and the correlation analysis of them with the MDA content in diets

项目 Items	组别 Groups					Pearson 分析结果 MDA 含量	
	S	M1	M2	M3	F	R^2	P
TBA (μmol/L)	1.5 ±0.2[b]	0.7 ±0.1[a]	0.8 ±0.1[a]	0.7 ±0.2[a]	0.7 ±0.1[a]	0.591	0.231
TC (mol/L)	5.4 ±0.1[a]	5.7 ±0.5[ab]	6.0 ±0.1[bc]	6.3 ±0.1[c]	6.0 ±0.2[bc]	1.000	0.000
HDL/LDL	1.3 ±0.1[b]	1.1 ±0.1[a]	1.1 ±0.2[a]	1.0 ±0.1[a]	1.3 ±0.1[b]	0.582	0.077
TG (mol/L)	2.1 ±0.2[a]	2.8 ±0.3[b]	2.5 ±0.3[b]	2.5 ±0.1[b]	2.7 ±0.2[b]	0.164	0.595
ALT (U/L)	7.5 ±0.5[a]	7.0 ±1.7[a]	9.0 ±1.4[b]	12.1 ±1.1[c]	7.1 ±2.7[a]	0.790	0.111
A/G	0.5 ±0.1[c]	0.4 ±0.1[b]	0.4 ±0.1[b]	0.4 ±0.1[a]	0.5 ±0.1[c]	0.799	0.106
MDA (nmol/mL)	14.1 ±1.7[a]	21.5 ±1.2[b]	21.3 ±0.9[b]	21.7 ±0.9[b]	20.2 ±1.8[b]	0.601	0.225
SOD (U/mL)	127.2 ±1.6[a]	163.2 ±5.6[bc]	149.3 ±3.1[bc]	189.8 ±9.2[c]	142.3 ±4.4[b]	0.731	0.145

由表 9－5－6 可知，与 S 组相比，添加 MDA 会使草鱼血清 TBA 含量显著下降（$P<0.05$）；TC 含量除 M1 组均外显著上升；HDL/LDL 显著下降（$P<0.05$）；TG 含量显著升高（$P<0.05$）；血清 ALT 含量，除 M1 组外，其余各组均显著上升（$P<0.05$）；A/G 显著下降（$P<0.05$）；血清 MDA、SOD 含量均显著上升（$P<0.05$）。添加鱼油组与豆油组相比，F 组血清 TBA 显著小于 S 组（$P<0.05$）；TC 含量显著大于 S 组（$P<0.05$）；HDL/LDL 与 S 组无显著差异；TG 显著小于 S 组（$P<0.05$）；ALT 级 A/G 与 S 组无显著差异；MDA、SOD 含量均显著大于 S 组（$P<0.05$）。

在相关性分析中，TC 值与饲料 MDA 含量相关性较大，R^2 为 1，且相关性极显著（$P<0.01$）。

3. 饲料中添加 MDA 对草鱼肝胰脏酶学指标的影响

经 72d 养殖试验后，各组草鱼肝胰脏酶学指标结果见表 9－5－7。

表 9-5-7 MDA 对草鱼肝胰脏酶学指标的影响及饲料 MDA 含量与肝胰脏酶学指标相关性分析

Tab. 9-5-7 Effect of the enzyme indicators of hepatopancreas of *Ctenopharyngodon idellus* and the correlation analysis of them with the MDA content in diets

组别 Groups		TC (mol/L)	TBA (μmol/L)	MDA (nmol/mg prot)	SOD (U/mg prot)
S		0.26 ± 0.03^{a}	4.71 ± 0.35	4.51 ± 0.67^{a}	27.31 ± 0.18^{c}
M1		0.33 ± 0.02^{b}	4.12 ± 0.32	4.83 ± 0.09^{a}	20.22 ± 1.17^{b}
M2		0.44 ± 0.08^{c}	4.71 ± 0.06	5.30 ± 0.81^{a}	20.41 ± 0.38^{b}
M3		0.35 ± 0.02^{bc}	4.35 ± 0.06	7.16 ± 0.88^{b}	22.09 ± 2.21^{b}
F		0.37 ± 0.04^{bc}	4.37 ± 0.80	4.63 ± 0.38^{a}	16.89 ± 0.61^{a}
Pearson 分析结果					
MDA 含量	R^2	0.437	0.067	0.846	0.343
	P	0.339	0.472	0.080	0.414

由表 9-5-7 可知，相比 S 组，添加 MDA 后各组草鱼肝胰脏 TC 含量均显著上升（$P<0.05$），TBA 则有不同程度下降，但差异不具显著性；肝胰脏 MDA 含量均有不同程度上升，其中 M3 组显著上升（$P<0.05$）；肝胰脏 SOD 含量均显著下降（$P<0.05$），但 M1、M2、M3 组之间无显著差异。添加鱼油组与豆油组相比，F 组较 S 组 TC 含量显著上升（$P<0.05$），TBA 含量有所下降，但差异不显著；肝胰脏 MDA 含量与 S 组无显著差异；SOD 含量显著小于 S 组（$P<0.05$）。

在相关性分析中，肝胰脏 MDA 含量与饲料 MDA 含量相关性较大，R^2 为 0.846，但相关性没有显著差异。

4. 饲料中 MDA 对草鱼肝胰脏结构的影响

（1）草鱼肝胰脏组织学观察

经 72d 养殖试验后，各组草鱼肝胰脏组织切片结果见图版 9-5-ⅠA～E，肝胰脏细胞核数量与细胞数量之比（M_n/M_c）见表 9-5-8。

由图版 9-5-ⅠA～E 可知，S、F、M1 组草鱼肝胰脏细胞排列整齐，大小均一；M2 组草鱼肝胰脏中明显出现部分细胞细胞核缺失（图中箭头所示）；M3 组草鱼肝胰脏细胞形态明显发生改变，结缔组织增生，有明显的纤维化趋势（图中箭头所示）。

表 9-5-8 肝胰脏细胞核数量与细胞个数之比（M_n/M_c）及其与饲料 MDA 的相关性分析

Tab. 9-5-8 Ratio of the number of hepatopancreas nucleus and hepatopancreas cells and the correlation analysis of them with the MDA content in diets

组别 Groups	M_n/M_c
S	0.79 ± 0.02^{b}
M1	0.79 ± 0.09^{b}
M2	0.64 ± 0.01^{a}

（续表）

组别 Groups		M_n/M_c
M3		0.62 ± 0.11^a
F		0.77 ± 0.01^b
Pearson 分析结果		
MDA 含量	R^2	0.845
	P	0.081

由表 9-5-8 可知，添加 MDA 后，除 M1 组 M_n/M_c 没有显著下降外，其余各组均显著降低（$P<0.05$），F 组虽小于 S 组，但无显著差异。

在相关性分析中，M_n/M_c 与饲料 MDA 含量相关性较大，R^2 为 0.845，但相关性没有显著差异。

（2）MDA 对草鱼肝胰脏细胞线粒体的损伤

经 72d 养殖试验后，各组草鱼肝胰脏细胞线粒体透射电镜结果见图版 9-5-ⅠF～J。

由图版 9-5-ⅠF～J 可知，S 组草鱼肝胰脏细胞线粒体形态正常，内部结构清晰完整，随着饲料中 MDA 含量的上升，线粒体形态并未发生改变，但内部结构逐渐模糊混乱，嵴数量下降；F 组草鱼肝胰脏细胞线粒体内部结构尚未清晰，但其形态已发生明显变化，由长杆形变为椭圆形。

三、讨论

本试验中 F 组所添加的鱼油为略有一定氧化程度的鱼油，其 MDA 含量高于 S 组，但低于 M1、M2、M3 组，而 POV 值、AV 值则高于所有添加豆油组。因此，对比添加鱼油组与添加豆油组可以从侧面比较 MDA 与其他氧化产物的毒性。

1. MDA 对草鱼生长性能的影响

本试验结果显示，MDA 会显著降低草鱼的生长速度。

相较 S 组，添加 MDA 组其蛋白沉积率和脂肪沉积率都出现显著下降，而 F 组蛋白沉积率接近 M3 组，但脂肪沉积率却接近 M1 组。这说明氧化油脂对草鱼脂肪消化吸收的影响可能主要来源于 MDA，而 MDA 及其他过氧化产物均可降低草鱼对蛋白质的利用率。

在本试验中，添加 MDA 后草鱼肌肉蛋白质含量没有显著变化，但 CF 值显著下降，这与草鱼蛋白沉积率下降结果相一致，说明草鱼可能有发生瘦背病的趋势。任泽林[11]在用氧化鱼油饲喂鲤鱼 9 周后发现虽然鲤鱼没有表现出明显的瘦背病的症状，但其肌肉切片显示氧化鱼油导致肌纤维间隙扩大，肌原纤维降解，这与 Murai[12]在斑点叉尾鮰上的结论类似。叶仕根[13]在饲喂鲤鱼氧化鱼油的阶段性实验中发现 56 天后鲤鱼肌肉出现水肿，肌纤维肿胀变粗，84 天后肌纤维坏死、溶解，严重时肌纤维消失并且被增生的结缔组织取代。因此，本实验中草鱼没有观察到明显的病变症状可能是因为养殖时间较短。有研究认为，氧化油脂对动物生产性能的影响可能是由于油脂氧化产物使肌肉蛋白质交联造成的（Chio[14]，Chiba[15]）。而结合本试验结果，F 组 CF 值与 S 组没有显著差异，M1、M2、M3 组肥满度则显著低于 S 组，我们认为上述油脂氧化产物很可能是 MDA。

上述结果表明，MDA 主要是通过降低草鱼对脂肪及蛋白质的利用率而降低其生长性能的，并且高 MDA 含量是降低草鱼脂肪沉积率的主要原因。对于 MDA 引起草鱼瘦背病的可能性，有待进一步研究。

2. MDA 引起草鱼氧化应激并损伤肝胰脏

Tocher[16]等在用氧化油脂饲喂金头鲷（*Sparus aurata*）、大菱鲆（*Scophthalmus maximus*）及比目鱼（*Hippoglossus hippoglossus*）后发现氧化油脂是否会引起水产动物肝胰脏抗氧化应激取决于物种本身。但对于 MDA 这一单一物质是否会引起水产动物肝胰脏抗氧化应激尚无报道。

Mourente[17]等在用氧化油脂饲喂金头鲷（*Sparus aurata*）后认为，油脂氧化产物在肝胰脏 CAT、SOD 等抗氧化酶的作用下，其在肝胰脏中的含量并不会上升。这与本试验中 F 组较 S 组，其血清中 MDA 含量显著上升，但肝胰脏中 MDA 含量没有显著差异这一结果相一致。但相比较 S 组，添加 MDA 组草鱼血清及肝胰脏 MDA 含量均出现显著上升，说明肝胰脏中 SOD 等抗氧化酶无法有效清除 MDA。

ALB 只能由肝胰脏合成，而 GLB 是机体主要的血清免疫球蛋白，两者的比值常用来反映肝胰脏的病理损伤程度[18]。本实验中在饲料中添加 MDA 后草鱼血清 A/G 值显著下降，说明 MDA 有引起草鱼肝胰脏发生炎症的可能，而 F 组与 S 组没有显著差异，说明油脂氧化产物中 MDA 较其他物质更容易对肝胰脏造成损伤。

ALT 作为反映肝胰脏健康的标志之一，当肝胰脏受到损伤且细胞通透性增加之后，血清中 ALT 含量会显著上升[19]。本试验中，饲料添加 MDA 后草鱼血清 ALT 含量显著上升，而 F 组血清 ALT 含量没有显著变化，说明油脂氧化产物对肝胰脏细胞细胞膜的损伤及细胞膜通透性的增加，主要是由 MDA 造成的。

上述结果表明，肝胰脏中抗氧化酶可以有效清除少量油脂氧化产物中出除 MDA 以外的有害物质。而 MDA 则可在肝胰脏中累积，从而引起草鱼鱼体氧化应激并损伤肝胰脏，导致肝胰脏细胞细胞膜通透性增加。

3. MDA 对草鱼胆固醇、胆汁酸代谢循环的影响

胆汁酸的“肠—肝循环”是鱼体生理性的“肠—肝轴”中重要的物质基础之一[20]。肝胰脏以胆固醇为原料合成初级胆汁酸，初级胆汁酸进入肠道后，在肠道细菌等作用下转变为次级胆汁酸，并在肠道后段被重新吸收回到肝胰脏，这就是胆汁酸“肝—肠循环”通路[21]。而胆汁酸对胆固醇代谢的调控、胆汁胆固醇的溶解和对肠道脂类物质的消化、吸收具有重要意义[22]，一旦胆汁酸“肠 - 肝循环”受到影响，就会严重阻碍鱼体脂肪代谢并可能导致胆汁酸在肝胰脏淤积而损伤肝胰脏。

本实验室相关分子试验结果表明，饲料添加 MDA 会导致草鱼肝胰脏胆固醇合成能力及其向细胞内转运胆固醇的能力增强，这与本试验中草鱼肝胰脏胆固醇含量增加相一致；饲料添加 MDA 会导致草鱼肝胰脏合成胆汁酸能力下降，但本试验结果显示草鱼肝胰脏胆汁酸含量虽有下降趋势，但没有显著差异，这说明饲料 MDA 在降低肝胰脏合成胆汁酸的同时还会导致胆汁酸在肝胰脏中淤积。

上述结果表明，MDA 会增加草鱼对胆固醇的需求量，但会损伤草鱼肝胰脏合成胆汁酸的能力并使胆汁酸在肝胰脏中淤积。

4. MDA 增加草鱼发生脂肪性肝炎的概率

一般认为 MDA 是通过直接攻击蛋白质的氨基和巯基，导致蛋白质结构的变化和功能的

缺失，从而对机体造成损伤[23]。而本试验中，添加 MDA 后，各组草鱼肝胰脏 HSI 先上升后下降，在 M1 组出现最大值，这说明在少量 MDA 情况下，肝胰脏会出现代偿性增生以缓解 MDA 的毒性，但当 MDA 含量过高后，肝胰脏抗氧化能力受到抑制并出现萎缩；各组草鱼肝胰脏脂肪含量显著上升，说明肝胰脏脂肪代谢功能受到干扰；血清中 HDL/LDL 显著下降，说明从外周组织转运到肝胰脏的胆固醇等脂类的量上升，这与之前认为肝胰脏对胆固醇需求量上升相一致；血清中 TC、TG 含量上升，说明草鱼血脂含量整体上升。

结合肝胰脏组织切片（图版 9－5－ⅠA～E）可以发现：S、F、M1 组草鱼肝胰脏细胞排列整齐、大小均一、细胞核形态明显；M2 组可以发现，部分肝胰脏区域肝胰脏细胞核缺失（如图中箭头所示），这与表 9－5－8 M2 组细胞核与细胞个数比值显著下降结果相一致；M3 组可以发现肝胰脏细胞结构变化显著，有明显的纤维化趋势，肝胰脏细胞出现坏死，细胞核与细胞个数比值进一步减少。这与任泽林等[24]用氧化鱼油饲喂鲤后得到结果相似，说明 MDA 是油脂氧化产物中能引起肝胰脏细胞纤维化的有效成分之一。

通过肝胰脏透射电镜结果（图版 9－5－ⅠF～J）可以发现：S 组草鱼肝胰脏细胞线粒体形态正常，内部结构清晰完整；M1 组草鱼肝胰脏细胞线粒体形态正常，但部分嵴形态发生改变（如图中箭头所示）；M2 组草鱼肝胰脏细胞线粒体形态正常，嵴形态较为模糊；M3 组草鱼肝胰脏细胞线粒体形态正常，内部结构混乱，嵴数量明显减少；F 组草鱼肝胰脏细胞线粒体形态发生明显改变，但内部结构清晰完整。此结果与用 MDA 作用小鼠海马神经元后发现，MDA 虽然会降低线粒体细胞膜的流动性，但其并不会直接改变线粒体形态的结果相似[25]。

现有研究表明，MDA 首先通过抑制线粒体膜上钙离子 ATPase 的活性，使线粒体膜电位去极化，降低膜流动性并破坏线粒体内外物质交换的动态平衡[26]。其次通过抑制丙酮酸脱氢酶、α-酮戊二酸脱氢酶等活性，损伤线粒体的呼吸功能[27]。其后导致线粒体功能紊乱，内部 ROS 生成量大量增加，最终损伤线粒体[28]。

上述结果表明，MDA 会增加草鱼肝胰脏发生脂肪肝的概率。且当 MDA 含量较低时，草鱼肝胰脏脂肪代谢即会受到干扰，但肝胰脏会代偿性增生以增强其抵御 MDA 的能力。随着 MDA 含量的上升，草鱼肝胰脏受到实质性损伤，出现肝胰脏细胞数量下降，肝胰脏细胞线粒体功能受损，严重可导致肝胰脏发生纤维化萎缩。

四、结论

本试验初步揭示了，饲料中 MDA 会引起草鱼鱼体应激，并通过影响胆固醇、胆汁酸循环来干扰草鱼对脂肪的消化吸收，最终导致草鱼生长性能下降并使肝胰脏萎缩，增加肝胰脏发生脂肪性肝炎概率；MDA 可引起肝胰脏氧化应激，并通过损伤线粒体功能，降低肝胰脏抗氧化能力，导致肝纤维化概率增加。初步比较 MDA 与油脂其他氧化产物的毒副作用后发现，MDA 是导致草鱼脂肪沉积率下降的主要因素；油脂其他氧化产物在肝胰脏抗氧化酶的作用下，其在肝胰脏中含量并不会增加，而对于单一 MDA 物质，其可以增加肝胰脏中 MDA 含量；MDA 对草鱼肝胰脏线粒体的影响主要集中在对其内部结构的改变，而油脂其他氧化产物则是主要影响线粒体的形态。对鱼体瘦背病的影响，及其对胆固醇、胆汁酸循环的作用机制等问题仍待进一步研究解答。

参考文献

[1] Trushenski J, Schwarz M, Lewis H, *et al.* Effect of replacing dietary fish oil with soybean oil on production performance and fillet lipid and fatty acid composition of juvenile cobia *Rachycentron canadum* [J]. Aquaculture Nutrition, 2011, 17 (2): e437 - e447.

[2] Krohne T U, Kaemmerer E, Holz F G, *et al.* Lipid peroxidation products reduce lysosomal protease activities in human retinal pigment epithelial cells via two different mechanisms of action [J]. Experimental Eye Research, 2010, 90 (2): 261 - 266.

[3] Benzie I F F. Lipid peroxidation: a review of causes, consequences, measurement and dietary influences [J]. International Journal of Food Sciences and Nutrition, 1996, 47 (3): 233 - 261.

[4] Lin Y H, Zhang J J. Protective effect of sodium ferulate on damage of the rat liver mitochondria induced by oxygen free radicals [J]. Acta Pharmaceutica Sinica, 1994, 29 (3): 171 - 175.

[5] Hellberg K, Grimsrud P A, Kruse A C, *et al.* X-ray crystallographic analysis of adipocyte fatty acid binding protein (aP2) modified with 4-hydroxy-2-nonenal [J]. Protein Science, 2012, 19, (8): 1 480 - 1 489.

[6] 姚仕彬，叶元土，蔡春芳等. 丙二醛对离体草鱼肠道黏膜细胞的损伤作用 [J]. 水生生物学报，2014.

[7] 蔡建光，汤华，唐晖等. 丙二醛破坏大鼠海马神经元胞质钙离子稳态的信号机制 [J]. 中国实验动物学报，2013，21 (1): 32 - 37.

[8] 李辉，康战方，汪保和等. 丙二醛对体外培养骨髓间充质干细胞生长与增殖的双重影响 [J]. 湖南师范大学自然科学学报，2005，28 (2): 62 - 66.

[9] 江涛. 草鱼“三病”的综合防治 [J]. 重庆水产，2005 (4): 31 - 32.

[10] 殷永风. 氧化豆油对草鱼肝胰脏损伤及其保护作用研究 [D]. 苏州大学，2011.

[11] 任泽林，霍启光等. 氧化鱼油对鲤鱼生产性能和肌肉组织结构的影响 [J]. 动物营养学报，2001，13 (1): 59 - 64.

[12] T M, J W. Interactions of dietary alpha-tocopherol, oxidized menhaden oil and ethoxyquin on channel catfish (Ictalurus punctatus) [J]. J Nutr., 1974, 104 (11): 1 416 - 1 431.

[13] 叶仕根，汪开毓，何显荣. 鲤摄食含氧化鱼油的饲料后其病理学的变化 [J]. 大连海洋大学学报，2006，21 (1): 1 - 6.

[14] Chio K S, Tappel A L. Synthesis and characterization of the fluorescent products derived from malonaldehyde and amino acids [J]. Biochemistry, 1969, 8 (7): 2 821 - 2 827.

[15] Chiba H, Yoshikawa M. Deterioration of casein components by malonaldehyde [J]. Memoirs of the College of Agriculture-Kyoto University, 1977.

[16] Tocher D R, Mourente G, Vander E A, *et al.* Comparative study of antioxidant defence mechanisms in marine fish fed variable levels of oxidised oil and vitamin E [J]. Aquaculture International, 2003, 11 (1 - 2): 195 - 216.

[17] Mourente G, Diaz S E, Bell J G, *et al.* Increased activities of hepatic antioxidant defence enzymes in juvenile gilthead sea bream (*Sparus aurata* L.) fed dietary oxidised oil: attenuation by dietary vitamin E [J]. Aquaculture, 2002, 214 (1): 343 - 361.

[18] 谢秋里，王功遂，刘梅华. 白蛋白、球蛋白、白/球比值与肝组织病理的关系 [J]. 现代医药卫生，2005，21 (13): 1 638 - 1 639.

[19] 彭文锋，钟政永. ADA 与 ALT，AST，GGT 联合检测在肝脏疾病诊断中的意义 [J]. 当代医学，2011，17 (9): 4 - 6.

[20] Victor A C, Dolores B, Pablo M, *et al.* Advances in the physiological and pathological implications of cholesterol [J]. Biological Reviews, 2013, 88: 825 - 843.

[21] Kullak-ublick G A, Stieger B, Meier P J. Enterohepatic bile salt transporters in normal physiology and liver disease [J]. Gastroenterology, 2004, 126 (1): 322 - 342.

[22] Davis M. Cholestasis and endogenous opioids: liver disease and exogenous opioid pharmacokinetics [J]. Clin Pharmacokinet., 2007, 46 (10): 825 - 850.

[23] 李烨，杨沐思，刘文锋等．丙二醛对小鼠骨髓间充质干细胞成骨分化的影响［J］．生命科学研究，2012，16（6）：496－500.

[24] 任泽林，曾虹，霍启光等．氧化鱼油对鲤肝胰脏抗氧化机能及其组织结构的影响［J］．大连海洋大学学报，2000，15（4）：235－243.

[25] 蔡建光，汤华，唐晖等．丙二醛对大鼠海马神经元结构的破坏和钙离子稳态的影响［J］．生命科学研究，2011，15（4）：283－289.

[26] 蔡建光，汤华，唐晖等．丙二醛破坏大鼠海马神经元胞质钙离子稳态的信号机制［J］．中国实验动物学报，2013，21（1）：32－37.

[27] 龙建纲，王学敏，高宏翔等．丙二醛对大鼠肝线粒体呼吸功能及相关脱氢酶活性影响［J］．第二军医大学学报，2005，26（10）：1 131－1 135.

[28] MS W，LW K，D J T，*et al.* Malondialdehyde-acetaldehyde-haptenated protein induces cell death by induction of necrosis and apoptosis in immune cells［J］．International Immunopharmacology，2002，2：519－535.

第六节　饲料丙二醛引起草鱼肠道结构损伤、通透性增加

MDA 作为油脂氧化的终产物之一[1]，其在酸性环境下极不稳定，易转变成丙二酸，因此关于 MDA 的报道大多为 MDA 对体外培养的细胞的影响[2-4]。本实验室前期研究表明[5]，在草鱼肠道黏膜细胞的培养液中添加 MDA 会显著抑制肠道黏膜细胞的生长，改变细胞形态、结构，导致膜结构破坏等。

为了进一步研究 MDA 对草鱼肠道的影响，并初步对比 MDA 与鱼油其他氧化产物的毒副作用，本试验以草鱼为研究对象，以豆油为对照，研究在饲料中添加 MDA 对草鱼肠道的功能和结构的影响，并初步讨论鱼油氧化产物中 MDA 与其他产物对肠道影响的区别，为今后深入研究 MDA 提供参考依据。

一、材料与方法

1. 草鱼

草鱼来源于浙江一星饲料有限公司养殖基地，为池塘培育的 1 冬龄鱼种，共 350 尾，平均体重为（74.82 ± 1.49）g。草鱼随机分为 5 组，每组设 3 重复，每重复 20 尾。分组剩余草鱼用于养殖前期取样分析。

2. 饲料

以酪蛋白和秘鲁蒸汽鱼粉为主要蛋白源，采用等氮、等能方案设计基础饲料，设置了 S 组（对照）、M1 组、M2 组、M3 组、F 组 5 种半纯化饲料，其中 S 组、M1 组、M2 组、M3 组共用一个基础配方，配方组成及实测营养值见表 9－6－1。

饲料原料粉碎过 60 目筛，用绞肉机制成直径 1.5mm 的长条状，切成 1.5mm × 2mm 的颗粒状，风干。饲料置于－20℃冰柜保存备用。

M1、M2、M3 组 3 组不同 MDA 浓度试验组是通过在 S 组饲料中喷洒 4mL 不同浓度 MDA 溶液制得。MDA 溶液浓度根据每天实际投喂饲料量计算，使最终 M1、M2、M3 组饲料 MDA 浓度分别为 12.8、25.56、38.32μmol/mL。

MDA 制备方法（GB/T 5009.181—2003）：精确称取 31.5000g1，1，3，3－四乙氧基丙烷（购于 Sigma 公司），用 95% 乙醇溶解后定容至 100mL，搅拌 15min，置于－20℃冰箱内保存备用。此溶液 MDA 浓度实测值为 1 388μmol/mL。

表 9-6-1 试验饲料组成及营养水平

Tab. 9-6-1 Formulation and proximate composition of experiment diets (DM basis)

项目 Items	组别 Groups	
	S	F
原料 Ingredients (‰)		
酪蛋白 Casein	215	215
蒸汽鱼粉 Steam dried fish meal	167	167
磷酸二氢钙 $Ca(H_2PO_4)_2 \cdot H_2O$	22	22
氧化鱼油 Oxidized fish oil	0	0
豆油 Soybean oil	60	0
鱼油 Fish oil	0	60
氯化胆碱 Choline chloride	1.5	1.5
预混料 Premix[1)]	10	10
糊精 Dextrin	110	110
α-淀粉 α-starch	255	255
微晶纤维 Microcrystalline cellulose	61	61
羧甲基纤维素 Carboxymethyl cellulose	98	98
乙氧基喹啉 Ethoxyquin	0.5	0.5
合计 Total	1 000	1 000
营养水平 Nutrient levels[2)]		
粗蛋白质 Crude protein (%)	30.01	29.52
粗脂肪 Crude lipid (%)	7.08	7.00
能量 Energy (kJ/g)	20.242	20.652

[1)] 预混料为每千克饲料提供 The premix provided the following per kg of diets: Cu 5mg, Fe 180mg, Mn 35mg, Zn 120mg, I 0.65mg, Se 0.5mg, Co 0.07mg, Mg 300mg, K 80mg, VA 10mg, VB_1 8mg, VB_2 8mg, VB_6 20mg, VB_{12} 0.1mg, VC 250mg, 泛酸钙 calcium pantothenate 20mg, 烟酸 niacin 25mg, VD_3 4mg, VK_3 6mg, 叶酸 folic acid 5mg, 肌醇 inositol 100mg;

[2)] 实测值 Measured values.

豆油为“福临门”牌一级大豆油。鱼油来源于广东省良种引进服务公司生产的“高美牌”精炼鱼油。分别测定 2 种油脂 POV（GB/T 5538—2005）、AV（GB/T 5530—2005）、MDA（南京建成试剂盒），并计算饲料中 POV、AV、MDA 值（饲料中 AV、POV、MDA 测定尚无有效方法，故采用油脂测定结果的计算值），结果见表 9-6-2。

表 9-6-2 试验饲料中 POV 值、AV 及 MDA 含量分析结果

Tab. 9-6-2 Peroxide value, Acid value and MDA content of the experimental diets

组别 Groups	过氧化值 POV (meq/kg)	酸价 AV (KOH mg/g)	丙二醛 MDA (μmol/mL)
S	2.89	0.03	0.04
M1	2.89	0.03	12.80
M2	2.89	0.03	25.56
M3	2.89	0.03	38.32
F	57.09	0.80	2.20

3. 饲养管理

养殖试验在浙江一星饲料有限公司试验基地进行。在面积为 $5 \times 667m^2$（平均水深 1.8m）的池塘中设置网箱，网箱规格为 1.0m×1.5m×2.0m。将各组试验草鱼随机分配在 5 组、15 个网箱中。

分别用试验饲料驯化试验鱼 1 周后，开始正式投喂，每天 7：00、16：00 定时投喂，投饲率为 3% ~4%。每 10d 据投饲量估算鱼体增重并调整投饲率，记录每天投饲量。正式试验共养殖 72d。

每周测定水质一次，试验期间溶解氧浓度 >8.0mg/L，pH 值 7.8 ~8.4，氨氮浓度 <0.2mg/L，亚硝酸盐浓度 <0.01mg/L，硫化物浓度 <0.05mg/L。养殖期间水温 25 ~33℃。

4. 样品采集及其分析方法

经 72d 养殖、禁食 24h 后进行样品采集。

（1）肠道组织学样品制备及分析

每网箱取 4 尾鱼、每组 12 尾，于中肠前 1/4 处取 1 ~2cm 肠管 1 段，纵向剖开用磷酸缓冲液冲洗后，立即投入 4% 戊二醛中固定，用于透射和扫描电镜分析。每网箱另取 2 尾、每组 6 尾鱼于中肠前 1/4 处取肠管 2 段置于 Bouin's 试液固定，用于组织学切片分析。

组织学切片采用石蜡切片进行组织学切片，苏木精－伊红染色，中性树胶封片，光学显微镜下观察肠道组织结构并采用 Nikon COOLPIX4500 型相机进行拍照。

透射电镜采用锇酸固定、丙酮脱水，最后放入胶囊内包埋切片染色，用日立 HT7700 透射式电子显微镜观察肠道组织结构并拍照。

扫描电镜采用锇酸固定，缓冲液洗涤，乙醇梯度脱水，醋酸异戊酯置换，临界点干燥，镀膜最后用导电胶胶于样品台，采用飞利浦 XL-20 型扫描电子显微镜观察肠道组织结构、测量肠道微绒毛高度并拍照。

（2）肠道组织匀浆样品制备与分析

取部分新鲜中肠，称重后加入 10 倍体积 0.02mol/L 磷酸缓冲液（pH 值 7.4），匀浆器 10 000r/min 匀浆 1min，3 000r/min 冷冻离心 10min，取上清液分装，液氮速冻后 -80℃冰箱保存。MDA、GSH 采用南京建成试剂盒测定。

（3）血清样品制备与分析

每个网箱随机取 10 尾鱼，以无菌 1mL 注射器自尾柄静脉采血，置于 Eppendorf 离心管

中室温自然凝固0.5h，3 000r/min冷冻离心10min，取上清液分装后，液氮速冻并于－80℃冰箱中保存。

MDA采用南京建成试剂盒，D－乳酸、内毒素采用购于南京建成的Elisa试剂盒测定。血清胆固醇、胆汁酸采用雅培C800全自动生化分析仪测定。

（4）饲料油脂样品分析

油脂过氧化值测定参照GB/T 5538—2005；酸价测定参照GB/T 5530—2005；MDA采用南京建成试剂盒测定。

5. 数据处理

试验结果用SPSS 21.0软件进行统计分析，采用平均值±标准差（mean±SD）表示，在单因素方差分析的基础上，采用Duncan氏法多重比较检验组间差异显著性，用Pearson分析方法检验数据相关性，以$P<0.05$表示差异显著，$P<0.01$表示差异极显著。

二、结果与分析

1. 饲料MDA对草鱼血清及肠道MDA含量的影响

经72d养殖试验后，各组草鱼血清及肠道MDA含量结果见表9－6－3。

表9－6－3 饲料MDA对草鱼血清及肠道MDA含量的影响及其与饲料MDA含量的相关性分析＊

Tab. 9－6－3 Effect of MDA on the MDA content of the serum and intestine of *Ctenopharyngodon idellus* and the correlation analysis of them with the MDA content in diets

组别 Group		血清MDA（nmol/mL）	肠道MDA（nmol/mgprot）
S		14.1±1.7^{a}	25.7±1.1a
M1		21.5±1.2^{b}	27.4±1.4a
M2		21.3±0.9^{b}	28.5±1.7ab
M3		21.7±0.9^{b}	32.1±3.7b
F		20.2±1.8^{b}	26.3±2a
Pearson分析结果			
MDA含量	R^2	0.621	0.937
	P	0.212	0.032

＊同行数据肩标不同小写字母表示差异显著（$P<0.05$），下表同。

In the same row, values with different small letter superscripts mean significant different（$P<0.05$）, The same as below.

由于F组添加的鱼油中POV及AV值与添加豆油的4个试验组不同，因此饲料中MDA含量与相关数据的相关性分析只涉及添加豆油的4个试验组。

由表9－6－3可知，与S组相比，添加MDA会使草鱼血清MDA含量显著上升（$P<0.05$），肠道MDA含量有所上升，但除M3组差异显著外（$P<0.05$），M1、M2组均没有显著差异。添加鱼油组与豆油组相比，F组血清MDA含量均显著大于S组（$P<0.05$），但与M1、M2、M3组没有显著差异，肠道MDA含量与S组没有显著差异。

2. 饲料MDA对草鱼肠道胆汁酸、胆固醇含量的影响

经72d养殖试验后，测定各组草鱼肠道胆固醇及胆汁酸含量，结果见表9－6－4。

表 9-6-4 饲料 MDA 对草鱼肠道胆固醇及胆汁酸含量的影响及其与饲料 MDA 的相关性分析

Tab. 9-6-4 Effect of MDA on the TBA and TC content of intestine of *Ctenopharyngodon idellus* and the correlation analysis of them with the MDA content in diets

组别 Group		胆汁酸含量（Bile acid）(μmol/L)	胆固醇含量（Cholesterol）(mmol/L)
S		3.4 ±1.73[c]	0.51 ±0.04[a]
M1		0.37 ±0.12[a]	0.64 ±0.03[b]
M2		0.42 ±0.04[a]	0.67 ±0.05[b]
M3		0.3 ±0.09[a]	0.44 ±0.03[a]
F		1.67 ±0.15[b]	0.61 ±0.04[b]
Pearson 分析结果			
MDA 含量	R^2	0.617	0.046
	P	0.214	0.786

由表 9-6-4 可知，与 S 组相比，添加 MDA 会使草鱼肠道胆汁酸含量显著下降（$P<0.05$），胆固醇含量除 M3 组与 S 组没有显著差异外，M1、M2 组均显著大于 S 组（$P<0.05$）。添加鱼油组与豆油组相比，F 组肠道胆汁酸含量显著小于 S 组（$P<0.05$），但显著大于 M1、M2 及 M3 组（$P<0.05$），肠道胆固醇含量显著大于 S 组（$P<0.05$），与 M1、M2 组没有显著差异。

3. 饲料 MDA 对草鱼肠道通透性的影响

经 72d 养殖试验后，测定各组草鱼血清内毒素及 D-乳酸含量，结果见表 9-6-5。

表 9-6-5 饲料 MDA 对草鱼肠道通透性的影响及其与饲料 MDA 的相关性分析

Tab. 9-6-5 Effect of MDA on the permeability of intestine of *Ctenopharyngodon idellus* and the correlation analysis of them with the MDA content in diets

组别 Group		内毒素（Endotoxin）(EU/L)	D-乳酸（D-lactic acid）(μmol/L)
S		46.5 ±3.91[a]	0.61 ±0.06[a]
M1		55.27 ±0.88[b]	0.74 ±0.03[b]
M2		64.05 ±1.78[c]	0.96 ±0.04[d]
M3		74.72 ±4.56[d]	0.93 ±0.02[d]
F		53.5 ±2.81[b]	0.88 ±0.03[c]
Pearson 分析结果			
MDA 含量	R^2	0.998	0.852
	P	0.001	0.077

由表 9-6-5 可知，相比 S 组，添加 MDA 会使草鱼血清内毒素及 D-乳酸含量显著上升（$P<0.05$）。添加鱼油组与豆油组相比，F 组血清内毒素及 D-乳酸含量均显著大于 S 组（$P<0.05$），其中内毒素与 M1 组没有显著差异，D-乳酸含量介于 M1 组与 M2 组之间，且差异显著（$P<0.05$）。

4. 草鱼肠道黏膜组织观察结果

经 72d 养殖试验后，各组草鱼肠上皮黏膜细胞结构见图版 9－6－ⅠA～E。图 A～E 分别对应 S、M1、M2、M3 及 F 组。由图中标注箭头可知，S148.6 组肠道绒毛排列整齐，F 组与 M1 组绒毛排列较整齐，但中央乳糜管扩大，M2 组绒毛密度下降，绒毛间隙增加，中央乳糜管扩大，M3 组绒毛出现假复层柱状上皮结构。

（1）饲料 MDA 影响草鱼肠道绒毛形态，并使微绒毛高度下降

相比较 S 组，添加 MDA 后各组草鱼肠道绒毛密度下降，绒毛间隙增加，M1、M2 组绒毛中央乳糜管明显扩增，M3 组草鱼出现假复层柱状上皮，F 组中央乳糜管出现扩增。

相比 S 组，添加 MDA 后 M1、M2 组草鱼肠道微绒毛高度上升，但没有显著差异，M3 组微绒毛高度显著下降（$P<0.05$），F 组微绒毛高度具有最大值，且显著大于所有组（$P<0.05$）。

（2）饲料 MDA 使草鱼肠道杯状细胞数量增加

经 72d 养殖试验后，各组草鱼肠道杯状细胞数量结果见表 9－6－6。

由表 9－6－6 可知，添加 MDA 后草鱼肠道杯状细胞数量显著增加（$P<0.05$），M3 具有最大值，F 组显著大于 S 组（$P<0.05$），但显著小于 M1 组（$P<0.05$）。

表 9－6－6 饲料 MDA 对草鱼肠道杯状细胞数量、微绒毛高度的影响及其与饲料 MDA 的相关性分析

Tab. 9－6－6 Effect of MDA on the number of goblet cell and the height of microvilli of intestine of *Ctenopharyngodon idellus* and the correlation analysis of them with the MDA content in diets

组别 Group		杯状细胞数量[1)]（个/根）	肠道微绒毛高度[2)]（μm）
S		49.88 ± 11.18^{a}	1.46 ± 0.01^{b}
M1		120.50 ± 27.16^{c}	1.54 ± 0.07^{bc}
M2		148.60 ± 20.87^{d}	1.56 ± 0.18^{bc}
M3		191.67 ± 15.73^{e}	1.30 ± 0.04^{a}
F		78.20 ± 10.59^{b}	1.61 ± 0.05^{c}
		Pearson 分析结果	
MDA 含量	R^2	0.114	0.252
	P	0.663	0.498

注：1）number of goblet cell（number of per 20 villi）；2）height of microvilli.

5. 饲料 MDA 对草鱼肠道紧密连接结构的破坏作用

经 72d 养殖试验后，各组草鱼肠道紧密连接结构见图版 9－6－ⅠF～J。

图版 9－6－ⅠF～J 分别为 S、M1、M2、M3、F 组，图中箭头所示为草鱼肠道紧密连接结构。图中可知，S 组紧密连接结构没有空隙，M1、M2 及 F 组紧密连接结构出现空隙，M3 组紧密连接结构基本完全打开。

三、讨论

1. 饲料 MDA 对草鱼肠道功能的影响

本试验结果表明，饲料添加 MDA 后各组草鱼肠道及血清 MDA 含量均显著增加。而相

比添加鱼油组，肠道 MDA 含量相比 S 组没有显著差异，但其血清 MDA 含量显著增加。

之前的研究表明饲料中 POV 及 AV 与草鱼血清 MDA 含量呈幂函数正相关关系（待发表）。即饲料中较低的 POV 和 AV 就可导致血清中 MDA 含量迅速上升。这可能是由于血清中 MDA 可以交联细胞膜中蛋白质及磷脂的氨基，从而降低细胞膜的流动性[6]，并导致油脂其他氧化产物如过氧化氢等物质更易氧化细胞膜中不饱和脂肪酸，最终使血清中 MDA 含量上升[7]。

上述结果表明，作为脂质氧化的终产物之一的 MDA，其在动物血清的含量并不一定与饲料中 MDA 含量相关。在饲料 MDA 含量较低，而 POV 及 AV 较高时，动物血清 MDA 含量依然可能增加从而对动物机体造成影响。因此，应共同考虑饲料中 POV、AV 及 MDA 含量来评估饲料对动物体的危害。

前期研究表明饲料中添加 MDA 会降低肝胰脏合成胆汁酸能力，并会导致胆汁酸在肝胰脏中淤积（待发表）。结合本试验结果，草鱼肠道胆汁酸含量下降主要是由于饲料 MDA 干扰草鱼肝胰脏胆汁酸合成并使胆汁酸大量淤积在肝胰脏中，导致进入肠道胆汁酸含量下降。

上述结果表明，MDA 会严重影响草鱼胆固醇、胆汁酸循环，显著降低草鱼肠道胆汁酸含量，但其具体机理有待进一步研究。

2. 饲料 MDA 对草鱼肠道结构造成显著损伤，导致肠道通透性显著增加，并可能损伤其他器官组织

（1）饲料 MDA 对肠道黏膜组织有显著的损伤作用

姚仕彬[5]等在草鱼肠道黏膜细胞培养液中加入 MDA 后发现，MDA 会严重抑制细胞的生长，且可能会通过促使细胞膜脂质过氧化来损伤细胞膜的完整性，最终导致细胞凋亡。

本试验肠道切片结果显示，M1、M2 及 F 组中草鱼肠道绒毛中央乳糜管出现扩增。中央乳糜管作为肠道的内外物质交换的通道之一，其扩张原因之一是动物体受到损伤，从而使中央乳糜管代偿性扩增以增加肠道绒毛的吸收能力[8,9]。M3 组中肠道的单层柱状上皮细胞出现增生，这与肠道杯状细胞数量增加相一致。

上述结果表明，少量的 MDA 与鱼油其他氧化产物均会导致肠道绒毛中央乳糜管代偿性扩增，而大剂量的 MDA 会使肠道绒毛出现假复层柱状上皮细胞。

光学显微镜观察黏膜上皮柱状细胞后发现，添加 MDA 后各组草鱼肠黏膜柱状细胞数量对 MDA 含量的增加而显著增加，F 组相比 S 组显著增加但显著小于 M1 组。杯状细胞是一种糖蛋白分泌细胞，其分泌的黏蛋白能润滑肠道，保护肠上皮黏膜[10]。并且它产生的三叶状蛋白，能在上皮黏膜受损时与细胞因子和生长因子的协同下加快上皮细胞的愈合[11]。因此，杯状细胞的增多表明草鱼肠道黏膜受到了损伤。

上述结果表明，鱼油氧化产物均会导致草鱼肠道柱状细胞增加，但其中主要有效成分可能是 MDA。

肠道扫描电镜结果显示，M3 组草鱼肠道微绒毛高度显著低于其余各组，S 组虽低于 M1、M2 组，但差异没有显著性，F 组显著大于 S 组，但与 M1、M2 组没有显著差异。这说明低剂量的 MDA 或鱼油其他氧化产物均会是肠道微绒毛代偿性增长以吸收更多营养物质来修复机体损伤，这与人类短肠综合征病人残余肠道的代偿、适应过程[12]有相似之处。且上述结果与切片中中央乳糜管的扩增结果相一致。而当 MDA 含量超出草鱼耐受范围后，微绒毛受到实质性损伤而出现萎缩。

（2）饲料 MDA 导致草鱼肠道通透性增加，并可能对其他器官组织造成损伤

肠道通透性增加可以有 2 个通路：一是细胞内通路，即由于上皮细胞微绒毛、肠腔方面细胞膜损伤，导致内毒素等经过上皮细胞→基底层→毛细血管的通路进入血液循环；二是细胞间通络，即由于上皮细胞间紧密连接的破坏，导致内毒素等经过上皮细胞间歇通路进入血液系统[13,14]。

本试验肠道透射电镜结果显示，MDA 和鱼油其他氧化产物均可导致草鱼肠道紧密连接结构受到损伤。紧密连接常见于单层柱状上皮，位于相邻细胞间隙的顶端侧面[15]，具有渗透性调节功能[16]和维持细胞极性[17]这两个功能。紧密连接在细菌及其毒素或炎症细胞因子等外界因素的影响下功能会丧失[18]，最终导致组织浮肿和损伤[19]，并使肠道通透性增加。

D－乳酸是肠道固有细菌的代谢中产物，动物体内一般不具有将其快速代谢分解的酶，因而血中 D－乳酸水平常用来反应肠道通透性[20]。内毒素是 G^- 菌细胞壁的脂多糖部分，可以引起黏膜水肿并引起缺血，肠绒毛顶端细胞坏死，肠道通透性增加[21]，同时还能引起谷氨酰胺代谢紊乱，进而影响肠道黏膜的修复[22]。本试验中，MDA 和鱼油其他氧化产物均可显著增加草鱼血清中 D－乳酸和内毒素的含量，这与透射电镜中紧密连接结构被破坏结果相一致。

内毒素含量的上升还可增强细菌易位和定植的能力，而需氧菌的大量聚集和繁殖可产生高浓度的内毒素[23]，因此高浓度的内毒素会通过血液循环进入其他组织而对其造成损伤。且李莉[24]等在给小鼠腹腔注射 MDA 后发现，MDA 的代谢途径是由血液流向肝胰脏，再由肝胰脏流向机体其他组织，因此肠道通透性增加使得 MDA 大量进入草鱼血液循环，从而增加机体其他组织中 MDA 的含量并增加其被损伤的可能。

上述结果表明，F、M1、M2 组草鱼肠道通透性增加可能只是中央乳糜管的扩张和紧密连接的受损，其肠道黏膜并没有受损，而 M3 组中其中央乳糜管并没有扩张，因此 M3 组的肠道黏膜可能受到损伤加上紧密连接的严重受损，进而导致有害物质大量进入血液循环。

四、结论

MDA 会影响草鱼胆固醇、胆汁酸循环，使肠道胆汁酸含量显著下降，从而影响肠道的消化功能，使肠道菌群受到影响。MDA 和鱼油其他氧化产物均会破坏肠道紧密连接结构，从而破坏草鱼的机械屏障功能，使肠道通透性显著增加，血清中有毒物质含量增加，并可能会影响机体其他组织。

参考文献

［1］Benzie I F F. Lipid peroxidation：a review of causes consequences measurement and dietary influences［J］. International Journal of Food Sciences and Nutrition，1996，47（3）：233－261.

［2］蔡建光，汤华，唐晖等．丙二醛破坏大鼠海马神经元胞质钙离子稳态的信号机制［J］．中国实验动物学报，2013，21（1）：32－37.

［3］李辉，康战方，汪保和等．丙二醛对体外培养骨髓间充质干细胞生长与增殖的双重影响［J］．湖南师范大学自然科学学报，2005，28（2）：62－66.

［4］程瑾．丙二醛对大鼠原代培养皮层神经元和学习记忆能力的损伤作用及其机制［D］．华中科技大学，2010.

［5］姚仕彬，叶元土，蔡春芳等．丙二醛对离体草鱼肠道黏膜细胞的损伤作用［J］．水生生物学报，2014.

［6］林迎晖，张家俊．阿魏酸钠对大鼠肝线粒体氧化性损伤的保护作用［J］．药学学报，1994，29（3）：

171 -175.

［7］潘华珍，冯立明，许彩民等．丙二醛对红细胞的作用［J］．生物化学与生物物理进展，1984，2：34 -37.

［8］荣新洲，张涛，杨荣华等．大鼠严重烧伤后肠绒毛的改变［J］．中华烧伤杂志，2005，21（6）：459 -461.

［9］史桂芝，王宝恒．急性内毒素血症早期大鼠淋巴管运动变化及其一氧化氮合酶组织学研究［J］．中国病理生理杂志，2001，17（3）：223 -225.

［10］Huerta B，Arenas A，Carrasco L，*et al.* Comparison of diagnostic techniques for porcine proliferative enteropathy（lawsonia intracellularis infection）［J］．Journal of Comparative Pathology，2003，129（2）：179 -185.

［11］Wattanaphansak S，Asawakarn T，Gebhart C J，*et al.* Development and validation of an enzyme-linked immunosorbent assay for the diagnosis of porcine proliferative enteropathy［J］．Journal of Veterinary Diagnostic Investigation，2008，20（2）：170 -177.

［12］Wu G H. Short bowel syndrome patients residual intestinal compensatory［J］．Chinese Journal of Practical Surgery，2006，25（11）：655 -657.

［13］Sigalet D L，Kneteman N M，Fedorak R N，*et al.* Intestinal function following allogeneic small intestinal transplantation in the rat［J］．Transplantation，1992，53（2）：264 -271.

［14］吴仲文．肠道屏障与肠道微生态［J］．中国危重病急救医学，2005，16（12）：768 -770.

［15］Wolburg H，Lippoldt A. Tight junctions of the blood-brain barrier：development composition and regulation［J］．Vascular Pharmacology，2002，38（6）：323 -337.

［16］Bernacki J，Dobrowolska A，Nierwińska K，*et al.* Physiology and pharmacological role of the blood-brain barrier［J］．Pharmacol Rep.，2008，60（5）：600 -622.

［17］Ueno M. Molecular anatomy of the brain endothelial barrier：an overview of the distributional features［J］．Current Medicinal Chemistry，2007，14（11）：1 199 -1 206.

［18］高志光，秦环龙．肠上皮细胞紧密连接的生物学功能及在肠屏障中的作用［J］．肠外与肠内营养，2005，12（5）：299 -302.

［19］Förster C. Tight junctions and the modulation of barrier function in disease［J］．Histochemistry and Cell Biology，2008，130（1）：55 -70.

［20］Smith S M，Eng R H K，Buccini F. Use of D-lactic acid measurements in the diagnosis of bacterial infections［J］．Journal of Infectious Diseases，1986，154（4）：658 -664.

［21］Berg R D，Garlington A W. Translocation of certain indigenous bacteria from the gastrointestinal tract to the mesenteric lymph nodes and other organs in a gnotobiotic mouse model［J］．Infection and Immunity，1979，23（2）：403 -411.

［22］石刚，陈嘉勇，徐鹏远．肠道黏膜屏障的损伤与保护［J］．肠外与肠内营养，2004，11（1）：61 -63.

［23］Bauer T M，Schwacha H，Steinbrückner B，*et al.* Small intestinal bacterial overgrowth in human cirrhosis is associated with systemic endotoxemia［J］．The American Journal of Gastroenterology，2002，97（9）：2 364 -2 370.

［24］李莉，陈菁菁，李方序等．氧应激毒性产物丙二醛（MDA）对小鼠体能的影响及其体内代谢［J］．湖南师范大学自然科学学报，2006，29（2）：97 -101.

第十章　氧化鱼油对草鱼胆固醇、胆汁酸合成代谢的影响

第一节　主要研究结果

在氧化鱼油灌喂草鱼的急性试验中，肠道黏膜、肝胰脏组织转录组分析结果显示，氧化鱼油在导致肠道黏膜严重损伤的时候，胆固醇、胆汁酸合成代谢催化酶、调节蛋白的基因表达活性显著上调，预示着胆固醇、胆汁酸在氧化鱼油损伤作用下可能具有特殊的生理作用。而我们对鱼类胆固醇、胆汁酸代谢与鱼体健康的关系研究很少。因此，总结了人体医学、动物科学中关于胆固醇、胆汁酸代谢的有关研究进展，并对在氧化鱼油短期刺激、在饲料中长期养殖条件下，以草鱼肝胰脏和肠道组织为研究对象，在克隆分析胆固醇、胆汁酸合成代谢催化酶、调节蛋白基因的基础上，较为系统地研究了饲料氧化鱼油、丙二醛对草鱼肝胰脏、肠道胆固醇、胆汁酸合成代谢的影响。

一、动物体内胆固醇、胆汁酸的生物合成途径与调控

总结和分析了动物科学、人体医学中有关胆固醇、胆汁酸代谢的资料，可以为我们对鱼类的同类研究提供很好的参考作用。胆汁酸的肠—肝循环是动物肠—肝轴物质循环的重要物质基础之一，在维护肠道屏障结构与功能完整性、维护肠道和肝胰脏健康方面具有非常重要的生理作用。胆固醇、胆汁酸均为环戊烷多氢非的衍生物，其结构特点决定该类物质具有层面状的疏水、亲水两性性质，也正是这种性质决定着这类物质具有特殊的生理作用。如何通过饲料途径，维护鱼体胆固醇、胆汁酸的正常代谢，尤其是维护好胆汁酸的肠—肝循环动态平衡将是研究的重点。

二、灌喂氧化鱼油使草鱼肠道黏膜胆固醇胆汁酸合成基因通路表达上调

以草鱼为试验对象，灌喂氧化鱼油 7d 后，采集肠道黏膜组织并提取总 RNA，采用 RNA-seq 方法，进行氧化鱼油组和正常鱼油组草鱼肠道黏膜基因差异表达水平、基因注释和 IPA 基因通路分析，并测定了血清中胆固醇、甘油三酯、高密度脂蛋白和低密度脂蛋白含量。结果显示，草鱼肠道黏膜在受到氧化鱼油损伤后，胆固醇和胆汁酸生物合成通路代谢酶、调节胆固醇和胆汁酸合成或转运的代谢酶或蛋白基因差异表达，部分基因差异表达达到显著性上调水平。

试验结果表明，草鱼肠道黏膜具备完整的“乙酰辅酶 A→胆固醇→胆汁酸”的合成代谢基因通路。肠道黏膜在受到氧化鱼油损伤后，以乙酰辅酶 A 为原料的胆固醇生物合成代

谢通路基因表达增强，胆固醇由细胞外转运到细胞内的逆转运途径基因通路表达下调，胆固醇由细胞内向细胞外转运基因通路表达上调；以胆固醇为原料的胆汁酸经典合成代谢途径基因通路表达上调，而胆汁酸的补充合成途径基因表达下调。灌喂氧化鱼油后，血清胆固醇、低密度脂蛋白、甘油三酯含量分别增加了28.84%、29.56%、12.13%，而高密度脂蛋白含量下降了8.15%。

三、草鱼肠道黏膜组织胆固醇合成酶基因的克隆和组织表达活性

以草鱼肠道黏膜组织为材料，采用RT-PCR技术克隆了草鱼胆固醇合成酶FDFT1、FDPS、SC5DL、LSS的基因片段，运用DANMAN软件进行片段序列的氨基酸推导和氨基酸同源性分析。结果显示，草鱼FDFT1、FDPS、SC5DL、LSS基因片段长度分别为786、886、951、1230bp，分别编码261、294、302、409个氨基酸，其氨基酸序列与斑马鱼相对应的氨基酸序列相似度最大，分别为93%、92%、91%、93%。

采用RT-QPCR方法，分析了4种胆固醇合成酶相关基因在草鱼肝胰脏、肠道中的表达，结果表明，4个基因在草鱼肝胰脏和肠道组织均有不同程度的表达，而表达活性存在显著性差异，FDFT1、FDPS、SC5DL、LSS在肝胰脏中的mRNA相对表达量比在肠道中分别高8、35、27、64倍，显示主要在肝胰脏中表达。

四、池塘养殖草鱼肠道病变后胆固醇、胆汁酸合成通路的变化

有研究显示，草鱼肠道健康与胆固醇、胆汁酸合成代谢具有较为紧密的关系。为了探讨草鱼肠道损伤，对胆固醇合成代谢通路基因表达的影响，以池塘养殖条件下的草鱼为研究对象，在对肠道损伤进行外观形态、组织切片和血清指标评估的基础上，测定了草鱼血清中的甘油三酯（TG）、高密度脂蛋白（HDL）、低密度脂蛋白（LDL）、总胆汁酸（TBA）和总胆固醇（TC）含量，采用荧光定量PCR（RT-QPCR）方法，定量检测肠道和肝胰脏组织的胆固醇、胆汁酸生物合成酶和调节控制酶的基因表达水平的变化。

结果显示，肠道损伤的草鱼血清HDL、LDL、TC和TBA的含量显著下调（$P<0.05$），肝胰脏和肠道组织的胆固醇、胆汁酸合成酶相关基因表达水平显著上调（$P<0.05$），与此同时，负调控胆汁酸合成的核受体FXR和调控胆固醇逆转运途经的CETP基因表达水平显著下调（$P<0.05$）。结果表明，草鱼肠道损伤后，胆固醇、胆汁酸的重吸收可能遭到破坏，刺激了肝胰脏和肠道的胆固醇、胆汁酸生物合成强度，从而维持胆固醇在机体内的代谢平衡。

五、胆固醇合成关键酶HMGCR基因的全长克隆与组织表达

3－羟基－3－甲基戊二酰辅酶A还原酶（3－hydroxy－3－methylglutaryl CoA reductase，HMGCR）是内源性胆固醇合成的关键限速酶，在维持胆固醇稳态方面具有重要作用。本实验利用cDNA末端快速扩增（RACE）法获得了草鱼HMGCR基因的cDNA全序列。HMGCR全长3 594bp，5′端非编码区（5-UTR）长77bp，3′端非编码区（3′-UTR）长988bp，开放阅读框（ORF）为2 529bp，编码842个氨基酸组成的多肽链，分子量91.48kD，理论等电点6.27。草鱼HMGCR蛋白包括两个结构域：氨基端复杂的复杂的跨膜区域（Asp^{62}-Leu^{219}）和羧基端细胞溶质催化区域（Asn^{419}-Arg^{826}），这两个序列通过一个可变的亲水接头序列

(Val^{220}-Ser^{418}）连接起来，存在一个磷酸化位点（Ser^{827}）和一个催化活性位点（His^{821}），前39个氨基酸残基（Met^{1}-Ala^{39}）为信号肽。由氨基酸同源性分析和进化分析可知，草鱼HMGCR与斑马鱼、丽脂鲤等鲤科鱼类的进化关系较近，与斑马鱼的同源性最高（89%）。通过组织表达分析表明，草鱼HMGCR在被检测的7个组织中都有表达，其中在肝胰脏中的表达量最高，其次为肌肉、肾脏和心脏。研究结果为进一步开展对草鱼HMGCR调控胆固醇代谢的分子机制研究提供了理论依据。

六、饲料氧化鱼油对草鱼肝胰脏、肠道胆固醇、胆汁酸合成代谢的影响

为了研究氧化鱼油对草鱼肝胰脏、肠道胆固醇、胆汁酸合成代谢的影响，以豆油、鱼油、氧化鱼油为饲料脂肪源，分别设计鱼油组（6F）、豆油组（6S）、2%氧化鱼油（2OF）、4%氧化鱼油（4OF）及6%氧化鱼油（6OF）5组等氮、等能半纯化饲料，在池塘网箱养殖草鱼，平均体重（74.8±1.2）g，共72d。采用实时荧光定量PCR（qRT-PCR）的方法，测定了草鱼肝胰脏、肠道组织中四种胆固醇合成相关酶HMGCR、SREBP2、CETP、ABCA1和胆汁酸合成关键酶CYP7A1的基因表达活性，结合血清、肝胰脏和肠道TC、TBA含量分析了胆固醇、胆汁酸的合成强度的变化。

结果显示，①添加氧化鱼油后，草鱼肝胰脏HMGCR基因表达活性显著上调（$P<0.05$），ABCA1和CYP7A1基因表达活性显著下调（$P<0.05$），肝胰脏TC、TBA含量显著增加（$P<0.05$）；②草鱼肠道HMGCR基因表达活性显著上调（$P<0.05$），CYP7A1基因表达活性显著下调（$P<0.05$），肝胰脏TC含量显著增加（$P<0.05$），而TBA含量显著减少（$P<0.05$）；③添加鱼油或氧化鱼油后，肝胰脏ABCA1基因表达活性与∑PUFA含量呈显著正相关关系，肠道ABCA1基因表达活性与MDA含量呈显著负相关关系（$P<0.05$），肠道HMGCR基因表达活性与POV值、MDA含量呈显著正相关关系（$P<0.05$）。

结果表明，在饲料添加氧化鱼油后，在鱼油的营养作用与鱼油氧化产物副作用的交互影响下，肝胰脏和肠道的胆固醇合成能力、向细胞内转运胆固醇的能力增强，向细胞外转运胆固醇的能力、以胆固醇为原料合成胆汁酸的能力减弱，致使肝胰脏、肠道、血清胆固醇含量增加、而胆汁酸含量减少。肝胰脏胆汁酸含量增加，而肠道胆汁酸含量显著下降，但是ABCA1基因表达活性变化均是下调，显示肝胰脏有胆汁酸淤积的发展趋势。预示着鱼体生理代谢可能需要更多的胆固醇以满足生理代谢的需要，而鱼体胆汁酸可能出现供给不足。

七、饲料丙二醛（MDA）对草鱼肝胰脏、肠道胆固醇、胆汁酸合成代谢的影响

为了研究丙二醛（MDA）对草鱼肝胰脏、肠道胆固醇、胆汁酸合成代谢的影响，以豆油为饲料脂肪源，根据等氮等能的原则，设置了一个对照组和3个MDA处理组的试验饲料，在池塘网箱养殖草鱼，平均体重（74.8±1.2）g，共72d。采用实时荧光定量PCR（qRT-PCR）的方法，测定了草鱼肝胰脏、肠道组织中4种胆固醇合成相关酶HMGCR、SREBP2、CETP、ABCA1和胆汁酸合成关键酶CYP7A1的基因表达活性，结合血清、肝胰脏和肠道TC、TBA含量分析了胆固醇、胆汁酸合成强度的变化。

结果显示，在饲料中添加MDA后，①草鱼肝胰脏HMGCR、SREBP2、CETP基因表达活性显著上调（$P<0.05$），ABCA1和CYP7A1基因表达活性显著下调（$P<0.05$），肝胰脏

TC 含量显著增加（$P<0.05$），TBA 含量显著减少（$P<0.05$）；②草鱼肠道 HMGCR、SREBP2、CETP、ABCA1、CYP7A1 基因表达活性显著下调（$P<0.05$），肠道 TC 含量显著增加（$P<0.05$），TBA 含量显著减少（$P<0.05$）；③在肝胰脏中，HMGCR、SREBP2、CETP 基因表达活性与饲料 MDA 含量均显示正相关关系的变化趋势，而 ABCA1、CYP7A1 基因表达活性均显示负相关关系的变化趋势；在肠道中，HMGCR、SREBP2、CETP、ABCA1、CYP7A1 基因表达活性与饲料 MDA 含量均显示负相关关系的变化趋势。结果表明，饲料 MDA 会导致肝胰脏胆固醇合成能力、向细胞内转运胆固醇的能力增强，肝胰脏、肠道向细胞外转运胆固醇的能力、以胆固醇为原料合成胆汁酸的能力减弱，而肠道胆固醇合成能力、向细胞内转运胆固醇的能力减弱可能与胆固醇负反馈调节有关，致使肝胰脏、肠道、血清胆固醇含量增加、而胆汁酸含量减少，表明在饲料 MDA 的作用下，鱼体可能需要更多的胆固醇以满足生理代谢的需要，而鱼体需要的胆汁酸可能出现供给不足。

第二节　动物体内胆固醇、胆汁酸的生物合成途径与调控

我们在进行氧化油脂与草鱼健康的研究过程中，多项试验均发现胆固醇、胆汁酸合成代谢在饲料氧化油脂刺激下得到增强，表明胆固醇、胆汁酸在鱼体健康维护方面具有重要的作用。而对于鱼类胆固醇、胆汁酸的研究报告并不多，可用的资料也较为有限，因此，有必要借鉴人体、动物关于胆固醇、胆汁酸代谢的研究资料，对胆固醇、胆汁酸的生物合成途径及其调控机制进行系统的了解，为进一步研究和阐述鱼类胆固醇、胆汁酸代谢机制，以及在鱼类生理健康维护、损伤修复过程中的作用提供参考，也为在实际的饲料生产、养殖生产中如何利用胆固醇、胆汁酸产品提供指导。

一、动物体内胆固醇的来源与去路

（一）动物体内胆固醇的来源有食物来源和体内生物合成 2 条途径。

一些食物、尤其是动物性食物含有胆固醇，水产饲料中的鱼粉、肉粉等产品中也含有胆固醇，这是动物体胆固醇的主要食物来源。食物来源的胆固醇在消化道内容易被吸收，这是由胆固醇自身的结构和性质所决定的。

而体内胆固醇的生物合成则是另一个重要的来源。现有的资料显示，动物体内很多器官和组织都具有胆固醇合成的能力，但主要还是在肝（胰）脏合成，有 70% ~80% 的胆固醇由肝脏合成。另一个胆固醇合成的主要器官组织是肠道，约 20% 的胆固醇是在肠道中合成的。

当然，胆固醇的合成代谢与其他生物代谢一样，都是在细胞中完成的。细胞合成胆固醇的场所是胞液的微粒体部分，原料是乙酰 CoA。合成一个分子的胆固醇需要 18 分子的乙酰 CoA，并由柠檬酸—丙酮酸循环和磷酸戊糖途径提供 10 分子的 NADPH，期间形成焦磷酸酯中间物和脱去二氧化碳。

对一个细胞而言，细胞内胆固醇合成、向细胞外转运，以及将细胞外胆固醇转运至细胞内 3 个方面协调，维持细胞内胆固醇数量的基本稳定。

（二）胆固醇在动物体内的去路

胆固醇在体内不被彻底氧化分解为 CO_2 和 H_2O，而经氧化和还原转变为其他含环戊烷多

氢菲母核的化合物。其中大部分进一步参与体内代谢，或排出体外。

胆固醇在动物体内的去路：①转变为胆汁酸是胆固醇代谢的主要去路，可以用于合成胆酸、脱氧胆酸、鹅胆酸、牛黄胆酸、甘氨胆酸等，胆汁酸作为“肠—肝轴”物质循环的主要物质种类而发挥重要的生理功能。胆固醇在肝脏氧化生成的胆汁酸，随胆汁排出，每日排出量约占胆固醇合成量的40%。在草鱼氧化油脂损伤肠道黏膜的不同试验中，胆固醇、胆汁酸合成代谢都得到增强，显示出胆固醇、胆汁酸的特殊生理作用。②转变成类固醇激素，在肾上腺皮质球状带、束状带和网状带细胞合成睾丸酮、皮质醇和雄激素；睾丸间质细胞合成睾丸酮；卵巢卵泡内膜细胞及黄体合成雌二醇和孕酮；肠道也是鱼类最大的内分泌器官，利用胆固醇可以合成多种固醇类激素，这在氧化油脂损伤肠道黏膜的转录组分析的试验中也得到证实。③转化为7-脱氢胆固醇，经紫外线照射转变为维生素D_3。④胆固醇在体内可作为细胞膜的重要成分，是细胞的重要组成物质。

二、肠—肝轴（gut-liver-axis）中胆汁酸循环

（一）肠—肝轴（gut-liver-axis）

在人体医学中，“肠—肝轴”的研究较多，成为多种疾病发生、发展的重要区域，也是多器官综合征的发源地。同样的原理，在动物和水产动物中，也应该有“肠—肝轴”的存在和生理作用。如何理解“肠—肝轴”？

动物的“肠—肝轴”在解剖结构、或称为物理性结构上有共同的联系，在生理功能上，更是动物整体生理代谢的一个“轴心”，当这个“轴心”偏离正常稳定态后，就会导致多器官组织疾病的发生和发展。

肠道和肝脏具有共同的胚胎学起源，而且在生物学功能上相互影响、密不可分，形成“肠—肝轴”。肝脏70%左右的血液来源于通过门静脉的肠道血液，这是营养物质，也包括肠道来源性的炎症因子、毒素等进入肝脏的主要通道。在这个通路中，肠道、主要是肠道黏膜屏障成为人体、动物防御外来物质感染、损伤的“第一道防线”，而肝脏成了“第二道防线”。所有的生理性平衡都是一种动态的平衡，正常情况下来源于肠道的感染、损伤物质只有少量的进入肝脏第二道防线，通过肝脏的解毒功能得以清出。而异常情况下，肠道和肝脏通过其紧密的相互联系导致相互的损伤作用，并对其他远程器官和组织造成损伤，又称为远程性打击作用，出现多器官功能障碍，如肠道—肝脏—脑的综合征、肠道—肝脏—肾脏综合征等。肠道也成为多种疾病尤其是炎症性疾病的始发器官组织。

肠道是最大的外源性食物消化吸收器官，是最大的内分泌器官，也是鱼类最大的免疫防疫器官。肠道的屏障结构和屏障功能就是防御外来物质感染、损伤的“第一道防线”。肠道屏障包括肠道内微生物之间建立的微生态平衡屏障（又称为生物屏障），以黏液为体现的其中的多种酶（如SOD酶、溶菌酶等）、化学物质（如谷胱甘肽、化学解毒物质等）组成的化学屏障，更重要的是由黏膜上皮细胞组成的黏膜屏障（又称为结构屏障、机械屏障），而黏膜屏障包含了黏膜细胞通路（依赖于黏膜细胞微绒毛的细胞膜的完整性）、黏膜细胞间通路（依赖于黏膜细胞之间的紧密连接结构完整性）。肠道黏膜屏障成为重要的肠道屏障结构基础，受到的损伤作用也是最大的。因此，黏膜细胞通过不断地更新来维护黏膜屏障结构与功能、黏膜细胞的消化吸收功能以及黏膜细胞的其他重要功能。黏膜细胞的更新速度很快，一般1~3d就能更新一次。因此，凡是能够促进黏膜细胞更新的物质也是肠道结构与功能维

护的重要物质，这在饲料途径的损伤与修复研究中要特别注意。我们关于草鱼肠道黏膜细胞之间紧密连接结构、氧化油脂对紧密连接结构损伤作用的研究也是重要研究成果之一。

如果肠道屏障结构与功能完整性得到维护，那么，在肠道内即使有损伤作用的发生，即使有大量的微生物存在，也仅仅是“肠道内的风暴”，不会对其他器官和组织造成损伤作用。但是，一旦肠道屏障结构与功能损伤，肠道的通透性就会显著增加，从而导致肠道细菌、细菌内毒素易位而通过血液进入肝脏，肠道内的细胞因子、炎症介质等，以及来源于饲料中的有毒有害物质，也将通过血液进入肝脏。这些物质会激活肝脏的免疫防御系统，如激活 kuffer 细胞等，对来源于肠道的有害物质进行防御，这就是肝脏的第二道防线的作用。而一旦超过肝脏的防御能力，肝脏细胞、尤其是 kuffer 细胞所产生的细胞因子、炎症介质，又会反过来进一步损伤肠道黏膜细胞以及其他器官组织的细胞。

因此，通过上述分析，可以初步地了解到肠—肝轴在动物体内免疫、防御中的轴心作用。这还仅仅是肠—肝轴的轴心作用的一个方面，在正常的物质分解代谢、合成代谢、物质的相互转化代谢过程中，肠道和肝脏也是紧密地、相互地联系在一起的，成为动物体内正常代谢的轴心器官系统。

有关鱼类肠—肝轴的研究还很少，在鱼类营养代谢、生理研究，尤其是疾病的发生、发展研究中，应该更加重视这类的研究。

（二）肠—肝轴中的胆汁酸循环

肠—肝轴中的胆汁酸循环也仅仅是众多肠—肝物质物质循环代谢之一，而我们在关于饲料氧化油脂对草鱼生理结构、健康损伤的研究中，发现胆汁酸循环具有关键性的作用，这也是我们的重要研究成果之一。

目前，关于肠—肝轴中的胆汁酸循环的研究主要还是在人体医学研究方面，整个的代谢途径、代谢量研究的较为清楚。我们可以借鉴人体医学中的研究成果，拓展认识在鱼类胆固醇、胆汁酸代谢的可能途径、调控机制和生理作用。

肝脏每天合成的胆固醇约有 40% 用于胆汁酸的合成。从肠—肝轴胆汁酸循环示意图（图 10-2-1）可以看出，虽然肝脏每天胆汁酸的合成量与从粪便中的排出量大致相当，在人体中有 95% 以上的胆汁酸要被肠道重吸收再进入肝脏，每天的胆汁酸有 4~12 次的循环，应该说通过肠—肝循环，使合成的胆汁酸得到了充分的生理利用，发挥出了最大的生理效益。

胆汁酸的肠—肝循环是维持体内胆汁酸池数量稳定的重要调节机制。胆汁酸在肝脏合成，贮存于胆囊，随胆汁分泌入小肠，在人体或哺乳动物的回肠重吸收再通过门静脉循环回到肝脏的过程，称胆汁酸的肝—肠循环。胆汁酸在肝脏合成后由胆盐输出泵（bile salt export pump，BSEP）泵入胆道。游离胆汁酸在小肠和大肠通过扩散作用被动重吸收，结合胆汁酸在回肠通过小肠刷状缘的钠盐依赖的胆汁酸转运体（apical sodium dependent bile acid transporter，ASBT）被主动重吸收入小肠黏膜细胞，并与回肠胆汁酸结合蛋白（ileum bile acid binding protein，IBABP）结合，由基侧膜的终末腔面钠盐依赖的胆汁酸转运体（terminal apical sodium-dependent bile acid transporter tASBT）重吸收入门静脉。胆汁酸在肝细胞肝窦侧的牛磺胆酸钠协同转运蛋白（sodium taurocholate cont ransport peptide，NTCP）介导下被肝细胞所摄取，再经 BSEP 的作用胆汁酸被分泌入胆小管。95% 以上的胆汁酸又通过肝循环重吸收入肝构成胆汁的肠—肝循环；小部分胆汁酸经肠道细菌作用后排出体外。研究发现，一些药

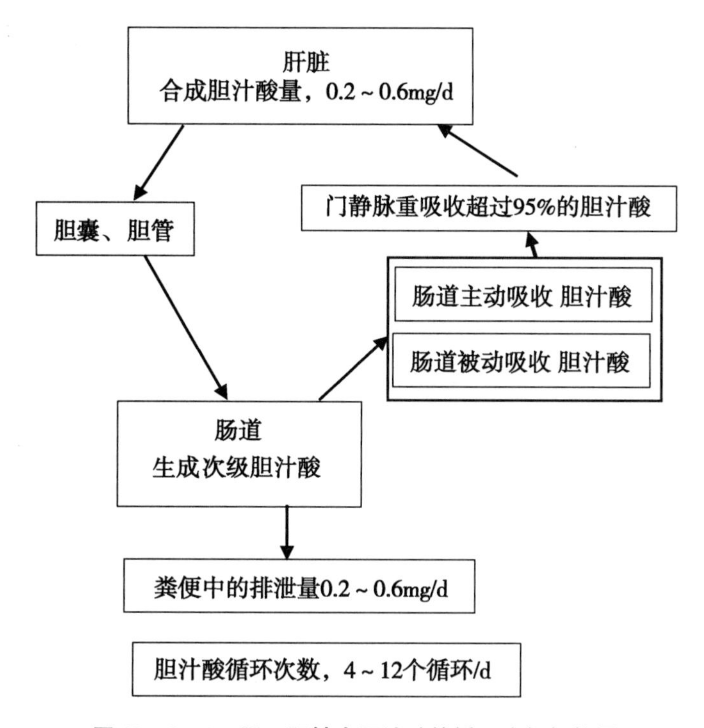

图 10－2－1　肠—肝轴中胆汁酸的循环途径与数量

Fig. 10－2－1　Schematic circulation pathway of bile acids with gut-liver axis

物如消胆胺可与胆汁酸结合，阻断胆汁酸的肠—肝循环，增加胆汁酸的排泄，间接促进肝内胆固醇向胆汁酸的转变。肝脏也能将胆固醇直接排入肠内，或者通过肠黏膜脱落而排入肠腔；胆固醇还可被肠道细菌还原为粪固醇后排出体外。

有资料显示，一些植物性的膳食纤维在肠道内可以与胆汁酸结合，导致重吸收、再循环的胆汁酸量不足，促使肝脏中更多的胆固醇用于胆汁酸的合成。人体食物中，豆类食品、一些麦类食品中的膳食纤维就具有这种功能，能够起到降低体内胆固醇的作用。在水产动物饲料中，高剂量的豆粕对肠道黏膜具有损伤作用，对肝胰脏也显示出损伤作用，是否也是遵循同样的原理，影响了肠道对胆汁酸的重吸收、再循环？还值得深入的研究。

三、胆固醇、胆汁酸的结构

胆固醇、胆汁酸，以及固醇类激素的生理作用是由它们的化学结构和性质所决定的，因此，认识和了解其化学结构是了解它们生理作用的基础。

如图 10－2－2 所示，胆固醇的母核结构为环戊烷多氢菲，不同的固醇类、胆汁酸结构上的差异主要是在其侧链基团，侧链基团可以氧化、还原和降解转变为生理活性分子。

以环戊烷多氢菲为母体结构的胆固醇、胆汁酸在其化学结构上有一个显著的特点。环戊烷多氢菲构成了一个层面状的结构，而这个层面结构的两面分别是甲基和羟基，甲基是疏水性的，而羟基则是亲水性的。这样的结构就是典型的层面状两性分子：一面疏水、另一面亲水，且层面状结构可以很好地插入其他分子体系之中。例如，胆固醇可以很好地插入在细胞膜的磷脂双分子层中，并引起细胞膜流动性的改变。与磷脂等分子量较大的、碳链很长的疏水、亲水两性分子比较，胆固醇、胆汁酸类的分子量小、分子结构插入其他分子体系时的空

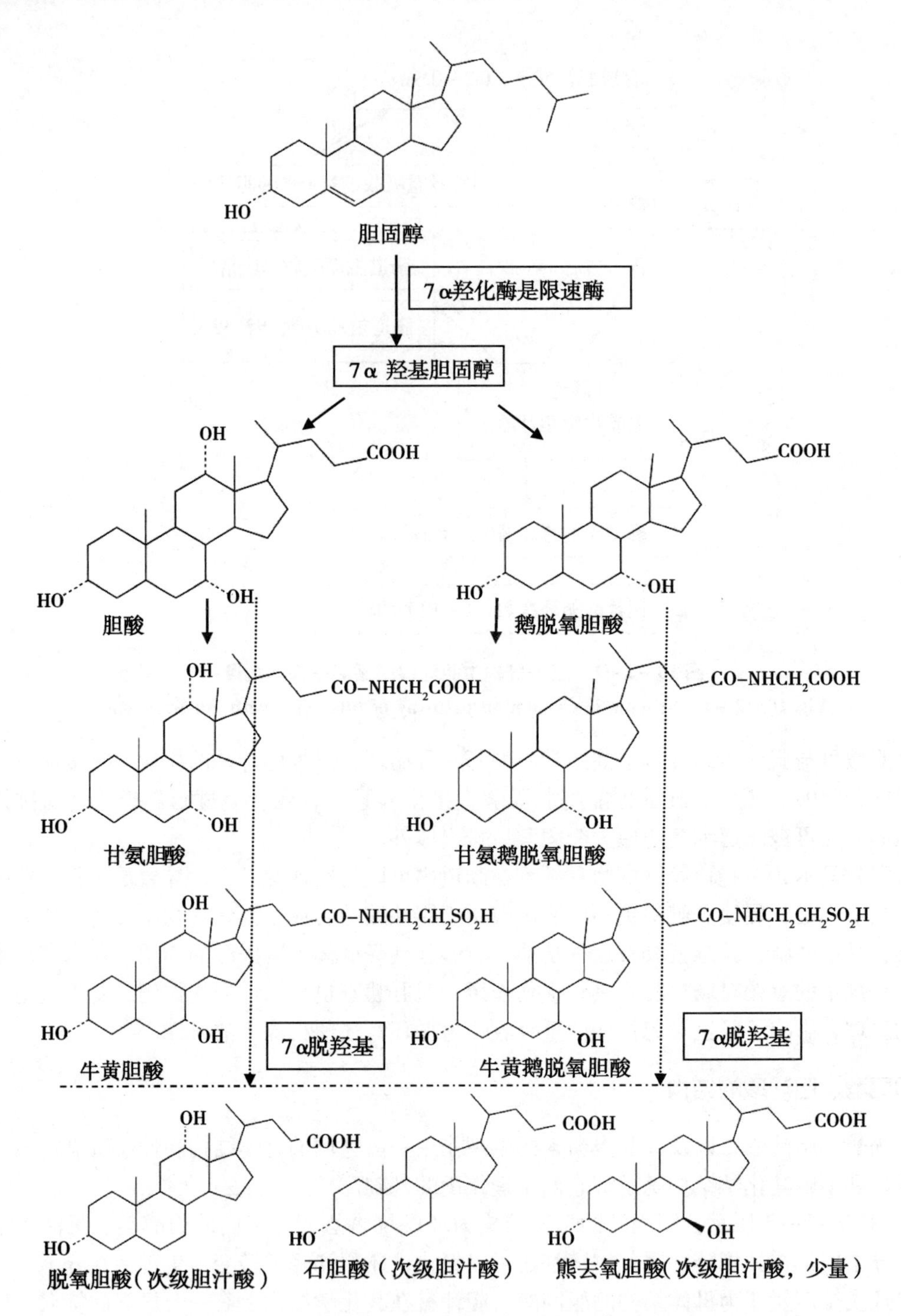

图 10－2－2　胆固醇、胆汁酸的结构式（胆汁酸合成途径）

Fig. 10－2－2　Cholesterol, bile acid structural formula (bile acid synthesis pathway)

间位阻就小很多。

胆汁酸是以胆固醇为原料合成的，合成反应也主要发生在胆固醇的侧链基团，所以，胆汁酸保持了以环戊烷多氢菲为母体结构的胆固醇分子结构特性。胆汁酸分子内既含有亲水性的羟基及羧基或磺酸基，又含有疏水性烃核和甲基。亲水基团均为 α 型，而疏水的甲基为 β 型，两类不同性质的基团恰位于环戊烷多氢菲核的两侧，使胆汁酸构型上具有亲水和疏水的两个侧面。作为疏水、亲水的两性分子结构的胆汁酸具有较强的界面活性，能降低油水两相间的表面张力，促进消化道内对食物来源的脂肪脂类乳化作用，同时扩大脂肪和脂肪酶的接触面，加速脂类的消化。再如，熊（鹅）去氧胆酸治疗肝和胆汁淤积疾病主要是基于通过亲水性的、有细胞保护作用和无细胞毒性的熊（鹅）去氧胆酸来相对地替代亲脂性、去污剂样的毒性胆汁酸，以及促进肝细胞的分泌作用和免疫调节来完成的。

四、以乙酰 CoA 原料的胆固醇、胆汁酸合成途径

（一）胆固醇、胆汁酸合成途径

总结现有的基础资料，以及我们对草鱼肠道、肝胰脏转录组基因分析的结构，可以绘制出以乙酰 CoA 原料的胆固醇合成途径，以及以胆固醇为原料的胆汁酸合成途径，见示意图 10－2－3。

我们对草鱼灌喂氧化鱼油对肠道黏膜转录组的测序结果显示，在肠道黏膜严重损伤、肠道大量吸收功能、载体功能蛋白质基因表达显著下调的情况下，肠道黏膜组织中以乙酰 CoA 为原料合成胆固醇途径的全部基因表达活性显著上调，表明在肠道黏膜严重氧化损伤的情况下，黏膜组织依然保持着很强的胆固醇合成能力，说明胆固醇是非常需要的，在氧化损伤作用下可能具有我们目前还未知的重要的作用。

但是，在鱼类，胆固醇的合成是否与人体具有类似的情况？在肝胰脏合成为主，达到 80% 的量，而肠道仅仅只有 20% 的比例？肠道与肝胰脏胆固醇合成出了在数量上有差异外，在合成途径、控制机制上是否有差异？这些问题值得深入的研究。

（二）胆固醇合成的调控

胆固醇的生物合成代谢的调节与控制研究结果显示，主要受激素调节和胆固醇浓度调节的双重调控机制，示意图见图 10－2－4。

胆固醇合成过程中 HMG CoA 还原酶为限速酶，因此各种因素通过对该酶的影响可以达到调节胆固醇合成的作用。

1. 胆固醇合成的激素调控

HMG CoA 还原酶在胞液中经蛋白激酶催化发生磷酸化丧失活性，而在磷蛋白磷酸酶作用下又可以脱去磷酸恢复酶活性，胰高血糖素等通过第二信使 cAMP 影响蛋白激酶，加速 HMG CoA 还原酶磷酸化失活，从而抑制该酶活性，减少胆固醇合成量。胰岛素能促进酶的脱磷酸作用，使酶活性增加，则有利于胆固醇合成。此外，胰岛素还能诱导 HMG CoA 还原酶的合成，从而增加胆固醇合成。甲状腺素亦可促进该酶的合成，使胆固醇合成增多，但其同时又促进胆固醇转变为胆汁酸，增加胆固醇的转化，而且此作用强于前者，故当甲状腺功能亢进时，患者血清胆固醇含量反而下降。

2. 胆固醇浓度的调节

胆固醇可反馈抑制 HMG CoA 还原酶的活性，并减少该酶的合成，从而达到降低胆固醇合成的作用，细胞内胆固醇来自体内生物合成或胞外摄取。血中胆固醇主要由低密底脂蛋白（LDL）携带运输，借助细胞膜上的 LDL 受体介导内吞作用进入细胞。当胞内胆固醇过高，可抑制 LDL 受体的补充，从而减少由血中摄取胆固醇。

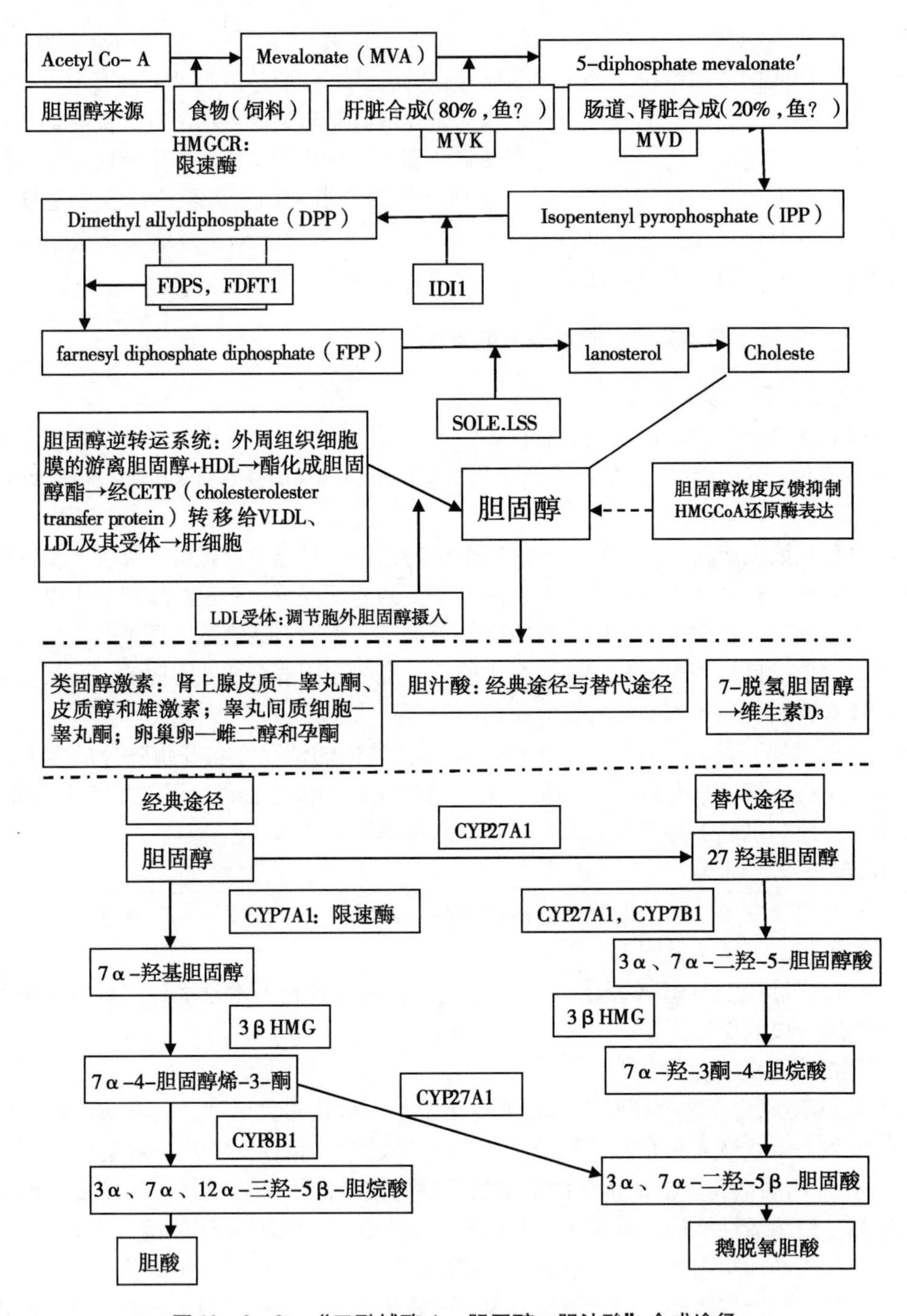

图10-2-3 “乙酰辅酶A→胆固醇→胆汁酸”合成途径

Fig. 10-2-3 Schematic synthesis pathway of “Acetyl coenzyme A→cholesterol→bile acid”

3. 胆汁酸合成代谢的调控

依据现有的研究资料，绘制了以胆固醇为原料的胆汁酸生物合成代谢的调控途径，见图10-2-5。

胆固醇转合成胆汁酸是在肝细胞内的系列酶促反应控制的。胆汁酸合成有经典途径及替

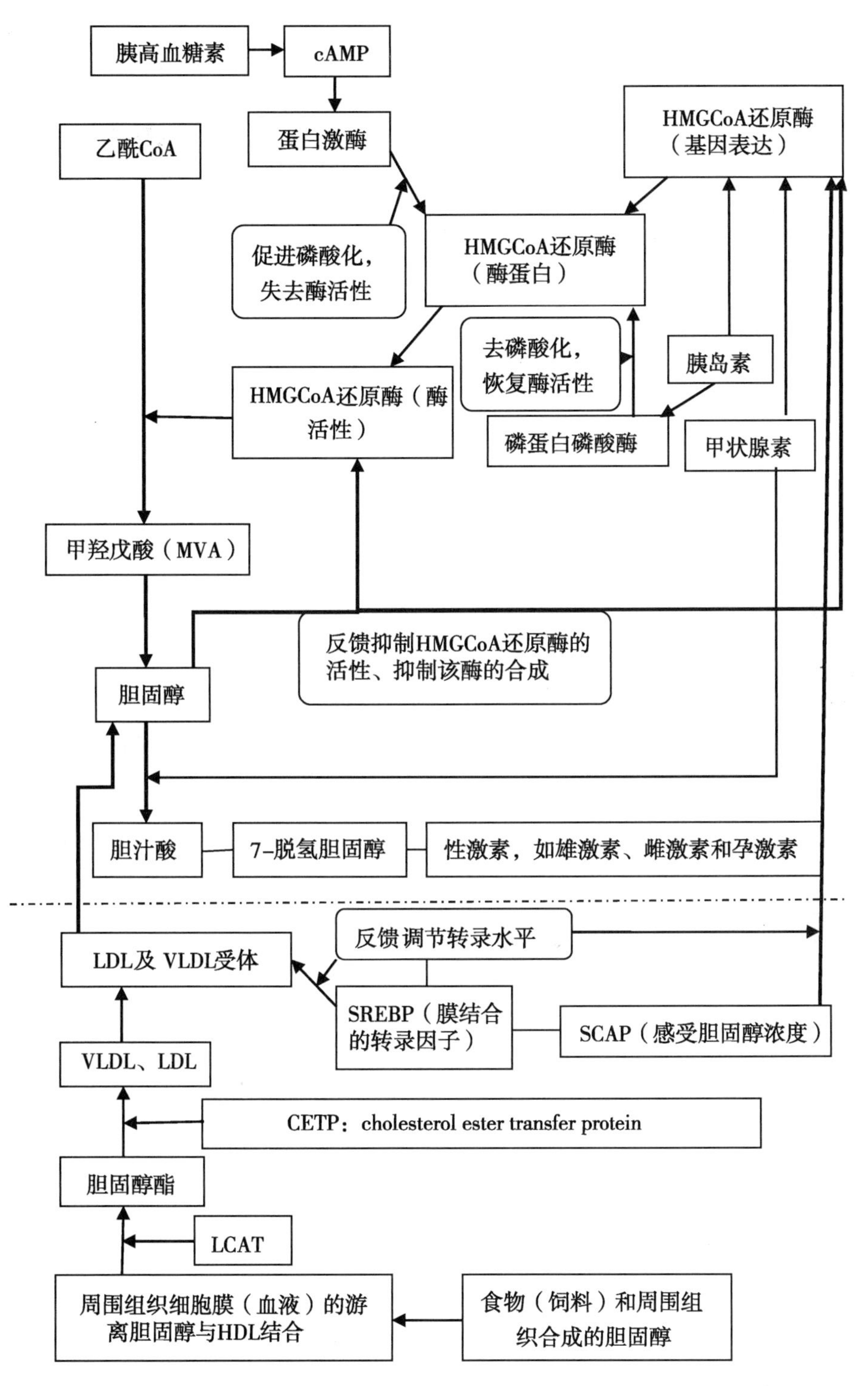

图 10-2-4 胆固醇合成代谢的调控途径（激素调节和胆固醇浓度调节）

Fig. 10-2-4 Metabolic regulation of cholesterol synthesis pathway (hormones and regulatecholesterol levels)

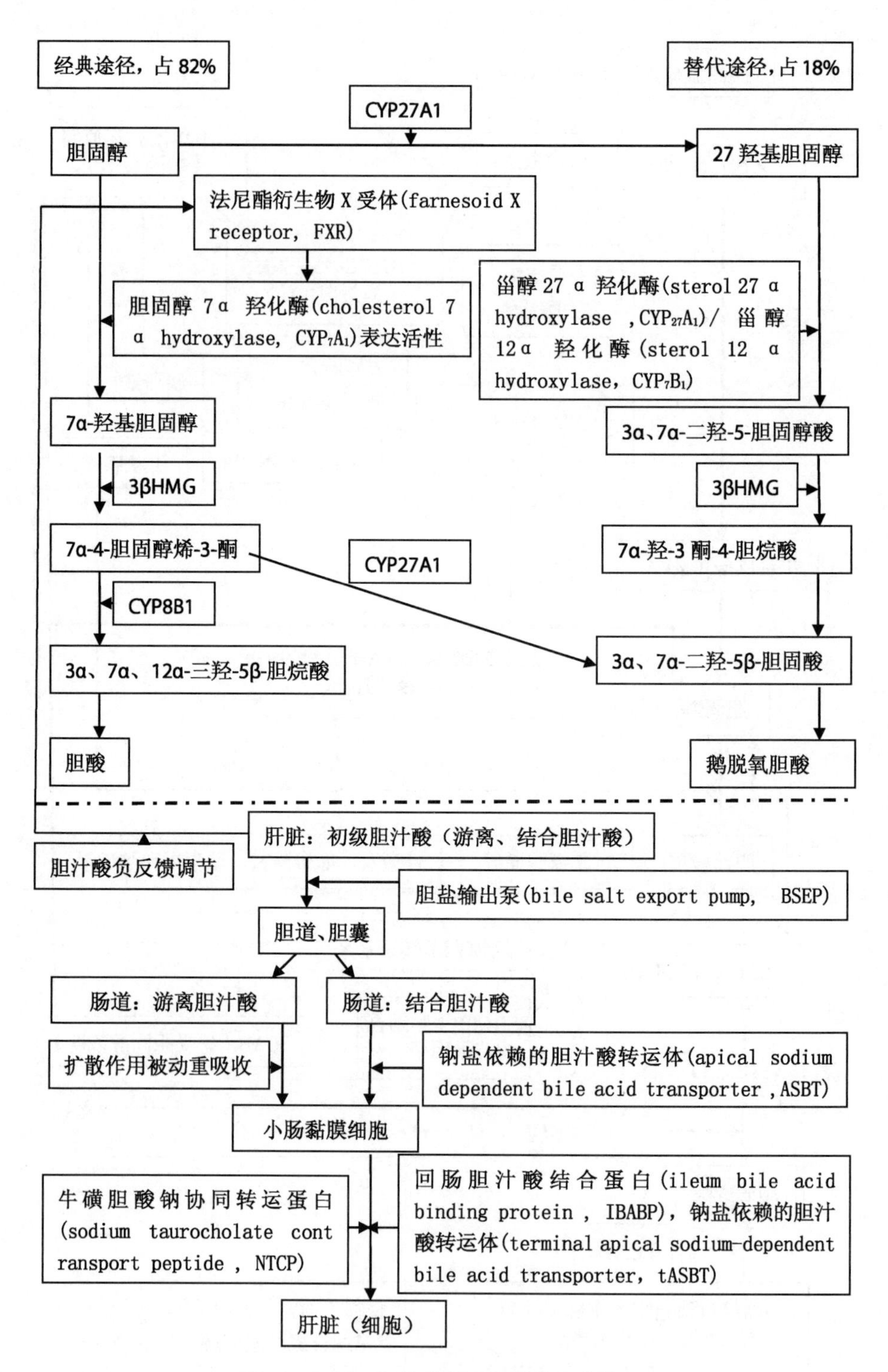

图 10-2-5　胆汁酸合成代谢的调节控制

Fig. 10-2-5　Regulation of bile acid synthesis metabolism

代途径两种途径。经典途径是胆汁酸合成的主要途径（也称中性途径），由胆固醇 7α 羟化酶（cholesteral 7 α hydroxylase，CYP_7A_1）催化，CYP_7A_1 是此反应的限速酶。胆汁酸合成的另一个途径称为替代途径，该途径占人体总胆汁酸合成的18%，由甾醇27 α羟化酶（sterol 27 α hydroxylase，$CYP_{27}A_1$）和甾醇12α羟化酶（sterol 12 α hydroxylase，CYP_7B_1）所催化。

胆汁酸通过负反馈机制调节自身代谢。胆汁酸池增大后，激活核受体FXR，使CYP_7A_1转录被抑制，胆汁酸合成速度下降。胆汁酸对CYP_7A_1的负反馈调节可以维持体内胆汁酸池的平衡。胆汁酸的合成速度与CYP_7A_1的活性呈正相关，动物进行胆汁分流术后或给予胆汁酸螯合剂可以减少肠胆循环的胆汁酸而增加CYP_7A_1活性。给实验动物喂饲胆汁酸或注入胆汁酸可以明显抑制CYP_7A_1的表达，从而阻断了胆汁酸的生物合成。

第三节　灌喂氧化鱼油使草鱼肠道黏膜胆固醇、胆汁酸合成基因通路表达上调

油脂是饲料重要的组成部分，但油脂中的不饱和脂肪酸容易氧化、酸败，氧化、酸败产物如过氧化物、丙二醛等对鱼类具有毒副作用[1-3]。肠道是鱼类消化吸收的主要器官，饲料中氧化油脂首先对肠道造成损伤作用，并对其他器官造成一定的影响。高通量RNA测序（RNA-seq）技术的发展为在转录组水平上更宏观的层面研究特定代谢途径基因通路，以及不同代谢通路之间的关系奠定了基础[4,5]。本研究在对草鱼灌喂氧化鱼油7d后，观察到肠道黏膜脱落，肠道受到严重的急性损伤。以灌喂正常鱼油的样本为对照，采用RNA-seq方法，得到了灌喂氧化鱼油后草鱼肠道黏膜组织基因差异表达的结果。主要试验结果为，草鱼肠道黏膜组织得到4.5G的读段数量，注释了1万左右的基因数量（conting数）。显示有455个基因差异表达极显著（fold≥3.0，fold≤－3.0），其中253个基因差异表达显著上调（fold≥3.0）、202个基因差异表达显著下调（fold≤－3.0）。采用IPA（Ingenuity Pathways Analysis）基因通路分析方法，有183个差异表达显著的基因进入通路。观察到NRF2介导的氧化应激通路、GSH/GST（s）通路、泛素－蛋白酶体通路等差异表达上调。在该项研究中得到一个值得关注的结果是，在氧化油脂造成草鱼肠道急性损伤的情况下，肠道胆固醇合成代谢的系列酶基因差异表达显著上调，本文仅就此内容进行分析。胆固醇的生物合成主要在肝脏细胞、其次在肠道细胞进行，是以乙酰辅酶A为原料[6,7]，以3－羟基－3－甲基戊二酰辅酶A还原酶（HMG-CR）催化乙酰辅酶A合成3－羟基－3－甲基戊二酰辅酶A为胆固醇合成反应的限速反应，而HMG-CR为胆固醇生物合成的限速酶。胆固醇也是动物体内胆汁酸、甾体激素合成的原料[8,9]。胆汁酸包括胆酸、脱氧胆酸、鹅胆酸、牛黄胆酸、甘氨胆酸等[1]。生物体内的代谢反应由酶催化完成，酶蛋白基因表达活性在一定程度上也反映了酶蛋白合成量和酶催化反应的能力。本文利用上述转录组结果，较为系统地分析了肠道黏膜组织胆固醇、胆汁酸合成通路的基因差异表达信息，同时也测定了血清中胆固醇、血脂成分含量的变化，从整体上得到了草鱼“乙酰辅酶A→胆固醇→胆汁酸”的合成代谢基因通路的酶蛋白基因差异表达结果，这对于了解和掌握肠道黏膜氧化损伤与肠道胆固醇、胆汁酸代谢的关系，以及胆固醇、胆汁酸在肠道健康维护、损伤修复中的特殊营养作用具有重要的基础研究价值和生产指导意义。

一、材料与方法

（一）氧化鱼油

试验用鱼油为以鳀、带鱼为原料提取、经过精炼的精制鱼油，购自中国福建高龙实业有限公司。在精炼鱼油中添加 Fe^{2+} 30mg/L（$FeSO_4 \cdot 7H_2O$）、Cu^{2+} 15mg/L（$CuSO_4 \cdot 5H_2O$）、H_2O_2 600mg/L（30% H_2O_2）和 0.3% 的水充分混合。在温度（80±2）℃、充空气、搅拌条件下持续氧化 14d 得到氧化鱼油，于 -80℃冰箱中保存备用。采用常规方法测定鱼油和氧化鱼油的氧化评价指标：碘价（IV）分别为（67.19±3.32）g/kg 和（61.99±4.03）g/kg、酸价（AV）（0.51±0.04）g/kg 和（3.64±0.23）g/kg、过氧化值（POV）（10.86±1.26）meq/kg和（111.27±2.85）meq/kg、丙二醛（MDA）（7.50±1.600）μmol/mL 和（72.20±10.0）μmol/mL。鱼油经过 14d 的氧化后，IV 下降了 7.74%，而 AV、POV、MDA 分别增加了 613.73%、924.59%、862.67%。

（二）草鱼及其灌喂方法

试验草鱼来自于江苏常州池塘养殖，用粗蛋白 28%、粗脂肪 5% 的常规草鱼饲料在室内循环养殖系统中养殖 20d 后，选择平均体重（108.4±6.2）g 试验鱼 42 尾，分别饲养于单体容积 0.3 m^3 的 6 个养殖桶中，设置鱼油组和氧化鱼油组，每组各 3 个平行，每个养殖桶饲养 7 尾试验草鱼。灌喂试验期间的水温（23±1）℃、溶解氧 6.4mg/L、pH 值 7.2。

将鱼油、氧化鱼油分别与大豆磷脂（食品级）以质量比 4∶1 的比例混匀、乳化，作为灌喂用的鱼油、氧化鱼油，于 4℃冰箱中保存。选取内径 2.0 mm 的医用软管（长度 5 cm）安装在 5 mL 一次性注射器上，作为灌喂工具。将草鱼用湿毛巾包住身体，按照试验鱼体体重的 1% 分别吸取鱼油、氧化鱼油，待鱼嘴张开时将灌喂软管送入口中，感觉到管口通过咽喉进入食道时，通过注射器注入鱼油或氧化鱼油，注射完毕后，保持注射姿势 15～20s，之后退出注射软管，将草鱼放入水族缸中。于每天上午 9：00 对试验鱼定量灌喂。灌喂试验开始前鱼体停食 24h，下午投喂草鱼饲料 1 次，连续灌喂 7d。

（三）血清成分分析

于灌喂试验的第 8d 上午 9：00，每个养殖桶分别取试验鱼 3 尾，尾静脉采血，静置 40min，血液自然凝固后，2 500r/min 离心 15min，取上清液 10 000r/min 再离心 15min 得血清，每个养殖桶 3 尾试验鱼血清等量合并，正常鱼油组和氧化鱼油组草鱼各 3 个血清样品，液氮速冻后，-80℃低温保存。血清样品送至苏州市九龙医院，使用雅培 C800 全自动生化分析仪测定血清中胆固醇、甘油三酯、高密度脂蛋白和低密度脂蛋白含量。

（四）肠道黏膜

在灌喂试验结束后，试验鱼体停食 24h，氧化鱼油组与鱼油组分别在 3 个平行养殖桶中各取 3 尾、每组 9 尾试验鱼。冰浴常规解剖、分离内脏团，将肠道剖开，浸入预冷 PBS 中漂洗后转入另一个预冷培养皿中，用手压住前肠端，用解剖刀从前向后一次刮取得到黏膜，转入 1.5 mL 离心管中（RNase free），液氮速冻，所有样品最终存于 -80℃备用。

（五）RNA 提取

每桶试验草鱼分别取正常和氧化鱼油组肠道黏膜样本各一份，分别独立用于提取总 RNA。RNA 提取时，各组 9 个样品按照总 RNA 提取试剂盒（NewBioIndustry）操作进行。RNA 提取后经过电泳检测 RNA 质量，在 3 个平行桶各取 1 尾、共 3 尾鱼 RNA 质量好的样本

（电泳条带亮度高、清晰、无拖尾）进行等量混合为1个样本，同样方法再混合一个样本，其余的舍弃。鱼油组、氧化鱼油组分别得到2个（$n=2$）平行样本，共4个混合RNA样本，分别用于RNA-seq。混合后的RNA提取液轻轻吹打充分混匀后，加入到专用的RNA保存管底部，真空干燥，一般60 μL干燥6～7h，80 μL干燥9～10h。干燥样品用于总RNA测序。

（六）RNA鉴定，文库构建，Illumina测序和基因注释

采用RNA纳米生物分析芯片和量子比特套件（RNA Nano Bioanalysis chip and Qubit Kit）测定（仪器为Agilent 2100）氧化鱼油组和正常鱼油组RNA完整性和浓度，RNA完整性RIN（RNA Integrity Number）值分别为9.10和8.70；RNA浓度分别为190、121ng/μL。分别取等量（约2.5μg）的氧化鱼油组和正常鱼油组草鱼肠道黏膜RNA，采用Illumina公司TruSeq的RNA样品制备试剂盒制备cDNA文库，PCR循环15次。利用Illumina的HiSeq2000进行文库的聚类和序列分析，配对末端（PE）的读段为50bp。原始测序读段中除去接头序列、序列质量分数小于20、读长序列小于30的短读段后用于基因的从头组装。基因的从头组装使用Brujin图形方式进行装配（CLC Bioversion 5.5）。转录组的注释和基因定位是利用UniProtKB/SwissPro和NCBI进行基因top hits（E-value为1e-6）的BLAST检索。基因的注释采用UniProtKB/SwissProt数据库（Blast2GO version 2.5.1）进行。

表10－3－1　试验草鱼血清胆固醇、甘油三酯、高密度脂蛋白和低密度脂蛋白含量（mmol / L）

Tab. 10－3－1　Cholesterol, triglyceride, HDL and LDL levels in grass carp serum（mmol / L）

组别 Groups	胆固醇 Cholesterol	甘油三酯 Triglyceride	高密度脂蛋白 HDL	低密度脂蛋白 LDL
鱼油组 Fish oil group	4.59	3.81	2.07	1.13
	3.81	4.38	2.41	1.02
	4.67	4.18	1.78	1.03
平均 Average	4.36	4.12	2.09	1.06
氧化鱼油组 Oxidized fish oil group	5.51	4.46	1.98	1.53
	5.66	4.57	1.86	1.16
	5.67	4.84	1.91	1.43
平均 Average	5.61	4.62	1.92	1.37
比率 Ratio *（%）	28.84	12.13	－8.15	29.56

注：*为（氧化鱼油组结果－正常鱼油组结果）×100/正常鱼油组结果

Note: *（Oxidized fish oil group value-fish oil group value）×100 / fish oil group value

鱼油和氧化鱼油组分别合并2个平行RNA样本的试验数据，依据RNA-seq分析结果和基因表达分析结果做差异表达分析和基因通路分析IPA（Ingenuity Pathways Analysis），在CLC Genomics Workbench（Version5.5）进行基因的差异表达分析，映射参数分别设置为95%，$P<0.05$。以正常组草鱼结果为对照，灌喂氧化鱼油组基因具有显著差异表达的界定条件为fold绝对值大于2、读段数大于10。依据P值和具有显著差异表达基因数占通路基因总数的比例确认基因通路。

二、结果

（一）血清胆汁酸、胆固醇和血脂含量的变化

于灌喂试验第8d采集试验鱼血清，测定其中胆固醇、甘油三酯、高密度脂蛋白、低密度脂蛋白含量（表10－3－1）。在灌喂氧化鱼油7d后，草鱼血清胆固醇、甘油三酯、低密度脂蛋白含量分别增加了28.84%、12.13%、29.56%，而高密度脂蛋白含量下降了8.15%。

（二）胆固醇合成代谢基因通路

以灌喂正常鱼油组结果为对照，灌喂氧化鱼油后的草鱼肠道黏膜基因差异表达的结果见表10－3－2。有HADHB、HMG CS1、HMG CRa、MVK、MVD、IDI1、FDPS、FDFT1、DHCR4、SQLE、LSS、CYP51、PPP2CA、SC4MOl、NSDHl、HSD17B7、EBP、SC5D共18个胆固醇合成酶基因显示出差异表达。差异倍数（Fold）范围为1.27～6.02，且全部为正值，即胆固醇生物合成酶的基因全部为差异表达上调。这些酶的碱基序列与对应的斑马鱼基因的相似度为75.4%～99.1%，具有很好的相似度。

经过*IPA*基因通路分析，显示胆固醇生物合成共有MVD、FDPS、SQLE、FDFT1、EBP、IDI1、MVK、LSS、HMGCR、SC5D等基因进入典型的规范路径，*P*值为3.59E-20，Ratio为11/16（0.688）。

将所得到的灌喂氧化鱼油组基因差异表达分析结果进行KEGG中的通路分析，其中胆固醇生物合成和初级胆汁酸生物合成路径得到较为完整的显示，综合胆固醇、胆汁酸生物合成代谢途径和本试验中得到的具有差异表达的酶基因分析结果，显示了草鱼肠道组织中较为完整的“乙酰辅酶A→胆固醇→胆汁酸”的合成代谢途径和催化反应的酶（图10－3－1）。

（三）胆固醇生物合成调节、转运相关的酶（蛋白）基因

依据胆固醇生物合成的代谢途径、胆固醇合成代谢调节机制和胆固醇转运途径，以及*IPA*基因通路和KEGG中的通路分析结果，在灌喂氧化鱼油草鱼肠道黏膜转录组分析结果中，查找到甾醇O-酰基转移酶1（SOAT1）、固醇调节元件结合蛋白裂解激活蛋白样（SCAP）、胆固醇酯转运蛋白CETP）、固醇调节元件结合蛋白2、3（SREBP2、SREBP 3）等14个酶或蛋白质的基因，差异倍数范围为－3.05～7.89（表10－3－3）。其中，*SOAT*1、*CETP*、*LDLr*12、*LDLr*1、*LDLr*8、*ATP-BCT A*1、*MRP*5均为差异表达下调，而*SCAP*、*MRP*1、*MRP*4、*MRP*2、*MRP*3均为差异表达上调。表10－3－3中所注释的基因序列与斑马鱼等物种对应基因序列的相似度为61.9%～95.5%。

上述结果显示，在草鱼肠道黏膜组织中，肠道黏膜受到氧化鱼油损伤后，不仅存在胆固醇合成途径代谢酶的基因差异表达，而且还有涉及胆固醇合成代谢调节、转运等途径的酶或蛋白质基因得到差异表达。与胆固醇生物合成途径共同组成了一个草鱼肠道组织中较为完整的胆固醇合成，以及调节控制和转运的基因通路。

表 10-3-2　草鱼肠道黏膜胆固醇生物合成代谢酶基因及其差异表达

Tab. 10-3-2　The genes and the fold value of cholesterol biosynthesis pathway in the intestinal mucosal of grass carp (*Ctenopharyngodon idellus*)

基因描述 Blast Hit Description (HSP)	序列长度 Sequence length (bp)	相似度 Blast similarity (%)	差异倍数 Fold change	酶编号 Enzyme codes
羟酰辅酶 A 脱氢酶 Hydroxyacyl-Coenzyme A dehydrogenase, HADHB	2 247	92.8	1.27	EC: 2.3.1.16
羟甲基-CoA 合成酶 Hydroxymethylglutaryl-CoA synthase, HMG CS1	3 525	75.4	3.25	EC: 2.3.3.10
3-羟基-3-甲基戊二酰基辅酶 A 还原酶 3-hydroxy-3-methylglutaryl-Coenzyme A reductase a, HMG CRa	499	93.5	3.67	EC: 1.1.1.34
甲羟戊酸激酶 Mevalonate kinase, MVK	1879	80.1	3.27	EC: 2.7.1.36
二磷酸甲羟戊酸脱羧酶 Diphospho mevalonate decarboxylase, MVD	243	88	4.28	EC: 4.1.1.33
戊烯二磷酸 Δ-异构酶 Lisopentenyl-diphosphate Delta-isomerase 1, IDI1	844	95.8	6.02	EC: 5.3.3.2
法呢基焦磷酸合酶 Farnesyl diphosphate synthase, FDPS	1592	84.2	3.89	EC: 2.5.1.10
法呢二磷酸法呢基转移酶 1 Farnesyl-diphosphate farnesyltransferase 1, FDFT1	1 464	87.2	3.34	EC: 2.5.1.21
24-脱氢胆固醇还原酶 24-Dehydrocholesterol reductase, DHCR4	1 889	91.6	4.45	EC: 1.3.1.72
角鲨烯单加氧酶 Squalene monooxygenase, SQLE	2 898	82.1	4.59	EC: 1.1.1.35;
羊毛甾醇合成酶 Lanosterol synthase, LSS	2 663	89.5	4.05	EC: 5.4.99.7
羊毛甾醇 14-α-脱甲基酶 Lanosterol 14-alpha demethylase, CYP51	2 890	89.7	4.44	EC: 1.14.13.70
蛋白磷酸酶 2 Protein phosphatase 2, PPP2CA	1774	99.1	1.49	EC: 1.14.13.72
甲基甾醇单加氧酶 1 Methyl sterol monooxygenase 1, SC4MOl	2 302	91.3	3.95	EC: 1.14.13.72

表 10-3-3　草鱼肠道黏膜胆固醇合成调节、转运相关酶（蛋白）基因及其差异表达

Tab. 10-3-3　Genes andthe fold value of regulate-or transport-related enzyme (protein) with cholesterol synthesis pathway in the intestinal mucosal of grass carp (*Ctenopharyngodon idellus*)

基因描述 Blast Hit Description (HSP)	序列长度 Sequence length (bp)	相似度 Blast similarity (%)	差异倍数 Fold change	酶编号 Enzyme codes
甾醇-4-α-羧酸甲酯 3-脱氢酶 Sterol-4-α-carboxylate 3-dehydrogenase, NSDHl	1 490	85.9	4.47	EC: 1.1.1.145; EC: 1.1.1.170

（续表）

基因描述 Blast Hit Description（HSP）	序列长度 Sequence length（bp）	相似度 Blast similarity（%）	差异倍数 Fold change	酶编号 Enzyme codes
3－酮－类固醇还原酶 3-keto-steroid reductase，HSD17B7	1 611	84.4	2.80	EC：1.1.1.62；
固醇异构酶 Emopamil binding protein（sterol isomerase），EBP	1393	81	4.47	EC：5.3.3.5
Lathosterol oxidase，SC5D	1 516	89	3.42	EC：1.14.21.6
甾醇 O-酰基转移酶 1 Sterol O-acyltransferase 1-like SOAT1	3 251	77.4	－1.71	EC：2.3.1.26
固醇调节元件结合蛋白裂解激活蛋白 Sterol regulatory element-binding protein cleavage-activating protein-like SCAP	3 634	95.5（Mus musculus）	1.92	EC：2.7.7.6
胆固醇酯转运蛋白 Cholesteryl ester transfer protein CETP	1 172	64	－1.28	
固醇调节元件结合蛋白 3 Sterol regulatory element binding protein 3 SREBP3	264	79.9	—	
固醇调节元件结合蛋白 2 Sterol regulatory element-binding protein 2 SREBP2	588	61.9	—	
低密度脂蛋白受体相关蛋白 12 Low-density lipoprotein receptor-related protein 12 LDLr12	1 881	68.3	－1.13	EC：2.3.1.48
低密度脂蛋白受体相关蛋白 1 Low-density lipoprotein receptor-related protein 1 LDLr1	2 496	73.8	－2.00	EC：2.3.1.50
低密度脂蛋白受体相关蛋白 8 Low-density lipoprotein receptor-related protein 8 LDLr8	478	70.8（*Oreochromis niloticus*）	－2.34	
ATP 结合盒转运体 A1 ATP-binding cassette transporter A1，ATP-BCT A1	1 881	87.1	－1.22	EC：3.6.1.3
多药耐药相关蛋白 Multidrug resistance-associated protein1 MRP1	4 847	80（*Poeciliopsis lucida*）	1.75	
多药耐药相关蛋白 4 Multidrug resistance-associated protein 4 MRP4	5 325	88	7.89	EC：1.1.1.141
多药耐药相关蛋白成员 2 Multidrug resistance-associated protein member 2 MRP2	4986	79.5	3.93	
多药耐药相关蛋白 3 Multidrug resistance associated protein 3 MRP3	2 721	87.4（*Oreochromis niloticus*）	3.18	EC：1.6.1.2；EC：1.6.1.1
多药耐药相关蛋白 5 类 Multidrug resistance-associ ated protein 5-like MRP5	4 730	86.9	－3.05	

注：＊比对物种除特别注明（括号内）外，其余均为斑马鱼（*Danio rerio*）。

Note：＊In addition to the brackets indicate specie，the rest are zebrafish（*Danio rerio*）.

（四）胆汁酸合成通路

胆汁酸的生物合成是以胆固醇为原料，一般是在肝细胞中进行的，本实验在草鱼肠道黏膜中也得到差异表达的胆汁酸合成酶基因，以及涉及胆汁酸合成调节、转运酶或蛋白的基因。依据转录组基因注释和基因差异表达分析结果，有胆汁酸合成途径的胆固醇 7－α-单加氧酶（CYP_7A_1）、固醇 26－羟化酶（$CYP_{27}A_1$）、羟酰辅酶 A 脱氢酶（HADHa）、固醇载体蛋白 2（SCP_2）基因差异表达上调，而细胞色素 $P_{4507}B_1$（CYP_7B_1）、α-甲基酰基辅酶 A 消旋酶（AMACR）基因差异表达下调，见表 10－3－4。经过 *IPA* 基因通路分析和 KEGG 中的路径分析，初级胆汁酸代谢途径得到注释，显示灌喂氧化鱼油后，草鱼肠道黏膜胆汁酸合成途径得到差异表达，但没有达到显著性差异水平。涉及胆汁酸合成调节和转运蛋白的基因有法尼醇 X 受体（*FXR*）、钠/胆汁酸转运蛋白 7（*SLCA7*）显示出差异表达下调，胆盐输出泵（*BSEP*）基因差异表达上调。

表 10－3－4　草鱼肠道黏膜胆汁酸合成与调节酶（蛋白）基因及其差异表达

Tab. 10－3－4　Genes and the fold value of the bile acid synthase（or protein）in the intestine of grass carp（*Ctenopharyngodon idellus*）

基因描述 Blast Hit Description (HSP)	序列长度 Sequence length (bp)	相似度 Blast similarity (%)	差异倍数 Fold change	酶编号 Enzyme codes
胆固醇 7－α-单加氧酶 Cholesterol 7-alpha-monooxygenase，CYP7A1	676	75.2	1.31	EC：1.14.13.17
固醇 26－羟化酶 Sterol 26-hydroxylase，CYP27A1	2 436	75.2	1.01	
细胞色素 P450，家族 7，亚家族 B，多肽 Lcytochrome P450，family 7，subfamily B，polypeptide 1，CYP7B1	939	71.2	－1.98	EC：2.7.11.0
α-甲基酰基辅酶 A 消旋酶 α-methylacyl-CoA racemase，AMACR	2 285	86.4	－1.61	EC：5.1.99.4
羟酰辅酶 A 脱氢酶 Hydroxyacyl-Coenzyme A dehydrogenase，HADHa	3 052	90	1.45	EC：1.1.1.35； EC：4.2.1.17
固醇载体蛋白 2 Sterol carrier protein 2，SCP2	2 422	89.4	3.01	EC：2.3.1.176
法尼醇 X 受体 Farnesoid X receptor FXR	2 272	85.7	－1.29	EC：6.3.2.6； EC：4.1.1.21； EC：5.4.99.18
胆盐输出泵 Bile salt export pump，BSEP	4 579	84.9	1.36	
钠/胆汁酸转运蛋白 7 Sodium/bile acid cotransporter7，SLCA7	1 692	91.1	－1.21	

注：＊比对物种均为斑马鱼（*Danio rerio*）。

Note：＊In addition to the brackets indicate specie，the rest are zebrafish（*Danio rerio*）.

三、讨论

（一）草鱼肠道黏膜组织存在胆固醇、胆汁酸的生物合成代谢通路

Victor 等[7]较为系统地阐述了胆固醇的生理作用和病理意义，且节肢动物（如虾、蟹等）和线虫缺乏关键胆固醇生物合成酶的角鲨烯合成酶和羊毛甾醇合酶而不能合成胆固醇，鱼类等脊椎动物的肝（胰）脏是以乙酰辅酶 A 为原料合成胆固醇的主要器官，其次是肠道[6-7]。胆固醇的主要去路之一是合成胆汁酸。本试验以灌喂氧化鱼油 7d 后的草鱼肠道黏膜组织为试验材料，对总 RNA 经过序列分析，注释得到了在肠道黏膜组织中的胆固醇和胆汁酸生物合成途径代谢酶。依据动物胆固醇、胆汁酸合成的途径，结合本试验结果，图10-3-1 显示有 HADHB、HMG CS1、HMG CRa、MVK、MVD、IDI1、FDPS、FDFT1、DHCR4、SQLE、LSS、CYP51、PPP2CA、SC4MOl、NSDHl、HSD17B7、EBP、SC5D 共 18 个胆固醇合成酶基因参与了以乙酰辅酶 A 为原料的胆固醇合成通路，整个代谢途径经历了甲羟戊酸、甲羟戊酸-5-磷酸、异戊烯基-5-焦磷酸、二甲基烯丙基二磷酸、法尼基二磷酸、羊毛甾醇、酵母甾醇（Zymosterol）等中间物质，最后合成胆固醇。重要的是这 18 个酶蛋白基因差异表达倍数范围为 1.27~6.02，均显示为差异表达上调。这一结果表明，在草鱼肠道黏膜组织中，以乙酰辅酶 A 为原料的胆固醇生物合成途径的客观存在，且在灌喂氧化鱼油导致肠道黏膜损伤后，均是差异表达上调。

在以胆固醇为原料的胆汁酸合成途径中，由 CYP7A1 催化胆固醇合成 7α-羟基胆固醇酯为限速反应，注释得到了 *CYP7A*1（1.31）、*AMACR*（-1.61）、*HADL*（1.45）、*SCP*2（3.01）差异表达基因，催化经过 3α，7α-二羟基-5β-胆甾烷醇-CoA 和 3α，7α，12α-三羟基-5β-胆甾烷醇-CoA 反应途径，分别合成牛磺酸鹅脱氧胆酸、甘氨脱氧胆酸、鹅脱氧胆酸和胆酸、牛黄胆酸、甘氨胆酸。结果显示，草鱼肠道组织中存在胆汁酸代谢的反应途径，有胆汁酸合成代谢酶基因得到差异表达。

（二）肠道氧化损伤使肠道黏膜胆固醇合成能力增强

在正常生理条件下，较多的文献资料显示[6-11]，细胞内胆固醇主要依赖 SCAP-SREBPs-LDLr/HMG CoA reductase/ ATP-BCT A1，G1 三个方面的作用保持基本的稳定状态。①通过 HMG coA 还原酶调节细胞内胆固醇的生物合成，增加细胞内胆固醇量[8-11]。②通过 CETP-SCAP-SREBPs-LDLr 途径将细胞外胆固醇逆转运至细胞内[11,12]。③通过三磷酸腺苷结合盒转运体（ATP-binding cassette transporter，ATP-BCT A1）A1，Gl（多药耐药相关蛋白 MRP1、MRP-Gl）将细胞内胆固醇转运到细胞外[10,11,13]。上述 3 个方面协调维持细胞内胆固醇平衡稳定。在本试验中，草鱼肠道在受到氧化鱼油损伤后胆固醇合成及其调节控制的变化主要表现为以下几个方面。

1. 肠道黏膜胆固醇的逆转运代谢减弱

胆固醇的逆转运途径是指通过 CETP-SCAP-SREBPs-LDLr 途径将细胞外胆固醇转运至细胞内的途径[11,12,14]，也是细胞内胆固醇的来源之一。胆固醇的转运首先需要进行酯化为胆固醇酯[11]，甾醇 O-酰基转移酶（SOAT1）是催化胆固醇酯与胆固醇相互转化的酶，在本试验中，SOAT1（fold 为 -1.71）差异表达下调，表明胆固醇酯化或去酯化的反应减弱；胆固醇酯转运蛋白（CETP）、低密度脂蛋白受体相关蛋白（LDLr）是胆固醇逆转运需要的转运载体蛋白[12-14]，CETP（fold 为 -1.28）和 LDLr1、LDLr8、LDLr12 差异表达均下调（fold

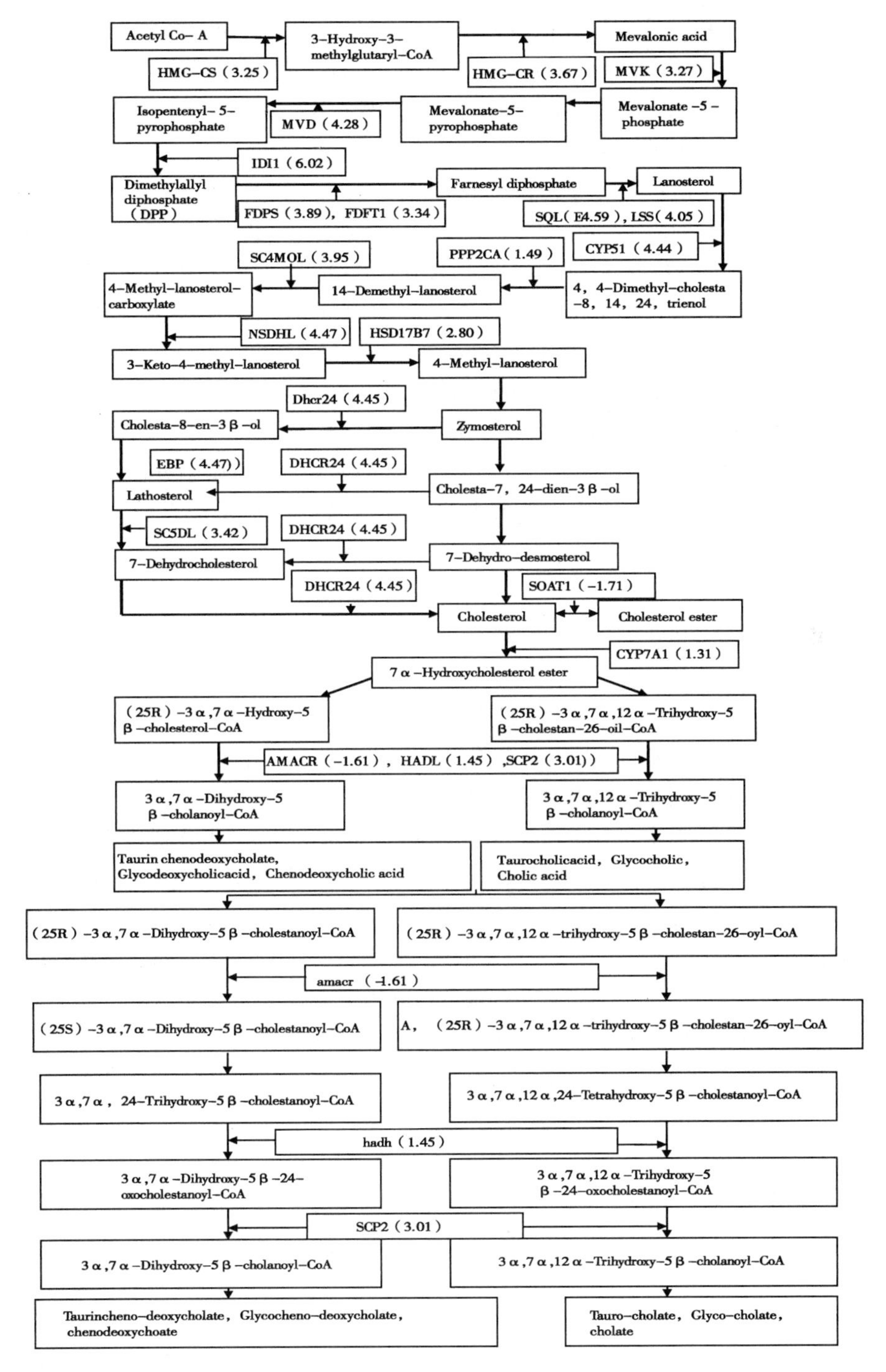

图 10 – 3 – 1 草鱼肠道黏膜胆固醇胆汁酸合成路径图

（斜体为酶或蛋白缩写，括号内数字为 fold 值）

Fig. 10 – 3 – 1 Synthesis pathway of cholesterol and bile acid in intestinal mucosa of grass carp（*Ctenopharyngodon idellus*）（Italics is abbreviation of the enzyme or protein，in brackets for the fold value）

分别为 -2.00、-2.34、-1.13），仅有固醇调节元件结合蛋白裂解激活蛋白（SCAP）表达上调（fold 为 1.92），但 SCAP 还参与激活 HMG-CoA 还原酶的作用[12]。因此，草鱼肠道黏膜在受到氧化鱼油损伤后，通过 CETP-SCAP-SREBPs-LDLr 途径将细胞外胆固醇转移到细胞内的胆固醇逆转运途径的能力是减弱的。

2. 肠道黏膜细胞内胆固醇的外流转运能力得到增强

细胞内胆固醇外流转运是通过 ATP-BCT A1、MRP1、MRP-Gl 等将细胞内胆固醇转运到细胞外的过程[10,11,15]。ATP-BCT A1（又缩写为 ABCA1）为介导细胞内胆固醇流出的关键转运体[16]，是胆固醇转运的关键蛋白。在本试验中，ATP-BCT A1 的差异表达是下调的（fold 为 -1.22）。多药耐药相关蛋白（Multidrug resistance-associated protein，MRP）属于 p 型糖蛋白超基因家族，为具有三磷酸腺苷（ATP）结合域的盒式跨膜转运子蛋白超家族成员[17]，MRPs 主要为有机阴离子转运载体，承载固醇类、胆汁酸（盐）、多种药物等物质向细胞外转运，从而保护细胞免受胆盐损伤[17,18]。MRP1 最重要的生理作用是外排机体内潜在的有害物质，包括外源性物质、内源性化合物及其代谢物，从而保护组织器官[18]。MRP2、MRP3 主要负责胆红素和其他胆汁成分的排泄，与肝脏胆汁淤积有关。本试验在肠道黏膜组织基因注释结果也得到上述几个蛋白基因，并显示出差异表达，其中的多药耐药相关蛋白 MRP1（fold 为 1.75）、MRP2（fold 为 3.93）、MRP3（fold 为 3.18）、MRP4（fold 为 7.89）均为显著性表达上调，只有 MRP5（fold 为 -3.05）为显著性下调。这些结果表明，草鱼肠道组织中也有多药耐药相关蛋白基因的表达，且在氧化鱼油造成肠道黏膜损伤后，显示出依赖于多药耐药相关蛋白调节的细胞内胆固醇向细胞外转运能力得到加强。

3. 肠道黏膜胆固醇生物合成能力及其调节作用增强

已经有较多的研究证实，HMG CoA 还原酶（HMG CR）是合成胆固醇途径的限速酶[8-11,19]，控制着以乙酰辅酶 A 为原料，经过甲羟戊酸、角鲨烯等途径合成胆固醇的代谢。在本试验中，HADHB、HMG CS1、HMG CRa、MVK、MVD、IDI1、FDPS、FDFT1、DH-CR4、SQLE、LSS、CYP51、PPP2CA、SC4MOl、NSDHl、HSD17B7、EBP、SC5D 共 18 个胆固醇生物合成的基因差异表达，且均是差异表达上调（fold 为 1.27~6.02）。尤其值得关注的是，草鱼肠道黏膜组织在受到氧化鱼油严重损伤的情况下，胆固醇合成途径的代谢酶和参与调节作用的酶、蛋白质的基因达到显著性表达上调，而胆汁酸的经典合成途径也显示得到上调。在灌喂氧化鱼油 7d 后，草鱼血清胆固醇含量增加了 28.84%，含有胆固醇的低密度脂蛋白（LDL）含量增加了 29.56%。胆固醇合成酶基因表达活性上调、血清胆固醇含量增加，这是一个非常值得关注的结果，是否预示着在草鱼肠道损伤下，增强胆固醇、胆汁酸合成酶、调节酶或蛋白基因的表达活性，合成更多的胆固醇、胆汁酸以满足氧化应激、氧化损伤修复的生理需要，这还需要深入、系统的研究。

关于食物（日粮）因素对胆固醇、胆汁酸代谢的影响也有一些研究报道。食物中的大豆蛋白[20,21]、大米蛋白[22]含有抗性蛋白（不易被消化、类似于食物纤维的食物蛋白成分）以及其中的微量成分物质（如大豆皂苷等），对人体、大鼠等具有降低血清和体内胆固醇水平的作用。日粮豆粕对鱼类胆固醇代谢同样产生较大的影响[23,24]，豆粕替代鱼粉导致鱼类血液胆固醇水平下降，但肝（胰）脏 HMG CoA 还原酶基因的表达活性显著上调，而控制以胆固醇为原料合成胆汁酸的 CYP7A1 基因表达活性也上调。但是，对肠道胆固醇、胆汁酸合成代谢则没有研究报告。

需要特别注意的是，日粮中高含量植物蛋白原料，尤其是高含量的豆粕也会导致鱼类肠道黏膜的损伤[23-25]。在肠道黏膜组织结构和功能性损伤条件下，鱼体肠道黏膜胆固醇、胆汁酸生物合成能力、代谢强度的变化就是值得关注的重要问题。日粮中高含量的豆粕对大西洋鲑（*Salmo salar*）[24]、虹鳟（*Oncorhynchus mykiss*）[25]、草鱼[26]等鱼类肠道具有损伤作用，可以引起肠道黏膜的微绒毛脱落、肠道炎症等。因此，日粮中高含量的植物蛋白尤其是高含量的豆粕，一方面是其中的抗性蛋白、纤维、微量抗营养因子等直接与胆固醇、胆汁酸结合成复合物而排出体外，增加了粪便中胆固醇、胆汁酸的排泄量；另一方面，也因为对肠道黏膜的损伤作用，导致黏膜细胞结构与功能损伤，减少了肠道组织对胆固醇、胆汁酸的再吸收。其结果导致体内胆固醇、胆汁酸水平下降。现有的研究报告显示，激活了鱼类肝（胰）脏 HMG CoA 还原酶、CYP7A1 基因的表达上调，使胆固醇和胆汁酸的生物合成量显著增加以满足生理需要。此时，引出一个重要的问题是，在日粮豆粕、氧化油脂等因素造成肠道黏膜损伤条件下，肠道黏膜组织胆固醇合成、胆汁酸的代谢会发生怎样的变化？肝（胰）脏、肠道均有胆固醇生物合成的能力，那么在肠道黏膜损伤条件下，肝（胰）脏和肠道黏膜胆固醇、胆汁酸生物合成能力、合成量是否会发生变化？氧化油脂也可以引起鱼体肠道黏膜的严重氧化性损伤[1-3]，氧化豆油水溶物、丙二醛均可以导致离体草鱼肠道黏膜细胞严重的损伤。那么，在氧化油脂对鱼体肠道黏膜造成氧化损伤后，肠道黏膜胆固醇合成、胆汁酸代谢会发生怎样的变化？本试验结果显示，灌喂氧化鱼油后，肠道黏膜出现严重的损伤，但是肠道胆固醇合成、胆汁酸合成酶基因的表达活性上调，显示出肠道黏膜胆固醇生物合成能力的增强，这是一个很值得关注的研究结果。我们以实际养殖生产中患有肠道炎症的草鱼肠道黏膜为材料，检测其中的胆固醇合成酶基因的表达活性，其结果也是显示表达上调。

本试验结果也显示出，调节肠道胆固醇生物合成的部分蛋白基因表达活性发生了变化。参与胆固醇生物合成调节蛋白主要有胆固醇调节元件结合蛋白（SREBPs）、固醇调节元件结合蛋白裂解激活蛋白（SREBP cleavage-activating protein，SCAP）。SREBPs[12,14]是膜结合的转录因子，SCAP 是内质网的一种膜蛋白[14]，是细胞内胆固醇敏感器，同时 SCAP 也被证明能与 SREBPs 在内质网结合成复合物，是 SREBP 的一个运载蛋白[12,14]。本试验中，HMG CoA 还原酶（fold 为 3. 67）、SCAP（fold 为 1. 92）均表现为差异表达上调，表明在草鱼肠道黏膜在受到氧化鱼油损伤的情况下，通过 SCAP-SREBPs-HMG 还原酶控制路径，对以 HMG CoA 还原酶作为限速酶的胆固醇生物合成调控是上调的，即是向增强胆固醇合成方向调控的。灌喂氧化鱼油后，草鱼血清胆固醇含量增加了 28. 84%、含有胆固醇的低密度脂蛋白（LDL）含量增加了 29. 56% 也为此提供了证据。

（三）草鱼肠道黏膜有胆汁酸生物合成酶、调节蛋白的基因差异表达

动物胆汁酸合成有经典途径及替代途径两种途径。经典途径是胆汁酸合成的主要途径，胆固醇 7α 羟化酶（CYP7A1）是此反应途径的限速酶[6,7,27]。本试验中，在胆汁酸合成途径中的胆固醇 7α 羟化酶（CYP7A1）、固醇 26 - 羟化酶（CYP27A1）、细胞色素 P450 7B1（CYP7B1）、α-甲基酰基辅酶 A 消旋酶（AMACR）、羟酰辅酶 A 脱氢酶（HADHa）、固醇载体蛋白（SCP2）等均在肠道黏膜中得到基因注释结果，并表现出差异表达，这一结果初步表明草鱼肠道黏膜胆汁酸代谢途径的客观存在性。

关于肠道黏膜胆汁酸合成代谢的调控作用，胆汁酸的合成速度与 CYP7A1 的活性呈正相关，胆汁酸通过核受体法呢醇 X 受体（FXR）对 CYP7A1 进行负反馈调节，以此维持体内

胆汁酸池的平衡[7,27,28]。受 FXR 调控的靶基因主要有 *CYP7A1*、胆盐输出泵（BSEP），当胆汁酸浓度增大后，激活 FXR，使 *CYP7A1* 转录被抑制，胆汁酸合成速度下降。本试验中，*CYP7A1*（fold 为 1.31）、*CYP27A1*（fold 为 1.01）、*HADHa*（fold 为 1.45）、*SCP2*（fold 为 3.01）均为差异表达上调，显示肠道黏膜在受到氧化鱼油损伤后，胆汁酸合成能力增强。*FXR*（fold 为 -1.29）表达下调有利于胆汁酸合成速度增加，钠/胆汁酸转运蛋白 7（SLCA7，fold 为 -1.21）差异表达下调不利于细胞对胆汁酸的吸收转运，而胆盐输出泵（BSEP，fold 为 1.36）差异表达上调则有利于胆汁酸向细胞外的转运。因此，草鱼肠道黏膜在受到氧化鱼油损伤后，肠道黏膜组织通过 *CYP7A1* 为限速酶的胆汁酸经典合成途径得到加强，胆汁酸由细胞内向细胞外转运能力增强。

胆汁酸合成的另一个途径称为替代途径[6,7,27]，由甾醇 27α 羟化酶（CYP27A1）和甾醇 12α 羟化酶（CYP7B1）（fold 为 -1.98）催化。本试验中，*CYP27A1* 虽然显示差异表达上调，但是 *CYP7B1*、*AMACR*（fold 为 -1.61）为下调，表明在肠道黏膜中胆汁酸合成的替代途径整体下调。

四、结论

草鱼肠道黏膜具备完整的“乙酰辅酶 A→胆固醇→胆汁酸”的合成代谢基因通路和代谢途径。肠道黏膜在受到氧化鱼油损伤后，胆固醇生物合成代谢途径增强，血清胆固醇含量增加；胆固醇逆转运途径减弱，胆固醇向细胞外转运增强；肠道黏膜组织中胆汁酸的经典合成代谢途径增强，而替代合成途径减弱。

参考文献

[1] 叶元土，蔡春芳．鱼类营养与饲料配制［J］．北京：化学化工出版社，2013：33-104.

[2] Kristin H, Kjersti K, Kjartan S, *et al.* Feed intake and absorption of lipid oxidation products in atlantic salmon (*Salmo salar*) fed diets coated with oxidised fish oil [J]. Fish Physiology and Biochemistry, 2001, 25: 209-219.

[3] Du Z Y, Clouet P, Huang L M. Utilization of different dietary lipid sources at high level in herbivorous grass carp (*Ctenopharyngodon idellus*): mechanism related to hepatic fatty acid oxidation [J]. Aquaculture Nutrition, 2008, 14: 77-92.

[4] Li C, Zhang Y, Wang R J, *et al.* RNA-seq analysis of mucosal immune responses reveals signatures of intestinal barrier disruption and pathogen entry following Edwardsiella ictaluri infection in channel catfish, Ictalurus punctatus [J]. Fish & Shellfish Immunology, 2012, 32: 816-827.

[5] Alessandro C, Jose M P, Gregory E M. Sequencing de novo annotation and analysis of the first *Anguilla anguilla* transcriptome: EeelBase opens new perspectives for the study of the critically endangered european eel [J]. BMC Genomics, 2010, 11: 635.

[6] 倪楚民，刘浩宇，刘锡仪等．胆固醇的研究进展［J］．中华现代临床医学杂志，2005，3（4）：316-318.

[7] Victor A C, Dolores B, Pablo M, *et al.* Advances in the physiological and pathological implications of cholesterol [J]. Biological Reviews, 2013, 88: 825-843.

[8] 汪维，童坦君．胆固醇合成途径的关键酶：HMG 辅酶 A 还原酶和疾病［J］．生理科学进展，1999，30（1）：5-9.

[9] John S B, Peter J E. Regulation of HMG-CoA reductase in mammals and yeast [J]. Progress in Lipid Research, 2011, 50: 403-410.

[10] Shahram E B, Marc E, Thomas W M, *et al.* Developmental processes regulated by the 3-hydroxy-3-methylglutaryl-CoA reductase (HMG CR) pathway: Highlights from animal studies [J]. Reproductive Toxicology, 2014, 46: 115-120.

[11] 柳童斐，宋保亮．胆固醇合成途径的负反馈调控机制［J］．中国细胞生物学学报，2013，35（4）：401-409.

[12] 刘芳，周新．SCAP 与胆固醇水平的调节机制［J］．生命科学，2002，14（3）：146-149.

[13] 司艳红，商战平，秦树存．胆固醇逆转运的新途径：胆固醇经肠道直接排出体外？［J］．中国生物化学与分子

生物学报，2011，27（11）：1 007－1 012.

［14］魏宁波，刘红云，汪海峰等．固醇调控元件结合蛋白在胆固醇代谢中作用机制的研究进展［J］．中国畜牧杂志，2013，49，（5）：80－84.

［15］Mardones P，Quiñones V，Amigo L，*et al.* Hepatic cholesterol and bile acid metabolism and intestinal cholesterol absorption in scavenger receptor class B type I-deficient mice［J］．Journal of Lipid Research，2001，42（2）：170－180.

［16］唐艳艳，陈五军，路倩等．ABCA1 的胞内运输及功能研究新进展［J］．生物化学与生物物理进展，2013，40（6）：510－519.

［17］Kullak G A，Beuers U，Paumgartner G. Hepatobiliary Transport［J］．Journal of Hepatology，2011，32：3－18.

［18］Ile S M，Li R，Kanwar J R，*et al.* Structural and functional properties of human multidrug resistance protein 1（MRPl/ABCCl）［J］．Current Medicinal Chemistry，2011，18（3）：43－48.

［19］Wang Y，Rogers P M，Su C，*et al.* Regulation of cholesterol genesis by the oxysterol receptor LXRα［J］．Journal of Biological Chemistry，2008，283（39）：26 332－26 339.

［20］Potter S M. Overview of proposed mechanism for the hypocholesterolemic effect of soy［J］．Journal of Nutrition，1995，125：606－611.

［21］周志红，杨晓泉，唐传核．大豆抗消化蛋白降胆固醇作用机理研究进展［J］．食品研究与开发，2005，26（4）：168－172.

［22］栾慧，杨林．大米蛋白调控胆固醇代谢的研究进展［J］．食品工业科技，2012，33（5）：421－424.

［23］汉雪梅，张曦，陶琳丽等．豆粕替代鱼粉对鱼类胆固醇代谢影响的研究进展［J］．云南农业大学学报，2013，28（5）：734－740.

［24］Kortner T M，Gu J，Krogdahl A，*et al.* Transcriptional regulation of cholesterol and bile acid metabolism after dietary soyabean meal treatment in Atlantic salmon（Salmo salar L.）［J］．British Journal of Nutrition，2012，30：1－12.

［25］Ostaszewska T，Dabrowski K. Growth and Morphological changes in the digestive tract of rainbow trout（*Oncorhynchus mykiss*）and pacu（*Piaractus mesopotamicus*）due to casein replacement with soybean protein［J］．Aquaculture，2005，245：273－286.

［26］吴莉芳，王洪鹤，秦贵信等．大豆蛋白对草鱼肠道组织及血液主要生化指标的影响［J］．西北农林科技大学学报（自然科学版），2010，38（2）：25－30.

［27］Gregor L，Monika L，Damjana R. Cytochrome P450s in the synthesis of cholesterol and bile acids-from mouse models to human diseases［J］．Febs Journal，2012，279：1 516－1 533.

［28］Bo K，Li W，John Y L，*et al.* Mechanism of tissue-specific farnesoid X receptor in suppressing the expression of genes in bile-acid synthesis in mice［J］．Hepatology，2012，56（3）：1 034－1 043.

第四节　草鱼胆固醇合成酶 FDFT1、FDPS、SC5DL、LSS 基因克隆及组织表达分析

胆固醇（cholesterol）是一种环戊烷多氢菲的衍生物[1,2]。它以游离态和胆固醇酯的形式广泛存在于动物体内，植物组织中几乎不含胆固醇。它不仅在参与形成细胞膜和作为脂质乳化剂[3]发挥着重要作用，而且是合成胆汁酸[4,5]、维生素 D[6]以及甾体激素的原料。在以乙酰辅酶 A 为原料生物合成胆固醇途径中[7]，胆固醇的合成速度、合成量主要受到 3－羟基－3－甲基辅酶 A 还原酶（HMGCR）、甲羟戊酸激酶（MVK）、甲羟戊酸脱羧酶（MVD）、异戊二烯基二磷酸 δ-异构酶（IDI1）、法尼基二磷酸合成酶（FDPS）、法尼基二磷酸法尼基转移酶 1（FDFT1）、羊毛甾醇合成酶（LSS）、类固醇 C5-脱氢酶（SC5DL）8 种胆固醇合成酶的活性调节和胆固醇量的反馈调节[8－15]。研究胆固醇合成酶基因序列、表达量对于掌握和了解鱼体胆固醇代谢、以胆固醇为原料的胆汁酸代谢具有重要意义。目前的研究只是局限

在其中的几个基因，且研究的对象主要是人、鼠和一些植物上[16-26]，在鱼类上研究的很少。草鱼（*Ctenopharyngodon idellus*）为典型的草食性鱼类，是中国淡水养殖的四大家鱼之一。草鱼健康与胆固醇合成代谢调节有着密切关系[27,28]。

本实验根据草鱼肠道转录组测序（RNA-Seq）结果，用 Primer Premier 5.0 软件设计引物，通过 RT-PCR 和荧光定量 PCR 技术，研究草鱼胆固醇合成酶 FDFT1、FDPS、SC5DL、LSS 的基因片段序列，以及在肝胰脏和肠道中 mRNA 表达量，为草鱼胆固醇生物合成途径与调控机制的研究奠定基础。

一、材料与方法

（一）总 RNA 的提取

实验草鱼来源于江苏大丰华辰养殖基地，体重（90～120）g，取肠道黏膜组织于研钵中，加液氮研磨成粉末状，按照 Trizol（TaKaRa 公司）试剂说明书提取并纯化总 RNA。通过琼脂糖凝胶电泳检测 RNA 的完整性。通过超微量分光光度计测定 RNA 的浓度，并根据 OD_{260}/OD_{280}判断 RNA 的纯度。总 RNA 溶液 -80℃保存。用 DNA 酶 I（TaKaRa 公司）消化后，取 1μg 总 RNA 按照 PrimeScript™ 1st strand cDNA Synthesis Kit（TaKaRa 公司）说明书合成 cDNA 第一链，-20℃保存备用。

（二）FDFT1、FDPS、SC5DL、LSS cDNA 部分序列的克隆

根据本实验室草鱼肠道转录组测序结果，采用 Primer Premier 5.0 软件设计正、反引物（表 10-4-1）。以草鱼中肠 cDNA 为模板，进行 RT-PCR 反应。PCR 反应体系含如下成分：灭菌蒸馏水 17.3μL、TaKaRa Ex Taq（5U/μl）0.2μL、10 × Ex Taq Buffer（Mg^{2+} Plus）2.5μL、dNTP Mixture（各 2.5 mM）2μL、模板 DNA（λDNA）1μL、上游引物（20μM）1μL、下游引物（20μM）1μL。PCR 反应程序为 94℃ 预变性 4min；94℃ 30s、Tm 30s、72℃1min，共 30 个循环，72℃延伸 10min。PCR 产物经 1.0% 琼脂糖凝胶电泳、割胶、回收纯化后克隆至 pMD19-T 载体（TaKaRa 公司），转化到感受态 DH5α（Invitrogen 公司），进行蓝白斑筛选，菌液 PCR 检测获得的阳性克隆送苏州金唯智生物技术有限公司测序，其余保存在 -20℃。

表 10-4-1 基因克隆 PCR 引物

Tab. 10-4-1 PCR Primers for gene cloning

基因名称 Gene Name		引物（5′to3′） Primer（5′to3′）	扩增长度（bp） Length（bp）
FDFT1	F：	AAACCCTGCGGACCTGCTA	786
	R：	GTGATGGCGATAGCGACTC	
FDPS	F：	GTAACGGTGTCCAGCAGAAA	886
	R：	ATGGGCGTAGTGATGCTGA	
SC5DL	F：	TTTCTTCGCTGGCTTGTCT	951
	R：	TGCCTACCTACTCTTCCTTGAC	
LSS	F：	CAGACTGTCCGCCGATGA	1230
	R：	AACGCCCAGCAGGTATTG	

（三）序列分析

利用 NCBI 的 ORF Finder 程序对所得序列作开放阅读框分析（http://www.ncbi.nlm.nih.gov/projects/gorf/orfig.cgi），预测编码氨基酸序列。运用 DNAMAN 软件将所得基因序列翻译成氨基酸序列，应用 BLASTP 程序搜索 GenBank 的 Non-redundant protein sequences（nr）数据库，进行氨基酸序列同源性分析。

（四）FDFT1、FDPS、SC5DL、LSS 基因的组织表达

采用 RT-QPCR 法检测草鱼肝脏、肠道组织中 FDFT1、FDPS、SC5DL、LSS 基因的表达。根据上述已经克隆得到的 FDFT1、FDPS、SC5DL、LSS 的 cDNA 序列，用 Primer Premier 5.0 软件设计这四个基因和内参基因 β-Actin（Genbank 登录号：DQ211096）的荧光定量正、反向引物（表 10－4－2）。用 SYBR Premix Ex Taq^{TM} II（TaKaRa 公司）荧光染料进行荧光定量，比较阈值法测定肝脏和肠道组织中的相对表达量。每种组织取 5 尾鱼，每尾鱼设两个平行。

表 10－4－2 荧光定量 RT-PCR 引物

Tab. 10－4－2 PCR Primers for Real-time RT-PCR

基因名称 Gene Name		引物（5′to3′） Primer（5′to3′）	扩增长度（bp） Length（bp）
FDFT1	F：	GCCCTGTCCTGTCTCAACC	133
	R：	TCGCTATCGCCATCACCT	
FDPS	F：	GATTGGTTCTTTACGGGAGTTG	150
	R：	CCCCTTCTTGTCACGGATG	
SC5DL	F：	GGCTCCTACCGCTACCCTT	154
	R：	TGCCTACCTACTCTTCCTTGAC	
LSS	F：	CTGTCCGCCGATGAAGAT	149
	R：	TAAGCGATAGTAAGCAGGGTG	
β-Actin	F：	CGTGACATCAAGGAGAAG	182
	R：	GAGTTGAAGGTGGTCTCAT	

提取各组织总 RNA 与反转录方法同上。RT-QPCR 程序：95℃ 30s；95℃ 5s、60℃ 30s，共 40 个循环；反应结束后进行溶解曲线分析。

根据各基因的 C_t 值计算扩增效率和分析溶解曲线，以确定模板和引物达到用荧光定量检测组织相对表达量的要求。通过公式：$2^{-\Delta\Delta CT}=2^{-(\text{Ct目的基因}-\text{Ct管家基因})}$，计算出肝脏和肠道中草鱼 FDFT1、FDPS、SC5DL、LSS 与内参基因 *β-actin* 的相对表达丰度，然后用 SPSS 21.0 进行 One-way ANOVA 分析，并进行 LSD 与 Duncan 氏比较，$P<0.05$ 表示有显著差异，结果以平均值 ± 标准误（mean ± SD）表示。

二、结果与分析

（一）草鱼 FDFT1、FDPS、SC5DL、LSS 基因克隆

以草鱼肠道黏膜组织 cDNA 为模板，使用表 10－4－1 中的基因引物分别对 FDFT1、FDPS、SC5DL、LSS 进行 RT-PCR 扩增，产物经琼脂糖凝胶电泳后，置于紫外凝胶成像系统下，显示获得的单一条带片段大小与预期的目的片段基本一致，克隆得到的草鱼 FDFT1、

FDPS、SC5DL、LSS 基因片段长分别为 786bp、886bp、951bp、1 230bp，见图 10－4－1。

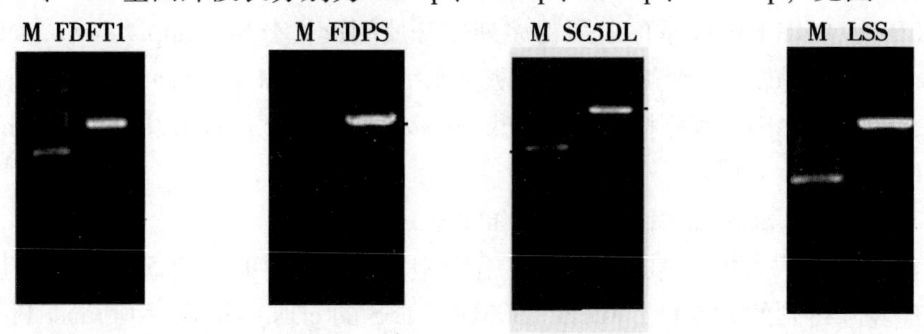

图 10－4－1　草鱼 FDFT1、FDPS、SC5DL、LSS 基因 PCR 扩增产物

Fig. 10－4－1　PCR products of grass carp FDFT1、FDPS、SC5DL、LSS gene

（二）氨基酸序列分析及其同源性对比分析

运用 DNAMAN 软件将所得基因序列翻译成氨基酸序列，应用 BLASTP 程序搜索 GenBank 的 Non-redundant protein sequences（nr）数据库，进行氨基酸序列同源性分析。

1. FDFT1

草鱼 FDFT1 基因片段序列长度 786bp，编码 261 个氨基酸，见图 10－4－2。FDFT1 部分氨基酸序列与其他鱼类的相似性分别是斑马鱼 93%、罗非鱼 92%、青鳉 89%、红鳍东方鲀 89%、金娃娃 89%。

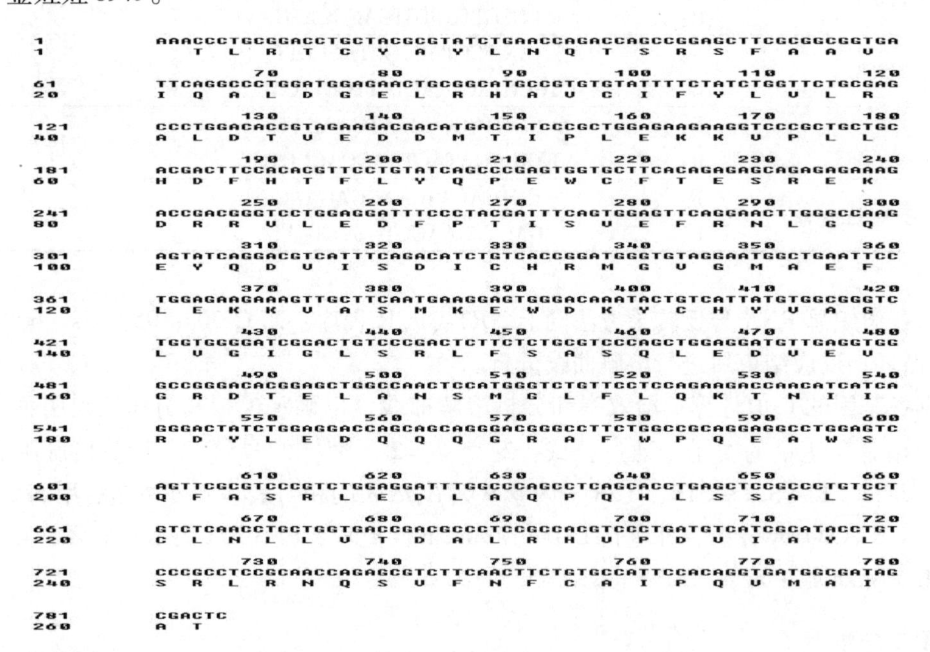

图 10－4－2　草鱼 FDFT1 基因 cDNA 部分序列及其编码氨基酸序列的推导

Fig. 10－4－2　Partial nucleotide sequence of the cDNA and deduced amino acid sequence of grass carp FDFT1 gene

2. FDPS

草鱼 FDPS 基因片段序列长度 886bp，编码 294 个氨基酸，见图 10－4－3。FDPS 部分氨基酸序列与其他鱼类的相似性分别是斑马鱼92%、安大略鲑85%、罗非鱼84%、红鳍东方鲀81%、青鳉77%、金娃娃71%。

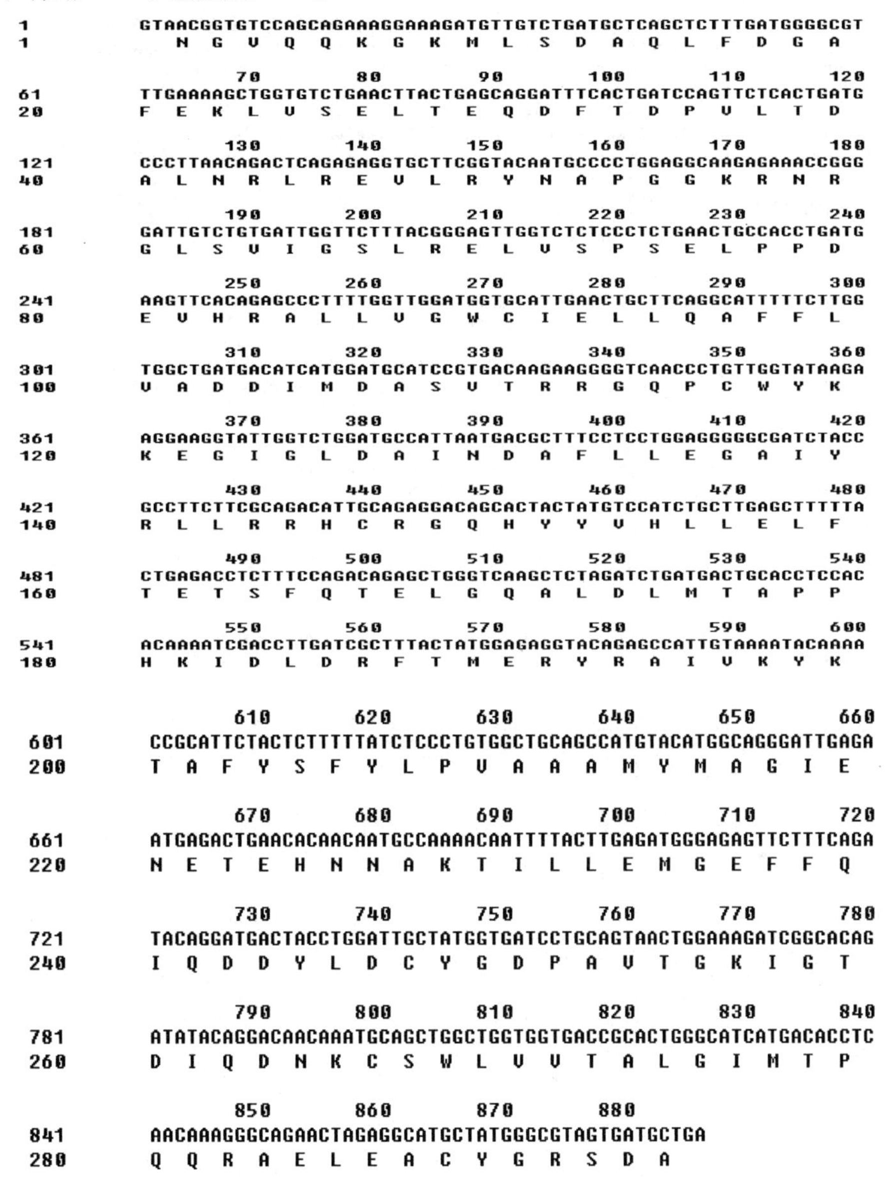

图10-4-3　草鱼FDPS基因cDNA部分序列及其编码氨基酸序列的推导

Fig. 10-4-3　Partial nucleotide sequence of the cDNA and deduced amino acid sequence of grass carp FDPS gene

3. SC5DL

草鱼SC5DL基因片段序列长951bp，编码302个氨基酸，见图10-4-4。SC5DL部分氨基酸序列与其他鱼类的相似性分别是斑马鱼91%、斑马宫丽鱼85%、罗非鱼85%、青鳉83%、胡瓜鱼83%。

```
                10        20        30        40        50        60
1       TTTCTTCGCTGGCTTGTCTTCAAAAGCACCTTTACAGGTCAAAGATGGACCTTGTGCTGA
1                                            R  S  K  M  D  L  V  L

                70        80        90       100       110       120
61      ACTTTGCAGATTATTACTTCTTCACTCCATATGTGTATCCCTCATCATGGCCCGAGGACG
9        N  F  A  D  Y  Y  F  F  T  P  Y  V  Y  P  S  S  W  P  E  D

               130       140       150       160       170       180
121     AGCCTCTGCGACAGATCATCGGCTTGATGGTGGTCACCAACCTGGGTGCTGCAATCTTAT
29       E  P  L  R  Q  I  I  G  L  M  V  V  T  N  L  G  A  A  I  L

               190       200       210       220       230       240
181     ATCTAGGCCTGGGTGCTTTGAGCTACTTCTTTGTTTTTGACCACAAATTAAAGCAACACC
49       Y  L  G  L  G  A  L  S  Y  F  F  V  F  D  H  K  L  K  Q  H

               250       260       270       280       290       300
241     CTCAATTTTTGGAGAACCAGGTGCAGCGTGAAATAAAGTATGCTTTGTGGTCTTTGCCCT
69       P  Q  F  L  E  N  Q  V  Q  R  E  I  K  Y  A  L  W  S  L  P

               310       320       330       340       350       360
301     ATATCAGCATACCTACAGTAGCACTGTTTTTCGCTGAGGTCAGAGGATACAGCAAACTGT
89       Y  I  S  I  P  T  V  A  L  F  F  A  E  V  R  G  Y  S  K  L

               370       380       390       400       410       420
361     ACGACAGTGTCGATGAATCACCCCTCGGTTGGTCAGGGCTGATTTTCAGCATGGTCTCTT
109      Y  D  S  V  D  E  S  P  L  G  W  S  G  L  I  F  S  M  V  S

               430       440       450       460       470       480
421     TCCTGTTTTTCACTGATATGTGCATTTACTGGATCCACAGATTCCTTCACCACAAGTTGA
129      F  L  F  F  T  D  M  C  I  Y  W  I  H  R  F  L  H  H  K  L

               490       500       510       520       530       540
481     TATATAAGTTTTTTCACAAACCACATCACGTGTGGAAGATCCCCACTCCATTCGCCAGCC
149      I  Y  K  F  F  H  K  P  H  H  V  W  K  I  P  T  P  F  A  S

               550       560       570       580       590       600
541     ACGCTTTCCACCCCGTGGACGGATTTCTTCAGGGCCTGCCTTACCACATCTACCCCTTCC
169      H  A  F  H  P  V  D  G  F  L  Q  G  L  P  Y  H  I  Y  P  F

               610       620       630       640       650       660
601     TCTTCCCTCTACACAAGGTCCTGTACTTAGTCCTGTACGTGTTCGTCAACATATGGACCA
189      L  F  P  L  H  K  V  L  Y  L  V  L  Y  V  F  V  N  I  W  T

               670       680       690       700       710       720
661     TCTCCATCCATGACGGGGACTACCGCGTGCCAAACCTGATGGAACCAATTATCAACGGTT
209      I  S  I  H  D  G  D  Y  R  V  P  N  L  M  E  P  I  I  N  G

               730       740       750       760       770       780
721     CAGCTCACCACACTGACCACCATCTCTTCTTTGACTACAACTACGGGCAGTACTTCACCC
229      S  A  H  H  T  D  H  H  L  F  F  D  Y  N  Y  G  Q  Y  F  T

               790       800       810       820       830       840
781     TGTGGGACCGCATTGGAGGCTCCTACCGCTACCCTTCAGCCATGATGGGGAAGGGGCCGC
249      L  W  D  R  I  G  G  S  Y  R  Y  P  S  A  M  M  G  K  G  P

               850       860       870       880       890       900
841     ACGACCAAATCAAGAAACTGATGGCAGAAGGAAAGCTGAGCTCAAACAGCATAAACAGCC
269      H  D  Q  I  K  K  L  M  A  E  G  K  L  S  S  N  S  I  N  S

               910       920       930       940       950
901     ACACTAATAATAATAAAAATAGTGTTCATGTCAAGGAAGAGTAGGTAGGCA
289      H  T  N  N  N  K  N  S  V  H  V  K  E  E
```

图 10-4-4　草鱼 SC5DL 基因 cDNA 部分序列及其编码氨基酸序列的推导

Fig. 10-4-4　Partial nucleotide sequence of the cDNA and deduced amino acid sequence of grass carp SC5DL gene

4. LSS

草鱼 LSS 基因片段序列长 1 230bp，编码 409 个氨基酸，见图 10-4-5。LSS 部分氨基酸序列与其他鱼类的相似性分别是斑马鱼 93%、斑马宫丽鱼 82%、罗非鱼 82%、红鳍东方鲀 82%、青鲻 81%。

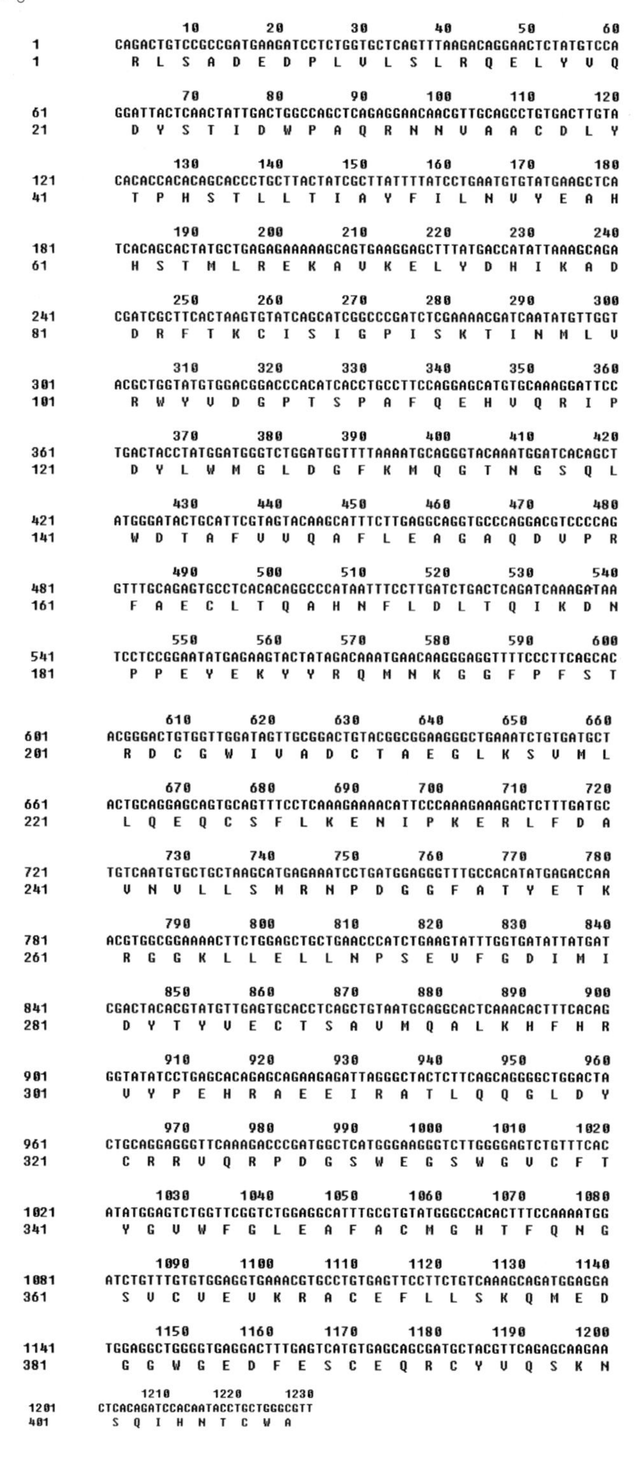

图 10-4-5 草鱼 LSS 基因 cDNA 部分序列及其编码氨基酸序列的推导

Fig. 10-4-5 Partial nucleotide sequence of the cDNA and deduced amino acid sequence of grass carp LSS gene

（三）草鱼胆固醇合成酶4个基因的组织差异表达

4个基因在草鱼肝胰脏和肠道组织均有不同程度的表达，而表达活性存在显著性差异，FDFT1、FDPS、SC5DL、LSS在肝胰脏中的mRNA相对表达量比在肠道中分别高8、35、27、64倍，见图10－4－6。

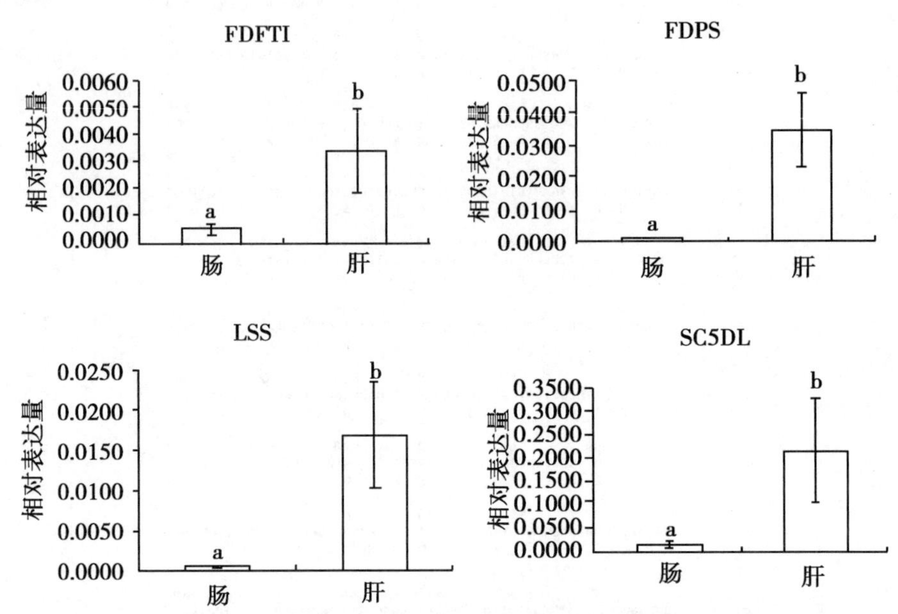

图10－4－6　FDFT1、FDPS、SC5DL、LSS在肝胰脏、肠道组织中的相对表达量

Fig. 10－4－6　Relative expression of FDFT1，FDPS，SC5DL，LSS in hepatopancreas and intestinal tissue

三、讨论

动物体内胆固醇主要在肝胰脏合成，肠道也合成部分胆固醇。胆固醇的合成是以乙酰辅酶A为原料，在3－羟基－3－甲基辅酶A还原酶（HMG CoA）控制下，首先合成甲羟戊酸（MVA）。这是胆固醇生物合成途径的限速步骤，HMG CoA还原酶为限速酶[29,30]。此后，在甲羟戊酸激酶（MVK）、甲羟戊酸脱羧酶（MVD）、异戊二烯基二磷酸δ-异构酶（IDI1）、法尼基二磷酸合成酶（FDPS）、法尼基二磷酸法尼基转移酶1（FDFT1）、羊毛甾醇合成酶（LSS）、类固醇C5－脱氢酶（SC5DL）的控制下合成胆固醇[16－26]。胆固醇是细胞膜的组成成分之一，作为两性分子在血液脂质转运中发挥重要作为。胆固醇是胆汁酸合成的原料，这是胆固醇代谢的主要去路，胆汁酸在肝胰脏合成初级胆汁酸，进入肠道后在肠道细菌的作用下转化为次级胆汁酸，并在肠道后段，大部分的胆汁酸（在人体约95%）重新被肠道吸收回到肝胰脏。动物体内，胆汁酸在肠道—肝胰脏的循环代谢是肠—肝轴的重要组成部分，在肝胰脏、肠道正常结构和功能维持中发挥着重要的作用。

养殖条件下，鱼类健康的维持对于鱼类生长、发育、对疾病的防御能力等具有重要的作用。胆固醇、胆汁酸的生物合成及其调节控制对于鱼体肠道健康、肝胰脏健康具有重要作用，对脂质的吸收和转运、在肝胰脏中的代谢也具有重要作用。而研究胆固醇合成途径中催化酶的基因结构以及在不同条件下表达活性的差异，对于鱼体胆固醇、胆汁酸代谢及其调控机制的研究具有基础性的作用和意义。我们对草鱼灌喂氧化鱼油后，采用大通量 RNA 测序方法研究了肠道基因的差异表达，在大部分基因表达活性下调的情况下，胆固醇合成途径的 8 个酶基因表达活性反而上调，显示出胆固醇合成在肠道油脂氧化损伤中可能具有特殊的作用。因此，研究草鱼胆固醇合成代谢催化酶基因结构、组织表达差异以及在不同条件下表达活性的差异就具有重要的价值。本实验克隆得到的草鱼胆固醇合成酶 FDFT1、FDPS、SC5DL、LSS 的基因片段长度分别为786、886、951、1 230bp，分别编码261、294、302、409 个氨基酸。同源性分析表明，草鱼的 4 个基因都与同为鲤形目的斑马鱼相似性最高，而与鲈形目的罗非鱼、鲀形目红鳍东方鲀等次之，这与传统的形态学和生化特征分类进化地位基本一致。通过氨基酸序列分析及其同源性对比分析证实了所得基因片段的可靠性和真实性。后期还将对 HMGCR、MVK、MVD、IDI1 基因序列、组织表达差异进行研究。希望系统掌握和了解草鱼胆固醇的生物合成途径、调控机制，以及在不同条件下胆固醇合成速度、合成量的变化，这对于了解胆固醇、胆汁酸在鱼体正常生理代谢、健康维持中的作用具有重要基础性的作用。

本实验中，FDFT1、FDPS、SC5DL、LSS 在草鱼肝胰脏和肠道中均有不同程度的表达，但在肝胰脏中的表达量都显著地高于肠道，表明这 4 个基因的主要表达场所在肝胰脏，但关于草鱼胆固醇生物合成途径的主要场所是否就在肝胰脏，这有待后面的进一步研究。

参考文献

[1] 倪楚民，刘浩宇，刘锡仪等．胆固醇的研究进展 [J]．中华现代临床医学杂志，2005，3 (4)：316－318.

[2] 燕吉广，赵广民．胆固醇与其相关成分关系的探讨 [J]．中华现代临床医学杂志，2005，3 (5)：442－443.

[3] 张树彪，许英梅，胡剑钧等．脂质体研究综述 [J]．大连民族学院学报，2004，6 (3)：6－9.

[4] Mardones P，Quiñones V，Amigo L，*et al.* Hepatic cholesterol and bile acid metabolism and intestinal cholesterol absorption in scavenger receptor class B type I-deficient mice [J]．Journal of Lipid Research，2001，42 (2)：170－180.

[5] Westergaard H，Dietschy J M. The mechanism whereby bile acid micelles increase the rate of fatty acid and cholesterol uptake into the intestinal mucosal cell [J]．Journal of Clinical Investigation，1976，58 (1)：97－105.

[6] Wiseman H. Vitamin D is a membrane antioxidant Ability to inhibit iron-dependent lipid peroxidation in liposomes compared to cholesterol，ergosterol and tamoxifen and relevance to anticancer action [J]．Febs Letters，1993，326 (1)：285－288.

[7] 贠彪．在高植物蛋白饲料中添加胆固醇、牛磺酸和大豆皂甙对大菱鲆生长性能和胆固醇代谢的影响 [D]．中国海洋大学，2012：22－103.

[8] 汪维，童坦君．胆固醇合成途径的关键酶：HMG 辅酶 A 还原酶和疾病 [J]．生理科学进展，1999，30 (1)：5－9.

[9] 刘芳，周新．SCAP 与胆固醇水平的调节机制 [J]．生命科学，2002，14 (3)：146－149.

[10] 柳童斐，宋保亮．胆固醇合成途径的负反馈调控机制 [J]．中国细胞生物学学报，2013，35 (4)：401－409.

[11] 魏宁波，刘红云，汪海峰等．固醇调控元件结合蛋白在胆固醇代谢中作用机制的研究进展 [J]．中国畜牧杂志，2013，49 (5)：80－84.

[12] 汉雪梅，张曦，陶琳丽等．豆粕替代鱼粉对鱼类胆固醇代谢影响的研究进展 [J]．云南农业大学学报：自然科学版，2013，28 (5)：734－740.

[13] 朱大世．饥饿和不同脂肪源对草鱼体脂含量及脂肪酸合成酶的影响 [D]．华中农业大学，2005.

[14] KopiCoVá Z，VaVreiNoVá S. Occurrence of squalene and cholesterol in various species of Czech freshwater fish [J]．Czech Journal of Food Sciences，2007，25 (4)：195－202.

[15] 黄璇．人鲨烯合成酶的克隆表达及其重组工程菌的高密度发酵研究 [D]．西南大学，2008.

[16] 刘长军，孟玉玲，侯嵩生等．棉花法呢基焦磷酸合酶 cDNA 克隆、序列分析及其在种子发育过程中的表达特征 [J]．植物学报，1998，40 (8)：703－710.

[17] Ohnuma S，Hirooka K，Nishino T. Farnesyl diphosphate synthase：European Patent EP 0821065 [P]．2007－3－7.

[18] 李永波，樊庆琦，王宝莲等．植物法尼基焦磷酸合酶基因（FPPS）研究进展［J］．Journal of Agricultural Biotechnology，2012，20（3）：321－330.

[19] Ericsson J，Jackson S M，Lee B C，*et al.* Sterol regulatory element binding protein binds to a *cis* element in the promoter of the farnesyl diphosphate synthase gene［J］．Proceedings of the National Academy of Sciences，1996，93（2）：945－950.

[20] Nishi S，Nishino H，Ishibashi T. cDNA cloning of the mammalian sterol C5-desaturase and the expression in yeast mutant［J］．Biochimica Biophysica Acta（BBA）-Gene Structure and Expression，2000，1490（1）：106－108.

[21] Matsushima M，Inazawa J，Takahashi E，*et al.* Molecular cloning and mapping of a human cDNA（SC5DL）encoding a protein homologous to fungal sterol-C5-desaturase［J］．Cytogenetic and Genome Research，1996，74（4）：252－254.

[22] Corey E J，Matsuda S P，Bartel B. Molecular cloning characterization and overexpression of *ERG7* the *Saccharomyces cerevisiae* gene encoding lanosterol synthase［J］．Proceedings of the National Academy of Sciences，1994，91（6）：2 211－2 215.

[23] Baker C H，Matsuda S P T，Liu D R，*et al.* Molecular-cloning of the human gene encoding lanosterol synthase from a liver cDNA library［J］．Biochemical and Biophysical Research Communications，1995，213（1）：154－160.

[24] Shang C H，Shi L，Ren A，*et al.* Molecular cloning，characterization，and differential expression of a lanosterol synthase gene from *Ganoderma lucidum*［J］．Bioscience Biotechnology and Biochemistry，2010，74（5）：974－978.

[25] Mori M，Sawashita J，Higuchi K. Functional polymorphisms of the *Lss* and *Fdft*1 genes in laboratory rats［J］．Experimental Animals，2007，56（2）：93－101.

[26] Wang Y，Rogers P M，Su C，*et al.* Regulation of cholesterologenesis by the oxysterol receptor，LXRα［J］．Journal of Biological Chemistry，2008，283（39）：26 332－26 339.

[27] 龙晓文，王秋举，汉雪梅等．豆粕基础饲料中添加胆固醇促进鱼类生长机理的研究进展［J］．安徽农业科学，2013，7：55.

[28] 汉雪梅，张曦，陶琳丽等．豆粕替代鱼粉对鱼类胆固醇代谢影响的研究进展［J］．云南农业大学学报（自然科学），2013，28：734－741.

[29] 邹思湘．动物生物化学［M］．北京：中国农业出版社，2005：201－205.

[30] 廖端芳，唐朝克．胆固醇逆向转运基础与临床［M］．北京：科学出版社，2009：22－185.

第五节　胆固醇合成关键酶 HMGCR 基因的全长克隆与组织表达

胆固醇是细胞膜的重要组成成分，又是体内合成许多类固醇激素和胆汁酸的前体，对于维持细胞膜的完整性和体内生命活动的正常运行具有重要意义。而 HMGCR 作为合成内源性胆固醇的关键限速酶，在维持胆固醇稳态上具有重要作用。近年来，对 HMGCR 的研究发展迅速。目前，人、老鼠、鸡、鸭、鹅、猪、牛等陆生动物和斑马鱼、丽脂鲤等水生动物的 HMGCR 基因序列已被成功克隆，这为深入研究 HMGCR 基因的功能奠定了基础。

草鱼（*Ctenopharyngodon idellus*）作为典型的草食性鱼类，是中国淡水养殖的四大家鱼之一。在对草鱼灌喂氧化鱼油后，进行肠道黏膜转录组测序的结果显示，肠道黏膜组织中合成胆固醇的基因显著上调，表明胆固醇在肠道损伤的情况下是非常需要的，暗示胆固醇在草鱼肠道氧化损伤作用下可能具有我们目前还未知的重要作用。相关研究发现，在豆粕替代鱼粉的饲料中添加适量胆固醇对草鱼生长有一定促进作用。但目前国内外关于胆固醇对草鱼生长、发育过程中的作用机制研究还处于初步探讨阶段。HMGCR 作为胆固醇生物合成的关键酶，对于研究胆固醇的分子作用机制相当重要。

本实验根据已经鉴定的草鱼肠道转录组测序结果中 HMGCR 的部分序列，利用 RACE 技术获得草鱼 HMGCR 基因的 cDNA 全长，通过荧光定量 PCR 方法（RT-qPCR）研究其在 7 个不同组织中的表达规律，为进一步研究 HMGCR 调控草鱼胆固醇代谢的分子机制提供理论依据。

一、材料与方法

（一）实验材料

草鱼取自江苏省大丰市华辰渔业合作社，为常规生产性养殖池塘，取样时池塘水温(25±2)℃，试验鱼体重（100±10）g。活体解剖取出皮肤、肌肉、肝胰脏、肠道、脾脏、肾脏、心脏等组织，经液氮速冻后，放于-80℃保存，用于总 RNA 的提取。

（二）主要试剂

DH5α 大肠杆菌感受态细胞、琼脂糖购自 Invitrogen 公司；DEPC 购自上海生工生物公司；逆转录试剂盒、Trizol 试剂、DNA Marker、Ex Taq 酶、pMD19-T 载体购自 TaKaRa 公司；SMART™ RACE cDNA 扩增试剂盒购自 Clontech 公司。

（三）总 RNA 的提取

取不同组织的基因样品于研钵中，加液氮研磨成粉末状，按照 Trizol 使用说明书进行提取并纯化总 RNA。通过琼脂糖凝胶电泳检测 RNA 的完整性。根据超微量分光光度计的测定值 OD_{260}/OD_{280} 判断 RNA 的纯度。

（四）草鱼 HMGCR cDNA 部分序列的克隆

根据本实验室草鱼肠道转录组测序结果，采用 Primer Premier 5.0 软件设计正、反引物 HMGCR-F、HMGCR-R（表 10-5-1）。以草鱼中肠 cDNA 为模板，进行 RT-PCR 反应。PCR 反应体系含如下成分：灭菌蒸馏水 17.3μL、TaKaRa Ex Taq（5U/μL）0.2μL、10×Ex Taq Buffer（Mg^{2+} Plus）2.5μL、dNTP Mixture（各 2.5 mM）2μL、模板 DNA（λDNA）1μL、上游引物（20μM）1μL、下游引物（20μM）1μL。PCR 反应程序为 94℃ 预变性 4min；94℃ 30s、T_m 30s、72℃1min，共 30 个循环，72℃延伸 10min。PCR 产物经 1.0% 琼脂糖凝胶电泳、割胶、回收纯化后克隆至 pMD19-T 载体（TaKaRa 公司），转化到感受态 DH5α（Invitrogen 公司），进行蓝白斑筛选，菌液 PCR 检测阳性克隆送苏州金唯智生物技术有限公司测序，其余保存在-20℃。

（五）草鱼 HMGCR 基因 cDNA 的 3′-RACE 和 5′-RACE

按照 SMART™ RACE cDNA 扩增试剂盒的说明书要求，分别以 1μg 总 RNA 的量合成 3′-RACE 和 5′-RACE 的 cDNA。根据上述已获得的草鱼 HMGCR 部分序列设计 3′-RACE 和 5′-RACE 基因特异性引物（表 10-5-1）。分别以 3′-RACE 和 5′-RACE 的 cDNA 为模板进行第一轮 PCR 反应扩增条件：94℃ 5min，94℃ 30min，67℃ 30s，72℃ 3min，72℃ 10min，共 25 个循环。将第一轮 PCR 产物稀释 50 倍后为模板，进行第二轮巢式 PCR 反应，扩增条件：94℃ 5min，94℃ 30min，62℃ 30s，72℃ 3min，72℃ 10min，共 20 个循环。3′-RACE 和 5′-RACE 的巢式 PCR 产物纯化、连接、转染、筛选、测序方法同上。

（六）序列分析

对测序结果进行分析整理后，得到草鱼 HMGCR cDNA 全序列，利用 NCBI 的 ORF-Finder 程序（http://www.ncbi.nlm.nih.gov/gorf/gorf.html）对所得序列作开放阅读框分析，预测编码氨基酸序列；采用 Blastp 程序（http://blast.ncbi.nlm.nih.gov/）进行序列同源性比对；信号肽和结构域的分析分别采用 SignalP3.0 程序（http://www.cbs.dtu.dk/services/SignalP/）和 NCBI 网站的在线工具 CDD（Conserved Domain Database）数据库（http://

www. ncbi. nlm. nih. gov/Structure/cdd/wrpsb. cgi）；对 HMGCR 基因编码蛋白质的理化性质分析采用 ExPASy（http：//www. expasy. org/tools/protparam. html）软件；蛋白质二级结构和空间结构的预测分析分别利用 Predict Protein（http：//www. predictprotein. org/）和 Phyre（http：//www. sbg. bio. ic. ac. uk/ ~ phyre）网站；采用 Clustal W 程序和 MEGA 6.0 软件，以邻位相连法（Neighbor-joining）构建系统进化树。

（七）HMGCR mRNA 组织表达分析

根据上述所得草鱼 HMGCR cDNA 全长序列，设计正、反向引物 HMGCR-F1 和 HMGCR-R1，以 β-ActinF 和 β-ActinR 为内参引物（表 10－5－1）。以皮肤、肌肉、肝胰脏、肠道、脾脏、肾脏、心脏等 7 种组织稀释后的反转录 cDNA 为模板进行 RT-qPCR 扩增。反应体系为 20μL：SYBR Premix Ex Taq™ II（TaKaRa）10μL，候选引物各 1μL，cDNA 2μL，灭菌水 6μL。PCR 反应采用两步法，反应条件：95℃预变性 30s、95℃ 变性 5s、60℃ 退火 30s，共 40 个循环，最后进行溶解曲线（Melt Curve）分析。采用相对 CT 法（$2^{-\Delta CT}$ method）分析 HMGCR mRNA 的组织表达。

（八）统计学分析

运用统计学软件 SPSS 21.0 进行单因素相关性（One-way ANOVA）分析，并进行 LSD 和 Duncan 氏比较，$P<0.05$ 则认为差异显著，结果以平均值 ± 标准误（mean ± SD）表示。

表 10－5－1 引物名称及序列

Tab. 10－5－1 Primer name and serial

引物名称 Primer	引物序列（5′－3′）Primer sequence（5′－3′）
HMGCR-F	CAACAGGAAGAACGGCAGAG
HMGCR-R	CATCAGTGTCCCAAAGTACAAGAG
HMGCR-F1	CATCAGTGTCCCAAAGTACAAGAG
HMGCR-R1	CGGCAGAGCGTCATTCAGT
Actin-F	CGTGACATCAAGGAGAAG
Actin-R	GAGTTGAAGGTGGTCTCAT
HMGCR-3′outer	ACCTTCGTCAGCTCGGCTCCAAA
HMGCR-3′inner	GACGCTCTGCCGTTCTTCCTGTTG
HMGCR-5′outer	GAACGGCAGAGCGTCATTCAGTCC
HMGCR-5′inner	GCAACCGTTCCCACGATCACCTC
SMART II A Oligonucleotide	AAGCAGTGGTATCAACGCAGAGTACGCGGG
3′-RACE CDS Primer A	AAGCAGTGGTATCAACGCAGAGTAC（T）$_{30}$VN（N = A，C，G，or T；V = A，G，or C）
5′-RACE CDS Primer	（T）$_{25}$VN（N = A，C，G，or T；V = A，G，or C）
UPM Long	CTAATACGACTCACTATAGGGCAAGCAGTGGTATCAACGCAGAGT
Short	CTAATACGACTCACTATAGGGC
NUP	AAGCAGTGGTATCAACGCAGAGT

二、结果与分析

（一）草鱼 HMGCR cDNA 的克隆与序列分析

通过 RACE 技术，将中间序列与末端序列进行拼接后，得到草鱼 HMGCR cDNA 全长，共 3 594bp。其中，5′端非编码区（5′-UTR）长 77bp，3′端非编码区（3′-UTR）长 988bp，开放阅读框（ORF）为 2 529bp，编码 842 个氨基酸组成的多肽链，在 3′-UTR 存在 1 个 mRNA 不稳定信号（ATTTA），在 27bp 的腺苷酸 A（polyA）上游 12bp 处有脊椎动物中常见的多聚腺苷酸加尾信号（AATAAA）（图 10-5-1）。

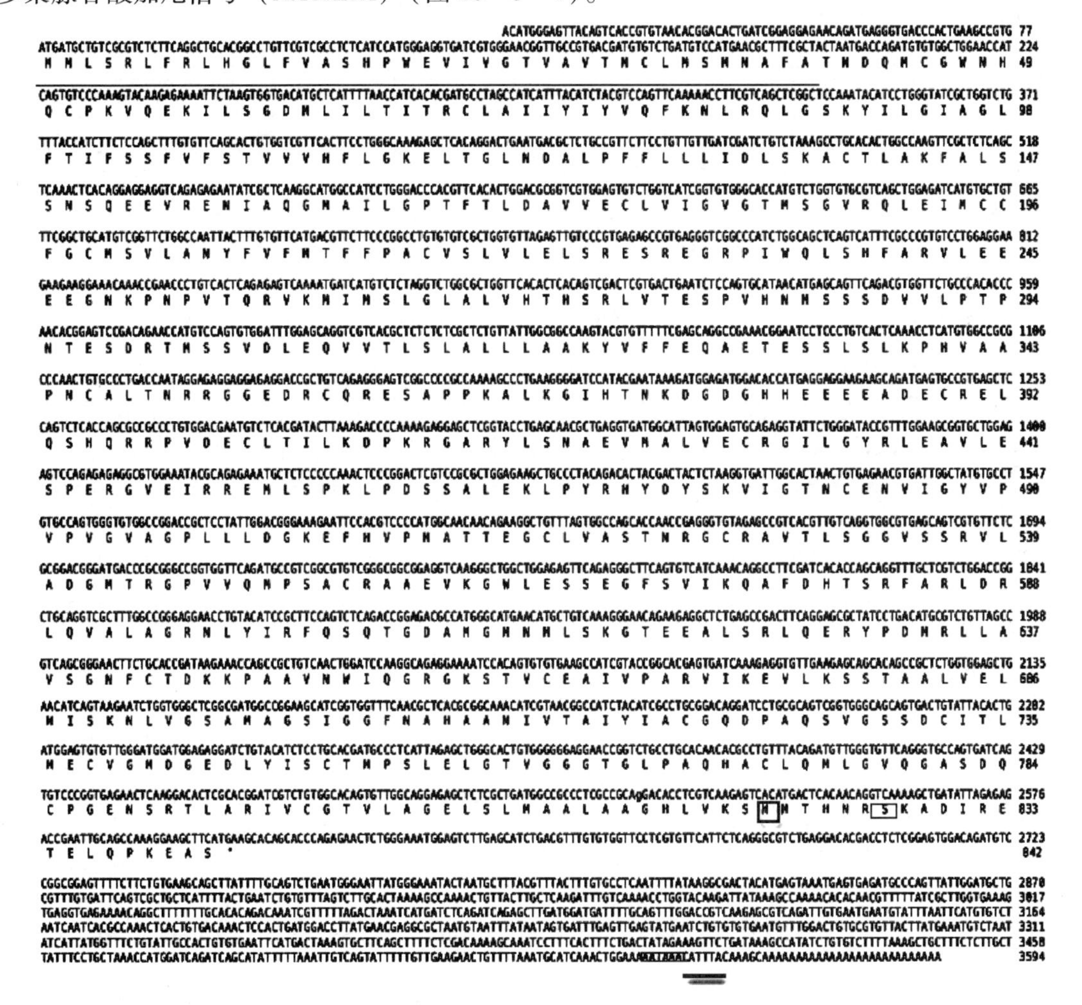

图 10-5-1　HMGCR cDNA 全序列及预测的氨基酸序列

Fig. 10-5-1　Amino acid sequence of HMGCR cDNA and predicted

（二）氨基酸组成及蛋白结构分析

通过 ExPASy 和 SignalP 3.0 等软件对氨基酸序列进行分析显示，HMGCR 分子量 91.48kD，理论等电点 6.27，不稳定系数为 49.16，脂肪系数为 93.68，整条多肽链表现为疏水性。前 39 个氨基酸（Met^{1}-Ala^{39}）为信号肽，存在一个磷酸化位点（Ser^{827}）和一个催化活性位点（His^{821}）。运用 Predict Protein 等软件对蛋白质二级结构进行预测的结果显示，α-螺旋占

40.14%，无规卷曲占45.01%，延伸链占14.85%，属于混合型。通过CDD等软件对蛋白质功能结构进行预测发现，草鱼HMGCR蛋白包括两个结构域：氨基端复杂的复杂的跨膜区域（Asp^{62}-Leu^{219}）和羧基端细胞溶质催化区域（Asn^{419}-Arg^{826}），这两个序列通过一个可变的亲水接头序列（Val^{220}-Ser^{418}）连接起来，存在5个跨膜螺旋区，分别位于Val^{21}-Phe^{38}、Ile^{58}-Gln^{80}、Ile^{92}-Phe^{114}、Ile^{158}-Ile^{180}、Ile^{193}-Ala^{215}。用Phyre软件对草鱼HMGCR氨基酸序列进行蛋白质三维结构同源性建模，获得了一个在空间布局上折叠成“V”形，包括N结构域、L结构域和S结构域的3-D结构（彩图10-5-3）。

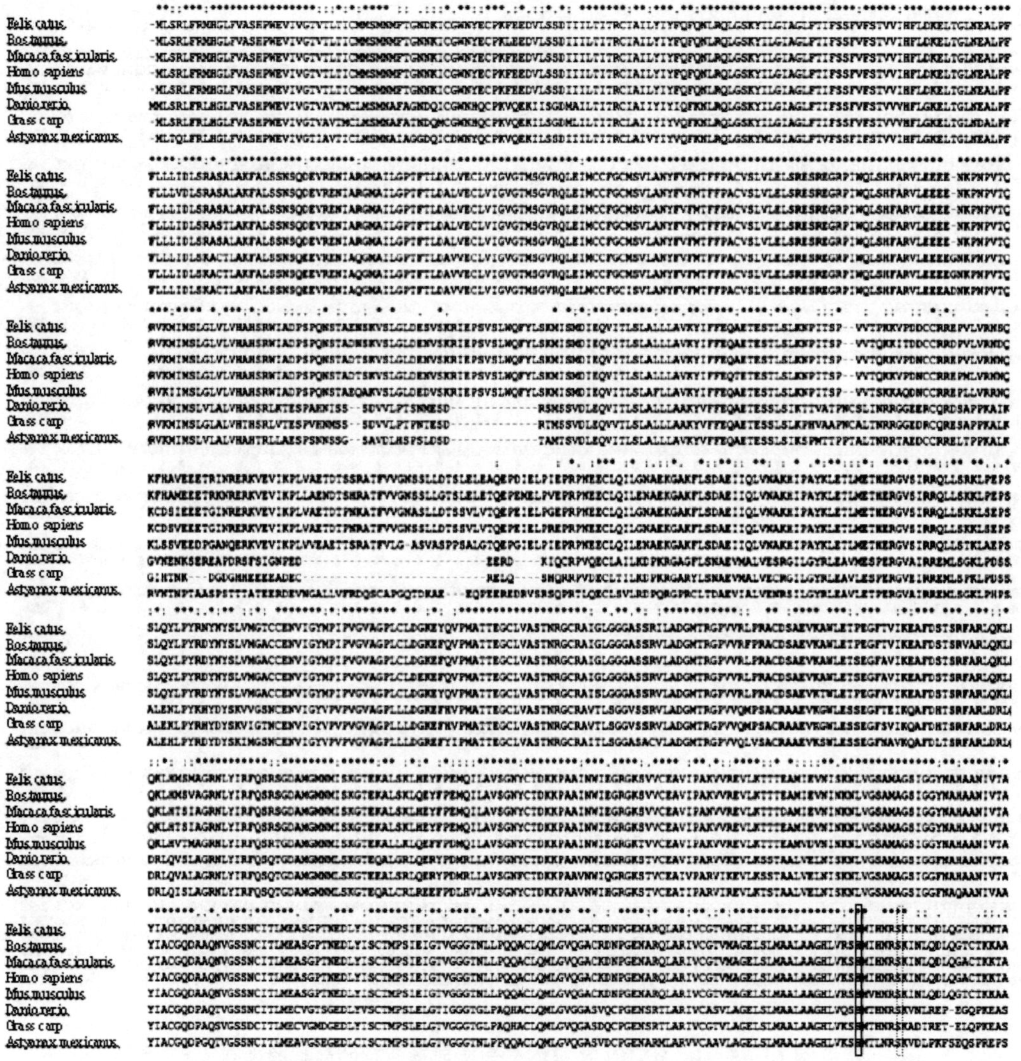

```
                     **::***:***************:::*:*:**** :: .:::*.**::***.:*.::*.*: *******:**:***.**:*********:********:****:*****:***.*******:****
Felis catus          -MLSRLFRMHGLFVASHPWEVIVGTVTLTICMMSMNMFTGNDKICGWNYECPKFEEDVLSSDIIILTITRCIAILYIYFQFQNLRQLGSKYILGIAGLFTIFSSFVFSTVVIHFLDKELTGLNEALPF
Bos taurus           -MLSRLFRMHGLFVASHPWEVIVGTVTLTICMMSMNMFTGNNKICGWNYECPKLEEDVLSSDIIILTITRCIAILYIYFQFQNLRQLGSKYILGIAGLFTIFSSFVFSTVVIHFLDKELTGLNEALPF
Macaca fascicularis  -MLSRLFRMHGLFVASHPWEVIVGTVTLTICMMSMNMFTGNNKICGWNYECPKFEEDVLSSDIIILTITRCIAILYIYFQFQNLRQLGSKYILGIAGLFTIFSSFVFSTVVIHFLDKELTGLNEALPF
Homo sapiens         -MLSRLFRMHGLFVASHPWEVIVGTVTLTICMMSMNMFTGNNKICGWNYECPKFEEDVLSSDIIILTITRCIAILYIYFQFQNLRQLGSKYILGIAGLFTIFSSFVFSTVVIHFLDKELTGLNEALPF
Mus musculus         -MLSRLFRMHGLFVASHPWEVIVGTVTLTICMMSMNMFTGNNKICGWNYECPKFEEDVLSSDIIILTITRCIAILYIYFQFQNLRQLGSKYILGIAGLFTIFSSFVFSTVVIHFLDKELTGLNEALPF
Danio rerio          MMLSRLFRLHGLFVASHPWEVIVGTVAVTMCLMSMNMAFAGNDQICGWNHQCPKVQEKIISGDMAILTITRCIAIIYIYIQFKNLRQLGSKYILGIAGLFTIFSSFVFSTVVVHFLGKELTGLNEALPF
Grass carp           -MLSRLFRLHGLFVASHPWEVIVGTVAVTMCLMSMNMAFATNDQMCGWNHQCPKVQEKILSGDMLILTITRCLAIIYIYVQFKNLRQLGSKYILGIAGLFTIFSSFVFSTVVVHFLGKELTGLNDALPF
Astyanax mexicanus   -MLTQLFRLHGLFVASHPWEVIVGTIAVTICLMSMNMAIAGGDQICDWNYQCPKVQEKILSSDIIILTITRCLAIVYIYVQFKNLRQLGSKYMLGIAGLFTVFSSFIFSTVVIHFLGKELTGLNEALPF

                     ****:***:*.:***********:*******:*************:******************:******:*****************************************  *******
Felis catus          FLLLIDLSRASALAKFALSSNSQDEVRENIARGMAILGPTFTLDALVECLVIGVGTMSGVRQLEIMCCFGCMSVLANYFVFMTFFPACVSLVLELSRESREGRPIWQLSHFARVLEEEE-NKPNPVTQ
Bos taurus           FLLLVDLSRASALAKFALSSNSQDEVRENIARGMAILGPTFTLDALVECLVIGVGTMSGVRQLEIMCCFGCMSVLANYFVFMTFFPACVSLVLELSRESREGRPIWQLSHFARVLEEEE-NKPNPVTQ
Macaca fascicularis  FLLLIDLSRASALAKFALSSNSQDEVRENIARGMAILGPTFTLDALVECLVIGVGTMSGVRQLEIMCCFGCMSVLANYFVFMTFFPACVSLVLELSRESREGRPIWQLSHFARVLEEEE-NKPNPVTQ
Homo sapiens         FLLLIDLSRASTLAKFALSSNSQDEVRENIARGMAILGPTFTLDALVECLVIGVGTMSGVRQLEIMCCFGCMSVLANYFVFMTFFPACVSLVLELSRESREGRPIWQLSHFARVLEEEE-NKPNPVTQ
Mus musculus         FLLLIDLSRASALAKFALSSNSQDEVRENIARGMAILGPTFTLDALVECLVIGVGTMSGVRQLEIMCCFGCMSVLANYFVFMTFFPACVSLVLELSRESREGRPIWQLSHFARVLEEEE-NKPNPVTQ
Danio rerio          FLLLIDLSRACTLAKFALSSNSQEEVRENIAQGMAILGPTFTLDAVVECLVIGVGTMSGVRQLEIMCCFGCMSVLANYFVFMTFFPACVSLVLELSRESREGRPIWQLSHFARVLEEEEGNKPNPVTQ
Grass carp           FLLLIDLSRACTLAKFALSSNSQEEVRENIAQGMAILGPTFTLDAVVECLVIGVGTMSGVRQLEIMCCFGCMSVLANYFVFMTFFPACVSLVLELSRESREGRPIWQLSHFARVLEEEEGNKPNPVTQ
Astyanax mexicanus   FLLLIDLSRACTLAKFALSSNSQEEVRENIAQGMAILGPTFTLDAVVECLVIGVGTMSGVRQLEIMCCFGCISVLANYFVFMTFFPACVSLVLELSRESREGRPIWQLSHFARVLEEEADNKPNPVTQ

Felis catus          RVKMIMSLGLVLVHAHSRWIADPSPQNSTADNSKVSLGLDESVSKRIEPSVSLWQFYLSKMISMDIEQVITLSLALLLAVKYIFFEQAETESTLSLKNPITSP--VVTPKKVPDDCCRREPVLVRRNQ
Bos taurus           RVKMIMSLGLVLVHAHSRWIADPSPQNSTADNSKVSLGLDENVSKRIEPSVSLWQFYLSKMISMDIEQVITLSLALLLAVKYIFFEQAETESTLSLKNPITSP--VVTQKKITDDCCRRDPVLVRNNQ
Macaca fascicularis  RVKMIMSLGLVLVHAHSRWIADPSPQNSTADTSKVSLGLDENVSKRIEPSVSLWQFYLSKMISMDIEQVITLSLALLLAVKYIFFEQAETESTLSLKNPITSP--VVTQKKVPDNCCRREPMLVRNNQ
Homo sapiens         RVKMIMSLGLVLVHAHSRWIADPSPQNSTADTSKVSLGLDENVSKRIEPSVSLWQFYLSKMISMDIEQVITLSLALLLAVKYIFFEQTETESTLSLKNPITSP--VVTQKKVPDNCCRREPMLVRNNQ
Mus musculus         RVKIIMSLGLVLVHAHSRWIADPSPQNSTAEQAKVSLGLDEDVSKRIEPSVSLWQFYLSKMISMDIEQVITLSLAFLLAVKYIFFEQAETESTLSLKNPITSP--VVTSKKAQDNCCRREPLLVRRNQ
Danio rerio          RVKMIMSLVLALVHAHSRLKTESPAKNISS--SDVVLPTSNMESD-------------RSMSSVDLEQVITLSLALLLAAKYVFFEQAETESSLSIKTTVATPNCSLINRRGGEERCQRDSAPPKAIK
Grass carp           RVKMIMSLGLALVHTHSRLVTESPVENNSS--SDVVLPTPNTESD-------------RTMSSVDLEQVVTLSLALLLAAKYVFFEQAETESSLSLKPHVAAPNCALTNRRGGEDRCQRESAPPKALK
Astyanax mexicanus   RVKMIMSLVLALVHAHTRLLAESPSNNSSG--SAVDLHSPSLDSD-------------TANTSVDLEQVITLSLALLLAAKYVFFEQAETESSLSIKSPMTTPPTALTNRRTAEDCCRRELTPPKALK

Felis catus          KFHAVEEETRIKRERKVEVIKPLVAETDTSSRATFVVGNSSLLDTSLELEAQEPDIELPIEPRPNEECLQILGNAEKGAKFLSDAEIIQLVNAKHIPAYKLETLMETHERGVSIRRQLLSRKLPEPS
Bos taurus           KFHAMEEETRKRERKVEVIKPLLAENDTSHRATFVVGNSSLLGTSLELETQEPEMELPVEPRPNEECLQILENAEKGAKFLSDAEIIQLVNAKHIPAYKLETLMETHERGVSIRRQLLSKKLPEPS
Macaca fascicularis  KCDSIEEETGINRERKVEVIKPLVAETDTPNRATFVVGNSSLLDTSSVLVTQEPEIELPGEPRPNEECLQILGNAEKGAKFLSDAEIIQLVNAKHIPAYKLETLMETHERGVSIRRQLLSKKLSEPS
Homo sapiens         KCDSVEEETGINRERKVEVIKPLVAETDTPNRATFVVGNSSLLDTSSVLVTQEPEIELPREPRPNEECLQILGNAEKGAKFLSDAEIIQLVNAKHIPAYKLETLMETHERGVSIRRQLLSKKLSEPS
Mus musculus         KLSSVEEDPGANQERKVEVIKPLVVEAETTSRATFVLG-ASVASPPSALGTQEPGIELPIEPRPNEECLQILENAEKGAKFLSDAEIIQLVNAKHIPAYKLETLMETHERGVSIRRQLLSTKLAEPS
Danio rerio          GVNENKSEREAPDRSPSIGNPED-----------------------------EERD----KIQCRPVQECLAILKDPKRGAGFLSNAEVMALVESRGILGYRLEAVMESPERGVAIRREMLSGKLPDSS
Grass carp           GIHTNK---DGDGNNEEEEADEC----------------------------RELQ----SNQRRPVDECLTILKDPKRGARYLSNAEVMALVECRGILGYRLEAVLESPERGVEIRREMLSFKLPDSS
Astyanax mexicanus   RVKTNPTAASPSTTTATEERDEVNGALLVPRDQSCAPGQTDKAE---EQPEEREDRVSRSQPRTLQECLSVLRDPQRGPRCLTDAEVIALVENRSILGYRLEAVLETPERGVAIRREMLSGKLPHPS

Felis catus          SLQYLPYRNYNYSLVMGTCCENVIGYMPIPVGVAGPLCLDGKEYQVPMATTEGCLVASTNRGCRAIGLGGGASSRILADGMTRGPVVRLPRACDSAEVKAWLETPEGFTVIKEAFDSTSRFARLQKL
Bos taurus           SLQYLPYRDYHYSLVMGACCENVIGYMPIPVGVAGPLCLDGKEFQVPMATTEGCLVASTNRGCRAIGLGGGASSRVLADGMTRGPVVRFPRACDSAEVKAWLETPEGFTVIKEAFDSTSRVARLQKL
Macaca fascicularis  SLQYLPYRDYNYSLVMGACCENVIGYMPIPVGVAGPLCLDGKEFQVPMATTEGCLVASTNRGCRAIGLGGGASSRVLADGMTRGPVVRLPRACDSAEVKAWLETSEGFAVIKEAFDSTSRFARLQKL
Homo sapiens         SLQYLPYRDYNYSLVMGACCENVIGYMPIPVGVAGPLCLDEKEFQVPMATTEGCLVASTNRGCRAIGLGGGASSRVLADGMTRGPVVRLPRACDSAEVKAWLETSEGFAVIKEAFDSTSRFARLQKL
Mus musculus         SLQYLPYRDYNYSLVMGACCENVIGYMPIPVGVAGPLCLDGKEYQVPMATTEGCLVASTNRGCRAISLGGGASSRVLADGMTRGPVVRLPRACDSAEVKTWLETPEGFAVIKEAFDSTSRFARLQKL
Danio rerio          ALENLPYKNYDYSKVVGSNCENVIGYVPVPVGVAGPLLLDGKEFHVPMATTEGCLVASTNRGCRAVTLSGGVSSRVLADGMTRGPVVQMPSACRAAEVKGWLESSEGFTEIKQAFDHTSRFARLDRL
Grass carp           ALEKLPYRHYDYSKVIGTNCENVIGYVPVPVGVAGPLLLDGKEFHVPMATTEGCLVASTNRGCRAVTLSGGVSSRVLADGMTRGPVVQMPSACRAAEVKGWLESSEGFSVIKQAFDHTSRFARLDRL
Astyanax mexicanus   ALEKLPYRDYDYSKIMGSNCENVIGYVPVPVGVAGPLLLDGREFYIPMATTEGCLVASTNRGCRAITLSGGASACVLADGMTRGPVVQLVSACRAAEVKSWLESSEGFMAVKQAFDLTSRFARLDRL

Felis catus          QKLHMSMAGRNLYIRFQSRSGDAMGMNMISKGTEKALSKLHEYFPEMQILAVSGNYCTDKKPAAINWIEGRGKSVVCEAVIPAKVVREVLKTTTEAMIEVNISKNLVGSAMAGSIGGYNAHAANIVTA
Bos taurus           QKLHMSVAGRNLYIRFQSRSGDAMGMNMISKGTEKALSKLQEYFPEMQILAVSGNYCTDKKPAAINWIEGRGKSVVCEAVIPAKVVREVLKTTTEAMIEVNINKNLVGSAMAGSIGGYNAHAANIVTA
Macaca fascicularis  QKLHTSIAGRNLYIRFQSRSGDAMGMNMISKGTEKALSKLHEYFPEMQILAVSGNYCTDKKPAAINWIEGRGKSVVCEAVIPANVVREVLKTTTDAMIEVNINKNLVGSAMAGSIGGYNAHAANIVTA
Homo sapiens         QKLHTSIAGRNLYIRFQSRSGDAMGMNMISKGTEKALSKLHEYFPEMQILAVSGNYCTDKKPAAINWIEGRGKSVVCEAVIPAKVVREVLKTTTEAMIEVNINKNLVGSAMAGSIGGYNAHAANIVTA
Mus musculus         QKLHVTMAGRNLYIRFQSRTGDAMGMNMISKGTEKALLKLQEFFPEMQILAVSGNYCTDKKPAAINWIEGRGKTVVCEAVIPAKVVREVLKTTTEAMVDVNINKNLVGSAMAGSIGGYNAHAANIVTA
Danio rerio          DRLQVSLAGRNLYIRFQSQTGDAMGMNMLSKGTEQALGRLQERYPDMRLIAVSGNYCTDKKPAAVNWIHGRGKSTVCEAVIPARVVKEVLKSSTAALVEINISKNLVGSAMAGSIGGFNAHAANIVTA
Grass carp           DRLQVALAGRNLYIRFQSQTGDAMGMNMLSKGTEKALSRLQEHYPDMRLIAVSGNFCTDKKPAAVNWIQGRGKSTVCEAIVPARVIKEVLKSSTAALVEINISKNLVGSAMAGSIGGFNAHAANIVTA
Astyanax mexicanus   DRLQISLAGRNLYIRFQSQTGDAMGMNMLSKGTEQALCRLREEFPDLHVLAVSGNYCTDKKPAAVNWIHGRGKSTVCEAIIPARVIREVLKTSTAALVEINISKNLVGSAMAGSIGGFNAQAANIVAA

Felis catus          YIACGQDAAQNVGSSNCITLMEASGPTNEDLYISCTMPSIEIGTVGGGTNLLPQQACLQMLGVQGACKDNPGENARQLARIVCGTVMAGELSLMAALAAGHLVKSHMIHNRSKINLQDLQGTGTKTA
Bos taurus           YIACGQDAAQNVGSSNCITLMEASGPTNEDLYISCTMPSIEIGTVGGGTNLLPQQACLQMLGVQGACKDNPGENARQLARIVCGTVMAGELSLMAALAAGHLVRSHMIHNRSKINLQDLQGTCTKKAA
Macaca fascicularis  YIACGQDAAQNVGSSNCITLMEASGPTNEDLYISCTMPSIEIGTVGGGTNLLPQQACLQMLGVQGACKDNPGENARQLARIVCGTVMAGELSLMAALAAGHLVKSHMIHNRSKINLQDLQGACTKKTA
Homo sapiens         YIACGQDAAQNVGSSNCITLMEASGPTNEDLYISCTMPSIEIGTVGGGTNLLPQQACLQMLGVQGACKDNPGENARQLARIVCGTVMAGELSLMAALAAGHLVKSHMIHNRSKINLQDLQGACTKKTA
Mus musculus         YIACGQDAAQNVGSSNCITLMEASGPTNEDLYISCTMPSIEIGTVGGGTNLLPQQACLQMLGVQGACKDNPGENARQLARIVCGTVMAGELSLMAALAAGHLVKSHMIHNRSKINLQDLQGTCTKKAA
Danio rerio          YIACGQDPAQTVGSSNCITLMECVGTSGEDLYVSCTMPSLELGTIGGGTGLPAQHACLQMLGVQGASVQCPGENSRTLARIVCASVLAGELSLMAALAAGHLVQSHMTHNRSKVNLREP-EGQPKEAS
Grass carp           YIACGQDPAQSVGSSDCITLMECVGMDGEDLYISCTMPSLELGTVGGGTGLPAQHACLQMLGVQGASDQCPGENSRTLARIVCGTVLAGELSLMAALAAGHLVKSHMTHNRSKADIRET-ELQPKEAS
Astyanax mexicanus   YIACGQDPGQTVGSSNCITLMEAVGSEGEDLCISCTMPSIELGTVGGGTNLPPQQACLQMLGVQGASVDCPGENARMLARVVCAAVLAGELSLMAALAAGHLVKSHMTLNRSKVDLPKPSEQSPREPS
```

图10-5-2 HMGCR预测的氨基酸与其他物种的HMGCR的氨基酸比对

Fig. 10-5-2 HMGCR predicted amino acids compared with other species

（保守的催化活性位点和磷酸化位点分别以实线方框和虚线方框标出。）

（三）氨基酸氨基酸同源性比较和系统进化分析

利用 GenBank 数据库，经 Blastn 软件分析发现，草鱼 HMGCR 预测的氨基酸序列与其他物种的 HMGCR 氨基酸序列具有较高的相似性和同源性，相似性在 99% ~100%，同源性在 67% ~89%。其中与斑马鱼的相似性（100%）和同源性（89%）都最高（表 10 –5 –2）。

应用 Clustal W 和 MEGA 6.0 软件，以邻位相连法（NJ）构建系统进化树（图 10 –5 –2）。从系统树上可以看出，哺乳类、鸟类聚在一起，与鱼类形成两个独立的进化分支。其中，草鱼 HMGCR 首先与斑马鱼的 HMGCR 聚在一起，再和丽脂鲤聚为一大支，而牛、家猫、人、食蟹猴聚为一小支后，再与家鼠聚为另一大支，这与上述 Blast 的结果一致（图 10 –5 –4）。

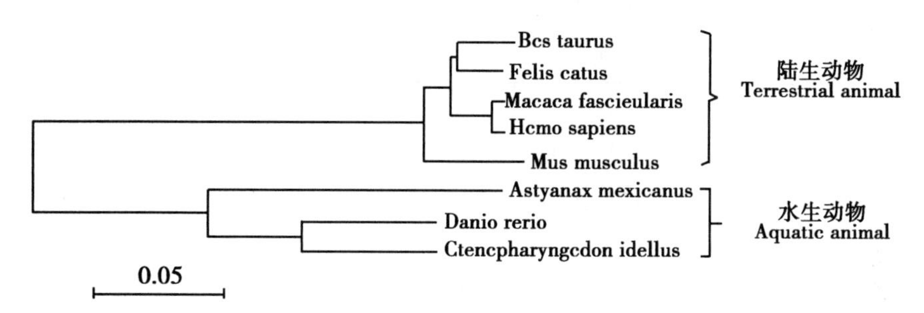

图 10 –5 –4 使用邻接法构建的 HMGCR 蛋白氨基酸序列的系统进化树

Fig. 10 –5 –4 the evolutionary tree of HMGCR protein amino acid sequences

（四）草鱼 HMGCR 在不同组织中的表达

HMGCR 在被检测的皮肤、肌肉、肝胰脏、肠道、脾脏、肾脏、心脏等组织中均有表

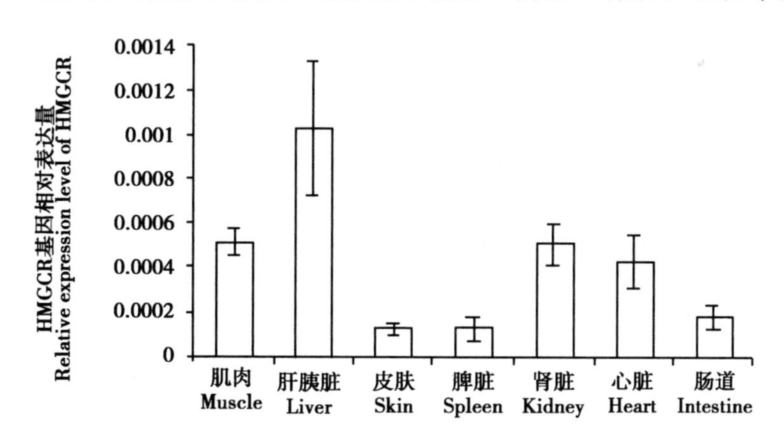

图 10 –5 –5 草鱼 HMGCR mRNA 组织表达模式分析

Fig. 10 –5 –5 HMGCR mRNA tissue expression pattern analysis of grass carp

达，其中在肝胰脏中的表达量最高，其次为肌肉、肾脏和心脏（图 10 –5 –5）。

表 10-5-2　HMGCR 氨基酸与其他已知物种 HMGCR 的氨基酸序列同源性分析

Tab. 10-5-2　Amino acid sequence homology of the amino acid analysis of HMGCR

物种 Species	注册号 Accession number	同源性 Identity	相似性 Similarity	氨基酸数目 Amino acids
斑马鱼 *Danio rerio*	NP_ 001014314	89%	100%	845
丽脂鲤 *Astyanax mexicanus*	XP_ 007252844	78%	99%	873
食蟹猴 *Macaca fascicularis*	EHH54336	67%	99%	888
家鼠 *Mus musculus*	AAH85083	67%	99%	887
人 *Homo sapiens*	NP_ 000850	67%	99%	888
牛 *Bos taurus*	NP_ 001099083	67%	99%	888

在核苷酸序列中，信号肽以细下划线标出，不稳定信号以粗下划线标出，典型的 polyA 加尾信号以细方框标出；在氨基酸序列中，磷酸化位点以细方框标出，催化活性位点以粗方框标出。

三、讨论

本实验从草鱼的中肠中扩增出了全长 3 594 bp 的 HMGCR cDNA，其中开放阅读框（ORF）为 2 529bp，编码 842 个氨基酸。通过氨基酸序列比对发现，草鱼与斑马鱼、丽脂鲤、家猫、食蟹猴、家鼠、人和牛的同源性分别是 89%、78%、68%、67%、67%、67%、67%，其中磷酸化位点和催化活性位点在这些物种中完全一致，结果表明，HMGCR 基因在不同物种间具有较高的同源性，且 N-端的跨膜螺旋区和 C-端的催化区较保守，而连接它们的氨基酸疏水部分变异较大。

草鱼 HMGCR 的整条肽链横跨膜内外，在 N-端的跨膜螺旋区存在 5 个跨膜螺旋，与鸡、牛、猪等的跨膜情况大致一样，都是经过 5 次跨内质网膜并通过短环锚定在内质网膜上行使催化功能，是一种附着于内质网膜上的糖蛋白。

相关研究表明，N-端的跨膜螺旋区存在和固醇反应元件结合蛋白（sterol response element binding protein，SREBP）的裂解激活蛋白（cleavage-activating protein，SCAP）的固醇敏感域（sterol sensitive domain，SSD）具有很相似的胆固醇敏感区，这也是胆固醇能通过 SCAP/SREBP 复合物的方式在转录水平上调节 HMGCR 的原因所在。除此之外，跨膜区还能与 Insig（内质网上的一种跨膜蛋白）结合，通过泛素-蛋白酶途径降解 HMGCR。

草鱼 C-端的催化区具有 HMGCR 活性所必需的典型多肽位点，即 2 个 HMG-CoA 结合基序和 2 个 NADPH 结合基序，与猪、牛、鸡等畜禽相比发现，除了草鱼的一个 HMG-CoA 结合基序（ENVIGYVPVP）与猪、牛、鸡等畜禽中的一个 HMG-CoA 结合基序（ENVIGYMPIP）存在个别差异外，其他结合基序完全一致，该结果表明，HMGCR 的功能在不同动物的分子进化中具有较高的稳定性。他汀类药物由于和 HMG-CoA 具有相似结构，可以作为一种竞争性抑制剂率先结合在 HMGCR 催化区的 HMG-CoA 结合位点上，通过抑制 HMGCR 的合成达到治疗高胆固醇血症的目的。

对信号肽的预测结果表明，草鱼 HMGCR 属于分泌性蛋白质，与其他物种的 HMGCR 相比，信号肽酶的切割位点不同，推测其首先在胞液游离核糖体上起始合成，然后在信号肽的引导下，转运至不同细胞质基质或细胞器中的特定部位发生作用。

在对草鱼 HMGCR 高级结构的预测和分析中发现，α-螺旋和无规卷曲是草鱼 HMGCR 多肽链中的主要结构元件，而延伸链散布于整个蛋白质中，决定了整个 HMGCR 柔性的二级结构单元，而预测的三维结构呈“V”字形，包括 N 区域、S 区域和 L 区域，HMG-CoA 结合基序位于“V”疏水的凹陷（即 L 区域）中，而 NADPH 结合基序首先与 S 区域结合，且在 S 区域和 L 区域之间会通过一个被称为“cis-loop”的环连接，这个连接环的存在与否是鉴定真核生物与原核生物 HMGCR 的主要区别之一，这一结果与人等脊椎动物 HMGCR 的高级结果非常类似，体现出了 HMGCR 在不同物种上功能的一致性。

在对不同物种 HMGCR 的进化分析表明，草鱼的 HMGCR 与斑马鱼的 HMGCR 最为接近，再和丽脂鲤聚为一大支，而牛、家猫、人、食蟹猴聚为一小支后，再与家鼠聚为另一大支，这与传统的形态学和生化特征分类进化地位基本一致。

HMGCR 在不同组织中的表达有显著的差异。对鸡的 HMGCR 基因进行组织表达发现，其在多种组织中都有表达，但在肝脏、脑和回肠中表达量最高。Yen 等通过对鸭 HMGCR 基因的组织表达研究表明，其在脂肪组织、心肌、肝脏、卵巢、骨骼肌等组织中都有表达，但在肝脏中的表达量显著高于其他组织。从本实验的结果可知，草鱼 HMGCR 基因在皮肤、肌肉、肝胰脏、肠道、脾脏、肾脏、心脏等组织中均有表达，但在肝胰脏中的表达量最高。由于 HMGCR 是胆固醇生物合成中的关键限速酶，可以推断，肝胰脏很有可能是草鱼胆固醇生物合成的主要场所。

四、结论

本实验成功克隆了草鱼 HMGCR 全长 cDNA，通过对草鱼 HMGCR 基因编码的氨基酸序列及预测的蛋白质结构和功能进行分析，为进一步探讨草鱼胆固醇代谢及调控的分子机制提供了理论依据。草鱼 HMGCR 基因表达调控从基因结构的激活（活化）→转录开始→转录过程→胞浆转运→mRNA 翻译，其间还受到多种因素的调节，并且可在多个位点被调控，但目前很多调控机制尚不清楚，需要进一步研究。

第六节　池塘养殖草鱼肠道损伤对胆固醇代谢通路基因表达的影响

胆固醇作为广泛存在于动物机体内的一种脂质分子，它不仅构成细胞膜的磷脂双分子层，还是合成类固醇激素、维生素 D 等生理活性物质的前体物，也是胆汁酸生物合成的原料[1,2]。胆汁酸对促进肠道对脂类物质的消化、吸收等方面具有重要作用。因此，保证动物组织细胞中胆固醇的供给和维持胆固醇在机体内的代谢平衡十分重要。在乙酰辅酶 A→胆固醇的生物合成途径中[3]，胆固醇的合成速度、合成量主要受到 3 - 羟基 - 3 - 甲基辅酶 A 还原酶（3-hydroxy-3-methylglutaryl-Coenzyme A reductase，HMGCR）、甲羟戊酸激酶（Farnesyl diphosphate synthase，MVK）、甲羟戊酸脱羧酶（Diphospho mevalonate decarboxylase，MVD）、异戊二烯基二磷酸 δ-异构酶（Lisopentenyl-diphosphate Delta-isomerase 1，IDI1）、法尼基二磷酸合成酶（Farnesyl diphosphate synthase，FDPS）、羊毛甾醇合成酶（Lanosterol synthase，LSS）、固醇调节元件结合蛋白裂解激活蛋白（sterol regulatory element-binding protein cleavage-activating protein，SCAP）、血浆胆固醇酯转移蛋白（Cholesteryl ester transfer protein，CETP）这 8 种酶的活性调节和胆固醇量的反馈调节。而以胆固醇为原料的胆汁酸合成代谢途径[4]，胆固醇 7α 羟化酶（cholesterol 7alpha-hydroxylase，CYP7A1）、固醇 26 - 羟化酶（sterol 26-hydroxylase，CYP27A1）和法尼醇 X 受体（farnesoid X receptor，FXR）这 3 种酶在胆汁酸的合成与调节发挥着重要作用。目前，关于胆固醇代谢相关酶基因的研究主要集中在 2 个限速酶 HMGCR[5]、CYP7A1[6] 和少数几个调控酶（如 CETP[7]、FXR[8]）上，对胆固醇代谢的整个基因通路缺少系统性研究。

草鱼（*Ctenopharyngodon idellus*）作为典型的草食性鱼类，是中国淡水养殖的四大家鱼之一，肠道作为其主要的消化吸收器官，在维持鱼体生理健康上发挥着重要作用。在我们前期对草鱼灌喂氧化鱼油、对肠道转录组分析的实验中发现，肠道黏膜组织中合成胆固醇的基因显著上调，表明胆固醇在肠道损伤的情况下是非常需要的，暗示胆固醇在草鱼肠道氧化损伤作用下可能具有我们目前还未知的重要作用［“灌喂氧化鱼油使草鱼（*Ctenopharyngodon idellus*）肠道黏膜胆固醇胆汁酸合成基因通路表达上调”，水生生物学报］。在豆粕替代鱼粉对鱼类胆固醇代谢的研究中发现，豆粕中的抗营养因子很可能通过破坏肠道对胆固醇、胆汁酸的重吸收的方式影响机体的胆固醇合成代谢[9]。这些研究结果显示，草鱼的肠道健康与胆固醇、胆汁酸的生物合成具有重要的关系，但目前关于肠道损伤对胆固醇代谢影响的具体研究相对匮乏。

本实验在对草鱼肠道损伤状况进行评价的基础上，选取出实际养殖生产的肠道健康草鱼和肠道损伤草鱼，采用 RT-QPCR 方法，定量检测了肝胰脏和肠道中 11 种与胆固醇合成、分解、调节相关酶基因表达水平差异，并结合血清生化指标，初步探讨草鱼肠道损伤对胆固醇代谢通路基因表达的影响，为后面进行是什么原因引起肠道损伤而导致胆固醇代谢变化的研究奠定基础。

一、材料与方法

（一）试验鱼

养殖草鱼取自江苏省大丰市华辰渔业合作社，为常规生产性养殖池塘，采用草、鲫混养模式，取样期间养殖池塘水温（25 ± 2）℃，溶解氧 ≥3.5mg/L，氨氮 <0.6mg/L，亚硝酸盐 <0.2mg/L，pH 值 7.5 左右。试验鱼体重（100 ± 10）g，摄食普通配合饲料，采用投饵机投喂，正常情况每天投喂 4 次。采样时间为 7 ~ 9 月，每次在固定的池塘饲料投喂台附近用手撒网捕捞，每月随机采集 15 条草鱼样本。

（二）血清样品制备和分析

用一次性无菌注射器进行尾静脉采血，常温下放置 0.5h，待血清析出后，3 000r/min 离心 10min，取上层血清转入 PT 离心管中密封，液氮速冻后、-80℃保存备用。血清甘油三酯（TG）、高密度脂蛋白（HDL）、低密度脂蛋白（LDL）、总胆汁酸（TBA）和总胆固醇（TC）采用雅培 C800 全自动生化分析仪测定，血清二胺氧化酶活力（DAO）用二胺氧化酶试剂盒（南京建成科技有限公司）测定。

（三）肠道组织切片的制备和观察

将鱼活体解剖，迅速取出肠道，从肠道自然卷曲的第一个拐点到最后一个拐点之间的肠段为中肠，从中肠的1/2处，取一段1～2cm肠管，剔除脂肪，用生理盐水冲洗后，于波恩试液中固定，作为冰冻组织切片样品。采用HE染色，中性树胶封片后，在油镜下进行观察和拍照。

（四）肝胰脏、肠黏膜基因样品的采集

在肝胰脏中间部分取长1cm、厚0.5cm的一块组织置于冰上，用PBS清洗干净后装于EP管中，液氮速冻保存后－80℃保存备用。

从中肠起始处向后截取一段3～4cm的肠道置于冰上，剪开侧面，用PBS清洗干净，刮取肠黏膜于EP管中，液氮速冻保存后－80℃保存备用。

（五）样品的筛选

通过肠道的外观形态、中肠的组织切片观察结果初步筛选出肠道健康和肠道损伤的待定草鱼，然后通过血清二胺氧化酶活力指标最终筛选出肠道健康和肠道损伤的草鱼。

（六）胆固醇、胆汁酸合成调控相关酶基因的表达

对筛选出的草鱼肝胰脏和中肠组织提取总RNA，将反转录得到的cDNA分别稀释至适当浓度后作为荧光定量模板。

本实验室草鱼肠道转录组测序（RNA-Seq）结果的可靠性和真实性已经得到验证[10]。根据上述转录组测序结果，运用Primer Premier 5.0软件设计了参与胆固醇合成的一系列酶基因和内参基因*β-Actin*（Genbank登录号：DQ211096）的荧光定量正、反向引物（表10－6－1）。反应体系为20μL：SYBR Premix Ex Taq™ II（TaKaRa）10μL，候选引物各1μL，cDNA 2μL，灭菌水6μL。PCR反应采用两步法，反应条件：95℃预变性30 s、95℃ 变性5s、60℃ 退火30s，共40个循环，最后进行溶解曲线（Melt Curve）分析。用CFX96荧光定量PCR仪和SYBR Premix Ex Taq™ II（TaKaRa公司）荧光染料进行荧光定量，用比较阈值法进行测定。健康组和损伤组各7尾鱼作为样本量。

表10－6－1　荧光定量RT-PCR引物

Tab. 10－6－1　PCR Primers for Real-time RT-PCR

基因名称 Gene name	引物（5′to3′）Primer（5′to3′）
FDPS F	GATTGGTTCTTTACGGGAGTTG
FDPS R	CCCCTTCTTGTCACGGATG
HMGCR F	CATCAGTGTCCCAAAGTACAAGAG
HMGCR R	CGGCAGAGCGTCATTCAGT
LSS F	CTGTCCGCCGATGAAGAT
LSS R	TAAGCGATAGTAAGCAGGGTG
MVD F	GTTGTGGTGCCCTGTCGT
MVD R	ATATGGGTGGGTAGGTGTCC
SCAP F	GGTTGCGTGTCATTTTGGG
SCAP R	CCTTGGGGCTGGTGTTT

（续表）

基因名称 Gene name	引物（5′to3′）Primer（5′to3′）
MVK F	ACGGGCATTTCAGATGATTC
MVK R	GGGCAACTCCGACCACA
IDI1 F	GCCACCTCAACGCAAACA
IDI1 R	AAGCAGCCTGGAAAAGTGAT
CETP F	TCCTCGCCTTTAACATTGAACC
CETP R	CCTCCCAACTGACTGAGAACC
CYP7A1 F	CAACAACCAGGACCAAACAA
CYP7A1 R	GCTGAGGATAAAGAGCAACG
CYP27A1 F	CCATTACCAGGGACAACAGG
CYP27A1 R	CAAATAAAGAGCAGCCGAAC
FXR F	AGTCTTGCCCTGTAGTCCCG
FXR R	CAGTTCCTCGCCTTTGCT
β-Actin F	CGTGACATCAAGGAGAAG
β-Actin R	GAGTTGAAGGTGGTCTCAT

（七）数据处理

根据各基因的 C_t值计算扩增效率和分析熔解曲线，以确定模板和引物达到用荧光定量检测组织相对表达量的要求。通过公式：$2^{-\triangle CT}=2^{-(\text{Ct目的基因}-\text{Ct管家基因})}$，计算出草鱼肠道和肝胰脏组织 FDPS、LSS、MVK、MVD、IDI1、HMGCR、CETP、SCAP、CYP7A1、CYP27A1、FXR 与内参基因 *β-actin* 的相对表达丰度。每个样品重复3次后取平均值，通过 SPSS 21.0 进行 One-way ANOVA 分析，并进行 LSD 与 Duncan 氏比较，$P<0.05$ 表示有显著差异，结果以平均值 ± 标准误（mean ± SD）表示。

二、结果

（一）肠道的形态变化和组织切片观察

1. 肠道的形态变化

通过对草鱼肠道形态观察发现，正常的肠道形态完整且充满食糜，剖开肠道后，肠黏膜色泽明亮（彩图10－6－1A）；损伤的肠道整体红肿，肠道前段（即第一个拐弯处）已充血发炎，局部出现糜烂且几乎无食糜，剖开肠道可见黏膜淤血、水肿甚至化脓（彩图10－6－1B）。

2. 肠道组织切片观察

草鱼肠道组织结构分为黏膜层、黏膜下层、肌层和浆膜，黏膜层作为与肠腔直接接触的部位，决定着肠道的主要机能。黏膜层绒毛结构的完整性和微绒毛的数量经常作为判断肠道损伤的一个重要指标。

草鱼中肠的组织切片见彩图10－6－2。正常的肠道，肠段黏膜微绒毛排列整齐，密度均匀（彩图10－6－2A）；损伤的肠道，肠黏膜微绒毛分布不规整，密度不均，长短不一，多处微绒毛断裂（彩图10－6－2B）。

本试验，通过对草鱼肠道的形态学和组织学观察，初步筛选出了肠道健康和肠道损伤草鱼各7尾。

(二) 血清 DAO 活性变化

DAO 是特异性存在于肠黏膜上皮细胞胞质中的细胞内酶，当肠黏膜上皮细胞受损后才会被释放进入血液循环。通常血清中 DAO 含量的变化可作为判断肠道通透性改变的一个重要生化指标。

本试验中，测定了上述草鱼血清二胺氧化酶活力，发现肠道损伤草鱼血清中二胺氧化酶活性显著高于肠道健康草鱼 1.7 倍（$P<0.05$）（图 10-6-3），从而将初步筛选的 7 尾肠道健康草鱼和 7 尾肠道损伤草鱼确定为最终实验样本。

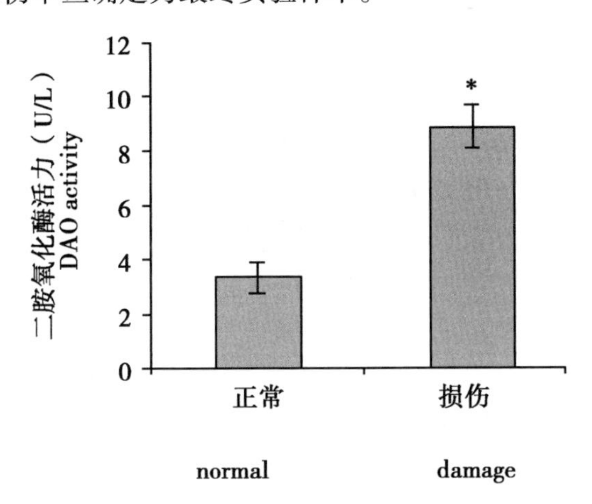

图 10-6-3　血清二胺氧化酶活性变化

Fig. 10-6-3　Changes of DAO activity in serum

* 代表有显著性差异（$P<0.05$）

* represents a significant difference（$P<0.05$）

(三) 草鱼肝胰脏、肠道中参与胆固醇合成代谢与调节控制酶基因表达变化

本试验采用 RT-qPCR 检测了肠道正常和损伤草鱼的肝胰脏、肠道中 11 个胆固醇合成代谢相关酶基因表达水平变化（表 10-6-2、表 10-6-3）。结果显示：①参与胆固醇合成代谢的一系列酶在肝胰脏和肠道中都有表达，肝胰脏中的基因表达量明显多于肠道；②在肠道损伤后，肝胰脏的 6 个胆固醇合成酶 HMGCR、MVD、MVK、IDI1、FDPS、LSS 和 2 个胆汁酸合成酶 CYP7A1、CYP27A1 都出现了显著上调（$P<0.05$），而参与胆固醇逆转运途径的转运蛋白 CETP 和胆汁酸调节元件 FXR 出现了显著下调（$P<0.05$），各基因的变化倍数在 -15.6 ~ 68.5；而肠道组织除了 HMGCR 和 MVK 没有显著差异外，其他酶基因的变化和肝胰脏的情况一致，都出现了显著差异（$P<0.05$），各基因的变化倍数在 -10.6 ~ 71.8。

表 10-6-2　肝胰脏和肠道组织中胆固醇、胆汁酸调节控制酶基因相对表达变化

Tab. 10-6-2　The relative gene expression changes of cholesterol and bile acid regulated enzyme inhepatopancreas and intestine tissues

	肝胰脏			肠道		
	正常	损伤	变化倍数	正常	损伤	变化倍数
CETP	0.413022 ± 0.057942	0.026521 ± 0.007071*	-15.6	0.000492 ± 0.000034	0.000071 ± 0.000014*	-6.5

（续表）

	肝胰脏			肠道		
	正常	损伤	变化倍数	正常	损伤	变化倍数
SCAP	0.002132 ± 0.000301	0.002382 ± 0.000432	1.1	0.000732 ± 0.000332	0.000801 ± 0.000112	1.1
FXR	0.033161 ± 0.011304	0.010102 ± 0.003364*	-3.3	0.008894 ± 0.002454	0.000842 ± 0.000113*	-10.6

*代表有显著性差异（$P<0.05$）

* represents a significant difference（$P<0.05$）

表 10-6-3 肝胰脏和肠道组织中胆固醇、胆汁酸合成酶基因相对表达变化

Tab. 10-6-3 The relative gene expression changes of cholesterol and bile acid synthase in live and intestine tissues

	肝胰脏			肠道		
	正常	损伤	倍数	正常	损伤	倍数
HMGCR	0.001151 ± 0.000501	0.054561 ± 0.005303*	47.4	0.000211 ± 0.000062	0.000633 ± 0.000164	3.0
MVK	0.001542 ± 0.000593	0.030614 ± 0.006104*	19.9	0.000252 ± 0.00007	0.000404 ± 0.000122	1.6
MVD	0.051671 ± 0.026693	0.597233 ± 0.090711*	11.6	0.002091 ± 0.000912	0.011691 ± 0.001802*	5.6
IDI1	0.023903 ± 0.013042	1.637991 ± 0.140311*	68.5	0.002162 ± 0.000973	0.028717 ± 0.005651*	13.3
FDPS	0.037731 ± 0.009701	0.586691 ± 0.067242*	15.6	0.000972 ± 0.000241	0.003892 ± 0.000881*	4.0
LSS	0.003572 ± 0.000652	0.237832 ± 0.016191*	12.8	0.000051 ± 0.000014	0.000333 ± 0.000083*	71.8
CYP7A1	0.001892 ± 0.000731	0.018573 ± 0.008021*	9.8	0.000003 ± 0.000001	0.000031 ± 0.000012*	10.7
CYP27A1	0.049684 ± 0.012147	0.334418 ± 0.066207*	6.7	0.001382 ± 0.000211	0.005384 ± 0.024976*	3.9

*代表有显著性差异（$P<0.05$）

* represents a significant difference（$P<0.05$）

（四）血清脂质代谢相关指标的变化

与肠道正常的草鱼相比，肠道损伤的草鱼血清中 HDL、LDL、TC 和 TBA 的含量显著下调（$P<0.05$），而 TG 的含量无差异变化（表 10-6-4）。

表 10-6-4　肠道损伤对草鱼血清生化指标的影响

Tab. 10-6-4　The influence of damaged intestine on grass carp serum biochemical indexes

组别 Group	甘油三酯 TG（mmol/L）	高密度脂蛋白 HDL（mmol/L）	低密度脂蛋白 LDL（mmol/L）	总胆汁酸 TBA（mmol/L）	总胆固醇 TC（mmol/L）
正常肠道组	3.53 ±0.15	1.78 ±0.03	1.68 ±0.11	6.53 ±1.15	5.15 ±0.16
损伤肠道组	3.37 ±0.21	1.59 ±0.03*	0.34 ±0.05*	0.51 ±0.11*	2.97 ±0.09*

三、讨论

（一）肠道损伤后，草鱼肝胰脏和肠道的胆固醇合成能力加强

对于一个细胞，胆固醇合成量、细胞外胆固醇逆转运进入细胞内的量、细胞内胆固醇向细胞外转运量3个方面的协调是维持细胞内胆固醇稳定状态的基础。

肝胰脏和肠道是合成胆固醇的主要器官组织，胆固醇合成的原料为乙酰 CoA，经过一系列酶促反应合成胆固醇。在此过程中，主要涉及 HMGCR、MVK、MVD、IDI1、LSS、FDPS 6个胆固醇合成酶和 CETP、SCAP2 个调节控制酶。其中，胆固醇合成限速酶 HMGCR[11]、调节控制酶 SCAP[12] 和 CETP[13] 在胆固醇的合成过程中起着至关重要的作用。

HMGCR 是所有脊椎动物合成内源胆固醇的关键限速酶，其活性的高低决定了胆固醇的合成速度，受胆固醇的反馈抑制[14]。郭少晨等[15] 在普洱茶对高脂血症大鼠胆固醇代谢的影响及作用机制的研究中发现，不同剂量的普洱茶会通过抑制 HMGCR 的表达和活性而减少胆固醇的合成量。汉雪梅等[9] 在豆粕替代鱼粉对鱼类胆固醇代谢影响的研究中发现，高豆粕基础饲料中添加适量的外源胆固醇会显著降低 HMGCR 的活性，从而导致内源胆固醇合成的减少。本实验中，在肠道损伤后，胆固醇合成关键限速酶 HMGCR 和其他胆固醇合成酶 FDPS、LSS、MVK、MVD、IDI1 的基因表达量都显著上调，表明肠道损伤增强了肝胰脏和肠道的内源胆固醇合成能力。

通过胆固醇的逆转运途径，可以将细胞外的胆固醇转运至细胞内，从而补充内源胆固醇合成的不足，其间依赖 SCAP 的调节和 CETP 的转运[16]。SCAP 具有和 HMGCR 相似的胆固醇敏感区，通过与细胞内的固醇反应元件结合蛋白 SREBP（Sterol regulatory element-binding protein，SREBP）形成 SCAP/SREBP 复合物，对胆固醇的转录水平进行调控。当细胞内胆固醇水平减少时，内质网上 SCAP/SREBP 复合物的固醇敏感区能感受到这一变化，SCAP 通过护送 SCAP/SREBP 复合物进入高尔基复合体的方式间接地促进 HMGCR 的转录；相反，当细胞内胆固醇水平升高时，SCAP 的固醇敏感区会和胆固醇结合，通过阻止 SCAP/SREBP 复合物进入高尔基复合体的方式调节胞内胆固醇水平[17]。胆固醇脂转运蛋白 CETP 是一种重要的脂质转运蛋白，能将外周组织细胞膜上游离胆固醇的酯化产物胆固醇酯转移到肝细胞表面的 LDL 受体、HLDL 受体上，以补充内源胆固醇合成的不足[18]。本实验中，CETP 的基因表达水平在肝胰脏和肠道中分别下调了15.6倍和6.5倍，差异显著（$P<0.05$），而 SCAP 的基因表达水平无显著差异，可能与其还参与激活 HMGCR 有关。

本试验结果表明，草鱼肠道损伤后，肝胰脏和肠道的内源胆固醇合成能力得到显著增强，而通过 CETP 向外周组织胆固醇的转运能力下降，以保持细胞内胆固醇的动态平衡。

（二）肠道损伤后，草鱼肝胰脏和肠道的胆汁酸合成能力加强

以胆固醇为原料合成胆汁酸是胆固醇主要去路之一[19]。胆汁酸合成有“经典”和“替代”两条途径，前者占70%以上[20]。而经典途径中主要涉及胆汁酸合成酶CYP7A1、CYP27A1和负调控酶FXR。

CYP7A1是胆汁酸经典合成途径的限速酶，它的表达量和活性对胆汁酸的合成起着制约作用[21]。研究发现，在人原代肝细胞中转染CYP7A1基因22h后，胆汁酸合成速率增加73%，48h后增加393%[22]。FXR是核受体超家族成员之一，可以通过与胆汁酸直接结合的方式调节胆汁酸代谢，维持胆汁酸稳态平衡[23]。另外，CYP7A1也是FXR的主要靶基因之一，可以通过抑制CYP7A1的转录，减少胆汁酸的合成[24]。Cai等[25]用基因沉默法，敲除FXR后，CYP7A1的表达随之增加。在人原代肝细胞中，FXR可以通过促进FGF19来抑制CYP7A1[26]。在吴晶等[27]对鹌鹑注射Kisspeptin研究胆固醇代谢的实验中发现，CYP7A1 mRNA转录水平变化与肝脏胆固醇含量变化相一致，表明胆固醇对其转录水平是正向反馈调节关系。

本实验中，在肠道损伤后，CYP7A1、CYP27A1的基因表达水平显著上调（$P<0.05$），FXR的基因表达水平显著下调（$P<0.05$），其中，CYP7A1在肝胰脏和肠道中分别上调了9.8和10.7倍，而FXR在肝胰脏和肠道中分别下调了3.3倍和10.6倍，结果表明，肠道损伤增强了肝胰脏和肠道的胆汁酸合成能力。

（三）肠道损伤对草鱼血清脂质代谢相关指标的影响

血浆中的胆固醇大部分是以胆固醇酯的形式存在，当细胞内胆固醇的自身合成不足时，外周组织的胆固醇与高密度脂蛋白（high low-density lipoprotein，HLDL）结合，经酯化后通过CETP转移给低密度脂蛋白（low density lipoprotein，LDL）运送到肝内予以补充。血浆中大部分胆固醇被LDL运送，由于LDL能同溶酶体融合发生降解，携带的胆固醇及其衍生物会从溶酶体中释放出来，抑制HMGCR酶活性[28,29]。本实验中，肠道损伤后，草鱼血清中HDL、LDL、TC和TBA的含量显著下调（$P<0.05$），也是草鱼肝胰脏和肠道的胆固醇、胆汁酸合成能力增强的另一原因。

（四）肠道损伤对胆固醇代谢的影响

肠道作为草鱼主要的消化吸收器官，在维持鱼体生理健康上发挥着重要作用。在肠道中，日粮中的胆固醇、内源性胆固醇、胆酸盐和其他酯溶性物质一起被吸收，在肠绒毛细胞中与载脂蛋白形成脂蛋白微粒[30]。KORTNER等[31]报道，随着大西洋鲑摄食豆粕日粮时间的延长，其血液中胆固醇及胆汁酸含量逐渐降低，并且在肝脏基因的表达图谱中显示HMGCR和CYP7A1的基因编码上调，研究表明，豆粕日粮对大西洋鲑胆固醇含量的影响可能是因为豆粕中抗营养因子破坏了胆固醇重吸收的主要装置——小肠，由于肠道损伤导致了胆固醇排出量的增加，而机体为了维持胆固醇的平衡，会增强内源胆固醇的合成能力。相关研究也发现，胆固醇的主要合成场所在肝脏，肝脏利用胆固醇合成胆汁酸，通过胆汁进入肠道，肠道中的胆汁酸大部分被肠壁重吸收，由肠道重吸收的胆汁酸通过门静脉进入肝脏，此时，游离型胆汁酸转变为结合型胆汁酸，再随胆汁排入肠腔，这就是所谓的胆汁酸“肠肝循环”[32]。

本试验中的草鱼为常规养殖草鱼，是以同一池塘打样的草鱼为试验样本，通过血清学指标、肠道形态学和组织学指标分为肠道损伤与正常的二类试验样本，引起草鱼肠道损伤的原

因不清楚，而肠道损伤的事实是客观的。所得结果显示了肠道损伤的草鱼鱼体胆固醇、胆汁酸生物合成能力的变化，得到“草鱼肠道损伤与其胆固醇、胆汁酸合成能力之间的一种联系”，对于后期研究鱼体胆固醇、胆汁酸代谢与肠道健康之间的关系具有重要的科学价值和实际指导意义。本实验结果显示，在肠道损伤后的草鱼肝胰脏和肠道中，胆固醇和胆汁酸的合成能力增强，而血清中的 HDL、LDL、TC 和 TBA 的含量显著下调（$P<0.05$），导致这一结果的原因可能是胆固醇、胆汁酸的排出量增加，而机体为了维持胆汁酸“肠肝循环”的动态平衡，加大了胆固醇羟化为胆汁酸的量，从而增强了机体胆固醇的消耗。

参考文献

[1] 倪楚民，刘浩宇，刘锡仪等．胆固醇的研究进展［J］．中华现代临床医学杂志，2005，3（4）：316－318.

[2] Sheen S S. Dietary cholesterol requirement of juvenile mud crab scylla serrata［J］．Aquaculture，2000，189（3）：277－285.

[3] 邹思湘．动物生物化学［M］．北京：中国农业出版社，2005：201－205.

[4] 时青云，赵晋，林宇庚等．雌激素受体及胆汁酸代谢相关基因在胆汁淤积孕鼠胎鼠肝脏中的表达［J］．首都医科大学学报，2011，32（2）：272－275.

[5] Gornati R，Papis E，Rimoldi S，*et al.* Molecular markers for animal biotechnology：sea bass（*Dicentrarchus labrax* L.）HMG-CoA reductase mRNA［J］．Gene，2005，344：299－305.

[6] 杜雪，李进军，卢立志等．胆固醇 7α-羟化酶基因研究进展［J］．浙江农林大学学报，2013，30（5）：755－760.

[7] 刘桂芬，王爱国，傅金恋．猪 CETP 基因表达变化及其对胆固醇合成的影响研究［J］．中国畜牧杂志，2008，44（19）：12－15.

[8] Goodwin B，Jones S A，Price R R，*et al.* A regulatory cascade of the nuclear receptors FXR，SHP-1，and LRH-1 represses bile acid biosynthesis［J］．Molecular Cell，2000，6（3）：517－526.

[9] 汉雪梅，张曦，陶琳丽等．豆粕替代鱼粉对鱼类胆固醇代谢影响的研究进展［J］．云南农业大学学报（自然科学），2013，28：734－741.

[10] 许凡．草鱼肠道紧密连接蛋白基因克隆与表达活性分析［D］．苏州大学，2013：1－35.

[11] Eisa-Beygi S，Hatch G，Noble S，*et al.* The 3-hydroxy-3-methylglutaryl-CoA reductase（HMGCR）pathway regulates developmental cerebral-vascular stability via prenylation-dependent signaling pathway［J］．Dev Biol.，2013，373：258－266.

[12] Yang T，Espenshade P J，Wright M E，*et al.* Crucial step in cholesterol homeostasis：sterols promote binding of SCAP to INSIG-1，a membrane protein that facilitates retention of SREBPs in ER［J］．Cell，2002，110（4）：489－500.

[13] 史连义，姜玲玲．外周组织细胞胆固醇的平衡途径及调控［J］．医学综述，2008，24：004.

[14] 李文全，王子花，申瑞玲．HMG-CoA 还原酶的结构和调节［J］．动物医学进展，2006，27（2）：38－40.

[15] 郭少晨，刘洪娟，朱迪娜等．普洱茶对高脂血症大鼠胆固醇代谢的影响及作用机制［J］．中国科学：生命科学，2013，42（11）：883－892.

[16] Moon Y A，Liang G，Xie X，*et al.* The Scap/SREBP pathway is essential for developing diabetic fatty liver and carbohydrate-induced hypertriglyceridemia in animals［J］．Cell Metabolism，2012，15（2）：240－246.

[17] Edwards P A，Tabor D，Kast H R，*et al.* Regulation of gene expression by SREBP and SCAP［J］．Biochemica et Biophysica Acta（BBA）-Molecular and Cell Biology of Lipids，2000，1529（1）：103－113.

[18] Noto D，Cefalù A B，Averna M R. Beyond statins：new lipid lowering strategies to reduce cardiovascular risk［J］．Current Atherosclerosis Reports，2014，16（6）：1－10.

[19] 史连义，姜玲玲．胆固醇的跨膜外向转运及调控［J］．医学研究生学报，2009，22（2）：198－204.

[20] 李天平，轩贵平，庹勤慧．胆固醇代谢调控的研究进展［J］．临床与病理杂志，2014，34（1）：71－75.

[21] 杜雪．太湖鹅胆固醇 7α-羟化酶基因启动子的克隆及 p53 结合元件的初步鉴定［D］．浙江农林大学，2013.

[22] Pandak W M，Schwarz C，Hylemon P B，*et al.* Effects of CYP7A1 over-expression on cholesterol and bile acid homeostasis［J］．Am J PhysiolL Gastr L.，2011，281（4）：G878－G889.

[23] Zollner G, Marschall H U, Wagner M, *et al.* Role of nuclear receptors in the adaptive response to bile acids and cholestasis: pathogenetic and therapeutic considerations [J]. Molecular Pharmaceutics, 2006, 3 (3): 231 - 251.

[24] Shin D J, Osborne T F. FGF15/FGFR4 integrates growth factor signaling with hepatic bile acid metabolism and insulin action [J]. Journal of Biological Chemistry, 2009, 284 (17): 11 110 - 11 120.

[25] Cai S Y, He H, Nguyen T, *et al.* Retinoic acid represses CYP7A1 expression in human hepatocytes and HepG2 cells by FXR/RXR-dependent and independent mechanisms [J]. Journal of Lipid Research, 2010, 51 (8): 2 265 - 2 274.

[26] Wang Y D, Chen W D, Moore D D, *et al.* FXR: a metabolic regulator and cell protector [J]. Cell Research, 2008, 18 (11): 1 087 - 1 095.

[27] 吴晶，詹年，谢怀东等 . Kisspeptin-10 对鹌鹑开产及胆固醇代谢的影响 [J]. 南京农业大学学报，2012，35 (3)：89 - 93.

[28] 高艳，李靖，郭立新等 . 他汀类药物在高龄高脂血症患者中应用的疗效及安全性 [J]. 中华老年医学杂志，2014，33 (5).

[29] 刘芳宏，宋洁云，马军等 . SREBP2 基因 rs2228314 多态性与儿童青少年血脂水平和肥胖的关系 [J]. 北京大学学报（医学版），2014，46：355 - 359.

[30] 汪仕奎，佟建明 . 蛋鸡的胆固醇代谢调控研究进展 [J]. 动物营养学报，2002，14 (3)：7 - 11.

[31] Kortner T M, Gu J, Krogdahl Å, *et al.* Transcriptional regulation of cholesterol and bile acid metabolism after dietary soyabean meal treatment in Atlantic salmon (*Salmo salar* L.) [J]. British Journal of Nutrition, 2013, 109 (04): 593 - 604.

[32] 戴鑫，吕宗舜 . 肠道屏障功能在非酒精性脂肪性肝病发病机制中的作用 [J]. 世界华人消化杂志，2012，20 (8)：656 - 661.

第七节　氧化鱼油对草鱼肝胰脏、肠道胆固醇、胆汁酸合成代谢的影响

鱼油富含多不饱和脂肪酸，能显著促进鱼类生长，具有重要的生物学作用和生理学调控功能[1,2]。然而，鱼油脂肪酸的高度不饱和性导致了其极易发生氧化变质，产生大量的自由基、过氧化物（如丙二醛等），这些活性化合物能通过细胞脂质过氧化、破坏细胞膜结构和功能引发蛋白质交联、破坏酶活性、损伤 DNA 等途径诱导细胞凋亡，进而造成组织损伤[3]。因此，鱼油对养殖动物的作用具有双重性。胆固醇（cholesterol）又称胆甾醇，它广泛存在于动物体内，不仅是细胞膜和脂质乳化剂的重要组成部分[4]，而且还是合成胆汁酸[5]、维生素 D[6] 以及甾体激素的原料。在以乙酰 CoA 为原料合成胆固醇的途径中[7]，3 - 羟基 - 3 - 甲基辅酶 A 还原酶（3-hydroxy-3-methylglutaryl-Coenzyme A reductase，HMGCR）、固醇调节元件结合蛋白（sterol regulatory element binding protein 2，SREBP2）、血浆胆固醇酯转移蛋白（Cholesteryl ester transfer protein，CETP）、三磷酸腺苷结合转运体 A1（ATP binding cassette transporter，ABCA1）发挥着重要作用。在以胆固醇为原料合成胆汁酸的经典途径中[8]，胆固醇 7α 羟化酶（cholesterol 7alpha-hydroxylase，CYP7A1）起着关键作用。肝胰脏是鱼类重要的代谢和解毒器官，同时也是合成机体胆固醇、胆汁酸的主要场所[9]。大量的研究表明[10,11]，饲料中的酸败脂肪所产生的醛类物质具有很大毒性，会直接损坏肝脏，影响肝功能。肠道作为鱼体自身与外界环境接触的最大界面，具有阻止肠腔内有害物质进入血液循环，从而维护鱼体健康的作用。有相关研究发现，氧化油脂会对动物肠道的结构和功能造成损伤[12,13]。但是，关于氧化油脂对动物肝脏和肠道胆固醇、胆汁酸合成代谢的研究还未见报道。

本试验在添加不同梯度氧化鱼油的条件下，采用荧光定量 PCR 技术（RT-qPCR）对草鱼肝胰脏、肠道的胆固醇、胆汁酸合成代谢相关酶基因表达活性进行检测，并结合血清、肝胰脏和肠道胆固醇、胆汁酸含量的变化进行综合分析，旨在探讨氧化鱼油对草鱼肝胰脏、肠道胆固醇、胆汁酸合成代谢的影响。

一、材料与方法

（一）试验鱼

草鱼来源于浙江一星饲料有限公司养殖基地，为池塘培育的 1 冬龄鱼种，挑选体格健康、无畸形、体质量为（74.8 ± 1.2）g 的草鱼 300 尾鱼，随机分为 5 组，每组 3 个重复，每个重复 20 尾鱼。

（二）试验饲料

以酪蛋白和秘鲁蒸汽鱼粉为主要蛋白源，采用等氮、等能方案设计基础饲料，制作了 6% 豆油组（6S 组）、6% 鱼油组（6F 组）、2% 氧化鱼油 + 4% 豆油组（2OF 组）、4% 氧化鱼油 + 2% 豆油组（4OF 组）、6% 氧化鱼油组（6OF 组）作为脂肪源的 5 组等蛋等能试验饲料，饲料原料粉碎过 60 目筛，用绞肉机制成直径 1.5mm 的长条状，切成 1.5mm ×2mm 的颗粒状，风干，饲料置于 -20℃ 冰柜保存备用。饲料的总胆固醇含量参考［14］方法测定，具体配方及营养水平见表 10-7-1。豆油为“福临门”牌一级大豆油，鱼油来源于广东省良种引进服务公司生产的“高美牌”精炼鱼油，氧化鱼油参考［15］方法制备，并分别测定了 4 种油脂过氧化值（POV）、酸价（AV）、丙二醛（MDA）和多不饱和脂肪（∑PUFA），并计算试验饲料中 POV 值、AV 值、MDA 和∑PUFA 含量，具体结果见表 10-7-2。

表 10-7-1 试验饲料组成及营养水平（干物质基础）

Tab. 10-7-1 Formulation and proximate composition of experiment diets（DM basis）

项目 Items	组别 Groups				
	6S	6F	2OF	4OF	6OF
原料 Ingredients（‰）					
酪蛋白 Casein	215	215	215	215	215
蒸汽鱼粉 Steam dried fish meal	167	167	167	167	167
磷酸二氢钙 $Ca(H_2PO_4)_2 \cdot H_2O$	22	22	22	22	22
氧化鱼油 Oxidized fish oil	0	0	20	40	60
豆油 Soybean oil	60	0	40	20	0
鱼油 Fish oil	0	60	0	0	0
氯化胆碱 Choline chloride	1.5	1.5	1.5	1.5	1.5

（续表）

项目 Items	组别 Groups				
	6S	6F	2OF	4OF	6OF
预混料 Premix[1)]	10	10	10	10	10
糊精 Dextrin	110	110	110	110	110
α-淀粉 α-starch	255	255	255	255	255
微晶纤维 Microcrystalline cellulose	61	61	61	61	61
羧甲基纤维素 Carboxymethyl cellulose	98	98	98	98	98
乙氧基喹啉 Ethoxyquin	0. 5	0. 5	0. 5	0. 5	0. 5
合计 Total	1 000	1 000	1 000	1 000	1 000
营养水平 Nutrient levels[2)]					
粗蛋白质 Crude protein（%）	30. 01	29. 52	30. 55	30. 09	30. 14
粗脂肪 Crude lipid（%）	7. 08	7. 00	7. 23	6. 83	6. 90
能量 Energy（kJ/g）	20. 242	20. 652	20. 652	19. 943	20. 860
胆固醇 Cholesterol（μmol/g）	0. 72	0. 97	0. 71	0. 69	0. 72

[1)] 预混料为每千克饲料提供 The premix provided the following per kg of diets：Cu 5mg，Fe 180mg，Mn 35mg，Zn 120mg，I 0. 65mg，Se 0. 5mg，Co 0. 07mg，Mg 300mg，K 80mg，VA 10mg，VB_1 8mg，VB_2 8mg，VB_6 20mg，VB_{12} 0. 1mg，VC 250mg，泛酸钙 calcium pantothenate 20mg，烟酸 niacin 25mg，VD_3 4mg，VK_3 6mg，叶酸 folic acid 5mg，肌醇 inositol 100mg；

[2)] 实测值 Measured values

表 10－7－2　试验饲料中 POV 值、AV 值、MDA 和∑PUFA 含量分析结果

Tab. 10－7－2　Analytical results for POV，AV，MDA and ∑PUFA content in diets

组别 Group	过氧化值 POV (mg/kg)	酸价 AV (mg/kg)	丙二醛 MD (mg/kg)	∑PUFA (%)
6S	3. 67	30	0. 182	61. 27
6F	72. 45	800	10. 8	35. 25
2OF	64. 55	400	61. 6	48. 12
4OF	125. 43	770	123. 9	40. 92
6OF	186. 31	1 140	185	31. 27

本试验中使用的鱼油有一定程度的氧化，由于其在饲料中比例为6%，而氧化鱼油组是由氧化鱼油和豆油按比例混合作为脂肪源，所以6F组的实际 POV 值比2OF 组高 12. 25%，而 AV 则比2OF 和4OF 组分别高出 100% 和 3. 9%。

（三）饲养管理

饲养实验在浙江一星饲料有限公司养殖基地进行，在面积为 5 × 667m^2（平均水深 1. 8m）的池塘中设置网箱，网箱规格为（1. 0m × 1. 5m × 2. 0m）。饲养试验前用 6S 组饲料驯化一周，正式饲养时间为72d，每天 7：00、16：00 定时投喂，投饲率为 4%。每 10d 依据投饲量估算鱼体增重并调整投喂率，记录每天投饲量。每周测定一次水质，试验期间水温

25～33℃，溶解氧浓度>8.0mg/L，pH 值 7.8～8.4，氨氮浓度<0.2mg/L，亚硝酸盐浓度<0.01mg/L，硫化物浓度<0.05mg/L。

（四）主要试剂

总 RNA 提取试剂 RNAiso Plus，PrimeScript™ RT Mastetr Mix 反转录试剂盒，SYBR Premix Ex Taq™ I 都来自 TaKaRa 公司，荧光定量 PCR 扩增引物由上海生工生物技术有限公司合成。

（五）样品采集

1. 血清样品的制备

养殖 72d、停食 24h 后，每网箱随机取出 10 尾鱼，采用尾静脉采血法，取其全血置于离心管中，常温放置 0.5h 后，3 000r/min 离心 10min 制备血清样品，经液氮速冻后，−80℃保存备用。

2. 草鱼肝胰脏和肠道组织匀浆样品制备

分别取部分新鲜肝胰脏和肠道，称重后加入 10 倍体积 0.02mol/L 磷酸缓冲液（pH 值 7.4），匀浆器 10 000r/min 匀浆 1min，3 000r/min 冷冻离心 10min，取上清液分装，液氮速冻后 −80℃冰箱保存。

3. 草鱼肝胰脏和肠道组织基因样品制备

每网箱随机选取抽过血的 3 尾鱼活体解剖，迅速取出内脏团置于冰浴中，在肝胰脏中间部分和中肠的 1/2 处各取 1.0cm×1.0cm 的一块组织于 PBS 中，漂洗 2～3 次后，一式两份，迅速装于 EP 管中，液氮速冻，于 −80℃保存。

（六）样品分析

1. 血清、肝胰脏和肠道总胆固醇（TC）、总胆汁酸（TBA）含量的测定

血清、肝胰脏和肠道 TC、TBA 含量都采用雅培 C800 全自动生化分析仪测定。

2. 总 RNA 的提取和反转录 cDNA

利用总 RNA 提取试剂 RNAiso Plus 按照说明书提取肝胰脏、肠道样品总 RNA。取 1μg 总 RNA 为模板，按照 PrimeScript™ RT Mastetr Mix 反转录试剂盒的方法将 RNA 转录成 cDNA，于 −20℃保存备用。

3. qRT-PCR 检测胆固醇代谢相关酶基因表达

根据本实验室草鱼肠道转录组测序（RNA-Seq）结果，运用 Primer Premier 5.0 软件设计了参与胆固醇和胆汁酸合成途径的相关酶基因和内参基因 *β-actin*（Gene Bank 登录号：DQ211096）的荧光定量正、反向引物（表 10−7−3）。

提取每个试验组草鱼的肝胰脏和肠道 RNA，参照反转录试剂盒（TaKaRa 公司）说明进行反转录。实时定量检测采用 CFX96 荧光定量 PCR 仪（Bio-Rad，USA）进行，反应体系为 20μL：SYBR Premix Ex Taq™ II（TaKaRa）10μL，候选引物各 1μL，cDNA 2μL，灭菌水 6μL。PCR 反应采用两步法，反应条件：95℃预变性 30s、95℃ 变性 5s、60℃ 退火 30s，共 40 个循环。同一样品重复 3 个反应，以 *β-actin* 作为参照基因。根据扩增曲线得到的 C_t，计算出目标基因和参照基因 *β-actin* C_t 值的差异 $\triangle C_t$；最后计算出不同样品相对于参照样品基因表达倍数 $2^{-\triangle\triangle Ct}$，制作出相对定量的图表。

（七）数据分析

通过 SPSS 21.0 进行 One-way ANOVA 分析，并进行 LSD 与 Duncan 氏多重比较，结果以平均值±标准误（mean±SD）表示，当 $P<0.05$ 时，差异显著。

表 10-7-3 实时荧光定量引物

Tab. 10-7-3 Primers used for quantitative real-time PCR

基因名称 Gene name	引物序列（5′to3′） Sequence of primer pairs（5′to3′）
HMGCR F/R	CATCAGTGTCCCAAAGTACAAGAG/ CGGCAGAGCGTCATTCAGT
CETP F/R	TCCTCGCCTTTAACATTGAACC/CCTCCCAACTGACTGAGAACC
SREBP2 F/R	GGAACCGAGCGAACATACG/ ATCCACCTGATTACTGACGAAC
ABCA1 F/R	GAACGCCGATGACAGTGAG/ TGGAAACTCCGCAGACG
CYP7A1 F/R	CAACAACCAGGACCAAACAA/GCTGAGGATAAAGAGCAACG
β-Actin F/R	CGTGACATCAAGGAGAAG/GAGTTGAAGGTGGTCTCAT

二、结果与分析

（一）血清 TC、TBA 含量的变化

由表 10-7-4 可知，与 6S 组相比，在添加氧化鱼油后，血清 TC 含量都出现不同程度的增加，在 4OF 组和 6OF 组显著增加（$P<0.05$），增加量在 6% ~17%。与 6S 组相比，在添加氧化鱼油后，血清 TBA 含量都出现显著下降（$P<0.05$），减少量在 37% ~54%。

（二）肝胰脏 TC 和 TBA 含量

由表 10-7-5 可知，与 6S 组相比，在添加氧化鱼油后，肝胰脏 TC 含量都出现不同程度的上升，在 2OF 组和 6OF 组显著增加（$P<0.05$），增加量在 27% ~73%。与 6S 组相比，在添加氧化鱼油后，肝胰脏 TBA 含量都出现不同程度的上升，在 2OF 组和 6OF 组显著增加（$P<0.05$），增加量在 8% ~95%。

（三）肠道 TC 和 TBA 含量

由表 10-7-5 可知，与 6S 组相比，在添加氧化鱼油后，肠道 TC 含量都出现不同程度的上升，在 4OF 组显著增加（$P<0.05$），增加量在 4% ~29%。与 6S 组相比，在添加氧化鱼油后，肠道 TBA 含量都出现不同程度的下降，且差异显著（$P<0.05$），减少量在 77% ~97%。

表 10-7-4 氧化鱼油对草鱼血液中 TC、TBA、HDL 和 LDL 含量的影响

Tab. 10-7-4 The effect of contents of TC, TBA, HDL and LDL of blood in grass carp under oxidized fish oil

组别 Group	TC (mmol/L)	变化量 Fold change	TBA (μmol/L)	变化量 Fold change
6S	5.32 ± 0.14^{a}	0	1.47 ± 0.05^{d}	0
6F	6.07 ± 0.21^{cd}	14%	0.73 ± 0.01^{a}	-50%
2OF	5.65 ± 0.13^{ab}	6%	0.83 ± 0.01^{b}	-44%
4OF	6.22 ± 0.21^{d}	17%	0.67 ± 0.03^{a}	-54%

（续表）

组别 Group	TC (mmol/L)	变化量 Fold change	TBA (μmol/L)	变化量 Fold change
6OF	5.84 ±0.02[bc]	10%	0.93 ±0.06[c]	-37%

注：变化量（%）＝（鱼油或氧化鱼油组的数值－豆油组的数值）/豆油组的数值×100

Note: Fold change (%) = (the value of fish oil or oxidized fish oil group-the value of soybean oil group) / the value of soybean oil group ×100

表10-7-5　氧化鱼油对草鱼肝胰脏和肠道中TC和TBA含量的影响

Tab. 10-7-5　The effect of contents of TC and TBA of hepatopancreas and intestine in grass carp under oxidized fish oil

组别 Group	肝胰脏 Hepatopancreas				肠道 Intestine			
	TC (mol/g)	变化量 Fold change	TBA (μmol/g)	变化量 Fold change	TC (mmol/g)	变化量 Fold change	TBA (μmol/g)	变化量 Fold change
6S	2.6 ±0.3[a]	0.	0.0467 ±0.0035[a]	0.00	5.1 ±3.8[a]	0.00	0.034 ±0.017[c]	0.00
6F	3.7 ±0.4[abc]	42%	0.043 ±0.008[a]	-8%	6.1 ±0.4[b]	20%	0.0167 ±0.0015[b]	-51%
2OF	3.8 ±0.3[bc]	46%	0.0617 ±0.0012[b]	32%	5.3 ±0.2[a]	4%	0.001 ±0.0001[a]	-97%
4OF	3.3 ±0.3[ab]	27%	0.0505 ±0.0015[a]	8%	6.6 ±0.2b	29%	0.0037 ±0.0011[ab]	-89%
6OF	4.5 ±1.2[c]	73%	0.091 ±0.007[c]	95%	5.4 ±0.5[a]	6%	0.0077 ±0.0032[ab]	-77%

（四）肝胰脏胆固醇、胆汁酸合成代谢相关酶基因表达活性

由表10-7-6可知，与6S组相比，在添加氧化鱼油后，参与胆固醇合成、调控和转运的HMGCR、SREBP2和CETP基因表达活性都出现不同程度的上调，其中HMGCR基因表达活性在4OF组和6OF组显著上调（$P<0.05$），而胆固醇转运蛋白ABCA1基因表达活性出现显著下调（$P<0.05$）。与6S组相比，在添加氧化鱼油后，胆汁酸合成关键酶CYP7A1基因表达活性都出现不同程度的下调，在4OF组和6OF组显著下调（$P<0.05$）。

（五）肠道胆固醇、胆汁酸合成代谢相关酶基因表达活性

由表10-7-7可知，与6S组相比，在添加氧化鱼油后，参与胆固醇合成、调控和转运的HMGCR、SREBP2和CETP基因表达活性都出现不同程度的上调，其中HMGCR基因表达活性在2OF、4OF和6OF组均显著上调（$P<0.05$），SREBP2基因表达活性在4OF组显著上调（$P<0.05$），而胆固醇转运蛋白ABCA1基因表达活性差异不显著（$P>0.05$）。与6S组相比，在添加氧化鱼油后，CYP7A1基因表达活性都出现显著下调（$P<0.05$）。

表 10-7-6 氧化鱼油对草鱼肝胰脏胆固醇代谢相关酶基因表达活性的影响

Tab. 10-7-6 The relative gene expression changes of cholesterol metabolism of hepatopancreas in grass carp under oxidized fish oil

组别 Group	胆固醇合成关键酶基因 The key gene of cholesterol synthase		胆固醇调控基因 The regulation gene of cholesterol		胆固醇转运基因 Cholesterol transporter genes				胆汁酸合成关键酶基因 The key gene of bile acid synthase	
	HMGCR	变化量 Fold change	SREBP2	变化量 Fold change	CETP	变化量 Fold change	ABCA1	变化量 Fold change	CYP7A1	变化量 Fold change
6S	1.00 ± 0.12[b]	0	1.00 ± 0.05[ab]	0	1.00 ± 0.03[ab]	0	1.00 ± 0.02[c]	0	1.00 ± 0.19[c]	0
6F	0.57 ± 0.22[a]	-43%	0.76 ± 0.13[a]	-24%	0.76 ± 0.13[a]	-24%	0.33 ± 0.08[a]	-67%	1 ± 0.02c	0
2OF	1.28 ± 0.25[b]	28%	1.04 ± 0.23[ab]	4%	1.04 ± 0.23[ab]	4%	0.64 ± 0.15[b]	-36%	0.87 ± 0.11b[c]	-13%
4OF	1.91 ± 0[c]	91%	1.21 ± 0.2[b]	21%	1.21 ± 0.2[b]	21%	0.39 ± 0.01[a]	-61%	0.59 ± 0.05[a]	-41%
6OF	1.63 ± 0.24[c]	63%	1.09 ± 0.08[b]	9%	1.09 ± 0.08[b]	9%	0.47 ± 0.03[ab]	-53%	0.81 ± 0.04[b]	-19%

表 10-7-7 氧化鱼油对草鱼肠道胆固醇代谢相关酶基因表达活性的影响

Tab. 10-7-7 The relative gene expression changes of cholesterol metabolism of intestine in grass carp under oxidized fish oil

组别 Group	胆固醇合成关键酶基因 The key gene of cholesterol synthase		胆固醇调控基因 The regulation gene of cholesterol		胆固醇转运基因 Cholesterol transporter genes				胆汁酸合成关键酶基因 The key gene of bile acid synthase	
	HMGCR	变化量 Fold change	SREBP2	变化量 Fold change	CETP	变化量 Fold change	ABCA1	变化量 Fold change	CYP7A1	变化量 Fold change
6S	1.00 ± 0.09[a]	0	1.00 ± 0.11[a]	0	1.00 ± 0.03[ab]	0	1.00 ± 0.04[ab]	0	1.00 ± 0.05[d]	0
6F	0.79 ± 0.19[a]	-21%	1.86 ± 0.03[b]	86%	1.21 ± 0.42[ab]	21%	1.13 ± 0.32[b]	13%	0.64 ± 0.04[c]	-36%
2OF	2.45 ± 0.03[c]	145%	1.15 ± 0.23[a]	15%	1.62 ± 0.61[b]	62%	1.12 ± 0.38[b]	12%	0.24 ± 0.04[b]	-76%
4OF	2.95 ± 0.47[d]	195%	2.44 ± 0.28[c]	144%	1.66 ± 0.05[b]	66%	0.79 ± 0.24[ab]	-21%	0.32 ± 0.11[b]	-68%
6OF	1.72 ± 0.3[b]	72%	0.81 ± 0.21[a]	-19%	0.56 ± 0.19[a]	-44%	0.41 ± 0.13[a]	-59%	0.11 ± 0.03[a]	-89%

(六) 胆固醇、胆汁酸合成代谢相关酶基因表达活性与饲料油脂质量的相关性分析

将6S、6F、2OF、4OF和6OF组饲料的POV值、AV值、MDA和$\sum$ PUFA含量分别与肝胰脏、肠道胆固醇代谢相关酶基因表达水平做Pearson相关性分析，检验双侧显著性，样

品量 n = 15，结果见表 10－7－8、10－7－9。

1. 肝胰脏胆固醇、胆汁酸合成代谢相关性分析

由表 10－7－8 可知，HMGCR 基因表达活性与饲料 MDA 含量的相关性最大，相关系数为 0.827，但差异不显著（$P > 0.05$）。ABCA1 基因表达活性与饲料 AV 值、∑PUFA 含量的相关性较大，相关系数分别为 －0.856 和 0.913，与∑PUFA 差异显著（$P < 0.05$）。

2. 肠道胆固醇、胆汁酸合成代谢相关性分析

由表 10－7－9 可知，ABCA1 基因表达活性与饲料 POV 值、MDA 含量的相关性较大，相关系数分别为 －0.835、－0.896，与 MDA 含量差异显著（$P < 0.05$）。HMGCR 基因表达活性与饲料 POV 值、MDA 和∑PUFA 含量相关性较大，相关系数分别为 0.93、0.942、－0.849，与饲料 POV 值和 MDA 含量差异显著（$P < 0.05$）。

表 10－7－8　草鱼肝胰脏胆固醇代谢相关酶基因表达活性与饲料油脂质量的相关性分析

Tab. 10－7－8　Correlation analysis between cholesterol metabolism gene expression in hepatopancreas and oil quality in diets

Person		HMGCR	SREBP2	CETP	ABCA1	CYP7A1
AV	R^2 [1)]	0.348	0.09	0.024	－0.856	－0.452
	P [2)]	0.566	0.885	0.969	0.064	0.445
POV	R^2	0.638	0.421	0.21	－0.686	－0.64
	P	0.247	0.48	0.734	0.201	0.245
MDA	R^2	0.827	0.09	0.4	－0.449	－0.735
	P	0.084	0.885	0.504	0.448	0.157
∑ PUFA	R^2	－0.193	－0.073	－0.099	0.913	0.348
	P	0.756	0.907	0.874	0.03*	0.567

注：[1)] R^2 相关系数 correlation coefficient；[2)] P 显著性（双侧）水平 significance level（Bilaterally）；[3)] * 表示因子之间显著相关 significant correlation between different factors

表 10－7－9　草鱼肠道胆固醇代谢相关酶基因表达活性与饲料油脂质量的相关性分析

Tab. 10－7－9　Correlation analysis between cholesterol metabolism gene expression in intestine and oil quality in diets

Person		HMGCR	SREBP2	CETP	ABCA1	CYP7A1
AV	R^2	0.176	0.189	0.303	－0.656	－0.726
	P	0.777	0.76	0.62	0.229	0.165
POV	R^2	0.93	0.067	0.308	－0.835	－0.842
	P	0.022*	0.915	0.614	0.079	0.074
MDA	R^2	0.942	0.05	0.275	－0.896	－0.845
	P	0.016*	0.936	0.654	0.04*	0.072
∑PUFA	R^2	－0.849	－0.227	－0.22	0.492	0.697
	P	0.069	0.713	0.722	0.4	0.19

三、讨论

正常情况下，细胞主要通过3个方面共同维持着胞内胆固醇的动态平衡[16]：①通过关键限速酶HMGCR调节细胞内胆固醇的生物合成，其中固醇调节元件SREBP2能激活HMGCR的转录[17]；②通过CETP将细胞外胆固醇逆转运到细胞内[18,19]；③通过ABCA1将细胞内胆固醇转运到细胞外[20]。

机体胆固醇的来源除了依靠自身合成以外，还可以通过摄入外源胆固醇的方式来补充。胆固醇不仅参与构成细胞膜的磷脂双分子层，而且还是合成维生素D、类固醇激素和胆汁酸等生理活性物质的原料，其中，合成胆汁酸是胆固醇的主要去路，CYP7A1是胆汁酸经典途径的合成限速酶，它的表达量和活性决定了胆汁酸的合成速度[21]。

（一）饲料氧化鱼油对草鱼肝胰脏胆固醇合成代谢的影响

肝胰脏不仅是鱼类重要的代谢和解毒器官，也是合成机体胆固醇、胆汁酸的主要场所，对氧化鱼油的毒性极为敏感。在饲料中添加氧化鱼油后，胆固醇合成关键酶HMGCR基因表达活性显著上调（$P<0.05$），调控胆固醇合成的SREBP2基因表达活性上调，表明肝胰脏以乙酰辅酶A为原料的胆固醇合成能力在增强，肝细胞胆固醇含量有增加的趋势；承担将细胞外胆固醇逆转运到细胞内CETP基因表达活性上调，而承担将细胞内胆固醇外流转运蛋白ABCA1基因表达活性显著下调（$P<0.05$），表明将肝细胞外胆固醇转运至细胞内的能力增强，而将细胞内胆固醇转运到细胞外的能力减弱。上述几个关键酶基因表达活性的变化结果表明，在摄食含有氧化鱼油的饲料后，草鱼肝胰脏组织合成胆固醇能力、向细胞内转运胆固醇的能力增强，而向细胞外转运胆固醇能力减弱，其结果应该会导致肝细胞内胆固醇含量的增加。

由表10－7－4、表10－7－5结果可知，在添加氧化鱼油后，血清和肝胰脏胆固醇含量显著增加（$P<0.05$），这与彭仕明等[22]和任泽林等[23]的研究结果一致。但这个变化是因为鱼体外源摄入富含胆固醇的鱼油，还是肝胰脏胆固醇合成代谢引起的呢？表10－7－1的结果显示，6S、2OF、4OF和6OF组饲料的胆固醇含量基本一致，因此，肝胰脏胆固醇含量的增加应该是肝胰脏胆固醇合成能力、向细胞内转运胆固醇的能力增强，而向细胞外转运胆固醇能力减弱造成的，这也为上述分析提供了很好的证据。

那么，饲料中氧化鱼油的哪些物质导致了肝胰脏胆固醇合成能力、向内转运能力的增加、向外转运能力减弱，并促使肝胰脏胆固醇含量增加呢？

Du等[24]和Le Jossic等[25]得出PUFA会抑制HMGCR活性、对肝脏胆固醇合成进行负调节的结论。由表10－7－8结果显示，在添加鱼油或氧化鱼油后，饲料中∑PUFA与HMGCR、SREBP2、CETP基因表达活性均显示负相关关系的变化趋势，而与ABCA1基因表达活性呈现显著正相关关系。表明∑PUFA含量会抑制肝胰脏胆固醇合成能力、向内转运能力，而促进向外转运能力，其结果会导致肝胰脏胆固醇含量减少，这与Du等和Lė Jossic等的结果一致。

氧化油脂中的氧化产物会通过抑制HMGCR而抑制胆固醇合成，从而导致细胞膜缺乏胆固醇[23]。由表10－7－8结果显示，在添加鱼油或氧化鱼油后，饲料中的AV值、POV值、MDA值与HMGCR、SREBP2、CETP基因表达活性均显示正相关关系的变化趋势，而与AB-CA1基因表达活性均显示负相关关系的变化趋势。这些结果显示，饲料氧化鱼油的氧化产物会促进肝细胞胆固醇合成能力、向内转运能力增强，而抑制向外转运能力，其结果会导致肝胰脏胆固醇含量增加。

由表 10－7－5 中肝胰脏胆固醇含量显著增加的结果表明，饲料中氧化鱼油对草鱼肝胰脏胆固醇合成代谢影响的最终结果是合成能力、向内转运能力增加，而向外转运能力减弱，这是氧化鱼油氧化产物的作用大于不饱和脂肪酸营养作用的结果。

（二）饲料氧化鱼油对草鱼肠道胆固醇合成代谢的影响

肠道作为机体与外界接触的最大界面，在选择性吸收营养物质和防御有毒有害物质入侵等方面发挥着屏障功能。在饲料中添加氧化鱼油后，草鱼肠道 HMGCR 基因（除了 6F 组下调外）、调控胆固醇合成的 SREBP2 基因（除了 6OF 组下调外）表达活性显著上调（$P < 0.05$），表明肠道的胆固醇合成能力在增强，肠道细胞胆固醇含量有增加的趋势；承担将细胞外胆固醇逆转运到细胞内 CETP 基因表达活性在 6F 组、2OF 组上调，而 4OF、6OF 组则下调，而承担将细胞内胆固醇外流转运蛋白 ABCA1 基因表达活性均下调，表明将肠道细胞外胆固醇转运至细胞内的能力增强，而将细胞内胆固醇转运到细胞外的能力减弱。且显示与饲料中氧化鱼油的添加量有一定的关系，如 HMGCR 在 6F 组、SREBP2 在 6OF 出现与其他组不同的结果，CETP 在 6F 组、2OF 组上调，而 4OF、6OF 组则下调。上述几个关键酶基因表达活性的变化结果表明，在摄食含有氧化鱼油的饲料后，草鱼肠道组织合成胆固醇能力、向细胞内转运胆固醇的能力增强，而向细胞外转运胆固醇能力减弱，其结果应该会导致肠道细胞内胆固醇含量的增加。而这种变化趋势与饲料中氧化鱼油的添加量有一定的关系。由表 10－7－5 结果可知，肠道胆固醇含量显著增加，这也为上述分析提供了有力的证据。

饲料中氧化鱼油的哪些物质导致了肠道胆固醇合成能力、向内转运能力的增加、向外转运能力减弱，并促使肠道胆固醇含量的增加呢？

黄艳玲等[26]的研究表明，饲粮脂肪酸会对脂肪代谢酶有关基因表达造成影响。由表 10－7－9 结果显示，在添加鱼油或氧化鱼油后，饲料中∑ PUFA 与肠道 HMGCR、SREBP2、CETP 基因表达活性均显示负相关关系的变化趋势，而与肠道 ABCA1 基因表达活性显示正相关关系的变化趋势，表明∑ PUFA 含量会抑制肠道胆固醇合成能力、向内转运能力，而促进向外转运能力，其结果会导致肠道胆固醇含量减少。

Saito 等[27]研究发现，脂质过氧化会改变肠道细胞膜表面的酶活性甚至使其活性丧失。由表 10－7－9 结果显示，在添加鱼油或氧化鱼油后，饲料中的 AV 值、POV 值、MDA 值与 HMGCR 呈现显著正相关关系，与 SREBP2、CETP 基因表达活性均显示正相关关系的变化趋势，而与 ABCA1 基因表达活性均显示负相关关系的变化趋势。这些结果显示，饲料氧化鱼油的氧化产物导致肠道细胞胆固醇合成能力、向内转运能力增强，而向外转运能力下降，其结果会导致肠道胆固醇含量增加。

由表 10－7－5 肠道胆固醇含量显著增加的结果表明，饲料中氧化鱼油对草鱼肠道胆固醇合成代谢影响的最终结果是合成能力、向内转运能力增加，而向外转运能力减弱，这是氧化鱼油氧化产物的作用大于不饱和脂肪酸营养作用的结果。

（三）肝胰脏、肠道胆汁酸合成能力变化及肝胰脏胆汁酸淤积的发展趋势

在饲料中添加氧化鱼油后，草鱼肝胰脏、肠道 CYP7A1 基因表达活性显著下调，表明肝胰脏、肠道以胆固醇为原料合成胆汁酸的能力减弱。其结果发展的趋势应该会导致肝胰脏、肠道细胞内胆汁酸含量的减少。从表 10－7－5 结果看，肝胰脏的胆汁酸含量除了在 6F 组下

降8%外，其余各组均是增加；肠道胆汁酸含量则是显著下降。显示为草鱼摄食含有氧化鱼油的饲料后，肝胰脏胆汁酸有积累增加、而肠道胆汁酸显著减少的发展趋势，其结果可能造成肝胰脏胆汁酸淤积。

从影响肝胰脏、肠道胆汁酸合成的氧化油脂因素看，由表10－7－8、10－7－9结果显示，在添加鱼油或氧化鱼油后，饲料中∑ PUFA与肝胰脏、肠道CYP7A1基因表达活性显示正相关关系的变化趋势，表明饲料中∑ PUFA含量会促进肝胰脏、肠道胆汁酸合成能力。而饲料中的AV值、POV值、MDA值与肝胰脏、肠道CYP7A1基因表达活性均显示负相关关系的变化趋势，表明饲料氧化鱼油的氧化产物会抑制肝胰脏、肠道细胞胆汁酸合成能力。由表10－7－5肠道胆汁酸含量显著减少的结果表明，饲料中氧化鱼油对草鱼肠道胆汁酸合成代谢影响的最终结果是胆汁酸合成能力减弱，表明氧化鱼油氧化产物的作用大于不饱和脂肪酸营养作用的结果。

大量研究发现，肝病患者CYP7A1基因表达会下调，胆汁酸合成能力会降低，同时胆汁会淤积在肝脏中，分析原因，主要是胆汁酸的分泌出了问题[28]。由表10－7－4、10－7－5血清胆汁酸显著减少，肝胰脏胆汁酸含量显著增加的结果表明，氧化鱼油很可能阻碍了胆汁酸在肝胰脏中的向外转运，破坏了胆汁酸的肠肝循环，导致胆汁酸在肝胰脏中大量淤积，其结果可能导致肝胰脏的胆汁淤积、鱼体出现“绿肝”、“花肝现象”的发展趋势。

四、结论

在饲料添加氧化鱼油后，鱼油氧化产物对肝胰脏、肠道胆固醇合成能力、转运能力的影响大于不饱和脂肪酸含量的作用；饲料氧化鱼油导致肝胰脏和肠道的胆固醇合成能力、向细胞内转运胆固醇的能力增强，而向细胞外转运胆固醇的能力、以胆固醇为原料合成胆汁酸的能力减弱，致使肝胰脏、肠道、血清胆固醇含量增加、而胆汁酸含量减少，而肝胰脏胆汁酸含量增加，会导致肝胰脏胆汁淤积的发展趋势。表明在饲料氧化鱼油作用下，鱼体可能需要更多的胆固醇以满足生理代谢的需要，而鱼体需要的胆汁酸可能出现供给不足的现象。

参考文献

[1] Om A D, Umino T, Nakagawa H, *et al.* The effects of dietary EPA and DHA fortification on lipolysis activity and physiological function in juvenile black sea bream *Acanthopagrus schlegeli* (Bleeker) [J]. Aquaculture Research, 2001, 32 (sup): 255－262.

[2] 曹俊明，刘永坚，劳彩玲等．饲料中不同脂肪酸对草鱼生长和组织营养成分组成的影响［J］．华南理工大学学报：自然科学版，1996，12（Sup）：149－154.

[3] 陈群，乐国伟，施用晖等．氧自由基对动物消化道损伤及干预研究进展［J］．中国畜牧兽医，2006，33（11）：106－108.

[4] 倪楚民，刘浩宇，刘锡仪等．胆固醇的研究进展［J］．中华现代临床医学杂志，2005，3（4）：316－318.

[5] Scanlon S M, Williams D C, Schloss P, *et al.* Membrane cholesterol modulates serotonin transporter activity [J]. Biochemistry, 2001, 40 (35): 10 507－10 513.

[6] Brown D A, London E. Structure and function of sphingolipid and cholesterol rich membrane rafts [J]. Biochemistry, 2000, 275: 17 221.

[7] Kliewer S A, Moore J T, Wade L, *et al.* An orphan nuclear receptor activated by pregnanes defines a novel steroid signaling pathway [J]. Cell, 1998, 92: 73－82.

[8] Schlegel G, Ringseis R, Keller J, *et al.* Changes in the expression of hepatic genes involved in cholesterol homeostasis in

dairy cows in the transition period and at different stages of lactation [J]. Journal of Dairy Science, 2012, 95: 3 826 - 3 836.

[9] Javitt N B. Cholesterol hydroxycholesterols and bile acids [J]. Biochemical and Biophysical Research Communications, 2002, 292: 1 147 - 1 153.

[10] Lagor W R, Heller R, Groh E D, *et al.* Functional analysis of the hepatic HMG-CoA reductase promoter by in vivo electroporation [J]. Experimental Biology and Medicine, 2007, 232: 353 - 361.

[11] Shibata N, Kinumake T, Okuda H, *et al.* The effect of lipid peroxide on the lipid and carbohydrate metabolism in rat liver [J]. Agriculture Biology Chemistry, 1973, 37: 1 899 - 1 904.

[12] Ashida H, Kanazawa K, Minamoto S, *et al.* Effect of orally administered secondary autoxidation products of linoleic acid on carbohydrate metabolism in rat liver [J]. Arch Biochemisry Biophysical, 1987, 259: 114 - 123.

[13] Reddy K, Tappel A L. Effect of dietary selenuim and autoxidized lipids on the glutathione peroxidase system of gastrointestinal tract and other tissues in the rat [J]. Journal of Nutritional Biochemistry, 1974, 104: 1 069 - 1 078.

[14] 贠彪．在高植物蛋白饲料中添加胆固醇、牛磺酸和大豆皂甙对大菱鲆生长性能和胆固醇代谢的影响 [D]. 中国海洋大学, 2012: 22 - 103.

[15] 殷永风，叶元土，蔡春芳等．在自制氧化装置中氧化时间对豆油氧化指标的影响 [J]. 安徽农业科学, 2011, 39 (7): 4 052 - 4 054.

[16] Goldstein J L, Brown M S. Regulation of the mevalonate pathway [J]. Nature, 1990, 343: 425 - 430.

[17] 郭晓强，郭振清．SREBP 介导的胆固醇生物合成反馈调节 [J]. 生命的化学, 2007, 27 (4): 292 - 293.

[18] 鄢盛恺．胆固醇酯转运蛋白的研究方法与临床意义 [J]. 国外医学：临床生物化学与检验学分册, 2003, 24 (3): 137 - 139.

[19] 史连义，姜玲玲．外周组织细胞胆固醇的平衡途径及调控 [J]. 医学综述, 2008, 14 (24): 3 681 - 3 684.

[20] 郭赟婧，曹进．ABCA1 和 ABCG1 在胆固醇逆转运中作用的研究进展 [J]. 国外医学——医学地理分册, 2012, 33 (3): 213 - 217.

[21] Andrea C, Massimo Z, Mariangela A, *et al.* Oxysterols in bile acid metabolism [J]. Clinica Chimica Acta, 2011, 412: 2 037 - 2 045.

[22] 彭仕明，陈立侨，叶金云等．饲料中添加氧化鱼油对黑鲷幼鱼生长的影响 [J]. 水产学报, 2007, 31 (Suppl): 109 - 115.

[23] 任泽林，霍启光．氧化油脂对动物机体的影响 [J]. 动物营养学报, 2000, 12 (3): 1 - 13.

[24] Du C Y, Sato A, Watanabe S, *et al.* Cholesterol synthesis in mice is suppressed but lipofuscin formation is not affected by long-term feeding of n-3 fatty acid-enriched oils compared with lard and n-6 fatty acid-enriched oils [J]. Biological & Pharmaceutical Bulletin, 2003, 26: 766 - 770.

[25] Jossic L, Gonthier C C, Zaghini I, *et al.* Hepatic farnesyl diphosphate synthase expression in suppressed by polyunsaturated fatty acids [J]. Biochemical Journal, 2005.

[26] 黄艳玲，罗绪刚．饲粮脂肪酸会对脂肪代谢酶有关基因表达的影响 [J]. 动物营养学报, 2005, 17 (4): 1 - 5.

[27] Saito M, Nakatsugaw K. Increased susceptibility of liver to lipidperoxidation after ingestion of a high fish oil diet [J]. Int J Vit Miner Res. , 1994, 64: 144 - 151.

[28] Andrea C, Massimo Z, Mariangela A, *et al.* Oxysterols in bile acid metabolism [J]. Clinica Chimica Acta. , 2011, 412: 2 037 - 2 045.

第八节　饲料丙二醛对草鱼肝胰脏、肠道胆固醇、胆汁酸合成代谢的影响

油脂为鱼类的生长提供能量和必需脂肪酸，因此在饲料中得到广泛应用。然而，油脂由于含有大量不饱和脂肪酸，特别是鱼油，在高温、高湿条件下特别容易氧化酸败，产生多种

初级和次级氧化产物，这些氧化产物被鱼类摄食后，会破坏其正常的生理功能，危及健康生长[1,2]。次级产物中的一些醛类具有高度生物学活性，可能作为一个高毒性第二信使活性小分子进一步扩大和加强起始自由基毒性效应[3]。目前，被广泛关注的醛类有四羟基壬烯醛（4-HNE）和丙二醛（MDA）等[4]。MDA 作为多不饱和脂肪酸氧化的最主要产物，具有半衰期长和反应性高的特点，能通过细胞脂质过氧化，破坏细胞膜结构和功能引发蛋白质交联，破坏酶活性，损伤 DNA 等途径诱导细胞凋亡，进而造成组织损伤[5,6]。胆固醇（cholesterol）又称胆甾醇，它广泛存在于动物体内，不仅是细胞膜和脂质乳化剂的重要组成部分[7]，而且还是合成胆汁酸[8]、维生素 D[9] 以及甾体激素的原料。在以乙酰 CoA 为原料合成胆固醇的途径中[10]，3 - 羟基 - 3 - 甲基辅酶 A 还原酶（3-hydroxy-3-methylglutaryl-Coenzyme A reductase，HMGCR）、固醇调节元件结合蛋白（sterol regulatory element binding protein 2，SREBP2）、血浆胆固醇酯转移蛋白（Cholesteryl ester transfer protein，CETP）、三磷酸腺苷结合盒转运体 A1（ATP binding cassette transporter，ABCA1）发挥着重要作用。在以胆固醇为原料合成胆汁酸的经典途径中，胆固醇 7α 羟化酶（cholesterol 7alpha-hydroxylase，CYP7A1）起着关键作用[11]。肝胰脏是鱼类重要的代谢和解毒器官，同时也是合成机体胆固醇、胆汁酸的主要场所[12]。大量的研究表明[13,14]，饲料中的酸败脂肪所产生的醛类物质具有很大毒性，会直接损坏肝脏，影响肝功能。肠道作为鱼体自身与外界环境接触的最大界面，具有阻止肠腔内有害物质进入血液循环，从而维护鱼体健康的作用。有相关研究发现，氧化油脂会对动物肠道的结构和功能造成损伤[15,16]。在“氧化鱼油对草鱼肝胰脏、肠道胆固醇、胆汁酸合成代谢的影响”的试验中发现，氧化鱼油会导致肝胰脏、肠道的胆固醇合成能力增强，胆汁酸合成能力减弱。而 MDA 作为鱼油氧化的最主要产物，是导致草鱼肝胰脏、肠道胆固醇、胆汁酸合成代谢变化的因素吗？目前，关于 MDA 对动物肝脏和肠道胆固醇、胆汁酸合成代谢的研究还未见报道。

本试验在添加不同浓度 MDA 的条件下，采用荧光定量 PCR 技术（RT-qPCR）对草鱼肝胰脏、肠道的胆固醇、胆汁酸合成代谢相关酶基因表达活性进行检测，并结合血清、肝胰脏和肠道胆固醇、胆汁酸含量的变化进行综合分析，旨在探讨 MDA 对草鱼肝胰脏、肠道胆固醇、胆汁酸合成代谢的影响。

一、材料与方法

（一）试验鱼

草鱼来源于浙江一星饲料有限公司养殖基地，为池塘培育的 1 冬龄鱼种，挑选体格健康、无畸形、体质量为（74.8 ± 1.2）g 的草鱼 300 尾鱼，随机分为 5 组，每组 3 个重复，每个重复 20 尾鱼。

（二）试验饲料

以酪蛋白和秘鲁蒸汽鱼粉为主要蛋白源，以豆油为主要脂肪源，根据等蛋等能的原则，设置了一个对照组和三个 MDA 处理组的试验饲料，具体配方及营养水平见表 10 - 8 - 1。饲料原料粉碎过 60 目筛，用绞肉机制成直径 1.5mm 的长条状，切成 1.5mm × 2mm 的颗粒状，风干，饲料置于 - 20℃冰柜保存备用。豆油为“福临门”牌一级大豆油。

（三）MDA 的制备与添加

MDA 的制备方法：精确量取 1，1，3，3 - 四乙氧基丙烷（Sigma-Aldrich 公司，浓度≥

99%）31.5mL，用95%乙醇溶解后定容至100mL，搅拌15min，此时每毫升溶液相当于MDA 100mg。

MDA的添加：依据每日的投喂量配制相应的MDA，采用现用现配的方式，快速、均匀地喷洒在饲料当中。MDA的添加量是根据试验“氧化鱼油对草鱼肝胰脏、肠道胆固醇、胆汁酸合成代谢的影响”中氧化鱼油的实际MDA含量设置的。

表10-8-1　试验饲料组成及营养水平（干物质基础）

Tab. 10-8-1　Formulation and proximate composition of experiment diets（DM basis）

项目 Items	组别 Groups			
	对照组 Control group	MDA-1	MDA-2	MDA-3
原料 Ingredients（‰）				
酪蛋白 Casein	215	215	215	215
蒸汽鱼粉 Steam dried fish meal	167	167	167	167
磷酸二氢钙 $Ca(H_2PO_4)_2 \cdot H_2O$	22	22	22	22
MDAMalondialdehyde	0	0.062	0.124	0.185
豆油 Soybean oil	60	60	60	60
氯化胆碱 Choline chloride	1.5	1.5	1.5	1.5
预混料 Premix[1)]	10	10	10	10
糊精 Dextrin	110	110	110	110
α-淀粉 α-starch	255	255	255	255
微晶纤维 Microcrystalline cellulose	61	60.938	60.876	60.815
羧甲基纤维素 Carboxymethyl cellulose	98	98	98	98
乙氧基喹啉 Ethoxyquin	0.5	0.5	0.5	0.5
合计 Total	1 000	1 000	1 000	1 000
营养水平 Nutrient levels[2)]				
粗蛋白质 Crude protein（%）	30.01	30.01	30.01	30.01
粗脂肪 Crude lipid（%）	7.08	7.08	7.08	7.08
能量 Energy（kJ/g）	20.242	20.242	20.242	20.242

[1)] 预混料为每千克饲料提供 The premix provided the following per kg of diets：Cu 5mg，Fe 180mg，Mn 35mg，Zn 120mg，I 0.65mg，Se 0.5mg，Co 0.07mg，Mg 300mg，K 80mg，VA 10mg，VB_1 8mg，VB_2 8mg，VB_6 20mg，VB_{12} 0.1mg，VC 250mg，泛酸钙 calcium pantothenate 20mg，烟酸 niacin 25mg，VD_3 4mg，VK_3 6mg，叶酸 folic acid 5mg，肌醇 inositol 100mg；

[2)] 实测值 Measured values.

（四）饲养管理

饲养实验在浙江一星饲料有限公司养殖基地进行，在面积为5×667m^2（平均水深1.8m）的池塘中设置网箱，网箱规格为（1.0m×1.5m×2.0m）。饲养试验前用6S组饲料驯化一周，正式饲养时间为72d，每天7：00、16：00定时投喂，投饲率为4%。每10d依据投饲量估算鱼体增重并调整投喂率，记录每天投饲量。每周测定水质一次，试验期间水温25～33℃，溶解氧浓度>8.0mg/L，pH值7.8～8.4，氨氮浓度<0.2mg/L，亚硝酸盐浓度<0.01mg/L，硫化物浓度<0.05mg/L。

（五）主要试剂

总RNA提取试剂RNAiso Plus，PrimeScript™RT Master Mix反转录试剂盒，SYBR Premix Ex Taq™ I都来自TaKaRa公司，荧光定量PCR扩增引物由上海生工生物技术有限公司合成。

（六）样品采集

1. 血清样品的制备

养殖72d、停食24h后，每网箱随机取出10尾鱼，采用尾静脉采血法，取其全血置于离心管中，常温放置0.5h后，3 000r/min离心10min制备血清样品，经液氮速冻后，－80℃保存备用。

2. 草鱼肝胰脏和肠道组织匀浆样品制备

分别取部分新鲜肝胰脏和肠道，称重后加入10倍体积0.02mol/L磷酸缓冲液（pH7.4），匀浆器10 000r/min匀浆1min，3 000r/min冷冻离心10min，取上清液分装，液氮速冻后－80℃冰箱保存。

3. 草鱼肝胰脏和肠道组织基因样品制备

每网箱随机选取抽过血的3尾鱼活体解剖，迅速取出内脏团置于冰浴中，在肝胰脏中间部分和中肠的1/2处各取1.0 cm×1.0cm的一块组织于PBS中，漂洗2～3次后，一式两份，迅速装于EP管中，液氮速冻，于－80℃保存。

（七）样品分析

1. 血清、肝胰脏和肠道总胆固醇（TC）、总胆汁酸（TBA）含量的测定

血清、肝胰脏和肠道TC、TBA含量采用雅培C800全自动生化分析仪测定。

2. 总RNA的提取和反转录cDNA

利用总RNA提取试剂RNAiso Plus按照说明书提取肝胰脏、肠道样品总RNA。取1μg总RNA为模板，按照PrimeScript™ RT Master Mix反转录试剂盒的方法将RNA转录成cDNA，于－20℃保存备用。

3. qRT-PCR检测胆固醇代谢相关酶基因表达

根据本实验室草鱼肠道转录组测序（RNA-Seq）结果，运用Primer Premier 5.0软件设计了参与胆固醇和胆汁酸合成途径的相关酶基因和内参基因*β-actin*（Gene Bank登录号：DQ211096）的荧光定量正、反向引物（表10－8－2）。

实时定量检测采用CFX96荧光定量PCR仪（Bio-Rad，USA）进行，反应体系为20μL：SYBR Premix Ex Taq™ II（TaKaRa）10μL，候选引物各1μL，cDNA 2μL，灭菌水6μL。PCR反应采用两步法，反应条件：95℃预变性30s、95℃变性5s、60℃退火30s，共40个循环。同一样品重复3个反应，以*β-actin*作为参照基因。根据扩增曲线得到的C_t，计算出目标基因和参照基因β-actin C_t值的差异ΔC_t；最后计算出不同样品相对于参照样品基因表达倍数$2^{-\Delta\Delta Ct}$，制作出相对定量的图表。

（八）数据分析

通过SPSS 21.0进行One-way ANOVA分析，并进行LSD与Duncan氏比较，结果以平均

值 ± 标准误（mean ± SD）表示，当 $P<0.05$ 时，差异显著。

表 10－8－2　实时荧光定量引物

Tab. 10－8－2　Primers used for quantitative real-time PCR

基因名称 Gene name	引物序列（5′to3′） Sequence of primer pairs（5′to3′）
HMGCR F/R	CATCAGTGTCCCAAAGTACAAGAG/ CGGCAGAGCGTCATTCAGT
CETP F/R	TCCTCGCCTTTAACATTGAACC/CCTCCCAACTGACTGAGAACC
SREBP2 F/R	GGAACCGAGCGAACATACG/ ATCCACCTGATTACTGACGAAC
ABCA1 F/R	GAACGCCGATGACAGTGAG/ TGGAAACTCCGCAGACG
CYP7A1 F/R	CAACAACCAGGACCAAACAA/GCTGAGGATAAAGAGCAACG
β-Actin F/R	CGTGACATCAAGGAGAAG/GAGTTGAAGGTGGTCTCAT

二、结果与分析

（一）血清 TC、TBA 含量的变化

由表 10－8－3 可知，与对照组相比，在添加 MDA 后，血清 TC 含量都出现不同程度的增加，在 MDA-2 和 MDA-3 组显著增加（$P<0.05$），而 TBA 含量都出现显著下降（$P<0.05$）。

（二）肝胰脏 TC、TBA 含量的变化

由表 10－8－3 可知，与对照组相比，在添加 MDA 后，肝胰脏 TC 含量都出现不同程度的增加，在 MDA-2 和 MDA-3 组显著增加（$P<0.05$），而 TBA 含量都出现不同程度的下降，但差异不显著（$P>0.05$）。

（三）肠道 TC、TBA 含量的变化

由表 10－8－3 可知，与对照组相比，在添加 MDA 后，肠道 TC 含量除在 MDA-3 组出现下降外，在 MDA-1 和 MDA-2 组显著增加（$P<0.05$），而 TBA 含量都出现不同程度的下降，差异显著（$P<0.05$）。

表 10－8－3　草鱼血清、肝胰脏、肠道中 TC、TBA 含量的变化

Tab. 10－8－3　The effect of contents of TC，TBA of serum，hepatopancreas and intestine in grass carp

组别 Group	血清 Serum		肝胰脏 Hepatopancreas		肠道 Intestine	
	TC （mol/g）	TBA （μmol/g）	TC （mol/g）	TBA （μmol/g）	TC （mol/g）	TBA （μmol/g）
6S	5. 40 ±0. 14a	1. 50 ±0. 46b	0. 26 ±0. 03a	4. 71 ±0. 42	0. 51 ±0. 04a	3. 41 ±1. 73b
6SM1	5. 73 ±0. 46ab	0. 7 ±0. 1a	0. 33 ±0. 02ab	4. 13 ±0. 32	0. 64 ±0. 03b	0. 37 ±0. 12a
6SM2	6. 01 ±0. 08bc	0. 8 ±0. 1a	0. 44 ±0. 08c	4. 72 ±0. 12	0. 67 ±0. 05b	0. 42 ±0. 04a
6SM3	6. 32 ±0. 04c	0. 97 ±0. 01a	0. 35 ±0. 02bc	4. 31 ±0. 12	0. 44 ±0. 03a	0. 3 ±0. 1a

（四）肝胰脏胆固醇、胆汁酸合成代谢相关酶基因表达活性

由表 10－8－4 可知，与对照组相比，在添加 MDA 后，参与胆固醇合成、调控和转运的蛋白 HMGCR、SREBP2 和 CETP 基因表达活性都显著上调（$P<0.05$），而胆固醇转运蛋白 ABCA1 基因表达活性都显著下调（$P<0.05$）。

与对照组相比，在添加 MDA 后，胆汁酸合成关键酶 CYP7A1 基因表达活性显著下调（$P<0.05$）。

（五）肠道胆固醇、胆汁酸合成代谢相关酶基因表达活性

由表 10－8－5 可知，与对照组相比，在添加 MDA 后，参与胆固醇合成、调节、转运的蛋白 HMGCR、SREBP2、CETP、ABCA1 基因表达活性都显著下调（$P<0.05$）。

与对照组相比，在添加 MDA 后，胆汁酸合成关键酶 CYP7A1 基因表达活性显著下调（$P<0.05$）。

表 10－8－4　MDA 对草鱼肝胰脏胆固醇代谢相关酶基因表达活性的影响

Tab. 10－8－4　The relative gene expression of cholesterol metabolism of hepatopancreas in grass carp under MDA

组别 Group	胆固醇合成关键酶基因 The key gene of cholesterol synthase		胆固醇调控基因 The regulation gene of cholesterol		胆固醇转运基因 Cholesterol transporter genes				胆汁酸合成关键酶基因 The key gene of bile acid synthase	
	HMGCR	变化量 Fold change	SREBP2	变化量 Fold change	CETP	变化量 Fold change	ABCA1	变化量 Fold change	CYP7A1	变化量 Fold change
对照组 Control group	1.00 ± 0.05a	0	1.00 ± 0.05a	0	1.00 ± 0.03a	0	1.00 ± 0.08c	0	1.00 ± 0.02c	0
MDA-1	2.02 ± 0.33b	102%	1.72 ± 0.12b	72%	1.48 ± 0.12b	48%	0.77 ± 0.02b	-23%	0.80 ± 0.09b	-20%
MDA-2	3.18 ± 0.11c	218%	1.96 ± 0.04c	96%	1.94 ± 0.2c	94%	0.45 ± 0.04a	-55%	0.52 ± 0.07a	-48%
MDA-3	1.79 ± 0.03b	79%	1.76 ± 0.09b	76%	1.52 ± 0.14b	52%	0.75 ± 0.03b	-25%	0.73 ± 0.06b	-27%

注：变化量 =（处理组的数值 - 对照组的数值）/豆油组的数值 ×100%

Note：Fold change =（the value of experimental group-the value of control group）/ the value of control group ×100%

表 10-8-5 MDA 对草鱼肠道胆固醇代谢相关酶基因表达活性的影响
Tab. 10-8-5 The relative gene expression of cholesterol metabolism of intestine in grass carp under MDA

组别 Group	胆固醇合成关键酶基因 The key gene of cholesterol synthase		胆固醇调控基因 The regulation gene of cholesterol		胆固醇转运基因 Cholesterol transporter genes				胆汁酸合成关键酶基因 The key gene of bile acid synthase	
	HMGCR	变化量 Fold change	SREBP2	变化量 Fold change	CETP	变化量 Fold change	ABCA1	变化量 Fold change	CYP7A1	变化量 Fold change
对照组 Control group	1.00 ± 0.09b	0	1.00 ± 0.11c	0	1.00 ± 0.03b	0	1.00 ± 0.04b	0	1.00 ± 0.05b	0
MDA-1	0.45 ± 0.08a	-55%	0.94 ± 0.05bc	-6%	0.38 ± 0.22a	-62%	0.28 ± 0.12a	-72%	0.15 ± 0a	-85%
MDA-2	0.52 ± 0.03a	-48%	0.77 ± 0.07a	-23%	0.44 ± 0.16a	-56%	0.44 ± 0.2a	-56%	0.17 ± 0.01a	-83%
MDA-3	0.49 ± 0.04a	-51%	0.83 ± 0.01ab	-17%	0.57 ± 0.04a	-43%	0.42 ± 0.03a	-58%	0.16 ± 0.04a	-84%

(六) 胆固醇、胆汁酸合成代谢相关酶基因表达活性与饲料 MDA 含量的相关性分析

将对照组和 3 个处理组饲料的 MDA 含量分别与肝胰脏、肠道胆固醇、胆汁酸合成代谢相关酶基因表达活性做 Pearson 相关性分析，检验双侧显著性，样品组数 n=5，结果见表 10-8-6、表 10-8-7。

1. 肝胰脏胆固醇、胆汁酸合成代谢相关性分析

由表 10-8-6 可知，饲料 MDA 含量与 HMGCR、SREBP2、CETP 基因表达活性均显示正相关关系的变化趋势，而与 ABCA1、CYP7A1 基因表达活性均显示负相关关系的变化趋势。

2. 肠道胆固醇、胆汁酸合成代谢相关性分析

由表 10-8-7 可知，饲料 MDA 含量与 HMGCR、SREBP2、CETP、ABCA1、CYP7A1 基因表达活性均显示负相关关系的变化趋势。

表 10-8-6 肝胰脏胆固醇、胆汁酸合成代谢相关性分析
Tab. 10-8-6 Correlation analysis of cholesterol and bile acid metabolism in hepatopancreas

Person		HMGCR	SREBP2	CETP	ABCA1	CYP7A1
饲料 MDA 含量 The content of MDA indiets	R^{2}[1]	0.509	0.777	0.681	-0.615	-0.713
	P[2]	0.491	0.223	0.319	0.385	0.287

注：[1] R^2 相关系数 correlation coefficient；[2] P 显著性（双侧）水平 significance level（Bilaterally）；[3] * 表示因子之间显著相关 significant correlation between different factors

表 10－8－7 肠道胆固醇、胆汁酸合成代谢相关性分析

Tab. 10－8－7 Correlation analysis of cholesterol and bile acid metabolism in intestine

Person		HMGCR	SREBP2	CETP	ABCA1	CYP7A1
饲料 MDA 含量 The content of MDA indiets	R^2	－0. 731	－0. 845	－0. 57	－0. 643	－0. 77
	P	0. 269	0. 155	0. 43	0. 357	0. 23

三、讨论

正常情况下，细胞主要通过 3 个方面共同维持着胞内胆固醇的动态平衡：①通过关键限速酶 HMGCR 调节细胞内胆固醇的生物合成，其中固醇调节元件 SREBP2 能激活 HMGCR 的转录[17]；②通过 CETP 将细胞外胆固醇逆转运到细胞内[18,19]；③通过 ABCA1 将细胞内胆固醇转运到细胞外[20]。

机体胆固醇的来源除了依靠自身合成以外，还可以通过摄入外源胆固醇的方式来补充。胆固醇不仅参与构成细胞膜的磷脂双分子层，而且还是合成维生素 D、类固醇激素和胆汁酸等生理活性物质的原料，其中，合成胆汁酸是胆固醇的主要去路，CYP7A1 是胆汁酸经典途径的合成限速酶，它的表达量和活性决定了胆汁酸的合成速度[21]。

（一）MDA 对草鱼肝胰脏胆固醇合成代谢的影响

肝胰脏不仅是鱼类重要的代谢和解毒器官，也是机体合成胆固醇、胆汁酸的主要场所。Manwaring 等[22]在小鼠体内首次发现 MDA 会与肝脏中的蛋白质发生交联，形成一种高分子量、水溶性的荧光物质。Klamerth 等[23]用 MDA 饲喂的大鼠肝脏 DNA 模板活性也明显下降。本试验中，在饲料添加 MDA 后，胆固醇合成关键酶 HMGCR 和胆固醇合成调控元件 SREBP2 基因表达活性都显著上调（$P<0.05$），同时由表 10－8－6 结果可知，饲料 MDA 含量与 HMGCR、SREBP2 基因表达活性均显示正相关关系的变化趋势，表明 MDA 会导致肝细胞以乙酰辅酶 A 为原料的胆固醇合成能力增强，肝胰脏胆固醇含量有增加的趋势；承担将细胞外胆固醇逆转运到细胞内的转运蛋白 CETP 基因表达活性显著上调（$P<0.05$），而承担将细胞内胆固醇外流转运出细胞的转运蛋白 ABCA1 基因表达活性显著下调（$P<0.05$），同时由表 10－8－6 结果可知，饲料 MDA 含量与逆转运蛋白 CETP 基因表达活性显示正相关关系的变化趋势，而与 ABCA1 基因表达活性显示负相关关系的变化趋势，表明 MDA 会导致肝细胞向内转运胆固醇的能力增强，而向外转运胆固醇的能力减弱。上述结果分析表明，在摄食含有 MDA 的饲料后，MDA 会促使草鱼肝细胞合成胆固醇的能力、向细胞内转运胆固醇的能力增强，而向细胞外转运胆固醇能力减弱，其结果应该会导致肝胰脏组织胆固醇含量的增加。Horton 等[24]研究表明，MDA 可以与大鼠肝脏线粒体中的乙醛脱氢酶高效且不可逆的结合从而影响线粒体的功能，进而损伤肝脏。由表 10－8－3 结果显示，在饲料中添加 MDA 后，血清、肝胰脏 TC 含量都出现不同程度的增加，且都在 MDA-2 和 MDA-3 组显著增加（$P<0.05$），这不仅为上述分析提供了很好的证据，也表明在 MDA 的作用下，肝胰脏可能需要更多的胆固醇以满足其生理代谢的需要。

（二）MDA 对草鱼肠道胆固醇合成代谢的影响

肠道作为机体与外界接触的最大界面，在选择性吸收营养物质和防御有毒有害物质入侵

等方面发挥着屏障功能。Saito 等[25]研究发现，脂质过氧化产物会改变肠道细胞膜表面的酶活性甚至使其活性丧失。本试验中，在饲料中添加 MDA 后，草鱼肠道胆固醇合成关键酶 HMGCR 和胆固醇合成调控元件 SREBP2 基因表达活性显著下调（$P<0.05$），同时表 10－8－7 结果显示，饲料 MDA 含量与 HMGCR、SREBP2 基因表达活性均显示负相关关系的变化趋势，表明 MDA 会导致肠道细胞的胆固醇合成能力减弱，肠道胆固醇含量有减少的趋势；承担将细胞外胆固醇逆转运到细胞内的转运蛋白 CETP 和承担将细胞内胆固醇外流转运出细胞的转运蛋白 ABCA1 基因表达活性都显著下调（$P<0.05$），同时表 10－8－7 结果显示，饲料 MDA 含量与 CETP、ABCA1 基因表达活性均显示负相关关系的变化趋势，表明 MDA 会导致肠道细胞外胆固醇转运至细胞内和将细胞内胆固醇转运到细胞外的能力减弱。上述结果分析表明，在摄食含有 MDA 的饲料后，MDA 会促使草鱼肠道细胞合成胆固醇的能力、向细胞内转运胆固醇的能力、向细胞外转运胆固醇的能力减弱，其结果可能会导致肠道组织胆固醇含量的减少。由表 10－8－3 结果显示，肠道胆固醇含量在 MDA-1 和 MDA-2 组显著增加（$P<0.05$），在 MDA-3 组时出现下降，但差异不显著（$P>0.05$）。出现 HMGCR、SREBP2、CETP 基因表达活性下调而肠道胆固醇含量增加这一异常结果的原因可能与胆固醇负反馈调节有关[26]，过高的胆固醇含量抑制了 HMGCR、SREBP2、CETP 的基因表达，这有待后面的进一步研究。有研究表明，MDA 对离体草鱼肠道黏膜细胞膜具有损伤作用，作用途径可能是促使细胞膜脂质过氧化，导致细胞凋亡[27]。在氧化豆油水溶物对离体草鱼肠道黏膜细胞损伤的研究中提到，氧化豆油水溶物中的 MDA 可能是对细胞产生损伤的重要物质之一[28]。而本试验中肠道胆固醇含量增加，也表明在 MDA 的作用下，肠道可能需要更多的胆固醇以满足其生理代谢的需要。

（三）MDA 对草鱼肝胰脏、肠道胆汁酸合成能力的影响

本试验中，在饲料添加 MDA 后，草鱼肝胰脏、肠道胆汁酸合成关键酶 CYP7A1 基因表达活性显著下调，同时表 10－8－6、表 10－8－7 结果显示，饲料 MDA 含量与肝胰脏、肠道 CYP7A1 基因表达活性均显示负相关关系的变化趋势，表明在摄食含有 MDA 的饲料后，MDA 会抑制肝胰脏、肠道以胆固醇为原料合成胆汁酸的能力，其结果发展的趋势应该会导致肝胰脏、肠道细胞内胆汁酸含量的减少。

由表 10－8－3 结果显示，血清、肝胰脏和肠道胆汁酸含量都出现不同程度的下降，其中血清、肠道胆汁酸含量显著减少，这不仅为上述分析提供了很好的证据，也表明胆汁酸的需求可能会出现供给不足的局面。

四、结论

饲料 MDA 会导致肝胰脏胆固醇合成能力、向细胞内转运胆固醇的能力增强，以及肝胰脏、肠道向细胞外转运胆固醇的能力、以胆固醇为原料合成胆汁酸的能力减弱，而肠道胆固醇合成能力、向细胞内转运胆固醇的能力减弱可能与胆固醇负反馈调节有关，致使肝胰脏、肠道、血清胆固醇含量增加、而胆汁酸含量减少，表明在饲料 MDA 的作用下，鱼体可能需要更多的胆固醇以满足生理代谢的需要，而鱼体需要的胆汁酸可能出现供给不足。

第十一章　氧化鱼油对草鱼谷胱甘肽、泛素化代谢途径的影响

第一节　主要研究结果

一、灌喂氧化鱼油导致草鱼肠道黏膜抗氧化应激通路基因表达上调

为了研究在氧化鱼油对草鱼肠道黏膜损伤后参与抗氧化应激的基因通路及其通路基因表达活性变化，以草鱼为试验对象，灌喂氧化鱼油 7d 后，采集肠道黏膜组织并提取总 RNA，采用 RNA-seq 方法，进行了氧化鱼油组和正常鱼油组草鱼肠道黏膜基因注释、IPA 基因通路分析和基因差异表达活性分析。结果显示，氧化鱼油导致草鱼肠道黏膜出现严重的氧化损伤；草鱼肠道中具有较为完整的“Keap1-Nrf2-ARE”基因调控通路；肠道黏膜在受到氧化鱼油的氧化损伤作用后，激活了 NRF2 介导的氧化应激反应通路基因差异表达显著性地上调；激活了 GSH/GSTs 系统基因差异表达显著性上调，促进了 GSH 的生物合成和 GSTs 的抗氧化作用；激活了热休克蛋白和泛素—蛋白酶体系统差异表达显著性上调。研究表明，上述三类抗氧化应激通路构成了对肠道黏膜损伤细胞、损伤蛋白质的降解系统和清除系统；三类通路基因差异表达的显著上调，显示其对肠道黏膜组织和黏膜细胞的保护、修复发挥了重要的作用。

二、草鱼不同器官组织应对饲料途径氧化鱼油短期损伤的应激反应

在短期（7d）饲喂氧化鱼油条件下，为了探讨草鱼不同器官组织应对饲料途径氧化鱼油损伤的差异性。以均重为（65.5 ± 1.5）g 的草鱼为试验对象，分别用含有豆油和氧化鱼油的 2 种饲料，在池塘网箱中饲喂 7d 后。采集草鱼肾脏、心脏、大脑、脾脏、鳃、肠道、皮肤、肝胰脏、肌肉共 9 个器官组织。采用荧光定量 PCR（RT-qPCR）的方法，测定了 GSH 合成代谢相关酶 GCLC、GSS、GSR 基因表达活性，以及三个谷胱甘肽转移酶 GSTω1、GSTPI、MGSt1 基因的表达活性。并且检测了草鱼总谷胱甘肽 T-GSH 在以上 9 种组织中的含量。结果显示，①经氧化鱼油刺激后，肾脏和鳃组织中 T-GSH 显著上升（$P<0.05$）。②经氧化鱼油刺激后，GCLC 在肾脏、鳃、肠道三个组织表达量显著上调（$P<0.05$），而皮肤、肌肉显著下调（$P<0.05$）。GSS 在肠中显著上调（$P<0.05$），皮肤、肝胰脏、肌肉显著下调（$P<0.05$）。GSR 在鳃、肠道、肝胰脏中显著上调（$P<0.05$），肌肉中显著下调（$P<0.05$）。③经氧化鱼油刺激后，GSTω1 在大脑、肠道中显著上调（$P<0.05$），肌肉中显著下调（$P<0.05$）。GSTPI 在肾脏、大脑中显著上调（$P<0.05$），心脏、皮肤、肌肉中显著下

调（$P<0.05$）。MGST在肾脏、肠道、肝胰脏显著上调（$P<0.05$），脾脏显著下调（$P<0.05$）。试验结果表明，肾脏、心脏、大脑、脾脏、鳃、肠道、肝胰脏、肌肉组织都均有完整的GSH/GSTs通路。短期氧化鱼油刺激后，各个组织中GSH/GSTs通路都受到一定的影响，其中肠道、肝胰脏、鳃的GSH/GSTs通路相对其他组织受到影响更大。

三、饲料氧化鱼油对草鱼肠道谷胱甘肽/谷胱甘肽转移酶（GSH/GSTs）通路的影响

为了研究饲料氧化鱼油对草鱼肠道抗氧化防御能力的影响，以谷胱甘肽/谷胱甘肽转移酶（GSH/GSTs）通路为研究对象，以豆油、鱼油、氧化鱼油为饲料脂肪源分别设计豆油组（6S）、鱼油组（6F）、2%氧化鱼油（2OF）、4%氧化鱼油（4OF）及6%氧化鱼油（6OF）5组等氮、等能半纯化饲料，在池塘网箱养殖初始平均体重（74.8±1.0）g的草鱼，共72d。采用荧光定量PCR（RT-qPCR）的方法，测定了草鱼肠道组织中谷氨酸-半胱氨酸连接酶催化亚基（GCLC）、谷胱甘肽合成酶（GSS）和谷胱甘肽还原酶（GSR）以及谷胱甘肽S-转移酶的ω1（GSTω1）、PI-谷胱甘肽S-转移酶（GSTPI）和微粒体谷胱甘肽S-转移酶1（MGSt1）的表达活性，并测定了肠道中谷胱甘肽GSH的含量。结果显示，2OF、4OF和6OF组草鱼肠道中GSH/GSTs通路基因表达均上调，其中6F组中MSGT1在肠道中表达显著上调（$P<0.05$），4OF组中GSR和MGST1在肠道中表达显著上调（$P<0.05$），6OF中GCLC和MGST1在草鱼肠道中表达显著上调（$P<0.05$）；GCLC表达活性与饲料中MDA含量呈多项式的关系，MGST1表达活性与饲料中AV和（EPA+DHA）呈多项式关系。结果表明，氧化鱼油使草鱼肠道GSH/GSTs通路基因表达活性上调，且GSH/GSTs通路基因表达活性对不同浓度氧化鱼油所引起的肠道氧化损伤具有不同的应对方式。

四、饲料氧化鱼油对草鱼肝胰脏谷胱甘肽/谷胱甘肽转移酶（GSH/GSTs）通路的影响

为了研究饲料氧化鱼油对草鱼肝胰脏抗氧化防御能力的影响，以谷胱甘肽/谷胱甘肽转移酶（GSH/GSTs）通路为研究对象，以豆油、鱼油、氧化鱼油为饲料脂肪源分别设计豆油组（6S）、鱼油组（6F）、2%氧化鱼油（2OF）、4%氧化鱼油（4OF）及6%氧化鱼油（6OF）5组等氮、等能半纯化饲料，在池塘网箱养殖平均体重（74.8g±1.0）g的草鱼，共72d。采用荧光定量PCR（RT-qPCR）的方法，测定了草鱼肝胰脏中谷胱甘肽/谷胱甘肽转移酶通路中GCLC、GSR、GSTPI、MGSt1基因的表达活性，并测定了肝胰脏中谷胱甘肽GSH的含量和SOD的酶活。结果显示：6F组GCLC的表达活性显著下调（$P<0.05$），其余各组间均无显著差异；GSR在各试验组表达活性均有所下调，其中在6F和4OF组表达活性显著下调($P<0.05$)；GSTPI的表达活性均显著下调（$P<0.05$），且GSTPI的表达活性与饲料中（EPA+DHA）含量呈线性负相关关系；MGST1的表达活性除6F组外其余各组较6S组均显著下调（$P<0.05$），且MGST1的表达活性与饲料MDA含量呈二项式关系，相比较6S组，其余各组肝胰脏中GSH含量及SOD活性均出现显著下调（$P<0.05$）。结果表明，氧化鱼油引起草鱼GSH/GSTs合成通路基因表达相应，肝胰脏GSH合成相关基因和MGST1的表达活性下调，而增强GSTPI的表达活性。且GSH/GSTs通路基因表达活性和GSH的含量随着饲料中氧化鱼油的增加呈梯度变化。

五、饲料 MDA 对草鱼肠道、肝胰脏谷胱甘肽/谷胱甘肽转移酶（GSH/GSTs）通路的影响

为了研究 MDA 对草鱼肠道、肝胰脏抗氧化防御能力的影响，以谷胱甘肽/谷胱甘肽转移酶（GSH/GSTs）通路为研究对象，选择初始体重（74.8 ±1.0）g 的草鱼（*Ctenopharyngodon idellus pond*），分别投喂基础饲料（6S 组）和添加 61mg/kg（B1 组）、124mg/kg（B2 组）、185mg/kg（B3 组）丙二醛（MDA）的试验饲料，在池塘网箱养殖 72d 后，测定了肠道、肝胰脏和血清中 MDA 和 GSH 含量，采用荧光定量 PCR（RT-qPCR）的方法，测定了草鱼肠道、肝胰脏中 GSH/GSTs 通路中 GCLC、GSR、GSTPI、MGST1 基因表达活性。结果显示：（1）MDA 含量除 B3 组肝胰脏显著升高外（$P<0.05$），其余各组在肠道、肝胰脏均无显著变化；各组血清 MDA 均显著升高（$P<0.05$）；（2）除 B1、B3 组肠道 GSH 显著升高外（$P<0.05$），其余各组在肠道、肝胰脏均无显著变化，B1、B2 组血清 GSH 显著升高（$P<0.05$）；（3）B2、B3 组的肠道以及 B1 组肝胰脏 GCLC 表达活性显著上调（$P<0.05$），肠道和肝胰脏 GSR 表达活性除 B2 组肠道显著上调外（$P<0.05$），其余各组均无显著差异；肠道和肝胰脏 GSTPI 表达活性均上调；B3 组肠道 MGST1 表达活性显著上调（$P<0.05$），肝胰脏 MGST1 表达活性均显著下调。结果表明，饲喂不同剂量 MDA 的饲料 72d 后，对草鱼肠道、肝胰脏 GSH/GSTs 通路均造成了一定的影响，且肠道和肝胰脏受 MDA 的影响程度有一定的差异。

六、饲料氧化鱼油引起草鱼肌肉萎缩和蛋白泛素化途径基因表达上调

为了研究饲料氧化鱼油对草鱼肌肉泛素蛋白酶体途径的影响，设计了两组实验，为期 7d 的短期试验和为期 72d 的长期试验。在短期试验中，以豆油、氧化鱼油为饲料脂肪源分别设计豆油组（S）和 6% 氧化鱼油（OF）5 组等氮、等能半纯化饲料，在池塘网箱养殖草鱼（平均体重 74.8g ±1g）7d。长期试验中则以豆油、氧化鱼油外加鱼油为饲料脂肪源分别设计豆油组（6S）、鱼油组（6F）、2% 氧化鱼油（2OF）、4% 氧化鱼油（4OF）及 6% 氧化鱼油（6OF）5 组等氮、等能半纯化饲料，在池塘网箱养殖草鱼（平均体重 74.8g ±1g）72d。其中两次试验中豆油组和鱼油组为同一批次的相同饲料。采用荧光定量 PCR（RT－qPCR）的方法，分别测定了在两次试验中草鱼摄食含有氧化鱼油的饲料后，HSP90αA1、UBE2V2、PSMβ7、PSMα6b、PSMd6、UCHL1 在草鱼肌肉中的表达活性。结果：在短期实验中，经氧化鱼油刺激后以上各基因均有所上调，其中中 UBE2V2 和 26S 蛋白酶体相关基因表达活性显著上调（$P<0.05$）；在长期试验中，经氧化鱼油刺激后肌纤维萎缩，间隙显著增宽，出现节竹状，严重时甚至出现肌纤维溶解的现象，随着氧化鱼油添加量的增加，氧化鱼油组中除 UBE2V2 外，其余各基因表达活性均随之下调，相比 6S 组，UBE2V2 在 6F 和 4OF 组中表达活性显著上调（$P<0.05$），PSMβ7 在 2OF 组表达活性显著上调（$P<0.05$），然而在 6OF 组显著下调（$P<0.05$），6OF 组 PSMα6b 表达活性显著下调（$P<0.05$），6F、2OF 和 4OF 组 UCHL1 表达活性显著上调（$P<0.05$）。

研究结果表明，氧化鱼油刺激后，草鱼肌肉泛素蛋白途径在短期内被激活，但经长期刺激后则会抑制其被激活。低浓度引起的肌肉损伤会激活泛素蛋白酶体途径以清除损伤的肌纤

维，而长期受到高浓度氧化鱼油的刺激，则会抑制泛素蛋白酶体途径，无法及时清除损伤蛋白，使草鱼肌纤维造成进一步的损伤。

七、饲料丙二醛引起草鱼肌肉萎缩和蛋白泛素化途径基因表达上调

为了研究饲料 MDA 对草鱼肌肉组织结构的影响，探讨 MDA 导致肌肉蛋白变性、肌肉蛋白分解的过程和原因，选择初始体重（74.8 ±1.0）g 的草鱼（*Ctenopharyngodon idelluspond*），分别投喂基础饲料（6S 组）和添加 61mg/kg（B1 组）、124mg/kg（B2 组）、185mg/kg（B3 组）丙二醛的试验饲料。在池塘网箱养殖 72d 后，测定了肌肉蛋白含量并进行了肌肉组织切片观察，通过荧光定量 PCR（RT－qPCR）的方法，测定了草鱼肌肉中泛素蛋白酶体系统 HSP90αA1、UBE2V2、PSMβ7 和 UCHL1 基因表达活性。结果显示：添加丙二醛后，草鱼肌肉蛋白含量减少，但无显著性差异；肌肉中标记变性蛋白的 HSP90αA1 基因表达活性显著上调（$P < 0.05$），同时分解蛋白质的 UBE2V2、PSMβ7 和 UCHL1 基因表达活性均有上调的趋势，UBE2V2 和 UCHL1 表达活性在 B2 组达到最大值，而 PSMβ7 表达活性在 B3 组达到最大值；添加丙二醛后，肌肉纤维细胞萎缩、变性，肌肉纤维组织间隙显著增宽。

研究结果表明，添加丙二醛后，肌肉蛋白含量出现减少的趋势，肌纤维损伤、出现萎缩；诱导泛素蛋白酶体相关基因的表达活性升高，以增强异常肌肉蛋白的降解，维持机体细胞的正常代谢。

第二节　灌喂氧化鱼油导致草鱼肠道黏膜抗氧化应激通路基因表达上调

油脂如鱼油、豆油等是水产饲料中的主要能量物质之一[1]，而油脂中不饱和脂肪酸容易氧化酸败，其氧化产物如丙二醛等对养殖鱼类如大西洋鲑[2]、草鱼[3]等的器官组织、鱼体健康具有显著的损伤作用[1,4]。鱼体内具有多种损伤修复与保护系统如维生素 E[4]，以便清除有毒有害物质、损伤蛋白质等，保护细胞和组织免受进一步的损伤打击作用[4,5]。灌喂氧化鱼油可以在短期内对鱼体肠道造成急性损伤作用，利用急性损伤的肠道组织提取总 RNA 并采用 RNA-seq 方法完成核酸序列分析，并进行转录水平的基因差异表达分析，可以了解油脂氧化产物对肠道黏膜组织的损伤作用，我们已经进行了对肠道黏膜基因差异差异表达、肠道黏膜组织胆固醇和胆汁酸合成通路基因差异表达的分析。本文主要分析了灌喂氧化鱼油对草鱼肠道黏膜组织抗氧化应激基因通路，包括 Keap1-Nrf2-ARE 通路、GSH/GSTs 系统、热休克蛋白和泛素—蛋白酶体系统，对于了解肠道黏膜组织抗氧化损伤作用机制、对黏膜组织和细胞的保护机制的了解具有重要意义。

一、材料和方法

（一）氧化鱼油

以鳀鱼、带鱼为原料提取、经过精炼的精制鱼油，购自中国福建高龙实业有限公司。按照姚世彬等人的方法[6]制备氧化鱼油，于－80℃冰箱中保存备用。采用常规方法测定鱼油

和氧化鱼油的氧化指标碘价（IV）分别为（67.19 ± 3.32）g/kg 和（61.99 ± 4.03）g/kg、酸价（AV）（0.51 ± 0.04）mg/g 和（3.64 ± 0.23）mg/g、过氧化值（POV）（10.86 ± 1.26）meq/kg和（111.27 ± 2.85）meq/kg、丙二醛（MDA）（7.50 ± 1.600）μmol/mL 和（72.20 ± 10.0）μmol/mL。鱼油经过 14d 的氧化后，IV 下降了 7.74%，而 AV、POV、MDA 分别增加了 613.73%、924.59%、862.67%。

（二）草鱼及其氧化鱼油灌喂方法

试验草鱼来源于江苏常州养殖池塘，用常规饲料在室内循环养殖系统中养殖 20d 后，选择平均体重（108.4 ± 6.2）g 试验鱼 42 尾，分别饲养于单体容积 0.3m^3的 6 个养殖桶中，设置鱼油组和氧化鱼油组，每组各 3 个平行，每个养殖桶饲养 7 尾试验草鱼。灌喂鱼油期间，不投喂饲料，水温（23 ± 1）℃、溶解氧 6.4mg/L、pH 值 7.2。

将鱼油、氧化鱼油分别与大豆磷脂（食品级）以质量比 4：1 的比例混匀、乳化，于 4℃冰箱中保存备用。选取内径 2.0mm 的医用软管（长度 5cm）安装在 5mL 一次性注射器上，作为灌喂工具。按照试验鱼体体重的 1% 分别吸取乳化的鱼油、氧化鱼油，于每天上午 9 时对试验鱼定量灌喂，每天灌喂 1 次、连续灌喂 7d。

（三）肠道黏膜

灌喂试验结束 24h 后，分别在氧化鱼油组与鱼油组的 3 个平行养殖桶中各取 3 尾、每组各 9 尾试验鱼。常规解剖、分离内脏团，将肠道剖开，浸于预冷 PBS 中漂洗后转入另一个预冷培养皿中，用手压住前肠端、用解剖刀从前向后一次刮取得到黏膜，装入 1.5mL 离心管中（Rnasefree），液氮速冻，所有样品最终存于 -80℃ 备用。

（四）RNA 提取

每尾试验草鱼肠道黏膜样本各一份，分别独立按照总 RNA 提取试剂盒（NewBioIndustry）操作提取总 RNA。RNA 提取后经过电泳检测，2 个组各取 3 尾鱼 RNA 样本进行等量混合、每组得到 2 个、共 4 个混合 RNA 样本，分别用于 RNA-seq 分析。混合后的 RNA 提取液轻轻吹打充分混匀后，加入到专用的 RNA 保存管底部，真空干燥，一般 60μL 干燥 6 ~ 7h，80μL 干燥 9 ~ 10h。干燥样品用于总 RNA 测序。

（五）RNA 分离，文库构建建设和 Illumina 测序

分别取等量（约 2.5μg）的氧化鱼油组和正常鱼油组草鱼肠道黏膜 RNA，采用 IlluminaTruSeq 分析、构建 RNA-seq 标准文库，用于聚类和序列分析的读段长度为 200bp。基因的从头组装使用 Brujin 图形方式进行装配（CLC Bio，version 5.5）。转录组的注释和基因本定位是利用 UniProtKB/SwissPro 和 NCBI 进行基因的 BLAST 检索，界定条件 E-value 为 1e -6。基因的注释采用 UniProtKB/SwissProt 数据库（Blast2GO version 2.5.1）进行。

依据 RNA-seq 分析结果和基因表达分析结果做差异表达分析和 IPA（Ingenuity Pathways Analysis）基因通路分析，在 CLC Genomics Workbench（version5.5）进行基因的差异表达分析，映射参数分别设置为 95%，$P < 0.05$。以正常组草鱼结果为对照，灌喂氧化鱼油组基因具有显著差异表达的界定条件为 fold 绝对值大于 2、相同读段数大于 10。

二、结果

（一）Keap1-Nrf2-ARE 通路基因差异表达

依据基因注释结果，结合 Keap1-Nrf2-ARE 通路基因，得到该通路的 20 个差异表达显著

的基因信息整理后的结果见表11－2－1。由表11－2－1可知，被注释的基因序列与斑马鱼、草鱼等物种相同基因的相似度在68.6%～97.1%；而fold值显示了灌喂氧化鱼油后与灌喂正常鱼油的草鱼肠道黏膜组织基因差异表达的结果，fold绝对值越大表明差异表达越显著，其绝对值大于3可以视为具有显著性的差异。

草鱼在灌喂氧化鱼油后，肠道黏膜中的KEAP1（fold为2.87）和Nrf2b（fold为2.26）基因都差异表达上调，显示出Keap1-Nrf2-ARE通路的表达增强（结果见表11－2－1）。由该通路调控的下游多种抗氧化基因和Ⅱ相解毒酶基因的转录也显示差异表达，只是不同的基因差异表达程度不同。值得关注的是由Nrf2介导的氧化应激反应路径基因差异表达显著上调，结果见表11－2－1。将试验结果通过IPA（Ingenuity Pathways Analysis）基因通路分析，显示Nrf2介导的氧化应激反应通路基因差异表达显著，其通路基因差异表达的“－log（p-value）”为5.39，其中有12个基因的fold值>3.0，达到显著性水平，其中，HO1、MGST1、USP14、ABCC2、DNAJA4、GCLC、SQSTM1、DNAJB1、ABCC4、GSTO1，均是差异表达显著性上调（fold值>3），仅有AOX1差异表达显著下调（fold值<3）。

属于Ⅱ相解毒酶基因的NAD（P）H醌氧化还原酶1（NQO1）（fold为－1.20）差异表达下调，而谷胱甘肽S-转移酶ω1（GST1ω1）（fold为464.81）差异表达显著性地上调；过氧化氢酶（fold为－1.37）差异表达下调，而三种超氧化物歧化酶（SOD1的fold为2.33、SOD2的fold为1.54、SOD3的fold为1.12）则差异表达上调；溶菌酶（fold为－2.41）差异表达下调。

（二）蛋白质泛素化通络

将试验结果通过IPA（Ingenuity Pathways Analysis）基因通路分析，显示蛋白质泛素化通路基因差异表达显著，其通路基因差异表达的“－log（p-value）”为10.4，其中有19个基因的fold值>3.0或<－3.0，达到显著性水平，结果见表11－2－2。该通路基因主要有PSMβ7、PSMα6b、USP14、PSMβ5、PSMC4、PSMb3、PSMc1、PSMd1、PSMc5、PSMb6、PSMc2、UBE2V2、USP14、UCHL1、HSP10、HSP90αA1、PSMd6、PSMα5、DNAJB1等基因的fold值>3，差异表达显著性地上调；仅有PSMβ9 fold值<－3.0，为差异表达显著性地下调。上述基因序列与斑马鱼等物种相同基因相似度为84.7%～99.1%，具有很高的相似度。

（三）谷胱甘肽/谷胱甘肽转移酶代谢通路

将试验结果通过IPA（Ingenuity Pathways Analysis）基因通路分析，显示谷胱甘肽代谢通路基因差异表达显著，其通路基因差异表达的“－log（p-value）”为5.53，其中，控制谷胱甘肽生物合成的有7个基因的fold值>3.0，达到显著性水平，结果见表11－2－3。

谷胱甘肽/谷胱甘肽转移酶（GSH/GSTs）代谢通路中，注释得到的、并具有差异表达fold值>3.0的基因有G6PD、GCLC、GCLM、GGT1、GSS、GSR、GST、GSTω1、GSTα、GSTPI、GSTθ1b、MGST1、PGD、GPX1a，均为差异表达显著性地上调，其基因序列与斑马鱼、草鱼、鲢鱼等物种相同基因序列的相似度为76.9%～96.4%。

表 11 -2 -1　Keap1- Nrf2-ARE 和 NRF2 介导的氧化应激反通路基因

Tab. 11 -2 -1　Keap1-Nrf2-ARE and NRF2-mediated oxidative stress response pathway genes

被注释的基因 Blast Hit Description（HSP）	序列长度 Sequence Length	基因的相似度（%）和比对物种 * Blast Similarity and Species	fold value	酶编号 Enzyme codes
kelch-like ECH 相关蛋白 1，Kelch-like ECH-associated protein 1（KEAP1）	3 457	90. 5	2. 87	
核因子（红细胞源性）样 2B，Nrf2b nuclear factor（erythroid-derived 2）-like 2b（Nrf2b）	319	91	2. 26	
NAD（P）H 醌氧化还原酶 1，NAD（P）H dehydrogenase［quinone］1 isoform 2（NQO1）	376	76. 3	-1. 20	EC：1. 6. 2. 2；EC：1. 6. 5. 2
谷胱甘肽 S-转移酶 ω1，Glutathione S-transferaseω1（GSTω1）	1 709	82. 6	464. 81	EC：2. 5. 1. 18
过氧化氢酶，Catalase（CAT）	1 365	97. 1（*Ctenopharyngodon idellus*）	-1. 37	EC：1. 11. 1. 6
细胞外超氧化物歧化酶［铜锌］，Extracellular superoxide dismutase［Cu-Zn］（SOD3）	945	73. 2	1. 12	
超氧化物歧化酶［铜锌］，Superoxide dismutase［Cu-Zn］（SOD1）	1 147	92. 9（*Ctenopharyngodon idellus*）	2. 33	EC：1. 15. 1. 1
锰-超氧化物歧化酶，Manganese superoxide dismutase（SOD2）	922	96（*Hypophthalmichthys molitrix*）	1. 54	EC：1. 15. 1. 1
溶菌酶，Lysozyme（LZY）	638	81. 6（*Ctenopharyngodon idellus*）	-2. 41	EC：3. 2. 1. 17
DNAJ 同源物亚家族成员 4，DnaJ homolog subfamily A member 4-like（DNAJA4）	1 641	87. 1	9. 88	
泛素结合蛋白 P62，Sequestosome-1	1 637	68. 6	9. 76	
多药耐药相关蛋白 4，Multidrug resistance-associated protein 4（ABCC4、MRP4）	5 325	88	7. 89	EC：1. 1. 1. 141
醛氧化酶 1，Aldehyde oxidase（AOX1）	905	77. 5	-4. 85	EC：1. 1. 1. 158
多药耐药相关蛋白成员 2，Multidrug resistance-associated protein member 2（ABCC2）	4 986	79. 5	3. 93	
双特异性磷酸酶 14，Dual specificity phosphatase 14（DUSP14）	980	72. 8	3. 24	EC：3. 1. 3. 48
血红素加氧酶 1，Heme oxygenase 1（HO1）	493	91. 7	3. 23	EC：1. 14. 99. 3；EC：3. 1. 4. 4

（续表）

被注释的基因 Blast Hit Description（HSP）	序列长度 Sequence Length	基因的相似度（%） 和比对物种 * Blast Similarity and Species	fold value	酶编号 Enzyme codes
微粒体谷胱甘肽 S-转移酶 1，Microsomal glutathione S-transferase 1（MGST1）	2 935	86. 8	3. 22	EC：2. 5. 1. 18
谷氨酸－半胱氨酸连接酶催化亚基，Glutamate-cysteine ligase catalytic subunit（GCLC）	3 329	93	24. 88	EC：6. 3. 2. 2
与 DnaJ（HSP40）同源，亚家族 B 成员 1，DnaJ（Hsp40）homolog，subfamily B，member 1（DNAJB1）	1 905	86. 9	15. 24	
谷胱甘肽 S－转移酶的 ω1，Glutathione S-transferase ω1（GSTω1）	1 709	82. 6	464. 81	EC：2. 5. 1. 18

* 比对物种除特别注明（括号内）外，其余均为斑马鱼（*Danio rerio*）

表 11－2－2　蛋白质泛素化通路基因

Tab. 11－2－2　Protein ubiquitination pathway genes

被注释的基因 Blast Hit Description（HSP）	序列长度 Sequence Length	基因的相似度（%） 和比对物种 * Blast Similarity and Species	fold value	酶编号 Enzyme codes
泛素 C 末端水解酶 L1，Ubiquitin C-terminal hydrolase L1（UCHL1）	1 083	84. 7	9. 44	EC：3. 4. 22. 0； EC：3. 1. 2. 15； EC：3. 4. 19. 0
10kDa 的热休克蛋白，10kDa Heat shock protein（HSP10）	1 320	92	7. 08	EC：2. 3. 1. 20； EC：2. 3. 1. 22； EC：2. 4. 1. 101
热休克蛋白 HSP90-α-样，Heat shock protein HSP 90-alpha-like（HSP90αA1）	1 705	97. 5	6. 96	
蛋白酶体亚基的 β 型 7，Proteasome subunit beta type-7（PSMβ7）	985	94. 3	5. 48	EC：3. 4. 25. 0
26S 蛋白酶体非 ATP 酶调节亚基 3，26S Proteasome non-ATPase regulatory subunit 3（PSMb3）	1 586	93. 1	4. 89	
蛋白酶（prosome，macropain）亚基，β 型 5，Proteasome（prosome，macropain）subunit，beta type5（PSMβ5）	1 383	91	4. 54	EC：3. 4. 25. 0
蛋白酶体 26S 亚基、ATP 酶 4，Proteasome 26S subunit，ATPase4（PSMc4）	1 130	98. 5	4. 17	EC：3. 6. 1. 3
蛋白酶体 α-6B 亚基，Proteasome alpha 6b subunit（PSMα6b）	1 268	91. 9 （*Ictalurus punctatus*）	3. 88	EC：3. 4. 25. 0

（续表）

被注释的基因 Blast Hit Description（HSP）	序列长度 Sequence Length	基因的相似度（%）和比对物种＊ Blast Similarity and Species	fold value	酶编号 Enzyme codes
26S 蛋白酶（S4）调节亚基，26S Protease（S4）regulatory subunit（PSMc1）	1 509	98.9	3.75	EC：3.6.1.3
26S 蛋白酶体非 ATP 酶调节亚基，26S Proteasome non-ATPase regulatory subunit 1（PSMd1）	2 800	97.1	3.71	
26S 蛋白酶体调节亚基 8，26S Protease regulatory subunit 8（PSMc5）	1 511	99.0	3.63	EC：3.6.1.3
PSMB6 蛋白，Psmb6 protein（PSMb6）	839	92.3	3.56	EC：3.4.25.0
26S 蛋白酶体调节亚基 7，26S Protease regulatory subunit 7（PSMc2）	1 630	99.0	3.55	EC：3.6.1.3
泛素结合酶泛素结合酶 E2 变种 2，Ubiquitin-conjugating enzyme E2 variant 2（UBE2V2）	2 114	97.2	3.33	EC：6.3.2.0
泛素特异性肽酶 14，Ubiquitin specific peptidase 14（tRNA-guanine transglycosylase）（USP14）	550	96.7	3.24	EC：3.1.2.15
26S 蛋白酶体非 ATP 酶调节亚基 6，26SProteasome non-ATPase regulatory subunit 6（PSMd6）	1 411	97.1	3.22	
蛋白酶体亚基 α 型 5，Proteasome subunit alpha type-5（PSMα5）	1 399	99.1	3.13	EC：3.4.25.0
蛋白酶体 β-9b 的亚基，Proteasome beta 9b subunit（PSMβ9）	547	92.5	-21.74	EC：3.4.25.0
DNAJ 同源物亚家族 B 成员 1，DnaJ homolog subfamily B member 1（DNAJB1）	1 835	85.6	15.24	EC：2.7.11.17

＊比对物种除特别注明（括号内）外，其余均为斑马鱼（Danio rerio）

表 11-2-3　谷胱甘肽/谷胱甘肽转移酶代谢通路基因

Tab. 11-2-3　GSH/GSTs Metabolism pathway genes

被注释的基因 Blast Hit Description（HSP）	序列长度 Sequence Length	基因的相似度（%）和比对物种＊ Blast Similarity and Species	fold value	酶编号 Enzyme codes
葡萄糖-6-磷酸 1-脱氢酶，Glucose-6-phosphate 1-dehydrogenase（G6PD）	3 360	87.3	30.74	EC：1.1.1.49
谷氨酸-半胱氨酸连接酶催化亚基，Glutamate-cysteine ligase，catalytic subunit（GCLC）	3 329	93.0	24.88	EC：6.3.2.2
谷氨酸半胱氨酸连接酶调节亚基，Glutamate-cysteine ligase，modifier subunit（GCLM）	5 482	82.4	8.25	

（续表）

被注释的基因 Blast Hit Description（HSP）	序列长度 Sequence Length	基因的相似度（%）和比对物种 * Blast Similarity and Species	fold value	酶编号 Enzyme codes
γ-谷氨酰转移酶 1，γ-Glutamyltranspeptidase 1（GGT1）	1 877	76.9	3.30	EC：2.3.2.2
谷胱甘肽合成酶，Glutathione synthetase（GSS）	1 895	82.7	7.89	EC：6.3.2.3
谷胱甘肽还原酶，Glutathione reductase 1（GSR）	2 944	87	18.27	EC：1.8.1.7
谷胱甘肽 S-转移酶，Glutathione S-transferase（GST）	683	95.8（*Hypophthalmichthys molitrix*）	9.37	
谷胱甘肽 S-转移酶的 ω 1，Glutathione S-transferase ω1（GSTω1）	1 709	82.6	464.81	EC：2.5.1.18
谷胱甘肽 S-转移 α，Glutathione S-transferaseα（GSTα）	782	87.6（*Hypophthalmichthys molitrix*）	9.25	EC：2.5.1.18
pi-谷胱甘肽 S-转移酶，Glutathione S-transferase pi（GSTpi）	851	90.6（*Hypophthalmichthys molitrix*）	11.96	EC：2.5.1.18
谷胱甘肽 S-转移酶 θ1B，Glutathione S-transferaseθ1b（GSTθ1b）	1 491	89.9（*Ctenopharyngodon idellus*）	3.22	EC：2.5.1.18
微粒体谷胱甘肽 S-转移酶 1，Microsomal glutathione S-transferase 1（MGSt1）	2 935	86.8	3.22	EC：2.5.1.18
6－磷酸葡萄糖脱氢酶，6－Phosphogluconate dehydrogenas（PGD）	2 057	95.5	6.30	EC：1.1.1.44
谷胱甘肽过氧化物酶，Glutathione peroxidase（GPX1a）	1 006	96.4（*Ctenopharyngodon idellus*）	3.70	EC：1.11.1.9

* 比对物种除特别注明（括号内）外，其余均为斑马鱼（*Danio rerio*）

三、讨论

本试验是以正常鱼油为对照，在灌喂氧化鱼油 7d 后，采用 RNA-seq 方法[7,8]，即利用草鱼肠道黏膜组织的总 RNA 逆转录为 cDNA 后，通过序列分析并进行基因拼接、注释，并与灌喂正常鱼油草鱼肠道的结果对比进行差异表达分析，得到灌喂氧化鱼油试验组肠道黏膜基因的差异表达结果。首先，能够被注释的基因都是已经转录为 RNA 的基因，即得到表达的基因；其次，得到的差异表达结果就是与正常鱼油组对比的差异结果，当 fold 绝对值 >2 时具有较显著性的差异表达，当 fold 绝对值≥3 时达到显著差异水平，如果 fold 值为正值表示是差异表达上调，负值则为差异表达下调。

（一）灌喂氧化鱼油使草鱼肠道黏膜抗氧化应激基因通路差异表达上调

鱼油氧化的产物包括过氧化物、游离脂肪酸、丙二醛等物质，对动物具有普遍的毒副作用[1-5]。氧化鱼油以灌喂的方式进入鱼体的肠道后，会对肠道黏膜组织造成急性的氧化损伤作用。组织切片的结果和肠道黏膜基因差异表达的整体结果也显示，肠道黏膜组织脱落、微绒毛脱落；灌喂氧化鱼油后草鱼肠道黏膜组织基因差异表达的结果显示，有455个基因差异表达极显著（fold≥3.0，或fold≤－3.0），其中253个基因差异表达显著上调（fold≥3.0）、202个基因差异表达显著下调（fold≤－3.0）。表明灌喂氧化鱼油对草鱼肠道黏膜的损伤是严重的，而损伤也是广泛性的损伤，不是某一个方面或一个点的损伤。

生理条件下，Nrf2在细胞质中与Keap1结合并处于非活性、易降解的状态。在受到内、外界自由基或化学物质刺激时，Keap1的构象改变或者Nrf2直接被磷酸化，导致Nrf2与Keap1解离、Nrf2被活化[9,10]。活化的Nrf2由细胞质进入细胞核，与抗氧化反应元件（ARE）结合，启动ARE下游的Ⅱ相解毒酶、抗氧化蛋白、蛋白酶体/分子伴侣等基因转录和表达以抵抗内外界的有害刺激[9-11]。因此，核转录因子Nrf2以Keap1-Nrf2-ARE通路介导并激活多种抗氧化基因和Ⅱ相解毒酶基因的转录，是广泛的抗氧化机制，保护多种细胞和组织，维持机体氧化－抗氧化的生理平衡。ARE是一个特异的DNA启动子结合序列，是Ⅱ相解毒酶和细胞保护蛋白基因表达的上游调节区，Nrf2是这一序列的激活因子[10,11]。本试验中，Keap1-Nrf2-ARE通路基因差异表达结果、尤其是NRF2介导的氧化应激反应通路基因差异表达显著上调，谷胱甘肽/谷胱甘肽转移酶（GSH/GSTs）代谢通路基因表达显著上调，同时热休克蛋白和蛋白质泛素化通络基因也显著性上调，这些结果表明：①在草鱼肠道中存在Keap1-Nrf2-ARE通路所需要的主要基因，并且得到了差异表达；②表明灌喂氧化鱼油对草鱼肠道的损伤作用是以氧化损伤为主要损伤类型；③表明草鱼肠道在受到氧化损伤后，激活了多个抗氧化应激基因通路，使NRF2介导的氧化应激反应通路、GSH/GSTs系统、热休克蛋白和蛋白质泛素化通络基因等一系列抗氧化应激的基因通路差异表达显著性上调，以便清除氧化损伤物质、修复氧化损伤细胞，对黏膜组织、细胞进行损伤修复和保护。

作为NRF2诱导的抗氧化应激通路的主要组成部分，DNAJA4、DNAJB1与底物蛋白质结合防止其聚合[10,11]。USP14则通过对Ubiquitination链的修剪防治基质的降解。多药耐药相关蛋白ABCC4（MRP4）、ABCC2（MRP2）是重要的跨膜转运体系；血红素氧化合酶（HO-1）是血红素降解的限速酶，HO-1及其酶解产物直接影响抗氧化损伤能力的变化，是机体最重要的内源性保护体系之一。MGST1、GCLC、GSTω1作为Ⅱ相代谢过程主要物质[12]，清除细胞内的有毒物质和氧化物质，避免对DNA及生物功能蛋白的破坏，以维持机体内环境的稳定。这些基因差异表达均显著上调，表明草鱼肠道受到氧化鱼油急性损伤后，激活了这些基因的表达，肠道黏膜细胞产生了强烈的抗氧化应激反应，以便清除鱼油氧化产物，尤其是受到鱼油氧化产物损伤而导致死亡或凋亡的肠道黏膜细胞碎片、损伤蛋白质等，并参与修复细胞的损伤、保护其他细胞免受损伤，是一种典型的抗氧化损伤与修复、保护生理机制。

依赖NAD（P）H醌氧化还原酶1是降解醌、醌亚胺、氮氧化合物的酶，其基因差异表达下调，溶菌酶基因差异表达下调，以及依赖过氧化氢酶清除过氧自由基的基因差异表达下调，而三种超氧化物酶SOD1、SOD2、SOD3清除过氧化物的基因均差异表达上调。这些结果显示了鱼油对草鱼肠道黏膜的损伤作用类型，以及抗氧化应激反应的类型。表明氧化鱼油对肠道黏膜的损伤作用主要还是引起细胞的氧化损伤、蛋白质的直接性损伤，而不是产生过氧化氢、醌类有毒物质。

(二) 灌喂氧化鱼油使草鱼肠道黏膜谷胱甘肽/谷胱甘肽转移酶代谢通路差异表达上调

GSH/GSTs是动物重要的解毒、抗氧化系统[12]。本试验中，涉及GSH的合成系列酶、转移解毒系列酶或蛋白质的基因，构成了一个完整的GSH/GSTs功能系统。GSH/GSTs系统的基因差异表达显著，且均是显著上调，成为氧化鱼油对肠道黏膜损伤后被激活的主要抗氧化损伤应激作用系统之一。

谷氨酸-半胱氨酸合成酶（GCL）是GSH生物合成的限速酶，由催化亚基（GCLC）和调节亚基（GCLM）组成，其活性影响着GSH合成的速度，如果GCL的活性增高，则可使GSH合成加速，从而提高细胞内外GSH浓度。GSR保持了GSH处于还原状态。本试验中，它们都差异表达显著性上调，表明激活了GSH合成速度。GSH作为体内重要的抗氧化剂和自由基清除剂，一方面，GSH可直接单独作用于许多自由基（如烷自由基、过氧自由基、半醌自由基等）；另一方面，作为谷胱甘肽过氧化物酶的底物，发挥清除细胞内过氧化物的作用。GSH能够把机体内有害的毒物转化为无害的物质，排泄出体外，减少氧化应激对脂质、DNA及蛋白质造成损伤，因此GSH通常被认为是机体抗氧化能力的一个重要指标。本试验中，GSH生物合成途径控制反应的酶的基因均达到显著性的差异表达上调，GSH生物合成量增加是细胞防御氧化应激损伤、加强自我保护的重要途径之一。表明草鱼肠道在受到氧化鱼油急性损伤后，显著性地刺激了肠道黏膜细胞GSH生物合成的强度，合成了大量的GSH以用于抗氧化应激的需要。

依据一级结构，谷胱甘肽转移酶（GSTs）有多个亚类，如GST、GSTω1、GSTα、GST-pi、GSTθ1b、MGSt1等[12,13]，本试验中，这些亚类谷胱甘肽转移酶的基因均达到差异表达显著性的上调。GSTs的主要功能是催化内源性或外来有害物质的亲电子基团与还原型谷胱甘肽的巯基结合，形成更易溶解的、没有毒性的衍生物。例如，GSTω1是细胞内降解生物异源物质的一类酶，能够催化还原型谷胱甘肽上的硫原子亲核攻击底物上的亲电子基团，降低细胞内的有毒物质水平。此外，GSTS还可以结合一些亲脂性化合物，甚至还作为过氧化酶和异构酶发挥作用。上述结果显示，在灌喂氧化鱼油后，草鱼肠道黏膜中的GSH/GSTs被激活，通过抗氧化应激作用对肠道黏膜进行保护。

(三) 灌喂氧化鱼油使草鱼肠道黏膜热休克蛋白—蛋白质泛素化通络基因差异表达上调

当细胞氧化损伤后，可以通过激活热休克蛋白标记或将损伤的蛋白质泛素化标记，再通过蛋白酶体对标记的蛋白质进行降解。这里有2个主要过程，首先是要将细胞不再需要的蛋白质、或者受到损伤的蛋白质进行识别并进行标记，包括热休克蛋白和蛋白质泛素化来完成这类工作。热休克蛋白主要有Hsp90、Hsp70、Hsp27等[14]，主要作用是提高泛素—蛋白酶体系统的活性，对错误的、损伤的蛋白质进行识别和泛素化标记，而泛素连接酶也可以直接对错误的、损伤的蛋白质进行识别和泛素化标记[15]。之后，依赖蛋白酶体的作用对标记的蛋白质进行降解，所产生的氨基酸再被利用。蛋白酶体的主要作用是降解细胞不需要的或受到损伤的蛋白质，这一作用是通过断裂肽键的化学反应来实现。这种包括泛素化和蛋白酶体降解的整个系统被称为“泛素—蛋白酶体系统”[16]。泛素—蛋白酶体途径是较普遍的一种非依赖溶酶体的内源蛋白降解方式。

本试验中，依据通路分析方法，泛素—蛋白酶体通路的-log（p-value）为10.4，差异显著。有19个基因进入该通路。HSP10（fold为7.08）、HSP90αA1（fold为6.96）二种热休克蛋白得到显著性的差异表达上调。UBE2V2（fold 为 3.33）、USP14（fold 为 3.24）、DNA-JB1（fold 为 15.24）等的主要作用是对错误或损伤蛋白质的识别并完成泛素化标记，包括对泛素化的调控作用。这些基因在鱼油损伤肠道黏膜中得到差异表达显著性的上调。

PSMb3（fold 为 4.89）、PSMβ7（fold 为 5.48）、PSMβ5（fold 为 4.54）、PSMc4（fold 为 4.17）、PSMα6b（fold 为 3.88）、PSMc1（fold 为 3.75）、PSMd1（fold 为 3.71）、PSMc5（fold 为 3.63）、PSMb6（fold 为 3.56）、PSMc2（fold 为 3.55）、PSMd6（fold 为 3.22）、PSMα5（fold 为 3.13）、UCHL1（fold 为 9.44）等蛋白质或酶，是 26S 蛋白酶体的主要构件物质，其主要作用是完成对识别、标记蛋白质的完全降解过程。在草鱼肠道黏膜被氧化鱼油损伤后，均得到差异表达显著性的上调。

上述结果表明，草鱼肠道黏膜在受到氧化鱼油的严重氧化损伤后，产生的大量的损伤细胞或损伤蛋白质，激活了肠道黏膜细胞中热休克蛋白和泛素—蛋白酶体系统，并得到差异表达显著性的上调，以便清除这些损伤或错误的蛋白质，保护肠道黏膜组织和细胞。热休克蛋白和泛素 - 蛋白酶体系统成为主要的损伤细胞、损伤蛋白质的降解和清除系统之一，而不是显著激活溶酶体蛋白降解机制。

参考文献

[1] 叶元土，蔡春芳. 鱼类营养与饲料配制［M］. 北京：化学化工出版社，2013.

[2] Kristin H，Kjersti K，Kjartan S，*et al.* Feed intake and absorption of lipid oxidation products in atlantic salmon（*Salmo salar*）fed diets coated with oxidised fish oil［J］. Fish Physiology and Biochemistry，2001（25）：209 - 219.

[3] Du Z Y，Clouet P，Huang L M. Utilization of different dietary lipid sources at high level in herbivorous grass carp（*Ctenopharyngodon idellus*）：mechanism related to hepatic fatty acid oxidation［J］. Aquaculture Nutrition，2008（14）：77 - 92.

[4] Tocher D R，Mourente G，Van D E，*et al.* Comparative study of antioxidant defence mechanisms in marine fish fed variable levels of oxidised oil and vitamin E［J］. Aquaculture International，2003（11）：195 - 216.

[5] Poomima K，Cariappa M，Asha K，*et al.* Oxidant and antioxidant status in vegetarins and fish eaters［J］. Indian Journal of Clinical Biochemistry，2003，18（2）：197 - 205.

[6] 姚仕彬，叶元土，李洁等. 鱼油在氧化过程中氧化指标及其脂肪酸组成的变化［J］. 饲料研究，2012（6）：74 - 76.

[7] 王曦，汪小我，王立坤等. 新一代高通量 RNA 测序数据的处理与分析［J］. 生物化学与生物物理进展，2010，37（8）：834 - 846.

[8] 祁云霞，刘永斌，荣威恒. 转录组研究新技术：RNA-Seq 及其应用［J］. 遗传，2011，33（11）：1 191 - 1 202.

[9] Taguchi K，Motohashi H，Yamamoto M. Molecular mechanisms of the Keap1-Nrf2 pathway in stress response and cancer evolution［J］. Genes to Cells，2011（16）：123 - 140.

[10] 崔俣，马海英，孔力. Nrf2/ARE 通路与机体抗氧化机制的研究进展［J］. 吉林大学学报（医学版），2011，37（1）：187 - 190.

[11] 蔡维霞，张军，胡大海. 氧化和化学应激的防御性转导通路-Nrf2/ARE［J］. 中国生物化学与分子生物学报，2009，5（4）：297 - 303.

[12] Richard N. Armstrong，structure，catalytic mechanism and evolution of the glutathione transferases［J］. Chemical Research in Toxicology，1997（10）：2 - 18.

[13] Liao W Q，Liang X F，Wang L，*et al.* Molecular cloning and characterization of alpha-class glutathione s-transferase gene from the liver of silver carp，bighead carp，and other major chinese freshwater fishes［J］. Journal of Biochemical and Molecular Toxicology，2006，20（3）：114 - 126.

[14] Roberts R J，Agius C，Saliba C，*et al.* Heat shock proteins（chaperones）in fish and shellfish and their potential role

in relation to fish health: a review [J]. Journal of Fish Diseases, 2010, (33): 789 - 801.
[15] 杨义力. 蛋白质泛素化系统 [M]. 生命科学, 2002.
[16] 倪晓光, 赵平. 泛素—蛋白酶体途径的组成和功能 [J]. 生理科学进展, 2006, 37 (3): 255 - 258.

第三节　饲料氧化鱼油对草鱼谷胱甘肽/谷胱甘肽转移酶基因通路组织表达差异的影响

饲料油脂是水产动物所必须的结构性物质和能量物质[1]。鱼油由于富含高不饱和脂肪酸被认为是鱼类饲料的最佳油脂，能促进鱼类的生长[2]，然而，鱼油易氧化酸败产生多种初级与次级的氧化产物，这些氧化产物对鱼类的肝胰脏、肾脏、脾脏等内脏器官和肌肉组织产生重大影响，同时对血液系统，消化系统也有很大的影响，尤其是能够造成细胞和器官组织的组织结构改变和代谢酶的活性改变[3]。因此，饲料的氧化酸败问题则成为当今水产养殖产业中不可忽视的重要问题之一。

针对水产饲料油脂的抗氧化防治对策，一是尽量避免使用容易氧化的油脂原料以及加入抗氧化剂，二是提高鱼体的自身抗氧化能力。近年来，通过提高鱼体自身抗氧化能力来预防氧化损伤的措施越来越受到关注。鱼体内具有多种损伤修复与保护系统，以便清除有毒有害物质、受损的蛋白质等，保护细胞和组织免受进一步的损伤打击作用[4,5]。机体抗氧化防御体系包括过氧化物歧化酶、谷胱甘肽过氧化物酶、过氧化氢酶（CAT）以及谷胱甘肽（GSH）、维生素E等小分子物质。其中，GSH被认为是抵抗自由基的总枢纽[6]，并且Habig[7]研究证明，GST是启动GSH结合反应的关键酶。GSH作为体内重要的抗氧化剂和自由基清除剂，能与自由基、重金属等结合，从而把机体内有害的毒物转化为无害的物质，排泄出体外，减少氧化应激对脂质、DNA及蛋白质造成损伤，因而GSH通常被认为是机体抗氧化能力的一个重要指标。研究证实，细胞内GSH的含量主要通过谷胱甘肽还原酶、谷胱甘肽合成酶、谷氨酸半胱氨酸连接酶和部分谷胱甘肽-s-转移酶来调节，这些酶共同构成了GSH/GSTs通路[8]。已证实了GSH调节仔猪和黄羽肉鸡的抗氧化能力[9]，此外张钟等[10]报道啤酒酵母GSH有重要的抗氧化开发价值并证实了GSH清除DPPH自由基能力与其浓度呈明显的量效关系，闫慧芳[11]等对植物GSH抗氧化研究进行总结。但有关GSH/GST通路在水产动物报道甚少。有关GSH/GST通路哪些组织具有完整的GSH/GST的通路？在氧化鱼油刺激下，不同组织表达差异多大？在氧化鱼油刺激下哪些组织具有主要的表达能力？因此，本文采用荧光定量PCR技术对草鱼在添加氧化鱼油条件下不同组织中谷胱甘肽通路的差异进行了测试，以揭示草鱼在饲料中添加氧化鱼油饲料对不同组织中谷胱甘肽通路表达的影响。并且对谷胱甘肽在不同条件下不同组织中测定含量，探讨草鱼鱼体不同器官组织在抗氧化应激中的作用。

一、材料与方法

（一）实验饲料的制备

1. 氧化鱼油制备

鱼油以鳀鱼、带鱼为原料提取、经过精炼得到精制鱼油，购自中国福建高龙实业有限公司。鱼油的氧化方法，在精炼鱼油中添加Fe^{2+} 30mg/L（$FeSO_4 \cdot 7H_2O$）、Cu^{2+} 15mg/L（Cu-

$SO_4 \cdot 5H_2O$)、H_2O_2 600mg/L (30% H_2O_2) 和 0.3% 的水充分混合。在温度 (80±2)℃、空气充气、搅拌条件下持续氧化 14d 得到氧化鱼油。实验所用新鲜豆油的 POV、AV、IV 分别为 2.89mmol/kg、0.03mg/g、130/27g/100g，氧化鱼油的 POV、AV、IV 分别 73.40mmol/kg，1.18mg/g，135.78g/100g。

2. 饲料配制

实验以酪蛋白和鱼粉为蛋白源，分别以新鲜豆油和氧化鱼油作为脂肪源配制两组等蛋等能的实验饲料。饲料组成成分见表 11－3－1。

表 11－3－1　试验饲料组成及营养水平（干物质基础）

Tab. 11－3－1　Composition and nutrient levels of experiment diets (DM basis)

饲料原料 Ingredient	对照组 Control	氧化鱼油组 Oxidized fish oil
酪蛋白 casein	215	215
鱼粉 fish meal	167	167
磷酸二氢钙 $Ca(H_2PO_4)_2$	22	22
新鲜豆油 fresh soybean oil	60	0
氧化鱼油 oxidized fish oil	0	60
氯化胆碱 choline chloride	1.5	1.5
预混料 premix	10	10
糊精 dextrin	110	110
α-淀粉 α-starch	255	255
微晶纤维素 microcrystalline cellulose	61	61
羧甲基纤维素 carboxymethylc cellulose	98	98
乙氧基喹啉 ethoxyquin	0.5	0.5
营养成分 nutrition composition（实测值）		
粗蛋白（%）crude protein	30.01	30.14
粗脂肪（%）crude lipid	7.08	6.9
粗灰分（%）ash	5.04	5.04

（二）试验鱼与饲养管理

试验草鱼为当年池塘培育鱼种，饲喂浙江一星饲料厂混养一号料，平均体重为 (65.5±1.5) g。养殖试验在浙江一星饲料集团试验基地进行。在池塘中设置网箱，网箱规格为 1.0m×1.5m×2.0m，试验分为对照组和氧化鱼油组，每组设置 3 个重复（网箱），每个网箱 20 尾鱼。每天 08：00 和 15：00 定时投喂，日投饵量为鱼体重的 3%～5%。整个养殖试验期间，溶解氧浓度 >7.0mg/L，pH 值 7.0～7.4，氨氮浓度 <0.2mg/L，亚硝酸盐浓度 <0.01mg/L，硫化物浓度 <0.05mg/L。

（三）试验试剂

总 RNA 提取试剂 RNAiso Plus，反转录试剂 PrimeScript™ RT Master Mix（TaKaRa 公司），

荧光定量 PCR 扩增引物由上海生工生物技术有限公司合成。GSH 试剂盒购于南京建成生物工程研究所。

（四）试验操作

1. 样本采集

投饲 7d 后，停食 24h，每个网箱随机取 3 条鱼、每组共 9 尾（n=9）作为基因样本实验鱼。鱼体表面经 75% 酒精消毒后，用灭酶、灭菌的剪刀解剖鱼体，并在冰上用灭酶、灭菌的剪刀和镊子分别采集大脑、鳃、皮肤、肌肉、心脏、肾脏、肠道、肝胰脏、脾脏，用 PBS 漂洗 2~3 次，迅速装于 EP 管中液氮速冻保存，于 -80℃保存备用。另外每网箱随机取 3 条鱼，用于酶学指标测定，在冰上采集与基因样本相同的组织，同个网箱的 3 条鱼相同组织剪碎混匀装入 dorf 管中，液氮速冻保存后，于 -80℃保存备用。

2. GSH 含量测定

GSH 测定用 GSH 试剂盒（可见光法）测定，单位：μmol/L。

3. 引物设计

本实验所使用的基因序列是依据叶元土等灌喂氧化鱼油导致草鱼肠道黏膜抗氧化应激通路基因表达上调一文中基因测序所得“灌喂氧化鱼油使草鱼（*Ctenopharyngodon idellus*）肠道黏膜抗氧化应激通路基因表达上调”，定量 PCR 中 GCLC、GSS、GSR、GSTω1、GSTPI、MGST1 基因及内源基因 *β-actin* 所使用的 Taqman 引物由 Primer Premier 5.0 软件设计。引物序列见表 11-3-2。

表 11-3-2　定量 PCR 引物

Tabl. 11-3-2　Primers used in quantitative PCR

基因名称 Gene name	引物 Primer	长度 Size
GCLC F	ATGACGCTGTCCTGCTTGT	19bp
GCLC R	TGGGCTGATACCGATGTTG	19bp
GSS F	GAGGGCAGTGGTTATGTTTCT	21bp
GSS R	TCTCCGAGGTGTAGTTTTGTG	21bp
GSR F	ACGAAAAGGTGGTTGGTCTC	20bp
GSR R	GGATGGCAATGGTTCTGTC	19bp
GSTω1 F	CCCCTTTTCTTGCCCATA	18bp
GSTω1 R	CTGCTCCCATCAGACCCA	18bp
GSTPI F	TGACGAGTGGGGAAAGGG	18bp
GSTPI R	GCATTGGACTGATACAGGACC	21bp
MGST1 F	TTAGTAAGGGCAATAGGAGGAG	22bp
MGST1 R	GGTGGGTAGTACAAACAGGAAA	22bp
β-actin F	CGTGACATCAAGGAGAAG	18bp
β-actin R	GAGTTGAAGGTGGTCTCAT	19p

4. 总 RNA 的提取和反转录 cDNA

用剪刀镊子在同网箱的 3 份相同组织分别取一部分放入研钵中，加入液氮将其研磨均匀成粉末状，然后加 1mL Trizol 覆盖粉末，待 Trizol 解冻成液体后，全部转移到 1.5mL 的 EP 管中，按照 Trizol 方法提取不同组织的总 RNA。按照 PrimeScript™ RT Mastetr Mix（TaKaRa 公司）反转录试剂盒的方法将 RNA 转录成 cDNA，将反转录产物同等 5 倍稀释，上述所用工具均经灭酶、灭菌处理。

5. 定量 PCR

使用 CFX96 荧光定量 PCR 仪和 SYBR Premix Ex Taq™ II（TaKaRa 公司）荧光染料对草鱼谷胱甘肽通路的相关基因（GCLC、GSS、GSR、GSTω1、GSTPI、MGST1）及 *β-actin* 进行荧光定量分析，反应体系为 20μL：SYBR Premix Ex Taq™ II（TaKaRa）10μL，上下游引物各 1μL，cDNA 2μL，灭菌水 6μL。PCR 反应采用两步法，反应条件：95℃ 预变性 30 s、95℃ 变性 5s、60℃ 退火 30 s，共 40 个循环，最后进行溶解曲线（Melt Curve）分析。

（五）数据处理

根据各基因的 C_t 值计算扩增效率和分析溶解曲线，以确定模板和引物达到用荧光定量检测组织相对表达量的要求。通过公式：$2^{-\triangle CT}=2^{-(\text{Ct目的基因}-\text{Ct管家基因})}$，以 *β-actin* 为内参基因根据计算公式得到相对表达丰度。每个样品重复 3 次后取平均值，用 SPASS 18.0 统计分析软件分析，组间相同组织差异显著性用 *t* 检验进行分析，结果以平均值 ± 标准误差（mean ± SD）表示。

二、结果

（一）草鱼各组织中总谷胱甘肽含量

试验结束时，采用试剂盒测定了草鱼各器官组织中总谷胱甘肽含量，结果如图 11 - 3 - 1 所示。与豆油组相比，氧化鱼油组草鱼各器官组织中的总谷胱甘肽含量在肠道组织下降，而在其他 8 个组织中则升高，其中肾脏和鳃中显著上升（$P<0.05$）。

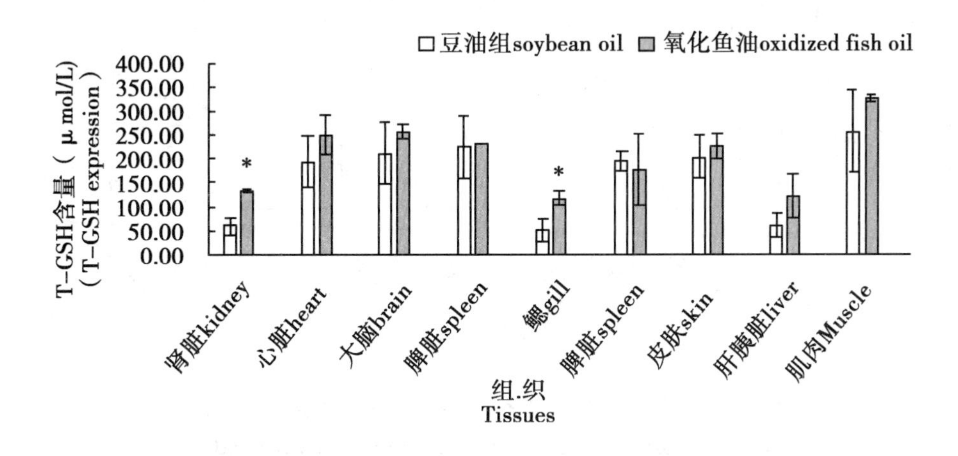

图 11 - 3 - 1　不同组织总谷胱甘肽的含量

Fig. 11 - 3 - 1　The content of T-GSH in different tissues

注：* 表示氧化鱼油组与豆油组差异显著（$P<0.05$）。

（二）器官组织中谷胱甘肽合成酶基因表达活性

本试验中，选择了催化以谷氨酸（*Glutamate*，Glu）、半胱氨酸（*Cyscine*，Cys）及甘氨酸（*Glycine*，Gly）为原料合成谷胱甘肽的GCLC、GSS基因，以及催化GSSG还原为GSH的GSR基因，以*β-actin*基因为内参，采用荧光定量RT-qPCR的方法检测这3个基因在试验草鱼9个组织中的表达活性，结果如图11-3-2、图11-3-3、图11-3-4所示。

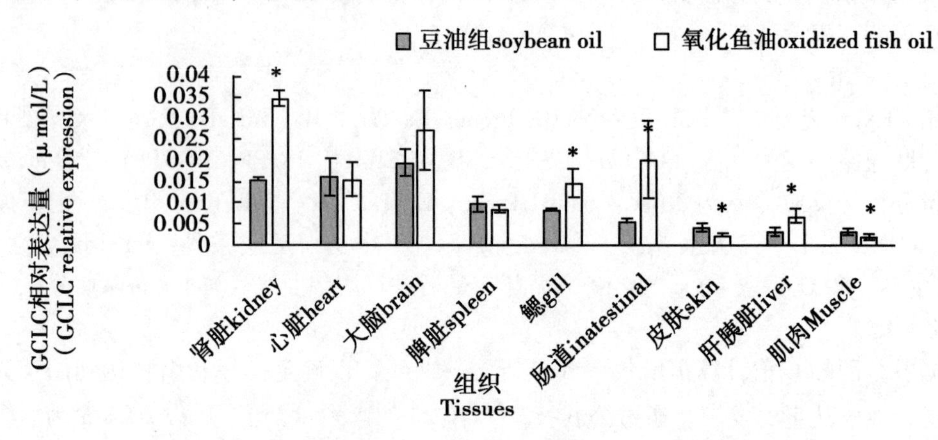

图11-3-2　草鱼GCLC在氧化鱼油刺激下各组织的表达分析

Fig. 11-3-2　Expression level of the GCLC in grass carp after oxidation of fish oil stimulation

注：* 表示氧化鱼油组与豆油组差异显著（$P<0.05$）。

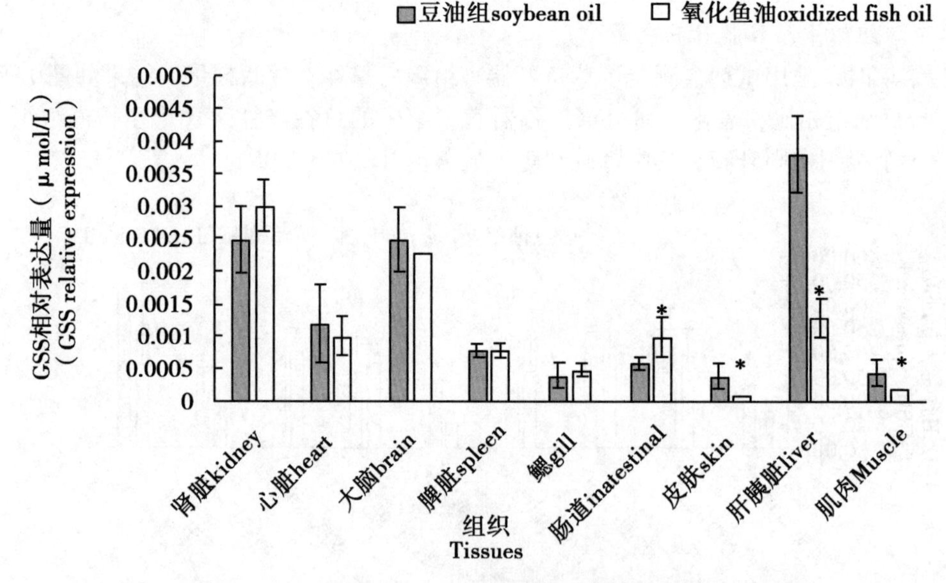

图11-3-3　草鱼GSS在氧化鱼油刺激下各组织的表达分析

Fig. 11-3-3　Expression level of the GSS in grass carp after oxidation of fish oil stimulation

注：* 表示氧化鱼油组与豆油组差异显著（$P<0.05$）。

三个基因在不同器官组织中的表达活性结果为，GCLC在氧化鱼油的刺激下，肾脏、大

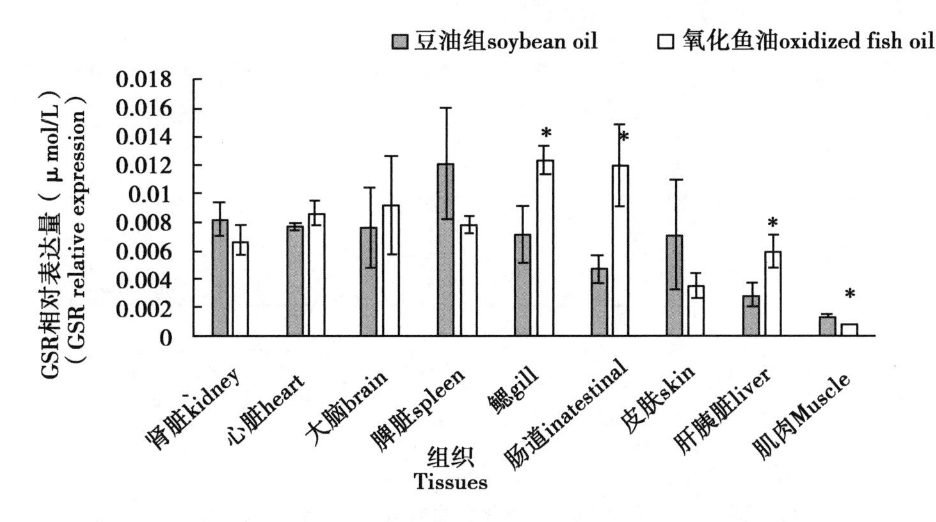

图 11-3-4　草鱼 GSR 在氧化鱼油刺激下各组织的表达分析

Fig. 11-3-4　Expression level of the GSR in grass carp after oxidation of fish oil stimulation

注：* 表示氧化鱼油组与豆油组差异显著（$P<0.05$）。

脑、鳃、肠道、肝胰脏组织器官中的表达活性上调，而心脏、脾脏、皮肤、肌肉组织器官中则是表达下调，其中肾脏、鳃、肠道、肝胰脏组织器官中表达显著上调（$P<0.05$），而皮肤、肌肉组织器官中则表达显著下调（$P<0.05$）。GSS 在氧化鱼油刺激下，肾脏、鳃、肠道 3 个组织器官中出现上调，心脏、大脑、皮肤、肝胰脏、肌肉表达下调，其中肠道显著上调（$P<0.05$），皮肤、肝胰脏、肌肉组织器官中显著下调（$P<0.05$），脾脏中表达水平没有发生变化。GSR 在氧化鱼油刺激下，心脏、大脑、鳃、肠道、肝胰脏组织器官中表达上调，肾脏、脾脏、皮肤、肌肉组织器官中表达下调，其中鳃、肠道、肝胰脏组织器官中显著上调（$P<0.05$），肌肉中显著下调（$P<0.05$）。

如果以器官组织为对象分析，合成谷胱甘肽的 3 个基因在皮肤和肌肉表达均下调，但在鳃中表现出表达上调，肝胰脏中 GCLC、GSR 均显著上调，而 GSS 显著下调。值得注意的是，肠道中 GCLC、GSS、GSR 表达均显著上调（$P<0.05$），并且相对其他组织变化幅度大，氧化鱼油组结果相比于豆油组的增加倍数分别是 3.56、1.67、2.55。

（三）器官组织中谷胱甘肽转移酶基因的表达活性

选择了 GSTω1、GSTPI、MGST1 三种谷胱甘肽转移酶基因为研究对象，采用荧光定量 RT-PCR 的方法检测其在试验草鱼 9 个组织中的表达活性，结果如图 11-3-5、11-3-6、11-3-7 所示。

与豆油组结果相比，氧化鱼油组 3 个基因在 9 个不同器官组织中的表达活性变化变化显示差异化。GSTω1 在肾脏、心脏、大脑、肠道、肝胰脏组织中表达均为上调，其中大脑、肠道中显著上调（$P<0.05$）；而脾脏、鳃、皮肤、肌肉组织中则表达下调，其中肌肉中显著下调（$P<0.05$）。GSTPI 在肾脏、大脑、脾脏组织中表达上调，其中肾脏、大脑中显著上调（$P<0.05$）；心脏、鳃、肠道、皮肤、肝胰脏、肌肉组织中表达下调，其中心脏、皮肤、肌肉中显著下调（$P<0.05$）。MGST1 在肾脏、鳃、肠道、肝胰脏、肌肉组织中表达上调，其中肾脏、肠道、肝胰脏均显著上调（$P<0.05$）；心脏、大脑、脾脏、皮肤组织中表

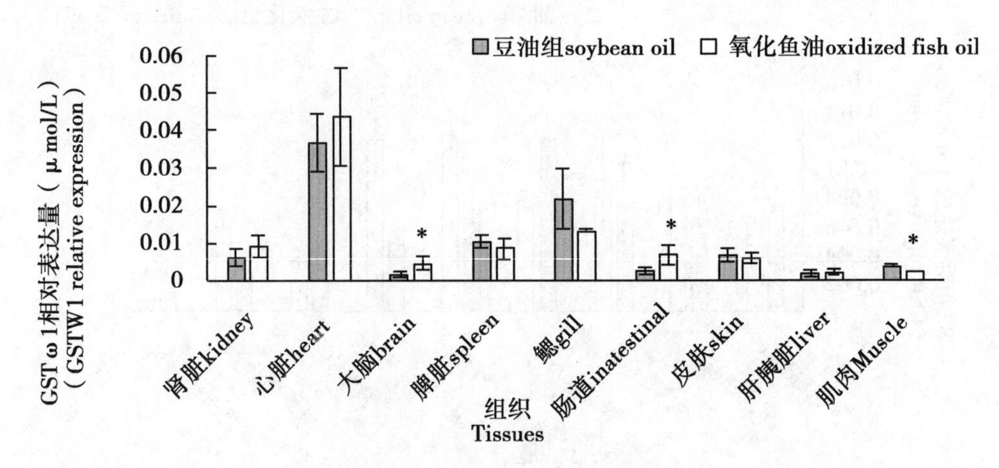

图 11-3-5　草鱼 GSTω1 在氧化鱼油刺激下各组织的表达分析

Fig. 11-3-5　Expression level of the GSTω1 in grass carp after oxidation of fish oil stimulation

注：＊表示氧化鱼油组与豆油组差异显著（$P<0.05$）。

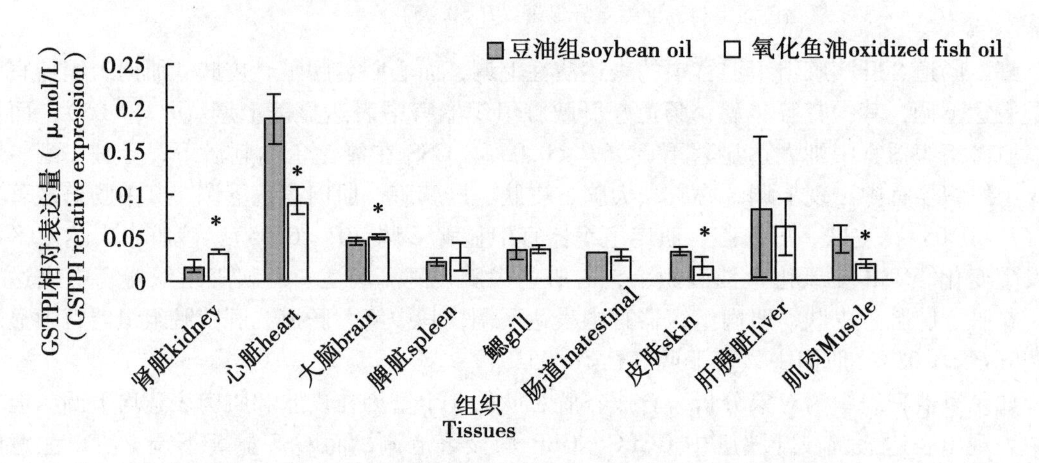

图 11-3-6　草鱼 GSTPI 在氧化鱼油刺激下各组织的表达分析

Fig. 11-3-6　Expression level of the GSTPI in grass carp after oxidation of fish oil stimulation

注：＊表示氧化鱼油组与豆油组差异显著（$P<0.05$）。

达下调，其中脾脏显著下调（$P<0.05$）。

如果以器官组织为对象分析，GSTω1 在大脑、肠道组织中，氧化鱼油组结果相比于豆油组的增加倍数分别是 2.61 倍、2.69 倍。MGST1 在肝胰脏、肠道组织中，氧化鱼油组结果相比于豆油组的增加倍数分别是 5.5 倍、7.7 倍。

三、讨论

饲料油脂是养殖鱼类重要的营养物质和能量物质来源，而饲料油脂容易氧化酸败，其氧化酸败的中间产物（如过氧化物）、终产物（如丙二醛、低碳链的醛、酮、酸、醇等）对养殖动物器官组织、鱼体健康具有显著性的毒副作用[12]。鱼油与豆油相比，含有更多的不饱

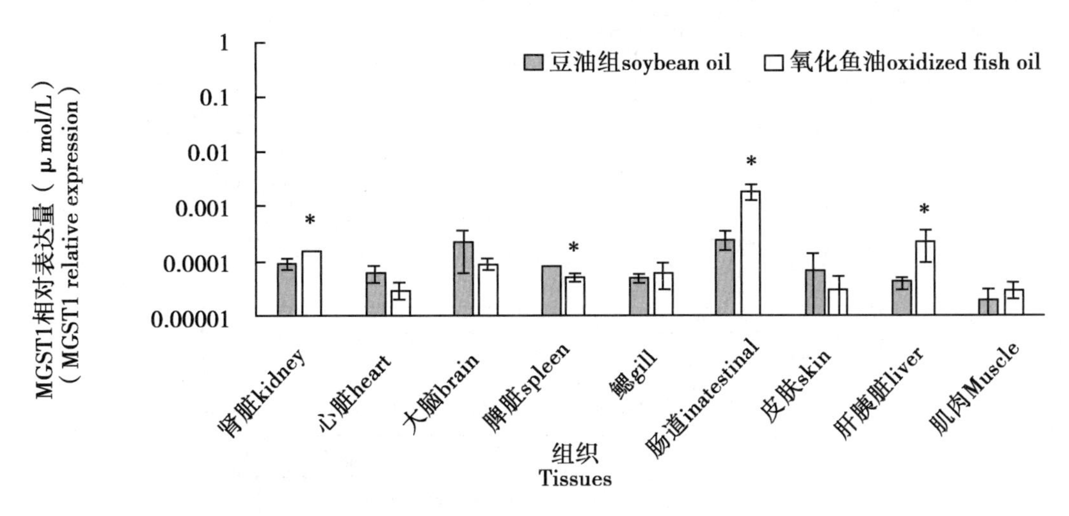

图 11-3-7　草鱼 MGST1 在氧化鱼油刺激下各组织的表达分析

Fig. 11-3-7　Expression level of the MGST1 in grass carp after oxidation of fish oil stimulation

注：* 表示氧化鱼油组与豆油组差异显著（$P<0.05$）。

和脂肪酸如 EPA、DHA 等，更易氧化酸败，对养殖动物的毒副作用更大。本实验中，以豆油作为对照，以预先氧化酸败的鱼油作为试验材料，在短期饲喂条件下，研究草鱼不同器官组织中 GSH/GSTs 基因通路的差异表达，主要探讨在饲料氧化鱼油短期刺激下，草鱼不同器官组织中，GSH/GSTs 基因通路对饲料油脂氧化应激的响应、应激能力的差异；同时，也探讨草鱼在应对饲料氧化鱼油刺激的早期反应。

张媛媛等[13]在不同脂肪源对异育银鲫生长性能，机体成分，血清生化指标，体组织脂肪酸组成及脂质代谢的影响一文中，表明鱼油组谷丙转氨酶明显高于豆油组，皮质醇各组间差异不明显，但鱼油组高于豆油组，说明鱼油组对鱼体肝脏等器官造成了损伤，引起鱼体一定程度上的应激反应，这可能是由于鱼油被氧化造成的。因此，我们选择不易被氧化的豆油来作为研究 GSH/GSTs 抗氧化应激通路的对照组。

（一）GSH/GSTs 基因通路在草鱼不同组织中存在并差异表达

GSH/GSTs 是动物重要的解毒、抗氧化系统[14]，GSH 合成代谢的相关酶基因（GCLS、GSR、GSS）和分解代谢相关酶基因（GSTω1、GSTPI、MGST1），构成了一个完整的 GSH/GSTs 功能系统，其基因也组成一个较为完整的通路，如图 11-3-8 所示。试验结果表明，GSH/GSTs 基因通路在草鱼的肾脏、心脏、大脑、脾脏、鳃、肠道、皮肤、肝胰脏、肌肉共 9 个组织中均有表达，且组成了完整的 GSH/GSTs 的基因通路。在饲喂含有氧化鱼油的饲料后，草鱼不同器官组织中 GSH/GSTs 的基因通路差异表达有差异，这也显示了这些器官组织在应对饲料氧化鱼油刺激下的自我保护、应激反应机制的不同。

（二）GSH 损伤保护的作用机制与草鱼应对饲料氧化鱼油刺激下 GSH 合成酶基因表达响应

GSH 是广泛分布于哺乳动物、植物和微生物细胞内，最主要的、含量最丰富的含巯基的低分子肽[15]。GSH 作为内源性损伤保护物质，其主要作用是清除或钝化具有毒副作用的物质，以保护动物机体不受损伤。其保护作用分别是通过以下途径完成：①GSH 的亲核进攻-结合反应。Ketter[16]指出，GSH 分子中的半胱氨酰残端巯基，它是一种强亲核性物质。通过亲核取代和加成作用使有毒亲电物质钝化，起到解毒作用；②GSH 对脂质过氧化的抑

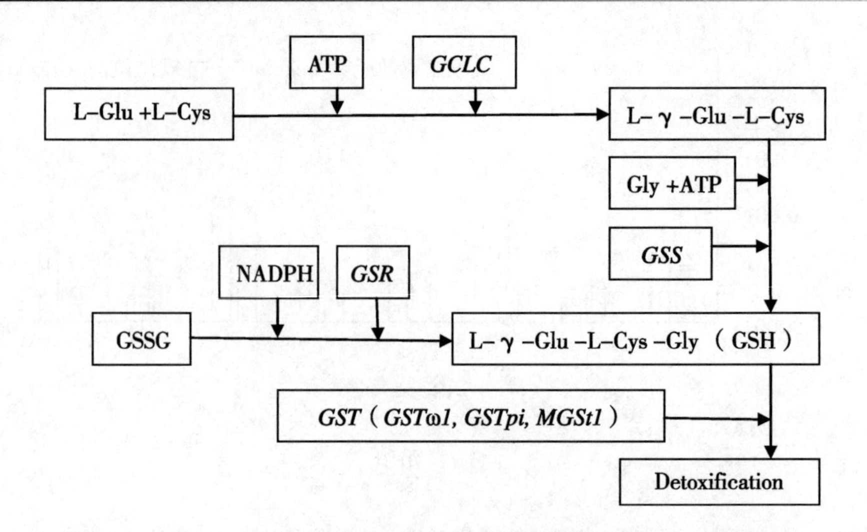

图 11-3-8　GSH/GSTs 功能系统及其催化酶基因（斜体）通路示意图

Fig. 11-3-8　GSH / GSTs system and its catalytic enzyme gene（italics）path schematic

制作用。如 Videla 报道[17]，在急性和慢性乙醇染毒条件下，GSH 含量与肝脂质过氧化作用呈负相关；③GSH 对自由基的清除作用。

GSH 的生物合成是以 L-Glu、L-Cys 和 Gly 为原料，GCLC、GSS、GSR 等酶的催化下合成的三肽，其中，γ-GCL 是 GSH 的合成的限速步骤，而催化该反应的 GCLC 酶是限制酶。GSH 有氧化型（GSSG）和还原型（GSH）两种形式（图 11-3-8）。

GSH/GSSG 的稳态是维持细胞正常生理过程的关键[18,19]，是细胞最重要的抗氧化系统之一。GSSG 可以在 GSR 催化下，使 GSSG 还原 GSH。如果 GSSG 得不到及时的还原，或 GSH 得不到及时合成，GSH/GSSG 比值即要发生改变[20]，从而破坏正常的生理功能。经氧化鱼油刺激后，GSH 合成代谢酶的相关基因在鳃、肠道、肝胰脏表达量显著上调。表明鳃、肠道、肝胰脏中 GSH 大量消耗，合成代谢酶的相关基因表达上调补充 GSH 使 GSH/GSSG 比值保持动态平衡。

本试验中，经氧化鱼油短期刺激后，在肠道中 GCLC，GSS，GSR 基因都显著上调（$P<0.05$），并且变化幅度相对其他组织更大。草鱼的肠道直接与食道相连，鱼体摄食后食糜最先与肠道接触并直接刺激，肠道黏膜在受到氧化鱼油的氧化损伤作用后，激活了 GSH 合成代谢，促进 GSH 合成。这与叶元土等（“灌喂氧化鱼油使草鱼（*Ctenopharyngodon idellus*）肠道黏膜抗氧化应激通路基因表达上调”），通过对草鱼为期 7d 灌胃氧化鱼油，采集肠道黏膜组织并提取总 RNA，得到 GSH/GSTs 系统基因差异表达显著性上调结果一致。经氧化鱼油刺激后，在肝胰脏中合成代谢相关基（GCLC，GSR）都显著上调（$P<0.05$）。肠、肝共同构筑起机体的防御系统：肠黏膜屏障作为机体的第一道防线保护机体免受肠腔中大量细菌、食物抗原、毒素等外源性物质的损伤，而肝脏作为机体第二道防线，抵御逃逸肠黏膜免疫监视的抗原和炎症损害因子[21,22]。1998，Marshal 提出了“肠—肝轴”的概念，他认为肠道和肝脏不是两个相互独立的器官，在功能上有着广泛的联系[23]。氧化产物首先使肠道受到氧化损伤改变肠黏膜的通透性，进而通过肝—肠轴使肝胰脏受到氧化损伤，刺激肝胰脏合成 GSH。经氧化鱼油刺激后，在鳃中合成代谢相关基因（GCLC，GSR）都显著上调（$P<0.05$）。氧化鱼油产物多数是脂溶性的，可以随脂

类物质一起被吸收、转运、储存，尤其是低碳原子数的脂肪酸可以直接被吸收并随着血液流向其他组织[3]。鱼类循环系统中的血液与外界气体交换主要靠鳃部的呼吸完成，因此鳃的血液流量大[24]，当氧化鱼油产物随着血液流向鳃并对其产生刺激，激活了 GSH 合成途径。

本试验检测 T-GSH 在草鱼 9 个器官组织中的含量，结果显示经氧化鱼油刺激后，草鱼的肾脏、心脏、大脑、脾脏、鳃、皮肤、肝胰脏、肌肉组织中 T-GSH 的含量都有上升的趋势，其中鳃、肾脏中 T-GSH 显著上升（$P<0.05$）。氧化鱼油能产生多种初级与次级的氧化产物，这些氧化产物对鱼体器官组织造成氧化损伤，促进体内 GSH 合成增加。朱志良等[25]应用新型彗星图像分析系统以及单细胞凝胶电泳（SCGE）探究 GSH 在 H_2O_2 致 DNA 损伤中的作用，结果表明 GSH 有抑制 H_2O_2 致 DNA 损伤的作用。有试验显示，当细胞暴露于亚毒性浓度毒物时，GSH 并不下降，而是上升，Cookso 等[26]用亚毒性浓度物质培养神经胶质细胞 24h，细胞内 GSH 显著升高，Ochi 等[27]将中国仓鼠 V79 细胞与亚毒性浓度物质共同培养，发现在前 8hGSH 含量上升，在 8h 时达到最大值，之后降低。这表明当短期刺激时，GSH 含量会升高，这与本文实验结果一致。GSH 合成代谢相关基因在多数组织表达均上调，这与 T-GSH 检测结果相一致。

（三）GSTs 的作用与草鱼应对饲料氧化鱼油刺激 GSTs 酶基因表达响应

GSTs 是广泛存在于各种生物体内的由多个基因编码，具有多种功能的一组同工酶，但同工酶结构差异较大，氨基酸序列只有 30% 相似性[28]。分子量为 23～29kD。有膜结合和胞液两种形式，以胞液为主[29]。GSTs 酶的生物学功能主要是减少 GSH 的酸解离常数，使其具去质子化作用及有更多的反应性巯基形成，从而催化其与亲电性物质轭合。纵观 GSTs 的作用主要如下：①催化 GSH 的巯基攻击亲电性物质的亲电中心，产生一种硫醚链接的谷胱甘肽结合物，经肾排出体外；②以高亲和力直接结合胆红素，甾醇和其他亲脂性物质；③某些 GSTs 具有 GSH 过氧化物酶活性，即具有抑制脂肪过氧化作用[30]。本文涉及 GSTs 的 3 种类型。分别为胞液的 GSTω1、GSTPI，膜结合酶 MGST。喂食含有氧化鱼油的饲料 7d，GSTs 三种酶的表达都受到了一定的影响，然而 MGST1 在肝、肠的变化明显，表达量相比对照组分别上升了 5.5 倍、7.7 倍。MGST1 是具有谷胱甘肽转移酶和谷胱甘肽过氧化物酶活性的膜结合酶。MGST1 相比于胞浆 GST 最重要的差异是 MGST1 分子 Cys49 可被亲电子剂等修饰激活显著增加催化 GSH 与亲电子物质结合活性。Atchasai Siritantikorn 等[31]将大鼠 MGST1 通过细胞转染到人体 MCF7 细胞系，然后利用两种氢过氧化物刺激探讨 MGST1 的作用方式，实验结果表明 MGST1 通过 GPX 活性来降低氢过氧化物的水平以保护细胞免受氧化损害。当受到氧化鱼油产物刺激，MGST1 被激活，降低氢过氧化物水平，保护细胞免受氧化损伤。这样有可能是为什么鱼体在受到短期刺激时，MGST1 表达量在肝、肠上升显著，相对其他胞液 GST 上升，这更利于鱼体对刺激做出快速的反应。

四、结论

草鱼的不同器官组织均具有完整的 GHS/GSTs 抗氧化应激代谢途径，其生物合成酶也组成完整的基因通路。在饲料氧化鱼油短期（7d）刺激下，不同器官组织 GHS/GSTs 合成酶基因通路产生不同程度、不同取向的基因表达相应，清除或钝化氧化鱼油的氧化物质和氧化损伤作用。其中，肠道的 GSH/GSTs 基因通路相对于其他组织器官影响更大，显著增强了

GSH/GSTs 通路基因的表达活性。我们推测，氧化鱼油可能首先通过损伤肠道，进而对肝胰脏等其他组织造成损伤。

参考文献

[1] 李勇，王雷，蒋克勇等. 水产动物营养的生态适宜与环保饲料 [J]. 海洋科学，2004，28 (3)：76 -78.

[2] 王煜恒，王爱民，刘文斌等. 不同脂肪源对异育银鲫鱼种生长、消化率及体成分的影响 [J]. 水产学报，2010 (9)：1 439 -1 446.

[3] 叶元土，蔡春芳. 鱼类营养与饲料配制 [M]. 北京：化学工业出版社，2013.

[4] Tocher D R，Mourente G，Vander E A，*et al.* Comparative study of antioxidant defence mechanisms in marine fish fed variable levels of oxidised oil and vitamin E [J]. Aquaculture International，2003，11 (1 -2)：195 -216.

[5] Poornima K，Cariappa M，Asha K，*et al.* Oxidant and antioxidant status in vegetarians and fish eaters [J]. Indian Journal of Clinical Biochemistry，2003，18 (2)：197 -205.

[6] 徐敏. 论人体的自由基和抗氧化剂——谷胱甘肽 [J]. 中国医药导报，2006 (2)：127.

[7] Habig W H，Pabst M J，Jakoby W B. Glutathione S-transferases the first enzymatic step in mercapturic acid formation [J]. Journal of Biological Chemistry，1974，249 (22)：7 130 -7 139.

[8] Gebicki J M，Nauser T，Domazou A，*et al.* Reduction of protein radicals by GSH and ascorhate：potential biological significance [J]. Amino Acids，2010，39 (5)：1 131 -1 137.

[9] Banki K，Hutter E，Colombo E，*et al.* Glutathione levels and sensitivity to apoptosis are regulated by changes in transaldolase expression [J]. Journal of Biological Chemistry，1996，271 (51)：32 994 -33 001.

[10] 张钟，兰杰. 啤酒酵母中还原型谷胱甘肽清除自由基能力的研究 [J]. 饮料工业，2014，17 (4)：41 -43.

[11] 闫慧芳，毛培胜，夏方山. 植物抗氧化剂谷胱甘肽研究进展 [J]. 草地学报，2013，21 (3)：428 -434.

[12] 姚仕彬，叶元土，李洁等. 鱼油在氧化过程中氧化指标及其脂肪酸组成的变化 [J]. 饲料研究，2012 (6)：74 -76.

[13] 张媛媛，刘波，戈贤平等. 不同脂肪源对异育银鲫生长性能、机体成分、血清生化指标、体组织脂肪酸组成及脂质代谢的影响 [J]. 水产学报，2012，36 (7)：1 111 -1 118.

[14] Armstrong R N. Structure catalytic mechanism and evolution of the glutathione transferases [J]. Chemical Research in Toxicology，1997，10 (1)：2 -18.

[15] 程时，丁海勤. 谷胱甘肽及其抗氧化作用今日谈 [J]. 生理科学进展，2002，33 (1)：85 -90.

[16] Ketterer B，Coles B，Meyer D J. The role of glutathione in detoxication [J]. Environmental Health Perspectives，1983，49：59.

[17] Videla L A，Valenzuela A. Alcohol ingestion liver glutathione and lipoperoxidation：metabolic interrelations and pathological implications [J]. Life Sciences，1982，31 (22)：2 395 -2 407.

[18] Rahman I，Macnee W. Regulation of redox glutathione levels and gene transcription in lung inflammation：therapeutic approaches [J]. Free Radical Biology and Medicine，2000，28 (9)：1 405 -1 420.

[19] Schafer F Q，Buettner G R. Redox environment of the cell as viewed through the redox state of the glutathione disulfide/glutathione couple [J]. Free Radical Biology and Medicine，2001，30 (11)：1 191 -1 212.

[20] 陈晓彬，林文弢，翁锡全等. 低氧训练对谷胱甘肽抗氧化系统的影响 [J]. 首都体育学院学报，2006，18 (6)：65 -67.

[21] 刘玉兰，胡莹. "肠—肝轴"带给我们的启示 [J]. 中华内科杂志，2011，50 (5)：361 -363.

[22] 张凌云，王全楚. 肠—肝轴及其在肝损伤发病机制中的作用 [J]. 实用肝脏病杂志，2012，15 (4)：364 -365.

[23] Marshall J C. The gut as a potential trigger of exercise-induced inflammatory responses [J]. Can J Physiol Pharmacol.，1998，76 (5)：479 -484.

[24] 林浩然. 鱼类生理学 [M]. 广东：高等教育出版社，1999.

[25] 朱志良，庄志雄. GSH 在 H_2O_2 致 DNA 损伤中的作用研究 [J]. 现代预防医学，2002，9 (4)：18 -520.

[26] Cookson M R, Slamon N D, Pentreath V W. Glutathione modifies the toxicity of triethyltin and trimethyltin in C6 glioma cells [J]. Archives of Toxicology, 1998, 72 (4): 197 - 202.

[27] Ochi T. Arsenic compound-induced increases in glutathione levels in cultured Chinese hamster V79 cells and mechanisms associated with changes in γ-glutamylcysteine synthetase activity, cystine uptake and utilization of cysteine [J]. Archives of Toxicology, 1997, 71 (12): 730 - 740.

[28] 陈丽君，徐毓其．谷胱甘肽-S-转移酶基因家族的研究进展 [J]．皖南医学院学报，2004，22 (2)：144 - 146.

[29] 张飚，李永清，高轩．谷胱甘肽-S-转移酶综述 [J]．吉林畜牧兽医，2006，27 (6)：11 - 13.

[30] 陈哲，叶子奇，史强等．大鼠微粒体谷胱甘肽-S-转移酶 1 对苯丁酸氮芥体外致肿瘤细胞毒性的影响 [J]．浙江大学学报（医学版），2007，36 (3)：236 - 246.

[31] Siritantikorn A, Johansson K, Ahlen K, *et al.* Protection of cells from oxidative stress by microsomal glutathione transferase 1 [J]. Biochemical and Biophysical Research Communications, 2007, 355 (2): 592 - 596.

第四节　饲料氧化鱼油使草鱼肠道谷胱甘肽/谷胱甘肽转移酶通路基因表达活性上调

脂类在水产动物中具有重要的生理作用[1]。鱼油因富含高不饱和脂肪酸是鱼类重要的油脂原料[2]。然而，鱼油氧化酸败能产生多种氧化产物，会破坏动物肠道组织细胞，损害动物生产性能及影响动物抗氧化能力[3]。因此，饲料中的鱼油对于养殖动物的作用具有二重性：一方面提供动物所需的高不饱和脂肪酸（必需脂肪酸）的营养作用；另一方面，由于氧化酸败而提供对鱼体健康具有损伤作用的氧化产物，其损伤程度与氧化产物种类、含量有直接的关系。

GSH/GSTs 是动物重要的解毒、抗氧化系统[4]，刘进[5]通过还原型 GSH 结合三联疗法治疗十二指肠球部溃疡，提高溃疡愈合质量。已证实了 GSH 具有调节仔猪和黄羽肉鸡的抗氧化能力[6]，并且通过在饲料中添加 GSH 能提高草鱼、罗非鱼的生长性能以及机体自身的抗氧化能力[7-9]。GST 是启动 GSH 结合反应的关键酶[10]，它能够催化还原谷胱甘肽的硫醇基团与各种亲电化合物相结合，增加内源和外源有毒物质的可溶性而利于其排出体外。然而有关 GSH/GSTs 功能系统在水产动物中的报道非常有限。本文采用荧光定量 PCR 技术，测定了草鱼摄食含有氧化鱼油饲料后肠道中 GSH/GSTs 通路基因表达活性，以揭示饲料氧化鱼油饲料对草鱼肠道免疫防御能力的影响。

一、材料与方法

（一）试验饲料的制备

氧化鱼油来源及制备。豆油为“福临门”牌一级大豆油，鱼油来源于广东省良种引进服务公司生产的“高美牌”精炼鱼油，氧化鱼油为鱼油在实验室条件下氧化制备[11]。分别测定了 3 种油脂过氧化值（POV）、酸价（AV）和丙二醛（MDA）含量，并计算（饲料中 POV、AV、MDA 尚无有效监测方法）试验饲料中 POV、AV、MDA 值分别见表 11 - 4 - 1。

表 11-4-1　试验饲料中 POV 值、AV 值和 MDA 含量

Tab. 11-4-1　Analytical results for POV value, AV value and MDA content in diets

组别 Groups	丙二醛 MDA（mg/kg）	过氧化值 POV（meq/kg）	酸价 AV（g/kg）
6S	0.182	2.89	0.03
6F	10.8	57.09	0.80
2OF	61.6	50.86	0.40
4OF	123.9	98.84	0.77
6OF	185	146.81	1.14

饲料配制。以酪蛋白和秘鲁蒸汽鱼粉为主要蛋白源，采用等氮、等能方案设计基础饲料，设置了6%豆油组（简称6S组）、6%鱼油组（6F）、2%氧化鱼油+4%豆油组（2OF）、4%氧化鱼油+2%豆油组（4OF）、6%氧化鱼油组（6OF）作为脂肪源配制五组等氮等能的实验饲料。饲料组成成分见表11-4-2。各组蛋白含量为29.52%～30.55%，无显著差异；各组能量为19.943～20.860kJ/g，无显著差异。

表 11-4-2　试验饲料组成及营养水平（干物质基础）

Tab. 11-4-2　Formulation and proximate composition of experiment diets（DM basis）

饲料原料 Ingredient	6S	6F	2OF4S	4OF2S	6OF
酪蛋白 Casein	215	215	215	215	215
蒸汽鱼粉 Steam dried fish meal	167	167	167	167	167
磷酸二氢钙 $Ca(H_2PO_4)_2 \cdot H_2O$	22	22	22	22	22
豆油 Soybean oil	0	0	40	20	0
鱼油 Fish oil	0	60	20	40	0
氧化鱼油 Oxidized fish oil	0	0	0	0	60
氯化胆碱 Choline chloride	1.5	1.5	1.5	1.5	1.5
预混料 Premix[1)]	10	10	10	10	10
糊精 Dextrin	110	110	110	110	110
α-淀粉 α-starch	255	255	255	255	255
微晶纤维素 Microcrystalline cellulose	61	61	61	61	61
羧甲基纤维素 Carboxymethylc cellulose	98	98	98	98	98
乙氧基喹啉 Ethoxyquin	0.5	0.5	0.5	0.5	0.5
营养成分 Nutrition composition[2)]					
粗蛋白（%）Crude protein	30.01	29.52	30.55	30.09	30.14

（续表）

饲料原料 Ingredient	6S	6F	2OF4S	4OF2S	6OF
粗脂肪（%）Crude lipid	7.08	7.00	7.23	6.83	6.90
能量（kJ/g）Energy	20.24	20.65	20.65	19.94	20.86
二十碳五烯酸+二十二碳六烯酸（%）EPA+DHA	2.82	8.51	4.73	6.62	8.16

1) 预混料为每千克饲料提供 The premix provided the following per kg of diets：Cu 5mg，Fe 180mg，Mn 35mg，Zn 120mg，I 0.65mg，Se 0.5mg，Co 0.07mg，Mg 300mg，K 80mg，VA 10mg，VB_1 8mg，VB_2 8mg，VB_6 20mg，VB_{12} 0.1mg，VC 250mg，泛酸钙 calcium pantothenate 20mg，烟酸 niacin 25mg，VD_3 4mg，VK_3 6mg，叶酸 folic acid 5mg，肌醇 inositol 100mg；

2) 实测值 Measured values

（二）试验鱼与饲养管理

草鱼来源于浙江一星饲料有限公司养殖基地，为池塘培育的1冬龄鱼种共350尾，平均体重为（74.8±1.0）g。草鱼随机分为5组，每组设3重复，每重复20尾。

养殖试验在浙江一星饲料集团试验基地进行，在面积为5×667m^2（平均水深1.8m）池塘中设置网箱，网箱规格为1.0m×1.5m×2.0m。将各组试验草鱼随机分配在5组、15个网箱中。

分别用实验饲料训化一周后，开始正式投喂。每天08：00和15：00定时投喂，投饲率为2%~4%。每10d依据投饲量估算鱼体增重并调整投喂率，记录每天投饲量。正式试验共养殖72d。

每周用试剂盒测定水质一次，试验期间溶解氧浓度>8.0mg/L，pH值7.08~8.4，氨氮浓度<0.2mg/L，亚硝酸盐浓度<0.01mg/L，硫化物浓度<0.05mg/L。养殖期间水温25~33℃。

（三）样本采集与分析

1. 样本采集

养殖72d、停食24h后，每网箱随机取3尾、每组共9尾作为基因分析样本试验鱼。鱼体表面经75%酒精消毒，常规解剖，快速取出内脏团，在冰浴中取出肠道，剪取中肠的前四分之一肠段，用PBS漂洗2~3次，一式两份，迅速装于EP管中，液氮速冻，于-80℃保存备用。采样所用剪刀镊子均经灭酶灭菌处理。

按上述方法，每网箱随机另取3尾鱼肠部分肠段，用于GSH含量测定。

2. GSH含量测定

肠道组织匀浆后，2 000r/min离心15min，取上清液用于GSH含量的测定。GSH测定用GSH试剂盒（南京建成生物工程研究所）测定。

3. 引物设计

基因序列依据叶元土等“灌喂氧化鱼油使草鱼（*Ctenopharyngodon dellus*）肠道黏膜抗氧化应激通路基因表达上调”基因测序结果，定量PCR中GCLC、GSS、GSR、GSTω1、GSTPI和MGST1基因及内参基因*β-actin*所使用的Taqman引物由Primer Premier 5.0软件设计，引物序列见表11-4-3。

表 11-4-3　定量 PCR 引物

Tab. 11-4-3　Primers used in quantitative PCR

基因名称 Gene name	引物 Primer	长度 Size
GCLC F	ATGACGCTGTCCTGCTTGT	19bp
GCLC R	TGGGCTGATACCGATGTTG	19bp
GSS F	GAGGGCAGTGGTTATGTTTCT	21bp
GSS R	TCTCCGAGGTGTAGTTTTGTG	21bp
GSR F	ACGAAAAGGTGGTTGGTCTC	20bp
GSR R	GGATGGCAATGGTTCTGTC	19bp
GSTω1 F	CCCCTTTTCTTGCCCATA	18bp
GSTω1 R	CTGCTCCCATCAGACCCA	18bp
GSTPI F	TGACGAGTGGGGAAAGGG	18bp
GSTPI R	GCATTGGACTGATACAGGACC	21bp
MGST1 F	TTAGTAAGGGCAATAGGAGGAG	22bp
MGST1 R	GGTGGGTAGTACAAACAGGAAA	22bp
β-actin F	CGTGACATCAAGGAGAAG	18bp
β-actin R	GAGTTGAAGGTGGTCTCAT	19bp

4. 总 RNA 的提取和反转录 cDNA

利用所采集的、单个网箱 3 尾草鱼中肠肠段样本，分别取 3 个肠段样本各 25mg 合并为一个样本用于总 RNA 提取，每组共 3 个平行样本（共 9 尾鱼、3 个测定样本）。加入液氮，研磨成粉末后，加入 1mL Trizol 覆盖粉末，待 Trizol 解冻成液体后全部转移到 1.5mL 的 EP 管中，按照 Trizol 方法提取不同组织的总 RNA。按照 PrimeScript™RT Master Mix（TaKaRa 公司）反转录试剂盒的方法将 RNA 转录成 cDNA，将反转录产物稀释后于 -20℃保存备用。

5. 定量 PCR

使用 CFX96 荧光定量 PCR 仪和 SYBR Premix Ex TaqTM II（TaKaRa 公司）荧光染料对草鱼谷胱甘肽通路的相关基因（GCLC、GSS、GSR、GSTω1、GSTPI 和 MGST1）及 *β-actin* 进行荧光定量分析。反应体系为 20μL：SYBR Premix Ex Taq™ II（TaKaRa）10μL，上下游引物各 1μL，cDNA 2μL，灭菌水 6μL。PCR 反应采用两步法，反应条件：95℃ 预变性 30s、95℃ 变性 5s、60℃ 退火 30s，共 40 个循环，最后进行熔解曲线（Melting Curve）分析。

（四）数据处理

公式：$2^{-\triangle\triangle CT}=2^{-(\text{Ct目的基因}-\text{Ct管家基因})}$，以 *β-actin* 为内参基因根据计算公式得到相对表达量。用 SPSS 18.0 统计分析软件进行分析，组间差异显著性用 One-way ANOVA 进行统计分析，结果以平均值 ± 标准误（mean ± SD）表示。

二、结果

（一）饲料氧化鱼油使肠道谷胱甘肽含量显著增加

养殖72d后，采用试剂盒测定了不同试验组草鱼肠道组织中谷胱甘肽含量，结果如图11－4－1所示。与6S相比，其他试验组肠道组织中谷胱甘肽含量均显著上升（$P<0.05$）。

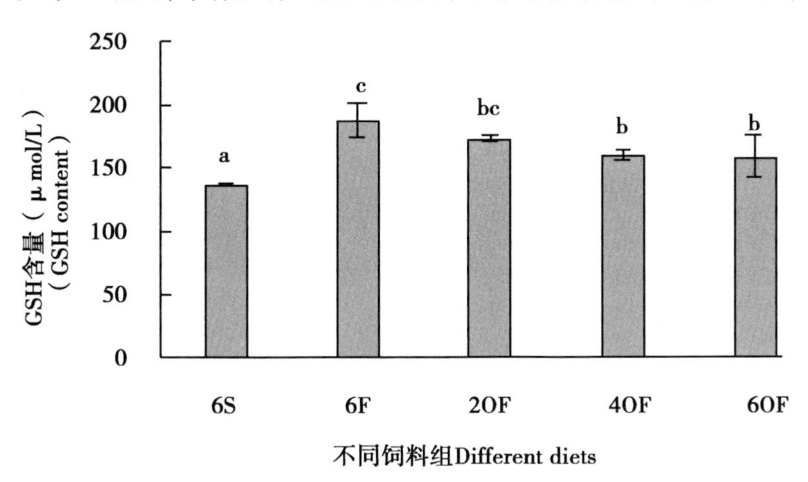

图11－4－1　草鱼肠道组织GSH的含量μmol/L

Fig. 11－4－1　The content of in grass carp intestinal of different diets

不同字母表示组间差异显著（$P<0.05$）

Values with different letters mean significant difference（P＜0.05）between each other

（二）饲料氧化鱼油影响了草鱼肠道谷胱甘肽合成酶基因表达活性

采用荧光定量RT-qPCR的方法检测了催化以谷氨酸（Glu）、半胱氨酸（Cys）和甘氨酸（Gly）为原料合成谷胱甘肽的GCLC、GSS基因，以及催化GSSG还原为GSH的GSR基因的表达活性，结果如图11－4－2所示。

与6S组比较，GCLC除在6F组草鱼肠道中表达有所下调外，在2OF、4OF和6OF组中表达均上调，其中在6OF组中显著上调（$P<0.05$）。GSS除在6F组草鱼肠道中表达有所下调外，在2OF、4OF和6OF组中表达均上调，但均无显著差异。GSR除在2OF组草鱼肠道中表达有所下调外，在6F、4OF和6OF组中表达均上调，其中4OF组中显著上调（$P<0.05$）。

随着饲料中氧化鱼油添加量的逐渐增加，GCLC在2OF与4OF组肠道中表达无显著差异，但6OF组肠道中显著上调（$P<0.05$）。GSS在2OF、4OF和6OF组肠道中表达均无显著差。GSR在2OF和4OF组在肠道中无明显差异，但在4OF组肠道中显著上调（$P<0.05$）。

（三）饲料氧化鱼油影响了草鱼肠道谷胱甘肽转移酶基因的表达活性

采用荧光定量RT-qPCR的方法检测了GSTω1、GSTPI及MGST1三种谷胱甘肽转移酶基因的表达活性，结果如图11－4－3所示。

以6S组为对照，GSTω1除在6F组草鱼肠道中表达有所下调外，在2OF、4OF和6OF

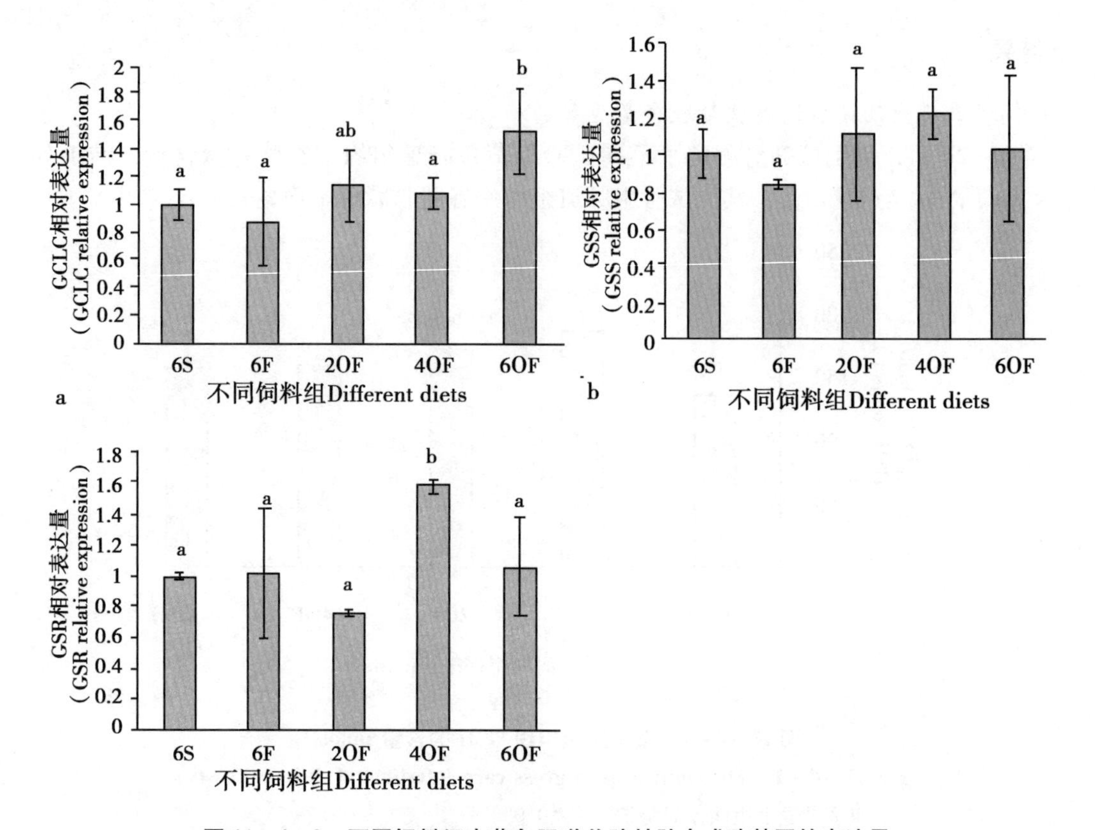

图 11－4－2　不同饲料组中草鱼肠道谷胱甘肽合成酶基因的表达量

Fig. 11－4－2　Expression level of the glutathione synthesis-related gene in different diets

（a：不同饲料组中草鱼肠道 GCLC 的表达量；b：不同饲料组中草鱼肠道 GSS 的表达量 c：不同饲料组中草鱼肠道 GSR 的表达量）

（a：Expression level of the GCLC in different diets b：Expression level of the GSS in different diets c：Expression level of the GSR in different diets）

组中表达均上调，但无显著差异。GSTPI 在 6F、2OF、4OF 和 6OF 组草鱼肠道中表达均上调，但无显著差异。MGST1 在 6F、2OF、4OF 和 6OF 组草鱼肠道中表达均显著上调（$P<0.05$）。

随着饲料中氧化鱼油添加量的逐渐增加，GSTω1 及 GSTPI 基因表达量随之下调，但均无显著差；MGST1 基因表达量随之上调，但均无显著差异。

（四）GSH/GSTs 通路相关基因表达活性与饲料油脂氧化产物和 EPA、DHA 含量的相关性

将各组饲料中的 MDA、POV、AV 和（EPA + DHA）的含量与 GSH/GSTs 通路中的相关基因 GCLC、GSS、GSR、GSTω1、GSTPI 和 MGST1 在肠道中的相对表达量做 Pearson 相关性分析，检验双侧显著性，结果见表 11－4－4。

由表 11－4－4 可知，饲料鱼油氧化产物中 MDA 含量对 GCLC 在肠道中的相对表达量影响最大，相关系数为 0.77；而营养物质 EPA + DHA 的含量对其表达量影响很小，相关系数为 0.07。MGST1 在肠道中的相对表达量主要受到饲料 AV 及（EPA + DHA）的共同影响。AV 与 MGST1 的相关系数为 0.92，且表现极显著（$P<0.01$）。EPA + DHA 与 MGST1 的相关系数为 0.97，且表现极显著（$P<0.01$）。

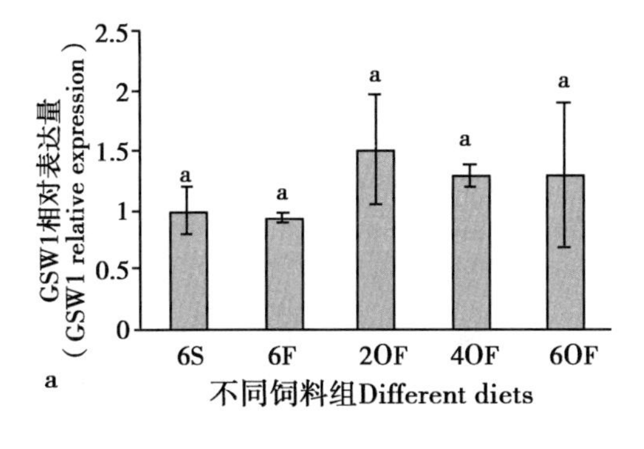

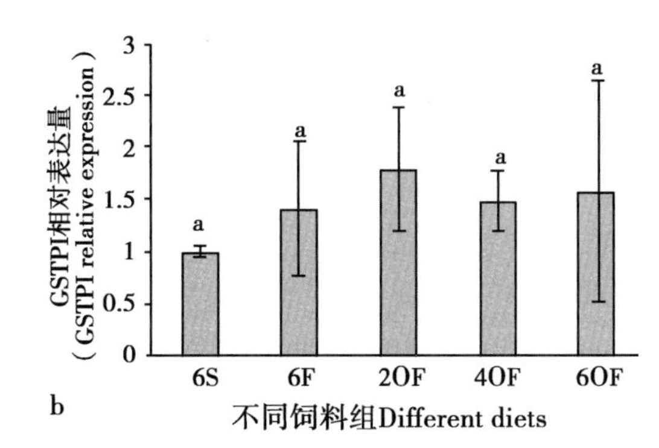

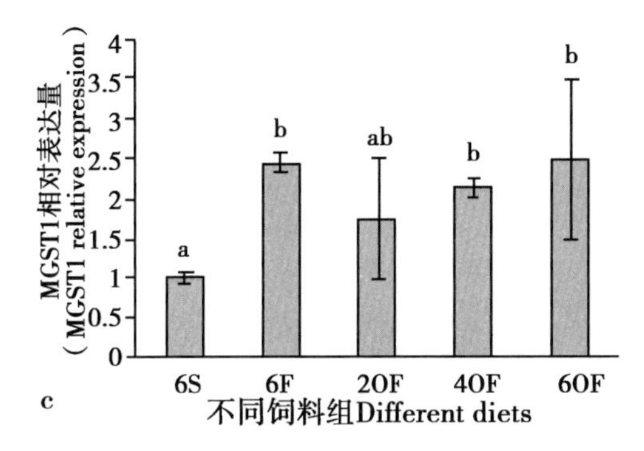

图 11-4-3　不同饲料组中草鱼肠道 GSTs 的表达量

Fig. 11-4-3　Expression level of the GSTs in different diets

（a：不同饲料组中草鱼肠道 GSTω1 的表达量；b：不同饲料组中草鱼肠道 GSTPI 的表达量 c：不同饲料组中草鱼肠道 MGST1 的表达量）

（a：Expression level of theGSTω1 in different diets. b：Expression level of the GSTPI in different diets c：Expression level of the MGST1 in different diets）

表 11-4-4　GSH/GSTs 通路相关基因表达活性与饲料中 MDA，POV，AV 和（EPA+DHA）相关性

Tab. 11-4-4　Effects of MDA，POV，AV and（EPA+DHA）in feed on related genes of GSH / GSTs pathway

Pearson 分析结果		GCLC	GSS	GSR	GSTω1	GSTPI	MGST1
MDA	R^2[1)]	0.77	0.274	0.15	0.34	0.27	0.33
	P[2)]	0.052	0.365	0.512	0.302	0.365	0.315
POV	R^2	0.59	0.079	0.15	0.17	0.31	0.65
	P	0.127	0.648	0.541	0.490	0.329	0.099
AV	R^2	0.30	0.00	0.12	0.03	0.27	0.92
	P	0.335	0.971	0.574	0.784	0.370	0.01
EPA+DHA	R^2	0.07	0.08	0.08	0.00	0.19	0.97
	P	0.673	0.648	0.655	0.917	0.469	0.003

[1)] R^2 相关系数；[2)] P 显著性（双侧）水平；样本量 n=5

再对相关系数 $R^2>0.70$ 的因子作回归分析如图 11－4－4 所示，GCLC 的相对表达量与 MDA 值呈二项式关系，随着饲料中 MDA 含量的增加，草鱼肠道中 GCLC 的相对表达量先降低后增加。且 GCLC 相比 6S 组的表达量变化率为－11.9%～59%。当 MDA 为 10mg/kg 时，GCLC 在肠道中的表达量最小。AV 值与 MGST1 的相对表达量呈多项式关系，随着饲料中的 AV 含量的增加，草鱼肠道中 MGST1 的相对表达量先增加后下降。当 AV 为 1.28g/kg 时，MGST1 在肠道中的表达量达到了最大值。（EPA＋DHA）值与 MGST1 的相对表达量呈二项式关系，随着饲料中（EPA＋DHA）含量增加，草鱼肠道中 MGST1 的相对表达量先增加后下降。当（EPA＋DHA）的含量为 10.3% 时，MGST1 在肠道中的表达量达到了最大值。且 MGST1 相比 6S 组的表达量上升率为 74.7%～149.6%。

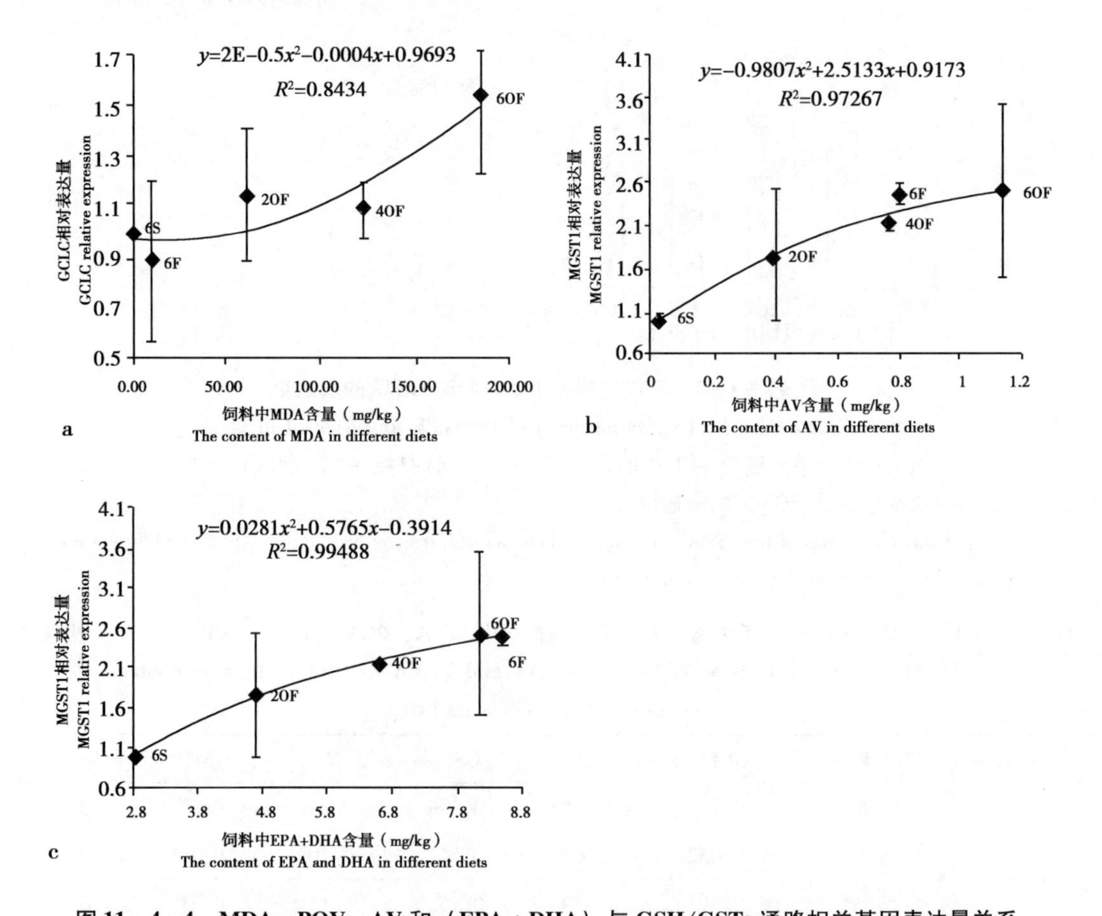

图 11－4－4　MDA、POV、AV 和（EPA＋DHA）与 GSH/GSTs 通路相关基因表达量关系

Fig. 11－4－4　Relationship between MDA，POV，AV with GSH/GSTs gene pathway

（a：Effects of MDA with GCLC relative expression b：Effects of AV on MGST1 relative expression c：Effects of（EPA＋DHA）with MGST1 relative expression）

三、讨论

（一）饲料氧化鱼油对草鱼肠道 GSH 含量、GSH 合成酶基因表达活性有显著性的影响

饲料中氧化鱼油促使草鱼肠道组织中 GSH 含量显著增加，对油脂氧化损伤进行解毒和

氧的修复。GSH 分子中的半胱氨酸残端有巯基 - SH，它是一种强亲核性物质，可以通过亲核取代和加成作用使有毒亲电物质钝化[12]，这是一种自我损伤修复与保护作用。

还原型 GSH 在机体内的来源有两条途径：①合成途径，以 Glu、Cys 和 Gly 等 3 种氨基酸作为底物在 GCLC 和 GSS 的催化下完成。其中，γ-GCL 是 GSH 的合成的限速步骤，而催化该反应的 GCLC 酶是限制酶；②还原途径，GSSG 在 GSR 作用及还原性辅酶 II 提供 H^+ 下还原成 GSH。小肠是吸收 GSH 的主要部位[13]，它还可以通过吸收其他器官组织产生的 GSH。Incenzini[14]、inder[15]分别在兔子、猪的肠道均发现存在 GSH 的转运系统，它们通过吸收其他器官组织产生的 GSH 而使之成为自身的组成部分。本试验中，6F 与 2OF 组在 GSH/GSTs 通路中的各个基因表达均无明显差异。然而，测定草鱼肠道中 GSH 含量时，6F 与 2OF 组草鱼肠道的 GSH 含量却显著上升，且 6F 组的含量高于 2OF 组。可能是因为这两组鱼油氧化产物含量较低，肠道可通过 GSH 运转载体吸收从鱼体其他器官组织所产生的 GSH 以应对体内的氧化应激作用。另一方面，4OF 组草鱼肠道中将 GSSG 还原为 GSH 的 GSR 表达量显著上调（$P<0.05$）。这可能是由于草鱼肠道吸收从其他器官中产生的 GSH 与自由基反应，而形成过多的氧化性 GSH（GSSG），促进了 GSSG 向 GSH 的转化。当受到氧化鱼油的刺激后，通过上调草鱼肠道中 GSR 的表达量将 GSSG 还原成 GSH，发挥保护肠道的作用。当饲料中脂肪酸氧化产物 AV、POV、MDA 含量达到一定数量之后（如 6OF 组），才会刺激 GSH 的生物合成酶基因的上调表达，以满足对 GSH 的需要。如图 11 - 4 - 4a 所示，GCLC 的表达与饲料中的 MDA 呈二项式关系，其表达量随 MDA 含量的上升而呈现升高的趋势。MDA 是脂质过氧化物的最终分解产物之一，其含量能直接反映机体脂质过氧化程度[16]。因而，常作为脂类过氧化的测定指标之一。当 MDA 含量较低时，脂质过氧化程度较低，肠道可通过吸收其他器官的 GSH 使机体免受氧化损伤。当 MDA 含量较高、外界 GSH 不足以满足鱼体应对肠道的氧化损伤，因而促使草鱼肠道 GCLC 表达上调，以 3 种氨基酸结合生成 GSH 的方式来提高 GSH 含量，以抵抗肠道氧化损伤作用，因此 GCLC 在草鱼肠道中与 MDA 呈二项式关系。

（二）饲料氧化鱼油对草鱼肠道谷胱甘肽转移酶基因的表达有显著性的影响

本研究涉及 GSTs 的三种类型，分别为胞液的 GSTω1、GSTPI，膜结合酶的 MGST1。GSTs 作为一个属于Ⅱ相代谢解毒酶的同工酶家族具有清除体内自由基和解毒的双重功能：一方面，可催化 GSH 与亲电子物质结合而起到解毒作用，最后形成硫醇尿酸经肾脏排出体外；另一方面，具有谷胱甘肽过氧化物酶活力，能防止脂质过氧化损伤[17,18]。但无论哪种作用机制，GST 的作用都需要有 GSH 的参与、是一种依赖 GSH 发挥解毒、抗氧化作用的酶系，GST 在抗氧化系统和毒物解毒代谢中起着十分重要的作用[19]。摄食含有氧化鱼油的饲料 72d 后，各组草鱼肠道 GSTs 三种酶的表达都受到了一定的影响。其中肠中 MGST1 的表达量相比 GSTω1、GSTPI 上调幅度更大，且 MGST1 在 6F、2OF、4OF 和 6OF 组中均显著上调（$P<0.05$）。MGST1 作为一种Ⅱ相药物代谢酶在体内具有上述的双重功能，MGST1 还担当“感受器”的角色，其具有的半胱氨酸（Cys49）可感受亲电子剂等而被修饰并行使对机体的保护作用[20]。可能因为 MGST1 感受器的作用使其比胞浆 GSTs 更有效的发挥作用，氧化鱼油产生多种初级与次级的氧化产物，而这些氧化产物能够刺激 MGST1 的“感受器”使其快速反应并且提高自身的催化活性，发挥清除体内自由基和解毒的功能。

如图 11 - 4 - 4b，图 11 - 4 - 4c 所示，饲料中 AV 值和（EPA + DHA）的含量同肠道的

MGST1 的表达量呈多项式关系，均随着 AV、（EPA + DHA）含量的增加而呈现出先增加后减少的趋势。研究发现 MGST1 的表达量在2OF 组中相比于6S 组中无显著差异。这可能是由于饲料中（EPA + DHA）的营养作用与 AV 的损伤作用共同影响的结果，2OF 的 AV 增加、但与此同时 2OF 的（EPA + DHA）也有所增加。两种共同作用使得肠道中 MGST1 的表达量与只添加豆油的6S 组并无显著差异。这也显示了鱼油的营养作用、氧化产物损伤作用的双重性。当 AV 含量从较少的 0.4g/kg 升高到 0.77g/kg、0.8g/kg、1.14g/kg，（EPA + DHA）也从含量较少的4.7%升高到6.6%、8.2%、8.5%时肠道中 MGST1 的表达量显著升高（$P<0.05$）。这可能是由于当饲料中 AV 值不断增加即使（EPA + DHA）也不断增加，氧化鱼油对鱼体的损害作用将大于（EPA + DHA）对鱼体的营养作用，导致最后 MGST1 的表达量不断增加以应对氧化产物对鱼体的氧化损伤。当 AV 增加 1.28g/kg 时，可能出现超出 MGST1 的作用范围，其表达量会出现下降，使草鱼肠道受到更为严重的氧化损伤。因此，饲料中的（EPA + DHA）的含量对于鱼体抗氧化损伤具有一定抵消作用，然而当氧化鱼油导致的氧化损伤超出（EPA + DHA）营养物质的作用范围，草鱼肠道 GSH/GSTs 基因通路就会发生作用，使鱼体免受氧化损伤，但鱼油中有害物质过高鱼体自身的抗氧化系统也无法修复，导致鱼体健康受到严重的损伤。

四、结论

本研究结果表明，饲料中氧化鱼油影响草鱼肠道以 GSH/GSTs 为标志的抗氧化能力，引起 GSH/GSTs 通路基因的表达活性上调。当饲料中含有较低浓度氧化鱼油，草鱼肠道通过吸收其他组织的 GSH，以及通过还原反应获得 GSH。当饲料中氧化鱼油的浓度较高，草鱼肠道主要通过以 Glu、Cys 及 Gly 为原料合成 GSH 的方式获得 GSH。MGST1 为草鱼肠道谷胱甘肽巯基转移酶中主要的作用类型，受到 AV 与（EPA + DHA）共同作用。

参考文献

[1] 李爱杰. 水产动物营养与饲料学［M］. 北京：中国农业出版社，1996.

[2] 王煜恒，王爱民，刘文斌等. 不同脂肪源对异育银鲫鱼种生长、消化率及体成分的影响［J］. 水产学报，2010，34（9）：1 439 – 1 446.

[3] 姚仕彬，叶元土，李洁等. 鱼油在氧化过程中氧化指标及其脂肪酸组成的变化［J］. 饲料研究，2012（6）：74 – 76.

[4] Richard N. Armstrong structure catalytic mechanism and evolution of the glutathione transferases［J］. Chemical Research in Toxicology，1997，10（1）：2 – 18.

[5] 刘进. 还原型谷胱甘肽结合三联疗法提高十二指肠球部溃疡愈合质量初探［J］. 实用医学杂志，2005，21（16）：1 844 – 1 845.

[6] Banki K，Hutter E，Colombo E，*et al.* Glutathione levels and sensitivity to apoptosis are regulated by changes in transaldolase expression［J］. Journal of Biological Chemistry，1996，271（51）：32 994 – 33 001.

[7] 赵红霞，曹俊明，朱选等. 日粮添加谷胱甘肽对草鱼生长性能、血清生化指标和体组成的影响［J］. 动物营养学报，2008，20（5）：540 – 546.

[8] 周婷婷，曹俊明，黄燕华等. 饲料中添加谷胱甘肽对吉富罗非鱼生长、组织生化指标和非特异性免疫相关酶的影响［J］. 水产学报，2013，37（5）：742 – 750.

[9] 张国良，赵会宏，周志伟等. 还原型谷胱甘肽对罗非鱼生长和抗氧化性能的影响［J］. 华南农业大学学报，2007，28（3）：90 – 93.

[10] Habig W H，Pabst M J，Jakoby W B. Glutathione S-transferases the first enzymatic step in mercapturic acid formation

[J]. Journal of Biological Chemistry, 1974, 249 (22): 7 130 - 7 139.

[11] 殷永风，叶元土，蔡春芳等. 在自制氧化装置中氧化时间对豆油氧化指标的影响 [J]. 安徽农业科学, 2011, 39 (7): 4 052 - 4 054.

[12] Brian K, Brian C, David J. The role of glutathione in detoxication [J]. Environmental Health Perspectives, 1983, 49: 59 - 69.

[13] Lantomasi, Favilli F, Marraccini P, *et al.* Glutathione transport system in humans mall intestine epithelial cells [J]. Biochem Biophys Acta, 1997, 1330 (2): 272 - 283.

[14] Vincenzini M T, Favilli F, Iantomasi T. Intestinal uptake and transmembrane transport systems of intact GSH characteristics and possible biological role [J]. Biochimica et Biophysica Acta (BBA) -Reviews on Biomembranes, 1992, 1113 (1): 13 - 23.

[15] Linder M, Burlet G D, Sudaka P. Transport of glutathione by intestinal brush border membrane vesicles [J]. Biochemical and Biophysical Research Communications, 1984, 123 (3): 929 - 936.

[16] 刘伟，张桂兰，陈海燕. 饲料添加氧化油脂对鲤体内脂质过氧化及血液指标的影响 [J]. 中国水产科学, 1997, 4 (1): 94 - 96.

[17] John D H, Jack U F, Ian R. Glutathione transferases [J]. Toxicol., 2005, 45: 51 - 88.

[18] Pearson W R. Phylogenies of glutathione transferase families [J]. Methods in Enzymology, 2005, 401: 186 - 204.

[19] Schuliga, Michael C, Salem S, *et al.* Upregulation of glutathione-related genes and enzyme activities in cultured human cells by sublethal concentrations of inorganic arsenic [J]. Toxicological Sciences, 2002, 70 (2): 183 - 192.

[20] 史强，楼宜嘉. 活性氮对肝脏微粒体谷胱甘肽转移酶1修饰激活的研究进展 [C]. 中国药理学与毒理学杂志, 2007, 21 (4): 297 - 300.

第五节　饲料氧化鱼油诱导草鱼肝胰脏谷胱甘肽/谷胱甘肽转移酶通路的应激反应

鱼油含有较多的不饱和脂肪酸，是鱼类重要的油脂原料。然而，鱼油中脂肪酸具有高度不饱和性，极易发生氧化酸败[1]，其代谢产物易引起鱼类肝胰脏的氧化应激对其造成氧化损伤[2,3]。

GSH 作为体内重要的抗氧化剂和自由基清除剂，可以结合机体内的有毒有害（亲电）物质，并将其排泄出体外，减少氧化应激对脂质、DNA 及蛋白质造成的损伤。因此，GSH 通常被认为是机体抗氧化能力的一个重要指标[4]。细胞内 GSH 的含量主要通过谷胱甘肽还原酶（GSR）、谷氨酸半胱氨酸链接酶（GCL）和部分谷胱甘肽-S-转移酶（GSTs）来调节[5]，这些酶的基因共同构成了 GSH/GSTs 通路基因。肝胰脏 GSH 对于机体抗氧化具有重要作用[6-7]，现有研究表明，通过在饲料中添加一定的 GSH 会对仔猪[8]、黄羽肉鸡[9]、罗非鱼[10]有关的抗氧化酶活性有调节作用。本文采用荧光定量 PCR 技术，测定了草鱼摄食含有氧化鱼油的饲料后，肝胰脏中 GSH/GSTs 通路基因表达活性，以揭示饲料氧化鱼油对草鱼肝胰脏免疫防御能力的影响。

一、材料与方法

（一）试验饲料

氧化鱼油来源及制备。豆油为“福临门”牌一级大豆油，鱼油来源于广东省良种引进服务公司生产的“高美牌”精炼鱼油，氧化鱼油为鱼油在实验室条件下氧化制备[11]。分别测定了3种油脂过氧化值（POV）、酸价（AV）和丙二醛（MDA）含量，并计算（饲料中POV、AV、MDA尚无有效监测方法）试验饲料中POV、AV、MDA值分别见表11-5-1。

表11-5-1 试验饲料中POV值、AV值和MDA含量

Tab. 11-5-1 Analytical results for POV value, AV value and MDA content in diets

组别 Groups	丙二醛 MDA (mg/kg)	过氧化值 POV (meq/kg)	酸价 AV (g/kg)
6S	0.182	2.89	0.03
6F	10.8	57.09	0.80
2OF	61.6	50.86	0.40
4OF	123.9	98.84	0.77
6OF	185	146.81	1.14

饲料配制。以酪蛋白和秘鲁蒸气鱼粉为主要蛋白源，采用等氮、等能方案设计基础饲料，设置了6%豆油组（简称6S组）、6%鱼油组（6F）、2%氧化鱼油+4%豆油组（2OF）、4%氧化鱼油+2%豆油组（4OF）、6%氧化鱼油组（6OF）五组等氮等能的试验饲料。饲料配方及成分见表11-5-2。各组饲料蛋白含量为29.52%～30.55%，无显著差异，能量为19.943～20.860kJ/g，无显著差异。

表11-5-2 试验饲料组成及营养水平（干物质基础）

Tab. 11-5-2 Formulation and proximate composition of experiment diets (DM basis)

饲料原料 Ingredient	6S	6F	2OF	4OF2S	6OF
酪蛋白 Casein	215	215	215	215	215
蒸汽鱼粉 Steam dried fish meal	167	167	167	167	167
磷酸二氢钙 $Ca(H_2PO_4)_2 \cdot H_2O$	22	22	22	22	22
豆油 Soybean oil	60	0	40	20	0
鱼油 Fish oil	0	60	20	40	0
氧化鱼油 Oxidized fish oil	0	0	0	0	60
氯化胆碱 Choline chloride	1.5	1.5	1.5	1.5	1.5
预混料 Premix[1)]	10	10	10	10	10
糊精 Dextrin	110	110	110	110	110
α-淀粉 α-starch	255	255	255	255	255
微晶纤维素 Microcrystalline cellulose	61	61	61	61	61
羧甲基纤维素 Carboxymethylc cellulose	98	98	98	98	98
乙氧基喹啉 Ethoxyquin	0.5	0.5	0.5	0.5	0.5

（续表）

饲料原料 Ingredient	6S	6F	2OF	4OF2S	6OF
营养成分 Nutrition composition[2]					
粗蛋白（%） Crude protein	30.01	29.52	30.55	30.09	30.14
粗脂肪（%） Crude lipid	7.08	7.00	7.23	6.83	6.90
能量（kJ/g） Energy	20.24	20.65	20.65	19.94	20.86
二十碳五烯酸 + 二十二碳六烯酸（%） EPA + DHA	2.82	8.51	4.73	6.62	8.16

[1] 预混料为每千克饲料提供 The premix provided the following per kg of diets：Cu 5mg，Fe 180mg，Mn 35mg，Zn 120mg，I 0.65mg，Se 0.5mg，Co 0.07mg，Mg 300mg，K 80mg，VA 10mg，VB_1 8mg，VB_2 8mg，VB_6 20mg，VB_{12} 0.1mg，VC 250mg，泛酸钙 calcium pantothenate 20mg，烟酸 niacin 25mg，VD_3 4mg，VK_3 6mg，叶酸 folic acid 5mg，肌醇 inositol 100mg；

[2] 实测值 Measured values

（二）试验鱼与饲养管理

草鱼来源于浙江一星饲料有限公司养殖基地，为池塘培育的1冬龄鱼种共350尾，平均体重为（74.8±1.0）g。草鱼随机分为5组，每组设3重复，每重复20尾。

养殖试验在浙江一星饲料集团试验基地进行，在面积为5×667m^2（平均水深1.8m）池塘中设置网箱，网箱规格为1.0m×1.5m×2.0m。将各组试验草鱼随机分配在5组、15个网箱中。

分别用实验饲料训化一周后，开始正式投喂。每天8:00和15:00定时投喂，投饲率为2%～4%。每10d依据投饲量估算鱼体增重并调整投喂率，记录每天投饲量。正式试验共养殖72d。

每周用试剂盒测定水质一次，试验期间溶解氧浓度>8.0mg/L，pH值7.08～8.4，氨氮浓度<0.2mg/L，亚硝酸盐浓度<0.01mg/L，硫化物浓度<0.05mg/L。养殖期间水温25～33℃。

（三）样本采集与分析

1. 样本采集

养殖72d、停食24h后，每网箱随机取3尾、每组共9尾作为基因分析样本试验鱼。鱼体表面经75%酒精消毒，常规解剖，快速剪取少量肝胰脏装于EP管，一式两份，液氮速冻，于-80℃保存备用。采样所用剪刀镊子均经灭酶灭菌处理。

按上述方法，每网箱随机另取3尾鱼部分肝胰脏，用于GSH含量和SOD酶活测定。

2. GSH、SOD测定

肝胰脏组织匀浆后，2 000r/min离心15min，取上清液用于GSH含量的测定和SOD酶活活性测定。GSH含量和SOD活性均采用南京建成试剂盒测定。

3. 引物设计

基因序列依据叶元土等“灌喂氧化鱼油使草鱼（*Ctenopharyngodon dellus*）肠道黏膜抗氧化应激通路基因表达上调”基因测序结果，定量PCR中GCLC、GSR、GSTPI和MGST1基因及内参基因β-*actin*所使用的Taqman引物由Primer Premier 5.0软件设计，引物序列见表11-5-3。

表 11-5-3 定量 PCR 引物

Tab. 11-5-3 Primers used in quantitative PCR

基因名称 Gene name	引物 Primer	长度 Size
GCLC F	ATGACGCTGTCCTGCTTGT	19bp
GCLC R	TGGGCTGATACCGATGTTG	19bp
GSR F	ACGAAAAGGTGGTTGGTCTC	20bp
GSR R	GGATGGCAATGGTTCTGTC	19bp
GSTPI F	TGACGAGTGGGGAAAGGG	18bp
GSTPI R	GCATTGGACTGATACAGGACC	21bp
MGST1 F	TTAGTAAGGGCAATAGGAGGAG	22bp
MGST1 R	GGTGGGTAGTACAAACAGGAAA	22bp
β-actin F	CGTGACATCAAGGAGAAG	18bp
β-actin R	GAGTTGAAGGTGGTCTCAT	19bp

4. 总 RNA 的提取和反转录 cDNA

利用所采集的、单个网箱 3 尾草鱼肝胰脏样本，分别取 3 个肝胰脏样本各 25mg 合并为一个样本用于总 RNA 提取，每组共 3 个平行样本（共 9 尾鱼、3 个测定样本）。加入液氮，研磨成粉末后，加入 1mL Trizol 覆盖粉末，待 Trizol 解冻成液体后全部转移到 1.5mL 的 EP 管中，按照 Trizol 方法提取肝胰脏总 RNA。按照 PrimeScript™RT Mastetr Mix（TaKaRa 公司）反转录试剂盒的方法将 RNA 转录成 cDNA，将反转录产物稀释后于 -20℃保存备用。

5. 定量 PCR

使用 CFX96 荧光定量 PCR 仪和 SYBR Premix Ex TaqTM II（TaKaRa 公司）荧光染料对草鱼谷胱甘肽通路的相关基因（GCLC、GSR、GSTPI 和 MGST1）及 *β-actin* 进行荧光定量分析。反应体系为 20μL：SYBR Premix Ex Taq™II（TaKaRa）10μL，上下游引物各 1μL，cDNA 2μL，灭菌水 6μL。PCR 反应采用两步法，反应条件：95℃ 预变性 30s、95℃ 变性 5s、60℃ 退火 30s，共 40 个循环，最后进行熔解曲线（Melting Curve）分析。

（四）数据处理

公式：$2^{-\Delta CT}=2^{-(\text{Ct目的基因}-\text{Ct管家基因})}$，以 *β-actin* 为内参基因根据计算公式得到相对表达活性。用 SPSS 18.0 统计分析软件进行分析，组间差异显著性用 One-way ANOVA 进行统计分析，结果以平均值 ± 标准差（mean ± SD）表示。

二、结果

（一）氧化鱼油降低了肝胰脏 GSH 含量及 SOD 酶活

养殖 72d 后，检测各试验组草鱼肝胰脏 GSH 含量及肝胰脏中 SOD 酶活，结果如图 11-5-1 所示。与 6S 组相比，添加氧化鱼油后肝胰脏中 GSH 含量和 SOD 酶活均出现显著下降（$P<0.05$）。随着饲料中氧化鱼油的添加量增加，GSH 含量随之减少，其中 6OF 组显著下降（$P<0.05$），而 SOD 酶活随之增加，其中 4OF、6OF 显著升高（$P<0.05$）。

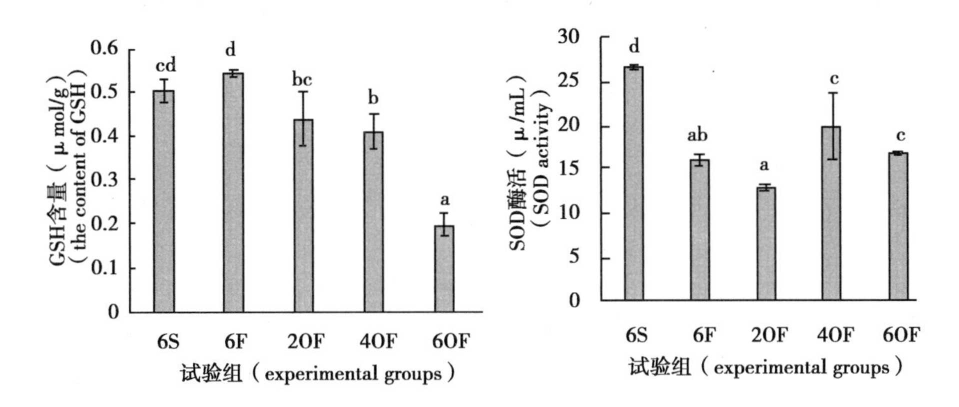

图 11 -5 -1　不同饲料组中肝胰脏 GSH 的含量和 SOD 酶活

Fig. 11 -5 -1　GSH content and SOD activity in hepatopancreas of different groups

不同字母表示组间差异显著（$P<0.05$）

Values with different letters mean significant difference（$P<0.05$）between each other

（二）氧化鱼油影响草鱼肝胰脏谷胱甘肽合成酶基因表达活性

GSH 的来源分为合成途径和还原途径两种方式，本试验采用荧光定量 PCR 的方法检测了包括参与合成反应的 GCLC 及参与还原反应的 GSR 两个基因的表达活性。

结果如图 11 -5 -2 所示，与 6S 组相比，GCLC 在 6F 组显著下调（$P<0.05$）；GSR 在各试验组表达活性均有所下调，其中在 6F 和 40F 组表达活性显著下调（$P<0.05$）。

随着饲料中氧化鱼油添加量的逐渐增加，GCLC 和 GSR 在肝胰脏的表达活性均呈下降趋势。

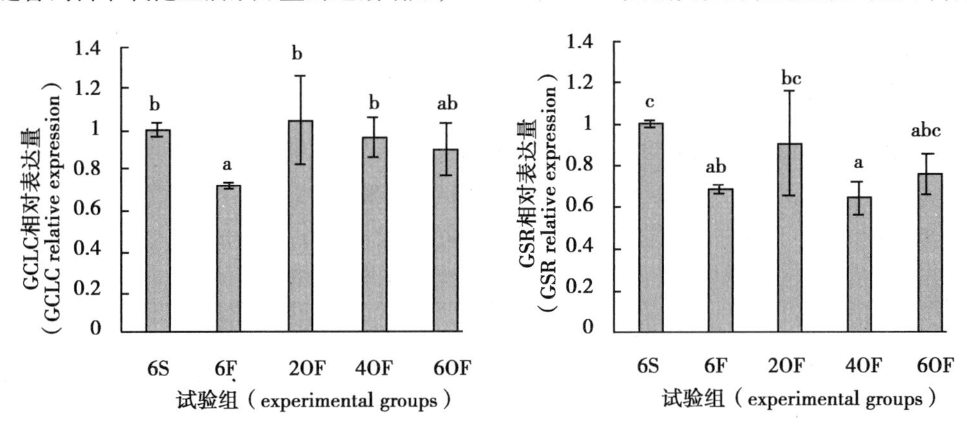

图 11 -5 -2　不同饲料组中草鱼肝胰脏 GCLC 和 GSR 的表达活性

Fig. 11 -5 -2　Expression level of GCLC and GSR in different groups

（三）饲料氧化鱼油影响了草鱼肝胰脏谷胱甘肽转移酶基因的表达活性

采用荧光定量 RT-qPCR 的方法检测了 GSTPI 及 MGST1 两种同工酶的表达活性，见图 11 -5 -3。

与 6S 组相比，肝胰脏 GSTPI 的表达活性均显著上调（$P<0.05$）；MGST1 表达活性除 6F 组外其余各组较 6S 组均显著下调（$P<0.05$）。

随着饲料中氧化鱼油添加量的逐渐增加，肝胰脏 GSTPI 的表达水平在含有不同水平的氧化鱼油组中并无显著差异，但呈上升的趋势；MGST1 随着氧化鱼油的添加量的增加其在肝胰脏的表达活性显著下调（$P<0.05$）。

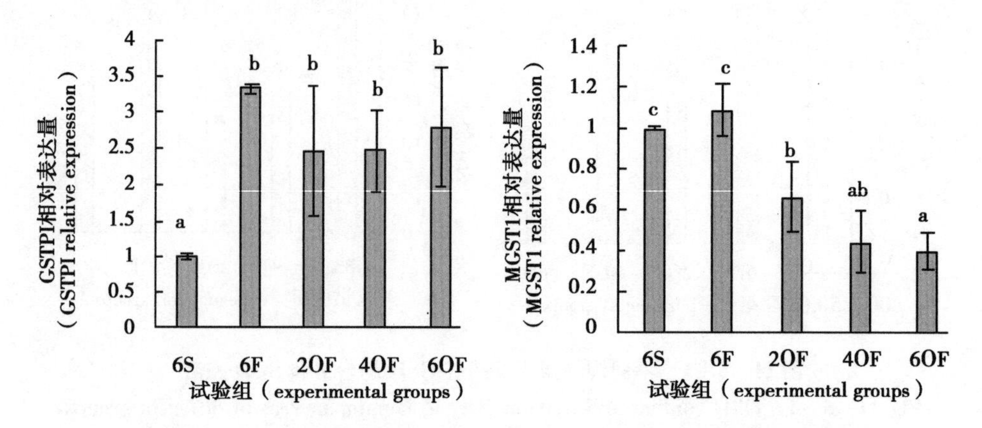

图 11－5－3　不同试验组中草鱼肝胰脏 GSTPI 和 MGST1 的表达活性

Fig. 11－5－3　Expression level of GCLC and GSR in different groups

（四）GSH/GSTs 通路相关基因表达活性与饲料油脂氧化产物和 EPA、DHA 含量的相关性

将 GSH/GSTs 通路基因 GCLC、GSR、GSTPI 和 MGST 在肝胰脏中的相对表达活性与各组饲料中的 MDA、POV、AV 和（EPA＋DHA）的含量表达活性做 Pearson 相关性分析，检验双侧显著性，结果见表 11－5－4，饲料鱼油氧化产物 MDA 含量对 MGST1 在肝胰脏中的表达活性具有较大的影响，相关系数为 0.887 且有显著性（$P<0.05$），而营养物质(EPA＋DHA）的含量对其表达活性影响很小，相关系数为 0.063。（EPA＋DHA）主要影响肝胰脏中 GSTPI 的表达活性，相关系数为 0.839 且具有显著性（$P<0.05$）。其他基因的表达活性与饲料的影响因子均没有显著的相关性。

表 11－5－4　GSH/GSTs 通路相关基因表达活性、GSH 含量与饲料中 MDA，POV，AV 和（EPA＋DHA）含量的相关性

Tab. 11－5－4　Effects of MDA，POV，AV and（EPA＋DHA）on related expression of genes of GSH / GSTs pathway and GSH content

Pearson 分析结果		GCLC	GSR	GSTPI	MGST1	GSH
MDA	R^2[1]	0.014	0.198	0.114	0.887	0.880
	P[2]	0.852	0.453	0.579	0.017	0.019
POV	R^2	0.044	0.433	0.363	0.650	0.733
	P	0.734	0.227	0.282	0.099	0.064
AV	R^2	0.294	0.650	0.661	0.303	0.423
	P	0.345	0.099	0.094	0.336	0.234
EPA＋DHA	R^2	0.604	0.745	0.839	0.063	0.132
	P	0.122	0.060	0.029	0.684	0.547

注：[1] R^2 相关系数；[2] P 显著性（双侧）水平；样本量 n＝5

对 $R^2>0.8$ 且具有显著性的因子做回归分析，见图 11－5－4a－c。MGST1 表达活性、

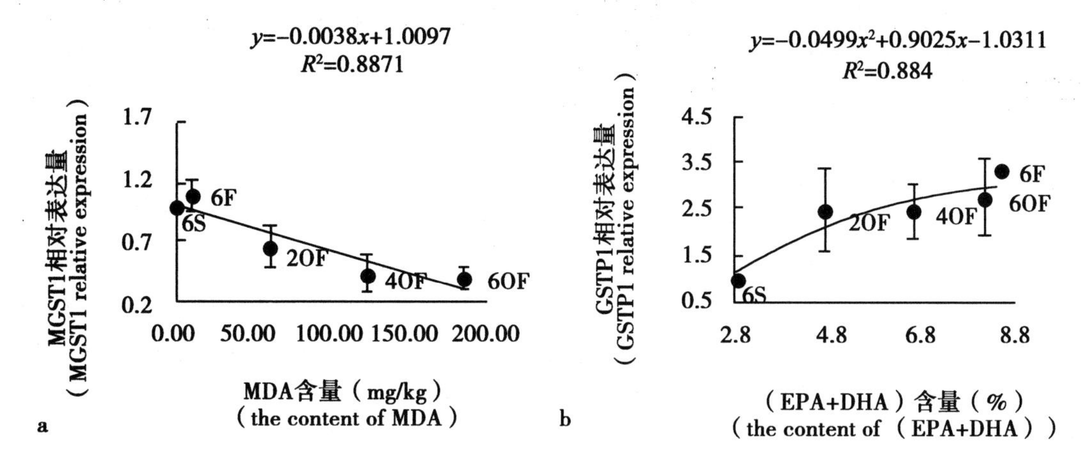

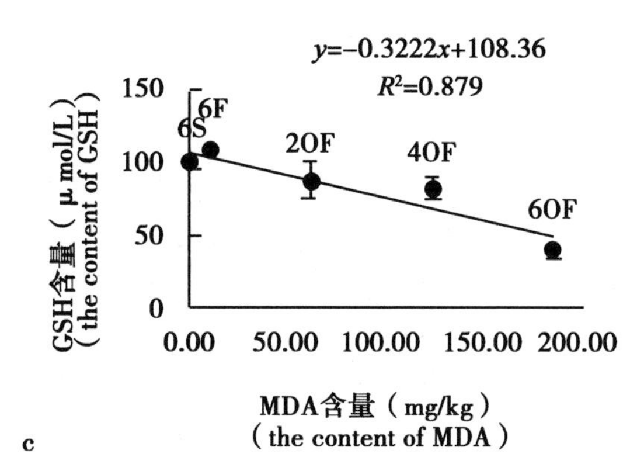

图 11－5－4　GSTs 表达活性和 GSH 含量与 MDA，和（EPA＋DHA）含量关系

Fig. 11－5－4　Relationship between MDA，(EPA＋DHA) with the expression of GSTs and GSH content

（a：饲料中 MDA 含量与 MGST1 相对表达活性关系；b：饲料中（EPA＋DHA）含量与 GSTPI 相对表达活性关系 c：MDA 含量与 GSH 含量的关系）

（a：Effects of MDA with MGST1 relative expression. b：Effects of（EPA＋DHA）with GSTPI relative expression c：Effects of MDA with GSH content）

GSH 含量与饲料中 MDA 含量呈线性负相关，随饲料中 MDA 含量的增加，均随之降低；GSTPI 表达活性与饲料中（EPA＋DHA）的含量呈二项式关系，随（EPA＋DHA）含量的增加，GSTPI 相对表达活性先增加后降低，当（EPA＋DHA）为 9.04% 时，GSTPI 在肝胰脏中的表达活性最大，且 GSTPI 相比 6S 组的表达活性上升 30%～60%。

三、讨论

GSH/GSTs 是动物重要的解毒、抗氧化系统[12]，GSH 合成代谢的相关酶基因（GCLS、GSR）和分解代谢相关酶基因（GSTpi、MGSt1）构成了一个完整的 GSH/GSTs 功能系统，其基因也组成一个较为完整的通路。

（一）饲料氧化鱼油对草鱼肝胰脏 GSH 含量、GSH 合成酶基因表达活性的影响

生物体内抗氧化防御体系包括超氧化物歧化酶（SOD）、过氧化氢酶（CAT）、谷胱甘肽（GSH）及维生素 E 等小分子物质。不同抗氧化防御系统其作用机制及作用时间并不相同。本试验结果显示，与 6S 组相比，添加鱼油的 6F 组中产生 GSH 的 GCLC 和 GSR 表达活性均出现显著下调（$P<0.05$），但 6F 组肝胰脏中 GSH 的含量与 6S 组并无显著差异。这可能是鱼油与氧化鱼油的中初级和次级氧化产物比例不一致，两类产物与酶蛋白可能有不同的反应活性，故不同比例初级和次级氧化产物的油脂将对抗氧化系统产生不同的影响。在低氧化程度的鱼油可能主要受到 SOD 酶而非 GSH 的作用。且 EPA 和 DHA 有提高 SOD 酶活的作用[13,14]，6F 组中 EPA + DHA 含量为 8.51% 高于其余各组，因此 6F 组可能是通过高含量的 EPA 与 DHA 来提高 SOD 酶活性以增强机体抗氧化能力而造成 GSH 合成相关基因表达水平下调的结果。

谷胱甘肽还原酶（*glutathione reductase*）是一种利用还原型 NADPH 将氧化型谷胱甘肽（GSSG）催化反应成还原型（GSH）的酶，它是由 GSR 基因表达活性调控的。将肝胰脏 GSH 含量与 MDA 进行相关性分析，发现两者显著相关且呈线性负相关的关系。结果显示，随着饲料中 MDA 增加，GSR 的表达水平和肝胰脏 GSH 含量均随之下降。氧化鱼油各组间，肝细胞损伤程逐渐加重，其中 6OF 组出现了实质性的损伤，肝脏的严重损伤必然降低肝脏的解毒能力，使氧化油脂的毒性增加[15]。GSH 不断被增加的毒性物质所消耗，而肝胰脏的损伤使氧化鱼油各组间 GSR 的表达活性下调，共同作用使草鱼肝胰脏 GSH 含量显著下降。

（二）饲料氧化鱼油对草鱼肝胰脏谷胱甘肽转移酶基因的表达有显著性的影响

谷胱甘肽硫 - 转移酶（*glutathione S-transferases*，GSTs）是一组具有多种生理功能的蛋白质。通常，GSTs 催化 GSH 与亲电子物质结合形成硫醇尿酸，经肾脏排出体外。其亦可作为转运蛋白转运亲脂化合物，如胆红素、胆酸、类固醇激素和不同的外源性化合物[16]。本试验涉及 GSTs 的两种同工酶，分别为胞液的 GSTPI、膜结合酶的 MGST1。

GSTPI 是谷胱甘肽 S - 转移酶超基因家族 Ⅱ 的成员，由一个活跃的多态的基因编码，可参与多种内源性或外源性物质的代谢，清除内源性或外源性有害物质，避免基因组的损伤[17]。研究表明，JNK 活性的增加会导致细胞的凋亡[18]，GSTPI 能与 JNK 及 c-Jun 形成复合体，抑制 JNK 对 c-Jun 的磷酸化，维持 JNK 的低活性[19]，从而大大降低了细胞受外界刺激对其造成的损伤性影响，且 GSTPI 能催化 GSH 巯基（ - SH）与疏水的化合物相结合，使亲电子化合物变成亲水性物质，易于从胆汁或尿液中排泄[20]，降低对机体的氧化损伤。本试验结果显示，与 6S 组相比，其余各组 GSTPI 表达活性均显著上调（$P<0.05$），这有利益机体应对氧化鱼油对机体造成的氧化损伤作用。同时 GSTPI 的表达活性与饲料中 EPA + DHA 含量呈多项式关系，当（EPA + DHA）为 9.04% 时，GSTPI 在肝胰脏中的表达活性达到最大值。因此在饲料中适量的补充 EPA + DHA 可以增强 GSTPI 的表达水平，提高鱼体的抗氧化损伤能力。

MGST1 作为一种 Ⅱ 相药物代谢酶在体内具有排毒反应中间体的能力，大量分布于肝细胞线粒体内、外膜以及内质网膜上，其还担当“感受器”的角色，其半胱氨酸（Cys49）可被亲电子剂等修饰激活，从而显著增加催化 GSH 与亲电子物质结合活性[21]。MGST1 具有两面性，一方面，氧化代谢产物通过修饰 Cys49，提高 MGST1 催化能力促使机体快速反应将有害物质与 GSH 结合并排除体外，但另一方面，MGST1 的活化会导致构象的改变，这促使

线粒体通透性转化孔形成，有害物质进入线粒体，使其功能发生障碍[22]。MGST1 的两面性决定了，并不能像 GSTPI 一样表达活性不断上调以应对氧化损伤，MGST1 表达活性适当的减少也是对机体的一种保护形式。MGST1 表达活性与饲料中 MDA 含量显著相关并呈线性负相关。有研究表明，MDA 作为脂质过氧化物终产物，仍然具有较强的细胞毒性，对线粒体呼吸功能、丙酮酸脱氢酶、a－酮戊二酸脱氢酶等具有显著的抑制作用[23]，且 MDA 损伤线粒体膜结构从而降低膜流动性[24]。MGST1 主要分布于肝细胞线粒体内、外膜，其基础含量较高，当饲料中 MDA 刺激后，通过修饰 Cys49 改变 MGST1 的构象使其活化，催化 GSH 清除 MDA 等有害物质，同时 MGST1 表达水平下调以防止 MGST1 对线粒体造成的负面影响，使肝细胞免受氧化损伤。

四、结论

饲料中氧化鱼油引起草鱼氧化应激，使 GSH 含量和 SOD 酶活性下降，诱导产生 GSH 的基因（GCLC、GSR）的表达活性均下调，引起 GSTPI 表达活性上调和 MGST1 表达活性下调，这些方式共同作用保护肝胰脏细胞免受氧化损伤。

参考文献

[1] Fritsche K L, Johnston P V. Rapid autoxidation of fish oil in diets without added antioxidants [J]. The Journal of Nutrition, 1988, 118 (4): 425－426.

[2] 曾端，麦康森，艾庆辉．脂肪肝病变大黄鱼肝脏脂肪酸组成、代谢酶活性及抗氧化能力的研究 [J]．中国海洋大学学报：自然科学版，2008，38（4）：542－546.

[3] 韩雨哲，姜志强，任同军等．氧化鱼油与棕榈油对花鲈肝脏抗氧化酶及组织结构的影响 [J]．中国水产科学，2010，17（4）：798－806.

[4] Gebicki J M, Nauser T, Domazou A, *et al*. Reduction of protein radicals by GSH and ascorbate: potential biological significance [J]. Amino Acids, 2010, 39 (5): 1 131－1 137.

[5] Banki K, Hutter E, Colombo E, *et al*. Glutathione levels and sensitivity to apoptosis are reulated by changes in transaldolase expression [J]. J Biol Chem, 1996, 271 (51): 2 994－3 001.

[6] 张立婷，何瑜，熊亚墨等．还原型谷胱甘肽对氧化应激所致肝损伤的作用机制 [J]．湖南中医药大学学报，2009，29（8）：15－17.

[7] 刘梅，陆伦根，陈尉华等．氧应激对大鼠肝星状细胞增殖的影响及还原型谷胱甘肽的抗氧化作用 [J]．世界华人消化杂志，2006，14（26）：2 596－2 600.

[8] 刘平祥．谷胱甘肽对断奶仔猪的促生长作用及其机制 [D]．华南农业大学，2002.

[9] 吴觉文．谷胱甘肽对黄羽肉鸡的促生长作用及其机制 [D]．华南农业大学，2003.

[10] 焦彩虹．谷胱甘肽对罗非鱼促生长作用及其作用机制 [D]．华南农业大学，2003.

[11] 殷永风，叶元土，蔡春芳等．在自制氧化装置中氧化时间对豆油氧化指标的影响 [J]．安徽农业科学，2011，39（7）：4 052－4 054.

[12] Armstrong R N. Structure catalytic mechanism, and evolution of the glutathione transferases [J]. Chemical Research in Toxicology, 1997, 10 (1): 2－18.

[13] 于得庆，焦玲霞，张雪红等．DHA，EPA 对耐力训练小鼠抗氧化能力影响的实验研究 [J]．河北工业科技，2005，22（2）：64－67.

[14] 吉红，周继术，曹福余等．DHA 对鲤抗氧化能力影响的初步研究 [J]．上海海洋大学学报，2009，18（2）：142－149.

[15] 叶仕根，汪开毓，何显荣．鲤摄食含氧化鱼油的饲料后其病理学的变化 [J]．大连水产学院学报，2006，21（1）：1－6.

[16] 张飚，李永清，高轩．谷胱甘肽 S-转移酶综述 [J]．吉林畜牧兽医，2006，27 (6)：11 –13.

[17] 夏嘉志．GSTpi 在慢性髓系白血病细胞中的表达及作用研究 [D]．中南大学，2009.

[18] Ishisaki A，Hayashi H，Suzuki S，*et al.* Glutathione S-transferase Pi is a dopamine-inducible suppressor of dopamine-induced apoptosis in PC12 cells [J]．Journal of Neurochemistry，2001，77 (5)：1 362 –1 371.

[19] Wu Y，Fan Y，Xue B，*et al.* Human glutathione S-transferase P1 –1 interacts with TRAF2 and regulates TRAF2-ASK1 signals [J]．Oncogene，2006，25 (42)：5 787 –5 800.

[20] Hayes J D，Pulford D J. The glut athione s-transferase supergene family：regulation of gst and the contribution of the lsoenzymes to cancer chemoprotection and drug resistance part I [J]．Critical Reviews in Biochemistry and Molecular Biology，1995，30 (6)：445 –520.

[21] 史强，楼宜嘉．活性氮对肝脏微粒体谷胱甘肽转移酶 I 修饰激活的研究进展 [C]．中国药理学与毒理学杂志，2007，21 (4)：297 –300.

[22] Schaffert C S. Role of MGST1 in reactive intermediate-induced injury [J]．World Journal of Gastroenterology：WJG，2011，17 (20)：2 552 –2 557.

[23] 龙建纲，王学敏，高宏翔等．丙二醛对大鼠肝线粒体呼吸功能及相关脱氢酶活性影响 [J]．第二军医大学学报，2006，26 (10)：1 131 –1 135.

[24] 杨玖英，吴士筠，谭艳平等．线粒体丙二醛含量对膜流动性的影响 [J]．化学与生物工程，2004，21 (2)：13 –15.

第六节　饲料丙二醛引起草鱼肠道、肝胰脏谷胱甘肽/谷胱甘肽转移酶抗氧化应激

饲料油脂是水产动物所必须的结构性物质和能量物质[1]。然而其易发生氧化酸败产生多种有害中间产物，会对鱼体肠道[2]、肝胰脏[3,4]等内脏器官产生重要影响。其中丙二醛（MDA）是脂质过氧化次生产物中含量最为丰富的活性醛[5]，研究表明，MDA 能与多种氨基酸或多肽作用，从而影响其蛋白质的结构功能[6]，且 MDA 对线粒体呼吸功能及相关脱氢酶具有不同程度的损伤作用[7]，进而导致细胞损伤。

还原型谷胱甘肽（reduced glutathione，GSH）是由谷氨酸、半胱氨酸和甘氨酸组成的小分子三肽，其能将体内有害物质转变为无害物质，并排出体外起到解毒作用，是体内重要的抗氧化剂和自由基清除剂[8]，研究证实，细胞内 GSH 的含量主要通过谷胱甘肽还原酶、谷胱甘肽合成酶、谷氨酸半胱氨酸连接酶和部分谷胱甘肽-S-转移酶来调节的[9]，同时这些酶构成了谷胱甘肽/谷胱甘肽巯基转移酶通路（GSH/GSTs）。有研究表明，当机体受到有害物质侵害时，会引起 GSH/GSTs 通路相关酶发挥抗氧化防御作用[10-12]，以保护细胞免受氧化损伤。

本试验在饲料添加不同梯度 MDA 的条件下，采用荧光定量 PCR 技术（RT-qPCR）对草鱼肠道、肝胰脏的谷胱甘肽/谷胱甘肽转移酶通路相关基因表达活性进行检测，并结合肠道、肝胰脏和血清中 MDA 和 GSH 含量变化进行综合分析，旨在探讨 MDA 对草鱼肠道、肝胰脏谷胱甘肽/谷胱甘肽转移酶通路影响。

一、材料与方法

（一）试验饲料

1. MDA 的制备

制备原料为 1，1，3，3 – 四乙氧基丙烷（1，1，3，3 – Tetraethoxypropane）（Sigma-

Aldrich 公司产品，浓度≥96%）。制备方法：精确量取1，1，3，3－四乙氧基丙烷31.500mL，用95%乙醇溶解后定容至100mL，搅拌15min，此时每毫升溶液相当于丙二醛100mg。丙二醛现配现用，不做保存。

2. 饲料配制

以酪蛋白和秘鲁蒸汽鱼粉为主要蛋白源，豆油（“福临门”牌一级大豆油）为主要脂肪源，采用等氮、等能方案设计基础饲料，设置了豆油组（简称6S组）、添加61mg/kg的丙二醛组（B1）、添加124mg/kg的丙二醛组（B2）、添加185mg/kg的丙二醛组（B3）四组等氮等能的试验饲料。饲料配方及成分见表11－6－1。丙二醛的添加方式：依据每日的投喂量配置相应的丙二醛，均匀地喷洒在饲料当中。饲料中丙二醛含量的设定是依据本实验室氧化鱼油对草鱼生长、健康的影响试验中氧化鱼油添加量对应的丙二醛含量，依据氧化鱼油、丙二醛对草鱼肠道离体黏膜细胞影响的剂量而设定[13]。

表11－6－1　基础饲粮组成及营养水平（风干基础）

Tab. 11－6－1　Composition and nutrient levels of basal diets（air-dry basis）

饲料原料 Ingredient	含量 Content
酪蛋白 Casein	215
蒸汽鱼粉 Steam dried fish meal	167
磷酸二氢钙 $Ca(H_2PO_4)_2 \cdot H_2O$	22
豆油 Soybean oil	60
鱼油 Fish oil	0
丙二醛（mg/kg）	0
氯化胆碱 Choline chloride	1.5
预混料 Premix[1)]	10
糊精 Dextrin	110
α-淀粉 α-starch	255
微晶纤维素 Microcrystalline cellulose	61
羧甲基纤维素 Carboxymethylc cellulose	98
乙氧基喹啉 Ethoxyquin	0.5
营养水平 Nutrient levels[2)]	
粗蛋白质（%）CP	30.01
粗脂肪（%）EE	7.08
能量（kJ/g）ME	20.24

[1)] 预混料为每千克饲料提供 The premix provided the following per kg of diets：Cu 5mg，Fe 180mg，Mn 35mg，Zn 120mg，I 0.65mg，Se 0.5mg，Co 0.07mg，Mg 300mg，K 80mg，VA 10mg，VB_1 8mg，VB_2 8mg，VB_6 20mg，VB_{12} 0.1mg，VC 250mg，泛酸钙 calcium pantothenate 20mg，烟酸 niacin 25mg，VD_3 4mg，VK_3 6mg，叶酸 folic acid 5mg，肌醇 inositol 100mg；

[2)] 实测值 Measured values

（二）试验鱼与饲养管理

草鱼来源于浙江一星饲料有限公司养殖基地，为池塘培育的1冬龄鱼种共300尾，平均体重为（74.8±1.0）g。草鱼随机分为4组，每组设3重复，每重复20尾。养殖试验在浙江一星饲料集团试验基地进行，在面积为5×667m^2（平均水深1.8m）池塘中设置网箱，网箱规格为1.0m×1.5m×2.0m。将各组试验草鱼随机分配在4组、12个网箱中。

分别用基础饲料（6S）驯化一周后，开始正式投喂。每天8:00和15:00定时投喂，投饲率为2%～4%。每10d依据投饲量估算鱼体增重并调整投喂率，记录每天投饲量。正式试验共养殖72d。

每周用试剂盒测定水质一次，试验期间溶解氧浓度>8.0mg/L，pH值7.08～8.4，氨氮浓度<0.2mg/L，亚硝酸盐浓度<0.01mg/L，硫化物浓度<0.05mg/L。养殖期间水温25～33℃。

（三）样本采集与分析

1. 基因样本采集与分析

养殖72d、停食24h后，每网箱随机取3尾、每组共9尾作为基因分析样本试验鱼。鱼体表面经75%酒精消毒，常规解剖，快速取出内脏团，在冰浴中剪取中肠的前1/4肠段以及部分肝胰脏，用PBS漂洗2～3次，各样品一式两份，迅速装于EP管中，液氮速冻，于-80℃保存备用。采样所用剪刀镊子均经灭酶灭菌处理。

2. 肠道、肝胰脏组织匀浆样品制备与分析

每网箱随机另取三尾鱼，取部分肠段（肝胰脏），组织匀浆后，2 000r/min离心15min，取上清液，用于GSH和MDA含量测定。均采用南京建成试剂盒测定。

3. 血清样品制备与分析

每个网箱随机取10尾鱼，以无菌1mL注射器自尾柄静脉采血，置于Eppenddorf离心管中室温自然凝固0.5h，3 000r/min冷冻离心10min，取上清液分装后，液氮速冻并于-80℃冰箱中保存。GSH和MDA含量采用南京建成试剂盒测定。

4. 引物设计

基因序列依据“灌喂氧化鱼油使草鱼（*Ctenopharyngodon idellus*）肠道黏膜抗氧化应激通路基因表达上调”基因测序结果，定量PCR中GCLC、GSR、GSTPI和MGST1基因及内参基因*β-actin*所使用的Taqman引物由Primer Premier 5.0软件设计，引物序列见表11-6-2。

表11-6-2 定量PCR引物

Tab. 11-6-2 Primers used in quantitative PCR

基因名称 Gene name	引物 Primer	长度 Size
GCLC F	ATGACGCTGTCCTGCTTGT	19bp
GCLC R	TGGGCTGATACCGATGTTG	19bp
GSR F	ACGAAAAGGTGGTTGGTCTC	20bp
GSR R	GGATGGCAATGGTTCTGTC	19bp
GSTPI F	TGACGAGTGGGGAAAGGG	18bp
GSTPI R	GCATTGGACTGATACAGGACC	21bp

（续表）

基因名称 Gene name	引物 Primer	长度 Size
MGST1 F	TTAGTAAGGGCAATAGGAGGAG	22bp
MGST1 R	GGTGGGTAGTACAAACAGGAAA	22bp
β-actin F	CGTGACATCAAGGAGAAG	18bp
β-actin R	GAGTTGAAGGTGGTCTCAT	19bp

5. 总 RNA 的提取和反转录 cDNA

利用所采集的、单个网箱 3 尾草鱼肠道与肝胰脏样本，分别取 3 个肠段（肝胰脏）样本各 25mg 合并为一个样本用于总 RNA 提取，每组共 3 个平行样本（共 9 尾鱼、3 个测定样本）。加入液氮，研磨成粉末后，加入 1mL Trizol 覆盖粉末，待 Trizol 解冻成液体后全部转移到 1.5mL 的 EP 管中，按照 Trizol 方法提取肝胰脏总 RNA。按照 PrimeScript™ RT Master Mix（TaKaRa 公司）反转录试剂盒的方法将 RNA 转录成 cDNA，将反转录产物稀释后于 -20℃ 保存备用。

6. 定量 PCR

使用 CFX96 荧光定量 PCR 仪和 SYBR Premix Ex Taq™ Ⅱ（TaKaRa 公司）荧光染料对草鱼谷胱甘肽通路的相关基因（GCLC、GSR、GSTPI、MGST1）及 β-actin 进行荧光定量分析。反应体系为 20μL：SYBR Premix Ex Taq™ Ⅱ（TaKaRa）10μL，上下游引物各 1μL，cDNA 2μL，灭菌水 6μL。PCR 反应采用两步法，反应条件：95℃ 预变性 30s、95℃ 变性 5s、60℃ 退火 30s，共 40 个循环，最后进行溶解曲线（Melt Curve）分析。

（四）数据处理

公式：$2^{-\triangle CT}=2^{-(\text{Ct目的基因}-\text{Ct管家基因})}$，以 *β-actin* 为内参基因根据计算公式得到相对表达活性。用 SPSS 18.0 统计分析软件进行分析，组间差异显著性用 One-way ANOVA 进行统计分析，结果以平均值 ± 标准差（mean ± SD）表示。

二、结果

（一）肠道、肝胰脏、血清 MDA 含量

经 72d 养殖试验后，测定分别测定肠道、肝胰脏和血清的 MDA 含量，结果如表 11-6-3所示，随着饲料中 MDA 含量的增加，肠道 MDA 有上升的趋势且呈显著的正相关性，然而与对照组 6S 相比，肠道 MDA 各组均无显著变化；肝胰脏除 B3 组显著升高（$P<0.05$）外其余各组均无显著差异，但与饲料丙二醛含量有一定的正相关性；血清中 MDA 含量均显著高于对照组 6S（$P<0.05$）。

表 11-6-3　肠道、肝胰脏和血清中 MDA 含量及其与饲料 MDA 相关性分析

Tab. 11-6-3　Correlation analysis of the content of MDA in intestine, hepatopancreas and serum with MDA in diets

	肠道 Intestine	肝胰脏 Hepatopancreas	血清 serum
组别 Group	丙二醛 MDA (nmol/mg prot)	丙二醛 MDA (nmol/mg prot)	丙二醛 MDA (nmol/mL)
6S	25.7 ± 1.1[a]	4.48 ± 0.67[a]	14.0 ± 1.65[a]
B1	26.3 ± 2.0[a]	4.81 ± 0.09[a]	21.2 ± 1.19[b]
B2	27.4 ± 1.4[a]	5.28 ± 0.81[a]	20.89 ± 0.86[b]
B3	28.5 ± 1.7[a]	7.06 ± 0.88[b]	20.84 ± 0.91[b]
Pearson 分析结果			
饲料 MDA 含量　R^2	0.98	0.85	0.56
P	0.01	0.08	0.26

注：同行数据肩标不同小写字母表示差异显著（$P<0.05$）；下表同。

In the same row, values with different small letter superscripts mean significant different ($P < 0.05$). The same as below.

（二）肠道、肝胰脏、血清 GSH 含量

经 72d 养殖试验后，分别测定肠道、肝胰脏和血清的 GSH 含量，结果如表 11-6-4 所示，与 6S 相比，肠道 GSH 除 B2 组外其余各组均显著升高（$P<0.05$）；肝胰脏 GSH 各组间均无显著变化，然出现了先上升后下降的趋势；血清 GSH 呈下降趋势，但其含量均高于对照组 6S，其中 B1 组和 B2 组中 GSH 含量具有显著性（$P<0.05$）。

表 11-6-4　肠道、肝胰脏和血清中 GSH 含量及其与饲料 MDA 相关性分析

Tab. 11-6-4　Correlation analysis of the content of GSH in intestine, hepatopancreas and serum with MDA in diets

组别 Group	肠道 Intestine	肝胰脏 Hepatopancreas	血清 Serum
	谷胱甘肽 GSH (μmol/g)	谷胱甘肽 GSH (μmol/g)	谷胱甘肽 GSH (μmol/L)
6S	0.689 ± 0.007[a]	0.503 ± 0.027[a]	30.204 ± 3.423[a]
B1	0.982 ± 0.030[b]	0.512 ± 0.165[a]	42.183 ± 1.327[c]
B2	0.722 ± 0.094[a]	0.537 ± 0.116[a]	36.799 ± 1.401[bc]
B3	0.905 ± 0.083[b]	0.450 ± 0.107[a]	31.219 ± 5.232[ab]
Pearson 分析结果			
饲料 MDA 含量 R^2	0.12	0.22	0.003
P	0.65	0.53	0.94

（三）肠道、肝胰脏谷胱甘肽合成相关基因表达活性

采用荧光定量 QRT-PCR 的方法检测了草鱼肠道、肝胰脏中谷胱甘肽合成相关基因表达

活性，分别包括从头合成的关键基因的催化亚基 GCLC 以及参与还原反应的 GSR，结果如表 11－6－5 所示。

随着饲料中 MDA 添加量的增加，肠道 GCLC 表达活性随之上调且与之呈显著正相关性，相比 6S 组，B2 组和 B3 组中 GCLC 表达活性均显著上调（$P<0.05$）。相比 6S 组，B1 组肝胰脏 GCLC 的表达活性显著上调（$P<0.05$），随着饲料中 MDA 添加量的增加，肝胰脏 GCLC 表达活性随之下调，其中 B3 组 GCLC 表达活性显著低于 B1 组（$P<0.05$）。

肠道和肝胰脏 GSR 表达活性除 B2 组肠道显著上调外（$P<0.05$），其余各组均无显著差异，且 GSR 的表达活性与饲料中 MDA 的相关性较低。

表 11－6－5　草鱼肠道、肝胰脏中 GCLC 和 GSR 的表达活性及其与饲料 MDA 相关性分析

Tab. 11－6－5　Correlation analysis of the expression level of GCLC and GSR in intestine and hepatopancreas with MDA in diets

组别 Group	肠道 Intestine		肝胰脏 Hepatopancreas	
	GCLC	GSR	GCLC	GSR
6S	1.00 ± 0.11^{a}	1.00 ± 0.02^{a}	1.00 ± 0.03^{ab}	1.00 ± 0.01^{a}
B1	1.39 ± 0.06^{ab}	1.03 ± 0.08^{a}	1.21 ± 0.23^{b}	1.07 ± 0.14^{a}
B2	1.88 ± 0.13^{b}	1.26 ± 0.19^{b}	1.00 ± 0.00^{ab}	0.98 ± 0.14^{a}
B3	1.67 ± 0.49^{b}	1.01 ± 0.10^{a}	0.78 ± 0.18^{a}	1.10 ± 0.47^{a}
Pearson 分析结果				
饲料 MDA 含量 R^2	0.52	0.04	0.26	0.01
P	0.01	0.53	0.09	0.73

（四）肠道、肝胰脏中谷胱甘肽转移酶基因表达活性

采用荧光定量 QRT-PCR 的方法检测了肠道、肝胰脏中谷胱甘肽转移酶基因表达活性，分别包括胞液酶 GSTPI 以及膜结合酶 MGST1 基因，结果如表 11－6－6 所示。

随着饲料中 MDA 添加量的增加，肠道 GSTPI 和 MGST1 表达活性均随之上调，相比 6S 组，B3 组和 B2 组 GSTPI 和 B3 组 MGST1 的表达活性显著上调（$P<0.05$），且肠道 GSTPI 与 MGST1 表达活性与饲料中 MDA 均呈显著正相关。

随着饲料中 MDA 添加量的增加，肝胰脏 GSTPI 表达活性随之上调呈显著正相关性，其中 B3 组的表达活性相比对照组 6S 组显著上调（$P<0.05$），与 6S 组相比，肝胰脏 MGST1 表达活性均显著下调（$P<0.05$）。

表 11－6－6　草鱼肠道、肝胰脏中 GSTPI 和 MGST1 的表达活性及其与饲料 MDA 相关性分析

Tab. 11－6－6　Correlation analysis of the expression level of GSTPI and MGST1 in intestine and hepatopancreas with MDA in diets

组别 Group	肠道 Intestine		肝胰脏 Hepatopancreas	
	GSTPI	MGST1	GSTPI	MGST1
6S	1.00 ± 0.05^{a}	1.00 ± 0.07^{a}	1.00 ± 0.04^{a}	1.00 ± 0.01^{b}

（续表）

组别 Group	肠道 Intestine		肝胰脏 Hepatopancreas	
	GSTPI	MGST1	GSTPI	MGST1
B1	1.03 ±0.17[a]	1.80 ±0.94[ab]	1.57 ±1.29[ab]	0.53 ±0.03[a]
B2	1.52 ±0.12[b]	1.73 ±0.03[ab]	2.43 ±1.14[ab]	0.66 ±0.26[a]
B3	1.62 ±0.04[b]	1.96 ±0.13[b]	2.91 ±0.31[b]	0.68 ±0.10[a]
Pearson 分析结果				
饲料 MDA 含量 R^2	0.81	0.35	0.52	0.20
P	0.00	0.04	0.01	0.15

三、讨论

MDA 通过进入血液系统到体内后，可能直接发挥作用，也可能通过促使细胞膜脂质过氧化而导致细胞凋亡[13]，因此其对细胞抗氧化系统有重大影响，GSH/GSTs 通路是细胞抗氧化系统的重要组成，对维护细胞免受氧化损伤具有重要意义。

（一）MDA 对草鱼肠道、肝胰脏中谷胱甘肽合成相关基因表达活性的影响

研究表明，肝胰脏与肠道具有相同的胚胎起源，所以在一定程度上保持着解剖和功能性联系，肝胰脏血液主要由门静脉和肝动脉提供，其中门静脉的供血量占其全部供血的 70% 左右，且血液多数来自肠系膜上静脉及肠系膜下静脉，在这些静脉血管中通常含有来自消化道产物[14]。本试验向饲料添加不同剂量的 MDA，对草鱼进行为期 72d 的投喂，通过检测肝胰脏、肠道、血清中 MDA 含量，发现肠道 MDA 含量与饲料 MDA 含量呈正相关性，随饲料丙二醛含量增加，但其增加的幅度较小，相比对照组均无显著变化，而血清 MDA 相比对照组均显著升高；同时，有研究表明，MDA 化学稳定性和膜透过性均大于 ROS[15]，且 MDA 的代谢途径是由血液流向肝胰脏再由肝胰脏流向机体组织[16]，肝胰脏是 MDA 的主要代谢器官组织，饲料中 MDA 大部分经血液流向肝胰脏，因此肠道 MDA 含量变化较小而血液 MDA 含量变化较大的原因。

γ-谷氨酰半胱氨酸合成酶（γ-GCL）是合成 GSH 的限速酶，由催化亚单位（GCLC）和调节亚单位（GCLM）组成，GCLC 含有 γ-GCL 底物结合位点和催化功能。试验发现，经 MDA 刺激，肠道 GCLC 表达活性相比 6S 显著上调，且随饲料 MDA 含量的增加，GCLC 表达活性上调、且具有显著相关性，然而肝胰脏 GCLC 表达活性随 MDA 含量的增加而出现先上调后下降的趋势。MDA 至少 80% 与蛋白结合[17]，形成的 MDA-蛋白质加合物导致功能蛋白紊乱[18]，质膜流动性降低[19]，且该加合物会导致蛋白质进一步氧化应激[20]。受到 MDA 刺激后，肝胰脏和肠道均受到影响，而肝胰脏 MDA 主要的代谢场所，其 GCLC 受到的刺激相比其他组织更加严重，因此表现出在 MDA 含量较低的 B1 组肝胰脏 GCLC 的表达活性显著上调而 B2 与 B3 组其表达活性下调，而肠道从外界摄入的 MDA 相比于肝胰脏中的较少，肠道 GCLC 表达活性均表现出上调的趋势，因此少量 MDA 刺激肠道，会使肠道 GCLC 表达上调，以应对氧化应激。B3 组肝胰脏 MDA 出现显著增加的现象，这可能是 GCLC 表达活性不断下调，对鱼体肝胰脏的保护作用减弱，致使肝胰脏受到了实质性的损伤，这导致 MDA 代谢作

用减弱并在草鱼肝胰脏中积累。肝胰脏是合成 GSH 的主要器官组织，且所合成的 GSH 大部分进入 血液运输到各个器官组织当中，实验结果发现肝胰脏中 GSH 含量无显著变化，然而血清中 GSH 含量出现先增加后下降的趋势，这与 GCLC 在肝胰脏中的表达水平变化一致。

谷胱甘肽还原酶是体内一种重要的抗氧化酶类，其主要的生理功能是利用 NADPH 将氧化型谷胱甘肽（GSSG）还原成还原型谷胱甘肽（GSH），从而为活性氧（ROS）的清除提供还原力，保护机体免受伤害[21]。GSR 是控制谷胱甘肽还原酶基因，且 GSR 在 RNA 和蛋白水平上与 GSR 酶活性的变化一致[22]。本试验发现，各试验组 GSR 的表达活性除肠道 B2 组显著升高外，其余各组较对照组 6S 均无显著差异，且与饲料 MDA 含量的相关性较低，这可能是由于 MDA 的作用方式是与蛋白质、DNA 等物质反应破坏其结构并生成有害物质而并非直接导致体内自由基的增加，因此 GSH 与自由基反应形成 GSSG 的量较少，GSR 的表达活性并未受到显著的影响。

（二）MDA 对草鱼肠道、肝胰脏中谷胱甘肽巯基转移酶表达活性的影响

谷胱甘肽转移酶（GSTs）是一个具有多种生理功能的基因家族，由 2 个分子量为 22 ~ 27kDa 的多肽亚基组成的可溶性蛋白，主要以同源二聚体的形式少数以异源二聚体存在[23]。GSTs 催化 GSH 与亲电子物质发生轭合反应的实质是降低 GSH 的 PKa 值，一旦在活性中心形成硫醇基团，它就能与距硫醇离子很近的 H 位点的亲电子底物发生反应[24]，除此之外，还具过氧化物酶、脱氯化氢酶等的活性[25]。由于 MDA 能与多种氨基酸或多肽作用，这些作用可能影响蛋白质的结构功能或者破坏其空间构象，且 MDA 形成的加合物会对蛋白质等造成二次损伤，在这过程中会产生多种有害代谢产物，从而刺激 GSTs 在保护细胞免受细胞毒素和致癌因子的损害发挥重要作用。

本试验涉及 GSTs 两种同工酶，分别是胞液酶 GSTPI 和膜结合酶 MGST1。GSTpi 是谷胱甘肽 S-转移酶家族重要成员，由一个活跃的多态的基因编码，可清除有害物质，避免基因组的损伤[26]，也参加及调节细胞的增殖、凋亡、炎症及分化反应[27,28]，为此，GSTPⅠ被认为对细胞具有保护作用。研究表明，在正常生长条件下，GSTPI 以单体形式与 JNK 形成复合物，抑制 JNK 活性，受到有害物质如 MDA 等刺激后，GSTPI 自身形成二聚体，致使复合物解离，JNK 磷酸化激活转录因子 c-Jun，促进 GSTPI 转录，增加其含量，其又能反馈抑制 JNK，维持 JNK 的低活性[29]从而大大降低了细胞受外界刺激对其造成的损伤性影响。MDA 能与细胞中蛋白质、氨基酸、DNA 形成相应的加合物，从而破坏细胞，且 MDA 还能与信号蛋白作用，在肝星状细胞（HSCs）诱导尿激酶型纤溶酶原激活剂分泌增加，从而促进肝纤维化的进展[30]。结果发现，经 MDA 刺激后，GSTPI 的表达活性在肝胰脏和肠道表达活性均有所上调，且在 B3 组其表达活性均达到最大值。这可能是由于 MDA 导致细胞损伤，使 GSTPI 表达活性上调，加快清除体内有害物质且在一定程度上抑制细胞的凋亡。由于 MDA 主要的代谢部位是肝胰脏，对肝胰脏的损伤作用相对于肠道会更严重，因此研究发现在受到 MDA 刺激后，肝胰脏 GSTPI 的表达活性高于肠道的。

MGST1 是一个大约 17kDa 的膜结合谷胱甘肽-S-转移酶[31]。相比胞液 GSTs，MGST1 具有一个特殊的 CYS49 结构，有害物质能够修饰 cys49 基团，这些修饰包括烷基化，形成二硫键（或者混合二硫化物与谷胱甘肽或蛋白质二聚体），或次磺酸修饰，诱导其构象变化和增加活性[32,33]。结果发现，肠道中的 MGST1 表达活性上调，而肝胰脏中的则下调。这可能是由于 MDA 与细胞膜作用，促使其脂质过氧化，产生各种有害物质而刺激肠道细胞 MGST1 表

达活性上调，MGST1 酶含量增加以加强催化 GSH 与有害物质结合转变为无害物质并排出体外，起到保护肠道细胞免受进一步损伤作用。MGST1 酶主要存在于肝胰脏线粒体的内外膜上，而在其他组织中含量较少[34]，过量的 MGST1 会导致肝细胞中线粒体通透性转 换孔（MPT）的形成，有害物质进入线粒体当中，使线粒体功能障碍导致细胞凋亡和坏死[35]，因此在肝细胞中适当减少 MGST1 的表达也是对细胞的一种保护作用。

将肠道与肝胰脏中两种同工酶与饲料 MDA 进行相关性分析，结果发现除肝胰脏 MGST1 的表达活性与饲料 MDA 含量相关性较低外，其余均显著相关，这进一步证明了上述的解释，草鱼肝胰脏 MGST1 在受到 MDA 刺激后，表现出两面性，一方面 MGST1 催化 GSH 与有害物质反应起到解毒的作用，而另一方面过多的 MGST1 会对肝细胞的线粒体造成损伤，其整体表现出的表达活性与饲料 MDA 含量显示较低的相关性；同时因 GSTPI 的性质，使得肠道、肝胰脏 GSTPI 的表达活性与饲料 MDA 的含量呈显著正相关；而 MGST1 在肠道的含量比肝胰脏少，还未表现出过多的 MGST1 所造成损伤作用的一面，因此也与饲料 MDA 含量呈显著正相关。

四、结论

饲喂不同剂量 MDA 的饲料 72d 后，MDA 诱导肠道 GSH/GSTs 通路相关基因表达活性上调，且肠道 GSH 含量也有所上升，表明 MDA 对肠道造成了显著的抗氧化应激；GCLC 表达活性在饲喂低浓度 MDA（61mg/kg）饲料下表现为上调、肝胰脏 GSH 含量升高，而 MDA 的浓度超过 124mg/kg 时为下调、GSH 含量出现下降的现象，可能导致了肝胰脏的损伤；MGST1 表达活性显著下调，且肝胰脏 GSH 含量也出现先上升后下降的趋势。这均表明草鱼肠道和肝胰脏受 MDA 的影响程度有一定的差异。

参考文献

[1] 李勇，王雷，蒋克勇等．水产动物营养的生态适宜与环保饲料［J］．海洋科学，2004，28（3）：76－78.

[2] 汪开毓，叶仕根，耿毅．氧化脂肪对鱼类危害的病理及防治［J］．淡水渔业，2002，32（4）：60－63.

[3] 韩雨哲，姜志强，任同军等．氧化鱼油与棕榈油对花鲈肝脏抗氧化酶及组织结构的影响［J］．中国水产科学，2010，17（4）：798－806.

[4] 任泽林，曾虹，霍启光等．氧化鱼油对鲤肝胰脏抗氧化机能及其组织结构的影响［J］．大连水产学院学报，2000，15（4）：235－243.

[5] Krohne T U，Kaemmerer E，Holz F G，*et al.* Lipid peroxidation products reduce lysosomal protease activities in human retinal pigment epithelial cells via two different mechanisms of action［J］．Experimental Eye Research，2010，90（2）：261－266.

[6] Lshii T，Kumazawa S，Sakurai T，*et al.* Mass spectroscopic characterization of protein modification by malondialdehyde［J］．Chemical Research in Toxicology，2006，19，(1)：122－129.

[7] 龙建纲，王学敏，高宏翔等．丙二醛对大鼠肝线粒体呼吸功能及相关脱氢酶活性影响［J］．第二军医大学学报，2006，26（10）：1 131－1 135.

[8] 童海达，王佳茗，宋英．Keap1-Nrf2-ARE 在机体氧化应激损伤中的防御作用［J］．癌变畸变突变，2013，25（1）：71－75.

[9] Banki K，Hutter E，Colombo E，*et al.* Glutathione levels and sensitivity to apoptosis are regulated by changes in transaldolase expression［J］．Journal of Biological Chemistry，1996，271（51）：32 994－33 001.

[10] 聂芳红，孔庆波，刘连平等．两种二噁英类化合物对斑马鱼肝脏 MDA、SOD 和 GST 的影响［J］．食品与生物技术学报，2009，28（2）：210－213.

[11] 郑英，楼宜嘉．对乙酰氨基酚致小鼠肝微粒体谷胱甘肽 S-转移酶的激活机制［J］．中国药理学与毒理学杂志，2003，17（3）：211－215.

[12] 姚芹．亚砷酸钠对小鼠体内谷胱甘肽 S-转移酶活力及其基因表达的影响［D］．新疆医科大学，2009.

[13] 姚仕彬，叶元土，蔡春芳等．丙二醛对离体草鱼肠道黏膜细胞的损伤作用［J］．水生生物学报，2015，39（1）：137－146.

[14] 陈蛟，张映林，刘作金．肝肠轴相关机制研究进展［J］．现代医药卫生，2014，30（22）：3 405－3 408.

[15] Esterbauer H，Schaur R J，Zollner H. Chemistry and biochemistry of 4-hydroxynonenal，malonaldehyde and related aldehydes［J］．Free Radical Biology and Medicine，1991，11（1）：81－128.

[16] 李莉，陈菁菁，李方序等．氧应激毒性产物丙二醛（MDA）对小鼠体能的影响及其体内代谢［J］．湖南师范大学自然科学学报，2006，29（2）：97－101.

[17] Slatter D A，Bolton C H，Bailey A J. The importance of lipid-derived malondialdehyde in diabetes mellitus［J］．Diabetologia，2000，43（5）：550－557.

[18] Uchida K，Sakai K，Itakura K，*et al.* Protein modification by lipid peroxidation products：formation of malondialdehyde-derivedn ∊-（2-propenal）lysine in proteins［J］．Archives of Biochemistry and Biophysics，1997，346（1）：45－52.

[19] 林源秀，顾欣昕，汤浩茹．植物谷胱甘肽还原酶的生物学特性及功能［J］．中国生物化学与分子生物学报，2013，29（6）：534－542.

[20] Traverso N，Menimi S，Maineri E P，*et al.* Malondialdehyde a lipoperoxidation-derived aldehyde can bring about secondary oxidative damage to proteins［J］．The Journals of Gerontology Series A：Biological Sciences and Medical Sciences，2004，59（9）：B890－B895.

[21] Chen J J，Yu B P. Alterations in mitochondrial membrane fluidity by lipid peroxidation products［J］．Free Radical Biology and Medicine，1994，17（5）：411－418.

[22] 林源秀，顾欣昕，汤浩茹．植物谷胱甘肽还原酶的生物学特性及功能［J］．中国生物化学与分子生物学报，2013，29（6）：534－542.

[23] Edwards R，Dixon D P，Walbot V. Plant glutathione S-transferases：enzymes with multiple functions in sickness and in health［J］．Trends in Plant Science，2000，5（5）：193－198.

[24] 裴冬丽．谷胱甘肽还原酶在植物防御中的研究进展［J］．中国农学通报，2012，28（18）：185－188.

[25] 张媛．产黄青霉谷胱甘肽转移酶基因的克隆、表达与功能研究［D］．河北师范大学，2007.

[26] Tew K D. Glutathione-associated enzymes in anticancer drug resistance［J］．Cancer Research，1994，54（16）：4 313－4 320.

[27] Cho S G，Lee Y H，Park H S，*et al.* Glutathione S-transferase mu modulates the stress-activated signals by suppressing apoptosis signal-regulating kinase 1［J］．Journal of Biological Chemistry，2001，276（16）：12 749－12 755.

[28] Ruscoe J E，Rosario L A，Wang T，*et al.* Pharmacologic or genetic manipulation of glutathione s-transferase p1－1（GSTπ）influences cell proliferation pathways［J］．Journal of Pharmacology and Experimental Therapeutics，2001，298（1）：339－345.

[29] Wu Y，Fan Y，Xue B，*et al.* Human glutathione S-transferase P1-1 interacts with TRAF2 and regulates TRAF2－ASK1 signals［J］．Oncogene，2006，25（42）：5 787－5 800.

[30] Ayala A，Munoz M F，Arguelles S. Lipid peroxidation：production metabolism and signaling mechanisms of malondialdehyde and 4-hydroxy-2-nonenal［J］．Oxidative Medicine and Cellular Longevity，2014，204（14）：1－31.

[31] Lenggvist J，Svensson R，Evergren E，*et al.* Observation of an intact noncovalent homotrimer of detergent-solubilized rat microsomal glutathione transferase-1 by electrospray mass spectrometry［J］．Journal of Biological Chemistry，2004，279（14）：13 311－13 316.

[32] Shinno E，Shimoji M，Imaizumi N，*et al.* Activation of rat liver microsomal glutathione S-transferase by gallic acid［J］．Life Sciences，2005，78（1）：99－106.

[33] Imaizumi N，Miyagi S，Aniya Y. Reactive nitrogen species derived activation of rat liver microsomal glutathione S-transferase［J］．Life Sciences，2006，78（26）：2 998－3 006.

[34] Morgenstern R，Lundqvist G，Andersson G，*et al.* The distribution of microsomal glutathione transferase among different

organelles different organs and different organisms [J]. Biochemical Pharmacology, 1984, 33 (22): 3 609 - 3 614.

[35] Schaffert C S. Role of MGST1 in reactive intermediate-induced injury [J]. World Journal of Gastroenterology: WJG, 2011, 17 (20): 2 552 - 2 557.

第七节　饲料氧化鱼油引起草鱼肌肉萎缩和蛋白泛素化途径基因表达上调

鱼油因富含不饱和脂肪酸，对水产动物具有重要的营养作用，然而在储存过程中，光照、温度和氧等因素会使鱼油酸败[1]，其氧化酸败产物如醛类、酮类、过氧化物等使鱼体造成损伤。有研究表明，氧化鱼油会导致鱼体增重率下降[2,3]，且会破坏肌肉组织，使肌纤维间隙急剧扩大、肌原纤维降解、肌原纤维模式紊乱[4-6]，更为严重可能还会导致瘦背病[7]。

氧化鱼油可导致草鱼氧化应激，氧化应激可直接作用于蛋白质，导致其错误折叠和失活[8]，蛋白质氧化往往先于脂质过氧化[9,10]，泛素蛋白酶体途径（UPS）是动物体内的蛋白质降解途径之一，能介导细胞内多余的蛋白质或者异常蛋白质降解[11]。骨骼肌蛋白的降解往往导致肌组织丢失、增重率下降等症状，有研究表明在感染、创伤等应激情况下，肌蛋白丢失与此途径的激活有关[12]。其中泛素蛋白酶体途径包括以下基因热休克蛋白 90 - α（HSP90αA1）、泛素结合酶泛素结合酶（UBE2V2）、蛋白酶体亚基的 β 型 7（PSMβ7）、蛋白酶体 α - 6B 亚基（PSMα6b）、26S 蛋白酶体非 ATP 酶调节亚基 6（PSMd6）和泛素 C 末端水解酶 L1（UCHL1）在草鱼肌肉中的表达活性，其中 PSMβ7、PSMα6b 位于蛋白酶体催化区域，PSMd6 位于识别区域。本文采用荧光定量 PCR 技术，分别测定了在两次试验中草鱼摄食含有氧化鱼油的饲料后，泛素蛋白酶体途径相关基因在草鱼肌肉中的表达活性以揭示经氧化鱼油刺激后，草鱼泛素蛋白酶体途径相关基因在肌肉中的表达情况以及氧化鱼油致使肌肉损伤与泛素蛋白酶体相关基因表达的情况的关系。

一、材料与方法

1. 试验饲料

氧化鱼油来源及制备。豆油为“福临门”牌一级大豆油，鱼油来源于广东省良种引进服务公司生产的“高美牌”精炼鱼油，氧化鱼油为鱼油在实验室条件下氧化制备[12]。豆油、鱼油和氧化鱼油过氧化值（POV）和酸价（AV）见表 11 - 7 - 1。

表 11 - 7 - 1　油脂中 POV 值、AV 值

Tab. 11 - 7 - 1　POV value and AV value in oil

组别 Groups	过氧化值 POV（meq/kg）	酸价 AV（g/kg）
豆油（Soybean oil）	2.89	0.03
鱼油（Fish oil）	57.09	0.80
氧化鱼油（Oxidized fish oil）	73.40	1.18

饲料配制。以酪蛋白和秘鲁蒸汽鱼粉为主要蛋白源，采用等氮、等能方案设计基础饲

料，设置了6%豆油组（简称6S组和S）、6%鱼油组（6F）、2%氧化鱼油+4%豆油组（2OF）、4%氧化鱼油+2%豆油组（4OF）、6%氧化鱼油组（6OF和OF）五组等氮等能的试验饲料。饲料配方及成分见表11-7-2。各组饲料蛋白含量为29.52%~30.55%，无显著差异，能量为19.943~20.860kJ/g，无显著差异。

表11-7-2　试验饲料组成及营养水平（干物质基础）

Tab. 11-7-2　Formulation and proximate composition of experiment diets (DM basis)

饲料原料 Ingredient	6S (S)	6F	2OF	4OF	6OF (OF)
酪蛋白 Casein	215	215	215	215	215
蒸汽鱼粉 Steam dried fish meal	167	167	167	167	167
磷酸二氢钙 $Ca(H_2PO_4)_2 \cdot H_2O$	22	22	22	22	22
豆油 Soybean oil	60	0	40	20	0
鱼油 Fish oil	0	60	20	40	0
氧化鱼油 Oxidized fish oil	0	0	0	0	60
氯化胆碱 Choline chloride	1.5	1.5	1.5	1.5	1.5
预混料 Premix[1]	10	10	10	10	10
糊精 Dextrin	110	110	110	110	110
α-淀粉 α-starch	255	255	255	255	255
微晶纤维素 Microcrystalline cellulose	61	61	61	61	61
羧甲基纤维素 Carboxymethylc cellulose	98	98	98	98	98
乙氧基喹啉 Ethoxyquin	0.5	0.5	0.5	0.5	0.5
合计 Total	1 000	1 000	1 000	1 000	1 000
营养成分 Nutrition composition[2]					
粗蛋白（%）Crude protein	30.01	29.52	30.55	30.09	30.14
粗脂肪（%）Crude lipid	7.08	7.00	7.23	6.83	6.90
能量（kJ/g）Energy	20.24	20.65	20.65	19.94	20.86
二十碳五烯酸+二十二碳六烯酸（%）EPA+DHA	2.82	8.51	4.73	6.62	8.16

[1] 预混料为每千克饲料提供 The premix provided the following per kg of diets: Cu 5mg, Fe 180mg, Mn 35mg, Zn 120mg, I 0.65mg, Se 0.5mg, Co 0.07mg, Mg 300mg, K 80mg, VA 10mg, VB_1 8mg, VB_2 8mg, VB_6 20mg, VB_{12} 0.1mg, VC 250mg, 泛酸钙 calcium pantothenate 20mg, 烟酸 niacin 25mg, VD_3 4mg, VK_3 6mg, 叶酸 folic acid 5mg, 肌醇 inositol 100mg;

[2] 实测值 Measured values

2. 试验鱼与饲养管理

草鱼来源于浙江一星饲料有限公司养殖基地，为池塘培育的1冬龄鱼种，共350尾，平均体重为（74.8±1.0）g。短期试验：试验分为2组，每组设置3个重复（网箱），每个网箱20尾鱼；长期试验：草鱼随机分为5组，每组设3重复，每重复20尾。

养殖试验在浙江一星饲料集团试验基地进行，在面积为5×667m^2（平均水深1.8m）池塘中设置网箱，网箱规格为1.0m×1.5m×2.0m。

分别用试验饲料训化一周后，开始正式投喂。每天8:00和15:00定时投喂，投饲率为2% ~4%。长期试验中，每10d依据投饲量估算鱼体增重并调整投喂率，记录每天投饲量。

每周用试剂盒测定水质一次，试验期间溶解氧浓度 >8.0mg/L，pH值7.08 ~8.4，氨氮浓度 <0.2mg/L，亚硝酸盐浓度 <0.01mg/L，硫化物浓度 <0.05mg/L。养殖期间水温25 ~33℃。

3. 样本采集与分析

（1）样本采集

短期实验：养殖7d、停食24h后，每网箱随机取3尾、每组共9尾作为基因分析样本试验鱼。鱼体表面经75%酒精消毒，去除鱼体表面皮肤，剪取侧线以上白肌部分装于EP管，一式两份，液氮速冻，于-80℃保存备用。采样所用剪刀镊子均经灭酶灭菌处理。

长期实验：养殖72d、停食24h后，同短期试验的方法，采集基因样本，且另每网箱随机取3尾试验鱼，剪取侧线以上白肌部分速置于波恩氏液固定，用于组织学切片分析。

组织学切片采用石蜡切片方法，苏木精—伊红染色，中性树胶封片，光学显微镜下观察肌肉组织结构并采用Nikon COOLPIX4500型相机进行拍照。

（2）引物设计

基因序列依据“灌喂氧化鱼油使草鱼（*Ctenopharyngodon idella*）肠道黏膜抗氧化应激通路基因表达上调”基因测序结果，定量PCR中HSP90αA1、UBE2V2、PSMβ7、PSMα6b、PSMd6和UCHL1基因及内参基因*β-actin*所使用的Taqman引物由Primer Premier 5.0软件设计，引物序列见表11-7-3。

表11-7-3 定量PCR引物

Tab. 11-7-3 Primers used in quantitative PCR

基因名称 Gene name	引物 Primer
β-actin F	CGTGACATCAAGGAGAAG
β-actin R	GAGTTGAAGGTGGTCTCAT
HSP90αA1 F	GTAGATGCGGTTGGAGTGC
HSP90αA1R	CTGGTGATCCTGCTGTTCG
UBE2V2 F	GCAAAACAGCGAGTCCG
UBE2V2 R	CACGCCGCAGAAATACG
PSMβ7F	GTCAACCCCTCCGAGAACT
PSMβ7 R	TGGTCGTCGCTGATAAGAAT
PSMα6b F	AGGCAAACGCCAGATAAAG
PSMα6b R	TTGTGACCAAGGAAAACCC
PSMd6 F	CATACGAGGTAAATGTGGAGACG
PSMd6 R	CCCGCAACACTGAGAAAGC
UCHL1 F	TGATGCGGTTGCTGATGA
UCHL1 R	CCCCTTTCTCCCGTTCTG

二、结果

1. 氧化鱼油对肌肉组织结构的影响

由图版11－7－ⅠA－E可知：对照组6S肌肉结构无显著变化；摄食鱼油的6F组肌纤维间隙出现增宽的现象，但肌纤维内部还保持完整；2OF组和4OF组肌纤维萎缩，间隙显著增宽，并发生断裂呈竹节状（图中箭头所示）；6OF组肌纤维进一步萎缩，间隙进一步增宽，有的出现破碎甚至溶解的现象（图中箭头所示）。见表11－7－4，随着氧化鱼油添加量的增加细胞间质面积/细胞横切面积随之显著增加（$P<0.05$）。

表11－7－4　氧化鱼油对细胞间质面积/细胞横切面积（As/Ac）的影响

Tab. 11－7－4　Effect of oxidized fish oil ratio of the area of cell cross-section and intercellular substance

组别 Group	细胞间质面积/细胞横切面积（As/Ac）
6S	0.34 ± 0.01^{a}
6F	0.94 ± 0.1^{b}
2OF	1.17 ± 0.05^{bc}
4OF	1.2 ± 0.09^{bc}
6OF	1.29 ± 0.31^{c}

2. 短期氧化鱼油刺激对草鱼蛋白泛素系统的影响

分别用6S组和6F组饲料饲喂草鱼7d后，利用荧光定量PCR技术测定泛素蛋白系统相关基因在氧化鱼油刺激后的表达活性，结果如图11－7－1所示。

经氧化鱼油刺激后，泛素蛋白系统相关基因表达活性均有所上调，其中UBE2V2和26S蛋白酶体相关基因表达活性显著上调（$P<0.05$）。

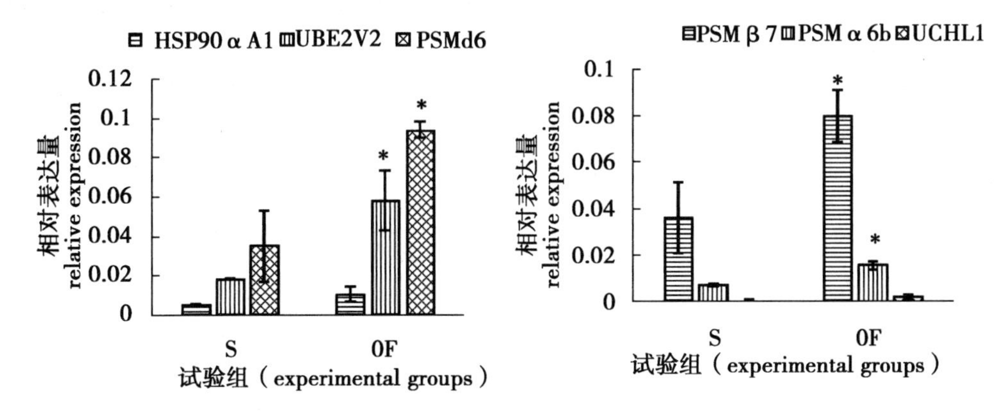

图11－7－1　短期氧化鱼油刺激对泛素蛋白酶体途径的影响

Fig. 11－7－1　The effect of ubiquitin-proteasome pathway after oxidized fish oil stimulus in short-term

3. 长期不同浓度氧化鱼油对草鱼蛋白泛素系统的影响

用不同浓度的氧化鱼油饲料饲喂草鱼72d后，利用荧光定量PCR技术测定泛素蛋白系统相关基因在氧化鱼油刺激后的表达活性，结果如图11－7－2所示。

相比6S组，6F组除26S蛋白酶体相关基因表达活性无显著差异外，其余各基因表达活性均显著上调（$P<0.05$）；2OF组中PSMβ7和UCHL1表达活性显著上调（$P<0.05$），其余均无显著差异；4OF组中UBE2V2和UCHL1表达活性显著上调（$P<0.05$），其余均无显著差异；6OF组各基因均有下调，其中20S催化颗粒相关基因显著下调（$P<0.05$）。随着氧化鱼油添加量的增加，添加氧化鱼油组中除UBE2V2外，其余各基因表达活性均随之下调。

三、讨论

Hashimoto[13]和任泽林[4]证实，氧化油脂导致鲤鱼增重率下降。本次试验同样发现氧化鱼油会导致草鱼增重率下降，其中一方面可能是因为鱼油氧化产物如丙二醛，可直接作用于蛋白质，促进S－S键形成、碳链断裂降解及共价氧化修饰（如拨基化等），导致蛋白质的错误折叠和失活[8]，最终通过泛素蛋白系统降解，进而降低草鱼增重率，其中草鱼骨骼肌拥有占机体绝对量的蛋白质，该组织中蛋白质的代谢能严重影响机体蛋白质的总体代谢状况，大量研究表明，泛素蛋白酶体系统是降解骨骼肌蛋白质的重要途径[14]。

1. 氧化鱼油短期刺激对肌肉泛素蛋白酶体系统的影响

当鱼油氧化产物刺激鱼体肌纤维，使其发生应激反应。短期试验发现，经氧化鱼油刺激后肌肉HSP90αA1表达活性上调，这可能是机体通过上调HSP90αA1表达活性而加强识别因外界刺激而受损或错误折叠的蛋白，并辅助其恢复正确构象，抑或者将无法修复的蛋白质转移至泛素蛋白酶体系统，将其降解[15,16]。泛素蛋白酶体途径主要由泛素激活酶、泛素结合酶（UBE2V2）、泛素蛋白连接酶、26S蛋白酶体和去泛素化酶组成[17]，其中26S蛋白酶体由20S核心颗粒和19S调节颗粒组成[18]。受损蛋白首先共价结合多个泛素，其中UBE2V2可使泛素之间连接或者通过其末端结构直接识别底物蛋白，经氧化鱼油短期刺激后，肌肉UBE2V2表达活性显著上调，以增强靶蛋白的泛素化。同时由20S和19S共同构成的26S蛋白酶体，其相关基因均显著上调（$P<0.05$），以加强蛋白酶体对靶蛋白的降解作用。作为去泛素化酶家族重要成员之一UCHL1通过上调表达活性从而维持单体泛素的浓度，促使泛素蛋白酶体途径能正常运行。以上结果表明在氧化鱼油短期激活下，肌肉中的泛素蛋白酶体系统会受到影响，且其相关基因均上调（图11－7－1）以降解因氧化应激而损伤的蛋白，维持机体正常的代谢。

2. 氧化鱼油长期刺激对肌肉泛素蛋白酶体系统的影响

在短期试验的结果上，又进行了为期72d的试验，进一步研究氧化鱼油对草鱼肌肉泛素蛋白途径的影响。研究发现添加鱼油6F组HSP90αA1、UBE2V2和UCHL1表达活性均显著升高，而26S蛋白酶体相关基因均无显著变化，从切片结果也观察到6F组肌纤维发生了一定的萎缩，而其肌纤维内部结构还较完整。这可能是由于6F组所含鱼油其氧化程度较低，对肌蛋白有损伤作用但相比于氧化鱼油组较弱，HSP90αA1作为分子伴侣具有识别并修复因氧化应激而导致受损的肌蛋白，并将蛋白转移到相应部位，使细胞内蛋白质恢复原有功能，同时将少量无法修复的肌蛋白呈转移到泛素蛋白酶体途径，将其降解。UCHL1和其他去泛素化酶一样具有水解酶活性，也存在其他成员没有的连接酶的活性。UCHL1通过泛素K63

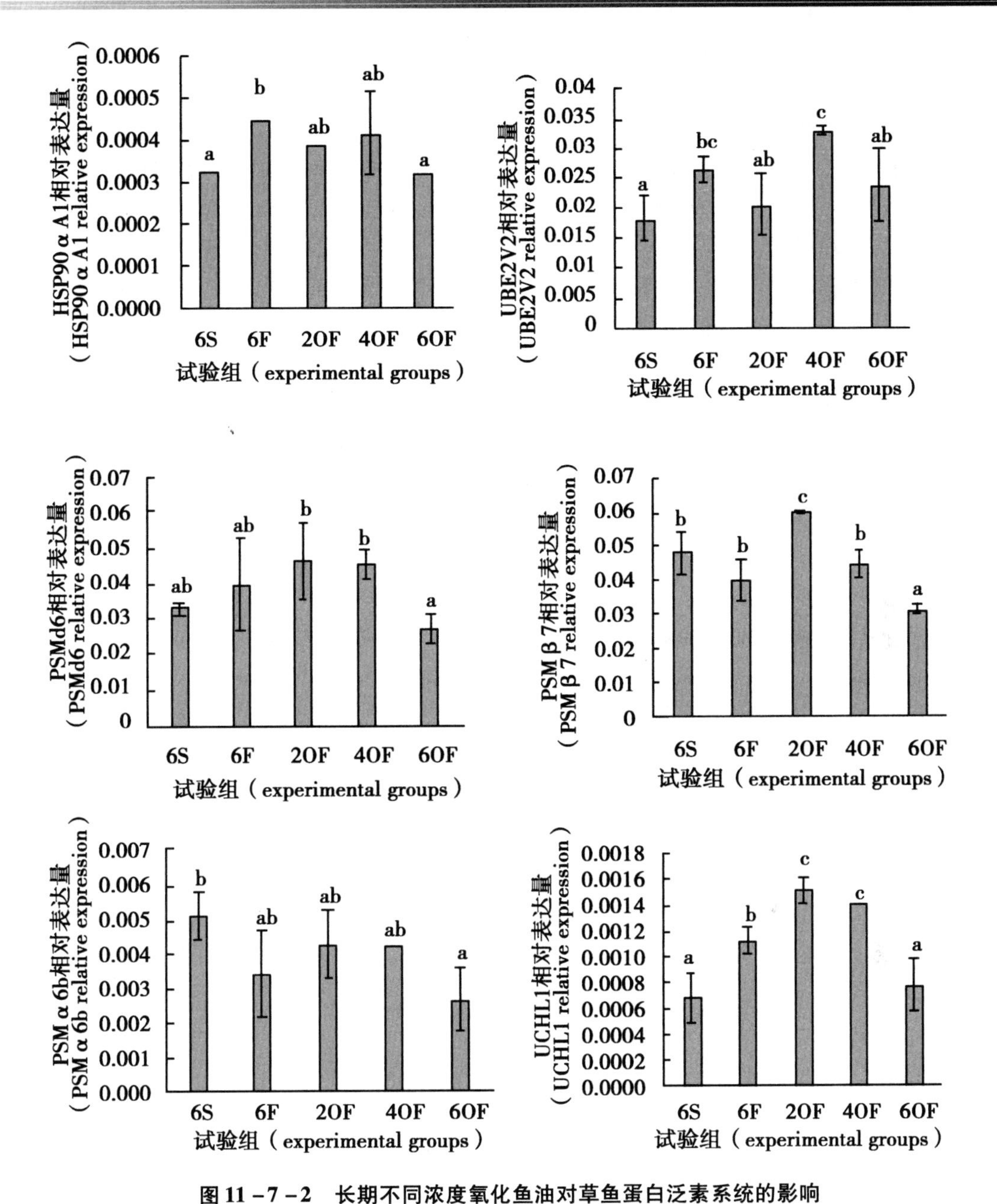

图 11－7－2　长期不同浓度氧化鱼油对草鱼蛋白泛素系统的影响

Fig. 11－7－2　The effect of ubiquitin-proteasome pathway after different concentrations oxidized fish oil stimulus in long-term

不同字母表示组间差异显著（$P<0.05$）Values with different letters mean significant difference（$P<0.05$）between each other.

的连接形成多聚泛素，而不是通过泛素 K48 的连接（K48 连接多聚泛素，参与 UPS 途径），K63－泛素的连接形成多聚泛素，并不参与泛素蛋白酶体降解途径，而是参与其他信号途径，例如，DNA 的修复，细胞内吞作用等生物学功能[19]，并且该功能会抑制泛素蛋白酶体降解途径[12]。这可能是 UBE2V2 和 UCHL1 表达活性均显著升高，而 26S 蛋白酶体相关基因均无显著变化的原因，UCHL1 表达活性均显著升高抑制了 UPS 蛋白质降解途径，因此最终降解蛋白质的26S蛋白酶体相关基因表达活性并未发生显著的变化。

添加氧化鱼油2OF和4OF组蛋白质降解途径相关基因相比6S均有所上调，从切片结果看这两组肌纤维出现萎缩、内部出现竹节状、间隙显著增宽等现象这均证明肌纤维受到一定的损伤，因此我们推测这可能是因氧化鱼油导致肌蛋白受到损伤，刺激泛素蛋白酶体途径相关基因表达活性上调，加强对损伤蛋白的降解活动。6OF组泛素蛋白酶体途径相关基因表达活性并未像短期试验出现各基因均上调的结果，甚至在与短期试验使用相同浓度鱼油饲料的6OF组中出现了相反的结果，泛素蛋白酶体系统相关基因表达活性均出现下调，而切片结果发现肌纤维严重损伤，甚至出现肌纤维溶解的现象。6OF组有害成分丙二醛（MDA）相比其他各试验组含量最高，MDA是氧化鱼油主要的终产物之一，常作为鱼油氧化程度的重要指标，一方面MDA致使大量蛋白质的变性[20]并蓄积从而使泛素蛋白酶体系统的功能过载，另一方面MDA致使线粒体[21]和呼吸作用相关酶受损[22]，因此ATP含量减少，这导致依赖ATP泛素蛋白酶体系统无法正常运行，这可能是导致6OF组泛素蛋白酶体系统受损而使其相关基因表达活性下调的原因。

四、结论

（1）氧化鱼油会导致肌纤维萎缩，间隙增宽，甚至出现肌纤维溶解的情况。

（2）过氧化值为73.40meq/kg的氧化鱼油在一吨饲料中添加量低于4kg时，在其承受范围，激活泛素蛋白酶体途径以降解受损蛋白。

（3）过氧化值为73.40meq/kg的氧化鱼油在一吨饲料中添加量高于6kg时，在短期内能刺激草鱼肌肉泛素蛋白途径显著上调，以调高蛋白质的降解系统，而长期饲喂会导致肌肉泛素蛋白途径上调，抑制泛素蛋白酶体途径，积累变性蛋白对机体造成进一步的损伤。

参考文献

[1] 姚仕彬，叶元土，李洁等．鱼油在氧化过程中氧化指标及其脂肪酸组成的变化［J］．饲料研究，2012（6）：74－76.

[2] 彭士明，陈立侨，叶金云等．饲料中添加氧化鱼油对黑鲷幼鱼生长的影响［J］．水产学报，2007，31：109－115.

[3] 高淳仁，雷霁霖．饲料中氧化鱼油对真鲷幼鱼生长，存活及脂肪酸组成的影响［J］．上海海洋大学学报，1999：124－130.

[4] 任泽林，霍启光，曾虹等．氧化鱼油对鲤鱼生产性能和肌肉组织结构的影响［J］．动物营养学报，2001，13（1）：59－64.

[5] 叶仕根．氧化鱼油对鲤鱼危害的病理学及VE的保护作用研究［D］．四川农业大学，2002.

[6] 韩雨哲，姜志强，任同军等．氧化鱼油与棕榈油对花鲈肝脏抗氧化酶及组织结构的影响［J］．中国水产科学，2010，17（4）：798－806.

[7] 耿毅，汪开毓，周震．维生素E缺乏对鲤骨骼肌损伤的影响［J］．动物营养学报，2006，18（4）：267－271.

[8] Richard I. Proteotoxic stress and inducible chaperone networks in neurodegenerative disease and aging.［J］. Genes & Development，2008，22（11）：1 427－1 438.

[9] Michael D S，Aksenov M Y，Aksenova M V，*et al.* Adriamycin induces protein oxidation in erythrocyte membranes［J］. Pharmacology & Toxicology，1998，83（2）：62－68.

[10] Reinheckel T，Nedelev B，Prause J，et al. Occurrence of oxidatively modified proteins：an early event in experimental acute pancreatitis［J］. Free Radical Biology and Medicine，1998，24（3）：393－400.

[11] 朱宇旌，钟睿，张勇．泛素蛋白酶体系统调节肌肉降解的机理及相关信号途径［J］．动物营养学报，2013，25

(5)：899 -904.

[12] Tisdale M J. Loss of skeletal muscle in cancer：biochemica mechanisms [J]. Frontiers in Bioscience，2001，6：D164 - D174

[13] Yoshiro H，Tomotoshi O，Takeshi W，*et al.* Muscle dystrophy of carp due to oxidized oil and the preventive effect of vitamin E [J]. Nippon Suisan Gakkaishi，1966.

[14] A C，A O，AL. S. The ubiquitin-mediated proteolytic pathway：mode of action and clinical implications [J]. J Cell Biochem Suppl，2000，77 (Supplement 34)：40 -51.

[15] 王晓捷. 氧化应激中热休克蛋白90对20S蛋白酶体功能的影响 [D]. 南方医科大学，2011.

[16] 崔彦婷，刘波，谢骏等. 热休克蛋白研究进展及其在水产动物中的研究前景 [J]. 江苏农业科学，2011，39 (3)：303 -306.

[17] 陈默，于丽杰，金晓霞等. 植物泛素/26S蛋白酶体途径的研究进展 [J]. 中国生物工程杂志，2014，34 (4)：118 -126.

[18] 王艺芳，张令强，贺福初. 26S蛋白酶体组装的分子机制研究 [J]. 生物物理学报，2012，28 (6)：441 -447.

[19] Haglund K. Ubiquitylation and cell signaling [J]. The EMBO Journal，2005，24 (19)：3 353 -3 359.

[20] Corporation H P. Lipid peroxidation：production，metabolism，and signaling mechanisms of malondialdehyde and 4-hydroxy-2-nonenal [J]. Oxidative Medicine and Cellular Longevity，2014，2014 (2014)：2 -31.

[21] 杨玖英，吴士筠，谭艳平等. 线粒体丙二醛含量对膜流动性的影响 [J]. 化学与生物工程，2004，21 (2)：13 -15.

[22] 龙建纲，王学敏，高宏翔等. 丙二醛对大鼠肝线粒体呼吸功能及相关脱氢酶活性影响 [J]. 第二军医大学学报，2005，26 (10)：1 131 -1 135.

第八节　饲料丙二醛引起草鱼肌肉萎缩和蛋白泛素化途径基因表达上调

有研究表明，氧化鱼油能诱发鱼体肌纤维排列紊乱、萎缩、降解等现象[1]，而这一现象发生可能是由于油脂氧化产物与肌肉蛋白质发生反应引起的[2]。丙二醛（MDA）是油脂氧化酸败重要的有毒有害产物之一，常常作为油脂氧化程度的一个重要的指标[3]。MDA与蛋白质氨基端结合产生交联作用，修饰蛋白[4,5]，进而造成蛋白结构和功能的改变，且具有降低培养成纤维细胞的增殖能力，抑制细胞周期G2/M期，并进一步诱导其凋亡[6]。

肌纤维萎缩最终归结于体内肌纤维合成和降解速度平衡受到破坏，分解速度超过合成速度，肌纤维出现降解、萎缩，机体增重率下降等现象。已知机体蛋白分解包括以下3种途径：溶酶体途径、钙途径以及泛素蛋白酶体途径，其中前两种途径仅占机体蛋白代谢15% ~ 20%，并且几乎不作用于肌纤维蛋白上[7]。当肌纤维发生异常，泛素蛋白酶体途径的蛋白降解途径发挥重要作用。此时，泛素被活化后连接各种酶. 最终将异常蛋白泛素化后在蛋白酶体中降解。本文主要通过测定肌肉蛋白含量以及通过荧光定量PCR测定热休克蛋白90 - α（HSP90αA1）、泛素结合酶泛素结合酶（UBE2V2）、蛋白酶体亚基的β型7（PSMβ7）和泛素C末端水解酶L1（UCHL1）的基因在草鱼肌肉中的表达活性，目的在于揭示草鱼经氧化鱼油刺激后，其泛素蛋白酶体途径相关基因在肌肉中的表达情况以及丙二醛致使肌肉损伤与泛素蛋白酶体相关基因表达的情况的关系。

一、材料与方法

1. 试验饲料

（1）MDA 的制备

制备原料为 1，1，3，3－四乙氧基丙烷（1，1，3，3-Tetraethoxypropane）（Sigma-Aldrich 公司产品，浓度≥96%）。制备方法：精确量取 1，1，3，3－四乙氧基丙烷 31.500mL，用 95% 乙醇溶解后定容至 100mL，搅拌 15min，此时每毫升溶液相当于丙二醛 100mg。丙二醛现配现用，不做保存。

（2）饲料配制

以酪蛋白和秘鲁蒸汽鱼粉为主要蛋白源，豆油（“福临门”牌一级大豆油）为主要脂肪源，采用等氮、等能方案设计基础饲料，设置了豆油组（简称 6S 组）、添加 61mg/kg 的丙二醛组（B1）、添加 124mg/kg 的丙二醛组（B2）、添加 185mg/kg 的丙二醛组（B3）4 组等氮等能的试验饲料。饲料配方及成分见表 11－8－1。丙二醛的添加方式：依据每日的投喂量配置相应的丙二醛，均匀地喷洒在饲料当中。饲料中丙二醛含量的设定是 依据本实验室氧化鱼油对草鱼生长、健康的影响试验中氧化鱼油添加量对应的丙二醛含量，依据氧化鱼油、丙二醛对草鱼肠道离体黏膜细胞影响的剂量而设定[8]。

表 11－8－1　基础饲粮组成及营养水平（风干基础）

Tab. 11－8－1　Composition and nutrient levels of basal diets（air-dry basis）

饲料原料 Ingredient	含量 Content
酪蛋白 Casein	215
蒸汽鱼粉 Steam dried fish meal	167
磷酸二氢钙 $Ca(H_2PO_4)_2 \cdot H_2O$	22
豆油 Soybean oil	60
鱼油 Fish oil	0
丙二醛（mg/kg）	0
氯化胆碱 Choline chloride	1.5
预混料 Premix1)	10
糊精 Dextrin	110
α-淀粉 α-starch	255
微晶纤维素 Microcrystalline cellulose	61
羧甲基纤维素 Carboxymethylc cellulose	98
乙氧基喹啉 Ethoxyquin	0.5
共计 Total	1 000
营养水平 Nutrient levels2)	
粗蛋白质（%）CP	30.01

（续表）

饲料原料 Ingredient	含量 Content
粗脂肪（%）EE	7.08
能量（kJ/g）ME	20.24

[1]预混料为每千克饲料提供 The premix provided the following per kg of diets：Cu 5mg，Fe 180mg，Mn 35mg，Zn 120mg，I 0.65mg，Se 0.5mg，Co 0.07mg，Mg 300mg，K 80mg，VA 10mg，VB_1 8mg，VB_2 8mg，VB_6 20mg，VB_{12} 0.1mg，VC 250mg，泛酸钙 calcium pantothenate 20mg，烟酸 niacin 25mg，VD_3 4mg，VK_3 6mg，叶酸 folic acid 5mg，肌醇 inositol 100mg；

[2]实测值 Measured values

2. 试验鱼与饲养管理

草鱼来源于浙江一星饲料有限公司养殖基地，为池塘培育的1冬龄鱼种共300尾，平均体重为（74.8±1.0）g。草鱼随机分为4组，每组设3重复，每重复20尾。养殖试验在浙江一星饲料集团试验基地进行，在面积为5×667m^2（平均水深1.8m）池塘中设置网箱，网箱规格为1.0m×1.5m×2.0m。将各组试验草鱼随机分配在4组、12个网箱中。

分别用基础饲料（6S）训化一周后，开始正式投喂。每天8：00和15：00定时投喂，投饲率为2%～4%。每10天依据投饲量估算鱼体增重并调整投喂率，记录每天投饲量。正式试验共养殖72d。

每周用试剂盒测定水质一次，试验期间溶解氧浓度>8.0mg/L，pH值7.08～8.4，氨氮浓度<0.2mg/L，亚硝酸盐浓度<0.01mg/L，硫化物浓度<0.05mg/L。养殖期间水温25～33℃。

3. 样本采集与分析

（1）基因样本采集

养殖72d、停食24h后，每网箱随机取3尾、每组共9尾作为基因分析样本试验鱼。鱼体表面经75%酒精消毒，去除鱼体表面皮肤，剪取侧线以上白肌部分装入EP管，一式两份，液氮速冻，于-80℃保存备用。采样所用剪刀镊子均经灭酶灭菌处理。

（2）组织学样本采集

另每网箱随机取3尾试验鱼，剪取侧线以上白肌部分迅速置入波恩氏液固定，用于组织学切片分析。组织学切片采用石蜡切片方法：苏木精-伊红染色，中性树胶封片，光学显微镜下观察肌肉组织结构并采用Nikon COOLPIX4500型相机进行拍照。

（3）肌肉蛋白测定样本的采集

采集鱼体侧线以上肌肉（不含红色肉），用于检测粗蛋白。

饲料原料及所有试验鱼样品均在冷冻干燥机（北京四环科学仪器厂LGJ-18B型）中干燥至恒重，然后进行营养成分测定。采用凯氏定氮法测定粗蛋白（GB/T 6432—94）；

（4）引物设计

基因序列依据“灌喂氧化鱼油使草鱼（*Ctenopharyngodon idella*）肠道黏膜抗氧化应激通路基因表达上调”基因测序结果，定量PCR中HSP90αA1、UBE2V2、PSMβ7和UCHL1基因及内参基因*β-actin*所使用的Taqman引物由Primer Premier 5.0软件设计，引物序列见表11-8-2。

表 11 - 8 - 2 定量 PCR 引物

Tab. 11 - 8 - 2 Primers used in quantitative PCR

基因名称 Gene name	引物 Primer
β-actin F	CGTGACATCAAGGAGAAG
β-actin R	GAGTTGAAGGTGGTCTCAT
HSP90αA1 F	GTAGATGCGGTTGGAGTGC
HSP90αA1 R	CTGGTGATCCTGCTGTTCG
UBE2V2 F	GCAAAACAGCGAGTCCG
UBE2V2 R	CACGCCGCAGAAATACG
PSMβ7 F	GTCAACCCCTCCGAGAACT
PSMβ7 R	TGGTCGTCGCTGATAAGAAT
UCHL1 F	TGATGCGGTTGCTGATGA
UCHL1 R	CCCCTTTCTCCCGTTCTG

（5）总 RNA 的提取和反转录 cDNA

利用所采集的、单个网箱 3 尾草鱼肌肉样本，分别取 3 个肌肉样本各 25mg 合并为一个样本用于总 RNA 提取，每组共 3 个平行样本（共 9 尾鱼、3 个测定样本）。加入液氮，研磨成粉末后，加入 1mL Trizol 覆盖粉末，待 Trizol 解冻成液体后全部转移到 1.5mL 的 EP 管中，按照 Trizol 方法提取肌肉总 RNA。按照 PrimeScript™RT Mastetr Mix（TaKaRa 公司）反转录试剂盒的方法将 RNA 转录成 cDNA，将反转录产物稀释后于 -20℃保存备用。

（6）定量 PCR

使用 CFX96 荧光定量 PCR 仪和 SYBR Premix Ex Taq™ II（TaKaRa 公司）荧光染料对草鱼肌肉泛素蛋白途径相关基因（HSP90αA1、UBE2V2、PSMβ7、UCHL1）及 β-actin 进行荧光定量分析。反应体系为 20μL：SYBR Premix Ex Taq™II（TaKaRa）10μL，上下游引物各 1μL，cDNA 2μL，灭菌水 6μL。PCR 反应采用两步法，反应条件：95℃预变性 30s、95℃ 变性 5s、60℃ 退火 30s，共 40 个循环，最后进行熔解曲线（Melt Curve）分析。

4. 数据处理

公式：$2^{-\Delta CT}=2^{-(\text{Ct目的基因}-\text{Ct管家基因})}$，以 *β-actin* 为内参基因根据计算公式得到相对表达活性。用 SPSS 18.0 统计分析软件进行分析，组间差异显著性用 One-way ANOVA 进行统计分析，结果以平均值 ± 标准误（mean ± SD）表示。

二、结果

1. 丙二醛对肌肉蛋白含量的影响

饲料添加丙二醛后，肌肉蛋白含量减少，但并无显著性差异，见表 11 - 8 - 3。

表 11-8-3 肌肉蛋白含量

Tab. 11-8-3 The content of muscle protein

组别 Group	肌肉蛋白含量（%） Muscle protein content
6S	16.92 ±1.70[a]
B1	15.94 ±0.17[a]
B2	15.88 ±0.58[a]
B3	15.93 ±0.43[a]

2. 丙二醛对草鱼肌肉泛素蛋白酶体途径相关基因表达活性的影响

添加丙二醛后，肌肉 HSP90αA1 表达活性显著上调（$P<0.05$），同时 UBE2V2、PSMβ7 和 UCHL1 表达活性均有升高的趋势。UBE2V2 和 UCHL1 表达活性在 B2 组达到最大值，而 PSMβ7 表达活性在 B3 组达到最大值（图 11-8-1）。

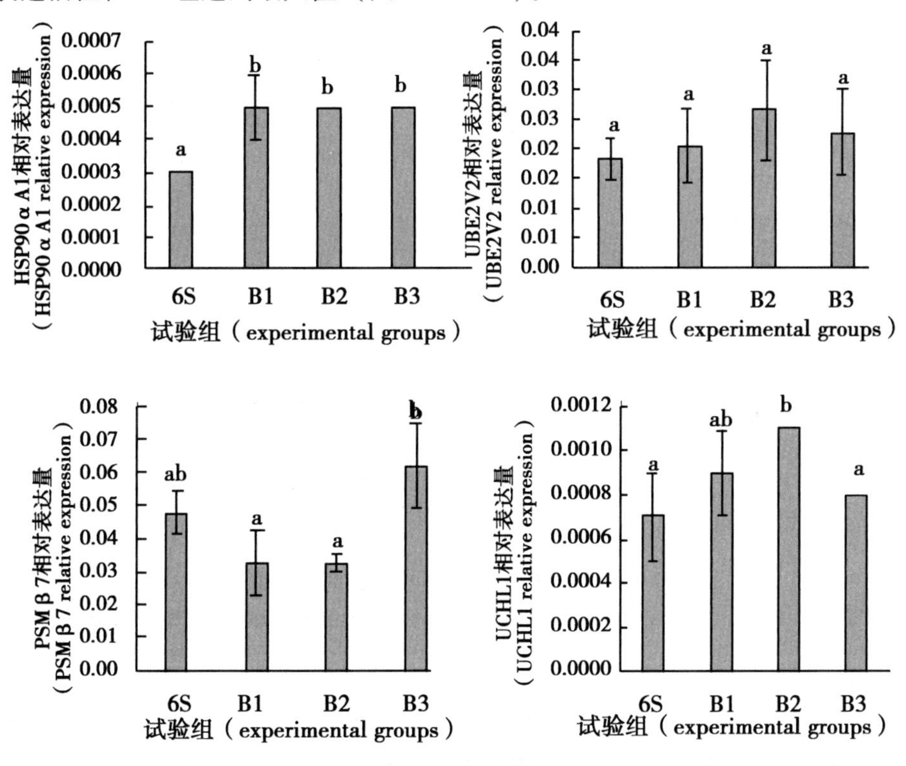

图 11-8-1 不同饲料组中 UPS 相关基因的表达量

Fig. 11-8-1 Expression level of UPS-related genes in different groups

3. 泛素蛋白酶体途径相关基因表达活性与饲料油脂 MDA 含量的相关性

将各组油脂中 MDA 含量与泛素蛋白途径相关基因 HSP90αA1、UBE2V2、PSMβ7 和 UCHL1 在肌肉中表达活性做 Pearson 相关性分析，检验双侧显著性，结果见表 11-8-4。

表 11-8-4 UPS 相关基因表达活性与 MDA 相关性

Tab. 11-8-4 Effects of MDA on related genes of UPS-related

Pearson 分析结果		HSP90αA1	UBE2V2	PSMβ7	UCHL1
MDA	$R^{1)}$	0.686	0.513	0.511	0.242
	$P^{2)}$	0.014	0.088	0.090	0.449

1) R 相关系数；2) P 显著性（双侧）水平

再对显著性 P<0.05 的因子作回归分析如图 11-8-2 所示，HSP90αA1 表达活性与 MDA 含量呈二项式的关系（$R^2=0.9911$），随着 MDA 添加量的增加，HSP90αA1 的表达活性随之上调，并在 B2 组达到最高值，随后出现下调的趋势，见图 11-8-2。

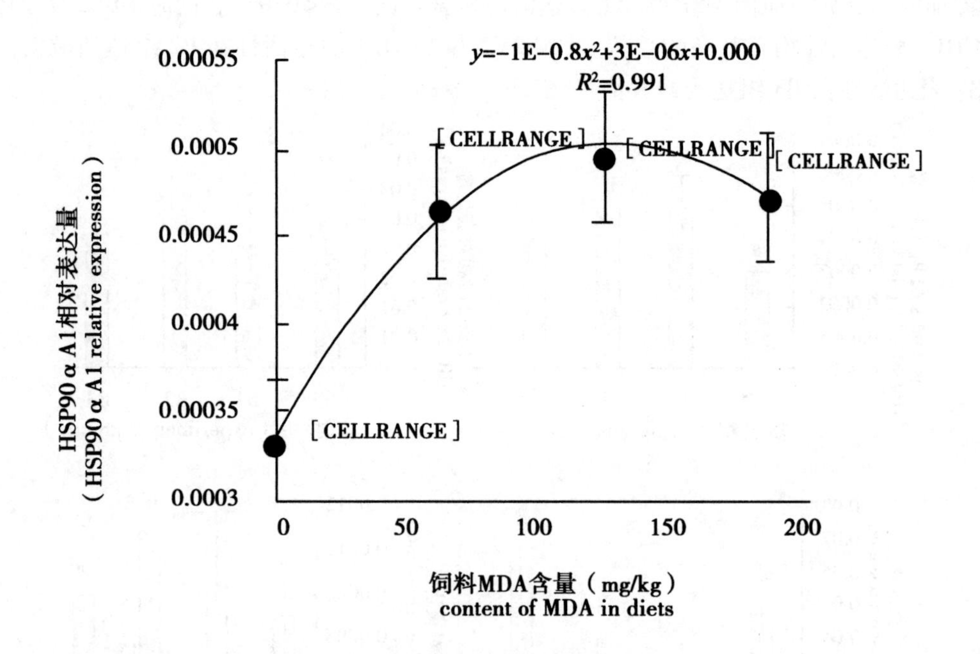

图 11-8-2 MDA 与 UPS 相关基因表达量关系

Fig. 11-8-2 The relationship of MDA and expression level of UPS-related genes

4. 氧化鱼油对肌肉组织结构的影响

由图版 11-8-ⅠA-E 可知：对照组 6S 肌肉结构无显著变化；添加丙二醛的 B1 组肌纤维间隙显著增宽，部分肌纤维内部出现断裂（图中箭头所示）；B2 组肌纤维萎缩，间隙显著增宽，大部分肌纤维发生断裂呈竹节状（图中箭头所示）；B3 组肌纤维进一步萎缩，间隙进一步增宽，肌纤维边缘模糊（图中箭头所示）。见表 11-8-5，随着丙二醛添加量的增加细胞间质面积/细胞面积（As / Ac）随之显著增加（$P<0.05$）。

表 11-8-5 氧化鱼油对细胞间质面积/细胞横切面积（As / Ac）的影响

Tab. 11-8-5 Effect of oxidized fish oil Ratio of the area of intercellular substance and cell cross-section

组别 Group	细胞间质面积/细胞横切面积（As /Ac）
6S	0. 34 ±0. 01[a]
B1	0. 67 ±0. 03[b]
B2	0. 77 ±0. 09[bc]
B3	0. 99 ±0. 23[c]

三、讨论

草鱼饲喂添加丙二醛的饲料后，结果显示肌纤维 HSP90αA1 表达活性均显著上调，同时切片结果显示丙二醛各组肌纤维出现不同程度的萎缩以及断裂（图版 11-8-Ⅰ BBD）。这可能是由于丙二醛致使蛋白质发生交联[9]以及其与蛋白质产生共价加合物[10]导致肌蛋白受到损伤，诱导 HSP90αA1 表达活性上调，使新合成的 HSP90αA1 迅速进入胞核中，在转录和翻译两个水平上调热休克蛋白的合成，提高抗应激能力，且 HSP90αA1 起到识别受损蛋白质，并辅助其恢复正确构象的作用，若无法修复的蛋白质则转移至泛素蛋白酶体系统，将其降解[11]，以维持机体的正常代谢。通过相关性分析发现随着 MDA 添加量的增加，肌纤维 HSP90αA1 表达活性呈二项式的关系，在 B2 组表达活性达到最大值，之后呈现下降的趋势。这表明若丙二醛浓度过高可能会导致 HSP90αA1 表达活性下调，无法及时修复受损蛋白而破坏机体的正常代谢。

泛素蛋白酶体途径是降解肌纤维蛋白的重要降解途径，细胞首先将无法修复的变性蛋白作为靶蛋白进行泛素化标记，然后转运至蛋白酶体，降解为短肽，或者去泛素化后蛋白被回收利用[12]。UBE2V2 为泛素结合酶，能够结合泛素形成中间体，并将泛素小分子结合到与泛素连接酶（E3）连接的靶蛋白，但也有部分在不需要 E3 参与的条件下就可以完成对靶蛋白的泛素化修饰[13]。E2 的活性能直接影响靶蛋白的泛素化程度，Nakajima 等报道在腺病毒 E1A 蛋白诱导细胞发生细胞凋亡时，检测到一种 20kDa 的 E2 同工酶的活性上升了将近 10 倍[14]。本实验中添加氧化鱼油后肌肉 UBE2V2 表达活性出现上调的趋势，这可能是因为组织中存在的 MDA 至少 80% 与蛋白结合[15]，且通过与蛋白质氨基酸残基形成的羰—氨交联反应修饰蛋白，导致功能蛋白紊乱，MDA 致使肌纤维蛋白损伤，其中无法通过 HSP90αA1 等分子伴侣修饰的蛋白通过诱导 UBE2V2 表达活性上调，以加强变性蛋白的泛素化，为进入 20S 蛋白酶体降解准备。20S 蛋白酶体是由 α 和 β 亚基组成，分别发挥识别和催化功能。PSMβ7 则是位于蛋白酶体颗粒的催化区域，发挥重要作用。本试验结果显示在 B3 组 PSMβ7 表达活性出现了上调，这可能是因为通过增加其表达活性以增强其催化效率，起到及时清除异常蛋白的作用。泛素蛋白酶体途径是一个被严格调控的可逆过程，其中去泛素化酶的调节就是一个重要的环节。UCHL1 属于泛素羧基末端水解酶家族，可以通过裂解 C 末端 76 位甘氨酸，将泛素分子从多肽底物上释放出来，其活性位点上的狭窄裂隙和环状结构直径的限制，在一定程度上起到了特异性识别底物的功能，阻止了它对一些大分子泛素化蛋白的结合和催化[16]。本试验结果显示，丙二醛组 UCHL1 表达活性均有所上调其中 B2 组显著上调达到了最大值，同时试验发现 UBE2V2 表达活性也在 B2 组达到最大值，这可能是由于经过 19S 蛋白酶体将泛素与靶蛋白分离，靶蛋白则进入了 20S 蛋白酶体催化降解，而被分离的泛素链则通过去泛素化酶 UCHL1[17]的作用分解，回收再利用，因此我们发现丙二醛组结合泛素 UBE2V2 和去泛素化 UCHL1 表达活性具有相似的趋势，以维持机体内部泛素化的循环利用。从切片结果看，随着丙二醛的添加量的增加，肌纤维细胞萎缩、变形、间隙显著增宽，且肌肉蛋白含量也出现了减少的趋势，这可能是由于丙二醛通过导致蛋白损伤加强泛素蛋白酶体的降解途径，致使肌纤维损伤、肌肉蛋白含量较少的趋势，同时可能因养殖时间不足[18,19]肌肉蛋白含量还未出现显著下降甚至出现“瘦背病”的症状。

四、结论

在本试验条件下饲喂添加（0～165）mg/kg MDA 的饲料，草鱼肌肉以及泛素蛋白酶体途径产生了一定的影响。

（1）添加丙二醛后，肌肉蛋白含量出现减少的趋势，若增加丙二醛浓度或者提高饲养时间可能会使肌肉蛋白显著减少，甚至出现“瘦背病”等症状。

（2）丙二醛会导致肌纤维损伤，草鱼通过提高泛素蛋白酶体相关基因的表达活性，增强降解变性的肌蛋白以维持机体细胞的正常代谢。

（3）研究发现在 B3 组大部分基因均出现下降的趋势，我们推测可能是由于丙二醛一方面能与蛋白质氨基酸反应而使其变形，另一方面能够可降低线粒体膜电位，抑制线粒体呼吸链复合物Ⅰ，Ⅱ，Ⅴ的活性[21]从而抑制 ATP 的产生。我们推测肌肉蛋白含量的显著降解并非是通过增强依赖 ATP 的泛素蛋白酶体途径而实现的，这一结论还有待进一步研究验证。

参考文献

［1］T M，JW. A. Interactions of dietary alpha-tocopherol，oxidized menhaden oil and ethoxyquin on channel catfish（*Ictalurus punctatus*）［J］. J Nutr，1974，104（11）：1 416－1 431.

［2］KS C. Synthesis and characterization of the fluorescent products derived from malonaldehyde and amino acids［J］. Biochemistry，1969.

［3］Adams A，Kimpe N D，Boekel M A J S V. Modification of casein by the lipid oxidation product malondialdehyde［J］. Journal of Agricultural and Food Chemistry，2008，56（5）：1 713－1 719.

［4］Chavez J，Chung W G，Miranda C L，et al. Site-specific protein adducts of 4-hydroxy-2（E）-nonenal in human THP-1 monocytic cells：protein carbonylation is diminished by ascorbic acid［J］. Chemical research in toxicology，2009，23（1）：37－47.

［5］Wakita C，Honda K，Shibata T，*et al.* A method for detection of 4-hydroxy-2-nonenal adducts in proteins.［J］. FREE RADICAL BIOLOGY AND MEDICINE，2011，51（1）：1－4.

［6］Z F，W H，LJ M，*et al.* Malondialdehyde，a major endogenous lipid peroxidation product，sensitizes human cells to UV- and BPDE-induced killing and mutagenesis through inhibition of nucleotide excision repair［J］. Mutat Res，2006，601：125－136.

［7］孟繁甦，苏磊，唐柚青等．泛素蛋白酶体在骨骼肌高分解代谢中的意义［J］．中华急诊医学杂志，2009，18（2）：216－218. DOI：10.3760/cma. j. issn. 1671－0282，2009. 02. 030.

［8］姚仕彬，叶元土，蔡春芳等．氧化豆油水溶物对离体草鱼肠道黏膜细胞的损伤作用［J］．水生生物学报，2014（4）：689－698..

[9] Corporation H P. Lipid peroxidation: production, metabolism, and signaling mechanisms of malondialdehyde and 4-hydroxy-2-nonenal. [J]. Oxidative Medicine and Cellular Longevity, 2014.

[10] N T. Malondialdehyde, a lipoperoxidation-derived aldehyde, can bring about secondary oxidative damage to proteins [J]. The Journals of Gerontology. Series A, Biological Sciences and Medical Sciences, 2004, 59 (9): 890 - 895.

[11] 王晓捷．氧化应激中热休克蛋白90对20S蛋白酶体功能的影响 [D]. 南方医科大学，2011.

[12] 金伟军，姚祥春，吕美巧等．泛素—蛋白酶体系统的结构、作用和调控机制 [J]. 科技通报，2008，24: 29 - 34. DOI: 10.3969/j.issn. 1 001 - 7 119，2008.01.006.

[13] RD V. The ubiquitin/26S proteasome pathway, the complex last chapter in the life of many plant proteins [J]. Trends in Plant Science, 2003, 8 (3): 135 - 142.

[14] Nakajima T, Kimura M, Kuroda K, *et al.* Induction of ubiquitin conjugating enzyme activity for degradation of topoisomerase II during adenovirus E1A-induced apoptosis [J]. Biochemical and Biophysical Research Communications, 1997, 239, (3): 823 - 829 (7).

[15] DA S, NC A, AJ. B. Identification of a new cross-link and unique histidine adduct from bovine serum albumin incubated with malondialdehyde [J]. Journal of Biological Chemistry, 2003, 279, (1): 61 - 69.

[16] Johnston S C, Riddle S M, Cohen R E, *et al.* Structural basis for the specificity of ubiquitinC-terminal hydrolases [J]. EMBO Journal, 1999, 18 (14): 3 877 - 3 887.

[17] CN L, BA K, KD. W. Substrate specificity of deubiquitinating enzymes: ubiquitin C-terminal hydrolases [J]. Biochemistry, 1998, 37 (10): 3 358 - 3 368.

[18] 耿毅，汪开毓，周震．维生素E缺乏对鲤骨骼肌损伤的影响 [J]. 动物营养学报，2006，18 (4): 267 - 271. DOI: 10.3969/j.issn.1006 - 267X，2006.04.008.

[19] 金明昌．幼鲤硒缺乏症及其机制和硒需要量研究 [D]. 四川农业大学，2007.

[20] 龙建纲，王学敏，高宏翔等．丙二醛对大鼠肝线粒体呼吸功能及相关脱氢酶活性影响 [J]. 第二军医大学学报，2005，26 (10): 1 131 - 1 135.